令和6年基準対応

改訂61版
建設工事
標準歩掛

建設工事標準歩掛積算委員会編

一般財団法人　建設物価調査会

改訂61版の刊行にあたって

　本書は，積算・見積り実務者に必要な参考資料として，独自の立場で目安となる標準的な施工歩掛をまとめ，昭和39年に初版を発行しました。

　本書の発行以来，建設工事は，社会環境の変化，労働者の高齢化，技能労働者の不足あるいは使用機械の多様化，新工法，新材料の開発などによって施工形態が変動し，積算の基礎要素である施工歩掛も顕著に変化しています。これらの事実をとらえて，本書に正確に反映させるとともに常に新しい内容を採り入れ，施工歩掛の改訂・増補に努めてきました。

　「土木工事」では，土木・下水道工事市場単価と土木工事標準単価の概要，公園緑地工事・上・下水道工事・土地改良工事・測量・地質調査等の歩掛を掲載しています。改訂61版では，土地改良工事で「管水路工」を新規掲載し，下水道工事で「開削工事」の内容の充実を図りました。

　「建築工事」，「電気設備工事」，「機械設備工事」では，積算体系や共通費についてまとめ，各工種の歩掛を収録しました。広範にわたり歩掛を見直していますが，より多くの歩掛を掲載するため解説や条件等を省略したものもあります。

　また改訂59版では土木工事の掲載内容について大幅な見直しを行い，歩掛積上方式から施工パッケージ型積算方式に移行した工種の歩掛の参考掲載を廃止しました。改訂58版まで掲載していました「土工，共通工，基礎工，コンクリート工，仮設工，河川・砂防・海岸，道路，共同溝，橋梁」については掲載がありませんのでご注意ください。そのため，削除した工種等については，令和6年度版「国土交通省土木工事積算基準」「国土交通省土木工事標準積算基準書」をご確認ください。

　昭和58年以降，各省庁で積算基準の一部を公表していますが，本書の改訂にあたって，貴重な資料として基本的な部分について参考とさせていただいています。

　今後も基礎資料の充実を図り，積算業務の合理化，迅速化に資すると共に，より適切な標準施工歩掛作成のため，読者の皆さまのご意見・ご希望を切にお願い申し上げます。

　本書が，積算実務者に広く活用され建設工事の進歩，発展に寄与するところがあれば幸いです。

令和6年10月

一般財団法人 建設物価調査会
建設工事標準歩掛積算委員会

− 目　次 −

1. 土 木 工 事

❶ 土木・下水道工事市場単価，
　土木工事標準単価の概要……………… 1

❷ 公　園……………………………… 6
　① 基盤整備……………………………… 6
　　1. 敷地造成工………………………… 6
　　2. 擁壁工……………………………… 7
　② 施設整備……………………………… 18
　　1. 給水設備工………………………… 18
　　2. 雨水排水設備工…………………… 20
　　3. 汚水排水設備工…………………… 25
　　4. 園路広場整備工…………………… 25
　　5. 修景施設整備工…………………… 31
　　6. サービス施設整備工……………… 33
　　7. 施設仕上げ工……………………… 34
　③ 植　栽………………………………… 38
　　1. 公園植栽工………………………… 38
　　2. 公園除草工………………………… 46

❸ 下 水 道…………………………… 51
　① 開削工事……………………………… 51
　　1. 管きょ工…………………………… 51
　　2. マンホール工……………………… 83
　　3. 取付管及びます工………………… 91
　　4. 市場単価…………………………… 94
　② 推進工事……………………………… 109
　　1. 刃口推進工………………………… 109
　　2. 小口径推進工……………………… 125
　③ 管きょ更生工法……………………… 166
　　1. 管きょ内面被覆工（製管工法）…… 166
　　2. 管きょ内面被覆工（反転・形成工法）…… 175

❹ 上 水 道…………………………… 182
　　1. 鋳鉄管布設工……………………… 182
　　2. 鋼管布設工………………………… 193
　　3. 硬質塩化ビニル管布設工………… 208
　　4. ポリエチレン管布設工…………… 210
　　5. 遠心力鉄筋コンクリート管布設工… 212
　　6. 管切断工…………………………… 214
　　7. 弁類及び消火栓設置工…………… 220
　　8. 既設管撤去工……………………… 227
　　9. 鋼製貯水槽設置工………………… 229
　　10. ダクタイル鋳鉄製貯水槽設置工… 233

❺ 土地改良………………………… 236
　① 土地改良工事の積算………………… 236
　　1. 直接工事費の積算………………… 236
　　2. 間接工事費………………………… 236
　　3. 一般管理費等……………………… 242
　　4. 支給品費，官貸額の内容及び算定… 243
　　5. 工事価格…………………………… 243
　　6. 消費税相当額……………………… 243
　　7. 細部事項…………………………… 243
　② 管水路工……………………………… 247
　　1. 管水路基礎………………………… 247
　　2. 硬質ポリ塩化ビニル管人力布設… 249
　　3. 硬質ポリ塩化ビニル管機械布設… 250
　　4. 強化プラスチック複合管機械布設… 252
　　5. ダクタイル鋳鉄管機械布設……… 255
　　6. 鋼管機械布設……………………… 258
　　7. コルゲートパイプ機械布設……… 267
　　8. 鋳鉄管切断………………………… 268
　　9. FRPM管切断……………………… 270
　　10. 制水弁据付工（人力）…………… 271
　　11. 制水弁据付工（機械）…………… 272
　　12. 空気弁据付工（人力）…………… 274
　　13. 小バルブ類取付工（人力）……… 275
　　14. ダクタイル鋳鉄管人力布設……… 276
　　15. 炭素鋼鋼管人力布設……………… 276
　　16. 強化プラスチック複合管機械布設
　　　　（たて込み簡易土留）…………… 277
　　17. ダクタイル鋳鉄管機械布設
　　　　（たて込み簡易土留）…………… 280
　　18. 鋼管機械布設（小口径）………… 283
　　19. 高密度ポリエチレン管機械布設… 286
　　20. 管水路浅埋設工（ジオグリッド）… 287
　③ ほ場整備工…………………………… 289
　　1. ほ場整備整地工（標準区画0.3ha以上）… 289
　　2. ほ場整備整地工（標準区画0.3ha未満）… 294
　　3. ほ場整備整地工（標準区画0.3ha未満
　　　　バックホウによる施工）……… 298
　　4. 基盤整地及び簡易整備…………… 303
　　5. 暗渠排水工………………………… 305
　　6. 畦畔整形工………………………… 310
　　7. 雑物除去（水田ほ場整備工）…… 312
　　8. 畦畔ブロック（人力）…………… 312
　　9. 弾丸暗渠工………………………… 313
　④ 農地造成工…………………………… 315
　　1. 人力刈払…………………………… 315
　　2. レーキドーザ抜根………………… 316
　　3. レーキドーザ排根………………… 318
　　4. リッパドーザ岩掘削……………… 320
　　5. リッパドーザ（耕起・深耕）…… 322
　　6. 有機質資材散布（マニアスプレッダ）… 323
　　7. ロータリ（直装式）耕起砕土…… 325
　　8. 石礫除去工（人力）……………… 326
　　9. 石礫除去工（機械）……………… 328
　　10. 雑物除去（農用地造成工用）…… 329

I

11. 畑面植生	329
12. 人力刈払後の集積	330
13. ブルドーザ畑面整地工	331

❻ 調　　査 ……………………………… 333

① 測　　量	333
1. 測量業務積算基準	333
2. 基準点測量	339
3. 水準測量	346
4. 路線測量（平地部）	350
5. 河川測量	353
6. 深浅測量	355
7. 用地測量	357
8. 空中写真測量	365
9. 現地測量	380
10. 航空レーザ測量	382
11. 三次元点群測量	389
12. 機械経費等	392
② 地質調査	395
1. 地質調査積算基準	395
2. 地質調査市場単価	398
3. 地質調査標準歩掛	414
3-1 地すべり調査	414
3-2 弾性波探査	420
3-3 軟弱地盤技術解析	423
③ 土木設計業務	426
1. 土木設計業務等積算基準	426
2. 設計留意書の作成	428
3. 電子成果品作成費	428
4. 土木設計業務等標準歩掛	429
4-1 道路設計標準歩掛	429
4-2 交差点設計	435
4-3 歩道詳細設計	440
4-4 道路設計関係その他設計等	441
4-5 一般構造物設計	442
4-6 橋梁設計	464
4-7 地下横断歩道等設計	477
4-8 山岳トンネル詳細設計	481
4-9 共同溝設計	486
4-10 電線共同溝（C・C・BOX）設計	491
4-11 仮設構造物詳細設計	496
4-12 河川構造物設計	502
4-13 砂防構造物設計	511
4-14 道路休憩施設設計	518

2．建　築　工　事

❶ 建築工事の積算体系及び歩掛 ……… 523

① 工事費の構成	523
② 工事歩掛と単価	523
③ 下請経費等	524
④ 工事費に関する事項	524
⑤ 数量積算基準	524
⑥ 内訳書標準書式	525

❷ 共　通　費 ……………………………… 528

① 共通仮設費（総合仮設費）	528
② 現場管理費	530
③ 一般管理費等	533
④ 設計変更における共通費の算定	533
⑤ 共通費及び共通費率の参考値	534

❸ 仮　　設 ……………………………… 536

① 一般事項	536
② 共通仮設（総合仮設）	536
(1) 仮設建物（参考）	536
(2) 仮　囲　い	539
(3) ガードフェンス	540
(4) 屋外整理・清掃・片付け（参考）	541
③ 直接仮設	541
(1) 遣方・墨出し・養生・整理清掃後片付け	541
(2) 外部足場	542
(3) 内部足場	551
(4) 内部躯体足場	554
(5) 雑足場（参考）	557
(6) 災害防止（金網類・シート・ネット類）	557
(7) 仮設材運搬	559

❹ 土　　工 ……………………………… 561

① 一般事項	561
② 土工機械	561
1. 機種の選定	561
2. 土工機械運転	562
3. 土工機械運搬	562
4. トラック運転	563
5. 土工機械分解組立	563
③ 根切り	563
④ 埋戻し，盛土	565
1. 機種の選定	565
2. 埋戻し，盛土歩掛	565
3. 敷ならし	565
⑤ 締固め，すきとり	565
⑥ 積込み	565
⑦ 建設発生土運搬	567
1. 機　種	567
2. 建設発生土運搬歩掛	567
⑧ 小規模土工，人力土工	569
1. 適用範囲	569
2. 小規模土工用機械運転歩掛表	569
3. 根切り歩掛（小規模土工の作業内容と使用機械）	569
4. 埋戻し歩掛（小規模土工の作業内容と使用機械）	569
5. 積込み歩掛	570
6. 建設発生土運搬（小規模土工）	570
⑨ 山留め	572
1. 鋼矢板の打込み・引抜き	572
2. H形鋼の打込み・引抜き	573
3. 山留め支保工工事費算出例	581

4．山留め損料日数……………………… 585	⑧　鉄骨工場塗装…………………………… 619
5．運転機械及び労力…………………… 586	⑨　アンカーボルト埋込み……………… 620
6．単価表………………………………… 587	⑩　柱底均しモルタル……………………… 620
❺　地　　業…………………………………… 592	⑪　軽量鉄骨（母屋・胴縁の類）加工組立…… 620
①　一般事項……………………………… 592	⑫　鉄骨足場………………………………… 620
②　地　　業……………………………… 592	⑬　災害防止金網…………………………… 620
③　床下防湿層敷き……………………… 592	⑭　仮設材運搬（鉄骨足場）…………… 620
④　土間下断熱材敷き…………………… 592	⑮　トラック運転…………………………… 621
⑤　鋼管・既製コンクリート杭打工	⑯　鉄骨工場加工・組立工場直接工算出例…… 621
（パイルハンマ工）……………… 592	❿　既製コンクリート……………………… 622
⑥　鋼管・既製コンクリート杭打工	①　一般事項………………………………… 622
（中掘工）………………………… 592	②　建築用コンクリートブロック積み（帳壁）
⑦　場所打杭工	…………………………………………… 622
（全回転式オールケーシング工）…… 592	③　防水立上り部（れんが押え）……… 625
⑧　杭頭処理……………………………… 593	④　れんが積み（参考）………………… 625
⑨　杭頭補強……………………………… 594	⑤　耐火れんが積み……………………… 625
❻　鉄　　筋………………………………… 595	⑥　養　　生……………………………… 625
①　一般事項……………………………… 595	⑦　運　　搬（参考）…………………… 625
②　鉄筋加工・組立……………………… 595	⑧　軽量気泡コンクリート板(ALCパネル)(参考)
1．加工・組立歩掛……………………… 595	…………………………………………… 626
2．組立歩掛……………………………… 596	⓫　防　　水………………………………… 627
3．加工歩掛……………………………… 597	①　一般事項……………………………… 627
4．梁貫通孔補強加工組立歩掛………… 597	②　アスファルト防水…………………… 629
5．S造スラブ加工組立歩掛…………… 598	③　アスファルト防水押えの伸縮目地他…… 633
6．小型構造物加工組立歩掛…………… 599	④　モルタル防水（参考）……………… 633
7．構造別による鉄筋の割合（参考）…… 599	⑤　シーリング…………………………… 634
③　ガス圧接……………………………… 599	⑥　コーキング（参考）………………… 634
1．ガス圧接歩掛………………………… 599	⓬　石………………………………………… 635
④　鉄筋運搬（往復）…………………… 600	①　一般事項……………………………… 635
⑤　トラック運転………………………… 600	②　石　張　り…………………………… 635
❼　コンクリート…………………………… 601	③　テラゾブロック張り………………… 636
①　一般事項……………………………… 601	④　モルタル調合比……………………… 636
②　コンクリート打設手間……………… 601	⓭　タ　イ　ル……………………………… 637
③　コンクリート機械器具……………… 602	①　一般事項……………………………… 637
❽　型　　枠………………………………… 603	②　床タイル張り………………………… 637
①　一般事項……………………………… 603	③　外装壁タイル張り…………………… 637
②　合板型枠……………………………… 603	④　外装壁役物タイル張り……………… 638
③　打放し面補修………………………… 608	⑤　内装壁タイル張り…………………… 639
④　型枠目地棒…………………………… 608	⑥　内装壁モザイクタイル張り………… 639
⑤　耐震スリット　厚25………………… 609	⑦　内装壁モザイクタイル役物張り…… 639
⑥　スリーブ……………………………… 611	⑧　テラコッタ張り（参考）…………… 641
⑦　型枠運搬……………………………… 613	⑨　先付けタイル（参考）……………… 641
❾　鉄　　骨………………………………… 614	1．先付けタイル工場加工費（平物）PCパック
①　一般事項……………………………… 614	（一発目地）………………………… 641
②　主体鉄骨の工場加工・組立（参考）…… 615	2．先付けタイル現場施工費（平物）…… 641
③　鉄骨運搬……………………………… 617	3．先付けタイル現場施工に伴う労務加算…… 641
④　現場建方……………………………… 617	⓮　木　　工………………………………… 642
⑤　ボルト本締め………………………… 618	①　一般事項……………………………… 642
⑥　普通ボルト締付け…………………… 619	②　床下地組（参考）…………………… 642
⑦　現場溶接……………………………… 619	③　床板張り（参考）…………………… 642

④ 間仕切軸組 **(参考)** ……………… 643	(1) 木製建具取付け …………………… 684
⑤ 壁胴縁組 **(参考)** ……………… 643	(2) 木製建具製作 **(参考)** ………… 687
⑥ 天井下地組 **(参考)** …………… 643	(3) 付属金物の種類・数量他 **(参考)** … 687
⑦ 壁，天井板張り **(参考)** ……… 644	(4) ドアクローザ取付け ……………… 690
⑧ 幅木，その他 **(参考)** ………… 644	(5) ガラス清掃 ………………………… 690
⑨ 和　　室 ………………………… 645	(6) 木製建具運搬 **(参考)** ………… 690
⑩ 和室　押入れ …………………… 645	③ 金属製建具 ………………………… 691
⑪ 建具枠回り **(参考)** …………… 646	1．アルミニウム製建具 ……………… 691
❻ 屋根及びとい …………………………… 647	2．鋼製建具 …………………………… 693
① 一般事項 …………………………… 647	3．シャッター **(参考)** …………… 695
② 屋根下地 **(参考)** ……………… 647	④ ガラス ……………………………… 698
③ 屋根（かわら）ぶき **(参考)** … 647	1．板ガラス …………………………… 698
④ スレートぶき **(参考)** ………… 648	2．ガラスとめ材 ……………………… 701
⑤ 波形スレートぶき役物 **(参考)** … 650	3．溝型ガラス（プロフィリット）**(参考)** … 701
⑥ 亜鉛鉄板ぶき …………………… 650	4．ガラスブロック **(参考)** ……… 702
⑦ 銅板ぶき **(参考)** ……………… 652	5．プリズムガラス **(参考)** ……… 702
⑧ アルミ合金板ぶき **(参考)** …… 652	❾ 塗　　装 ……………………………… 703
⑨ 被覆鋼板ぶき **(参考)** ………… 653	① 一般事項 …………………………… 703
⑩ 合成樹脂波板ぶき **(参考)** …… 653	② 素地ごしらえ ……………………… 703
⑪ と　　い ………………………… 655	③ 木部素地押え **(参考)** ………… 706
⑫ 鋼管とい掃除口 ………………… 657	④ 鉄鋼面錆止め塗料塗り
⑬ 鋼管とい防露巻き ……………… 657	（素地ごしらえは含まない）………… 706
⑭ 鋼管とい塗装 …………………… 660	⑤ 亜鉛めっき鋼面錆止め塗料塗り … 706
⑮ ルーフドレン …………………… 661	⑥ 合成樹脂調合ペイント塗り（SOP）
❼ 金　　属 ……………………………… 662	（素地ごしらえ・錆止め塗料塗りは含まない）
① 一般事項 …………………………… 662	……………………………………… 707
② 溶接金網敷き …………………… 662	⑦ 合成樹脂エマルションペイント塗り（EP）
③ 下地ラス張り …………………… 662	（素地ごしらえは含まない）………… 708
④ 軽量鉄骨下地（壁・天井）…… 663	⑧ 多彩模様塗料塗り（EP-M）
⑤ 金物工事 ………………………… 668	（素地ごしらえは含まない）**(参考)** … 708
⑥ 雨　押　え **(参考)** …………… 669	⑨ つや有合成樹脂エマルションペイント塗り
⑦ 鋼製笠木類 **(参考)** …………… 670	（EP-G）（素地ごしらえは含まない）……… 708
❽ 左　　官 ……………………………… 671	⑩ 木部つや有合成樹脂エマルションペイント塗り
① 一般事項 …………………………… 671	（EP-G）（素地ごしらえは含まない）……… 709
② 床コンクリート直均し仕上げ … 671	⑪ 鉄鋼面つや有合成樹脂エマルション
③ 床モルタル塗り ………………… 671	ペイント塗り（EP-G）
④ 床下地モルタル塗り …………… 672	（素地ごしらえ・錆止め塗料塗りは含まない）
⑤ 床特殊モルタル塗り **(参考)** … 672	……………………………………… 709
⑥ 床人造石塗り **(参考)** ………… 673	⑫ 亜鉛めっき鋼面つや有合成樹脂エマルション
⑦ 壁モルタル塗り ………………… 674	ペイント塗り（EP-G）
⑧ 壁下地モルタル塗り …………… 675	（素地ごしらえ・錆止め塗料塗りは含まない）
⑨ 壁特殊モルタル塗り **(参考)** … 675	……………………………………… 709
⑩ 壁人造石塗り **(参考)** ………… 676	⑬ 亜鉛めっき鋼面（鋼建面）つや有合成樹脂
⑪ 壁プラスター塗り **(参考)** …… 676	エマルションペイント塗り（EP-G）
⑫ 壁各種吹き付け **(参考)** …… 677	（素地ごしらえは含まない）………… 709
⑬ 和風壁塗り **(参考)** …………… 678	⑭ クリヤラッカー塗り（CL）
⑭ 役物モルタル塗り ……………… 679	（素地ごしらえは含まない）………… 710
⑮ 役物人造石塗り **(参考)** …… 680	⑮ ラッカーエナメル塗り（LE）
❽ 建　　具 ……………………………… 684	（素地ごしらえは含まない）………… 710
① 一般事項 …………………………… 684	⑯ ウレタン樹脂ワニス塗り（UC）
② 木製建具 ………………………… 684	（素地ごしらえは含まない）………… 711
	⑰ ラッカーエナメル吹付け
	（素地ごしらえは含まない）**(参考)** … 711
	⑱ オイルステイン塗り（OS）

	（素地ごしらえを含む）‥‥‥‥‥‥	711
⑲	アクリル樹脂系非水分散形塗料塗り（NAD）	
	（素地ごしらえは含まない）‥‥‥‥	711
⑳	合成樹脂エマルション模様塗り	
	（EP-T）‥‥‥‥‥‥‥‥‥‥‥‥	712
㉑	合成樹脂調合ペイント塗り（SOP）	
	（糸幅：300mm以下）‥‥‥‥‥‥	712
㉒	つや有合成樹脂エマルションペイント塗り	
	（EP-G）（糸幅：300mm以下）‥‥	713
㉓	クリヤラッカー塗り（CL）	
	（糸幅：300mm以下）‥‥‥‥‥‥	713
㉔	ラッカーエナメル塗り（LE）	
	（糸幅：300mm以下）‥‥‥‥‥‥	714
㉕	オイルステイン塗り（OS）	
	（糸幅：300mm以下）‥‥‥‥‥‥	714
㉖	その他塗料塗り	
	（素地ごしらえ・錆止め塗料は含まない）	
	（参考）‥‥‥‥‥‥‥‥‥‥‥‥	715
㉗	その他塗料塗り	
	（素地ごしらえは含まない）‥‥‥‥	715
⑳	**内 外 装**‥‥‥‥‥‥‥‥‥‥‥‥‥	716
①	一般事項‥‥‥‥‥‥‥‥‥‥‥‥	716
②	木質系床‥‥‥‥‥‥‥‥‥‥‥‥	716
③	プラスチック系床‥‥‥‥‥‥‥‥	716
④	カーペット敷込み‥‥‥‥‥‥‥‥	717
⑤	畳‥‥‥‥‥‥‥‥‥‥‥‥‥‥‥	717
⑥	せっこうボード張り‥‥‥‥‥‥‥	718
⑦	けい酸カルシウム板張り‥‥‥‥‥	719
⑧	天井ロックウール吸音板張り及び	
	サンドウィッチパネル‥‥‥‥‥‥	720
⑨	天井ボード切込み‥‥‥‥‥‥‥‥	720
⑩	木毛セメント板打込み，断熱材張り	
	及び打込み‥‥‥‥‥‥‥‥‥‥‥	721
⑪	壁紙張り‥‥‥‥‥‥‥‥‥‥‥‥	721
⑫	壁紙張り 素地ごしらえ‥‥‥‥‥	721
⑬	化粧シート張り‥‥‥‥‥‥‥‥‥	722
⑭	壁グラスウール吸音板張り‥‥‥‥	723
⑮	その他**（参考）**‥‥‥‥‥‥‥‥	723
㉑	**仕上ユニット**‥‥‥‥‥‥‥‥‥‥‥	724
①	一般事項‥‥‥‥‥‥‥‥‥‥‥‥	724
②	階段滑り止め‥‥‥‥‥‥‥‥‥‥	724
③	くつずり‥‥‥‥‥‥‥‥‥‥‥‥	724
④	室 名 札‥‥‥‥‥‥‥‥‥‥‥‥	724
⑤	衝突防止表示‥‥‥‥‥‥‥‥‥‥	724
⑥	誘導用及び注意喚起用床材‥‥‥‥	725
⑦	厨房器具‥‥‥‥‥‥‥‥‥‥‥‥	725
⑧	ベネシアンブラインド‥‥‥‥‥‥	725
⑨	カーテンレール‥‥‥‥‥‥‥‥‥	726
⑩	ブラインド取付け‥‥‥‥‥‥‥‥	726
⑪	ピクチャーレール‥‥‥‥‥‥‥‥	726
⑫	煙突用成形ライニング材‥‥‥‥‥	727
⑬	掲 示 板‥‥‥‥‥‥‥‥‥‥‥‥	727
⑭	床排水金具‥‥‥‥‥‥‥‥‥‥‥	727

⑮	旗竿受金物‥‥‥‥‥‥‥‥‥‥‥	727
㉒	**排 水**‥‥‥‥‥‥‥‥‥‥‥‥‥‥	729
①	一般事項‥‥‥‥‥‥‥‥‥‥‥‥	729
②	排水歩掛‥‥‥‥‥‥‥‥‥‥‥‥	729
㉓	**構内舗装**‥‥‥‥‥‥‥‥‥‥‥‥‥	736
①	一般事項‥‥‥‥‥‥‥‥‥‥‥‥	736
②	アスファルト舗装‥‥‥‥‥‥‥‥	736
	1-1 歩 掛‥‥‥‥‥‥‥‥‥‥‥	736
	1-2 舗装機械運搬‥‥‥‥‥‥‥‥	740
	1-3 構内舗装用直接仮設‥‥‥‥‥	740
③	透水性舗装**（参考）**‥‥‥‥‥‥	741
	1-1 歩 掛‥‥‥‥‥‥‥‥‥‥‥	741
④	コンクリート舗装目地‥‥‥‥‥‥	742
⑤	インターロッキングブロック舗装‥‥	743
⑥	コンクリート平板‥‥‥‥‥‥‥‥	743
㉔	**植 栽**‥‥‥‥‥‥‥‥‥‥‥‥‥‥	744
①	一般事項‥‥‥‥‥‥‥‥‥‥‥‥	744
②	植付け（高木）‥‥‥‥‥‥‥‥‥	744
③	植付け（中低木）‥‥‥‥‥‥‥‥	744
④	植付け（地被類）‥‥‥‥‥‥‥‥	744
⑤	掘取り（中低木，根巻き有り）‥‥	744
⑥	掘取り（中低木，根巻き無し）‥‥	745
⑦	掘取り（高木，根巻き有り）‥‥‥	745
⑧	掘取り（高木，根巻き無し）‥‥‥	745
⑨	幹巻き（高木）‥‥‥‥‥‥‥‥‥	745
⑩	支柱（1）‥‥‥‥‥‥‥‥‥‥‥‥	746
⑪	支柱（2）‥‥‥‥‥‥‥‥‥‥‥‥	746
⑫	芝 張 り‥‥‥‥‥‥‥‥‥‥‥‥	747
⑬	植栽基盤整備（A種）‥‥‥‥‥‥	747
⑭	植栽基盤整備（B種）‥‥‥‥‥‥	747
⑮	植栽基盤整備（C種）‥‥‥‥‥‥	747
⑯	植栽基盤整備（D種）‥‥‥‥‥‥	748
⑰	植栽土工機械運転‥‥‥‥‥‥‥‥	748
⑱	植栽機械運搬（バックホウ）‥‥‥	748
⑲	トラック運転‥‥‥‥‥‥‥‥‥‥	748
㉕	**とりこわし**‥‥‥‥‥‥‥‥‥‥‥‥	749
①	一般事項‥‥‥‥‥‥‥‥‥‥‥‥	749
②	建物のとりこわし‥‥‥‥‥‥‥‥	749
	1．適用条件‥‥‥‥‥‥‥‥‥‥‥	749
	2．歩 掛‥‥‥‥‥‥‥‥‥‥‥‥	750
	3．内装材とりこわし（人力を指定した場合）	
	（参考）‥‥‥‥‥‥‥‥‥‥‥‥	754
	4．舗装とりこわし**（参考）**‥‥‥	755
㉖	**建築改修工事**‥‥‥‥‥‥‥‥‥‥‥	757
①	一般事項‥‥‥‥‥‥‥‥‥‥‥‥	757
②	仮 設‥‥‥‥‥‥‥‥‥‥‥‥‥	757
	1．屋上防水改修‥‥‥‥‥‥‥‥‥	757
	2．外壁改修‥‥‥‥‥‥‥‥‥‥‥	757
	3．内部改修‥‥‥‥‥‥‥‥‥‥‥	758
	4．仮設材運搬（仮設間仕切り（C種））‥‥‥‥	759

v

5.	トラック運転	759
③	撤　　去	760
④	外壁改修	767
⑤	塗装改修	767

3.　電気設備工事

❶ 電気設備工事の積算体系及び歩掛 …… 785
　① 工事費の構成 ……………………… 785
　② 工事歩掛と単価 …………………… 785
　③ 下請経費等 ………………………… 786
　④ 数量積算基準 ……………………… 786
　⑤ 内訳書標準書式 …………………… 786

❷ 共　通　費 ………………………………… 788
　① 共通仮設費 ………………………… 788
　② 現場管理費 ………………………… 790
　③ 一般管理費等 ……………………… 792
　④ 共通費及び共通費率の参考値 …… 793

❸ 電力工事 …………………………………… 795
　① 一般事項 …………………………… 795
　② 配線工事 …………………………… 795
　　1. 600V 絶縁電線
　　　（EM-IE・EM-IC・HIV・IV・IC 等
　　　管路入線の場合） ………………… 795
　　2. 600V 絶縁ケーブル配線
　　　（EM-EEF, EM-EE, VVF, VVR） …… 796
　　3. 600V 絶縁ケーブル配線
　　　（EM-EE・VVR　コンクリート部分に
　　　サドル止め配線する場合）**(参考)** …… 796
　　4. 600V ポリエチレンケーブル配線
　　　（EM-CE, CV　管路入線の場合） …… 797
　　5. 高圧架橋ポリエチレンケーブル配線
　　　（6kV EM-CE（EE）, 6kV EM-CET（EE）,
　　　6kV CV, 6kV CVT　管路入線の場合） … 798
　　6. 高圧電力ケーブル端末処理（プレハブ） … 799
　　7. 制御用ケーブル配線
　　　（EM-CEE, EM-CEE-S, CVV, CVV-S
　　　管路入線の場合） ………………… 801
　　8. 低圧耐火ケーブル配線
　　　（EM-FP-C, NH-FP-C, FP-C 管路入線の
　　　場合） ……………………………… 804
　　9. 高圧耐火ケーブル配線
　　　（6kV EM-FP-C, 6kV NH-FP-C,
　　　6kV FP-C　管路入線の場合） …… 806
　③ 配管工事 …………………………… 807
　　1. 電線管
　　　（隠ぺい又はコンクリート打込みの場合）… 807
　　2. 金属製可とう電線管 ……………… 809
　　3. 合成樹脂製可とう電線管
　　　（隠ぺい又はコンクリート打込みの場合）… 810
　④ 位置ボックス・プルボックス ……… 814
　　1. 位置ボックス ……………………… 814

　　2. プルボックス ……………………… 815
　⑤ 線ぴ類 ……………………………… 816
　⑥ 金属ダクト・金属トラフ ………… 818
　⑦-1 ケーブルラック ………………… 819
　⑦-2 ケーブルラック（ZM形, Z35形,
　　　ZA形, AL形, ZT形） ……………… 819
　⑦-3 ケーブルラックカバー（ZM形, Z35形,
　　　ZA形） ……………………………… 820
　⑧ 防火区画貫通処理 ………………… 822
　⑨ バスダクト（600V） ……………… 825
　⑩ ライティングダクト（直付） …… 826
　⑪ ボンディング ……………………… 827
　⑫ 塗装工事（電線管等用） ………… 828
　⑬ 電線管防錆 ………………………… 828
　⑭ 配線器具取付け …………………… 829
　　1. タンブラスイッチ ………………… 829
　　2. フル2線式（多重伝送制御）
　　　リモコンスイッチ ………………… 830
　　3. コンセント ………………………… 831
　　4. OAフロア用器具 ………………… 833
　　5. 医用配線器具 ……………………… 834
　　6. プルスイッチ・計器箱その他 …… 834
　⑮ 照明器具取付け …………………… 835
　　1. 白熱灯 ……………………………… 835
　　2. HID灯 …………………………… 835
　　3. HID灯（ポールライト） ………… 836
　　4. ガーデンライト …………………… 837
　　5. 灯具昇降装置 ……………………… 837
　　6. 昇降装置操作盤**(参考)** …………… 837
　　7. 蛍光灯 ……………………………… 837
　　8. LED照明 ………………………… 840
　　9. 照明制御器 ………………………… 842
　　10. 誘導灯 …………………………… 842
　　11. 非常用照明（白熱灯・LED灯） … 842
　　12. 誘導灯信号装置 ………………… 842
　⑯ 分電盤・制御盤取付け …………… 843
　　1. 開閉器箱・分電盤 ………………… 843
　　2. 開閉器箱・分電盤（組込機器） … 844
　　3. 制御盤 ……………………………… 844
　　4. 電動機・電極その他結線 ………… 845
　⑰ 受変電設備 ………………………… 846
　　1. 受配電盤 …………………………… 846
　　2. 変圧器，高圧進相コンデンサ …… 847
　　3. 直列リアクトル（高圧進相コンデンサ用）
　　　 …………………………………… 848
　　4. 直流電源装置 ……………………… 848
　　5. 工事材料 …………………………… 849
　　6. 高圧負荷開閉器，その他 ………… 850
　⑱ 自家発電設備**(参考)** ……………… 851
　⑲ 雷保護設備 ………………………… 853
　　1. 雷保護設備 ………………………… 853
　⑳ 電柱建柱（人力建込みの場合） … 855
　　1. コンクリート柱 …………………… 855
　　2. 木　　柱 …………………………… 855
　　3. 鋼板組立柱 ………………………… 855

㉑ 電柱建柱（建柱車使用の場合）················ 856
  1. コンクリート柱（建柱車使用の場合）······· 856
  2. 木　　柱（建柱車使用の場合）············ 856
㉒ 支線取付け·· 856
㉓ 腕金取付け·· 857
㉔ 電線架設·· 857
㉕ 引込用電線······································· 857
㉖ 架空ケーブル施設······························· 858
  1. 低　　圧 **(参考)** ······························ 858
  2. 高　　圧 **(参考)** ······························ 858
  3. 吊 架 線 ······································ 858
㉗ 変圧器台（柱上用）**(参考)** ··················· 858
㉘ 点検台（柱上用）**(参考)** ······················ 859
㉙ 変圧器（柱上用）································ 859
㉚ 保安開閉器その他（柱上用）·················· 860
㉛ がいし取付け **(参考)** ··························· 861
㉜ 保護網・保護線 **(参考)** ······················· 861
㉝ 地中ケーブル布設······························· 862
  1. 600V ポリエチレンケーブル配線
    （EM-CE，CV）··························· 862
  2. 高圧架橋ポリエチレンケーブル配線
    （6kV EM-CE，6kV EM-CET，
     6kV CV，6kV CVT）····················· 862
㉞ 地中管路布設···································· 862
  1. トラフ布設···································· 862
  2. 防水鋳鉄管···································· 863
  3. 配管用炭素鋼鋼管（SGP）・
    ポリエチレン被覆鋼管（JIS G 3477）····· 864
  4. 厚鋼電線管（G）・ケーブル保護用合成樹脂
    被覆鋼管（GLL，GLT），
    硬質ビニル電線管（VE，HIVE）·········· 864
  5. 波付硬質合成樹脂管（FEP）················ 865
  6. 地盤変位対策用管路材······················· 865
  7. 多孔陶管（セラダクト）布設 **(参考)** ······· 868
  8. 地中埋設標，埋設標識シート··············· 871
  9. ブロックハンドホール······················· 871

❹ **通信工事** ·· 873
① 屋内通信線（管路内入線の場合）
  （EM-TIEF，TIVF）······················· 873
② 構内ケーブル・着色識別ポリエチレン
  ケーブル（管路内入線の場合）
  （EM-TKEE，EM-FCPEE，EM-FCPEE-S，
  TKEV，CCP-P，FCPEV，FCPEV-S）···· 873
③ 耐熱ケーブル・警報用ケーブル
  （管路内入線の場合）
  （EM-HP，NH-HP，HP，
  EM-AE，AE）······························ 874
④ プリント局内ケーブル（ケーブルラック配線の場合）
  （SWVP）**(参考)** ···························· 875
⑤ 同軸ケーブル（管路内に引き入れる場合）
  （EM-nC-2E，EM-S-nC-FB，nC-2V，
  S-nC-FB，平行フィーダー）··············· 876
⑥ マイクロホン用コード
  （管路内に引き入れる場合）
  （EM-MOOS，EM-MEES，MVVS）········ 876
⑦ 光ファイバケーブル（管路内入線の場合）
  （EM-OP-OMn，EM-OP-OSn，HP-OP）···· 876
⑧ 光ファイバケーブル直線接続················· 877
⑨ 光ファイバケーブル成端接続················· 877
⑩ 光ファイバケーブル伝送損失測定··········· 877
⑪ ボタン電話用ケーブル
  （管路内に引き入れる場合）
  （EM-EBT，EM-BTIEE，EBT，BTIEV）
  ·· 878
⑫ LAN 用ケーブル（管路内入線の場合）
  （EM-UTP，UTP）························ 878
⑬ 通信機器取付け工事···························· 882
  1. 電　　話······································ 882
  2. 情報表示・拡声設備························· 884
  3. テレビ共同受信······························ 885
  4. インターホン装置···························· 887
  5. 表示・電鈴装置······························ 889
⑭ 火災報知機······································· 890
⑮ ガス漏れ火災警報設備························· 893
⑯ 車路管制設備 **(参考)** ··························· 893
⑰ 監視カメラ設備·································· 893

❺ **信号工事** ·· 894
① 外線工事（通信工事に準ずる）··············· 894
② 内線工事·· 894

❻ **電気設備改修工事** ································ 895
① 一般事項·· 895
② 撤　　去·· 895
③ 撤去（電線管）·································· 895
④ 撤去（金属トラフ）···························· 897
⑤ 撤去（線ぴ類）·································· 897
⑥ 撤去（ケーブルラック）······················· 897
⑦ 撤去（プルボックス）·························· 898
⑧ 撤去（位置ボックス）·························· 898
⑨ 撤去（600V 絶縁電線）（EM-IE，EM-IC，
  HIV・IV・IC 等　管内配線の場合）········· 898
⑩ 撤去（600V 絶縁ケーブル）（EM-EEF，
  EM-EE，VVF，VVR）······················ 899
⑪ 撤去（HID 灯器具）···························· 900
⑫ 撤去（ガーデンライト）······················· 900
⑬ 撤去（白熱灯器具）···························· 901
⑭ 撤去（蛍光灯器具）···························· 901
⑮ 撤去（Hf 蛍光灯器具）························ 902
⑯ 撤去（非常用照明器具（白熱灯））·········· 903
⑰ 撤去（木柱（建柱車利用））·················· 903
⑱ 撤去（木柱（人力））·························· 903
⑲ 撤去（柱上取付け変圧器）···················· 904
⑳ 撤去（地中管路）······························· 905
㉑ 撤去（テレビ共同受信）······················· 905

4. 機械設備工事

❶ 機械設備工事の積算体系及び歩掛 ……… 907
① 工事費の構成 …………………………… 907
② 工事歩掛と単価 ………………………… 907
③ 下請経費等 ……………………………… 907
④ 数量積算基準 …………………………… 908
⑤ 内訳書標準書式 ………………………… 908

❷ 共通費 …………………………………… 909
① 共通仮設費 ……………………………… 909
② 現場管理費 ……………………………… 911
③ 一般管理費等 …………………………… 913
④ 共通費及び共通費率の参考値 ………… 914

❸ 配管工事 ………………………………… 916
① 配管工事の仕様 ………………………… 916
  1. 配管材料 ……………………………… 916
  2. 各種配管の継手類 …………………… 917
  3. 配管の接合 …………………………… 918
  4. 異種管の接合 ………………………… 921
  5. 配管用雑材料 ………………………… 922
  6. 接 合 材 ……………………………… 923
  7. 配管の試験（一部抜すい）………… 923
  8. 横走り管の吊り及び振れ止め支持間隔 … 924
② 一般事項 ………………………………… 924
③ 配管工事の歩掛 ………………………… 925
  1. 配管用炭素鋼鋼管　ねじ接合 ……… 925
  2. 配管用炭素鋼鋼管　溶接接合 ……… 926
  3. 配管用炭素鋼鋼管　ハウジング形管接合 … 928
  4. 配管用炭素鋼鋼管　MD継手 ……… 929
  5. 配管用炭素鋼鋼管　フランジ接合 … 930
  6. 水道用硬質塩化ビニルライニング鋼管
     （SGP-VA）ねじ接合（管端防食継手）…… 931
  7. 水道用硬質塩化ビニルライニング鋼管
     （SGP-VD）ねじ接合（管端防食継手）…… 932
  8. 水道用硬質塩化ビニルライニング鋼管
     （SGP-VA）ハウジング形管継手 ………… 933
  9. フランジ付硬質塩化ビニルライニング鋼管
     （SGP-FVA）フランジ接合 ……………… 934
  10. フランジ付硬質塩化ビニルライニング鋼管
      （SGP-FVD）フランジ接合 ……………… 935
  11. 水道用耐熱性硬質塩化ビニルライニング鋼管
      （SGP-HVA）ねじ接合（管端防食継手）… 936
  12. 消火用硬質塩化ビニル外面被覆鋼管
      （SGP-VS）ねじ接合 …………………… 937
  13. 水道用ポリエチレン粉体ライニング鋼管
      （SGP-PA）ねじ接合（管端防食継手）… 938
  14. 水道用ポリエチレン粉体ライニング鋼管
      （SGP-PD）ねじ接合（管端防食継手）… 939
  15. フランジ付ポリエチレン粉体ライニング鋼管
      （SGP-FPA）フランジ接合 …………… 940
  16. フランジ付ポリエチレン粉体ライニング鋼管
      （SGP-FPD）フランジ接合 …………… 941
  17. 排水用硬質塩化ビニルライニング鋼管
      （黒）MD継手 ………………………… 942
  18. 排水用ノンタールエポキシ塗装鋼管MD継手
      ……………………………………………… 943
  19. 一般配管用ステンレス鋼鋼管
      （圧縮・プレス・拡管式接合）………… 944
  20. 一般配管用ステンレス鋼鋼管（溶接接合）
      ……………………………………………… 945
  21. 一般配管用ステンレス鋼鋼管
      （ハウジング形管継手）………………… 948
  22. 遠心力鉄筋コンクリート管 …………… 950
  23. 銅管（M）・被覆銅管・保温付被覆銅管 … 950
  24. 耐衝撃性硬質ポリ塩化ビニル管（HIVP）・
      硬質ポリ塩化ビニル管（VP）・リサイクル
      硬質ポリ塩化ビニル発泡三層（RF-VP）・
      硬質ポリ塩化ビニル管（VU）・リサイクル
      硬質ポリ塩化ビニル三層管（RS-VU）・
      排水用リサイクル硬質ポリ塩化ビニル管
      （REP-VU）………………………………… 952
  25. 耐熱性硬質ポリ塩化ビニル管（HTVP）… 957
  26. 耐火二層管（FDVD）…………………… 959
  27. 冷媒用銅管 ……………………………… 960
  28. 冷媒用断熱材被覆銅管 ………………… 962
  29. 一般弁類 ………………………………… 963
  30. 伸縮管継手・フレキシブルジョイント等
      ……………………………………………… 964
  31. 計 器 類 ………………………………… 965

❹ 空気調和及び換気設備工事 …………… 966
① 冷 凍 機 ………………………………… 966
  1. チリングユニット据付け …………… 966
  2. 空気熱源ヒートポンプユニット据付け … 966
  3. 吸収冷温水機据付け ………………… 966
② 冷 却 塔 ………………………………… 967
  1. 冷却塔据付け ………………………… 967
③ 空気調和機 ……………………………… 967
  1. 空気調和機据付け …………………… 967
  2. パッケージ形空気調和機据付け …… 967
  3. パッケージ形空気調和機（圧縮機屋内形）
     据付け …………………………………… 968
  4. パッケージ形空気調和機（圧縮機屋外形）
     据付け …………………………………… 968
  5. ガスエンジンヒートポンプ式空気調和機
     据付け …………………………………… 969
  6. ルームエアコンディショナー（ウインド形）
     据付け …………………………………… 969
  7. ルームエアコンディショナー（セパレート
     形（圧縮機屋外形））据付け …………… 969
  8. ファンコイルユニット据付け ……… 969
  9. 全熱交換器据付け …………………… 970
  10. 空気清浄装置据付け ………………… 971
  11. 加湿器据付け ………………………… 971
④ 送 風 機 ………………………………… 972
  1. 送風機据付け ………………………… 972

2. 消音ボックス付送風機等据付け……… 972	10. シャワーセット……………………… 1012
3. 換気扇等据付け………………………… 973	11. 衛生器具附属品……………………… 1012
4. ウェザーカバー………………………… 973	② 給水器具…………………………………… 1013
⑤ 機器搬入費…………………………………… 973	1. タンク類据付け……………………… 1013
1. 歩　　掛………………………………… 973	2. 水栓類等……………………………… 1014
2. ポンプと鋼板製水槽の搬入費計算例… 975	3. 量水器等……………………………… 1015
⑥ ダクト設備…………………………………… 976	③ 排水器具…………………………………… 1016
1. アングルフランジ工法ダクト……… 976	1. 排水金物・トラップ等……………… 1016
2. コーナーボルト工法ダクト（低圧）… 977	④ 給湯器具…………………………………… 1018
3. ステンレス製ダクト　アングル工法… 978	1. タンク類据付け……………………… 1020
4. スパイラルダクト…………………… 980	2. ガス湯沸器等据付け………………… 1021
5. 排煙円形ダクト……………………… 983	3. 電気湯沸器等据付け………………… 1022
6. フレキシブルダクト………………… 983	⑤ 消火設備…………………………………… 1023
7. グラスウール製ダクト（円形ダクト）… 984	1. 屋内消火栓，屋外消火栓，連結送水管等… 1023
8. 吹出口・吸込口……………………… 984	2. スプリンクラー設備………………… 1025
9. ダンパー類…………………………… 986	3. 消火用充水タンク据付け…………… 1025
10. 排気フード，グリス除去装置据付け… 987	⑥ 厨房器具設備据付け……………………… 1026
11. たわみ継手（キャンバス継手）…… 987	❼ 保温工事…………………………………………… 1028
12. 定風量・変風量ユニット…………… 988	① 一般事項…………………………………… 1028
⑦ 自動制御機器及び計装工事……………… 994	② 保温工事の仕様…………………………… 1028
1. 自動制御機器………………………… 994	1. 材　　料……………………………… 1028
2. 計装工事……………………………… 994	2. 施　　工……………………………… 1029
⑧ 総合調整費…………………………………… 995	③ 配管の保温工事の歩掛…………………… 1031
1. 総合調整……………………………… 995	④ 機器・煙道及びダクトの保温工事の歩掛… 1069
❺ 暖房設備工事……………………………………… 996	⑤ 弁類の保温工事の歩掛…………………… 1080
① ボイラー据付け…………………………… 996	❽ 塗装工事…………………………………………… 1085
② 温風暖房機据付け………………………… 997	① 一般事項…………………………………… 1085
③ タンク類…………………………………… 997	② 塗装工事の仕様…………………………… 1085
1. 地下オイルタンク据付け…………… 997	③ 塗装工事の歩掛…………………………… 1086
2. 地下オイルタンク用附属品………… 998	❾ 防食処置…………………………………………… 1089
3. オイルサービスタンク等据付け… 1000	① 一般事項…………………………………… 1089
④ ポンプ類据付け…………………………… 1001	② 防食処置の仕様…………………………… 1089
⑤ 配管及び附属品…………………………… 1003	1. 材　　料……………………………… 1089
1. 配管工事……………………………… 1003	③ 防食処置の歩掛…………………………… 1089
2. 一般弁類……………………………… 1003	1. 鉛　　管（コンクリート内）……… 1089
3. 高圧トラップ装置…………………… 1003	2. 鋼　　管（地中埋設）……………… 1090
4. 低圧トラップ装置…………………… 1003	❿ 土工事……………………………………………… 1091
5. 多量トラップ装置…………………… 1003	① 一般事項…………………………………… 1091
6. 減圧装置（蒸気用）………………… 1004	② 土工事の歩掛……………………………… 1091
7. 温度調整装置………………………… 1004	⓫ コンクリート工事・その他…………………… 1093
⑥ 暖房器具…………………………………… 1006	① 一般事項…………………………………… 1093
1. 暖房器具据付け……………………… 1006	② コンクリート工事の歩掛………………… 1093
❻ 衛生設備工事……………………………………… 1007	③ 土工運転等………………………………… 1094
① 衛生器具…………………………………… 1007	⓬ 桝類………………………………………………… 1095
1. 大便器………………………………… 1007	① 適　　用…………………………………… 1095
2. 小便器………………………………… 1008	② 材　　料…………………………………… 1095
3. 小便器・自動洗浄タンク（参考）… 1008	③ 桝類歩掛…………………………………… 1099
4. 小便器洗浄用埋設管………………… 1009	④ 桝単価作成例（参考）…………………… 1105
5. 仕切板………………………………… 1010	
6. 洗面器………………………………… 1010	
7. 手洗器・洗髪器……………………… 1011	
8. 流し等………………………………… 1011	
9. 水飲器等……………………………… 1012	

❸　機械設備改修工事……………………………… 1107
　①　一般事項…………………………………… 1107
　②　撤　　去………………………………………… 1107
　　1．適用条件及び留意事項………………… 1107
　　2．資機材の撤去……………………………… 1107
　　3．ダクト撤去………………………………… 1107
　　4．ダクト附属品撤去………………………… 1108
　　5．ダクト類保温撤去………………………… 1109
　　6．衛生器具撤去……………………………… 1110
　　7．配管保温撤去……………………………… 1111
　③　改修工事…………………………………… 1119
　　1．配管工事…………………………………… 1119
　　2．ダクト工事………………………………… 1120
　　3．桝　　類…………………………………… 1121
　④　はつり工事………………………………… 1121
　⑤　機器搬出…………………………………… 1122

1. 土木工事

❶ 土木・下水道工事市場単価，土木工事標準単価の概要
❷ 公　　園
❸ 下 水 道
❹ 上 水 道
❺ 土地改良
❻ 調　　査

　改訂59版より，歩掛積上方式から施工パッケージ型積算方式に移行した工種の歩掛の参考掲載を廃止しました。
　改訂58版まで掲載しておりました「土工，共通工，基礎工，コンクリート工，仮設工，河川・砂防・海岸，道路，共同溝，橋梁」については掲載がありませんのでご注意ください。
　最新の施工パッケージ型積算については，「令和6年度版　国土交通省土木工事積算基準」「令和6年度版　国土交通省土木工事標準積算基準書」各編をご参照ください。

❶ 土木・下水道工事市場単価，土木工事標準単価の概要

❶—1 土木・下水道工事市場単価

(1) 市場単価方式とは

　　市場単価方式は，「工事を構成する一部又は全部の工種について，歩掛を用いず，材料費，労務費及び直接経費（機械経費等）を含む施工単位当りの市場での取引価格を把握し，直接，積算に用いる方法」である。

　　市場単価方式は，外注化の進展に伴い，一部の工種においては総合工事業者と専門工事業者の間で取引市場が形成されており施工に必要な費用についてもこの市場における取引価格として把握し得ることに着目したものである。このような工種については，従来の土木工事積算のように工事費を構成する各々の費目の価格を算定し，それを積み上げて総額を算定する原価計算方式を用いるのではなく，総合工事業者と専門工事業者の取引市場における価格を調査し，その標準的な価格を直接積算に導入するというのが市場単価方式の基本的な考えである。

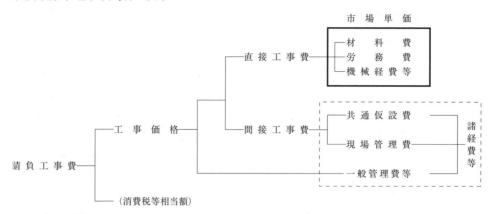

注：①市場単価の範囲は太枠内の直接工事費（材・労・機）

図1　請負工事費の構成と市場単価

(2) 市場単価の導入プロセス

　　市場単価調査では3つの段階調査（①予備調査→②試行調査→③本施行調査）を実施して，導入している。

(2)—1 予備調査

　　国土交通省が，市場単価方式の適用が可能か否かの検討（3つの成立要件①民間と民間との間で取引実例があること②施工単位当りの取引が行われていること③民間と民間との間で良好な取引が行われていること　の確認）を行うための調査を実施する。

　　予備調査の主な内容は

　1　準備調査
　　① 工事事例の確認：地域，時期に偏りがなく，十分な調査サンプルが得られるかどうかの確認。
　　② 取引（契約）の確認：元請と下請との取引の有無，特別な取引慣行の有無，自社施工の有無等の確認。
　　③ 調査内容の確認：市場単価調査の条件区分，調査内容等の確認。

　2　予備（テスト）調査
　　① 調査票による調査を実施して，準備調査での確認事項について数値的な裏付けを得る。
　　② 試行調査に向けて，市場単価適用のための条件区分，規格・仕様，適用条件などを整備する。

(2)—2 試行調査

　　予備調査において成立要件等が確認され，適用が可能と判断された工種については，国土交通省が直轄工事において，市場単価を積算に試行的に導入するための調査を実施するとともに，将来の本施行に備えて必要な事項を整備，検討する。

　　① 規格仕様の整備・検討
　　② 適用条件の整備・検討
　　③ 条件区分の整備・検討

(2)—3 本施行調査

　　国土交通省で一定期間の試行を経て，積算上問題がなく，本施行への移行が決まると，「積算基準」から該当歩掛が削除され，市場単価そのものが積算に用いられることになる。

　　以降，継続的に市場単価調査を行い，調査結果を四半期に一度，「土木コスト情報」，「デジタル土木コスト情報」（発行：（一財）建設物価調査会）に公表される。

❶土木・下水道工事市場単価，土木工事標準単価の概要—2

(3) 市場単価調査工種の経緯

市場単価調査工種は，下表に示す経緯を経て，現在に至っている。

土木工事市場単価取り組みの経緯　　　　　（令和6年9月現在）

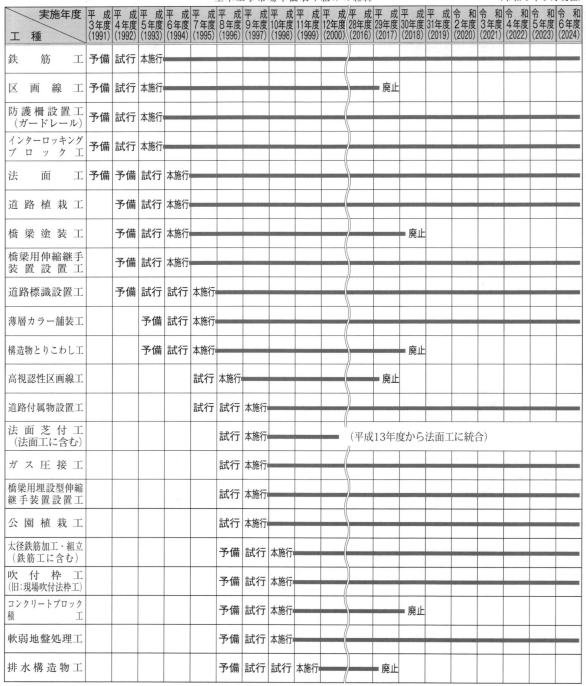

本施行……本施行調査工種　　**試行**……試行調査工種　　**予備**……予備調査工種　　　　　次ページに続く

— 2 —

土木工事市場単価取り組みの経緯

工種＼実施年度	平成10年度(1998)	平成11年度(1999)	平成12年度(2000)	平成13年度(2001)	平成14年度(2002)	平成15年度(2003)	平成16年度(2004)	平成17年度(2005)	平成18年度(2006)	平成19年度(2007)	平成20年度(2008)	平成29年度(2017)	平成30年度(2018)	平成31年度(2019)	令和2年度(2020)	令和3年度(2021)	令和4年度(2022)	令和5年度(2023)	令和6年度(2024)
橋面防水工	予備	試行	本施行																
防護柵設置工（横断・転落防止柵）	予備	試行	本施行																
防護柵設置工（落石防護柵）		予備	試行	本施行															
防護柵設置工（落石防止網）		予備	試行	本施行															
防護柵設置工（ガードパイプ）			予備	試行	本施行														
RCホロースラブ鉄筋工（鉄筋工に含む）			予備	試行	試行	本施行													
鉄筋挿入工（ロックボルト）				予備	試行	試行	試行	本施行											
グルービング工				予備	試行	試行	本施行												
水性区画線工（区画線工に含む）									予備	試行	本施行	廃止							
コンクリート表面処理工（ウォータージェット工）									予備	試行	本施行								

本施行……本施行調査工種　　**試行**……試行調査工種　　**予備**……予備調査工種

下水道工事市場単価取り組みの経緯　　　　　　　　　　　　　（令和6年9月現在）

工種＼実施年度	平成14年度(2002)	平成15年度(2003)	平成16年度(2004)	平成17年度(2005)	平成18年度(2006)	平成19年度(2007)	平成20年度(2008)	平成21年度(2009)	平成22年度(2010)	平成23年度(2011)	平成24年度(2012)	平成25年度(2013)	平成30年度(2018)	平成31年度(2019)	令和2年度(2020)	令和3年度(2021)	令和4年度(2022)	令和5年度(2023)	令和6年度(2024)
取付管およびます工（塩化ビニル製）	予備	予備	試行	試行	本施行														
組立マンホール設置工				予備	試行	試行	本施行												
小型マンホール工（塩化ビニル製）				予備	試行	試行	本施行												
硬質塩化ビニル管設置工					予備	試行	試行	試行	本施行										
リブ付硬質塩化ビニル管設置工					予備	試行	試行	本施行											
砂基礎工					予備	試行	試行	本施行											
砕石基礎工					予備	試行	試行	本施行											

本施行……本施行調査工種　　**試行**……試行調査工種　　**予備**……予備調査工種

❶−2 土木工事標準単価

(1) 土木工事標準単価とは

「土木工事標準単価」は,「標準的な工法による施工単位当りの工事費で,工事業者の施工実績に基づき,調査により得られた材料費,歩掛等によって算定した価格」である。「市場単価」が歩掛を用いず,総合工事業者と専門工事業者との施工単位当りの取引価格から決定されるのに対し,「土木工事標準単価」は,調査された機械,労務,材料の歩掛に最新の機械経費,労務費,材料費を掛け合わせて算定された価格であることから,時々の単価が反映されるということに大きな特徴がある。

「土木工事標準単価」は,工種ごとに名称や規格・仕様,時間制約の程度及び昼間単価(工種によっては夜間単価もあり)などの別に応じて四半期ごとに価格が都道府県ごとに公表される。これらは,「土木コスト情報」,「デジタル土木コスト情報」(発行:(一財)建設物価調査会)に掲載されている。

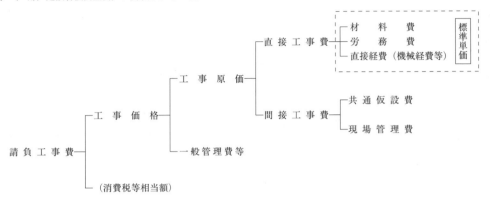

図2　工事費の構成と掲載価格の範囲

価格の構成は業種の様態によって,以下のように区分している。詳細については,「土木コスト情報」の各工種の「単価の構成」欄を参照されたい。
① 機労材:機械経費＋労務費＋材料費
② 機労:機械経費＋労務費
③ 労:労務費

(2) 価格の決定

価格算定に用いる歩掛は,原則,調査によって得られた数値データ及び非数値データについて統計手法等を検討し類似歩掛と比較するなど,総合的な判断に基づき決定している。材料費等については「建設物価」資材編に示した手法によって決定している。労務費については調査時点で公表されている公共工事設計労務単価を適用し,機械経費についても調査時点で公表されている建設機械等損料表もしくは「建設物価」掲載の建設機械賃貸料金(長期割引後の単価を使用)を適用している。ただし,時間的制約を受ける場合の労務費,豪雪地域(国土交通省のホームページ「豪雪地帯対策の推進」参照)の機械損料については国土交通省の土木工事標準積算基準書に準じて補正している。

(3) 各種補正の考え方及び価格欄の特殊な表示

各種補正の考え方及び価格欄の特殊な表示については,以下の通りとしている。なお,価格等に大幅な変更等がある場合は随時,当会のホームページにて情報提供を行うので,最新の情報にご注意願いたい。
① 夜間単価
・[夜間単価]所定労働時間内で20h～6hにかかる時間帯の場合であり,該当ページの工種名称欄に網掛けをし,昼間単価と区別している。
② 時間的制約
・[時間的制約を受ける]作業時間が7時間／日を超え7.5時間／日以下の場合を示している。
・[時間的制約を著しく受ける]作業時間が4時間／日以上7時間／日以下の場合を示している。
③ 週休2日補正
・週休2日に取り組む際の必要経費の計上(国土交通省のホームページ参照)について,「土木コスト情報」の単価は「週休2日補正なし」の価格情報を掲載している。

● 土木・下水道工事市場単価，土木工事標準単価の概要—5

(4) 土木工事標準単価調査工種の経緯

土木工事標準単価調査工種は，下表に示す経緯を得て，現在に至っている。

土木工事標準単価取り組みの経緯　　　　令和6年9月現在

工種＼実施年度	平成25年度(2013)	平成26年度(2014)	平成27年度(2015)	平成28年度(2016)	平成29年度(2017)	平成30年度(2018)	平成31年度(2019)	令和2年度(2020)	令和4年度(2022)	令和5年度(2023)	令和6年度(2024)
かごマット設置工（多段積型）	━━	━━	━━→	廃止							
鋼製排水溝設置工	━━	━━	━━	━━	━━	━━	━━	━━	━━	━━	━→
表面被覆工（コンクリート保護塗装）	━━	━━	━━	━━	━━	━━	━━	━━	━━	━━	━→
連続繊維シート補強工	━━	━━	━━	━━	━━	━━	━━	━━	━━	━━	━→
防草シート設置工	━━	━━	━━	━━	━━	━━	━━	━━	━━	━━	━→
表面含浸工	━━	━━	━━	━━	━━	━━	━━	━━	━━	━━	━→
剥落防止工（アラミドメッシュ）	━━	━━	━━	━━	━━	━━	━━	━━	━━	━━	━→
漏水対策材設置工	━━	━━	━━	━━	━━	━━	━━	━━	━━	━━	━→
紫外線硬化型FRPシート設置工（ポリエステル樹脂）		━━	━━	━━	━━	━━	━━	━━	━━	━━	━→
塗膜除去工（塗膜剥離剤）		━━	━━	━━	━━	━━	━━	━━	━━	━━	━→
バキュームブラスト工			━━	━━	━━	━━	━━	━━	━━	━━	━→
道路反射鏡設置工			━━	━━	━━	━━	━━	━━	━━	━━	━→
仮設防護柵設置工（仮設ガードレール）			━━	━━	━━	━━	━━	━━	━━	━━	━→
機械式継手工				━━	━━	━━	━━	━━	━━	━━	━→
抵抗板付鋼製杭基礎工				━━	━━	━━	━━	━━	━━	━━	━→
区画線工					━━	━━	━━	━━	━━	━━	━→
高視認性区画線工					━━	━━	━━	━━	━━	━━	━→
排水構造物工					━━	━━	━━	━━	━━	━━	━→
橋梁塗装工						━━	━━	━━	━━	━━	━→
構造物とりこわし工						━━	━━	━━	━━	━━	━→
コンクリートブロック積工						━━	━━	━━	━━	━━	━→
ノンコーキング式コンクリートひび割れ誘発目地設置工						━━	━━	━━	━━	━━	━→
FRP製格子状パネル設置工						━━	━━	━━	━━	━━	━→
侵食防止用植生マット工（養生マット工）						━━	━━	━━	━━	━━	━→
支承金属溶射工							━━	━━	━━	━━	━→
耐圧ポリエチレンリブ管（ハウエル管）設置工							━━	━━	━━	━━	━→

❷ 公　　　園

① 基 盤 整 備

1．敷 地 造 成 工

1－1　適 用 範 囲

　　　　本資料は，公園緑地工事における敷地造成に適用する。

1－2　整 地 工

1－2－1　トラクター土工

(1) 施 工 歩 掛

公園工事用小型機械

トラクター（1 t級）

1時間当り作業量（Vt）の算定式は次のとおりとする。

$$Vt = \frac{60 \cdot W \cdot V \cdot E}{N} \quad (m^2/h)$$

　　W：平均幅員（m）
　　V：平均速度（m/min）
　　E：作業効率
　　N：作業回数

(2) 1時間当りの作業量

表1.1　W・V・E・N標準数値

作　業	W (m)	V (m/min)	E 砂，砂質土	E 礫質土，粘性土	N	摘　　要
耕　　起	1.60	24.3	0.80	0.70	2	
砕土・整地	1.90	28.8	0.80	0.70	2	オフセットディスクハロー
肥料散布	1.80	41.1	1.00	1.00	1	ブロードキャスター / ライムソワー
播　　種	1.80	24.3	1.00	1.00	1	ブロードキャスター

表1.2　小型機械土工（トラクター）歩掛　　　　　　　　　　（m²当り）

名　称	規　格	単位	数量	摘　要
トラクター運転	1 t級	h		1／Vt

表1.3　小型機械土工（トラクター）単価表　　　　　　　　　　（m²当り）

名　称	規　格	単位	数量	摘　要
トラクター運転	1 t級	h		1／Vt　表1.2
諸 雑 費		式	1	
計				

表1.4　トラクター運転単価表

名　称	規　格	単位	数　量	摘　要
軽　　油		ℓ	2.6	
特殊作業員		人	0.2	
機械損料		h	1	
諸 雑 費		式	1	
計				

2. 擁壁工

2−1 適用範囲
　　本資料は，公園工事におけるコンクリートブロック工及び石積工に適用する。

2−2 コンクリートブロック工

2−2−1 コンクリートブロック（空洞ブロック）積

(1) 施工歩掛
　　建築用空洞ブロック（B種）積の施工歩掛は次表を標準とする。

表2.1　コンクリートブロック（空洞ブロック）積工歩掛　　　　（1m²当り）

名　称	規　格	単位	数量 100mm	数量 120mm	数量 150mm	摘　要
建築用空洞ブロック	390×190（B種）	個	13	13	13	
セ メ ン ト		kg	13.1	16.6	24.2	
砂	細目	m³	0.03	0.03	0.05	
鉄　筋		kg	3.7	3.7	3.7	
建築ブロック工		人	0.12	0.13	0.14	
普 通 作 業 員		〃	0.05	0.06	0.08	

（備考）1. 片面のみ目地等の仕上げをする場合は，建築ブロック工を0.025人／m²，両面とも目地等の仕上げをする場合は，建築ブロック工を0.05人／m²加算する。
　　　　2. 鉄筋加工組立は，上記労務費に含まれる。標準的には縦横ともD-10@400とし，その場合の数量は3.7kg／m²とする。
　　　　3. 小運搬距離は，20m程度とする。

(2) 単価表
　　コンクリートブロック（空洞ブロック）積1m²当り単価表

名　称	規　格	単位	数　量	摘　要
建築用空洞ブロック	390×190（B種）	個		表2.1
セ メ ン ト		kg		〃
砂	細目	m³		〃
鉄　筋		kg		〃
建築ブロック工		人		〃
普 通 作 業 員		〃		〃
諸 雑 費		式	1	
計				

2−3 石積工

2−3−1 崩れ積及び面積

(1) 適用範囲
　　本資料は，野面石を修景的配慮を加えながら（崩れ積・面積を含む）施工を行う石積工に適用する。

(2) 施工フロー
　　施工フローは下図のとおりとする。

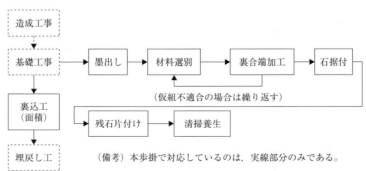

（備考）本歩掛で対応しているのは，実線部分のみである。

(3) 施工歩掛
　　崩れ積・面積（野面石修景積）施工歩掛は次表を標準とする。
① 野面石修景積工

表2.2　野面石修景積工歩掛　　　　　　　　　　　　　　　　　　(10m²当り)

名　称	規　格	単　位	数　量	摘　要
世　話　役		人	1.0	
石　　　工		〃	1.9	
普　通　作　業　員		〃	2.8	
(備考)　運搬距離20m程度の人力による小運搬距離を含む。				

表2.3　野面石使用量　　　　　　　　　　　　　　　　　　(10m²当り)

材　料	規格・寸法	単位	数　量
野　面　石	φ300～1,000mm	個	40
(備考)　特殊な形状，施工方法等の場合は，別途考慮する。			

② 胴込・裏込コンクリート投入打設
　　胴込・裏込コンクリート投入打設歩掛は，「2－3－12　胴込・裏込コンクリート投入打設」による。

(4) 単価表
　　崩れ積及び面積10m²当り単価表

名　称	規　格	単　位	数　量	摘　要
世　話　役		人		表2.2
石　　　工		〃		〃
普　通　作　業　員		〃		〃
野　面　石		個		表2.3
諸　雑　費		式	1	
計				

(参考図)

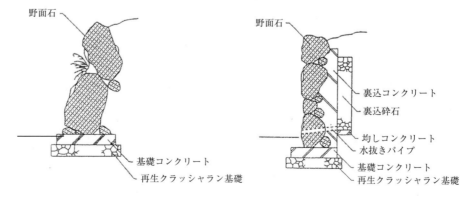

2—3—2 小 端 積
(1) 適 用 範 囲
　本資料は，割小端石による割小端積に適用する。
(2) 施 工 歩 掛
　割小端積の施工歩掛は次表を標準とする。

表2.4　割小端積工歩掛　　　　　　　　　　　　　　　　　　(10m²当り)

名　　称	規　格	単　位	数　量	摘　要
世　話　役		人	0.7	
石　　工		〃	7.0	
普 通 作 業 員		〃	6.0	
諸　雑　費		%	2	(備考) 3

(備考)　1．仕上り厚90mm，目地幅10mm程度（深目地3〜5mm）の場合である。
　　　　2．運搬距離20m程度の人力による小運搬距離を含む。
　　　　3．諸雑費は，張付けモルタルの費用であり，労務費の合計額に上表の率を乗じた金額を上限として計上する。

(3) 単 価 表
　割小端積10m²当り単価表

名　　称	規　格	単　位	数　量	摘　要
世　話　役		人		表2.4
石　　工		〃		〃
普 通 作 業 員		〃		〃
小 端 積 石	大きさ300×74mm程度 厚20〜35mm程度	m²	10	
諸　雑　費		式	1	表2.4
計				

(備考)　掘削等は擁壁本体で計上する。

(参考図)

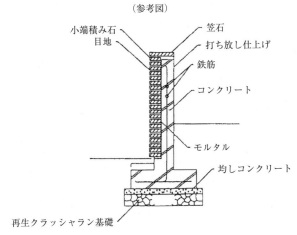

2—3—3　雑割石‐空石積
(1) 適用範囲
本資料は，雑割石による空石積に適用する。
(2) 施工歩掛
雑割石の裏込栗石を使用して施工する空石積（法勾配１割未満）の施工歩掛は次表を標準とする。

表2.5　雑割石（控え350mm）による空石積工歩掛　　　　　　　　　　　（10m²当り）

名　称	規　格	単位	数量	摘　要
世話役		人	0.4	
石工		〃	1.7	
普通作業員		〃	3.6	
諸雑費		％	4	（備考）3

（備考）1．布積み及び谷積みに使用する。
　　　　2．運搬距離20ｍ程度の人力による小運搬距離を含む。
　　　　3．諸雑費は，胴込・裏込栗石（砕石）の費用であり，労務費の合計額に上表の率を乗じた金額として計上する。

表2.6　雑割石使用量　　　　　　　　　　　（10m²当り）

材料	規格・寸法	単位	数量
雑割石	控え350mm	個	130

(3) 単価表
雑割石による空石積10m²当り単価表

名　称	規　格	単位	数量	摘　要
世話役		人		表2.5
石工		〃		〃
普通作業員		〃		〃
雑割石	控え350mm	個		表2.6
諸雑費		式	1	表2.5
計				

2—3—4　雑割石‐練石積
(1) 適用範囲
本資料は，雑割石による練石積に適用する。
(2) 施工フロー
施工フローは下図のとおりとする。

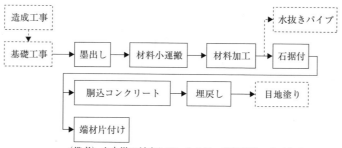

（備考）本歩掛で対応しているのは，実線部分のみである。

(3) 施 工 歩 掛

雑割石の胴込コンクリートを使用して施工する練石積（法勾配1割未満）の施工歩掛は次表を標準とする。
① 雑割石による練石積工

表2.7　雑割石（控え350mm）による練石積工歩掛　　　　　　　　　　（10m²当り）

名　　称	規　　格	単　位	数　量	摘　　要
世　話　役		人	0.4	
石　　　　工		〃	1.5	
普　通　作　業　員		〃	3.6	

(備考)　1．布積み及び谷積みに使用する。
　　　　2．運搬距離は20m程度の人力による小運搬距離を含む。
　　　　3．原則として空目地とする。目地を塗る場合は別途考慮する。

表2.8　雑割石使用量　　　　　　　　　　（10m²当り）

材　　料	規格・寸法	単位	数　　量
雑　割　石	控え350mm	個	130

② 胴込・裏込コンクリート投入打設

　胴込・裏込コンクリート投入打設歩掛は，「2－3－12　胴込・裏込コンクリート投入打設」による。

(4) 単 価 表

雑割石による練石積10m²当り単価表

名　　称	規　　格	単　位	数　量	摘　　要
世　話　役		人		表2.7
石　　　　工		〃		〃
普　通　作　業　員		〃		〃
雑　割　石	控え350mm	個		表2.8
諸　雑　費		式	1	
計				

(参考図)

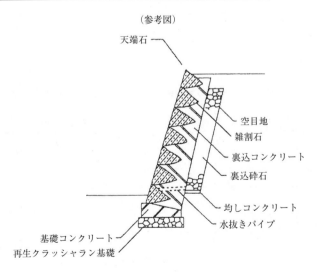

2—3—5 雑割石－空石張

(1) 適用範囲

本資料は，雑割石による空石張に適用する。

(2) 施工歩掛

雑割石の裏込栗石を使用して施工する空石張（法勾配1割以上）の施工歩掛は次表を標準とする。

表2.9　雑割石（控え350mm）による空石張工歩掛　　　　　　　　(10m²当り)

名　称	規　格	単位	数量	摘　要
世　話　役		人	0.4	
石　　　工		〃	1.5	
普通作業員		〃	3.2	
諸　雑　費		％	5	(備考) 3

(備考) 1. 布積み及び谷積みに使用する。
　　　 2. 運搬距離20m程度の人力による小運搬距離を含む。
　　　 3. 諸雑費は，胴込・裏込栗石（砕石）の費用であり，労務費の合計額に上表の率を乗じた金額として計上する。

表2.10　雑割石使用量　　　　　　　　(10m²当り)

材　料	規格・寸法	単位	数量
雑　割　石	控え350mm	個	130

(3) 単価表

雑割石による空石張10m²当り単価表

名　称	規　格	単位	数量	摘　要
世　話　役		人		表2.9
石　　　工		〃		〃
普通作業員		〃		〃
雑　割　石	控え350mm	個		表2.10
諸　雑　費		式	1	表2.9
計				

2—3—6 雑割石－練石張

(1) 適用範囲

本資料は，雑割石による練石張に適用する。

(2) 施工歩掛

雑割石の胴込コンクリートを使用して施工する練石張（法勾配1割以上）の施工歩掛は次表を標準する。

① 雑割石による練石張工

表2.11　雑割石（控え350mm）による練石張工歩掛　　　　　　　　(10m²当り)

名　称	規　格	単位	数量	摘　要
世　話　役		人	0.4	
石　　　工		〃	1.3	
普通作業員		〃	3.2	

(備考) 1. 布積み及び谷積みに使用する。
　　　 2. 運搬距離は20m程度の人力による小運搬距離を含む。

表2.12　雑割石使用量　　　　　　　　(10m²当り)

材　料	規格・寸法	単位	数量
雑　割　石	控え350mm	個	130

② 胴込・裏込コンクリート投入打設

胴込・裏込コンクリート投入打設歩掛は，「2—3—12　胴込・裏込コンクリート投入打設」による。

(3) 単 価 表
雑割石による練石張10m²当り単価表

名　　称	規　　格	単位	数量	摘　　要
世　話　役		人		表2.11
石　　工		〃		〃
普 通 作 業 員		〃		〃
雑　割　石	控え350mm	個		表2.12
諸　雑　費		式	1	
計				

2－3－7　雑石－空石積

(1) 適 用 範 囲
　本資料は，雑石による空石積に適用する。
(2) 施 工 歩 掛
　雑石の裏込栗石を使用して施工する空石積（法勾配1割未満）の施工歩掛は次表を標準とする。

表2.13　雑石による空石積施工歩掛　　　　　　　　　　（10m²当り）

名　称	規　格	単位	控え300mm	控え350mm	控え400mm	摘　要
世　話　役		人	0.4	0.4	0.4	
石　　工		〃	1.2	1.3	1.6	
普 通 作 業 員		〃	2.8	3.3	3.8	
諸　雑　費		%	3	4	3	（備考）3

（備考）1．布積み及び谷積みに使用する。
　　　　2．運搬距離20m程度の人力による小運搬距離を含む。
　　　　3．諸雑費は，胴込・裏込栗石（砕石）の費用であり，労務費の合計額に上表の率を乗じた金額として計上する。

表2.14　雑石使用量　　　　　　　　　　（10m²当り）

材　料	単位	控え300mm	控え350mm	控え400mm
雑　石	個	210	160	140

(3) 単 価 表
雑石による空石積10m²当り単価表

名　称	規　格	単位	数量	摘　要
世　話　役		人		表2.13
石　　工		〃		〃
普 通 作 業 員		〃		〃
雑　石	控え○○mm	個		表2.14
諸　雑　費		式	1	表2.13
計				

2—3—8 雑石－練石積
(1) 適 用 範 囲
　　本資料は，雑石による練石積に適用する。
(2) 施工フロー
　　施工フローは下図のとおりとする。

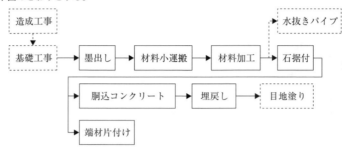

（備考）本歩掛で対応しているのは，実線部分のみである。

(3) 施 工 歩 掛
　　雑石の胴込コンクリートを使用して施工する練石積（法勾配1割未満）の施工歩掛は次表を標準とする。
　① 雑石による練石積工

表2.15　雑石による練石積施工歩掛　　　　　　　　　　　(10m²当り)

名　　称	規　　格	単位	控え300mm	控え350mm	控え400mm	摘　要
世 話 役		人	0.4	0.4	0.4	
石　　工		〃	1.1	1.2	1.5	
普通作業員		〃	2.8	3.3	3.8	

（備考）　1．布積み及び谷積みに使用する。
　　　　　2．運搬距離は20m程度の人力による小運搬距離を含む。
　　　　　3．原則として空目地とする。目地を塗る場合は別途考慮する。

表2.16　雑石使用量　　　　　　　　　　(10m²当り)

材　　料	単位	控え300mm	控え350mm	控え400mm
雑　　石	個	210	160	140

　② 胴込・裏込コンクリート投入打設
　　　胴込・裏込コンクリート投入打設歩掛は，「2—3—12 胴込・裏込コンクリート投入打設」による。
(4) 単 価 表
　　雑石による練石積10m²当り単価表

名　　称	規　　格	単　位	数　量	摘　　要
世 話 役		人		表2.15
石　　工		〃		〃
普通作業員		〃		〃
雑　　石	控え○○mm	個		表2.16
諸 雑 費		式	1	
計				

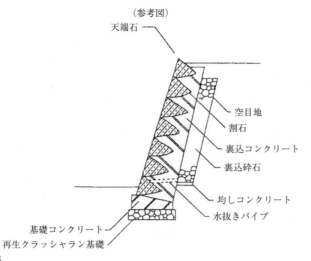
(参考図)

2—3—9 雑石－空石張
(1) 適用範囲
　本資料は，雑石による空石張に適用する。
(2) 施工歩掛
　雑石の裏込栗石を使用して施工する空石張（法勾配1割以上）の施工歩掛は次表を標準とする。

表2.17　雑石による空石張工歩掛　　　　　　　　　　　　（10m²当り）

名称	規格	単位	数量 控え300mm	数量 控え350mm	数量 控え400mm	摘要
世話役		人	0.4	0.4	0.4	
石工		〃	1.1	1.2	1.5	
普通作業員		〃	2.5	2.9	3.4	
諸雑費		％	3	4	4	（備考）3

（備考）　1．布積み及び谷積みに使用する。
　　　　 2．運搬距離は20m程度の人力による小運搬距離を含む。
　　　　 3．諸雑費は，胴込・裏込栗石（砕石）の費用であり，労務費の合計額に上表の率を乗じた金額を上限として計上する。

表2.18　雑石使用量　　　　　　　　　　　　　　　　　　（10m²当り）

材料	単位	数量 控え300mm	数量 控え350mm	数量 控え400mm
雑石	個	210	160	140

(3) 単価表
　雑石による空石張10m²当り単価表

名称	規格	単位	数量	摘要
世話役		人		表2.17
石工		〃		〃
普通作業員		〃		〃
雑石	控え○○mm	個		表2.18
諸雑費		式	1	表2.17
計				

2－3－10　雑石－練石張

(1) 適用範囲

　本資料は，雑石による練石張に適用する。

(2) 施工歩掛

　雑石の胴込コンクリートを使用して施工する練石張（法勾配1割以上）の施工歩掛は次表を標準とする。

① 雑石による練石張工

表2.19　雑石による練石張工歩掛　　　　　　　　　　(10m²当り)

名　称	規　格	単位	数量 控え300mm	数量 控え350mm	数量 控え400mm	摘　要
世話役		人	0.4	0.4	0.4	
石　工		〃	1.0	1.1	1.3	
普通作業員		〃	2.5	2.9	3.4	

(備考) 1. 布積み及び谷積みに使用する。
　　　2. 運搬距離は20m程度の人力による小運搬距離を含む。

表2.20　雑石使用量　　　　　　　　　　(10m²当り)

材　料	単位	数量 控え300mm	数量 控え350mm	数量 控え400mm
雑　石	個	210	160	140

② 胴込・裏込コンクリート投入打設

　胴込・裏込コンクリート投入打設歩掛は，「2－3－12　胴込・裏込コンクリート投入打設」による。

(3) 単価表

　雑石による練石張10m²当り単価表

名　称	規　格	単位	数量	摘　要
世話役		人		表2.19
石　工		〃		〃
普通作業員		〃		〃
雑　石	控え○○mm	個		表2.20
諸雑費		式	1	
計				

2－3－11　割石積

(1) 適用範囲

　本資料は，割石にて横目地をきれいに通した石積（法勾配1割未満）で，胴込コンクリートを使用して施工する本布積作業に適用する。

(2) 施工歩掛

　割石を用いた本布積の施工歩掛は次表を標準とする。

① 割石による本布積工

表2.21　割石による本布積工歩掛　　　　　　　　　　(10m²当り)

名　称	規　格	単位	数量	摘　要
世話役		人	0.5	
石　工		〃	3.1	
普通作業員		〃	5.2	

(備考) 運搬距離20m程度の人力による小運搬距離を含む。

表2.22　割石使用量　　(10m²当り)

材　料	単位	数量
割　石	個	130

② 胴込・裏込コンクリート投入打設
　　胴込・裏込コンクリート投入打設歩掛は，「2-3-12　胴込・裏込コンクリート投入打設」による。
(3) 単　価　表
　　割石による本布積10m²当り単価表

名　　称	規　　格	単位	数　量	摘　　要
世　話　役		人		表2.21
石　　工		〃		〃
普 通 作 業 員		〃		〃
割　　石		個		表2.22
諸　雑　費		式	1	
計				

(参考図)

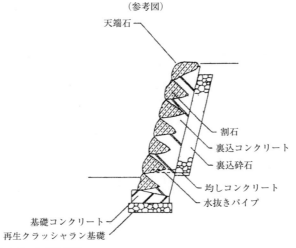

2-3-12　胴込・裏込コンクリート投入打設
(1) 適 用 範 囲
　　本資料は，練石積及び練石張における胴込・裏込コンクリート打設に適用する。
(2) 施 工 歩 掛
　　胴込・裏込コンクリートの投入打設歩掛は次表を標準とする。
　　練石積における胴込・裏込コンクリート投入打設歩掛
　　　　　　表2.23　胴込・裏込コンクリート投入打設歩掛　　　　　　　　　(10m³当り)

名　　称	規　　格	単位	数　量 練石積	数　量 練石張	摘　　要
特 殊 作 業 員		人	1.3	1.5	
普 通 作 業 員		〃	1.8	1.9	
諸　雑　費		%	12	6	(備考) 1
計					

(備考)　1.　諸雑費はコンクリートバケット，バイブレータ，型枠等の費用であり，労務費の合計額に上表の率を乗じた金額を上限とする。
　　　　2.　運搬距離20m程度の人力による小運搬距離を含む。
　　　　3.　現場打基礎コンクリート及び現場打天端コンクリートは，「令和6年度版　国土交通省土木工事標準積算基準書第Ⅱ編　第2章③コンクリートブロック積(張)工」による。
　　　　4.　胴込コンクリート量は，雑割石の場合は面積に控長の1/2乗じたものとする。

胴込・裏込コンクリート投入量
　胴込・裏込コンクリート投入量は，次式による。
　　投入量＝設計量×（1＋K）………式2.1
　　　K：ロス率

表2.24　ロス率

材　料	単位	ロス率
コンクリート	m³	＋0.17

(3) 単　価　表
　胴込・裏込コンクリート10m³当り単価表

名　称	規　格	単　位	数　量	摘　要
特殊作業員		人		表2.23
普通作業員		〃		〃
コンクリート		m³	11.7	表2.24　式2.1
諸　雑　費		式	1	表2.23
計				

② 施　設　整　備

1．給水設備工

1－1　適用範囲
　　本資料は，公園工事における水栓類取付工，給水管路工に適用する。

1－2　水栓類取付工

(1) 施工歩掛
　　水栓類取付工の歩掛は次表を標準とする。

表1.1　水栓類取付工歩掛　　　　　　　　　　　　　（1個当り）

名　称	単位	口径 15	口径 20	口径 25
各　種　水　栓	個	1.0	1.0	1.0
配管工（各種水栓）	人	0.07	0.08	0.09
散水栓（箱共）	個	1.0	1.0	
配管工（箱共）	人	0.35	0.35	

（備考）　1．新規散水栓（箱共）を設置する場合は，散水栓（箱共）と配管工（箱共）を適用する。
　　　　　2．既存の箱内に散水栓を設置する場合は，各種散水栓と配管工（各種散水栓）を適用する。
　　　　　3．箱内に2個以上の水栓を設置する場合は別途考慮する。

(2) 単　価　表
　水栓類取付工1個当り単価表

名　称	規　格	単　位	数　量	摘　要
各　種　水　栓		個		表1.1
配　管　工		人		〃
散水栓（箱共）		個		表1.1　必要により計上
配　管　工		人		〃　　〃
諸　雑　費		式	1	
計				

1－3　給水管路工
 1－3－1　給　水　管
　(1)　施工歩掛
　　　給水用の鋼管及び硬質ポリ塩化ビニル管の布設歩掛は次表を標準とする。
　　①　水道用鋼管布設（人力吊込み布設）

表1.2　水道用鋼管布設（人力吊込み布設）歩掛　　　　　　　　　　（100m当り）

内径（mm）	屋外配管 配管工（人）	屋内配管（給水，排水，通気） 配管工（人）
1/2インチ（15）	6.7	10.7
3/4　　（20）	7.6	12.0
1　　　（25）	9.3	14.8
1・1/4　（32）	11.4	18.1
1・1/2　（40）	12.5	19.9
2　　　（50）	15.7	25.0
2・1/2　（65）	20.5	32.5
3　　　（80）	23.2	36.8
4　　（100）	30.3	48.1
5　　（125）	35.9	56.9
6　　（150）	43.6	69.2

（備考）　1．本表の屋内工事の歩掛は，高架（高置）水そう等の配管に適用する。
　　　　2．屋外配管
　　　　　(1)　ねじ立て接合，弁取付け（制水弁を除く），小運搬及び水圧試験を含む。
　　　　　(2)　床掘及び埋戻しは，含まない。
　　　　3．屋内配管
　　　　　(1)　ねじ立て接合，支持金物取付け，弁取付け，小運搬及び水圧試験を含む。
　　　　4．本表の小運搬の距離は，20m程度とする。
　　　　5．材料の割増率は屋外5％，屋内10％とする。

表1.3　水道用鋼管継手材料

材　　　料	屋　　外	屋　　内
塩化ビニルライニング鋼管	材料費の35％	材料費の90％
水道用ポリエチレン粉体ライニング鋼管	材料費の55％	材料費の110％

　　②　水道用硬質ポリ塩化ビニル管布設（屋外給水用）

表1.4　水道用硬質ポリ塩化ビニル管布設（屋外給水用）歩掛　　　　　（1m当り）

内　径（mm）	配管工（人）	内　径（mm）	配管工（人）
15	0.032	40	0.071
20	0.043	50	0.090
25	0.052	65	0.114
30	0.055	75	0.133

（備考）　1．本表は，接合，小運搬及び水圧試験を含むが，土工工事は含まない。
　　　　2．本表の小運搬の距離は，約20mとする。
　　　　3．材料の割増率は5％とする。弁材料は別途計上する。

表1.5　水道用硬質ポリ塩化ビニル管継手材料

材　　　料	屋　　外	屋　　内
硬質ポリ塩化ビニル管	材料費の25％	材料費の55％

(2) 単 価 表
　① 水道用鋼管布設100m当り単価表

名　　　称	規　　　格	単 位	数 量	摘　　　要
水 道 用 鋼 管		m		必要に応じて継手材料含む 表1.2　表1.3
配　管　工		人		表1.2
諸　雑　費		式	1	
計				
1 m 当 り				

　② 水道用硬質ポリ塩化ビニル管布設1m当り布設単価表

名　　　称	規　　　格	単 位	数 量	摘　　　要
水道用硬質ポリ 塩化ビニル管		m		必要に応じて継手材料含む 表1.4　表1.5
配　管　工		人		表1.4
諸　雑　費		式	1	
計				

2. 雨水排水設備工

2-1 適 用 範 囲
　　本資料は，公園工事における側溝工，管渠工，集水桝・マンホール工，地下排水工に適用する。

2-2 施 工 フ ロ ー
　　施工フローは下図のとおりとする。

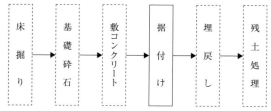

（備考）本歩掛で対応しているのは，実線部分のみである。

2－3 側 溝 工
2－3－1 プレキャストL型側溝及びV型側溝
(1) 施工歩掛

プレキャストL型側溝及びV型側溝の据付歩掛は次表を標準とする。

表2.1 プレキャストL型側溝及びV型側溝据付歩掛　　　　　　　　　　　　（10m当り）

1個当り長さ（m）		0.6m／個		摘　要
名　　称	規　　格	単位	数量	
世　話　役		人	0.3	
特殊作業員		〃	0.1	
普通作業員		〃	0.9	
バックホウ（クレーン機能付）運転	排出ガス対策型 クローラ型 山積0.45m^3（平積0.35m^3）2.9t吊	h	1.2	
基礎砕石費		％	22	（備考）3
諸　雑　費		〃	12	〃

（備考）
1. 歩掛は，運搬距離30m程度までの小運搬を含むものであり，床掘り，埋戻し，残土処理は含まない。
2. バックホウ（クレーン機能付）の規格は，排出ガス対策型（第1次基準値）・クローラ型山積0.45m^3（平積0.35m^3）2.9t吊りとする。
3. 基礎砕石費及び諸雑費は，労務費及びバックホウ（クレーン機能付）運転経費の合計額に，上表の率を乗じた金額を上限として計上する。なお，基礎砕石費及び諸雑費に含まれる内容は次のとおりである。
    [基礎砕石費] 敷設・転圧労務，材料投入・締固め機械運転経費，砕石等材料費
    [諸 雑 費] コンクリートカッタ運転，目地モルタル，敷モルタル，プレキャストL型及びV型側溝損失分の費用，カッタブレードの損耗費等
4. 基礎砕石の敷均し厚は，20cm以下を標準としており，これにより難い場合は別途計上する。
5. 基礎砕石費は，材料の種別・規格にかかわらず適用出来る。
6. 再使用する場合の撤去歩掛は，布設歩掛（基礎砕石費率は除く）の50％とする。
7. コンクリートが必要な場合は，「令和6年度版 国土交通省土木工事標準積算基準書 第Ⅱ編第4章①コンクリート工」による。

(2) 単価表

プレキャストL型側溝及びV型側溝据付10m当り単価表

名　　称	規　　格	単位	数量	摘　要
○型ブロック		個	16.5	
世　話　役		人		表2.1
特殊作業員		〃		〃
普通作業員		〃		〃
バックホウ（クレーン機能付）運転	排出ガス対策型 クローラ型 山積0.45m^3（平積0.35m^3）2.9t吊	h		〃
基礎砕石費		式	1	表2.1 必要に応じて計上
諸　雑　費		〃	1	表2.1
計				

2—4 管 渠 工
2—4—1 公 園 管 渠

(1) 施 工 歩 掛

硬質ポリ塩化ビニル管の布設歩掛は次表を標準とする。

① 硬質ポリ塩化ビニル管布設（JSWAS K-1）

表2.2　硬質ポリ塩化ビニル管布設歩掛　　　　　　　（100m当り）

管径（呼び径）(mm)	管長(m)	労務歩掛 特殊作業員（人）	労務歩掛 普通作業員（人）	材料 接着剤(kg)	材料 滑材(kg)
100	4.0	2.30	4.30	0.40	0.30
125	4.0	2.50	4.80	0.50	0.40
150	4.0	2.80	5.10	0.80	0.50
200	4.0	3.10	6.30	1.40	0.60
250	4.0	3.30	7.50	2.30	0.90

（備考）　1.　本労務歩掛は，接着受口，ゴム輪受口いずれも同一とする。
　　　　 2.　本歩掛は管の接合，据付け作業一式及び材料小運搬を含む。
　　　　 3.　小運搬距離は，20m程度とする。
　　　　 4.　管の切断ロス等による割増率は1％とする。
　　　　 5.　接着剤は，接着受口管の場合に計上し，滑材はゴム輪受口管の場合に計上する。
　　　　 6.　卵形管の呼び径100mm～250mmの布設歩掛は本歩掛（材料も含む）と同一とする。

(2) 単 価 表

硬質ポリ塩化ビニル管布設100m当り単価表

名　称	規　格	単位	数量	摘　要
硬質ポリ塩化ビニル管	VU-○○	m		表2.2
接 着 剤		kg		〃
滑 材		〃		〃
特 殊 作 業 員		人		〃
普 通 作 業 員		〃		〃
諸 雑 費		式	1	
計				

2－5　集水桝・マンホール工
(1) 施工歩掛
人孔用コンクリートブロック，蓋，足掛金物の据付歩掛は次表を標準とする。

表2.3　人孔用コンクリートブロック等据付歩掛　　　　　　（1個，1組，1本当り）

名　　称	規　　格	単位	斜壁・直壁等スラブ（各種）据付	蓋（受枠）及び調整コンクリートブロック据付	足掛金物
世　話　役		人	0.10	0.13 (0.08)	－
特殊作業員		〃	0.10	0.13 (0.08)	0.07
普通作業員		〃	0.20	0.26 (0.16)	0.07
トラッククレーン賃料	油圧式 伸縮ジブ型 4.9t吊	日	0.10	0.13 (0.08)	－
諸　雑　費		％	3	6 (5)	－

(備考) 1. 斜壁，直壁等，スラブ（各種），蓋（受枠とも），調整コンクリートブロック据付の諸雑費は，モルタル工（配合1：3，敷圧1cm）等の費用であり，労務費の合計額に上表の率を乗じた金額を上限として計上する。
2. 調整コンクリートブロックを使用しない場合には，（　）内の値を計上する。
3. 高流動性無収縮超早強モルタル及び受枠変形防止調整金具を使用する場合は別途計上する。
4. 蓋・受枠を仮据付けする場合，及び仮据付けの箇所を本据付けにする場合は，労力及びトラッククレーン賃料は歩掛の50％とし，その歩掛に対し諸雑費を計上する。
5. 足掛金物取付については，側壁に削孔して足掛金物を取付ける場合に適用する。

(2) 単価表
① 斜壁据付1個当り単価表

名　　称	規　　格	単位	数量	摘　　要
斜　　壁		個	1	
世　話　役		人		表2.3
特殊作業員		〃		〃
普通作業員		〃		〃
トラッククレーン賃料	油圧式 伸縮ジブ型 4.9t吊	日		〃
諸　雑　費		式	1	〃
計				

② 直壁据付1個当り単価表

名　　称	規　　格	単位	数量	摘　　要
直　　壁		個	1	
世　話　役		人		表2.3
特殊作業員		〃		〃
普通作業員		〃		〃
トラッククレーン賃料	油圧式 伸縮ジブ型 4.9t吊	日		〃
諸　雑　費		式	1	〃
計				

③ スラブ（各種）据付1個当り単価表

名　　称	規　　格	単位	数量	摘　　要
スラブ（各種）		個	1	
世　話　役		人		表2.3
特　殊　作　業　員		〃		〃
普　通　作　業　員		〃		〃
トラッククレーン賃料	油圧式 伸縮ジブ型 4.9 t 吊	日		〃
諸　雑　費		式	1	〃
計				

④ 蓋（受枠とも）及び調整コンクリートブロック据付1組当り単価表

名　　称	規　　格	単位	数量	摘　　要
蓋及び調節コンクリートブロック		個	1	
世　話　役		人		表2.3
特　殊　作　業　員		〃		〃
普　通　作　業　員		〃		〃
トラッククレーン賃料	油圧式 伸縮ジブ型 4.9 t 吊	日		〃
諸　雑　費		式	1	〃
計				

⑤ 足掛金物据付1本当り単価表

名　　称	規　　格	単位	数量	摘　　要
足　掛　金　物		本	1	
特　殊　作　業　員		人		表2.3
普　通　作　業　員		〃		〃
諸　雑　費		式	1	〃
計				

2－6　地下排水工
 2－6－1　透水コンクリート管
 (1) 施工歩掛
　　透水コンクリート管の布設歩掛は次表を標準とする。

表2.4　透水コンクリート管布設歩掛　　　　　　　（100m当り）

管径（mm） \ 職種	普通作業員（人）
50	2.0
100	3.0
150	5.0
200	6.0

（備考）　1．労務歩掛は，管布設材料及び小運搬作業（20m程度）一式を含む。
　　　　2．ロスによる割増しは，行わない。

(2) 単 価 表
透水コンクリート管布設100m当り単価表

名　　　称	規　　格	単　位	数　量	摘　　要
透水コンクリート管		m	100	
普 通 作 業 員		人		表2.4
諸 雑 費		式	1	
計				

3．汚水排水設備工
3－1 適用範囲
汚水排水設備工については，構造・施工手順が雨水排水と同じであることから，雨水排水設備工によるものとする。
3－2 汚水桝・マンホール工
3－2－1 インバート上塗り
(1) 施 工 歩 掛
インバート上塗りは次表を標準とする。

表3.1　インバート上塗り歩掛　　　　　　　（1m²当り）

職　　種	歩　掛（人）
左 官 工	0.38
普 通 作 業 員	0.36

（備考）上塗モルタル厚は，10～30mmとする。

(2) 単 価 表
インバート上塗り1m²当り単価表

名　　称	規　　格	単　位	数　量	摘　　要
モ ル タ ル	1：3	m³		
左 官 工		人		表3.1
普 通 作 業 員		〃		〃
諸 雑 費		式	1	
計				

（備考）モルタルは，「令和6年度版 国土交通省土木工事標準積算基準書 第Ⅱ編第4章①コンクリート工」により計上し，これにより難い場合は別途計上する。

4．園路広場整備工
4－1 適用範囲
本資料は，公園工事における土系舗装等の舗装工，園路縁石工に適用する。
4－2 土系舗装工
4－2－1 混　　合
(1) 適 用 範 囲
本資料は，土舗装における舗装材の混合作業に適用する。
(2) 混合用機械
混合用のトラクターの作業量（Vt）の算定は下記による。
機種：トラクター　1.0t級

$$Vt = \frac{60 \cdot W \cdot V \cdot E}{N} \quad (m^2/h)$$

W：平均幅（m）
V：平均速度（m/min）
E：作業効率
N：作業回数

表4.1　W・V・E・N標準数値

作　業	W (m)	V (m/min)	E 砂 砂質土	E 粘性土 レキ混じり土	N	摘　要
混　　　合	1.60	24.3	0.80	0.70	2	

(3) トラクター作業歩掛

表4.2　トラクター作業歩掛　　　　　　　　　　（1 m²当り）

名　称	規　格	単位	数量	摘　要
トラクター運転	1.0 t級	h		1／Vt

(4) トラクター運転歩掛

表4.3　トラクター運転歩掛　　　　　　　　　　（1時間当り）

名　称	規　格	単位	数量	摘　要
軽　　油		ℓ	2.6	
特殊作業員		人	0.2	
機械損料		h	1	
諸雑費		式	1	
計				

4－3　レンガ・タイル系舗装工
4－3－1　レンガ舗装
(1) 施工歩掛

レンガ舗装の施工歩掛は次表を標準とする。

① レンガ舗装工

表4.4　レンガ舗装工歩掛　　　　　　　　　　（100m²当り）

名　称	規格・形状	単位	数量 A（平敷き）	数量 B（小端立て敷き）	摘　要
普通レンガ	JIS 3 種 210×100×60	個	4,338	6,817	
ブロック工		人	9.9	17.7	据付手間
普通作業員		〃	6.6	11.0	同上手伝い, 小運搬

（備考）　1．モルタル練等は別途計上する。
　　　　　2．舗装材料の小運搬は，運搬距離20m程度とする。
　　　　　3．モルタルは，「令和6年度版 国土交通省土木工事標準積算基準書 第Ⅱ編第4章①コンクリート工」により計上し，これにより難い場合は別途計上する。

(2) 単価表

レンガ舗装工100m²当り単価表

名　称	規　格	単位	数量	摘　要
普通レンガ	JIS 3 種 210×100×60	個		表4.4
ブロック工		人		〃
普通作業員		〃		〃
諸雑費		式	1	
計				

(参考図)

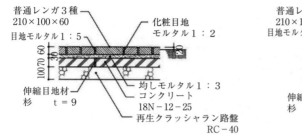
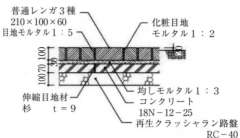

　　　　A　平敷き　　　　　　　　　　　B　小端立て敷き

4－4　石材系舗装工
4－4－1　ごろた石張舗装
(1) 施工歩掛

　　ごろた石張舗装の施工歩掛は次表を標準とする。

　① ごろた石張舗装工

表4.5　野面ごろた石舗装工歩掛　　　　　　　　　(100m²当り)

名　称	規　格	単位	数量	摘　要
世　話　役		人	1.1	
石　　　工		〃	13.8	
普 通 作 業 員		〃	13.1	
諸　雑　費		％	18	(備考) 2

(備考)　1．運搬距離20m程度の人力による小運搬距離を含む。
　　　　2．諸雑費は，据付けモルタルの費用であり，労務費の合計額に上表の率を乗じた金額を上限として計上する。

表4.6　野面ごろた石使用量　　　　　　　　　(100m²当り)

材　料	規　格	単位	数　量
野 面 ご ろ た 石	φ100～200	個	4,400

(備考)　本表の野面ごろた石の数量は，標準的な野面ごろた石舗装工に使用し，特殊な形状，施工方法等の場合は別途考慮する。

(2) 単価表

　　ごろた石舗装工100m²当り単価表

名　称	規　格	単位	数量	摘　要
世　話　役		人		表4.5
石　　　工		〃		〃
普 通 作 業 員		〃		〃
ご　ろ　た　石	φ100～200	個		表4.6
諸　雑　費		式	1	表4.5
計				

(参考図)

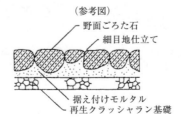

4－4－2 小舗石舗装
(1) 施工フロー
　　施工フローは下図のとおりとする。

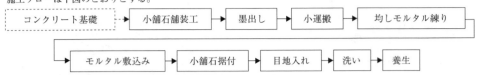

　　（備考）1. 本歩掛で対応しているのは，実線部分のみである。
　　　　　　2. 基礎コンクリート，クラッシャラン基礎については，別途計上する。

(2) 施工歩掛
　　小舗石舗装の施工歩掛は次表を標準とする。
　① 小舗石舗装工

表4.7　小舗石舗装工歩掛　　　　　　　　　　　　　　　　　　　（100m²当り）

名　称	規　格	単位	数量	摘　要
世話役		人	2.5	
石工		〃	25.6	
普通作業員		〃	9.6	
諸雑費		%	7	（備考）2

（備考）1. 運搬距離20m程度の人力による小運搬距離を含む。
　　　　2. 諸雑費は，目地モルタル，均しモルタル費用であり，労務費の合計額に上表の率を乗じた金額を上限として計上する。

表4.8　小舗石使用量　　　　　　　　　　　　　　　　　　　　（100m²当り）

材　料	規　格	単位	数　量
小舗石	90mm×90mm×90mm	個	10,000

（備考）本表の小舗石数量は標準的な小舗石舗装工に適用し，特殊な形状，施工方法等の場合においては別途考慮する。

(3) 単価表
　　小舗石舗装工100m²当り単価表

名　称	規　格	単位	数量	摘　要
世話役		人		表4.7
石工		〃		〃
普通作業員		〃		〃
小舗石		個		表4.8
諸雑費		式	1	表4.7
計				

（参考図）

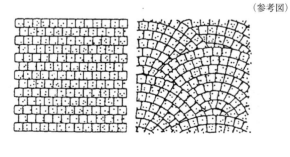

平　面　図

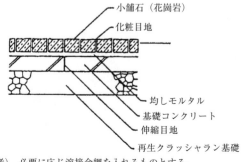

（備考）必要に応じ溶接金網を入れるものとする。

4－5　園路縁石工
 4－5－1　レンガ縁石
 (1) 施工歩掛
　　レンガ縁石の据付歩掛は次表を標準とする。

表4.9　レンガ縁石据付歩掛　　　　　　　　　　　　　　　　　　　(100m当り)

名　　称	規　　格	単位	A	B	C	D	E	摘　要
普通レンガ	JIS 3 種 210×100×60	個	477	1,500	1,500	955	955	ロス5％含む
目地モルタル	1：3	m³	0.02	0.3	0.3	0.2	0.2	
ブロック工		人	1.8	6.0	6.0	3.8	3.8	据付け
普通作業員		〃	0.3	1.1	1.1	0.7	0.7	手伝い

(備考)　1．基礎は別途計上する。
　　　　2．レンガ等の小運搬は，運搬距離20m程度とする。

(2) 単価表
　　レンガ縁石工100m当り単価表

名　　称	規　　格	単位	数量	摘　要
普通レンガ	JIS 3 種 210×100×60	個		表4.9
目地モルタル	1：3	m³		〃
ブロック工		人		〃
普通作業員		〃		〃
諸　雑　費		式	1	

(備考)　モルタルは，「令和6年度版 国土交通省土木工事標準積算基準書 第Ⅱ編第4章①コンクリート工」により計上し，これにより難い場合は別途計上する。

(参考図)

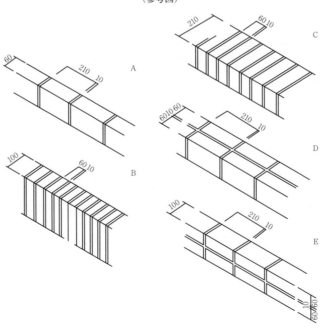

(備考) 目地は，化粧目地とし，幅10mm，深さ3〜5mmとする。

4－5－2　石材縁石
(1) 適用範囲
　　本資料は，公園工事における野面ごろた石，玉石，雑割石，切石の縁石工に適用する。
(2) 施工フロー
　　施工フローは下図のとおりとする。

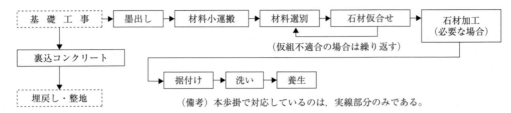

（備考）本歩掛で対応しているのは，実線部分のみである。

(3) 施工歩掛
　　石材縁石の据付歩掛は次表を標準とする。

表4.10　石材縁石据付歩掛　　　　　　　　　　　　　　　　　　　（10m当り）

名　称	単位	野面ごろた石	玉石	雑割石	切石	摘要
世話役	人	0.11	0.12	0.23	0.2	
石工	〃	0.35	0.47	0.87	0.52	
普通作業員	〃	0.67	0.79	1.16	0.78	
諸雑費	%	7	5	20	3	（備考）2

（備考）1. 運搬距離20m程度の人力による小運搬を含む。
　　　　2. 諸雑費は，コンクリート（雑割石），張付モルタル（切石・玉石・野面ごろた石）の費用であり，労務費の合計額に上表の率を乗じた金額を上限として計上する。

表4.11　石材使用量　　　　　　　　　　　　　　　　　　　（10m当り）

材料	規格	単位	数量
野面ごろた石	φ100〜200mm	個	66.0
玉石	φ200〜300mm	〃	40.0
雑割石	控え350mm程度	〃	30.0
切石	150×150×600mm〜300×300×900mm	〃	14.3

（備考）石材の使用量は，上表を標準とするが，特殊な形状，施工方法等の場合においては，別途考慮する。

(4) 単価表
　　○○石縁石工10m当り単価表

名　称	規格	単位	数量	摘要
世話役		人		表4.10
石工		〃		〃
普通作業員		〃		〃
石材	○○石	個		表4.11
諸雑費		式	1	表4.10
計				

(参考図)

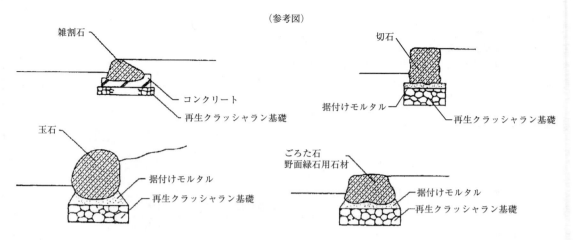

5. 修景施設整備工
5－1 適用範囲
　　本資料は，公園工事における石組工に適用する。
5－2 石組工
　5－2－1 石組・景石
　(1) 施工フロー
　　　施工フローは下図のとおりとする。（下記は一例であり，現場条件により大きく変化する。）
　　① 景石工

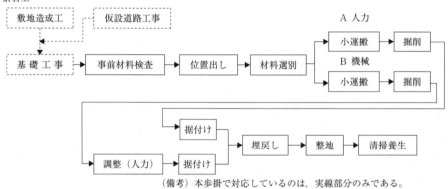

（備考）本歩掛で対応しているのは，実線部分のみである。

　　② 石組工

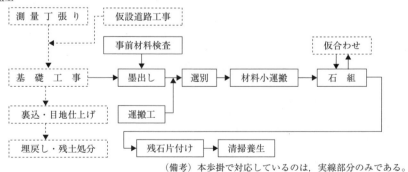

（備考）本歩掛で対応しているのは，実線部分のみである。

(2) 施工歩掛
人力及び機械施工による石組工の施工歩掛は次表を標準とする。
① 景石規格と実重量
石組工の積算に用いる景石の規格と実重量は次表を標準とする。

表5.1 景石規格と実重量

景石規格（t／個）	景石重量	景石規格（t／個）	景石重量
0.5	～0.75t以下	2.0	1.75t超え～2.5t以下
1.0	0.75t超え～1.25t以下	3.0	2.5t超え～3.5t以下
1.5	1.25t超え～1.75t以下	4.0	3.5t超え～4.5t以下

② 機種の選定
機械施工による場合の機種は次表を標準とする。

表5.2 機種の選定

機械名	規格	景石規格（t／個）					
		0.5	1.0	1.5	2.0	3.0	4.0
トラック	クレーン装置付4t積吊能力2.9t	○	○	○	○	－	－
トラッククレーン	油圧式4.9t吊	－	－	－	－	○	○

（備考） 現場条件により，本表により難い場合は現場条件に適した機種規格を計上することができる。

③ 石組・景石据付（捨石工）歩掛
機械施工による場合の機種は次表を標準とする。

表5.3 石組・景石据付（捨石工）歩掛　　　　　　　　　　　　（1t当り）

名称	単位	石組工		景石（捨石工）	
		機械施工	人力施工	機械施工	人力施工
世話役	人	0.03	0.14	0.02	0.07
造園工	〃	0.80	1.30	0.60	1.00
普通作業員	〃	0.26	1.10	0.17	0.90

（備考）　1.　土ぎめ据付とする。
　　　　　2.　石組工については標準的な石組に適用し，滝石組等，特殊な石組については別途考慮する。

④ 石組機械運転歩掛
石組に用いる機械の運転歩掛は次表を標準とする。

表5.4 石組機械運転歩掛　　　　　　　　　　　　（1t当り）

機械名	規格	単位	景石規格（t／個）					
			0.5	1.0	1.5	2.0	3.0	4.0
トラック	クレーン装置付4t積吊能力2.9t	h	0.38	0.23	0.17	0.16	－	－
トラッククレーン運転	油圧式4.9t吊	日	－	－	－	－	0.028	0.028
標準日当り据付個数		個／日	29.4	24.0	20.0	16.7	11.7	8.8

（備考）　トラッククレーンは，賃料とする。

⑤ 景石据付（捨石工）機械運転歩掛
景石据付（捨石工）に用いる機械の運転歩掛は次表を標準とする。

表5.5 景石据付（捨石工）機械運転歩掛　　　　　　　　　　　（1t当り）

機械名	規格	単位	景石規格（t／個）					
			0.5	1.0	1.5	2.0	3.0	4.0
トラック	クレーン装置付4t積吊能力2.9t	h	0.38	0.23	0.17	0.16	－	－
トラッククレーン運転	油圧式4.9t吊	日	－	－	－	－	0.028	0.028
標準日当り据付個数		個／日	29.0	24.0	20.0	16.7	11.7	8.8

（備考）　トラッククレーンは，賃料とする。

(3) 単価表
① 石組1t当り単価表

名　　称	規　格	単位	数量	摘　要
世　話　役		人		表5.3
造　園　工		〃		〃
普 通 作 業 員		〃		〃
トラッククレーン運転・賃料		h・日		表5.4
景　　　石	○○石	t		
諸　雑　費		式	1	
計				

② 景石（捨石工）1t当り単価表

名　　称	規　格	単位	数量	摘　要
世　話　役		人		表5.3
造　園　工		〃		〃
普 通 作 業 員		〃		〃
トラッククレーン運転・賃料		h・日		表5.5
景　　　石	○○石	t		
諸　雑　費		式	1	
計				

6．サービス施設整備工

6－1　適用範囲
　　　本資料は，公園工事におけるベンチ・スツールの据付けに適用する。

6－2　ベンチ・テーブル工

6－2－1　ベンチ・スツール

(1) 施工歩掛
　　　ベンチ・スツールの据付歩掛は次表を標準とする。

表6.1　ベンチ据付歩掛　　　　　　　　　　　　　　　　　（10基当り）

名称＼質量	20kg未満 特殊作業員	20kg未満 普通作業員	20kg以上～30kg未満 特殊作業員	20kg以上～30kg未満 普通作業員	30kg以上～40kg未満 特殊作業員	30kg以上～40kg未満 普通作業員
スツール	0.10	0.40	0.15	0.60	－	－
背なしベンチ	－	－	0.24	0.96	0.28	1.12
背付きベンチ	－	－	0.28	1.12	0.34	1.36

名称＼質量	40kg以上～50kg未満 特殊作業員	40kg以上～50kg未満 普通作業員	50kg以上 特殊作業員	50kg以上 普通作業員	材質
スツール	－	－	－	－	磁器製，木製等
背なしベンチ	0.32	1.28	－	－	木製，FRP製，硬質ポリ塩化ビニル製，鋳鉄製，パイプ製等
背付きベンチ	0.40	1.60	0.46	1.84	

（備考）石材，コンクリート製等については別途計上する。

(2) 単価表
ベンチ据付10基当り単価表

名　　称	規　　格	単位	数量	摘　　要
ベ ン チ		基		
特 殊 作 業 員		人		表6.1
普 通 作 業 員		〃		〃
諸 雑 費		式	1	
計				

7. 施設仕上げ工

7-1 適用範囲

本資料は，公園施設の仕上げ工に伴う各種仕上げに適用する。

仕上げ工については，関連する他の工種においても適用できる。

7-2 加工仕上げ工

7-2-1 コンクリート加工仕上げ

(1) 施工歩掛

コンクリート表面のはつり，つつき仕上げの施工歩掛は次表を標準とする。

表7.1　コンクリート加工仕上げ歩掛　　　　　　　　　　　（1m^{2}当り）

名　　称	労　　務	単位	数量	摘　　要
コンクリートはつり仕上げ	石工	人	0.38	
コンクリートつつき仕上げ	石工	〃	0.25	

（備考）　1.　はつり仕上げ：一般に，のみ，たがねを用いてコンクリート面を削る作業をいう。切削深さはおおむね5～10mmである。
　　　　2.　つつき仕上げ：主として，トンボ又はこれに類する工具を用いてコンクリート面をつつく作業をいう。切削深さはおおむね3～5mmである。

(2) 単価表
コンクリートはつり，つつき仕上げ1m^{2}当り単価表

名　　称	規　　格	単位	数量	摘　　要
石　　　工		人		表7.1
諸 雑 費		式	1	
計				

7-3 左官仕上げ工

7-3-1 化粧目地切

(1) 施工歩掛

化粧目地切の施工歩掛は，次表を標準とする。

表7.2　化粧目地切歩掛　　　　　　　　　　　（1m当り）

名　　称	労　　務	単位	数量	摘　　要
目 地 切 り （ 床 ）	左官工	人	0.010	
目 地 切 り （ 壁 ）	左官工	〃	0.015	

(2) 単価表
化粧目地切（床）（壁）1m当り単価表

名　　称	規　　格	単位	数量	摘　　要
左 官 工	床又は壁	人		表7.2
諸 雑 費		式	1	
計				

7－3－2　コンクリート仕上げ
(1) 施工歩掛
　　コンクリートハケ引き仕上げの施工歩掛は次表を標準とする。

表7.3　コンクリートハケ引き仕上げ歩掛　　　　　　　　　　　　　　（1m²当り）

名　　称	労　　務	単位	数量	摘　要
コンクリートハケ引き仕上げ	左官工	人	0.017	

(2) 単価表
　　コンクリートハケ引き仕上げ1m²当り単価表

名　　称	規　　格	単位	数　量	摘　要
左　官　工		人		表7.3
諸　雑　費		式	1	
計				

7－3－3　モルタル仕上げ
(1) 施工歩掛
　　モルタル金ゴテ仕上げ，ハケ引き仕上げの施工歩掛は次表を標準とする。
　① モルタル金ゴテ仕上げ

表7.4　モルタル金ゴテ仕上げ歩掛　　　　　　　　　　　　　　（1m²当り）

名　称	規　格	単位	数　量　床	数　量　壁	数　量　特殊	摘　要
モ ル タ ル	1：3	m³	0.02	－	－	
〃	1：3	〃	－	0.02	0.02	
左　官　工		人	0.048	0.150	0.225	
普通作業員		〃	0.006	0.018	0.027	

　② モルタルハケ引き仕上げ

表7.5　モルタルハケ引き仕上げ歩掛　　　　　　　　　　　　　　（1m²当り）

名　称	規　格	単位	数　量　床	数　量　壁	数　量　特殊	摘　要
モ ル タ ル	1：3	m³	0.02	－	－	
〃	1：3	〃	－	0.02	0.02	
左　官　工		人	0.038	0.120	0.180	
普通作業員		〃	0.006	0.018	0.027	

　③ 防水モルタル塗り

表7.6　防水モルタル塗り歩掛　　　　　　　　　　　　　　（1m²当り）

名　称	規　格	単位	数　量　床	数　量　壁	数　量　特殊	摘　要
モ ル タ ル	1：3	m³	0.02	0.02	0.02	
防　水　剤		kg	0.6	0.6	0.6	
左　官　工		人	0.048	0.150	0.225	
普通作業員		〃	0.006	0.018	0.027	

(2) 単価表
① モルタル金ゴテ仕上げ（床）（壁）（特殊）1m²当り単価表

名　　称	規　　格	単位	数　量	摘　　要
モ ル タ ル	1：3	m³		表7.4
左 官 工		人		〃
普 通 作 業 員		〃		〃
諸 雑 費		式	1	
計				

（備考）モルタルは，「令和6年度版 国土交通省土木工事標準積算基準書 第Ⅱ編第4章①コンクリート工」により計上し，これにより難い場合は別途考慮する。

② モルタルハケ引き仕上げ（床）（壁）（特殊）1m²当り単価表

名　　称	規　　格	単位	数　量	摘　　要
モ ル タ ル	1：3	m³		表7.5
左 官 工		人		〃
普 通 作 業 員		〃		〃
諸 雑 費		式	1	
計				

（備考）モルタルは，「令和6年度版 国土交通省土木工事標準積算基準書 第Ⅱ編第4章①コンクリート工」により計上し，これにより難い場合は別途計上する。

③ 防水モルタル塗り（床）（壁）（特殊）1m²当り単価表

名　　称	規　　格	単位	数　量	摘　　要
モ ル タ ル	1：3	m³		表7.6
防 水 剤		kg		〃
左 官 工		人		〃
普 通 作 業 員		〃		〃
諸 雑 費		式	1	
計				

（備考）モルタルは，「令和6年度版 国土交通省土木工事標準積算基準書 第Ⅱ編第4章①コンクリート工」により計上し，これにより難い場合は別途計上する。

7－3－4　人造石仕上げ
(1) 施 工 歩 掛
　　人造石の研ぎ出し仕上げ，洗い出し仕上げの施工歩掛は次表を標準とする。
① 人造石研ぎ出し仕上げ

表7.7　人造石研ぎ出し仕上げ（仕上げ厚2cm）歩掛　　　　　　　　（1m²当り）

名　　称	規　　格	単位	数量 床	数量 壁	数量 特殊	摘　要
セ　メ　ン　ト		kg	7.28	8.56	8.56	
白セメント		〃	6.48	6.48	6.48	
砂	洗い細目	m³	0.015	0.015	0.015	
種　石		kg	12.3	12.3	12.3	
顔　料		〃	0.2	0.2	0.2	
左　官　工		人	0.250	0.360	0.540	
普通作業員		〃	0.080	0.095	0.140	

（備考）上記の区分は下記による。
　　　　床：舗装，基礎等に係る左官工事
　　　　壁：ウォール，砂場，階段等に係る左官工事
　　　　特殊：すべり台，水飲み，石の山等に係る左官工事

② 人造石洗い出し仕上げ

表7.8　人造石洗い出し仕上げ（仕上げ厚2cm）歩掛　　　　　　　　（1m²当り）

名　　称	規　　格	単位	数量 床	数量 壁	数量 特殊	摘　要
セ　メ　ン　ト		kg	7.28	8.56	8.56	
白セメント		〃	6.48	6.48	6.48	
砂	洗い細目	m³	0.015	0.015	0.015	
種　石		kg	12.3	12.3	12.3	
顔　料		〃	0.2	0.2	0.2	
左　官　工		人	0.188	0.271	0.405	
普通作業員		〃	0.060	0.071	0.110	

（備考）上記の区分は下記による。
　　　　床：舗装，基礎等に係る左官工事
　　　　壁：ウォール，砂場，階段等に係る左官工事
　　　　特殊：すべり台，水飲み，石の山等に係る左官工事

(2) 単 価 表
① 人造石研ぎ出し仕上げ1m²当り単価表

名　　称	規　　格	単　位	数　量	摘　　要
セ　メ　ン　ト		kg		表7.7
白セメント		〃		〃
砂	洗い細目	m³		〃
種　石		kg		〃
顔　料		〃		〃
左　官　工		人		〃
普通作業員		〃		〃
諸　雑　費		式	1	
計				

② 人造石洗い出し仕上げ1m²当り単価表

名　　称	規　　格	単　位	数　量	摘　　要
セ　メ　ン　ト		kg		表7.8
白セメント		〃		〃
砂	洗い細目	m³		〃
種　　石		kg		〃
顔　　料		〃		〃
左　官　工		人		〃
普通作業員		〃		〃
諸　雑　費		式	1	
計				

③ 植　　栽

1. 公　園　植　栽　工

1-1　適用範囲
　本資料は，公園の植栽作業及び移植作業に適用する。なお，高木とは，樹高3m以上，中低木とは，樹高3m未満とする。

1-2　施工概要
　施工フローは，下記を標準とする。

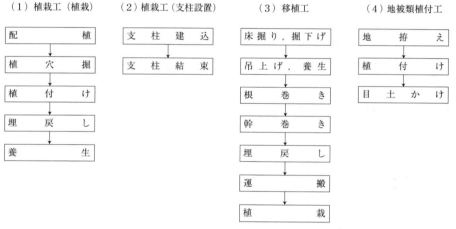

（注）本歩掛で対応しているのは，実線部分のみである。
図1-1　施工フロー

1−3 施工歩掛
 1−3−1 植栽工
  (1) 植栽
    植栽は，配植，植穴掘，植付け，埋戻し，養生までの作業を行うもので，施工歩掛は，次表を標準とする。なお，中低木は別途考慮する。

表1.1　植栽歩掛　　　　　　　　　　　　　　　　　　　　　　　　　　　　　　　　　　　　　　　(100本当り)

形状寸法 (cm)			名称 (人)			機械運転時間 (h) トラック [クレーン装置付] ベーストラック4〜 4.5t積吊能力2.9t	運転日数 (日) 小型バックホウ(クローラ型)標準型・排出ガス対策型 (第3次基準値) 山積0.13m³ (平積0.1m³)	運転日数 (日) ラフテレーンクレーン 油圧伸縮ジブ型・排出ガス対策型 (第1次基準値) 4.9t吊
			土木一般世話役	造園工	普通作業員			
高木	(幹周)	15未満	3.2	16.1	9.6	—	—	—
高木	15以上	25〃	5.4	27.4	9.7 (16.3)	—	1.9 (—)	—
高木	25〃	40〃	5.0	23.0	14.0 (55.0)	47.0	2.1 (—)	—
高木	40〃	60〃	10.0	44.0	26.0 (87.0)	57.0	4.8 (—)	—
高木	60〃	90〃	16.0	74.0	45.0 (190.0)	—	10.5 (—)	9.0

(備考)
  1. 高木の幹周15cm以上は，機械施工を標準とする。ただし，現場の障害物等により，機械施工が出来ない場合は，( )内の数値を採用する。
  2. 幹周は，地際より高さ1.2mの周囲長とする。なお，幹が枝分かれ（株立樹木）している場合の幹周は，各々の総和の70%とする。
  3. 残土を植栽付近に敷均しする歩掛，また，残土として運搬車へ積込む歩掛は，上表に含む。それ以外の残土処分が必要な場合は，別途計上する。また，運搬歩掛は含まない。
  4. 支柱設置歩掛は含まない。
  5. 標準的植穴掘以外の施工は，別途考慮する。
  6. 現場条件により，上表により難い場合は，別途考慮する。
  7. ラフテレーンクレーン，小型バックホウは，賃料とする。
  8. 上表は，根鉢付樹木の標準歩掛であるため，ふるい根の場合は，別途考慮する。
  9. 本歩掛の埋戻作業には，肥料，土壌改良剤を混合する場合も含まれる。
  10. 上表には，100m程度の現場内小運搬を含む。

(2) 支柱設置
　支柱設置は，建込み，結束からなり，支柱形式別，支柱材料及び歩掛は，次表を標準とする。

表1.2　支柱材料及び設置歩掛

名称	形状寸法	単位	植樹100本当り							
			二脚鳥居支柱（添木付）	二脚鳥居支柱（添木なし）	三脚鳥居支柱	十字鳥居支柱	二脚鳥居組合せ	八ッ掛（三脚）（竹）	八ッ掛（丸太）L=4m	八ッ掛（丸太）L=6〜7m
適用範囲	高木（幹周）	cm	30未満	20以上30未満	30以上60未満	30以上60未満	40以上75未満	20未満	20以上35未満	30以上75未満
土木一般世話役		人	1.8	1.3	1.8	2.7	3.6	1.3	2.0	3.1
造園工		〃	10.2	7.7	10.2	15.3	20.4	7.4	11.1	17.6
普通作業員		〃	5.9	4.4	5.9	8.9	11.8	4.3	6.4	10.2
杉丸太	長0.6m×末口6cm	本	100	100					300	300
〃	〃0.6 ×〃7.5	〃			100					
〃	〃0.75×〃7.5	〃				200	400			
〃	〃1.8 ×〃6	〃	200	200						
〃	〃1.8 ×〃7.5	〃			300	200				
〃	〃2.1 ×〃7.5	〃				200	400			
〃	〃4.0 ×〃6	〃							300	
〃	〃6.3 ×中径6	〃								300
杉梢丸太	〃4.0 ×末口3	〃	100							
竹	末口2.5cm	〃						(備考)3		
諸雑費率		%	4	4	3	3	2	6	4	3

（備考）
1. 諸雑費は，ハンマ，ペンチ，きり，かけや，緑化テープ，しゅろ縄，洋釘，鉄線等の費用であり，労務費，材料費の合計額に上表の率を乗じた額を上限として計上する。
2. 適用範囲外の支柱を用いる場合，又は現場条件により，上表により難い場合は，別途考慮する。
3. 竹は，必要量を計上する。
4. 上表には，100m程度の現場内小運搬を含む。

1－3－2 移植工

移植工は，掘取，運搬，植栽からなる。

(1) 掘取

掘取は，人力又はバックホウによる床掘り，掘下げ，クレーンによる吊上げ及び養生，根巻き，埋戻しであり施工歩掛は，次表を標準とする。

表1.3　掘取歩掛　　　　　　　　　　　　　　　　　　　　　　　　　　　　　　　　（100本当り）

形状寸法 (cm)		名称（人）			機械運転時間 (h) トラック[クレーン装置付] ベーストラック4～ 4.5t積吊能力2.9t	運転日数（日） 小型バックホウ（クローラ型）標準型・排出ガス対策型（第3次基準値）山積0.13m³（平積0.1m³）	ラフテレーンクレーン 油圧伸縮ジブ型・排出ガス対策型（第1次基準値）4.9t吊	諸雑費率（％）
		土木一般世話役	造園工	普通作業員				
中低木	（樹高）　50未満	0.3 (0.2)	2.0 (1.6)	1.6 (1.6)	—	—		4
	50以上　100〃	0.4 (0.3)	2.9 (2.4)	2.3 (2.3)				4
	100〃　200〃	0.7 (0.6)	5.4 (4.5)	4.5 (4.5)				5
	200〃　300〃	1.7 (1.4)	13.0 (10.0)	11.4 (11.4)				3
高木	（幹周）　15未満	2.0 (1.7)	10.3 (8.5)	6.1 (6.1)	—	—		5
	15以上　25〃	4.4 (3.6)	22.1 (18.3)	13.2 (13.2)				5
	25〃　40〃	7.0 (6.0)	36.0 (31.0)	13.0 (13.0)	9.0 (9.0)	6.4 (6.4)		7
	40〃　60〃	10.0 (9.0)	55.0 (49.0)	21.0 (21.0)	13.0 (13.0)	9.1 (9.1)		7
	60〃　90〃	17.0 (14.0)	88.0 (78.0)	34.0 (34.0)	—	14.8 (14.8)	3.0 (3.0)	9

（備考）
1. 上表の（　）内の数値は，根巻きを行わない場合の歩掛である。
2. あらかじめ根切りを行い埋戻しておき，後日移植する場合は，別途計上する。
3. 幹周は，地際より1.2mの幹の周囲長とする。なお，幹が枝分かれ（株立樹木）している場合の幹周は，各々の総和の70％とする。
4. 高木の幹周25cm以上は，機械施工を標準とする。
5. 高木の幹周25cm以上は，積込み，卸し時間を含む。
6. 掘取後の残土は埋戻しとして含むが，不足土量に係る費用が必要な場合は別途計上する。
7. 現場条件により，上表により難い場合は，別途計上する。
8. ラフテレーンクレーン，小型バックホウは，賃料とする。
9. 上表は，根鉢付樹木の標準歩掛であるため，ふるい根の場合は，別途考慮する。
10. 諸雑費は，根巻きを行う場合のわらなわ・緑化テープの費用であり，労務費の合計額に上表の率を乗じた金額を上限として計上する。根巻を行わない場合は計上しない。
11. 上表には，100m程度の現場内小運搬を含む。

(2) 幹巻き

幹巻きが必要な場合は，次表を標準とする。

表1.4　幹巻き歩掛　　　　　　　　　　　　　　　　　　　　　　　　　　　　　　　（100本当り）

形状寸法幹周（cm）	土木一般世話役（人）	造園工（人）	普通作業員（人）	諸雑費率（％）
25以上　40未満	1.1	4.9	1.9	15
40〃　60〃	2.0	8.7	3.4	16
60〃　90〃	3.2	14.2	5.5	20

（備考）
1. 幹周は，地際より1.2mの幹の周囲長とする。なお，幹が枝分かれ（株立樹木）している場合の幹周は，各々の総和の70％とする。
2. 現場条件により，上表により難い場合は，別途考慮する。
3. 諸雑費は，しゅろ縄・緑化テープの費用であり，労務費の合計額に上表の率を乗じた金額を上限として計上する。
4. 上表には，100m程度の現場内小運搬を含む。

(3) 運　　搬

樹木運搬歩掛は，次表を標準とする。

表1.5　運搬歩掛　　　　　　　　　　　　　　　　　　　　（100本当り）

形状寸法 (cm)		運搬機械	積載量 (本)	運搬距離5kmまでの運転時間 (h)	5kmを超え5km増す毎に加算する運転時間 (h)
中低木	（樹高）　50未満	トラック [クレーン装置付] ベーストラック 4〜4.5t積 吊能力2.9t	110	6.6	0.5
	50以上　100〃		50	9.4	1.0
	100〃　200〃		45	11.7	1.1
	200〃　300〃		45	15.0	1.1
高木	（幹周）　15未満		20	21.3	2.4
	15以上　25〃		13.3	29.4	3.8
	25〃　40〃		7.7	8.7	8.7
	40〃　60〃		2.5	20.5	20.5
	60〃　90〃		1.0	49.0	49.0

（備考）　1．運搬距離が5kmを超える場合は，超えた距離5kmまで毎に，右の欄の値を左の欄の値へ加算する。
　　　　2．中低木・高木の幹周25cm未満については，積込み・取卸し時間を含み，幹周25cm以上は，積込み・卸し時間を含まない。

(4) 植　栽　工

施工歩掛は，「1−3−1植栽工　表1.1植栽歩掛」を適用する。

1−3−3　地被類植付工

(1) 張　芝　工

張芝は，地拵え，植付け，目土かけからなり，施工歩掛は，次表を標準とする。

表1.6　張芝工歩掛　　　　　　　　　　　　　　　　　　（100m²当り）

名　称	単位	数　量
土木一般世話役	人	0.2
造　園　工	〃	1.1
普通作業員	〃	2.3
目土使用量	m³	2.7
芝　　ベ　タ　張	m²	100
目　地　張	〃	必要量を計上
諸雑費率	%	4

（備考）　1．上表は，ベタ張，目地張に適用し，市松張，すじ張の場合は，適用外とする。
　　　　2．諸雑費は，芝串を必要とする場合に計上し，労務費の合計額に上表の率を乗じた金額を上限として計上する。芝串を必要としない場合は計上しない。
　　　　3．現場条件により，上表により難い場合は，別途考慮する。
　　　　4．上表には，100m程度の現場内小運搬を含む。

1－4 単 価 表
(1) 高木植栽100本当り単価表

名　　称	規　　格	単位	数量	摘　　要
土木一般世話役		人		表1.1
造　園　工		〃		〃
普通作業員		〃		〃
樹　　木	幹周 ○○cm	本	100	樹種名を記入
改　良　剤		kg		必要量を計上
支　　柱		本		単価表（2）
トラック運転	クレーン装置付 ベーストラック4～4.5t積 吊能力2.9t	h		表1.1 高木幹周25cm以上 60cm未満に計上 機械損料
ラフテレーンクレーン	油圧伸縮ジブ型・ 排出ガス対策型（第1次基準値） 4.9t吊	日		表1.1 高木幹周60cm以上に計上 機械賃料
小型バックホウ （クローラ型）運転	標準型・ 排出ガス対策型（第3次基準値） 山積0.13m^3（平積0.1m^3）	〃		表1.1 高木幹周15cm以上に計上 機械賃料
諸　雑　費		式	1	
計				

(2) 支柱設置植樹100本当り単価表

名　　称	規　　格	単位	数量	摘　　要
土木一般世話役		人		表1.2
造　園　工		〃		〃
普通作業員		〃		〃
杉　丸　太	○○m，○○cm	本		〃
〃	○○m，○○cm	〃		〃
杉梢丸太	○○m，○○cm	〃		〃
〃	○○m，○○cm	〃		〃
竹	○○cm	〃		〃
〃	○○cm	〃		〃
諸　雑　費		式	1	〃
計				

(3) 掘取100本当り単価表

名　　称	規　　格	単位	数量	摘　　要
土 木 一 般 世 話 役		人		表1.3
造　園　工		〃		〃
普 通 作 業 員		〃		〃
トラック運転	クレーン装置付 ベーストラック4～4.5t積 吊能力2.9t	h		表1.3 高木幹周25cm以上 60cm未満に計上 機械損料
ラフテレーン クレーン	油圧伸縮ジブ型・ 排出ガス対策型（第1次基準値） 4.9t吊	日		表1.3 高木幹周60cm以上に計上 機械賃料
幹　巻　き		本	100	単価表（4）
小型バックホウ （クローラ型）運転	標準型・ 排出ガス対策型（第3次基準値） 山積0.13m³（平積0.1m³）	日		表1.3 高木幹周25cm以上に計上 機械賃料
諸　雑　費		式	1	表1.3
計				

(4) 幹巻き100本当り単価表

名　　称	規　　格	単位	数量	摘　　要
土 木 一 般 世 話 役		人		表1.4
造　園　工		〃		〃
普 通 作 業 員		〃		〃
諸　雑　費		式	1	〃
計				

(5) 運搬工（中低木・高木）100本当り単価表

名　　称	規　　格	単位	数量	摘　　要
トラック運転	クレーン装置付 ベーストラック4～4.5t積 吊能力2.9t	h		表1.5 機械損料
諸　雑　費		式	1	
計				

(6) 張芝工100m²当り植付け単価表

名　　称	規　　格	単位	数量	摘　　要
土 木 一 般 世 話 役		人		表1.6
造　園　工		〃		〃
普 通 作 業 員		〃		〃
芝		m²		芝名を記入
目　　土		m³	2.7	目地張の場合の数量は必要量とする
諸　雑　費		式	1	表1.6,（備考）
計				

（備考）　芝串を必要とする場合のみ，労務費の合計額に表1.6の率を乗じた金額を上限として計上する。

(7) 機械運転単価表

機械名	規　　格	適用単価表	指定事項
小型バックホウ（クローラ型）	標準型・排出ガス対策型（第3次基準値）山積0.13m³（平積0.1m³）	機−28	運転労務数量→　1.00 燃料消費量→　20 機械賃料数量→　1.63
トラック	クレーン装置付ベーストラック4〜4.5t積・吊能力2.9t	機−1	

1−5　植栽工事の割増積算
　　　新植樹木等の植樹割増しとして，下記の費用を加算する。ただし，移植及び根回し工事に係わるものは除く。
　　　割増経費＝「材料費＋労務費＋機械経費」×0.5％

1−6　参　考　資　料
　1−6−1　鉢容量及び植穴容量

表1.7（a）　鉢容量及び植穴容量

形状	幹　周(cm)	鉢　径(cm)	鉢の深さ(cm)	植穴径(cm)	植穴深さ(cm)	鉢 容 量(m³)	植穴容量(m³)
高木	10未満	33	25	69	37	0.017	0.09
	10以上　15〃	38	28	75	40	0.028	0.14
	15〃　20〃	47	33	87	46	0.061	0.27
	20〃　25〃	57	39	99	53	0.11	0.44
	25〃　30〃	66	45	111	59	0.17	0.65
	30〃　35〃	71	48	117	62	0.21	0.76
	35〃　45〃	90	59	141	75	0.40	1.34
	45〃　60〃	113	74	171	90	0.74	2.28
	60〃　75〃	141	91	207	109	1.32	3.70
	75〃　90〃	170	108	243	128	2.08	5.45

表1.8（b）　鉢容量及び植穴容量

形状	樹　高(cm)	鉢　径(cm)	鉢の深さ(cm)	植穴径(cm)	植穴深さ(cm)	鉢 容 量(m³)	植穴容量(m³)
中低木	30未満	15	8	29	23	0.001	0.015
	30以上　50〃	17	10	33	26	0.002	0.022
	50〃　80〃	20	12	37	28	0.004	0.030
	80〃　100〃	22	13	41	31	0.005	0.040
	100〃　150〃	26	16	46	35	0.008	0.057
	150〃　200〃	30	19	54	40	0.013	0.090
	200〃　250〃	35	23	61	46	0.022	0.133
	250〃　300〃	40	26	69	51	0.032	0.188

（備考）　鉢容量＝埋戻不足土量

2. 公園除草工

2－1 適用範囲
本資料は，公園の除草及び集草，積込・運搬に適用する。
ただし，景観を重視し，かつ除草回数が1回／月を超える場合については適用除外とする。

2－2 施工概要
施工フローは，下記を標準とする。

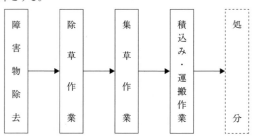

（備考）1．本歩掛で対応しているのは，実線部分のみである。
　　　　2．障害物とは石やゴミ等である。

図2－1　施工フロー

2－3 工法の選定
除草工法の選定は，次図による。

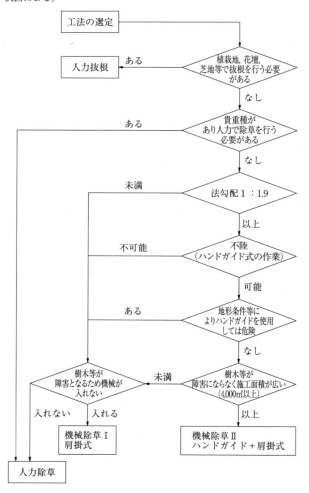

図2－2　工法の選定フロー

2－4 人力除草

2－4－1 人力除草 施工歩掛

人力除草の1,000m²当りの歩掛は，次表を標準とする。

表2.1 人力除草歩掛 (1,000m²当り)

名　称	単位	数　量
土 木 一 般 世 話 役	人	0.97
普 通 作 業 員	〃	6.80
諸 雑 費 率	%	2

（備考）1. 障害物の除去は，上記歩掛に含む。
　　　　2. 諸雑費は，鎌等の費用であり労務費の合計額に上表の率を乗じた金額を上限として計上する。

2－4－2 人力抜根 施工歩掛

人力抜根の1,000m²当りの歩掛は，次表を標準とする。

表2.2 人力抜根歩掛 (1,000m²当り)

名　称	単位	数　量
土 木 一 般 世 話 役	人	1.8
普 通 作 業 員	〃	12.9
諸 雑 費 率	%	1

（備考）1. 障害物の除去は，上記歩掛に含む。
　　　　2. 人力抜根にともなう人力除草は，上記歩掛に含む。
　　　　3. 諸雑費は，鎌等の費用であり労務費の合計額に上表の率を乗じた金額を上限として計上する。

2－5 機械除草

2－5－1 施工歩掛（機械除草Ⅰ　肩掛式を用いて除草を行う場合）

1,000m²当りの歩掛は，次表を標準とする。

表2.3　機械除草Ⅰ（肩掛式）歩掛 (1,000m²当り)

名　称	規　格	単位	数　量
土 木 一 般 世 話 役		人	0.18
特 殊 作 業 員		〃	0.90
普 通 作 業 員		〃	0.18
軽 作 業 員		〃	0.07
草 刈 機 損 料	肩掛式 カッタ径φ255mm	日	0.90
諸 雑 費 率		%	20

（備考）1. 上表には，補助刈り（機械除草にかかわる人力による除草）を含む。
　　　　2. 障害物の除去は，上記歩掛に含む。
　　　　3. 諸雑費は，ガソリン，切刃，鎌等の費用であり，労務費，機械損料の合計額に上表の率を乗じた金額を上限として計上する。

2−5−2　施工歩掛（機械除草Ⅱ　ハンドガイド式及び肩掛式を用いて作業を行う場合）
　　　　1,000m²当りの歩掛は，次表を標準とする。

表2.4　機械除草Ⅱ（ハンドガイド式＋肩掛式）歩掛　　　　　　　（1,000m²当り）

名　称	規　格	単位	数量
土木一般世話役		人	0.09
特殊作業員		〃	0.36
普通作業員		〃	0.09
軽作業員		〃	0.07
草刈機損料	肩掛式 カッタ径φ255mm	日	0.18
草刈機損料	ハンドガイド式・笹／ヨシ等用　刈幅95 cm	〃	0.18
諸雑費率		％	6

（備考）　1．上表には，補助刈り（機械除草にかかわる人力による除草）を含む。
　　　　2．障害物の除去は，上記歩掛に含む。
　　　　3．諸雑費は，ガソリン，切刃，鎌等の費用であり，労務費，機械損料の合計額に上表の率を乗じた金額を上限として計上する。

2−6　集草，積込・運搬
2−6−1　施工歩掛
　　　　1,000m²当りの歩掛は，次表を標準とする。

表2.5　集草，積込・運搬歩掛　　　　　　　（1,000m²当り）

名　称	規　格	単位	集草	積込・運搬
土木一般世話役		人	0.20	0.11
普通作業員		〃	0.60	0.33
トラック運転	普通型2t積	h	−	1.6
諸雑費率		％	6	2

（備考）　1．集草，積込・運搬は，必要な工種のみ計上する。
　　　　2．トラックの運転は，公園内での運搬作業である。
　　　　3．諸雑費は，熊手，竹ぼうき，フォーク，ブルーシート等の費用であり，労務費，機械損料及び運転経費の合計額に上表の率を乗じた金額を上限として計上する。
　　　　4．廃棄，処分等が必要な場合は，別途計上する。

2−6−2　運搬歩掛
　　　　トラックによる公園外への運搬は，次表を標準とする。

表2.6　トラック運搬時間　　　　　　　（1台当り）

運搬機種・規格	トラック普通型2t積															
	DID区間：無し															
運搬距離（km）	1.8以下	3.2以下	4.6以下	6.0以下	7.5以下	9.1以下	10.7以下	12.4以下	14.2以下	16.1以下	18.1以下	20.3以下	22.7以下	25.2以下	28.4以下	30.0以下
運搬時間（h）	0.1	0.2	0.3	0.4	0.5	0.6	0.7	0.8	0.9	1.0	1.1	1.2	1.3	1.4	1.5	1.6

運搬機種・規格	トラック普通型2t積															
	DID区間：有り															
運搬距離（km）	1.7以下	3.0以下	4.3以下	5.6以下	7.0以下	8.4以下	9.8以下	11.2以下	12.8以下	14.4以下	16.0以下	17.7以下	19.4以下	21.4以下	23.3以下	25.3以下	27.6以下	30.0以下
運搬時間（h）	0.1	0.2	0.3	0.4	0.5	0.6	0.7	0.8	0.9	1.0	1.1	1.2	1.3	1.4	1.5	1.6	1.7	1.8

（備考）　1．運搬距離には公園内の運搬距離は含まない。
　　　　2．運搬距離，運搬時間は片道である。
　　　　3．自動車専用道路を利用する場合には，別途考慮する。
　　　　4．DID（人口集中地区）は，総務省統計局の国勢調査報告資料添付の人口集中地区境界図によるものとする。
　　　　5．運搬距離が，30 kmを超える場合は，別途考慮する。

2－7 総合歩掛
2－7－1 総合歩掛（除草，集草，積込・運搬）
除草から運搬までを一連作業として行う場合の歩掛は，次表とする。

表2.7 総合歩掛（除草，集草，積込・運搬）　　　　　　　　　（1,000m²当り）

名　称	規　格	単位	人力除草	機械除草Ⅰ	機械除草Ⅱ
土木一般世話役		人	1.3	0.49	0.40
特殊作業員		〃	—	0.90	0.36
普通作業員		〃	7.7	1.1	1.0
軽作業員		〃	—	0.07	0.07
草刈機損料	肩掛式 カッタ径φ255mm	日	—	0.90	0.18
草刈機損料	ハンドガイド式・笹／ヨシ等用 刈幅95cm	〃	—	—	0.18
トラック運転	普通型2t積	h	1.6	1.6	1.6
諸雑費率		%	3	11	5

（備考）　1．補助刈りは，上表に含む。
　　　　　2．障害物の除去は，上記歩掛に含む。
　　　　　3．トラックの運転は，公園内での運搬作業である。
　　　　　4．諸雑費は，ガソリン，切刃，鎌，熊手，竹ぼうき，フォーク，ブルーシート等の費用であり，労務費，機械損料及び運転経費の合計額に上表の率を乗じた金額を上限として計上する。
　　　　　5．廃棄，処分等が必要な場合は，別途計上する。

2－8 単価表
(1) 人力除草，人力抜根1,000m²当り単価表

名　称	規　格	単位	数量	摘　要
土木一般世話役		人		表2.1又は表2.2
普通作業員		〃		〃　〃
諸雑費		式	1	〃　〃
計				

(2) 機械除草Ⅰ　肩掛式1,000m²当り単価表

名　称	規　格	単位	数量	摘　要
土木一般世話役		人		表2.3
特殊作業員		〃		〃
普通作業員		〃		〃
軽作業員		〃		〃
草刈機	肩掛式 カッタ径φ255mm	日		表2.3 機械損料
諸雑費		式	1	表2.3
計				

(3) 機械除草Ⅱ　ハンドガイド式及び肩掛式1,000m²当り単価表

名　　称	規　　格	単位	数量	摘　要
土木一般世話役		人		表2.4
特殊作業員		〃		〃
普通作業員		〃		〃
軽作業員		〃		〃
草刈機	肩掛式 カッタ径φ255mm	日		表2.4 機械損料
草刈機	ハンドガイド式・笹／ヨシ等用　刈幅95cm	〃		表2.4 機械損料
諸雑費		式	1	表2.4
計				

(4) 集草，積込・運搬1,000m²当り単価表

名　　称	規　　格	単位	数量	摘　要
土木一般世話役		人		表2.5
普通作業員		〃		〃
トラック運転	普通型2t積	h		表2.5 機械損料
諸雑費		式	1	表2.5
計				

(5) トラック運搬1台当り単価表

名　　称	規　　格	単位	数量	摘　要
トラック運転	普通型2t積	h		表2.6 機械損料
諸雑費		式	1	
計				

(6) 総合歩掛1,000m²当り単価表

名　　称	規　　格	単位	数量	摘　要
土木一般世話役		人		表2.7
特殊作業員		〃		〃
普通作業員		〃		〃
軽作業員		〃		〃
草刈機	肩掛式 カッタ径φ255mm	日		表2.7 機械損料
草刈機	ハンドガイド式・笹／ヨシ等用　刈幅95cm	〃		表2.7 機械損料
トラック運転	普通型2t積	h		表2.7 機械損料
諸雑費		式	1	表2.7
計				

(7) 機械運転単価表

機械名	規　　格	適用単価表	指定事項
トラック	普通型2t積	機－6	

❸ 下水道
① 開削工事
1．管きょ工

路線延長 m（マンホール中心間の延長）
管渠延長 m（管の布設延長）

（一式）

種　　　目	形状寸法	単位	数量	単価（円）	金額（円）	摘　　要
管　路　土　工		式	1			(1)
管　布　設　工		式	1			(2)
管　基　礎　工		式	1			(3)
水　路　築　造　工		式	1			
管　路　土　留　工		式	1			(4)
埋　設　物　防　護　工		式	1			
管　路　路　面　覆　工		式	1			(5)
補　助　地　盤　改　良　工		式	1			(6)
開　削　水　替　工		式	1			(7)
地　下　水　低　下　工　法		式	1			土木工事標準歩掛による
計						

(1) 管路土工

（一式）

種　　　目	形状寸法	単位	総括表単位	数　量	単価（円）	金額（円）	摘　　要
管　路　掘　削		m^3	式orm^3				①
管　路　埋　戻		m^3	式orm^3				②
発　生　土　処　理		m^3	式orm^3				③
埋　戻　土　運　搬		m^3	式orm^3				
計							

① 管路掘削

（1 m^3 当り）

種　　　目	形状寸法	単位	数　量	単価（円）	金額（円）	摘　　要
機　械　掘　削　工	小型バックホウ掘削	m^3				①—1）
機　械　掘　削　工	バックホウ掘削	m^3				①—2）
立　坑　掘　削　工	バックホウ掘削	m^3				①—3）
立　坑　掘　削　工	クラムシェル掘削	m^3				①—4）
小型バックホウ投入搬出	立坑掘削工	回				必要に応じて計上
計						○○ m^3 当り
1　m^3　当　り						計／○○ m^3

❸ 下　水　道―2

①―1）　機械掘削工（小型バックホウ掘削）　　　　　　　　　　　　　　　　　　　　　　（1m³当り）

種　　　目	形状寸法	単位	数　量	単　価（円）	金　額（円）	摘　　　要
土木一般世話役		人				表－1－1
普通作業員		人				表－1－1
バックホウ運転		日				表－1－2 （100／日当り施工量）
諸　雑　費		式	1			端数処理
計						100m³当り
1 m³ 当 り						計／100m³

（備考）　1.　労務歩掛は次による。

表－1－1　機械掘削工労務　　　　　　（人／100m³）

掘　削　機　種	土木一般世話役	普通作業員
クローラ型　排出ガス対策型（第1次基準値） 山積0.08m³／平積0.06m³	2.8	7.8
クローラ型　排出ガス対策型（第2次基準値） 山積0.13m³／平積0.10m³	2.4	6.7

・土木一般世話役は現場での指揮・指導を行うものとする。
・普通作業員は補助的作業（土砂の切崩し，床均し等の作業）を行うものとする。

2.　バックホウ1日当り施工量は次による。

表－1－2　バックホウ1日当り施工量　　　　　（m³／日）

掘　削　機　種	日当り施工量（m³）
クローラ型　排出ガス対策型（第1次基準値） 山積0.08m³／平積0.06m³	38
クローラ型　排出ガス対策型（第2次基準値） 山積0.13m³／平積0.10m³	44

①―2）　機械掘削工（バックホウ掘削）　　　　　　　　　　　　　　　　　　　　　　　（1m³当り）

種　　　目	形状寸法	単位	数　量	単　価（円）	金　額（円）	摘　　　要
土木一般世話役		人				表－1－3
普通作業員		人				表－1－3
バックホウ運転		時間				表－1－4
諸　雑　費		式	1			端数処理
計						100m³当り
1 m³ 当 り						計／100m³

（備考）　1.　労務歩掛は次による。

表－1－3　機械掘削工労務　　　　　　（人／100m³）

掘　削　機　種	土木一般世話役	普通作業員
クローラ型　排出ガス対策型（第2次基準値） 山積0.28m³／平積0.20m³	1.9	5.0
クローラ型　クレーン機能付　吊能力2.9t　排出ガス対策型（第1次基準値）山積0.45m³／平積0.35m³　又は　クローラ型　排出ガス対策型（第1次基準値）山積0.45m³／平積0.35m³	1.5	3.9
クローラ型　クレーン機能付　吊能力2.9t　排出ガス対策型（第2次基準値）山積0.80m³／平積0.60m³　又は　クローラ型　排出ガス対策型（第2次基準値）山積0.80m³／平積0.60m³	1.1	2.6

・土木一般世話役は現場での指揮・指導を行うものとする。
・普通作業員は補助的作業（土砂の切崩し，床均し等の作業）を行うものとする。

（つづく）

2. バックホウ運転時間及び日当り作業量は次による。

表－1－4　バックホウ運転時間

掘削機種	運転時間（時間／100m³）	日当り作業量（m³／日）
クローラ型　排出ガス対策型（第2次基準値）山積0.28m³／平積0.20m³	11.1	59
クローラ型　クレーン機能付　吊能力2.9t　排出ガス対策型（第1次基準値）山積0.45m³／平積0.35m³　又はクローラ型　排出ガス対策型（第1次基準値）山積0.45m³／平積0.35m³	8.8	74
クローラ型　クレーン機能付　吊能力2.9t　排出ガス対策型（第2次基準値）山積0.80m³／平積0.60m³　又はクローラ型　排出ガス対策型（第2次基準値）山積0.80m³／平積0.60m³	6.0	109

①－3）　立坑掘削工（バックホウ掘削）　　　　　　　　　　　　　　　　　　　　（1m³当り）

種目	形状寸法	単位	数量	単価（円）	金額（円）	摘要
土木一般世話役		人	1			表－1－5
普通作業員		人	3			表－1－5
バックホウ運転	排出ガス対策型（第2次基準値）クローラ型　山積0.8m³／平積0.6m³	時間	4.7			表－1－6
小型バックホウ運転	排出ガス対策型（第2次基準値）クローラ型　山積0.08m³／平積0.06m³	日	1			20<Aの場合に計上
諸雑費		式	1			端数処理
計						1日当り
1m³当り						計／1日当り標準掘削量

（備考）　1. 労務歩掛は次による。

表－1－5　立坑掘削工労務（バックホウ）　　　　（1日当り）

掘削機種	土木一般世話役	普通作業員
クローラ型　排出ガス対策型（第2次基準値）山積0.80m³／平積0.60m³	1.0	3.0

・普通作業員の作業内容は，土砂の切崩し，掘削補助等である。

2. 1日当りのバックホウ運転時間は次による。

表－1－6　バックホウ運転時間　　　　（1日当り）

掘削機種	運転時間（時間）
クローラ型　排出ガス対策型（第2次基準値）山積0.80m³／平積0.60m³	4.7

3. 1日当り標準掘削土量は，次による。

表－1－7　標準掘削土量　　　　（1日当り）

立坑掘削面積A（m²）	A≦20	20<A≦50	50<A≦100
バックホウバケット容量		山積0.80m³／平積0.60m³	
小型バックホウバケット容量	－	山積0.08m³／平積0.06m³	
標準掘削土量（m³／日）	30	45	80

（備考）　適用する最大掘削深は，6.0mとする。これを超える場合は別途考慮する。

❸下　水　道—4

①—4）　立坑掘削工（クラムシェル掘削）　　　　　　　　　　　　　　　　　　　　　（1m³当り）

種　　目	形状寸法	単位	数量	単価（円）	金額（円）	摘　　要
土木一般世話役		人	1			表-1-8
普通作業員		人	3			表-1-8
クラムシェル運転	テレスコピック式 平積0.4m³	時間	4.3			表-1-9
小型バックホウ運転	排出ガス対策型（第2次基準値）クローラ型 山積0.08m³／平積0.06m³	日	1			20<Aの場合に計上
諸　雑　費		式	1			端数処理
計						1日当り
1 m³ 当 り						計／1日当り標準掘削量

（備考）　1.　労務歩掛は次による。

表-1-8　立坑掘削工労務（バックホウ）　　　　　　　　（1日当り）

掘削機種	土木一般世話役	普通作業員
油圧クラムシェル　テレスコピック式　平積0.4m³	1.0	3.0

・普通作業員の作業内容は，土砂の切崩し，掘削補助等である。

2.　クラムシェル運転時間は次による。

表-1-9　バックホウ運転時間　　　　　　　　　　　　（1日当り）

掘削機種	運転時間（時間）
油圧クラムシェル　テレスコピック式　平積0.4m³	4.3

3.　1当り標準掘削土量は，次による。

表-1-10　標準掘削土量　　　　　　　　　　　　　　　（1日当り）

立坑掘削面積A（m²）	A≦20	20<A≦50	50<A≦100
クラムシェルバケット容量		平積0.4m³	
小型バックホウバケット容量	—	山積0.08m³／平積0.06m³	
標準掘削土量（m³／日）	20	40	75

・適用する最大掘削深は，6.0mを超え最大掘削深19.0mとする。
　これ以外は別途考慮する。

②　管路埋戻　　　　　　　　　　　　　　　　　　　　　　　　　　　　　　　　　　（1m³当り）

種　　目	形状寸法	単位	数量	単価（円）	金額（円）	摘　　要
人力投入埋戻工		m³				②—1）
機械投入埋戻工	小型バックホウ埋戻	m³				②—2）
機械投入埋戻工	バックホウ埋戻	m³				②—3）
計						○○m³当り
1 m³ 当 り						計／○○m³

②—1） 人力投入埋戻工　　　　　　　　　　　　　　　　　　　　　　　　　　　　　　　　　（1m³当り）

種　　　　目	形状寸法	単位	数　量	単　価（円）	金　額（円）	摘　　要
普 通 作 業 員		人	23.0			
埋　戻　土		m³				表－2－1
タ ン パ 締 固 め		m³				土木工事標準歩掛による
諸　雑　費		式	1			端数処理
計						100m³当り
1 m³ 当 り						計／100m³

（備考）　1．埋戻土量は表－2－1の土量変化率を考慮すること。

表－2－1　土量変化率

分類名称		記号	変化率L	変化率C
主要区分				
礫質土	礫	（GW）（GP）（GP_S） （G－M）（G－C）	1.20	0.95
	礫質土	（GM）（GC）（GO）	1.20	0.90
砂及び砂質土	砂	（SW）（SP）（SP_U） （S－M）（S－C）（S－V）	1.20	0.95
	砂質土 （普通土）	（SM）（SC）（SV）	1.20	0.90

$$L = \frac{\text{ほぐした土量（m}^3\text{）}}{\text{地山の土量（m}^3\text{）}} \quad C = \frac{\text{締固め後の土量（m}^3\text{）}}{\text{地山の土量（m}^3\text{）}}$$

・再生資材を使用する場合については，変化率を別途考慮すること。

②—2）　機械投入埋戻工（小型バックホウ埋戻）　　　　　　　　　　　　　　　　　　　　　（1m³当り）

種　　　目	形状寸法	単位	数　量	単　価（円）	金　額（円）	摘　　要
土 木 一 般 世 話 役		人	2.5			
普 通 作 業 員		人	3.8			
埋　戻　土		m³				表－2－1
バ ッ ク ホ ウ 運 転		日				表－2－2 （100／日当り施工量）
タ ン パ 締 固 め		m³				土木工事標準歩掛による
諸　雑　費		式	1			端数処理
計						100m³当り
1 m³ 当 り						計／100m³

（備考）　1．埋戻土量は表－2－1の土量変化率を考慮すること。
　　　　2．タンパ締固めは，「土木工事標準歩掛（土工－作業土工（埋戻工）－タンパ締固め）」による。
　　　　3．バックホウ1日当り施工量は表－2－2を標準とする。

表－2－2　バックホウ1日当り施工量　　　　　　　　　　　（m³／日）

掘　削　機　種	日当り施工量（m³）
クローラ型　排出ガス対策型（第1次基準値） 山積0.08m³／平積0.06m³	57
クローラ型　排出ガス対策型（第2次基準値） 山積0.13m³／平積0.10m³	65

・砂，発生土，改良土，砕石に適用する。

②－3　機械投入埋戻工（バックホウ埋戻）　　　　　　　　　　　　　　　　　　　　　　（1m³当り）

種　　目	形状寸法	単位	数量	単価（円）	金額（円）	摘　　要
土木一般世話役		人	2.5			
普通作業員		人	3.8			
埋戻土		m³				表－2－1
バックホウ運転		時間				表－2－3
タンパ締固め		m³				土木工事標準歩掛による
諸雑費		式	1			端数処理
計						100m³当り
1　m³当り						計／100m³

（備考）　1.　埋戻土量は表－2－1の土量変化率を考慮すること。
　　　　2.　タンパ締固めは，「土木工事標準歩掛（土工－作業土工（埋戻工）－タンパ締固め）」による。
　　　　3.　バックホウ運転時間及び日当り作業量は表－2－3を標準とする。

表－2－3　バックホウ100m³当り運転時間

掘削機種	運転時間（時間／100m³）	日当り施工量（m³／日）
クローラ型　排出ガス対策型（第2次基準値） 山積0.28m³／平積0.20m³	7.6	85
クローラ型　クレーン機能付　吊能力2.9t　排出ガス対策型 （第1次基準値）山積0.45m³／平積0.35m³　又は　クローラ型 排出ガス対策型（第1次基準値）山積0.45m³／平積0.35m³	6.2	105
クローラ型　クレーン機能付　吊能力2.9t　排出ガス対策型 （第2次基準値）山積0.80m³／平積0.60m³　又は　クローラ型 排出ガス対策型（第2次基準値）山積0.80m³／平積0.60m³	4.5	145

③　発生土処理　　　　　　　　　　　　　　　　　　　　　　　　　　　　　　　　　（1m³当り）

種　　目	形状寸法	単位	数量	単価（円）	金額（円）	摘　　要
発生土処分工	○○t車	m³				③－1）
発生土処分工	○○t車	m³				推進工法又は シールド工法
計						

③－1）　発生土処分工（機械積込み）　　　　　　　　　　　　　　　　　　　　　　　（1m³当り）

種　　目	形状寸法	単位	数量	単価（円）	金額（円）	摘　　要
発生土運搬工	ダンプトラック運搬	m³				③－2），③－3）
発生土受入費		m³				必要に応じて計上
計						

③—2) 発生土運搬工（10 t 積級，機械積込み） （1 m³当り）

種 目	形状寸法	単位	数 量	単 価（円）	金 額（円）	摘 要
ダンプトラック運転費	10 t 積級	日				
計						100m³当り
1 m³ 当 り						計／100m³

③—3) 発生土運搬工（4 t 積級，2 t 積級，機械積込み） （1 m³当り）

種 目	形状寸法	単位	数 量	単 価（円）	金 額（円）	摘 要
ダンプトラック運転費	4 t 積級又は2 t 積級	日				
計						10m³当り
1 m³ 当 り						計／10m³

(2) 管布設工 （一式）

種 目	形状寸法	単位	総括表単位	数量	単価（円）	金額（円）	摘 要
鉄筋コンクリート管		m	m				④
硬質塩化ビニル管		m	m				⑤
強化プラスチック複合管		m	m				⑥
リブ付硬質塩化ビニル管		m	m				⑦
レジンコンクリート管		m	m				
ポリエチレン管		m	m				
鋼 管		m	m				
鋳 鉄 管		m	m				
伸縮可とう接手管		箇所	箇所				
埋設標識テープ		m	m				
計							

④ 鉄筋コンクリート管 （1 m当り）

種 目	形状寸法	単位	数 量	単 価（円）	金 額（円）	摘 要
鉄筋コンクリート管材 料 費		式	1			
鉄筋コンクリート管布 設 工		m				④—1)
計						○○m当り
1 m 当 り						計／○○m

④－1） 鉄筋コンクリート管布設工 　　　　　　　　　　　　　　　　　　　　　　　　　　　（1m当り）

種　　　　目	形状寸法	単位	数　量	単　価（円）	金　額（円）	摘　　　要
土木一般世話役		人				表－4－1
特殊作業員		人				表－4－1
普通作業員		人				表－4－1
バックホウ運転 又は ラフテレーンクレーン賃料	○○m³○○t吊 又は 油圧伸縮ジブ型 25t吊	日				表－4－1
諸雑費		時間				表－4－1
計		m³				10m当り
1m当り						計／10m

（備考） 1. 機種の選定は，表－4－1による。

表－4－1　標準使用機種

呼び径	使用機械
φ200～400	バックホウ　クローラ型　クレーン機能付　吊能力1.7t吊 排出ガス対策型（第2次基準値）山積0.28m³／平積0.2m³
φ450～800	バックホウ　クローラ型　クレーン機能付　吊能力2.9t吊 排出ガス対策型（第2次基準値）山積0.45m³／平積0.35m³
φ900～2,400	ラフテレーンクレーン排出ガス対策型（第2次基準値） 油圧伸縮ジブ型25t吊

2. 労務歩掛は，表－4－2による。

表－4－2　鉄筋コンクリート管布設歩掛　　　　　　　　　　　　　　（10m当り）

種　目	単位	呼び径（mm）										
		200	250	300	350	400	450	500	600	700	800
土木一般世話役	人	0.30	0.31	0.32	0.33	0.33	0.34	0.35	0.37	0.39	0.41
特殊作業員	人	0.60	0.62	0.64	0.66	0.66	0.68	0.70	0.74	0.78	0.82
普通作業員	人	0.60	0.62	0.64	0.66	0.66	0.68	0.70	1.11	1.17	1.23
バックホウ運転	日	0.30	0.31	0.32	0.33	0.33	0.34	0.35	0.37	0.39	0.41
諸雑費	％	1									

種　目	単位	呼び径（mm）										
		900	1,000	1,100	1,200	1,350	1,500	1,650	1,800	2,000	2,200	2,400
土木一般世話役	人	0.43	0.45	0.47	0.49	0.53	0.57	0.61	0.66	0.73	0.80	0.88
特殊作業員	人	0.86	0.90	0.94	0.98	1.06	1.14	1.22	1.32	1.46	1.60	1.76
普通作業員	人	1.29	1.35	1.41	1.47	1.59	1.71	1.83	1.98	2.19	2.40	2.64
ラフテレーンクレーン運転	日	0.43	0.45	0.47	0.49	0.53	0.57	0.61	0.66	0.73	0.80	0.88
諸雑費	％	1										

・歩掛は運搬距離20m程度の現場内小運搬，管の接合据付作業であり，床掘り，基礎，埋戻し，水替え等は含まない。
・諸雑費は滑材及びレバーブロック等の費用であり，労務費の合計額に上表の諸雑費率を乗じた金額を上限として計上する。
　ただし，管切断費用及び鉄筋コンクリート管損失費用は含まない。
・卵形鉄筋コンクリート管及び台付鉄筋コンクリート管の歩掛は，対比表により上表を準用できる。

$$卵形鉄筋コンクリート管呼び径 = \frac{a+b}{2}$$

（参考）対比表

卵形鉄筋コンクリート管 台付鉄筋コンクリート管		鉄筋コンクリート管	
	φ250 mm	〃	φ400 mm
〃	φ300 mm	〃	φ450 mm
〃	φ350 mm	〃	φ500 mm
〃	φ400 mm	〃	φ600 mm
〃	φ450 mm	〃	φ600と700 mmの平均
〃	φ500 mm	〃	φ700 mm
〃	φ600 mm	〃	φ800 mm

⑤ 硬質塩化ビニル管　　　　　　　　　　　　　　　　　　　　　　　　　　　　　　（1m当り）

種　　目	形状寸法	単位	数量	単価（円）	金額（円）	摘　　要
硬質塩化ビニル管材　料　費		式	1			呼び径400mm～600mm
硬質塩化ビニル管布　設　工		m				呼び径400mm～600mm ⑤－1）
硬質塩化ビニル管設　置　工		m				呼び径150mm～350mm（市場単価）
計						○○m当り
1　m　当　り						計／○○m

⑤－1）　硬質塩化ビニル管布設工　　　　　　　　　　　　　　　　　　　　　　　（1m当り）

種　　目	形状寸法	単位	数量	単価（円）	金額（円）	摘　　要
土木一般世話役		人				表－5－1
特殊作業員		人				表－5－1
普通作業員		人				表－5－1
バックホウ運転	排出ガス対策型（第2次基準値）クローラ型　クレーン機能付　吊能力1.7t吊　山積0.28m³／平積0.2m³	日				表－5－1
諸　雑　費		式				表－5－1
計						10m当り
1　m　当　り						計／10m

表－5－1　硬質塩化ビニル管布設歩掛　　　　　　（10m当り）

種　　目	単位	呼び径（mm）					機械施工			
		150	200	250	300	350	400	450	500	600
土木一般世話役	人	－	－	－	－	－	0.26	0.27	0.28	0.30
特殊作業員	人	－	－	－	－	－	0.52	0.54	0.56	0.60
普通作業員	人	－	－	－	－	－	0.52	0.54	0.56	0.60
バックホウ運転	日	－	－	－	－	－	0.26	0.27	0.28	0.30
諸　雑　費	％	－						1		

- 歩掛は、運搬距離20m程度の現場内小運搬、管の接合据付作業であり、床掘り、基礎、埋戻し、水替え等は含まない。
- 諸雑費は、接合材（接着剤、滑剤）、レバーブロック等及び切断機等の費用であり、労務費の合計額に上表の諸雑費率を乗じた金額を上限として計上できる。ただし、管損失費用は含まない。
- 呼び径150mm～350mmについては市場単価を適用する。

⑥　強化プラスチック複合管　　　　　　　　　　　　　　　　　　　　　　　　　（1m当り）

種　　目	形状寸法	単位	数量	単価（円）	金額（円）	摘　　要
強化プラスチック複合管材　料　費		式	1			
強化プラスチック管布　設　工		m				⑥－1）
計						○○m当り
1　m　当　り						計／○○m

⑥—1）強化プラスチック複合管布設工　　　　　　　　　　　　　　　　　　（1m当り）

種　目	形状寸法	単位	数量	単価（円）	金額（円）	摘要
土木一般世話役		人				表-6-1
特殊作業員		人				表-6-1
普通作業員		人				表-6-1
バックホウ運転 又は ラフテレーンクレーン賃料	○○m³○○t吊 又は 油圧伸縮ジブ型 25t吊	日				表-6-1
諸雑費		式	1			表-6-1
計						10m当り
1m当り						計／10m

（備考）1．労務歩掛は表-6-1による。

表-6-1　強化プラスチック複合管歩掛　　　　　　　　　（10m当り）

種　目	単位	呼び径（mm）								
		200	250	300	350	400	450	500	600	700
土木一般世話役	人	0.23	0.23	0.24	0.25	0.25	0.26	0.27	0.29	0.30
特殊作業員	人	0.46	0.46	0.48	0.50	0.50	0.52	0.54	0.58	0.60
普通作業員	人	0.46	0.46	0.48	0.50	0.50	0.52	0.54	0.58	0.60
バックホウ運転	日	0.23	0.23	0.24	0.25	0.25	0.26	0.27	0.29	0.30
諸雑費	％	1								

種　目	単位	呼び径（mm）								
		800	900	1,000	1,100	1,200	1,350	1,500	1,650	1,800	2,000
土木一般世話役	人	0.32	0.34	0.36	0.39	0.41	0.45	0.49	0.53	0.58	0.66
特殊作業員	人	0.64	0.68	0.72	0.78	0.82	0.90	0.98	1.06	1.16	1.32
普通作業員	人	0.64	0.68	1.08	1.17	1.23	1.35	1.47	1.59	1.74	1.98
バックホウ運転 又は ラフテレーンクレーン賃料	日	0.32	0.34	0.36	0.39	0.41	0.45	0.49	0.53	0.58	0.66
諸雑費	％	1									

・歩掛は，運搬距離20m程度の現場内小運搬，管の接合据付作業であり，床掘り，基礎，埋戻し，水替え等は含まない。
・諸雑費は，滑剤，レバーブロック及び切断機等の費用であり，労務費の合計額に上表の諸雑費率を乗じた金額を上限として計上できる。ただし，管損失費用は含まない。

2．標準使用機種は表-6-2とする。

表-6-2　標準使用機種

呼び径（mm）	使用機械
φ200〜700	バックホウ　クローラ型　クレーン機能付　吊能力1.7t吊 排出ガス対策型（第2次基準値）山積0.28m³／平積0.2m³
φ800〜1,500	バックホウ　クローラ型　クレーン機能付　吊能力2.9t吊 排出ガス対策型（第2次基準値）山積0.45m³／平積0.35m³
φ1,650〜2,000	ラフテレーンクレーン排出ガス対策型（第2次基準値） 油圧伸縮ジブ型25t吊

・バックホウ及びラフテレーンクレーンは，賃料とする。

⑦ リブ付硬質塩化ビニル管　　　　　　　　　　　　　　　　　　　　　　　　　　　（1m当り）

種　　目	形状寸法	単位	数　量	単　価（円）	金　額（円）	摘　　要
リブ付硬質塩化ビニル管材　料　費		式	1			呼び径400mm，450mm
リブ付硬質塩化ビニル管布　設　工		m				呼び径400mm，450mm ⑦－1
リブ付硬質塩化ビニル管設　置　工		m				呼び径150mm〜350mm（市場単価）
計						○○m当り
1　m　当　り						計／○○m

⑦－1）リブ付硬質塩化ビニル管布設工　　　　　　　　　　　　　　　　　　　　　（1m当り）

種　　目	形状寸法	単位	数　量	単　価（円）	金　額（円）	摘　　要
土木一般世話役		人				表－7－1
特　殊　作　業　員		人				表－7－1
普　通　作　業　員		人				表－7－1
バックホウ運転	排出ガス対策型（第2次基準値）クローラ型　クレーン機能付　吊能力1.7t吊山積0.28m³／平積0.2m³	日				表－7－1
諸　雑　費		式	1			表－7－1
計						10m当り
1　m　当　り						計／10m

（備考）1. 労務歩掛は表－7－1による。

表－7－1　リブ付硬質塩化ビニル管布設歩掛　　　　　　　　　（10m当り）

種　　目	単位	呼び径（mm）					機械施工	
		150	200	250	300	350	400	450
土木一般世話役	人	—	—	—	—	—	0.25	0.26
特　殊　作　業　員	人	—	—	—	—	—	0.50	0.52
普　通　作　業　員	人	—	—	—	—	—	0.50	0.52
バックホウ運転	日	—	—	—	—	—	0.25	0.26
諸　雑　費	%	—					1	

・歩掛は，運搬距離20m程度の現場内小運搬，管の接合据付作業であり，床掘り，基礎，埋戻し，水替え等は含まない。
・諸雑費は，滑剤，レバーブロック及び切断機等の費用であり，労務費の合計額に上表の諸雑費率を乗じた金額を上限として計上できる。ただし，管損失費用は含まない。
・呼び径150mm〜350mmについては市場単価を適用する。

(3) 管基礎工　　　　　　　　　　　　　　　　　　　　　　　　　　　　　　　　　（一式）

種　　目	形状寸法	単位	総括表単位	数　量	単　価（円）	金　額（円）	摘　　要
砂　基　礎		m	m				⑧
砕　石　基　礎		m	m				⑨
はしご胴木基礎		m	m				⑩
コンクリート基礎		m	m				
まくら土台基礎		m	m				
ソイルセメント基礎		m	m				
ベッドシート基礎		m	m				
計							

⑧ 砂基礎 (1m当り)

種　　　　目	形状寸法	単位	数　量	単　価（円）	金　額（円）	摘　　要
砂　基　礎　工	人力施工	m³				⑧－1)
砂　基　礎　工	機械施工	m³				⑧－2)
計						○○m当り
1　m　当　り						計／○○m

⑧－1) 砂基礎工（人力施工） (1m³当り)

種　　　　目	形状寸法	単位	数　量	単　価（円）	金　額（円）	摘　　要
砂		m³				
砂　基　礎　設　置　工	人力施工	m³	1			（市場単価）
計						

（備考）　砂の土量については表－2－1の土量変化率を考慮すること。

⑧－2) 砂基礎工（機械施工） (1m³当り)

種　　　　目	形状寸法	単位	数　量	単　価（円）	金　額（円）	摘　　要
砂		m³				
砂　基　礎　設　置　工	機械施工	m³	1			（市場単価）
計						

（備考）　砂の土量については表－2－1の土量変化率を考慮すること。

⑨ 砕石基礎 (1m当り)

種　　　　目	形状寸法	単位	数　量	単　価（円）	金　額（円）	摘　　要
砕　石　基　礎　工	人力施工	m³				⑨－1)
砕　石　基　礎　工	機械施工	m³				⑨－2)
計						○○m当り
1　m　当　り						計／○○m

⑨－1) 砕石基礎工（人力施工） (1m³当り)

種　　　　目	形状寸法	単位	数　量	単　価（円）	金　額（円）	摘　　要
砕　　　　石		m³	1×(1+ロス率)			
砂　基　礎　設　置　工	人力施工	m³	1			（市場単価）
計						

（備考）　材料のロス率は表－9－1による。

表－9－1　ロス率

材　料	ロス率
クラッシャラン等	＋0.2

⑨－2) 砕石基礎工（機械施工） (1m³当り)

種　　　　目	形状寸法	単位	数　量	単　価（円）	金　額（円）	摘　　要
砕　　　　石		m³	1×(1+ロス率)			
砂　基　礎　設　置　工	機械施工	m³	1			（市場単価）
計						

（備考）　材料のロス率は表－9－1による。

⑩ はしご胴木基礎 （１m当り）

種　　　目	形状寸法	単位	数量	単価（円）	金額（円）	摘　　要
土木一般世話役		人				表－10－1
型　枠　工		人				表－10－1
普通作業員		人				表－10－1
バックホウ運転	排出ガス対策型（第２次基準値）クローラ型 クレーン機能付 吊能力1.7ｔ吊 山積0.28m³／平積0.2m³	日				表－10－1
生松太鼓落し（横木材）		本				表－10－1
生松太鼓落し（縦木材）		本				表－10－1
松正割（角）		本				表－10－1
砕　　石		m³				表－10－1
諸雑費		式	1			表－10－1
計						10m当り
１m当り						計／10m

（備考）はしご胴木基礎の歩掛は表－10－1による。

表－10－1　はしご胴木基礎歩掛表 （10m当り）

種　目	形状寸法	単位	呼び径（mm）						
			150〜350	400	450〜600	700〜1,000	1,100〜1,200	1,350	1,500	1,650〜1,800
土木一般世話役		人	0.32	0.32	0.34	0.35	0.35	0.37	0.35	0.33
型　枠　工		人	0.42	0.42	0.43	0.45	0.46	0.47	0.48	0.62
普通作業員		人	0.32	0.32	0.34	0.45	0.48	0.50	0.57	0.58
バックホウ運転		日	0.32	0.32	0.34	0.35	0.35	0.37	0.35	0.33
生松太鼓落し（横木材）		本	3.75	3.09	4.12	6.17	4.12	6.17	6.17	12.35
生松太鼓落し（縦木材）		本	5.24				5.32			5.41
松正割（角）		本	1.00	0.82	1.12	1.76	2.45			
砕　石		m³	0.43	0.52	0.80	1.72	2.44	3.24	3.84	4.78
諸雑費		％	5						
計										

・材料費は，加工費も含む。素材を使用する場合は，土木一般世話役，型枠工，普通作業員の歩掛を割増しすることができる。
・諸雑費は，くぎ，かすがい，ボルトナット等の費用であり労務費合計金額に上記の率を乗じた金額を上限として計上できる。

(4) 管路土留工 （一式

種　　　目	形状寸法	単位	総括表単位	数量	単価（円）	金額（円）	摘　　要
たて込み簡易土留		m	式or m				⑪
軽量鋼矢板土留		m	式or m				⑫
アルミ矢板土留		m	式or m				⑬
親杭横矢板土留		m	式or m				
鋼矢板土留		m	式or m				
計							

⑪　たて込み簡易土留　　　　　　　　　　　　　　　　　　　　　　　　　　　（1m当り）

種　　目	形状寸法	単位	数量	単価（円）	金額（円）	摘　　要
建　込　工		m				⑪－1）
引　抜　工		m				⑪－2）
土　留　材　賃　料		式	1			
計						○○m当り
1　m　当　り						計／○○m

⑪－1）　建込工（両側分）　　　　　　　　　　　　　　　　　　　　　　　　（1m当り）

種　　目	形状寸法	単位	数量	単価（円）	金額（円）	摘　　要
土木一般世話役		人				表－11－1
特　殊　作　業　員		人				表－11－1
普　通　作　業　員		人				表－11－1
バックホウ運転		時間				表－11－1
諸　雑　費		式				端数処理
計						10m当り
1　m　当　り						計／10m

（備考）　1. 標準使用機種は，表－11－1による。

表－11－1　建込標準機種

掘削深	建込工機種	引抜工機種
3.5m以下	バックホウ　クローラ型　排出ガス対策型（第2次基準値）山積0.28m³/平積0.2m³	トラッククレーン　油圧伸縮ジブ型4.9t吊
4.5m以下	バックホウ　クローラ型　クレーン機能付　能力2.9t吊　排出ガス対策型（第1次基準値）山積0.45m³/平積0.35m³	ラフテレーンクレーン排出ガス対策型（第2次基準値）油圧伸縮ジブ型16t吊
6m以下	バックホウ　クローラ型　クレーン機能付　能力2.9t吊　排出ガス対策型（第1次基準値）山積0.80m³/平積0.60m³	ラフテレーンクレーン排出ガス対策型（第2次基準値）油圧伸縮ジブ型16t吊

2. 歩掛は，表－11－2による。

表－11－2　建込工・引抜工歩掛表（両側分）　　　　　　　　　　　　　　　（10m当り）

掘削深	建込み 労務 土木一般世話役（人）	建込み 労務 特殊作業員（人）	建込み 労務 普通作業員（人）	建込み 使用機種 バックホウ運転費（時間）	引抜き 労務 土木一般世話役（人）	引抜き 労務 特殊作業員（人）	引抜き 労務 普通作業員（人）	引抜き 使用機種 トラッククレーン又はラフテレーンクレーン賃料（日）
1.5m以下	0.17	0.17	0.35	0.9	0.10	0.10	0.20	0.10
2.0m以下	0.20	0.20	0.40	1.1	0.12	0.12	0.23	0.12
2.5m以下	0.23	0.23	0.47	1.3	0.14	0.14	0.27	0.14
3.0m以下	0.27	0.27	0.54	1.5	0.16	0.16	0.32	0.16
3.5m以下	0.31	0.31	0.63	1.7	0.18	0.18	0.37	0.18
4.0m以下	0.36	0.36	0.73	1.9	0.21	0.21	0.42	0.21
4.5m以下	0.42	0.42	0.84	2.0	0.24	0.24	0.48	0.24
5.0m以下	0.49	0.49	0.98	2.2	0.26	0.26	0.52	0.26
5.5m以下	0.53	0.53	1.07	2.4	0.30	0.30	0.59	0.30
6.0m以下	0.78	0.78	1.55	3.2	0.35	0.35	0.71	0.35

⑪-2) 引抜工（両側分） （1m当り）

種　　目	形状寸法	単位	数　量	単価(円)	金額(円)	摘　　要
土木一般世話役		人				表-11-2
特殊作業員		人				表-11-2
普通作業員		人				表-11-2
トラッククレーン賃料 又は ラフテレーンクレーン賃料	油圧伸縮ジブ型4.9t吊又は 排出ガス対策型（第2次基準値） 油圧伸縮ジブ型16t吊	日				表-11-2
諸雑費		式	1			端数処理
計						10m当り
1m当り						計／10m

（備考）2.歩掛は，表-11-2による。

⑫　軽量鋼矢板土留（両側分） （1m当り）

種　　目	形状寸法	単位	数　量	単価(円)	金額(円)	摘　　要
軽量鋼矢板建込工		m				⑫-1）
軽量鋼矢板引抜工		m				⑫-2）
軽量鋼矢板 バイブロハンマ打込工		枚				⑫-3）
軽量鋼矢板 バイブロハンマ引抜工		枚				⑫-4）
軽量鋼矢板 油圧圧入工		枚				⑫-5）
軽量鋼矢板 油圧引抜工		枚				⑫-6）
油圧式圧入引抜機 据付解体工		回				⑫-7）
土留支保工	軽量金属	m				⑫-8）
土留支保工	鋼製	m				⑫-9）
軽量鋼矢板賃料		式	1			
計						○○m当り
1m当り						計／○○m

⑫-1）　軽量鋼矢板建込工（両側分） （1m当り）

種　　目	形状寸法	単位	数　量	単価(円)	金額(円)	摘　　要
土木一般世話役		人				表-12-2
特殊作業員		人				表-12-2
普通作業員		人				表-12-2
小型バックホウ運転 又は バックホウ運転	○○m³	日 又は時間				表-12-2
諸雑費		式				端数処理
計						10m当り
1m当り						計／10m

（つづく）

(備考) 1. 建込みに使用する機種は，表-12-1による。

表-12-1　建込・引抜工機種

建込工機種	引抜工機種
小型バックホウ　クローラ型　排出ガス対策型 （第1次基準値）山積0.08m³［平積0.06m³］	トラッククレーン油圧伸縮ジブ型4.9t吊
小型バックホウ　クローラ型　排出ガス対策型 （第1次基準値）山積0.13m³［平積0.10m³］	トラッククレーン油圧伸縮ジブ型4.9t吊
小型バックホウ　クローラ型　排出ガス対策型 （第2次基準値）山積0.28m³［平積0.20m³］	トラッククレーン油圧伸縮ジブ型4.9t吊
バックホウ　クローラ型　クレーン機能付　吊能力2.9t吊 排出ガス対策型（第1次基準値）山積0.45m³［平積0.35m³］	
バックホウ　クローラ型　クレーン機能付　吊能力2.9t吊 排出ガス対策型（第2次基準値）山積0.80m³［平積0.60m³］	

2. 歩掛は，表-12-2による。

表-12-2　建込工・引抜工歩掛表（両側分）　　　　　　　　　　　（100m当り）

掘削深	建込み					引抜き				
	労務			使用機種		労務			使用機種	
	土木一般世話役（人）	特殊作業員（人）	普通作業員（人）	小型バックホウ運転（日）	バックホウ運転（時間）	土木一般世話役（人）	特殊作業員（人）	普通作業員（人）	トラッククレーン賃料（日）	バックホウ運転（時間）
1.5m以下	1.7	1.7	5.1	1.7	11.0	0.9	0.9	2.7	0.9	5.7
2.0m以下	2.0	2.0	6.0	1.8	11.6	0.9	0.9	2.7	1.0	6.2
2.5m以下	2.4	2.4	7.2	1.9	12.5	0.9	0.9	2.7	1.0	6.5
3.0m以下	2.8	2.6	8.4	2.1	13.4	1.0	1.0	3.0	1.1	6.9
3.5m以下	3.1	3.1	9.3	2.2	14.6	1.0	1.0	3.0	1.2	7.6
3.8m以下	3.4	3.4	10.2	2.3	15.0	1.1	1.1	3.3	1.2	7.9

・本歩掛は，矢板使用率100%に適用する。
・本歩掛には，根入れ深さを20cm程度見込んでいる。矢板長は，根入れ深さを考慮し決定する。
・機種の選定にあたっては，作業範囲（最大掘削深さ等）を考慮し決定する。
・建込み作業作業においてバックホウクレーン機能付を使用する場合，引抜き作業に使用する場合，引抜き作業に使用する機械はバックホウクレーン機能付を標準とする。
・小型バックホウ運転は，日当りを基に計上する。

⑫-2）　軽量鋼矢板引抜工（両側分）　　　　　　　　　　　　　　　　　　　　　（1m当り）

種　目	形状寸法	単位	数量	単価（円）	金額（円）	摘　要
土木一般世話役		人				表-12-2
特殊作業員		人				表-12-2
普通作業員		人				表-12-2
トラッククレーン賃料 又は バックホウ運転	油圧伸縮ジブ型4.9t吊 又は ○○m³	日				表-12-2
諸雑費		式	1			端数処理
計						100m当り
1m当り						計/100m

(備考)　建込作業においてバックホウクレーン機能付を使用する場合，引抜き作業に使用する機械はバックホウクレーン機能付を標準とする。

⑫-3) 軽量鋼矢板バイブロハンマ打込工 (1枚当り)

種 目	形状寸法	単位	数量	単価(円)	金額(円)	摘 要
土木一般世話役		人	10/N×1			表-12-4
特殊作業員		人	10/N×1			表-12-4
普通作業員		人	10/N×2			表-12-4
バイブロハンマ杭打機運転		日	10/N			表-12-4 油圧ショベル+バイブロハンマ
補助クレーン	クレーン装置付トラック4t級,2.9t吊	日	10/N			表-12-4 必要に応じて計上
諸雑費		式	1			端数処理
計						10枚当り
1m当り						計/10枚

(備考) 1. バイブロハンマ打込・引抜工の種類は、次表による。

表-12-3 バイブロハンマ打込・引抜工機種

機種 \ バイブロハンマ規格	油圧式バイブロハンマ
	最大起振力88.3kN(普通型) 49.0kN(低振動型)
油圧ショベル(ベースマシン)	クローラ型・排出ガス対策型(第1次基準値) 山積0.5m³/平積0.4m³
補助クレーン	クレーン装置付トラック 4t級,2.9t吊

2. N:軽量鋼矢板1日当り打込み施工枚数(枚/日)

表-12-4 軽量鋼矢板1日当りの施工枚 (1枚当り)

打込み・引抜き長(m)	2.0以下	3.0以下	4.0以下	5.0以下
打込み枚数	80	70	60	52
引抜き枚数	101	93	85	77

⑫-4) 軽量鋼矢板バイブロハンマ引抜工 (1枚当り)

種 目	形状寸法	単位	数量	単価(円)	金額(円)	摘 要
土木一般世話役		人	10/N×1			表-12-4
特殊作業員		人	10/N×1			表-12-4
普通作業員		人	10/N×2			表-12-4
バイブロハンマ杭打機運転		日	10/N			表-12-4 油圧ショベル+バイブロハンマ
補助クレーン	クレーン装置付トラック4t級,2.9t吊	日	10/N			表-12-4
諸雑費		式	1			端数処理
計						10枚当り
1m当り						計/10枚

(備考) N:軽量鋼矢板1日当り打込み施工枚数(枚/日)

⑫-5) 軽量鋼矢板油圧圧入工 (1枚当り)

種 目	形状寸法	単位	数量	単価(円)	金額(円)	摘 要
土木一般世話役		人	10/N×1			表-12-5
特殊作業員		人	10/N×1			表-12-5
とび工		人	10/N×1			表-12-5
油圧式杭圧入引抜機運転	エンジン式ユニット 排出ガス対策型(第1次基準値) 圧入力294kN/引抜力392kN	日	10/N			表-12-5
ラフテレーンクレーン賃料	排出ガス対策型(2次基準値)油圧伸縮ジブ型16t吊	日	10/N			表-12-5 必要に応じて計上
諸雑費		式	1			端数処理
計						10枚当り
1m当り						計/10枚

(つづく)

(備考) N：軽量鋼矢板1日当り打込み施工枚数（枚／日）

表－12－5　軽量鋼矢板1日当りの施工枚 (1枚当り)

打込み・引抜き長（m）	2.0以下	3.0以下	4.0以下	5.0以下	6.0以下
打込み枚数	59	57	54	52	49
引抜き枚数	86	82	78	74	71

⑫－6）　軽量鋼矢板油圧引抜工 (1枚当り)

種　　目	形状寸法	単位	数量	単価（円）	金額（円）	摘　　要
土木一般世話役		人	10/N×1			表－12－5
特殊作業員		人	10/N×1			表－12－5
と び 工		人	10/N×1			表－12－5
油圧式杭圧入引抜機運転	エンジン式ユニット 排出ガス対策型（第1次基準値） 圧入力294kN／引抜力392kN	日	10/N			表－12－5
ラフテレーンクレーン賃料	排出ガス対策型（2次基準値）油圧伸縮ジブ型16ｔ吊	日	10/N			表－12－5
諸 雑 費		式	1			端数処理
計						○○枚当り
1 m 当り						計／○○枚

⑫－7）　油圧式杭圧入引抜機据付解体工 (1回当り)

種　　目	形状寸法	単位	数量	単価（円）	金額（円）	摘　　要
土木一般世話役		人				表－12－6
特殊作業員		人				表－12－6
と び 工		人				表－12－6
油圧式杭圧入引抜機運転	エンジン式ユニット 排出ガス対策型（第1次基準値） 圧入力294kN／引抜力392kN	日				表－12－6
ラフテレーンクレーン賃料	排出ガス対策型（2次基準値）油圧伸縮ジブ型16ｔ吊	日				表－12－6
諸 雑 費		式	1			端数処理
計						

(備考)　据付・解体歩掛は，表－12－6による。

表－12－6　据付・解体歩掛

作業区分	項　目	労務（人／回）			機械運転時間（日／回）	
		土木一般世話役	特殊作業員	とび工	油圧式杭圧入引抜機	ラフテレーンクレーン
圧 入	工事着工及び現場内移設	0.31	0.31	0.31	0.17	0.25
引抜き	工事着工及び現場内移設					

・圧入，引抜きそれぞれについて形状する。
・工事着工は，1工事で機械1組につき1回形状する。
・現場内移設は，現場内で一連の矢板を施工後，現場内の他の場所にに移設する場合であり，移設回数分形状する。

⑫－8）　土留支保工（軽量金属支保工） (1m当り)

種　　目	形状寸法	単位	数量	単価（円）	金額（円）	摘　　要
土木一般世話役		人				表－12－7，8
特殊作業員		人				表－12－7，8
普通作業員		人				表－12－7，8
腹起材賃料		式	1			100m当り
切梁材賃料		式	1			100m当り
水圧ポンプ賃料		式	1			100m当り
諸 雑 費		式	1			端数処理
計						100m当り
1 m 当り						計／100m

(つづく)

(備考) 1. 本表は，下水道管路開削工事で掘削深3.8m以下の場合に適用する。
2. 土木一般世話役，特殊作業員及び普通作業員の人工数は，表-12-7及び表-12-8を合計して求めること。
3. 腹起材，切梁材及び水圧ポンプの賃料は物価資料，見積等による。

表-12-7　腹起材設置工・撤去工歩掛表　　　（100m当り）

種　目	設置段数	掘削深	設　置	撤　去
土木一般世話役（人）	1段	2.0m以下	0.4	0.3
	2段	3.5m以下	0.8	0.6
	3段	3.8m以下	1.3	0.9
特殊作業員（人）	1段	2.0m以下	0.4	0.3
	2段	3.5m以下	0.8	0.6
	3段	3.8m以下	1.3	0.9
普通作業員（人）	1段	2.0m以下	1.2	0.9
	2段	3.5m以下	2.4	1.8
	3段	3.8m以下	3.9	2.7

表-12-8　切梁材設置工・撤去工歩掛表　　　（100m当り）

種　目	設置段数	掘削深	水圧式パイプサポート 設置	水圧式パイプサポート 撤去	ねじ式パイプサポート 設置	ねじ式パイプサポート 撤去
土木一般世話役（人）	1段	2.0m以下	0.2	0.2	0.3	0.3
	2段	3.5m以下	0.4	0.4	0.4	0.4
	3段	3.8m以下	0.7	0.6	0.7	0.7
特殊作業員（人）	1段	2.0m以下	0.2	0.2	0.3	0.3
	2段	3.5m以下	0.4	0.4	0.4	0.4
	3段	3.8m以下	0.7	0.6	0.7	0.7
普通作業員（人）	1段	2.0m以下	0.6	0.6	0.9	0.9
	2段	3.5m以下	1.2	1.2	1.2	1.2
	3段	3.8m以下	2.1	1.8	2.1	2.1

⑫-9）　土留支保工（鋼製支保工）　　　　　　　　　　　　　　　　　　　　　（1m当り）

種　目	形状寸法	単位	数量	単価(円)	金額(円)	摘　要
切梁・腹起し設置工		t				⑫-9）-1
切梁・腹起し撤去工		t				⑫-9）-2
タイロッド・腹起し設置工		t				⑫-9）-3
タイロッド・腹起し撤去工		t				⑫-9）-4
鋼材賃料		式	1			
計						○○m当り
1m当り						計／○○m

⑫-9）-1　切梁・腹起し設置工　　　　　　　　　　　　　　　　　　　　　　（1t当り）

種　目	形状寸法	単位	数量	単価(円)	金額(円)	摘　要
土木一般世話役		人				表-12-9
とび工		人				表-12-9
溶接工		人				表-12-9
普通作業員		人				表-12-9
ラフテレーンクレーン賃料	排出ガス対策型（2011年規制）油圧伸縮ジブ型25t吊	日				表-12-9
諸雑費		式	1			端数処理
計						10t当り
1t当り						計／10t

（つづく）

(備考) 1. 施工歩掛は，表-12-9による。

表-12-9 施工歩掛

名　称	規　格	単位	切梁・腹起し（10t当り）設置	切梁・腹起し（10t当り）撤去	タイロッド・腹起し（10t当り）設置	タイロッド・腹起し（10t当り）撤去
土木一般世話役		人	1.7 (1.0)	1.0 (0.5)	4.9	2.2
と び 工		人	3.2 (1.9)	1.9 (1.2)	9.9	4.4
溶 接 工		人	1.7 (1.0)	1.0 (0.5)	4.9	2.2
普 通 作 業 員		人	1.7 (1.0)	1.0 (0.5)	4.9	2.2
ラフテレーンクレーン賃料	排出ガス対策型（2011年規制）油圧伸縮ジブ型25t吊	日	1.7 (1.0)	1.0 (0.5)	4.9	2.2
諸 雑 費 率		%	5	7	10	12
歩掛算出の施工重量又は施工面積			主部材及び副部材の全質量		タイロッド及び腹起し材の質量	

・切梁・腹起しにおいては，加工材を標準とし，中間支柱の施工は含まない。また，火打ちブロックを使用する場合は，（　）内の値を計上する。
・タイロッド・腹起しにおいては，中埋土の充填・排除は含まない。
・諸雑費は，溶接棒，アセチレンガス，酸素，溶接機損料，溶接機運転経費等の費用であり，労務費の合計額に上表の率を乗じた金額を上限として計上する。

⑫-9)-2 切梁・腹起し撤去工 （1t当り）

種　目	形状寸法	単位	数量	単価（円）	金額（円）	摘　要
土木一般世話役		人				表-12-9
と び 工		人				表-12-9
溶 接 工		人				表-12-9
普 通 作 業 員		人				表-12-9
ラフテレーンクレーン賃料	排出ガス対策型（2011年規制）油圧伸縮ジブ型25t吊	日				表-12-9
諸 雑 費		式	1			端数処理
計						10t当り
1 t 当 り						計／10t

⑫-9)-3 タイロッド・腹起し設置工 （1t当り）

種　目	形状寸法	単位	数量	単価（円）	金額（円）	摘　要
土木一般世話役		人				表-12-9
と び 工		人				表-12-9
溶 接 工		人				表-12-9
普 通 作 業 員		人				表-12-9
ラフテレーンクレーン賃料	排出ガス対策型（2011年規制）油圧伸縮ジブ型25t吊	日				表-12-9
諸 雑 費		式	1			端数処理
計						10t当り
1 t 当 り						計／10t

⑫-9)-4 タイロッド・腹起し撤去工 （1t当り）

種　目	形状寸法	単位	数量	単価（円）	金額（円）	摘　要
土木一般世話役		人				表-12-9
と び 工		人				表-12-9
溶 接 工		人				表-12-9
普 通 作 業 員		人				表-12-9
ラフテレーンクレーン賃料	排出ガス対策型（2011年規制）油圧伸縮ジブ型25t吊	日				表-12-9
諸 雑 費		式	1			端数処理
計						10t当り
1 t 当 り						計／10t

⑬　アルミ矢板土留　　　　　　　　　　　　　　　　　　　　　　　　　　　（1m当り）

種　　目	形状寸法	単位	数量	単価（円）	金額（円）	摘　　要
アルミ矢板建込工		m				⑬—1）
アルミ矢板引抜工		m				⑬—2）
土留支保工	軽量金属	m				⑫—8）
アルミ矢板賃料		式	1			
計						○○m当り
1 m 当 り						計／○○m

⑬—1）　アルミ矢板建込工　　　　　　　　　　　　　　　　　　　　　　　（1m当り）

種　　目	形状寸法	単位	数量	単価（円）	金額（円）	摘　　要
土木一般世話役		人				表-13-1
特殊作業員		人				表-13-1
普通作業員		人				表-13-1
小型バックホウ運転　又は　バックホウ運転	○○m³	日又は時間				表-13-1
諸雑費		式				端数処理
計						10m当り
1 m 当 り						計／10m

（備考）　1　歩掛は，表-13-1による。

表-13-1　建込工・引抜工歩掛表（両側分）　　　　　　　　　　　（100m当り）

掘削深	建込み 労務 土木一般世話役（人）	特殊作業員（人）	普通作業員（人）	使用機種 小型バックホウ運転（日）	バックホウ運転（時間）	引抜き 労務 土木一般世話役（人）	特殊作業員（人）	普通作業員（人）	使用機種 トラッククレーン賃料（日）	バックホウ運転（時間）
1.5m 以下	1.6	1.6	4.8	1.3	8.4	0.7	0.7	2.1	0.5	3.5
2.0m 以下	1.7	1.7	5.1	1.4	9.4	0.7	0.7	2.1	0.6	4.1
2.5m 以下	1.9	1.9	5.7	1.6	10.5	0.7	0.7	2.1	0.7	4.8
3.0m 以下	2.0	2.0	6.0	1.8	12.0	0.8	0.8	2.4	0.8	5.4
3.5m 以下	2.2	2.2	6.6	2.0	13.2	0.8	0.8	2.4	0.9	6.1
3.8m 以下	2.3	2.3	6.9	2.2	14.2	0.8	0.8	2.4	1.0	6.6

・本歩掛は，矢板使用率100％に適用する。
・本歩掛には，根入れ深さを20cm程度見込んでいる。矢板長は，根入れ深さを考慮し決定する。
・機種の選定にあたっては，作業範囲（最大掘削深さ等）を考慮し決定する。
・建込み作業作業においてバックホウクレーン機能付を使用する場合，引抜き作業に使用する場合，引抜き作業に使用する機械はバックホウクレーン機能付を標準とする。
・小型バックホウ運転は，日当りを基に計上する。

⑬—2）　アルミ矢板引抜工（両側分）　　　　　　　　　　　　　　　　　（1m当り）

種　　目	形状寸法	単位	数量	単価（円）	金額（円）	摘　　要
土木一般世話役		人				表-13-1
特殊作業員		人				表-13-1
普通作業員		人				表-13-1
トラッククレーン賃料　又は　バックホウ運転	油圧伸縮ジブ型4.9t吊　又は　○○m³	日又は時間				表-13-1
諸雑費		式	1			端数処理
計						10m当り
1 m 当 り						計／10m

（備考）　建込み作業においてバックホウクレーン機能付を使用する場合，引抜き作業に使用する機械はバックホウクレーン機能付を標準とする。

(5) 管路路面覆工 (一式)

種 目	形状寸法	単位	総括表単位	数　量	単価（円）	金額（円）	摘　要
覆　工		m²	式 or m²				⑭
計							

⑭ 覆　工 （1 m²当り）

種　目	形状寸法	単位	数　量	単価（円）	金額（円）	摘　要
覆工板・覆工板受桁設置撤去工	推進立坑50m²以下	m²				⑭—1）
覆工板開閉工	推進立坑50m²以下	m²				⑭—2）
覆工板・覆工板受桁設置撤去工	推進立坑100m²以下	m²				⑭—3）
覆工板開閉工	推進立坑100m²以下	m²				⑭—4）
覆工板賃料等		式	1			
覆工板受桁賃料等		式	1			
計						○○m²当り
1 m² 当 り						計／○○m²

⑭—1） 覆工板・覆工受桁設置撤去工（推進立坑　覆工板設置面積50m²以下） （1 m²当り）

種　目	形状寸法	単位	数　量	単価（円）	金額（円）	摘　要
土木一般世話役		人				表-14-1
と び 工		人				表-14-1
溶 接 工		人				表-14-1
普 通 作 業 員		人				表-14-1
バックホウ運転	○○m³○○t吊	日				表-14-1／表-14-2
諸 雑 費		式	1			端数処理
計						100m²当り
1 m² 当 り						計／100m²

（備考）1.　各工種における標準の作業歩掛は，次表のとおりとする。

表-14-1　施工歩掛

名　称	規　格	単位	工種区分　推進立坑　設置面積50m²以下				工種区分　開削覆工　設置面積100m²以下			
			覆工板・覆工板受桁（100m²当り）		覆工板開閉工（100m²・1回当り）		覆工板・覆工板受桁（100m²当り）		覆工板開閉工（100m²・1回当り）	
土木一般世話役		人	3.45	2.10	0.44	0.44	1.51	0.92	0.44	0.44
と び 工		人	6.90	4.20	—	—	3.01	1.83	—	—
溶 接 工		人	3.45	2.10	—	—	1.51	0.92	—	—
普 通 作 業 員		人	3.45	2.10	0.44	0.44	1.51	0.92	0.44	0.44
バックホウ運転	○○m³○○t吊	日	3.45	2.10	—	—	1.51	0.92	0.44	0.44
バックホウ運転又はクレーン装置付トラック運転	○○m³○○t吊又は4t級,2.9t吊	日	—	—	0.44	0.44	—	—	—	—
諸 雑 費 率		％	9	11			9	11		
歩掛算出の施工面積			覆工板の面積								

・覆工板・覆工板受桁設置撤去工には，覆工板，受桁及び桁受の設置撤去が含まれており，推進立坑は1か所当りの設置面積が50m²以下，開削覆工は1か所当りの設置面積が100m²以下の場合に適用する。設置面積が適用範囲を超える場合は，別途考慮する。
・覆工板は，据置式（はめこみ式）を標準とし，路面のすりつけ作業は含まない。
・覆工板受桁は，加工材を標準とする。
・覆工板受桁用桁受は，上記項目に準じ加工材を標準とする。
・諸雑費は，溶接棒，アセチレンガス，酸素，溶接機損料，溶接機運転経費等の費用であり，労務費の合計額に上表の率を乗じた金額を上限として計上する。

(つづく)

2. 覆工板・覆工板受桁設置撤去に使用する機種は，表－14－2を標準とする。

表－14－2　標準使用機種（推進立坑）

工　種	使　用　機　械
覆工板・覆工板受桁設置撤去 覆工板開閉 （本体施工が推進作業以外）	バックホウ　クローラ型　クレーン機能付　吊能力1.7ｔ吊 排出ガス対策型（第２次基準値）山積0.28m³／平積0.2m² バックホウ　クローラ型　クレーン機能付　吊能力2.9ｔ吊 排出ガス対策型（第２次基準値）山積0.45m³／平積0.35m² バックホウ　クローラ型　クレーン機能付　吊能力2.9ｔ吊 排出ガス対策型（第２次基準値）山積0.8m³／平積0.6m²
覆工板開閉 （本体作業が推進作業）	クレーン装置付トラック　4ｔ級　2.9ｔ吊

・バックホウ及びクレーン装置付トラックは，賃料とする。
・バックホウの選定にあたっては，関連作業を考慮して決定する。
・覆工板開閉は，本体施行が推進作業の場合はクレーン装置付トラックを標準とし，本体施行が推進作業以外の場合はバックホウを標準とする。
・機種・規格は上表を標準とするが，現場条件によりこれにより難い場合は別途考慮する。

表－14－3　標準使用機種（開削覆工）

工　種	使　用　機　械
覆工板・覆工板受桁設置撤去 覆工板開閉	バックホウ　クローラ型　クレーン機能付　吊能力1.7ｔ吊 排出ガス対策型（第２次基準値）山積0.28m³／平積0.2m² バックホウ　クローラ型　クレーン機能付　吊能力2.9ｔ吊 排出ガス対策型（第２次基準値）山積0.45m³／平積0.35m² バックホウ　クローラ型　クレーン機能付　吊能力2.9ｔ吊 排出ガス対策型（第２次基準値）山積0.8m³／平積0.6m²

・バックホウは，賃料とする。
・バックホウの選定にあたっては，関連作業を考慮して決定する。
・機種・規格は上表を標準とするが，現場条件によりこれにより難い場合は別途考慮する。

⑭－2）覆工板開閉工（推進立坑　覆工板設置面積50m²以下）　　　　　　　　　　　（1m²・1回当り）

種　　　目	形状寸法	単位	数　量	単価（円）	金額（円）	摘　　　要
土木一般世話役		人				表－14－1
普通作業員		人				表－14－1
バックホウ運転 又は クレーン装置付トラック運転	○○m³○○ｔ吊 又は 4ｔ級，2.9ｔ吊	日				表－14－1 表－14－2
諸　雑　費		式	1			端数処理
計						100m²・1回当り
1 m²・1回当り						計／100m²

・開け，閉めそれぞれの面積を計上する。

⑭－3）覆工板・覆工受桁設置撤去工（開削覆工　覆工板設置面積100m²以下）　　　　　（1m²当り）

種　　　目	形状寸法	単位	数　量	単価（円）	金額（円）	摘　　　要
土木一般世話役		人				表－14－1
と　び　工		人				表－14－1
溶　接　工		人				表－14－1
普通作業員		人				表－14－1
バックホウ運転	○○m³○○ｔ吊	日				表－14－1 表－14－3
諸　雑　費		式	1			端数処理
計						100m²当り
1 m²当り						計／100m²

⑭—4） 覆工板開閉工（開削覆工　覆工板設置面積100m²以下）　　　　　　　　　　（1m²・1回当り）

種　　目	形状寸法	単位	数　量	単価（円）	金額（円）	摘　　要
土木一般世話役		人				表−14−1
普通作業員		人				表−14−1
バックホウ運転	○○m³○○t吊	日				表−14−1 表−14−3
諸雑費		式	1			端数処理
計						100m²・1回当り
1m²・1回当り						計／100m²

・開け，閉めそれぞれの面積を計上する。

(6) 補助地盤改良工　　　　　　　　　　　　　　　　　　　　　　　　　　　　　（一式）

種　　目	形状寸法	単位	総括表単位	数　量	単価（円）	金額（円）	摘　　要
薬液注入		本	式or本				⑮
高圧噴射撹拌		本	式or本				
計							

⑮　薬液注入　　　　　　　　　　　　　　　　　　　　　　　　　　　　　　　（1本当り）

種　　目	形状寸法	単位	数　量	単価（円）	金額（円）	摘　　要
薬液注入工	二重管ストレーナ工法	本				⑮−1）
注入設備据付解体工	地上	現場				⑮−2）
注入設備移設工	地上	回				⑮−3）
注入設備据付解体工	車上	現場				⑮−4）
排水汚泥土処理工		式	1			⑮−5）
削孔工	二重管ダブルパッカー工法	本				⑮−6）
一次注入工	〃	本				⑮−7）
二次注入工	〃	本				⑮−8）
計						○○本当り
1本当り						計／○○本

⑮―1） 薬液注入工（二重管ストレーナ工法） （1本当り）

種　　　目	形状寸法	単位	数量	単価（円）	金額（円）	摘　　　要
土木一般世話役		人				1/N × a 表－15－2
特殊作業員		人				1/N × a 表－15－2
普通作業員		人				1/N × a 表－15－2
注入材料		ℓ				Qs　備考4
ボーリングマシン損料	油圧式　5.5kW級	日				1/N × b 表－15－1
薬液注入ポンプ損料	吐出量 5～20ℓ／min×2 （9.8MPa）	日				1/N × b 表－15－1
水ガラス積算流量計損料	0～50ℓ／min	日				1/N × b 表－15－1　備考5
削孔消耗材料費		式	1			表－15－3　備考6
注入消耗材料費		式	1			表－15－4
諸雑費		式	1			表－15－5
特許料金		式	1			必要に応じて計上
計						

（備考） 1. N：1日当り施工本数
　　　　2. a：編成人員
　　　　3. b：施工台数
　　　　4. Qs：二重管ストレーナ工法の1本当り注入量（ℓ）
　　　　5. 水ガラス積算流量計損料は，総注入量500ℓ以上の場合に計上する。
　　　　6. 削孔消耗材料費は次式により算出する。
　　　　　　　$P = L_1 × P_1 + L_2 × P_2 + L_3 × P_3$
　　　　　　　P ：削孔消耗材料費（円／本）
　　　　　　　L_1：礫質土部分削孔長（m／本）
　　　　　　　L_2：砂質土部分削孔長（m／本）
　　　　　　　L_3：粘性土部分削孔長（m／本）
　　　　　　　P_1：礫質土1m当り削孔消耗材料費（円／m）
　　　　　　　P_2：砂質土1m当り削孔消耗材料費（円／m）
　　　　　　　P_3：粘性土1m当り削孔消耗材料費（円／m）
　　　　7. 二重管ストレーナ工法の機種の選定は，表－15－1による。

表－15－1　二重管ストレーナ工法機種選定表

機　種	規　格	単位	単相方式 2セット	単相方式 4セット	複相方式 2セット	複相方式 4セット
ボーリングマシン	油圧式5.5kW級	台	2	4	2	4
薬液注入ポンプ	吐出量 5～20ℓ／min×2 （9.8MPa）	台	2	4	2	4
水ガラス積算流量計	0～50ℓ／min	台	※2(1)	※2(1)	※2(1)	※2(1)

※1　施行本数が100本未満の場合は2セット，100本以上の場合は4セットを標準とする。
※2　水ガラス積算流量計は，総注入量500kℓ以上の場合に計上する。

（つづく

8. 薬液注入工の日当り編成人員は，表-15-2による。

表-15-2 二重管ストレーナ工法日当り編成人員　　　（人）

工　法	セット数	土木一般世話役	特殊作業員	普通作業員
単相方式	2セット	1	3	2
	4セット	1	6	2
複相方式	2セット	1	3	2
	4セット	1	6	2

9. 削孔材料消耗量は，表-15-3による。

表-15-3 二重管ストレーナ工法注入材料消耗量　（削孔径φ40.5mm，削孔長1m当り）

品　名	単位	礫質土 単相	礫質土 複相	砂質土 単相	砂質土 複相	粘性土 単相	粘性土 複相
二重管ボーリングロッド	m	0.05	0.05	0.03	0.03	0.02	0.02
メタルクラウンφ41mm	個	0.30	0.30	0.04	0.04	0.03	0.03
単相用グラウトモニタ φ40.5mm	個	0.005	−	0.003	−	0.002	−
複相用グラウトモニタ φ40.5mm	個	−	0.005	−	0.003	−	0.002
その他雑品	%	15	11	23	17	23	16

・本歩掛は，鉛直方向への削孔のみ適用する。
・二重管ボーリングロッドは3.0m／本とする。
・その他雑品には，ロッドカップリング，圧力計，パイプレンチ，ペンチ，ドライバー，カッター，スラントルール，水切りモップ等を含み，上記合計額に率を乗じた金額を上限として計上する。

10. 注入材料消耗量は表-15-4による。

表-15-4 注入材料消耗費　　　（注入量1kℓ当り）

品　名	単位	単相	複相	備　考
グラウトモニタφ40.5mm	個	0.02	−	単相用
グラウトモニタφ40.5mm	個	−	0.02	複相用
注入ホース類φ12mm	個	0.005	−	P=4.9MPa（50kgf/cm^2）L=50m×2
注入ホース類φ12mm	個	−	0.005	P=4.9MPa（50kgf/cm^2）L=50m×3
サクションホースφ38mm	個	0.003	−	L=3m×2
サクションホースφ38mm	個	−	0.003	L=3m×3
その他雑品	%	42	25	

・その他雑品には，二重管スイベル，スイベルカバー，継手類，ホース，ポンプ，流量計，分流バルブ，圧力計，パイプレンチ，ペンチ，ウェス，スコップ，土のう等を含み，上記合計額に率乗じた金額を上限として計上する。

11. 諸雑費は，グラウト流量・圧力測定装置，薬液ミキサ，グラウトミキサ，送水ポンプ，送液ポンプ，貯水槽，貯液槽の損料及び電力に関する経費等の費用であり，労務費及び機械損料の合計額（水ガラス積算流量計は除く）に表-15-5の諸雑費率を乗じた金額を上限として計上する。

表-15-5 二重管ストレーナ工法諸雑費率　　　（％）

工　法	セット数	諸雑費率
単相方式	2	19
	4	18
複相方式	2	20
	4	19

⑮—2） 注入設備据付・解体（地上）　　　　　　　　　　　　　　　　　　　　　　　　　（1現場当り）

種　目	形状寸法	単位	数量	単価(円)	金額(円)	摘　要
土木一般世話役		人				表-15-6
特殊作業員		人				表-15-6
普通作業員		人				表-15-6
トラック運転（クレーン装置付）	ベーストラック4t級 吊能力2.9t吊	時間				表-15-6
諸雑費		式	1			端数処理
計						

（備考）　注入設備の据付・解体（搬入・搬出時）の歩掛は表-15-6による。

表-15-6　注入設備据付・解体歩掛表（地上）（1現場当り）

機　種	規　格	単位	二重管ストレーナ工法 2セット	二重管ストレーナ工法 4セット
土木一般世話役		人	2.2	2.7
特殊作業員		人	8.2	13.3
普通作業員		人	3.4	5.6
トラック運転（クレーン装置付）	ベーストラック4t級　吊能力2.9t吊	時間	13	17

⑮—3） 注入設備移設工（地上）　　　　　　　　　　　　　　　　　　　　　　　　　　（1回当り）

種　目	形状寸法	単位	数量	単価(円)	金額(円)	摘　要
土木一般世話役		人				表-15-7
特殊作業員		人				表-15-7
普通作業員		人				表-15-7
トラック運転（クレーン装置付）	ベーストラック4t級 吊能力2.9t吊	時間				表-15-7
諸雑費		式	1			端数処理
計						

（備考）　注入設備を中心に半径50mを超える場合，又は同一現場内に施工か所が2か所以上あり，注入設備を移設しなければならない場合の歩掛は表-15-7による。

表-15-6　注入設備据付・解体歩掛表（地上）（1回当り）

機　種	規　格	単位	二重管ストレーナ工法 2セット	二重管ストレーナ工法 4セット
土木一般世話役		人	1.3	2.0
特殊作業員		人	5.5	8.5
普通作業員		人	2.2	3.5
トラック運転（クレーン装置付）	ベーストラック4t級　吊能力2.9t吊	時間	8	11

⑮—4) 注入設備据付・解体（車上）　　　　　　　　　　　　　　　　　　　　　　　　　　（1現場当り）

種　目	形状寸法	単位	数量	単価（円）	金額（円）	摘　要
土木一般世話役		人	2.0			
特殊作業員		人	2.6			
普通作業員		人	3.7			
トラック運転 （クレーン装置付）	ベーストラック4t級 吊能力2.9t吊	時間	14.5			
トラック損料	4～4.5t積	日	2×a			
諸雑費		式	1			端数処理
小　計						
トラック損料（注入時）		日				
小　計						
計						

（備考）　1. 上表は，薬液の調合・送液等に必要な注入設備の据付・解体に要するものである。
　　　　2. 注入設備工は昼間施工とする。
　　　　3. 上表は，2セット分の歩掛である。
　　　　4. 本歩掛は，注入設備据付・解体の一切を含む。
　　　　5. 据付・解体のトラック損料日数＝（注入設備据付日数＋注入設備解体日数）×a
　　　　　　注入設備据付日数＝1.0日
　　　　　　注入設備解体日数＝1.0日
　　　　6. 日数 ＝ $\dfrac{総注入量V(kℓ)}{1本当り注入量Qs(kℓ/本)×1日当り施工本数}×a$
　　　　　　a：供用日の割増率
　　　　7. トラック損料，トラック損料（注入時）は，「建設機械等損料算定表」の供用日1日当り損料額（11）欄を用いること。

⑮—5）　排水汚泥土処理工　　　　　　　　　　　　　　　　　　　　　　　　　　　　　　　（1式）

種　目	形状寸法	単位	数量	単価（円）	金額（円）	摘　要
排水汚泥土処理	処理設備費	日				⑮—5）—1
排水汚泥土処理	処理費	m³				
計						

⑮—5）—1　排水汚泥土処理　　　　　　　　　　　　　　　　　　　　　　　　　　　　　（1日当り）

種　目	形状寸法	単位	数量	単価（円）	金額（円）	摘　要
普通作業員		人	0.8			
工事用水中モーターポンプ損料	φ50mm　2.2kW	日	1.0			
アルカリ水中和装置損料	炭酸ガス式　処理能力6m³/h	時間	6.8			
水槽損料	鋼板製簡易水槽5m³	供用日	1.5			
諸雑費		式	1			
計						

（備考）　1. 本工種以外における工事で濁水処理施設を設け，かつその施設で本工種で発生した削孔水等の濁水を処理する場合は計上しない。
　　　　2. 諸雑費は電力に関する経費等であり，労務費及び機械損料の合計額に20％を乗じた金額を上限として計上する。
　　　　3. 現場における中和剤材料費，排泥運搬のための汚泥吸排車及び処理費は別途考慮する。
　　　　4. 上表は二重管ストレーナ工法4セットまで，二重管ダブルパッカー工法削孔2セット，注入4セットまでとする。

⑮—6） 削孔工（二重管ダブルパッカー工法）　　　　　　　　　　　　　　　　　　（1本当り）

種　　目	形状寸法	単位	数量	単価（円）	金額（円）	摘　　要
土木一般世話役		人				$1/N \times a$ 表－15－7
特殊作業員		人				$1/N \times a$ 表－15－7
普通作業員		人				$1/N \times a$ 表－15－7
グラウト材		ℓ				Q_G 備考4
薬液注入管		本				⑮—6）—1
ボーリングマシン運転	ロータリパーカッション式 クローラ型 81kW級	日				表－15－8
削孔損耗材料費		式	1			表－15－9
諸雑費		式	1			表－15－10
計						

（備考）1. N：1日当り施工本数
　　　　2. a：編成人員
　　　　3. b：施工台数
　　　　4. Q_G：グラウト注入の1本当り注入量（ℓ）
　　　　5. 削孔消耗材料費は次式により算出する。
　　　　　　$P = L_1 \times P_1 + L_2 \times P_2 + L_3 \times P_3$
　　　　　　P　：削孔消耗材料費（円／本）
　　　　　　L_1：礫質土部分削孔長（m／本）
　　　　　　L_2：砂質土部分削孔長（m／本）
　　　　　　L_3：粘性土部分削孔長（m／本）
　　　　　　P_1：礫質土1m当り削孔消耗材料費（円／m）
　　　　　　P_2：砂質土1m当り削孔消耗材料費（円／m）
　　　　　　P_3：粘性土1m当り削孔消耗材料費（円／m）
　　　　6. 二重管ダブルパッカー工法の日当り編成人員は，表－15－7による。

表－15－7　二重管ダブルパッカー工法日当り編成人員　　　（人）

工　法	セット数	土木一般世話役	特殊作業員	普通作業員
削孔時	1セット	1	3	1
	2セット	1	5	2
一次注入時	4セット	1	5	2
二次注入時	4セット	1	5	2

　　　　・上表は削孔時1セット・2セット分，一次注入時及び二次注入時は4セット分の人員である。
　　　　・注入材等の混合に要する労務を含む。

　　　　7. 薬液注入管は，⑮—6）—1による。
　　　　8. 二重管ダブルパッカー工法の機種の選定は，表－15－8による。

（つづく）

表-15-8 二重管ダブルパッカー工法機種選定表

機　種	規　格	単位	削孔 1セット	削孔 2セット	一次注入 セメントベントナイト注入 4セット	二次注入 溶液型有機系注入 4セット	二次注入 溶液型無機系注入 4セット
ボーリングマシン	ロータリーパーカッション式クローラ型81kW	台	1	2	—	—	—
薬液注入ポンプ	吐出量 5〜20ℓ/min×2 (0.8MPa)	台	—	—	2	2	2
ゲルミキサ	500ℓ×1槽	台	—	—	—	1	—
ミキシングプラント	3,000ℓ/h	台	—	—	—	—	1
水ガラス積算流量計	0〜50ℓ/min	台	—	—	—	※2(1)	※2(1)

※1　削孔は施工本数が200本未満の場合は1セット，200本以上の場合は2セットを標準とする。
※2　水ガラス積算流量計は，総注入量500kℓ以上の場合に計上する。

9. 削孔材料消耗量は，表-15-9による。

表-15-9 二重管ダブルパッカー工法注入材料消耗量　（削孔径φ40.5mm，削孔長1m当り）

品　名	単位	礫質土	砂質土	粘性土
ケーシングφ96mm（カップリング付）	個	0.0167	0.0055	0.0040
ウォータスイベルφ96mm	個	0.0028	0.0009	0.0007
シャンクロッド	個	0.0083	0.0030	0.0025
その他雑品	%	41	49	55

・本歩掛は，鉛直方向への削孔にのみ適用する。
・その他雑品には，シャンクアダプタ，リングビット等が含まれており，上記合計額に率を乗じた金額を上限として計上する。

10. 二重管ダブルパッカー工法の諸雑費は，グラウトポンプ・グラウトミキサ・送水ポンプ・貯水槽の損料及び電力に関する諸経費等であり，一次注入及び二次注入時の諸雑費は，グラウト流量・圧力測定装置・グラウトミキサ・パッカー加圧ポンプ・送水ポンプ・送液ポンプ・貯水槽・貯液槽の損料及び電力に関する経費等の費用であり，労務費，機械損料及び運転経費の合計額（水ガラス積算流量計は除く）に表-15-10の諸雑費率を乗じた金額を上限として計上する。

表-15-10 二重管ダブルパッカー工法諸雑費率　　　　（%）

条　件	セット数	諸雑費率
削孔	1	9
削孔	2	6
一次注入	4	26
二次注入有機系	4	25
二次注入無機系	4	20

⑮-6)-1　薬液注入管　　　　　　　　　　　　　　　　　　　　　　　　　　　　（1本当り）

種　　目	形状寸法	単位	数量	単価（円）	金額（円）	摘　　要
注　入　外　管		m				注入長　L-ℓ2
塩　ビ　パ　イ　プ	VP40mm	m				土被り長　ℓ2
ア　ダ　プ　タ　ー		箇所	1			
先　端　キ　ャ　ッ　プ		箇所	1			
諸　　雑　　費		式	1			
計						備　考

（備考）諸雑費は，接着剤等の費用で材料費の合計額に8％の率を乗じた金額を上限として計上する。

⑮-7)　一次注入工（二重管ダブルパッカー工法）　　　　　　　　　　　　　　　（1本当り）

種　　目	形状寸法	単位	数量	単価（円）	金額（円）	摘　　要
土木一般世話役		人				1/N × a 表-15-7
特　殊　作　業　員		人				1/N × a 表-15-7
普　通　作　業　員		人				1/N × a 表-15-7
注　入　材　料		ℓ				Q_{pl}　備考4
薬液注入ポンプ損料	吐出量 0～20ℓ／min × 2 (9.8MPa)	日				1/N × a 表-15-8
注入消耗材料費		式	1			表-15-11
諸　　雑　　費		式	1			表-15-10
特　許　料　金		式	1			必要に応じて計上
計						

（備考）1. N：1日当り施工本数
　　　　2. a：編成人員
　　　　3. b：施工台数
　　　　4. Q_{pl}：二重管ダブルパッカー工法の一次注入の1本当り注入量（ℓ）
　　　　5. 注入材料消耗量は表-15-11による。

表-15-11　注入材料消耗量　　　　（注入量1kℓ当り）

名　　称	単位	ダブルパッカー	備　　考
二重管ホース φ12mm	本	0.01	P=21MPa（210kgf／cm²）L=20m
シールパッカーセット	個	0.02	
シ　ー　ル　セ　ッ　ト	個	0.20	
注　入　用　部　品　類	％	56	

・注入用部品類は，上記合計額に率を乗じた金額を上限として計上する。

⑮—8) 二次注入工（二重管ダブルパッカー工法） （1本当り）

種 目	形状寸法	単位	数量	単価（円）	金額（円）	摘 要
土木一般世話役		人				1/N×a 表-15-7
特 殊 作 業 員		人				1/N×a 表-15-7
普 通 作 業 員		人				1/N×a 表-15-7
注 入 材 料		ℓ				Q_{p1} 備考4
薬液注入ポンプ損料	吐出量 0～20ℓ／min×2 (9.8MPa)	日				1/N×b 表-15-8
ゲルミキサ損料	500ℓ×1	〃				1/N×b 表-15-8 備考5
ミキシングプラント損料	3,000ℓ／h	〃				1/N×b 表-15-8 備考6
水ガラス積算流量計損料	0～50ℓ／min	〃				1/N×b 表-15-8 備考7
注入消耗材料費		式	1			表-15-11
諸 雑 費		式	1			表-15-10
特 許 料 金		式	1			必要に応じて計上
計						

（備考） 1. N ：1日当り施工本数
 2. a ：編成人員
 3. b ：施工台数
 4. Q_{p2}：二重管ダブルパッカー工法の二次注入の1本当り注入量（ℓ）
 5. ゲルミキサは，溶液型有機系注入時に計上する。
 6. ミキシングプラントは，溶液型無機系注入時に計上する。
 7. 水ガラス積算流量計損料は，総注入量500kℓ以上の場合に計上する。

(7) 開削水替工 （一式）

種 目	形状寸法	単位	総括表単位	数量	単価（円）	金額（円）	摘 要
開 削 水 替		日	式or日				⑯
計							

⑯ 開削水替 （1日当り）

種 目	形状寸法	単位	数量	単価（円）	金額（円）	摘 要
ポ ン プ 運 転 工		日				⑯—1)
据 付・撤 去 工		現場				⑯—2)
排 出 水 処 理 費		式				必要に応じて計上
計						○○日当り
1 日 当 り						計／○○日

⑯-1) ポンプ運転工　　　　　　　　　　　　　　　　　　　　　　　　　　（1本当り）

種　　目	形状寸法	単位	数量	単価（円）	金額（円）	摘　　要
特殊作業員		人				表-16-1
普通作業員		人				表-16-1
工事用水中ポンプ損料	口径50mm　0.4kW	日				機械損料×台
発動発電機損料	ガソリンエンジン駆動（3kVA）	日				商用電源がない場合
諸　雑　費		式	1			表-16-2
計						

（備考）1. ポンプ運転歩掛は，表-16-1による。

表-16-1　ポンプ運転歩掛表　　（人／1箇所・日）

職　　種	作業時排水		常時排水
	商用電源	発動発電機	商用電源
特殊作業員	0.07	0.11	0.07
普通作業員	0.05		

・本歩掛は，ポンプ台数が1～2台の運転労務歩掛を標準とする。なお，上表により難い場合は，別途考慮する。
・普通作業員は，現場内でのポンプの移設及び補助労務等を行うものとする。
・労務単価は，時間外手当等を考慮しない。

2. 諸雑費は，電力料・発動発電機燃料及び吐出配管・水槽損料等の費用であり，労務費・機械損料の合計額に表-16-2の率を乗じた金額を上限として計上する。

表-16-2　諸雑費率　　　　　（％）

作業時排水		常時排水
商用電源	発動発電機	商用電源
2	18	4

⑯-2) 据付・撤去工　　　　　　　　　　　　　　　　　　　　　　　　　　（1現場当り）

種　　目	形状寸法	単位	数量	単価（円）	金額（円）	摘　　要
普通作業員		人				表-16-3
計						

3. ポンプ据付・撤去工歩掛は，表-16-3による。

表-16-3　ポンプ据付・撤去歩掛表　　（人／1現場）

職　　種	据付・撤去
普通作業員	0.08

・本歩掛は，ポンプ台数が1～2台の据付・撤去歩掛を標準とし配管の敷設を含む。なお，上記により難い場合は，別途考慮する。
・据付・撤去は，1現場当り1回計上する。

2．マンホール工

種　　目	形状寸法	単位	数量	単価（円）	金額（円）	摘　　要
現場打ちマンホール工		式	1			(8)
組立マンホール工		式	1			(9)
小型マンホール工		式	1			(10)
計						

❸下　水　道—34

(8) 現場打ちマンホール工　　　　　　　　　　　　　　　　　　　　　　　　　　　　　　　　　　　　　（一式）

種　　目	形状寸法	単位	総括表単位	数　量	単　価（円）	金　額（円）	摘　　要
1号マンホール		箇所	箇所				⑰
2号マンホール		箇所	箇所				⑰
3号マンホール		箇所	箇所				⑰
4号マンホール		箇所	箇所				⑰
5号マンホール		箇所	箇所				⑰
6号マンホール		箇所	箇所				⑰
7号マンホール		箇所	箇所				⑰
外　副　管		箇所	箇所				⑱
内　副　管		箇所	箇所				⑲
計							

⑰　○○号マンホール　　　　　　　　　　　　　　　　　　　　　　　　　　　　　　　　　（箇所, 平均深さ　m）

種　　目	形状寸法	単位	数　量	単　価（円）	金　額（円）	摘　　要
蓋	受枠とも	組				
斜　　壁		個				
直　　壁		個				
床　　板		枚				
調整コンクリートブロック		組				
底　部　工	基礎, 床版, インバート	箇所				⑰—1）
壁立上り工	平均コンクリート壁高m	箇所				⑰—2）
ブロック据付工	蓋受けブロック, 斜壁, 直壁, スラブ	個				⑰—3）
調整コンクリートブロック据付工		組				⑰—4）
調整コンクリート工	厚　　cm	箇所				必要に応じて計上
計						○○箇所当り
1箇所当り						計／○○箇所

⑰—1）底部工　　　　　　　　　　　　　　　　　　　　　　　　　　　　　　　　　　　　　（1箇所当り）

種　　目	形状寸法	単位	数　量	単　価（円）	金　額（円）	摘　　要
砕石基礎工	○○—40	m²				⑰—1）—1〜2
コンクリート工		m³				土木工事標準歩掛による
モルタル上塗工	配合1：○	m²				⑰—1）—3
型　枠　工		m²				土木工事標準歩掛による
合板円形型枠工		m²				土木工事標準歩掛による
マンホール鋼製型枠工		m²				⑰—1）—4
計						

— 84 —

⑰—1)—1　人力投入埋戻工　　　　　　　　　　　　　　　　　　　　　　　　　　（1m²当り）

種　　目	形状寸法	単位	数　量	単　価（円）	金　額（円）	摘　　要
土木一般世話役		人				表－17－1
特　殊　作　業　員		人				表－17－1
普　通　作　業　員		人				表－17－1
砕　　　　石		m³	100×厚さ(m)×(1+ロス率)			表－17－2
諸　雑　費		式	1			労務費の2％
計						100m²当り
1 m² 当 り						計／100m²

（備考）1．労務歩掛は表－17－1による。

表－17－1　人工数　　　　　　　　　（人／100m²）

土木一般世話役	特殊作業員	普通作業員
1.1	1.1	5.9

・敷均し厚は，20cmまでを対象とする。

2．表－17－2　材料のロス率は表－17－2による。

表－17－2　ロス率

材　料	ロス率
クラッシャラン等	＋0.2

3．諸雑費は，締固め機械等（タンパ等の締固め機械を標準とする。）の損料及び燃料の費用であり，労務費の合計額に2％の率を乗じた金額を上限として計上する。

⑰—1）—2　機械投入埋戻工　　　　　　　　　　　　　　　　　　　　　　　　　　（1m²当り）

種　　目	形状寸法	単位	数　量	単　価（円）	金　額（円）	摘　　要
土木一般世話役		人	M×100／D			表-17-3, 4
特殊作業員		人	M×100／D			表-17-3, 4
普通作業員		人	M×100／D			表-17-3, 4
砕　石		m³	100×暑さ(m)×(1+ロス率)			表-17-2
バックホウ運転		時間	T_B×100／D			表-17-4, 5
諸雑費		式	1			労務費の20%
計						100m²当り
1 m² 当り						計／100m²

（備考）　1．歩掛は表-17-3を標準とする。

表-17-3　人工数　　　　　　　　　　（人／日）

機　種	土木一般世話役	特殊作業員	普通作業員
山積0.13m³［平積0.1m³］	0.57	0.73	1.54
山積0.28m³［平積0.2m³］	0.61	0.79	1.66
山積0.45m³［平積0.35m³］	0.68	0.87	1.84
山積0.8m³［平積0.6m³］	0.79	1.92	2.15

2．1日当り施工量は，表-17-4を標準とする。

表-17-4　1日当り施工量　　　　　　（1日当り）

機　種	単　位	施行量
山積0.13m³［平積0.1m³］	m²	81
山積0.28m³［平積0.2m³］	m²	87
山積0.45m³［平積0.35m³］	m²	97
山積0.8m³［平積0.6m³］	m²	113

・敷均し厚は20cmまでを対象とし，それを超える場合は上表に0.7を乗じた数量を計上する。ただし，この場合の敷均し厚は30cmを上限とする。

表-17-5　バックホウ運転時間（T_B）　　（1日当り）

機　種	単　位	運転時間
山積0.13m³［平積0.1m³］	時間	2.6
山積0.28m³［平積0.2m³］	時間	2.4
山積0.45m³［平積0.35m³］	時間	2.0
山積0.8m³［平積0.6m³］	時間	1.4

⑰—1）—3　モルタル上塗工（配合1：○）（マンホール用）　　　　　　　　　　（1m²当り）

種　　目	形状寸法	単位	数　量	単　価（円）	金　額（円）	摘　　要
左　官		人	0.33			
普通作業員		人	0.33			
モルタル練工		m³				土木工事標準歩掛による
諸雑費		式	1			端数処理
計						

（備考）　1．上塗モルタル厚は，10〜30mmとし，歩掛は上表の数値により共通とする。
　　　　 2．モルタル材は，モルタル厚により計上する。

⑰―1)―4　マンホール鋼製型枠工　　　　　　　　　　　　　　　　　　　　　　　　　（1m²当り）

種　　目	形状寸法	単位	数　量	単　価（円）	金　額（円）	摘　　要
土木一般世話役		人	0.5			
型　枠　工		人	0.5			
普通作業員		人	1.0			
諸　雑　費		式	1			
計						10m²当り
1　m²　当　り						計／10m²

（備考）　1．取付管部の型枠面積の控除はしない。
　　　　　2．諸雑費は，マンホール用鋼製型枠，松正割，杉板材，合板，剥離剤の費用であり，労務費の合計額に10％を乗じた金額を上限として計上する。

⑰―2)　壁立上り工（平均コンクリート壁高　m）　　　　　　　　　　　　　　　　　（1箇所当り）

種　　目	形状寸法	単位	数　量	単　価（円）	金　額（円）	摘　　要
足掛け金物		個				
型　枠　工		m²				土木工事標準歩掛による
合板円形型枠工		m²				土木工事標準歩掛による
マンホール鋼製型枠工		m²				⑰―1)―4
コンクリート工		m³				土木工事標準歩掛による
諸　雑　費		式	1			端数処理
計						

（備考）　壁立上り部に削孔して足掛け金物を取り付ける場合は，1個当り特殊作業員0.05人，普通作業員0.05人を計上する。

⑰―3)　ブロック据付工　　　　　　　　　　　　　　　　　　　　　　　　　　　　　（1個当り）

種　　目	形状寸法	単位	数　量	単　価（円）	金　額（円）	摘　　要
土木一般世話役		人	0.10			
特殊作業員		人	0.10			
普通作業員		人	0.20			
トラッククレーン賃料	油圧伸縮ジブ型 4.9t吊	日	0.10			
諸　雑　費		式	1			備考
計						

（備考）　諸雑費は，モルタル（配合1：2，敷厚1cm）等の費用であり，労務費の合計額に3％を乗じた金額を上限として計上する。

⑰−4） 蓋（受枠とも）及び調整コンクリートブロック据付工　　　　　　　　　　　　　　　　（1個当り）

種　目	形状寸法	単位	数量	単価（円）	金額（円）	摘要
土木一般世話役		人	0.13 (0.08)			
特殊作業員		人	0.13 (0.08)			
普通作業員		人	0.26 (0.16)			
トラッククレーン賃料	油圧伸縮ジブ型 4.9 t 吊	日	0.13 (0.08)			
諸雑費		式	1			(備考) 2
計						

（備考）　1．本歩掛は，蓋（受枠とも）と調整コンクリートブロック1組当りの設置に適用する。
　　　　　2．諸雑費は，モルタル工（配合1：2，敷厚1cm）等の費用であり労務費の合計額に6(5)％を乗じた金額を上限として計上する。
　　　　　3．調整コンクリートブロックを使用ない場合は（ ）内の値を計上する。
　　　　　4．高流動性無収縮超早強モルタル及び受枠変形防止調整金具を使用する場合は別途計上する。

⑱　外副管　　　　　　　　　　　　　　　　　　　　　　　　　　　　　　　　　　　　　（1m²当り）

種　目	形状寸法	単位	数量	単価（円）	金額（円）	摘要
外副管材料費	材質・管径	式				備考
外副管取付工		箇所				⑱−1）
砕石基礎工	○○−40	m²				⑰−1）−1～2
型枠工		m²				土木工事標準歩掛による
コンクリート工		m³				土木工事標準歩掛による
計						○○箇所当り
1箇所当り						計／○○箇所

（備考）　外副管材料費には曲管等の必要となる材料費をすべて計上する。

⑱−1）　外副管取付工　　　　　　　　　　　　　　　　　　　　　　　　　　　　　　　（1箇所当り）

種　目	形状寸法	単位	数量	単価（円）	金額（円）	摘要
土木一般世話役		人				表−18−1
特殊作業員		人				表−18−1
普通作業員		人				表−18−1
諸雑費		式	1			端数処理
計						

（備考）　外副管取付工の歩掛は，表−18−1による。

表−18−1　外副管取付工歩掛　　　　　　　　　　　　　　　　（1箇所当り）

段差（m）	土木一般世話役（人）	特殊作業員（人）	普通作業員（人）	摘要
1.0m 未満	0.11	0.11	0.22	
1.0m 以上～1.5m 未満	0.13	0.13	0.26	
1.5m 以上～2.0m 未満	0.14	0.14	0.28	
2.0m 以上～2.5m 未満	0.16	0.16	0.32	
2.5m 以上～3.0m 未満	0.17	0.17	0.34	
3.0m 以上～3.5m 未満	0.18	0.18	0.36	
3.5m 以上～4.0m 未満	0.19	0.19	0.38	

・基礎工が必要な場合は，別途計上すること。

⑲　内副管　　　　　　　　　　　　　　　　　　　　　　　　　　（1箇所当り）

種　　目	形状寸法	単位	数量	単価（円）	金額（円）	摘　　要
内副管材料費	材質・管径	式				備考
内副管取付工		箇所				⑲—1）
計						○○箇所当り
1箇所当り						計／○○箇所

（備考）　内副管材料費には曲管や固定バン等の必要となる材料費をすべて計上する。

⑲—1）　内副管取付工　　　　　　　　　　　　　　　　　　　　（1箇所当り）

種　　目	形状寸法	単位	数量	単価（円）	金額（円）	摘　　要
土木一般世話役		人				表—19—1
特殊作業員		人				表—19—1
普通作業員		人				表—19—1
諸雑費		式	1			端数処理
計						

（備考）　内副管取付工の歩掛は，表—19—1による。

表—19—1　内副管取付工歩掛　　　　　　　　　（1箇所当り）

段差（m）	土木一般世話役（人）	特殊作業員（人）	普通作業員（人）	摘要
1.0m未満	0.15	0.15	0.15	
1.0m以上～1.5m未満	0.17	0.17	0.17	
1.5m以上～2.0m未満	0.19	0.19	0.19	
2.0m以上～2.5m未満	0.20	0.20	0.20	
2.5m以上～3.0m未満	0.21	0.21	0.21	
3.0m以上～3.5m未満	0.22	0.22	0.22	
3.5m以上～4.0m未満	0.23	0.23	0.23	

(9)　組立マンホール工　　　　　　　　　　　　　　　　　　　　　　　（一式）

種　　目	形状寸法	単位	総括表単位	数量	単価（円）	金額（円）	摘　　要
組立0号マンホール		箇所	箇所				⑳
組立1号マンホール		箇所	箇所				⑳
組立2号マンホール		箇所	箇所				⑳
組立3号マンホール		箇所	箇所				⑳
組立4号マンホール		箇所	箇所				
組立5号マンホール		箇所	箇所				
外副管		箇所	箇所				⑱
内副管		箇所	箇所				⑲
計							

⑳　組立○○号マンホール　　　　　　　　　　　　　　　（1箇所当り）（深さ　m）

種　　目	形状寸法	単位	数量	単価（円）	金額（円）	摘　　要
ブロック，蓋，受枠等	受枠とも	箇所				物価資料等参照
削孔費		式	1			必要に応じて計上
底部工		箇所				⑳—1）
組立マンホール設置工		箇所				（市場単価）
計						○○箇所当り

（備考）　1．ブロック，蓋，受枠の据付け手間については，組立マンホール設置工に含む。
　　　　2．削孔費は，マンホール流出口については製品価格に組込まれている。流入口の削孔費は現場の施工条件等により必要に応じて，物価資料等又は見積りにより別途計上する。

⑳—1) 底部工（組立式） (1箇所当り)

種　　　目	形状寸法	単位	数　量	単　価（円）	金　額（円）	摘　　要
砕　　　石	○○-40	m³	面積(m²)×暑さ(m)×(1+ロス率)			表-17-2
インバートコンクリート工		m³				
モルタル上塗工	配合1：2，厚さ2cm	m²				⑰—1)—3
計						

（備考）　1．基礎砕石の施工手間については，組立マンホール設置工に含む。
　　　　2．インバート付底塊を使用する場合は，インバートコンクリート工及びモルタル上塗り高を除く。

⑩　小型マンホール工 (一式)

種　　　目	形状寸法	単位	総括表単位	数　量	単　価（円）	金　額（円）	摘　　要
小型マンホール（○○製）		箇所	箇所				㉑，㉒
計							

㉑　小型マンホール（塩化ビニル製） (1箇所当り)

種　　　目	形状寸法	単位	数　量	単　価（円）	金　額（円）	摘　　要
蓋　材　料　費	鋳鉄製防護蓋	個	1			必要に応じて計上
小型マンホール設置工	塩化ビニル製・形式	箇所	1			（市場単価）
計						

㉒　小型マンホール（レジンコンクリート製） (1箇所当り)

種　　　目	形状寸法	単位	数　量	単　価（円）	金　額（円）	摘　　要
材　料　費	種別・形式	個	1			
蓋　材　料　費	鋳鉄製防護蓋	個	1			
小型マンホール設置工	レジンコンクリート製・形式	箇所	1			㉒—1)
基　礎　工	材質	m³				必要に応じて計上
計						

㉒—1） 小型マンホール設置工（レジンコンクリート製）　　　　　　　　　　　　（1箇所当り）

種　目	形状寸法	単位	数量	単価（円）	金額（円）	摘要
土木一般世話役		人				表−22−1
特殊作業員		人				表−22−1
普通作業員		人				表−22−1
諸雑費		式	1			表−22−1
計						

（備考）　1．歩掛は，表−22−1による。

表−22−1　小型マンホール設置（レジンコンクリート製）歩掛表　　（1箇所当り）

マンホール深さ (m)	労力（人） 土木一般世話役	労力（人） 特殊作業員	労力（人） 普通作業員	諸雑費（％）
1.00m以下	0.09	0.10	0.15	6
1.50m以下	0.11	0.12	0.17	6
2.00m以下	0.12	0.14	0.19	6
2.50m以下	0.14	0.16	0.22	6
3.00m以下	0.15	0.18	0.24	6
3.50m以下	0.17	0.20	0.26	6
4.00m以下	0.18	0.22	0.28	6

・歩掛は，下水道用レジンコンクリート製小型マンホール（JSWAS K-10）の設置に適用する。
・本歩掛は，レジンコンクリート製マンホール呼び径300mmの設置に適用する。
・本歩掛は，レジンコンクリート製小型マンホール本体の設置，本管との接続及び蓋設置を含む。
・諸雑費は接合材，モルタル等の費用であり，労務費の合計額に上表の諸雑費率を乗じた金額を上限として計上する。

3．取付管及びます工

種　目	形状寸法	単位	数量	単価（円）	金額（円）	摘要
管路土工		式	1			(1)
ます設置工		式	1			(11)
取付管布設工		式	1			(12)
管路土留工		式	1			(4)
開削水替工		式	1			(7)
計						

(11)　ます設置工　　　　　　　　　　　　　　　　　　　　　　　　　　　　　　　　　　（一式）

種　目	形状寸法	単位	総括表単位	数量	単価（円）	金額（円）	摘要
ま　す		箇所	箇所				㉓
計							

㉓ ま　す　　　（1箇所当り）

種　　　目	形状寸法	単位	数量	単　価（円）	金　額（円）	摘　　　要
ま　す　材　料　費	種別・形式	個				
蓋　材　料　費	鋳鉄製防護蓋	個				
ま　す　設　置　工	コンクリート製・型式	箇所				㉓－1）
ま　す　接　続　工	コンクリート製	箇所				㉓－2）
ま　す　基　礎　工	砕石○○－40・砂	箇所				㉓－3） 必要に応じて計上する
ま　す　設　置　工	塩化ビニル製・型式	箇所				（市場単価）
蓋　設　置　工	鋳鉄製防護蓋・型式	箇所				㉓－4）
計						

㉓－1）　ます設置工（コンクリート製）　　　　　　　　　　　　　　　　　　　　　　　　（1箇所当り）

種　　　目	形状寸法	単位	数量	単　価（円）	金　額（円）	摘　　　要
土　木　一　般　世　話　役		人				表－23－1
特　殊　作　業　員		人				表－23－1
普　通　作　業　員		人				表－23－1
諸　雑　費		式	1			表－23－1
計						

（備考）　1．管路土工及び管路土留工については，必要に応じて計上する。
　　　　　2．歩掛は表－23－1による。

表－23－1　ます設置歩掛表（コンクリート製）　　　　　　　　　　　　　　　（1箇所当り）

項目 \ 呼び方	汚水ます 1号（内径30cm）又は内法30×30cm	2号（内径36cm）又は内法36×36cm	3号（内径50cm）又は内法50×50cm	4号（内径70cm）又は内法70×70cm	雨水ます 1号（内径50cm）	2号（内法40×40cm）	3号（内法50×50cm）	4号（内法30×30cm）	5号（内法45×45cm）
土木一般世話役（人）	0.10	0.11	0.14	0.18	0.14	0.12	0.14	0.10	0.13
特殊作業員（人）	0.13	0.15	0.19	0.25	0.19	0.16	0.19	0.13	0.18
普通作業員（人）	0.13	0.15	0.19	0.25	0.19	0.16	0.19	0.13	0.18
諸　雑　費（％）	1				1				

・呼び方は，「下水道施設計画・設計指針と解説」（（公社）日本下水道協会）による。
・本歩掛は，ますの深さに関係なく適用する。
・雨水ます4号及び5号の設置歩掛は，U字溝との接合部の歩掛が含まれていない。
・ますの材質については，コンクリート又は鉄筋コンクリート製を対象としている。
・諸雑費は接合材料等の費用であり，労務費の合計額に上表の諸雑費率を乗じた金額を上限として計上する。

㉓－2）　ます接続工（コンクリートます）　　　　　　　　　　　　　　　　　　　　　　（1箇所当り）

種　　　目	形状寸法	単位	数量	単　価（円）	金　額（円）	摘　　　要
特　殊　作　業　員		人	0.065			
普　通　作　業　員		人	0.065			
諸　雑　費		式	1			端数処理
計						

（備考）　本歩掛は，コンクリート製ますに塩化ビニル管・コンクリート管を接続場合に適用する。

㉓—3） ます基礎工（人力）　　　　　　　　　　　　　　　　　　　　　　　　　　　（1箇所当り）

種　　目	形状寸法	単位	数量	単　価（円）	金　額（円）	摘　　要
特 殊 作 業 員		人	0.024			
普 通 作 業 員		人	0.024			
砕 石 （ 砂 ）	砕石○○-40・砂	m³				
諸 雑 費		式	1			端数処理
計						

（備考）　1.　本歩掛は，基礎材質が「砕石」又は「砂」の場合において，人力による，投入・敷均し・締固め作業に適用する。
　　　　2.　基礎厚は，20cmまでを対象とする。
　　　　3.　材料の補正は，表23-3-2による。

表-23-2　材料のロス率

工　種　名	材　　料	普通作業員
ます基礎工	砕石	＋0.20
	砂	＋0.26

㉓—4） 蓋設置工（鋳鉄製防護蓋）　　　　　　　　　　　　　　　　　　　　　　　　（1箇所当り）

種　　目	形状寸法	単位	数量	単　価（円）	金　額（円）	摘　　要
特 殊 作 業 員		人	0.016			
普 通 作 業 員		人	0.016			
諸 雑 費		式	1			端数処理
計						

（備考）　1.　本歩掛は，鋳鉄製防護蓋（JSWAS G-3）に適用する。
　　　　2.　蓋の耐荷重による種別は問わない。

⑿　取付管布設工　　　　　　　　　　　　　　　　　　　　　　　　　　　　　　　　（一式）

種　　目	形状寸法	単位	総括表単位	数量	単価（円）	金額（円）	摘　　要
取 付 管	材質・管径	m	m or 箇所				㉔
取 付 管	推進	m	m or 箇所				
計							

㉔　取 付 管　　　　　　　　　　　　　　　　　　　　　　　　　　　　　　　　　（1m当り）

種　　目	形状寸法	単位	数量	単　価（円）	金　額（円）	摘　　要
取付管材料費	材質・管径	本				
基 礎 工		m²				必要に応じて計上する
取付管布設工	鉄筋コンクリート管	m				
取付管布設及び支管取付工	硬質塩化ビニル管	箇所				（市場単価）
支 管 材 料 費	材質・管径	個				
支 管 取 付 工	鉄筋コンクリート管	箇所				
計						○○m当り
1　m　当　り						計／○○m

（備考）　1.　支管取付工は，本管の種別を問わない。
　　　　2.　形状寸法の材質は，取付管を示す。

4. 市場単価

(1) 市場単価（週休2日制工事における市場単価方式の補正係数）

1. 適用範囲
本資料は，市場単価方式による，週休2日の補正を行う場合に適用する。

2. 市場単価の補正係数
週休2日の補正の種類により，市場単価に乗じる週休2日の補正係数は次表を標準とする。

表1.1　補正係数

名　　称	規格・仕様	補正係数 現場閉所 通期	現場閉所 月単位	交代制 通期	交代制 月単位
硬質塩化ビニル管設置工		1.01	1.02	1.01	1.02
リブ付硬質塩化ビニル管設置工		1.01	1.02	1.01	1.02
砂基礎工	人力施工	1.02	1.04	1.02	1.04
砂基礎工	機械施工	1.02	1.04	1.02	1.04
砕石基礎工	人力施工	1.02	1.04	1.02	1.04
砕石基礎工	機械施工	1.02	1.04	1.02	1.04
組立マンホール工設置工		1.02	1.03	1.01	1.03
小型マンホール工		1.00	1.01	1.00	1.01
取付管およびます設置工	ます設置工	1.00	1.01	1.00	1.01
取付管およびます設置工	取付管布設及び支管取付工	1.01	1.02	1.01	1.02

(2) 組立マンホール設置工

1. 適用範囲
本資料は，市場単価方式による，組立マンホール設置工に適用する。

1-1　市場単価が適用出来る範囲
　(1) 組立マンホールのうち，0号～3号，楕円（600×900）マンホールを設置する場合

1-2　市場単価が適用出来ない範囲
　(1) 特別調査等別途考慮するもの
　　1) 特殊地域において労務費の補正が適用される工事の場合
　　2) その他，規格・仕様等が適合せず，市場単価が適用出来ない場合

2. 市場単価の設定

2-1　市場単価の構成と範囲
　(1) 組立マンホール設置工
　　市場単価で対応しているのは，機・労・材の○及びフロー図の実線部分である。

工種	市場単価 機	労	材
組立マンホール設置工	○	○	×

（備考）
1. 基礎材の材料費は含まない。基礎厚20cm以内の施工手間は含む。敷モルタルの有無は問わない。
2. 掘削・埋戻し・発生土処理費（積込・運搬・処分）は含まない。
3. インバート工は含まない。
4. ブロック据付に関わる接着剤，接合材及び器具損料費は含む。
5. 蓋・受枠設置手間を含む。
6. 現場条件等により，土留工が必要な場合は別途計上する。

2—2　市場単価の規格・仕様
　　　組立マンホール設置工の規格・仕様区分は，下表のとおりである。

表2.1

規　格　・　仕　様			単位
組立マンホール設置工	0号（内径750mm）又は楕円（600×900mm）	マンホール深さ2m以下	箇所
^	^	マンホール深さ2m超～3m以下	^
^	^	マンホール深さ3m超～5m以下	^
^	1号（内径900mm）	マンホール深さ3m以下	^
^	^	マンホール深さ3m超～4m以下	^
^	^	マンホール深さ4m超～5m以下	^
^	2号（内径1,200mm）	マンホール深さ4m以下	^
^	^	マンホール深さ4m超～5m以下	^
^	^	マンホール深さ5m超～6m以下	^
^	3号（内径1,500mm）	マンホール深さ4m以下	^
^	^	マンホール深さ4m超～5m以下	^
^	^	マンホール深さ5m超～6m以下	^

2—3　加算率・補正係数
　(1)　加算率・補正係数の適用基準

表2.2

区　分		記号	適　用　基　準	備考
加算率	施工規模	S_0	標　準	全体数量
^	^	S_1	1工事の施工規模が標準より小さい場合は，対象となる規格・仕様の単価を率で加算する。	^
補正係数	時間的制約を受ける場合	K_1	通常勤務すべき1日の作業時間（所定労働時間）を7時間以下4時間以上に制限する場合は，対象となる規格・仕様の単価を係数で補正する。	対象数量
^	夜間作業	K_2	通常勤務すべき時間（所定労働時間）帯を変更して，作業時間が夜間（20時～6時）にかかる場合は，対象となる規格・仕様の単価を係数で補正する。	^

　(2)　加算率・補正係数の数値

表2.3

区　分		記号	組立マンホール設置
加算率	施工規模	S_0	（4箇所以上） 0％
^	^	S_1	（4箇所未満） 15％
補正係数	時間的制約を受ける場合	K_1	1.15
^	夜間作業	K_2	1.35

（備考）　1．施工規模加算率（S_1）と時間的制約を受ける場合の補正係数（K_1）が重複する場合は，施工規模加算率のみを対象とする。
　　　　 2．施工規模による加算の判定は，1工事における組立マンホール設置数のうち表2.1に係る規格・仕様の全体数量による。

2—4　直接工事費の算出
　　　直接工事費＝設計単価[備考]1×設計数量
　　　（備考）1．設計単価＝標準の市場単価×$(1+S_0 \text{ or } S_1/100)$×$(K_1 \times K_2)$
3．適用にあたっての留意事項
　　　市場単価の適用にあたっては，以下の点に留意すること。
　(1)　組立マンホール設置における施工方法は，機械施工とする。

(3) 小型マンホール工（塩化ビニル製）
1. 適用範囲
本資料は，市場単価方式による，小型マンホール設置工に適用する。
1-1 市場単価が適用出来る範囲
(1) 小型マンホール工のうち，下水道用硬質塩化ビニル製小型マンホール（JSWAS K-9）及びリブ付小型マンホール（JSWAS K-17）を設置する場合
1-2 市場単価が適用出来ない範囲
(1) 特別調査等別途考慮するもの
1) 特殊地域において労務費の補正が適用される工事の場合
2) その他，規格・仕様等が適合せず，市場単価が適用出来ない場合
2. 市場単価の設定
2-1 市場単価の構成と範囲
(1) 小型マンホール工（塩化ビニル製）【材工共】
市場単価で対応しているのは，機・労・材の○及びフロー図の実線部分である。

工種	市場単価		
	機	労	材
小型マンホール工（塩化ビニル製）	○	○	○

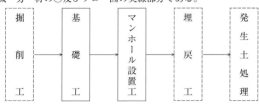

（備考） 1. 基礎材の有無は問わない。
2. 掘削・埋戻し・発生土処理費（積込・運搬・処分）は含まない。
3. 塩化ビニル製蓋を含む。
4. 鋳鉄製防護蓋を使用する場合は，設置費（手間費），材料費を別途計上する。2-4参照。
5. 設置深さは3.5m以下とし，立上り管を含む。また，立上りの管長調節による切断手間も含む。
6. 接着剤，接合材及び器具損料費を含む。
7. 現場条件等により，土留工が必要な場合は別途計上する。
8. 起点落差形式を設置する場合は，起点及び中間形式の対象となる規格・仕様の単価を加算額で加算する。

2-2 市場単価の規格・仕様
小型マンホール工（塩化ビニル製）の規格・仕様区分は，下表のとおりである。

表3.1

規格・仕様				単位
小型マンホール工（塩化ビニル製）マンホール径300mm 起点および中間形式	KT・ST・L・DR	マンホール深さ2m以下	本管径150mmおよび200mm	箇所
			本管径250mm	
		マンホール深さ2m超～3.5m以下	本管径150mmおよび200mm	
			本管径250mm	
小型マンホール工（塩化ビニル製）マンホール径300mm 起点落差形式	KDR	マンホール深さ2m以下	本管径150mmおよび200mm	
			本管径250mm	
		マンホール深さ2m超～3.5m以下	本管径150mmおよび200mm	
			本管径250mm	
小型マンホール工（塩化ビニル製）マンホール径300mm 底部会合形式	90Y・45Y	マンホール深さ2m以下	本管径150mmおよび200mm	
			本管径250mm	
		マンホール深さ2m超～3.5m以下	本管径150mmおよび200mm	
			本管径250mm	

2—3　加算率・補正係数
(1) 加算率・補正係数の適用基準

表3.2

区　分		記号	適　用　基　準	備考
加算率	施工規模	S_0	標　準	全体数量
		S_1	1工事の施工規模が標準より小さい場合は，対象となる規格・仕様の単価を率で加算する。	
補正係数	時間的制約を受ける場合	K_1	通常勤務すべき1日の作業時間（所定労働時間）を7時間以下4時間以上に制限する場合は，対象となる規格・仕様の単価を係数で補正する。	対象数量
	夜間作業	K_2	通常勤務すべき時間（所定労働時間）帯を変更して，作業時間が夜間（20時～6時）にかかる場合は，対象となる規格・仕様の単価を係数で補正する。	

(2) 加算率・補正係数の数値

表3.3

区　分		記号	小型マンホール設置
加算率	施工規模	S_0	（5箇所以上） 0％
		S_1	（5箇所未満） 10％
補正係数	時間的制約を受ける場合	K_1	1.1
	夜間作業	K_2	1.2

(備考)　1.　施工規模加算率（S_1）と時間的制約を受ける場合の補正係数（K_1）が重複する場合は，施工規模加算率のみを対象とする。
　　　　2.　施工規模による加算の判定は，1工事における小型マンホール設置数のうち表3.1に係る規格・仕様の全体数量による。

2—4　加算額

	規格・仕様	適　用　基　準	単位	備考
加算額	起点落差形式（KDR）を設置する場合	起点落差形式（KDR）を設置する場合は，起点及び中間形式の設置費に対象となる規格・仕様の単価を加算額で加算する。	箇所	対象数量
加算額	鋳鉄製防護蓋を設置する場合	鋳鉄製防護蓋を設置する場合は，設置費（手間費）を加算額で加算する。鋳鉄製防護蓋の材料費は別途計上する。	箇所	対象数量

2—5　直接工事費の算出
　　　直接工事費＝設計単価(備考)1×設計数量＋加算額総金額(備考)2
　　（備考）　1.　設計単価＝標準の市場単価×(1＋S_0 or S_1/100)×(K_1×K_2)
　　　　　　　2.　加算額総金額＝加算額×対象数量は，必要に応じて計上する。
3.　適用にあたっての留意事項
　　市場単価の適用にあたっては，以下の点に留意すること。
(1) 小型マンホール設置における施工方法（機械・人力）は問わない。

(4) 硬質塩化ビニル管設置工

1. 適用範囲
本資料は，市場単価方式による，硬質塩化ビニル管設置工に適用する。

1−1 市場単価が適用出来る範囲
(1) 開削工法による管布設工のうち，呼び径150 mm以上350 mm以下の下水道用硬質塩化ビニル管（JSWAS K-1）を設置する場合

1−2 市場単価が適用出来ない範囲
(1) 地すべり防止施設及び急傾斜崩壊対策施設における設置工事
(2) 推進工法による設置工事
(3) 特別調査等別途考慮するもの
　1) 地域において労務費の補正が適用される工事の場合
　2) その他，規格・仕様等が適合せず，市場単価が適用出来ない場合

2. 市場単価の設定
2−1 市場単価の構成と範囲
市場単価で対応しているのは，機・労・材の○及びフロー図の実線部分である。

工　種	市場単価 機	市場単価 労	市場単価 材
硬質塩化ビニル管設置工	○	○	○

掘削工 → 管基礎工 → 管設置工 → 埋戻工 → 発生土処理

（備考）
1. 掘削・埋戻・発生土処理費（積込・運搬・処分）は含まない。
2. 据付けに必要なクレーン費，レバーブロック費，接着剤，滑剤，切断に要する費用を全て含む。
3. 現場内小運搬費用を含む。
4. JSWAS K-1に規定された，曲管・マンホール継手など塩ビ製異形管の使用の有無は問わない。
5. マンホール用可とう継手を設置する場合は，材工を別途計上する。

2−2 市場単価の規格・仕様

表4.1

規　格　・　仕　様		単位
硬質塩化ビニル管設置工	呼び径　150 mm	m
	呼び径　200 mm	
	呼び径　250 mm	
	呼び径　300 mm	
	呼び径　350 mm	

2―3　加算率・補正係数
　(1)　加算率・補正係数の適用基準

表4.2

区分		記号	適用基準	備考
加算率	施工規模	S_0	標準	全体数量
		S_1	1工事の施工規模が標準より小さい場合は，対象となる規格・仕様の単価を率で加算する。	
補正係数	時間的制約を受ける場合	K_1	通常勤務すべき1日の作業時間（所定労働時間）を7時間以下4時間以上に制限する場合は，対象となる規格・仕様の単価を係数で補正する。	対象数量
	夜間作業	K_2	通常勤務すべき時間（所定労働時間）帯を変更して，作業時間が夜間（20時～6時）にかかる場合は，対象となる規格・仕様の単価を係数で補正する。	

　(2)　加算率・補正係数の数値

表4.3

区分		記号	硬質塩化ビニル管設置
加算率	施工規模	S_0	（20 m 以上） 0 %
		S_1	（20 m 未満） 10%
補正係数	時間的制約を受ける場合	K_1	1.1
	夜間作業	K_2	1.2

（備考）　1．施工規模加算率（S_1）と時間的制約を受ける場合の補正係数（K_1）が重複する場合は，施工規模加算率のみを対象とする。
　　　　2．施工規模による加算の判定は，1工事における硬質塩化ビニル管設置延長のうち表4.1に係る規格・仕様の総延長による。

2―4　直接工事費の算出
　　直接工事費＝設計単価[備考]1×設計数量
　　（備考）1．設計単価＝標準の市場単価×（1＋S_0 or S_1／100）×（K_1×K_2）
3．適用にあたっての留意事項
　　市場単価の適用にあたっては，以下の点に留意すること。
　(1)　硬質塩化ビニル管設置における施工方法（機械・人力）は問わない。

(5) リブ付硬質塩化ビニル管設置工
1. 適用範囲
本資料は，市場単価方式による，リブ付硬質塩化ビニル管設置工に適用する。
1－1 市場単価が適用出来る範囲
(1) 開削工法による管布設工のうち，呼び径150 mm以上350 mm以下の下水道用リブ付硬質塩化ビニル管（JSWAS K-13）を設置する場合
1－2 市場単価が適用出来ない範囲
(1) 地すべり防止施設及び急傾斜崩壊対策施設における設置工事
(2) 推進工法による設置工事
(3) 特別調査等別途考慮するもの
1) 地域において労務費の補正が適用される工事の場合
2) その他，規格・仕様等が適合せず，市場単価が適用出来ない場合
2. 市場単価の設定
2－1 市場単価の構成と範囲
市場単価で対応しているのは，機・労・材の○及びフロー図の実線部分である。

工　種	市場単価		
	機	労	材
リブ付硬質塩化ビニル管設置工	○	○	○

掘削工 → 管基礎工 → 管設置工 → 埋戻工 → 発生土処理

（備考） 1. 掘削・埋戻・発生土処理費（積込・運搬・処分）は含まない。
2. 据付けに必要なクレーン費，レバーブロック費，接着剤，滑剤，切断に要する費用を全て含む。
3. 現場内小運搬費用を含む。
4. JSWAS K-13に規定された，曲管・マンホール継手など塩ビ製異形管の使用の有無は問わない。
5. マンホール用可とう継手を設置する場合は，材工を別途計上する。

2－2 市場単価の規格・仕様
表5.1

規　格　・　仕　様		単位
リブ付硬質塩化ビニル管設置工	呼び径　150 mm	m
	呼び径　200 mm	
	呼び径　250 mm	
	呼び径　300 mm	
	呼び径　350 mm	

2−3 加算率・補正係数
(1) 加算率・補正係数の適用基準

表5.2

区分		記号	適用基準	備考
加算率	施工規模	S_0	標準	全体数量
		S_1	1工事の施工規模が標準より小さい場合は，対象となる規格・仕様の単価を率で加算する。	
補正係数	時間的制約を受ける場合	K_1	通常勤務すべき1日の作業時間（所定労働時間）を7時間以下4時間以上に制限する場合は，対象となる規格・仕様の単価を係数で補正する。	対象数量
	夜間作業	K_2	通常勤務すべき時間（所定労働時間）帯を変更して，作業時間が夜間（20時～6時）にかかる場合は，対象となる規格・仕様の単価を係数で補正する。	

(2) 加算率・補正係数の数値

表5.3

区分		記号	リブ付硬質塩化ビニル管設置
加算率	施工規模	S_0	（20 m 以上） 0 %
		S_1	（20 m 未満） 10%
補正係数	時間的制約を受ける場合	K_1	1.1
	夜間作業	K_2	1.2

(備考) 1. 施工規模加算率（S_1）と時間的制約を受ける場合の補正係数（K_1）が重複する場合は，施工規模加算率のみを対象とする。
2. 施工規模による加算の判定は，1工事におけるリブ付硬質塩化ビニル管設置延長のうち表5.1に係る規格・仕様の総延長による。

2−4 直接工事費の算出
　　直接工事費＝設計単価(備考)1×設計数量
　　（備考）1．設計単価＝標準の市場単価×（1 + S_0 or S_1／100）×（K_1×K_2）
3. 適用にあたっての留意事項
　　市場単価の適用にあたっては，以下の点に留意すること。
(1) リブ付硬質塩化ビニル管設置における施工方法（機械・人力）は問わない。

(6) 砂基礎工
 1. 適用範囲
  本資料は，市場単価方式による，砂基礎工に適用する。
  1−1 市場単価が適用出来る範囲
   (1) 管基礎工のうち，砂基礎を設置する場合
  1−2 市場単価が適用出来ない範囲
   (1) 地すべり防止施設及び急傾斜崩壊対策施設における設置工事
   (2) 推進工法による設置工事
   (3) 特別調査等別途考慮するもの
    1) 地域において労務費の補正が適用される工事の場合
    2) その他，規格・仕様等が適合せず，市場単価が適用出来ない場合
 2. 市場単価の設定
  2−1 市場単価の構成と範囲
   市場単価で対応しているのは，機・労・材の○及びフロー図の実線部分である。

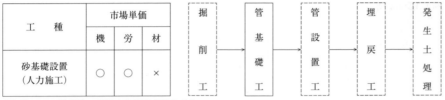

工　種	市場単価		
	機	労	材
砂基礎設置 （人力施工）	○	○	×

（備考） 1. 基礎材の現場内小運搬費用を含む。
　　　　2. 基礎材の投入，敷き均し及び締め固め費用（機械・労務）を含む。
　　　　3. 管周りの基礎設置を含む。

工　種	市場単価		
	機	労	材
砂基礎設置 （機械施工）	○	○	×

（備考） 1. 基礎材の現場内小運搬費用を含む。
　　　　2. 基礎材の投入，敷き均し及び締め固め費用（機械・労務）を含む。
　　　　3. 管周りの基礎設置を含む。

  2−2 市場単価の規格・仕様

表6.1

規　格　・　仕　様		単位
砂　基　礎　設　置	人力施工	m³
	機械施工	

2－3　加算率・補正係数
　(1)　加算率・補正係数の適用基準

表6.2

区分		記号	適用基準	備考
加算率	施工規模	S_0	標準	全体数量
		S_1	1工事の施工規模が標準より小さい場合は，対象となる規格・仕様の単価を率で加算する。	
補正係数	時間的制約を受ける場合	K_1	通常勤務すべき1日の作業時間（所定労働時間）を7時間以下4時間以上に制限する場合は，対象となる規格・仕様の単価を係数で補正する。	対象数量
	夜間作業	K_2	通常勤務すべき時間（所定労働時間）帯を変更して，作業時間が夜間（20時～6時）にかかる場合は，対象となる規格・仕様の単価を係数で補正する。	

　(2)　加算率・補正係数の数値

表6.3

区分		記号	砂基礎設置	
			人力施工	機械施工
加算率	施工規模	S_0	－	（10 m³以上） 0 %
		S_1	－	（10 m³未満） 10%
補正係数	時間的制約を受ける場合	K_1	1.15	1.20
	夜間作業	K_2	1.50	1.35

（備考）　施工規模加算率（S_1）と時間的制約を受ける場合の補正係数（K_1）が重複する場合は，施工規模加算率のみを対象とする。

　2－4　直接工事費の算出
　　　　直接工事費＝設計単価（備考）×設計数量
　　　（備考）　設計単価＝標準の市場単価×（1＋S_0 or S_1／100）×（K_1×K_2）
3．適用にあたっての留意事項
　(1)　砂の材料費は含まない。
　(2)　人力施工とは，管路への基礎材投入を人力で行う場合。
　(3)　機械施工とは，管路への基礎材投入を機械で行う場合。

(7) 砕石基礎工

1. 適用範囲

　　本資料は，市場単価方式による，砕石基礎工に適用する。

　1－1　市場単価が適用出来る範囲

　　(1) 管基礎工のうち，砕石基礎を設置する場合

　1－2　市場単価が適用出来ない範囲

　　(1) 地すべり防止施設及び急傾斜崩壊対策施設における設置工事

　　(2) 推進工法による設置工事

　　(3) 特別調査等別途考慮するもの

　　　1) 地域において労務費の補正が適用される工事の場合

　　　2) その他，規格・仕様等が適合せず，市場単価が適用出来ない場合

2. 市場単価の設定

　2－1　市場単価の構成と範囲

　　市場単価で対応しているのは，機・労・材の○及びフロー図の実線部分である。

工　種	市場単価 機	市場単価 労	市場単価 材
砕石基礎設置（人力施工）	○	○	×

フロー図：掘削工 → 管基礎工 → 管設置工 → 埋戻工 → 発生土処理

（備考）1. 基礎材の現場内小運搬費用を含む。
　　　　2. 基礎材の投入，敷き均し及び締め固め費用（機械・労務）を含む。
　　　　3. 管周りの基礎設置を含む。

　　市場単価で対応しているのは，機・労・材の○及びフロー図の実線部分である。

工　種	市場単価 機	市場単価 労	市場単価 材
砕石基礎設置（機械施工）	○	○	×

フロー図：掘削工 → 管基礎工 → 管設置工 → 埋戻工 → 発生土処理

（備考）1. 基礎材の現場内小運搬費用を含む。
　　　　2. 基礎材の投入，敷き均し及び締め固め費用（機械・労務）を含む。
　　　　3. 管周りの基礎設置を含む。

　2－2　市場単価の規格・仕様

表7.1

規　格　・　仕　様		単位
砕石基礎設置	人力施工	m^3
	機械施工	

2—3 加算率・補正係数
　(1) 加算率・補正係数の適用基準

表7.2

区　分		記号	適　用　基　準	備考
加算率	施工規模	S₀	標　準	全体数量
		S₁	1工事の施工規模が標準より小さい場合は，対象となる規格・仕様の単価を率で加算する。	
補正係数	時間的制約を受ける場合	K₁	通常勤務すべき1日の作業時間（所定労働時間）を7時間以下4時間以上に制限する場合は，対象となる規格・仕様の単価を係数で補正する。	対象数量
	夜間作業	K₂	通常勤務すべき時間（所定労働時間）帯を変更して，作業時間が夜間（20時～6時）にかかる場合は，対象となる規格・仕様の単価を係数で補正する。	

　(2) 加算率・補正係数の数値

表7.3

区　分		記号	砕石基礎設置	
			人力施工	機械施工
加算率	施工規模	S₀	—	（10 m³以上） 0 %
		S₁	—	（10 m³未満） 10%
補正係数	時間的制約を受ける場合	K₁	1.15	1.20
	夜間作業	K₂	1.50	1.35

（備考）　施工規模加算率（S₁）と時間的制約を受ける場合の補正係数（K₁）が重複する場合は，施工規模加算率のみを対象とする。

2—4　直接工事費の算出
　　　直接工事費＝設計単価(備考)×設計数量
　　　（備考）　設計単価＝標準の市場単価×（1 ＋ S₀ or S₁／100）×（K₁×K₂）
3．適用にあたっての留意事項
　(1) 砕石の材料費は含まない。
　(2) 人力施工とは，管路への基礎材投入を人力で行う場合。
　(3) 機械施工とは，管路への基礎材投入を機械で行う場合。

(8) **取付管及びます工（塩化ビニル製）**
　1．適用範囲
　　　本資料は，市場単価方式による，ます設置工及び取付管布設・支管取付工に適用する。
　1－1　市場単価が適用出来る範囲
　　(1) ます設置工のうち，「塩化ビニル公共ます（JSWAS K-7）」のうち径150㎜，200㎜，300㎜，350㎜のますを設置する場合
　　(2) 取付管布設工のうち下水道用硬質塩化ビニル管（JSWAS K-1）及び可とう性支管を設置する場合
　1－2　市場単価が出来ない範囲
　　(1) 特別調査等別途積算するもの
　　　1) 塩化ビニル公共ます（JSWAS K-7）のうち径150㎜，200㎜，300㎜，350㎜以外のますを設置する場合
　　　2) フリーインバートタイプ（流入受口取付型）のますを設置する場合
　　　3) 下水道用硬質塩化ビニル管（JSWAS K-1）以外の取付管を設置する場合
　　　4) 特殊地域において労務費の補正が適用される工事の場合
　　　5) その他，規格・仕様等が適合せず，市場単価が適用出来ない場合
　2．市場単価の設定
　2－1　市場単価の構成と範囲
　　(1) ます工［材工共］
　　　　市場単価で対応しているのは，機・労・材の○及びフロー図の実線部分である。

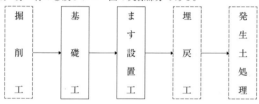

（備考）　1．基礎材の有無は問わない。
　　　　2．掘削・埋戻し・発生土処理費（積込・運搬・処分）は含まない。
　　　　3．ます設置には，塩化ビニル製蓋を含む。
　　　　4．設置の際に生じる植込み・タイル等の撤去及び再設置費用は含まない。
　　　　5．設置深さは1.5ｍ以下とし，立上り管を含む。また，立上りの管長調節による切断手間も含む。
　　　　6．接着剤，接合材及び器具損料費は含む。
　　　　7．現場条件等により，土留工が必要な場合は別途計上する。
　　　　8．鋳鉄製防護蓋を使用する場合は，設置費（手間費），材料費を別途計上する（2－4参照）。

　　(2) 取付管布設及び支管取付工［材工共］
　　　　市場単価で対応しているのは，機・労・材の○及びフロー図の実線部分である。

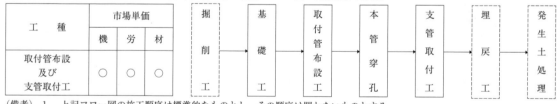

（備考）　1．上記フロー図の施工順序は標準的なものとし，その順序は問わないものとする。
　　　　2．基礎材の有無は問わない。
　　　　3．管路掘削・管路埋戻・発生土処理（積込・運搬・処分）は含まない。
　　　　4．JSWAS K-1に規定された，曲管・支管・マンホール継手など塩化ビニル製異形管の使用の有無は問わない。
　　　　5．支管取付は，取付対象となる本管の径，本管の穿孔方法，及び本管への支管取付方法は問わない。
　　　　6．接着剤，接合材，番線等及び器具損料費は含む。
　　　　7．現場条件等により，土留工が必要な場合は別途計上する。
　　　　8．取付管をマンホールに接続する場合も適用出来る。
　　　　9．可とう性支管を設置する場合は，対象となる規格・仕様の単価を加算額で加算する。

2－2　市場単価の規格・仕様
　　　ます設置工及び取付管布設・支管取付工の市場単価の規格・仕様区分は下表のとおりである。

表8.1-1

規格・仕様		単位
ます設置工（塩化ビニル製）	ます径　150㎜	箇所
	ます径　200㎜	
	ます径　300㎜	
	ます径　350㎜	

表8.1-2

規格・仕様		単位
取付管布設及び支管取付工	管径　100㎜	箇所
	管径　125㎜	
	管径　150㎜	
	管径　200㎜	
取付管布設及び支管取付工（可とう性支管を設置）	管径　100㎜	箇所
	管径　125㎜	
	管径　150㎜	
	管径　200㎜	

2－3　加算率・補正係数
　(1)　加算率・補正係数の適用基準

表8.2

区分		記号	適用基準	備考
加算率	施工規模	S_0	標準	全体数量
		S_1	1工事の施工規模が標準より小さい場合は，対象となる規格・仕様の単価を率で加算する。	
補正係数	時間的制約を受ける場合	K_1	通常勤務すべき1日の作業時間（所定労働時間）を7時間以下4時間以上に制限する場合は，対象となる規格・仕様の単価を係数で補正する。	対象数量
	夜間作業	K_2	通常勤務すべき時間（所定労働時間）帯を変更して，作業時間が夜間（20時～6時）にかかる場合は，対象となる規格・仕様の単価を係数で補正する。	
	取付管長が3m未満の場合	K_3	取付管長が3m未満の場合は，対象となる規格・仕様の単価を係数で補正する。	
	取付管長が5m以上12m未満	K_4	取付管長が5mを超え12m未満の場合は，対象となる規格・仕様の単価を係数で補正する。	
	本管の材質がコンクリート製・陶製の場合	K_5	支管取付の対象となる本管の材質がコンクリート製・陶製の場合は，対象となる規格・仕様の単価を係数で補正する。また，取付管をコンクリート製マンホールに接合する場合にも本補正を適用する。	

(2) 加算率・補正係数の数値

表8.3

区分		記号	ます設置工	取付管布設及び支管取付工
加算率	施工規模	S_0	（5箇所以上） 0％	（5箇所以上） 0％
		S_1	（5箇所未満） 10％	（5箇所未満） 10％
補正係数	時間的制約を受ける場合	K_1	1.10	1.10
	夜間作業	K_2	1.20	1.20
	取付管長が3m未満	K_3	―	0.85
	取付管長が5m以上12m未満	K_4	―	1.15
	本管の材質がコンクリート製・陶製の場合	K_5	―	1.10

（備考） 1. 施工規模加算率（S_1）と時間的制約を受ける場合の補正係数（K_1）が重複する場合は，施工規模加算率のみを対象とする。
　　　　2. 施工規模による加算の判定は，1工事におけるます設置工と取付管布設及び支管取付数のうち表8.1-1，表8.1-2に係る規格・仕様それぞれの全体数量による。
　　　　3. 取付管長の判定は，1工事における平均取付管長（水平長）で判定する。

2－4　加算額

規格・仕様		適用基準	単位	備考
加算額	鋳鉄製防護蓋を設置する場合	鋳鉄製防護蓋を設置する場合は，設置費（手間費）を加算額で加算する。鋳鉄製防護蓋の材料費は別途計上する。	箇所	対象数量
加算額	可とう性支管を設置する場合	可とう性支管を設置する場合は，支管取付工に対象となる規格・仕様の単価を加算額で加算する。	箇所	対象数量

2－5　直接工事費の算出
　　　直接工事費＝設計単価$^{(備考)1}$×設計数量＋加算額総金額$^{(備考)2}$
　　（備考）　1.　設計単価＝標準の市場単価×$(1+S_0 \text{ or } S_1/100)$×$(K_1×K_2×K_3×K_4×K_5)$
　　　　　　 2.　加算額総金額＝加算額×対象数量は，必要に応じて計上する。
3.　適用にあたっての留意事項
　　市場単価の適用にあたっては，以下の点に留意すること。
　　・ます設置及び取付管布設・支管取付における施工方法（機械・人力）は問わない。

② 推進工事

路線延長　m　（マンホール中心間の延長）
管渠延長　m　（管の布設延長）

(一式)

種　目	形状寸法	単位	数　量	単　価（円）	金　額（円）	摘　要
刃口推進工		式	1			(1)
泥水推進工		式	1			
泥濃推進工		式	1			
各種推進工		式	1			
立坑内管布設工		式	1			
仮設備工	刃口	式	1			(4)
仮設備工	泥水・泥濃	式	1			
通信・換気設備工		式	1			
送・排泥設備工	泥水・泥濃	式	1			小口径
泥水処理設備工		式	1			
注入設備工	泥水・泥濃	式	1			
推進水替工		式	1			
補助地盤改良工		式	1			
計						

1．刃口推進工

(一式)

種　目	形状寸法	単位	総括表単位	数量	単　価（円）	金　額（円）	摘　要
推進用鉄筋コンクリート管（刃口）		m	m				①
発生土処理		m³	式	1			開削工による
裏込め		m	m				②
管目地		箇所	箇所				③
計							

― 109 ―

① 推進用鉄筋コンクリート管（刃口）　　　　　　　　　　　　　　　　　　　　　　（1m当り）

種　目	形状寸法	単位	数　量	単　価（円）	金　額（円）	摘　要
推進用鉄筋コンクリート管		m				
緩衝材管		式	1			必要に応じて計上
管内掘削工		m				①－1)
坑内作業工		m				①－2)
坑外作業工		m				①－3)
計						○○m当り
1m当り						計／○○m

（備考）　推進工法の工種・職種別作業内容は次表のとおりである。

推進工法の工種・職種別作業内容及び管径別配置人員表

工　種	職　種	作業内容	管径別配置人員（人） 800～900mm	管径別配置人員（人） 1,000～2,000mm	摘　要
管内掘削工（切羽作業工）	トンネル特殊工	掘削，はね出し，積込み	1.0	2.0	
坑内作業工（管据付工）（坑内発生土搬出工）（坑内推進工）	トンネル世話役	総指揮	1.0	1.0	
	トンネル特殊工	管据付接合　中押し装置の設置及び操作　管勾配の修正，ジャッキ操作	1.0	1.0	
	トンネル作業員	積込み，トロバケット，の運搬，滑材注入	2.0	2.0	
坑外作業工（坑外発生土搬出工）（坑外推進工）	特殊作業員又は運転手（特殊）	管据付，坑外発生土搬出及びストラット入れ替えのためのウインチ，クレーンの運転，推進のための油圧機器類の操作，電気機器の保守・点検	1.0	1.0	
	特殊作業員	管，トロバケット，ストラット等の吊り降ろしのためのワイヤ玉掛け作業	1.0	1.0	
	普通作業員	運転手，特殊作業員の手伝い，土砂積降し，管，その他材料の小運搬	1.0	1.0	
			8.0	9.0	

①—1) 管内掘削工 　　　　　　　　　　　　　　　　　　　　　　　　　　　　　　　　　（1m当り）

種　目	形状寸法	単位	数　量	単　価（円）	金　額（円）	摘　要
トンネル特殊工		人				表－1－1
計						1日当り
1m³当り						計／標準日進量（表－1－2）

（備考）1. 歩掛は表－1－1による。

表－1－1　管内掘削工歩掛表　　　　　　（1日当り）

種目＼呼び径（mm）	800～900	1,000～2,000
トンネル特殊工（人）	1.0	2.0

2. 8時間作業の日進量は，表－1－2による。

表－1－2　刃口推進工法の標準日進量（1日8時間当り）　　（m／日）

呼び径（mm）	砂質土・粘性土 元押し	中押し 1段設置	中押し 2段設置	砂礫土 元押し	中押し 1段設置	中押し 2段設置	礫質土 元押し	中押し 1段設置	中押し 2段設置
800	2.9	－	－	2.7	－	－	2.1	－	－
900	2.8	－	－	2.6	－	－	2.0	－	－
1,000	2.7	2.6	2.5	2.5	2.4	2.3	1.9	1.9	1.8
1,100	2.7	2.6	2.5	2.4	2.4	2.3	1.8	1.8	1.7
1,200	2.6	2.5	2.4	2.3	2.3	2.2	1.8	1.8	1.7
1,350	2.4	2.4	2.3	2.2	2.2	2.1	1.8	1.7	1.6
1,500	2.3	2.3	2.2	2.0	2.0	1.9	1.7	1.6	1.5
1,650	2.2	2.2	2.1	1.9	1.9	1.8	1.6	1.5	1.4
1,800	2.1	2.0	1.9	1.9	1.8	1.7	1.5	1.4	1.4
2,000	2.0	1.9	1.8	1.8	1.7	1.6	1.3	1.2	1.2

・元押しの標準日進量は，スパン中央部における平均日進量である。
・中押しの標準日進量は，1スパン（元押し区間から中押し使用区間）の平均日進量である。
・湧水が多い地盤では，補助工法の使用を標準としている。なお，特殊な土質については，過去の実績等により日進量を別途考慮する。

①—2）　坑内作業工　　　　　　　　　　　　　　　　　　　　　　　　　　　　　　　（1m当り）

種　目	形状寸法	単位	数　量	単　価（円）	金　額（円）	摘　要
トンネル世話役		人	1			
トンネル特殊工		人	1			
トンネル作業員		人	2			
滑　材		ℓ				1m当り注入量×推進日進量 表－1－3
電力料		kWh				表－1－4
機械器具損料		式	1			1m当り機械器具損料×推進日進量 表－1－5～9
諸雑費		式	1			端数処理
計						100m³当り
1m当り						

（つづく）

(備考) 1. 1m当り滑材注入量は，表−1−3による。

表−1−3　1m当り滑材注入量滑材注入量　　　　　　　　　　　(ℓ/m)

呼び径(mm)	800	900	1,000	1,100	1,200	1,350	1,500	1,650	1,800	2,000
注入量	77.0	87.0	96.0	105.0	114.0	128.0	142.0	155.0	168.0	187.0

2. 坑内作業工1日当り電力料は，表−1−4による。

表−1−4　坑内作業工1日当り電力量　　　　　　　　　　　(kWh/日)

呼び径(mm)	800	900	1,000	1,100	1,200	1,350	1,500	1,650	1,800	2,000
元押し	38.8	38.8	38.8	37.6	39.0	37.4	37.4	38.5	55.5	53.9
中押し1段	−	−	39.2	37.9	39.3	38.8	38.8	39.5	56.0	55.0
中押し2段	−	−	39.5	38.2	39.5	40.5	40.5	41.1	57.3	55.1

表−1−5　坑内作業工（推進工関係）機械器具損料

名称	項目＼呼び径(mm)	800	900	1,000	1,100	1,200	1,350	1,500	1,650	1,800	2,000	摘要
刃口	質量（kg）	171	242	304	349	395	512	669	850	1,101	1,380	
	基礎価格（千円）											
	損料率（普通土）											
	損料率（砂礫土）											
	損料率（硬質土）											
	損料（普通土）円/m											
	損料（砂礫土）円/m											
	損料（硬質土）円/m											
押輪	質量（kg）	357	417	482	537	607	700	810	927	1,224	1,410	
	基礎価格（千円）											
	損料率											
	損料（円/m）											
ストラット支持板	質量（kg）	1,176	1,608	1,764	1,958	2,112	2,340	2,580	2,808	3,528	3,864	質量は12枚を1組とする。
	基礎価格（千円）											
	損料率											
	損料（円/m）											
ジャッキ台	質量（kg）	440	600	670	726	797	881	980	1,066	1,417	1,573	
	基礎価格（千円）											
	損料率											
	損料（円/m）											
押角	質量（kg）	550	826	998	1,101	1,170	2,033	2,247	2,408	3,302	3,646	
	基礎価格（千円）											
	損料率											
	損料（円/m）											
推進台	質量（kg）	417 (H150)	703 (H200)				1,107 (H250)			2,128 (H350)		
	基礎価格（千円）											
	損料率											
	損料（円/m）											

(つづく)

表-1-6　坑内作業工（推進工元押し関係）機械器具損料

名称	項目 \ 呼び径(mm)	2,000	4,000	6,000	9,000	12,000	16,000	摘　要
ストラット単体	使用組数（組）	4	4	4	6	6	8	1組は400mm×6個とし，1組の質量は336kgとする。
	質　量（kg）	1,344	1,344	1,344	2,016	2,016	2,688	
	基礎価格（千円）							
	損料率							
	損料（円/m）							
油圧ジャッキ	種別（kN×mm）	500×500	1,000×500	1,500×500	2,000×500			(2084-027)
	基礎価格（千円）							
	損料率							
	損料（円/日・台）							
	使用台数（台）	4	4	4	6	6	8	
	損料（円/日）							
分流器	種別（連）	4	4	4	6	6	8	(2084-027)
	基礎価格（千円）							
	損料率							
	損料（円/日・台）							
	使用台数（台）		1	1	1	1	1	
	損料（円/日）							
油圧ポンプ	種別（KW）	3.7	7.5	7.5	11.0	15.0	22.0	(2084-027)
	基礎価格（千円）							
	損料率							
	損料（円/m）							
	使用台数（台）	1	1	1	1	1	1	
	損料（円/日）							
高圧ホース	種別（呼び径mm）	9	12	12	12	12	12 / 低圧19	1．高圧ホース1本の長さは4mのものとした。2．上段は，油圧ポンプ～分流器間，下段は，分流器～油圧ジャッキ間の高圧ホースを示す。
		6	9	9	9	9	9	
	基礎価格（千円）							
	損料率							
	損料（円/本・m）	4	4	4	4	4	3 / 3	
		8	8	8	12	12	16	
	使用本数（本）							
	損料（円/m）							
作動油	基礎価格（千円）							
	消費量（ℓ/m）	1.0	1.2	1.5	2.0	3.0	4.0	
	消費金額（円/m）							

(つづく)

表-1-7　坑内作業工（推進工中押し関係）機械器具損料

名称	項目	最大配置設備推進力 (kN)	2,400	3,000	3,600	4,000	5,000	6,000	7,000	8,000	9,000	摘　要
油圧ジャッキ	種別（kN×mm）		300×300			500×300						1．損料に係数による別表（別表1）を乗ずる。2．使用台数は中押し1段当りとする。
	損料（kN×mm）											
	損料率											
	損料（円/日・台）											
	使用台数（台）		8	10	12	8	10	12	14	16	18	
	損料（円/m日）											
油圧ポンプ	種別（kW）		3.7			7.5			11.0			損料に段数による別表（別表2）を乗ずる。
	基礎価格（千円）											
	損料率											
	損料（円/日・台）											
	使用台数（台）		1									
	損料（円/日）											
操作盤	基礎価格（千円）											1．損料に段数による別表（別表2）を乗ずる。2．使用面数は中押し1段当りとする。
	損料率											
	損料（円/日・m）											
	使用面数（面）		1									
	損料（円/m）											
高圧ホース(1)	種別（呼び径mm）		6									1．高圧ホース（1）は中押しジャッキまわりのものを示す。2．高圧ホース1本の長さは上段0.6m, 下段1.5mとする。3．損料に段数による係数（別表1）を乗ずる。4．使用本数は中押し1段当りとする。
			9									
	基礎価格（千円）											
	損料率											
	損料（円/本・m）											
	使用本数（本）		16	20	24	16	20	24	28	32	36	
	損料（円/m）											
高圧ホース(2)	種別（呼び径mm）		9			12			19			1．高圧ホース（2）は，油圧ポンプと中押し装置の間あるいは中押し装置の間の連絡をするものを示す。2．高圧ホースの1本の長さは, 4.0mとする。3．損料に段数による別表（別表2）を乗ずる。
			12			低圧19			低圧25			
	基礎価格（千円）											
	損料率											
	損料（円/本・m）											
	使用本数（本） 呼び径(mm) 1,000～1,650	中押し段数 1				13			—			
						13			—			
		2				21			—			
						21			—			
	1,800～2,000	1	—				1					
			—				1					
		2	—				10					
			—				10					
	損料（円/m） 1,000～1,650	1							—			
		2							—			
	1,800～2,000	1	—									
		2	—									
作動油	基礎価格（円/ℓ）											消費量に段数による係数（別表2）を乗ずる。
	消費量（ℓ/m）		1.2			1.5			2.0		2.5	
	消費金額（円/m）											

（つづく）

別表1

中押し段数 \ 呼び径(mm)	1,000～1,650	1,800～2,000
1		
2		

別表2

中押し段数 \ 呼び径(mm)	1,000～1,650	1,800～2,000
1		
2		

表-1-8 坑内作業工（坑内発生土搬出工関係）機械器具損料

名称	項目 \ 呼び径(mm)	800	900	1,000	1,100	1,200	1,350	1,500	1,650	1,800	2,000	摘　要
転倒式トロバケット及びトロバケット	容量（m³）	0.08		0.15			0.25			－		1．トロ用車輪別途計上する。 2．損料は1ケ分である。 3．※印は予備を含めて2ケ分計上する。
	質量（kg）	38		74			102			－		
	基礎価格（千円）									－		
	損料率									－		
	損料（円/m）			※			※			－		
転倒バケット式	容量（m³）	－								0.40		1．損料は1ケ分である。 2．※印は予備を含めて2ケ分計上する。
	質量（kg）	－								137		
	基礎価格（千円）	－										
	損料率	－										
	損料（円/m）	－								※		
トロ台車	適用質量（kg）バケット容量（m³）	－								0.40		呼び径1,800～2,000mmのトロ用車輪は別途計上
	質量（kg）	－								64		
	基礎価格（千円）	－										
	損料率	－										
	損料（円/m）	－										
トロ用車輪	使用トロ（m³）	0.08		0.15			0.25			0.40		1．基礎価格は4個を1組とする。 2．損料は1ケ分である。 3．※印は予備を含めて2ケ分計上する。
	車輪径（ベアリング入り）(mm)	φ130		φ150			φ200			φ250		
	タイヤ材質	ウレタンゴム										
	基礎価格（千円）											
	使用組数（組）	2										
	基礎価格（千円）											
	損料率											
	損料（円/m）			※			※			※		

（つづく）

表-1-9　坑内作業工（滑材注入）及び裏込め注入工関係機械器具損料

名称	項目＼呼び径(mm)	800	900	1,000	1,100	1,200	1,350	1,500	1,650	1,800	2,000	摘要
グラウトポンプ・モータ・フードバルブ付	種別	横型二連複動ピストン式								横型二連複動式ピストン式		
	出力（kW）	8								11		
	基礎価格（千円）											
	損料率											
	損料（円／日）											
グラウトミキサ	種別	立型1槽式（200ℓ×1）								立型2槽式（400ℓ×2）		
	出力（kW）	6								11		
	基礎価格（千円）											
	損料率											
	損料（円／日）											
ミキシングプラント	種別	中形								大形		
	出力（kW）	0.4								0.75		
	基礎価格（千円）											
	損料率											
	損料（円／日）											

表-1-10　坑内作業工（滑材注入）関係機械器具損料

名称	項目＼推進延長(m)	0〜10	10〜20	20〜30	30〜40	40〜50	50〜60	60〜70	70〜80	80〜90	90〜100	100〜110	110〜120	120〜130	130〜140	140〜150	150〜160	160〜170	170〜180	180〜190	190〜200	200〜210
グラウトホース	損料（内径×長さ）	38mm（1 1/2"）×20m																					
	基礎価格（千円／本）																					
	損料率（％／日）																					
	損料（円／本・日）																					
	使用本数（本）	1	2	3	4	5	6	7	8	9	10	11										
	損料（円／日）																					
グラウト孔用バルブ等	種別	呼び径50mm（2"）ニップルコック																					
	基礎価格（千円／組）																					
	損料率（％／日）																					
	損料（円／組・日）																					
	使用組数（組）	4	8	10	12	13	15	16	17	19	20	21	23	24	25	26	27	28	29	30	30	30
	損料（円／日）																					

表-1-11　坑外作業工及び推進設備工関係機械器具損料

名称	項目＼呼び径(mm)	800	900	1,000	1,100	1,200	1,350	1,500	1,650	1,800	2,000	摘要
クレーン	種別	2.8				5				10			
	定格荷重（tf）											
	基礎価格（千円）											
	損料率											
	損料（円／日）											

（備考）　管据付け工，推進工，坑外発生土搬出工に使用する。

（つづく）

表－1－12　中押し装置設備工関係機械器具損料

呼び径(mm)	1,000	1,100	1,200	1,350	1,500	1,650	1,800	2,000	摘　要
中押し用当て輪(円/組)									中押用当て輪は1組2個とする。
中押し用歩行板(円/個)									
計(円/箇所)									中押し装置損料

(備考)　中押し用当て輪は1回使い，中押し用歩行板は5回使いとする。

② 裏込め　　　　　　　　　　　　　　　　　　　　　　　　　　　　　　　　(1m当り)

種　目	形状寸法	単位	数　量	単　価(円)	金　額(円)	摘　　要
裏込注入工	刃口推進	m	1			②－1)
裏込注入工	泥水式・泥濃式推進	m	1			②－2)
計						

②－1)　裏込注入工（刃口推進）　　　　　　　　　　　　　　　　　　　　　　(1m当り)

種　目	形状寸法	単位	数　量	単　価(円)	金　額(円)	摘　　要
トンネル世話役		人				表－2－1
トンネル作業員		人				表－2－1
特殊作業員		人				表－2－1
普通作業員		人				表－2－1
注入材料		ℓ				1m当り注入量×裏込日進量 表－2－2,3
電力料		kWh				表－2－5
機械器具損料		式	1			表－1－9
諸雑費		式	1			表－2－4
計						100m³当り
1m当り						

(備考)　1. 歩掛は表－2－1による。
　　　2. 諸雑費はグラウトホース，グラウトバルブ等の費用として，労務費に諸雑費率を乗じた金額を上限として計上する。

表－2－1　裏込注入工歩掛表（刃口推進）　　　　　　　　　　(1日当り)

呼び径(mm) \ 種目	トンネル世話役(人)	トンネル作業員(人)	特殊作業員(人)	普通作業員(人)
800～2,000	1.0	2.0	1.0	2.0

表－2－2　1m当り裏込め材注入量（刃口推進工法）　　　　　　(m/日)

呼び径(mm)	800	900	1,000	1,100	1,200	1,350	1,500	1,650	1,800	2,000
注入量	126.0	141.0	156.0	170.0	185.0	206.0	229.0	250.0	271.0	300.0

表－2－3　8時間当り裏込日進量（刃口推進工法）　　　　　　(ℓ/m)

呼び径(mm)	800	900	1,000	1,100	1,200	1,350	1,500	1,650	1,800	2,000
注入延長	32.0	30.0	30.0	27.0	27.0	26.0	26.0	22.0	22.0	20.0

表－2－4　裏込注入諸雑費率（刃口推進工法）　　(%)

呼び径(mm)	昼間施工	夜間施工
800～2,000	4	3

表－2－5　裏込注入工1日当り電力量（刃口推進工法）　　(kWh/日)

呼び径(mm)	800	900	1,000	1,100	1,200	1,350	1,500	1,650	1,800	2,000
電力量	26.8	28.2	28.9	30.0	30.6	31.8	32.4	33.8	57.9	59.7

③ 管目地 (1箇所当り)

種目	形状寸法	単位	数量	単価(円)	金額(円)	摘要
目地モルタル工		箇所	1			③—1)
計						

③—1) 目地モルタル工 (1m当り)

種目	形状寸法	単位	数量	単価(円)	金額(円)	摘要
トンネル世話役		人				表-3-1
トンネル作業員		人				表-3-1
モルタル工	配合1:2	m³				
諸雑費		式	1			端数処理
計						100箇所当り
1箇所当り						計／100箇所

(備考) 歩掛は表-3-1による。

表-3-1 目地モルタル工歩掛表 (100箇所当り)

呼び径(mm)	モルタル工(m³)	トンネル世話役(人)	トンネル作業員(人)	摘要
800	0.12	2.3	23.4	
900	0.13	2.6	25.6	
1,000	0.13	3.9	38.6	
1,100	0.14	4.0	40.2	
1,200	0.15	4.2	41.8	
1,350	0.18	4.4	44.1	
1,500	0.20	4.7	46.5	
1,650	0.21	4.9	48.8	
1,800	0.23	5.1	51.2	
2,000	0.25	5.7	57.1	

(4) 仮設備工(刃口) (一式)

種目	形状寸法	単位	総括表単位	数量	単価(円)	金額(円)	摘要
支圧壁		箇所	式or箇所				④
クレーン設備組立撤去		箇所	式or箇所				⑤
立坑基礎		箇所	式or箇所				⑥
坑口		箇所	式or箇所				⑦
鏡切り		箇所	式or箇所				⑧
刃口及び推進設備		箇所	式or箇所				⑨
中押し装置		箇所	式or箇所				⑩
殻搬出		m³	式orm³				⑪
殻運搬		m³	式orm³				土木工事標準歩掛による
殻処分		m³	式orm³				土木工事標準歩掛による
計							

④ 支圧壁 （1箇所当り）

種 目	形状寸法	単位	数 量	単 価（円）	金 額（円）	摘 要
支 圧 壁 工		箇所				④—1）
計						○○箇所当り
1 箇 所 当 り						計／○○箇所

④—1） 支圧壁工（刃口） （1箇所当り）

種 目	形状寸法	単位	数 量	単 価（円）	金 額（円）	摘 要
コンクリート工		m³				土木工事標準歩掛による
型 枠 工		m²				土木工事標準歩掛による
鉄 筋 工		t				
コンクリートとりこわし工		m³				
計						○○箇所当り
1 箇 所 当 り						計／○○箇所

⑤ クレーン設備組立撤去 （1箇所当り）

種 目	形状寸法	単位	数 量	単 価（円）	金 額（円）	摘 要
クレーン設備工		箇所				⑤—1）
計						○○箇所当り
1 箇 所 当 り						計／○○箇所

⑤—1） クレーン設備組立撤去（刃口） （1箇所当り）

種 目	形状寸法	単位	数 量	単 価（円）	金 額（円）	摘 要
土木一般世話役		人				表—5—1
特 殊 作 業 員		人				表—5—1
電 工		人				表—5—1
普 通 作 業 員		人				表—5—1
トラッククレーン賃料又はラフテレーンクレーン賃料	油圧伸縮ジブ型4.9t吊又は排出ガス対策型（第2次基準値）油圧伸縮ジブ型○t吊	日				表—5—1
諸 雑 費		式	1			端数処理
計						

（備考） 歩掛は表—5—1 クレーン設備工歩掛表による。

表—5—1 クレーン設備工歩掛表 （1箇所当り）

種 目	単 位	呼び径（mm）		
		800～1,100	1,200～1,500	1,650～2,000
土 木 一 般 世 話 役	人	2.0	3.0	4.5
特 殊 作 業 員	人	5.0	7.5	10.5
電 工	人	0.5	1.0	2.0
普 通 作 業 員	人	5.0	7.5	10.5
クレーン賃料	規格	トラッククレーン油圧伸縮ジブ型4.9t吊	ラフテレーンクレーン排出ガス対策型（第2次基準値）油圧伸縮ジブ型16t吊	
	日	2.0	3.0	4.5

⑥ 立坑基礎 (1箇所当り)

種　　　目	形状寸法	単位	数　量	単　価（円）	金　額（円）	摘　　要
コンクリート工		m³				土木工事標準歩掛による
砕　石　基　礎　工	○○−40	m²				土木工事標準歩掛による
計						

⑦ 坑口 (1箇所当り)

種　　　目	形状寸法	単位	数　量	単　価（円）	金　額（円）	摘　　要
坑　口　工		箇所				⑦−1）
計						○○箇所当り
1箇所当り						計／○○箇所

⑦−1） 坑口工（刃口推進） (1箇所当り)

種　　　目	形状寸法	単位	数　量	単　価（円）	金　額（円）	摘　　要
土木一般世話役		人				表−7−1
普通作業員		人				表−7−1
ゴムリング		組				表−7−1
コンクリート工		m³				表−7−1
型　枠　工		m²				表−7−1
コンクリートとりこわし工		m³				
計						

(備考) 歩掛は表−7−1 発進坑口工歩掛表による。

表−7−1　発進坑口工歩掛表 (1箇所当り)

種目＼呼び径(mm)	ゴムリング（枠共）(組)	土木一般世話役（人）	普通作業員（人）	コンクリート工(m³)	型枠工(m²)	コンクリートとりこわし工(m³)
800	1	0.07	0.70	0.74	4.41	0.74
900	1	0.07	0.70	0.85	4.98	0.85
1,000	1	0.08	0.80	1.17	6.13	1.17
1,100	1	0.09	0.90	1.26	6.59	1.25
1,200	1	0.10	1.00	1.36	7.09	1.36
1,350	1	0.11	1.10	1.53	7.91	1.53
1,500	1	0.12	1.20	1.83	9.13	1.83
1,650	1	0.14	1.40	1.99	9.90	1.99
1,800	1	0.15	1.50	2.24	10.92	2.24
2,000	1	0.17	1.70	2.55	12.23	2.55

⑧ 鏡切り（刃口推進） （1箇所当り）

種 目	形状寸法	単位	数 量	単 価（円）	金 額（円）	摘 要
鏡 切 り 工	刃口推進	箇所				⑧—1）
計						○○箇所当り
1 箇所当り						計／○○箇所

⑧—1） 鏡切り工（刃口推進） （1箇所当り）

種 目	形状寸法	単位	数 量	単 価（円）	金 額（円）	摘 要
鏡 切 り 工		m				表—8—1，⑧—1）—1
計						

（備考） 刃口推進鏡切り延長は，表—8—1による。

表—8—1 刃口推進鏡切り延長表 （1箇所当り）

呼び径(mm) / 種目	発進口切断延長 (m)	到達口切断延長 (m)	摘 要
800	7.0	4.2	
900	8.0	4.6	
1,000	9.0	5.4	
1,100	10.0	6.0	
1,200	11.0	6.6	
1,350	14.0	8.4	
1,500	16.0	9.6	
1,650	18.0	10.8	
1,800	20.0	12.0	
2,000	22.0	13.2	

・発進口については，湧水等のある場合は歩掛を20％まで割増しすることができる。
・到達口の切断延長は，発進口切断延長の60％とする。
・本表は，鋼矢板Ⅲ型の切断延長である。

⑧—1）—1 鏡切り工 （1m当り）

種 目	形状寸法	単位	数 量	単 価（円）	金 額（円）	摘 要
土木一般世話役		人				表—8—2
溶 接 工		人				表—8—2
普 通 作 業 員		人				表—8—2
諸 雑 費		式	1			表—8—2
計						

（備考） 鏡切り工の歩掛は，表—3—8による。

表—8—2 鏡切り工歩掛表（切断延長1m当り） （人／m）

種目 / 土留種類	ライナープレート (t=2.7～3.2mm)	H形鋼 H-200	H形鋼 H-250	鋼矢板 Ⅱ型	鋼矢板 Ⅲ型	小型立坑 (鋼製ケーシング)
土木一般世話役	0.006	0.007	0.008	0.007	0.008	0.019
溶 接 工	0.051	0.058	0.060	0.057	0.059	0.038
普 通 作 業 員	0.019	0.022	0.022	0.022	0.022	0.019
諸 雑 費	労務費の5％	労務費の10％				

⑨ 刃口及び推進設備（刃口推進）　　　　　　　　　　　　　　　　　　　　　　　　　　　（1箇所当り）

種　目	形状寸法	単位	数　量	単　価（円）	金　額（円）	摘　要
推 進 設 備 工	刃口推進	箇所				⑨－1）
刃 口 撤 去 工		箇所				⑨－2）
計						

⑨－1）　推進設備工（刃口推進）　　　　　　　　　　　　　　　　　　　　　　　　　　　　（1m当り）

種　目	形状寸法	単位	数　量	単　価（円）	金　額（円）	摘　要
運転手（特殊）又は特殊作業員		人				表－9－1
土木一般世話役		人				表－9－1
特 殊 作 業 員		人				表－9－1
普 通 作 業 員		人				表－9－1
電 力 料		kWh				表－9－1
床 板 材		m³				表－9－1　3回使用，購入単価の1/3計上
機 械 器 具 損 料		日				表－9－1
諸 雑 費		式	1			端数処理
計						

（備考）　歩掛は，表－9－1による。

表－9－1　推進設備工歩掛表　　　　　　　　　　　　　　　　　　　　（1箇所当り）

種目 呼び径(mm)	電力料 (kWh)	特殊作業員 (人)	運転手(特殊) (人)	土木一般世話役 (人)	特殊作業員 (人)	特殊作業員 (人)	床板材 (m³)	機械器具損料 (日)	摘要
800	24.6	3.50	－	2.00	2.00	4.00	0.30	3.5	
900	24.6	3.50	－	2.00	2.00	4.00	0.30	3.5	
1,000	24.6	3.50	－	2.00	2.50	5.00	0.36	3.5	
1,100	24.6	3.50	－	2.00	2.50	5.00	0.36	3.5	
1,200	36.3	－	3.50	2.00	2.50	5.00	0.36	3.5	
1,350	36.3	－	3.50	2.50	2.50	7.00	0.36	3.5	
1,500	36.3	－	3.50	2.50	2.50	7.00	0.36	3.5	
1,650	69.4	－	3.50	2.50	2.50	7.00	0.36	3.5	
1,800	79.3	－	4.00	2.50	3.00	9.00	0.42	4.0	
2,000	79.3	－	4.00	2.50	3.00	9.00	0.42	4.0	

⑨—2） 刃口撤去工　　　　　　　　　　　　　　　　　　　　　　　　　　　　　（1箇所当り）

種　目	形状寸法	単位	数　量	単　価（円）	金　額（円）	摘　要
土木一般世話役		人				表－9－2
特殊作業員		人				表－9－2
普通作業員		人				表－9－2
トラッククレーン賃料又はラフテレーンクレーン賃料	油圧伸縮ジブ型4.9t吊又は排出ガス対策型（第2次基準値）油圧伸縮ジブ型16t吊	日				表－9－2 3回使用，購入単価の1/3計上
諸　雑　費		式	1			端数処理
計						

（備考）　歩掛は，表－9－2による。

表－9－2　刃口撤去工歩掛表　　　　　　　　　　　　　　　　　（1箇所当り）

種　目	単位	呼び径（mm）		
		800～1,000	1,100～1,500	1,650～2,000
土木一般世話役	人	0.30	0.35	0.40
特殊作業員	人	0.15	0.20	0.35
普通作業員	人	0.55	0.70	0.90
クレーン賃料　規格		トラッククレーン 油圧伸縮ジブ型4.9t吊		ラフテレーンクレーン 排出ガス対策型（第2次基準値） 油圧伸縮ジブ型16t吊
日		0.30	0.35	0.40

⑩　中押し装置　　　　　　　　　　　　　　　　　　　　　　　　　　　　　（1箇所当り）

種　目	形状寸法	単位	数　量	単　価（円）	金　額（円）	摘　要
中押し装置設備工		箇所				⑩－1）
計						

⑩—1）　中押し装置設備工　　　　　　　　　　　　　　　　　　　　　　　　（1箇所当り）

種　目	形状寸法	単位	数　量	単　価（円）	金　額（円）	摘　要
溶　接　工		人				表－10－1
特殊作業員		人				表－10－1
普通作業員		人				表－10－1
機械器具損料		式	1			表－10－2
諸　雑　費		式	1			表－10－1
計						

（備考）　1．歩掛は，表－10－1による。

表－10－1　中押し装置設備歩掛表　　　　　　　　　　　　　　　（1箇所当り）

呼び径(mm)＼種目	溶接工（人）	特殊作業員（人）	普通作業員（人）	機械器具損料（式）	摘　要
1,000～1,650	1.00	2.00	2.00	1	
1,800～2,000	1.50	2.50	2.50	1	

（つづく）

2．中押し装置設備工損料表は，表-10-2による。

表-10-2 中押し装置設備工損料表

種目 呼び径(mm)	1,000	1,100	1,200	1,350	1,500	1,650	1,800	2,000	摘　要
中押し用当輪 （円／組）									1回使い
中押し用歩行板 （円／組）									5回使い
計									中押し装置損料

・中押し用当て輪は，1組2個とする。

⑪　殻搬出　　　　　　　　　　　　　　　　　　　　　　　　　　　　　　　　　　　（1m³当り）

種　　目	形状寸法	単位	数　量	単　価（円）	金　額（円）	摘　　要
坑外コンクリート塊搬出工	○○立坑	箇所				⑪—1)
計						
1 m³ 当 り						計／○○m³(コンクリート塊搬出量)

（備考）　1．本歩掛は，立坑深が6.0mを超える場合に適用する。
　　　　　2．1日当りコンクリート塊搬出量9.0m³を標準とする。

⑪—1)　坑外コンクリート塊搬出工　　　　　　　　　　　　　　　　　　　　　　　（1箇所当り）

種　　目	形状寸法	単位	数　量	単　価（円）	金　額（円）	摘　　要
クレーン運転費	刃口推進	日	1			⑪—1)—1
諸　雑　費		式	1			端数処理
計						1日当り
1 箇 所 当 り						計×1箇所当りコンクリート塊搬出量÷9m³

⑪—1)—1　門型クレーン運転費　　　　　　　　　　　　　　　　　　　　　　　　（1日当り）

種　　目	形状寸法	単位	数　量	単　価（円）	金　額（円）	摘　　要
運転手(特殊)又は特殊作業員		人				表-11-1
電　力　料		kWh				表-11-1
門型クレーン損料		日				表-11-1
計						

（備考）　歩掛は，表-11-1による。

表-11-1　門型クレーン運転費歩掛表　　（1日当り）

呼び径(mm)	800～1,100	1,200～1,500	1,650～2,000
運転手(特殊)(人)	1.0 (特殊作業員)	1.0	1.0
電力量（kWh）	8.5	13.2	23.0
門型クレーン損料 （日）	(2.8t吊) 1.0	(5.0t吊) 1.0	(10.0t吊) 1.0

2．小口径推進工

(1) 小口径管泥水式推進工法

① 日　進　量

昼間8時間作業の日進量を下表に示す。

推進標準日進量　　　　　　　　　　　　　（単位：m/日）

呼び径（mm）	標準管 砂質土・粘性土	標準管 砂レキ土	半切管 砂質土・粘性土	半切管 砂レキ土
250	10.6	6.7	7.6	5.7
300	10.4	6.6	7.4	5.6
350	10.3	6.4	7.3	5.4
400	10.2	6.3	7.1	5.2
450	10.1	6.2	7.0	5.1
500	10.0	6.2	6.9	4.9
600	9.2	5.7	6.6	4.6
700	8.8	5.7	6.3	4.4

② 推　進　工

（1m当り）

種　目	形状寸法	単位	数量	単価（円）	金額（円）	摘　要
土木一般世話役		人	1.0			
特殊作業員		〃	3.0			
普通作業員		〃	2.0			
滑　材		ℓ				1m当り注入量×日進量
トラッククレーン賃料	油圧伸縮ジブ型4.9t吊	日	1.0			標準管の場合に計上
クレーン装置付トラッククレーン運転費	4t級，2.9t吊	〃	1.0			半切管の場合に計上
諸雑費		式	1			（備考）
計						1日当り
1m当り						計／推進日進量

（備考）諸雑費はグラウトホース，グラウトバルブ等の費用であり，労務費の合計額に推進工諸雑費率を乗じた金額を上限として計上する。

推進工諸雑費率　　　（％）

適用管径（mm）	昼間施工
250～700	4

滑材標準注入量　　　　　　　（ℓ/m）

呼び径（mm）	250	300	350	400	450	500	600	700
注入量	24.0	27.0	31.0	34.0	38.0	41.0	49.0	57.0

③ 機械器具損料及び電力料

（一式）

種　目	形状寸法	単位	数量	単価（円）	金額（円）	摘　要
電力料		式	1			
機械器具損料		〃	1			
諸雑費		〃	1			端数処理
計						

（備考）1．管推進工に使用する機械器具の損料及び電力料その他は，次表により一括計上する。
　　　　2．機械器具損料は，工種ごとに計上してもよい。

機械器具損料及び電力料算定表　　　　　　　　　　　　　　（小口径泥水推進工）

内容	必要台数	運転日数	供用日数	1日当り運転時間	損料額単価 時間当り	損料額単価 運転日当り	損料額単価 供用日当り	機械器具損料 時間当り	機械器具損料 運転日当り	機械器具損料 供用日当り	小計	電力料 時間当り	電力料 総電力量	電力料 電力料
記号	a	b	c	d	f	g	h	i	j	k	m	n	p	q
算出方法		別計算	別計算					a×b×d×f	a×b×g	a×c×h	i+j+k		a×b×d×n	p×電力料(円/kW)
機械名・規格	台	日	日	時間	円	円	円	円	円	円	円	kWh	kW	円
掘　進　機	1				―	―		―	―					
元押し装置	1				―	―		―	―					
検　測　機	1		―									―	―	―
グラウトポンプ（滑材）	1				―			―						
グラウトミキサ（滑材）	1				―			―						
合　　　計														

(備考)　供用日数＝Σ（各スパンの供用日数＋段取替え日数×α）
1)　各スパンの掘進機の供用日数＝（掘進機据付日数＋掘進延長／日進量＋掘進機撤去日数）×α
　　　　　　　　　掘進機据付日数＝0.5日（標準管），1.0日（半切管）
　　　　　　　　　掘進機撤去日数＝0.5日（標準管），1.0日（半切管）
2)　各スパンの元押し装置の供用日数＝（元押し装置据付日数＋掘進延長／日進量＋元押し装置撤去日数）×α
　　　　　　　　　元押し装置据付日数＝2.5日
　　　　　　　　　元押し装置撤去日数＝1.5日
3)　発進立坑で同一の掘進機を両発進する場合は，推進設備の段取替えに要する実日数を計上する。

推進標準機械設置台数

機　械　名	規　　　格	台　数
グラウトポンプ横型単筒	仕様　30～70ℓ/min　　出力（kW）　4.0	1.0
グラウトミキサ並列2槽式	仕様　200ℓ×2　　出力（kW）　2.0	1.0

標準機械設備1日（8時間）当り稼働時間　　　　　　　　　（砂質土，粘性土）

機械の種類		250	300	350	400	450	500	600	700
掘　進　機	標準管	3.2	3.1	3.0	3.0	3.0	2.9	2.7	2.6
	半切管	2.4	2.3	2.3	2.3	2.3	2.2	2.0	2.0
油圧ポンプ（元押し装置）	標準管	6.3	6.2	5.5	5.5	5.4	5.3	6.2	5.9
	半切管	6.1	6.0	5.3	5.3	5.2	5.1	6.0	5.7
グラウトポンプ（滑材）	標準管	3.2	3.1	3.0	3.0	3.0	2.9	2.7	2.6
	半切管	2.4	2.3	2.3	2.3	2.3	2.2	2.0	2.0
グラウトミキサ（滑材）	標準管	3.2	3.1	3.0	3.0	3.0	2.9	2.7	2.6
	半切管	2.4	2.3	2.3	2.3	2.3	2.2	2.0	2.0

標準機械設備1日（8時間）当り稼働時間 　　　　　　　　　　　　　　　　　　（砂礫土）

機械の種類		250	300	350	400	450	500	600	700
掘進機	標準管	3.9	3.8	3.7	3.6	3.6	3.6	3.3	3.3
	半切管	3.1	3.0	3.0	2.9	2.9	2.9	2.6	2.6
油圧ポンプ（元押し装置）	標準管	5.8	5.7	5.2	5.1	5.1	5.1	5.4	5.4
	半切管	5.5	5.4	4.9	4.8	4.8	4.8	5.1	5.1
グラウトポンプ（滑材）	標準管	3.9	3.8	3.7	3.6	3.6	3.6	3.3	3.3
	半切管	3.1	3.0	3.0	2.9	2.9	2.9	2.6	2.6
グラウトミキサ（滑材）	標準管	3.9	3.8	3.7	3.6	3.6	3.6	3.3	3.3
	半切管	3.1	3.0	3.0	2.9	2.9	2.9	2.6	2.6

標準機械1時間当り燃料消費量

呼び径（mm）		250		300		350	
機械名	1時間当り消費率	機関出力（kW）	電力消費量（kWh/台）	機関出力（kW）	電力消費量（kWh/台）	機関出力（kW）	電力消費量（kWh/台）
掘進機（標準管用）	0.533	2.38	1.3	2.38	1.3	5.68	3.0
掘進機（半切管用）	0.533	1.7	0.9	2.4	1.3	4.1	2.2
油圧ポンプ（標準管用）	0.533	7.5	4.0	7.5	4.0	7.5	4.0
油圧ポンプ（半切管用）	0.533	5.5	2.9	5.5	2.9	7.5	4.0
グラウトポンプ	0.613	4.0	2.5	4.0	2.5	4.0	2.5
グラウトミキサ	0.613	2.0	1.2	2.0	1.2	2.0	1.2

呼び径（mm）		400		450		500	
機械名	1時間当り消費率	機関出力（kW）	電力消費量（kWh/台）	機関出力（kW）	電力消費量（kWh/台）	機関出力（kW）	電力消費量（kWh/台）
掘進機（標準管用）	0.533	7.68	4.1	11.55	6.2	11.55	6.2
掘進機（半切管用）	0.533	4.1	2.2	5.9	3.1	5.9	3.1
油圧ポンプ（標準管用）	0.533	7.5	4.0	7.5	4.0	7.5	4.0
油圧ポンプ（半切管用）	0.533	7.5	4.0	7.5	4.0	7.5	4.0
グラウトポンプ	0.613	4.0	2.5	4.0	2.5	4.0	2.5
グラウトミキサ	0.613	2.0	1.2	2.0	1.2	2.0	1.2

呼び径（mm）		600		700	
機械名	1時間当り消費率	機関出力（kW）	電力消費量（kWh/台）	機関出力（kW）	電力消費量（kWh/台）
掘進機（標準管用）	0.533	15.75	8.4	22.75	12.1
掘進機（半切管用）	0.533	8.25	4.4	11.75	6.3
油圧ポンプ（標準管用）	0.533	11.0	5.9	11.0	5.9
油圧ポンプ（半切管用）	0.533	11.0	5.9	11.0	5.9
グラウトポンプ	0.613	4.0	2.5	4.0	2.5
グラウトミキサ	0.613	2.0	1.2	2.0	1.2

④ 仮設備工 (一式)

種 目	形状寸法	単位	数 量	単価（円）	金額（円）	摘 要
坑 口 工		箇所				④—1
発 進 立 坑 基 礎 工		〃				④—2
発 進 口 鏡 切 り 工		〃				④—3
到 達 口 鏡 切 り 工		〃				〃
推 進 用 機 器 据 付 撤 去 工		〃				④—4
掘 進 機 据 付 工		台				④—5
掘 進 機 搬 出 工		〃				④—6
支 圧 壁 工		箇所				④—7
計						

④—1 坑 口 工 (1箇所当り)

種 目	形状寸法	単位	数 量	単価（円）	金額（円）	摘 要
普 通 作 業 員		人				
止 水 器		組				
鋼 材 溶 接 工		m				④—1—1
鋼 材 切 断 工		〃				④—1—2
トラッククレーン賃料	油圧伸縮ジブ型4.9t吊	日				
計						

（備考） 坑口工は，立坑内への土砂等の流入を防止するために設置するもので，必要に応じて計上する。なお，1推進区間の必要箇所数は，発進部及び到達部の2箇所とする。

坑口工歩掛表 (1箇所当り)

| 種 目 | 単 位 | 呼 び 径 (mm) ||||||| 摘 要 |
		250	300	350	400	450	500	600	700	
普 通 作 業 員	人	0.6	0.7	0.8	0.9	0.9	1.0	1.1	1.3	
止 水 器	組				1					
鋼 材 溶 接 工	m	2.4	2.7	2.9	3.2	3.5	3.7	4.0	4.6	
鋼 材 切 断 工	〃	4.8	5.4	5.8	6.4	7.0	7.4	8.0	9.2	
トラッククレーン賃料	日	0.55	0.60	0.65	0.70	0.75	0.80	0.90	1.00	

④—1—1 鋼材溶接工 (1m当り)

種 目	形状寸法	単位	数 量	単価（円）	金額（円）	摘 要
土 木 一 般 世 話 役		人	0.010			
溶 接 工		〃	0.076			
普 通 作 業 員		〃	0.021			
電 力 料		kWh	2.7			
溶 接 棒		kg	0.4			
溶 接 機 損 料	250A	日	0.076			
諸 雑 費		式	1			（備考）
計						

（備考） 諸雑費は，溶接棒金額に30％を乗じた金額を上限として計上する。

④−1−2 鋼材切断工 (1m当り)

種 目	形状寸法	単位	数量	単価(円)	金額(円)	摘 要
土木一般世話役		人	0.007			
溶 接 工		〃	0.053			
普 通 作 業 員		〃	0.020			
酸 素		m³	0.163			
アセチレン		kg	0.028			
諸 雑 費		式	1			(備考)
計						

(備考) 諸雑費は，アセチレン金額に30％を乗じた金額を上限として計上する。

④−2 発進立坑基礎工 (1箇所当り)

種 目	形状寸法	単位	数量	単価(円)	金額(円)	摘 要
コンクリート工		m³				土木工事標準歩掛による
砕 石 基 礎 工	○○−40	m²				土木工事標準歩掛による
計						

④−3 鏡切り工 (1箇所当り)

種 目	形状寸法	単位	数量	単価(円)	金額(円)	摘 要
鏡 切 り 工		m				④−3−1
計						

標準管鏡切り工数量表 (1箇所当り)

呼び径(mm)	発進口切断延長(m)	到達口切断延長(m)	摘 要
250	2.0	1.2	
300	2.0	1.2	
350	3.0	1.8	
400	3.0	1.8	
450	3.5	2.1	
500	4.0	2.4	
600	4.5	2.7	
700	6.0	3.6	

(備考) 1. 到達口の切断延長は発進口切断延長の60％とする。
2. 本表は，鋼矢板Ⅲ型の場合である。

半切管鏡切り工数量表 (1箇所当り)

呼び径(mm)	250	300	350	400	450	500	600	700
延 長(m)	2.4	2.6	2.9	3.2	3.5	3.8	4.4	5.0

(備考) 本表は，小型立坑の切断延長である。

④−3−1　鏡切り工　　　　　　　　　　　　　　　　　　　　　　　　　　　　　　（1m当り）

種　目	形状寸法	単位	数量	単価（円）	金額（円）	摘要
土木一般世話役		人				
溶接工		〃				
普通作業員		〃				
諸雑費		式	1			（備考）1.
計						

（備考）　1.　諸雑費は，酸素及びアセチレン等の金額であり，労務費の合計額に下表の率を乗じた金額を上限として計上する。
　　　　　2.　鏡切り工歩掛は，下表による。

鏡切り工歩掛表（切断延長1m当り）　　　　　　　　　　　　　　　　　　（人／m）

土留種類 種目	ライナープレート (t=2.7〜3.2mm)	H形鋼 H−200	H形鋼 H−250	鋼矢板 Ⅱ型	鋼矢板 Ⅲ型	小型立坑 （鋼製ケーシング）
土木一般世話役	0.006	0.007	0.008	0.007	0.008	0.019
溶接工	0.051	0.058	0.060	0.057	0.059	0.038
普通作業員	0.019	0.022	0.022	0.022	0.022	0.019
諸雑費	労務費の5%	労務費の10%				

④−4　推進用機器据付撤去工　　　　　　　　　　　　　　　　　　　　　（1箇所当り）

種　目	形状寸法	単位	数量	単価（円）	金額（円）	摘要
土木一般世話役		人				
特殊作業員		〃				
普通作業員		〃				
溶接工		〃				
○○クレーン賃料	油圧伸縮ジブ型○〜○t吊	日				
諸雑費		式	1			端数処理
計						

標準管推進用機器据付撤去工歩掛表　　　　　　　　　　　　　　　　　　（1箇所当り）

呼び径(mm)	土木一般世話役（人）	特殊作業員（人）	普通作業員（人）	溶接工（人）	クレーン賃料日数（日）	規格
250	2.0	3.5	3.0	0.5	2.0	トラッククレーン 油圧伸縮ジブ型4.9t吊
300	2.0	4.0	3.0	0.5	2.0	〃
350	2.0	4.0	3.5	0.5	2.0	〃
400	2.0	5.0	3.5	1.0	2.0	〃
450	2.0	5.0	4.0	1.0	2.0	〃
500	2.0	5.5	4.0	1.0	2.0	〃
600	2.0	6.5	5.0	1.5	2.0	ラフテレーンクレーン 油圧伸縮ジブ型16t吊
700	2.5	6.5	5.5	1.5	2.5	〃

（備考）　方向転換のために推進用機器を据換える場合は，推進用機器据付撤去工の50%を計上する。

半切管推進用機器据付撤去工歩掛表　　　　　　　　　　　(1箇所当り)

種目 呼び径(mm)	土木一般世話役 (人)	特殊作業員 (人)	普通作業員 (人)	溶接工 (人)	トラッククレーン賃料日数	
					(日)	規格
250	2.0	3.0	2.0	0.5	2.0	トラッククレーン 油圧伸縮ジブ型4.9t吊
300	2.0	3.0	2.0	0.5	2.0	〃
350	2.0	3.0	2.5	0.5	2.0	〃
400	2.0	3.5	2.5	1.0	2.0	〃
450	2.0	4.0	3.0	1.0	2.0	〃
500	2.0	4.0	3.0	1.0	2.0	〃
600	2.0	5.0	3.5	1.5	2.0	〃
700	2.5	5.0	4.0	1.5	2.5	〃

(備考)　方向転換のために，推進用機器を据換える場合は，推進機器据付撤去工の50%を計上する。

④—5—1　標準管掘進機据付工　　　　　　　　　　　　　　　　　　　　　　(1台当り)

種目	形状寸法	単位	数量	単価(円)	金額(円)	摘要
土木一般世話役		人	0.5			
特殊作業員		〃	1.5			
普通作業員		〃	1.0			
○○クレーン賃料	油圧伸縮ジブ型○○t吊	日	0.5			
計						

(備考)　1.　本歩掛は掘進機の吊降し，据付けに適用する。
　　　　2.　掘進機を分割し据付ける場合は，別途考慮する。

クレーン規格

呼び径(mm)	250～500	600～700
クレーン規格	トラッククレーン 油圧伸縮ジブ型 4.9t吊	ラフテレーンクレーン 油圧伸縮ジブ型 16t吊

④—5—2　半切管掘進機分割据付工　　　　　　　　　　　　　　　　　　　　(1台当り)

種目	形状寸法	単位	数量	単価(円)	金額(円)	摘要
土木一般世話役		人	1.0			
特殊作業員		〃	3.0			
普通作業員		〃	2.0			
クレーン装置付トラック賃料	4t級，2.9t吊	日	1.0			呼び径250～450に適用
トラッククレーン賃料	油圧伸縮ジブ型4.9t吊	〃	1.0			呼び径500～700に適用
計						

(備考)　1.　本歩掛は掘進機の吊降し，据付けに適用する。
　　　　2.　掘進機を一体で据え付ける場合は，別途考慮する。

トラッククレーン規格

呼び径(mm)	250～450	500～700
クレーン装置付トラック	4t級，2.9t吊	—
トラッククレーン	—	油圧伸縮ジブ型4.9t吊

④－6－1　標準管掘進機搬出工　　　　　　　　　　　　　　　　　　　　　　（1台当り）

種　　　目	形　状　寸　法	単位	数　量	単価（円）	金額（円）	摘　　　要
土木一般世話役		人	0.5			
特殊作業員		〃	1.0			
普通作業員		〃	1.0			
○○クレーン賃料	油圧伸縮ジブ型○○t吊	日	0.5			
計						

（備考）　1.　到達掘進に伴う段取り方一式を含む。
　　　　　2.　クレーンの規格は掘進機据付工による。
　　　　　3.　掘進機を分割し搬出する場合は，別途考慮する。

④－6－2　半切管掘進機分割搬出工　　　　　　　　　　　　　　　　　　　　（1台当り）

種　　　目	形　状　寸　法	単位	数　量	単価（円）	金額（円）	摘　　　要
土木一般世話役		人	0.8			
特殊作業員		〃	1.5			
普通作業員		〃	1.5			
クレーン装置付トラック賃料	4t級，2.9t吊	日	0.8			呼び径250～450に適用
トラッククレーン賃料	油圧伸縮ジブ型4.9t吊	〃	0.8			呼び径500～700に適用
計						

（備考）　1.　到達掘進に伴う段取り方一式を含む。
　　　　　2.　クレーンの規格は掘進機据付工による。
　　　　　3.　掘進機を一体で搬出する場合は，別途考慮する。

④－7　支圧壁工　　　　　　　　　　　　　　　　　　　　　　　　　　　　（1箇所当り）

種　　　目	形　状　寸　法	単位	数　量	単価（円）	金額（円）	摘　　　要
鋼材設置工		t				④－7－1（土木工事標準歩掛）
鋼材撤去工		〃				④－7－2（土木工事標準歩掛）
仮設鋼材賃料		式	1			
計						○○箇所当り
1箇所当り						計／○○箇所

（備考）　鋼材設置工及び鋼材撤去工は，「土木工事標準歩掛（仮設工・仮設材設置撤去工・切梁・腹起し設置・撤去）」による。

④-7-1　鋼材設置工　　　　　　　　　　　　　　　　　　　　　　　　　　　　　　　（1t当り）

種　目	形状寸法	単位	数量	単価（円）	金額（円）	摘　要
土木一般世話役		人	1.7			
とび工		〃	3.2			
溶接工		〃	1.7			
普通作業員		〃	1.7			
ラフテレーンクレーン賃料	排出ガス対策型 油圧伸縮ジブ型25t吊	日	1.7			
諸雑費		式	1			（備考）
計						10t当り
1t当り						計／10t

（備考）　諸雑費は，溶接棒，アセチレンガス，酸素，溶接機損料，溶接機運転経費等の費用であり，労務費の合計額に4％を乗じた金額を上限として計上する。

④-7-2　鋼材撤去工　　　　　　　　　　　　　　　　　　　　　　　　　　　　　　　（1t当り）

種　目	形状寸法	単位	数量	単価（円）	金額（円）	摘　要
土木一般世話役		人	1.0			
とび工		〃	1.9			
溶接工		〃	1.0			
普通作業員		〃	1.0			
ラフテレーンクレーン賃料	排出ガス対策型 油圧伸縮ジブ型25t吊	日	1.0			
諸雑費		式	1			（備考）
計						10t当り
1t当り						計／10t

（備考）　諸雑費は，溶接棒，アセチレンガス，酸素，溶接機損料，溶接機運転経費等の費用であり，労務費の合計額に6％を乗じた金額を上限として計上する。

⑤　送排泥設備工　　　　　　　　　　　　　　　　　　　　　　　　　　　　　　　　（一式）

種　目	形状寸法	単位	数量	単価（円）	金額（円）	摘　要
送排泥管設置撤去工		式	1			⑤-1
送泥ポンプ据付撤去工		台				⑤-2
排泥ポンプ据付撤去工		〃				⑤-3
計測機器類設置撤去工		箇所				⑤-4
ポンプ及び計測機器類機械器具損料等		式	1			⑤-5
計						

⑤―1　送排泥管設置撤去工　　　　　　　　　　　　　　　　　　　　　　　　　　　　　（一式）

種　　　目	形　状　寸　法	単位	数　量	単価（円）	金額（円）	摘　　要
配　管　工	送泥管	人				
〃	排泥管	〃				
普　通　作　業　員	送泥管	〃				
〃	排泥管	〃				
鋼　管　損　料	送泥管　○○mm	式	1			
〃	排泥管　○○mm	〃	1			
計						

（備考）　1.　鋼管の配管延長
　　　　　　1）地上・立坑用
　　　　　　　　　L 送泥＝L 排泥＝L_p＋H
　　　　　　　　　　L_p：泥水処理設備より立坑上までの延長（標準30m）
　　　　　　　　　　H：立坑上から推進管管底までの延長
　　　　　　2）坑内用
　　　　　　　　　L 送泥＝L 排泥＝推進延長
　　　　　2.　鋼管の1m当り損料は次式による。
　　　　　　　　1m当り損料＝（1現場当り損料＋供用日数×鋼管100m供用1日当り損料）/100
　　　　　　供用日数は下記1），2)による。
　　　　　　1）地上・立坑用
　　　　　　　　供用日数＝泥水処理設備設置開始から最終スパン推進完了までの実日数×α　（α：供用日の割増率）
　　　　　　2）坑内用
　　　　　　　　供用日数＝〔（第一スパン推進開始から最終スパン推進完了までの実日数）/2〕×α　（α：供用日の割増率）

送排泥管設置撤去工歩掛表　　　　　　　　　　　　　　　　　（100m当り）

呼び径（mm）	口径（mm）	区　　　分	配管工（人）	普通作業員（人）
250～500	50	設　　置	2.5	2.5
		撤　　去	1.5	1.5
600～700	80	設　　置	2.5	2.5
		撤　　去	1.5	1.5

（備考）　本歩掛は，鋼管とフレキシブルホースに適用する。

配管歩掛の計上表

工　種	配　管　場　所	
	地上・立坑	坑　内
設　　置	○	―
撤　　去	○	○

（備考）　坑内の設置歩掛は推進工に含まれる。

⑤-2　送泥ポンプ据付撤去工　　　　　　　　　　　　　　　　　　　　　　　　　（1台当り）

種　　目	形状寸法	単位	数量	単価（円）	金額（円）	摘　要
土木一般世話役		人				
特殊作業員		〃				
配管工		〃				
普通作業員		〃				
電工		〃				
トラッククレーン賃料	油圧伸縮ジブ型4.9t吊	日				
計						

（備考）　本歩掛は，基礎工及び起動器盤の据付撤去を含む。

送泥ポンプ据付撤去工歩掛表　　　　　　　（1台当り）

種　　目	単位	ポンプ型式 口径 50mm	ポンプ型式 口径 80mm
土木一般世話役	人	0.5	1.0
特殊作業員	〃	0.5	1.0
配管工	〃	0.5	1.0
普通作業員	〃	1.0	2.0
電工	〃	0.5	1.0
トラッククレーン賃料	日	0.3	0.5

（備考）　本歩掛は，基礎工及び起動器盤の据付撤去を含む。

⑤-3　排泥ポンプ据付撤去工　　　　　　　　　　　　　　　　　　　　　　　　　（1台当り）

種　　目	形状寸法	単位	数量	単価（円）	金額（円）	摘　要
土木一般世話役		人				
特殊作業員		〃				
配管工		〃				
普通作業員		〃				
電工		〃				
トラッククレーン賃料	油圧伸縮ジブ型4.9t吊	日				
計						

（備考）　本歩掛は，基礎工及び起動器盤の据付撤去を含む。

排泥ポンプ据付撤去工歩掛表　　　　　　　（1台当り）

種　　目	単位	ポンプ型式 口径 50mm	ポンプ型式 口径 80mm
土木一般世話役	人	0.5	1.0
特殊作業員	〃	0.5	1.0
配管工	〃	0.5	1.0
普通作業員	〃	1.0	2.0
電工	〃	0.5	1.0
トラッククレーン賃料	日	0.3	0.5

（備考）　本歩掛は，基礎工及び起動器盤の据付撤去を含む。

⑤—4 計測機器類設置撤去工 (1箇所当り)

種　目	形　状　寸　法	単位	数　量	単価（円）	金額（円）	摘　要
土木一般世話役		人	2.0			
電　工		〃	3.5			
普通作業員		〃	3.5			
トラッククレーン賃料	油圧伸縮ジブ型4.9t吊	日	1.0			
計						

⑤—5 ポンプ及び計測機器類機械器具損料等 (一式)

種　目	形　状　寸　法	単位	数　量	単価（円）	金額（円）	摘　要
電　力　料		式	1			
機械器具損料		〃	1			
諸　雑　費		〃	1			端数処理
計						

機械器具損料及び電力料算定表 (泥水還流設備)

内容	必要台数	運転日数	供用日数	1日当り運転時間	損料額単価 時間当り	損料額単価 運転日当り	損料額単価 供用日当り	機械器具損料 時間当り	機械器具損料 運転日当り	機械器具損料 供用日当り	小計	電力料 時間当り	電力消費量	総電力量	電力料
記号	a	b	c	d	f	g	h	i	j	k	m	n		p	q
算出方法		別計算	別計算					a×b×d×f	a×b×g	a×c×h	i+j+k		a×b×d×n		p×電力料(円/kW)
機械名・規格	台	日	日	時間	円	円	円	円	円	円	円	kWh	kW	円	
送泥ポンプ	1					—	—		—	—					
排泥ポンプ	1					—	—		—	—					
送泥水圧調整装置	1			—			—			—		—		—	
送泥水流量測定装置	1			—			—			—		—		—	
排泥水流量測定装置	1			—			—			—		—		—	
現場制御盤	1	—		—		—			—			—		—	
立坑バイパス装置	1	—		—		—			—			—		—	
フレキシブルホース (5m)	2	—		—		—			—			—		—	
合　計															

標準機械設備1時間当り燃料消費量及び1日当り稼働時間

機械名	規格	実揚程	燃料消費率 (kWh/kW)	燃料消費量 (kWh/h)	1日当り稼働時間
送排泥ポンプ (P₁) (P₂)	50型 5.5 kW 4P	11.0 m	0.9	5.0	(備考) 1.
	7.5 kW 4P	16.0 m	0.9	6.8	
	11.0 kW 4P	26.0 m	0.9	9.9	
	15.0 kW 4P	38.0 m	0.9	14.0	
	22.0 kW 4P	41.0 m	0.9	20.0	
	80型 5.5 kW 4P	12.0 m	0.9	5.0	
	7.5 kW 4P	16.0 m	0.9	6.8	
	11.0 kW 4P	23.0 m	0.9	9.9	
	15.0 kW 4P	32.0 m	0.9	14.0	
	22.0 kW 4P	45.0 m	0.9	20.0	

（備考） 1. 掘進機の稼働時間×1.3とする。
　　　　2. 機械の運転日数及び供用日数
　　　　　　運転日数＝Σ（各スパンの推進延長／各スパンの日進量）
　　　　　　供用日数＝各機械の据付開始から最終スパン推進完了までの実日数×α（α：供用日の割増率）
　　　　　　実日数には段取替え等の日数を含む。

⑥ 泥水処理設備工　　　　　　　　　　　　　　　　　　　　　　　　　　　　　　　（一式）

種目	形状寸法	単位	数量	単価（円）	金額（円）	摘要
泥水処理装置据付撤去工		式	1			⑥―1, 2
処理設備付帯作業工		〃	1			⑥―3
処理設備機械器具損料等		〃	1			⑥―5
作泥材		〃	1			⑥―4
基礎工		〃	1			必要に応じて計上
計						

⑥―1　泥水処理装置据付撤去工　　　　　　　　　　　　　　　　　　　　　　　　（一式）

種目	形状寸法	単位	数量	単価（円）	金額（円）	摘要
ユニット式一次処理機据付撤去工	○○m³／min	基				
二次処理機据付撤去工	○○m³級　○○インチ ○○室　○○m²	〃				二次処理時に計上
攪拌式水槽据付撤去工	○○m³	槽				
水槽据付撤去工	○○m³	〃				
PAC槽据付撤去工	6m³	〃				二次処理時に計上
アルカリ水中和装置据付撤去工	6m³／h	〃				二次処理時に計上
土砂搬出設備据付撤去工	○○m³ ○○○mm×○m	組				二次処理時に計上
基礎工		式	1			必要に応じて計上
計						

（備考）　攪拌式水槽据付撤去工は、二次処理で使用する余剰泥水槽、スラリー槽の据付撤去及び調整槽を必要に応じて別途計上する際に適用する。

⑥-2 泥水処理設備設置撤去工 (1基,1槽又は1組当り)

機械名	規格	土木一般世話役(人)	特殊作業員(人)	普通作業員(人)	電工(人)	溶接工(人)	ラフテレーンクレーン賃料 規格 排出ガス対策型(第2次基準値)油圧伸縮ジブ型	日数
ユニット式一次処理機	0.5m³/min 1.0m³/min	1.0	1.5	1.0	0.5	—	4.9t吊	1.0
	2.0m³/min	1.5	2.0	2.0	1.5	1.0	20t吊	1.5
	4.0m³/min	2.0	3.5	4.5	2.0	2.0	25t吊	2.0
二次処理機	1.1m³級36インチ60室70m² 1.7m³級36インチ90室100m² 2.2m³級48インチ60室135m² 3.3m³級48インチ90室200m² 4.4m³級48インチ120室270m²	3.5	5.0	8.5	3.5	4.5	20t吊 25t吊 〃 35t吊 45t吊	2.0
泥水槽(攪拌式水槽)	10m³ 15m³ 20m³ 25m³	1.0	1.0	1.5	1.0	—	4.9t吊 〃 16t吊 〃	1.0
水槽(沈澱槽等)	10m³ 15m³ 20m³ 25m³	1.0	1.0	1.5	—	—	4.9t吊 〃 〃 16t吊	1.0
ポリエチレン製槽(PAC槽)	6m³	0.5	1.0	1.5	—	—	4.9t吊	0.5
アルカリ水中和装置	6m³/h	1.0	1.0	2.0	1.5	—	4.9t吊	1.0
土砂搬出設備(土砂ホッパ,ベルトコンベヤを含む)	10m³ 600mm×20m 20m³ 600mm×20m 30m³ 600mm×20m	2.0	4.5	4.5	—	2.0	16t吊 〃 25t吊	1.5

(備考) 1. 歩掛の60%を据付,40%を撤去とする。
2. 現場条件により,使用機械の規格又は,使用機械が異なる(ユニット式ではない泥水処理装置等)場合は,別途考慮する。
3. 45t吊ラフテレーンクレーンの規格は,排出ガス対策型(第1次基準値)油圧伸縮ジブ型と読み替える。

⑥-3 処理設備付帯作業工

処理設備付帯作業工歩掛表 (一式)

種目	ユニット式一次処理機処理設備規格	土木一般世話役(人)	電工(人)	配管工(人)	溶接工(人)	特殊作業員(人)	普通作業員(人)	トラッククレーン賃料(日)	諸雑費(%)
一次処理の場合	0.5,1.0m³/min	2.0	2.0	1.0	1.0	2.0	2.0	2.0	1
	2.0,4.0m³/min	2.5	2.5	3.0	2.0	2.0	4.0	2.5	
二次処理の場合		5.0	6.0	6.5	5.5	—	9.5	3.5	

(備考) 1. 処理設備付帯作業工とは,各処理設備を結ぶ連絡配管及び循環ポンプ,制御回線,制御装置の設置撤去,並びに各機器類の運転調整を行うものである。
2. 諸雑費は,配管,バルブ類,溶接機等の費用であり,労務費の合計額に上表の諸雑費率を乗じた金額を上限として計上する。

⑥—4 作泥材 (一式)

種　　　目	形状寸法	単位	数量	単価（円）	金額（円）	摘　　要
粘　　　土		t				
ベントナイト		kg				
Ｃ　Ｍ　Ｃ		〃				
Ｐ　Ａ　Ｃ		〃				二次処理時に計上
水		m³				
炭酸ガス		kg				二次処理時に計上，必要に応じて計上
計						

（備考）　1．作泥材は物質収支の計算結果で求めた値を計上する。
　　　　　2．初期作泥水量は10分間に流れる送泥水量の1.5倍とする。
　　　　　3．作泥量は，初期作泥量と補給作泥量の合計を計上する。

（参考）　　初期作泥水配合表　　（1 m³ 当り）

種　目	形状寸法	単位	数　　量
粘　　土		kg	300.0
ベントナイト		〃	50.0
Ｃ　Ｍ　Ｃ		〃	1.0
水		m³	0.9

（備考）　透水性が高い場合は別途考慮する。

⑥—5 処理設備機械器具損料等 (一式)

種　　　目	形状寸法	単位	数量	単価（円）	金額（円）	摘　　要
電　力　料		式	1			
機械器具損料		〃	1			
諸　雑　費		〃	1			端数処理
計						

機械器具損料及び電力料算定表　　　　　　　　　　　　　　　　　　　　　　　　　　　（泥水処理設備）

内　容	必要台数	運転日数	供用日数	1日当り運転時間	損料額単価 時間当り	損料額単価 運転日当り	損料額単価 供用日当り	機械器具損料 時間当り	機械器具損料 運転日当り	機械器具損料 供用日当り	小計	電力料 時間当り	電力料 総電力量	電力料 電力料
記　号	a	b	c	d	f	g	h	i	j	k	m	n	p	q
算出方法		別計算	別計算					a×b×d×f	a×b×g	a×c×h	i+j+k		a×b×d×n	p×電力料(円/kW)
機械名・規格	台	日	日	時間	円	円	円	円	円	円	円	kWh	kW	円
ユニット式一次処理機	1				—	—	—	—						
攪拌式水槽（調整槽）	1				—	—	—	—						
水槽（清水槽）	1				—	—	—	—						
水槽（沈澱槽）	N	—		—	—	—		—	—			—	—	—
P_a ポンプ	1				—		—	—		—				
P_e ポンプ	1				—		—	—		—				
合　　計														

（備考）　1.　攪拌式水槽（調整槽）は，ユニット式一次処理機に含まれる設備であるが，必要に応じて別途計上する。

　　　　　2.　供用日数 $= \left[\dfrac{機械据付日数}{2} + 付帯日数(1) + 推進日数 + 付帯日数(2) + \dfrac{機械撤去日数}{2}\right] × α$

　　　　　　　　　　　　　　　　　　　　　　　　　　　　　　　　　　　　　　（α：供用日の割増率）

工　　種	一　次　処　理		
ユニット式一次処理機設備容量（m³/min）	0.5，1.0	2.0	4.0
機　械　据　付　日　数　（日）	0.5	1.0	1.5
付　帯　日　数　(1)　（日）	1.5	1.5	1.5
付　帯　日　数　(2)　（日）	0.5	1.0	1.0
機　械　撤　去　日　数　（日）	0.5	0.5	0.5

推進日数 = Σ ｛各スパン（掘進機据付日数+推進延長／日進量+掘進機撤去日数+段取替えの日数)｝

標準機械設備1時間当り燃料消費量及び1日当り稼働時間　　　　　　　　　　　　　　　　（1基又は1槽当り）

	規　格	出　力（kW）	燃料消費率（kWh/kW）	燃料消費量（kWh）	1日当り稼働時間（h/日）
ユニット式一次処理機	0.5m³/min 1.0m³/min 2.0m³/min 4.0m³/min		0.9 0.9 0.9 0.9		（備考）

（備考）　ユニット式一次処理機の稼働時間は，掘進機の稼働時間×1.3とする。

1日当り運転時間及び燃料消費量（泥水処理設備還流ポンプ）　　　　　　　　　　　　　　（1台当り）

ポンプ名	規　格	出　力（kW）	燃料消費率（kWh/kW）	燃料消費量（kWh）	稼働時間（h）
P_a ポンプ	泥水搬送用　80型　直	2.2	0.9	2.0	（備考）2.
P_e ポンプ	水中ポンプ　φ50mm	2.2	0.584	1.3	

（備考）　1.　泥水処理設備配置図において記号のないポンプは，そのポンプの装着された機械及び槽に含まれる。

　　　　　2.　ポンプの運転時間は，掘進機の稼働時間×1.3とする。

(2) 小口径泥土圧推進工
① 日進量

推進標準日進量 （単位：m／日）

呼び径（mm）	立坑内駆動 砂質土・粘性土	立坑内駆動 砂礫土	先導体駆動 砂質土・粘性土	先導体駆動 砂礫土
250	4.9	3.4	—	—
300	4.7	3.3	—	—
350	4.6	3.2	6.5	4.6
400	4.4	3.1	6.3	4.4
450	4.2	2.9	6.2	4.3
500	3.9	2.7	6.0	4.2

② 推進工（小口径泥土圧） （1m当り）

種　目	形状寸法	単位	数量	単価（円）	金額（円）	摘　要
土木一般世話役		人	1.0			
特殊作業員		〃	3.0			
普通作業員		〃	2.0			
クレーン装置付トラック運転費	4t級，2.9t吊	日	1.0			
推進工機械器具損料(1)		〃	1			②—1
推進工機械器具損料(2)		〃	1			②—2
諸雑費		式	1			（備考）
計						1日当り
1　m　当　り						計／推進標準日進量

（備考）　諸雑費は，電力料，反力板，検測器等の費用であり，労務費の合計額に3％を乗じた金額を上限として計上する。

②—1　推進工機械器具損料(1) （1日当り）

種　目	形状寸法	単位	数量	単価（円）	金額（円）	摘　要
推進機損料	○○kW	日	1			
計						

（備考）　推進機損料は運転日当りの運転時間を乗じた損料とする。

②−2 推進工機械器具損料(2)　　　　　　　　　　　　　　　　　　　　　　　　　　　　　　　（1日当り）

種目	形状寸法	単位	数量	単価（円）	金額（円）	摘要
先導体損料	呼び径○○mm用	個	1.0			
標準ケーシング・スクリューコンベヤ損料	呼び径○○mm用	〃	a			
ピンチ弁損料	呼び径○○mm用	〃	1.0			
カッタヘッド損料	呼び径○○mm用	〃	1.0			
ホース・ケーブル損料（先導体用）	油圧ホース φ12mm×5.5m×2本 電気ケーブル φ13mm×5.5m×2本 エアホース φ13mm×5.5m×1本	組	b			立坑内駆動方式の場合に計上
油圧ホース		本	c			先導体駆動方式の場合に計上
電気ケーブルエアホース	5.5m	〃	b			先導体駆動方式の場合に計上 先導体〜コントロールユニット
計						1m当り
1日当り						計×推進標準日進量

（備考）　数量は次式により算出する。
　　　　ただし，小数以下は切上げて整数とする。
　　　　a = L/ℓ + 1
　　　　b = L/5.5
　　　　C = L/2.43
　　　　　　L：1推進区間の推進延長
　　　　　　ℓ：ケーシング長（推進管長）

③　スクリューコンベヤ類撤去工（小口径泥土圧）　　　　　　　　　　　　　　　　　　　（1m当り）

種目	形状寸法	単位	数量	単価（円）	金額（円）	摘要
土木一般世話役		人	1.0			
特殊作業員		〃	3.0			
普通作業員		〃	3.0			
クレーン装置付トラック運転費	4t級, 2.9t吊	日	1.0			
諸雑費		式	1			端数処理
計						1日当り
1m当り						計／日当りスクリューコンベヤ類撤去量

（備考）　スクリューコンベヤ類撤去延長は，推進延長とする。

スクリューコンベヤ類標準撤去量（小口径泥土圧）　　（単位：m／日）

呼び径(mm)	250〜500
日当り撤去量	40

④ 滑材注入工（小口径泥土圧） (1m当り)

種　　　目	形　状　寸　法	単位	数　量	単価（円）	金額（円）	摘　　　要
滑　　　材		ℓ				
滑材注入機械器具損料		m	1			④—1
諸　雑　費		式	1			端数処理
計						

（備考）1. 滑材は全ての土質について計上する。
　　　　2. 滑材注入延長は，推進延長とする。
　　　　3. 滑材注入の労力（グラウト機器運転，滑材注入作業等）は，推進作業の編成人員の特殊作業員，普通作業員が兼ねるものとし，この工種では計上しない。

滑材標準注入量（小口径泥土圧） (1m当り)

呼び径(mm)	250	300	350	400	450	500
滑材（ℓ）	24.0	27.0	31.0	34.0	38.0	41.0

④—1　滑材注入機械器具損料 (1m当り)

種　　　目	形　状　寸　法	単位	数　量	単価（円）	金額（円）	摘　　　要
グラウトポンプ損料	4kW　横型単筒　30～70ℓ/min	日				
グラウトミキサ損料	2kW　200ℓ×2	〃				
グラウトホース損料	φ9.5mm×4m	本	a			
計						

（備考）1. グラウトポンプ及びグラウトミキサの注入1m当り損料日数は次式による。

$$1m当り損料日数 = \frac{1}{推進日進量(m/日)}$$

　　　　2. グラウトホースの注入1m当り使用本数は次式により算出する（損料単価が推進1m当りで算出されるもの）。
　　　　ただし，小数以下は切り上げで整数とする。

$$n = 2 + \frac{1}{2} \times \left(\frac{L}{4}\right)$$

　　　　ここに，Lは1推進区間の推進延長とする。

⑤ 添加材注入工（小口径泥土圧） (1m当り)

種　　　目	形　状　寸　法	単位	数　量	単価（円）	金額（円）	摘　　　要
添　加　材		kg				（備考）1.
添加材注入機械器具損料		m	1			⑤—1
諸　雑　費		式	1			端数処理
計						

（備考）1. 注水のみの場合は，計上しない。
　　　　2. 添加材注入延長は，推進延長とする。
　　　　3. 添加材注入の労力（グラウト機器運転，添加材注入作業等）は，推進作業の編成人員の特殊作業員，普通作業員が兼ねるものとし，この工種では計上しない。
　　　　4. 添加材量は，推進対象土層の物理試験等により算出する。

⑤—1　添加材注入機械器具損料　　　　　　　　　　　　　　　　　　　　　　　　　　　　（1m当り）

種　　目	形 状 寸 法	単位	数　量	単価（円）	金額（円）	摘　　要
グラウトポンプ損料	4kW　横型単筒　30～70ℓ/min	日				
グラウトミキサ損料	2kW　200ℓ×2	〃				
添加材ホース損料		本	a			（備考）3.4.
計						

（備考）　1.　立坑内駆動方式は，グラウトポンプ及びグラウトミキサの数量を1とし，グラウトポンプ及びグラウトミキサの注入1m当り損料日数は次式による。

$$1m当り損料日数 = \frac{1}{推進日進量（m/日）}$$

　　　　2.　先導体駆動方式は，グラウトポンプ及びグラウトミキサの数量を2とし，グラウトポンプ及びグラウトミキサの注入1m当り損料日数は次式による。ただし，注水工の場合は，グラウトポンプ及びグラウトミキサの数量を1とする。

$$1m当り損料日数 = \frac{2}{推進日進量（m/日）}$$

　　　　3.　立坑内駆動方式は，添加材の注入はスクリューオーガの軸（中空）内を圧送するので添加材ホースは不要。
　　　　4.　先導体駆動方式の添加材ホースは，次式により算出し，小数以下は切り上げて整数とする。
　　　　　　ただし，注水のみの場合は計上しない。

$$a = \frac{L}{2.43}$$

　　　　　　ここに，Lは1推進区間の推進延長とする。

⑥　仮設備工（小口径）　　　　　　　　　　　　　　　　　　　　　　　　　　　　　　　（一式）

種　　目	形 状 寸 法	単位	数　量	単価（円）	金額（円）	摘　　要
坑　口（小口径）	呼び径○○mm	箇所				⑥—1
立　坑　基　礎		〃				小口径管泥水式推進工法参照
鏡　　切　　り	呼び径○○mm	〃				⑥—2
推進設備等設置撤去	呼び径○○mm	〃				⑥—3
計						

⑥—1　坑口（小口径）　　　　　　　　　　　　　　　　　　　　　　　　　　　　　　　（1箇所当り）

種　　目	形 状 寸 法	単位	数　量	単価（円）	金額（円）	摘　　要
坑　　口　　工	小口径泥土圧	箇所	○			⑥—1—1
計						○箇所当り
1　箇　所　当　り						計／○箇所

⑥-1-1　坑口工（小口径泥土圧）　　　　　　　　　　　　　　　　　　　　　（1箇所当り）

種　　目	形　状　寸　法	単位	数　量	単価（円）	金額（円）	摘　　要
普 通 作 業 員		人				
止 　水 　器		組	1.0			
鋼 材 溶 接 工		m				小口径管泥水式推進工法参照
鋼 材 切 断 工		〃				〃
トラッククレーン賃料	油圧伸縮ジブ型 4.9t吊	日				
諸 　雑 　費		式	1			端数処理
計						

（備考）坑口工は、立坑内への土砂等の流入を防止するために設置するもので、必要に応じて計上する。
　　　　なお、1推進区間の必要箇所数は、発進部及び到達部の2箇所となる。

坑　口　工　歩　掛　表　（小口径泥土圧）　　　　　　　（1箇所当り）

種　　　　目	単位	呼び径（mm）						摘　要
		250	300	350	400	450	500	
普 通 作 業 員	人	0.6	0.7	0.8	0.9	0.9	1.0	
止 　水 　器	組	1						
鋼 材 溶 接 工	m	2.4	2.7	2.9	3.2	3.5	3.7	
鋼 材 切 断 工	〃	4.8	5.4	5.8	6.4	7.0	7.4	
トラッククレーン賃料	日	0.55	0.60	0.65	0.70	0.75	0.80	

⑥-2　鏡切り（小口径泥土圧）　　　　　　　　　　　　　　　　　　　　　（1箇所当り）

種　　目	形　状　寸　法	単位	数　量	単価（円）	金額（円）	摘　　要
鏡 切 り 工	小口径泥土圧	箇所	○			⑥-2-1
計						○箇所当り
1 箇 所 当 り						計／○箇所

⑥-2-1　鏡切り工　　　　　　　　　　　　　　　　　　　　　　　　　　　（1箇所当り）

種　　目	形　状　寸　法	単位	数　量	単価（円）	金額（円）	摘　　要
鏡 切 り 工	小口径泥土圧	m				小口径管泥水式推進工法参照
計						

小口径泥土圧　鏡切り延長　　　　　　　　（1箇所当り）

呼び径（mm）	250	300	350	400	450	500
延　　長（m）	2.4	2.6	2.9	3.2	3.5	3.8

（備考）本表は、小型立坑の切断延長である。

⑥-3　推進設備等設置撤去　　　　　　　　　　　　　　　　　　　　　　　（1箇所当り）

種　　目	形　状　寸　法	単位	数　量	単価（円）	金額（円）	摘　　要
推 進 設 備 工	小口径泥土圧	箇所				⑥-3-1
推進設備据換工	小口径泥土圧	〃				⑥-3-2
先 導 体 据 付 工	小口径泥土圧	〃				⑥-3-3
先 導 体 撤 去 工	小口径泥土圧	〃				⑥-3-4
計						○箇所当り
1 箇 所 当 り						計／○箇所

⑥-3-1　推進設備工（小口径泥土圧）

(1箇所当り)

種　目	形状寸法	単位	数量 呼び径250・300mm	数量 呼び径350〜500mm	単価(円)	金額(円)	摘　要
土木一般世話役		人	2.0	2.0			
特殊作業員		〃	4.0	5.0			
普通作業員		〃	5.0	5.0			
電工		〃	2.0	2.0			
トラッククレーン賃料	油圧伸縮ジブ型 4.9t吊	日	2.0	2.0			
諸雑費		式	1	1			端数処理
計							

（備考）　方向転換のために推進設備を据換える場合は，推進設備工の50％を計上する。

⑥-3-2　推進設備据換工（小口径泥土圧）

(1箇所当り)

種　目	形状寸法	単位	数量	単価(円)	金額(円)	摘　要
推進設備据換工	小口径泥土圧	箇所	○			(⑥-3-1)×0.5
計						○箇所当り
1箇所当り						計／○箇所

⑥-3-3　先導体据付工（小口径泥土圧）

(1箇所当り)

種　目	形状寸法	単位	数量 呼び径250・300mm	数量 呼び径350〜500mm	単価(円)	金額(円)	摘　要
土木一般世話役		人	1.0	1.5			
特殊作業員		〃	2.0	3.0			
普通作業員		〃	2.0	3.0			
クレーン装置付トラック運転費	4t級，2.9t吊	日	1.0	1.5			
諸雑費		式	1	1			端数処理
計							

⑥-3-4　先導体撤去工（小口径泥土圧）

(1箇所当り)

種　目	形状寸法	単位	数量 呼び径250・300mm	数量 呼び径350〜500mm	単価(円)	金額(円)	摘　要
土木一般世話役		人	1.0	1.5			
特殊作業員		〃	2.0	3.0			
普通作業員		〃	1.5	3.0			
クレーン装置付トラック運転費	4t級，2.9t吊	日	1.0	1.5			
諸雑費		式	1	1			端数処理
計							

(3) 低耐荷力圧入二工程推進工
　① 日進量
　　　1) 誘導管推進標準日進量　　　　　　　　　　　　　　（単位：m/日）

管体長　0.8m, 1.0m	20

　　　2) 硬質塩化ビニル管推進標準日進量　　　　　　　　　　　　　　（単位：m/日）

呼び径（mm）	150	200	250	300	350	400	450
管体長0.8m, 1.0m	13	12	11	10	10	9	8

　② 誘導管推進工（低耐荷力圧入二工程）　　　　　　　　　　　　　　（1m当り）

種　目	形状寸法	単位	数量	単価（円）	金額（円）	摘　要
土木一般世話役		人	1.0			
特殊作業員		〃	1.0			
普通作業員		〃	2.0			
クレーン装置付トラック運転費	4t級, 2.9t吊	時間	T			
誘導管推進工機械器具損料(1)		日	1			②—1
誘導管推進工機械器具損料(2)		〃	1			②—2
諸雑費		式	1			（備考）1.
計						1日当り
1m当り						計／誘導管推進標準日進量

（備考）　1. 諸雑費は，電力に関する経費等であり，労務費の合計額の12%を上限として計上する。
　　　　　2. T：クレーン装置付トラックの運転日当り運転時間

　②—1　誘導管推進工機械器具損料(1)　　　　　　　　　　　　　　（1日当り）

種　目	形状寸法	単位	数量	単価（円）	金額（円）	摘　要
推進機等損料		日	1			反力板等を含む
計						

（備考）　推進機損料は運転日当りの運転時間を乗じた損料とする。

　②—2　誘導管推進工機械器具損料(2)　　　　　　　　　　　　　　（1日当り）

種　目	形状寸法	単位	数量	単価（円）	金額（円）	摘　要
推進器具類損料（固定部）	呼び径○○mm用	式	1			
推進器具類損料（変動部）	呼び径○○mm用	m	L			
計						1m当り
1m当り						計×誘導管推進標準日進量

（備考）　1. 推進器具類損料（固定部）は推進延長により使用数量が一定の器具類の合計額であり，推進区間ごとに計上する。
　　　　　2. 推進器具類損料（変動部）は推進延長により使用数量が変化する器具類の合計額である。
　　　　　　　ここでは，Lは1推進区間の推進延長とする。
　　　　　3. 単価が固定部・変動部に整理されていない場合，必要な器具類を推進区間ごとに使用数量分，計上する。

③ 硬質塩化ビニル管推進工（低耐荷力圧入二工程）　　　　　　　　　　　　　　　　（1m当り）

種　目	形状寸法	単位	数量	単価（円）	金額（円）	摘　要
土木一般世話役		人	1.0			
特殊作業員		〃	1.0			
普通作業員		〃	2.0			
滑材		ℓ				必要に応じて計上
クレーン装置付トラック運転費	4t級，2.9t吊	時間	T			
硬質塩化ビニル管推進工機械器具損料(1)		日	1			③—1
硬質塩化ビニル管推進工機械器具損料(2)		〃	1			③—2
滑材注入機械器具損料		〃	1			必要に応じて計上
諸雑費		式	1			（備考）1.
計						1日当り
1m当り						計／硬質塩化ビニル管推進標準日進量

（備考）　1.　諸雑費は，電力に関する経費等であり，労務費の合計額の12％を上限として計上する。
　　　　　2.　T：クレーン装置付トラックの運転日当り運転時間

③—1　硬質塩化ビニル管推進工機械器具損料(1)　　　　　　　　　　　　　　　　　（1日当り）

種　目	形状寸法	単位	数量	単価（円）	金額（円）	摘　要
推進機等損料		日	1			反力板等を含む
計						

（備考）　推進機等損料は運転日当りの運転時間を乗じた損料とする。

③—2　硬質塩化ビニル管推進工機械器具損料(2)　　　　　　　　　　　　　　　　　（1日当り）

種　目	形状寸法	単位	数量	単価（円）	金額（円）	摘　要
推進器具類損料（固定部）	呼び径○○mm用	式	1			
推進器具類損料（変動部）	呼び径○○mm用	m	L			
計						1m当り
1m当り						計×硬質塩化ビニル管推進標準日進量

（備考）　1.　推進器具類損料（固定部）は推進延長により使用数量が一定な器具類の合計額であり，推進区間ごとに計上する。
　　　　　2.　推進器具類損料（変動部）は推進延長により使用数量が変化する器具類の合計額である。
　　　　　　　ここでは，Lは1推進区間の推進延長とする。
　　　　　3.　単価が固定部・変動部に整理されていない場合，必要な器具類を推進区間ごとに使用数量分，計上する。

④ スクリューコンベヤ類撤去工（低耐荷力圧入二工程）　　　　　　　　　　　　　　　　（1m当り）

種　　目	形 状 寸 法	単位	数量	単価（円）	金額（円）	摘　　要
土 木 一 般 世 話 役		人	1.0			
特 殊 作 業 員		〃	1.0			
普 通 作 業 員		〃	2.0			
クレーン装置付トラック運 転 費	4t級，2.9t吊	時間	T			
諸 雑 費		式	1			端数処理
計						1日当り
1 m 当 り						計／日当りスクリューコンベヤ類撤去量

（備考）　1.　スクリューコンベヤ類撤去延長は，推進延長とする。
　　　　 2.　T：クレーン装置付トラックの運転日当り運転時間

スクリューコンベヤ類標準撤去量（低耐荷力圧入二工程）　（単位：m/日）

呼び径（mm）	150～450
日当り撤去量	35

⑤ 仮設備工（低耐荷力圧入二工程）　　　　　　　　　　　　　　　　　　　　　　　　　（一式）

種　　目	形 状 寸 法	単位	数量	単価（円）	金額（円）	摘　　要
坑 口（小 口 径）	呼び径○○mm	箇所				⑤—1
立 坑 基 礎		〃				小口径管泥水式推進工法参照
鏡 切 り	呼び径○○mm	〃				⑤—2
推 進 設 備 等 設 置 撤 去	呼び径○○mm	〃				⑤—3
計						

⑤—1　坑口（小口径）　　　　　　　　　　　　　　　　　　　　　　　　　　　　　　（1箇所当り）

種　　目	形 状 寸 法	単位	数量	単価（円）	金額（円）	摘　　要
坑 口 工	低耐荷力圧入二工程	箇所	○			⑤—1—1
計						○箇所当り
1 箇 所 当 り						計／○箇所

⑤―1―1 坑口工（低耐荷力圧入二工程） (1箇所当り)

種　目	形状寸法	単位	数量	単価（円）	金額（円）	摘要
土木一般世話役		人	0.2			
溶接工		〃	0.2			
普通作業員		〃	0.2			
止水器		組	1.0			
鋼材溶接工		m				小口径管泥水式推進工法参照
鋼材切断工		〃				〃
クレーン装置付トラック運転費	4t級, 2.9t吊	時間	0.2×T			
諸雑費		式	1			端数処理
計						

（備考）　坑口工は，立坑内への土砂等の流入を防止するために設置するもので，必要に応じて計上する。
　　　　なお，1推進区間の必要箇所数は，発進部及び到達部の2箇所となる。

坑口工歩掛表 (1箇所当り)

| 種　目 | 単位 | 呼び径（mm） ||||||| 摘要 |
		150	200	250	300	350	400	450	
土木一般世話役	人	0.2							
溶接工	〃	0.2							
普通作業員	〃	0.2							
止水器	組	1							
鋼材溶接工	m	1.7	1.9	2.1	2.3	2.6	2.8	3.0	
鋼材切断工	〃	3.4	3.8	4.2	4.6	5.2	5.6	6.0	
クレーン装置付トラック運転費	時間	0.2×T							

（備考）　T：クレーン装置付トラックの運転日当り運転時間

⑤―2　鏡切り（低耐荷力圧入二工程） (1箇所当り)

種　目	形状寸法	単位	数量	単価（円）	金額（円）	摘要
鏡切り工	低耐荷力圧入二工程	箇所	○			⑤―2―1
計						○箇所当り
1箇所当り						計／○箇所

⑤―2―1　鏡切り工 (1箇所当り)

種　目	形状寸法	単位	数量	単価（円）	金額（円）	摘要
鏡切り工	低耐荷力圧入二工程	m				小口径管泥水式推進工法参照
計						

低耐荷力圧入二工程　鏡切り延長 (1箇所当り)

呼び径（mm）	150	200	250	300	350	400	450
延長（m）	1.0	1.2	1.4	1.7	1.9	2.1	2.4

（備考）　本表は，ライナープレートの切断延長である。

⑤-3　推進設備等設置撤去　　　　　　　　　　　　　　　　　　　　　　　　　　（1箇所当り）

種　目	形状寸法	単位	数量	単価（円）	金額（円）	摘　要
推 進 設 備 工	低耐荷力圧入二工程	箇所				⑤-3-1
推 進 設 備 据 換 工	低耐荷力圧入二工程	〃				⑤-3-2
計						○箇所当り
1 箇 所 当 り						計／○箇所

⑤-3-1　推進設備工（低耐荷力圧入二工程）　　　　　　　　　　　　　　　　　（1箇所当り）

種　目	形状寸法	単位	数量	単価（円）	金額（円）	摘　要
土 木 一 般 世 話 役		人	2.0			
特 殊 作 業 員		〃	3.0			
普 通 作 業 員		〃	4.0			
電 工		〃	1.0			
クレーン装置付トラック運転費	4t級, 2.9t吊	時間	2×T			
諸 雑 費		式	1			端数処理
計						

（備考）　T：クレーン装置付トラックの運転日当り運転時間

⑤-3-2　推進設備据換工（低耐荷力圧入二工程）　　　　　　　　　　　　　　　（1箇所当り）

種　目	形状寸法	単位	数量	単価（円）	金額（円）	摘　要
推 進 設 備 据 換 工	低耐荷力圧入二工程	箇所	○			（⑤-3-1）×0.5
計						○箇所当り
1 箇 所 当 り						計／○箇所

(4) 低耐荷力オーガ推進工
① 日 進 量

推進標準日進量　　　　　（単位：m/日）

呼び径(mm)	管体長 1.0m	管体長 2.0m
150	9	—
200	9	12
250	8	12
300	8	11
350	7	11
400	7	11
450	7	11

② 推進工（低耐荷力オーガ）　　　　　　　　　　　　　　　　　　　　　　　　　　（1m当り）

種　目	形状寸法	単位	数量	単価(円)	金額(円)	摘　要
土木一般世話役		人	1.0			
特殊作業員		〃	1.0			
普通作業員		〃	2.0			
滑　材		ℓ				標準日進量×1m当り注入量（備考）3.
クレーン装置付トラック運転費	4t級, 2.9t吊	時間	T			（備考）2.
推進工機械器具損料(1)		日	1			②—1
推進工機械器具損料(2)		〃	1			②—2
諸雑費		式	1			（備考）1.
計						1日当り
1m当り						計／推進標準日進量

(備考)　1.　諸雑費は滑材注入機械器具損料，電力に関する経費等であり，労務費の合計額に20％を上限として計上する。
　　　　2.　T：クレーン装置付トラックの運転日当り運転時間
　　　　3.　滑材注入量は，次表による。

滑材標準注入量（低耐荷力オーガ）　　　　　　　　　　　　（1m当り）

呼び径（mm）	150	200	250	300	350	400	450
滑材（ℓ）	12	15	18	21	24	28	31

②—1　推進工機械器具損料(1)　　　　　　　　　　　　　　　　　　　　　　　　　（1日当り）

種　目	形状寸法	単位	数量	単価(円)	金額(円)	摘　要
推進機等損料		日	1			反力板，検測機等を含む
計						

(備考)　推進機等損料は運転日当りの運転時間を乗じた損料とする。

②−2　推進工機械器具損料(2)　　　　　　　　　　　　　　　　　　　　　　　（1日当り）

種　　目	形　状　寸　法	単位	数量	単価（円）	金額（円）	摘　　　要
推進器具類損料 （固　定　部）	呼び径○○mm用	式	1			
推進器具類損料 （変　動　部）	呼び径○○mm用	m	L			
計						1m当り
1 m 当 り						計×推進標準日進量

（備考）　1.　推進器具類損料（固定部）は推進延長により使用数量が一定の器具類の合計額であり，推進区間ごとに計上する。
　　　　　2.　推進器具類損料（変動部）は推進延長により使用数量が変化する器具類の合計額である。
　　　　　　　ここでは，Lは1推進区間の推進延長とする。
　　　　　3.　単価が固定部・変動部に整理されていない場合，必要な器具類を推進区間ごとに使用数量分，計上する。

③　スクリューコンベヤ類撤去工（低耐荷力オーガ）　　　　　　　　　　　　　　（1m当り）

種　　目	形　状　寸　法	単位	数量	単価（円）	金額（円）	摘　　　要
土 木 一 般 世 話 役		人	1.0			
特 殊 作 業 員		〃	1.0			
普 通 作 業 員		〃	2.0			
クレーン装置付トラック 運　　転　　費	4t級，2.9t吊	時間	T			
諸　　雑　　費		式	1			端数処理
計						1日当り
1 m 当 り						計／日当りスクリュー コンベヤ類撤去量

（備考）　1.　スクリューコンベヤ類撤去延長は，推進延長とする。
　　　　　2.　T：クレーン装置付トラックの運転日当り運転時間
　　　　　3.　スクリューコンベヤ類撤去量は，次表による。

スクリューコンベヤ類標準撤去量（低耐荷力オーガ）　　（単位：m/日）

呼び径（mm）	1m管日当り撤去量	2m管日当り撤去量
150～450	40	50

④　仮設備工（低耐荷力オーガ）　　　　　　　　　　　　　　　　　　　　　　（一式）

種　　目	形　状　寸　法	単位	数量	単価（円）	金額（円）	摘　　　要
坑 口 （ 小 口 径 ）	呼び径○○mm	箇所				④−1
立 坑 基 礎		〃				小口径管泥水式推進工法参照
鏡 切 り	呼び径○○mm	〃				④−2
推進設備等設置撤去	呼び径○○mm	〃				④−3
計						

④−1　坑口（小口径）　　　　　　　　　　　　　　　　　　　　　　　　　（1箇所当り）

種　　目	形　状　寸　法	単位	数量	単価（円）	金額（円）	摘　　　要
坑 口 工	低耐荷力オーガ	箇所	○			④−1−1
計						○箇所当り
1 箇 所 当 り						計／○箇所

④－1－1　坑口工（低耐荷力オーガ）　　　　　　　　　　　　　　　　　　　　（1箇所当り）

種　目	形状寸法	単位	数量	単価（円）	金額（円）	摘　要
土木一般世話役		人	0.2			
溶接工		〃	0.2			
普通作業員		〃	0.2			
止水器		組	1.0			
鋼材溶接工		m				小口径管泥水式推進工法参照
鋼材切断工		〃				〃
クレーン装置付トラック運転費	4t級，2.9t吊	時間	0.2×T			
諸雑費		式	1			端数処理
計						

（備考）　坑口工は，立坑内への土砂等の流入を防止するために設置するもので，必要に応じて計上する。
　　　　　なお，1推進区間の必要箇所数は，発進部及び到達部の2箇所となる。

坑口工歩掛表　　　　　　　　　　　　　　　　　（1個所当り）

種　目	単位	呼び径（mm）							摘要
		150	200	250	300	350	400	450	
土木一般世話役	人	0.2							
溶接工	〃	0.2							
普通作業員	〃	0.2							
止水器	組	1							
鋼材溶接工	m	1.7	1.9	2.1	2.3	2.6	2.8	3.0	
鋼材切断工	〃	3.4	3.8	4.2	4.6	5.2	5.6	6.0	
クレーン装置付トラック運転費	時間	0.2×T							

（備考）　T：クレーン装置付トラックの運転日当り運転時間

④－2　鏡切り（低耐荷力オーガ）　　　　　　　　　　　　　　　　　　　　　（1箇所当り）

種　目	形状寸法	単位	数量	単価（円）	金額（円）	摘　要
鏡切り工	低耐荷力オーガ	箇所	○			④－2－1
計						○箇所当り
1箇所当り						計／○箇所

④－2－1　鏡切り工　　　　　　　　　　　　　　　　　　　　　　　　　　　（1箇所当り）

種　目	形状寸法	単位	数量	単価（円）	金額（円）	摘　要
鏡切り工	低耐荷力オーガ	m				小口径管泥水式推進工法参照
計						

低耐荷力オーガ　鏡切り延長　　　　　　　　（1箇所当り）

呼び径（mm）	150	200	250	300	350	400	450
延長（m）	1.0	1.2	1.4	1.7	1.9	2.1	2.4

（備考）　本表は，ライナープレートの切断延長である。

④—3　推進設備等設置撤去　　　　　　　　　　　　　　　　　　　　　　　　　　　　（1箇所当り）

種　　目	形　状　寸　法	単位	数量	単価（円）	金額（円）	摘　　要
推 進 設 備 工	低耐荷力オーガ	箇所				④—3—1
推 進 設 備 据 換 工	低耐荷力オーガ	〃				④—3—2
先 導 体 据 付 撤 去 工	低耐荷力オーガ	〃				④—3—3
計						○箇所当り
1 箇 所 当 り						計／○箇所

④—3—1　推進設備工（低耐荷力オーガ）　　　　　　　　　　　　　　　　　　　　　（1箇所当り）

種　　目	形　状　寸　法	単位	数量	単価（円）	金額（円）	摘　　要
土 木 一 般 世 話 役		人	3.0			
特 殊 作 業 員		〃	4.0			
普 通 作 業 員		〃	5.0			
電　　　　工		〃	1.0			
トラッククレーン賃料	油圧伸縮ジブ型4.9t吊	日	3.0			
諸　雑　費		式	1			端数処理
計						

④—3—2　推進設備据換工（低耐荷力オーガ）　　　　　　　　　　　　　　　　　　　（1箇所当り）

種　　目	形　状　寸　法	単位	数量	単価（円）	金額（円）	摘　　要
推 進 設 備 据 換 工	低耐荷力オーガ	箇所	○			（④—3—1）×0.5
計						○箇所当り
1 箇 所 当 り						計／○箇所

④—3—3　先導体据付撤去工（低耐荷力オーガ）　　　　　　　　　　　　　　　　　　（1箇所当り）

種　　目	形　状　寸　法	単位	数量	単価（円）	金額（円）	摘　　要
土 木 一 般 世 話 役		人	0.8			
特 殊 作 業 員		〃	0.8			
普 通 作 業 員		〃	1.6			
クレーン装置付トラック運転費	4t級, 2.9t吊	時間	0.8×T			
諸　雑　費		式	1			端数処理
計						

（備考）　1．本歩掛は，一体回収の場合であり，分割回収の場合は本歩掛の1.25倍とする。
　　　　　2．T：クレーン装置付トラックの運転日当り運転時間

(5) 低耐荷力泥土圧推進工
① 日進量

推進標準日進量　　　　　　　　　　　　　（単位：m／日）

土質(N値) ＼ 呼び径（mm）	200	250	300	350	400	450
N≦15	8.2	7.8	7.4	7.0	6.7	6.4
15＜N≦30	6.9	6.6	6.3	5.9	5.6	5.2

② 推進工（低耐荷力泥土圧）　　　　　　　　　　　　　　　　（1m当り）

種　目	形状寸法	単位	数量	単価（円）	金額（円）	摘　要
土木一般世話役		人	1.0			
特殊作業員		〃	2.0			
普通作業員		〃	2.0			
滑材		ℓ				推進標準日進量×1m当り注入量
クレーン装置付トラック運転費	4t級，2.9t吊	日	1.0			
推進工機械器具損料(1)		〃	1			②—1
推進工機械器具損料(2)		〃	1			②—2
諸雑費		式	1			(備考)
計						1日当り
1m当り						計／推進標準日進量

(備考)　諸雑費は，滑材注入機器具損料，電力に関する経費等であり，労務費の合計額の20％を上限として計上する。

滑材標準注入量（低耐荷力泥土圧）　　　　　　　　　　　（1m当り）

呼び径（mm）	200	250	300	350	400	450
滑材（ℓ）	15	18	21	24	28	31

②—1　推進工機械器具損料(1)　　　　　　　　　　　　　　　（1日当り）

種　目	形状寸法	単位	数量	単価（円）	金額（円）	摘　要
推進機等損料		日	1			反力板，検測機等を含む
計						

(備考)　推進機等損料は，運転日当りの運転時間を乗じた損料とする。

②—2　推進工機械器具損料(2)　　　　　　　　　　　　　　　（1日当り）

種　目	形状寸法	単位	数量	単価（円）	金額（円）	摘　要
推進器具類損料（固定部）	呼び径○○mm用	式	1			
推進器具類損料（変動部）	呼び径○○mm用	m	L			
計						1m当り
1日当り						計×推進標準日進量

(備考)　1.　推進器具類損料（固定部）は推進延長により使用数量が一定な器具類の合計額であり，推進区間ごとに計上する。
　　　　2.　推進器具類損料（変動部）は推進延長により使用数量が変化する器具類の合計額である。
　　　　　　ここでは，Lは1推進区間の推進延長とする。
　　　　3.　単価が固定部・変動部に整理されていない場合，必要な器具類を推進区間ごとに使用数量分，計上する。

③ スクリューコンベヤ類撤去工（低耐荷力泥土圧）　　　　　　　　　　　　　　　　　　　（1m当り）

種　目	形状寸法	単位	数量	単価（円）	金額（円）	摘　要
土木一般世話役		人	1.0			
特殊作業員		〃	1.0			
普通作業員		〃	2.0			
クレーン装置付トラック運転費	4t級，2.9t吊	日	1.0			
諸雑費		式	1			端数処理
計						1日当り
1m当り						計／日当りスクリューコンベヤ類撤去量

（備考）スクリューコンベヤ類撤去延長は，推進延長とする。

スクリューコンベヤ類標準撤去量（低耐荷力泥土圧）　（単位：m／日）

呼び径（mm）	200～450
1m管日当り撤去量	40

④ 添加材注入工（低耐荷力泥土圧）　　　　　　　　　　　　　　　　　　　　　　　　（1m当り）

種　目	形状寸法	単位	数量	単価（円）	金額（円）	摘　要
添加材		kg				（備考）1
添加材注入機械器具損料		m	1			④—1
諸雑費		式	1			端数処理
計						

（備考）
1. 注水のみの場合は，計上しない。
2. 添加材注入延長は，推進延長とする。
3. 添加材注入の労力（グラウト機器運転，添加材注入作業等）は，推進作業の編成人員の特殊作業員，普通作業員が兼ねるものとし，この工種では計上しない。
4. 添加材量は，推進対象土層の物理試験等により算出する。

④—1　添加材注入機械器具損料　　　　　　　　　　　　　　　　　　　　　　　　　　（1m当り）

種　目	形状寸法	単位	数量	単価（円）	金額（円）	摘　要
グラウトポンプ損料	4kW　横型単筒　30～70ℓ／min	日				
グラウトミキサ損料	2kW　200ℓ×2	〃				
計						

（備考）グラウトポンプ及びグラウトミキサの注入1m当り損料日数は次式による。

$$1\text{m当り損料日数} = \frac{1}{\text{推進日進量（m／日）}}$$

⑤ 仮設備工（低耐荷力泥土圧） (一式)

種　　　目	形　状　寸　法	単位	数　量	単価（円）	金額（円）	摘　　要
坑　口（小口径）	呼び径○○mm	箇所				⑤－1
立　坑　基　礎		〃				小口径管泥水式推進工法参照
鏡　切　り	呼び径○○mm	〃				⑤－2
推進設備等設置撤去	呼び径○○mm	〃				⑤－3
計						

⑤－1　坑口（小口径） (1箇所当り)

種　　　目	形　状　寸　法	単位	数　量	単価（円）	金額（円）	摘　　要
坑　　口　　工	低耐荷力泥土圧	箇所	○			⑤－1－1
計						○箇所当り
1　箇　所　当　り						計／○箇所

⑤－1－1　坑口工（低耐荷力泥土圧） (1箇所当り)

種　　　目	形　状　寸　法	単位	数　量	単価（円）	金額（円）	摘　　要
土木一般世話役		人	0.2			
溶　接　工		〃	0.2			
普通作業員		〃	0.2			
止　水　器		組	1.0			
鋼材溶接工		m				小口径管泥水式推進工法参照
鋼材切断工		〃				〃
クレーン装置付トラック運転費	4t級, 2.9t吊	日	0.2			
諸　雑　費		式	1			端数処理
計						

（備考）　坑口工は，立坑内への土砂等の流入を防止するために設置するもので，必要に応じて計上する。
　　　　　なお，1推進区間の必要箇所数は，発進部及び到達部の2箇所となる。

坑　口　工　歩　掛　表 (1箇所当り)

| 種　　　目 | 単位 | 呼び径（mm） ||||||摘　要 |
		200	250	300	350	400	450	
土木一般世話役	人	0.2						
溶　接　工	〃	0.2						
普通作業員	〃	0.2						
止　水　器	組	1						
鋼材溶接工	m	1.9	2.1	2.3	2.6	2.8	3.0	
鋼材切断工	〃	3.8	4.2	4.6	5.2	5.6	6.0	
クレーン装置付トラック運転費	日	0.2						

⑤－2　鏡切り（低耐荷力泥土圧） (1箇所当り)

種　　　目	形　状　寸　法	単位	数　量	単価（円）	金額（円）	摘　　要
鏡　切　り　工	低耐荷力泥土圧	箇所	○			⑤－2－1
計						○箇所当り
1　箇　所　当　り						計／○箇所

⑤−2−1　鏡切り工

(1箇所当り)

種目	形状寸法	単位	数量	単価(円)	金額(円)	摘要
鏡切り工	低耐荷力泥土圧	m				小口径管泥水式推進工法参照
計						

低耐荷力泥土圧　鏡切り延長　(1箇所当り)

呼び径(mm)	200	250	300	350	400	450
延長(m)	1.6	1.9	2.1	2.4	2.7	2.9

(備考) 本表は，小型立坑の切断延長である。

⑤−3　推進設備等設置撤去

(1箇所当り)

種目	形状寸法	単位	数量	単価(円)	金額(円)	摘要
推進設備工	低耐荷力泥土圧	箇所				⑤−3−1
推進設備据換工	低耐荷力泥土圧	〃				⑤−3−2
先導体据付撤去工	低耐荷力泥土圧	〃				⑤−3−3
計						○箇所当り
1箇所当り						計／○箇所

⑤−3−1　推進設備工（低耐荷力泥土圧）

(1箇所当り)

種目	形状寸法	単位	数量	単価(円)	金額(円)	摘要
土木一般世話役		人	3.0			
特殊作業員		〃	4.0			
普通作業員		〃	5.0			
電工		〃	1.0			
トラッククレーン賃料	油圧伸縮ジブ型4.9t吊	日	3.0			
諸雑費		式	1			端数処理
計						

⑤−3−2　推進設備据換工（低耐荷力泥土圧）

(1箇所当り)

種目	形状寸法	単位	数量	単価(円)	金額(円)	摘要
推進設備据換工	低耐荷力圧入二工程	箇所	○			(⑤−3−1)×0.5
計						○箇所当り
1箇所当り						計／○箇所

⑤−3−3　先導体据付撤去工（低耐荷力泥土圧）

(1箇所当り)

種目	形状寸法	単位	数量	単価(円)	金額(円)	摘要
土木一般世話役		人	1.0			
特殊作業員		〃	1.0			
普通作業員		〃	2.0			
クレーン装置付トラック運転費	4t級，2.9t吊	日	1.0			
諸雑費		式	1			端数処理
計						

(備考) 本歩掛は，分割回収の場合であり，一体回収の場合は別途考慮する。

(6) 鋼製さや管ボーリング（一重ケーシング）推進工
① 日 進 量

推進標準日進量　　　　　　　　（単位：m／日）

呼び径(mm) \ 土質	砂質土・粘性土	砂礫土（礫径200mm以下）
250	4.7	3.2
300	4.4	2.9
350	4.2	2.6
400	4.0	2.4
450	3.8	2.1
500	3.6	1.9
600	3.3	1.6
700	3.0	1.3
800	2.7	1.1

（備考）本表は，鋼管長1.0mを標準とする。

塩ビ管挿入標準日進量　　　　　　　　（m／日）

塩ビ管呼び径（mm）	150	200	250	300	350	400	450	500	600
日　進　量	17.9	16.2	14.6	13.2	12	10.8	9.8	8.9	7.3

② 推進工（鋼製さや管ボーリング（一重ケーシング））　　　　　　　　　　　（1m当り）

種　目	形状寸法	単位	数　量	単価(円)	金額(円)	摘　要
土木一般世話役		人	1.0			
特殊作業員		〃	1.0			
普通作業員		〃	1.0			
溶接工		〃	1.0			
クレーン装置付トラック運転費	4t級，2.9t吊	日	1.0			
推進工機械器具損料		〃	1.0			②-1
発動発電機運転費(1)	排出ガス対策型（第1次基準値），60kVA	〃	1.0			鋼管呼び径250〜600の場合
発動発電機運転費(2)	排出ガス対策型（第1次基準値），100kVA	〃	1.0			鋼管呼び径700〜800の場合
トラック損料	4〜4.5t積	〃	1×α			(備考)1.
諸雑費		式	1			(備考)2.
計						1日当り
1m当り						計／推進標準日進量

（備考）1. トラック損料は，「建設機械等損料算定表」の供用日1日当り損料額(11)欄を用いること。
　　　　　　α：供用日の割増率
　　　　2. 諸雑費は，溶接棒等の費用で，労務費の合計額に1％の率を乗じた金額を上限として計上する。

②-1　推進工機械器具損料　　　　　　　　　　　　　　　　　　　　　　　　　（1日当り）

種　目	形状寸法	単位	数量	単価（円）	金額（円）	摘　要
推進機損料	○○kW	日	1			
削進台		〃	1			
溶接機	250（A）	〃	1			
グラウトポンプ	横型複動8kW 吐出量37〜100ℓ／min	〃	1			
水槽	1.0m³	〃	1			
油圧ホース	10m＋5m	〃	1			
キャプタイヤケーブル	38・4C・20m 又は 22・4C・20m	〃	1			
接続ロッド	φ76	〃	1			
スイベルロッド	φ60	〃	1			
ウォータースイベル	φ60	〃	1			
スイベルヘッド	鋼管呼び径○○mm用	〃	1			
計						

③　塩ビ管挿入工　　　　　　　　　　　　　　　　　　　　　　　　　　　　　（1m当り）

種　目	形状寸法	単位	数量	単価（円）	金額（円）	摘　要
土木一般世話役		人	1.0			
特殊作業員		〃	2.0			
普通作業員		〃	1.0			
クレーン装置付トラック運転費	4t級，2.9t吊	日	1.0			
塩ビ管挿入工機械器具損料		〃	1.0			③-1
発動発電機運転費	排出ガス対策型 （第1次基準値），45kVA	〃	1.0			
諸雑費		式	1			端数処理
計						1日当り
1m当り						計／塩ビ管挿入標準日進量

③-1　塩ビ管挿入工機械器具損料　　　　　　　　　　　　　　　　　　　　　　（1m当り）

種　目	形状寸法	単位	数量	単価（円）	金額（円）	摘　要
モーターウインチ損料	1.5t×40m／min	日	1			
チェーンレバーホイスト損料	15kN（1.5t）×1.5m	〃	1			
計						

④ 中込め注入工 (1m³当り)

種　目	形状寸法	単位	数量	単価(円)	金額(円)	摘要
土木一般世話役		人	1			
特殊作業員		〃	2			
普通作業員		〃	1			
グラウトポンプ損料	横型複動　8kW 吐出量37～100ℓ／min	日	1			
グラウトミキサ損料	並列2槽　2kW　200ℓ×2	〃	1			
発動発電機運転費	排出ガス対策型（第1次基準値），45kVA	〃	1			
注入材料費(1)		m³	2.2			鋼管呼び径250～400の場合
注入材料費(2)		〃	3.5			鋼管呼び径450～800の場合
諸雑費		式	1			(備考)4
計						1日当り
1m³当り						計／日当り標準注入量（備考)2

(備考)　1.　1m当り注入量は別途算出する。
　　　　2.　日当り標準注入量は鋼管呼び径250～400が2.2m³／日，鋼管呼び径450～800が3.5m³／日とする。
　　　　3.　混合済み中込め材を使用する場合は別途考慮する。
　　　　4.　諸雑費は，グラウトホース（38mm×20m）損料の費用で，グラウトポンプ損料及びグラウトミキサ損料の合計額に15％の率を乗じた金額を上限として計上する。

⑤ 発生土処分工
　発生土処分工は，運搬形態に適した方法で積算する。

(7) 取付管ボーリング（一重ケーシング）推進工
① 日進量
　8時間作業の推進標準日進量，塩ビ管挿入標準日進量を次表に示す。

推進標準日進量　　　　(単位：m／日)

呼び径(mm) ＼ 土質	砂質土・粘性土	砂礫土（礫径200mm以下）
200	4.9	3.5
250	4.7	3.2
300	4.4	2.9
350	4.2	2.6
400	4.0	2.4
450	3.8	2.1
500	3.6	1.9

(備考)　本表は，鋼管長1.0mを標準とする。

塩ビ管挿入標準日進量　　　(m／日)

塩ビ管呼び径(mm)	100	125	150	200	250	300
日進量	10.4	10.4	10.4	10.4	10.4	10.4

② 推進工（取付管ボーリング（一重ケーシング）） (1m当り)

種　　目	形状寸法	単位	数量	単価（円）	金額（円）	摘　　要
土木一般世話役		人	1.0			
特殊作業員		〃	1.0			
普通作業員		〃	1.0			
溶接工		〃	1.0			
クレーン装置付トラック運転費	4t級, 2.9t吊	日	1.0			
推進工機械器具損料		〃	1.0			②-1
発動発電機運転費	排出ガス対策型（第1次基準値），60kVA	〃	1.0			
トラック損料	4～4.5t積	〃	1×α			(備考)1
諸雑費		式	1			(備考)2
計						1日当り
1　m　当　り						計／推進標準日進量

(備考) 1. トラック損料は、「建設機械等損料算定表」の供用日1日当り損料額(11)欄を用いること。
α：供用日の割増率
2. 諸雑費は、溶接棒等の費用で、労務費の合計額に1％の率を乗じた金額を上限として計上する。

②-1　推進工機械器具損料 (1日当り)

種　　目	形状寸法	単位	数量	単価（円）	金額（円）	摘　　要
推進機損料	○○kW	日	1			
削進台		〃	1			
溶接機	250（A）	〃	1			
グラウトポンプ	横型単筒4kW 吐出量37～100ℓ／min	〃	1			
水槽	1.0m³	〃	1			
油圧ホース	10m＋5m	〃	1			
キャブタイヤケーブル	22・4C・20m	〃	1			
接続ロッド	φ76	〃	1			
スイベルロッド	φ60	〃	1			
ウォータースイベル	φ60	〃	1			
スイベルヘッド	鋼管呼び径○○mm用	〃	1			
計						

③ コア抜き工 (1箇所当り)

種　　目	形　状　寸　法	単位	数　量	単価（円）	金額（円）	摘　　要
土木一般世話役		人	1.0×a			
特殊作業員		〃	1.0×a			
普通作業員		〃	1.0×a			
特殊取付加工		箇所	1			③-1
コアビット	ダイヤモンドビット	個	b			
発動発電機運転費	排出ガス対策型 （第1次基準値），60kVA	日	a			
クレーン装置付 トラック運転費	4t級，2.9t吊	〃	a			
機械器具損料		〃	a			③-2
諸雑費		式	1			端数処理
計						

(備考) 1. 本代価表は，本管呼び径，管種別に作成する。
　　　 2. コア抜き工の単位作業日数aは次表による。

コア抜き工単位作業日数　　　　（1箇所当り）

本管＼管厚(mm)	100未満	100以上～150未満
鉄筋コンクリート管	0.2日	0.3日
硬質塩化ビニル管	0.1日	－

　　　 3. コアビットの使用数量bは次表による。

コアビット使用数量　　（1箇所当り）

本管＼管厚(mm)	150未満
鉄筋コンクリート管	0.1個
硬質塩化ビニル管	0.05個

③-1 特殊取付加工 (1箇所当り)

種　　目	形　状　寸　法	単位	数　量	単価（円）	金額（円）	摘　　要
特殊作業員		人	0.3			
普通作業員		〃	0.3			
諸雑費		式	1			端数処理
計						

③-2 コア抜き工機械器具損料 (1日当り)

種　　目	形　状　寸　法	単位	数　量	単価（円）	金額（円）	摘　　要
コア抜き装置		日	1.0			
損耗材料費		式	1			(備考)2
計						

(備考) 1. コア抜き装置は推進機とする。
　　　 2. 損耗材料費は，ボーリングロッド，センターガイド等の費用であり，コア抜き装置の金額に20％を乗じた金額を上限として計上する。

④ 塩ビ管挿入工

(1m当り)

種　　　目	形　状　寸　法	単位	数　量	単価（円）	金額（円）	摘　　要
土木一般世話役		人	1.0			
特 殊 作 業 員		〃	2.0			
普 通 作 業 員		〃	1.0			
クレーン装置付トラック運転費	4t級，2.9t吊	日	1.0			
諸　雑　費		式	1			端数処理
計						1日当り
1　m　当　り						計／塩ビ管挿入標準日進量

⑤ 中込め注入工

(1m³当り)

種　　　目	形　状　寸　法	単位	数　量	単価（円）	金額（円）	摘　　要
土木一般世話役		人	1.0			
特 殊 作 業 員		〃	2.0			
普 通 作 業 員		〃	1.0			
グラウトポンプ損料	横型単筒　4kW 吐出量30〜70ℓ／min	日	1.0			
グラウトミキサ損料	並列2槽　2kW　200ℓ×2	〃	1.0			
発動発電機運転費	排出ガス対策型 （第1次基準値），25kVA	〃	1.0			
注　入　材　料　費		m³	3			
諸　雑　費		式	1			（備考）4
計						1日当り
1　m³　当　り						計／日当り標準注入量（備考2）

（備考） 1. 1m当り注入量は別途算出する。
　　　　 2. 日当り標準注入量は3m³／日とする。
　　　　 3. 混合済み中込め材を使用する場合は別途考慮する。
　　　　 4. 諸雑費は，グラウトホース（38mm×20m）損料の費用で，グラウトポンプ損料及びグラウトミキサ損料の合計額に20％の率を乗じた金額を上限として計上する。

⑥ 発生土処分工
　　発生土処分工は，運搬形態に適した方法で積算する。

③ 管きょ更生工法
1. 管きょ内面被覆工（製管工法）
① 管きょ内面被覆工（製管工法） (一式)

名　　　称	規　　格	単位	数　量	単　価	金　額	摘　　要
更　生　材　料		式	1			②
製　　　　管		m				③
裏　　込　　め		m³				④
仕　　　　上		式	1			⑤
仮　設　備		〃	1			⑥
機　械　器　具　損　料		〃	1			⑦
計						

② 更　生　材　料 (一式)

名　　　称	規　　格	単位	数　量	単　価	金　額	摘　　要
プ　ロ　フ　ァ　イ　ル		m				
諸　　雑　　費		式	1			
計						

（備考）　更生材料延長は，次式による。
$$L_K = \pi \times (d+H) \times (L+1) \div W$$
　　L_K：更生管材延長（m）
　　d：更生管径（m）
　　H：更生管材高（m）
　　L：製管延長（m）
　　W：更生管材幅（m）

③ 製　　管 (1m当り)

名　　　称	規　　格	単位	数　量	単　価	金　額	摘　　要
製　　管　　工		m				③-1
更　生　管　材　融　着　工		箇所				③-2
計						○○m当り
1　m　当　り						計／○○m

（備考）　融着箇所数は，次式による。
$$J = [|\pi (d+H) \times (L+1) / W | / L_D] - 1 + (n-1)　（端数切上げ整数）$$
　　J：融着箇所数（箇所）
　　d：更生管径（m）
　　H：更生管材高（m）
　　L：製管延長（m）
　　W：更生管材幅（m）
　　L_D：1ドラム当り更生管材延長（m）
　　n：製管日数（日）＝仮設備設置・撤去回数（回）
注）　製管日数n＝1で融着箇所数Jが1以下になった場合は，J＝0とする

1ドラム当り更生管材延長（参考）

既設管径 (mm)	更生管径 (mm)	更生管材 高さH (mm)	更生管材 幅W (mm)	1ドラム当り更生管材 延長 L_D (m)
250	210	9.0	90	800
300	260	9.0	90	800
350	310	9.0	90	800
400	360	9.0	90	800
450	410	11.9	87	660
500	460	11.9	87	660
600	550	11.9	87	660
700	640	16.3	80	1,000

（備考）　上表に記載のない既設管径の場合，直近下位の規格を適用する。

③-1 製管工 (1m当り)

名　　称	規　　格	単位	数量	単価	金額	摘　　要
土木一般世話役		人	1			
特殊作業員		〃	2			
普通作業員		〃	3			
発動発電機運転	排出ガス対策型　45kVA	日	1			既設管径250～400の場合
発動発電機運転	排出ガス対策型　60kVA	〃	1			既設管径450～700の場合
諸雑費		式	1			(備考) 1.
計						1日当り
1ｍ当り						計／1日当り製管延長

(備考) 1. 諸雑費はドラム受台，油圧ホース及び電源ケーブル等の損料であり，労務費の合計額に昼間作業の場合17％，夜間作業の場合11％を乗じた金額を上限として計上する。
　　　 2. 1日当り製管延長は，次表による。

1日当り製管延長　　　　　　　　　　　(単位：m)

既設管径（mm）	250	300	350	400	450	500	600	700
1日当り製管延長	320	300	290	270	250	240	200	170

(備考) 上表に記載のない既設管径の場合，直近下位の規格を適用する。

③-2 更生管材融着工 (1箇所当り)

名　　称	規　　格	単位	数量	単価	金額	摘　　要
土木一般世話役		人	1			
特殊作業員		〃	3			
普通作業員		〃	3			
融着機損料		日	1			
諸雑費		式	1			(備考) 1.
計						1日当り
1箇所当り						計／20箇所

(備考) 1. 諸雑費は発動発電機等の損料であり，融着機損料に14％を乗じた金額を上限として計上する。
　　　 2. 1日当り融着箇所数は，次表による。

1日当り融着箇所数　　(単位：箇所)

既設管径（mm）	800mm 未満
1日当り融着箇所数	20

④ 裏込め (1 m³当り)

名　　称	規　格	単位	数量	単価	金額	摘　要
注 入 口 取 付 工		回				④-1
浮 上 防 止 工		m				④-2
注 入 工		m³				④-3
浮上防止用チェーン損料		本				
計						○○ m³当り
1 m³ 当 り						計／○○ m³

(備考)　1.　注入量
　　　　　注入量は、次式による。
　　　　　$Q = \pi \{D^2 - (d+H)^2\}/4 \times L \times a$
　　　　　　Q：裏込材体積 (m³)
　　　　　　D：既設管径 (m)
　　　　　　d：更生管径 (m)
　　　　　　H：更生管材高 (m)
　　　　　　L：製管延長 (m)
　　　　　　a：割増率 (1.10を標準とする)
　　　　2.　粘土モルタルの数量 (注入口取付工)
　　　　　粘土モルタルの数量は、次式による。
　　　　　$V = \pi (D^2 - d^2)/4 \times t \times 2$
　　　　　　V：粘土モルタル体積 (m³)
　　　　　　D：既設管径 (m)
　　　　　　d：更生管径 (m)
　　　　　　t：粘土モルタル厚さ (m)　t = 0.05mを標準とする。

④-1　注入口取付工 (1回当り)

名　　称	形状寸法	単位	数量	単価	金額	摘　要
粘 土 モ ル タ ル	配合1：1　t = 5 cm	m³				
土 木 一 般 世 話 役		人				
普 通 作 業 員		〃				
注 入 工 損 料		組	1			④-1-1
諸 雑 費		式	1			端数処理
計						1回当り

(備考)　1回当りの作業内容は、スパン両端部の間詰めと注入口の取付とする。

注入口取付工の編成人員　　　(1回当り)

既設管径 (mm)	編成人員 (人)	
	土木一般世話役	普通作業員
250	0.05	0.15
300	0.05	0.16
350	0.06	0.18
400	0.06	0.19
450	0.07	0.21
500	0.08	0.23
600	0.10	0.30
700	0.14	0.43

④-1-1　注入口損料　　　　　　　　　　　　　　　　　　　　　　　　　　　　　　　　（1組当り）

名　　称	形状寸法	単位	数量	単価	金額	摘　要
【注　入　用】						
塩ビパイプ	一般管 VP φ50mm	m	4			
塩ビエルボ	TS継手 φ50mm 90°	個	2			
塩ビバルブソケット	TS継手 φ50mm	〃	2			
塩ビボールバルブ	φ50mm	〃	2			
【エア抜き用】						
塩ビパイプ	一般管 VP φ13mm	m	4			
塩ビエルボ	TS継手 φ13mm 90°	個	2			
塩ビボールバルブ	φ13mm	〃	1			
計					(A)	
注入ホース	高圧ホース φ50mm 20m	本	1			端数処理
圧力ゲージプロテクター		個	1			
圧力ゲージ	圧力計0.10Mpa φ100mm 1.6級	〃	1			
カムロック	φ50mm（オス・メス）	〃	2			
T字管	径違いチーズ φ50mm	〃	2			
ニップル	φ50mm	〃	2			
計					(b)	20回使用
1回当り					(B＝b/20)	
合　計					(A＋B)	

④-2　浮上防止工　　　　　　　　　　　　　　　　　　　　　　　　　　　　　　　　　（1m当り）

名　　称	規　格	単位	数量	単価	金額	摘　要
土木一般世話役		人	1			
特殊作業員		〃	2			
普通作業員		〃	3			
トラック運転（クレーン装置付）	4～4.5t級　2.9t吊	日	1			
ウインチ損料	2.2kW	〃	1			
諸雑費		式				
計						1日当り
1m当り						計／210m

（備考）　諸雑費は止水栓，発動発電機賃料等の費用であり，労務費の合計額に昼間作業の場合2％，夜間作業の場合1％を乗じた金額を上限として計上する。

④-3　注　入　工　　　　　　　　　　　　　　　　　　　　　　　　　　　　　（1m³当り）

名　　称	規　　格	単位	数量	単価	金額	摘　　要
裏　込　材		m³	2.8			
土木一般世話役		人	1			
特　殊　作　業　員		〃	2			
普　通　作　業　員		〃	3			
トラック運転（クレーン装置付）	4～4.5t級　2.9t吊	日	1			
給　水　車　運　転	4t　121kW	〃	1			
発動発電機運転	排出ガス対策型　60kVA	〃	1			
自動注入装置損料		〃	1			
諸　雑　費		式	1			端数処理
計						1日当り
1m³当り						計／2.8m³

⑤　仕　上　　　　　　　　　　　　　　　　　　　　　　　　　　　　　　　　（一式）

名　　称	規　　格	単位	数量	単価	金額	摘　　要
本管口仕上工		箇所				⑤-1
取付管口せん孔仕上工		〃				⑤-2
マンホール底部仕上工		〃				⑤-3
計						

⑤-1　本管口仕上工　　　　　　　　　　　　　　　　　　　　　　　　　　　（1箇所当り）

名　　称	形状寸法	単位	数量	単価	金額	摘　　要
モ　ル　タ　ル	配合1:2　t=5cm	m³				
土木一般世話役		人				
特　殊　作　業　員		〃				
普　通　作　業　員		〃				
諸　雑　費		式	1			端数処理
計						

（備考）1. モルタル数量（本管口仕上工）
　　　　　モルタル数量は，次式による。
　　　　　　$V = \pi(D^2 - d^2)/4 \times t$
　　　　　　　V：モルタル体積（m³）
　　　　　　　D：既設管径（m）
　　　　　　　d：更生管径（m）
　　　　　　　t：モルタル厚さ（m）　t=0.05mを標準とする。
　　　2. 本管仕上げ工の編成人員は，次表による。

本管口仕上工の編成人員　　　　　（1箇所当り）

既設管径（mm）	編成人員（人）		
	土木一般世話役	特殊作業員	普通作業員
250	0.06	0.12	0.12
300	0.06	0.13	0.13
350	0.07	0.13	0.13
400	0.07	0.14	0.14
450	0.08	0.17	0.17
500	0.09	0.18	0.18
600	0.11	0.22	0.22
700	0.14	0.29	0.29

⑤-2 取付管口せん孔仕上工　　　　　　　　　　　　　　　　　　　　　　（1箇所当り）

名　　称	規　　格	単位	数量	単価	金額	摘　　要
土木一般世話役		人	1			
特殊作業員		〃	2			
普通作業員		〃	3			
発動発電機運転	排出ガス対策型　45kVA	日	1			
空気圧縮機運転	2.2m³/min	〃	1			
本管用TVカメラ車運転	2t　63kW	〃	1			
取付管用TVカメラ損料		〃	1			
取付管側せん孔機損料		〃	1			
本管側せん孔機損料		〃	1			
諸雑費		式	1			端数処理
計						1日当り
1箇所当り						計／4箇所

⑤-3 マンホール底部仕上工　　　　　　　　　　　　　　　　　　　　　　（1箇所当り）

名　　称	規　　格	単位	数量	単価	金額	摘　　要
モルタル上塗工	配合1：2	m²				
計						

⑥　仮設備工　　（一式）

名　称	規　格	単位	数量	単価	金額	摘　要
仮設備設置・撤去工	設置	回				⑥-1
仮設備設置・撤去工	撤去	〃				⑥-2
仮 製 管 工		〃				⑥-3
製管機搬入組立工		〃				⑥-4
製管機分解搬出工		〃				⑥-5
計						

（備考）　仮設備設置・撤去回数は，次式による。
　　　　　　　　$n = \{(L_K/L_D)D_F\}/D_1 + 1$（端数切上げ整数）
　　　　　　　　n：仮設備設置・撤去回数（回）＝製管日数（日）
　　　　　　　　L_K：更生管材延長（m）
　　　　　　　　L_D：1ドラム当り更生管材延長（m）
　　　　　　　　D_F：初日に使用するドラム数（個）
　　　　　　　　D_1：1日に使用するドラム数（個）

1ドラム当り更生管材延長等諸数値表（参考）

既設管径(mm)	更生管径(mm)	1ドラム当り更生管材延長 L_D（m）	初日に使用するドラム数 D_F（個）	1日に使用するドラム数 D_1（個）
250	210	800	1.0	1.0
300	260			
350	310			
400	360			
450	410	660	1.0	2.0
500	460			
600	550			
700	640	1,000	1.0	1.5

（備考）　上表に記載のない既設管径の場合，直近下位の規格を適用する。

⑥-1～2　仮設備設置・撤去工　　　　　　　　　　　　　　　　　　　　　　　　　　　　　　（1回当り）

名　称	形状寸法	単位	数量	単価	金額	摘　要
土木一般世話役		人	1			
特殊作業員		〃	2			
普通作業員		〃	3			
トラック運転（クレーン装置付）	4～4.5t級　2.9t吊	日	1			
諸雑費		式	1			備考1
計						1日当り
1回当り						設置：計／○回
1回当り						撤去：径／○回

（備考）　1．諸雑費はドラム受台損料，防水服，グリス，ウェス等の費用であり，労務費の合計額に昼間作業の場合2％，夜間作業の場合1％を乗じた金額を上限として計上する。
　　　　　2．1日当り仮設備設置・撤去回数は，次表による。

1日当り仮設備設置・撤去回数　　　　　　　　　　（単位：回）

既設管径（mm）	250	300	350	400	450	500	600	700
設　置	10	9	8	8	7	7	6	4
撤　去	12	12	11	10	10	9	8	7

⑥-3　仮製管工　　　　　　　　　　　　　　　　　　　　　　　　　　　　（1回当り）

名　　称	規　　格	単位	数量	単価	金額	摘　　要
土木一般世話役		人	0.06			
特殊作業員		〃	0.12			
普通作業員		〃	0.18			
発動発電機運転	排出ガス対策型　45kVA	日	0.06			既設管径250mm～400mm
発動発電機運転	排出ガス対策型　60kVA	〃	0.06			既設管径450mm～700mm
諸雑費		式	1			（備考）
計						

（備考）　諸雑費はドラム受台，油圧ホース及び電源ケーブル等の損料であり，労務費の合計額に昼間作業の場合17％，夜間作業の場合11％を乗じた金額を上限として計上する。

⑥-4　製管機搬入組立工　　　　　　　　　　　　　　　　　　　　　　　　（1回当り）

名　　称	規　　格	単位	数量	単価	金額	摘　　要
土木一般世話役		人	1			
特殊作業員		〃	2			
普通作業員		〃	2			
トラック運転（クレーン装置付）	4～4.5t級　2.9t吊	日	1			
諸雑費		式	1			端数処理
計						1日当り
1回当り						計／4回

⑥-5　製管機分解搬出工　　　　　　　　　　　　　　　　　　　　　　　　（1回当り）

名　　称	規　　格	単位	数量	単価	金額	摘　　要
土木一般世話役		人	1			
特殊作業員		〃	2			
普通作業員		〃	2			
トラック運転（クレーン装置付）	4～4.5t級　2.9t吊	日	1			
諸雑費		式	1			端数処理
計						1日当り
1回当り						計／5回

⑦ 機械器具損料

機械器具損料

内容	必要台数	運転日数	供用日数	一日当り運転時間	損料額単価 時間当り	損料額単価 運転日当り	損料額単価 供用日当り	機械器具損料 時間当り	機械器具損料 運転日当り	機械器具損料 供用日当り	小計	摘要
記号	a	b	c	d	f	g	h	i	j	k	m	
算出方法								a×b×d×f	a×b×g	a×c×h	i+j+k	
単位	台	日	日	時間	円	円	円	円	円	円	円	
製管機	1			6		—			—			
油圧ユニット2.2kW	1			6		—			—			既設管径250mm～400mm
油圧ユニット17.0kW	1			6		—			—			既設管径450mm～700mm
合計												

(備考) 1. 運転日数は，仮設備設置・撤去回数（製管日数）とする。
　　　 2. 供用日数は，運転日数×aとする。（a：供用日の割増率）

⑧ 換気設備工　　　　　　　　　　　　　　　　　　　　　　　　　　　　　　（1日当り）

名称	規格	単位	数量	単価	金額	摘要
送風機損料	軸流式・定風量型 50/60m³/min	日	1			
発動発電機運転	排出ガス対策型　25kVA	〃	1			
諸雑費		式	1			(備考) 2.
計						

(備考) 1. 送風機は運転1日とする。
　　　 2. 諸雑費は，ガス検知器の損料であり，機械損料，機械経費の金額に12%を乗じた金額を上限として計上する。

2. 管きょ内面被覆工（反転・形成工法）

① 管きょ内面被覆工（反転・形成工法） (一式)

名　　称	規　格	単位	数量	単価	金額	摘　要
更 生 材 料		式	1			②
反 転 ・ 形 成		〃	1			③
仕　　　　上		〃	1			④
仮 　設　 備		〃	1			⑤
計						

② 更 生 材 料 (一式)

名　　称	規　格	単位	数量	単価	金額	摘　要
更 生 材 料		m				
計						

（備考）更生材の数量は，次式による。

$L_S = L_0 + \{(\ell \times 1/2) \times 2 箇所\}$

L_S：更生管材延長（m）
L_0：更生延長（m）
ℓ：両端部マンホール内径（m）

③ 反転・形成 (一式)

名　　称	規　格	単位	数量	単価	金額	摘　要
反 転 ・ 引 込 工		m				③-1
硬 化 ・ 形 成 工		〃				③-2
計						

③-1 反転・引込工 (1m当り)

名　　称	規　　格	単位	数量	単価	金額	摘　　要
土木一般世話役		人	1			
特殊作業員		〃	2			
普通作業員		〃	2			既設管径150mm～300mmに適用
普通作業員		〃	3			既設管径350mm～700mmに適用
トラック運転（クレーン装置付）	4t級　2.9t吊	日	1			
反転・引込車運転	4t, 154kW	〃	1			
発動発電機運転	排出ガス対策型　45kVA	〃	1			
諸雑費		式	1			(備考)1.
計						1日当り
1m当り						計／反転・引込1日当り作業量

(備考)　1.　諸雑費は空気圧縮機の運転費，無線機の損料等であり，労務費の合計額に昼間作業の場合14%，夜間作業の場合9%を乗じた金額を上限として計上する。
　　　　2.　1日当り作業量は，次式による。
　　　　　　　1日当り作業量(m/日)＝｛60(分)×8(時間/日)｝÷作業時間(分)×更生延長(m)
　　　　　　　反転・引込工＝｛60×8｝÷反転・引込工の作業時間(分)×更生延長(n(m/日))

反転・引込工の作業時間　　　　　　　　　　　　　　　(分)

既設管径(mm)	更生延長						
	10m以下	10m超20m以下	20m超30m以下	30m超40m以下	40m超50m以下	50m超60m以下	60m超70m以下
150	35	45	50	60	70	75	85
200	40	45	55	65	70	80	85
250	40	50	55	65	75	80	90
300	45	50	60	65	75	85	90
350	45	55	60	70	75	85	95
400	45	55	60	70	80	85	95
450	45	55	65	70	80	90	95
500	50	55	65	75	80	90	95
600	50	60	65	75	85	90	100
700	55	60	70	80	85	95	100

(備考)　上表に記載のない既設管径の場合，直近下位の規格を適用する。

③-2　硬化・形成工　　　　　　　　　　　　　　　　　　　　　　　　　　　　　　　　（1m当り）

名　　称	規　　格	単位	数量	単　価	金　額	摘　　要
土木一般世話役		人	1			
特殊作業員		〃	2			
普通作業員		〃	2			既設管径150mm～300mmに適用
普通作業員		〃	3			既設管径350mm～700mmに適用
トラック運転（クレーン装置付）	4t級 2.9t吊	日	1			
硬化・形成車運転	4t, 154kw	〃	1			
空気圧縮機運転	排出ガス対策型 5m³/min	〃	1			
発動発電機運転	排出ガス対策型 45kVA	〃	1			
諸雑費		式	1			（備考）1.
計						1日当り
1m当り						計／硬化・形成1日当り作業量

（備考）1.　諸雑費は温度記録計の損料，温度記録紙等の費用であり，労務費の合計額に昼間作業の場合5％，夜間作業の場合3％を乗じた金額を上限として計上する。
　　　　2.　1日当り作業量は，次式による。
　　　　　　1日当り作業量（m/日）＝｛60（分）×8（時間/日）｝÷作業時間（分）×更生延長（m）
　　　　　　硬化・形成工＝｛60×8｝÷硬化・形成工の作業時間（分）×更生延長（n（m/日））

硬化・形成工の作業時間　　　　　　　　　　　　　　　　　　　　　　　　　　　　　　（分）

既設管径(mm)	更生延長						
	10m以下	10m超20m以下	20m超30m以下	30m超40m以下	40m超50m以下	50m超60m以下	60m超70m以下
150	120	130	145	155	170	180	195
200	130	145	155	170	180	195	210
250	145	155	170	180	195	205	220
300	150	165	180	190	205	215	230
350	160	175	185	200	210	225	235
400	170	180	195	205	220	230	245
450	175	190	200	215	225	240	250
500	180	195	205	220	230	245	260
600	195	205	220	230	245	255	270
700	205	215	230	240	255	265	280

（備考）　上表に記載のない既設管径の場合，直近下位の規格を適用する。

④ 仕　　上　　　　　　　　　　　　　　　　　　　　　　　　　　　　　　　　　（1箇所当り）

名　　称	規　　格	単位	数量	単価	金額	摘　　要
本管口切断工		箇所				④-1
本管口仕上工		〃				④-2
取付管口せん孔仕上工	（1日施工）	〃				④-3
取付管口せん孔仕上工	（分割施工）	〃				〃
計						

（備考）各工種における1日当り作業量は，次表を標準とする。

仕上の1日当り作業量　　　　　　　　　　　（箇所）

既設管径 (mm)	工　　　　種			
^	本管口切断工	本管口仕上工	取付管口せん孔仕上工		
^	^	^	（1日施工）	（分割施工・仮）	（分割施工・本）
150	24（20分）	14（34分）	9（53分）	24（20分）	13（36分）
200	^	^	^	^	^
250	^	^	^	^	^
300	^	^	^	^	^
350	^	^	^	^	^
400	16（30分）	10（48分）	^	^	^
450	^	^	^	^	^
500	^	^	^	^	^
600	^	^	^	^	^
700	^	^	^	^	^

（備考）1．上表に記載のない既設管径の場合，直近下位の規格を適用する。
　　　　2．（分割施工・仮）は仮せん孔，（分割施工・本）は本せん孔を示す。
　　　　3．（　）内は，1箇所当り作業時間を示す。

④-1　本管口切断工　　　　　　　　　　　　　　　　　　　　　　　　　　　　（1箇所当り）

名　　称	規　　格	単位	数量	単価	金額	摘　　要
土木一般世話役		人	1			
特殊作業員		〃	1			
普通作業員		〃	2			
トラック運転（クレーン装置付）	4t級　2.9t吊	日	1			
諸雑費		式	1			（備考）
計						1日当り
1箇所当り						計／1日当り作業量

（備考）諸雑費は電動切断機の損料等であり，労務費の合計額に昼間作業の場合6％，夜間作業の場合4％を乗じた金額を上限として計上する。

④-2　本管口仕上工　　　　　　　　　　　　　　　　　　　　　　　　　　　　　　（1箇所当り）

名　　称	規　　格	単位	数量	単価	金額	摘　　要
土木一般世話役		人	1			
特殊作業員		〃	1			
普通作業員		〃	2			
トラック運転	2t積	日	1			
計						1日当り
1箇所当り					(A)	計／1日当り作業量
管口仕上材		kg			(B)	
合　　計					(A+B)	

(備考)　本管口仕上げに必要な仕上材の1箇所当り使用量は，次式による。
　　　　1箇所当り使用量（kg）＝5.9（kg/m）×既設管径（m）

④-3　取付管口せん孔仕上工　　　　　　　　　　　　　　　　　　　　　　　　　（1箇所当り）

名　　称	規　　格	単位	数量	単価	金額	摘　　要
土木一般世話役		人	1			
特殊作業員		〃	2			
普通作業員		〃	1			
本管用TVカメラ車運転	2t，63kW	日	1			
高圧洗浄車運転	4t，147kW	〃	1			
せん孔機車運転	2t，84kW	〃	1			
トラック運転	2t積	〃	1			
水		m³				有料水使用の場合計上
諸雑費		式	1			(備考)
計						1日当り
1箇所当り	(1日施工)					計／1日当り作業量
1箇所当り	(分割施工・仮)				(A)	計／1日当り作業量
1箇所当り	(分割施工・本)				(B)	計／1日当り作業量
1箇所当り	(分割施工)				(A+B)	

(備考)　諸雑費はせん孔機用ビットの損耗額等であり，労務費の合計額に昼間作業の場合4％，夜間作業の場合3％を乗じた金額を上限として計上する。

⑤　仮設備　　　　　　　　　　　　　　　　　　　　　　　　　　　　　　　　　　（一式）

名　　称	規　　格	単位	数量	単価	金額	摘　　要
仮設備設置・撤去工	設置	回	1			⑤-1
仮設備設置・撤去工	撤去	〃	1			⑤-2
計						

(備考)　仮設備の作業時間は，次表を標準とする。

仮設備の作業時間

工　種	作業時間
仮設備設置	55分
仮設備撤去	40分

⑤-1～2　仮設備設置・撤去工　　　　　　　　　　　　　　　　　　　　　　　　　　（1回当り）

名　　称	規　　格	単位	数量	単価	金額	摘　　要
土木一般世話役		人	1			
特殊作業員		〃	2			既設管径150mm～450mmに適用
特殊作業員		〃	3			既設管径500mm～700mmに適用
普通作業員		〃	2			
トラック運転（クレーン装置付）	4t級　2.9t吊	日	1			
発動発電機運転	排出ガス対策型　45kVA	〃	1			
計						1日当り
1回当り	設置					計×作業時間（分）/480分
1回当り	撤去					計×作業時間（分）/480分

⑥　換気設備工　　　　　　　　　　　　　　　　　　　　　　　　　　　　　　　　（1日当り）

名　　称	規　　格	単位	数量	単価	金額	摘　　要
送風機損料	軸流式・定風量型 50/60m³min	日	1			
発動発電機運転	排出ガス対策型　25kVA	〃	1			
諸雑費		式	1			（備考）2.
計						

（備考）　1.　送風機は，運転1日とする。
　　　　　2.　諸雑費は，ガス検知器の損料等であり，機械損料，運転経費の合計額に12％を乗じた金額を上限として計上する。

⑦ 反転・形成用水替 （1日当り）

名　　　称	規　　　格	単位	数量	単価	金額	摘　　要
潜水ポンプ運転工		日				⑦-1
止 水 プ ラ グ 損 料	φ○○mm	〃	1			
発 動 発 電 機 運 転	ディーゼルエンジン駆動　5kVA	〃	1			
計						

（備考）　1．止水プラグは，上流側に1個の設置を標準とし，着脱作業は潜水ポンプ運転工の特殊作業員が行うものとする。
　　　　　2．水量が少なく潜水ポンプによる水替を必要としない場合は，止水プラグ損料のみを計上する。

⑦-1　潜水ポンプ運転工 （1日当り）

名　　　称	規　　　格	単位	数量	単価	金額	摘　　要
特 殊 作 業 員		人				
工事用水中モーターポンプ（潜水ポンプ）損料	φ50mm，全揚程10m	日	1			機械損料×2台
発 動 発 電 機 運 転	ディーゼルエンジン駆動　5kVA	〃	1			
計						

（備考）　1．工事用水中モーターポンプの設置・撤去は特殊作業員が行うものとする。
　　　　　2．潜水ポンプは運転1日とし，2台を標準とする。

❹ 上 水 道

1. 鋳鉄管布設工

(1) 吊込み据付（機械力）歩掛表

(10m当り)

呼び径 (mm)	労務費 配管工（人）	労務費 普通作業員（人）	クレーン機種	クレーン 運転時間 (h)	クレーン 賃料 (日)
75以下	0.06	0.13	クレーン付トラック 4t積2.9t吊	1.21	—
100	0.07	0.13	〃	1.21	—
150	0.09	0.15	〃	1.34	—
200	0.10	0.16	〃	1.41	—
250	0.11	0.17	〃	1.47	—
300	0.13	0.19	〃	1.54	—
350	0.17	0.25	〃	1.61	—
400	0.21	0.31	トラッククレーン・油圧伸縮ジブ型 4.9t吊	—	0.29
450	0.25	0.37	〃	—	0.30
500	0.29	0.43	〃	—	0.32
600	0.36	0.55	〃	—	0.34
700	0.44	0.66	〃	—	0.36
800	0.52	0.80	〃	—	0.39
900	0.63	0.92	〃	—	0.41
1,000	0.78	1.17	16t吊	—	0.45
1,100	0.93	1.38	〃	—	0.48
1,200	1.08	1.63	〃	—	0.52
1,350	1.32	2.06	〃	—	0.56
1,500	1.72	2.58	〃	—	0.61
1,600	2.29	3.43	〃	—	0.81
1,650	2.50	3.75	〃	—	0.83
1,800	2.97	4.45	〃	—	0.89
2,000	3.15	4.74	20t吊	—	0.95
2,100	3.27	4.89	〃	—	0.97
2,200	3.73	5.59	〃	—	1.01
2,400	4.36	6.54	25t吊	—	1.13
2,600	5.15	7.50	〃	—	1.24

（備考）
1. 歩掛は，20m程度の現場内小運搬を含む。
2. 本表は一般配管の標準を示したもので，現場の状況に応じて割増することが出来る。
3. 呼び径350mm以下の吊込機械は現場の状況に応じ，トラッククレーン・油圧伸縮ジブ型4.9t吊，又は，バックホウ（クレーン仕様）クローラ型クレーン機能付2.9t吊を使用することが出来る。なお，バックホウ（クレーン仕様）は，「クレーン等安全規則」，「移動式クレーン構造規格」に準拠した機械である。
4. 16t吊以上のクレーン機種は，ラフテレーンクレーン油圧伸縮ジブ型とする。

(2) 吊込み据付（人力）歩掛表

(10m当り)

呼び径 (mm)	配管工 (人)	普通作業員 (人)
75以下	0.17	0.52
100	0.19	0.65
150	0.25	0.91
200	0.37	1.13
250	0.50	1.38
300	0.65	1.66
350	0.90	1.98
400	1.14	2.37

（つづく）

呼び径 (mm)	配管工 (人)	普通作業員 (人)
450	1.40	2.76
500	1.65	3.17
600	2.16	4.00
700	2.68	4.82
800	3.29	5.61
900	3.71	6.42
1,000	4.22	7.62

(備考) 1. 歩掛は，20ｍ程度の現場内小運搬を含む。
　　　 2. 本表は一般配管の標準を示したもので，現場の状況に応じて割増することが出来る。

(3) メカニカル継手歩掛表　　　　　　　　　　　　　　　　　　　　　　　　　　　(1口当り)

呼び径 (mm)	配管工 (人)	普通作業員 (人)	諸雑費	モルタル充填工 配管工(人)	普通作業員(人)	モルタル量(m³)
75以下	0.05	0.05	労務費の1%	—	—	—
100	0.05	0.05	〃	—	—	—
150	0.06	0.06	〃	—	—	—
200	0.07	0.07	〃	—	—	—
250	0.08	0.08	〃	—	—	—
300	0.09	0.09	〃	—	—	—
350	0.09	0.09	〃	—	—	—
400	0.10	0.10	〃	—	—	—
450	0.11	0.11	〃	—	—	—
500	0.12	0.12	〃	—	—	—
600	0.14	0.14	〃	—	—	—
700	0.16	0.16	〃	0.20	0.07	0.0074
800	0.21	0.21	〃	0.22	0.07	0.0079
900	0.24	0.24	〃	0.24	0.08	0.0085
1,000	0.28	0.28	〃	0.27	0.09	0.0095
1,100	0.33	0.33	〃	0.30	0.10	0.0135
1,200	0.39	0.39	〃	0.35	0.12	0.0151
1,350	0.48	0.48	〃	0.42	0.14	0.0183
1,500	0.59	0.59	〃	0.51	0.17	0.0209
1,600	0.78	0.78	〃	0.58	0.19	0.0284
1,650	0.83	0.83	〃	0.61	0.20	0.0295
1,800	0.95	0.95	〃	0.69	0.23	0.0328
2,000	1.10	1.10	〃	0.82	0.28	0.0394
2,100	1.27	1.27	〃	0.90	0.30	0.0419
2,200	1.37	1.37	〃	0.99	0.33	0.0449
2,400	1.58	1.58	〃	1.16	0.39	0.0497
2,600	1.78	1.78	〃	1.33	0.45	0.0547

(備考) 1. モルタル充填工はU形，UF形，LUF形及びUS形（SB，VT，LS方式）継手の場合のみ加算する。
　　　　 US形（R方式）には加算しない。
　　　 2. モルタル配合は1：1を標準とする。
　　　 3. NS形(継ぎ輪φ75〜250 mm)，NS形(異形管φ300〜450 mm)，S形，US形（SB，VT，LS方式），UF形，LUF形，
　　　　 KF形，SⅡ形等の離脱防止継手及びU形（φ700〜1,200 mm）の場合は，本歩掛に30％を上限として割増することが出
　　　　 来る。US形（R方式）は，割増を適用しない。
　　　 4. 特殊押輪を使用する場合は，下記の計算式により割増することが出来る。
　　　　 押しボルト数／T頭ボルト数×30％＝割増％　ただし，30％を上限とする。
　　　 5. 非耐震継手の外周から設置する耐震型補強金具を使用する場合は，本歩掛に35％を割増することが出来る。
　　　 6. 接合工事を本体工事に含めない場合(分離発注)の歩掛は，別途算出すること。
　　　 7. 諸雑費には，滑材，接合器具損料を含む。

❹上 水 道―3

(4) 伸縮可とう管設置歩掛表（鋳鉄製）
接合形式－F（フランジ），S（挿口），U（受け口） （1基当り）

呼び径 (mm)	接合形式	労務費 配管工(人)	労務費 普通作業員(人)	クレーン機種	クレーン運転時間(h)	クレーン賃料(日)	諸雑費
100以下	F×F	0.14	0.16	クレーン付トラック 4t積2.9t吊	0.46	―	労務費の1%
	S×S	0.15	0.17		0.46	―	〃
	U×U	0.15	0.17		0.46	―	〃
150	F×F	0.17	0.19		0.53	―	〃
	S×S	0.19	0.21		0.53	―	〃
	U×U	0.19	0.21		0.53	―	〃
200	F×F	0.20	0.23		0.61	―	〃
	S×S	0.22	0.25		0.61	―	〃
	U×U	0.22	0.25		0.61	―	〃
250	F×F	0.25	0.29		0.71	―	〃
	S×S	0.26	0.30		0.71	―	〃
	U×U	0.26	0.30		0.71	―	〃
300	F×F	0.29	0.33		0.83	―	〃
	S×S	0.30	0.34		0.83	―	〃
	U×U	0.30	0.34		0.83	―	〃
350	F×F	0.31	0.36		0.97	―	〃
	S×S	0.32	0.37		0.97	―	〃
	U×U	0.32	0.37		0.97	―	〃
400	F×F	0.34	0.40	トラッククレーン 油圧伸縮ジブ型 4.9t吊	―	0.18	〃
	S×S	0.36	0.42		―	0.18	〃
	U×U	0.36	0.42		―	0.18	〃
450	F×F	0.38	0.46		―	0.19	〃
	S×S	0.41	0.49		―	0.19	〃
	U×U	0.41	0.49		―	0.19	〃
500	F×F	0.43	0.52		―	0.19	〃
	S×S	0.46	0.55		―	0.19	〃
	U×U	0.46	0.55		―	0.19	〃
600	F×F	0.57	0.60		―	0.21	〃
	S×S	0.59	0.62		―	0.21	〃
	U×U	0.59	0.62		―	0.21	〃
700	F×F	0.69	0.72		―	0.23	〃
	S×S	0.73	0.76		―	0.23	〃
	U×U	0.73	0.76		―	0.23	〃
800	F×F	0.91	0.94		―	0.26	〃
	S×S	0.98	1.01		―	0.26	〃
	U×U	0.98	1.01		―	0.26	〃
900	F×F	1.17	1.20		―	0.30	〃
	S×S	1.21	1.24		―	0.30	〃
	U×U	1.21	1.24		―	0.30	〃
1,000	F×F	1.39	1.42	ラフテレーンクレーン 油圧伸縮ジブ型 16t吊	―	0.33	〃
	S×S	1.44	1.47		―	0.33	〃
	U×U	1.44	1.47		―	0.33	〃

（備考） 1. 接合形式，F×S F×U U×Sの配管工及び普通作業員歩掛値の算出方法は，次の計算例を参考にすること。
　　　　　　例） F×Sの配管工（人）は，(F×F)の値／2＋（S×S）の値／2。
　　　　　　　　F×Sの普通作業員も，同様に求めること。
　　　2. 呼び径350mm以下の吊込み機械は現場の状況に応じ，トラッククレーン・油圧伸縮ジブ型4.9t吊，又はバックホウ（クレーン仕様）クローラ型クレーン機能付2.9t吊を使用することが出来る。なお，バックホウ（クレーン仕様）は，「クレーン等安全規則」，「移動式クレーン構造規格」に準拠した機械である。
　　　3. 継手は，別途計上する。
　　　4. 諸雑費には，付属品取外し工具損料を含む。

(5) フランジ継手歩掛表 (1口当り)

規格\呼び径	JWWA 7.5K ボルト数(本)	配管工(人)	普通作業員(人)	諸雑費	JWWA 10K ボルト数(本)	配管工(人)	普通作業員(人)	諸雑費
65mm 以下	4	0.05	0.05	労務費の1%	4	0.05	0.05	労務費の1%
75(80)	4	0.06	0.06	〃	8	0.11	0.11	〃
100	4	0.06	0.06	〃	8	0.11	0.11	〃
125	6	0.07	0.07	〃	8	0.12	0.12	〃
150	6	0.07	0.07	〃	8	0.12	0.12	〃
200	8	0.08	0.08	〃	12	0.13	0.13	〃
250	8	0.10	0.10	〃	12	0.15	0.15	〃
300	10	0.11	0.11	〃	16	0.17	0.17	〃
350	10	0.11	0.11	〃	16	0.17	0.17	〃
400	12	0.12	0.12	〃	16	0.18	0.18	〃
450	12	0.13	0.13	〃	20	0.21	0.21	〃
500	12	0.14	0.14	〃	20	0.22	0.22	〃
600	16	0.17	0.17	〃	24	0.25	0.25	〃
700	16	0.19	0.19	〃	24	0.28	0.28	〃
800	20	0.24	0.24	〃	28	0.33	0.33	〃
900	20	0.29	0.29	〃	28	0.39	0.39	〃
1,000	24	0.34	0.34	〃	28	0.44	0.44	〃
1,100	24	0.38	0.38	〃	28	0.48	0.48	〃
1,200	28	0.46	0.46	〃	32	0.56	0.56	〃
1,350	28	0.56	0.56	〃	36	0.70	0.70	〃
1,500	32	0.68	0.68	〃	40	0.83	0.83	〃
1,600	36	0.84	0.84	〃	40	0.94	0.94	〃
1,650	40	0.99	0.99	〃	40	0.99	0.99	〃
1,800	44	1.11	1.11	〃	44	1.11	1.11	〃
2,000	48	1.31	1.31	〃	48	1.31	1.31	〃
2,100	48	1.37	1.37	〃	52	1.43	1.43	〃
2,200	52	1.57	1.57	〃	52	1.57	1.57	〃
2,300	52	1.70	1.70	〃	52	1.70	1.70	〃
2,400	56	1.83	1.83	〃	56	1.83	1.83	〃
2,500	56	1.96	1.96	〃	56	1.96	1.96	〃
2,600	56	2.09	2.09	〃	60	2.22	2.22	〃

(備考) 1. 本表は鋼管，鋳鉄管ともに適用する。
　　　 2. 鋼管の場合，JWWA 7.5K は F12，JWWA 10K は F15と読み替える。
　　　 3. 本表には，管の現場内小運搬及び据付けは含まない。
　　　 4. 諸雑費には，接合器具損料を含む。

(6) T形継手歩掛表 (1口当り)

呼び径(mm)	配管工(人)	普通作業員(人)	諸雑費
75 以下	0.05	0.05	労務費の1%
100	0.05	0.05	〃
150	0.05	0.05	〃
200	0.06	0.06	〃
250	0.07	0.07	〃

(備考) 1. 特殊押輪，抜出防止金具を使用する場合は，本歩掛に30％を割増する。
　　　 2. 諸雑費には，滑材，接合器具損料を含む。

❹ 上 水 道―5

(7) NS形継手接合歩掛表

1表（NS形） (1口当り)

呼び径(mm)	配管工(人)	普通作業員(人)	諸雑費
75	0.05	0.05	労務費の1%
100	0.05	0.05	〃
150	0.05	0.05	〃
200	0.06	0.06	〃
250	0.07	0.07	〃
300	0.10	0.10	労務費の4%
350	0.10	0.10	〃
400	0.11	0.11	〃
450	0.12	0.12	〃

（備考） 1. 呼び径75～250 mmの異形管（継ぎ輪を除く）の接合は，本歩掛に30％を割増する。
2. 呼び径75～450 mmの諸雑費には，滑材，接合器具損料を含む。
なお，呼び径300～450 mmについては，油圧シリンダ・ポンプ等も可。
3. 呼び径75～250 mmの継ぎ輪の接合は，(3)メカニカル継手歩掛表を使用する。
4. 呼び径300～450 mmの異形管の接合は，(3)メカニカル継手歩掛表を使用する。
5. 本表は，ライナを含む継手の接合にも適用する。

2表（NS形） (1口当り)

呼び径(mm)	配管工(人)	普通作業員(人)	諸雑費
500	0.13	0.13	労務費の1%
600	0.15	0.15	〃
700	0.18	0.18	〃
800	0.23	0.23	〃
900	0.26	0.26	〃
1,000	0.31	0.31	〃

（備考） 1. ライナを含む継手の接合は，本歩掛に20％を割増する。
2. 諸雑費には，滑材，接合器具損料を含む。

〔参考：NS形継手接合歩掛　適用表〕

呼び径(mm)	直管	異形管 継ぎ輪以外	異形管 継ぎ輪
75～250	(7)NS形継手接合歩掛表 1表		(3)メカニカル継手歩掛表
300～450			
500～1,000	(7)NS形継手接合歩掛表　2表		

3表（NS形E種） (1口当り)

呼び径(mm)	直管 配管工(人)	直管 普通作業員(人)	直管 諸雑費	呼び径(mm)	異形管 配管工(人)	異形管 普通作業員(人)	異形管 諸雑費
75	0.05	0.05	労務費の1%	75	0.05	0.05	労務費の1%
100	0.05	0.05		100	0.05	0.05	
150	0.05	0.05		150	0.06	0.06	

（備考） 1. N-Link及び受挿し短管の切管部への接合は，異形管の歩掛に60％を割増する。
2. N-Linkを用いた直管の接合は，「直管の接合」(1口)と「N-Link及び受挿し短管の切管部への接合」(1口)を計上する。
3. N-Linkを用いた異形管の接合は，異形管の歩掛に60％を割増する。
4. 本表は，ライナを含む継手の接合にも適用する。
5. 諸雑費には，滑材，接合器具損料を含む。

計算例（口径100mmの場合）
1. N-Linkを用いた直管の接合（1口）＝直管部の接合（1口）＋N-Link及び受挿し短管の切管部への接合（1口）
配管工：0.05＋0.05×(1＋0.60)＝0.13（人）
普通作業員：0.05＋0.05×(1＋0.60)＝0.13（人）
2. N-Linkを用いた異形管の接合（1口）
配管工：0.05×(1＋0.60)＝0.08（人）
普通作業員：0.05×(1＋0.60)＝0.08（人）

(8) GX形継手接合歩掛表
　　（GX形） (1口当り)

呼び径(mm)	直管 配管工(人)	直管 普通作業員(人)	直管 諸雑費	異形管 配管工(人)	異形管 普通作業員(人)	異形管 諸雑費
75	0.05	0.05	労務費の1%	0.05	0.05	労務費の1%
100	0.05	0.05	〃	0.05	0.05	〃
150	0.05	0.05	〃	0.06	0.06	〃
200	0.06	0.06	〃	0.07	0.07	〃
250	0.07	0.07	〃	0.08	0.08	〃
300	0.09	0.09	〃	0.09	0.09	〃
350	0.09	0.09	〃	0.11	0.11	〃
400	0.10	0.10	〃	0.12	0.12	〃
450	0.10	0.10	〃	0.13	0.13	〃

（備考）　1.　呼び径75～300mmのP-Link切管部への接合は直管の歩掛に30%を割増する。
　　　　　2.　呼び径75～300mmのP-Linkを用いた直管の接合（1口）は，「直管の接合」（1口）と「P-Linkの切管部への接合」（1口）を計上する。
　　　　　3.　呼び径75～300mmのG-Linkを用いた異形管の接合は，異形管の歩掛に60%を割増する。
　　　　　4.　本表は，ライナを含む継手の接合にも適用する。
　　　　　5.　諸雑費には，滑材，接合器具損料を含む。

計算例（口径100mmの場合）
　　1.　P-Linkを用いた直管の場合（1口）＝直管部の接合（1口）＋P-Linkの切管部への接合（1口）
　　　　配管工：0.05＋0.05×(1＋0.30)＝0.115（人）
　　　　普通作業員：0.05＋0.05×(1＋0.30)＝0.115（人）
　　2.　G-Linkを用いた異形管の接合（1口）
　　　　配管工：0.05×(1＋0.60)＝0.08（人）
　　　　普通作業員：0.05×(1＋0.60)＝0.08（人）

(9) S50形継手接合歩掛表
　　（S50形） (1口当り)

呼び径(mm)	直管 配管工(人)	直管 普通作業員(人)	諸雑費
50	0.05	0.05	労務費の1%

（備考）　1.　異形管，切管施工時の抜止め押輪の接合は直管の歩掛に60%を割増する。
　　　　　2.　諸雑費には，滑材，接合器具損料を含む。

(10) NS形・SⅡ形・GX形継手挿口加工歩掛表
　　1表（NS形・GX形） (1口当り)

呼び径(mm)	リベット式 NS形 配管工(人)	リベット式 NS形 普通作業員(人)	タッピンねじ式 NS形・GX形 配管工(人)	タッピンねじ式 NS形・GX形 普通作業員(人)	諸雑費
75	0.04	0.04	0.04	0.04	労務費の5%
100	0.04	0.04	0.04	0.04	〃
150	0.05	0.05	0.04	0.04	〃
200	0.05	0.05	0.04	0.04	〃
250	0.06	0.06	0.04	0.04	〃
300	0.07	0.07	0.04	0.04	〃
350	0.07	0.07	0.04	0.04	〃
400	0.07	0.07	0.05	0.05	〃
450	0.07	0.07	0.05	0.05	〃

（備考）　1.　本表は，現地挿口加工の際，切断・溝切り加工後の挿口リングの取付け歩掛である。
　　　　　2.　諸雑費には，工具損料，ドリル刃損耗費を含む。

2表（SⅡ形） (1口当り)

固定方式	呼び径(mm)	配管工(人)	普通作業員(人)	諸雑費
ビス止め式	150	0.10	0.10	労務費の5％
〃	200	0.10	0.10	〃
〃	250	0.10	0.10	〃
〃	300	0.11	0.11	〃
〃	350	0.11	0.11	〃
〃	400	0.11	0.11	〃
〃	450	0.12	0.12	〃
ネジ込み式	75	0.03	0.03	労務費の5％
〃	100	0.04	0.04	〃
〃	150	0.04	0.04	〃
〃	200	0.05	0.05	〃
〃	250	0.06	0.06	〃
〃	300	0.06	0.06	〃
〃	350	0.07	0.07	〃
〃	400	0.07	0.07	〃
〃	450	0.07	0.07	〃

（備考）　1．本表は，現地挿口加工の際，切断・溝切り加工後の挿口リングの取付け歩掛である。
　　　　　2．諸雑費には，工具損料，ドリル刃損耗費，内面補修費を含む。

(11) NS形，S形，US形継手挿口加工歩掛表 (1口当り)

呼び径(mm)	配管工(人)	普通作業員(人)	諸雑費	固定方式
500	0.08	0.08	労務費の5％	リベット式
600	0.08	0.08	〃	〃
700	0.09	0.09	〃	〃
800	0.09	0.09	〃	〃
900	0.10	0.10	〃	〃
1,000	0.10	0.20	〃	〃
1,100	0.10	0.20	〃	〃
1,200	0.10	0.20	〃	〃
1,350	0.11	0.22	〃	〃
1,500	0.11	0.22	〃	〃
1,600	0.11	0.22	〃	〃
1,650	0.11	0.22	〃	〃
1,800	0.12	0.24	〃	〃

（備考）　1．本表は，切断・溝切り加工後の切管に対する現地での挿口リング取付け歩掛である。
　　　　　2．諸雑費には，工具損料，ドリル刃消耗費を含む。
　　　　　3．対象呼び径は，NS形500～1,000 mm，S形500～1,600 mm，US形800～1,800 mmとする。

(12) 水圧試験歩掛表
　　　φ900 mm以上のダクタイル鋳鉄管の継手部に使用 (1口当り)

呼び径(mm)	配管工(人)	普通作業員(人)	試験機損料率	諸雑費
900	0.13	0.54	1.31×10^{-3}	労務費の5％
1,000	0.14	0.59	1.41×10^{-3}	〃
1,100	0.14	0.63	1.51×10^{-3}	〃
1,200	0.15	0.68	1.60×10^{-3}	〃
1,350	0.16	0.77	1.66×10^{-3}	〃
1,500	0.18	0.81	1.73×10^{-3}	〃
1,600	0.19	0.86	1.80×10^{-3}	〃
1,650	0.20	0.90	1.89×10^{-3}	〃
1,800	0.21	0.99	1.95×10^{-3}	〃
2,000	0.23	1.08	2.08×10^{-3}	〃
2,100	0.23	1.13	2.14×10^{-3}	〃
2,200	0.24	1.17	2.21×10^{-3}	〃
2,400	0.25	1.26	2.29×10^{-3}	〃
2,600	0.27	1.35	2.38×10^{-3}	〃

（備考）　1．継手型式K形，KF形，U形，UF形，S形及びNS形に適用する。
　　　　　2．試験機は実勢単価とする。
　　　　　3．鋼管の場合のX線検査及び超音波探傷検査は別途積算すること。
　　　　　4．諸雑費には，試験機取付け器具損料，傷つけ防止材を含む。

(13) ポリエチレンスリーブ被覆歩掛表　　　　　　　　　　　　　　　　　　　　　　　　　　（100m当り）

呼び径 (mm)	労務費		材料費		
^	配管工 （人）	普通作業員 （人）	ポリエチレンスリーブ (m)	固定具	
^	^	^	^	固定用ゴムバンドの場合 （組）	粘着テープの場合 (m)
75以下	0.25	0.25	A （a式による）	B （b式による）	51.0
100	0.30	0.30	^	^	61.2
150	0.35	0.35	^	^	83.6
200	0.43	0.43	^	^	104.0
250	0.51	0.51	^	^	126.5
300	0.59	0.59	^	^	147.9
350	0.67	0.67	^	^	168.3
400	0.75	0.75	^	^	190.4
450	0.83	0.83	^	^	210.8
500	0.91	0.91	^	^	232.9
600	1.00	1.00	^	^	275.4
700	1.17	1.17	^	^	317.9
800	1.33	1.33	^	^	360.4
900	1.50	1.50	^	^	404.6
1,000	1.67	1.67	^	^	447.1
1,100	1.83	1.83	^	^	489.6
1,200	2.00	2.00	^	^	532.1
1,350	2.25	2.25	^	^	596.7
1,500	2.50	2.50	^	^	659.6
1,600	2.80	2.80	^	^	698.7
1,650	3.10	3.10	^	^	719.1
1,800	3.40	3.40	^	^	780.3
2,000	3.75	3.75	^	^	869.6
2,100	4.05	4.05	^	^	912.9
2,200	4.50	4.50	^	^	961.4
2,400	5.00	5.00	^	^	1,035.3
2,600	5.50	5.50	^	^	1,129.7

（備考）　1．本表は、呼び径100mm以下は管長4m、呼び径250mm以下は管長5m、呼び径1,500mm以下は管長6m、呼び径1,600mm以上は管長4mについての歩掛である。
　　　　2．ポリエチレンスリーブを管1本当り単位とする場合は、C表の管1本当りスリーブ長で割戻すこと。
　　　　3．固定用ゴムバンドは、1組当り2条とした場合の歩掛である。また、使用組数を継手1箇所当り4組とし、直部1m当り（継手1箇所当り1mを除く）1組とした場合の歩掛である。
　　　　a　100m当りポリエチレンスリーブ使用量(A)の算定

$$A(m) = \frac{L_2 \times (1+a)}{L_1} \times 100.0 \text{ m} \quad \cdots\cdots\cdots\cdots\cdots\cdots \text{a式}$$

　　　　　　L_1：直管長（m／本）……………………………………c表
　　　　　　L_2：管1本当りスリーブ長（m）………………………c表
　　　　　　a：ポリエチレンスリーブ割増係数　……………………c表
　　　　b　100m当り固定バンド使用量(B)の算定

$$B(組) = \frac{4組 \times (1+\beta) + (L_1 - 1.0 \text{ m})}{L_1} \times 100.0 \text{ m} \cdots\cdots \text{b式}$$

　　　　　　L_1：直管長（m／1本）……………………………………c表
　　　　　　β：固定バンド割増係数　………………………………c表
　　　　c　管1本当りポリエチレンスリーブ長、直管長、固定バンド、割増係数は次表（c表）による。

c表

呼び径 (mm)	直管長 (m)	ポリエチレンスリーブ 管1本当りスリーブ長 (m)	割増係数	固定バンド 割増係数
50～100	4.0	5.0	0～0.2	0～0.5
150～250	5.0	6.0	0～0.2	0～0.5
300～350	6.0	7.0	0～0.2	0～0.5
400～450	6.0	7.0	0～0.1	0～0.1
500～1,500	6.0	7.5	0～0.1	0～0.1
1,600～2,600	4.0	5.5	0～0.1	0～0.1

（備考） ポリエチレンスリーブの割増係数は，異形管，切管等に伴い使用不能となる材料割増である。また，固定バンド割増係数は，異形管，切管等に伴う接合箇所数の割増である。

〔防食用被覆参考図〕

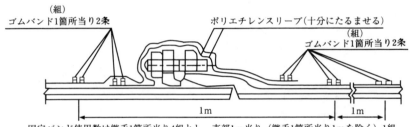

固定バンド使用数は継手1箇所当り4組とし，直部1m当り（継手1箇所当り1mを除く）1組とした場合。

(14) 不断水連絡歩掛表

(1箇所当り)

本管呼び径×取出呼び径 (mm)	特殊作業員（人）	配管工（人）	普通作業員（人）	機械損料（日）	諸雑費
φ 75 × φ 40 φ 75 × φ 50	0.22	0.55	1.29	0.14	労務費の5％
φ 75 × φ 75	0.27	0.56	1.63	0.21	〃
φ 100 × φ 40 φ 100 × φ 50	0.22	0.58	1.34	0.14	〃
φ 100 × φ 75	0.27	0.59	1.68	0.21	〃
φ 100 × φ 100	0.28	0.61	1.72	0.22	〃
φ 150 × φ 40 φ 150 × φ 50	0.22	0.64	1.44	0.14	〃
φ 150 × φ 75	0.27	0.65	1.78	0.21	〃
φ 150 × φ 100	0.28	0.67	1.82	0.22	〃
φ 150 × φ 150	0.30	0.68	1.87	0.25	〃
φ 200 × φ 40 φ 200 × φ 50	0.22	0.71	1.54	0.14	〃
φ 200 × φ 75	0.27	0.72	1.88	0.21	〃
φ 200 × φ 100	0.28	0.74	1.92	0.22	〃
φ 200 × φ 150	0.30	0.75	1.97	0.25	〃
φ 200 × φ 200	0.32	0.77	2.03	0.27	〃

(つづく)

本管呼び径×取出呼び径 (mm)	特殊作業員（人）	配管工（人）	普通作業員（人）	機械損料（日）	諸雑費
φ250 × φ40 φ250 × φ50	0.48	0.79	1.64	0.14	労務費の5％
φ250 × φ75	0.53	0.80	1.98	0.21	〃
φ250 × φ100	0.54	0.82	2.02	0.22	〃
φ250 × φ150	0.56	0.83	2.07	0.25	〃
φ250 × φ200	0.58	0.85	2.13	0.27	〃
φ300 × φ40 φ300 × φ50	0.53	0.87	1.74	0.14	〃
φ300 × φ75	0.58	0.88	2.08	0.21	〃
φ300 × φ100	0.59	0.90	2.12	0.22	〃
φ300 × φ150	0.61	0.91	2.17	0.25	〃
φ300 × φ200	0.63	0.93	2.23	0.27	〃
φ350 × φ40 φ350 × φ50	0.58	0.96	1.85	0.14	〃
φ350 × φ75	0.63	0.97	2.19	0.21	〃
φ350 × φ100	0.64	0.99	2.23	0.22	〃
φ350 × φ150	0.66	1.00	2.28	0.25	〃
φ350 × φ200	0.68	1.02	2.34	0.27	〃
φ400 × φ40 φ400 × φ50	0.65	1.06	1.97	0.14	〃
φ400 × φ75	0.70	1.07	2.31	0.21	〃
φ400 × φ100	0.71	1.09	2.35	0.22	〃
φ400 × φ150	0.73	1.10	2.40	0.25	〃
φ400 × φ200	0.75	1.12	2.46	0.27	〃

（備考） 1. 本表は鋳鉄管からの分岐とし，割丁字管取付けから穿孔完了までの作業に適用する。
2. 諸雑費には，燃料，カッター刃の消耗費及び特殊工具損料費を含む。
3. 分岐機械の損料は，建設機械損料算定表 不断水穿孔機による。

⒂　管明示テープ歩掛表
　　1表　φ350mm以下　　　　　　　　　　　　　　　　　　　　　　　　　　　　（100m当り）

呼び径・寸法（mm）	普通作業員（人）	天端明示の有無
φ50×4,000	0.09	無
φ75×4,000	0.11	〃
φ100×4,000	0.12	〃
φ150×5,000	0.11	〃
φ200×5,000	0.12	〃
φ250×5,000	0.12	〃
φ300×6,000	0.11	〃
φ350×6,000	0.12	〃

（備考）　1.　歩掛は，テープの胴巻き作業の貼り付け手間である。
　　　　　2.　明示要領については，以下の水道課長通知に準拠することとする。
　　　　　　「道路法施行令および道路法施行規則の一部改正に伴う水道管の布設について」
　　　　　　　　　　　　　　　　　　　　　　　　（昭和46年6月4日付け厚生省環水第55号）
　　　　　　URL:https://www.mhlw.go.jp/hourei/
　　　　　3.　道路掘削に伴う事故や誤分岐接合を防止するため，φ75mm未満のものについても
　　　　　　管明示テープを施工出来る。

　　2表　φ400～φ2000mm　　　　　　　　　　　　　　　　　　　　　　　　　（100m当り）

呼び径・寸法（mm）	普通作業員（人）	天端明示の有無
φ400×6,000	0.17	有
φ450×6,000	0.17	〃
φ500×6,000	0.18	〃
φ600×6,000	0.19	〃
φ700×6,000	0.29	〃
φ800×6,000	0.31	〃
φ900×6,000	0.32	〃
φ1,000×6,000	0.33	〃
φ1,100×6,000	0.35	〃
φ1,200×6,000	0.36	〃
φ1,350×6,000	0.38	〃
φ1,500×6,000	0.49	〃
φ1,600×4,000	0.64	〃
φ1,600×5,000	0.59	〃
φ1,650×4,000	0.66	〃
φ1,650×5,000	0.60	〃
φ1,800×4,000	0.68	〃
φ1,800×5,000	0.62	〃
φ2,000×4,000	0.83	〃
φ2,000×5,000	0.76	〃

（備考）　1.　歩掛は，テープの胴巻き作業及び天端明示作業等の貼り付け手間である。
　　　　　2.　明示要領については，以下の水道課長通知に準拠することとする。
　　　　　　「道路法施行令および道路法施行規則の一部改正に伴う水道管の布設について」
　　　　　　　　　　　　　　　　　　　　　　　　（昭和46年6月4日付け厚生省環水第55号）
　　　　　　URL:https://www.mhlw.go.jp/hourei/
　　　　　3.　天端明示作業は，100m当り0.04人とする。
　　　　　　表中の普通作業員（人）には，天端明示作業人工を含む。

⒃　管明示シート歩掛表

作業種別	形状寸法	単位	普通作業員（人）	備考
明示シート工	—	100m当り	0.4	

(17) ロケーティングワイヤー歩掛表

作業種別	形状寸法	単　位	ロケーティングワイヤー（m）	普通作業員（人）	備　考
ロケーティングワイヤー	—	100m当り	110.0	0.1	

（備考）　ロケーティングワイヤーの固定はポリエチレンスリーブ被覆の固定用ゴムバンド又は粘着テープ，管明示テープを利用するものとする。

2．鋼管布設工

(1) 小口径管布設（人力）据付工歩掛表　　　　　　　　　　　　　　　　　　　　　（10m当り）

呼び径 (mm)	配管工 （人）	普通作業員 （人）
13	0.10	0.10
20	0.11	0.12
25	0.13	0.13
32	0.14	0.14
40	0.15	0.16
50	0.18	0.18
65	0.19	0.20
80	0.20	0.23
100	0.23	0.25
125	0.25	0.30
150	0.30	0.35

（備考）　1．歩掛は，20m程度の現場内小運搬を含む。
　　　　　2．本表は，一般配管の標準を示したもので，現場の状況に応じて割増することが出来る。

1) 小口径管切断歩掛表　　　　　　　　　　　　　　　　　　　　　　　　　　　　　（1口当り）

呼び径 (mm)	配管工 （人）	普通作業員 （人）	諸雑費
13	0.01	0.01	労務費の3％
20	0.01	0.01	〃
25	0.01	0.01	〃
32	0.01	0.01	〃
40	0.02	0.01	〃
50	0.02	0.01	〃
65	0.03	0.01	〃
80	0.03	0.02	〃
100	0.03	0.02	〃
125	0.04	0.03	〃
150	0.04	0.03	〃

（備考）諸雑費には，燃料，カッター刃の損耗費を含む。

2) 小口径管ねじ切り歩掛表 (1口当り)

呼び径 (mm)	配管工 (人)	普通作業員 (人)	諸雑費
13	0.03	0.02	労務費の3％
20	0.03	0.02	〃
25	0.04	0.03	〃
32	0.04	0.04	〃
40	0.04	0.04	〃
50	0.05	0.05	〃
65	0.05	0.05	〃
80	0.05	0.05	〃
100	0.06	0.06	〃
125	0.07	0.07	〃
150	0.08	0.08	〃

(備考) 1. 本表は,オースター使用によるねじ切りの歩掛である。
　　　 2. 諸雑費には,機械損料を含む。

3) 小口径管ねじ込み接合歩掛表 (2口当り)

呼び径 (mm)	配管工 (人)	普通作業員 (人)	諸雑費
13	0.02	0.04	労務費の3％
20	0.02	0.04	〃
25	0.02	0.04	〃
32	0.02	0.04	〃
40	0.02	0.04	〃
50	0.02	0.05	〃
65	0.02	0.05	〃
80	0.03	0.05	〃
100	0.03	0.06	〃
125	0.03	0.07	〃
150	0.05	0.08	〃

(備考) 諸雑費には,機械損料を含む。

(2) 吊込み据付 (機械力) 歩掛表 (10m当り)

呼び径 (mm)	標準 延長 (m)	配管工 (人)	普通作業員 (人)	クレーン機種 A種	クレーン機種 B種	クレーン 運転時間 (h)	クレーン 賃料 (日)
80	5.5	0.05	0.07	クレーン付トラック 4t積2.9t吊	クレーン付トラック 4t積2.9t吊	1.14	－
100	〃	0.05	0.07	〃	〃	1.27	－
125	〃	0.05	0.07	〃	〃	1.34	－
150	〃	0.06	0.08	〃	〃	1.34	－
200	〃	0.07	0.09	〃	〃	1.41	－
250	〃	0.09	0.12	〃	〃	1.47	－
300	6.0	0.09	0.17	〃	〃	1.54	－
350	〃	0.12	0.20	〃	〃	1.61	－
400	〃	0.15	0.23	トラッククレーン・油圧伸縮ジブ型 4.9t吊	〃	1.68	0.29
450	〃	0.18	0.26	〃	〃	1.74	0.30
500	〃	0.20	0.29	〃	〃	1.81	0.32
600	〃	0.24	0.36	〃	〃	1.94	0.34
700	〃	0.29	0.43	〃	トラッククレーン・油圧伸縮ジブ型 4.9t吊	－	0.36

(つづく)

呼び径 (mm)	標準延長 (m)	労務費 配管工 (人)	労務費 普通作業員 (人)	クレーン機種 A 種	クレーン機種 B 種	クレーン運転時間 (h)	クレーン賃料 (日)
800	6.0	0.34	0.52	トラッククレーン・油圧伸縮ジブ型 4.9t吊	トラッククレーン・油圧伸縮ジブ型 4.9t吊	—	0.39
900	〃	0.40	0.61	〃	〃	—	0.41
1,000	〃	0.48	0.73	〃	〃	—	0.45
1,100	〃	0.53	0.78	16t吊	〃	—	0.48
1,200	〃	0.68	1.02	〃	16t吊	—	0.52
1,350	〃	0.85	1.29	〃	〃	—	0.56
1,500	〃	1.07	1.61	〃	〃	—	0.61
1,600	〃	1.43	3.22	〃	〃	—	0.81
1,650	〃	1.43	3.22	〃	〃	—	0.81
1,800	〃	1.95	4.40	〃	〃	—	0.89
1,900	〃	2.02	4.54	〃	〃	—	0.92
2,000	〃	2.08	4.68	〃	〃	—	0.95
2,100	〃	2.24	5.03	25t吊	25t吊	—	0.97
2,200	〃	2.44	5.38	〃	〃	—	1.01
2,300	〃	2.66	5.73	35t吊	〃	—	1.07
2,400	〃	2.87	6.08	〃	〃	—	1.13
2,500	〃	3.09	6.43	〃	35t吊	—	1.18
2,600	〃	3.31	6.78	〃	〃	—	1.24
2,700	4.0	3.53	7.13	〃	25t吊	—	1.30
2,800	〃	3.75	7.48	〃	〃	—	1.36
2,900	〃	3.93	7.83	〃	〃	—	1.42
3,000	〃	4.19	8.18	〃	35t吊	—	1.48

(備考) 1. 歩掛は，20m程度の現場内小運搬を含む。
2. 本表は一般配管の標準を示したもので，現場の状況に応じて割増することが出来る。
3. A種，B種の区分については，(4)電気溶接歩掛表を参照のこと。
4. 呼び径(A種)350mm及び呼び径(B種)600mm以下の吊込機械は，現場の状況に応じ，トラッククレーン・油圧伸縮ジブ型4.9t吊，又は，バックホウ(クレーン仕様)クローラ型クレーン機能付2.9t吊を使用することが出来る。なお，バックホウ(クレーン仕様)は，「クレーン等安全規則」，「移動式クレーン構造規格」に準拠した機械である。
5. 16t吊以上のクレーン機種は，ラフテレーンクレーン油圧伸縮ジブ型とする。

(3) 吊込み据付（人力）歩掛表

(10m当り)

呼び径 (mm)	配管工 (人)	普通作業員 (人)
50	0.18	0.18
80	0.20	0.23
100	0.23	0.25
125	0.25	0.30
150	0.30	0.35
200	0.35	0.40
250	0.40	0.50
300	0.50	0.60
350	0.60	0.67
400	0.70	0.83
450	0.70	0.98
500	0.80	1.19
600	0.90	1.34
700	1.03	1.81
800	1.24	2.27
900	1.55	2.78
1,000	1.86	3.35

(備考) 1. 歩掛は，20m程度の現場内小運搬を含む。
2. 本表は一般配管の標準を示したもので，現場の状況に応じて割増することが出来る。

❹ 上　水　道—15

(4) 電気溶接歩掛表
　① 呼び厚さ　A種

(1箇所当り)

呼び径 (mm)	鋼管規格	板厚 (mm)	労務費 溶接工 (人)	労務費 特殊作業員 (人)	労務費 世話役 (人)	諸雑費（材料費及び器具損料） 交流溶接機の場合	諸雑費（材料費及び器具損料） 直流溶接機の場合
80	STW370	4.5	0.20	0.20	0.20	労務費の2.0％	労務費の5.0％
100	〃	4.9	0.22	0.22	0.22		
125	〃	5.1	0.25	0.25	0.25		
150	〃	5.5	0.26	0.26	0.26		
200	〃	6.4	0.33	0.66	0.33		
250	〃	6.4	0.38	0.76	0.38		
300	〃	6.4	0.41	0.82	0.41		
350	STW400	6.0	0.47	0.94	0.47		
400	〃	6.0	0.49	0.98	0.49		
450	〃	6.0	0.50	1.00	0.50		
500	〃	6.0	0.55	1.10	0.55		
600	〃	6.0	0.63	1.26	0.63		
700	〃	7.0	0.92	1.84	0.92		
800	〃	8.0	1.01	2.02	0.92	労務費の4.5％	労務費の9.5％
900	〃	8.0	1.13	2.06	0.92		
1,000	〃	9.0	1.39	2.29	0.93		
1,100	〃	10.0	1.69	2.54	1.03		
1,200	〃	11.0	2.03	3.05	1.04		
1,350	〃	12.0	2.51	3.77	1.04		
1,500	〃	14.0	3.31	4.41	1.21		
1,600	〃	15.0	3.85	5.13	1.28		
1,650	〃	15.0	3.97	5.29	1.32		
1,800	〃	16.0	3.69	4.92	1.23	労務費の6.5％	労務費の12.5％
1,900	〃	17.0	4.00	5.20	1.29		
2,000	〃	18.0	4.35	5.22	1.31		
2,100	〃	19.0	5.01	6.01	1.50		
2,200	〃	20.0	5.74	6.89	1.72		
2,300	〃	21.0	6.53	7.84	1.96		
2,400	〃	22.0	7.38	8.86	2.21		
2,500	〃	23.0	8.30	9.96	2.49		
2,600	〃	24.0	9.30	11.16	2.79		
2,700	〃	25.0	10.36	12.43	3.11		
2,800	〃	26.0	11.50	13.80	3.45		
2,900	〃	27.0	12.72	15.26	3.82		
3,000	〃	29.0	14.90	17.88	4.47		

〔備考〕 1. 本表溶接歩掛は，呼び径700 mm 以下は外面V開先，800 mm 以上で板厚16 mm 未満は内面V開先（内外面溶接），板厚16 mm 以上はX開先（内外面溶接）として算定したものである。
　　　　2. 諸雑費（材料費及び器具損料）には，溶接棒，酸素，アセチレン，直流溶接機の場合の軽油及び油脂類，交流溶接機の場合の電力料金，当該機械器具（ディーゼルエンジン付アーク溶接機，交流型アーク溶接機）損料，消耗品及び工具類1式を含む。
　　　　3. 消耗品及び工具類1式とは，ワイヤブラシ，絶縁テープ，遮光ガラス，革手袋，ウエスその他雑品及び工具等を含む。
　　　　4. 本表は一般配管の標準を示したもので，現場の状況に応じて割増することが出来る。

— 196 —

② 呼び厚さ　B種

(1箇所当り)

呼び径 (mm)	鋼管規格	板厚 (mm)	労務費 溶接工 (人)	労務費 特殊作業員 (人)	労務費 世話役 (人)	諸雑費（材料費及び器具損料）交流溶接機の場合	諸雑費（材料費及び器具損料）直流溶接機の場合
80	STW290	4.2	0.18	0.18	0.18	労務費の2.0％	労務費の5.0％
100	〃	4.5	0.20	0.20	0.20		
125	〃	4.5	0.22	0.22	0.22		
150	〃	5.0	0.24	0.24	0.24		
200	〃	5.8	0.29	0.58	0.29		
250	〃	6.6	0.40	0.80	0.40		
300	〃	6.9	0.45	0.90	0.45		
350							
400							
450							
500							
600							
700	STW400B	6.0	0.75	1.50	0.75	労務費の2.0％	労務費の5.0％
800	〃	7.0	0.91	1.82	0.83		
900	〃	7.0	1.02	1.86	0.83		
1,000	〃	8.0	1.26	2.08	0.84		
1,100	〃	8.0	1.39	2.09	0.85		
1,200	〃	9.0	1.67	2.51	0.85		
1,350	〃	10.0	2.08	3.12	0.86		
1,500	〃	11.0	2.54	3.39	0.93		
1,600	〃	12.0	2.98	3.97	0.99		
1,650	〃	12.0	3.07	4.09	1.02		
1,800	〃	13.0	3.66	4.88	1.22		
1,900	〃	14.0	4.21	5.47	1.36	労務費の5.5％	労務費の11.0％
2,000	〃	15.0	4.82	5.78	1.45		
2,100	〃	16.0	4.31	5.17	1.29		
2,200	〃	16.0	4.51	5.41	1.35		
2,300	〃	17.0	4.85	5.82	1.46		
2,400	〃	18.0	5.22	6.26	1.57		
2,500	〃	18.0	5.44	6.53	1.63		
2,600	〃	19.0	6.21	7.45	1.86		
2,700	〃	20.0	7.05	8.46	2.12		
2,800	〃	21.0	7.96	9.55	2.39		
2,900	〃	21.0	8.25	9.90	2.48		
3,000	〃	22.0	9.24	11.09	2.77		

（備考）1. 本表溶接歩掛は，呼び径700 mm以下は外面V開先，800 mm以上で板厚16 mm未満は内面V開先（内外面溶接），板厚16 mm以上はX開先（内外面溶接）として算定したものである。
2. 呼び径350 mmから600 mmはA種と同じである。
3. 諸雑費（材料費及び器具損料）には，溶接棒，酸素，アセチレン，直流溶接機の場合の軽油及び油脂類，交流溶接機の場合の電力料金，当該機械器具（ディーゼルエンジン付アーク溶接機，交流型アーク溶接機）損料，消耗品及び工具類1式を含む。
4. 消耗品及び工具類1式とは，ワイヤブラシ，絶縁テープ，遮光ガラス，革手袋，ウエスその他雑品及び工具等を含む。
5. 本表は一般配管の標準を示したもので，現場の状況に応じて割増することが出来る。

(5) 電気溶接歩掛表（裏当溶接）
　① 半自動溶接

(1箇所当り)

呼び径 (mm)	鋼管規格	板厚 (mm)	労務費 溶接工 (人)	労務費 特殊作業員 (人)	労務費 世話役 (人)	諸雑費（材料費及び器具損料）交流溶接機の場合	諸雑費（材料費及び器具損料）直流溶接機の場合
800	STW400	8.0	0.64	2.33	0.27	労務費の21.0%	労務費の25.0%
900	〃	8.0	0.69	2.49	0.31	労務費の21.0%	労務費の25.0%
1,000	〃	9.0	0.78	2.68	0.39	労務費の21.0%	労務費の25.0%
1,100	〃	10.0	1.27	3.21	0.41	労務費の22.0%	労務費の26.0%
1,200	〃	11.0	1.37	3.42	0.43	労務費の22.0%	労務費の26.0%
1,350	〃	12.0	1.64	3.89	0.54	労務費の22.0%	労務費の26.0%
1,500	〃	14.0	2.10	5.07	0.74	労務費の22.0%	労務費の26.0%
1,600	〃	15.0	2.41	5.54	0.87	労務費の23.0%	労務費の27.0%
1,650	〃	15.0	2.48	5.70	0.90	労務費の23.0%	労務費の27.0%
1,800	〃	16.0	2.56	7.34	0.94	労務費の23.0%	労務費の27.0%
1,900	〃	17.0	2.91	8.14	1.08	労務費の23.0%	労務費の27.0%
2,000	〃	18.0	3.28	8.92	1.24	労務費の23.0%	労務費の27.0%
2,100	〃	19.0	3.78	9.99	1.41	労務費の24.0%	労務費の28.0%
2,200	〃	20.0	4.22	10.94	1.59	労務費の24.0%	労務費の28.0%
2,300	〃	21.0	4.72	11.99	1.79	労務費の24.0%	労務費の28.0%
2,400	〃	22.0	5.26	13.08	2.01	労務費の24.0%	労務費の28.0%
2,500	〃	23.0	6.11	15.63	2.24	労務費の24.0%	労務費の28.0%
2,600	〃	24.0	6.76	17.00	2.49	労務費の24.0%	労務費の28.0%
2,700	〃	25.0	7.45	18.48	2.76	労務費の24.0%	労務費の28.0%
2,800	〃	26.0	8.18	19.93	3.04	労務費の24.0%	労務費の28.0%
2,900	〃	27.0	8.98	21.61	3.35	労務費の24.0%	労務費の28.0%
3,000	〃	29.0	10.35	24.43	3.88	労務費の24.0%	労務費の28.0%

（備考）　1. 本歩掛は，呼び径800mm以上で内面Ｖ開先裏当て溶接（トンネル内配管等での半自動溶接）の場合に適用するものとする。
　　　　　2. 諸雑費（材料費及び器具損料）には，自動ワイヤ，混合ガス，酸素，アセチレン，直流溶接機の場合の軽油及び油脂類，交流溶接機の場合の電力料金，半自動溶接機機械損料，消耗品及び工具1式を含む。
　　　　　3. 消耗品及び工具1式とは，ワイヤブラシ，絶縁テープ，遮光ガラス，革手袋，ウエス，その他雑品及び工具等を含む。
　　　　　4. 本表は，トンネル内配管での半自動溶接の標準を示したもので，現場の状況に応じて割増することが出来る。
　　　　　5. 板厚が異なる場合は，③板厚補正係数で補正する。

② 手溶接

(1箇所当り)

呼び径 (mm)	鋼管規格	板厚 (mm)	労務費 溶接工 (人)	労務費 特殊作業員 (人)	労務費 世話役 (人)	諸雑費（材料費及び器具損料）交流溶接機の場合	諸雑費（材料費及び器具損料）直流溶接機の場合
800	STW400	8.0	1.04	2.08	0.95	労務費の3.5％	労務費の6.5％
900	〃	8.0	1.16	2.11	0.95	労務費の3.5％	労務費の7.0％
1,000	〃	9.0	1.46	2.41	0.98	労務費の4.0％	労務費の8.0％
1,100	〃	10.0	1.82	2.73	1.11	労務費の4.5％	労務費の9.0％
1,200	〃	11.0	2.20	3.30	1.12	労務費の5.0％	労務費の9.5％
1,350	〃	12.0	2.74	4.11	1.14	労務費の5.0％	労務費の10.0％
1,500	〃	14.0	3.68	4.91	1.35	労務費の5.5％	労務費の11.0％
1,600	〃	15.0	4.33	5.77	1.44	労務費の5.5％	労務費の11.0％
1,650	〃	15.0	4.43	5.91	1.48	労務費の6.0％	労務費の11.0％
1,800	〃	16.0	5.28	7.04	1.76	労務費の6.0％	労務費の11.0％
1,900	〃	17.0	6.10	7.93	1.97	労務費の6.0％	労務費の11.5％
2,000	〃	18.0	6.91	8.29	2.07	労務費の6.5％	労務費の12.0％
2,100	〃	19.0	7.83	9.40	2.35	労務費の6.5％	労務費の12.0％
2,200	〃	20.0	8.85	10.62	2.66	労務費の6.5％	労務費の12.0％
2,300	〃	21.0	9.95	11.94	2.99	労務費の6.5％	労務費の12.0％
2,400	〃	22.0	11.15	13.38	3.35	労務費の6.5％	労務費の12.5％
2,500	〃	23.0	12.44	14.93	3.73	労務費の6.5％	労務費の12.5％
2,600	〃	24.0	13.83	16.60	4.15	労務費の6.5％	労務費の12.5％
2,700	〃	25.0	15.31	18.37	4.59	労務費の6.5％	労務費の12.5％
2,800	〃	26.0	16.88	20.26	5.06	労務費の6.5％	労務費の12.5％
2,900	〃	27.0	18.58	22.30	5.57	労務費の6.5％	労務費の12.5％
3,000	〃	29.0	21.59	25.91	6.48	労務費の6.5％	労務費の12.5％

（備考） 1. 本表溶接歩掛は，呼び径800 mm以上で内面V開先裏当て溶接（トンネル内での溶接配管等）の場合に適用するものとする。
2. 諸雑費（材料費及び器具損料）には，溶接棒，酸素，アセチレン，直流溶接機の場合の軽油及び油脂類，交流溶接機の場合の電力料金，当該機械器具（ディーゼルエンジン付アーク溶接機，交流アーク溶接機）損料，消耗品及び工具類1式を含む。
3. 消耗品及び工具類1式とは，ワイヤブラシ，絶縁テープ，遮光ガラス，革手袋，ウエス，その他雑品及び工具等を含む。
4. 本表は，トンネル内配管での手溶接の標準を示したもので，現場の状況に応じて割増することが出来る。
5. 板厚が異なる場合は，③板厚補正係数により補正する。

③ 板厚補正係数

呼び径 (mm)	標準 板厚 (mm)	\-4	\-3	\-2	\-1	0	+1	+2	+3	+4	+5	+6	+7	+8	+9	+10
800	8			0.79	0.89	1.00	1.12	1.24	1.37	1.51	1.64	1.81	1.96	2.13	2.31	2.49
900	8			0.78	0.89	1.00	1.11	1.24	1.37	1.51	1.66	1.82	1.98	2.16	2.33	2.52
1,000	9		0.71	0.79	0.90	1.00	1.12	1.24	1.36	1.50	1.64	1.79	1.95	2.12	2.28	2.46
1,100	10	0.63	0.71	0.80	0.90	1.00	1.11	1.23	1.35	1.48	1.61	1.75	1.90	2.05	2.21	2.38
1,200	11	0.64	0.72	0.81	0.90	1.00	1.10	1.22	1.34	1.46	1.59	1.72	1.86	2.00	2.16	2.32
1,350	12	0.65	0.73	0.81	0.91	1.00	1.10	1.21	1.32	1.44	1.56	1.69	1.82	1.96	2.11	2.26
1,500	14	0.67	0.75	0.83	0.91	1.00	1.09	1.19	1.29	1.40	1.51	1.63	1.75	1.88	2.01	2.14
1,600	15	0.68	0.76	0.83	0.91	1.00	1.09	1.18	1.28	1.38	1.49	1.60	1.71	1.83	1.96	2.09
1,650	15	0.68	0.76	0.84	0.92	1.00	1.09	1.18	1.28	1.38	1.49	1.60	1.72	1.84	1.96	2.09
1,800	16	0.70	0.77	0.84	0.92	1.00	1.09	1.17	1.27	1.37	1.47	1.58	1.69	1.80	1.92	2.04
1,900	17	0.70	0.77	0.84	0.92	1.00	1.08	1.17	1.26	1.35	1.45	1.55	1.66	1.77	1.88	2.00
2,000	18	0.71	0.78	0.85	0.92	1.00	1.08	1.16	1.25	1.34	1.44	1.53	1.64	1.74	1.85	1.96
2,100	19	0.72	0.79	0.86	0.93	1.00	1.08	1.16	1.24	1.33	1.42	1.52	1.61	1.71	1.82	1.92
2,200	20	0.73	0.79	0.86	0.93	1.00	1.08	1.15	1.23	1.32	1.41	1.49	1.59	1.68	1.78	1.88
2,300	21	0.74	0.80	0.86	0.93	1.00	1.07	1.15	1.23	1.31	1.39	1.48	1.57	1.66	1.75	1.85
2,400	22	0.75	0.80	0.87	0.93	1.00	1.07	1.14	1.22	1.30	1.38	1.46	1.54	1.63	1.72	1.82
2,500	23	0.75	0.81	0.87	0.93	1.00	1.07	1.14	1.21	1.29	1.36	1.44	1.53	1.61	1.70	1.79
2,600	24	0.76	0.81	0.87	0.94	1.00	1.07	1.13	1.20	1.28	1.35	1.43	1.51	1.59	1.67	1.76
2,700	25	0.76	0.82	0.88	0.94	1.00	1.06	1.13	1.20	1.27	1.34	1.41	1.49	1.57	1.65	1.73
2,800	26	0.77	0.83	0.88	0.94	1.00	1.06	1.13	1.19	1.26	1.33	1.40	1.48	1.55	1.63	1.71
2,900	27	0.78	0.83	0.88	0.94	1.00	1.06	1.12	1.19	1.25	1.32	1.39	1.46	1.53	1.61	1.68
3,000	29	0.79	0.84	0.89	0.94	1.00	1.06	1.12	1.18	1.24	1.30	1.37	1.43	1.50	1.57	1.64

(備考) 1. 本表は，STW400Aシリーズを標準板厚として算定した補正表である。
   2. 各板厚における労務費は次式により計算する。なお，小数点第3位を四捨五入する。
    溶接工 ＝標準溶接工数（電気溶接歩掛表） ×補正係数
    特殊作業員＝標準特殊作業員数（電気溶接歩掛表）×補正係数
    世話役 ＝標準世話役数（電気溶接歩掛表） ×補正係数

(6) ステンレス鋼管電気溶接歩掛表

(1箇所当り)

呼び径 (mm)	板厚 (mm)	労務費 ステンレス溶接工 (人)	労務費 特殊作業員 (人)	労務費 世話役 (人)	諸雑費（材料費及び器具損料） 交流溶接機の場合	諸雑費（材料費及び器具損料） 直流溶接機の場合
80	3.0	0.22	0.44	0.22		
80	4.0	0.26	0.52	0.26		
80	5.5	0.32	0.64	0.32		
100	3.0	0.25	0.50	0.25		
100	4.0	0.30	0.60	0.30		
100	6.0	0.44	0.88	0.44		
125	3.4	0.30	0.60	0.30		
125	5.0	0.40	0.80	0.40		
125	6.6	0.57	1.14	0.57		
150	3.4	0.32	0.64	0.32		
150	5.0	0.42	0.84	0.42		
150	7.1	0.64	1.28	0.64		
200	4.0	0.42	0.84	0.42		
200	6.5	0.69	1.38	0.69		
200	8.2	0.88	1.76	0.88		
250	4.0	0.47	0.94	0.47	労務費の6.0%	労務費の9.0%
250	6.5	0.79	1.58	0.79		
250	9.3	1.14	2.28	1.14		
300	4.0	0.54	1.08	0.54		
300	4.5	0.58	1.16	0.58		
300	6.5	0.90	1.80	0.90		
300	10.3	1.49	2.98	1.49		
350	5.0	0.66	1.32	0.66		
350	6.0	0.87	1.74	0.87		
400	5.0	0.72	1.44	0.72		
400	6.0	0.92	1.84	0.92		
450	5.0	0.76	1.52	0.76		
450	6.0	0.97	1.94	0.97		
500	5.5	0.90	1.80	0.90		
500	6.0	1.06	2.12	1.06		
600	6.0	1.15	2.30	1.15		
600	6.5	1.25	2.50	1.25		
700	6.0	1.30	2.60	1.30		
700	7.0	1.52	3.04	1.52		
700	8.0	1.75	3.50	1.75		

(備考) 1. 本歩掛表は，外面V開先として算定したものである。
2. 溶接方式：初層，2層をティグ溶接，残りの溶接はアーク溶接としたものであるので，特殊の場合は別途換算すること
3. ティグ溶接時は，アルゴンガスによるバックシールドを標準とする。
4. 諸雑費（材料費及び器具損料）には，ティグ溶接溶加材，ステンレスアーク溶接棒，アルゴンガス，直流溶接機の場合の軽油及び油脂類，交流溶接機の場合の電力料金，当該機械器具（ティグ溶接機，アーク溶接機，発動発電機）損料，消耗品及び工具類1式を含む。
5. 消耗品及び工具類1式には，治具加工用の酸素，アセチレン，ステンレス用砥石（開先加工用，仕上げ用），酸化防止用の酸化剤，バックシールド用器具，ワイヤブラシ，絶縁テープ，遮光ガラス，革手袋，ウエスその他雑品及び工具等を含む。
6. ステンレス溶接工は，実勢単価とする。
7. 機械器具損料のうち，発動発電機（45kVA）は，ティグ溶接機とアーク溶接機の電源である。
8. 本表は一般配管の標準を示したもので，現場の状況に応じて割増することが出来る。

(7) 内外面塗装歩掛表
① 内面：液状エポキシ樹脂塗装(0.3 mm, 0.5 mm 塗り)
　　外面：タールエポキシ(2回塗り，0.3 mm)

(1箇所当り)

呼び径 (mm)	内面塗装費（現場塗装幅240mm）							外面塗装費		
	0.3 mm			0.5 mm			2回塗り (0.3 mm)		
	労務費	材料費	諸雑費	労務費	材料費	諸雑費	労務費	材料費	諸雑費
	塗装工 (人)	エポキシ樹脂 (kg)	(消耗品及び工具損料)	塗装工 (人)	エポキシ樹脂 (kg)	(消耗品及び工具損料)	塗装工 (人)	タールエポキシ (kg)	(消耗品及び工具損料)
80	—	—	—	—	—	—	0.10	0.06	材料費の75%
100	—	—	—	—	—	—	0.10	0.07	〃
125	—	—	—	—	—	—	0.10	0.09	〃
150	—	—	—	—	—	—	0.10	0.10	〃
200	—	—	—	—	—	—	0.10	0.14	〃
250	—	—	—	—	—	—	0.11	0.17	〃
300	—	—	—	—	—	—	0.11	0.20	〃
350	—	—	—	—	—	—	0.11	0.22	〃
400	—	—	—	—	—	—	0.18	0.26	〃
450	—	—	—	—	—	—	0.18	0.29	〃
500	—	—	—	—	—	—	0.19	0.32	〃
600	—	—	—	—	—	—	0.19	0.38	〃
700	—	—	—	—	—	—	0.20	0.45	〃
800	0.40	0.60	材料費の75%	0.60	1.00	材料費の75%	0.27	0.61	〃
900	0.40	0.68	〃	0.60	1.13	〃	0.27	0.69	〃
1,000	0.60	0.75	〃	0.90	1.26	〃	0.40	0.77	〃
1,100	0.60	0.83	〃	0.90	1.38	〃	0.40	0.84	〃
1,200	0.60	0.90	〃	0.90	1.51	〃	0.40	0.92	〃
1,350	0.60	1.02	〃	0.90	1.70	〃	0.40	1.03	〃
1,500	0.60	1.13	〃	0.90	1.88	〃	0.50	1.15	〃
1,600	0.60	1.21	〃	0.90	2.01	〃	0.50	1.74	〃
1,650	0.60	1.24	〃	0.90	2.08	〃	0.50	1.79	〃
1,800	0.60	1.36	材料費の100%	0.90	2.27	材料費の100%	0.50	1.95	材料費の100%
1,900	1.00	1.43	〃	1.50	2.39	〃	0.83	2.06	〃
2,000	1.00	1.51	〃	1.50	2.52	〃	1.00	2.17	〃
2,100	1.00	1.58	〃	1.50	2.64	〃	1.00	2.28	〃
2,200	1.00	1.66	〃	1.50	2.77	〃	1.00	2.39	〃
2,300	1.20	1.73	〃	1.80	2.90	〃	1.20	2.50	〃
2,400	1.20	1.81	〃	1.80	3.02	〃	1.20	2.60	〃
2,500	1.20	1.88	〃	1.80	3.15	〃	1.20	2.71	〃
2,600	1.20	1.96	〃	1.80	3.27	〃	1.20	2.82	〃
2,700	1.50	2.04	〃	2.25	3.40	〃	1.50	2.93	〃
2,800	1.50	2.11	〃	2.25	3.53	〃	1.50	3.04	〃
2,900	1.50	2.19	〃	2.25	3.65	〃	1.50	3.15	〃
3,000	1.50	2.26	〃	2.25	3.78	〃	1.50	3.26	〃

(備考)　1.　本歩掛表は現場塗装幅を240mmとして算出したものである。その他の塗装幅の場合は別途算出すること。
　　　　　なお，現場塗装幅を240mm以上340mm以下の場合の労務費は，本歩掛表の値を適用出来る。
　　　　・エポキシ樹脂塗装（0.3mm塗）のエポキシ樹脂使用量（kg）＝塗装面積（m²）×1.00（kg/m²）
　　　　・エポキシ樹脂塗装（0.5mm塗）のエポキシ樹脂使用量（kg）＝塗装面積（m²）×1.67（kg/m²）
　　　2.　諸雑費（消耗品及び工具損料）には，ウエス，マスク，ワイヤブラシ，手袋，塗装刷毛，その他雑品及び工具類を含む。
　　　3.　呼び径700mm以下については，現場状況によりオールステンレス，管端ステンレス，管端ステンレスクラット等を考慮すること。
　　　4.　塗装口数が著しく少ない場合は，別途算出することが出来る。
　　　5.　外面塗装がエポキシ樹脂の場合，タールエポキシ樹脂をエポキシ樹脂と読み替える。

② 内面：無溶剤型エポキシ樹脂塗装(0.5 mm 塗)

呼び径 (mm)	内面塗装費					
	0.5 mm (塗装幅240 mm)			0.5 mm		
	管円周部（1口当り）			管軸方向部（1 m² 当り）		
	労務費	材料費	諸雑費 (消耗品及び 工具損料)	労務費	材料費	諸雑費 (消耗品及び 工具損料)
	塗装工 （人）	エポキシ樹脂 (kg)		塗装工 （人）	エポキシ樹脂 (kg)	
800	1.08	1.30	材料費の75％	1.60	2.16	材料費の75％
900	1.08	1.47				
1,000	1.61	1.63				
1,100	1.61	1.79				
1,200	1.61	1.96				
1,350	1.61	2.20				
1,500	1.61	2.44				
1,600	1.61	2.61				
1,650	1.61	2.69				
1,800	1.61	2.93	材料費の100％			
1,900	2.63	3.09				
2,000	2.63	3.26				
2,100	2.63	3.42				
2,200	2.63	3.58				
2,300	3.13	3.75				
2,400	3.13	3.91				
2,500	3.13	4.07				
2,600	3.13	4.23				
2,700	4.17	4.40				
2,800	4.17	4.56				
2,900	4.17	4.72				
3,000	4.17	4.89				

(備考) 1. 本歩掛表は現場塗装幅を240mmとして算出したものである。その他の塗装幅の場合は別途算出すること。なお，現場塗装幅を240mm以上340mm以下の場合の労務費は，本歩掛表の値を適用出来る。
　　・水道用無溶剤形エポキシ樹脂塗装（厚0.5 mm）の使用量＝塗装面積×2.16 kg/m²
　　2. 諸雑費（消耗品及び工具損料）には，ウエス，マスク，ワイヤブラシ，手袋，塗装刷毛，その他雑品及び工具類を含む。

③ 内面：無溶剤形エポキシ樹脂塗装（1.0 mm 塗）

呼び径 (mm)	内面塗装費			消耗費 (消耗品及び工具損料)
	1.0 mm (塗装幅240 mm)		
	管円周部（1口当り）		
	労務費	材料費	
	塗装工 (人)	エポキシ樹脂 (kg)	
800	1.51	3.00	材料費の75 %
900	1.51	3.38	
1,000	2.26	3.75	
1,100	2.26	4.13	
1,200	2.26	4.51	
1,350	2.26	5.07	
1,500	2.26	5.63	
1,600	2.26	6.01	
1,650	2.26	6.20	
1,800	2.26	6.76	材料費の100 %
1,900	3.68	7.13	
2,000	3.68	7.51	
2,100	3.68	7.88	
2,200	3.68	8.26	
2,300	4.38	8.64	
2,400	4.38	9.01	
2,500	4.38	9.39	
2,600	4.38	9.76	
2,700	5.83	10.14	
2,800	5.83	10.51	
2,900	5.83	10.89	
3,000	5.83	11.26	

（備考） 1. 本歩掛表は，現場塗装幅を240mmとして算定したものである。その他の塗装の場合は別途算出すること。なお，現場塗装幅240mm 以上340mm 以下の場合の労務費は，本歩掛表の値を適用出来る。
　　　・水道用無溶剤形エポキシ樹脂塗装（厚1.0 mm）の使用量＝塗装面積× 4.98 kg/m^2
　　　2. 諸雑費（消耗品及び工具損料）には，ウエス，マスク，ワイヤブラシ，手袋，塗装刷毛，その他雑品及び工具類を含む。

(8) 外面塗装歩掛表（ジョイントコート）
① 熱収縮系タイプ

(1箇所当り)

呼び径 (mm)	塗装工 (人)	ジョイントコート （熱収縮タイプ）(個)	諸雑費（消耗品及び工具損料）
80	0.03	1.00	材料費の5％
100	0.03	1.00	〃
125	0.04	1.00	材料費の6％
150	0.05	1.00	〃
200	0.06	1.00	〃
250	0.08	1.00	〃
300	0.09	1.00	〃
350	0.10	1.00	〃
400	0.11	1.00	〃
450	0.13	1.00	〃
500	0.16	1.00	〃
600	0.19	1.00	材料費の8％
700	0.22	1.00	〃
800	0.26	1.00	〃
900	0.29	1.00	〃
1,000	0.35	1.00	〃
1,100	0.39	1.00	〃
1,200	0.42	1.00	〃
1,350	0.47	1.00	〃
1,500	0.53	1.00	材料費の9％
1,600	0.61	1.00	〃
1,650	0.63	1.00	〃
1,800	0.69	1.00	〃
1,900	0.73	1.00	〃
2,000	0.77	1.00	〃
2,100	0.80	1.00	材料費の10％
2,200	0.84	1.00	〃
2,300	0.88	1.00	〃
2,400	0.92	1.00	〃
2,500	0.96	1.00	〃
2,600	1.00	1.00	〃
2,700	1.03	1.00	〃
2,800	1.07	1.00	〃
2,900	1.11	1.00	〃
3,000	1.15	1.00	〃

（備考） 1. 熱収縮系材は，実勢価格を用いる。
2. 熱収縮系チューブタイプは500mm以下，シートタイプは600mm以上を標準とする。
3. 諸雑費（消耗品及び工具損料）には，ワイヤブラシ，グラインダー，ハンマ，プロパンバーナー，革手袋，ウエス，その他雑品及び工具類を含む。

② ゴム系シートタイプ (1箇所当り)

呼び径 (mm)	外面塗装費			諸雑費（消耗品及び工具損料）
^^^	労務費	材料費	^^^
^^^	塗装工（人）	ゴムシート材（個）	^^^
80	0.06	1.00	材料費の2％
100	0.06	1.00	〃
125	0.06	1.00	〃
150	0.07	1.00	〃
200	0.07	1.00	〃
250	0.07	1.00	〃
300	0.07	1.00	〃
350	0.10	1.00	〃
400	0.11	1.00	〃
450	0.13	1.00	〃
500	0.14	1.00	〃
600	0.18	1.00	〃
700	0.20	1.00	〃
800	0.26	1.00	〃
900	0.31	1.00	〃
1,000	0.40	1.00	〃
1,100	0.44	1.00	〃
1,200	0.49	1.00	〃
1,350	0.53	1.00	〃
1,500	0.54	1.00	〃
1,600	0.59	1.00	〃
1,650	0.63	1.00	〃
1,800	0.71	1.00	〃
1,900	0.75	1.00	〃
2,000	0.80	1.00	〃

（備考） 1. ゴムシート材は，実勢単価を用いる。
2. 諸雑費（消耗品及び工具損料）には，ワイヤブラシ，グラインダー，ウエス，その他雑品及び工具類を含む。

(9) X線検査歩掛表
① 代価表 (1枚当り)

名　　称	数量	単位	摘　　要
検査主任技師（技師A）	0.5	人	二次判定者
検査技師（技師B）	2.0	〃	撮影及び一次判定者
普通作業員	1.0	〃	撮影補助
小　計			
機械器具費等	1	式	労務費の30％ （X線装置，暗室設備車，発動発電機，消耗品，フィルム）
諸雑費	1	〃	端数処理
計			1日当り
1枚当り			計／1日当り標準撮影枚数

② 1日当り標準撮影枚数

呼び径 (mm)	水管橋部 口数（口）	水管橋部 枚数（枚）	添架管 口数（口）	添架管 枚数（枚）	その他 口数（口）	その他 枚数（枚）
1,000 未満	6	6	8	8	5	5
1,000 以上 2,100 未満	5	10	6	12	4	8
2,100 以上	4	8	4	8	3	6

1口当り撮影枚数	1,000 mm 未満	1枚	現場状況を勘案して増減することが出来る。
	1,000 mm 以上	2枚	

※標準撮影箇所は、次のとおりとする。
1) 管軸方向の工場制作シームと管周方向の現場溶接シームの交差部
2) （外面溶接の場合）上向き溶接となる6時の位置
3) （内面溶接の場合）上向き溶接となる12時の位置

③ X線撮影標準頻度（現場状況を勘案して増減することが出来る）

構造	溶接口数	撮影頻度（検査率）
水管橋部	－	全箇所（100%）
添架管及び埋設管	4口以下	全箇所（100%）
添架管及び埋設管	5口以上 99口以下	溶接口数をnとした場合 $n^{1/2}$ 箇所以上 ただし、最低4箇所　（例：n＝50口→8箇所）
添架管及び埋設管	100口以上	溶接口数の10%以上
推進管及びその前後	5口以下	全箇所（100%）
推進管及びその前後	6口以上 99口以下	溶接口数をnとした場合 $2n^{1/2}$ 箇所以上 （例：n＝50口→15箇所）
推進管及びその前後	100口以上	溶接口数の20%以上

※X線撮影枚数は（溶接口数×検査率×1口当り撮影枚数）とする。

⑽　超音波検査歩掛表
①　適用範囲
　　超音波検査は、X線検査が適さない箇所に適用する。
②　代価表 (1箇所当り)

名　　称	数　量	単　位	摘　　　　　要
検査主任技師（技師A）	1.0	人	検査及び判定
検査技師（技師B）	1.0	〃	検査補助
普通作業員	0.5	〃	検査補助
小　計			
機械器具費等	1	式	労務費の6.5% （超音波探傷器、探触子、グリセリンほか消耗品）
諸雑費	1	〃	端数処理
計			1日当り
1箇所当り			計／1日当り標準検査箇所数

③ 1日当り標準検査箇所数

900 mm 以下	1,000 mm 以上
6箇所	12箇所

④ 超音波検査箇所数
　　超音波検査箇所数は，(溶接口数×検査率×1口当り検査箇所数)とする。

検査率	10%	現場状況を勘案して増減することが出来る。

1口当り検査箇所数	900 mm 以下	1箇所	現場状況を勘案して増減することが出来る。
	1,000 mm 以上	2箇所	

⑤ 1箇所当りの検査長は，30 cm とする。

(11) 防凍工歩掛表　　　　　　　　　　　　　　　　　　　　　　　　　　　　　(1 m 当り)

呼び径 (mm)	ポリスチレンフォーム保温筒 t＝20 mm (m)	粘着テープ t＝0.2 mm (m)	ポリエチレンフィルム t＝0.05 mm (m)	ステンレス鋼板 (SUS304) t＝0.3 mm (m²)	諸雑費	保温工 (人)	板金工 (人)
32	1.03	0.9	幅100　6.6	0.42	材料費の5%	0.059	0.122
40	1.03	0.9	〃　　7.0	0.44	〃	0.064	0.128
50	1.03	1.0	〃　　7.9	0.49	〃	0.070	0.142
80	1.03	1.2	幅125　8.0	0.60	〃	0.083	0.174
100	1.03	1.4	〃　　9.4	0.71	〃	0.105	0.206
150	1.03	1.9	幅150　10.3	0.91	〃	0.142	0.264

(備考) 1. 本表は，外気温－5℃，初期水温2℃，放置(静止)時間8時間の場合の防凍工の例である。気温条件等により本表を適用出来ない場合は別途算出する。
　　　2. 弁類(空気弁を含む)の防凍工は別途算出する。
　　　3. 諸雑費には，加工機械，取付け器具損料を含む。

3. 硬質塩化ビニル管布設工
(1) 硬質塩化ビニル管布設歩掛表

呼び径 (mm)	据付工 (10 m 当り) 配管工(人)	据付工 (10 m 当り) 普通作業員(人)	TS継手工 (2口当り) 配管工(人)	TS継手工 (2口当り) 普通作業員(人)	TS継手工 諸雑費	RR継手工 (1口当り) 配管工(人)	RR継手工 (1口当り) 普通作業員(人)	RR継手工 諸雑費
13	0.06	0.10	0.01	0.01		—	—	
16	0.06	0.10	0.01	0.01		—	—	
20	0.07	0.12	0.02	0.02		—	—	
25	0.07	0.12	0.02	0.02		—	—	
30	0.08	0.14	0.03	0.03		—	—	
40	0.08	0.14	0.03	0.03		—	—	
50	0.10	0.18	0.04	0.04	労務費の1%	0.03	0.03	労務費の1%
75	0.10	0.18	0.04	0.04		0.03	0.03	
100	0.12	0.20	0.06	0.06		0.05	0.05	
125	0.12	0.20	0.06	0.06		0.05	0.05	
150	0.18	0.26	0.07	0.07		0.06	0.06	
200	0.25	0.49	0.07	0.07		0.06	0.06	
250	0.30	0.66	—	—		0.07	0.07	
300	0.30	1.01	—	—		0.08	0.08	

(備考) 1. 歩掛は，20 m 程度の現場内小運搬を含む。
　　　2. RRロング受口管の据付工・RRロング継手工歩掛は，本表の据付工・RR継手工歩掛と同等とする。
　　　3. 本表は一般配管の標準を示したもので，現場の状況に応じて割増することが出来る。
　　　4. 離脱防止金具を使用する場合は，RR継手工の30%増とする。
　　　5. TS継手工において1口の場合は，本表の50%とする。
　　　6. TS継手工の諸雑費には，接着剤，接合器具損料を含む。
　　　7. RR継手工の諸雑費には，滑剤，接合器具損料を含む。

(2) 硬質塩化ビニル管用鋳鉄異形管被覆歩掛表　　　　　　　　　　　　　　　　　　　　　　　　（1箇所当り）

種　別	呼び径 (mm)	ポリエチレンスリーブ (m)	粘着テープ (m)	諸　雑　費	普通作業員 (人)
T字管	75	1.0	3.4	材料費の2％	0.06
	100	1.2	4.6	〃	0.07
	125	1.4	5.3	〃	0.07
	150	1.6	6.4	〃	0.08
曲管	75	1.0	2.8	〃	0.05
	100	1.1	3.8	〃	0.06
	125	1.3	4.4	〃	0.06
	150	1.4	5.4	〃	0.07
片落管	75	0.6	2.2	〃	0.04
	100	0.7	3.0	〃	0.04
	125	0.9	3.5	〃	0.04
	150	1.0	4.3	〃	0.05
フランジ短管 ドレッサー ジョイント	75	0.4	1.7	〃	0.03
	100	0.4	2.3	〃	0.03
	125	0.5	2.6	〃	0.03
	150	0.5	3.2	〃	0.04

（備考）　諸雑費は，スリーブを損傷した場合の補修用スリーブ及びスリーブ切断用カッターの費用である。

(3) 管明示テープ歩掛表　　　　　　　　　　　　　　　　　　　　　　　　　　　　　　　　　（100m当り）

呼び径・寸法（mm）	普通作業員（人）	天端明示の有無
φ50以下	0.09	無
φ75×4,000	0.11	無
φ75×5,000	0.10	無
φ100×4,000	0.12	無
φ100×5,000	0.10	無
φ125×4,000	0.12	無
φ150×4,000	0.12	無
φ150×5,000	0.11	無
φ200×4,000	0.13	無
φ250×4,000	0.14	無
φ300×4,000	0.15	無

（備考）　1.　歩掛は，テープの胴巻き作業の貼り付け手間である。
　　　　　2.　明示要領については，以下の水道課長通知に準拠することとする。
　　　　　　　「道路法施行令および道路法施行規則の一部改正に伴う水道管の布設について」
　　　　　　　　　　　　　　　　　（昭和46年6月4日付け厚生省環水第55号）
　　　　　　　URL:https://www.mhlw.go.jp/hourei/
　　　　　3.　道路掘削に伴う事故や誤分岐接合を防止するため，φ75mm未満のものについても管明示テープを施工出来る。

(4) ロケーティングワイヤー歩掛表

作業種別	形状寸法	単　位	ロケーティング ワイヤー（m）	普通作業員（人）	備　考
ロケーティング ワイヤー	―	100m当り	110.0	0.1	

（備考）　ロケーティングワイヤーの固定は管明示テープを利用するものとする。

4. ポリエチレン管布設工

(1) ポリエチレン管布設歩掛表

<table>
<tr><th rowspan="3">呼び径
(mm)</th><th colspan="5">ポリエチレン管布設工</th></tr>
<tr><th colspan="2">据付工（10m当り）</th><th colspan="3">継手工（1口当り）</th></tr>
<tr><th>配管工(人)</th><th>普通作業員（人）</th><th>配管工(人)</th><th>普通作業員（人）</th><th>諸雑費</th></tr>
<tr><td>13</td><td>0.06</td><td>0.10</td><td>0.01</td><td>0.01</td><td rowspan="6">労務費の1％</td></tr>
<tr><td>20</td><td>0.07</td><td>0.12</td><td>0.02</td><td>0.02</td></tr>
<tr><td>25</td><td>0.07</td><td>0.12</td><td>0.02</td><td>0.02</td></tr>
<tr><td>30</td><td>0.08</td><td>0.14</td><td>0.03</td><td>0.03</td></tr>
<tr><td>40</td><td>0.08</td><td>0.14</td><td>0.03</td><td>0.03</td></tr>
<tr><td>50</td><td>0.10</td><td>0.18</td><td>0.04</td><td>0.04</td></tr>
</table>

（備考） 1. 歩掛は，20m程度の現場内小運搬を含む。
　　　　 2. 諸雑費には，接合器具損料を含む。

(2) ポリエチレン管（融着接合）布設歩掛表

　1) 歩掛

<table>
<tr><th rowspan="3">呼び径
(mm)</th><th colspan="5">ポリエチレン管（融着接合（EF接合））布設工</th></tr>
<tr><th colspan="2">据付工（10m当り）</th><th colspan="3">継手工(1箇所当り)</th></tr>
<tr><th>配管工(人)</th><th>普通作業員(人)</th><th>配管工(人)</th><th>普通作業員(人)</th><th>諸雑費(機械器具損料及び消耗品)</th></tr>
<tr><td>20</td><td>0.07</td><td>0.12</td><td>0.04</td><td>0.04</td><td>労務費の8.5％</td></tr>
<tr><td>25</td><td>0.07</td><td>0.12</td><td>0.04</td><td>0.04</td><td>〃</td></tr>
<tr><td>30</td><td>0.08</td><td>0.14</td><td>0.06</td><td>0.06</td><td>〃</td></tr>
<tr><td>40</td><td>0.08</td><td>0.14</td><td>0.06</td><td>0.06</td><td>〃</td></tr>
<tr><td>50</td><td>0.10</td><td>0.18</td><td>0.08</td><td>0.08</td><td>〃</td></tr>
<tr><td>75</td><td>0.10</td><td>0.18</td><td>0.08</td><td>0.08</td><td>〃</td></tr>
<tr><td>100</td><td>0.12</td><td>0.20</td><td>0.12</td><td>0.12</td><td>〃</td></tr>
<tr><td>150</td><td>0.18</td><td>0.26</td><td>0.14</td><td>0.14</td><td>〃</td></tr>
<tr><td>200</td><td>0.25</td><td>0.49</td><td>0.14</td><td>0.14</td><td>〃</td></tr>
</table>

（備考） 1. 継手工は，2口継手を標準とする。
　　　　 2. 継手工において，1口の場合は本表の70％とする。
　　　　 3. 歩掛は，20m程度の現場内小運搬を含む。
　　　　 4. 諸雑費には，機械器具損料及び消耗品を含む。

　2) 代価表
　　ポリエチレン管（融着接合）継手工　　　　　　　　　　　　　　（1箇所当り）

名　称	形状寸法	単位	数量	金額	摘　要
配　管　工		人			
普通作業員		人			
諸　雑　費 （機械器具損料・消耗品）		式	1		労務費の8.5％
計					

(3) ポリエチレン管（メカニカル継手）布設歩掛表

<table>
<tr><th rowspan="2">呼び径
(mm)</th><th colspan="3">継手工（1口当り）</th></tr>
<tr><th>配管工(人)</th><th>普通作業員(人)</th><th>諸雑費</th></tr>
<tr><td>50</td><td>0.04</td><td>0.04</td><td>労務費の1％</td></tr>
<tr><td>75</td><td>0.04</td><td>0.04</td><td>〃</td></tr>
<tr><td>100</td><td>0.04</td><td>0.04</td><td>〃</td></tr>
<tr><td>150</td><td>0.05</td><td>0.05</td><td>〃</td></tr>
<tr><td>200</td><td>0.06</td><td>0.06</td><td>〃</td></tr>
</table>

（備考） 1. 本表は，水道配水用ポリエチレン管に使用するメカニカル継手工に適用する。
　　　　 2. 据付工は，(2)ポリエチレン管（融着接合（EF接合））布設工を適用する。
　　　　 3. 諸雑費には，接合器具損料を含む。

(4) 管明示テープ歩掛表　　　　　　　　　　　　　　　　　　　　　　　　　　　　　　　（100 m 当り）

呼　び　径　（mm）	普　通　作　業　員　（人）	天　端　明　示　の　有　無
φ50	0.09	無
φ75	0.10	無
φ100	0.10	無
φ150	0.11	無
φ200	0.12	無

（備考）　1.　歩掛は，テープの胴巻き作業の貼り付け手間である。
　　　　　2.　明示要領については，以下の水道課長通知に準拠することとする。
　　　　　　　「道路法施行令および道路法施行規則の一部改正に伴う水道管の布設について」
　　　　　　　　　　　　　　　　　　　　　　　　　（昭和46年6月4日付け厚生省環水第55号）
　　　　　　　URL:https://www.mhlw.go.jp/hourei/
　　　　　3.　道路掘削に伴う事故や誤分岐接合を防止するため，φ75mm 未満のものについても管明示テープを施工して差し支えない。

(5) ロケーティングワイヤー歩掛表

作業種別	形状寸法	単　位	ロケーティング ワイヤー（m）	普通作業員（人）	備　考
ロケーティング ワイヤー	―	100 m 当り	110.0	0.1	

（備考）　ロケーティングワイヤーの固定は溶剤浸透防護スリーブ被覆の固定用ゴムバンド又は粘着テープ，管明示テープを利用するものとする。

(6) 溶剤浸透防護スリーブ被覆歩掛表　　　　　　　　　　　　　　　　　　　　　　　（100 m 当り）

呼び径 （mm）	労　務　費		諸　雑　費		
^	配　管　工 （人）	普　通　作　業　員 （人）	溶剤浸透防護スリーブ （m）	固　定　具	
^	^	^	^	固定用ゴムバンドの場合 （組）	粘着テープの場合 （m）
75以下	0.25	0.25	A （a式による）	B （b式による）	51.0
100	0.30	0.30	^	^	61.2
150	0.35	0.35	^	^	83.6
200	0.43	0.43	^	^	104.0

（備考）　1.　本表は，管長5mについての歩掛である。
　　　　　2.　溶剤浸透防護スリーブを管1本当り単位とする場合は，C表の管1本当りスリーブ長で割戻すこと。
　　　　　3.　固定用ゴムバンドは，1組当り2条とした場合の歩掛である。また，使用組数を継手1箇所当り4組とし，直部1m当り（継手1箇所当り1mを除く）1組とした場合の歩掛である。
　　　　a　100m当り溶剤浸透防護スリーブ使用量(A)の算定
$$A（m）=\frac{L_2 \times (1+a)}{L_1} \times 100.0\,m\ \cdots\cdots\cdots\cdots\text{a式}$$
　　　　　　L_1：直管長（m／本）　‥‥‥‥‥‥‥‥‥　c表
　　　　　　L_2：管1本当りスリーブ長（m）　‥‥‥‥‥　c表
　　　　　　a：溶剤浸透防護スリーブ割増係数　‥‥‥‥　c表
　　　　b　100m当り固定ゴムバンド使用量(B)の算定
$$B（組）=\frac{4\text{組}\times(1+\beta)+(L_1-1.0\,m)}{L_1} \times 100.0\,m\ \cdots\text{b式}$$
　　　　　　L_1：直管長（m／本）　‥‥‥‥‥‥‥‥‥　c表
　　　　　　β：固定バンド割増係数　‥‥‥‥‥‥‥‥　c表
　　　　c　管1本当り溶剤浸透防護スリーブ長，直管長，固定バンド，割増係数は次表による。

呼び径（mm）	直管長（m）	溶剤浸透防護スリーブ		固定バンド
^	^	管1本当りスリーブ長（m）	割増係数	割増係数
50～200	5.0	6.0	0～0.2	0～0.5

（備考）　溶剤浸透防護スリーブの割増係数は，異形管，切管等に伴い使用不能となる材料割増しである。
　　　　　また，固定バンド割増係数は，異形管，切管等に伴う接合箇所数の割増である。

5. 遠心力鉄筋コンクリート管布設工

(1) 吊込み据付（機械力）歩掛表

本歩掛は，水道工事管布設工の呼び径200 mm以上2,400 mm以下の鉄筋コンクリート管（B形管，C形管，NC形管）布設作業に適用し，機械施工を標準とする。

（10 m当り）

呼び径（mm）	労務費 世話役（人）	労務費 特殊作業員（人）	労務費 普通作業員（人）	クレーン賃料（日）	諸雑費
200	0.31	0.62	0.62	0.31	
250	0.32	0.64	0.64	0.32	
300	0.33	0.66	0.66	0.33	
350	0.34	0.68	0.68	0.34	
400	0.35	0.70	0.70	0.35	
450	0.36	0.72	0.72	0.36	
500	0.37	0.74	0.74	0.37	
600	0.39	0.78	1.17	0.39	
700	0.41	0.82	1.23	0.41	
800	0.43	0.86	1.29	0.43	
900	0.45	0.90	1.35	0.45	労務費の1％
1,000	0.48	0.96	1.44	0.48	
1,100	0.50	1.00	1.50	0.50	
1,200	0.53	1.06	1.59	0.53	
1,350	0.57	1.14	1.71	0.57	
1,500	0.62	1.24	1.86	0.62	
1,650	0.67	1.34	2.01	0.67	
1,800	0.72	1.44	2.16	0.72	
2,000	0.80	1.60	2.40	0.80	
2,200	0.89	1.78	2.67	0.89	
2,400	0.99	1.98	2.97	0.99	

（備考） 1. 歩掛は，20 m程度の現場内小運搬を含む。床掘，基礎，埋戻し，水替等は含まない。
2. 諸雑費には，滑剤，機械器具損料を含む。
ただし，管切断費用及び鉄筋コンクリート管損失費用は含まない。
3. 卵形鉄筋コンクリート管及び台付鉄筋コンクリート管の歩掛は，対比表により上表を準用出来る。
4. 使用機械は下表とする。

呼び径	使 用 機 械
φ200～800	トラッククレーン油圧伸縮ジブ型4.9 t吊
φ900～2,400	ラフテレーンクレーン油圧伸縮ジブ型16 t吊

（1 m当り）

種 目	形 状 寸 法	単位	数 量	単価（円）	金額（円）	摘 要
世 話 役		人				5.(1)
特 殊 作 業 員		〃				〃
普 通 作 業 員		〃				〃
トラッククレーン賃料	油圧伸縮ジブ型○t吊	日				〃，（備考）4
諸 雑 費		式	1			〃
計						10 m当り
1 m 当 り						計／10 m

(2) カラー継手歩掛表 (1口当り)

呼び径 (mm)	配管工 (人)	普通作業員 (人)	モルタル工 (m³)	諸雑費
75	0.06	0.06	0.002	
100	0.06	0.06	0.003	
125	0.06	0.07	0.003	
150	0.06	0.08	0.003	
200	0.08	0.09	0.004	
250	0.08	0.11	0.005	
300	0.09	0.13	0.007	
350	0.10	0.15	0.008	
400	0.11	0.18	0.009	
450	0.12	0.20	0.014	
500	0.13	0.23	0.015	
600	0.14	0.29	0.018	労務費の1％
700	0.17	0.37	0.021	
800	0.20	0.49	0.024	
900	0.23	0.58	0.027	
1,000	0.26	0.68	0.044	
1,100	0.29	0.78	0.048	
1,200	0.35	0.91	0.053	
1,350	0.40	1.11	0.059	
1,500	0.48	1.33	0.080	
1,650	0.56	1.58	0.087	
1,800	0.64	1.95	0.095	
2,000	0.75	2.54	0.104	

（備考） 諸雑費には，滑剤を含む。

(3) ソケット継手歩掛表 (1口当り)

呼び径 (mm)	配管工 (人)	普通作業員 (人)	諸雑費
75	0.04	0.04	
100	0.04	0.04	
125	0.04	0.05	
150	0.04	0.05	
200	0.05	0.06	
250	0.05	0.07	
300	0.05	0.08	
350	0.05	0.09	
400	0.06	0.10	
450	0.06	0.11	
500	0.06	0.12	
600	0.07	0.14	労務費の1％
700	0.08	0.16	
800	0.10	0.22	
900	0.12	0.25	
1,000	0.14	0.29	
1,100	0.16	0.33	
1,200	0.20	0.39	
1,350	0.24	0.48	
1,500	0.30	0.59	
1,650	0.36	0.71	
1,800	0.42	0.84	
2,000	0.50	1.00	

（備考） 諸雑費には，滑剤，接合器具損料を含む。

6. 管切断工

(1) 鋳鉄管切断歩掛の適用区分

継手形式	作業分類	使用工具	呼び径	適用歩掛
全て	切断のみ，溝切りのみ	パイプ切削切断機	75～2,600	(2)①パイプ切削切断機使用
全て	切断のみ	エンジンカッター	50～500	(2)②エンジンカッター使用
NS形, SⅡ形, GX形	切断・溝切り同時	パイプ切削切断機	75～450	(3)1表切断・溝切り同時
S形, KF形, UF形	切断・溝切り2工程	パイプ切削切断機	300～2,600	(3)2表切断・溝切り2工程
NS形	切断・溝切り2工程	パイプ切削切断機	500～1,000	〃　　〃
NS形, GX形	切断・溝切り2工程，溝切りのみ	専　用　工　具	75～450	(3)3表切断・溝切り2工程

(備考) 1. 切断・溝切り2工程とは，切断，溝切り作業が別工程で連続して行う場合。
　　　 2. 専用工具とは，NSグルーバーのようなNS形等に対応したタッピンねじ式専用工具(切断・溝切り)が相当する。

(2) 鋳鉄管切断歩掛表
① パイプ切削切断機使用

(1口当り)

呼び径 (mm)	特殊作業員 (人)	普通作業員 (人)	機械損料 (日)	諸雑費
75	0.15	0.49	0.07	労務費の5%
100	0.16	0.54	0.09	〃
150	0.18	0.59	0.11	〃
200	0.20	0.63	0.14	〃
250	0.22	0.68	0.16	〃
300	0.24	0.72	0.19	〃
350	0.26	0.85	0.22	〃
400	0.28	0.99	0.24	〃
450	0.31	1.12	0.27	〃
500	0.34	1.26	0.29	〃
600	0.39	1.52	0.34	〃
700	0.43	1.79	0.40	〃
800	0.48	2.06	0.45	〃
900	0.52	2.33	0.50	〃
1,000	0.57	2.60	0.55	〃
1,100	0.61	2.86	0.60	〃
1,200	0.66	3.13	0.65	〃
1,350	0.70	3.53	0.73	〃
1,500	0.77	4.16	0.82	〃
1,600	0.82	4.58	0.89	〃
1,650	0.83	4.79	0.92	〃
1,800	0.94	5.42	1.01	〃
2,000	1.04	6.26	1.13	〃
2,100	1.09	6.68	1.20	〃
2,200	1.14	7.10	1.26	〃
2,400	1.22	7.94	1.34	〃
2,600	1.34	8.78	1.40	〃

(備考) 1. 歩掛は，20m程度の現場内小運搬を含む。
　　　 2. 諸雑費には，燃料，カッターの刃の損耗費及び塗装の補修費を含む。
　　　 3. T形については面取り加工を含む。
　　　 4. 本表は，溝切り加工のみを行う場合にも適用する。

② エンジンカッター使用 (1口当り)

呼び径(mm)	特殊作業員(人)	普通作業員(人)	機械損料(日)	諸雑費
50	0.03	0.06	0.03	労務費の30%
75	0.03	0.06	0.03	〃
100	0.03	0.06	0.03	〃
150	0.04	0.08	0.04	〃
200	0.05	0.09	0.05	〃
250	0.05	0.10	0.05	〃
300	0.06	0.18	0.06	〃
350	0.07	0.20	0.07	〃
400	0.07	0.22	0.07	〃
450	0.08	0.24	0.08	〃
500	0.09	0.34	0.09	〃

(備考) 1. 歩掛は，20m程度の現場内小運搬を含む。
　　　 2. 諸雑費には，燃料，カッターの刃の損耗費及び塗装の補修費を含む。

(3) 鋳鉄管切断・溝切り加工歩掛表
　1表　切断・溝切り同時（NS形・SⅡ形・GX形／パイプ切削切断機使用） (1口当り)

呼び径(mm)	NS形・SⅡ形・GX形 特殊作業員(人)	普通作業員(人)	機械損料(日)	諸雑費
75	0.15	1.00	0.21	労務費の5.0%
100	0.16	1.02	0.22	〃
150	0.18	1.06	0.25	〃
200	0.20	1.10	0.27	〃
250	0.22	1.14	0.30	〃
300	0.24	1.18	0.32	〃
350	0.26	1.22	0.35	〃
400	0.28	1.25	0.37	〃
450	0.31	1.29	0.40	〃

(備考) 1. 本表には，切断と溝切りを同時に実施する場合に適用する。
　　　 2. 歩掛は，20m程度の現場内小運搬を含む。
　　　 3. 諸雑費には，燃料，カッターの刃の消耗費及び塗装の補修費を含む。
　　　 4. NS形，GX形については面取り加工を含む。

2表　切断・溝切り2工程（NS形・S形・KF形・UF形／パイプ切削切断機使用）　　　　　　　　　　　（1口当り）

呼び径 (mm)	特殊作業員 (人)	普通作業員 (人)	機械損料 (日)	諸　雑　費
300	0.70	0.74	0.40	労務費の5.0％
350	0.73	0.95	0.43	〃
400	0.76	1.15	0.45	〃
450	0.78	1.36	0.50	〃
500	0.81	1.56	0.52	〃
600	0.87	1.97	0.66	〃
700	0.93	2.46	0.72	〃
800	0.98	2.95	0.79	〃
900	1.04	3.44	0.85	〃
1,000	1.10	3.93	0.91	〃
1,100	1.15	4.42	0.98	〃
1,200	1.21	4.91	1.04	〃
1,350	1.30	5.65	1.13	〃
1,500	1.38	6.38	1.23	〃
1,600	1.44	6.87	1.29	〃
1,650	1.47	7.12	1.32	〃
1,800	1.55	7.85	1.42	〃
2,000	1.66	8.83	1.55	〃
2,100	1.72	9.32	1.61	〃
2,200	1.78	9.81	1.67	〃
2,400	1.89	10.79	1.80	〃
2,600	2.00	11.77	1.93	〃

（備考）　1．本表は，切断，溝切りを2工程で連続して行う場合の歩掛である。溝切り加工のみ行う場合は，(2)鋳鉄管切断歩掛表①パイプ切削切断機使用を適用する。
　　　　2．歩掛は，20m程度の現場内小運搬を含む。
　　　　3．諸雑費には，燃料，カッターの刃の消耗費及び塗装の補修費を含む。
　　　　4．NS形は呼び径500～1,000mmにのみ適用する。

3表　切断・溝切り2工程（NS形・GX形／専用工具使用）　　　　　　　　　　　　　　　　　　　　　（1口当り）

| 呼び径
(mm) | NS形・GX形 |||| 諸　雑　費 |
	特殊作業員 (人)	普通作業員 (人)	機械損料 (日)	溝切り・切断刃 損耗率	
75	0.16	0.33	0.19	0.014	労務費の1％
100	0.17	0.34	0.19	0.017	〃
150	0.18	0.36	0.21	0.025	〃
200	0.20	0.38	0.22	0.032	〃
250	0.21	0.40	0.24	0.040	〃
300	0.25	0.46	0.26	0.048	〃
350	0.27	0.49	0.28	0.055	〃
400	0.28	0.52	0.31	0.089	〃
450	0.31	0.54	0.33	0.100	〃

（備考）　1．本表は，タッピンねじ式専用工具（溝切り機及び切断機等）を使用して溝切り管切断を行う場合に適用する。
　　　　2．歩掛は，20m程度の現場内小運搬を含む。
　　　　3．溝切り・切断刃の損耗費は，（溝切り刃価格×1／2＋切断刃価格）に表の刃損耗率を乗じて算出する。
　　　　4．諸雑費には，燃料，工具損耗費及び塗装の補修費を含む。
　　　　5．溝切り加工のみ行う場合は，本歩掛の70％とする。切断のみ行う場合は，(2)鋳鉄管切断歩掛表①パイプ切削切断機使用又は，②エンジンカッター使用を適用する。

(4) 鋼管切断歩掛表 (1口当り)

呼び径 (mm)	規 格	板 厚 (mm)	溶接工 (人)	諸雑費 (消耗品及び 工具損料)	規 格	板 厚 (mm)	溶接工 (人)	諸雑費 (消耗品及び 工具損料)
80	STW370	4.5	0.14	労務費の7.5%	STW290	4.2	0.13	労務費の7.5%
100	〃	4.9	0.15	〃	〃	4.5	0.14	〃
125	〃	5.1	0.18	〃	〃	4.5	0.16	〃
150	〃	5.5	0.20	〃	〃	5.0	0.18	〃
200	〃	6.4	0.25	〃	〃	5.8	0.23	〃
250	〃	6.4	0.26	〃	〃	6.6	0.27	〃
300	〃	6.4	0.33	〃	〃	6.9	0.36	〃
350	STW400	6.0	0.45	〃	—	—	—	
400	〃	6.0	0.54	〃	—	—	—	
450	〃	6.0	0.63	〃	—	—	—	
500	〃	6.0	0.72	〃	—	—	—	
600	〃	6.0	0.81	〃	—	—	—	
700	〃	7.0	1.09	〃	STW400B	6.0	0.94	労務費の7.5%
800	〃	8.0	1.24	〃	〃	7.0	1.14	〃
900	〃	8.0	1.38	〃	〃	7.0	1.21	〃
1,000	〃	9.0	1.68	〃	〃	8.0	1.49	〃
1,100	〃	10.0	1.82	〃	〃	8.0	1.53	〃
1,200	〃	11.0	2.11	〃	〃	9.0	1.73	〃
1,350	〃	12.0	2.57	〃	〃	10.0	2.14	〃
1,500	〃	14.0	3.29	〃	〃	11.0	2.58	〃
1,600	〃	15.0	3.63	〃	〃	12.0	2.90	〃
1,650	〃	15.0	3.74	〃	〃	12.0	2.99	〃
1,800	〃	16.0	3.95	〃	〃	13.0	3.21	〃
1,900	〃	17.0	4.20	〃	〃	14.0	3.64	〃
2,000	〃	18.0	4.45	〃	〃	15.0	4.06	〃
2,100	〃	19.0	4.95	〃	〃	16.0	4.56	〃
2,200	〃	20.0	5.43	〃	〃	16.0	4.78	〃
2,300	〃	21.0	5.99	〃	〃	17.0	5.28	〃
2,400	〃	22.0	6.51	〃	〃	18.0	5.85	〃
2,500	〃	23.0	7.12	〃	〃	18.0	6.09	〃
2,600	〃	24.0	7.69	〃	〃	19.0	6.70	〃
2,700	〃	25.0	8.35	〃	〃	20.0	7.29	〃
2,800	〃	26.0	8.97	〃	〃	21.0	7.96	〃
2,900	〃	27.0	9.68	〃	〃	21.0	8.24	〃
3,000	〃	29.0	10.75	〃	〃	22.0	8.95	〃

(備考) 1. 本表は，罫書き，切断及び開先加工までとする。
2. 本表は直切りとする。斜切りの場合は，周長比で割増すること。
3. 本表は溶接工事に付帯する切断工事とする。
4. 諸雑費（消耗品及び工具損料）には，酸素，アセチレン，サンダーストン（φ200 mm）その他雑品及び工具損料を含む。
5. 罫書き及び切断のみの歩掛は，本表の70％とし，開先加工のみの歩掛は本表の30％とする。

(5) ステンレス鋼管切断歩掛表 (1口当り)

呼び径	管厚 (mm)	ステンレス溶接工（人）	諸雑費
80A	3.0	0.12	労務費の15％
	4.0	0.15	
	5.5	0.22	
100A	3.0	0.13	
	4.0	0.16	
	6.0	0.24	
125A	3.4	0.16	
	5.0	0.22	
	6.6	0.30	
150A	3.4	0.17	
	5.0	0.23	
	7.1	0.33	
200A	4.0	0.19	
	6.5	0.30	
	8.2	0.38	
250A	4.0	0.21	
	6.5	0.35	
	9.3	0.49	
300A	4.5	0.31	
	6.5	0.44	
	10.3	0.70	
350A	5.0	0.49	
	6.0	0.58	
400A	5.0	0.58	
	6.0	0.70	
450A	5.0	0.68	
	6.0	0.82	
500A	5.5	0.86	
	6.0	0.93	
600A	6.0	1.05	
	6.5	1.14	
700A	6.0	1.22	
	7.0	1.43	
	8.0	1.63	

（備考） 1. 本表は，罫書き，切断及び開先加工までとする。
2. 本表は溶接工事に付帯する切断工事とする。
3. 罫書き及び切断のみの歩掛は本表の70％とし，開先加工のみの歩掛は本表の30％とする。
4. 諸雑費はエンジン付プラズマ切断機，消耗品及び工具損料とする。
5. 消耗品及び工具損料には，グラインダー，ステンレス用サンダーストン，チップ，電極及び燃料等を含む。
6. ステンレス溶接工の単価は，実勢単価とする。

(6) 硬貨塩化ビニル管切断歩掛表 (1口当り)

呼び径 (mm)	配管工 (人)	普通作業員 (人)	諸雑費
13	0.01	0.01	労務費の1%
16	0.01	0.01	〃
20	0.01	0.01	〃
25	0.01	0.01	〃
30	0.01	0.01	〃
40	0.01	0.01	〃
50	0.01	0.01	〃
75	0.02	0.02	労務費の5%
100	0.02	0.02	〃
125	0.02	0.02	〃
150	0.02	0.02	〃
200	0.02	0.02	〃
250	0.02	0.02	〃
300	0.03	0.03	〃

（備考） 諸雑費には，工具損料，損耗費等を含む。

(7) ポリエチレン管切断歩掛表 (1口当り)

呼び径 (mm)	配管工 (人)	普通作業員 (人)	諸雑費
13	0.01	0.01	労務費の1%
20	0.01	0.01	〃
25	0.01	0.01	〃
30	0.01	0.01	〃
40	0.01	0.01	〃
50	0.01	0.01	〃
75	0.01	0.01	労務費の7%
100	0.02	0.02	〃
150	0.02	0.02	〃
200	0.02	0.02	〃

（備考） 諸雑費には，工具損料，損耗費等を含む。

7. 弁類及び消火栓設置工

(1) 仕切弁設置工

① 鋳鉄製仕切弁設置（機械力）歩掛表（縦・横型） (1基当り)

呼び径 (mm)	労務費 配管工 (人)	労務費 普通作業員 (人)	クレーン機種 縦型	クレーン機種 横型	クレーン運転時間(h)	クレーン賃料 (日)
100 以下	0.03	0.05	クレーン付トラック 4t積2.9t吊	—	0.40	—
125	0.03	0.05	〃	—	0.47	—
150	0.04	0.06	〃	—	0.49	—
200	0.05	0.08	〃	—	0.57	—
250	0.06	0.10	〃	—	0.73	—
300	0.11	0.17	〃	—	0.91	—
350	0.18	0.43	〃	—	1.10	—
400	0.41	1.13	トラッククレーン・油圧伸縮ジブ型 4.9t吊	トラッククレーン・油圧伸縮ジブ型 4.9t吊	—	0.29
450	0.62	1.96	〃	〃	—	0.30
500	0.82	2.47	〃	〃	—	0.32
600	1.13	3.61	〃	〃	—	0.34
700	1.44	4.22	〃	〃	—	0.36
800	1.65	5.25	16t吊	16t吊	—	0.40
900	1.85	5.97	〃	〃	—	0.43
1,000	2.06	6.70	〃	〃	—	0.45
1,100	2.16	7.11	〃	〃	—	0.52
1,200	2.37	7.31	20t吊	20t吊	—	0.53
1,350	2.58	7.42	〃	25t吊	—	0.59
1,500	2.79	7.53	25t吊	35t吊	—	0.70

(備考)　1. 歩掛は，20m程度の現場内小運搬を含む。
　　　　2. 本表にはフランジ接合は含まれていない。
　　　　3. 現場の状況に応じ，割増することが出来る。
　　　　4. 呼び径350mm以下の吊込機械は，現場の状況に応じ，トラッククレーン・油圧伸縮ジブ型4.9t吊，又は，バックホウ（クレーン仕様）クローラ型クレーン機能付2.9t吊を使用することが出来る。なお，バックホウ（クレーン仕様）は，「クレーン等安全規則」，「移動式クレーン構造規格」に準拠した機械である。
　　　　5. 撤去歩掛は，上記歩掛に補正係数0.6を乗じて算出する。
　　　　6. 16t吊以上のクレーン機種は，ラフテレーンクレーン油圧伸縮ジブ型とする。

② 鋼板製仕切弁設置（機械力）歩掛表（縦・横型） (1基当り)

呼び径 (mm)	労務費 配管工 (人)	労務費 普通作業員 (人)	ラフテレーンクレーン（油圧伸縮ジブ型） 機種	賃料 (日)
1,000	2.06	6.18	16t吊	0.43
1,100	2.16	6.71	〃	0.45
1,200	2.37	7.24	〃	0.48
1,350	2.58	7.62	20t吊	0.53
1,500	2.78	8.29	25t吊	0.59
1,600	2.88	8.82	〃	0.61
1,650	2.98	9.34	35t吊	0.62
1,800	3.09	9.87	〃	0.68
2,000	3.19	10.40	45t吊	0.79

(備考)　1. 歩掛は，20m程度の現場内小運搬を含む。
　　　　2. 本表にはフランジ接合は含まれていない。
　　　　3. 現場の状況に応じ，割増することが出来る。
　　　　4. 撤去歩掛は，上記歩掛に補正係数0.6を乗じて算出する。

③ 仕切弁バタフライ弁設置（人力）歩掛表（縦・横型）

（1基当り）

呼び径(mm)	配管工（人）	普通作業員（人）
50	0.03	0.15
75	0.05	0.19
100	0.07	0.23
125	0.09	0.30
150	0.10	0.37
200	0.17	0.45
250	0.24	0.61
300	0.37	0.90
350	0.53	1.27

（備考） 1. 歩掛は，20m程度の現場内小運搬を含む。
2. 本表にはフランジ接合は含まれていない。
3. 現場の状況に応じ，割増することが出来る。
4. 撤去歩掛は，上記歩掛に補正係数0.6を乗じて算出する。

④ バタフライ弁設置（機械力）歩掛表（鋳鉄製及び鋼板製）

（1基当り）

呼び径(mm)	労務費 配管工（人）	労務費 普通作業員（人）	クレーン機種 縦型	クレーン機種 横型	クレーン運転時間(h)	クレーン賃料(日)
200	0.05	0.08	クレーン付トラック 4t積2.9t吊	—	0.57	—
250	0.06	0.10	〃	—	0.73	—
300	0.11	0.17	〃	—	0.91	—
350	0.18	0.43	〃	—	1.10	—
400	0.41	1.13	トラッククレーン 油圧伸縮ジブ型 4.9t吊	—	—	0.28
450	0.62	1.60	〃	—	—	0.29
500	0.82	2.04	〃	—	—	0.30
600	1.13	2.95	〃	—	—	0.32
700	1.44	3.44	〃	—	—	0.33
800	1.65	3.94	〃	—	—	0.34
900	1.85	4.44	〃	—	—	0.35
1,000	2.06	4.94	〃	4.9t吊	—	0.36
1,100	2.16	5.46	16t吊	16t吊	—	0.39
1,200	2.37	6.08	〃	〃	—	0.41
1,350	2.58	6.59	〃	〃	—	0.43
1,500	2.78	7.52	〃	〃	—	0.45
1,600	2.88	7.83	〃	〃	—	0.47
1,650	2.99	7.98	〃	〃	—	0.48
1,800	3.09	8.14	20t吊	〃	—	0.50
2,000	3.19	8.45	〃	20t吊	—	0.55
2,100	3.29	8.60	25t吊	〃	—	0.56
2,200	3.40	8.76	〃	25t吊	—	0.59
2,400	3.50	8.96	35t吊	〃	—	0.62

（備考） 1. 歩掛は，20m程度の現場内小運搬を含む。
2. 本表にはフランジ接合は含まれていない。
3. 現場の状況に応じ，割増することが出来る。
4. 呼び径350mm以下の吊込機械は，現場の状況に応じ，トラッククレーン・油圧伸縮ジブ型4.9t吊，又は，バックホウ（クレーン仕様）クローラ型クレーン機能付2.9t吊を使用することが出来る。なお，バックホウ（クレーン仕様）は，「クレーン等安全規則」，「移動式クレーン構造規格」に準拠した機械である。
5. 撤去歩掛は，上記歩掛に補正係数0.6を乗じて算出する。
6. 16t吊以上のクレーン機種は，ラフテレーンクレーン油圧伸縮ジブ型とする。

⑤ 合成樹脂製弁設置（人力）歩掛表　　　　　　　　　　　　　　　　　　　　　　　　　　　　　　　　（1基当り）

呼び径(mm) ＼ 職種	配　管　工（人）	普 通 作 業 員（人）	摘　　　　要
50	0.03	0.12	
75	0.05	0.12	
100	0.07	0.12	
125	0.09	0.13	
150	0.10	0.13	

（備考）　1．本表の合成樹脂製弁とは，水道用合成樹脂（耐衝撃性塩化ビニル）製仕切弁及びバタフライ弁をいう。
　　　　　2．合成樹脂製弁と直接接合する管は，硬質塩化ビニル管もしくはポリエチレン管に限るものとする。
　　　　　3．本表には管との接合は含まれていない。
　　　　　4．歩掛は，20m程度の現場内小運搬を含む。
　　　　　5．現場の状況に応じ，割増することが出来る。
　　　　　6．撤去歩掛は，上記歩掛に補正係数0.6を乗じて算出する。

(2) 空気弁及び空気弁座設置工

　　空気弁及び空気弁座設置工（呼び径75mm以上）は，原則として機械施工とするが，機械施工が不可能又は不適当な場合は人力施工とすることが出来る。

空気弁及び空気弁座設置歩掛表　　　　　　　　　　　　　　　　　　　　　　　　　　　　　　　　　（1基当り）

方法	呼び径(mm)	空　気　弁　設　置 配管工（人）	普通作業員（人）	諸雑費	クレーン運転時間(h)	空気弁座（人孔ふた）設置 配管工（人）	普通作業員（人）	諸雑費	クレーン運転時間(h)
機械施工	75	0.09	0.11	労務費の1％	クレーン付トラック 0.40	0.23	0.27	労務費の1％	クレーン付トラック 0.73
	100	0.09	0.11		0.40	0.23	0.27		0.73
	150	0.12	0.15		0.57	0.23	0.27		0.73
	200	0.14	0.18		0.73	0.23	0.27		0.73
人力施工	13〜25	0.05	0.10	労務費の1％	―	―	―	労務費の1％	―
	50	0.10	0.21		―	―	―		―
	75	0.15	0.31		―	0.26	0.52		―
	100	0.21	0.41		―	0.26	0.52		―
	150	0.31	0.62		―	0.26	0.52		―
	200	0.41	0.82		―	0.26	0.52		―

（備考）　1．歩掛は，20m程度の現場小運搬，据付け及びフランジ接合を含む。なお，据付けにはねじ込み接合も含む。
　　　　　2．フランジ接合は，1基当り1口。
　　　　　3．クレーン付トラックは，4t積，2.9t吊り。
　　　　　4．撤去歩掛は，上記歩掛に補正係数0.6を乗じて算出する。
　　　　　5．諸雑費には，接合器具損料を含む。

(3) 消火栓設置工

　　消火栓設置工は原則として機械施工とするが，機械施工が不可能又は不適当な場合は人力施工によることが出来るものとする。

消火栓設置歩掛表　　　　　　　　　　　　　　　　　　　　　　　　　　　　　　　　　　　　　　　（1箇所当り）

	名　称	単位	地　下　式 単口	双口	クレーン運転時間	諸雑費	地　上　式 単口	双口	クレーン運転時間	諸雑費	小型消火栓 消火栓	クレーン運転時間	諸雑費
機械施工	配管工	人	0.08	0.09	クレーン付トラック 0.31h	労務費の1％	0.20	0.22	クレーン付トラック 単口 0.57h 双口 0.73h	労務費の1％	0.08	クレーン付トラック 0.31h	労務費の1％
	普通作業員	〃	0.10	0.11			0.23	0.25			0.10		

（つづく）

❹上　水　道—❷

名　称	単位	地　下　式				地　上　式				小型消火栓		
^	^	単口	双口	クレーン運転時間	諸雑費	単口	双口	クレーン運転時間	諸雑費	消火栓	クレーン運転時間	諸雑費
人力施工　配管工	人	0.12	0.19	—	労務費の1%	0.27	0.40	—	労務費の1%	0.10	—	労務費の1%
普通作業員	〃	0.26	0.36	—	^	0.53	0.71	—	^	0.22	—	^

（備考）　1.　歩掛は，20m程度の現場内小運搬，据付け及びフランジ接合を含む。
　　　　2.　フランジ接合は，1箇所当り1口。
　　　　3.　フランジ接合を加算する場合，1.鋳鉄管布設工(5)フランジ継手歩掛表を参照する。
　　　　4.　据付けには，補修弁・フランジ短管等の取付け管を含む。
　　　　5.　クレーン付トラックは，4t積，2.9t吊。
　　　　6.　撤去歩掛は，上表歩掛に補正係数0.6を乗じて算出する。
　　　　7.　諸雑費には，接合器具損料を含む。

(4)　緊急遮断弁設置工
　　緊急遮断弁設置（機械力）歩掛表
　　本歩掛は，バタフライ弁に取付けられたウエイトが，地震のゆれや管内の流量の異常により作動し，弁を閉鎖するものに適用する。

（1基当り）

呼び径(mm)	労務費		クレーン機種	クレーン運転時間(h)	クレーン賃料(日)
^	配管工（人）	普通作業員（人）	^	^	^
100	0.06	0.10	クレーン付トラック4t積，2.9t吊	0.73	—
150	0.11	0.17	〃	0.91	—
200	0.18	0.43	〃	1.10	—
250	0.71	1.79	トラッククレーン・油圧伸縮ジブ型4.9t吊	—	0.30
300	0.81	2.03	〃	—	0.30
350	0.92	2.31	〃	—	0.31
400	1.02	2.59	〃	—	0.31
450	1.22	3.09	〃	—	0.32
500	1.33	3.38	〃	—	0.32
600	1.58	4.04	〃	—	0.34
700	1.72	4.42	〃	—	0.34
800	1.96	5.05	ラフテレーンクレーン・油圧伸縮ジブ型16t吊	—	0.36
900	2.27	5.85	〃	—	0.38
1,000	2.44	6.30	〃	—	0.39

（備考）　1.　歩掛は，20m程度の現場内小運搬を含む。
　　　　2.　本表にはフランジ接合は含まれていない。
　　　　3.　現場の状況に応じ，割増することが出来る。
　　　　4.　緊急遮断弁の作動確認試験のための費用は含まれていない。
　　　　5.　呼び径200mm以下の吊込機械は，現場の状況に応じ，トラッククレーン・油圧伸縮ジブ型4.9t吊，又は，バックホウ（クレーン仕様）クローラ型クレーン機能付2.9t吊を使用することが出来る。なお，バックホウ（クレーン仕様）は，「クレーン等安全規則」，「移動式クレーン構造規格」に準拠した機械である。
　　　　6.　撤去歩掛は，上表歩掛に補正係数0.6を乗じて算出する。

(5) 仕切弁・空気弁等ボックス設置工
鉄蓋設置歩掛表
(1個当り)

種類		寸法(mm)	1個当り質量(kg)	普通作業員(人)	無収縮モルタル(m³)
円形	1号	250	30 kg 未満	0.06	0.003
	2号	350	〃	0.08	0.004
	3号	500	〃	0.10	0.007
	4号	600	30 kg 以上 60 kg 未満	0.11	0.009
	5号	700	〃	0.13	0.010
	6号	900	60 kg 以上 90 kg 未満	0.16	0.020
角形	1号	500×400	30 kg 未満	0.10	0.006
	2号	600×500	30 kg 以上 60 kg 未満	0.14	0.007
	3号	700×500	〃	0.14	0.008

(備考) 1. 本表は，水道用円形並びに角形鉄蓋の設置に適用し，種類ごとの寸法及び質量が近似する鉄蓋の設置についても適用出来るものとする。
2. 円形鉄蓋の寸法は，受枠のフランジ内径とする。
3. 角形鉄蓋の寸法は，受枠のフランジ内寸とする。
4. 無収縮モルタルの充填高さは，5 cm を標準とする。
5. 撤去歩掛は，上記歩掛（普通作業員）に補正係数0.6を乗じて算出する。
6. 歩掛は，20 m 程度の現場内小運搬を含む。

(6) レジンコンクリート製ボックス設置歩掛表（円形）
(1個当り)

種類			内寸(mm)	高さ(mm)	1個当り質量(kg)	普通作業員(人)
円形	1号	調整リング	250	50	30 kg 未満	0.01
			250	100	〃	0.01
		上部壁	250	150	〃	0.01
		中部壁	250	100	〃	0.01
			250	200	〃	0.01
			250	300	〃	0.01
		下部壁	250	300 (RB(C), RB(CA))	〃	0.01
			250	150	〃	0.01
		底版	250	40	〃	0.01
	2号	調整リング	350	50	〃	0.02
			350	100	〃	0.02
		上部壁	350	150	〃	0.02
		中部壁	350	100	〃	0.02
			350	200	〃	0.02
			350	300	〃	0.02
		下部壁	350	300 (RB(C), RB(CA))	〃	0.02
			350	150	〃	0.02
		底版	350	40	〃	0.02
	3号	調整リング	500	50	〃	0.02
		上部壁	500	200	30 kg 以上 60 kg 未満	0.03
		中部壁	500	100	30 kg 未満	0.02
			500	200	〃	0.02
			500	300	〃	0.02
		下部壁	500	200	〃	0.02
			500	300	〃	0.02
			500	500	30 kg 以上 60 kg 未満	0.03
		底版	500	40	30 kg 未満	0.02

(つづく)

種類			内寸 (mm)	高さ (mm)	1個当り質量 (kg)	普通作業員 (人)
円形	4号	調整リング	600	50	30 kg 未満	0.02
		上部壁	600	200	30 kg 以上 60 kg 未満	0.03
		中部壁	600	100	30 kg 未満	0.02
			600	200	〃	0.02
			600	300	30 kg 以上 60 kg 未満	0.03
		下部壁	600	200	30 kg 未満	0.02
			600	300	30 kg 以上 60 kg 未満	0.03
			600	500	〃	0.03
		底版	600	40	30 kg 未満	0.02
	5号	調整リング	700	50	〃	0.04
		上部壁	700	200	30 kg 以上 60 kg 未満	0.05
		中部壁	700	100	30 kg 未満	0.04
			700	200	〃	0.04
			700	300	30 kg 以上 60 kg 未満	0.05
		下部壁	700	300	〃	0.05
			700	500	60 kg 以上 90 kg 未満	0.06
		底版	700	40	30 kg 以上 60 kg 未満	0.04
	6号	調整リング	900	50	〃	0.05
		上部壁	900	300	120 kg 以上 140 kg 未満	0.09
		中部壁	900	300	60 kg 以上 90 kg 未満	0.07
			900	400	90 kg 以上 120 kg 未満	0.08
			900	500	〃	0.08
		下部壁	900	300	60 kg 以上 90 kg 未満	0.07
			900	500	90 kg 以上 120 kg 未満	0.08
		底版	900	40	30 kg 以上 60 kg 未満	0.04

(備考) 1. 本表は，水道用レジンコンクリート製ボックス（JWWA K148）の設置に適用し，種類ごとの寸法及び質量が近似するボックスの設置についても適用出来るものとする。
2. 撤去歩掛は，上記歩掛に補正係数0.6を乗じて算出する。
3. 歩掛は，20 m 程度の現場内小運搬を含む。

(7) レジンコンクリート製ボックス設置歩掛表（角形） (1個当り)

種類			内寸 (mm)	高さ (mm)	1個当り質量 (kg)	普通作業員 (人)
角形	1号	調整リング	500×400	50	30 kg 未満	0.02
		上部壁	500×400	200	30 kg 以上 60 kg 未満	0.03
		中部壁	500×400	100	30 kg 未満	0.02
			500×400	200	〃	0.02
			500×400	300	〃	0.02
		下部壁	500×400	200	〃	0.02
			500×400	400	30 kg 以上 60 kg 未満	0.03
		底版	500×400	40	30 kg 未満	0.03
	2号	調整リング	600×500	50	〃	0.04
		上部壁	600×500	200	30 kg 以上 60 kg 未満	0.05
		中部壁	600×500	100	30 kg 未満	0.04
			600×500	200	〃	0.04
			600×500	300	30 kg 以上 60 kg 未満	0.05
		下部壁	600×500	200	30 kg 未満	0.04
			600×500	400	30 kg 以上 60 kg 未満	0.05
		底版	600×500	40	30 kg 未満	0.04

(つづく)

種類			内寸 (mm)	高さ (mm)	1個当り質量 (kg)	普通作業員 (人)
角形	3号	調整リング	700×500	50	30 kg 未満	0.05
		上部壁	700×500	200	30 kg 以上 60 kg 未満	0.05
		中部壁	700×500	100	30 kg 未満	0.04
			700×500	200	30 kg 以上 60 kg 未満	0.05
			700×500	300	〃	0.05
		下部壁	700×500	400	〃	0.05
		底版	700×500	40	〃	0.04

（備考） 1. 本表は，水道用レジンコンクリート製ボックス（JWWA K148）の設置に適用し，種類ごとの寸法及び質量が近似するボックスの設置についても適用出来るものとする。
2. 撤去歩掛は，上記歩掛に補正係数 0.6 を乗じて算出する。
3. 歩掛は，20 m 程度の現場内小運搬を含む。

(8) 接合材使用量

	単位	円形						角形		
		1号	2号	3号	4号	5号	6号	1号	2号	3号
接合材	g/箇所	40	50	60	70	80	100	60	70	80

（備考） 本表は，水道用レジンコンクリート製ボックスの据付けに使用する接合材の1箇所当りの平均的な使用量である。

(9) レジンコンクリート製分割底版型ボックス設置歩掛表（人力施工）　　　　　　　　　　　　　　（1個当り）

種類			寸法 (mm)	高さ (mm)	1個当り質量 (kg)	普通作業員 (人)
円形	1号	下部壁	内径 250・500	360	30 kg 以上 60 kg 未満	0.02
	2号	下部壁	内径 350・600	360	〃	0.02
	3号	下部壁	内径 500	210	30 kg 未満	0.02
		底版	外法 700×200	40	〃	0.03
	4号	下部壁	内径 600	210	〃	0.02
		底版	外法 800×200	40	30 kg 以上 60 kg 未満	0.03
角形	1号	下部壁	内径 500×400	210	30 kg 未満	0.02
	2号	下部壁	内径 600×500	210	〃	0.04

（備考） 1. 本表は，水道用レジンコンクリート製分割底版ボックス（JWWA K148）の設置に適用し，種類ごとの寸法及び質量が近似するボックスの設置についても適用出来るものとする。
2. 撤去歩掛は，上記歩掛に補正係数 0.6 を乗じて算出する。
3. 歩掛は，20 m 程度の現場内小運搬を含む。

(10) 接合材使用量

	単位	円形				角形	
		1号	2号	3号	4号	1号	2号
接合材	g/箇所	25	30	25	30	35	45

（備考） 本表は，水道用レジンコンクリート製分割底版ボックスの下部壁の据付に使用する接合材の1箇所当りの平均的な使用量である。

(11) ねじ式弁きょう設置歩掛表　　　　　　　　　　　　　　　　　　　　　　　　　　(1箇所当り)

種　　類		1個当り質量		普通作業員
		蓋 (kg)	受枠 (kg)	(人)
A，B形	1号	30 kg 未満	30 kg 以上 60 kg 未満	0.03
	2号	〃	〃	0.03
	3号	〃	〃	0.03
	4号	〃	〃	0.03
C形	1号	〃	30 kg 未満	0.02
	2号	〃	30 kg 以上 60 kg 未満	0.03

(備考)　1.　本表は，水道用ねじ式弁きょう（JWWA B110）及びこれに準じた製品の設置に適用し，種類ごとの寸法及び質量が近似する弁きょうの設置についても適用出来るものとする。
　　　　2.　A形・B形において底版を使用する場合は，0.01人を加算する。
　　　　3.　撤去歩掛は，上記歩掛に補正係数0.6を乗じて算出する。
　　　　4.　歩掛は，20m程度の現場内小運搬を含む。

8. 既設管撤去工
(1) 適用範囲
　　この基準は，管布設替工事による撤去管（呼び径1,000 mm 以下）の切断又は継手取外し，撤去管吊上げ積込みに適用する。
(2) 既設管撤去切断歩掛表
　　撤去管の切断歩掛は，次表の補正対象歩掛に補正係数を乗じて算出する。

撤　去　管		補正対象歩掛	補正係数
材　質	呼び径		
鋳鉄（FC）	350 mm 以下	〔鋳鉄管切断歩掛表〕	0.25
	400 mm 以上 2,000 mm 以下	〔　〃　〕	0.35
ダクタイル鋳鉄管（FCD）	350 mm 以下	〔　〃　〕	0.27
	400 mm 以上 2,000 mm 以下	〔　〃　〕	0.46
鋼　管（STW290, STW370, STW400）	350 mm 以下	〔鋼管切断歩掛表〕	0.25
鋼管（STW400, STW400B）	400 mm 以上 2,000 mm 以下	〔　〃　〕	0.35
硬質塩化ビニル管	──	〔硬質塩化ビニル管切断歩掛表〕	0.25
ポリエチレン管	──	〔ポリエチレン管切断歩掛表〕	0.25

(備考)　1.　撤去管は原則として切断するものとする。切断数量は6m当り1箇所を標準とするが，現場の状況に応じて別途定めることが出来る。
　　　　2.　鋳鉄管切断機械の損料は，別途建設機械損料算定表による。
　　　　3.　補正対象歩掛の補正係数は，労務費の歩掛のみに乗じ，機械損料及び諸雑費には適用しない。
　　　　4.　既設管との連絡部等における既設管切断については，本表を適用しない。
　　　　5.　鋼管切断撤去の場合は，6.管切断工(4)鋼管切断歩掛表（備考）5.を適用しない。

(3) 鋳鉄管継手取外し歩掛表
　　鋳鉄管継手取外し歩掛は，次表の補正対象歩掛に補正係数を乗じて算出する。

管　種			補正対象歩掛	補正係数
鋳鉄管		K 形	「メカニカル継手歩掛表」	0.60
		フランジ	「フランジ継手歩掛表」	
		T 形	「T形継手歩掛表」	
		S Ⅱ 形	「メカニカル継手歩掛表」	1.00
		S 形		
	NS 形 直管	75～450	「NS形継手接合歩掛表」	2.50
		500～1,000	〃	0.70
	NS 形 異形管	75～250	〃	2.50
		300～450	「メカニカル継手歩掛表」	2.50
		500～1,000	「NS形継手接合歩掛表」	0.70

(つづく)

管　種		補正対象歩掛	補正係数
鋳鉄管	NS形E種 直管	75～150	「NS形E種継手接合歩掛表（直管）」	2.50
	NS形E種 異形管	75～150	「NS形E種継手接合歩掛表（異形管）」	0.80
	NS形E種 N-Link	75～150	「NS形E種継手接合歩掛表（異形管）」	1.00
	GX形 直管	75～450	「GX形継手接合歩掛表（直管）」	2.30
	GX形 異形管	75～450	「GX形継手接合歩掛表（異形管）」	2.50
	GX形 P-Link	75～300	「GX形継手接合歩掛表（直管）」	1.80
	GX形 G-Link	75～300	「GX形継手接合歩掛表（異形管）」	1.60
	S50形 直管	50	「S50形継手接合歩掛表（直管）」	0.30
	S50形 異形管	50	「S50形継手接合歩掛表（直管）」	0.40

（備考）　1.　補正対象とする歩掛は，離脱防止・異形管・N-Link・P-Link・G-Link等の割増を考慮しない継手歩掛表を指す。
　　　　　　　ただし，K形メカニカル継手の特殊押輪の取り外しは割増した継手歩掛を対象とすることが出来る。
　　　　　2.　SⅡ形，S形，NS形，NS形E種及びGX形の場合，ロックリング取外しまで含む。
　　　　　3.　NS形直管500～1,000 mmにおいてライナ取外しを含む場合のみ，補正係数を10％割増すること。
　　　　　4.　NS形E種直管，GX形直管においてはライナ取外しの有無に係わらず適用する。
　　　　　5.　本表以外の継手の場合は別途考慮すること。

(4)　石綿管継手取外し歩掛表
　①　カラー継手取外し工　　　　　　　　　　（1口当り）

呼び径（mm）	配管工（人）	普通作業員（人）
75	0.02	0.02
100	0.04	0.04
125	0.04	0.04
150	0.04	0.04
200	0.04	0.04
250	0.05	0.05
300	0.05	0.05
350	0.07	0.07
400	0.07	0.07
450	0.08	0.08
500	0.08	0.08
600	0.11	0.11

　②　鋳鉄継手取外し工　　　　　　　　　　（1口当り）

呼び径（mm）	配管工（人）	普通作業員（人）
75	0.04	0.04
100	0.05	0.05
125	0.05	0.05
150	0.07	0.07
200	0.08	0.08
250	0.11	0.11
300	0.13	0.13
350	0.15	0.15
400	0.17	0.17
450	0.19	0.19
500	0.21	0.21
600	0.25	0.25

（備考）　石綿管は原則として継手部分を取外すものとする。

(5)　撤去管吊上げ積込み歩掛表
　　撤去管の吊上げ積込み歩掛は，次表の補正対象歩掛に補正係数を乗じて算出する。

撤去管種	補正対象歩掛	補正係数
鋳鉄管	「吊込み据付（機械力）」歩掛表	0.60
	「吊込み据付（人力）」歩掛表	0.60
鋼管	「吊込み据付（機械力）」歩掛表	0.60
	「吊込み据付（人力）」歩掛表	0.60
硬質塩化ビニル管	「硬質塩化ビニル管布設」歩掛表の据付工	0.60
ポリエチレン管	「ポリエチレン管布設」歩掛表の据付工	0.60

(6) 石綿管吊上げ積込み歩掛表
① 機 械 力 (10 m 当り)

呼び径（mm）	労務費（人）		トラッククレーン（油圧式）	
^	配管工	普通作業員	機　　種	賃　料（日）
200	0.04	0.05	トラッククレーン油圧伸縮ジブ型4.9 t 吊	0.07
250	0.04	0.06	^	0.08
300	0.04	0.07	^	0.08
350	0.04	0.09	^	0.08
400	0.04	0.11	^	0.09
450	0.05	0.12	^	0.09
500	0.05	0.13	^	0.10
600	0.05	0.17	^	0.12

② 人　力 (10 m 当り)

呼び径（mm）	配管工（人）	普通作業員（人）
75	0.07	0.11
100	0.08	0.12
125	0.08	0.12
150	0.12	0.17
200	0.17	0.32
250	0.20	0.42
300	0.20	0.65

9. 鋼製貯水槽設置工

(1) 適用範囲

この基準は，鋼製の耐震性貯水槽の設置に掛る積算に適用する。
貯水容量は，次表を標準とする。

①表　貯水槽の容量と形状寸法

貯水容量（m³）	貯水槽径（mm）	貯水槽深さ（m）
60	2,600	12.50
100	3,000	15.00

（備考）貯水槽の長さは，標準値とする。

(2) 作業内容と積算

作業内容と積算の方法は，次表のとおり。

②表　鋼製貯水槽の現場工事の工種と積算方法

工　種	作　業　内　容	備　考	
本体設置工	貯水槽本体の現地荷下ろし，本体吊込，据付	9.(3)	※本体材料費は別途計上
固定材設置工	貯水槽本体の浮き上がり防止用鋼製バンドの設置	9.(4)	※固定材料費は別途計上
貯水槽溶接工	貯水槽本体の現場溶接	9.(5)	
X線検査工	貯水槽本体の現場溶接箇所のX線検査	9.(6)	
貯水槽外面塗装工	ジョイントコート	2.(8)	
貯水槽内面塗装工	エポキシ樹脂	2.(7)	
循環撹拌装置設置工	各形式の特色により現場作業に違いがある	※材工共別途計上（本体材料費に含める）	
附帯設備工	特殊フランジ蓋設置，給水栓設置，消火栓設置，空気弁設置，附属配管設置，フランジ及びねじ込み継手接合，貯水槽内への梯子取付け	9.(7)	※附帯設備材料費は別途計上（ただし，弁類は実勢価格）
緊急遮断弁設置工	緊急遮断弁の吊込，据付	7.(4)	

（つづく）

工　　種	作　業　内　容	備　　考
緊急遮断弁室内及び 流入流出管配管工	緊急遮断弁室内及び流入流出管等の管据付，接合	開削工歩掛を適用

（備考）　1.　本基準は貯水槽本体及び本体に直接的に附属する附帯設備の設置に掛かる工事の基準である。
　　　　　2.　人孔管と本体を分割して現地搬入し現場で溶接する場合は，その接合費用を別途計上すること。
　　　　　3.　遮断弁室等を貯水槽本体と一体型で設置する場合は，弁室等の部分について別途計上すること。
　　　　　4.　貯水槽内の洗浄及び殺菌等の作業が必要な場合は，別途計上すること。

(3)　本体設置歩掛表（貯水槽吊込据付）
　　本体設置工は，貯水槽本体の現場での荷下ろし及び所定位置への吊込据付をする作業である。

③表　60 m³（2600A ×14 t）　　　　　　　　　　　　　　　　　　　　　　　　　　　　　（10 m 当り）

名　　　称	単　位	数　量	摘　　　　要
世　話　役	人	1.10	
配　管　工	〃	3.31	
溶　接　工	〃	1.10	
特　殊　作　業　員	〃	1.10	
普　通　作　業　員	〃	6.78	
ク レ ー ン 賃 料	日	1.24	ラフテレーンクレーン・油圧伸縮ジブ型20 t 吊
諸　雑　費	式	1.00	労務費の15 %

（備考）　1.　本歩掛は標準厚の鋼製貯水槽に適用する。
　　　　　2.　クレーンの作業半径は10 m を標準とする。
　　　　　3.　クレーン能力は作業条件により変更出来る。
　　　　　4.　本歩掛には10 m 程度の小運搬を含む。
　　　　　5.　本歩掛には芯出し，仮付けを含む。
　　　　　6.　諸雑費には溶接機損料，消耗品費，工具類損料等の費用を含む。

④表　100 m³（3000A ×17 t）　　　　　　　　　　　　　　　　　　　　　　　　　　　　（10 m 当り）

名　　　称	単　位	数　量	摘　　　　要
世　話　役	人	1.05	
配　管　工	〃	4.19	
溶　接　工	〃	1.05	
特　殊　作　業　員	〃	1.05	
普　通　作　業　員	〃	8.18	
ク レ ー ン 賃 料	日	1.48	ラフテレーンクレーン・油圧伸縮ジブ型45 t 吊
諸　雑　費	式	1.00	労務費の15 %

（備考）　1.　本歩掛は標準厚の鋼製貯水槽に適用する。
　　　　　2.　クレーンの作業半径は10 m を標準とする。
　　　　　3.　クレーン能力は作業条件により変更出来る。
　　　　　4.　本歩掛には10 m 程度の小運搬を含む。
　　　　　5.　本歩掛には芯出し，仮付けを含む。
　　　　　6.　諸雑費には溶接機損料，消耗品費，工具類損料等の費用を含む。

(4) 固定材設置歩掛表（貯水槽固定）

　固定材設置工は貯水槽が空になったとき，地下水の浮力による貯水槽の浮き上がりを防止するため，基礎コンクリートに鋼材を埋め込み，鋼製のバンド（帯鋼）で貯水槽本体を固定する作業である。

⑤表　固定材設置工　(1基当り)

名　　称	単位	数量	摘　　要
世　話　役	人	1.00	
溶　接　工	〃	2.00	
特殊作業員	〃	2.00	
クレーン賃料	日	0.86	トラッククレーン・油圧伸縮ジブ型4.9ｔ吊
諸　雑　費	式	1.00	労務費の15％

（備考）　1．本歩掛は60 m³，100 m³ 貯水槽に共通とする。
　　　　2．鋼製バンドは貯水槽一基あたり3箇所の設置を標準とする。
　　　　3．諸雑費には溶接機損料，消耗品費，工具類損料等の費用を含む。

(5) 貯水槽溶接歩掛表（本体）

　貯水槽溶接工は，分割して現地搬入した貯水槽本体を現場溶接により一体化する作業である。

⑥表　貯水槽溶接工（2600A×14ｔ）材質 SS400・内面Ｖ開先　(1箇所当り)

名　　称	単位	数量	摘　　要
世　話　役	人	2.59	
溶　接　工	〃	8.64	
特殊作業員	〃	10.37	
諸　雑　費	式	1.00	労務費の9％

（備考）　1．本歩掛は標準厚の鋼製貯水槽に適用する。
　　　　2．エンジンウエルダー使用の場合に適用する。
　　　　3．諸雑費には溶接棒，酸素，アセチレン，燃料，溶接機損料，工具類損料等の費用を含む。

⑦表　貯水槽溶接工（3000A×17ｔ）材質 SS400・Ｘ開先　(1箇所当り)

名　　称	単位	数量	摘　　要
世　話　役	人	2.77	
溶　接　工	〃	9.23	
特殊作業員	〃	11.08	
諸　雑　費	式	1.00	労務費の10％

（備考）　1．本歩掛は標準厚の鋼製貯水槽に適用する。
　　　　2．エンジンウエルダー使用の場合に適用する。
　　　　3．諸雑費には溶接棒，酸素，アセチレン，燃料，溶接機損料，工具類損料等の費用を含む。

⑧表　貯水槽溶接工（2600A×14ｔ）材質ステンレスクラッド鋼・内面Ｖ開先　(1箇所当り)

名　　称	単位	数量	摘　　要
世　話　役	人	5.41	
ステンレス溶接工	〃	18.03	
特殊作業員	〃	10.82	
諸　雑　費	式	1.00	労務費の18％

（備考）　1．本歩掛は標準厚の鋼製貯水槽に適用する。
　　　　2．エンジンウエルダー使用の場合に適用する。
　　　　3．諸雑費には溶接棒，酸素，アセチレン，燃料，溶接機損料，工具類損料等の費用を含む。
　　　　4．ステンレス溶接工の単価は実勢単価とする。

❹上　水　道—51

⑨表　貯水槽溶接工（3000A×17t）材質ステンレスクラッド鋼・X開先　　　　　　　　　　　　　　　　　（1箇所当り）

名　　称	単位	数量	摘　　要
世　話　役	人	6.04	
ステンレス溶接工	〃	20.14	
特　殊　作　業　員	〃	12.08	
諸　雑　費	式	1.00	労務費の18％

（備考）　1．本歩掛は標準厚の鋼製貯水槽に適用する。
　　　　　2．エンジンウエルダー使用の場合に適用する。
　　　　　3．諸雑費には溶接棒，酸素，アセチレン，燃料，溶接機損料，工具類損料等の費用を含む。
　　　　　4．ステンレス溶接工の単価は実勢単価とする。

(6)　X線検査歩掛表

　　X線検査工は，貯水槽本体の現場溶接部をX線撮影により溶接状態を確認検査する作業である。
　　1)　歩掛
　　　　2．鋼管布設工(9)　X線検査歩掛表による。
　　2)　1日当り標準撮影枚数
　　　　4枚（貯水槽）
　　3)　X線撮影枚数
　　　　X線撮影枚数は（溶接口数×検査率×1口当り撮影枚数）とする。

貯水槽形状	検査率	1口当り撮影枚数
2600A	100％	2枚
3000A	100％	2枚

(7)　附帯設備歩掛表（附属品設置）

　　附帯設備工は，貯水槽内部への昇降用梯子の設置，特殊フランジ蓋の設置，給水栓室及び空気弁室内の附属品一式を設置する作業である。

⑩表　附帯設備工　　　（1基当り）

名　　称	単位	数量	摘　　要
世　話　役	人	1.17	
配　管　工	〃	3.53	
特　殊　作　業　員	〃	5.67	
普　通　作　業　員	〃	3.53	
クレーン賃料	日	0.35	トラッククレーン・油圧伸縮ジブ型4.9t吊
諸　雑　費	式	1.00	労務費の1％

（備考）　1．本歩掛には昇降用梯子の設置及び特殊フランジ蓋，弁類（給水栓，消火栓，空気弁，仕切弁，逆止弁等），附属配管等の据付け，接合の一切を含む。
　　　　　2．諸雑費には溶接機損料，消耗品費，工具類損料等の費用を含む。
　　　　　3．弁室の設置工は別途積算とする。

10. ダクタイル鋳鉄製貯水槽設置工

(1) 適用範囲

この基準は，ダクタイル鋳鉄製の耐震性貯水槽の設置に掛る積算に適用する。

貯水容量は，次表を標準とする。

①表　貯水槽の容量

貯水槽容量（m³）	呼び径（mm）	長さ（m）
50	1,500	28.85
	2,000	17.04
60	1,500	34.85
	2,000	20.04
	2,600	12.28
100	2,000	33.04
	2,600	19.28

（備考）　長さは標準値とする。

(2) 作業内容と積算

作業内容と積算の方法は，次表のとおり。

②表　ダクタイル鋳鉄製貯水槽の現場工事の工種と積算方法

工　種	作　業　内　容	備　考
本体設置工	貯水槽本体の現地荷下ろし，本体吊込，据付	1.(1)　※現場状況により③表の使用も可
管接合工	貯水槽本体の管接合	1.(3)
ポリスリーブ被覆工	貯水槽本体のポリエチレンスリーブの被覆	1.(13)
モルタル充填工	貯水槽本体のモルタル充填	1.(3)モルタル充填工を適用
フランジ接合工	貯水槽本体のフランジ接合	1.(5)
附帯設備工（分散型）	（給水室内）給水室内管据付，消防用導水管・給水管取付，槽内流入管取付，ねじ継手接合，フランジ接合，空気弁設置，補修弁設置	10.④表
附帯設備工（集中型）	（給水室内）給水室内管据付，消防用導水管・給水管取付，ねじ継手接合，フランジ接合，空気弁設置，補修弁設置	10.⑤表
	（空気弁室内）空気弁室内管据付，フランジ接合，空気弁設置，補修弁設置	10.⑥表
	（貯水槽内）硬質塩化ビニル管布設，硬質塩化ビニル管継手，フランジ接合支持金具取付，固定金具取付，流入管振止	10.⑦表　φ2,600 mm，100 m³槽を標準とし，その他貯水槽については⑧表により補正
緊急遮断弁設置工	緊急遮断弁の吊込，据付	7.(4)
緊急遮断弁室内及び流入流出管配管工	緊急遮断弁室内及び流入流出管等の管据付，接合	開削工歩掛

（備考）　本基準は水道管などに設置されるダクタイル鋳鉄製貯水槽本体（分散型・集中型）の設置工並びに附帯設備（管弁類吊入・配管・接合作業）の設置工に適用する。

(3) 本体設置歩掛表

　本体設置工は，貯水槽本体を所定の位置に据え付ける作業である。本体設置工の歩掛は，1.(1)吊込み据付（機械力）歩掛表を準拠することとするが，現場の状況により③表に示すクレーンを使用することが出来る。

③表　本体設置工（クレーン）　　　　　　　　　　　　　　　　　　　　　　　（10 m 当り）

呼び径（mm）	ラフテレーンクレーン	
	能　力	賃料（日）
1,500	ラフテレーンクレーン・油圧伸縮ジブ型25 t 吊	0.61
2,000	ラフテレーンクレーン・油圧伸縮ジブ型25 t 吊	0.95
2,600	ラフテレーンクレーン・油圧伸縮ジブ型45 t 吊	1.24

(4) 附帯設備歩掛表（分散型）

　附帯設備工は，分散型貯水槽の両端2箇所に設置する給水室内の給水室内管，消防用導水管・給水管，槽内流入流出管，空気弁及び補修弁等の配管・据付を行うものである。

④表　給水室内配管工（分散型）　　　　　　　　　　　　　　　　　　　　　　（1式当り）

呼び径（mm）	配管工（人）	普通作業員（人）	諸雑費
100	4.74	7.82	労務費の1％
150	4.82	7.92	〃
200	4.94	8.04	〃
250	5.12	8.22	〃

(5) 附帯設備歩掛表（集中型）

　附帯設備工は，集中型貯水槽に設置する給水室及び空気弁室内の管・弁類等設置，貯水槽内の配管を行うものである。

⑤表　給水室内配管工（集中型）　　　　　　　　　　　　　　　　　　　　　　（1箇所当り）

配管工（人）	普通作業員（人）	諸雑費
2.61	4.32	労務費の1％

（備考）　1．給水室内管，消防用導水管・給水管，空気弁及補修弁等の配管・据付を含む。
　　　　　2．諸雑費には，接合器具損料を含む。

⑥表　空気弁室内配管工（集中型）　　　　　　　　　　　　　　　　　　　　　（1箇所当り）

呼び径（mm）	配管工（人）	普通作業員（人）	諸雑費
100	1.16	2.30	労務費の1％
150	1.22	2.36	〃
200	1.28	2.42	〃
250	1.40	2.54	〃

（備考）　1．空気弁室内管，空気弁及補修弁等の配管・据付を含む。
　　　　　2．諸雑費には，接合器具損料を含む。

⑦表　貯水槽内配管工（集中型）　　　　　　　　　　　　　　　　　　　　　　（1式当り）

呼び径（mm）	配管工（人）	普通作業員（人）	諸雑費
100	2.13	1.10	労務費の1％
150	2.79	1.35	〃
200	3.42	1.97	〃
250	4.04	2.53	〃

（備考）　1．貯水槽内の流入・流出管の配管，固定に適用する。
　　　　　2．φ2,600 mm，100 m³ 槽を標準とし，その他の貯水槽については，⑧表により補正する。
　　　　　3．諸雑費には，接合器具損料を含む。

⑧表　補正係数

貯水槽容量（m³）	呼び径（mm）	補　正
50	1,500	1.20
	2,000	0.89
60	1,500	1.34
	2,000	0.97
	2,600	0.85
100	2,000	1.27

❺ 土 地 改 良
① 土地改良工事の積算
　これらは，土地改良事業等の工事価格の積算に必要な事項を記載したものである。
1. 直接工事費の積算
　　直接工事費は，工事の目的物を施工するにあたり，直接必要とされる費目で，次により積算する。
　(1) 材 料 費
　　　工事の施工に必要な材料に要する費用で，その算定は材料の数量に材料の価格を乗じて求める。
　(2) 労 務 費
　　　工事の施工に必要な労務に要する費用で，その算定は所要人員に労務賃金を乗じて求める。労務賃金は，別に定める「公共工事設計労務単価」によるほか，実情に即した賃金を採用する。
　(3) 機 械 経 費
　　　工事の施工に必要な機械の使用に要する費用で，その算定は別に定める「土地改良事業等請負工事機械経費算定基準」及び「土地改良事業等請負工事標準歩掛」によるほか，適正と認められる実績又は資料により算定する。
　(4) そ の 他
　　1) 特許使用料
　　　　工事の施工に要する特許の使用料及び派遣技術者等に要する費用とする。
　　2) 水道・光熱電力料
　　　　工事の施工に要する用水・電力電灯使用料とする。
　　3) 鋼桁・門扉等の輸送費
　　　　鋼桁・門扉等工場製作に係る製品を，製作工場から据付現場までの荷造・運搬に要する費用とする。
　　4) 産業廃棄物処理費
　　　　産業廃棄物処理に要する費用とする。
2. 間接工事費
　　直接工事費以外の工事費で，次の(1)共通仮設費及び(3)現場管理費より構成され，その積算は実情に応じて行う。
　(1) 共通仮設費
　　　共通仮設費は次に掲げるものとし，その算定にあたっては，別に定める「土地改良事業等請負工事共通仮設費算定基準」による。
　　1) 事業損失防止施設費
　　　　工事施工に起因する騒音，振動，地盤沈下，地下水の断絶等を未然に防止するための仮施設の設置，撤去及び当該施設の維持管理に要する費用とする。
　　2) 運 搬 費
　　　　機械器具等を，その所在する場所又は所在が推定される場所から工事現場内への搬入・搬出（組立・解体を含む。）に要する費用と，機械器具等の工事現場内での小運搬に要する費用とする。
　　3) 準 備 費
　　　　ア．準備及び跡片付けに要する費用
　　　　イ．調査，測量，丁張等に要する費用
　　　　ウ．伐開，除根，除草，整地等に要する費用
　　4) 安 全 費
　　　　ア．安全施設に要する費用
　　　　イ．安全管理に要する費用
　　　　ウ．ア及びイまでに掲げるもののほか，工事施工上必要な安全対策等に要する費用
　　5) 役 務 費
　　　　ア．材料置場等の土地借上げに要する費用
　　　　イ．電力，用水等の基本料金
　　6) 技術管理費
　　　　ア．品質管理のための試験等に要する費用
　　　　イ．出来形管理のための測量，写真管理等に要する費用
　　　　ウ．工程管理のための資料の作成に要する費用
　　7) 営 繕 費
　　　　ア．現場事務所，労務者宿舎，倉庫等の営繕に要する費用
　　　　イ．アに係る土地・建物の借上げ費用
　　　　ウ．労務者の輸送に要する費用

(2) 共通仮設費の積算

共通仮設費のうち，運搬費，準備費，安全費，役務費，技術管理費及び営繕費等については，所定の率計算による費用に積上げ計算による費用を加算して行うものとする。

1) 率計算による算定方法

率計算による算定方法は，別表2に定める各工種ごとの共通仮設費率を用い，次式により算定する。
なお，率の対象項目は別表1に示すとおりである。

　　当該費用＝対象金額×共通仮設費率
　　対象金額＝直接工事費＋事業損失防止施設費＋支給品費＋官貸額＋準備費に含まれる処分費

(1) 下記に掲げる費用は対象金額に含めない。
　ア 簡易組立式橋梁，プレキャストPC桁，プレキャストPC床版，ポンプ，グレーチング床版，合成床版製作費，大型遊具（設計製作品），光ケーブルの購入費
　イ 上記アを支給する場合の支給品費

(2) 対象金額の算式中に記述の支給品費及び官貸額は「直接工事費＋事業損失防止施設費」に含まれるものに限るものとする。

2) 共通仮設費率の補正

(1) 施工地域を考慮した共通仮設費率の補正は，別表3の適用条件に該当する場合，別表2の共通仮設費率に補正係数を乗ずるものとする。ただし，フィルダム及びコンクリートダム工事には適用しない。

(2) 災害の発生等により，本基準において想定している状況と実態が乖離している場合などについては，別表3に示す補正係数の他，必要に応じて実態等を踏まえた補正係数を設定することができるものとする。

3) 積上げ計算による算定方法

積上げ計算による算定方法は，別表1に定める項目について現場条件を的確に把握し必要額を適正に積上げるものとする。
なお，運搬費の算定は別紙によるものとする。

別表1　共通仮設費率適用範囲

項　目	率　の　対　象　項　目	率　に　別　途　加　算　で　き　る　項　目
運搬費	1．建設機械器具の運搬等に要する費用 (1) 質量20t未満の建設機械の搬入，搬出（組立・解体を含む）に要する費用 (2) 器材等（型枠，支保材，足場材，仮囲い，敷鉄板（積上げ計上分を除く），橋梁ベント，橋梁架設用タワー，橋梁用架設桁設備，排砂管，トレミー管等）の搬入・搬出並びに現場内小運搬に要する費用 (3) 建設機械の自走による運搬に要する費用 (4) 建設機械等の日々回送（分解・組立，輸送）に要する費用 (5) 建設機械の現場内小運搬に要する費用	1．建設機械器具の運搬等に要する費用 (1) 質量20t以上の建設機械の貨物自動車等による搬入，搬出（組立・解体を含む）に要する費用 (2) 器材のうち，スライディングセントルの搬入，搬出並びに現場内小運搬に要する費用 2．仮設材等（鋼矢板，H形鋼，覆工板，たて込み簡易土留，敷鉄板等）の運搬等に要する費用 3．干拓工事・海岸工事に係る工事の施工に必要な船舶等の回航に要する費用 4．重建設機械の分解・組立及び輸送に関する費用 　（運搬中の本体賃料・損料及び分解・組立時の本体賃料を含む） 5．建設機械器具，仮設材及び重建設機械の輸送における自動車航送船使用料に要する費用（運搬中の本体賃料・損料を含む） 6．その他，工事施工上必要な建設機械器具の運搬等に要する費用
準備費	1．準備及び跡片付けに要する費用 (1) 準備に要する費用 (2) 現場の跡片付け，清掃，踏み荒らしに対する復旧等に要する費用 2．調査・測量，丁張等に要する費用 (1) 工事施工に必要な測量及び丁張に要する費用 (2) 縦，横断面図の照査等に要する費用 (3) 用地幅杭等の仮移設等に要する費用 3．準備として行う以下に要する費用 (1) ブルドーザ，レーキドーザ，バックホウ等による雑木や小さな樹木，竹などを除去する伐開に要する費用（チェーンソー等による伐採作業を除く） (2) 除根，除草，整地，段切り（ため池及びダムの堤体部を除く），すりつけ等に要する費用 　なお，伐開，伐根及び除草は，現場内の集積・積込み作業を含む。（農用地造成工事の伐開，伐根，除草等に要する費用を除く）	1．伐開，除根，除草等に伴い発生する建設廃棄物等の工事現場外への搬出及び処理に要する費用 2．伐開，除根，除草等に要する費用（農用地造成工事） 3．チェーンソー等により樹木を伐採するための費用 4．照査等に特別な機器や作業が必要となる場合の費用 (1) コンクリート補修工事に係る設計図書の照査（補修範囲の確認等）に伴う高圧洗浄機等による洗浄作業に要する費用 (2) 地下埋設物等を確認するための試掘に要する費用 5．その他，工事施工上必要な準備等に要する費用

(つづく)

安全費	1. 工事地域内全般の安全管理上の監視，あるいは連絡等に要する費用 2. 不稼働日の保安要員等の費用 3. 標示板，標識，保安灯，防護柵，バリケード，架空線等事故防止対策簡易ゲート等の安全施設類の設置・撤去，補修に要する費用及び使用期間中の損料 4. 夜間作業を行う場合における照明に要する費用（大規模な照明施設を必要とする広範なダム工事及びトンネル内工事を除く） 5. 河川，海岸工事における救命艇に要する費用 6. 酸素欠乏症の予防に要する費用 7. 粉塵作業の予防に要する費用（「ずい道等建設工事における粉じん対策に関するガイドライン」によるトンネル工事の粉塵発生源に係る措置の各設備，「鉛等有害物を含有する塗料の剥離やかき落とし作業における労働者の健康障害防止について」に伴う各ばく露防止対策は，仮設工に計上する） 8. トンネル等における防火安全対策に要する費用 9. 安全用品等に要する費用（墜落制止用器具（フルハーネス型）を含む） 10. 安全委員会等に要する費用	1. 特別仕様書，設計図書等により条件明示される費用 (1) 鉄道・空港関係施設等に近接した工事現場における出入口等に配置する安全管理要員等に要する費用 2. 干拓工事・海岸工事において，危険区域等で工事を施工する場合の水雷・傷害保険料 3. 高圧作業の予防に要する費用 4. 河川及び海岸の工事区域に隣接して航路がある場合の安全標識，警戒船運転に要する費用 5. ダム工事における岩石掘削時に必要な発破監視のための費用 6. その他，工事施工上必要な安全対策等に要する費用
役務費		1. 現場工作場，材料置場等の土地借上げに要する費用（営繕に係る用地は除く） 2. 電力，用水等の基本料金 3. 電力設備用工事負担金
技術管理費	1. 土木工事施工管理基準の品質管理に含まれる試験に要する費用 2. 出来形管理のための測量，図面作成，写真管理に要する費用 3. 工程管理のための資料の作成等に要する費用 4. 工事完成図書類の作成及び電子納品等に要する費用 5. 建設材料の品質記録保存に要する費用 6. コンクリート中の塩化物総量規制に伴う試験に要する費用 7. コンクリートのひび割れ調査及びテストハンマーによる強度推定調査に要する費用 8. PC上部工・アンカー工等の緊張管理，グラウト配合試験等に要する費用 9. 塗装膜厚施工管理に要する費用 10. 施工管理で使用するOA機器の費用（情報共有システムに係る費用（登録料及び利用料）を含む） 11. 建設発生土情報交換システム及び建設副産物情報交換システムの操作に要する費用	1. 特別な品質管理に要する費用 (1) 溶接試験における放射線透過試験（現場）に要する費用 (2) 管水路における水圧試験及び漏水試験に要する費用 (3) 土質試験（土木工事施工管理基準の品質管理に記載されている試験項目以外の試験）に要する費用 2. 現場条件等により積上げを要する費用 (1) 軟弱地盤等における計器の設置・撤去及び測定取りまとめに要する費用 (2) 試験盛土等の工事に要する費用 (3) 施工前に既設構造物の配筋状況の確認に用いる特別な機器（鉄筋探査器等）に要する費用 3. 歩掛調査及び諸経費動向調査に要する費用 4. ICT建設機械に要する以下の費用 (1) 保守点検 (2) システム初期費 (3) 3次元起工測量・3次元設計データの作成費用 5. その他，特に技術的判断に必要な資料の作成に要する費用
営繕費	1. 現場事務所，労務者宿舎，倉庫等の営繕（設置・撤去，維持・修繕）に要する費用 2. 1に係る土地・建物の借上げに要する費用 3. 労働者を日々当該現場に送迎輸送するために要する費用（海上輸送等での労働者の輸送に要する費用は除く） 4. 火薬庫等及び特に必要とされる監督員詰所の営繕（設置・撤去，維持・補修，土地の借上げ）に要する費用（フィルダム及びコンクリートダム工事）	1. 火薬庫等及び特に必要とされる監督員詰所の営繕（設置・撤去，維持・補修，土地の借上げ）に要する費用（フィルダム及びコンクリートダム工事を除く） 2. 海上輸送等での労務者の輸送に要する費用 3. その他，工事施工上必要な営繕等に要する費用

別表2　工種区分

工種区分	工種内容
ほ場整備工事	農地の区画整理（道路，用排水路施設を併せて行うもの及び暗渠排水工事，客土工事を単独で行うものを含む。）工事
農用地造成工事	農用地造成（道路用排水路施設を併せて行うものを含む。）工事

(つづく)

工事区分	内容
舗　装　工　事	舗装の新設及び修繕工事にあって，次に掲げる工事 セメントコンクリート舗装工，アスファルト舗装工，セメント安定処理路盤工，アスファルト安定処理路盤工，砕石路盤工，凍上抑制層，コンクリートブロック舗装工，路上再生処理工，切削オーバーレイ工及びこれらに類する工事
道　路　改　良　工　事	道路改良工事にあって，次に掲げる工事 土工，擁壁工，函（管）渠工，側溝工，山止工，法面工，落石防止柵工，雪崩防止柵工，道路地盤処理工，標識工，防護柵工及びこれらに類する工事
水　路　トンネル　工　事	新設・改修（支保工，矢板を再建込する作業）及びこれに附帯する構造物工事。なお，シールド工法又は推進工法作業員が内部で作業する推進工法による工事及びこれに類する工事を含む。
水　路　工　事	用水路及び用排水兼用水路の新設・改修工事｜サイホン工事，排水路の三面張水路及び既製品水路（既製品の大型フリューム等）を含む。｜でこれと同時に施工される附帯構造物工事
排　水　路　工　事	排水路の工事で掘削，築堤，護岸，根固め及びこれらに類するものを行う工事 柵渠，連節ブロック，張ブロック，鋼矢板，コンクリート矢板を用いた用水路・用排兼用水路及び土水路で排水路に類する工事
河　川　工　事	河川工事にあって，次に掲げる工事 築堤工，掘削工，浚渫工，護岸工，特殊堤工，根固工，水制工，水路工，河床高水敷整正工，堤防地盤処理工，河川構造物グラウト工，光ケーブル配管工等の補修及びこれらに類する工事 ただし，河川高潮対策区間の河川工事については「海岸工事」とする。
管　水　路　工　事	既製管及びこれに類する既製品（既製品のボックスカルバート等）を用いる水路工事。ただし，畑かん施設工事，管更生工事，推進工法（作業員が内部で作業する推進工法）及びこれに類する工事は除く。
管　更　生　工　事	管水路に関する工事にあって，次に掲げる工事 既設管水路の管更生工事
畑かん施設工事	樹枝状・管網方式及びこれに類するパイプライン施設のパイプラインの布設及び附帯構造物工事
干　拓　工　事	ポンプ浚渫船，グラブ浚渫船，バケット船等を用いて行う干拓工事及び埋立工事（陸地の用土を用いて行う干拓及び埋立工事は対象としない。）
海　岸　工　事	海岸工事であって，次に掲げる工事 堤防工，突堤工，離岸堤工，消波根固工，海岸擁壁工，護岸工，樋門（管）工，河口浚渫，水（閘）門工，養浜工，堤防地盤処理工及びこれらに類する工事 河川高潮対策区間の河川工事であって，次に掲げる工事 築堤工，掘削工，浚渫工，護岸工，特殊堤工，根固工，水制工，水路工，河床高水敷整正工，堤防地盤処理工，河川構造物グラウト工，樋門（管）工，水（閘）門工，光ケーブル配管工，護岸工等の補修及びこれらに類する工事
コンクリート補修工事	コンクリートの補修工事であって，次に掲げる工事 表面保護工法，ひび割れ補修工法，断面修復工法，目地補修工法及びこれらに類する工事 ただし，管水路内工事，ダム及び橋梁（上部・下部）等の補修を除く。
た　め　池　工　事	ため池を主体とする工事であって，次に類するものを行う工事 堤体，洪水吐，取水施設，土砂吐，緊急放流施設及びこれらに類する工事 ただし，ため池附帯構造物（安全施設等）に類する工事を主体とする工事は除く。
その他土木工事(1)	コンクリート構造物を主体とする工事であって，次に掲げる工事 橋梁（上部・下部），樋門（管），頭首工，用排水機場（下部・基礎），水路橋（上部・下部），貯水槽及びこれらに類する工事 ただし，橋梁（上部・下部）の補強工事及び既設橋梁の橋梁附属物工の修繕工事は除く。
その他土木工事(2)	他のいずれにも該当しない工事で，次に類するものを行う工事 沈砂池，地すべり防止工，ダム等の補修，工事用ボーリング・グラウト，ため池廃止，ため池附帯構造物（安全施設工等）
フィルダム工事	フィルタイプで本体を主体とする工事
コンクリートダム工事	コンクリートダム本体を主体とする工事（砂防ダムは対象としない。）

別表2―(1)　共通仮設費率

工種区分 \ 適用区分	対象金額 300万円以下 下記の率とする。	300万円を超え10億円以下 下記の算定式により算出された率とする。ただし，変数値は下記による。 a	b	10億円を超えるもの 下記の率とする。
ほ場整備工事	13.28 %	117.0	-0.1459	5.69 %
農用地造成工事	15.63 %	142.9	-0.1484	6.60 %
水路トンネル工事	22.74 %	518.8	-0.2097	6.73 %
水路工事	12.45 %	91.3	-0.1336	5.73 %
排水路工事	13.22 %	104.0	-0.1383	5.92 %
管水路工事	13.78 %	151.6	-0.1608	5.41 %
畑かん施設工事	13.17 %	62.5	-0.1044	7.18 %
コンクリート補修工事	12.01 %	119.4	-0.1540	4.91 %
ため池工事	14.20 %	41.3	-0.0716	9.37 %
その他土木工事(1)	18.70 %	349.9	-0.1964	5.98 %
その他土木工事(2)	15.77 %	124.8	-0.1387	7.05 %

別表2―(2)

工種区分 \ 適用区分	対象金額 600万円以下 下記の率とする。	600万円を超え10億円以下 下記の算定式により算出された率とする。ただし，変数値は下記による。 a	b	10億円を超えるもの 下記の率とする。
河川工事	12.53 %	238.6	-0.1888	4.77 %
海岸工事	13.08 %	407.9	-0.2204	4.24 %
道路改良工事	12.78 %	57.0	-0.0958	7.83 %
舗装工事	17.09 %	435.1	-0.2074	5.92 %
管更生工事	10.24 %	330.0	-0.2225	3.28 %

別表2―(3)

工種区分 \ 適用区分	対象金額 600万円以下 下記の率とする。	600万円を超え20億円以下 下記の算定式により算出された率とする。ただし，変数値は下記による。 a	b	20億円を超えるもの 下記の率とする。
干拓工事	13.28 %	552.0	-0.2388	3.32 %

別表2―(4)

工種区分 \ 適用区分	対象金額 3億円以下 下記の率とする。	3億円を超え50億円以下 下記の算定式より算出された率とする。ただし，変数値は下記による。 a	b	50億円を超えるもの 下記の率とする。
フィルダム工事	7.57 %	43.7	-0.0898	5.88 %
コンクリートダム工事	13.77 %	3,064.8	-0.2769	6.32 %

算定式は次によるものとする。

$$Y = a \cdot X^b$$

ただし，Y　：共通仮設費率（％）

　　　　X　：対象金額（円）

　　　　a，b　：変数値

（備考）Yの値は小数点以下第3位を四捨五入して2位止めとする。

別表3　共通仮設費率の補正

適用条件			補正係数	適用優先
施工地域区分	工種区分	対象		
一般交通影響有り (1)-1	舗装工事	舗装工事2車線以上（片側1車線以上）かつ交通量（上下合計）が5,000台/日以上の車道において，車線変更を促す規制を行う場合。ただし，常時全面通行止めの場合は対象外とする。	1.4	1
一般交通影響有り (2)-1	舗装工事	一般交通影響有り(1)以外の車道において，車線変更を促す規制を伴う場合。（常時全面通行止めの場合を含む。）		
市街地（DID補正） (1)-1	舗装工事	市街地部が施工箇所に含まれる場合。	1.4	1
一般交通影響有り (1)-2	舗装工事以外の工種※	2車線以上（片側1車線以上）かつ交通量（上下合計）が5,000台/日以上の車道において，車線変更を促す規制を行う場合。ただし，常時全面通行止めの場合は対象外とする。	1.3	2
一般交通影響有り (2)-2	舗装工事以外の工種※	一般交通影響有り(1)以外の車道において，車線変更を促す規制を伴う場合。（常時全面通行止めの場合を含む。）	1.2	3
市街地（DID補正） (1)-2	舗装工事以外の工種※	市街地部が施工箇所に含まれる場合。	1.2	4
山間僻地及び離島	全ての工種※	人事院規則における特地勤務手当を支給するために指定した地区，及びこれに準ずる地区の場合。	1.3	5
中山間地域	全ての工種※	農林統計上用いられる地域区分のうち，中間農業地域と山間農業地域の場合。	1.2	6

※コンクリートダム及びフィルダム工事は適用しない。
（備考）　1.　市街地とは，施工地域が人口集中地区（DID地区）及びこれに準ずる地区をいう。
　　　　　　なお，DID地区とは，総務省統計局国勢調査による地域別人口密度が4,000人/km²以上でその全体が5,000人以上となっている地域をいう。
　　　　2.　中間農業地域と山間農業地域は，農林水産省大臣官房統計部で整理している「農業地域類型一覧表」に示す旧市区町村名に該当する地域をいう。なお，詳細は農林水産省ホームページを参照されたい。
　　　　　　【https://www.maff.go.jp/j/tokei/chiiki_ruikei/setsumei.html】
　　　　3.　適用条件の複数に該当する場合は，適用優先順に従い決定するものとする。

(3)　現場管理費
　　現場管理費は，工事現場の管理運営に要する費用で，次に掲げるものである。
　1)　労務管理費
　　　現場労務者に係る次の費用
　　イ．募集及び解散に要する費用（赴任旅費及び解散手当を含む。）
　　ロ．慰安，娯楽及び厚生に要する費用
　　ハ．直接工事費及び共通仮設費に含まれない作業用具及び作業被服の費用
　　ニ．賃金以外の食事，通勤等に要する費用
　　ホ．労災保険法等による給付以外に災害時に事業主が負担する費用
　2)　安全訓練等費
　　　現場労働者の安全・衛生に要する費用，研修訓練等に要する費用
　3)　従業員給料手当
　　　現場従業員の給料，諸手当（危険手当，通勤手当，火薬手当等）及び賞与等の費用。ただし，本店及び支店で経理される派遣会社役員等の報酬・運転者，世話役等で純工事費に含まれる現場従業員の給料等は除く。
　4)　退職金
　　　現場従業員に係る退職金及び退職給与引当金繰入額
　5)　法定福利費
　　　現場従業員及び現場労務者に関する労災保険料，雇用保険料，健康保険料及び厚生年金保険料の法定の事業主負担額並びに建設業退職金共済制度に基づく事業主負担額
　6)　福利厚生費
　　　現場従業員に係る慰安娯楽，貸与被服，医療，慶弔見舞等福利厚生，文化活動等に要する費用
　7)　事務用品費
　　　事務用消耗品，新聞，参考図書等の購入費

8) 通信交通費
   通信費，交通費及び旅費
9) 動力用水光熱費
   事務所及び宿舎等で使用される電力，水道，ガス等の費用（基本料金を含む。）
10) 交際費
    現場への来客等の応対に要する費用
11) 補償費
    工事施工に伴って通常発生する物件等の毀損の補修費及び騒音，振動，濁水，交通騒音等による事業損失に係る補償費。ただし，臨時にして巨額なものは除く。
12) 租税公課
    固定資産税，自動車税，軽自動車税等の租税公課。ただし，機械経費の機械器具等損料に計上された租税公課は除く。
13) 保険料
    自動車保険（機械器具等損料に計上された保険料を除く。），工事保険，組立保険，法定外の労災保険，火災保険その他の損害保険の保険料
14) 外注経費
    工事を専門業者等に外注する場合に必要となる経費
15) 工事登録等費
    工事実績の登録等に要する費用
16) 雑費
    1）から15）までに属さない諸費

(4) 現場管理費の算定
   現場管理費の算定は，別表5により求めた現場管理費率で次式により算定する。
   現場管理費＝対象金額×現場管理費率
   対象金額＝純工事費（直接工事費＋共通仮設費）＋支給品費＋官貸額

(5) 現場管理費率の補正
  1) 施工地域を考慮した現場管理費率の補正については，別表6の適用条件に該当する場合，別表5の現場管理費率に補正係数を乗じるものとする。ただし，フィルダム及びコンクリートダム工事には適用しない。
  2) 災害の発生等により，本基準において想定している状況と実態が乖離している場合などについては，別表6に示す補正係数の他，必要に応じて実態等を踏まえた補正係数を設定することが出来るものとする。

3. 一般管理費等
   一般管理費等は，次により構成される。
(1) 一般管理費
   工事の施工にあたり，企業の経営，管理及び活動に必要な本店及び支店における経常的な費用で，次に掲げるものである。
  1) 役員報酬
     取締役及び監査役に対する報酬及び役員賞与金（損金算入分）
  2) 従業員給料手当
     本店及び支店の従業員に対する給料，諸手当及び賞与
  3) 退職金
     退職給与引当金繰入額並びに退職給与引当金の対象とならない役員及び従業員に対する退職金
  4) 法定福利費
     本店及び支店の従業員に係る労災保険料，雇用保険料，健康保険料及び厚生年金保険料の法定の事業主負担額
  5) 福利厚生費
     本店及び支店の従業員に係る慰安，娯楽，貸与被服，医療，慶弔見舞等，福利厚生等，文化活動等に要する費用
  6) 修繕維持費
     建物，機械装置等の修繕維持費，倉庫物品の管理費等
  7) 事務用品費
     事務用消耗品費，固定資産に計上しない事務用備品費，新聞，参考図書等の購入費
  8) 通信交通費
     通信費，交通費及び旅費
  9) 動力，用水光熱費
     電力，水道，ガス等の費用
  10) 調査研究費
      技術研究，開発等の費用
  11) 広告宣伝費
      広告，宣伝，公告に要する費用

12) 交 際 費
　　本店及び支店等における来客等の応対に要する費用
13) 寄 付 金
14) 地 代 家 賃
　　事務所, 寮, 社宅等の借地借家料
15) 減価償却費
　　建物, 車両, 機械装置, 事務用品等の減価償却額
16) 試験研究費償却
　　新製品又は新技術の研究のため特別に支出した費用の償却額
17) 開発費償却
　　新技術若しくは新経営組織の採用, 資源の開発又は市場の開拓のため特別に支出した費用の償却額
18) 租 税 公 課
　　不動産取得税, 固定資産税等の租税, 道路占用料その他の公課
19) 保 険 料
　　火災保険及びその他の損害保険料
20) 契約保証費
　　契約の保証に必要な費用
21) 雑 費
　　電算等経費, 社内打合せ等の費用, 学会及び協会活動等諸団体会費等の費用
(2) 付 加 利 益
　　付加利益の内容は次のとおりとする。
　1) 法人税, 都道府県民税, 市町村民税等
　2) 株主配当金
　3) 役員賞与（損金算入分を除く。）
　4) 内部留保金
　5) 支払利息, 割引料, 支払保証料その他の営業外費用
(3) 一般管理費等の算定は, 次式による。
　　　　一般管理費等＝工事原価（純工事費＋現場管理費）× 一般管理費等率
　1) 工事原価は, 純工事費及び現場管理費の合計額とする。ただし, 支給品費, 官貸額は工事原価には含めない。
　2) 一般管理費等率は, 別表7により算出する。
(4) 一般管理費等の補正は, 次のとおりとする。
　1) 前払金の支出割合が35％以下の場合の一般管理費等率は, 別表8で前払金支出割合区分ごとに定める補正係数を別表7により求めた一般管理費等率に乗じて得た率とする。
　2) 契約保証に係る補正は, 1)の補正後, その値に別表9の補正値を加えた率とする。
　3) 資材等の支給及び官貸をするときには, 当該支給品費及び官貸額は一般管理費率算定の基礎となる工事原価に含めないものとする。
(5) 契約保証に係る補正（一般管理費等）
　　別表9による。

4. 支給品費, 官貸額の内容及び算定
　(1) 支 給 品 費
　　1) 支給品費とは, 無償で支給する材料を時価で換算した費用である。
　　2) 支給品には, 支給電力を含む。
　(2) 官 貸 額
　　官貸額とは, 無償で貸与する機械等の償却費等相当額で次式により算定する。
　　　　官貸額＝（無償で貸与する機械等と同機種・同型式の機械損料）－（無償で貸与する機械等の機械損料）
　　なお, 上記の各機械損料は, 1.(3)機械経費に基づき算定する。

5. 工 事 価 格
　　工事価格に係る各費目の積算に使用する材料等の価格等は, 消費税相当分を含まないものとする。

6. 消費税相当額
　　消費税相当額は, 工事価格に取引に係る消費税及び地方消費税の税率を乗じて得た額とする。

7. 細 部 事 項
　　請負工事の積算に関して必要な事項は, この基準に定めるもののほか, 農村振興局整備部長が別に定めるところによるものとする。

別表5—(1) 現場管理費率

工種区分 \ 適用区分 \ 対象金額	300万円以下 下記の率とする。	300万円を超え10億円以下 下記の算定式により算出された率とする。ただし、変数値は下記による。 a	300万円を超え10億円以下 b	10億円を超えるもの 下記の率とする。
ほ場整備工事	43.14%	227.2	-0.1114	22.58%
農用地造成工事	32.15%	53.3	-0.0339	26.40%
水路トンネル工事	34.52%	72.0	-0.0493	25.92%
水路工事	45.55%	545.7	-0.1665	17.32%
排水路工事	32.47%	106.1	-0.0794	20.47%
管水路工事	29.27%	79.5	-0.0670	19.83%
畑かん施設工事	34.53%	154.8	-0.1006	19.25%
コンクリート補修工事	37.49%	173.7	-0.1028	20.63%
ため池工事	42.81%	171.1	-0.0929	24.95%
その他土木工事(1)	40.09%	201.9	-0.1084	21.36%
その他土木工事(2)	36.71%	99.7	-0.0670	24.87%

別表5—(2)

工種区分 \ 適用区分 \ 対象金額	700万円以下 下記の率とする。	700万円を超え10億円以下 a	700万円を超え10億円以下 b	10億円を超えるもの 下記の率とする。
河川工事	44.05%	1,118.2	-0.2052	15.91%
海岸工事	28.11%	100.3	-0.0807	18.84%
道路改良工事	34.09%	76.4	-0.0512	26.44%
舗装工事	40.83%	598.0	-0.1703	17.54%
管更生工事	36.56%	178.6	-0.1024	21.39%

別表5—(3)

工種区分 \ 適用区分 \ 対象金額	700万円以下 下記の率とする。	700万円を超え20億円以下 a	700万円を超え20億円以下 b	20億円を超えるもの 下記の率とする。
干拓工事	25.14%	129.7	-0.1041	13.95%

別表5—(4)

工種区分 \ 適用区分 \ 対象金額	3億円以下 下記の率とする。	3億円を超え50億円以下 a	3億円を超え50億円以下 b	50億円を超えるもの 下記の率とする。
フィルダム工事	34.59%	154.9	-0.0768	27.87%
コンクリートダム工事	31.19%	35.0	-0.0059	30.68%

算定式は、次によるものとする。
$$Y = a \cdot X^b$$
ただし、Y ：現場管理費率（％）
　　　　X ：対象金額（単位：円）
　　　　a, b ：変数値
（備考）Yの値は小数点以下第3位を四捨五入して2位止めとする。

別表6　現場管理費率の補正

適用条件			補正係数	適用優先
施工地域区分	工種区分	対象		
一般交通影響有り (1)-1	舗装工事	舗装工事2車線以上（片側1車線以上）かつ交通量（上下合計）が5,000台/日以上の車道において，車線変更を促す規制を行う場合。ただし，常時全面通行止めの場合は対象外とする。	1.2	1
一般交通影響有り (2)-1	舗装工事	一般交通影響有り(1)以外の車道において，車線変更を促す規制を伴う場合。（常時全面通行止めの場合を含む。）		
市街地（DID補正） (1)-1	舗装工事	市街地部が施工箇所に含まれる場合。		
一般交通影響有り (1)-2	舗装工事以外の工種※	2車線以上（片側1車線以上）かつ交通量（上下合計）が5,000台/日以上の車道において，車線変更を促す規制を行う場合。ただし，常時全面通行止めの場合は対象外とする。	1.1	2
一般交通影響有り (2)-2	舗装工事以外の工種※	一般交通影響有り(1)以外の車道において，車線変更を促す規制を伴う場合。（常時全面通行止めの場合を含む。）	1.1	3
市街地（DID補正） (1)-2	舗装工事以外の工種※	市街地部が施工箇所に含まれる場合。	1.1	4
山間僻地及び離島	全ての工種※	人事院規則における特地勤務手当を支給するために指定した地区，及びこれに準ずる地区の場合。	1.0	5
中山間地域	全ての工種※	農林統計上用いられる地域区分のうち，中間農業地域と山間農業地域の場合。	1.1	6

※コンクリートダム及びフィルダム工事は適用しない。
(備考)　1.　市街地とは，施工地域が人口集中地区（DID地区）及びこれに準ずる地区をいう。
　　　　　　なお，DID地区とは，総務省統計局国勢調査による地域別人口密度が4,000人/km²以上でその全体が5,000人以上となっている地域をいう。
　　　　2.　中間農業地域と山間農業地域は，農林水産省大臣官房統計部で整理している「農業地域類型一覧表」に示す旧市区町村名に該当する地域をいう。なお，詳細は農林水産省ホームページを参照されたい。
　　　　　　【https://www.maff.go.jp/j/tokei/chiiki_ruikei/setsumei.html】
　　　　3.　適用条件の複数に該当する場合は，適用優先順によるが，共通仮設費で決定した施工地域区分と同じものを適用すること。

別表7　一般管理費等率

前払金支出割合が35％を超え40％以下の場合

工事原価	500万円以下	500万円を超え30億円以下	30億円を超えるもの
一般管理費等率（Y_p）	23.57％	$-4.97802 \cdot \log X_p + 56.92101$	9.74％

(備考)　1.　X_p＝工事原価（単位：円）
　　　　2.　Y_pの算出にあたっては，小数点以下第3位を四捨五入して2位止めとする（単位：％）。

別表8　前払金支出割合による補正（一般管理費等率）

前払金支出割合区分	0％から5％以下	5％を超え15％以下	15％を超え25％以下	25％を超え35％以下
補正係数	1.05	1.04	1.03	1.01

(備考)　別表—7で求めた一般管理費等率に当該補正係数を乗じて得た率は，小数点以下第3位を四捨五入して2位止めとする。

別表9　契約保証に係る補正（一般管理費等率）

保　証　の　方　法	補正値（％）
ケース－1：発注者が金銭的保証制度を必要とする場合。（工事請負契約書第4条を採用する場合）	0.04
ケース－2：ケース－1以外の場合	補正しない
(備考)　1．ケース－2の具体的例は以下のとおりとする。 　　　　① 予算決算及び会計令第100条の2第1項第1号の規定により工事請負契約書の作成を省略できる工事請負契約である場合 　　　　② 契約保証を必要とするケースと必要としないケースが混在する混合入札の場合，契約保証費は積算では計上しないものとする。 　　　2．契約保証に必要な費用を計上する場合は，当初契約の積算に見込むものとする。	

② 管水路工
1．管水路基礎
　(1) 適用範囲
　　本歩掛は，管水路の基礎（管頂部まで）を砂・砕石又は良質な土砂を用いて施工する場合に適用する。
　(2) 施工概要
　　施工フローは，次図を標準とする。

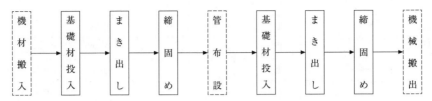

（備考）　本歩掛で対応しているのは，実線部分のみである。

　(3) 材料使用量
　　10 m³当りの材料使用量は，次により算出することを標準とする。
　　材料使用量＝10 m³×（1＋材料割増率／100）……………（式―1）
　　なお，値は小数点以下第2位四捨五入第1位止めとする。

（表―1）　材料損失率及び締固め変化率　　　　　　　　　　　　　　（％）

区　　分		砂・砂質土	砕石・礫質土・粘性土
材料割増率	締固め区分Ⅰ	32	20
	締固め区分Ⅱ	39	26

（備考）　締固め区分は，表―4（備考）2による。

　(4) 基礎材投入歩掛
　　バックホウによる基礎材の投入歩掛は，次表を標準とする。

（表―2）　投入歩掛　　　　　　　　　　　　（10 m³当り）

規　格　区　分	運転時間(日)
超低騒音型，排出ガス対策型（2014年規制）クローラ型山積0.28 m³（平積0.20 m³）	0.19
超低騒音型，排出ガス対策型（2014年規制）クローラ型山積0.45 m³（平積0.35 m³）	0.09
超低騒音型，排出ガス対策型（2014年規制）クローラ型山積0.80 m³（平積0.60 m³）	0.05

（備考）　1．バックホウの規格は，当該場所の掘削時の規格を選定する。
　　　　　2．バックホウは，賃料とする。

　(5) 機種の選定
　　管水路基礎の締固め機械は，次表を標準とする。

（表―3）　締固め機械

機　種	規　格
タ　ン　パ	60〜80kg級
振動コンパクタ前進型	40〜60kg級
振動ローラハンドガイド式	0.5〜0.6 t

(6) まき出し及び締固め歩掛
(表—4) まき出し及び締固め歩掛 (10m³当り)

基礎区分	締固め機械	締固め区分	世話役（人）	特殊作業員（人）	普通作業員（人）	運転時間（日）	諸雑費率
砂 砂質土	タンパ 60〜80kg級	I	0.32	0.34	1.09	—	12%
		II	0.43	0.56	1.35	—	
	振動コンパクタ 前進型 40〜60kg級	I	0.25	0.20	0.92	—	
		II	0.32	0.34	1.09	—	
	振動ローラ ハンドガイド式 0.5〜0.6t	I	0.19	—	0.78	0.08	—
		II	0.22	—	0.84	0.13	
砕石 礫質土 粘性土	タンパ 60〜80kg級	I	0.36	0.34	1.26	—	12%
		II	0.47	0.56	1.52	—	
	振動コンパクタ 前進型 40〜60kg級	I	0.29	0.20	1.09	—	
		II	0.36	0.34	1.26	—	
	振動ローラ ハンドガイド式 0.5〜0.6t	I	0.23	—	0.95	0.08	—
		II	0.26	—	1.01	0.13	

(備考) 1. 上表には，突き棒等による管側部等の突固め作業を含む。
　　　 2. 締固め区分は，次のとおりとする。
　　　　　区分 I……締固め度85％以上
　　　　　　　締固め度 = $\dfrac{\text{現地で締固めた後の乾燥密度}}{\text{JIS A 1210による最大乾燥密度}} \times 100\%$
　　　　　　　一層の締固め仕上り厚さ30cm程度，締固め回数3回程度
　　　　　　　ただし，振動ローラハンドガイド式は締固め回数2回程度
　　　　　区分 II……締固め度90％以上
　　　　　　　一層の締固め仕上り厚さ30cm程度，締固め回数5回程度
　　　　　　　ただし，振動ローラハンドガイド式は締固め回数3回程度
　　　 3. 諸雑費は，振動コンパクタ又はタンパの機械損料，燃料・油脂費であり，特殊作業員労務費に上表の率を乗じた金額を計上する。

(7) 単価表
① 管水路基礎10m³当り単価表

名称	規格	単位	数量	摘要
基礎材		m³		式—1
世話役		人		表—4
特殊作業員		〃		〃
普通作業員		〃		〃
諸雑費		式	1	〃
振動ローラ運転	ハンドガイド式0.5〜0.6t	日		振動ローラの場合 表—4
バックホウ運転	超低騒音型，排出ガス対策型（2014年規制） クローラ型山積○○m³（平積○○m³）	日		表—2
計				

(備考) 現場発生土を使用する場合は，基礎材は計上しない。

② 機械運転単価表

機械名	規格	適用単価表	指定事項
振動ローラ	ハンドガイド式0.5〜0.6 t	機—31	運転労務数量→1.00 燃料消費量→4.1 機械賃料数量→1.50
バックホウ	超低騒音型，排出ガス対策型（2014年規制）クローラ型山積0.28 m³（平積0.20 m³）	機—28	運転労務数量→1.00 燃料消費量→33 機械賃料数量→1.58
バックホウ	超低騒音型，排出ガス対策型（2014年規制）クローラ型山積0.45 m³（平積0.35 m³）	機—28	運転労務数量→1.00 燃料消費量→47 機械賃料数量→1.58
バックホウ	超低騒音型，排出ガス対策型（2014年規制）クローラ型山積0.80 m³（平積0.60 m³）	機—28	運転労務数量→1.00 燃料消費量→83 機械賃料数量→1.58

2．硬質ポリ塩化ビニル管人力布設
 (1) 適用範囲
   本歩掛は，硬質ポリ塩化ビニル管の人力布設に適用する。
 (2) 施工概要
   施工フローは，次図を標準とする。

   （備考） 本歩掛で対応しているのは，実線部分のみである。

 (3) 施工歩掛
  ① 布設歩掛
    布設歩掛は，次表を標準とする。
    （表—1） 硬質ポリ塩化ビニル管人力布設歩掛　　　　　　　　　　（10m 当り）

呼び径 (mm)	世話役 (人)	特殊作業員 (人)	普通作業員 (人)	雑材料費 (％)
50以下	0.07	0.11	0.15	2
65〜100	0.08	0.12	0.17	
125〜150	0.09	0.13	0.19	
200	0.10	0.16	0.22	

    （備考） 1．本表の値は，「管1本当り長さ」が「4m」及び「5m」の場合のものである。
         2．ソケット，エルボ，チーズ等の継手接合（材質は問わない）に要する手間及び布設に伴う材料の移動手間を含む。ただし，継手の材料費は別途計上する。
         3．接合箇所が3箇所を超える場合は，呼び径別にその超えた部分の接合に係る接合歩掛を，下記②の定めにより本表の歩掛に加算する。
         4．雑材料費として，管材料費に上表の率を乗じた金額を計上するものとする。
           なお，雑材料費とは，管の切断ロス及び接着剤並びに滑材の費用をいう。

  ② 接合歩掛
    10m 当りの接合箇所が3箇所を超える場合における，その超えた部分の接合に係る接合歩掛は，次式及び次表を標準とする。
    接合箇所＝接合箇所数×（10m／施工延長）－3（箇所）………式—1　　　　　　　　（小数点以下第1位繰上げ）
    接合歩掛＝接合箇所×表—2の各歩掛　……………………（式—2）
    （注）接合箇所数及び施工延長は，呼び径別に計上する。

(表—2) 硬質ポリ塩化ビニル管人力接合歩掛　　　　　　　　　　（1箇所／10m当り）

呼び径 (mm)	世話役 (人)	特殊作業員 (人)	普通作業員 (人)	雑材料費 (%)
50以下	0.01	0.01	0.01	0.1
65～100	0.01	0.01	0.02	
125～150	0.01	0.01	0.02	
200	0.01	0.01	0.02	

（備考）　1．雑材料費として，管材料費に上表の率を乗じた金額を計上するものとする。
　　　　　　なお，雑材料費とは，管の切断ロス及び接着剤並びに滑材の費用をいう。

③　管　本　数
　　10m当りの管本数（N）は，次式を標準とする。
　　N ＝（10.0 － 継手材延長（0.25））／管1本当り長さ…………（式—3）
　　　　　　　　　　　　　　　　　　　（小数点以下第3位四捨五入第2位止まり）

(4)　単　価　表
①　硬質ポリ塩化ビニル管人力布設10m当り単価表

名　　称	規　格	単位	数量	摘　　要
硬質ポリ塩化ビニル管	○○管○○mm	本	N	式—3
雑材料費		式	1	表—1（備考）4，表—2（備考）1
世話役		人		表—1，表—2
特殊作業員		〃		〃
普通作業員		〃		〃
計				

3．硬質ポリ塩化ビニル管機械布設
　(1)　適用範囲
　　　本歩掛は，硬質ポリ塩化ビニル管の機械布設に適用する。
　(2)　施工概要
　　　施工フローは，次図を標準とする。

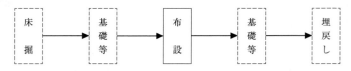

　　　（備考）　本歩掛で対応しているのは，実線部分のみである。
　(3)　施工歩掛
　　①　布設歩掛
　　　　布設歩掛は，次表を標準とする。

（表―1） 硬質ポリ塩化ビニル管機械布設歩掛　　　　　　　　　　　　　　　　　　（10m 当り）

材料 呼び径 (mm)	労務歩掛（人） 世話役	特殊 作業員	普通 作業員	使用機械 バックホウ（クレーン機能付） 運転時間 （日）	規　格	諸雑費 （％）
250〜300	0.08	0.16	0.23	0.08	排出ガス対策型 （第3次基準値） クローラ型 山積0.45 m³ （平積0.35 m³） 2.9 t 吊	2
350〜400	0.11	0.21	0.28	0.09		
450	0.13	0.24	0.35	0.10		
500	0.15	0.28	0.39	0.11		
600	0.19	0.36	0.50	0.13		

（備考）　1．本表の値は，「管1本当り長さ」が「4m」及び「5m」の場合のものである。
　　　　2．ソケット，エルボ，チーズ等の継手接合（材質は問わない）に要する手間及び布設に伴う材料の移動手間を含む。ただし，継手の材料費は別途計上する。
　　　　3．接合箇所が3箇所を超える場合は，呼び径別にその超えた部分の接合に係る接合歩掛を，下記②の定めにより本表の歩掛に加算する。
　　　　4．諸雑費として，管材料費に上表の率を乗じた金額を計上するものとする。
　　　　　なお，諸雑費とは，管の切断ロス，接着剤並びに滑材の費用及びレバーブロックの経費をいう。
　　　　5．バックホウ（クレーン機能付）は，クレーン等安全規則，移動式クレーン構造規格に準拠した機械である。
　　　　6．バックホウ（クレーン機能付）は賃料とする。

② 接 合 歩 掛
10m 当りの接合箇所が3箇所を超える場合における，その超えた部分の接合に係る接合歩掛は，次式及び次表を標準とする。
接合箇所＝接合箇所数×（10m／施工延長）－3（箇所）………式―1　　　　　　　　　　　（小数点以下第1位繰上げ）
接合歩掛＝接合箇所×表―2の各歩掛　……………………………式―2
（備考）接合箇所数及び施工延長は呼び径別に計上する。

（表―2） 硬質ポリ塩化ビニル管機械接合歩掛　　　　　　　　　　　　　　　　　（1箇所／10m 当り）

呼び径 (mm)	世話役 （人）	特殊 作業員 （人）	普通 作業員 （人）	使用機械 バックホウ（クレーン機能付） 運転時間 （日）	規格	諸雑費 （％）
250〜300	0.01	0.01	0.02	0.01	排出ガス対策型 （第3次基準値） クローラ型 山積0.45 m³ （平積0.35 m³） 2.9 t 吊	0.1
350〜400	0.01	0.02	0.03	0.01		
450	0.01	0.02	0.03	0.01		
500	0.01	0.03	0.04	0.01		
600	0.02	0.03	0.05	0.01		

（備考）　1．雑材料費として，管材料費に上表の率を乗じた金額を計上するものとする。
　　　　　なお，雑材料費とは，管の切断ロス及び接着剤並びに滑材の費用をいう。

③ 管 本 数
10m 当りの管本数（N）は，次式を標準とする。
N ＝（10.0－継手材延長（0.25））／管1本当り長さ……………（式―3）
　　　　　　　　　　　　　　　　　　　　　　（小数点以下第3位四捨五入第2位止まり）

(4) 単　価　表
① 硬質ポリ塩化ビニル管機械布設10m当り単価表

名　　称	規　　格	単位	数量	摘　　要
硬質ポリ塩化ビニル管	○○管○○mm	本	N	式—3
諸　雑　費		式	1	表—1（備考）4, 表—2（備考）1
世　話　役		人		表—1, 表—2
特　殊　作　業　員		〃		〃
普　通　作　業　員		〃		〃
バックホウ（クレーン機能付）運転	排出ガス対策型（第3次基準値）クローラ型山積0.45m³（平積0.35m³）2.9t吊	日		〃
計				

② 機械運転単価表

機　械　名	規　　格	適用単価表	指　定　事　項
バックホウ（クレーン機能付）	排出ガス対策型（第3次基準値）クローラ型山積0.45m³（平積0.35m³）2.9t吊	機—28	運転労務数量→1.00 燃料消費量→44 機械賃料数量→1.45

4．強化プラスチック複合管機械布設
(1) 適用範囲
　　本歩掛は，素掘・土留（たて込み簡易土留以外）施工における強化プラスチック複合管の機械布設に適用する。
　　なお，当該路線内において本管（直管）と連続的に布設する短管及び異形管（本管以外の管種も含む）にも適用する。
(2) 施工概要
　　施工フローは，次図を標準とする。

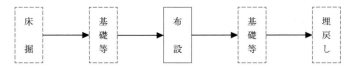

（備考）本歩掛で対応しているのは，実線部分のみである。

(3) 施工歩掛
　　布設歩掛は，次表を標準とする。
　　なお，当該路線内において本管（直管）と連続的に布設する短管及び異形管は，その管長にかかわらず本管と同じ歩掛を用いるものとする。

(表―1) 強化プラスチック複合管（4.0m管）布設歩掛　　　　　　　　　　　　　　　　（10本当り）

管径 (mm)	労務人数（人）世話役	労務人数（人）特殊作業員	労務人数（人）普通作業員	機械運転時間（日）	使用機械
200	―	0.53	0.83	0.76	バックホウ （クレーン機能付） 排出ガス対策型（第2次基準値） クローラ型 山積0.8m³（平積0.6m³） 2.9t吊
250	―	0.56	0.88	0.80	
300	―	0.67	0.92	0.83	
350	―	0.70	1.04	0.87	
400	―	0.72	1.08	0.90	
450	0.19	0.56	1.11	0.93	
500	0.19	0.57	1.14	0.95	
600	0.20	0.61	1.31	1.01	
700	0.21	0.74	1.47	1.05	
800	0.22	0.77	1.54	1.10	
900	0.23	0.80	1.72	1.15	
1,000	0.36	0.95	1.90	1.19	
1,100	0.37	0.99	1.98	1.23	
1,200	0.38	1.15	2.18	1.28	
1,350	0.40	1.20	2.40	1.33	
1,500	0.42	1.39	2.78	1.39	
1,650	0.43	1.45	3.04	1.45	
1,800	0.61	1.67	3.33	1.52	ラフテレーンクレーン 排出ガス対策型（第2次基準値） （油圧伸縮ジブ型）25t吊
2,000	0.63	1.90	3.97	1.59	
2,200	0.67	2.17	4.50	1.67	
2,400	0.86	2.59	5.17	1.72	
2,600	0.91	2.91	5.82	1.82	
2,800	1.13	3.40	6.60	1.89	
3,000	1.18	3.73	7.65	1.96	

（備考）　1.　布設に伴う材料の移動手間を含む。
　　　　　2.　バックホウ（クレーン機能付）及びラフテレーンクレーンは，賃料とする。
　　　　　3.　バックホウ（クレーン機能付）は，クレーン等安全規則，移動式クレーン構造規格に準拠した機械である。
　　　　　4.　諸雑費として，管材料費の0.1％を計上するものとする。
　　　　　　　なお，諸雑費は接合用滑材の費用及びレバーブロックの損料である。

(表—2) 強化プラスチック複合管（6m）布設歩掛　　　　　　　　　　　　　　　　　　　　（10本当り）

管径 (mm)	労務人数（人） 世話役	特殊作業員	普通作業員	機械運転時間（日）	使用機械
450	0.19	0.58	1.25	0.96	バックホウ（クレーン機能付）排出ガス対策型（第2次基準値）クローラ型 山積0.8 m³（平積0.6 m³）2.9 t 吊
500	0.20	0.69	1.39	0.99	
600	0.32	0.84	1.58	1.05	
700	0.33	0.88	1.87	1.10	
800	0.34	1.03	2.18	1.15	
900	0.36	1.20	2.41	1.20	
1,000	0.50	1.38	2.75	1.25	
1,100	0.51	1.54	2.95	1.28	
1,200	0.53	1.73	3.33	1.33	
1,350	0.70	1.97	3.80	1.41	
1,500	0.74	2.21	4.41	1.47	ラフテレーンクレーン 排出ガス対策型（第2次基準値）（油圧伸縮ジブ型）25 t 吊
1,650	0.76	2.42	4.85	1.52	
1,800	0.95	2.70	5.56	1.59	
2,000	1.00	3.17	6.33	1.67	

（備考）　1．布設に伴う材料の移動手間を含む。
　　　　2．バックホウ（クレーン機能付）及びラフテレーンクレーンは，賃料とする。
　　　　3．バックホウ（クレーン機能付）は，クレーン等安全規則，移動式クレーン構造規格に準拠した機械である。
　　　　4．諸雑費として，管材費の0.1％を計上するものとする。
　　　　　なお，諸雑費は接合用滑材の費用及びレバーブロックの損料である。

(4) 単価表
　① 強化プラスチック複合管（4.0m管）布設10本当り単価表

名　　称	規　格	単位	数量	摘要
強化プラスチック複合管	○種○○ mm	本	10	
諸　雑　費		式	1	表—1（備考）4
世　話　役		人		表—1
特　殊　作　業　員		〃		〃
普　通　作　業　員		〃		〃
ラフテレーンクレーン賃料	排出ガス対策型（第2次基準値）油圧伸縮ジブ型25 t 吊	日		〃
バックホウ（クレーン機能付）運転	排出ガス対策型（第2次基準値）クローラ型山積0.8 m³（平積0.6 m³）2.9 t 吊	〃		〃
計				

② 強化プラスチック複合管（6.0ｍ管）布設10本当り単価表

名　　称	規　　格	単位	数量	摘　　要
強化プラスチック複合管	○種○○mm	本	10	
諸　雑　費		式	1	表—2（備考）4
世　話　役		人		表—2
特　殊　作　業　員		〃		〃
普　通　作　業　員		〃		〃
ラフテレーンクレーン賃料	排出ガス対策型（第2次基準値）油圧伸縮ジブ型25ｔ吊	日		〃
バックホウ（クレーン機能付）運転	排出ガス対策型（第2次基準値）クローラ型山積0.8ｍ³（平積0.6ｍ³）2.9ｔ吊	〃		〃
計				

③ 機械運転単価表

機　械　名	規　　格	適用単価表	指　定　事　項
バックホウ（クレーン機能付）	排出ガス対策型（第2次基準値）クローラ型山積0.8ｍ³（平積0.6ｍ³）2.9ｔ吊	機—28	運転労務数量→1.00 燃料消費量→48 機械賃料数量→1.12

5．ダクタイル鋳鉄管機械布設

(1) 適用範囲

　　本歩掛は，素掘・土留（たて込み簡易土留以外）施工におけるダクタイル鋳鉄管の機械布設に適用する。

　　なお，当該路線内において本管（直管）と連続的に布設する短管及び異形管（本管以外の管種を含む）にも適用する。

(2) 施工概要

　　施工フローは，次図を標準とする。

　　　（備考）　本歩掛で対応しているのは，実線部分のみである。

(3) 機種の選定

機種の選定は，次表を標準とする。

(表―1) 使用機械

管　径 (mm)	K・T形			ALW形	
	1・2種	3・4種, DA種	DB～DD種	AL 1種	AL 2種
300未満					
300					
350	バックホウ（クレーン機能付）			バックホウ	
400	超低騒音型			（クレーン機能付）	
450	排出ガス対策型（2011年規制）			超低騒音型	
500	クローラ型山積0.8 m³			排出ガス対策型（2011年規制）	
600	（平積0.6 m³）2.9 t 吊			クローラ型山積0.8 m³	
700				（平積0.6 m³）2.9 t 吊	
800					
900					
1,000					
1,100					
1,200					
1,350					
1,500	ラフテレーンクレーン			ラフテレーンクレーン	
1,600（4 m）	低騒音型			低騒音型	
1,600（5 m）	排出ガス対策型（2011年規制）			排出ガス対策型（2011年規制）	
1,650（4 m）	（油圧伸縮ジブ型）25 t 吊			（油圧伸縮ジブ型）25 t 吊	
1,650（5 m）					
1,800（4 m）					
1,800（5 m）					
2,000（4 m）					
2,000（5 m）					

ラフテレーンクレーン低騒音型
排出ガス対策型（2011年規制）
（油圧伸縮ジブ型）50 t 吊

(備考)　1．バックホウ（クレーン機能付）及びラフテレーンクレーンは，賃料とする。
　　　　2．バックホウ（クレーン機能付）は，クレーン等安全規則，移動式クレーン構造規格に準拠した機械である。

(4) 施工歩掛

布設歩掛は，次表を標準とする。

なお，当該路線内において本管（直管）と連続的に布設する短管及び異形管は，その管長にかかわらず本管と同じ歩掛を用いるものとする。

（表―2） ダクタイル鋳鉄管布設歩掛　　　　　　　　　　　　　　　　　　　　（1本当り）

管径(mm)	管長(m)	K形 世話役(人)	K形 特殊作業員(人)	K形 普通作業員(人)	K形 機械運転時間(日)	T・ALW形 世話役(人)	T・ALW形 特殊作業員(人)	T・ALW形 普通作業員(人)	T・ALW形 機械運転時間(日)
150	5.0	0.03	0.12	0.16	0.09	0.02	0.09	0.11	0.08
200	〃	0.04	0.14	0.19	〃	〃	0.10	0.13	〃
250	〃	0.05	0.15	0.20	0.10	〃	0.11	0.14	〃
300	6.0	〃	0.18	0.23	0.11	0.04	0.13	0.15	0.09
350	〃	〃	0.20	0.25	〃	〃	0.14	0.17	〃
400	〃	〃	0.21	0.26	0.12	〃	〃	0.18	0.10
450	〃	〃	0.22	0.29	0.13	〃	0.16	0.19	〃
500	〃	0.06	0.25	0.30	〃	〃	〃	0.20	0.11
600	〃	0.08	0.32	0.40	0.15	〃	0.18	0.23	〃
700	〃	0.10	0.42	0.52	0.16	〃	0.19	0.25	0.12
800	〃	0.13	0.51	0.64	0.17	0.06	0.21	0.27	0.13
900	〃	0.16	0.63	0.79	0.19	〃	0.23	0.28	0.14
1,000	〃	0.19	0.74	0.93	0.21	〃	0.24	0.31	0.15
1,100	〃	0.23	0.88	1.10	0.23	0.07	0.26	0.33	0.16
1,200	〃	0.26	1.03	1.29	0.25	〃	0.27	0.34	0.17
1,350	〃	0.33	1.28	1.61	0.28	〃	0.30	0.37	0.18
1,500	〃	0.37	1.51	1.89	0.32	〃	0.31	0.40	0.20
1,600	4.0	0.32	1.29	1.62	0.27	〃	〃	0.39	0.18
〃	5.0	0.38	1.50	1.88	0.31	〃	〃	0.41	0.20
1,650	4.0	0.36	1.39	1.76	0.28	0.08	0.32	0.40	0.19
〃	5.0	0.39	1.61	2.03	0.32	〃	〃	0.42	0.20
1,800	4.0	0.41	1.63	〃	0.31	〃	0.33	〃	〃
〃	5.0	0.47	1.88	2.34	0.37	〃	0.35	〃	0.22
2,000	4.0	0.50	2.03	2.53	〃	0.10	0.36	0.46	〃
〃	5.0	0.60	2.37	2.97	0.45	〃	0.38	〃	0.25

（備考）　1. 布設に伴う材料の移動手間を含む。
2. 諸雑費として，管材の0.1%を計上するものとする。
なお，諸雑費は接合用滑材の費用及びレバーブロックの損料である。
3. 管の製作範囲は，形式及び管種により違うためJISまたはJDPAを参照し適用すること。

(5) 単価表
① ダクタイル鋳鉄管布設1本当り単価表

名　　称	規　　格	単位	数量	摘　　要
ダクタイル鋳鉄管	○種○○mm	本	1	
鋳鉄管接合部品		組	1	K形の場合
諸　雑　費		式	1	表—2（備考）2
世　話　役		人		表—2
特殊作業員		〃		〃
普通作業員		〃		〃
ラフテレーンクレーン賃料	低騒音型，排出ガス対策型 （2011年規制） 油圧伸縮ジブ型 ○○t吊	日		表—1，表—2
バックホウ （クレーン機能付） 運　　転	超低騒音型，排出ガス対策型 （2011年規制） クローラ型山積0.8m³（平積0.6m³） 2.9t吊	〃		〃
計				

② 機械運転単価表

機　械　名	規　　格	適用単価表	指　定　事　項
バックホウ （クレーン機能付）	超低騒音型，排出ガス対策型 （2011年規制） クローラ型山積0.8m³（平積0.6m³） 2.9t吊	機—28	運転労務数量→1.00 燃料消費量→48 機械賃料数量→1.12

6．鋼管機械布設
　(1) 適用範囲
　　　本歩掛は，鋼管の機械布設に適用する。
　　　なお，当該路線内において本管（直管）と連続的に布設する短管及び異形管にも適用する。
　　　ただし，施工箇所に内梁がある場合の9.0m直管の吊込据付及び水管橋の布設には適用できない。
　(2) 施工概要
　　　施工フローは，次図を標準とする。

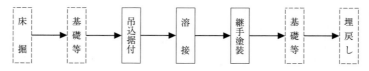

　　　（備考）本歩掛で対応しているのは，実線部分のみである。
　(3) 機種の選定
　　　鋼管の吊込据付に使用する機種は次表を標準とする。

(表—1) 4.0m管時の使用機械

口径(mm) \ 板厚(mm)	6–30
700	
800	トラッククレーン 油圧伸縮ジブ型 4.9t吊
900	
1,000	
1,100	
1,200	
1,350	
1,500	
1,600	
1,650	
1,800	ラフテレーンクレーン 排出ガス対策型(第1次基準値) 油圧伸縮ジブ型 16t吊
1,900	
2,000	
2,100	
2,200	
2,300	
2,400	
2,500	
2,600	
2,700	
2,800	ラフテレーンクレーン 排出ガス対策型(第1次基準値) 油圧伸縮ジブ型 25t吊
2,900	
3,000	

(備考) トラッククレーン,ラフテレーンクレーンは,賃料とする。

(表—2) 6.0m管時の使用機械

口径(mm) \ 板厚(mm)	6–30
600	
700	
800	トラッククレーン 油圧伸縮ジブ型 4.9t吊
900	
1,000	
1,100	
1,200	
1,350	
1,500	ラフテレーンクレーン 排出ガス対策型(第1次基準値) 油圧伸縮ジブ型 16t吊
1,600	
1,650	
1,800	
1,900	
2,000	
2,100	ラフテレーンクレーン 排出ガス対策型 (第1次基準値) 油圧伸縮ジブ型 25t吊
2,200	
2,300	
2,400	
2,500	
2,600	
2,700	ラフテレーンクレーン 排出ガス対策型 (第1次基準値) 油圧伸縮ジブ型 50t
2,800	
2,900	
3,000	

① クローラクレーン 排出ガス対策型(第1次基準値) 油圧駆動式ウインチ・ラチスジブ型 60〜65t吊

(備考) トラッククレーン,ラフテレーンクレーンは,賃料とする。

(表—3) 9.0m管時の使用機械

口径 (mm) ＼ 板厚 (mm)	6	7	8	9	10	11	12	13	14	15	16	17	18	19	20	21	22	23	24	25	26	27
600																						
700																						
800																						
900																						
1,000																						
1,100																						
1,200																						
1,350																						
1,500																						
1,600																						
1,650																						
1,800																						
1,900																						
2,000																						
2,100																						
2,200																						
2,300																						
2,400																						
2,500																						
2,600																						

領域区分:
- トラッククレーン 油圧伸縮ジブ型 4.9t吊
- ラフテレーンクレーン 排出ガス対策型（第1次基準値） 油圧伸縮ジブ型 16t吊
- ラフテレーンクレーン 排出ガス対策型（第1次基準値） 油圧伸縮ジブ型 25t吊
- ラフテレーンクレーン 排出ガス対策型（第1次基準値） 油圧伸縮ジブ型 50t吊
- ①クローラクレーン 排出ガス対策型（第1次基準値） 油圧駆動式ウインチ・ラチスジブ型 60～65t吊

(備考) トラッククレーン，ラフテレーンクレーンは，賃料とする。

(4) 施工歩掛
  ① 吊込据付歩掛
     吊込据付歩掛は以下を標準とする。
     本歩掛には，吊込据付に伴う材料の移動手間を含む。
     なお，当該路線内において本管（直管）と連続的に布設する短管及び異形管は，その管長にかかわらず本管と同じ歩掛を用いるものとする。
    ア．1日当り標準吊込据付量
       1日当りの標準吊込据付量は，次表を標準とする。

(表—4) 4.0m管の1日当り標準吊込据付量 (本／日)

口径(mm) \ 板厚(mm)	6	7	8	9	10	11	12	13	14	15	16	17	18	19	20	21	22	23	24	25	26	27	28	29	30
700	3.7	3.7	3.7	3.7	3.7	3.7	3.6	3.6	3.6																
800	3.7	3.7	3.7	3.7	3.6	3.6	3.6	3.6	3.6	3.6															
900	3.7	3.7	3.7	3.6	3.6	3.6	3.6	3.6	3.6	3.6	3.6														
1,000	3.7	3.7	3.6	3.6	3.6	3.6	3.6	3.6	3.6	3.5	3.5	3.5													
1,100		3.7	3.6	3.6	3.6	3.6	3.6	3.6	3.5	3.5	3.5	3.5	3.5	3.5											
1,200			3.6	3.6	3.6	3.6	3.6	3.5	3.5	3.5	3.5	3.5	3.5	3.4	3.4										
1,350				3.6	3.6	3.6	3.6	3.5	3.5	3.5	3.5	3.5	3.4	3.4	3.4	3.4	3.4								
1,500					3.6	3.5	3.5	3.5	3.5	3.5	3.4	3.4	3.4	3.4	3.4	3.3	3.3	3.3							
1,600					3.6	3.5	3.5	3.5	3.5	3.4	3.4	3.4	3.4	3.4	3.3	3.3	3.3	3.3							
1,650					3.6	3.5	3.5	3.5	3.5	3.4	3.4	3.4	3.4	3.3	3.3	3.3	3.3	3.3							
1,800						3.5	3.5	3.5	3.4	3.4	3.4	3.4	3.3	3.3	3.3	3.3	3.2	3.2	3.2	3.2					
1,900						3.5	3.5	3.4	3.4	3.4	3.4	3.3	3.3	3.3	3.2	3.2	3.2	3.2	3.1	3.1					
2,000							3.5	3.4	3.4	3.4	3.3	3.3	3.3	3.3	3.2	3.2	3.2	3.2	3.1	3.1	3.1				
2,100								3.4	3.4	3.3	3.3	3.3	3.3	3.2	3.2	3.2	3.2	3.1	3.1	3.1	3.1				
2,200									3.4	3.3	3.3	3.3	3.3	3.2	3.2	3.2	3.1	3.1	3.1	3.1	3.0				
2,300										3.3	3.3	3.3	3.2	3.2	3.2	3.1	3.1	3.1	3.1	3.0	3.0				
2,400											3.3	3.2	3.2	3.2	3.1	3.1	3.1	3.1	3.0	3.0	3.0				
2,500											3.2	3.2	3.2	3.1	3.1	3.1	3.1	3.0	3.0	3.0	2.9	2.9			
2,600												3.2	3.2	3.1	3.1	3.1	3.0	3.0	3.0	2.9	2.9	2.9	2.9		
2,700													3.1	3.1	3.1	3.0	3.0	3.0	2.9	2.9	2.9	2.9	2.8	2.8	
2,800														3.1	3.0	3.0	3.0	2.9	2.9	2.9	2.8	2.8	2.8	2.7	
2,900														3.1	3.0	3.0	3.0	2.9	2.9	2.9	2.8	2.8	2.8	2.7	2.7
3,000															3.0	3.0	2.9	2.9	2.9	2.8	2.8	2.8	2.7	2.7	2.7

(備考) たて込み簡易土留施工における標準吊込据付量は，別途考慮するものとする。

(表—5) 6.0m管の1日当り標準吊込据付量 (本／日)

口径(mm) \ 板厚(mm)	6	7	8	9	10	11	12	13	14	15	16	17	18	19	20	21	22	23	24	25	26	27	28	29	30
600	6.0	5.4	4.9	4.4	4.1	3.8	3.5																		
700	3.7	3.7	3.6	3.6	3.6	3.6	3.6	3.6	3.6																
800	3.7	3.6	3.6	3.6	3.6	3.6	3.6	3.5	3.5	3.5															
900	3.6	3.6	3.6	3.6	3.6	3.6	3.5	3.5	3.5	3.5	3.5														
1,000	3.6	3.6	3.6	3.6	3.5	3.5	3.5	3.5	3.5	3.4	3.4	3.4	3.4												
1,100		3.6	3.6	3.6	3.5	3.5	3.5	3.5	3.4	3.4	3.4	3.4	3.4	3.3											
1,200			3.6	3.5	3.5	3.5	3.5	3.4	3.4	3.4	3.4	3.3	3.3	3.3	3.3										
1,350				3.5	3.5	3.5	3.4	3.4	3.4	3.4	3.3	3.3	3.3	3.3	3.2	3.2	3.2								
1,500					3.5	3.4	3.4	3.4	3.4	3.3	3.3	3.3	3.3	3.2	3.2	3.2	3.2	3.1	3.1						
1,600					3.5	3.4	3.4	3.4	3.3	3.3	3.3	3.2	3.2	3.2	3.1	3.1	3.1	3.1							
1,650					3.4	3.4	3.4	3.3	3.3	3.3	3.3	3.2	3.2	3.2	3.1	3.1	3.1	3.0							
1,800						3.4	3.3	3.3	3.3	3.2	3.2	3.2	3.1	3.1	3.1	3.0	3.0	3.0	2.9	2.9	2.9				
1,900						3.4	3.3	3.3	3.3	3.2	3.2	3.1	3.1	3.1	3.0	3.0	3.0	2.9	2.9	2.9	2.8				
2,000							3.3	3.3	3.2	3.2	3.1	3.1	3.1	3.0	3.0	3.0	2.9	2.9	2.9	2.8	2.8				
2,100								3.2	3.2	3.1	3.1	3.0	3.0	3.0	2.9	2.9	2.9	2.8	2.8	2.8					
2,200									3.2	3.1	3.1	3.1	3.0	3.0	2.9	2.9	2.9	2.8	2.8	2.8	2.7				
2,300										3.1	3.1	3.0	3.0	2.9	2.9	2.9	2.8	2.8	2.7	2.7	2.7				
2,400											3.0	3.0	3.0	2.9	2.9	2.8	2.8	2.8	2.7	2.7	2.6				
2,500											3.0	3.0	2.9	2.9	2.8	2.8	2.8	2.7	2.7	2.6	2.6	2.6			
2,600												2.9	2.9	2.8	2.8	2.8	2.7	2.7	2.6	2.6	2.6	2.5	2.5		
2,700													2.9	2.8	2.8	2.7	2.7	2.6	2.6	2.6	2.5	2.5	2.4	2.4	
2,800														2.8	2.7	2.7	2.7	2.6	2.6	2.5	2.5	2.4	2.4	2.4	2.3
2,900														2.8	2.7	2.7	2.6	2.6	2.5	2.5	2.4	2.4	2.4	2.3	2.2
3,000															2.7	2.6	2.6	2.5	2.5	2.5	2.4	2.4	2.3	2.3	2.2

(備考) たて込み簡易土留施工における標準吊込据付量は，別途考慮するものとする。

(表―6) 9.0m管の1日当り標準吊込据付量 (本／日)

板厚(mm) 口径(mm)	6	7	8	9	10	11	12	13	14	15	16	17	18	19	20	21	22	23	24	25	26	27
600	5.3	4.7	4.5	4.1	3.8	3.6	3.3															
700	3.6	3.6	3.6	3.6	3.5	3.5	3.5	3.5	3.5													
800	3.6	3.6	3.6	3.6	3.5	3.5	3.5	3.4	3.4	3.4												
900	3.6	3.6	3.5	3.5	3.5	3.4	3.4	3.4	3.4	3.3	3.3											
1,000	3.6	3.5	3.5	3.5	3.4	3.4	3.4	3.4	3.3	3.3	3.3	3.2	3.2									
1,100		3.5	3.5	3.4	3.4	3.4	3.3	3.3	3.3	3.3	3.2	3.2	3.2	3.1								
1,200			3.5	3.4	3.4	3.3	3.3	3.3	3.2	3.2	3.2	3.1	3.1	3.1	3.0							
1,350			3.4	3.4	3.3	3.3	3.3	3.2	3.2	3.1	3.1	3.1	3.0	3.0	3.0	2.9						
1,500				3.3	3.3	3.2	3.2	3.2	3.1	3.1	3.0	3.0	3.0	2.9	2.9	2.8	2.8					
1,600				3.3	3.3	3.2	3.2	3.1	3.1	3.0	3.0	3.0	2.9	2.9	2.8	2.8	2.8					
1,650				3.3	3.2	3.2	3.2	3.1	3.1	3.0	3.0	2.9	2.9	2.8	2.8	2.8	2.7					
1,800					3.2	3.2	3.1	3.1	3.0	3.0	2.9	2.9	2.8	2.8	2.7	2.7	2.6	2.6	2.6	2.5		
1,900					3.2	3.1	3.1	3.0	3.0	2.9	2.9	2.8	2.8	2.7	2.7	2.6	2.6	2.6	2.5	2.5		
2,000						3.1	3.0	3.0	2.9	2.9	2.8	2.8	2.7	2.7	2.6	2.6	2.5	2.5	2.5	2.4		
2,100								2.9	2.9	2.8	2.8	2.7	2.7	2.6	2.6	2.5	2.5	2.4	2.4	2.4		
2,200								2.9	2.9	2.8	2.7	2.7	2.6	2.6	2.5	2.5	2.4	2.4	2.4	2.3		
2,300									2.8	2.8	2.7	2.7	2.6	2.5	2.5	2.4	2.4	2.3	2.3	2.3		
2,400										2.7	2.7	2.6	2.6	2.5	2.5	2.4	2.3	2.3	2.3	2.2		
2,500										2.7	2.6	2.6	2.5	2.5	2.4	2.4	2.3	2.3	2.2	2.2	2.1	
2,600											2.6	2.5	2.5	2.4	2.4	2.3	2.3	2.2	2.2	2.1	2.1	2.0

　　イ．配置人員

　　　1日当りの吊込据付の配置人員は，次表を標準とする。

　（表―7） 配置人員 (人／日)

口　径	世　話　役	特殊作業員	普通作業員	備　考
600mm	1.0	1.0	1.0	
700～1,100mm	1.0	1.0	2.0	
1,200～1,800mm	1.0	2.0	2.0	
1,900～2,500mm	1.0	2.0	3.0	
2,600～3,000mm	1.0	3.0	3.0	

　② 溶　　接

　　　鋼管溶接の歩掛は以下を標準とする。

　　ア．労務歩掛

　　　労務歩掛は次表を標準とする。

(表—8) 溶接労務歩掛 (人／箇所)

上段：世話役
中段：特殊作業員
下段：溶接工

口径(mm)＼板厚(mm)	6	7	8	9	10	11	12	13	14	15	16	17	18	19	20	21	22	23	24	25	26	27	28	29	30
600	0.17 0.26 0.43	0.18 0.27 0.45	0.19 0.28 0.47	0.20 0.29 0.49	0.20 0.31 0.51	0.21 0.32 0.53	0.22 0.33 0.56																		
700	0.18 0.27 0.45	0.19 0.28 0.47	0.20 0.30 0.50	0.21 0.31 0.52	0.22 0.33 0.55	0.23 0.34 0.57	0.24 0.36 0.60	0.25 0.37 0.62	0.26 0.39 0.65																
800	0.30 0.44 0.74	0.31 0.47 0.78	0.32 0.49 0.81	0.34 0.51 0.86	0.36 0.53 0.89	0.37 0.56 0.93	0.39 0.58 0.97	0.40 0.60 1.00	0.42 0.62 1.04	0.43 0.65 1.08															
900	0.30 0.46 0.76	0.32 0.49 0.81	0.34 0.51 0.86	0.36 0.53 0.89	0.37 0.56 0.94	0.39 0.59 0.98	0.41 0.61 1.02	0.43 0.64 1.07	0.44 0.67 1.11	0.46 0.69 1.15	0.48 0.72 1.20														
1,000	0.32 0.48 0.80	0.34 0.50 0.84	0.36 0.53 0.89	0.37 0.56 0.94	0.39 0.59 0.98	0.41 0.62 1.04	0.43 0.65 1.08	0.45 0.68 1.13	0.47 0.71 1.18	0.49 0.73 1.22	0.51 0.76 1.27	0.53 0.79 1.32	0.55 0.82 1.37												
1,100		0.35 0.53 0.88	0.37 0.55 0.92	0.39 0.59 0.98	0.41 0.62 1.03	0.43 0.65 1.08	0.45 0.68 1.14	0.47 0.71 1.19	0.50 0.74 1.24	0.52 0.78 1.30	0.54 0.80 1.34	0.56 0.84 1.40	0.58 0.87 1.46	0.60 0.90 1.50											
1,200			0.39 0.58 0.97	0.41 0.61 1.02	0.43 0.65 1.08	0.45 0.68 1.14	0.48 0.72 1.20	0.50 0.75 1.25	0.52 0.78 1.31	0.54 0.82 1.36	0.57 0.85 1.42	0.59 0.89 1.48	0.61 0.92 1.54	0.64 0.95 1.59	0.66 0.99 1.65										
1,350			0.41 0.61 1.02	0.43 0.65 1.08	0.46 0.69 1.15	0.48 0.73 1.21	0.51 0.77 1.28	0.54 0.80 1.34	0.56 0.84 1.40	0.59 0.88 1.47	0.61 0.92 1.54	0.64 0.95 1.59	0.66 0.99 1.66	0.69 1.03 1.72	0.72 1.07 1.79	0.74 1.11 1.85									
1,500				0.46 0.69 1.15	0.49 0.73 1.22	0.51 0.77 1.29	0.54 0.81 1.36	0.57 0.86 1.43	0.60 0.90 1.50	0.63 0.94 1.57	0.66 0.98 1.64	0.69 1.03 1.72	0.71 1.07 1.79	0.74 1.12 1.86	0.77 1.16 1.93	0.80 1.20 2.00	0.83 1.25 2.08								
1,600				0.47 0.71 1.19	0.50 0.76 1.26	0.54 0.80 1.34	0.56 0.85 1.41	0.60 0.89 1.49	0.63 0.94 1.57	0.66 0.98 1.64	0.69 1.03 1.72	0.72 1.08 1.80	0.75 1.12 1.87	0.78 1.17 1.95	0.81 1.21 2.02	0.84 1.26 2.10	0.87 1.31 2.18								
1,650				0.48 0.73 1.21	0.51 0.77 1.28	0.54 0.82 1.36	0.58 0.86 1.44	0.61 0.91 1.52	0.64 0.96 1.60	0.67 1.01 1.68	0.70 1.05 1.76	0.73 1.10 1.83	0.76 1.15 1.91	0.80 1.19 1.99	0.83 1.24 2.07	0.86 1.29 2.15	0.89 1.34 2.23								
1,800					0.54 0.81 1.36	0.58 0.86 1.44	0.61 0.91 1.52	0.64 0.97 1.61	0.68 1.02 1.70	0.71 1.07 1.78	0.75 1.12 1.87	0.78 1.17 1.95	0.82 1.22 2.04	0.85 1.27 2.12	0.88 1.33 2.21	0.92 1.38 2.30	0.95 1.43 2.38	0.99 1.48 2.47	1.02 1.53 2.55	1.06 1.58 2.64					
1,900					0.56 0.84 1.40	0.60 0.89 1.49	0.63 0.95 1.58	0.67 1.00 1.67	0.70 1.06 1.76	0.74 1.11 1.85	0.78 1.16 1.94	0.81 1.22 2.03	0.85 1.27 2.12	0.88 1.33 2.21	0.92 1.38 2.30	0.96 1.44 2.40	0.99 1.49 2.48	1.03 1.55 2.58	1.06 1.60 2.66	1.10 1.65 2.76					
2,000						0.62 0.92 1.54	0.65 0.98 1.64	0.69 1.04 1.74	0.73 1.10 1.83	0.77 1.15 1.92	0.81 1.21 2.02	0.84 1.27 2.11	0.88 1.32 2.21	0.92 1.38 2.30	0.96 1.44 2.40	1.00 1.50 2.50	1.03 1.55 2.59	1.07 1.61 2.68	1.11 1.67 2.78	1.15 1.72 2.87					
2,100							0.72 1.08 1.80	0.76 1.14 1.90	0.80 1.19 1.99	0.84 1.25 2.09	0.88 1.31 2.19	0.92 1.37 2.29	0.96 1.43 2.39	1.00 1.49 2.49	1.04 1.55 2.59	1.08 1.61 2.69	1.12 1.67 2.79	1.16 1.73 2.89	1.20 1.79 2.99						
2,200							0.74 1.11 1.85	0.78 1.17 1.96	0.82 1.23 2.06	0.87 1.30 2.17	0.91 1.36 2.27	0.95 1.42 2.37	0.99 1.49 2.48	1.03 1.55 2.58	1.08 1.61 2.69	1.12 1.67 2.79	1.16 1.74 2.90	1.20 1.80 3.00	1.24 1.86 3.11						
2,300								0.81 1.21 2.02	0.85 1.28 2.13	0.89 1.34 2.24	0.94 1.41 2.35	0.98 1.48 2.46	1.03 1.54 2.57	1.07 1.61 2.68	1.11 1.67 2.79	1.16 1.73 2.90	1.20 1.80 3.00	1.25 1.87 3.12	1.29 1.93 3.22						
2,400									0.88 1.32 2.20	0.93 1.39 2.32	0.97 1.46 2.43	1.02 1.52 2.54	1.06 1.59 2.66	1.11 1.66 2.77	1.15 1.73 2.88	1.20 1.80 3.00	1.24 1.87 3.11	1.29 1.93 3.22	1.34 2.00 3.34						
2,500									0.91 1.36 2.27	0.96 1.43 2.39	1.00 1.51 2.51	1.05 1.57 2.62	1.10 1.64 2.74	1.14 1.71 2.86	1.19 1.79 2.98	1.24 1.86 3.10	1.29 1.93 3.22	1.33 2.00 3.34	1.38 2.07 3.46	1.43 2.14 3.57					
2,600										0.98 1.48 2.46	1.03 1.55 2.59	1.08 1.63 2.71	1.13 1.70 2.84	1.18 1.77 2.96	1.23 1.85 3.08	1.28 1.92 3.20	1.33 2.00 3.33	1.38 2.07 3.45	1.43 2.14 3.57	1.48 2.22 3.70	1.53 2.29 3.82				
2,700											1.07 1.60 2.67	1.12 1.67 2.79	1.17 1.75 2.92	1.22 1.83 3.05	1.27 1.91 3.18	1.32 1.98 3.30	1.37 2.06 3.44	1.42 2.13 3.56	1.47 2.21 3.69	1.53 2.29 3.82	1.58 2.37 3.95	1.63 2.44 4.07			
2,800												1.15 1.73 2.88	1.20 1.81 3.01	1.26 1.88 3.14	1.31 1.97 3.28	1.36 2.05 3.41	1.41 2.12 3.54	1.47 2.20 3.67	1.52 2.29 3.81	1.57 2.36 3.94	1.63 2.44 4.07	1.68 2.52 4.20	1.73 2.60 4.34		
2,900												1.18 1.78 2.96	1.24 1.86 3.10	1.29 1.94 3.23	1.35 2.02 3.37	1.40 2.11 3.51	1.46 2.19 3.65	1.51 2.27 3.78	1.57 2.35 3.92	1.62 2.43 4.06	1.68 2.52 4.20	1.73 2.60 4.34	1.79 2.69 4.48	1.84 2.77 4.61	
3,000													1.27 1.91 3.19	1.33 2.00 3.33	1.39 2.08 3.47	1.45 2.17 3.62	1.50 2.25 3.75	1.56 2.34 3.90	1.61 2.42 4.04	1.67 2.51 4.18	1.73 2.59 4.32	1.79 2.68 4.47	1.84 2.77 4.61	1.90 2.85 4.75

— 263 —

イ．諸　雑　費

諸雑費は溶接棒，電気溶接機・発動発電機・送風機・グラインダーの損料・運転経費等の費用であり，労務費に次表の率を乗じた金額を計上する。

（表―9）　諸雑費率　　　　（％）

諸雑費率	28

③　現場塗装費

鋼管継手の現場塗装歩掛は，次表を標準とする。

（表―10）　内面塗装　　　　　　　　　　　　　　　　　　　　　（1箇所当り）

口径 (mm)	材料 液状エポキシ樹脂塗料 (kg)	材料 希釈材 (kg)	労務 塗装工 (人)	諸雑費率 (％)
800	1.0	0.06	0.10	25
900	1.1	0.06	0.11	
1,000	1.2	0.07	0.13	
1,100	1.3	0.08	0.14	
1,200	1.5	0.08	0.15	
1,350	1.6	0.09	0.17	
1,500	1.8	0.10	0.19	
1,600	2.0	0.11	0.20	
1,650	2.0	0.11	0.21	
1,800	2.2	0.12	0.23	
1,900	2.3	0.13	0.24	
2,000	2.4	0.14	0.25	
2,100	2.6	0.15	0.26	
2,200	2.7	0.15	0.28	
2,300	2.8	0.16	0.29	
2,400	2.9	0.17	0.30	
2,500	3.0	0.17	0.31	
2,600	3.2	0.18	0.33	
2,700	3.3	0.19	0.34	
2,800	3.4	0.19	0.35	
2,900	3.5	0.20	0.36	
3,000	3.6	0.21	0.38	

（備考）　1. 諸雑費はウエス，発動発電機・送風機・グラインダーの損料・運転経費等の費用であり，労務費に上表の率を乗じた金額を計上する。
　　　　2. 上表には，材料ロスを含む。

(表—11) 外面塗装（ジョイントコート）　　　　　　　　　　（1箇所当り）

口　径 (mm)	ジョイントコート設置		耐衝撃シート設置
	塗装工（人）	諸雑費率（％）	塗装工（人）
600	0.15	20	0.04
700	0.16		0.05
800	0.17		0.05
900	0.19		0.05
1,000	0.20		0.05
1,100	0.21		0.06
1,200	0.23		0.06
1,350	0.25		0.06
1,500	0.28		0.07
1,600	0.30		0.07
1,650	0.31		0.07
1,800	0.35		0.08
1,900	0.37		0.08
2,000	0.40		0.09
2,100	0.43		0.09
2,200	0.46		0.10
2,300	0.49		0.10
2,400	0.53		0.11
2,500	0.57		0.11
2,600	0.61		0.12
2,700	0.65		0.13
2,800	0.70		0.13
2,900	0.75		0.14
3,000	0.80		0.15

（備考）　1.　上表は，プラスチック系ジョイントコート（熱収縮タイプ）に適用する。
　　　　　2.　諸雑費はウエス，プロパンガス，発動発電機・グラインダー，ガスバーナーの損料・運転経費等の費用であり，ジョイントコート設置労務費に上表の率を乗じた金額を計上する。

(5) 単　価　表
① 鋼管機械吊込据付1日（N本）当り単価表

名　称	規　格	単位	数量	摘　要
鋼　　管		本	N	表—4又は表—5又は表—6
世　話　役		人		表—7
特殊作業員		〃		〃
普通作業員		〃		〃
トラッククレーン賃料	油圧伸縮ジブ型　4.9t吊	日	1	表—1又は表—2又は表—3
ラフテレーンクレーン賃料	排出ガス対策型（第1次基準値）油圧伸縮ジブ型　○○t吊	〃	1	〃
クローラクレーン運転	排出ガス対策型（第1次基準値）油圧駆動式ウインチ・ラチスジブ型　60〜65t吊	〃	1	表—2又は表—3
計				

（備考）　Nは，1日当り吊込据付量である。

② 鋼管溶接1箇所当り単価表

名　称	規　格	単位	数量	摘　要
世　話　役		人		表—8
特殊作業員		〃		〃
溶　接　工		〃		〃
諸　雑　費		式	1	表—9
計				

③ 現場塗装1箇所当り単価表

名　称	規　格	単位	数量	摘　要
液状エポキシ樹脂塗料		kg		内面塗装の場合，表—10
希　釈　材		〃		〃　　〃
塗　装　工		人		〃　　〃
諸　雑　費		式	1	〃　　〃
ジョイントコート	熱収縮タイプ	組	1	外面塗装の場合
塗　装　工		人		〃，　　表—11
諸　雑　費		式	1	〃　　〃
耐衝撃シート		組	1	外面塗装で耐衝撃シートを設置する場合
塗　装　工		人		〃，　　表—11
計				

④ 機械運転単価表

名　称	規　格	適用単価表	指定事項
クローラクレーン	排出ガス対策型（第1次基準値）（油圧駆動式ウインチ・ラチスジブ型）60t〜65t吊	機—18	運転労務数量→1.00 燃料消費量→83 機械損料数量→1.78

7. コルゲートパイプ機械布設

(1) 適用範囲
本歩掛は、コルゲートパイプ（円形1形、円形2形、パイプアーチ形）の機械布設に適用する。

(2) 施工概要
施工フローは、次図を標準とする。

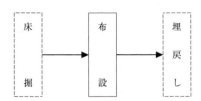

（備考）　本歩掛で対応しているのは、実線部分のみである。

(3) 施工歩掛
布設歩掛は、次表を標準とする。

（表―1）　コルゲートパイプ機械布設歩掛　　　　　　　　　　　　　　　　（10m当り）

材料	労務歩掛（人）			使用機械 バックホウ（クレーン機能付）		諸雑費率 (%)
呼び径 (mm)	世話役	特殊作業員	普通作業員	運転時間（日）	規格	
600	0.15	0.07	1.02	0.22	排出ガス対策型（第1次基準値）クローラ型 山積0.8 m³（平積0.6 m³）2.9 t 吊	0.5
800	0.19	0.09	1.28	0.29		
1,000	0.23	0.11	1.54	0.36		
1,200	0.26	0.13	1.81	0.44		
1,350	0.29	0.15	2.00	0.49		
1,500	0.32	0.16	2.20	0.54		
1,650	0.35	0.18	2.39	0.60		
1,750	0.37	0.18	2.53	0.64		
1,800	0.38	0.19	2.59	0.65		
2,000	0.42	0.21	2.85	0.73		
2,300	0.48	0.24	3.24	0.83		
2,500	0.51	0.26	3.51	0.91		
2,700	0.55	0.28	3.77	0.98		
3,000	0.61	0.30	4.17	1.09		
3,500	0.71	0.35	4.82	1.27		
3,700	0.74	0.37	5.09	1.34		

（備考）　1.　布設に伴う材料の移動手間を含む。
　　　　　2.　バックホウ（クレーン機能付）は、賃料とする。
　　　　　3.　バックホウ（クレーン機能付）は、クレーン等安全規則、移動式クレーン構造規格に準拠した機械である。
　　　　　4.　諸雑費として、労務費に上表の率を乗じた金額を計上する。
　　　　　　　なお、諸雑費とは、インパクトレンチの損料である。

(4) 単 価 表
① コルゲートパイプ機械布設10m当り単価表

名　　称	規　　格	単位	数量	摘　　要
コルゲートパイプ		m	10	
コルゲートパッキング		〃	10	パッキングが必要な場合
世　話　役		人		表—1
特　殊　作　業　員		〃		〃
普　通　作　業　員		〃		〃
バックホウ（クレーン機能付）運転	排出ガス対策型（第1次基準値）クローラ型山積0.8m³(平積0.6m³)2.9t吊	日		〃
諸　雑　費		式	1	〃
計				

② 機械運転単価表

機　械　名	規　　格	適用単価表	指　定　事　項
バックホウ（クレーン機能付）	排出ガス対策型（第1次基準値）クローラ型山積0.8m³(平積0.6m³)2.9t吊	機—28	運転労務数量→1.00 燃料消費量→50 機械賃料数量→1.74

8．鋳鉄管切断
　(1) 適 用 範 囲
　　　本歩掛は，ダクタイル鋳鉄管の切断に適用する。
　(2) 施 工 概 要
　　　施工フローは，次図を標準とする。

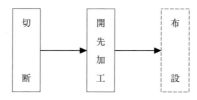

　　　　　（備考）　本歩掛で対応しているのは，実線部分のみである。
　(3) 施 工 歩 掛
　　　1箇所当り施工歩掛は，次表を標準とする。

（表—1） 鋳鉄管切断歩掛　　　　　　　　　　　　　　　　（1箇所当り）

口径 (mm)	世話役 (人)	特殊作業員 (人)	普通作業員 (人)	諸雑費率 (％)
75	0.03	0.06	0.07	20
100	0.03	0.06	0.07	20
150	0.03	0.07	0.07	21
200	0.04	0.07	0.08	19
250	0.05	0.08	0.08	18
300	0.05	0.09	0.09	18
350	0.05	0.09	0.09	19
400	0.06	0.16	0.21	10
450	0.07	0.17	0.22	9
500	0.08	0.18	0.23	10
600	0.11	0.20	0.26	10
700	0.14	0.24	0.34	10
800	0.17	0.30	0.43	9
900	0.21	0.36	0.56	9
1,000	0.25	0.41	0.69	9
1,100	0.30	0.48	0.83	9
1,200	0.36	0.56	0.99	9
1,350	0.44	0.68	1.26	9
1,500	0.54	0.81	1.59	9
1,600	0.61	0.91	1.82	9
1,650	0.64	0.96	1.93	9
1,800	0.76	1.13	2.32	9
2,000	0.92	1.36	2.90	9

（備考）　1. 諸雑費として，労務費に上表の率を乗じた金額を計上する。
　　　　　　なお，諸雑費とは，切断機・グラインダー・発動発電機の損料・燃料油脂費及び切断機刃・グラインダー刃の損耗費，塗料費である。
　　　　2. 上表には，開先加工手間を含む。

(4) 単価表
  ① 鋳鉄管切断1箇所当り単価表

名称	規格	単位	数量	摘要
世話役		人		表—1
特殊作業員		〃		〃
普通作業員		〃		〃
諸雑費		式	1	〃
計				

9. FRPM管切断

(1) 適用範囲

本歩掛は，FRPM管の切断に適用する。

(2) 施工概要

施工フローは，次図を標準とする。

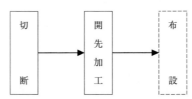

（備考） 本歩掛で対応しているのは，実線部分のみである。

(3) 施工歩掛

1箇所当り施工歩掛は，次表を参考とする。

（表―1） FRPM管切断歩掛 （1箇所当り）

口　径 (mm)	パイプカッター (日)	世話役 (人)	特殊作業員 (人)	普通作業員 (人)
200	D500mm 以下用	0.10	0.04	0.11	0.15
250		0.10	0.04	0.13	0.16
300		0.10	0.04	0.14	0.17
350		0.10	0.05	0.15	0.19
400		0.10	0.06	0.16	0.21
450		0.10	0.07	0.17	0.22
500		0.11	0.08	0.18	0.23
600	D600mm 以上用	0.13	0.11	0.20	0.26
700		0.16	0.14	0.24	0.34
800		0.20	0.17	0.30	0.43
900		0.25	0.21	0.36	0.56
1,000		0.31	0.25	0.41	0.69
1,100		0.37	0.30	0.48	0.83
1,200		0.44	0.36	0.56	0.99
1,350		0.57	0.44	0.68	1.26
1,500		0.71	0.54	0.81	1.59
1,600		0.81	0.61	0.91	1.82
1,650		0.87	0.64	0.96	1.93
1,800		1.04	0.76	1.13	2.32
2,000		1.31	0.92	1.36	2.90

（備考） 1. 諸雑費として，労務費の5％を計上する。
なお，諸雑費とは，パイプカッターの燃料・油脂費及びカッター刃の損耗費である。
2. 上表には，開先加工手間を含む。

(4) 単 価 表
① FRPM管切断1箇所当り単価表

名　　　　称	規　　格	単位	数量	摘　　要
パイプカッター賃料		日		表―1
世　話　役		人		〃
特　殊　作　業　員		〃		〃
普　通　作　業　員		〃		〃
諸　雑　費		式	1	表―1（備考）1
計				

10. 制水弁据付工（人力）

(1) 適用範囲
　　本歩掛は，制水弁（仕切弁，バタフライ弁）50～250mm（鋳鉄製は50～200mm）の人力据付に適用する。
(2) 施工概要
　　施工フローは，次図を標準とする。

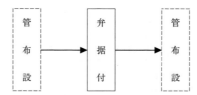

（備考）　本歩掛で対応しているのは，実線部分のみである。

(3) 施工歩掛
　　制水弁の据付歩掛は，次表を標準とする。
　　（表―1）　制水弁人力据付歩掛　　　　　　　　　　　　　　　　　　　　　　（1基当り）

型式	口径(mm)	鋳鉄製 世話役	鋳鉄製 特殊作業員	鋳鉄製 普通作業員	樹脂製 世話役	樹脂製 特殊作業員	樹脂製 普通作業員
仕切弁・バタフライ弁	50	0.04人	0.15人	0.12人	0.04人	0.15人	0.12人
	75	0.04人	0.18人	0.14人	0.04人	0.17人	0.14人
	100						
	125	0.05人	0.29人	0.23人			
	150						
	200	0.08人	0.37人	0.29人	0.05人	0.23人	0.19人
	250	―	―	―			

（備考）　1.　据付に伴う材料の移動手間を含む。
　　　　　2.　据付に伴う移動つり込み器具（チェンブロック，レバーブロック等）の損料を含む。

(4) 単 価 表
① 制水弁人力据付工1基当り単価表

名　　称	規　　格	単位	数量	摘　　要
制　水　弁		基	1	表―1
世　話　役		人		〃
特　殊　作　業　員		〃		〃
普　通　作　業　員		〃		〃
計				

11. 制水弁据付工（機械）

(1) 適用範囲

本歩掛は，制水弁（仕切弁及びバタフライ弁（フランジレス）・300～1,000mm（鋳鉄製は250～1,000mm）），制水弁（バタフライ弁（フランジ）・300～1,500mm（鋳鉄製は250～1,500mm））の機械据付に適用する。

ただし，電動バルブ，流量調整及び圧力調整等の制御バルブの据付には，適用できない。

(2) 施工概要

施工フローは，次図を標準とする。

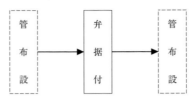

（備考） 本歩掛で対応しているのは，実線部分のみである。

(3) 施工歩掛

制水弁の据付歩掛は，次表を標準とする。

（表―1） 制水弁機械据付歩掛　　　　　　　　　　　　　　　　　　　　　　　　　　　（1基当り）

施工区分			据付歩掛			使用機械			
形式	材質	口径(mm)	世話役(人)	特殊作業員(人)	普通作業員(人)	フランジ形		フランジレス形	
^	^	^	^	^	^	規格	運転日数(日)	規格	運転日数(日)
仕切弁	樹脂製・鋳鉄製	250 ※(備考)4	0.08	0.31	0.38	バックホウ (クレーン機能付) 排出ガス対策型 (第2次基準値) クローラ型 山積0.45 m³ (平積0.35 m³) 2.9 t 吊	0.25	―	―
^	^	300	^	^	^	^	^	^	^
^	^	350	^	^	^	^	^	^	^
^	^	400	0.10	0.41	0.52	^	0.28	^	^
^	^	450	^	^	^	^	^	^	^
^	^	500	0.14	0.56	0.69	ラフテレーンクレーン 排出ガス対策型 (第2次基準値) (油圧伸縮ジブ型) 25 t 吊	0.33	^	^
^	^	600	^	^	^	^	^	^	^
^	^	700	^	^	^	^	^	^	^
^	^	800	0.21	0.85	1.06	^	0.41	^	^
^	^	900	^	^	^	^	^	^	^
^	^	1,000	^	^	^	^	^	^	^

（つづく）

バタフライ弁	樹脂製・鋳鉄製	250 ※(備考)4	0.08	0.31	0.38	バックホウ（クレーン機能付）排出ガス対策型（第2次基準値）クローラ型 山積0.45 m³（平積0.35 m³）2.9 t 吊	0.25	バックホウ（クレーン機能付）排出ガス対策型（第2次基準値）クローラ型 山積0.45 m³（平積0.35 m³）2.9 t 吊	0.25
		300							
		350							
		400	0.11	0.43	0.54		0.28		0.28
		450							
		500							
		600	0.15	0.58	0.73		0.33		0.33
		700	0.18	0.72	0.91		0.37		0.37
		800							
		900				ラフテレーンクレーン排出ガス対策型（第2次基準値）（油圧伸縮ジブ型）25 t 吊			0.48
		1,000	0.27	1.08	1.35		0.48		
		1,100						—	—
		1,200							
		1,350	0.27	1.08	1.35		0.48		
		1,500	0.35	1.38	1.72		0.57		

(備考) 1. 据付に伴う材料の移動手間を含む。
2. バックホウ（クレーン機能付）及びラフテレーンクレーンは，賃料とする。
3. バックホウ（クレーン機能付）は，クレーン等安全規則，移動式クレーン構造規格に準拠した機械である。
4. φ250は鋳鉄製のみとする。

(4) 単価表
① 制水弁機械据付工1基当り単価表

名　　　称	規　　格	単　位	数　量	摘　要
制　水　弁		基	1	表—1
世　話　役		人		〃
特　殊　作　業　員		〃		〃
普　通　作　業　員		〃		〃
バックホウ（クレーン機能付）運　　転	排出ガス対策型（第2次基準値）クローラ型　山積0.45 m³（平積0.35 m³）2.9 t 吊	日		〃
ラフテレーンクレーン賃料	排出ガス対策型（第2次基準値）油圧伸縮ジブ型25 t 吊	〃		〃
計				

② 機械運転単価表

名　　　称	規　　格	適用単価表	指　定　事　項
バックホウ（クレーン機能付）	排出ガス対策型（第2次基準値）クローラ型　山積0.45 m³（平積0.35 m³）2.9 t 吊	機—28	運転労務数量→1.00 燃料消費量→52 機械賃料数量→1.58

12. 空気弁据付工（人力）

(1) 適用範囲
本歩掛は，水道用空気弁及び急排空気弁の人力据付に適用する。

(2) 施工概要
施工フローは，次図を標準とする。

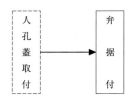

（備考）　本歩掛で対応しているのは，実線部分のみである。

(3) 施工歩掛
1基当り歩掛は，次表を標準とする。

（表—1）　空気弁人力据付歩掛

呼称口径 (mm)	据付労務		
	世話役 (人)	特殊作業員 (人)	普通作業員 (人)
13	0.11	0.18	0.21
20	0.11	0.18	0.21
25	0.11	0.18	0.21
75	0.19	0.28	0.42
100	0.23	0.33	0.53
150	0.32	0.39	0.79
200	0.40	0.42	1.07

（備考）　1．据付に伴う材料の移動手間を含む。
　　　　　2．据付の際の手動つり込み金具（チェンブロック，レバーブロック等）の損料を含む。
　　　　　3．呼称口径75mm以上は，副弁の据付を含む。
　　　　　4．水道用空気弁双口で副弁を取付ける場合は，副弁の取付費は別途計上する。

(4) 単価表
① 空気弁据付1基当り単価表

名　　称	規　格	単位	数量	摘　要
空　気　弁		基	1	
世　話　役		人		表—1
特殊作業員		〃		〃
普通作業員		〃		〃
計				

13. 小バルブ類取付工（人力）

(1) 適 用 範 囲

本歩掛は，ねじ込形弁の人力取付に適用する。

(2) 施 工 概 要

施工フローは，次図を標準とする。

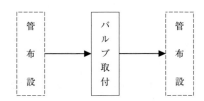

（備考） 本歩掛で対応しているのは，実線部分のみである。

(3) 施 工 歩 掛

10個当り歩掛は，次表を標準とする。

（表—1） 小バルブ類人力取付歩掛　　　　　　　　　　　　　　（10個当り）

呼称口径	取付労務		
	世話役 （人）	特殊作業員 （人）	普通作業員 （人）
3/8（10A）	0.03	0.22	0.19
1/2（15A）	0.18	0.37	0.35
3/4（20A）	0.33	0.52	0.50
1（25A）	0.48	0.68	0.66
1 1/4（32A）	0.70	0.89	0.88
1 1/2（40A）	0.94	1.14	1.13
2（50A）	1.24	1.44	1.44

（備考） 取付に伴う材料の移動手間を含む。

(4) 単 価 表

① 小バルブ類取付工10個当り単価表

名　　　称	規　　格	単位	数　量	摘　　要
小　バ　ル　ブ		個	10	
世　話　役		人		表—1
特 殊 作 業 員		〃		〃
普 通 作 業 員		〃		〃
計				

14. ダクタイル鋳鉄管人力布設
(1) 適用範囲
　本歩掛は，ダクタイル鋳鉄管の人力布設に適用する。
(2) 施工概要
　施工フローは，次図を標準とする。

（備考）　本歩掛で対応しているのは，実線部分のみである。

(3) 施工歩掛
　布設歩掛は，次表を標準とする。

（表―1）　ダクタイル鋳鉄管人力布設歩掛　　　　　　　　　　（10本当り）

材料		K・T形	
呼び径（mm）	管　長（mm）	特殊作業員（人）	普通作業員（人）
75	4,000	1.02	2.58
100	4,000	1.26	3.10

（備考）　1.　布設に伴う材料の移動手間を含む。
　　　　　2.　布設の際の手動つり込み器具（チェンブロック，レバーブロック等）の損料を含む。

(4) 単価表
① ダクタイル鋳鉄管人力布設10本当り単価表

名　　称	規　格	単位	数量	摘　要
ダクタイル鋳鉄管		本	10	
鋳鉄管接合部品		組	10	K形の場合
特殊作業員		人		表―1
普通作業員		〃		〃
計				

15. 炭素鋼鋼管人力布設
(1) 適用範囲
　本歩掛は，炭素鋼鋼管の人力布設に適用する。
(2) 施工概要
　施工フローは，次図を標準とする。

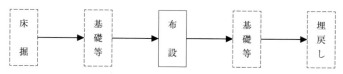

（備考）　本歩掛で対応しているのは，実線部分のみである。

(3) 施 工 歩 掛
　　布設歩掛は，次表を標準とする。

（表—1）　炭素鋼鋼管人力布設歩掛　　　　　　　　　　　　　　　　　　（10m 当り）

規　格　区　分	定尺長（mm）	特殊作業員（人）	普通作業員（人）	雑品（％）
白ネジ付15A（1/2B）	4,000	0.16	0.17	3
白ネジ付20A（3/4B）	4,000	0.17	0.19	
白ネジ付25A（1B）	4,000	0.20	0.21	
白ネジ付32A（11/4B）	4,000	0.21	0.23	
白ネジ付40A（11/2B）	4,000	0.23	0.25	
白ネジ付50A（2B）	4,000	0.27	0.29	
白ネジ付80A（3B）	4,000	0.31	0.35	
白ネジ付100A（4B）	4,000	0.35	0.39	
白ネジ付125A（5B）	5,500	0.39	0.47	
白ネジ付150A（6B）	5,500	0.47	0.54	

（備考）　1．布設に伴う材料の移動手間を含む。
　　　　　2．ネジ切継手で接合材及び接合費を含む。
　　　　　3．雑品費として，労務費に上表の率を乗じた金額を計上するものとする。なお，雑品とは接合材（テープ等）の費用である。

(4) 単　価　表
① 炭素鋼鋼管人力布設10m 当り単価表

名　　　称	規　格	単　位	数　量	摘　　要
炭　素　鋼　鋼　管		m		
特　殊　作　業　員		人		表—1
普　通　作　業　員		〃		〃
雑　品　費		式	1	表—1（備考）3
計				

16．強化プラスチック複合管機械布設（たて込み簡易土留）

(1) 適 用 範 囲
　　本歩掛は，たて込み簡易土留を設置した区間における強化プラスチック複合管の機械布設に適用する。
　　なお，当該路線内において本管（直管）と連続的に布設する短管及び異形管（本管以外の管種も含む）にも適用する。

(2) 施 工 概 要
　　施工フローは，次図を標準とする。

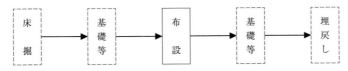

　　　　　　（備考）　本歩掛で対応しているのは，実線部分のみである。

(3) 施 工 歩 掛
　　布設歩掛は，次表を標準とする。
　　なお，当該路線内において本管（直管）と連続的に布設する短管及び異形管は，その管長にかかわらず本管と同じ歩掛を用いるものとする。

(表—1) 強化プラスチック複合管（4.0m管）布設歩掛　　　　　　　　　　　　　　　　　　　　（10本当り）

管径(mm)	労務人数（人）世話役	労務人数（人）特殊作業員	労務人数（人）普通作業員	機械運転時間（日）	使用機械
200	—	0.76	1.19	1.09	バックホウ（クレーン機能付）排出ガス対策型（第2次基準値）クローラ型 山積0.8m³（平積0.6m³）2.9吊
250	—	0.80	1.26	1.14	
300	—	0.96	1.31	1.19	
350	—	1.00	1.49	1.24	
400	—	1.03	1.54	1.29	
450	0.27	0.80	1.59	1.33	
500	0.27	0.81	1.63	1.36	
600	0.29	0.87	1.87	1.44	
700	0.30	1.06	2.10	1.50	
800	0.31	1.10	2.20	1.57	
900	0.33	1.14	2.46	1.64	
1,000	0.51	1.36	2.71	1.70	
1,100	0.53	1.41	2.83	1.76	
1,200	0.54	1.64	3.11	1.83	
1,350	0.57	1.71	3.43	1.90	
1,500	0.60	1.99	3.97	1.99	
1,650	0.61	2.07	4.34	2.07	
1,800	0.87	2.39	4.76	2.17	ラフテレーンクレーン 排出ガス対策型（第2次基準値）（油圧伸縮ジブ型）25 t吊
2,000	0.90	2.71	5.67	2.27	
2,200	0.96	3.10	6.43	2.39	
2,400	1.23	3.70	7.39	2.46	
2,600	1.30	4.16	8.31	2.60	
2,800	1.61	4.86	9.43	2.70	
3,000	1.69	5.33	10.93	2.80	

（備考）
1. 布設に伴う材料の移動手間を含む。
2. バックホウ（クレーン機能付）及びラフテレーンクレーンは，賃料とする。
3. バックホウ（クレーン機能付）は，クレーン等安全規則，移動式クレーン構造規格に準拠した機械である。
4. 諸雑費として，管材の0.1%を計上するものとする。なお，諸雑費は接合用滑材の費用及びレバーブロックの損料である。

(表—2) 強化プラスチック複合管（6m）布設歩掛　　　　　　　　　　　　　　　　　　　（10本当り）

管径 (mm)	労務人数（人）			機械 運転時間 （日）	使用機械
	世話役	特殊作業員	普通作業員		
450	0.27	0.83	1.79	1.37	バックホウ （クレーン機能付） 排出ガス対策型（第2次基準値） クローラ型 山積0.8m³（平積0.6m³） 2.9t吊
500	0.29	0.99	1.99	1.41	
600	0.46	1.20	2.26	1.50	
700	0.47	1.26	2.67	1.57	
800	0.49	1.47	3.11	1.64	
900	0.51	1.71	3.44	1.71	
1,000	0.71	1.97	3.93	1.79	
1,100	0.73	2.20	4.21	1.83	
1,200	0.76	2.47	4.76	1.90	
1,350	1.00	2.81	5.43	2.01	
1,500	1.06	3.16	6.30	2.10	ラフテレーンクレーン 排出ガス対策型（第2次基準値） （油圧伸縮ジブ型）25t吊
1,650	1.09	3.46	6.93	2.17	
1,800	1.36	3.86	7.94	2.27	
2,000	1.43	4.53	9.04	2.39	

(備考) 1. 布設に伴う材料の移動手間を含む。
　　　 2. バックホウ（クレーン機能付）及びラフテレーンクレーンは，賃料とする。
　　　 3. バックホウ（クレーン機能付）は，クレーン等安全規則，移動式クレーン構造規格に準拠した機械である。
　　　 4. 諸雑費として，管材の0.1％を計上するものとする。なお，諸雑費は接合用滑材の費用及びレバーブロックの損料である。

(4) 単価表
① 強化プラスチック複合管（4.0m管）布設10本当り単価表

名　　称	規　　格	単位	数量	摘　　要
強化プラスチック複合管	○種○○mm	本	10	
諸　雑　費		式	1	表—1（備考）4
世　話　役		人		表—1
特　殊　作　業　員		〃		〃
普　通　作　業　員		〃		〃
バックホウ （クレーン機能付）運転	排出ガス対策型（第2次基準値） クローラ型山積0.8m³（平積0.6m³） 2.9t吊	日		〃
ラフテレーンクレーン賃料	排出ガス対策型（第2次基準値） 油圧伸縮ジブ型25t吊	〃		〃
計				

② 強化プラスチック複合管（6.0m管）布設10本当り単価表

名　　　称	規　　　格	単位	数量	摘　　　要
強化プラスチック複合管	○種○○mm	本	10	
諸　雑　費		式	1	表—2（備考）4
世　話　役		人		表—2
特　殊　作　業　員		〃		〃
普　通　作　業　員		〃		〃
バックホウ（クレーン機能付）運転	排出ガス対策型（第2次基準値）クローラ型山積0.8m³（平積0.6m³）2.9t吊	日		〃
ラフテレーンクレーン賃料	排出ガス対策型（第2次基準値）油圧伸縮ジブ型25t吊	〃		〃
計				

③ 機械運転単価表

機　械　名	規　　　格	適用単価表	指　定　事　項
バックホウ（クレーン機能付）	排出ガス対策型（第2次基準値）クローラ型山積0.8m³（平積0.6m³）2.9t吊	機—28	運転労務数量→1.00 燃料消費量→48 機械賃料数量→1.12

17．ダクタイル鋳鉄管機械布設（たて込み簡易土留）
(1) 適用範囲
　本歩掛は，たて込み簡易土留を設置した区間におけるダクタイル鋳鉄管の機械布設に適用する。
　なお，当該路線内において本管（直管）と連続的に布設する短管及び異形管（本管以外の管種を含む）にも適用する。
(2) 施工概要
　施工フローは，次図を標準とする。

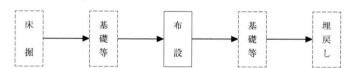

（備考）本歩掛で対応しているのは，実線部分のみである。

(3) 機種の選定
　　機種の選定は，次表を標準とする。
　（表―1）　使用機械

管　径 (mm)	K・T形 1・2種	K・T形 3・4種，DA種	K・T形 DB～DD種
300未満			
300			
350	バックホウ（クレーン機能付）		
400	排出ガス対策型（第2次基準値）		
450	クローラ型山積0.8 m³（平積0.6 m³）		
500	2.9 t 吊		
600			
700			
800			
900			
1,000			
1,100			
1,200			
1,350		ラフテレーンクレーン	
1,500		排出ガス対策型（第2次基準値）	
1,600（4 m）		（油圧伸縮ジブ型）25 t 吊	
1,600（5 m）			
1,650（4 m）			
1,650（5 m）			
1,800（4 m）			
1,800（5 m）	↓		
2,000（4 m）			
2,000（5 m）			

　　　ラフテレーンクレーン
　　　排出ガス対策型（第2次基準値）
　　　（油圧伸縮ジブ型）50 t 吊

（備考）　1．バックホウ（クレーン機能付）及びラフテレーンクレーンは，賃料とする。
　　　　2．バックホウ（クレーン機能付）は，クレーン等安全規則，移動式クレーン構造規格に準拠した機械である。

(4) 施工歩掛

布設歩掛は，次表を標準とする。

なお，当該路線内において本管（直管）と連続的に布設する短管及び異形管は，その管長にかかわらず本管と同じ歩掛を用いるものとする。

(表—2) ダクタイル鋳鉄管布設歩掛　　　　　　　　　　　　　　　　　　　（1本当り）

管径(mm)	管長(m)	K形 世話役 (人)	K形 特殊作業員 (人)	K形 普通作業員 (人)	K形 機械運転時間 (日)	T形 世話役 (人)	T形 特殊作業員 (人)	T形 普通作業員 (人)	T形 機械運転時間 (日)
150	5.0	0.06	0.24	0.32	0.28	0.04	0.18	0.22	0.20
200	〃	0.08	0.28	0.38	〃	〃	0.20	0.26	0.22
250	〃	0.10	0.30	0.40	0.30	〃	0.22	0.28	〃
300	6.0	〃	0.36	0.46	0.32	0.08	0.26	0.30	0.24
350	〃	〃	0.40	0.50	0.34	〃	0.28	0.34	〃
400	〃	〃	0.42	0.52	0.36	〃	〃	0.36	0.26
450	〃	〃	0.44	0.58	〃	〃	0.32	0.38	〃
500	〃	0.12	0.50	0.60	0.38	〃	〃	0.40	〃
600	〃	0.16	0.64	0.80	0.40	〃	0.36	0.46	0.28
700	〃	0.20	0.84	1.04	0.42	〃	0.38	0.50	〃
800	〃	0.26	1.02	1.28	0.44	0.12	0.42	0.54	0.30
900	〃	0.32	1.26	1.58	0.46	〃	0.46	0.56	0.32
1,000	〃	0.38	1.48	1.86	0.48	〃	0.48	0.62	〃
1,100	〃	0.46	1.76	2.20	0.50	0.14	0.52	0.66	〃
1,200	〃	0.52	2.06	2.58	0.52	〃	0.54	0.68	0.34
1,350	〃	0.66	2.56	3.22	0.56	〃	0.60	0.74	0.36
1,500	〃	0.74	3.02	3.78	0.58	〃	0.62	0.80	〃
1,600	4.0	0.64	2.58	3.24	〃	〃	〃	0.78	0.38
〃	5.0	0.76	3.00	3.76	〃	〃	〃	0.82	〃
1,650	4.0	0.72	2.78	3.52	0.60	0.16	0.64	0.80	〃
〃	5.0	0.78	3.22	4.06	〃	〃	〃	0.84	〃
1,800	4.0	0.82	3.26	〃	0.62	〃	0.66	〃	〃
〃	5.0	0.94	3.76	4.68	〃	〃	0.70	〃	〃
2,000	4.0	1.00	4.06	5.06	0.66	0.20	0.72	0.92	0.40
〃	5.0	1.20	4.74	5.94	〃	〃	0.76	〃	〃

(備考) 1. 布設に伴う材料の移動手間を含む。
　　　2. 諸雑費として，管材の0.1%を計上するものとする。なお，諸雑費は接合用滑材の費用及びレバーブロックの損料である。
　　　3. 各種管の製作範囲は，形式及び管種により違うためJISまたはJDPAを参照し適用すること。

(5) 単 価 表
① ダクタイル鋳鉄管布設1本当り単価表

名　　　称	規　　格	単位	数量	摘　　要
ダクタイル鋳鉄管	○種○○mm	本	1	
鋳鉄管接合部品		組	1	K形の場合
諸　雑　費		式	1	表—2（備考）2
世　話　役		人		表—2
特殊作業員		〃		〃
普通作業員		〃		〃
バックホウ（クレーン機能付）運転	排出ガス対策型（第2次基準値）クローラ型山積0.8m^3（平積0.6m^3）2.9t吊	日		表—1，表—2
ラフテレーンクレーン賃料	排出ガス対策型（第2次基準値）油圧伸縮ジブ型○○t吊	〃		〃
計				

② 機械運転単価表

機　械　名	規　　格	適用単価表	指　定　事　項
バックホウ（クレーン機能付）	排出ガス対策型（第2次基準値）クローラ型山積0.8m^3（平積0.6m^3）2.9t吊	機—28	運転労務数量→1.00 燃料消費量→48 機械賃料数量→1.12

18. 鋼管機械布設（小口径）

(1) 適用範囲

　本歩掛は，口径500mm以下の鋼管の機械布設に適用する。なお，当該路線内において本管（直管）と連続的に布設する短管及び異形管にも適用する。ただし，施工箇所に内梁がある場合の9.0m直管の吊込据付及び水管橋の布設には適用できない。

(2) 施工概要

　施工フローは，次図を標準とする。

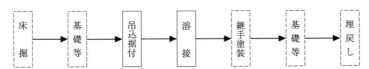

（備考）　本歩掛で対応しているのは，実線部分のみである。

(3) 機種の選定

　鋼管の吊込据付に使用する機種は次表を標準とする。

（表—1）　使用機械

機　　種	規　　格
トラッククレーン	油圧伸縮ジブ型4.9t吊
（備考）　トラッククレーンは，賃料とする。	

(4) 施工歩掛
① 吊込据付歩掛
吊込据付歩掛は以下を標準とする。
本歩掛には，吊込据付に伴う材料の移動手間を含む。
なお，当該路線内において，本管（直管）と連続的に布設する短管及び異形管は，その管長にかかわらず本管と同じ歩掛を用いるものとする。

ア．1日当り標準吊込据付量
1日当りの標準吊込据付量は，次表を標準とする。

(表—2) 6.0m管の1日当り標準吊込据付量 (本／日)

口径(mm) ＼ 板厚(mm)	4.2	4.5	4.9	5.0	5.1	5.5	5.8	6	6.4	6.6	6.9	7	8	9	10
80	13.4	13.2													
100		11.8	11.7												
125			11.2	10.9	10.9										
150				10.0		9.7									
200							8.8	8.6	8.1						
250									7.6	7.5					
300									7.1		6.6				
350								6.6				6.3	5.9		
400								7.6				7.0	6.4		
450								7.2				6.4	6.0		
500								6.6				6.1	5.5	5.1	4.8

（備考） たて込み簡易土留施工における標準吊込据付量は，別途考慮するものとする。

(表—3) 9.0m管の1日当り標準吊込据付量 (本／日)

口径(mm) ＼ 板厚(mm)	5.8	6	6.4	6.6	6.9	7	8	9	10
200	8.0	7.6	7.5						
250			6.9	6.5					
300			6.1		6.0				
350		6.0				5.5	5.0		
400		6.8				6.0	5.6		
450		6.2				5.7	5.3		
500		5.9				5.3	5.0	4.7	4.2

イ．配置人員
1日当りの吊込据付の配置人員は，次表を標準とする。

(表—4) 配置人員 (人／日)

口　径	世話役	特殊作業員	普通作業員
80～350mm	—	1.0	1.5
400～500mm	1.0	1.0	1.0

② 溶　　接
　　鋼管溶接の歩掛は以下を標準とする。
　ア．労務歩掛
　　　労務歩掛は次表を標準とする。

（表—5）　溶接労務歩掛　　　　　　　　　　　　　　　　　　　　　　　　　　　　（人／箇所）

口径(mm) \ 板厚(mm)	4.2	4.5	4.9	5.0	5.1	5.5	5.8	6	6.4	6.6	6.9	7	8	9	10
80	0.12 0.19 0.31	0.12 0.19 0.31													
100		0.13 0.19 0.32	0.13 0.19 0.32												
125		0.13 0.19 0.32		0.13 0.19 0.32	0.13 0.19 0.32										
150				0.13 0.20 0.33		0.13 0.20 0.33									
200							0.14 0.20 0.34	0.14 0.20 0.34	0.14 0.21 0.35						
250								0.14 0.21 0.35		0.14 0.22 0.36					
300								0.15 0.22 0.37			0.15 0.22 0.37				
350								0.15 0.23 0.38				0.15 0.23 0.39	0.16 0.24 0.40		
400								0.15 0.23 0.39				0.16 0.24 0.40	0.16 0.25 0.41		
450								0.16 0.24 0.40				0.16 0.25 0.41	0.17 0.26 0.43		
500								0.16 0.24 0.40				0.17 0.25 0.42	0.17 0.26 0.44	0.18 0.28 0.46	0.19 0.29 0.48

上段：世話役
中段：特殊作業員
下段：溶接工

　イ．諸雑費
　　　諸雑費は溶接棒，電気溶接機・発動発電機・送風機・グラインダーの損料・運転経費等の費用であり，労務費に次表の率を乗じた金額を計上する。

（表—6）　諸雑費率　　　　　　　　　　　　（％）

口　　径	80〜125mm	150〜500mm
諸雑費率	8	28

(5) 単　価　表
① 鋼管機械吊込据付1日（N本）当り単価表

名　　称	規　　格	単位	数量	摘　　要
鋼　　管		本	N	表—2又は表—3
世　話　役		人		表—4
特　殊　作　業　員		〃		〃
普　通　作　業　員		〃		〃
トラッククレーン賃料	油圧伸縮ジブ型4.9t吊	日	1	表—1
計				

（備考）　Nは，1日当り吊込据付量である。

② 鋼管溶接1箇所当り単価表

名　　称	規　　格	単位	数量	摘　　要
世　話　役		人		表—5
特　殊　作　業　員		〃		〃
溶　接　工		〃		〃
諸　雑　費		式	1	表—6
計				

19. 高密度ポリエチレン管機械布設

(1) 適用範囲

本歩掛は，高密度ポリエチレン管（耐圧ポリエチレンリブ管含む。）の機械布設に適用する。

ただし，地すべり防止工，急流工等の斜面布設には適用しない。

なお，接続バンド，曲管等の継手材料費は別途計上する。

(2) 施工概要

施工フローは，次図を標準とする。

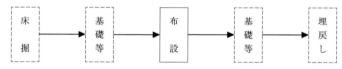

（備考）　本歩掛で対応しているのは，実線部分のみである。

(3) 施工歩掛

布設歩掛は，次表を標準とする。

（表—1）　高密度ポリエチレン管機械布設歩掛　　　　　（100m当り）

| 材料 | 労務歩掛（人） ||| 使用機械 バックホウ（クレーン機能付） ||
呼び径 (mm)	世話役	特殊 作業員	普通 作業員	運転日数 (日)	規　　格
600	0.82	2.05	2.98	1.52	排出ガス対策型 （第2次基準値） クローラ型 山積0.45m³（平積0.35m³） 2.9t吊
700	0.98	2.45	3.56	1.85	
800	1.14	2.85	4.16	2.18	
900	1.31	3.27	4.75	2.53	
1,000	1.48	3.69	5.37	2.89	

（備考）　1.　接続バンド，曲管等の継手接合（材質は問わない。）に要する手間及び布設に伴う材料の移動手間を含む。

　　　　　2.　バックホウ（クレーン機能付）は，賃料とする。

　　　　　3.　バックホウ（クレーン機能付）は，クレーン等安全規則，移動式クレーン構造規格に準拠した機械である。

(4) 単 価 表
① 高密度ポリエチレン管機械布設100m当り単価表

名　　　　称	規　　格	単位	数量	摘　　要
高密度ポリエチレン管	○○管○○ mm	m	100	
世　話　役		人		表—1
特 殊 作 業 員		〃		〃
普 通 作 業 員		〃		〃
バックホウ（クレーン機能付）運転	排出ガス対策型（第2次基準値）クローラ型山積0.45m³（平積0.35m³）2.9t吊	日		〃
計				

② 機械運転単価表

機　械　名	規　　格	適用単価表	指定事項
バックホウ（クレーン機能付）	排出ガス対策型（第2次基準値）クローラ型山積0.45m³（平積0.35m³）2.9t吊	機—28	運転労務数量→1.00 燃料消費量→28 機械賃料数量→1.33

20．管水路浅埋設工（ジオグリッド）

(1) 適 用 範 囲

本歩掛は，素掘施工による管水路浅埋設工の浮上防止対策（軟弱地盤対策併用含む。）として設置するジオグリッド敷設・接合作業に適用する。

(2) 施 工 概 要

施工フローは，次図を標準とする。

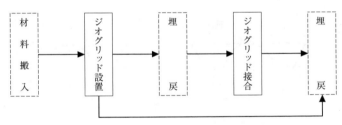

（備考）本歩掛で対応しているのは，実線部分のみである。

(3) 施 工 歩 掛

① ジオグリッド敷設歩掛

ジオグリッド敷設歩掛は，次表を標準とする。

（表—1）管水路浅埋設工（ジオグリッド）敷設歩掛　　（100m²当り）

敷　設　方　向	世話役（人）	普通作業員（人）	諸雑費率（％）
縦　　敷　　設	0.02	0.33	5
横　　敷　　設	0.06	0.37	5

（備考）1．縦敷設とは，管路に平行に敷設する場合で，横敷設は，管路に直角に敷設する場合である。
　　　　2．ジオグリッド敷設に伴う移動手間を含む。
　　　　3．諸雑費は，施工ロス及び重ね代であり，材料費に上表の率を乗じた金額を計上する。

② ジオグリッド接合歩掛
　　ジオグリッド接合歩掛は，次表を標準とする。

（表—2）　管水路浅埋設工（ジオグリッド）接合歩掛　　　　　　　　（10m当り）

名　　称	単位	数　　量
世　話　役	人	0.03
普通作業員	〃	0.26

（備考）　1．接合歩掛は，継手に引張強度が必要な縦方向（管と平行方向）の接合作業に適用する。
　　　　　2．接合材の設置に伴う移動手間を含む。

【 敷設概念図 】

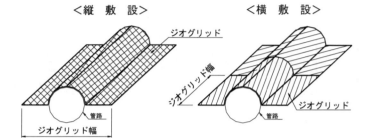

【 標準断面図 】

③　そ　の　他
　　管水路浅埋設工（ジオグリッド）は，特許工法であるので，原則として特許料を別途計上する。
(4)　単　価　表
　①　ジオグリッド敷設100m²当り単価表

名　　称	規　格	単位	数　量	摘　要
世　話　役		人		表—1
普通作業員		〃		〃
ジオグリッド		m²	100	
諸　雑　費		式	1	表—1
計				

　②　ジオグリッド接合10m当り単価表

名　　称	規　格	単位	数　量	摘　要
世　話　役		人		表—2
普通作業員		〃		〃
ジオグリッド接合材		m	10	
計				

③ ほ場整備工
1. ほ場整備整地工（標準区画0.3ha以上）
　(1) 適用範囲
　　　本資料は，計画平均区画面積が0.3ha以上の水田のほ場整備工事の表土整地，基盤整地等の作業に要するブルドーザの運転時間等を算定する場合に適用する。ただし，現況地形の平均勾配が1/10を超える急傾斜地及び極端に扱い土量の少ない平坦地の場合（現況水田の高低差が±10cm程度以下）には，「4．基盤整地及び簡易整備」を適用する。
　　　また，工事の内容及び条件等が本歩掛に示されている適用条件により難い場合は適正と認められる実績又は資料によるものとし，以下の条件等の場合は，適用範囲外とする。
　・軟弱地盤で仮排水路等の排水処理を実施しても超湿地ブルドーザや超々湿地ブルドーザを使用する必要がある場合。
　・区画面積や搬入路が狭小でブルドーザの施工が困難な場合。
　① 本歩掛におけるほ場整備面積とは，出来上りの作付面積（水張り面積）に畦畔面積を加えたものをいい，道路敷地，水路敷地は含まない。なお，本歩掛における均平工法は，乾土均平又は湛水均平とし均平度は±5cmを標準とする。
　② 本歩掛で算定する運転時間は，次のとおりである。
　　ア．表土はぎ取り及び表土戻しに要する時間
　　イ．基盤切盛に要する時間
　　ウ．整地工に要する時間（表土整地，基盤整地）
　　エ．畦畔築立に要する時間（畦畔用土の盛土及び転圧）
　　オ．道路用土の集積，旧排水路の埋戻し，用排水路掘削の残土整地に要する時間
　　カ．ブルドーザで作業可能なコンクリート塊，再利用しない石積み等通常の障害物除去に要する時間
　③ 本歩掛には，次の作業は含まれていないため，必要な場合は別途計上する。
　　ア．用排水路掘削に使用するバックホウ等の運転時間
　　イ．客土及び道路用土等の地区外からの搬入，地区内からの搬出
　　ウ．畑地の移設，クリーク等の埋立て等，大規模な扱い土量のある場合
　　エ．道路用土のまき出し転圧
　　オ．湧水及び湿地帯等の仮排水路の掘削作業
　　カ．畦畔築立の法面仕上げ
　　キ．面的な抜排根（樹園地等）
　　ク．ブルドーザによる運土が困難で積込みから運搬（不整地運搬車，ダンプトラック等）までの作業を別に行う必要がある次のような場合には，その積込み運搬作業に係る費用
　　　a　筆外運土
　　　　・同一耕区内で切盛等の調整がつかない以下のような現場条件の場合
　　　(a) ほ区内筆外運土（バックホウ＋不整地運搬車）※①
　　　　　・耕区をまたいで運土する場合
　　　(b) 農区内筆外運土（バックホウ＋不整地運搬車）※②
　　　　　・水路を横断する場合
　　　(c) 農区外筆外運土（バックホウ＋不整地運搬車，バックホウ＋ダンプトラック）※③
　　　　　・道路を横断する場合
　　　(d) ほ区内筆外運土（バックホウ＋不整地運搬）※④
　　　　　・ほ場整備の平均計画区画面積が大きく，運土距離（重心間距離）が60m以上となる場合
　　　　　・運土を行う現況ほ場間に段差がある場合
　　　　　・石礫（巨礫）を運搬する必要がある場合
　　　b　筆内運土
　　　　・筆内で，以下のような現場条件の場合
　　　(a) 耕区内筆内運土（バックホウ＋不整地運搬）※⑤
　　　　　・ほ場整備の平均計画区画面積が大きく，運土距離（重心間距離）が60m以上となる場合
　　　　　・運土を行う現況ほ場間に段差がある場合
　　　　　・石礫（巨礫）を運土する必要がある場合
　　　　　・表土扱いで，現況ほ場が狭くブルドーザによる運土が困難な場合
　　　　　・表土扱いで，現況ほ場が狭く表土の仮置きが困難な場合

注）上記の※①〜⑤は，図−1の①〜⑤を示す。

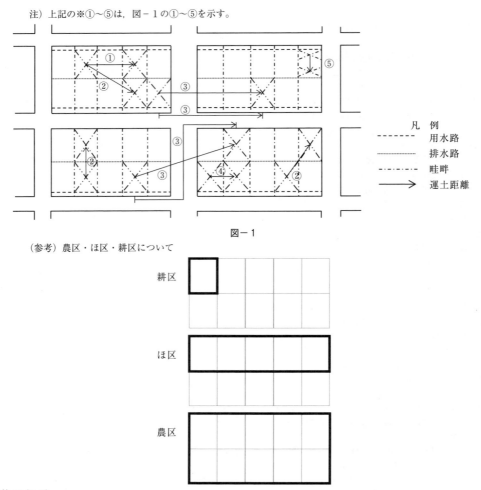

図−1

（参考）農区・ほ区・耕区について

(2) 施 工 概 要

施工フローは，次図を標準とする。

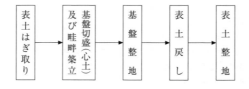

(3) 機種の選定

施工機械は湿地ブルドーザ排出ガス対策型（第2次基準値）20 t 級及びバックホウ排出ガス対策型（第2次基準値）クローラ型山積 0.45 m³（平積 0.35 m³）を標準とする。

(4) 施 工 歩 掛

① 運転時間等算定基準（標準機種による1 ha 当り運転時間）

ブルドーザ及びバックホウの運転時間は，次により算出する。（時間は小数第2位を四捨五入して第1位まで算出する。）

ア．ブルドーザの運転時間（TD）

ブルドーザの運転時間は，次の算定式によって求める。

(ア) 表土扱いを行わない場合の運転時間（TD_a）

$TD_a = t_4 + t_5 + t_6$ （hr/ha）

(イ) 表土扱いをはぎ取り戻し工法で行う場合の運転時間（TD_c）

$TD_c = t_1 + t_2 + t_3 + t_4 + t_5 + t_6$ （hr/ha）

t_1：はぎ取り戻し工法で表土をはぎ取る時間（hr/ha）

$t_1 = 2.7 A + 105.4 B + 7.3 D + 0.8 F - 1.0$

t_2：はぎ取り戻し工法で表土戻しを行う時間（hr/ha）
$t_2 = 5.3 A + 0.3 F + 5.1$
t_3：はぎ取り戻し工法で表土整地を行う時間（hr/ha）
$t_3 = -3.7 A + 11.0$
t_4：基盤切盛を行う時間（hr/ha）
$t_4 = 1128.0 A \times B + 2.7 C + 7.9$
t_5：畦畔築立を行う時間（hr/ha）
$t_5 = -1.9 A + 1.3 E + 2.9$
t_6：基盤整地を行う時間（hr/ha）
$t_6 = -3.6 A + 0.08 E + 10.8$
　A：計画平均区画面積（ha）
　　A＝対象地区の区画面積計／区画（筆）数
　B：計画区画短辺方向の現況平均勾配
　　B＝勾配（例 1/200→0.005）
　C：現況排水状況
　　$C = a + 2 \times b + 3 \times c$
　　　a＝乾田面積率（0≦a≦1）
　　　b＝半湿田面積率（0≦b≦1）
　　　c＝湿田面積率（0≦c≦1）
　　　例　乾田面積率（a）＝乾田面積÷全体面積（乾田＋半湿田＋湿田）

（表―1）　現況排水状況の参考

区　　分	内　　　　　容
湿　　　田	非かんがい期でも作土が水で飽和し，裏作のできないような水田
半　湿　田	乾田と湿田の中間にあり，高うねにすれば裏作ができるような水田
乾　　　田	非かんがい期に作土の土壌水分が畑地と同程度になる水田
（備考）　半湿田：非かんがい期の地下水位が0.5〜1.0m程度	

　D：障害物状況による時間（表―2）

（表―2）　障害物状況による時間　　　　　　　　　　　　　　　　　　　　　（単位：hr/ha）

区　　分	内　　　　　容	表土扱い（はぎ取り戻し工法）に係る時間
少　な　い	障害物の状況が普通より少ない	0
普　　　通	障害物の状況が普通(一般的)と判断される	0.3
多　　い	障害物の状況が普通よりかなり多い	0.9
（備考）　1.　障害物とは，電柱，墓地，国道，県道，河川，宅地等をいう。 　　　　2.　普通とは，電柱，墓地等の障害物が，［1カ所/ha］程度の場合である。		

　E：基盤土質状態
　　E＝0（砂・砂質土の場合）
　　E＝1（粘性土・礫質土の場合）
　F：整備前のほ場からはぎ取る表土の厚さ（cm）
ただし，算定式で求めたt_1からt_6の各々の値が，2（hr/ha）以下の場合は2（hr/ha）とする。

イ．バックホウの運転時間（TB）
　バックホウの運転時間は，次の算定式によって求める。
　(ア) 表土扱いを行わない場合の運転時間（TB_a）
　　$TB_a = t_4 + t_5 + t_6$（hr/ha）
　(イ) 表土扱いをはぎ取り戻し工法で行う場合の運転時間（TB_c）
　　$TB_c = t_1 + t_2 + t_3 + t_4 + t_5 + t_6$（hr/ha）
　　　t_1：はぎ取り戻し工法で表土をはぎ取る時間（hr/ha）
　　　　$t_1 = -6.0 A + 6.2 D + 11.8$
　　　t_2：はぎ取り戻し工法で表土戻しを行う時間（hr/ha）
　　　　$t_2 = -4.4 A + 0.02 F + 9.4$
　　　t_3：はぎ取り戻し工法で表土整地を行う時間（hr/ha）

$t_3 = -11.3\,A + 21.1$

t_4：基盤切盛を行う時間（hr/ha）

$t_4 = 1436.9\,A \times B + 7.6\,D + 14.8$

t_5：畦畔築立を行う時間（hr/ha）

$t_5 = -26.8\,A + 39.8$

t_6：基盤整地を行う時間（hr/ha）

$t_6 = -62.1\,A + 68.4$

A：計画平均区画面積（ha）

　A＝対象地区の区画面積計／区画（筆）数

B：計画区画短辺方向の現況平均勾配

　B＝勾配（例 1/200 → 0.005）

D：障害物状況による時間

（表―3）　障害物状況による時間　　　　　　　　　　　　　　　　　　　　　　　　　　　　（単位：hr/ha）

区　分	内　　　容	表土扱い（はぎ取り戻し工法）に係る時間	基盤切盛に係る時間
少ない	障害物の状況が普通より少ない	0	0
普　通	障害物の状況が普通（一般的）と判断される	0.3	0.9
多　い	障害物の状況が普通よりかなり多い	0.9	2.7

（備考）　1．障害物とは，電柱，墓地，国道，県道，河川，宅地等をいう。
　　　　　2．普通とは，電柱，墓地等の障害物が，〔1カ所／ha〕程度の場合である。

F：整備前のほ場からはぎ取る表土の厚さ（cm）

ただし，算定式で求めたt_1からt_6の各々の値が，1（hr/ha）以下の場合は1（hr/ha）とする。

ウ．ブルドーザの日当り運転時間（TDD）

ブルドーザの日当り運転時間（TDD）は，次表を標準とする。

（表―4）　日当り運転時間　　　　　　　　　　（1日当り）

日当り運転時間	単位	数量
ブルドーザ	h	6.5

エ．バックホウの日当り運転時間（TBD）

バックホウの日当り運転時間（TBD）は，次表を標準とする。

（表―5）　日当り運転時間　　　　　　　　　　（1日当り）

日当り運転時間	単位	数量
バックホウ	h	6.9

② 労務歩掛

表土整地及び基盤整地の労務歩掛は，次表を標準とする。

なお，普通作業員は，隅部の整地等の機械作業の補助，雑物除去及び軽微な仮排水（水切り）の作業に係る労務である。

（表―6）　労務歩掛　　　　　　　　　　（単位：人/ha）

作業内容	世話役（TR$_1$）	普通作業員（TR$_2$）
表土はぎ取り集積	0.6	2.1
表土戻し	0.6	1.9
表土整地	0.6	1.6
基盤切盛	0.4	2.3
基盤整地	0.6	2.0
畦畔築立	0.6	1.1

（備考）　土層改良を目的とする除礫は含まない。

③ 運転労務
　　ブルドーザ及びバックホウの運転労務は，別途計上する。
④ 諸雑費
　　諸雑費はレーザーマシンの発光器及び受光器の費用であり，労務費，機械損料，機械賃料及び運転経費の合計額に次表の率を乗じた金額を計上する。

(表—7) 諸雑費率　　　　　　　　(％)

諸雑費率	0.1

(5) 単価表
① ほ場整備整地工1ha当り単価表

名　称	規　格	単位	数　量	摘　要
ブルドーザ運転	排出ガス対策型 (第2次基準値) 湿地20t級	日	TD/TDD	
バックホウ運転	排出ガス対策型 (第2次基準値) クローラ型 山積0.45m^3 (平積0.35m^3)	〃	TB/TBD	
世話役		人	TR_1	表−6
普通作業員		〃	TR_2	〃
諸雑費		式	1	表−7
計				

(備考) 単価表に用いる数量について
　　ブルドーザ及びバックホウの運転時間，補助労務の算定に当たっては，「(4) 施工歩掛」より必要な作業を各項目毎に算定し，次表を参考に組合せて算出する。

(1ha当り)

工法	作業	ブルドーザ運転 TD	バックホウ運転 TB	世話役 TR_1	普通作業員 TR_2
はぎ取り戻し工法	表土はぎ	t_1	t_1	0.6	2.1
	表土戻し	t_2	t_2	0.6	1.9
	表土整地	t_3	t_3	0.6	1.6
	表土戻し＋表土整地	t_2+t_3	t_2+t_3	1.2	3.5
	表土はぎ＋表土戻し＋表土整地	$t_1+t_2+t_3$	$t_1+t_2+t_3$	1.8	5.6
基盤切盛＋畦畔築立		t_4+t_5	t_4+t_5	1.0	3.4
基盤整地		t_6	t_6	0.6	2.0
基盤切盛＋畦畔築立＋基盤整地 [表土扱いを行わない場合]		$t_4+t_5+t_6$ (TDa)	$t_4+t_5+t_6$ (TBa)	1.6	5.4
はぎ取り戻し工法(表土はぎ＋表土戻し＋表土整地) ＋基盤切盛＋畦畔築立＋基盤整地 [表土扱いをはぎ取り戻し工法で行う場合]		$t_1+t_2+t_3$ ＋TDa (TDc)	$t_1+t_2+t_3$ ＋TBa (TBc)	3.4	11.0

② 機械運転単価表

機　械　名	規　格	適用単価表	指　定　事　項
ブルドーザ	排出ガス対策型 （第2次基準値） 湿地 20 t 級	機—28	運転労務数量 → 1.00 燃料消費量 → 130 機械賃料数量 → 2.18
バックホウ	排出ガス対策型 （第2次基準値） クローラ型 山積 0.45 m^3 （平積 0.35 m^3）	機—28	運転労務数量 → 1.00 燃料消費量 → 59 機械賃料数量 → 2.46

2．ほ場整備整地工（標準区画0.3ha 未満）
(1) 適用範囲
　　本歩掛は，計画平均区画面積が0.3ha 未満の水田のほ場整備工事の表土整地，基盤整地等の作業に要するブルドーザの運転時間等を算定する場合に適用する。ただし，現況地形の平均勾配が1/10 を超える急傾斜地及び極端に扱い土量の少ない平坦地の場合（現況水田の高低差が±10cm 程度以下）には，「4．基盤整地及び簡易整備」を適用する。
　　また，工事の内容及び条件等が本歩掛に示されている適用条件により難い場合は適正と認められる実績又は資料によるものとし，以下の条件等の場合は，適用範囲外とする。
・軟弱地盤で仮排水路等の排水処理を実施しても超湿地ブルドーザや超々湿地ブルドーザを使用する必要がある場合。
・区画面積や搬入路が狭小でブルドーザの施工が困難な場合。
① 本歩掛におけるほ場整備面積とは，出来上りの作付面積（水張り面積）に畦畔面積を加えたものをいい，道路敷地，水路敷地は含まない。なお，本歩掛における均平工法は，乾式均平又は湛水均平とし均平度は±5 cm を標準とする。
② 本歩掛で算定する運転時間は，次のとおりである。
　ア．表土はぎ取り及び表土戻しに要する時間
　イ．基盤切盛に要する時間
　ウ．整地工に要する時間（表土整地，基盤整地）
　エ．畦畔築立に要する時間（畦畔用土の盛土及び転圧）
　オ．道路用土の集積，旧排水路の埋戻し，用排水路掘削の残土整地に要する時間
　カ．ブルドーザで作業可能なコンクリート塊，再利用しない石積み等通常の障害物除去に要する時間
③ 本歩掛には，次の作業は含まれていないため，必要な場合は別途計上する。
　ア．用排水路掘削に使用するバックホウ等の運転時間
　イ．客土及び道路用土等の地区外からの搬入，地区内からの搬出
　ウ．畑地の移設，クリーク等の埋立て等，大規模な扱い土量のある場合
　エ．道路用土のまき出し転圧
　オ．湧水及び湿地帯等の仮排水路の掘削作業
　カ．畦畔築立の法面仕上げ
　キ．面的な抜排根（樹園地等）
　ク．ブルドーザによる運土が困難で積込みから運搬（不整地運搬車，ダンプトラック等）までの作業を別に行う必要がある次のような場合には，その積込み運搬作業に係る費用
　　a　筆外運土
　　・同一耕区内で切盛等の調整がつかない以下のような現場条件の場合
　　(a) ほ区内筆外運土（バックホウ＋不整地運搬車）※①
　　　・耕区をまたいで運土する場合
　　(b) 農区内筆外運土（バックホウ＋不整地運搬車）※②
　　　・水路を横断する場合
　　(c) 農区外筆外運土（バックホウ＋不整地運搬車，バックホウ＋ダンプトラック）※③
　　　・道路を横断する場合
　　(d) ほ区内筆外運土（バックホウ＋不整地運搬）※④
　　　・ほ場整備の平均計画区画面積が大きく，運土距離（重心間距離）が60m以上となる場合
　　　・運土を行う現況ほ場間に段差がある場合
　　　・石礫（巨礫）を運搬する必要がある場合
　　b　筆内運土
　　・筆内で，以下のような現場条件の場合
　　(a) 耕区内筆内運土（バックホウ＋不整地運搬）※⑤

・ほ場整備の平均計画区画面積が大きく，運土距離（重心間距離）が60m以上となる場合
・運土を行う現況ほ場間に段差がある場合
・石礫（巨礫）を運土する必要がある場合
・表土扱いで，現況ほ場が狭くブルドーザによる運土が困難な場合
・表土扱いで，現況ほ場が狭く表土の仮置きが困難な場合

注）上記の※①～⑤は，図－1の①～⑤を示す。

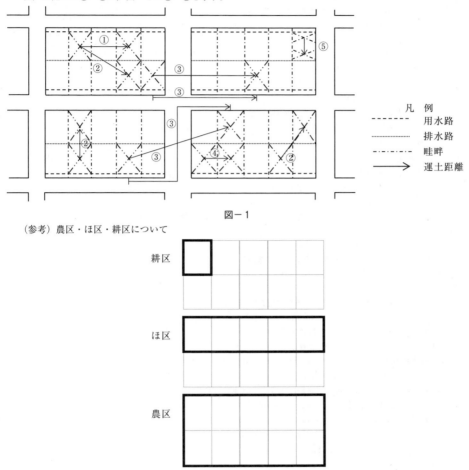

図－1

（参考）農区・ほ区・耕区について

(2) 施 工 概 要
　　施工フローは，次図を標準とする。

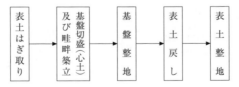

(3) 機種の選定
　　施工機械は湿地ブルドーザ排出ガス対策型（第3次基準値）7t級及びバックホウ排出ガス対策型（第3次基準値）クローラ型山積 $0.45\,m^3$（平積 $0.35\,m^3$）を標準とする。

(4) 施 工 歩 掛
① 運転時間等算定基準（標準機種による1ha当り運転時間）
　　ブルドーザ及びバックホウの運転時間は，次により算出する。（時間は小数第2位を四捨五入して第1位まで算出する。）
　ア．ブルドーザの運転時間（TD）
　　　ブルドーザの運転時間は，次の算定式によって求める。
　　(ア) 表土扱いを行わない場合の運転時間（TD_a）
　　　　$TD_a = t_4 + t_5$ （hr/ha）

(イ) 表土扱いをはぎ取り戻し工法で行う場合の運転時間（TD_c）
$TD_c = t_1 + t_2 + t_3 + t_4 + t_5$ (hr/ha)
　　t_1：はぎ取り戻し工法で表土をはぎ取る時間（hr/ha）
　　　$t_1 = 286.7 A + 353.4 B + 9.6 F - 190.9$
　　t_2：はぎ取り戻し工法で表土戻しを行う時間（hr/ha）
　　　$t_2 = 56.6 A + 3.3 F - 33.2$
　　t_3：はぎ取り戻し工法で表土整地を行う時間（hr/ha）
　　　$t_3 = -202.3 A + 79.3$
　　t_4：基盤切盛を行う時間（hr/ha）
　　　$t_4 = 1060.3 A \times B + 20.7 E + 35.3$
　　t_5：基盤整地を行う時間（hr/ha）
　　　$t_5 = -142.7 A + 12.6 E + 57.3$
　　A：計画平均区画面積（ha）
　　　A＝対象地区の区画面積計／区画（筆）数
　　B：計画区画短辺方向の現況平均勾配
　　　B＝勾配（例 1/200→0.005）
　　E：基盤土質状態
　　　E＝0（砂・砂質土の場合）
　　　E＝1（粘性土・礫質土の場合）
　　F：整備前のほ場からはぎ取る表土の厚さ（cm）
ただし，算定式で求めたt_1からt_5の各々の値が，2（hr/ha）以下の場合は2（hr/ha）とする。

イ．バックホウの運転時間（TB）
　　バックホウの運転時間は，次の算定式によって求める。
(ア) 表土扱いを行わない場合の運転時間（TB_a）
$TB_a = t_4 + t_5 + t_6$ (hr/ha)
(イ) 表土扱いをはぎ取り戻し工法で行う場合の運転時間（TB_c）
$TB_c = t_1 + t_2 + t_3 + t_4 + t_5 + t_6$ (hr/ha)
　　t_1：はぎ取り戻し工法で表土をはぎ取る時間（hr/ha）
　　　$t_1 = -167.5 A + 33.4 B + 73.9$
　　t_2：はぎ取り戻し工法で表土戻しを行う時間（hr/ha）
　　　$t_2 = -271.5 A + 18.6 F - 207.7$
　　t_3：はぎ取り戻し工法で表土整地を行う時間（hr/ha）
　　　$t_3 = -61.2 A + 26.3$
　　t_4：基盤切盛を行う時間（hr/ha）
　　　$t_4 = 2635.2 A \times B + 18.5 D + 21.4$
　　t_5：畦畔築立を行う時間（hr/ha）
　　　$t_5 = -452.0 A + 155.7$
　　t_6：基盤整地を行う時間（hr/ha）
　　　$t_6 = -267.6 A + 92.3$
　　A：計画平均区画面積（ha）
　　　A＝対象地区の区画面積計／区画（筆）数
　　B：計画区画短辺方向の現況平均勾配
　　　B＝勾配（例 1/200→0.005）
　　D：障害物状況による時間

(表—1) 障害物状況による時間　　　　　　　　　　　　　　　　　　　（単位：hr/ha）

区　　分	内　　　　容	基盤切盛に係る時間
少　な　い	障害物の状況が普通より少ない	0
普　　通	障害物の状況が普通(一般的)と判断される	0.9
多　　い	障害物の状況が普通よりかなり多い	2.7

（備考）　1．障害物とは，電柱，墓地，国道，県道，河川，宅地等をいう。
　　　　2．普通とは，電柱，墓地等の障害物が，［1カ所／ha］程度の場合である。

　　F：整備前のほ場からはぎ取る表土の厚さ（cm）
ただし，算定式で求めたt_1からt_6の各々の値が，1（hr/ha）以下の場合は1（hr/ha）とする。

ウ．ブルドーザの日当り運転時間（TDD）
　　　ブルドーザの日当り運転時間（TDD）は，次表を標準とする。
（表—2） 日当り運転時間　　　　　　　　　　（1日当り）

日当り運転時間	単位	数量
ブルドーザ	h	6.1

エ．バックホウの日当り運転時間（TBD）
　　　バックホウの日当り運転時間（TBD）は，次表を標準とする。
（表—3） 日当り運転時間　　　　　　　　　　（1日当り）

日当り運転時間	単位	数量
バックホウ	h	6.8

② 労務歩掛
　　表土整地及び基盤整地の労務歩掛は，次表を標準とする。
　　なお，普通作業員は，隅部の整地等の機械作業の補助，雑物除去及び軽微な仮排水（水切り）の作業に係る労務である。
（表—4） 労務歩掛　　　　　　　　　　（単位：人/ha）

作業内容	世話役（TR$_1$）	普通作業員（TR$_2$）
表土はぎ取り集積	1.0	1.9
表土戻し	0.5	1.5
表土整地	0.7	2.2
基盤切盛	1.4	3.4
基盤整地	1.3	2.4
畦畔築立	0.9	1.7

（備考） 土層改良を目的とする除礫は含まない。

③ 運転労務
　　ブルドーザ及びバックホウの運転労務は，別途計上する。
④ 諸雑費
　　諸雑費はレーザーマシンの発光器及び受光器の費用であり，労務費，機械損料，機械賃料及び運転経費の合計額に次表の率を乗じた金額を計上する。
（表—5） 諸雑費率　　　　　　　　（％）

諸雑費率	0.2

(5) 単価表
① ほ場整備整地工1ha当り単価表

名称	規格	単位	数量	摘要
ブルドーザ運転	排出ガス対策型（第3次基準値）湿地7 t級	日	TD/TDD	
バックホウ運転	排出ガス対策型（第3次基準値）クローラ型 山積0.45m^3（平積0.35m^3）	〃	TB/TBD	
世話役		人	TR$_1$	表—4
普通作業員		〃	TR$_2$	〃
諸雑費		式	1	表—5
計				

（備考） 単価表に用いる数量について
　　ブルドーザ及びバックホウの運転時間，補助労務の算定に当たっては，「(4) 施工歩掛」より必要な作業を各項目毎に算定し，次表を参考に組合せて算出する。

❺土地改良—63

（1ha当り）

工　法	作　　業	ブルドーザ運転 TD	バックホウ運転 TB	世話役 TR$_1$	普通作業員 TR$_2$
はぎ取り戻し工法	表土はぎ	t$_1$	t$_1$	1.0	1.9
	表土戻し	t$_2$	t$_2$	0.5	1.5
	表土整地	t$_3$	t$_3$	0.7	2.2
	表土戻し＋表土整地	t$_2$＋t$_3$	t$_2$＋t$_3$	1.2	3.7
	表土はぎ＋表土戻し＋表土整地	t$_1$＋t$_2$＋t$_3$	t$_1$＋t$_2$＋t$_3$	2.2	5.6
基盤切盛＋畦畔築立		t$_4$	t$_4$＋t$_5$	2.3	5.1
基盤整地		t$_5$	t$_6$	1.3	2.4
基盤切盛＋畦畔築立＋基盤整地 ［表土扱いを行わない場合］		t$_4$＋t$_5$ （TDa）	t$_4$＋t$_5$＋t$_6$ （TBa）	3.6	7.5
はぎ取り戻し工法（表土はぎ＋表土戻し＋表土整地）＋基盤切盛＋畦畔築立＋基盤整地 ［表土扱いをはぎ取り戻し工法で行う場合］		t$_1$＋t$_2$＋t$_3$ ＋TDa （TDc）	t$_1$＋t$_2$＋t$_3$ ＋TBa （TBc）	5.8	13.1

② 機械運転単価表

機　械　名	規　　格	適用単価表	指　定　事　項
ブルドーザ	排出ガス対策型 （第3次基準値） 湿地7 t 級	機—28	運転労務数量 → 1.00 燃料消費量 → 54 機械賃料数量 → 2.38
バックホウ	排出ガス対策型 （第3次基準値） クローラ型 山積 0.45 m^3 （平積 0.35 m^3）	機—28	運転労務数量 → 1.00 燃料消費量 → 58 機械賃料数量 → 2.20

3．ほ場整備整地工（標準区画0.3ha 未満バックホウによる施工）
　(1) 適用範囲
　　本歩掛は，計画平均区画面積が0.3ha 未満の水田のほ場整備工事の表土整地，基盤整地等の作業で，区画面積や搬入路が狭小でブルドーザでの施工が困難な場合におけるバックホウでの作業に要する運転時間の算定に適用する。ただし，現況地形の平均勾配が1/10を超える急傾斜地及び極端に扱い土量の少ない平坦地の場合（現況水田の高低差が±10cm 程度以下）には，「4．基盤整地及び簡易整備」を適用する。
　　また，工事の内容及び条件等が本歩掛に示されている適用条件により難い場合は適正と認められる実績又は資料によるものとする。
　　① 本歩掛におけるほ場整備面積とは，出来上りの作付面積（水張り面積）に畦畔面積を加えたものをいい，道路敷地，水路敷地は含まない。なお，本歩掛における均平工法は，乾土均平又は湛水均平とし均平度は±5 cm を標準とする。
　　② 本歩掛で算定する運転時間は，次のとおりである。
　　　ア．表土はぎ取り及び表土戻しに要する時間
　　　イ．基盤切盛に要する時間
　　　ウ．整地工に要する時間（表土整地，基盤整地）
　　　エ．畦畔築立に要する時間（畦畔用土の盛土及び転圧）
　　　オ．道路用土の集積，旧排水路の埋戻し，用排水路掘削の残土整地に要する時間
　　③ 本歩掛には，次の作業は含まれていないため，必要な場合は別途計上する。
　　　ア．用排水路掘削に使用するバックホウ等の運転時間
　　　イ．客土及び道路用土等の地区外からの搬入，地区内からの搬出
　　　ウ．畑地の移設，クリーク等の埋立て等，大規模な扱い土量のある場合
　　　エ．道路用土のまき出し転圧
　　　オ．湧水及び湿地帯等の仮排水路の掘削作業
　　　カ．畦畔築立の法面仕上げ
　　　キ．面的な抜排根（樹園地等）

ク．積込みから運搬（不整地運搬車，ダンプトラック等）までの作業を別に行う必要がある次のような場合には，その積込み運搬作業に係る費用
 (ア) 筆外運土
  ・同一耕区内で切盛等の調整がつかない以下のような現場条件の場合
  1．ほ区内筆外運土（バックホウ＋不整地運搬車）※①
   ・耕区をまたいで運土する場合
  2．農区内筆外運土（バックホウ＋不整地運搬車）※②
   ・水路を横断する場合
  3．農区外筆外運土（バックホウ＋不整地運搬車，バックホウ＋ダンプトラック）※③
   ・道路を横断する場合
  4．ほ区内筆外運土（バックホウ＋不整地運搬）※④
   ・ほ場整備の平均計画区画面積が大きく，運土距離（重心間距離）が60ｍ以上となる場合
   ・運土を行う現況ほ場間に段差がある場合
   ・石礫（巨礫）を運搬する必要がある場合
 (イ) 筆内運土
  ・筆内で，以下のような現場条件の場合
  1．耕区内筆内運土（バックホウ＋不整地運搬）※⑤
   ・ほ場整備の平均計画区画面積が大きく，運土距離（重心間距離）が60ｍ以上となる場合
   ・運土を行う現況ほ場間に段差がある場合
   ・石礫（巨礫）を運土する必要がある場合
   ・表土扱いで，現況ほ場が狭く表土の仮置きが困難な場合
  注）上記の※①～⑤は，次の図－1の①～⑤を示す。

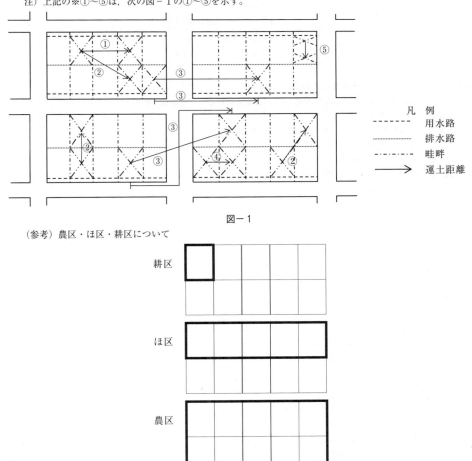

図－1

（参考）農区・ほ区・耕区について

(2) 施工概要
施工フローは，次図を標準とする。

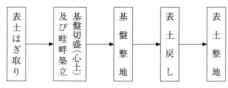

(3) 機種の選定
施工機械は作業内容ごとに以下の表に示す機械を標準とする。

(表—1) 標準機種

作業内容	名称	規格
表土はぎ	バックホウ	排出ガス対策型（第3次基準値）クローラ型 山積0.80 m³（平積0.60 m³）
基盤切盛	バックホウ	排出ガス対策型（第3次基準値）クローラ型 山積0.80 m³（平積0.60 m³）
畦畔築立	バックホウ	排出ガス対策型（第3次基準値）クローラ型 山積0.45 m³（平積0.35 m³）
基盤整地	バックホウ	排出ガス対策型（第3次基準値）クローラ型 山積0.45 m³（平積0.35 m³）
表土戻し	バックホウ	排出ガス対策型（第2次基準値）クローラ型 山積0.45 m³（平積0.35 m³）
表土整地	バックホウ	排出ガス対策型（第3次基準値）クローラ型 山積0.45 m³（平積0.35 m³）

(4) 施工歩掛
① 運転時間等算定基準（標準機種による1ha当り運転時間）
バックホウの運転時間は，次により算出する。（時間は小数第2位を四捨五入して第1位まで算出する。）

ア．バックホウの運転時間（TB）
バックホウの運転時間は，次の算定式によって求める。
(ア) 表土扱いを行わない場合の運転時間（TB_a）
$TB_a = t_4 + t_5 + t_6$ (hr/ha)
(イ) 表土扱いをはぎ取り戻し工法で行う場合の運転時間（TB_c）
$TB_c = t_1 + t_2 + t_3 + t_4 + t_5 + t_6$ (hr/ha)

t_1：はぎ取り戻し工法で表土をはぎ取る時間（hr/ha）
$t_1 = 191.4 A + 151.9 B - 0.2$
t_2：はぎ取り戻し工法で表土戻しを行う時間（hr/ha）
$t_2 = -669.0 A + 14.5 F - 44.3$
t_3：はぎ取り戻し工法で表土整地を行う時間（hr/ha）
$t_3 = 578.8 A - 17.9$
t_4：基盤切盛を行う時間（hr/ha）
$t_4 = -14273.8 A \times B + 268.5$
t_5：畦畔築立を行う時間（hr/ha）
$t_5 = -188.3 A + 97.0$
t_6：基盤整地を行う時間（hr/ha）
$t_6 = -635.5 A + 245.4$
A：計画平均区画面積（ha）
A＝対象地区の区画面積計／区画（筆）数
B：計画区画短辺方向の現況平均勾配
B＝勾配（例 1/200 → 0.005）
F：整備前のほ場からはぎ取る表土の厚さ（cm）

ただし，算定式で求めたt_1からt_6の各々の値が，3 (hr/ha)以下の場合は3 (hr/ha)とする。

イ．バックホウの日当り運転時間（TBD）
　　バックホウの日当り運転時間（TBD）は，次表を標準とする。

（表—2）　日当り運転時間　　　　　　　　（1日当り）

作業内容	単位	数量
表土はぎ	h	6.0
表土戻し		6.9
表土整地		7.0
基盤切盛		6.6
基盤整地		7.3
畦畔築立		6.9

② 労務歩掛
　　表土整地及び基盤整地の労務歩掛は，次表を標準とする。
　　なお，普通作業員は，隅部の整地等の機械作業の補助，雑物除去及び軽微な仮排水（水切り）の作業に係る労務である。

（表—3）　労務歩掛　　　　　　　　　　（人/ha）

作業内容	世話役（TR_1）	普通作業員（TR_2）
表土はぎ取り集積	0.8	1.4
表土戻し	1.7	2.7
表土整地	2.6	4.8
基盤切盛	2.8	4.3
基盤整地	8.0	14.2
畦畔築立	0.8	2.0

（備考）　土層改良を目的とする除礫は含まない。

③ 運転労務
　　ア．バックホウの運転労務は，別途計上する。
④ 諸雑費
　　諸雑費はレーザーマシンの発光器及び受光器の費用であり，労務費，機械賃料及び運転経費の合計額に次表の率を乗じた金額を計上する。対象工種は，表土整地，基盤整地である。

（表—4）　諸雑費率　　　　　　　　（％）

作業内容	諸雑費率
表土整地	1.0
基盤整地	1.0

(5) 単価表
① ほ場整備整地工1ha当り単価表

名　　称	規　格	単位	数　量	摘　　要
バックホウ運転	表—3	日	TB/TBD	
世　話　役		人	TR_1	表—3
普通作業員		〃	TR_2	〃
諸　雑　費		式	1	表—3
計				

（備考）　単価表に用いる数量について
　　バックホウの運転時間，補助労務の算定に当たっては，「(4) 施工歩掛」より必要な作業を各項目毎に算定し，次表を参考に組合せて算出する。

❺土　地　改　良―67

（1 ha 当り）

工　　法	作　　業	バックホウ運転 TB	世話役 TR$_1$	普通作業員 TR$_2$
はぎ取り戻し工法	表土はぎ	t$_1$	0.8	1.4
	表土戻し	t$_2$	1.7	2.7
	表土整地	t$_3$	2.6	4.8
	表土戻し＋表土整地	t$_2$＋t$_3$	4.3	7.5
	表土はぎ＋表土戻し＋表土整地	t$_1$＋t$_2$＋t$_3$	5.1	8.9
基盤切盛＋畦畔築立		t$_4$＋t$_5$	3.6	6.3
基盤整地		t$_6$	8.0	14.2
基盤切盛＋畦畔築立＋基盤整地〔表土扱いを行わない場合〕		t$_4$＋t$_5$＋t$_6$ (TBa)	11.6	20.5
はぎ取り戻し工法（表土はぎ＋表土戻し＋表土整地）＋基盤切盛＋畦畔築立＋基盤整地〔表土扱いをはぎ取り戻し工法で行う場合〕		t$_1$＋t$_2$＋t$_3$＋TBa (TBc)	16.7	29.4

② 機械運転単価表

作業内容	名　称	規　格	適用単価表	指　定　事　項
表　土　は　ぎ	バックホウ	排出ガス対策型（第3次基準値）クローラ型 山積0.80 m^3（平積0.60 m^3）	機―28	機械運転労務数量→1.00 燃料消費量→90 機械賃料数量→1.91
基　盤　切　盛	バックホウ	排出ガス対策型（第3次基準値）クローラ型 山積0.80 m^3（平積0.60 m^3）	機―28	機械運転労務数量→1.00 燃料消費量→99 機械賃料数量→1.89
畦　畔　築　立	バックホウ	排出ガス対策型（第3次基準値）クローラ型 山積0.45 m^3（平積0.35 m^3）	機―28	機械運転労務数量→1.00 燃料消費量→59 機械賃料数量→2.04
基　盤　整　地	バックホウ	排出ガス対策型（第3次基準値）クローラ型 山積0.45 m^3（平積0.35 m^3）	機―28	機械運転労務数量→1.00 燃料消費量→63 機械賃料数量→1.82
表　土　戻　し	バックホウ	排出ガス対策型（第2次基準値）クローラ型 山積0.45 m^3（平積0.35 m^3）	機―28	機械運転労務数量→1.00 燃料消費量→59 機械賃料数量→2.14
表　土　整　地	バックホウ	排出ガス対策型（第3次基準値）クローラ型 山積0.45 m^3（平積0.35 m^3）	機―28	機械運転労務数量→1.00 燃料消費量→60 機械賃料数量→1.77

4. 基盤整地及び簡易整備

(1) 適用範囲
本資料は，ほ場整備工事のうち，「1.ほ場整備整地工（標準区画0.3ha以上）」，「2.ほ場整備整地工（標準区画0.3ha未満）」を適用しない，現況地形の平均勾配が1/10を超える急傾斜地及び極端に扱い土量の少ない平坦地の場合に適用する。

① 基盤造成
　急傾斜地における基盤造成は，「土地改良工事積算基準（土木工事）　施工パッケージ型積算基準1.土工②土工3－1掘削押土の有無　有」を別途計上する。

② 整地工及び簡易整備工
　ア．ブルドーザ整地工
　　急傾斜地の場合のほ場整備工事にあって，基盤造成が完了した後に行う均平度±50mmの基盤整地作業及び表土整地作業に適用する。
　イ．簡易整備工
　　極端に扱い土量が少ない平坦地の場合（現況水田の高低差が±10cm程度以下）のほ場整備工事（均平度±50mm）で，盛土の切盛土作業と整地作業を同時に行う場合に適用する。
　　ただし，表土扱いを別途行う場合は適用出来ない。

(2) 施工概要
施工フローは，次図を標準とする。

1/10以上の急傾斜の場合

極端に扱い土量の少ない平坦地の場合

　簡易整備工

（備考）　本歩掛で対応しているのは実線部分のみである。

(3) 機種の選定
施工機械は，次表を標準とする。

（表—1）　機種の選定

機械名	規格
ブルドーザ	排出ガス対策型（第1次基準値）11t級 排出ガス対策型（第1次基準値）15t級
湿地ブルドーザ	排出ガス対策型（第1次基準値）13t級 排出ガス対策型（第1次基準値）16t級
超湿地ブルドーザ	排出ガス対策型（第1次基準値）18t級

① 機種の選定は次表を標準とする。
　ア．地耐力による適用機種の標準

機種	コーン支持力値	載荷時接地圧
超湿地ブルドーザ 排出ガス対策型（第1次基準値）	200 kN/m² 以上	15～23 kPa
湿地ブルドーザ 排出ガス対策型（第1次基準値）	300　〃	22～43　〃
ブルドーザ11t級 排出ガス対策型（第1次基準値）	500　〃	58～61　〃
〃　15t級 排出ガス対策型（第1次基準値）	500　〃	50～60　〃

（備考）　1．コーン支持力値は，深さ50cm程度までの平均値である。
　　　　2．こね返しがある場合は，上表を参考にして機種の選定を行う。

イ．機種選定表

ブルドーザ		湿地ブルドーザ		超湿地ブルドーザ
排出ガス対策型 （第1次基準値） 11 t 級	排出ガス対策型 （第1次基準値） 15 t 級	排出ガス対策型 （第1次基準値） 13 t 級	排出ガス対策型 （第1次基準値） 16 t 級	排出ガス対策型 （第1次基準値） 18 t 級
1,000 m³ 未満	1,000 m³〜 15,000 m³ 未満	1,000 m³ 未満	1,000 m³〜 30,000 m³ 未満	1,000 m³〜 30,000 m³ 未満

(4) 施工歩掛

整地（均平）作業の運転1時間当り作業量は，次の算定式によって求める。

$S = S_0 \times E$ （ha/hr）

S：運転1時間当り作業量（ha/hr），（小数点以下3位四捨五入2位止）
S_0：運転1時間当り標準作業量（ha/hr）
E：作業効率

① 運転1時間当り標準作業量（S_0）

（表—2） 運転1時間当り標準作業量　　　　　　　　　　　　　　　　（単位：ha/h）

機　種	規　格	運転1時間当り標準作業量（S_0）
ブルドーザ	排出ガス対策型（第1次基準値）11 t 級	0.155
	排出ガス対策型（第1次基準値）15 t 級	0.169
湿地ブルドーザ	排出ガス対策型（第1次基準値）13 t 級	0.175
	排出ガス対策型（第1次基準値）16 t 級	0.177
超湿地ブルドーザ	排出ガス対策型（第1次基準値）18 t 級	0.214

② 作業効率（E）

（表—3）　作　業　効　率

作業内容	作業条件	良好	普通	不良	備　考
基盤整地工	基盤整地	0.90	0.70	0.50	
	表土整地	0.60	0.45	0.30	表土戻し後の整地作業
簡易整備工		0.25	0.20	0.15	現況水田の高低差が±10 cm 程度以下の場合で，表土の切盛作業と整地作業を同時に行う作業

（備考）　1．地盤状態が良く，扱い土の湿潤度が良好である等，均平作業が容易な条件が揃っている場合は，良好の値をとる。
　　　　　2．地盤状態が悪く，扱い土の湿潤度が悪い等，均平作業が難しい条件が揃っている場合は，不良の値とする。
　　　　　3．上記の諸条件がほぼ中位と考えられるような場合は，普通の値をとる。
　　　　　4．なお，整地工の上記1，2及び3に示す地盤及び扱い土等の作業条件と整地（均平）作業回数との関係は（表—4）に示すとおりである。

（表—4）　作業条件と整地（均平）作業回数

作業内容	作業条件	良好	普通	不良
基盤整地工	基盤整地	長辺方向　2回 短辺方向　1回	長辺方向　2〜3回 短辺方向　2回	長辺方向　4回 短辺方向　1〜2回
	表土整地	長辺方向　3〜4回 短辺方向　2回	長辺方向　4回 短辺方向　2〜3回	長辺方向　5回 短辺方向　3〜4回

③　労務歩掛
　　整地工及び簡易整備工の労務歩掛は，次表を標準とする。
　　なお，普通作業員は，隅部の整地等の機械作業の補助，雑物除去及び軽微な仮排水（水切り）の作業に係る労務である。

（表—5）労務歩掛　　　　　　　　　　　　　　　　　　（単位：人／ha）

作業内容		世話役	普通作業員
基盤整地工	基盤整地	0.1	3.5
	表土整地	0.3	3.5
簡易整備工		0.4	6.0

（備考）土層改良を目的とする除礫は含まない。

④　運転労務
　　ブルドーザの運転労務は，別途計上する。
(5) 単価表
　①　基盤整地及び簡易整備1ha当り単価表

名称	規格	単位	数量	摘要
ブルドーザ運転 （普通又は湿地又は超湿地）	排出ガス対策型（第1次基準値） ○○t級	h	1/S	表—2，表—3
世話役		人		表—5
普通作業員		〃		〃
計				

　②　機械運転単価表

機械名	規格	適用単価表	指定事項
ブルドーザ	排出ガス対策型（第1次基準値）11t級	機—1	
	排出ガス対策型（第1次基準値）15t級	〃	
湿地ブルドーザ	排出ガス対策型（第1次基準値）13t級	〃	
	排出ガス対策型（第1次基準値）16t級	〃	
超湿地ブルドーザ	排出ガス対策型（第1次基準値）18t級	〃	

5．暗渠排水工
　(1) 適用範囲
　　　本資料は，ほ場整備工事における，水田及び畑地の暗渠排水工（掘削から埋戻しまで）の一連の作業を，日単位で施工する場合に適用する。
　(2) 施工概要
　　　施工フローは，次図を標準とする。

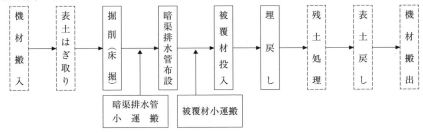

（備考）1．本歩掛で対応しているのは，実線部分のみである。
　　　　2．暗渠排水管小運搬及び被覆材小運搬には積込み，荷卸しを含む。
　　　　3．暗渠排水管及び被覆材の材料費は，別途計上する。
　　　　4．被覆材はもみ殻，粗朶類，砕石とする。

(3) 機種の選定
　① 掘削機械
　　　掘削（床掘）に使用する機種・規格は，次表を標準とする。

（表―1）　機種の選定

機　械　名	規　　　格
トレンチャ	自走式・普通型クローラ 35 kW，最大掘削深 1.3 m 級
バックホウ	排出ガス対策型（第2次基準値） クローラ型山積 0.28 m^3（平積 0.20 m^3）〔狭幅バケット装備〕
（備考）　機種は，地盤特性，作業効率，入手容易性等を総合的に評価して選定する。	

② 被覆材投入機械
　　被覆材投入に使用する機種・規格は，次表を標準とする。

（表―2）　機種の選定

機　械　名	規　　　格
バックホウ	排出ガス対策型（第2次基準値） クローラ型山積 0.28 m^3（平積 0.20 m^3）

③ 埋戻し機械
　　埋戻しに使用する機種・規格は，次表を標準とする。

（表―3）　機種の選定

機　械　名	規　　　格
バックホウ	排出ガス対策型（第2次基準値） クローラ型山積 0.28 m^3（平積 0.20 m^3）

④ 小運搬機械
　　小運搬に使用する機種・規格は，次表を標準とする。

（表―4）　機種の選定

資　材　名	機　械　名	規　　　格
暗渠排水管（定尺管） 土管・陶管 もみ殻，粗朶類	不整地運搬車	排出ガス対策型（第2次基準値） クローラ型油圧ダンプ式積載質量 2.0 t
暗渠排水管（ロール管） 砕石	不整地運搬車	クローラ型油圧ダンプ式積載質量 3.0 t
（備考）　1. 暗渠排水管（定尺管）は，硬質ポリ塩化ビニール管及び硬質ポリエチレン製管，合成樹脂網管のL＝4.00〜5.00 m/本の場合である。 　　　　2. 暗渠排水管（ロール管）は，硬質ポリエチレン製管，合成樹脂網管のロール管の場合である。		

(4) 施工歩掛
  ① 暗渠排水工
    ア．日当り施工量
      暗渠排水工の日当り施工量は，次表を標準とする。

(表―5) 日当り施工量 （1日当り）

機械名	規格	資材名	呼び径(mm)	数量(m) 掘削深 0.5≦h≦0.7m	数量(m) 掘削深 0.7＜h≦1.0m
トレンチャ	自走式・普通型クローラ35kW 最大掘削深1.3m級	暗渠排水管（定尺管）	φ50〜75	206	
			φ100	146	
		暗渠排水管（ロール管）	φ50〜75	278	241
		土管・陶管	φ60	149	
			φ75	111	
			φ90	92	
バックホウ	排出ガス対策型（第2次基準値） クローラ型山積0.28m³ （平積0.2m³）	暗渠排水管（定尺管）	φ50〜75	159	119
			φ100	146	118
		暗渠排水管（ロール管）	φ50〜75	160	118
		土管・陶管	φ60	149	120
			φ75	111	
			φ90	92	

（備考） バックホウの掘削時には狭幅バケットを装備する。

    イ．施工歩掛
      暗渠排水工の施工歩掛は，次表を標準とする。

(表―6) 施工歩掛 （1日当り）

名称	単位	暗渠排水管（定尺管）	暗渠排水管（ロール管）	土管・陶管
世話役	人	0.3	0.2	0.4
特殊作業員	〃	0.5	0.3	0.4
普通作業員	〃	1.0	1.0	1.0

    ウ．施工機械（トレンチャ掘削）
      トレンチャ掘削による暗渠排水工の機械運転数量は，次表を標準とする。

(表―7) 施工機械（トレンチャ掘削時） （1日当り）

名称	規格	単位	数量
トレンチャ運転	自走式・普通型クローラ35kW 最大掘削深1.3m級	日	0.4
バックホウ運転	排出ガス対策型（第2次基準値） クローラ型山積0.28m³ （平積0.20m³）	〃	0.6

エ．補助労務

被覆材投入の補助労務（普通作業員）は，次表を標準とする。

（表—8）補助労務歩掛　　　　　　　　　　　　　　　　　　　　　　　　　　　　　（1日当り）

機　種	管　種	呼び径 (mm)	補助労務（人） 掘削深（h） 0.5≦h≦0.7m	補助労務（人） 掘削深（h） 0.7＜h≦1.0m
トレンチャ	暗渠排水管（定尺管）	φ50～75	1.0	2.0
トレンチャ	暗渠排水管（定尺管）	φ100	1.0	2.0
トレンチャ	暗渠排水管（ロール管）	φ50～75	2.0	2.0
トレンチャ	土管・陶管	φ60	1.0	2.0
トレンチャ	土管・陶管	φ75	1.0	1.0
トレンチャ	土管・陶管	φ90	1.0	1.0
バックホウ	暗渠排水管（定尺管）	φ50～75	2.0	2.0
バックホウ	暗渠排水管（定尺管）	φ100	1.0	2.0
バックホウ	暗渠排水管（ロール管）	φ50～75	2.0	2.0
バックホウ	土管・陶管	φ60	2.0	2.0
バックホウ	土管・陶管	φ75	1.0	2.0
バックホウ	土管・陶管	φ90	1.0	2.0

② 小運搬

ア．人力小運搬

暗渠排水管（定尺管）の人力小運搬の施工歩掛は，次表を標準とする。

（表—9）施　工　歩　掛　　　　　　　　　　　　　　　　　　　　　　　　　　　　（1日当り）

資　材　名	運　搬　距　離	日当り施工量（m）	普通作業員（人）
暗渠排水管（定尺管）	50m以下	5,660	1.1

（備考）　1．本歩掛には積込み，荷卸しを含む。
　　　　　2．本表は，ほ場の一辺に仮置されている資材を人肩又は手車により，ほ場内へ小運搬する作業に適用する。

イ．機械小運搬（不整地運搬車）

(ｱ) 日当り施工量

機械小運搬（不整地運搬車）の日当り施工量は，次表を標準とする。

（表—10）日当り施工量　　　　　　　　　　　　　　　　　　　　　　　　　　　　（1日当り）

資　材　名	規　　格	単位	運搬距離 50m以下	運搬距離 50mを超え100m以下	運搬距離 100mを超え150m以下
暗渠排水管（定尺管）	排出ガス対策型（第2次基準値）クローラ型油圧ダンプ式 積載質量2.0t	m	—	3,310	3,160
暗渠排水管（ロール管）	クローラ型油圧ダンプ式 積載質量3.0t	〃	2,580	2,240	1,890
土管・陶管	排出ガス対策型（第2次基準値）クローラ型油圧ダンプ式 積載質量2.0t	ton	7.2	6.6	6.0
もみ殻	排出ガス対策型（第2次基準値）クローラ型油圧ダンプ式 積載質量2.0t	m^3	110	94.4	78.8
砕石	クローラ型油圧ダンプ式 積載質量3.0t	〃	38.5	32.9	27.2
粗朶類	排出ガス対策型（第2次基準値）クローラ型油圧ダンプ式 積載質量2.0t	〃	155	137	120

（備考）　本表は，ほ場の一辺に仮置されている資材を不整地運搬車により，ほ場内へ小運搬する作業に適用する。

(イ) 積卸し歩掛
　　積卸しの施工歩掛は，次表を標準とする。
　　（表—11）施 工 歩 掛

資 材 名	普 通 作 業 員
暗 渠 排 水 管（定 尺 管）	0.04人/100 m
暗 渠 排 水 管（ロ ー ル 管）	0.03人/100 m
土 管 ・ 陶 管	0.54人/10 ton
も み 殻	0.14人/10 m^3
粗 朶 類	0.09人/10 m^3
（備考） 砕石の積込みは別途計上とする。なお，荷卸しはダンプアップによる。	

(5) 単 価 表

① トレンチャ掘削による暗渠排水工1日当り単価表

名 称	規 格	単 位	数 量	摘 要
世 話 役		人		表—6
特 殊 作 業 員		〃		〃
普 通 作 業 員		〃		〃
トレンチャ運転	自走式・普通型クローラ35kW 最大掘削深1.3m級	日		表—7
バックホウ運転	排出ガス対策型（第2次基準値）クローラ型山積0.28 m^3（平積0.20 m^3）	〃		〃
普 通 作 業 員		人		表—8
計				

② バックホウ掘削による暗渠排水工1日当り単価表

名 称	規 格	単 位	数 量	摘 要
世 話 役		人		表—6
特 殊 作 業 員		〃		〃
普 通 作 業 員		〃		〃
バックホウ運転	排出ガス対策型（第2次基準値）クローラ型山積0.28 m^3（平積0.20 m^3）［狭幅バケット装備］	日	1	
普 通 作 業 員		人		表—8
計				

③ 暗渠排水管（定尺管）人力小運搬100m当り単価表

名 称	規 格	単位	数 量	摘 要
普 通 作 業 員		人	1.1×100/D	表—9
計				

（備考）　D：日当り施工量

④ 機械小運搬（不整地運搬車）1日当り単価表

名 称	規 格	単位	数 量	摘 要
不整地運搬車運転	排出ガス対策型（第2次基準値）クローラ型油圧ダンプ式 積載質量2.0t 又はクローラ型油圧ダンプ式 積載質量3.0t	日	1.0	表—10
普 通 作 業 員		人	労務数×D/10 又は100	表—11
計				

（備考）　D：日当り施工量

⑤ 機械運転単価表

機 械 名	規 格	適用単価表	指 定 事 項
ト レ ン チ ャ	自走式・普通型 クローラ 35kW	機—18	運転労務数量→1.00 燃料消費量→33 機械損料数量→1.52
バ ッ ク ホ ウ	排出ガス対策型（第2次基準値）クローラ型 山積0.28m³（平積0.20m³）	〃	運転労務数量→1.00 燃料消費量→34 機械損料数量→1.66
不 整 地 運 搬 車	排出ガス対策型（第2次基準値）クローラ型油圧ダンプ式 積載質量2.0t	機—28	運転労務数量→1.00 燃料消費量→14 機械賃料数量→1.55
不 整 地 運 搬 車	クローラ型油圧ダンプ式 積載質量3.0t	機—18	運転労務数量→1.00 燃料消費量→20 機械損料数量→1.57

6. 畦畔整形工
　(1) 適用範囲
　　　本歩掛は，水田のほ場整備工事の畦畔築立後における畦畔整形（盛土の法面整形及び水平面整形）作業を行う場合に適用する。
　(2) 施工概要
　　　施工フローは，次図を標準とする。

図—1　畦畔整形工フロー図

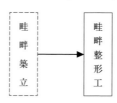

（備考）　本歩掛で対応しているのは，実線部分のみである。

(3) 機種の選定
　　畦畔整形工に使用する機種，規格は次表を標準とする。

(表—1) 機種の選定

機　械　名	規　　　　格
バックホウ	排出ガス対策型（第3次基準値）
	クローラ型（法面バケット付）
	山積 0.45 m³（平積 0.35 m³）

（備考）バックホウは，賃料とする。

(4) 施工歩掛
① 運転時間等算定基準（標準機種による 100 m² 当り運転時間）
　ア．バックホウの運転時間（TB）
　　バックホウ（TB）の運転時間は，次のとおりとする。
　　TB = 4.7（hr/100 m²）
　イ．バックホウの日当り運転時間（TBD）
　　バックホウの日当り運転時間（TBD）は，次表を標準とする。

(表—2) 日当り運転時間　　　　　（1日当り）

日当り運転時間	単　位	数　量
バックホウ	h	6.8

② 補助労務
　畦畔整形作業の労務歩掛は，次表を標準とする。

(表—3) 補助労務　　　　　　　　　（100 m² 当り）

名　　称	単　位	数　量	摘　　要
世　話　役	人	0.2	
普通作業員	人	0.5	

③ 運転労務
　バックホウの運転労務は，別途計上する。

(5) 単価表
① 畦畔整形工 100 m² 当り単価表

名　　称	規　　格	単　位	数　量	摘　要
バックホウ運転	排出ガス対策型（第3次基準値）クローラ型（法面バケット付）山積 0.45 m³（平積 0.35 m³）	日	4.7/TBD	表—2
世　話　役		人		表—3
普通作業員		〃		〃
計				

② 機械運転単価表

機　械　名	規　　格	適用単価表	指　定　事　項
バックホウ	排出ガス対策型（第3次基準値）クローラ型（法面バケット付）山積 0.45 m³（平積 0.35 m³）	機—28	運転労務数量 → 1.00　燃料消費量 → 58　機械賃料数量 → 2.32

7. 雑物除去（水田ほ場整備工）

(1) 適 用 範 囲

本歩掛は，ほ場整備工事において整地面に露出している樹根等の人力除去作業に適用する。

(2) 施 工 歩 掛

（表—1） 雑物除去（水田ほ場整備工）

施工区分	雑物量	普通作業員（人/ha）
既　　耕　　地	5.0（m³/ha）程度	4.0
	7.5（m³/ha）程度	6.0
	10.0（m³/ha）程度	9.0
未　　墾　　地	26.0（m³/ha）程度	22.0

（備考）雑物量の判定において，「1. ほ場整備整地工（標準区画0.3ha 以上）」，「2. ほ場整備整地工（標準区画0.3ha 未満）」，「3. ほ場整備整地工（標準区画0.3ha 未満バックホウによる施工）」，「4. 基盤整地及び簡易整備」と合わせて，本歩掛りを使用した時は，次式により求めた雑物量を対象にする。

対象雑物量（m³/ha）＝全雑物量（m³/ha）−5（m³/ha）

(3) 単 価 表

① 雑物除去（水田ほ場整備工） 1ha 当り単価表

名　　称	規　　格	単位	数　量	摘　　要
普 通 作 業 員		人		表—1
計				

8. 畦畔ブロック（人力）

(1) 適 用 範 囲

本歩掛は，畦畔ブロックの，人力による布設に適用する。

(2) 施 工 概 要

施工フローは以下のとおりである。

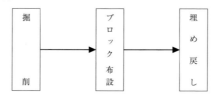

(3) 施 工 歩 掛

① 畦畔ブロックの規格

（表—1） 畦畔ブロックの規格

規格区分	高さ（cm）	長さ（cm）	標準質量（kg）
450型	45	100	66
500型	50	100	73
600型	60	60	60

② 畦畔ブロックの施工歩掛

（表—2） 畦畔ブロックの100m当り施工歩掛

項　　目	単位	450型	500型	600型
畦畔ブロック使用量	個	99.0	99.0	163.9
接　合　費	%	2.5	2.5	4.0
普 通 作 業 員	人	13.5	13.7	15.3

（備考）1. 接合費は，畦畔ブロック材料費に対する割合である。
　　　　2. 布設歩掛には，土工（掘削，埋戻し）を含む。
　　　　3. 布設に伴う材料の移動手間を含む。

(4) 単 価 表
① 畦畔ブロック布設100m当り単価表

名　　称	規　格	単 位	数　量	摘　　要
畦 畔 ブ ロ ッ ク		個		表—2
接　合　費		式	1	〃
普 通 作 業 員		人		〃
計				

9. 弾丸暗渠工

(1) 適用範囲
　　本歩掛は，ブルドーザによる弾丸暗渠排水工（弾丸径8～14cm，施工深0.50m以下，配置間隔2～6m）に適用する。
(2) 機種の選定
　　施工機械は，次表を標準とする。

（表—1）機種の選定

機 械 名	規　　　格
ブ ル ド ー ザ	排出ガス対策型（第1次基準値）普通3t級

(3) 施工歩掛
　　ブルドーザの1ha当りの運転時間は，次の算定式によって求める。

$$Th = \frac{1}{th}$$

　　Th：1ha当りの運転時間　（hr/ha）　（小数点以下2位四捨五入1位止め）
　　th：1時間当りの作業量　（ha/hr）　（小数点以下2位四捨五入1位止め）
① 1時間当りの作業量（ha/hr）
　th = 0.0825 × A − 0.0222
　　th：1時間当りの作業量（ha/hr）　（小数点以下2位四捨五入1位止め）
　　A：配置間隔（m）　（小数点以下1位四捨五入単位止め）
② 補助労務
　　弾丸暗渠作業の補助労務は，次表を標準とする。

（表—2）補 助 労 務　　　　　　　　　　　（1日当り）

名　　称	単 位	数　量	摘　　要
軽 作 業 員	人	0.61	使用機械の補助

③ 運転労務
　　ブルドーザの運転労務は別途計上する。
④ 雑材料費
　　雑材料は，弾丸部の損料であり補助労務費の合計額に次表の率を乗じた金額とする。

（表—3）雑材料費率　　　　　　　　　　　　　　（％）

雑 材 料 費 率	12

❺ 土地改良—79

(4) 単価表
① 弾丸暗渠工（ブルドーザ普通3t級）1ha当り単価表

名　　称	規　　格	単 位	数　　量	摘　　要
ブルドーザ運転	排出ガス対策型（第1次基準値）ブルドーザ普通3t級	h	Th	
軽 作 業 員		人	$(0.61/T) \times Th$	表—2
雑 材 料 費		式	1	表—3
計				

② 機械運転単価表

名　　称	規　　格	適用単価表	指 定 事 項
ブルドーザ	排出ガス対策型（第1次基準値）普通3t級	機—1	

④ 農地造成工
1. 人力刈払
　(1) 適用範囲
　　本資料は，農用地造成工事における，草刈機（肩掛式）及びチェンソーによる刈払に適用する。
　　なお，本歩掛には，刈払（伐採）後の集積等の歩掛は含まれない。
　(2) 施工概要
　　施工フローは，次図を標準とする。

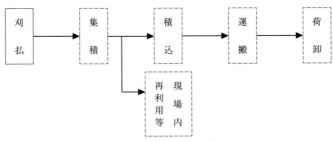

　　（備考）　本歩掛で対応しているのは，実線部分のみである。

　(3) 施工歩掛
　　人力刈払歩掛は，次表を標準とする。
（表—1）　人力刈払歩掛　　　　　　　　　　　　　　　　　　　　　　　　　　　　　　　　　　（1日当り）

名　称	単位	草類	樹木草類混合 樹量区分（本・m/10 a）			樹木（径6 cm を超えるもの） 樹量区分（本・m/10 a）				
			0～40	40.1～80	80.1～120	0～40	40.1～80	80.1～120	120.1～160	160.1～200
作業能力（A）	m²/日	900	780	410	280	680	270	190	160	130
世　話　役	人	0.1	0.1	0.1	0.1	0.3	0.3	0.3	0.3	0.3
特殊作業員	〃	1	1	1	1	1	1	1	1	1
諸　雑　費	%	3	3	3	3	6	6	6	6	6
使用機械（標準）	草刈機　肩掛式カッタ径255 mm（1.3 kW 級）					チェンソー　鋸長600 mm（80 cc）				

（備考）　1．地山の傾斜は，0～30度の範囲とする。
　　　　2．草刈機の樹木刈払可能径は，胸高径6 cm 以下とする。
　　　　3．チェンソーの樹木刈払は，胸高径6 cm を超えるものに適用する。
　　　　4．樹量の単位（本・m/10 a）は，樹径（m）×本/10 a である。
　　　　5．諸雑費は，使用機械の費用（損料，燃料費）であり，労務費の合計額に上表の率を乗じた金額を計上する。
　　　　6．6 cm 前後の樹径が混在している場合は，樹径が6 cm 以下のものと，6 cm を超えるものに分けて樹量を求め，上表の樹木草類混合と樹木欄を適用し計上する。

　(4) 単価表
　　①　人力刈払（草刈機）1 ha 当り単価表

名　称	規　格	単位	数　量	摘　要
世　話　役		人	表—1×10,000／A	
特殊作業員		〃	〃	
諸　雑　費		式	1	表—1
計				

（備考）　Aは1日当りの作業能力（m²／日）を示し，（表—1）の値とする。

② 人力刈払（チェンソー）1ha当り単価表

名　　　称	規　　格	単位	数　　量	摘　　要
世　話　役		人	表—1×10,000／A	
特 殊 作 業 員		〃	〃	
諸　雑　費		式	1	表—1
計				

（備考）　Aは1日当りの作業能力（m²／日）を示し，（表—1）の値とする。

2．レーキドーザ抜根

(1) 適用範囲

　本資料は，農用地造成工事において，レーキドーザにより立木や切株を抜き取る作業に適用する。

　なお，抜き取り後の集積等の歩掛は含まれない。

(2) 機種の選定

　施工機械は，次表を標準とする。

（表—1）　機種の選定

機　械　名	規　　　格	（参考）適用区分
レ　ー　キ　ド　ー　ザ	普通 11 t	対象面積が 2 ha 未満の場合
	〃　15 t	〃　　2～10 ha 未満の場合
	〃　21 t	〃　　10 ha 以上の場合
	湿地 13 t	トラフィカビリティーが不足して普通レーキドーザが使用出来ない場合
	〃　16 t	

(3) 施工歩掛

　レーキドーザによる抜根の1ha当り運転時間は，次の算定式によって求める。

　　Th ＝ th × E

　　　Th：1ha当り運転時間（hr/ha），（小数点以下2位四捨五入1位止）
　　　th：1ha当り基準運転時間（hr/ha）
　　　E　：作業効率

① 基準運転時間（th）

　1ha当り基準運転時間は，表—2により求める。

（表—2）　基準運転時間　　　　　　　　　　　　　　　　　　　　　　　　　　　　　　　　　（単位：hr/ha）

樹木密度（本/ha） 平均樹径	500	750	1,000	1,250	1,500	1,750	2,000	2,250	2,500	2,750	3,000	3,250	3,500	3,750	4,000
6 (cm)	7.1	7.2	7.3	7.4	7.6	7.8	8.0	8.3	8.5	8.8	9.2	9.5	9.9	10.4	10.8
8	7.5	7.6	7.7	7.8	8.0	8.2	8.4	8.6	8.9	9.2	9.6	9.9	10.3	10.8	11.2
10	8.0	8.0	8.1	8.3	8.4	8.6	8.9	9.1	9.4	9.7	10.1	10.5	10.9	11.3	11.8
12	8.5	8.6	8.7	8.8	9.0	9.2	9.4	9.7	10.0	10.3	10.7	11.1	11.5	11.9	12.4
14	9.2	9.3	9.4	9.5	9.7	9.9	10.1	10.4	10.7	11.0	11.4	11.8	12.2	12.7	
16	9.9	10.0	10.1	10.3	10.5	10.7	10.9	11.2	11.5	11.9	12.2	12.7	13.1		
18	10.8	10.9	11.0	11.2	11.4	11.6	11.8	12.1	12.4	12.8	13.2	13.6			
20	11.8	11.9	12.0	12.1	12.3	12.6	12.8	13.1	13.5	13.8	14.2				
22	12.8	12.9	13.1	13.2	13.4	13.7	13.9	14.3	14.6	15.0					
24	14.0	14.1	14.2	14.4	14.6	14.9	15.2	15.5	15.9						

（備考）　1．樹径及び樹木密度が本表の中間値の場合は直近値を適用する。
　　　　　2．本表以外は試験工事等により算出すること。

② 作業効率（E）

作業効率は，「表—4　現場条件判定基準」及び「表—5　現場条件判定表」により，「表—3　作業効率」を決定する。

（表—3）　作業効率

機　　種＼現場条件	良　好	普　通	不　良
21 t レーキドーザ	0.65	0.85	1.05
15 t 〃	0.80	1.00	1.20
11 t 〃	1.15	1.35	1.55
（備考）　湿地用レーキドーザ使用の場合 16 t，13 t はそれぞれ本表の 15 t，11 t の欄を適用する。			

（表—4）　抜根作業の現場条件判定基準

項　　目	区　　分	得　　点
勾　　配	0～3°　未満 3～8°　〃 8°～	0 1 3
立　木　率	0～10% 11～50 51～100	0 1 2
稚樹等密度	0～1,000 本/ha 1,001～2,000 2,001～3,000 3,001～	0 1 2 3
土　質　名	砂　質　土 粘　性　土	0 1
その他作業条件	普　　通 や　や　不　良 不　　良	0 1 2

（備考）　1.　上表の各項目の合計点による（表—5）の現場条件を求める。
　　　　2.　その他作業条件とは土地の不陸，広狭，湿地の介在及び石礫の有無をいう。
　　　　3.　湿地用レーキドーザ使用の場合，勾配及び土質の得点については 1 を 0，3 を 2 と読み替える。

（表—5）　現場条件判定表

現場条件	良　好	普　通	不　良
得点範囲	0～2	3～6	7～11

③　運転労務

レーキドーザの運転労務は別途計上する。

(4)　単価表

①　レーキドーザ抜根 1 ha 当り単価表

名　　称	規　　格	単位	数　量	摘　　要
レーキドーザ運転	普通○○ t 又は 湿地○○ t	h	Th	表—2，表—3
計				

②　機械運転単価表

機　械　名	規　　格	適用単価表	指　定　事　項
レーキドーザ	普通 11 t 〃　15 t 〃　21 t 湿地 13 t 〃　16 t	機—1	

3. レーキドーザ排根

(1) 適用範囲

本資料は，農用地造成工事において，抜根された樹木等をレーキドーザにより所定の排根場所に集積する作業に適用する。

(2) 機種の選定

施工機械は，次表を標準とする。

(表—1) 機種の選定

機　械　名	規　　格	(参考)　適　用　区　分
レ　ー　キ　ド　ー　ザ	普通 11 t	対象面積が 2 ha 未満の場合
	〃 15 t	〃　　2～10 ha 未満の場合
	〃 21 t	〃　　10 ha 以上の場合
	湿地 13 t	トラフィカビリティーが不足して普通レーキドーザが使用出来ない場合
	〃 16 t	

(3) 施工歩掛

レーキドーザによる排根の 1 ha 当り運転時間は，次の算定式によって求める。

$Th = th \times E$

Th：1 ha 当り運転時間（hr/ha），(小数点 2 位四捨五入 1 位止)
th：1 ha 当り基準運転時間（hr/ha）
E ：作業効率

① 基準運転時間（th）

1 ha 当り基準運転時間は，表—2 により求める。

(表—2) 基準運転時間　　　　　　　　　　　　　　　　　　　　　　　　　　(単位：hr/ha)

排根距離＼樹木密度 (本/ha)	500	750	1,000	1,250	1,500	1,750	2,000	2,250	2,500	2,750	3,000	3,250	3,500	3,750	4,000
30 (m)	1.8	2.3	2.7	3.0	3.4	3.7	4.0	4.3	4.5	4.8	5.0	5.3	5.5	5.7	5.9
40	2.1	2.7	3.2	3.6	4.0	4.4	4.7	5.0	5.2	5.4	5.9	6.2	6.5	6.8	7.0
50	2.4	3.1	3.6	4.1	4.6	5.0	5.4	5.7	6.1	6.4	6.8	7.1	7.4	7.7	8.0
60	2.7	3.4	4.0	4.6	5.1	5.5	6.0	6.4	6.8	7.2	7.5	7.9	8.2	8.6	8.9
70	3.0	3.7	4.4	5.0	5.6	6.1	6.5	7.0	7.4	7.9	8.3	8.6	9.0	9.4	9.7
80	3.2	4.0	4.8	5.4	6.0	6.6	7.1	7.6	8.0	8.5	8.9	9.3	9.8	10.1	10.5
90	3.4	4.3	5.1	5.8	6.4	7.0	7.6	8.1	8.6	9.1	9.6	10.0	10.4	10.9	11.3
100	3.6	4.6	5.4	6.2	6.8	7.5	8.1	8.6	9.2	9.7	10.2	10.7	11.2	11.6	12.0
110	3.9	4.9	5.7	6.5	7.2	7.9	8.5	9.1	9.7	10.2	10.8	11.3	11.8	12.2	12.7
120	4.1	5.1	6.0	6.9	7.6	8.3	9.0	9.6	10.2	10.8	11.3	11.9	12.4	12.9	13.4
130	4.3	5.4	6.3	7.2	8.0	8.7	9.4	10.1	10.7	11.3	11.9	12.4	13.0	13.5	14.0
140	4.4	5.6	6.6	7.5	8.3	9.1	9.8	10.5	11.2	11.8	12.4	13.0	13.5	14.1	14.6
150	4.6	5.8	6.9	7.8	8.7	9.5	10.2	10.9	11.6	12.3	12.9	13.5	14.1	14.7	15.2
160	4.8	6.1	7.1	8.1	9.0	9.8	10.6	11.4	12.1	12.8	13.4	14.0	14.6	15.2	15.8
170	5.0	6.3	7.4	8.4	9.3	10.2	11.0	11.8	12.5	13.2	13.9	14.5	15.2	15.8	16.4
180	5.2	6.5	7.7	8.7	9.7	10.6	11.4	12.2	12.9	13.7	14.4	15.0	15.7	16.3	16.9
190	5.3	6.7	7.9	9.0	10.0	10.9	11.8	12.6	13.4	14.1	14.8	15.5	16.2	16.8	17.5
200	5.5	6.9	8.1	9.3	10.3	11.2	12.1	13.0	13.8	14.5	15.3	16.0	16.7	17.4	18.0
210	5.6	7.1	8.4	9.5	10.6	11.5	12.5	13.3	14.2	15.0	15.7	16.5	17.2	17.9	18.5
220	5.8	7.3	8.6	9.8	10.9	11.9	12.8	13.7	14.6	15.4	16.2	16.9	17.7	18.4	19.1

(備考) 1. 排根距離及び樹木密度が本表の中間値の場合は，直近値を適用する。
　　　 2. 本表以外は，試験工事等により算出する。

② 作業効率（E）
作業効率は，「表—4　現場条件判定基準」及び「表—5　現場条件判定表」により，「表—3　作業効率」を決定する。

（表—3）　作業効率

機　種＼現場条件	良　好	普　通	不　良
21 t　レ　ー　キ　ド　ー　ザ	0.55	0.85	1.15
15 t　　〃	0.70	1.00	1.30
11 t　　〃	1.05	1.35	1.65

（備考）　湿地用レーキドーザ使用の場合 16 t，13 t はそれぞれ本表の 15 t，11 t の欄を適用する。

（表—4）　排根作業の現場条件判定基準

項　目	区　分	得　点
勾　配	0〜3°　未満 3〜8°　〃 8°〜	0 1 3
稚　樹　等　密　度	0〜1,000 本/ha 1,001〜2,000 2,001〜3,000 3,001〜	0 1 2 3
樹　量	25,000 本 cm/ha 未満 25,000〜45,000　〃 45,000 以上	0 1 2
その他作業条件	普　　通 や　や　不　良 不　　良	0 1 2

（備考）　1．上記の各項目の合計点により（表—5）の現場条件を求める。
　　　　2．その他作業条件とは土地の不陸，広狭，湿地の介在及び石礫の有無をいう。
　　　　3．湿地用レーキドーザ使用の場合，勾配の得点については 1 を 0，3 を 2 と読み替える。
　　　　4．樹量（本 cm/ha）＝ 樹木密度（本/ha）× 平均樹径（cm）

（表—5）　現場条件判定表

現　場　条　件	良　好	普　通	不　良
得　点　範　囲	0〜2	3〜5	6〜10

③　運転労務
　　レーキドーザの運転労務は別途計上する。
(4)　単　価　表
①　レーキドーザ排根 1 ha 当り単価表

名　称	規　格	単　位	数　量	摘　要
レ ー キ ド ー ザ 運 転	普通○○ t 又は 湿地○○ t	h	Th	表—2，表—3
計				

②　機械運転単価表

機　械　名	規　格	適用単価表	指　定　事　項
レ　ー　キ　ド　ー　ザ	普通 11 t 〃　15 t 〃　21 t 湿地 13 t 〃　16 t	機—1	

4. リッパドーザ岩掘削

(1) 適用範囲
本資料は，農用地造成工事において，リッパドーザの走行，回転等，作業に制約を受けない広さを有する山成工，改良山成工等の岩掘削に適用する。

(2) 機種及び爪数の選定

① 機種の選定
施工機械は，次表を標準とする。

(表—1) 機種の選定

機　種	規　格	適　用　区　分
リッパ装置付ブルドーザ	排出ガス対策型（第1次基準値）18 t級	掘削量が5,000 m³未満の場合
	排出ガス対策型（第1次基準値）32 t級	掘削量が5,000 m³以上の場合

(備考) 掘削・運土作業に適用するブルドーザの規格が32 t級の場合は，掘削量が5,000 m³未満であっても32 t級リッパ装置付ブルドーザを適用する。

② 爪数の選定
岩種，岩質に適合する爪数は，施工実態により決定する。
なお，施工実態の無い場合は，(表—2) 及び (表—3) を参考に岩の硬軟の程度，き裂の状態等から総合的に判断し，決定する。

(表—2) 地山の弾性波速度と爪数

地山弾性波速度 (km/sec)		爪　数 (本)	
A 群 の 岩	B 群 の 岩	18 t級	32 t級
〜0.6 未満	〜0.9 未満	3	3
0.6〜1.0 〃	0.9〜1.4 〃	2	3
1.0〜1.4 〃	1.4〜1.8 〃	1	2
1.4〜1.9 以下	1.8〜2.8 以下	—	1

(表—3) 岩種，岩質の地山の弾性波速度，一軸圧縮強度

岩　種	岩　質	地山弾性波速度(km/sec)	一軸圧縮強度(kg/cm²)
軟岩（Ⅰ）	第3紀の岩石で固結の程度が弱いもの，風化がはなはだしく，極めてもろいもの。指先で離し得る程度のもので，き裂間の間隔は1〜5 cmぐらいのもの。 第3紀の岩石で固結の程度が良好なもの。風化が相当進み多少変色を伴い軽い打撃により容易に割り得るもの，離れ易いもの。き裂間の間隔は5〜10 cm程度のもの。	A群の岩　〜1.2 B群の岩　〜1.8	A群の岩　〜700 B群の岩　〜200
軟岩（Ⅱ）	凝灰質で堅く固結しているもの。風化は目に添って相当進んでいるもの。き裂間の間隔は10〜30 cm程度で，軽い打撃により離し得る程度，異種の岩が硬い互層をなしているもので，層面を楽に離し得るもの。	A群の岩　1.2〜1.9 B群の岩　1.8〜2.8	A群の岩　700〜1,000 B群の岩　200〜 500

(備考) A群の岩とは，砂岩，花崗岩，安山岩，珪石，片麻岩など比較的硬い岩。
　　　　B群の岩とは，頁岩，黒色片岩，凝灰岩，粘板岩，泥岩など比較的もろい岩。

(3) 施工歩掛
リッパドーザによる岩掘削の運転1時間当り作業量は，次の算定式によって求める。

$$Q = \frac{60 \times q \times L \times E}{Cm}$$

　　Q：運転1時間当り作業量（m³/hr），（小数点以下3位四捨五入2位止）
　　q：リッピング断面積（m²）
　　L：1サイクル当り作業距離（m）= 20 m
　　E：作業効率
　　Cm：サイクルタイム（min）= 1.08 min

① リッピング断面積（q）

（表—4） リッピング断面積　　　　　　　　　　　　　　　　　　　　　　　　　　（m²）

規　格 ＼ 爪　数	1　本	2　本	3　本
排出ガス対策型（第1次基準値）18 t級	0.23	0.28	0.40
排出ガス対策型（第1次基準値）32 t級	0.27	0.35	0.50

② 作業効率（E）

（表—5） 作業効率

規　格		地山の弾性波速度（km/sec）		標準値	範　囲
		A 群 の 岩	B 群 の 岩		
排出ガス対策型（第1次基準値）18 t級	3～1本爪	—	—	0.45	0.55～0.35
排出ガス対策型（第1次基準値）32 t級	3本爪	0.6未満	0.9未満	0.60	0.70～0.50
	3～1本爪	0.6以上	0.9以上	0.50	0.60～0.40

（備考）上記作業効率の判定に当り，現場条件に係わる補正は（表—6）により行う。

（表—6） 現場条件に係わる補正

現場条件事項 ＼ 標準値に対する増減量	＋0.05	±0	－0.05
岩 の 弾 性 波 速 度	（表—2）弾性波速度の範囲の下限値付近	中 間 値 付 近	上 限 値 付 近
地層・われ目の状態	リッピング効果を助長する方向に地層，割れ目が走っている。	普　通	リッピング効果をそれほど助長する状態ではない。

③ 運転労務
リッパドーザの運転労務は，別途計上する。

(4) 集土作業
リッピングした岩をダンプトラック等に，積込むための集土作業は，「土地改良工事積算基準（土木工事）施工パッケージ型積算基準1.土工②土工1—1—7押土（ルーズ）」を適用し，別途計上する。

(5) 単価表
① リッパドーザ岩掘削（農用地造成工用）1 m³当り単価表

名　　称	規　格	単位	数　量	摘　要
リッパドーザ運転	排出ガス対策型（第1次基準値）〇〇 t級，爪数〇本	h	1/Q	表—4～表—6
計				

② 機械運転単価表

機 械 名	規　格	適用単価表	指 定 事 項
リッパドーザ（リッパ装置付ブルドーザ）	排出ガス対策型（第1次基準値）18 t級，爪数3	機—1	
	排出ガス対策型（第1次基準値）〃　，〃 2		
	排出ガス対策型（第1次基準値）〃　，〃 1		
	排出ガス対策型（第1次基準値）32 t級，爪数3		
	排出ガス対策型（第1次基準値）〃　，〃 2		
	排出ガス対策型（第1次基準値）〃　，〃 1		

5. リッパドーザ（耕起・深耕）

(1) 適用範囲
本資料は，畑面の勾配がおおむね9°程度までのリッパドーザによる耕起作業または深耕作業に適用する。
なお，標準耕起深は30～90cmである。

(2) 施工概要
耕起は抜根・排根後におけるほ場面の表層部分を反転，破砕，攪拌又は下層土と混合して地表の雑物をすき込み，あるいは深耕，混層耕などにより，その後の砕土と併せて耕作に適する作土をつくる目的で行う。
なお，リッパドーザは深耕により土層改良を意図する場合などに用いる。

(3) 機種の選定
施工機械は，次表を標準とする。

(表-1) 機種の選定

機　　　種	規　　　格
リッパ装置付ブルドーザ	排出ガス対策型（第1次基準値）18 t級，爪数3

(4) 施工歩掛
リッパドーザによる耕起又は深耕の1日当り施工量は，次の算定式によって求める。

$Q_D = q \times E$

Q_D：1日当り施工量（ha/日），（小数点以下2位四捨五入1位止）
q　：基準日施工能力（ha/日）
E　：作業効率

① 基準日施工能力（q）

$q = 0.008 \times a + 0.555$

a：ほ場の短辺の長さ（m）

② 作業効率

$E = E_1 \times E_2 \times E_3$

E_1：土質と掛回数による係数（表-2）
E_2：傾斜係数（表-3）
E_3：作業係数（表-4）

ア．土質と掛回数による係数（E_1）

(表-2) 土質と掛回数による係数

土　質　名	掛　回　数		
	1回	2回	3回
砂　質　土	2.90	1.45	1.00
粘　性　土	1.60	0.90	0.55

イ．傾斜係数（E_2）

(表-3) 傾斜係数

傾　斜　区　分	0～4°未満	4°以上
E_2	1.00	0.95
(備考)　本表の適用範囲は，おおむね9°程度までとする。		

ウ．作業係数（E_3）

(表—4) 作業係数

作業条件	良　　好	普　　通	不　　良
耕起深 60 cm 未満	1.30	1.15	0.95
〃　　60 cm 以上	1.20	1.05	0.90
(備考)　良好：障害物が無く，土が乾燥している場合。 　　　　不良：耕起深内の障害物（石礫，埋木，残根等）が有り，かつ土が湿潤の場合。 　　　　普通：その他の組合せの場合。			

(5) 単 価 表

① リッパドーザ（耕起・深耕）1 ha 当り単価表

名　　称	規　　格	単位	数　量	摘　　要
リッパドーザ運転	排出ガス対策型（第1次基準値） 18 t 級，爪数 3	日	1／Q_D	表—2〜表—4
計				
(備考)　Q_D：1日当り施工量（ha／日）				

② 機械運転単価表

機 械 名	規　　格	適用単価表	指 定 事 項
リッパドーザ	排出ガス対策型（第1次基準値） 18 t 級，爪数 3	機—18	運転労務数量 → 1.00 燃料消費量 → 134 機械損料数量 → 1.69

6．有機質資材散布（マニアスプレッダ）

(1) 適用範囲

　　本資料は，農用地造成工事において，ほ場の一辺に集積されている有機質資材をマニアスプレッダにより散布する作業に適用する。

(2) 施工概要

　　ほ場の一辺に集積されている有機質資材をバックホウにてマニアスプレッダに積込み，トラクタにて牽引してほ場に散布する。ほ場すみ部の散布及び散布むら等の補修は人力にて行う。

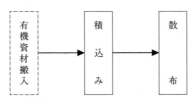

（備考）　本歩掛で対応しているのは実線部分のみである。

(3) 機種の選定

　　施工機械は，次表を標準とする。

(表—1) 機種の選定

作　　業	機 　械 　名	規　　格
散　　布	トラクタ（乗用・ホイール型）	52 〜 59 kW 級
	マニアスプレッダ （けん引式）	積載量 2,000 kg
積　　込	バ　ッ　ク　ホ　ウ	排出ガス対策型（第1次基準値） クローラ型山積 0.45 m³（平積 0.35 m³）

(4) 施工歩掛

　　マニアスプレッダによる有機質資材投入の1 ha 当りの運転時間は，次の算定式によって求める。

　　　　$Th = th \times G + 0.738$

　　　　　Th：1 ha 当り運転時間（hr／ha），（小数点以下第2位四捨五入小数第1位止）

　　　　　　th ：有機質資材1t当り基準運転時間（hr/ha/t）
　　　　　　G ：有機質資材の1ha当り散布量（t/ha）
① 有機質資材1t当り基準運転時間（th）
　　th＝0.119－0.00020×a－0.00025×b
　　ただし，th＜0.0076の場合は，th＝0.0076とする。
　　　　a ：ほ場の短辺の長さ（m）
　　　　b ：ほ場の長辺の長さ（m）
② 材料の損失率
　　材料の損失率は，次表を標準とする。
　　　　（表－2） 損失率

材　　　　料	損　失　率
有　機　質　資　材	2％

③ 積込み機械の作業能力算定式
　　バックホウによる積込み作業の1ha当り運転時間は，次の算定式によって求める。
　　　　T_B＝0.030×G
　　　　　T_B：1ha当り運転時間（hr/ha），（小数点以下第2位四捨五入小数第1位止）
④ 1ha当り補助等労務
　　（表－3） 補助等労務　　　　　　　　　　　　　　　　　　（単位：人/ha）

職　　　種	数　　　量
世　話　役	0.022×G
普　通　作　業　員	0.043×G
（備考） 補助労務（普通作業員）は，ほ場すみ部の散布及び散布むら等の補修を行う。	

⑤ 運転労務・運転時間
　　トラクタ及びバックホウの運転労務は別途計上する。
　　マニアスプレッダの1日当り運転時間（T）＝5.7時間とする。
(5) 単 価 表
① 有機質資材投入（マニアスプレッダ）1ha当り単価表

名　　　称	規　　　格	単位	数　量	摘　要
有　機　質　資　材		t	G×（1＋0.02）	表－2
マニアスプレッダ運転	けん引式 積載量2,000kg	h	Th	
バ　ッ　ク　ホ　ウ　運　転	排出ガス対策型（第1次基準値） クローラ型 　山積0.45㎥ 　（平積0.35㎥）	〃	T_B	
世　話　役		人		表－3
普　通　作　業　員		〃		〃
計				

② 機械運転単価表

機　械　名	規　　　格	適用単価表	指　定　事　項
マ　ニ　ア　ス　プ　レ　ッ　ダ	けん引式 積載量2,000kg	機－3	機械損料1→トラクタ（乗用・ホイール型）52～59kW級 機械損料2→マニアスプレッダけん引式積載量2,000kg
バ　ッ　ク　ホ　ウ	排出ガス対策型（第1次基準値） クローラ型 　山積0.45㎥ 　（平積0.35㎥）	機－1	

7. ロータリ（直装式）耕起砕土

(1) 適用範囲

本資料は，農用地造成工事のロータリ（直装式）による耕起作業，砕土作業に適用する。

なお，ロータリ（直装式）による耕起深12～18cmである。

(2) 機種の選定

施工機械は，次表を標準とする。

（表—1） 機種の選定

機　械　名	規　格
トラクタ（乗用・ホイール型）	30～44kW級
ロータリティラー（直装式）	作業幅1.6～1.8m級

(3) 施工歩掛

ロータリ（直装式）による耕起及び砕土の1ha当り運転時間は，次によって求める。

$Th = th \times E$

Th：1ha当り運転時間（hr/ha），（小数点以下第2位四捨五入小数第1位止）
th：基準運転時間（hr/ha）
E：作業効率

① 基準運転時間（th）

耕起作業の場合　$th = \left[(3.43 + \dfrac{76.9}{b} + \dfrac{1720.0}{a \times b})\right] \times N$

砕土作業の場合　$th = \left[(2.45 + \dfrac{54.9}{b} + \dfrac{1230.0}{a \times b})\right] \times N$

a：ほ場の短辺の長さ（m）
b：〃　長辺の長さ（〃）
N：回数掛比率

耕起作業　1回掛の場合　1.00　　2回掛の場合　1.80
砕土作業　1回掛の場合　1.00　　2回掛の場合　2.00

② 作業効率（E）

$E = E_1 \times E_2 \times E_3$

E_1：土質係数（表—2）
E_2：傾斜係数（表—3）
E_3：作業係数（表—4）

ア．土質係数（E_1）

（表—2） 土質係数

土湿＼土質名	砂	砂　質　土	粘　性　土
乾　　燥	1.00	1.00	1.05
湿　　潤	1.05	1.10	1.20
（備考）　泥炭及びこれに類似する土質は砂の項を適用する。			

イ．傾斜係数（E_2）

（表—3） 傾斜係数

傾　斜　区　分	0～4°未満	4～9°未満	9～13°未満	13～15°
E_2	1.00	1.10	1.20	1.40

❺ 土 地 改 良―91

ウ．作業係数（E_3）

（表―4）作業係数

区分	作業係数（E_3） 耕起・砕土A	砕土B	作業条件
良 好	1.30	1.45	整地済地，裸地，雑草地，小笹疎生地で地表，地下に石礫，残根，埋木等の作業障害物がなく，走行に支障となる小起伏が少ない地帯等作業が順調に行われる地帯
普 通	1.50	1.65	小笹中密生地，くま笹疎中生地で作業深内に障害物が存在しない地帯，整地済地，裸地，雑草地，小笹疎生地で作業深内に障害物が多少存在する地帯，走行に支障となる小起伏が多少ある地帯等作業が普通に行われる地帯
不 良	1.65	1.80	根曲り竹地，くま笹密生地及び作業深内に障害物がかなり存在する地帯，走行に著しく支障となる起伏がある地帯等，作業がかなり困難な地帯

（備考） 1. 砕土A：プラウイングハロー，ロータリ（直装式）による耕起跡地に適用する。
　　　　　 砕土B：ブラッシュブレーカ等による耕起跡地の砕土作業に適用する。
　　　 2. 植生区分は次による。

（表―5）植生区分　　　　　　　　　　　　　　　　　　　　　　（単位：本／m²）

植生区分	疎 生	中 生	密 生
小　　笹	50～150 未満	150～250 未満	250 以上
く　ま　笹（笹丈1m以上）	75　〃	75～150 〃	150 〃
根 曲 り 竹	50　〃	50～100 〃	100 〃

　　　 3. 石礫と作業条件

（表―6）石礫と作業条件

含礫量（容積）	3～4％	5～10％	11％以上
作業条件	普　　通	やや不良	不　　良

③ 運転労務・運転時間
　　トラクタの運転労務は別途計上する。
　　ロータリティラー（直装式）の1日当り運転時間（T）＝5.5時間とする。

(4) 単価表

① ロータリ（直接式）耕起砕土1ha当り単価表

名　　称	規　　格	単位	数　量	摘　　要
ロータリティラー運転	直装式 作業幅1.6～1.8m級	h	Th	表―2～表―4
計				

② 機械運転単価表

機　械　名	規　　格	適用単価表	指　定　事　項
ロータリティラー	直装式 作業幅1.6～1.8m級	機―35	機械損料1→トラクタ（乗用・ホイール型） 30～44kW級 機械損料2→ロータリティラー 直装式作業幅1.6～1.8m級

8．石礫除去工（人力）

(1) 適用範囲
　　本資料は，ほ場面又は，造成面に露出している5cm～35cm程度の石礫を人力で採取し，不整地運搬車に積込み，集積場まで運搬し，卸す一連の作業に適用する。

― 326 ―

(2) 施工概要

施工フローは，次表を標準とする。

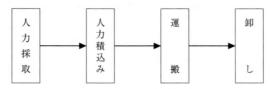

(3) 機種の選定

施工機械は，次表を標準とする。

(表—1) 機種の選定

機　械　名	規　格
不　整　地　運　搬　車	排出ガス対策型（第1次基準値） クローラ型油圧ダンプ式積載質量2.0t

(4) 施工歩掛

① 石礫人力除去

石礫人力除去歩掛は次表を標準とする。

(表—2) 石礫人力除去歩掛　　　　　　　　　　　　　　　　　　　　(10a当り)

区分 10a当り 除去量	普通作業員 （人力除去）	運転日数（運搬機械）
0〜4（m³未満）	2.08（人）	0.20（日）
4〜8	3.82	0.30
8〜12	5.56	0.39
12〜16	7.30	0.49
16〜20	9.04	0.59
20〜24	10.8	0.68
24〜28	12.5	0.78

（備考）運搬距離は100m程度までとする。

② 運転労務・運転時間

不整地運搬車の運転労務は別途計上する。

不整地運搬車の1日当り運転時間（T）＝6.9時間とする。

(5) 単価表

① 石礫除去工10a当り単価表

名　称	規　格	単位	数量	摘　要
不　整　地　運　搬　車　運　転	排出ガス対策型（第1次基準値） クローラ型油圧ダンプ式積載質量2.0t	日		表—2
普　通　作　業　員		人		〃
計				

② 機械運転単価表

機　械　名	規　格	適用単価表	指定事項
不　整　地　運　搬　車	排出ガス対策型（第1次基準値） クローラ型油圧ダンプ式積載質量2.0t	機—28	運転労務数量→1.00 燃料消費料→18 機械賃料数量→1.75

9. 石礫除去工（機械）

(1) 適用範囲

本資料は，除礫用機械（ストーンローダ0.4m³級）により採礫し，その石礫をほ場内に一時仮置きする場合に適用する。

(2) 施工概要

施工フローは，次表を標準とする。

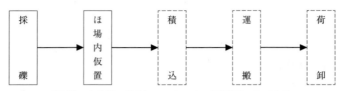

（備考） 本歩掛で対応しているのは，実線部分のみである。

(3) 機種の選定

施工機械は，次表を標準とする。

(表—1) 機種の選定

機　械　名	規　格
除礫用機械〔クローラ型・油圧回転バケット付〕（ストーンローダ）	0.4m³級

(4) 施工歩掛

ストーンローダによる石礫除去の運転1時間当り作業量は，次の算定式によって求める。

$Q = q \times E$

　Q：運転1時間当り作業量（m³/hr）（小数点以下第3位四捨五入小数第2位止）
　q：運転1時間当り基準作業量（m³/hr）
　E：作業係数

① 基準作業量（q）

　$q = 24.3$（m³/hr）

② 作業係数（E）

(表—2) 作業係数

土質区分＼乾湿区分	乾　燥	普　通	湿　潤
砂　質　土	1.00	0.85	0.80
粘　性　土	0.90	0.75	0.70

③ 運転労務

ストーンローダの運転労務は，別途計上する。

(5) 単価表

① 石礫除去（機械）1時間（Qm³）当り単価表

名　称	規　格	単　位	数　量	摘　要
除礫用機械（ストーンローダ）運転	0.4m³級	h	1/Q	表—1，表—2
計				

② 機械運転単価表

機　械　名	規　格	適用単価表	指　定　事　項
除礫用機械（ストーンローダ）	0.4m³級	機—1	燃料消費量→11

10. 雑物除去（農用地造成工用）
(1) 適用範囲
　本資料は，農用地造成工事において造成面に露出している樹木，細根，竹，笹，雑草等の除去を行い，除去したものをほ場の端へ搬出するまでの人力による作業に適用する。
(2) 施工概要
　施工フローは，次表を標準とする。

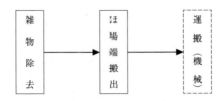

（備考）　本歩掛で対応しているのは実線部分のみである。

(3) 施工歩掛
　農用地造成工事（改良山成畑）において造成面に露出している樹木，細根，竹，笹，雑草等の除去を行い，除去したものをほ場の端へ搬出する歩掛は次表を標準とする。

（表—1）　雑物除去の歩掛　　　　　　　　　　　　　　　　（1ha当り）

名　　称	単位	数　量
世　話　役	人	0.67
普通作業員	〃	6.06

（備考）　計上面積は，造成面積とする。

(4) 単価表
　① 雑物除去1ha当り単価表

名　　称	規　格	単位	数　量	摘　要
世　話　役		人	表—1	
普通作業員		〃	〃	
計				

11. 畑面植生
(1) 適用範囲
　本資料は，畑面を草生によって表土の保護を目的とし，種子を人力散布によって行う場合に適用する。
(2) 施工概要
　施工フローは，次表を標準とする。

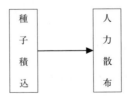

(3) 施工歩掛
　① 労　務
　　畑面植生作業の労務は次表を標準とする。

（表—1）　散布労務　　　　　　　　　　　　　　　　　　（1.0ha当り）

名　　称	単位	数　量	摘　要
普通作業員	人	0.83	

② 諸 雑 費
諸雑費は，機械の運転経費であり，労務費の合計額に次表の率を乗じた金額を計上する。

（表―2） 諸雑費率　　　　　　　　　　　　　　　　　　　　　　　　　（％）

諸 雑 費 率	8

(4) 能力算定式

1日当り作業量（Q_D）は次の通りとする。

$Q_D = 1/0.83 = 1.20$ ha/日

(5) 単 価 表

① 畑面植生（人力散布）1ha当り単価表

名　　　称	規　　格	単　位	数　量	摘　　要
散 布 材 料		ha	1.0	
普 通 作 業 員		人		表―1
諸 雑 費		式	1	表―2
計				

12．人力刈払後の集積

(1) 適 用 範 囲

本歩掛は，人力刈払後伐採した樹木等を集積・積込する作業に適用する。

(2) 施 工 概 要

施工フローは次図を標準とする。

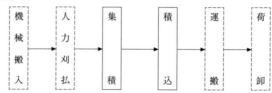

（備考）本歩掛で対応しているのは，実線部分のみである。

(3) 機種の選定

刈払後の集積・積込に使用する機種，規格は次表を標準とする。

（表―1） 機 種 の 選 定

機　械　名	規　　　　格
掴み装置付バックホウ（クローラ型）	排出ガス対策型（第2次基準値） 山積0.45 m³（平積0.35 m³） 掴み装置0.7m級　開口幅1.7〜2.0m

(4) 施 工 歩 掛

① 運転時間等算定基準（標準機種による10a当り運転時間）

バックホウの運転時間（TB）

ア．バックホウ（TB）の運転時間は，次のとおりとする。

TB ＝10.1（hr/10a）

(5) 単価表
① 人力刈払後の集積10a当り単価表

名　　　　　　称	規　　　　　格	単位	数　　量	摘　　　　要
掴み装置付バックホウ（クローラ型）	排出ガス対策型 （第2次基準値） 山積0.45 m³ （平積0.35 m³） 掴み装置0.7m級 開口幅1.7～2.0m	h	10.1	

② 機械運転単価表

機　械　名	規　　　　　格	適用単価表	指　　定　　事　　項
掴み装置付バックホウ（クローラ型）	排出ガス対策型 （第2次基準値） 山積0.45 m³ （平積0.35 m³） 掴み装置0.7m級	機－3	運転労務数量→0.15 燃料消費量→8.6 機械損料1→掴み装置（0.7m級） 　　　　　　　開口幅1.7～2.0m 機械損料2→バックホウ 　　　　　　（排出ガス対策型（2次）） 　　　　　　　山積0.45 m³（平積0.35 m³）

13. ブルドーザ畑面整地工

(1) 適用範囲
　　本歩掛は，農用地造成工事のブルドーザによる畑面の整地作業に適用する。
(2) 機種の選定
　　施工機械は，次表を標準とする。

（表－1）機種の選定

機　械　名	規　　　　　　　格
ブルドーザ	排出ガス対策型（第1次基準値）　普通11 t級 排出ガス対策型（第1次基準値）　普通15 t級 排出ガス対策型（第1次基準値）　普通21 t級 排出ガス対策型（第1次基準値）　普通32 t級

（備考）ブルドーザ規格は次により選定する。
　　1. 山成畑：抜・排根に適用したレーキドーザ，又は深耕に適用したリッパドーザの規格と同一クラスとする。
　　2. 改良山成畑・斜面畑・階段畑：基盤造成のブルドーザによる土工量が5,000 m³未満の場合普通15 t級，5,000 m³～30,000 m³未満の場合普通21 t級，30,000 m³以上の場合普通32 t級を適用する。

(3) 施工歩掛
　　ブルドーザの1ha当り運転時間は，次の算定式によって求める。
　　Th = th × E × N
　　　　Th：1ha当り運転時間（hr/ha），（小数点以下2位四捨五入1位止）
　　　　th：1ha当り基準運転時間（hr/ha）
　　　　E ：作業効率
　　　　N ：整地回数
① 1ha当り基準運転時間（th）
　　th = 68.4X$^{-0.365}$
　　　　X ：平均整地作業区画面積（m²）
　　　　　　　　（Xは10 m²単位を四捨五入し100 m²単位とする。またX＞10,000の時は，X＝10,000とする）
② 作業効率（E）
　　E = E₁ × E₂
　　　　E₁：作業係数
　　　　E₂：機械係数

ア．作業係数（E_1）

（表—2） 作業係数

造成畑＼土質	粘性土	砂質土
山　成　畑	1.00	0.90
改 良 山 成 畑	1.00	0.90
斜　面　畑	1.60	1.40
階　段　畑	1.60	1.50

イ．機械係数（E_2）

（表—3） 機械係数

ブルドーザ規格	排出ガス対策型（第1次基準値）11t級	排出ガス対策型（第1次基準値）15t級	排出ガス対策型（第1次基準値）21t級	排出ガス対策型（第1次基準値）32t級
E_2	1.10	1.00	1.00	0.80

③ 整地回数（N）

山成畑は抜・排根後2回，改良山成畑，斜面畑，階段畑は基盤造成後2回を標準とする。

また，耕起後の整地回数は，耕起深と土質，後に行う砕土機械の走行性，導入作目等により決定する。

④ 補助労務（普通作業員）

（表—4） 補助労務　　　　　　　　　　　　　　　　　　　（ha当り）

整地作業＼造成畑	山成畑及び改良山成畑	斜面畑及び階段畑
基 盤 造 成 後 の 整 地（山成畑は抜・排根後の整地）	4.5 人	5.0 人
耕 起 後 の 整 地	7.5 〃	8.0 〃

（備考）　1．上表の補助労務歩掛にはブルドーザ整地の補助作業のほか，基盤造成時～ほ場完成時までにおける維持管理（ほ場内水切り及び排水側溝の土砂の排除等）に係わる労務を含む。
　　　　　2．維持管理を伴わない場合の補助労務は，それぞれ2.0人/haとする。

⑤ 運転労務

ア．ブルドーザの運転労務は別途計上する。

(4) 単価表

① ブルドーザ畑面整地工1ha当り単価表

名　称	規　格	単 位	数　量	摘　要
ブルドーザ運転	排出ガス対策型（第1次基準値）○○t級	h	Th	表—2，表—3
普 通 作 業 員		人		表—4
計				

② 機械運転単価表

機 械 名	規　格	適用単価表	指定事項
ブ ル ド ー ザ	排出ガス対策型（第1次基準値）　普通11t級	機—1	
	排出ガス対策型（第1次基準値）　普通15t級		
	排出ガス対策型（第1次基準値）　普通21t級		
	排出ガス対策型（第1次基準値）　普通32t級		

❻ 調　　　　査
① 測　　　量
1．測量業務積算基準
1－1　適用範囲
この積算基準は，測量業務に適用する。
1－2　実施計画
測量業務の実施計画を策定する場合，当該作業地域における基本測量及び公共測量の実施状況について調査し，利用出来る測量成果等の活用を図ることにより，測量の重複を避けるよう努めるものとする。これらについての掌握及び助言は国土地理院が行っている。
1－3　測量業務費
1－3－1　測量業務費の構成

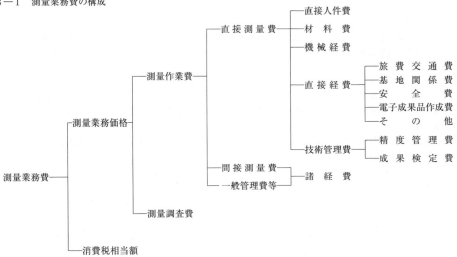

1－3－2　測量業務費構成費目の内容
(1) 測量作業費
測量作業費は，一般的な測量作業に要する費用である。
① 直接測量費
直接測量費は，次の各項目について計上する。
ア．直接人件費
測量作業に従事する技術者の人件費である。なお，名称及びその基準日額等は別途定める。
イ．材料費
材料費は，業務を実施するのに要する材料の費用である。
ウ．機械経費
機械経費は，業務に使用する機械に要する費用である。その算定は「請負工事機械経費積算要領」に基づいて積算するものを除き，別途定める「測量機械等損料等算定表」による。
エ．直接経費
　a．旅費交通費
　　業務に係る旅費交通費を計上する。
　b．基地関係費
　　基地関係費は，作業を実施するための基地設置又は使用に要する費用である。
　c．安全費
　　安全費は，作業における安全対策に要する費用である。
　d．電子成果品作成費
　　電子成果品作成費は，電子成果品作成に要する費用である。
　e．その他
　　器材運搬，伐木補償，車借上料等に要する費用を計上する。
オ．技術管理費
　a．精度管理費

精度管理費は，測量成果の精度を確保するために行う検測，精度管理表の作成及び機械器具の検定等の費用である。
    b．成果検定費
        成果検定費は，測量成果の検定を行うための費用である。
        また，成果検定費は諸経費率算定の対象額としない。
  ② 間接測量費
        間接測量費は，動力用水光熱費，その他の費用で，直接測量費で積算された以外の費用及び登記記録調査（登記手数料は含まない），図面トレース等の専門業に外注する場合に必要となる間接的な経費，業務実績の登録等に要する費用，オンライン電子納品に要する費用，情報共有システムに要する費用（登録料及び利用料），PC等の標準的なOA機器費用（BIM/CIMに関するライセンス費用を含む），熱中症対策費用である。
        なお，間接測量費は，一般管理費等と合わせて，諸経費として計上する。
  ③ 一般管理費等
        一般管理費等は，一般管理費及び付加利益よりなる。
    ア．一般管理費
        一般管理費は当該業務を実施する企業の経費であって，役員報酬，従業員給与手当，退職金，法定福利費，福利厚生費，事務用品費，通信交通費，動力用水光熱費，広告宣伝費，交際費，寄付金，地代家賃，減価償却費，租税公課，保険料，雑費等を含む。
    イ．付加利益
        付加利益は，当該測量作業を実施する企業を継続的に運営するのに要する費用であって，法人税，地方税，株主配当金，内部留保金，支払利息及び割引料，支払保証料その他の営業外費用等を含む。
(2) 測量調査費
    測量調査費は，宇宙技術を用いた測量等の難度の高い測量業務について行う調査・計画及び測量データを用いた解析等高度な技術力を要する業務を実施する費用である。
(3) 消費税相当額
    消費税相当額は，消費税相当分とする。
1－4 測量業務費の積算方式
 1－4－1 測量業務費
    測量業務費は，次の積算方式によって積算するものとする。
    測量業務費 ＝（測量作業費）＋（測量調査費）＋（消費税相当額）
             ＝｛（測量作業費）＋（測量調査費）｝×｛1＋（消費税率）｝
  ① 測量作業費 ＝（直接測量費）＋（間接測量費）＋（一般管理費等）
             ＝（直接測量費）＋（諸経費）
             ＝｛（直接測量費）－（成果検定費）｝×｛1＋（諸経費率）｝＋（成果検定費）
  ② 諸 経 費
    測量作業費に係る諸経費は，別表第1により直接測量費（成果検定費を除く）ごとに求められた諸経費率を，当該直接測量費（成果検定費を除く）に乗じて得た額とする。
  ③ 測量調査費
    測量調査費については，「土木設計業務等積算基準」による。
    「3次元ベクトルデータ作成」及び「3次元設計周辺データ作成」については「ICTの全面的な活用の推進に関する実施方針」で定められている各実施要領に基づき，測量調査費として計上するものとする。
    なお，測量調査についての運用は別表第2による。
        別表第1
        ア．諸経費率標準値

直接測量費 （成果検定費を除く）	50万円以下	50万円を超え1億円以下		1億円を 超えるもの
適 用 区 分 等	下記の率とする	イ．の算出式により求められた率とする。 ただし，変数値は下記による。		下記の率とする
		A	b	
率 又 は 変 数 値	91.2%	371.23	－0.107	51.7%

        イ．算出式
            $z = A \times X^b$
                ただし，z：諸経費率（単位：%）
                        X：直接測量費（単位：円）［成果検定費を除く。］
                        A，b：変数値
            （備考） 諸経費率の値は，小数点以下第2位を四捨五入して小数点以下第1位止めとする。

別表第2

測量調査についての運用

	項　目	業　務　名	備　考
測量調査	測量計画に関する測量調査	基準点測量等の測量計画 宇宙技術等を用いた測量計画 地上写真等による調査の計画 リモートセンシングによる調査計画 新測量技術の総合評価	
	地図作成に関する測量調査	地図情報の自動解析 画像情報の自動解析 各種地図データ利用のためのGISの構築 衛星画像の解析 地図投影法の設計 主題図の設計	
	地域開発関連の測量調査	広域開発計画における画像情報による調査解析 広域開発計画における地図情報による調査解析 地図情報による用地管理の調査解析 地図情報による地下空間開発のための調査解析 海底地形・地質の面的調査解析	
	施設管理関連の測量調査	画像情報による水資源等の調査解析 GISによる施設管理システムの構築 ダム周辺地盤の変動量の調査解析 構造物等の変位調査解析 画像情報による河川流量・交通量の自動解析システムの設計 画像解析による構造物の空洞・亀裂等調査解析 GISによる道路管理のための解析 GISによる河川管理のための解析 GISによる砂防管理のための解析 GISによる上下水道管理のための解析	
	防災関連の測量調査	写真による災害状況の調査 リモートセンシングによる災害調査 写真測量による火山噴出量の解析 GISによる災害予測の解析（水害，火災，震災，津波等） 地盤沈下地域の解析 地殻変動の調査解析 地図・画像情報による地滑り・崩壊地の調査解析	
	環境解析に関する測量調査	沿岸海域の調査解析 大規模構造物の景観シミュレーション 大規模構造物に関する環境シミュレーション リモートセンシングによる環境調査解析 マクロ環境解析（広域・総合）	
	工事施工に関する測量調査	CADによる工事完成モデルの解析 工事施工に伴う連続モニタリング 工事施工に伴う高精度計測 土木・建築構造物の形状調査解析 位置誘導システムの設計	
	基礎測量調査	地殻構造の調査解析 ジオイドの調査解析 海面変動の調査解析	

1－4－2　変化率の積算
(1) 変化率

変化率は，相互に独立であると仮定し，代数和の形で種々の条件を取り入れる。すなわち直接作業費単価は各条件に対応する変化率の代数和に1を加えた値を標準単価に乗じて決める。

変化率は，それぞれの条件における標準値を示すもので，自ずから若干の幅がある。従って実際の適用にあたっては，測量作業諸条件を十分加味して，実際の積算を行われたい。条件が二つ以上にまたがる測量作業の場合は，延長，面積，作業量等のうち適当なものを「重み」とした重量平均値（小数点以下2位）を用いる。

縮尺は通常用いられるものについて作成してあるので，その中間のものが必要なときは，その前後の縮尺を参考に，また，本歩掛表より大きな縮尺，小さな縮尺のものについては，別途に検討のうえ積算する。

なお，縮尺別の変化率を与えていない測量は，縮尺による変化率の増減はないものとしている。

〔変化率計算の1例（距離を重量とした場合）〕

延長20kmの路線測量において地域が下図のように分かれている場合は，変化率表を参照して，次のとおりとなる。

| 大市街地
（平地）
3km | 市街地乙
（平地）
9km | 耕地
（平地）
6km | 都市近郊
（丘陵地）
2km |

$$変化率 = \frac{1.0 \times 3 + 0.3 \times 9 + 0.0 \times 6 + 0.3 \times 2}{3 + 9 + 6 + 2} = \frac{6.3}{20} = 0.32$$

$$1 + 変化率 = 1.32$$

(2) 地域・地形区分

地域区分の標準は次のように定める。

地物による分類

　大 市 街 地　人口約100万人以上の大都市の中心部（家屋密度90％程度）
　市 街 地（甲）　人口約 50万人以上の大都市の中心部（家屋密度80％程度）
　市 街 地（乙）　上記以外の都市部（家屋密度60％程度）
　都 市 近 郊　都市に接続する家屋の散在している地域（家屋密度40％程度）
　耕　　　地　耕地及びこれに類似した所で農地でなくてもこの中に含む（家屋密度20％程度以下）
　原　　　野　木が少なく視通のよい所
　森　　　林　木が多く視通の悪い所

地形による分類

　平　　　地　平坦な地形
　丘　陵　地　ゆるやかな起伏のある地形
　低　山　地　相当勾配のある地形。あるいは，標高1,000m未満の山地
　高　山　地　急峻な地形。あるいは，標高1,000m以上の山地

1－4－3　技術管理費の積算

技術管理費は，精度管理費に成果検定費を加えたものとする。

　　　（技術管理費）＝（精度管理費）＋（成果検定費）

(1) 精度管理費

精度管理費は，精度管理，機械器具の検定に必要な経費であり，直接測量費のうち直接人件費等及び機械経費の合計額に精度管理費係数を乗じて得た額とする。

　　　（精度管理費）＝｛（直接人件費）＋（機械経費）｝×（精度管理費係数）

なお，精度管理費係数は，表－1によるものとするが，その内容が技術的に極めて高度であるか，または極めて複雑困難であるときは，5％を超えない範囲で増すことが出来る。

(2) 成果検定費

成果検定費は，測量成果の検定を行うための費用であり，次式により算定して得た額とする。

なお，成果検定費は，諸経費の対象としない。

また，電子納品検定料も必要に応じて測量成果検定料に計上すること。（測量内容によって測量成果検定料に電子納品検定料が含まれている場合と別途計上の場合があるため。）

　　　（成果検定費）＝（測量成果検定料）×（作業量）

表―1　精度管理費係数

測量作業種別			精度管理費係数
基準点測量		1級基準点測量	0.10
		2級基準点測量	0.09
		3級基準点測量	0.09
		4級基準点測量	0.09
		1級水準測量（レベル等による）	0.09
		2級水準測量（レベル等による）	0.09
		3級水準測量（レベル等による）	0.09
		4級水準測量（レベル等による）	0.09
応用測量		路線測量（用地幅杭設置測量は除く）	0.10
		河川測量	0.10
		深浅測量	0.09
		用地測量	0.07
地形測量	空中写真測量	撮影（デジタル）	0.05
		対空標識の設置	0.03
		標定点測量	0.02
		簡易水準測量	0.05
		同時調整	0.05
		数値図化（地図情報レベル1000）	0.07
		数値図化（地図情報レベル2500）	0.03
	現地測量		0.05
	航空レーザ測量（地図情報レベル1000）		0.03
三次元点群測量	UAV写真測量		0.06
	地上レーザ測量		0.07

(備考)　1．基準点測量及び水準測量に伴う基準点設置及び水準点設置も精度管理費係数の対象に含む。
　　　2．路線測量の作業計画，現地踏査，伐採は，精度管理費係数の対象としない。
　　　3．河川測量の作業計画，現地踏査は精度管理費係数の対象としない。
　　　4．深浅測量の作業計画は，精度管理費係数の対象としない。
　　　5．(1)用地測量（公共用地境界確定協議を除く）の作業計画，現地踏査，公図等の転写，地積測量図転写，土地の登記記録調査，建物の登記記録調査，権利者確認調査（当初），権利者確認調査（追跡），公図等転写連続図作成，境界確認，土地境界確認書作成，境界測量，用地境界仮杭設置，用地境界杭設置，土地調書作成は精度管理費係数の対象としない。
　　　　(2)用地測量（公共用地境界確定協議）の公共用地管理者との打合せ，依頼書作成，協議書作成は精度管理費係数の対象としない。
　　　6．UAV写真測量及び地上レーザ測量の作業計画は精度管理費の対象としない。
　　　7．航空レーザ測量（地図情報レベル500）及びUAVレーザ測量の精度管理係数は別途計上とする。

1―5　近接して発注したい場合の積算
　　　原則として調整計算はしない。

1－6　安全費の積算
　　安全費とは，当該測量業務を遂行するために安全対策上必要となる経費であり，現場状況により，以下の(1)又は(2)により算定した額とする。なお，安全対策上必要となる経費とは，主に交通誘導員，熊対策ハンター，ハブ対策監視員及びこれに伴う機材等に係わるものをいう。
(1) 交通誘導員等に係わる安全費を算出する業務は，主として現道上で連続的に行われ，且つ安全対策が必要となる場合を対象とし，当該地域の安全費率を用いて次式により算出する。
　　　　(安全費)＝｛(直接測量費)－(往復経費)－(成果検定費)｝×(安全費率)
　　　(備考)　1．上式の直接測量費は，安全費を含まない費用である。
　　　　　　　2．上式の往復経費とは，宿泊を伴う場合で積算上の基地から滞在地までの旅行等に要する旅費交通費及び旅行時間に係る直接人件費の費用である。
　　安全費率は表－2を標準とする。

表－2　安全費率

場所＼地域	大市街地	市街地(甲)	市街地(乙)都市近郊	その他
主として現道上	4.0%	3.5%	3.0%	2.5%

(備考)　地域が複数となる場合は，地域毎の区間(距離)を重量とし，加重平均により率を小数第1位(小数第2位を四捨五入)まで算出する。

(2) (1)によりがたい場合及び熊対策ハンター，ハブ対策監視員及びこれに伴う機材等に係わる安全費を算出する業務は，現場状況に応じて積上げ計算により算出する。

1－7　電子成果品作成費
　「測量成果電子納品要領(案)」に基づく電子成果品の作成費用は，次の計算式により算出するものとする。
　ただし，これによりがたい場合は別途計上する。

　　電子成果品作成費(千円)＝$2.3x^{0.44}$
　　ただし，x：直接人件費(千円)

　　(備考)　1．上式の電子成果品作成費の算出にあたっては，直接人件費を千円単位(小数点以下切り捨て)で代入する。
　　　　　　2．算出された電子成果品作成費(千円)は，千円未満を切り捨てる(小数点以下切り捨て)ものとする。
　　　　　　3．電子成果品作成費の上下限については，上限：170千円，下限：10千円とする。

1－8　打合せ等(共通)

(1業務当り)

区分		測量主任技師	測量技師	測量技師補	備考
打合せ	業務着手時	0.5	0.5		(対面)
	中間打合せ	0.5		0.5	1回当り(対面)
	成果物納入時	0.5	0.5		(対面)
関係機関協議資料作成			0.25	0.25	1機関当り
関係機関打合せ協議			0.5	0.5	1機関1回当り(対面)

(備考)　1．打合せ，関係機関打合せ協議には，打合せ議事録の作成時間及び移動時間(片道所要時間1時間程度以内)を含むものとする。
　　　　2．打合せ，関係機関打合せ協議には，電話及び電子メールによる確認等に要した作業時間を含むものとする。
　　　　3．中間打合せの回数は，各節によるものとし，各節に記載が無い場合は必要回数(3回を標準)を計上する。打合せ回数を増減する場合は，1回当り，中間打合せ1回の人員を増減する。
　　　　　なお，複数分野の業務を同時に発注する場合は，主たる業務の打合せ回数を適用し，それ以外の業務については，必要に応じて中間打合せ回数を計上する。
　　　　4．関係機関打合せ協議の回数は，1機関当り1回程度とし，関係機関打合せ協議の回数を増減する場合は，1回当り，関係機関打合せ協議1回の人員を増減する。なお，発注者のみが直接関係機関と協議する場合は，関係機関打合せ協議を計上しない。

2. 基準点測量
2－1　1級基準点測量
2－1－1　新点5点
(1) 標準歩掛等

本歩掛の適用範囲は，新点50点以下とする。

標準作業量	作業工程		所要日数					内外業の別	編成						延人日数					計
			測量主任技師	測量技師	測量技師補	測量助手	測量補助員		測量主任技師	測量技師	測量技師補	測量助手	測量補助員	計	測量主任技師	測量技師	測量技師補	測量助手	測量補助員	
新点5点	作業計画		1.0	2.0	1.5			内	1	1	1			3	1.0	2.0	1.5			4.5
	選点			3.0	3.5			外		1	1			2		3.0	3.5			6.5
	観測			1.5	1.5	1.5		外		2	3	1		6		3.0	4.5	1.5		9.0
	計算整理		1.0	3.5	3.0			内	1	1	1			3	1.0	3.5	3.0			7.5
	内訳	外業計		4.5	5.0	1.5										6.0	8.0	1.5		15.5
		内業計	2.0	5.5	4.5										2.0	5.5	4.5			12.0
	合計		2.0	10.0	9.5	1.5									2.0	11.5	12.5	1.5		27.5

(備考)　1.　本歩掛は，2－5　基準点設置の地上埋設（普通），地上埋設（上面舗装），地下埋設，屋上埋設と併せて使用する。
　　　　2.　本歩掛には，関係機関協議資料作成及び関係機関打合せ協議に係る作業時間も含む。
　　　　3.　伐採のある場合は，別途計上する。
　　　　4.　機械経費，通信運搬費等，材料費については「測量業務標準歩掛における各費目の直接人件費に対する割合」に基づき別途計上する。

2－2　2級基準点測量
2－2－1　新点10点
(1) 標準歩掛等

本歩掛の適用範囲は，新点35点以下とする。

標準作業量	作業工程		所要日数				内外業の別	編成					延人日数				
			測量主任技師	測量技師	測量技師補	測量助手	測量補助員		測量主任技師	測量技師	測量技師補	測量助手	測量補助員	計	測量主任技師	測量技師	測量技師補	測量助手	測量補助員	計
新点10点	作業計画		1.5	2.5	2.0			内	1	1	1			3	1.5	2.5	2.0			6.0
	選点			8.5	8.5			外		1	1			2		8.5	8.5			17.0
	伐採			2.0	2.0		2.0	外		1	1		1	3		2.0	2.0		2.0	6.0
	観測			5.0	4.0		3.5	外		1	3		3	7		5.0	12.0		10.5	27.5
	計算整理		2.0	3.5	5.0			内	1	1	1			3	2.0	3.5	5.0			10.5
	内訳	外業計		15.5	14.5		5.5									15.5	22.5		12.5	(44.5) 50.5
		内業計	3.5	6.0	7.0										3.5	6.0	7.0			(16.5) 16.5
	合計		(3.5) 3.5	(19.5) 21.5	(19.5) 21.5		(3.5) 5.5								(3.5) 3.5	(19.5) 21.5	(27.5) 29.5		(10.5) 12.5	(61.0) 67.0

(備考)
1. 本歩掛は，2－5　基準点設置の地上埋設（普通），地上埋設（上面舗装），地下埋設，屋上埋設と併せて使用する。
2. 本歩掛には，関係機関協議資料作成及び関係機関打合せ協議に係る作業時間も含む。
3. 伐採を必要としない場合は，伐採工程の人日数を減ずるものとする。また，直接人件費に対する割合は「伐採なし」の数値を適用するものとする。
4. （　）書の数値は，伐採を含まない数値である。
5. 機械経費，通信運搬費等，材料費については「測量業務標準歩掛における各費目の直接人件費に対する割合」に基づき別途計上する。

2－3　3級基準点測量
 2－3－1　新点20点
(1) 標準歩掛等
　　本歩掛の適用範囲は，新点80点以下とする。

標準作業量	作業工程	所要日数 測量主任技師	測量技師	測量技師補	測量助手	測量補助員	内外業の別	編成 測量主任技師	測量技師	測量技師補	測量助手	測量補助員	計	延人日数 測量主任技師	測量技師	測量技師補	測量助手	測量補助員	計
新点20点	作業計画	2.0	2.0	2.0			内	1	1	1			3	2.0	2.0	2.0			6.0
	選　　点		6.0	6.0	5.0		外		1	1	1		3		6.0	6.0	5.0		17.0
	伐　　採		1.5	1.5		1.5	外		1	1		1	3		1.5	1.5		1.5	4.5
	観　　測		5.5	5.5	4.0		外		1	1	2		4		5.5	5.5	8.0		19.0
	計算整理	1.0	3.0	4.0	2.5		内	1	1	1	1		4	1.0	3.0	4.0	2.5		10.5
	内訳 外業計		13.0	13.0	9.0	1.5									13.0	13.0	13.0	1.5	(36.0) 40.5
	内訳 内業計	3.0	5.0	6.0	2.5									3.0	5.0	6.0	2.5		(16.5) 16.5
	合　　計	(3.0) 3.0	(16.5) 18.0	(17.5) 19.0	(11.5) 11.5	1.5								(3.0) 3.0	(16.5) 18.0	(17.5) 19.0	(15.5) 15.5	1.5	(52.5) 57.0

(備考) 1. 本歩掛は，2－5　基準点設置の地上埋設（上面舗装），地下埋設，屋上埋設，コンクリート杭設置と併せて使用する。ただし，永久標識設置を設置しない場合は，永久標識設置なしの直接人件費に対する割合を適用する。
　　　 2. 本歩掛には，関係機関協議資料作成及び関係機関打合せ協議に係る作業時間も含む。
　　　 3. 伐採を必要としない場合は，伐採工程の人日数を減ずるものとする。また，直接人件費に対する割合は「伐採なし」の数値を適用するものとする。
　　　 4. （　）書の数値は，伐採を含まない数値である。
　　　 5. 機械経費，通信運搬費等，材料費については「測量業務標準歩掛における各費目の直接人件費に対する割合」に基づき別途計上する。

2－4　4級基準点測量
　2－4－1　新点35点　永久標識設置なし
(1)　標準歩掛等
　　本歩掛の適用範囲は，新点170点以下とする。

標準作業量	作業工程		所要日数					内外業の別	編成						延人日数					計
			測量主任技師	測量技師	測量技師補	測量助手	測量補助員		測量主任技師	測量技師	測量技師補	測量助手	測量補助員	計	測量主任技師	測量技師	測量技師補	測量助手	測量補助員	
新点35点永久標識設置なし	作業計画		0.5	1.0	0.5			内	1	1	1			3	0.5	1.0	0.5			2.0
	選　点			2.5	2.5	2.0		外		1	1	1		3		2.5	2.5	2.0		7.0
	伐　採			0.5	0.5		0.5	外		1	1		1	3		0.5	0.5		0.5	1.5
	観　測			3.0	3.0	2.5		外		1	1	2		4		3.0	3.0	5.0		11.0
	計算整理		0.5	1.5	2.0	1.0		内	1	1	1	1		4	0.5	1.5	2.0	1.0		5.0
	内訳	外業計		6.0	6.0	4.5	0.5									6.0	6.0	7.0	0.5	(18.0)19.5
		内業計	1.0	2.5	2.5	1.0									1.0	2.5	2.5	1.0		(7.0)7.0
	合　計		(1.0)1.0	(8.0)8.5	(8.0)8.5	(5.5)5.5	0.5								(1.0)1.0	(8.0)8.5	(8.0)8.5	(8.0)8.0	0.5	(25.0)26.5

(備考)　1.　伐採を必要としない場合は，伐採工程の人日数を減ずるものとする。また，直接人件費に対する割合は「伐採なし」の数値を適用するものとする。
　　　　2.　本歩掛には，関係機関協議資料作成及び関係機関打合せ協議に係る作業時間も含む。
　　　　3.　(　)書の数値は，伐採を含まない数値である。
　　　　4.　機械経費，通信運搬費等，材料費については「測量業務標準歩掛における各費目の直接人件費に対する割合」に基づき別途計上する。

2－5　基準点設置
2－5－1　新点10点　地上埋設（普通）
(1) 標準歩掛等
　　本歩掛の適用範囲は，新点35点以下とする。

標準作業量	作業工程	所要日数 測量主任技師	測量技師	測量技師補	測量助手	測量補助員	内外業の別	編成 測量主任技師	測量技師	測量技師補	測量助手	測量補助員	計	延人日数 測量主任技師	測量技師	測量技師補	測量助手	測量補助員	計
新点10点地上埋設（普通）	設置		1.0	6.0		6.0	外		1	1		2	4		1.0	6.0		12.0	19.0
	合計		1.0	6.0		6.0									1.0	6.0		12.0	19.0

（備考）1. 本歩掛は，2－1　1級基準点測量，2－2　2級基準点測量と併せて使用する。
　　　　2. 本歩掛には，関係機関協議資料作成及び関係機関打合せ協議に係る作業時間も含む。
　　　　3. 機械経費，通信運搬費等，材料費については「測量業務標準歩掛における各費目の直接人件費に対する割合」に基づき別途計上する。

2－5－2　新点10点　地上埋設（上面舗装）
(1) 標準歩掛等
　　本歩掛の適用範囲は，新点80点以下とする。

標準作業量	作業工程	所要日数 測量主任技師	測量技師	測量技師補	測量助手	測量補助員	内外業の別	編成 測量主任技師	測量技師	測量技師補	測量助手	測量補助員	計	延人日数 測量主任技師	測量技師	測量技師補	測量助手	測量補助員	計
新点10点地上埋設（上面舗装）	設置		1.0	6.0		6.0	外		1	1		2	4		1.0	6.0		12.0	19.0
	合計		1.0	6.0		6.0									1.0	6.0		12.0	19.0

（備考）1. 本歩掛は，2－1　1級基準点測量，2－2　2級基準点測量，2－3　3級基準点測量と併せて使用する。
　　　　2. 本歩掛には，関係機関協議資料作成及び関係機関打合せ協議に係る作業時間も含む。
　　　　3. 機械経費，通信運搬費等，材料費については「測量業務標準歩掛における各費目の直接人件費に対する割合」に基づき別途計上する。

❻調　　　査—12

2—5—3　新点10点　地下埋設
(1) 標準歩掛等
　本歩掛の適用範囲は，新点80点以下とする。

標準作業量	作業工程	所要日数					内外業の別	編成					延人日数				
^	^	測量主任技師	測量技師	測量技師補	測量助手	測量補助員	^	測量主任技師	測量技師	測量技師補	測量助手	測量補助員	計	測量主任技師	測量技師	測量技師補	測量助手	測量補助員	計
新点10点地下埋設	設置		1.0	6.0		6.0	外		1	1		2	4		1.0	6.0		12.0	19.0
^	合計		1.0	6.0		6.0									1.0	6.0		12.0	19.0

(備考)　1.　本歩掛は，2—1　1級基準点測量，2—2　2級基準点測量，2—3　3級基準点測量と併せて使用する。
　　　　2.　本歩掛には，関係機関協議資料作成及び関係機関打合せ協議に係る作業時間も含む。
　　　　3.　機械経費，通信運搬費等，材料費については「測量業務標準歩掛における各費目の直接人件費に対する割合」に基づき別途計上する。

2—5—4　新点10点　屋上埋設
(1) 標準歩掛等
　本歩掛の適用範囲は，新点80点以下とする。

標準作業量	作業工程	所要日数					内外業の別	編成					延人日数				
^	^	測量主任技師	測量技師	測量技師補	測量助手	測量補助員	^	測量主任技師	測量技師	測量技師補	測量助手	測量補助員	計	測量主任技師	測量技師	測量技師補	測量助手	測量補助員	計
10点屋上埋設	設置		1.0	4.5		4.5	外		1	1		1	3		1.0	4.5		4.5	10.0
^	合計		1.0	4.5		4.5									1.0	4.5		4.5	10.0

(備考)　1.　本歩掛は，2—1　1級基準点測量，2—2　2級基準点測量，2—3　3級基準点測量と併せて使用する。
　　　　2.　本歩掛には，関係機関協議資料作成及び関係機関打合せ協議に係る作業時間も含む。
　　　　3.　機械経費，通信運搬費等，材料費については「測量業務標準歩掛における各費目の直接人件費に対する割合」に基づき別途計上する。

2－5－5　新点10点　コンクリート杭設置
(1) 標準歩掛等
　　本歩掛の適用範囲は，新点80点以下とする。

標準作業量	作業工程	所要日数					内外業の別	編成					延人日数				
^	^	測量主任技師	測量技師	測量技師補	測量助手	測量補助員	^	測量主任技師	測量技師	測量技師補	測量助手	測量補助員	計	測量主任技師	測量技師	測量技師補	測量助手	測量補助員	計
新点10点コンクリート杭設置	設　置		1.0	5.0		5.0	外		1	1		1	3		1.0	5.0		5.0	11.0
^	合　計		1.0	5.0		5.0									1.0	5.0		5.0	11.0

(備考)　1.　本歩掛は，2－3　3級基準点測量と併せて使用する。
　　　　2.　本歩掛には，関係機関協議資料作成及び関係機関打合せ協議に係る作業時間も含む。
　　　　3.　機械経費，通信運搬費等，材料費については「測量業務標準歩掛における各費目の直接人件費に対する割合」に基づき別途計上する。

2－6　基準点測量変化率
　2－6－1　地域による変化率

地域＼地形	平地	丘陵地	低山地	高山地
大市街地	＋0.1			
市街地（甲）	＋0.1			
市街地（乙）	0.0	0.0		
都市近郊	0.0	0.0		
耕　地	0.0	－0.1	＋0.1	
原　野	0.0	－0.1	0.0	＋0.1
森　林	＋0.1	0.0	＋0.2	＋0.3

2－7　その他
(1) 打合せ
　　中間打合せの回数は3回を標準とし，必要に応じて打合せ回数を増減する。打合せ回数を増減する場合は，1回当り，中間打合せ1回の人員を増減する。

3. 水準測量

3—1 水準測量

3—1—1 1級水準測量観測（レベル等による）

(1) 標準歩掛等

本歩掛の適用範囲は，1級水準測量観測700km以下とする。

標準作業量	作業工程		所要日数 測量主任技師	測量技師	測量技師補	測量助手	測量補助員	内外業の別	編成 測量主任技師	測量技師	測量技師補	測量助手	測量補助員	計	延人日数 測量主任技師	測量技師	測量技師補	測量助手	測量補助員	計
1級水準測量観測100km	作業計画		1.0	1.5	2.0	0.5		内	1	1	1	1		4	1.0	1.5	2.0	0.5		5.0
	選点			4.0	4.0	4.0		外		1	1	2		4		4.0	4.0	8.0		16.0
	観測			18.0	36.0	36.0		外		1	1	3		5		18.0	36.0	108.0		162.0
	計算整理		1.0	6.0	12.0	4.0		内	1	1	1	1		4	1.0	6.0	12.0	4.0		23.0
	内訳	外業計		22.0	40.0	40.0		外								22.0	40.0	116.0		178.0
		内業計	2.0	7.5	14.0	4.5		内							2.0	7.5	14.0	4.5		28.0
	合計		2.0	29.5	54.0	44.5									2.0	29.5	54.0	120.5		206.0

(備考) 1. 本歩掛には，関係機関協議資料作成及び関係機関打合せ協議に係る作業時間も含む。
2. 機械経費，通信運搬費等，材料費については「測量業務標準歩掛における各費目の直接人件費に対する割合」に基づき別途計上する。

3—1—2 2級水準測量観測（レベル等による）

(1) 標準歩掛等

本歩掛の適用範囲は，2級水準測量観測100km以下とする。

標準作業量	作業工程		所要日数 測量主任技師	測量技師	測量技師補	測量助手	測量補助員	内外業の別	編成 測量主任技師	測量技師	測量技師補	測量助手	測量補助員	計	延人日数 測量主任技師	測量技師	測量技師補	測量助手	測量補助員	計
2級水準測量観測30km	作業計画		0.5	1.0	1.0	0.5		内	1	1	1	1		4	0.5	1.0	1.0	0.5		3.0
	選点			1.0	1.0	1.0		外		1	1	2		4		1.0	1.0	2.0		4.0
	観測			4.5	9.0	9.0		外		1	1	3		5		4.5	9.0	27.0		40.5
	計算整理		1.0	2.0	4.0	2.0		内	1	1	1	1		4	1.0	2.0	4.0	2.0		9.0
	内訳	外業計		5.5	10.0	10.0		外								5.5	10.0	29.0		44.5
		内業計	1.5	3.0	5.0	2.5		内							1.5	3.0	5.0	2.5		12.0
	合計		1.5	8.5	15.0	12.5									1.5	8.5	15.0	31.5		56.5

(備考) 1. 本歩掛には，関係機関協議資料作成及び関係機関打合せ協議に係る作業時間も含む。
2. 機械経費，通信運搬費等，材料費については「測量業務標準歩掛における各費目の直接人件費に対する割合」に基づき別途計上する。

3—1—3　3級水準測量観測（レベル等による）
(1) 標準歩掛等
　　本歩掛の適用範囲は，3級水準測量観測50km以下とする。

標準作業量	作業工程	所要日数 測量主任技師	測量技師	測量技師補	測量助手	測量補助員	内外業の別	編成 測量主任技師	測量技師	測量技師補	測量助手	測量補助員	計	延人日数 測量主任技師	測量技師	測量技師補	測量助手	測量補助員	計
3級水準測量観測5km	作業計画	0.2	0.2	0.2			内	1	1	1			3	0.2	0.2	0.2			0.6
	選点		0.4	0.4	0.4		外		1	1	1		3		0.4	0.4	0.4		1.2
	観測		1.0	1.0	1.0		外		1	1	2		4		1.0	1.0	2.0		4.0
	計算整理		0.5	0.5			内		1	1			2		0.5	0.5			1.0
	内訳 外業計		1.4	1.4	1.4		外								1.4	1.4	2.4		5.2
	内訳 内業計	0.2	0.7	0.7			内							0.2	0.7	0.7			1.6
	合計	0.2	2.1	2.1	1.4									0.2	2.1	2.1	2.4		6.8

（備考）1. 本歩掛には，関係機関協議資料作成及び関係機関打合せ協議に係る作業時間も含む。
　　　　2. 機械経費，通信運搬費等，材料費については「測量業務標準歩掛における各費目の直接人件費に対する割合」に基づき別途計上する。

3—1—4　4級水準測量観測（レベル等による）
(1) 標準歩掛等
　　本歩掛の適用範囲は，4級水準測量観測20km以下とする。

標準作業量	作業工程	所要日数 測量主任技師	測量技師	測量技師補	測量助手	測量補助員	内外業の別	編成 測量主任技師	測量技師	測量技師補	測量助手	測量補助員	計	延人日数 測量主任技師	測量技師	測量技師補	測量助手	測量補助員	計
4級水準測量観測2km	作業計画	0.1	0.1	0.1			内	1	1	1			3	0.1	0.1	0.1			0.3
	選点		0.1	0.1	0.1		外		1	1	1		3		0.1	0.1	0.1		0.3
	観測		0.3	0.3	0.3		外		1	1	2		4		0.3	0.3	0.6		1.2
	計算整理		0.3	0.3			内		1	1			2		0.3	0.3			0.6
	内訳 外業計		0.4	0.4	0.4		外								0.4	0.4	0.7		1.5
	内訳 内業計	0.1	0.4	0.4			内							0.1	0.4	0.4			0.9
	合計	0.1	0.8	0.8	0.4									0.1	0.8	0.8	0.7		2.4

（備考）1. 本歩掛には，関係機関協議資料作成及び関係機関打合せ協議に係る作業時間も含む。
　　　　2. 機械経費，通信運搬費等，材料費については「測量業務標準歩掛における各費目の直接人件費に対する割合」に基づき別途計上する。

3－2 水準点設置
3－2－1 水準点設置（永久標識）
(1) 標準歩掛等

本歩掛の適用範囲は，新点65点以下とする。

標準作業量	作業工程		所要日数					内外業の別	編成						延人日数					計
			測量主任技師	測量技師	測量技師補	測量助手	測量補助員		測量主任技師	測量技師	測量技師補	測量助手	測量補助員	計	測量主任技師	測量技師	測量技師補	測量助手	測量補助員	
新点8点	選　　点			1.5	2.0	1.5		外	1	1	1			3		1.5	2.0	1.5		5.0
	設　　置				2.5		2.5	外			1		2	3			2.5		5.0	7.5
	整　　理				1.5	1.0		内		1	1			2			1.5	1.0		2.5
	内訳	外業計		1.5	4.5	1.5	2.5	外								1.5	4.5	1.5	5.0	12.5
		内業計			1.5	1.0		内									1.5	1.0		2.5
	合　　計			1.5	6.0	2.5	2.5									1.5	6.0	2.5	5.0	15.0

（備考） 1.　本歩掛は，地上・地下埋設及び1級～4級の各水準測量に適用するものとし，3－1　水準測量と併せて使用する。
　　　　 2.　本歩掛には，関係機関協議資料作成及び関係機関打合せ協議に係る作業時間も含む。
　　　　 3.　機械経費，通信運搬費等，材料費については「測量業務標準歩掛における各費目の直接人件費に対する割合」に基づき別途計上する。

3－2－2 水準点設置（永久標識以外）
(1) 標準歩掛等

本歩掛の適用範囲は，新点20点以下とする。

標準作業量	作業工程		所要日数					内外業の別	編成						延人日数					計
			測量主任技師	測量技師	測量技師補	測量助手	測量補助員		測量主任技師	測量技師	測量技師補	測量助手	測量補助員	計	測量主任技師	測量技師	測量技師補	測量助手	測量補助員	
新点6点	選　　点			0.3	0.6	0.3		外	1	1	1			3		0.3	0.6	0.3		1.2
	設　　置				0.6		0.6	外			1		1	2			0.6		0.6	1.2
	整　　理				1.0	0.8		内		1	1			2			1.0	0.8		1.8
	内訳	外業計		0.3	1.2	0.3	0.6	外								0.3	1.2	0.3	0.6	2.4
		内業計			1.0	0.8		内									1.0	0.8		1.8
	合　　計			0.3	2.2	1.1	0.6									0.3	2.2	1.1	0.6	4.2

（備考） 1.　本歩掛は，固定点を除く一時標識の設置に適用する。3－1　水準測量と併せて使用する。
　　　　 2.　本歩掛には，関係機関協議資料作成及び関係機関打合せ協議に係る作業時間も含む。
　　　　 3.　機械経費，通信運搬費等，材料費については「測量業務標準歩掛における各費目の直接人件費に対する割合」に基づき別途計上する。

3－3　水準測量変化率
　3－3－1　地域による変化率

地域＼地形	道路上 平地	丘陵地	低山地	高山地	道路外 平地	丘陵地	低山地	高山地
大　市　街　地	0.0							
市　街　地　（甲）	0.0							
市　街　地　（乙）	0.0	＋0.1	＋0.2					
都　市　近　郊	－0.1	0.0	＋0.1		＋0.2			
耕　　　　　地	－0.1	0.0	＋0.1		＋0.1	＋0.2		
原　　　　　野	＋0.3	＋0.4	＋0.5			＋0.6	＋0.7	
森　　　　　林			＋0.6	＋0.7			＋0.8	＋0.9

（備考）　1．（道路上）は1～4級水準測量観測，（道路外）は3，4級水準測量観測に適用するものとする。
　　　　　2．（道路上）及び（道路外）の区分は主として水準路線が既設の道路沿いにあるか，そうでないかによって決定する。

3－4　その　他
⑴　打　合　せ
　　中間打合せの回数は2回を標準とし，必要に応じて打合せ回数を増減する。打合せ回数を増減する場合は，1回当り，中間打合せ1回の人員を増減する。

4. 路線測量（平地部）
4-1 標準歩掛表

測量区分	作業工程	標準作業量	内外業別	測量主任技師	測量技師	測量技師補	測量助手	測量補助員
作業計画		1業務当り	内	0.6	0.9	0.6		
現地踏査		1km当り	外		1.6	1.4		
伐採		〃	外			2.3	3.0	4.7
線形決定 （条件点の観測）	観測 点検整理	10点当り	外		0.7	0.7	0.7	
			内		0.3	0.5		
			計		1.0	1.2	0.7	
線形決定	IP図上決定 計算 線形図作成 点検整理	1km当り	内	0.4	2.6	2.1		
IP設置	IP設置計算 IP設置 IP点検整理	1km当り （クロソイド曲線1箇所を含む）	外		1.4	1.4	1.0	
			内		1.2	1.0		
			計		2.6	2.4	1.0	
中心線測量	中心点座標計算 測定設置 線形地形図の作成 点検整理	1km当り （クロソイド曲線1箇所を含む）	外		2.5	2.8	2.2	
			内		1.8	1.8		
			計		4.3	4.6	2.2	
仮BM設置	測定設置 計算 点検整理	1km当り	外		1.0	1.2	0.9	
			内		0.4	1.1	0.3	
			計		1.4	2.3	1.2	
縦断測量	観測 縦断面図作成 点検整理	1km当り 往復	外		1.6	1.8	1.4	
			内		1.3	1.1	0.5	
			計		2.9	2.9	1.9	
横断測量	観測 横断面図作成 点検整理	1km当り 幅60m （クロソイド曲線1箇所含む）	外		6.4	7.2	5.3	
			内		3.9	3.4	1.5	
			計		10.3	10.6	6.8	
詳細測量 （縦断測量）	縦断面図作成 縦断測量 点検整理	0.5km当り 1/100 0.5km当り	外		1.0	1.0	1.0	
			内		0.4	0.5		
			計		1.4	1.5	1.0	
詳細測量 （横断測量）	横断面図作成 横断測量 点検整理	0.5km当り 1/100 0.5km当り	外		2.1	2.1	2.1	
			内		0.8	0.8	0.5	
			計		2.9	2.9	2.6	
用地幅杭設置測量	座標計算 測定設置 杭打図作成 用地幅杭点間測量 （辺長測定） 点検整理	1km当り	外		3.4	3.4	3.4	
			内		1.7	3.1		
			計		5.1	6.5	3.4	

(つづく)

（備考）1. 作業計画，現地踏査，伐採は，精度管理係数の対象としない。
2. 伐採は，必要により計上。
3. 線形決定において設計条件となる点（線形決定する上で避けるべきポイント）があり，その位置（座標）が必要な場合に限り計上する。
4. IP設置は，IPの位置を現地に設置する場合に計上する。IP設置計算は，座標値を持たない場合にのみ計上する。
5. 縦断測量及び横断測量は，直接水準，間接水準の両方に適用し，機械経費には間接水準におけるトータルステーションも含む。
6. 詳細測量（縦断測量）は，縦断測量で行う測量のほかに，更に詳細な測量を必要とする場合に計上する。
7. 詳細測量（横断測量）は，横断測量で行う測量のほかに，更に詳細な測量を必要とする場合に計上する。
8. 用地幅杭で，コンクリート杭を使用する場合は，別途計上する。用地幅杭を片側のみ設置する場合においても同一歩掛とする。
9. 本歩掛には，関係機関協議資料作成及び関係機関打合せ協議に係る作業時間も含む。
10. 機械経費，通信運搬費等，材料費については「測量業務標準歩掛における各費目の直接人件費に対する割合」に基づき別途計上する。

4－2 路線測量変化率

4－2－1 変化率適用表

工程区分＼種類	地形	交通量	曲線数	測量幅	測点間隔
作 業 計 画					
選 点 踏 査	○	○			
伐 採	○	○			
条 件 点 の 観 測	○				
線 形 決 定	○				
Ｉ Ｐ 設 置	○	○	○		
中 心 線 測 量	○	○	○		○
仮 Ｂ Ｍ 設 置 測 量	○	○			
縦 断 測 量	○	○			
横 断 測 量	○	○	○	○	○
詳細測量 縦断測量	○	○			
詳細測量 横断測量	○	○			
用地幅杭設置測量 用地幅杭点間測量	○	○			

4－2－2 地域による変化率

地域による変化率

地域＼地形	平地	丘陵地	低山地	高山地
大 市 街 地	＋1.0			
市 街 地 （甲）	＋0.4			
市 街 地 （乙）	＋0.3	＋0.5		
都 市 近 郊	＋0.2	＋0.3		
耕 地	0.0	＋0.1	＋0.2	
原 野	＋0.2	＋0.3	＋0.4	＋0.5
森 林	＋0.3	＋0.4	＋0.6	＋0.7

4－2－3 交通量による変化率

現 場 条 件	変化率	備 考
交通量 3,000台以上／12時間	＋0.2	かなり影響を受ける
交通量 1,000～3,000台未満／12時間	＋0.1	ある程度影響を受ける
交通量 0～1,000台未満／12時間	0.0	影響を受けやすい

4－2－4　曲線数による変化率

単曲線換算曲線数	0	1	2	3	4	5	6	7	8	9	10以上
変化率	－0.1	－0.1	0.0	0.0	＋0.1	＋0.1	＋0.2	＋0.2	＋0.3	＋0.3	＋0.4

(備考)　1．クロソイド曲線（A_1+R+A_2）1箇所を標準。
　　　　2．変化率参考図により換算し（クロソイド曲線1箇所をもって単曲線2箇所とする），単独単曲線数と合算したうえ，1km当りに換算し四捨五入するものとする。

曲線数による変化率参考図

クロソイド型式	曲線数	参考図	備考	換算単曲線曲線数
基本型	1	A_1 ― R ― A_2		2
凸型	1	A_1 ― P ― A_2	点Ｐに L＝0 の円曲線があると考える。	2
S型	2	A_1 R_1 A_2 ― A_3 R_2 A_4	変曲点Ｏで2つに分けて考える。	4
卵型	2	R_1 A R_2 A_1 A_2	卵型のクロソイドＡの途中で2つに切って考える。	4
複合型	2	A_1 P A_2 R	点Ｐに L＝0 の円曲線がある卵型線として考える。	4

4－2－5　中心線測量の測点間隔による変化率

測点間隔	10 m	20 m	25 m	50 m
変化率	＋0.3	0.0	－0.1	－0.3

(備考)　1．中心杭の間隔は，20 m を標準として，これにプラス杭，役杭を加えたものとする。
　　　　2．基準点に取り付ける場合は，基準点測量の歩掛で別途計上する。

4－2－6　横断測量の測量幅及び測定間隔による変化率

幅(m)＼間隔(m)	45未満	45～75	75～95	95～105	105～115	115～125	125～135	135～145	145～155	155～165	165～175	175～185	185～195	195～205	205～250	250～300
10	0.6	0.8	1.0	1.1	1.2	1.2	1.3	1.4	1.5	1.6	1.7	1.8	1.8	1.9	2.1	2.4
20	－0.1	0.0	0.2	0.2	0.3	0.3	0.4	0.4	0.4	0.5	0.6	0.6	0.6	0.7	0.8	1.0
25	－0.1	0.0	0.1	0.2	0.2	0.2	0.3	0.3	0.4	0.4	0.5	0.5	0.5	0.6	0.7	0.9
50	－0.4	－0.3	－0.2	－0.2	－0.1	－0.1	－0.1	0.0	0.0	0.0	0.1	0.1	0.1	0.1	0.2	0.4
100	－0.5	－0.4	－0.3	－0.3	－0.2	－0.2	－0.2	－0.2	－0.2	－0.1	－0.1	－0.1	－0.1	0.0	0.0	0.1

(備考)　横断測量の測量幅は，中心線より左右各30 m で測点間隔20 m を標準としており，それと異なる場合は本表の変化率による。

4－3　その他
　打合せ
　　中間打合せ回数は4回を標準とし，必要に応じて打合せ回数を増減する。打合せ回数を増減する場合は，1回当り，中間打合せ1回の人員を増減する。

5. 河 川 測 量
5−1　標準歩掛表

測量区分	作業工程	標 準 作業量	内外業別	延べ人員				
				測量主任技師	測量技師	測量技師補	測量助手	測量補助員
作業計画	作業計画	1業務当り（流心延長30 km以下）	内	1.1	0.6	0.4		
現地踏査	現地踏査	流心延長1 km当り（〃）	外	0.1	0.3	0.3	0.2	
距離標設置	距離標設置	10点当り（設置数100点以下）	内		1.0	0.9	0.5	
			外			2.0	2.0	1.9
			計		1.0	2.9	2.5	1.9
水準基標	水準基標	測量延長10 km当り（測量延長30 km以下）	内	0.3	1.9	1.4	1.6	
			外		1.5	1.5	1.5	
			計	0.3	3.4	2.9	3.1	
河川定期縦断（直接）	観測 縦断面図作成 点検整理	流心延長1 km当り（測点間隔50～200 mかつ流心延長30 km以下）	内		0.6	0.4	0.2	
			外		0.5	1.0	0.5	0.4
			計		1.1	1.4	0.7	0.4
河川定期横断（直接・平地）	観測 横断面図作成 点検整理	幅400 m 10本当り（平均幅2～800 mかつ流心延長30 km以下。平均幅450 mまでを幅による比例計算を行うものとし，450 m超～800 mまでは450 mと同様の歩掛とする）	内	0.2	3.0	5.2	5.0	
			外		4.0	6.0	5.0	4.8
			計	0.2	7.0	11.2	10.0	4.8
河川定期横断（複写）	河川定期横断（複写）	10断面当り	内				0.8	
河川定期横断（直接・山地）	観測 横断面図作成 点検整理	幅100 m 10本当り（平均幅0～100 mかつ測定間隔50～200 mかつ流心延長30 km以下）	内	0.2	2.0	4.2	0.7	
			外		2.0	4.0	0.5	1.3
			計	0.2	4.0	8.2	1.2	1.3

（つづく）

河川定期横断 （間接・山地）	観　　測 横断図作成 点検整理	幅100ｍ 10本当り （平均幅0〜 200ｍかつ 測定間隔50 〜200ｍかつ 流心延長 30km以下）	内		1.4	1.7	2.2	
			外	1.0	2.0	3.0		1.4
			計	2.4	3.7	5.2		1.4
法線測量	観　　測 法線線形図作成 点検整理	測量延長 1km当り	内	0.4	1.2	1.9	0.5	
			外	2.0	2.0	2.0	2.0	2.0
			計	0.4	3.2	3.9	2.5	2.0

（備考）　1．作業計画は，精度管理係数の対象としない。
　　　　　2．河川工事測量の現地踏査は，路線測量の歩掛を適用する。現地踏査は，精度管理係数の対象としない。
　　　　　3．水準測量で既知点（水準点）から水準基標までの取付観測が必要な場合は，別途2級水準測量を計上するものとする。
　　　　　4．河川定期縦横断測量は，河川工事測量では路線測量の歩掛を適用する。
　　　　　5．河川定期横断測量複写は，河川における主として河状変化を調査するための横断測量に適用する。定期的に河状調査のために実測する範囲は，河川定期横断測量または深浅測量（河川水深測量）の歩掛を適用する。既成断面図から複写して横断面図を描く範囲は，上記河川横断測量（複写）を計上する。
　　　　　6．河川定期横断（直接山地）・（間接山地）の河川工事測量は，路線測量の歩掛を適用する。また，間接水準山地は直接水準の不可能な勾配10％以上の傾斜が連続する区間で横断測量を実施する場合に限り適用する。
　　　　　7．法線測量の法線の縦横断測量は，路線測量の縦横断測量を適用する。
　　　　　8．本歩掛には，関係機関協議資料作成及び関係機関打合せ協議に係る作業時間も含む。
　　　　　9．機械経費，通信運搬費等，材料費については「測量業務標準歩掛における各費目の直接人件費に対する割合」に基づき別途計上する。
　　　　10．その他
　　　　　　① 横断（平地）測量幅
　　　　　　　　横断（平地）測量幅は下図の（B₁＋B₂）とし，水面幅（W）は含めない。

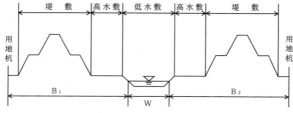

　　　　　　② 河川横断（山地）測量幅
　　　　　　　　河川横断（山地）の測量幅は，右図の全幅Bをとる。
　　　　　　　　ただし，水深が1ｍ以上の場合，測量幅はB−Wとし，Wは水面幅とする。

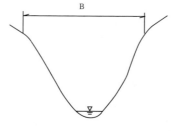

　　　　　　③ 計算例
　　　　　　　　・河川定期横断測量（直接水準＜平地＞）幅450ｍの場合

$$\frac{N}{10}(450\text{m}/400\text{m})\alpha = \frac{N\alpha}{10}(1.13)$$

　　　　　　　　　N…作業量（本数）
　　　　　　　　　α…測量幅400ｍの標準歩掛
　　　　　　　　　※測点間隔・流心延長による補正は行わない。
　　　　　　④ 打合せ
　　　　　　　　中間打合せの回数は4回を標準とし，必要に応じて打合せ回数を増減する。打合せ回数を増減する場合は，1回当り，中間打合せ1回の人員を増減する。

6. 深浅測量
6－1 標準歩掛表

ダム貯水池深浅・河川水深・海岸深浅測量歩掛表

測量区分	作業工程	標準作業量	内外業別	延べ人員 測量主任技師	測量技師	測量技師補	測量助手	測量補助員	測量船操縦士
作業計画	作業計画	1業務当り	内	0.5	0.4	0.4			
ダム貯水池深浅	現地踏査 観 測 横断面図作成 点検整理	水面幅150m 10測線当り （深浅間隔5m）	内	0.4	2.2	2.9	2.7		
			外		1.7	1.7	1.7	1.1	1.1
			計	0.4	3.9	4.6	4.4	1.1	1.1
河川深浅	現地踏査 観 測 横断面図作成 点検整理	水面幅100m 10測線当り （深浅間隔5m）	内	0.4	1.7	2.1	2.2		
			外		1.5	1.5	1.5	1.3	1.3
			計	0.4	3.2	3.6	3.7	1.3	1.3
海岸深浅	現地踏査 観 測 横断面図作成 点検整理	水面幅700m 10測線当り	内	0.2	2.2	2.9	2.9		
			外		2.6	2.6	2.6	2.2	2.2
			計	0.2	4.8	5.5	5.5	2.2	2.2

(備考)
1. 作業計画は精度管理費係数の対象としない。
2. ダム貯水池深浅測量，河川深浅測量で等深線図を作成する場合は，別途計上する。
3. ダム貯水池深浅測量の横断面図作成には，縦断面の作成及びダム堆砂量の計算を含む。
4. ダム貯水池深浅測量の補正は，6－2ダム貯水池深浅測量の変化率によるものとする。ただし，水面幅400mを超える場合は別途計上する。
5. 河川深浅測量の補正は，6－3河川深浅測量の変化率によるものとする。ただし，水面幅400mを超える場合は別途計上する。また，等深線図を作成する場合は，別途計上する。
6. 海岸深浅測量歩掛は外海及び内海に適用する。また，横断面図作成には等深線図の作成を含む。
7. 海岸深浅測量の補正は，6－4海岸深浅測量の変化率によるものとする。ただし，水面幅1,500mを超える場合は別途計上する。
8. 深浅測量作業計画は，精度管理費係数の対象としない。
9. 本歩掛には，関係機関協議資料作成及び関係機関打合せ協議に係る作業時間も含む。
10. 機械経費，通信運搬費等，材料費については「測量業務標準歩掛における各費目の直接人件費に対する割合」に基づき別途計上する。

6－2 ダム・貯水池深浅測量の変化率
水面幅による変化率

水面幅による変化率は，次式により算出するものとする。
なお，変化率は小数第2位（小数第3位を四捨五入）まで算出するものとする。

$$y = 0.003w + 0.55$$

y：変化率
w：水面幅（m）

(備考) 水深により下記による歩掛適用を原則とする。
1) 水深 H＜1m：河川横断測量（平地又は山地）（B1＋W＋B2）を適用。
2) 水深 H≧1m：本歩掛による深浅測量（W）＋河川定期横断測量（平地又は山地）（B1＋B2）を適用。

— 355 —

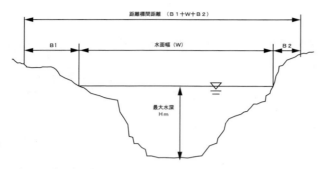

6－3　河川深浅測量の変化率
　　水面幅による変化率
　　　水面幅による変化率は，次式により算出するものとする。
　　　なお，変化率は小数第2位（小数第3位を四捨五入）まで算出するものとする。
　　　　　y = 0.0035w + 0.65
　　　　　　　　y：変化率
　　　　　　　　w：水面幅（m）
　（備考）　最大水深1m未満となる測量は，河川定期横断測量（平地又は山地）の歩掛適用を原則とする。

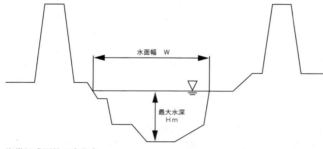

6－4　海岸深浅測量の変化率
　　水面幅による変化率
　　　水面幅による変化率は，次式により算出するものとする。
　　　なお，変化率は小数第2位（小数第3位を四捨五入）まで算出するものとする。
　　　　　y = 0.0002w + 0.86
　　　　　　　　y：変化率
　　　　　　　　w：水面幅（m）

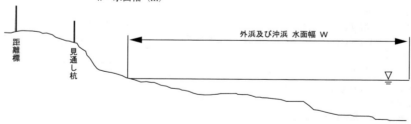

6－5　その他
　　打合せ
　　　中間打合せの回数は3回を標準とし，必要に応じて回数を増減する。打合せ回数を増減する場合は，1回当り，中間打合せ1回の人員を増減する。

7. 用地測量
7−1 用地測量
7−1−1 用地測量業務フローチャート

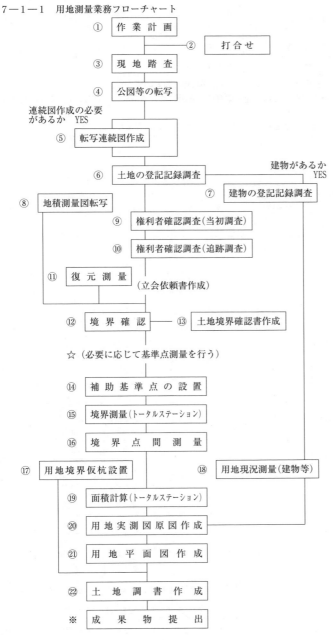

作業内容

① 作業内容の確認，作業計画書作成，必要資料等の収集，資料検討，機材準備

② 発注機関との打合せ協議（中間打合せについて基準書によるものとする）

③ 現地の状況把握，範囲の確認等

④ 閲覧申請書作成，転写，着色，補足事項転記，分割転写図合成，製図（トレース図）転写作業者名等の記載

⑤ 編集，土地取得予定線・図葉界の記入，製図（トレース），作成作業者名記入

⑥ 閲覧交付申請書作成，登記事項証明書または登記簿謄本交付申請・受領，土地調査表作成

⑦ 閲覧交付申請書作成，登記事項証明書または登記簿謄本交付申請・受領，建物調査表（一覧）・建物の登記記録等調査表（個人）作成

⑧ 閲覧申請書作成，転写

⑨ 交付申請書作成，法人登記簿謄本交付申請・受領，権利者調査表作成，連絡先調査

⑩ 交付申請書作成，相続関係説明図作成，権利者調査表作成，連絡先調査

⑪ 資料調査（明示確定図，地積測量図等），現地踏査（境界点・基準点・引照点等観測），変換計算，逆打計算，復元杭設置

⑫ 資料作成，立会日時・作業手順の検討，立会依頼書・立会人名簿作成，立会，境界杭設置

⑬ 土地境界確認書作成，権利者・隣接者の署名・押印

☆別途計上する。

⑭ 既存基準点の成果表借用，基準点観測，踏査・選点，観測，杭設置，計算，基準点網図，成果表作成

⑮ 観測，計算，計算簿・境界点網図作成

⑯ 観測，座標値からの距離計算，較差による判定

⑰ 交点計算，用地境界仮杭設置

⑱ 細部測量，編集済データの作成

⑲ 座標法または数値三斜法による面積計算，土地調査表への記入

⑳ データ入力，細部編集，図化

㉑ データ入力，図化

㉒ 土地調書の作成

※ 成果物を提出する。（参考：7−1−10 成果物一覧表）

7－1－2　作業計画

標準作業量	工　程 (測量区分)	内外業別	延べ人員				
			測量 主任技師	測量 技師	測量 技師補	測量 助手	測量 補助員
1　業　務　当　り	作業計画	内	0.8	1.1	1.1		
〃	現地踏査	外	1.0	1.0	1.0		

(備考)　1.　本歩掛には，関係機関協議資料作成及び関係機関打合せ協議に係る作業時間も含む。
　　　　2.　機械経費，通信運搬費等，材料費については「測量業務標準歩掛における各費目の直接人件費に対する割合」に基づき別途計上する。
　　　　3.　本歩掛のうち作業計画については，用地測量の作業計画に係る費用以外は含まない。

7－1－3　資料調査

作業工程及び標準作業量	内外業別	延べ人員				
		測量 主任技師	測量 技師	測量 技師補	測量 助手	測量 補助員
公図等の転写 (地積測量図以外の公図等の転写) 10,000 m² 当り	内			0.4	0.4	
	外			0.3	0.3	
	計			0.7	0.7	
地積測量図転写 (地積測量図のみの転写) 10,000 m² 当り	内			0.2	0.3	
	外			0.4	0.4	
	計			0.6	0.7	
土地の登記記録調査 10,000 m² 当り	内			0.6	0.6	
	外			0.3	0.3	
	計			0.9	0.9	
建物の登記記録調査 10 戸当り	内			0.1	0.1	
	外			0.1	0.1	
	計			0.2	0.2	
権利者確認調査（当初） 10,000 m² 当り	内			0.7	0.7	
	外			0.2	0.2	
	計			0.9	0.9	
権利者確認調査（追跡） 10 人当り	内			2.3	2.3	
	外			0.5	0.5	
	計			2.8	2.8	
公図等転写連続図作成 10,000 m² 当り	内			0.5	0.5	

(備考)　1.　権利者確認調査（当初）とは，登記名義人の住所の特定（相続が発生している場合には相続人の有無の確認まで）を行うものである。
　　　　2.　権利者確認調査（追跡）とは，相続が発生している場合に当初で確認された相続人以降の確認調査である。
　　　　3.　本歩掛には，関係機関協議資料作成及び関係機関打合せ協議に係る作業時間も含む。
　　　　4.　機械経費，通信運搬費等，材料費については「測量業務標準歩掛における各費目の直接人件費に対する割合」に基づき別途計上する。

7－1－4　境界確認

作業工程及び標準作業量	内外業別	延べ人員				
		測量主任技師	測量技師	測量技師補	測量助手	測量補助員
復元測量 10,000 m² 当り	内		0.5	0.5	0.5	
	外		1.7	1.7	1.7	1.7
	計		2.2	2.2	2.2	1.7
境界確認 10,000m² 当り	内		0.7	0.7		
	外	1.0	1.0	1.0	1.0	
	計	1.0	1.7	1.7	1.0	
土地境界確認書作成 10,000 m² 当り	内			0.4	0.4	
	外			0.8	0.8	
	計			1.2	1.2	

(備考)　1.　復元測量とは，境界確認において境界を確定するうえで法務局において提出済の地積測量図他参考資料による杭の復元を行うものである。
　　　　2.　本歩掛には，関係機関協議資料作成及び関係機関打合せ協議に係る作業時間も含む。
　　　　3.　機械経費，通信運搬費等，材料費については「測量業務標準歩掛における各費目の直接人件費に対する割合」に基づき別途計上する。

7－1－5　境界測量

作業工程及び標準作業量	内外業別	延べ人員				
		測量主任技師	測量技師	測量技師補	測量助手	測量補助員
補助基準点の設置 10,000m² 当り	内		0.4	0.4	0.4	
	外		0.8	0.8	0.8	0.8
	計		1.2	1.2	1.2	0.8
境界測量 10,000m² 当り	内		0.7	0.7	0.7	
	外		1.4	1.4	1.4	1.4
	計		2.1	2.1	2.1	1.4
用地境界仮杭設置 10,000m² 当り	内		0.3	0.3	0.3	
	外		0.8	0.8	0.8	0.8
	計		1.1	1.1	1.1	0.8
用地境界杭設置 10 本当り	内			0.5	0.5	
	外			1.2	1.2	1.2
	計			1.7	1.7	1.2

(備考)　1.　本歩掛には，関係機関協議資料作成及び関係機関打合せ協議に係る作業時間も含む。
　　　　2.　機械経費，通信運搬費等，材料費については「測量業務標準歩掛における各費目の直接人件費に対する割合」に基づき別途計上する。

7－1－6　境界点間測量

作業工程及び標準作業量	内外業別	延べ人員				
		測量主任技師	測量技師	測量技師補	測量助手	測量補助員
境界点間測量 10,000m² 当り	内		0.2	0.4	0.4	
	外		1.2	1.2	1.2	
	計		1.4	1.6	1.6	

(備考)　1.　本歩掛には，関係機関協議資料作成及び関係機関打合せ協議に係る作業時間も含む。
　　　　2.　機械経費，通信運搬費等，材料費については「測量業務標準歩掛における各費目の直接人件費に対する割合」に基づき別途計上する。

7－1－7　面積計算

作業工程及び標準作業量	内外業別	延べ人員				
		測量主任技師	測量技師	測量技師補	測量助手	測量補助員
面積計算 10,000m² 当り	内		2.2	2.2	2.2	

（備考）
1. 本歩掛には，関係機関協議資料作成及び関係機関打合せ協議に係る作業時間も含む。
2. 機械経費，通信運搬費等，材料費については「測量業務標準歩掛における各費目の直接人件費に対する割合」に基づき別途計上する。

7－1－8　用地実測図原図等の作成

作業工程及び標準作業量	内外業別	延べ人員				
		測量主任技師	測量技師	測量技師補	測量助手	測量補助員
用地実測図原図作成 10,000m² 当り（縮尺1/500）	内		1.3	1.7	1.7	
用地現況測量（建物等） 10,000m² 当り	内		0.3	0.3	0.3	
	外		0.6	0.6	0.6	0.6
	計		0.9	0.9	0.9	0.6
用地平面図作成 10,000m² 当り（縮尺1/500）	内		0.5	0.9	0.9	
土地調書作成 10,000m² 当り	内			0.9	0.9	

（備考）
1. 用地実測図原図等の作成の用地現況測量（建物等）については，7－1－11公共用地境界確定協議の現況実測平面図作成と測量箇所が重複する場合は，その数量を控除するものとする。
2. 本歩掛には，関係機関協議資料作成及び関係機関打合せ協議に係る作業時間も含む。
3. 機械経費，通信運搬費等，材料費については「測量業務標準歩掛における各費目の直接人件費に対する割合」に基づき別途計上する。

7－1－9　用地測量の変化率
(1) 変化率適用表

工　程	業別	地域	縮尺	工　程	業別	地域	縮尺
作　業　計　画	内	×	×	土地境界確認書作成	内外	○	×
現　地　踏　査	外	○	×	補　助　基　準　点　設　置	内外	○	×
公　図　等　転　写	内外	○	×	境　界　測　量	内外	○	×
地　積　測　量　図　転　写	内外	○	×	用　地　境　界　仮　杭　設　置	内外	○	×
土　地　の　登　記　記　録　調　査	内外	○	×	用　地　境　界　杭　設　置	内外	×	×
建　物　の　登　記　記　録　調　査	内外	×	×	境　界　点　間　測　量	内外	○	×
権利者確認調査(当初)	内外	○	×	面　積　計　算	内	×	×
権利者確認調査(追跡)	内外	×	×	用　地　実　測　図　原　図　作　成	内	×	○
公図等転写連続図作成	内	×	×	用　地　現　況　測　量	内外	×	×
復　元　測　量	内外	○	×	用　地　平　面　図　作　成	内	×	○
境　界　確　認	内外	○	×	土　地　調　書　作　成	内	○	×

(2) 地域による変化率

地　域	大市街地	市街地甲	市街地乙	都市近郊	耕　地	原　野
変　化　率	＋1.0	＋0.8	＋0.5	＋0.3	0	－0.3

（備考）　森林については，耕地を適用（変化率0）。

(3) 縮尺による変化率

用地実測図原図，用地平面図		
1/250	1/500	1/1,000
＋0.2	0	－0.1

（備考）　用地実測図作成は，縮尺1/500を標準としており，それと異なる場合は変化率を適用。

7－1－10　成果物一覧表（用地測量）（参考）

業　務　区　分	成　果　品　の　名　称	摘　　　　要
公　図　等　転　写	公図等転写図	不動産登記法14条第1項地図 法務局備え付け地図
公図等転写連続図作成	公図等転写連続図	位置関係を整合させた連続地図
土地の登録記録調査	土地調査表	
建物の登記記録調査	建物調査表（一覧） 建物の登記記録等調査表	
権利者確認調査 （当初調査）	権利者調査表 戸籍簿等調査表 法人登記簿又は商業登記簿等調査表	戸籍簿謄本又は抄本を添付する。 登記簿謄本又は抄本を添付する。
権利者確認調査 （追跡調査）	権利者調査表 戸籍簿等調査表 相続関係説明図	戸籍簿謄本又は抄本を添付する。
境　界　確　認	立会人名簿 立会依頼通知書	
土地境界確認書作成	土地境界確認書	
補助基準点の設置	基準点成果表 基準点網図 観測手簿 計算簿 基準点精度管理表 点の記	
境　界　測　量	基準点一覧表（使用部分） 境界測量観測手簿	
境　界　点　間　測　量	境界測量精度管理表	
用地境界仮杭設置	杭設置箇所表示図	
用地実測図原図作成	用地実測図原図 用地実測図原図精度管理表 用地平面図 用地平面図精度管理表	ポリエステルフィルム ポリエステルフィルム
面　積　計　算	面積計算書	
土　地　調　書　作　成	土地調書	
復　元　測　量	復元箇所位置図 復元箇所座標又は観測手簿	写真含む。
用地境界杭設置	埋設位置図 埋設位置座標	写真含む。 用地境界杭一覧表

（備考）　本表は，標準的な成果物一覧表であり，適用にあたっては，各発注機関が定める仕様書によるものとする。

7—1—11　公共用地境界確定協議

作業工程及び標準作業量	内外業の別	延人日数 測量主任技師	測量技師	測量技師補	測量助手	測量補助員
公共用地管理者との打合せ 1業務当り	内	0.4	0.8	0.6		
	外	0.7	0.8	0.6		
	計	1.1	1.6	1.2		
現況実測平面図作成 10,000 m^2 当り（縮尺1/500）	内		0.4	0.7	0.7	
	外		1.2	1.2	1.2	
	計		1.6	1.9	1.9	
横断面図作成 1 km 当り	内			3.0	3.7	
	外		2.5	2.5	2.5	2.5
	計		2.5	5.5	6.2	2.5
依頼書作成 1 km 当り	内	0.6	1.4	1.4		
協議書作成 1 km 当り	内	0.9	0.9	2.1		
	外	0.9	0.9	0.9		
	計	1.8	1.8	3.0		

（備考）1.　現況実測平面図作成については既存の地図等を利用する場合は計上しないものとする。
　　　　2.　本歩掛には，関係機関協議資料作成及び関係機関打合せ協議に係る作業時間も含む。
　　　　3.　機械経費，通信運搬費等，材料費については「測量業務標準歩掛における各費目の直接人件費に対する割合」に基づき別途計上する。

7—1—12　公共用地境界確定協議変化率

変化率適用表

工　　程	業別	地物	縮尺
公共用地管理者との打合せ	内外	×	×
現況実測平面図作成	内外	○	○
横断面図作成	内外	○	×
依頼書作成	内	×	×
協議書作成	内外	×	×

地域による変化率

大市街地	市街地(甲)	市街地(乙)	都市近郊	耕　地	原　野
＋1.0	＋0.8	＋0.5	＋0.3	0	－0.3

（備考）森林については，耕地を適用する（変化率0）。

縮尺による変化率

現況実測平面図作成		
1/250	1/500	1/1,000
＋0.2	0	－0.2

（備考）現況実測平面図作成は，縮尺1/500を標準としており，それと異なる場合は変化率を適用する。

7－1－13　成果物一覧表（公共用地境界確定協議）（参考）

業　務　区　分	成　果　物　の　名　称
現況実測平面図作成	現況実測平面図
横　断　図　作　成	横断図
依　頼　書　作　成	公共用地境界確定協議依頼書 転写図 地図の連続図 土地の登記記録 位置図
協　議　書　作　成	公共用地境界確定書
そ　の　他	土地境界確認説明記録簿
(備考)　本表は，標準的な成果物の一覧表であり，適用にあたっては，各発注機関が定める仕様書によるものとする。	

8. 空中写真測量
8−1 撮影の積算方式
8−1−1 撮影計画
　　撮影作業に先だち，撮影器材の選定（航空機の性能又は機種，デジタルカメラの性能等），数値写真レベルの決定（撮影高度又は数値写真レベル，撮影基準面，撮影重複度等），1/25,000地形図等を利用して行う撮影航法の選定（撮影コース及び各コースの撮影開始並びに終了地点等）ならびに撮影飛行場，撮影時間等の撮影作業全般にわたる計画及び準備作業である。
　　なお，航空機は単発機とする。ただし，双発機を利用する場合は，別途計上とする。

8−1−2 運航
1. 運航時間
　(1) 空輸時間
　　航空機を常駐し管理している飛行場（以下，「本拠飛行場」という。）が，撮影地にできるだけ近く選定した撮影飛行場（以下「撮影飛行場」という。表−2参照[*1]）でない場合に，本拠飛行場から撮影飛行場まで航空機を空輸する時間（往復）であって，次式により算出する。また，この空輸した先の飛行場を前進飛行場という。

$$空輸時間 = \frac{〔撮影飛行場迄の往復直線距離（km）〕^{*1}}{空輸運航速度^{*2}} + 〔離着陸時間（h）^{*3}〕 \times 2 \quad \cdots\cdots ①$$

　　　*1．撮影飛行場までの往復直線距離は，表−2を参照。ただし，表に掲載されていない区間については，【10. 航空レーザ測量の（参考）図10−1】の経緯度を用いて直線距離を計算する。なお，数値は1の位を四捨五入（10 km単位）とする。
　　　*2．250 km/hとする。
　　　*3．片道の離着陸時間を0.5時間とする。

　(2) 撮影運航時間
　　当該撮影作業の実施に必要な時間で，撮影飛行場・撮影地間往復時間，撮影回数，本撮影時間，GNSS/IMU装置初期化時間，コース進入時間，補備撮影時間及び予備飛行時間に分け，A〜Gの②−1〜⑦式により算定する。

　（表−1）撮影作業種別一覧表

①	空輸時間	⑦	予備飛行時間
②	撮影飛行場・撮影地間往復時間	⑧	総運航時間
②´	1回当り撮影飛行場・撮影地間往復時間	⑨	撮影日数
③	本撮影時間	⑩	滞留日数
③´	撮影コース延長	⑪	滞留費
④	GNSS/IMU装置初期化時間	⑫	撮影費
④´	1回当りGNSS/IMU装置初期化時間	⑬	写真枚数
⑤	コース進入時間	⑭	撮影基線長
⑥	補備撮影時間		

(表―2) 空輸往復距離

地方名	飛行場の名称	札幌飛行場からの往復距離 (km)	青森飛行場からの往復距離 (km)	仙台飛行場からの往復距離 (km)	新潟飛行場からの往復距離 (km)	調布飛行場からの往復距離 (km)	名古屋飛行場からの往復距離 (km)	八尾飛行場からの往復距離 (km)	高松飛行場からの往復距離 (km)	福岡飛行場からの往復距離 (km)	那覇飛行場からの往復距離 (km)
北海道	稚内	510	1,050	1,620	1,710	2,200	2,400	2,620			
	紋別	420	910	1,430	1,580	2,030	2,290	2,540			
	女満別	480	910	1,390	1,570	1,990	2,280	2,530			
	釧路	460	780	1,220	1,420	1,820	2,140	2,390			
	帯広	310	610	1,090	1,270	1,690	1,990	2,240			
	旭川	210	710	1,260	1,390	1,850	2,100	2,330			
	札幌	—	540	1,110	1,210	1,680	1,910	2,140			
	函館	310	230	810	900	1,370	1,600	1,830			
東北	青森	540	—	580	670	1,140	1,390	1,630			
	大館能代	670	130	470	540	1,020	1,260	1,500			
	秋田	800	260	350	420	890	1,130	1,380			
	花巻	820	300	290	480	880	1,190	1,460			
	庄内	990	450	250	220	700	940	1,200			
	山形	1,060	520	110	240	630	930	1,200			
	仙台	1,110	580	—	320	600	960	1,230			
	福島	1,320	780	220	280	380	770	1,050			
関東	ホンダ	1,620	1,070	540	440	70	500	780			
	調布	1,680	1,140	600	510	—	480	750			
	大島	1,880	1,340	790	700	200	460	690			
	八丈島	2,240	1,700	1,130	1,080	570	710	840			
中部	新潟	1,210	670	320	—	510	720	980	1,240	1,840	3,380
	松本	1,650	1,120	690	450	310	270	550	830	1,480	2,950
	富山	1,610	1,090	740	450	480	310	540	790	1,400	2,940
	福井	1,780	1,280	940	650	610	240	360	590	1,200	2,740
	静岡	1,890	1,340	800	700	200	430	660	960	1,630	2,920
	名古屋	1,910	1,390	960	720	480	—	280	580	1,240	2,680
近畿	八尾	2,140	1,630	1,230	980	750	280	—	300	980	2,410
	但馬	2,030	1,550	1,240	940	860	390	250	320	900	2,470
	南紀白浜	2,350	1,830	1,410	1,170	880	450	210	280	910	2,230
中国	鳥取					970	500	330	290	810	2,410
	岡山					1,050	560	310	80	680	2,220
	出雲					1,210	730	530	340	600	2,270
	石見					1,430	950	700	420	350	2,040
	山口宇部					1,560	1,070	810	510	170	1,850
四国	高松					1,060	580	300	—	670	2,160
	高知					1,170	710	430	160	600	2,000
	松山					1,320	840	560	260	420	1,950
九州	北九州					1,610	1,120	860	560	120	1,820
	福岡					1,730	1,240	980	670	—	1,720
	大分					1,510	1,030	760	450	240	1,800
	佐賀					1,790	1,310	1,030	730	100	1,620
	長崎					1,870	1,390	1,120	810	180	1,550
	福江					2,080	1,600	1,330	1,020	360	1,450
	熊本					1,720	1,240	960	660	180	1,600
	宮崎					1,720	1,260	980	710	420	1,460
	鹿児島					1,840	1,380	1,100	820	400	1,380
	種子島					1,950	1,510	1,240	980	670	1,180
	奄美					2,450	2,030	1,770	1,520	1,150	640
	徳之島					2,660	2,240	1,970	1,720	1,310	440
沖縄	那覇					3,090	2,680	2,410	2,160	1,720	—
	南大東					2,690	2,350	2,110	1,930	1,720	730
	宮古					3,640	3,220	2,950	2,690	2,190	570
	石垣					3,860	3,430	3,150	2,880	2,370	790

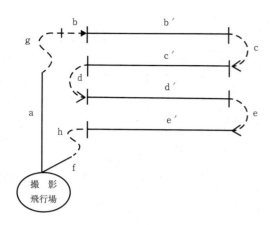

③ 本撮影時間（b´+ c´+ d´+ e´）
⑤ コース進入時間（b + c + d + e）
②´１回当り撮影飛行場・撮影地間往復時間（a + f）
④´１回当り GNSS/IMU 装置初期化時間（g + h）

A. 撮影飛行場・撮影地間往復時間

　撮影飛行場・撮影地間往復時間の算定にあたっては，判定式②―１式により近距離又は遠距離の判定を行う。

$$\begin{pmatrix} 撮影飛行場・撮影地間 \\ 往復直線距離（akm） \end{pmatrix} = 機種別係数^{*1}（C）×撮影高度^{*2}（Hkm）$$ ……………②―１

a（km）≦ C・H（km）を近距離，a（km）＞ C・H（km）を遠距離とする。
　＊１． C = 35 とする。
　＊２． 撮影高度は，撮影基準面（撮影地の最高地点と最低地点の平均標高値）に撮影地の対地高度を加えた値とする。

次に，近距離，遠距離の判定に基づき②―２式又は②―２´式により撮影飛行場・撮影地間往復時間を算定する。

・近距離の場合
（1,000 m 当りの上昇下降時間^{*1}（h）×撮影高度（km）+ 離着陸時間^{*3}（h） ………………………②´―１
　　　　　　　　　　　　　　　　　　　　　×撮影回数^{*4} ………………………………………………②―２

・遠距離の場合
$$\left(\frac{撮影飛行場・撮影地間往復直線距離（km）}{往復運航速度^{*2}} + 離着陸時間^{*3}（h） \right)$$ ……………………②´―１´
　　　　　　　　　　　　　　　　×撮影回数^{*4} ……………………………………………②―２´

　＊１．　0.14h とする。
　＊２．　250 km/h とする。
　＊３．　0.5h とする。
　＊４．　撮影回数（ｉ）を参照。

離着陸及び撮影地往復時間算定の早見表は，表―３を参照。

(表—3) 離着陸及び撮影・計測地往復時間算定表（近距離の場合）

計画高度	近 距 離				往復時間計	適用距離片道	備　考
	離 陸	上 昇	下 降	着 陸			
m	h	h	h	h	h	km	
1,000		0.070	0.070		0.640	17.50	
100		0.077	0.077		0.654	19.25	
200		0.084	0.084		0.668	21.00	
300		0.091	0.091		0.682	22.75	運航速度
400		0.098	0.098		0.696	24.50	250 km/h
500		0.105	0.105		0.710	26.25	上昇時間0.07h
600		0.112	0.112		0.724	28.00	（1,000 mにつき）
700		0.119	0.119		0.738	29.75	下降時間0.07h
800		0.126	0.126		0.752	31.50	（1,000 mにつき）
900		0.133	0.133		0.766	33.25	
2,000		0.140	0.140		0.780	35.00	離陸時間0.3h
100		0.147	0.147		0.794	36.75	着陸時間0.2h
200		0.154	0.154		0.808	38.50	
300		0.161	0.161		0.822	40.25	
400		0.168	0.168		0.836	42.00	
500		0.175	0.175		0.850	43.75	
600		0.182	0.182		0.864	45.50	
700		0.189	0.189		0.878	47.25	
800	0.300	0.196	0.196	0.200	0.892	49.00	
900		0.203	0.203		0.906	50.75	
3,000		0.210	0.210		0.920	52.50	
100		0.217	0.217		0.934	54.25	
200		0.224	0.224		0.948	56.00	
300		0.231	0.231		0.962	57.75	
400		0.238	0.238		0.976	59.50	
500		0.245	0.245		0.990	61.25	
600		0.252	0.252		1.004	63.00	
700		0.259	0.259		1.018	64.75	
800		0.266	0.266		1.032	66.50	
900		0.273	0.273		1.046	68.25	
4,000		0.280	0.280		1.060	70.00	
100		0.287	0.287		1.074	71.75	
200		0.294	0.294		1.088	73.50	
300		0.301	0.301		1.102	75.25	
400		0.308	0.308		1.116	77.00	
500		0.315	0.315		1.130	78.75	
600		0.322	0.322		1.144	80.50	

(表—3) のつづき　離着陸及び撮影・計測地往復時間算定表（遠距離の場合）

計画高度	距離片道	近距離				備考
		離陸	着陸	運航	往復時間計	
m	km	h	h	h	h	
1,000	20			0.160	0.660	
100	25			0.200	0.700	
200	30			0.240	0.740	
300	35			0.280	0.780	運航速度
400	40			0.320	0.820	250 km/h
500	45			0.360	0.860	上昇時間 0.07 h
600	50			0.400	0.900	（1,000 m につき）
700	55			0.440	0.940	下降時間 0.07 h
800	60			0.480	0.980	（1,000 m につき）
900	65			0.520	1.020	
2,000	70			0.560	1.060	離陸時間 0.3 h
100	75			0.600	1.100	着陸時間 0.2 h
200	80			0.640	1.140	
300	85			0.680	1.180	
400	90			0.720	1.200	
500	95			0.760	1.260	
600	100			0.800	1.300	
700	105			0.840	1.340	
800	110	0.300	0.200	0.880	1.380	
900	115			0.920	1.420	
3,000	120			0.960	1.460	
100	125			1.000	1.500	
200	130			1.040	1.540	
300	135			1.080	1.580	
400	140			1.120	1.620	
500	145			1.160	1.660	
600	150			1.200	1.700	
700	155			1.240	1.740	
800	160			1.280	1.780	
900	165			1.320	1.820	
4,000	170			1.360	1.860	
100	175			1.400	1.900	
200	180			1.440	1.940	
300	185			1.480	1.980	
400	190			1.520	2.020	
500	195			1.560	2.060	
600	200			1.600	2.100	

（表—3の使い方）
1. 先ず地図上で撮影・計測飛行場と撮影・計測地の略々中心との距離を求める。
2. 撮影・計測高度に対する適用距離（片道）の値が，第1項により求めた距離より大きい場合には，近距離側の往復時間計をその撮影・計測高度に対して決定し，第1項により求めた距離より小さい場合には遠距離側の往復時間を第1項により求めた距離に対して決定する。

　　B．撮影回数（ｉ）
　　　　撮影日数計算式⑨で算定した値の整数値（端数切上げ）を用いる。
　　C．本撮影時間
　　　　本撮影時間（h）＝ $\dfrac{撮影コース延長^{*1}（km）}{撮影運航速度^{*2}（km/h）}$ ……………………………………………③

＊1．撮影コース延長は，地形図上に撮影コースを計画し，その延長を計測する。·················③′
　　　撮影コースの位置は，後続作業を考慮し基準点の配置等に十分配慮して決定する。なお，数値は小数第2位を四捨五入（0.1km 単位）する。
＊2．表—4を参照。

（表—4）撮影運搬速度

写　真　縮　尺	1/3,000 〜1/7,000	1/8,000 〜1/17,000	1/18,000 〜1/29,000	1/30,000 〜1/40,000
撮影運航速度（km/h）	160	180	200	250

　　D．GNSS/IMU 装置初期化時間
　　　GNSS/IMU 装置初期化時間（h）＝（1回当り GNSS/IMU 装置初期化時間＊1（h））×（撮影回数）＊2··············④
　　＊1．0.5h とする。·················④′
　　＊2．撮影回数（i）を参照。
　　　（注）　GNSS/IMU 装置の初期化は，撮影開始前と終了後に行う。撮影前後を合わせて1回と数え，S字飛行を含む初期化時間は1回当り0.5h とする。なお，撮影コース方向が著しく異なるものがある場合や撮影コースが著しく離れている場合には，初期化回数（＋α）を上式に追加するものとする。

　　E．コース進入時間
　　　コース進入時間（h）＝（1コース当り0.18h）×（コース数）·················⑤
　　F．補備撮影時間
　　　綿密な気象・地形調査を実施して，撮影を開始しても予測可能な気象変化や気流状態の不良によって，測量用写真として不適当の場合は再撮影を必要とする。このために補備撮影時間を見込むものとする。
　　　補備撮影時間（h）＝（（撮影飛行場・撮影地間往復時間（h））＋（本撮影時間（h））
　　　　　　　　　　　　　　＋（GNSS/IMU 装置初期化時間（h））＋（コース進入時間（h）））×30％
　　　　　　　　　　＝（②＋③＋④＋⑤）×30％ ·················⑥

　　G．予備飛行時間
　　　撮影作業は，撮影地の局部的な天候，地形及び撮影時刻等により極度の制約を受けて撮影好適日が非常に少ない。このため，快晴日であっても撮影地上空に雲等の撮影障害があれば止むを得ず引き返しとなる。このための時間を予備飛行時間として見込むものとする。
　　　予備飛行時間（h）＝（（撮影飛行場・撮影地間往復時間（h）））×100％＝②×100％·················⑦

8—1—3　総運航時間
1．総運航時間の算定
　　当該撮影作業の実施に必要なすべての運航時間で，次式により算定する。
　　　総運航時間（h）＝①＋2.3×②＋1.3×（③＋④＋⑤）·················⑧
2．総運航費の算定
　　総運航費は次式により算定する。
　　　総運航費＝（総運航時間）×1時間当り（航空機損料＋航空ガソリン＊1＋航空オイル＊2）
　　　＊1．60.0ℓ/h とする。
　　　＊2．2.5ℓ/h とする。

8—1—4　滞留
　　滞留とは，撮影実施及び天候待ちのため撮影作業員が撮影飛行場にとどまることである。
1．滞留日数の算定
（1）撮影日数
　　（撮影日数＊（M））＝$\dfrac{③＋⑤}{4.5－②′－④}$ ·················⑨
　　　　＊　小数第1位（小数第3位を四捨五入し，小数第2位を端数切上げ）までとする。
（2）滞留日数
　　A．撮影日数が2日以内の場合
　　　（滞留日数）＝（撮影1日当り滞留日数）＊1×（撮影日数）＊2·················⑩—1
　　　　＊1．5日を標準とする。
　　　　＊2．小数点以下は切上げて整数にする。
　　B．撮影日数が2日を超える場合
　　　滞留日数は，整数値（小数第3位を四捨五入し，端数切上げ）とする。
　　　（滞留日数）＊4＝$\dfrac{（撮影予定当該月の全日数）}{（当該月の撮影可能日数）＊3}$×（撮影日数） ·················⑩—2

＊3．撮影可能日数表（表―6）を参照し，それぞれ撮影地内又は撮影地に最も近い地点のデジタル空中写真撮影可能日数を採用する。

＊4．式⑩―2での計算の結果，滞留日数が10日未満となる場合は，滞留日数を10日とする。

2．滞留費の算定

滞留費は次式により算定する。

（滞留費）＝（滞留日数）×（1日当り滞留費）＊ ･･⑪

＊ 操縦士，整備士，撮影士各1名の基準日額及び通信運搬費とする。ただし，前進飛行場を利用する場合は，日当，宿泊料（又は日額旅費）も計上する。

（注） 特に規模の大きい撮影については，別途積算することができる。

8―1―5 撮影費の算定

本撮影，GNSS/IMU装置初期化時間，コース進入及び補備撮影に要する時間（以上を「純撮影運航時間」とする）に応ずるデジタル航空カメラ損料等であり，次式により算定する。

（撮影費）＝（純撮影運航時間）×（1時間当り撮影費） ･･････････････････････････････････⑫

　　　　＝（③＋④＋⑤）×1.3×（1時間当りデジタル航空カメラ損料等）＊

＊ 測量機械等損料算定表を参照。

8―1―6 写真枚数の算定

写真枚数の算定は次式により算定する。安全率は補備撮影による写真枚数の増を見込んだ係数である。

$$（写真枚数）＝\frac{（撮影コース延長（km））}{（撮影基線長（km））}×1.2（安全率） \quad ⑬$$

$$（撮影基線長）＝（撮影方向に平行な画郭1辺の実距離）×\left(1-\frac{60}{100}\right) \quad ⑭$$

8―1―7 旅費交通費

撮影・計測に関する者の交通費は，本拠飛行場から前進飛行場までとする。操縦及び整備に関する者の交通費は計上しない。前進飛行場を利用する場合は，操縦士，整備士各1名につき，2日分の基準日額，日当及び1日分の宿泊料，撮影士1名につき，本拠飛行場～撮影飛行場（前進飛行場）までの公共交通機関による1往復分の運賃，2日分の基準日額，日当及び1日分の宿泊料を計上するものとする。

(表―5) 運航時間算定例

区　分	地区名	(a)	(b)	備　考
撮影面積	km²	900	225	
撮影距離	km	420	60	
コース数	コース	14	4	(a)：地区情報レベル1,000 (b)：地区情報レベル2,500
撮影高度	m	2,000	2,000	
本拠飛行場から撮影飛行場間往復直線距離	km	300		
撮影飛行場から撮影地までの往復直線距離	km	140	30	
①空輸時間	h	2.20		
②′撮影飛行場撮影地1往復時間	h	1.06	0.78	
②　〃　全往復時間	h	2.12	0.78	②′×撮影回数（i）
③本撮影時間	h	2.10	0.30	
④GNSS/IMU装置初期化時間	h	1.00	0.50	0.5×撮影回数（i）
⑤コース進入時間	h	2.52	0.72	0.18h×（コース数）
⑥補備撮影時間	h	2.32	0.69	(②+③+④+⑤)×30%
小計　A		10.06	2.99	②+③+④+⑤+⑥
⑦予備飛行時間	h	2.12	0.78	②
小計　B		12.18	3.77	A+⑦
撮影回数（i）	d	2	1	(③+⑤)／(4.5-②′-④′)
純撮影運航時間　C	h	7.31	1.98	(③+④+⑤)×1.3
⑧総運航時間	h	18.15		小計(B+①)＝①+②+③+④+⑤+⑥+⑦
滞留日数	d	10		撮影月：9月

(備考)　上記は(a)(b)地区が近距離のため同一の撮影飛行場を使用出来るので一括契約とした例である。

(表—6) デジタル空中写真撮影・航空レーザ計測可能日数表　　　　　　　　　　2枚中1枚

地点	1月	2月	3月	4月	5月	6月	7月	8月	9月	10月	11月	12月
稚内	1	3	4	6	6	5	4	4	5	5	2	1
網走	6	7	6	6	6	6	5	5	6	7	6	7
旭川	3	3	4	5	5	6	4	4	3	4	2	2
札幌	3	2	3	6	6	6	3	4	4	5	3	3
帯広	14	12	10	7	6	5	3	4	5	9	11	14
釧路	14	10	8	5	4	3	2	3	4	8	11	13
室蘭	3	4	7	9	7	5	3	4	7	8	5	3
函館	3	3	3	6	6	5	3	3	4	5	4	3
青森	1	2	3	6	6	5	3	4	3	4	3	2
秋田	1	1	2	6	5	5	4	4	3	5	3	1
盛岡	3	4	4	6	5	4	3	3	4	6	5	4
山形	2	3	4	6	5	3	2	3	3	5	4	2
仙台	5	4	5	7	5	3	2	3	2	5	6	4
福島	4	5	6	7	5	3	2	3	3	5	6	5
新潟	1	1	4	7	7	5	4	6	5	5	4	2
金沢	2	2	4	8	7	4	4	7	5	6	5	3
富山	2	3	5	7	6	3	3	6	5	7	6	3
福井	2	3	4	7	6	3	3	6	5	6	5	3
長野	4	4	5	7	6	3	3	5	5	6	5	5
宇都宮	14	10	9	8	5	2	2	3	3	7	11	15
前橋	11	8	8	8	5	2	3	4	4	8	10	13
熊谷	17	13	11	9	6	3	3	4	4	8	13	17
水戸	15	10	9	8	6	3	3	4	4	8	10	15
つくば	13	10	8	8	5	3	4	4	5	7	9	13
甲府	16	12	11	9	6	3	4	7	6	10	14	15
銚子	14	9	9	8	5	3	4	6	4	6	9	13
東京	15	12	9	8	6	3	4	3	2	7	11	15
横浜	14	10	8	8	5	3	4	5	4	7	10	14
静岡	15	11	9	8	5	3	3	4	4	8	11	16
岐阜	7	7	8	9	6	4	3	5	6	9	9	9
名古屋	8	6	8	8	5	2	2	3	5	9	9	10
津	7	6	7	7	5	3	3	5	5	8	9	9

(表—6) つづき　デジタル空中写真撮影・航空レーザ計測可能日数表　　2枚中2枚

地点	1月	2月	3月	4月	5月	6月	7月	8月	9月	10月	11月	12月
京都	5	4	5	7	5	2	2	3	4	7	6	6
彦根	3	4	6	7	6	3	3	5	6	8	6	5
大阪	6	4	5	8	6	3	3	4	3	6	7	8
奈良	5	4	6	7	5	3	3	4	5	6	6	5
和歌山	5	6	8	8	6	3	4	7	6	9	8	7
神戸	8	6	7	8	6	3	4	6	5	8	9	9
鳥取	2	2	4	7	6	4	4	5	3	5	5	4
松江	1	2	4	8	7	4	3	5	3	5	5	3
岡山	8	6	8	8	6	3	3	5	5	8	8	9
広島	3	4	5	8	6	3	4	5	4	8	7	6
下関	3	4	6	9	7	3	4	6	6	8	6	5
高松	5	5	7	9	7	4	4	6	5	8	7	7
徳島	8	7	8	8	6	3	4	7	5	8	9	10
松山	4	5	7	8	6	3	5	6	5	8	7	6
高知	12	10	9	9	6	3	4	6	7	10	12	14
福岡	4	5	7	9	8	3	4	6	6	8	7	5
佐賀	6	6	7	8	7	3	4	5	7	10	8	7
長崎	5	6	7	8	7	2	3	5	6	9	8	7
熊本	6	6	7	8	6	3	3	4	6	9	8	8
大分	7	6	7	8	6	3	4	5	6	8	8	8
宮崎	14	11	10	9	6	3	4	5	6	10	12	15
鹿児島	7	8	7	8	5	2	3	4	6	10	9	9
名瀬	2	2	2	3	3	1	2	2	2	3	2	2
那覇	4	3	3	3	2	1	2	2	3	4	3	4
石垣島	3	2	3	3	3	2	3	3	2	3	2	2
宮古島	3	3	3	2	2	2	2	3	3	4	3	3
南大東島	4	5	6	5	4	3	4	3	4	4	5	4
父島	5	6	5	4	3	3	4	2	3	4	5	5
南鳥島	5	5	6	6	6	5	4	3	4	6	6	5

8-2 撮影
8-2-1 撮影（デジタル）

標準作業量	作業工程	測量主任技師	測量技師	測量技師補	測量助手	操縦士	整備士	撮影士
		所要人日数						
100km²	撮影計画	0.2	1.2	1.2	0.5	1.0	1.0	1.0
1時間	総運航							
1時間	撮影							
1日	滞留					1.0	1.0	1.0
100枚	GNSS/IMU計算	0.1	0.1	0.8				
100枚	数値写真作成		0.3	1.8	1.0			

（備考）1. 本歩掛には，関係機関協議資料作成及び関係機関打合せ協議に係る作業時間も含む。
2. 機械経費，通信運搬費等，材料費については「測量業務標準歩掛における各費目の直接人件費に対する割合」に基づき別途計上する。

8-3 標定点測量及び同時調整
8-3-1 対空標識の設置（写真縮尺 1/10,000～12,500）
本歩掛の適用範囲は，設置点数32点以下とする。

標準作業量	作業工程	所要日数 測量主任技師	測量技師	測量技師補	測量助手	測量補助員	内外業の別	編成 測量主任技師	測量技師	測量技師補	測量助手	測量補助員	計	延人日数 測量主任技師	測量技師	測量技師補	測量助手	測量補助員	計
15点	対空標識の設置	1.0	2.5	3.5			内		1	1	1		3	1.0	2.5	3.5			7.0
			2.0	4.0	5.0	2.0	外		1	1	1	2	5		2.0	4.0	5.0	2.0	13.0
合計			3.0	6.5	8.5	2.0									3.0	6.5	8.5	2.0	20.0

（備考）1.「対空標識の設置」には「対空標識の撤収」を含む。
2. 本歩掛には，関係機関協議資料作成及び関係機関打合せ協議に係る作業時間も含む。
3. 機械経費，通信運搬費等，材料費については「測量業務標準歩掛における各費目の直接人件費に対する割合」に基づき別途計上する。

8－3－2　標定点測量

本歩掛の適用範囲は，設置点数80点以下とする。

標準作業量	作業工程	所要日数 測量主任技師	測量技師	測量技師補	測量助手	測量補助員	内外業の別	編成 測量主任技師	測量技師	測量技師補	測量助手	測量補助員	計	延人日数 測量主任技師	測量技師	測量技師補	測量助手	測量補助員	計
5点	標定点測量		1.0	1.0	0.5		内	1	1	1			3		1.0	1.0	0.5		2.5
			3.0	3.0	2.5		外	1	1	1			3		3.0	3.0	2.5		8.5
合　計			4.0	4.0	3.0										4.0	4.0	3.0		11.0

(備考)　1.　本歩掛には，関係機関協議資料作成及び関係機関打合せ協議に係る作業時間も含む。
　　　　2.　機械経費，通信運搬費等，材料費については「測量業務標準歩掛における各費目の直接人件費に対する割合」に基づき別途計上する。

8－3－3　簡易水準測量

本歩掛の適用範囲は，観測距離100 km以下とする。

標準作業量	作業工程	所要日数 測量主任技師	測量技師	測量技師補	測量助手	測量補助員	内外業の別	編成 測量主任技師	測量技師	測量技師補	測量助手	測量補助員	計	延人日数 測量主任技師	測量技師	測量技師補	測量助手	測量補助員	計
10 km	簡易水準測量		0.5	0.5	0.5		内	1	1	1			3		0.5	0.5	0.5		1.5
			1.5	2.0	2.0		外	1	1	1			3		1.5	2.0	2.0		5.5
合　計			2.0	2.5	2.5										2.0	2.5	2.5		7.0

(備考)　1.　本歩掛には，関係機関協議資料作成及び関係機関打合せ協議に係る作業時間も含む。
　　　　2.　機械経費，通信運搬費等，材料費については「測量業務標準歩掛における各費目の直接人件費に対する割合」に基づき別途計上する。

8—3—4　標定点変化率
1. 地域差による変化率
(1) 適用作業　対空標識の設置

区　分	平　地	丘陵地	低山地	高山地
大市街地	+0.2			
市街地（甲）	+0.1			
〃　（乙）	+0.1	+0.1		
都市近郊	0.0	+0.1		
耕　地	0.0	0.0	+0.1	
原　野	+0.1	+0.1	+0.1	+0.2
森　林	+0.1	+0.1	+0.2	+0.2

(2) 適用作業　標定点測量

区　分	平　地	丘陵地	低山地	高山地
大市街地	0.0			
市街地（甲）	0.0			
〃　（乙）	0.0	−0.1		
都市近郊	0.0	−0.1		
耕　地	0.0	−0.1	+0.1	
原　野	−0.1	−0.2	+0.1	+0.2
森　林	+0.1	−0.1	+0.2	+0.3

(3) 適用作業　簡易水準測量

区　分	平　地	丘陵地	低山地	高山地
大市街地	+0.3			
市街地（甲）	+0.2			
〃　（乙）	+0.1	+0.2		
都市近郊	+0.1	+0.2		
耕　地	0.0	+0.1	+0.2	
原　野	+0.1	+0.2	+0.3	+0.3
森　林	+0.1	+0.2	+0.3	+0.4

8—3—5　同時調整

標準作業量	作業工程	所要日数 測量主任技師	測量技師	測量技師補	測量助手	測量補助員	内外業の別	編成 測量主任技師	測量技師	測量技師補	測量助手	測量補助員	計	延人日数 測量主任技師	測量技師	測量技師補	測量助手	測量補助員	計
100 km²	同時調整						内								0.8	2.8	1.0		4.6

（備考）　1. 本歩掛は数値図化と併せて使用する。
2. 本歩掛には，関係機関協議資料作成及び関係機関打合せ協議に係る作業時間も含む。
3. 機械経費，通信運搬費等，材料費については「測量業務標準歩掛における各費目の直接人件費に対する割合」に基づき別途計上する。

8－4　数値図化
　8－4－1　数値図化（地図情報レベル1000）
　　　本歩掛の適用範囲は，作成面積15.1 km²以下とする。

標準作業量	作業工程	所要日数 測量主任技師	所要日数 測量技師	所要日数 測量技師補	所要日数 測量助手	所要日数 測量補助員	内外業の別	編成 測量主任技師	編成 測量技師	編成 測量技師補	編成 測量助手	編成 測量補助員	計	延人日数 測量主任技師	延人日数 測量技師	延人日数 測量技師補	延人日数 測量助手	延人日数 測量補助員	計
1.0 km²	作業計画						内							0.5	0.5	0.5			1.5
	現地調査						内								0.5	0.5			1.0
		2.0	4.5				外		1	1			2		2.0	4.5			6.5
							計								2.5	5.0			7.5
	数値図化						内								3.5	7.5	2.0		13.0
	数値編集						内								3.0	9.0	0.5		12.5
	補測編集						内								0.5	1.0	0.5		2.0
		0.5	1.5	0.5			外		1	1	1		3		0.5	1.5	0.5		2.5
							計								1.0	2.5	1.0		4.5
	数値地形図データファイルの作成						内								0.5	0.5			1.0

（備考）　1.　本歩掛には，関係機関協議資料作成及び関係機関打合せ協議に係る作業時間も含む。
　　　　　2.　機械経費，通信運搬費等，材料費については「測量業務標準歩掛における各費目の直接人件費に対する割合」に基づき別途計上する。

8－4－2　数値図化（地図情報レベル 2500）

本歩掛の適用範囲は，作成面積 128.6 km² 以下とする。

標準作業量	作業工程	所要日数 測量主任技師	測量技師	測量技師補	測量助手	測量補助員	内外業の別	編成 測量主任技師	測量技師	測量技師補	測量助手	測量補助員	計	延人日数 測量主任技師	測量技師	測量技師補	測量助手	測量補助員	計
20.0 km²	作業計画						内							1.5	1.5	1.0			4.0
	現地調査		9.0	14.5			内								2.5	4.5			7.0
							外		1	1			2		9.0	14.5			23.5
							計								11.5	19.0			30.5
	数値図化						内								12.5	26.5	7.0		46.0
	数値編集						内								9.5	28.0	12.0		49.5
	補測編集		3.5	5.0	1.5		内								2.0	2.5	2.5		7.0
							外		1	1	1		3		3.5	5.0	1.5		10.0
							計								5.5	7.5	4.0		17.0
	数値地形図データファイルの作成						内								2.0	1.5			3.5

（備考）　1.　本歩掛には，関係機関協議資料作成及び関係機関打合せ協議に係る作業時間も含む。
　　　　2.　機械経費，通信運搬費等，材料費については「測量業務標準歩掛における各費目の直接人件費に対する割合」に基づき別途計上する。

8－4－3　図化変化率

1.　地域差による変化率

適用作業　作業計画，現地調査，数値図化，編集，数値編集，補測編集

区　分	平　地	丘陵地	低山地	高山地
大市街地	+0.2			
市街地（甲）	+0.2			
〃　（乙）	+0.1	+0.2		
都市近郊	+0.1	+0.2		
耕　地	0.0	+0.1	+0.1	
原　野	-0.1	0.0	0.0	0.0
森　林	-0.1	0.0	0.0	0.0

8－5　その他

(1)　打合せ

中間打合せの回数は 3 回を標準とし，必要に応じて打合せ回数を増減する。打合せ回数を増減する場合は，1 回当り，中間打合せ 1 回の人員を増減する。

9. 現地測量

9－1 現地測量（S＝1/500）

9－1－1 現地測量（作業計画）

標準作業量	作業工程	所要日数 測量主任技師	測量技師	測量技師補	測量助手	測量補助員	内外業の別	編成 測量主任技師	測量技師	測量技師補	測量助手	測量補助員	計	延人日数 測量主任技師	測量技師	測量技師補	測量助手	測量補助員	計
縮尺 1/500 1業務	作業計画	0.2	0.3	0.3			内	1	1	1			3	0.2	0.3	0.3			0.8

（備考）　1．現地測量（作業計画）は精度管理費係数の対象としない。
　　　　　2．機械経費，通信運搬費等，材料費については「測量業務標準歩掛における各費目の直接人件費に対する割合」に基づき別途計上する。
　　　　　3．地域，地形，縮尺の異なる場合は変化率表を使用するものとする。
　　　　　4．本歩掛については，現地測量（作業計画）に係る費用以外は含まない。
　　　　　5．本歩掛は，公共測量作業規程第11条に基づくものである。

9－1－2 現地測量

標準作業量	作業工程	所要日数 測量主任技師	測量技師	測量技師補	測量助手	測量補助員	内外業の別	編成 測量主任技師	測量技師	測量技師補	測量助手	測量補助員	計	延人日数 測量主任技師	測量技師	測量技師補	測量助手	測量補助員	計
縮尺 1/500 0.1km²	作業計画	0.3	0.2	0.2			内	1	1	1			3	0.3	0.2	0.2			0.7
	細部測量		6.1	9.4	8.2		外		1	1	1		3		6.1	9.4	8.2		23.7
				3.1			内			1			1			3.1			3.1
	数値編集		1.5	3.5			内		1	1			2		1.5	3.5			5.0
	数値地形図データファイルの作成		1.4	1.2			内		1	1			2		1.4	1.2			2.6
内訳	外業計		6.1	9.4	8.2		外								6.1	9.4	8.2		23.7
	内業計	0.3	3.1	8.0			内							0.3	3.1	8.0			11.4
	合計	0.3	9.2	17.4	8.2									0.3	9.2	17.4	8.2		35.1

（備考）　1．本表はトータルステーションを用いた細部測量を行う場合に適用するものとし，GNSS測量機等を用いた細部測量を行う場合には別途計上する。
　　　　　2．本表は耕地，平地部の標準作業量である。項目「作業計画」については，1業務あたりの人工数と，作業量に基づく人工数を加えて積算するものとする。
　　　　　3．9－1－2　現地測量については，作業量補正として，本表の標準歩掛に対し，下記補正式により算出した補正係数を乗じるものとする。
　　　　　　なお，補正係数（y/100）は小数2位（小数3位四捨五入）まで算出する。
　　　　　　ただし，この式の適用範囲は0.2km²とし，適用範囲を超えるものについては別途計上する。
　　　　　　作業量補正式　$y = 718.95 \times A + 28.105$（％）　A：作業量（km²）
　　　　　　〔適用範囲：～0.20km²〕
　　　　　4．本歩掛には，関係機関協議資料作成及び関係機関打合せ協議に係る作業時間も含む。
　　　　　5．地域，地形，縮尺の異なる場合は変化率表を使用するものとする。
　　　　　6．基準点測量（基準点の設置）は，別途計上する。
　　　　　7．機械経費，通信運搬費等，材料費については「測量業務標準歩掛における各費目の直接人件費に対する割合」に基づき別途計上する。
　　　　　8．本歩掛の作業計画は，公共測量作業規程第114条に基づき，工程別に作成するものである。

9－2　現地測量変化率

縮尺＼地域＼地形	1/200 平地	丘陵地	低山地	高山地	1/250 平地	丘陵地	低山地	高山地
大市街地	+1.2				+1.2			
市街地（甲）	+1.1				+1.0			
市街地（乙）	+0.9	+1.4			+0.8	+1.3		
都市近郊	+0.5	+0.8			+0.4	+0.7		
耕地	+0.2	+0.3			+0.1	+0.3	+0.9	
原野		+0.5	+1.3	+1.6		+0.4	+1.2	+1.5
森林		+0.7	+1.9	+2.2		+0.6	+1.8	+2.1

縮尺＼地域＼地形	1/500 平地	丘陵地	低山地	高山地	1/1,000 平地	丘陵地	低山地	高山地
大市街地	+0.8				+0.7			
市街地（甲）	+0.7				+0.5			
市街地（乙）	+0.5	+0.8			+0.4	+0.7		
都市近郊	+0.2	+0.5			0.0	+0.3		
耕地	0.0	+0.2	+0.5		-0.1	0.0	+0.2	
原野	+0.1	+0.3	+0.7	+1.0		+0.1	+0.4	+0.7
森林		+0.4	+1.4	+1.7		+0.3	+0.7	+1.0

（備考）　地域，地形が混在する場合の変化率は，各区分の作業量を用いた加重平均値を小数2位（小数3位四捨五入）まで算出する。

9－3　その他

(1) 打合せ

中間打合せの回数は2回を標準とし，必要に応じて打合せ回数を増減する。打合せ回数を増減する場合は，1回当り，中間打合せ1回の人員を増減する。

10. 航空レーザ測量
10—1 航空レーザ測量の積算方式
10—1—1 計測計画
　　計測作業に先立ち，計測器材の選定（航空機の性能又は機種，航空レーザ測量システムの性能等），計測諸元の決定（対地高度，対地速度，コース間重複（％），スキャン回数，スキャン角度，パルスレート，飛行方向及び飛行直交方向の標準的取得点距離等），1/50,000地形図等を利用して行う計測航法の選定（計測コース及び各コースの計測開始並びに終了地点等）ならびに計測に用いる飛行場の選定，計測時間等の計測作業全般にわたる計画及び準備作業である。
　　なお，航空機は単発の固定翼を標準とする。ただし，回転翼航空機の利用を指定する場合は，別途計上とする。

10—1—2 運航
1. 運航時間
(1) 空輸時間

　　航空機を常駐し管理している飛行場（以下「本拠飛行場」という。）が，計測地にできるだけ近く選定した計測飛行場（以下「計測飛行場」という。【8—1 撮影の積算方式　表—2】を参照[*1]）でない場合に，本拠飛行場から計測飛行場まで航空機を空輸する時間（往復）であって，次式により算定する。また，この空輸した先の計測飛行場を前進飛行場という。

$$空輸時間 = \frac{[計測飛行場までの往復直線距離（km）^{*1}]}{空輸運航速度^{*2}} + [離着陸時間（h）^{*3}] \times 2 \cdots\cdots①$$

*1．計測飛行場までの往復直線距離は，【8—1 撮影の積算方式　表—2】を参照。ただし，表に掲載されていない区間については，図10—1の経緯度を用いて直線距離を計算する。なお，数値は1の位を四捨五入（10km単位）とする。

*2．250 km/hとする。

*3．片道の離着陸時間を0.5時間とする。

(2) 計測運航時間

　　当該計測作業の実施に必要な時間で，計測飛行場・計測地間往復時間，計測回数，本計測時間，GNSS/IMU装置初期化時間，コース進入時間，補備計測時間及び予備飛行時間に分け，A〜Gの②—1〜⑦式により算定する。

（表—1）計測作業種別一覧表

①	空輸時間	⑥	補備計測時間
②	計測飛行場・計測地間往復時間	⑦	予備飛行時間
②´	1回当り計測飛行場・計測地間往復時間	⑧	総運航時間
③	本計測時間	⑨	計測日数
③´	計測コース延長	⑩	滞留日数
④	GNSS/IMU装置初期化時間	⑪	滞留費
④´	1回当りGNSS/IMU装置初期化時間	⑫	計測費
⑤	コース進入時間		

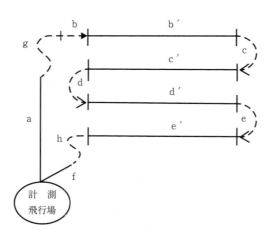

③　本計測時間（b´ + c´ + d´ + e´）

⑤　コース進入時間（b + c + d + e）

②´1回当り計測飛行場・計測地間往復時間（a + f）

④´1回当りGNSS/IMU装置初期化時間（g + h）

A. 計測飛行場・計測地間往復時間

計測飛行場・計測地間往復時間の算定にあたっては，判定式②―1式により近距離又は遠距離の判定を行う。

$$\left(\begin{array}{c}\text{計測飛行場・計測地}\\\text{往復直線距離（akm）}\end{array}\right) = \text{機種別係数}^{*1}\text{（C）} \times \text{計測高度}^{*2}\text{（Hkm）} \cdots\cdots ②―1$$

a（km）≦C・H（km）を近距離，a（km）＞C・H（km）を遠距離とする。
* 1． C＝35とする。
* 2． 計測高度は，計測基準面（計測地の最高地点と最低地点の平均標高値）に計測地の対地高度（1,500 mを標準とする）を加えた値とする。

次に，近距離，遠距離の判定に基づき②―2式又は②―2′式により計測飛行場・計測地間往復時間を算定する。

・近距離の場合

$$(1,000\text{ m 当りの上昇下降時間}^{*1}\text{（h）}) \times \text{計測高度（km）} + \text{離着陸時間}^{*3}\text{（h）} \cdots\cdots ②′―1$$
$$\times \text{計測回数}^{*4} \cdots\cdots ②―2$$

・遠距離の場合

$$\left(\frac{\text{計測飛行場・計測地間往復直線距離（km）}}{\text{往復運航速度}^{*2}} + \text{離着陸時間}^{*3}\text{（h）}\right) \cdots\cdots ②′―1$$
$$\times \text{計測回数}^{*4} \cdots\cdots ②―2$$

* 1． 0.14 h とする。
* 2． 250 km/h とする。
* 3． 0.5 h とする。
* 4． 計測回数（ⅰ）を参照。

離着陸及び計測地往復時間算定の早見表は【8―1 撮影の積算方式 表―3】を参照。

B. 計測回数（ⅰ）

計測日数計算式⑨で算定した値の整数値（端数切上げ）を用いる。

C. 本計測時間

$$\text{本計測時間（h）} = \frac{\text{計測コース延長}^{*1}\text{（km）}}{\text{計測運航速度}^{*2}\text{（km/h）}} \cdots\cdots ③$$

* 1． 計測コース延長は，地形図上に計測コースを計画し，その延長を計測する。$\cdots\cdots ③′$
  なお，計測コース延長の数値は，小数第2位を四捨五入（0.1 km単位）する。
* 2． 200 km/h とする。

D. GNSS/IMU装置初期化時間

GNSS/IMU装置初期化時間（h）＝（1回当りGNSS/IMU装置初期化時間^{*1}（h）×（計測回数）^{*2} $\cdots\cdots ④$
* 1． 0.5 h とする。$\cdots\cdots ④′$
* 2． 計測回数（ⅰ）を参照。
  （注） GNSS/IMU装置の初期化は，計測開始前と終了後に行う。計測前後を合わせて1回と数え，S字飛行を含め初期化時間は1回当り0.5 hとする。なお，計測コース方向が著しく異なるものがある場合や計測コースが著しく離れている場合には，初期化回数（＋α）を上式に追加するものとする。

E. コース進入時間

コース進入時間（h）＝（1コース当り0.18 h）×（コース数）$\cdots\cdots ⑤$

F. 補備計測時間

計測地に雲がかかり航空レーザ用数値写真の画像データが欠測したり，気流状態の不良によって計画コースから航路がずれたり，重複度が不良であったりして，計測が不適当であった場合は再計測を必要とする。このために補備計測時間を見込むものとする。

補備計測時間（h）＝（（計測飛行場・計測地間往復時間（h））＋（本計測時間（h））
　　　　　　　　　　＋（GNSS/IMU装置初期化時間（h））＋（コース進入時間（h）））×30%
　　　　　　　　　＝（②＋③＋④＋⑤）×30% $\cdots\cdots ⑥$

G. 予備飛行時間

計測作業は，計測地の局部的な天候，地形及び計測時刻等により極度の制約を受けて計測好適日が非常に少ない。このため，快晴日であっても計測地上空に雲等の計測障害があれば止むを得ず引き返しとなる。このための時間を予備飛行時間として見込むものとする。

予備飛行時間（h）＝（（計測飛行場・計測地間往復時間（h）））×100%＝②×100% $\cdots\cdots ⑦$

10―1―3 総運航時間

1. 総運航時間の算定

当該計測作業の実施に必要なすべての運航時間で，次式により算定する。

総運航時間（h）＝①＋2.3×②＋1.3×（③＋④＋⑤） $\cdots\cdots ⑧$

2. 総運航費の算定
総運航費は次式により算定する。
総運航費＝（総運航時間）×1時間当り（航空機損料＋航空ガソリン*1＋航空オイル*2）
＊1. 60.0ℓ/hとする。
＊2. 2.5ℓ/hとする。

10—1—4 滞留
滞留とは，計測実施及び天候待ちのため計測作業員が計測飛行場にとどまることである。
1. 滞留日数の算定
(1) 計測日数

$$（計測日数＊（M））＝\frac{③＋⑤}{4.5－②'－④'} \cdots\cdots ⑨$$

＊ 小数第1位（小数第3位を四捨五入し，小数第2位を端数切上げ）までとする。

(2) 滞留日数
A. 計測日数が2日以内の場合
（滞留日数）＝（計測1日当り滞留日数）*1×（計測日数）*2 ⋯⋯⋯⋯⋯⋯⋯⋯ ⑩—1
＊1. 5日を標準とする。
＊2. 小数点以下は切上げて整数にする。

B. 計測日数が2日を越える場合
滞留日数は，整数値（小数第3位を四捨五入し，端数切上げ）とする。

$$（滞留日数）^{*4}＝\frac{（計測予定当該月の全日数）}{（当該月の計測可能日数）^{*3}}×（計測日数） \cdots\cdots ⑩-2$$

＊3. 【8—1 撮影の積算方式 表—6】を参照し，それぞれ計測地内又は計測地に最も近い地点の計測可能日数を採用する。
＊4. 式⑩—2での計算の結果，滞留日数が10日未満となる場合は，滞留日数を10日とする。

2. 滞留費の算定
滞留費は次式により算定する。
（滞留費）＝（滞留日数）×（1日当り滞留費）* ⋯⋯⋯⋯⋯⋯⋯⋯ ⑪
＊ 操縦士，整備士，撮影士各1名の基準日額及び通信運搬費とする。ただし，前進飛行場を利用する場合は，日当，宿泊料（又は日額旅費）も計上する。
（注） 特に規模の大きい計測については，別途積算することが出来る。

10—1—5 計測費の算定
本計測，GNSS/IMU装置初期化時間，コース進入及び補備計測に要する時間（以上を純計測運航時間とする）に応ずる航空レーザ測量システム損料等であり，次式により算定する。
（計測費）＝（純計測運航時間）×（1時間当り計測費） ⋯⋯⋯⋯⋯⋯⋯⋯ ⑫
＝（③＋④＋⑤）×1.3×（1時間当り航空レーザ測量システム損料等）*
＊ 測量機械等損料算定表を参照。

10—1—6 調整点の設置
点群データの点検及び調整を行うための基準点を設置する作業であって，歩掛は別項による。調整点の点数は，作業地域の面積（km²）を25で割った値に1を足した値を標準とし，小数部を切り上げ，最低数は4点とする。

10—1—7 点群データ及びオリジナルデータ作成
航空機搭載GNSSデータ，地上飛行場局GNSSデータ，航空機搭載IMUデータ及び航空機搭載レーザ計測データから算定された点群データに，各種点検とノイズ削除処理を施して得られた点群データについて，精度検証を実施してオリジナルデータを作成する作業であって，歩掛は別項による。

10—1—8 グラウンドデータ作成
オリジナルデータにフィルタリング処理を施し，地表面の標高を示すデータを作成する作業であって，歩掛は別項による。

10—1—9 グリッド（標高）データ作成
グラウンドデータから内挿補間によりグリッド（標高）データを作成する作業であって，歩掛は別項による。

10—1—10 等高線データ作成
グラウンドデータ又はグリッド（標高）データから等高線データを作成する作業であって，歩掛は別項による。

10—1—11 成果データファイル作成
製品仕様書に従ってオリジナルデータ等の成果データファイルを作成し，電磁的記録媒体に記録する作業であって，歩掛は別項による。

10—1—12 旅費交通費
撮影・計測に関する者の往復交通費は，本拠飛行場から前進飛行場までとする。操縦及び整備に関する者の往復交通費は計上しない。

前進飛行場を利用する場合は，操縦士，整備士各１名につき，２日分の基準日額，日当及び１日分の宿泊料，撮影士１名につき，本拠飛行場～計測飛行場（前進飛行場）までの公共交通機関による１往復分の運賃，２日分の基準日額，日当及び１日分の宿泊料を計上するものとする。

(表—2) 運航時間算定例

区　分	地区名	(a)	備　考
計測面積	km²	400	
計測距離	km	2,020	
コース数	コース	101	
計測高度	m	2,000	
本拠飛行場から計測飛行場間往復直線距離	km	620	
計測飛行場から計測地までの往復直線距離	km	140	
①空輸時間	h	3.48	
②′計測飛行場計測地１往復時間	h	1.06	
②　〃　全往復時間	h	10.60	②′×計測回数（ⅰ）
③本計測時間	h	10.10	
④GNSS/IMU 装置初期化時間	h	5.00	0.5×計測回数（ⅰ）
⑤コース進入時間	h	18.18	0.18 h ×（コース数）
⑥補備計測時間	h	13.16	(②+③+④+⑤) ×30％
小計　A		57.04	②+③+④+⑤+⑥
⑦予備飛行時間	h	10.60	②
小計　B		67.64	A+⑦
計測回数（ⅰ）	d	10	(③+⑤)／(4.5-②′-④′)
純計測運航時間　C	h	43.26	(③+④+⑤) ×1.3
⑧総運航時間	h	71.12	小計 (B+①) =①+②+③+④+⑤+⑥+⑦
滞留日数	d	61	計測月：10月

— 385 —

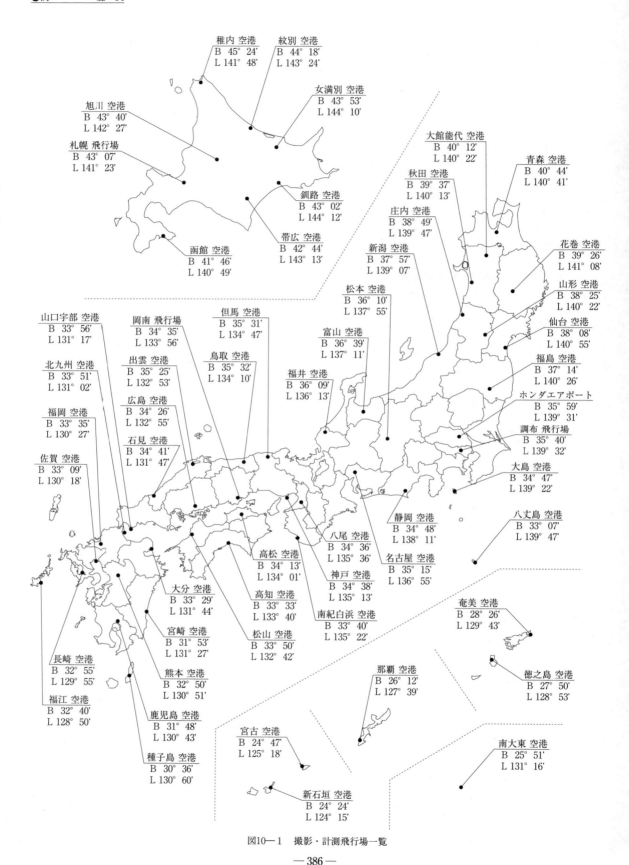

図10－1　撮影・計測飛行場一覧

10－2　航空レーザ測量
　10－2－1　航空レーザ測量（地図情報レベル1000）
　　本歩掛の適用範囲は，計測面積100 km²以上とする。

標準作業量	作業工程		内外業の別	所要人日数						
				測量主任技師	測量技師	測量技師補	測量助手	操縦士	整備士	撮影士
100 km²	全体計画		内	0.5	1.0	0.5				
100 km²	航空レーザ計測	計測計画	内		0.3	0.3		0.3	0.3	0.3
1時間		総運航	外							
1時間		計測	外							
1日		滞留	外					1.0	1.0	1.0
10箇所	調整点の設置		外			5.0	7.5			
100 km²	点群データ及びオリジナルデータ作成		内		15.0	30.0				
100 km²	グラウンドデータ作成		内		20.0	60.0	40.0			
100 km²	グリッド（標高）データ作成		内		2.0	10.0				
100 km²	等高線データ作成		内		3.0	9.0				
100 km²	成果データファイル作成		内	0.5	1.5	2.5				

（備考）　1.　本歩掛には，関係機関協議資料作成及び関係機関打合せ協議に係る作業時間も含む。
　　　　　2.　機械経費，通信運搬費等，材料費については「測量業務標準歩掛における各費目の直接人件費に対する割合」に基づき別途計上する。

10—2—2　航空レーザ測量（地図情報レベル500）
(1) 標準歩掛等
　本歩掛の適用範囲は，計測面積100 km²以上とする。
　また，本歩掛は点密度4点／m²で，格子間隔1mのデータを作成する場合に適用できる。

標準作業量	作業工程		内外業の別	所要人日数						
				測量主任技師	測量技師	測量技師補	測量助手	操縦士	整備士	撮影士
100 km²	全体計画		内	0.6	0.9	0.8				
100 km²	航空レーザ計測	計測計画	内	0.8	0.5			0.5	0.3	0.4
1時間		総運航	外							
1時間		計測	外							
1日		滞留	外							
100 km²	調整点の設置		外			3.9	4.4			
100 km²	点群データ及びオリジナルデータ作成		内		15.9	32.5				
100 km²	グラウンドデータ作成		内		20.6	55.6	48.1			
100 km²	グリッド（標高）データ作成		内		2.6	9.5				
100 km²	等高線データ作成		内		3.2	8.7				
100 km²	成果データファイル作成		内	0.6	1.6	2.5				

（備考）　1．本歩掛には，関係機関協議資料作成及び関係機関打合せ協議に係る作業時間も含む。
　　　　　2．機械経費，通信運搬費等，材料費，総運航，計測，滞留については別途計上する。

10—3　その他
(1) 打合せ
　　中間打合せの回数は3回を標準とし，必要に応じて打合せ回数を増減する。打合せ回数を増減する場合は，1回当り，中間打合せ1回の人員を増減する。

11. 三次元点群測量

11—1 UAV写真点群測量

(1) 標準歩掛等

標準作業量	作業工程	所要日数 測量主任技師	所要日数 測量技師	所要日数 測量技師補	所要日数 測量助手	所要日数 測量補助員	内外業の別	編成 測量主任技師	編成 測量技師	編成 測量技師補	編成 測量助手	編成 測量補助員	計	延人日数 測量主任技師	延人日数 測量技師	延人日数 測量技師補	延人日数 測量助手	延人日数 測量補助員	計
1業務当り	作業計画	0.5	0.3	0.2	0.3		内	1	1	1	1		4	0.5	0.3	0.2	0.3		1.3
0.1 km² 当り	標定点及び検証点の設置・観測		4.7	1.1	3.3	1.1	外		1	1	1	1	4		4.7	1.1	3.3	1.1	10.2
	UAVによる空中撮影		3.2		2.0	0.9	外		1		1	1	3		3.2		2.0	0.9	6.1
	三次元形状復元（オリジナルデータの作成）			3.7			内			1			1			3.7			3.7
	グラウンドデータの作成及び構造化	1.2	1.7	2.4	0.8		内	1	1	1	1		4	1.2	1.7	2.4	0.8		6.1
	成果データファイルの作成	1.4	1.8	1.3	0.7		内	1	1	1	1		4	1.4	1.8	1.3	0.7		5.2
	内訳 外業計		7.9	1.1	5.3	2.0	外								7.9	1.1	5.3	2.0	16.3
	内訳 内業計	3.1	3.8	7.6	1.8		内							3.1	3.8	7.6	1.8		16.3
	合計	3.1	11.7	8.7	7.1	2.0								3.1	11.7	8.7	7.1	2.0	32.6

(備考)
1. 本歩掛の適用範囲は測定面積 0.2km² 以下とする。
2. 本歩掛には, 関係機関協議資料作成及び関係機関打合せ協議に係る作業時間も含む。
3. 標定点及び検証点の設置・観測については対空標識の設置・撤去を含む。
4. 基準点測量（基準点の設置）は, 別途計上する。
5. 縦横断面データファイル作成（サーフェスモデル作成含む）を行う場合は, 0.1km²当り内業として測量主任技師 1.1人・日, 測量技師 2.5人・日, 測量技師補 2.3人・日, 測量助手 0.6人・日を計上（編成は各1人）し, 別途定める「三次元点群データを使用した断面図作成マニュアル（案）」に基づくものとする。なお, 数値図化が必要な場合は別途計上する。
6. 機械経費, 通信運搬費等, 材料費については「測量業務標準歩掛における作業量に対する割合」に基づき別途計上する。
7. 本歩掛のうち作業計画については, UAV写真測量の作業計画に係る費用以外は含まない。

11-2　地上レーザ測量
(1)　標準歩掛等

標準作業量	作業工程	所要日数 測量主任技師	測量技師	測量技師補	測量助手	測量補助員	内外業の別	編成 測量主任技師	測量技師	測量技師補	測量助手	測量補助員	計	延人日数 測量主任技師	測量技師	測量技師補	測量助手	測量補助員	計
1業務当り	作業計画	0.7	0.6				内	1	1				2	0.7	0.6				1.3
0.1 km² 当り	標定点の設置・観測		4.9		2.0	2.5	外		1		1	1	3		4.9		2.0	2.5	9.4
	地上レーザ計測		7.6	8.0			外		1	1			2		7.6	8.0			15.6
	グラウンドデータ等の作成	1.0	3.0	4.2			内	1	1	1			3	1.0	3.0	4.2			8.2
	成果データファイルの作成	1.1	4.4	6.4			内	1	1	1			3	1.1	4.4	6.4			11.9
内訳	外業計		12.5	8.0	2.0	2.5	外								12.5	8.0	2.0	2.5	25.0
	内業計	2.8	8.0	10.6			内							2.8	8.0	10.6			21.4
	合計	2.8	20.5	18.6	2.0	2.5								2.8	20.5	18.6	2.0	2.5	46.4

(備考)　1.　本歩掛の適用範囲は測定面積0.2km²以下とする。
　　　　2.　本歩掛には，関係機関協議資料作成及び関係機関打合せ協議に係る作業時間も含む。
　　　　3.　基準点測量（基準点の設置）は，別途計上する。
　　　　4.　縦横断面データファイル作成（サーフェスモデル作成含む）を行う場合は，0.1km²あたり内業として測量主任技師1.0人・日，測量技師2.9人・日，測量技師補5.3人・日を計上（編成は各1人）し，別途定める「三次元点群データを使用した断面図作成マニュアル（案）」に基づくものとする。なお，数値図化が必要な場合は別途計上とする。
　　　　5.　機械経費，通信運搬費等，材料費については「測量業務標準歩掛における作業量に対する割合」に基づき別途計上する。
　　　　6.　本歩掛のうち作業計画については，地上レーザ測量の作業計画に係る費用以外は含まない。

11-3 UAVレーザ測量
(1) 標準歩掛等

標準作業量	作業工程	所要日数 測量主任技師	測量技師	測量技師補	測量助手	測量補助員	内外業の別	編成 測量主任技師	測量技師	測量技師補	測量助手	測量補助員	計	延人日数 測量主任技師	測量技師	測量技師補	測量助手	測量補助員	計
1業務当り	作業計画	1.3	1.2	0.6			内	1	1	1			3	1.3	1.2	0.6			3.1
0.1km² 当り	調整点及び検証点の設置		4.7	2.5	2.7		外		1	1	1		3		4.7	2.5	2.7		9.9
	UAVレーザ計測		3.1	2.0	2.9		外		1	1	1		3		3.1	2.0	2.9		8.0
	点群編集		11.8	10.3	10.4		内		1	1	1		3		11.8	10.3	10.4		32.5
	三次元点群データファイルの作成		1.8	3.3			内		1	1			2		1.8	3.3			5.1
	数値地形図データファイルの作成		3.7	5.9			内		1	1			2		3.7	5.9			9.6
内訳	外業計		7.8	4.5	5.6		外		2	2	2		6		7.8	4.5	5.6		17.9
	内業計	1.3	18.5	20.1	10.4		内	1	4	4	1		9	1.3	18.5	20.1	10.4		50.3
	合計	1.3	26.3	24.6	16			1	6	6	3		16	1.3	26.3	24.6	16		68.2

(備考) 1. 本歩掛の適用範囲は測定面積0.2km²以下とする。
2. 本歩掛には，関係機関協議資料作成及び関係機関打合せ協議に係る作業時間も含む。
3. 調整点及び検証点の設置については対空標識の設置・撤去を含む。
4. 基準点測量（基準点の設置）は，別途計上する。
5. 機械経費，通信運搬費等，材料費については別途計上する。
6. 本歩掛のうち作業計画については，UAVレーザ測量の作業計画に係る費用以外は含まない。

12. 機械経費等
12-1 機械経費, 通信運搬費等, 材料費
(1) 測量業務標準歩掛における各費目の直接人件費に対する割合

作業	作業名	機械経費率	通信運搬費等率	材料費率
2-1-1	1級基準点測量　新点5点	11.5%	1.5%	2.5%
2-2-1-1	2級基準点測量　新点10点　伐採有り	9.0%	6.5%	2.0%
2-2-1-2	2級基準点測量　新点10点　伐採なし	9.5%	1.5%	2.5%
2-3-1-1	3級基準点測量　新点20点　伐採有り　永久標識設置有り	2.5%	4.0%	1.0%
2-3-1-2	3級基準点測量　新点20点　伐採有り　永久標識設置なし	2.5%	4.0%	1.0%
2-3-1-3	3級基準点測量　新点20点　伐採なし　永久標識設置有り	2.5%	1.5%	1.0%
2-3-1-4	3級基準点測量　新点20点　伐採なし　永久標識設置なし	2.5%	1.5%	1.0%
2-4-1-1	4級基準点測量　新点35点　永久標識設置なし　伐採有り	2.5%	7.0%	2.0%
2-4-1-2	4級基準点測量　新点35点　永久標識設置なし　伐採なし	2.5%	2.5%	2.5%
2-5-1	基準点設置　新点10点　地上埋設（普通）	1.5%	3.0%	15.5%
2-5-2	基準点設置　新点10点　地上埋設（上面舗装）	1.5%	3.0%	16.0%
2-5-3	基準点設置　新点10点　地下埋設	1.5%	3.0%	12.0%
2-5-4	基準点設置　新点10点　屋上埋設	2.0%	2.0%	10.0%
2-5-5	基準点設置　新点10点　コンクリート杭設置	2.0%	2.0%	5.0%
3-1-1	水準測量　1級水準測量観測（レベル等による）	9.5%	0.5%	1.0%
3-1-2	水準測量　2級水準測量観測（レベル等による）	6.0%	1.0%	1.0%
3-1-3	水準測量　3級水準測量観測（レベル等による）	3.5%	0.5%	1.5%
3-1-4	水準測量　4級水準測量観測	2.5%	1.0%	3.5%
3-2-1	水準点設置　水準点設置（永久標識）	2.0%	1.5%	19.0%
3-2-2	水準点設置　水準点設置（永久標識以外）	1.5%	4.5%	3.0%
4-1-1	路線測量　作業計画	0.0%	0.0%	0.0%
4-1-2	路線測量　現地踏査	2.0%	0.0%	7.0%
4-1-3	路線測量　伐採	1.0%	0.0%	2.0%
4-1-4	路線測量　線形決定（条件点の観測）	4.0%	0.0%	5.0%
4-1-5	路線測量　線形決定	1.0%	0.0%	2.5%
4-1-6	路線測量　IP設置	3.5%	0.0%	3.0%
4-1-7	路線測量　中心線測量	4.0%	0.0%	6.0%
4-1-8	路線測量　仮BM設置測量	2.5%	0.0%	2.0%
4-1-9	路線測量　縦断測量	2.5%	0.0%	3.0%
4-1-10	路線測量　横断測量	2.5%	0.0%	3.0%
4-1-11	路線測量　詳細測量（縦断測量）	3.0%	0.0%	9.0%
4-1-12	路線測量　詳細測量（横断測量）	3.0%	0.0%	5.5%
4-1-13	路線測量　用地幅杭設置測量	4.0%	0.0%	6.5%
5-1-1	河川測量　作業計画	0.0%	0.0%	0.0%
5-1-2	河川測量　現地踏査	1.0%	0.0%	6.5%
5-1-3	河川測量　距離標設置測量	4.5%	0.0%	19.0%
5-1-4	河川測量　水準基準測量	6.0%	0.0%	0.5%
5-1-5	河川測量　河川定期縦断測量　直接水準	3.0%	0.0%	5.5%

(つづく)

❻調　査

作　業	作　業　名	機械経費率	通信運搬費等率	材料費率
5－1－6	河川測量　河川定期横断測量　直接水準（平地）	2.5%	0.0%	1.0%
5－1－7	河川測量　河川定期横断測量　複写	9.0%	0.0%	12.0%
5－1－8	河川測量　河川定期横断測量　直接水準（山地）	3.5%	0.0%	1.5%
5－1－9	河川測量　河川定期横断測量　間接水準（山地）	3.0%	0.0%	2.0%
5－1－10	河川測量　法線測量	4.0%	0.0%	4.0%
6－1－1	深浅測量　作業計画	0.0%	0.0%	0.0%
6－2－1－1	深浅測量　ダム・貯水池深浅測量	1.5%	0.0%	2.5%
6－2－1－2	深浅測量　ダム・貯水池深浅測量＋音響測深機	2.5%	0.0%	2.5%
6－3－1－1	深浅測量　河川深浅測量	2.0%	0.0%	2.5%
6－3－1－2	深浅測量　河川深浅測量＋音響測深機	3.5%	0.0%	2.5%
6－4－1－1	深浅測量　海岸深浅測量	2.5%	0.0%	3.0%
6－4－1－2	深浅測量　海岸深浅測量＋音響測深機	4.0%	0.0%	3.0%
7－1－1－1	用地測量　作業計画　作業計画	0.0%	0.0%	0.0%
7－1－1－2	用地測量　作業計画　現地踏査	1.0%	0.0%	3.5%
7－1－2－1	用地測量　資料調査　公図等の転写 （地積測量図以外の公図等の転写）	1.0%	0.0%	2.0%
7－1－2－2	用地測量　資料調査　地積測量図転写 （地積測量図のみの転写）	1.0%	0.0%	0.5%
7－1－2－3	用地測量　資料調査　土地登記記録調査	0.5%	0.0%	0.5%
7－1－2－4	用地測量　資料調査　建物登記記録調査	1.0%	0.0%	0.5%
7－1－2－5	用地測量　資料調査　権利者確認調査（当初）	0.5%	0.0%	0.0%
7－1－2－6	用地測量　資料調査　権利者確認調査（追跡）	0.5%	0.0%	0.0%
7－1－2－7	用地測量　資料調査　公図等転写連続図作成	0.0%	0.0%	1.0%
7－1－3－1	用地測量　境界確認　復元測量	3.5%	0.0%	3.0%
7－1－3－2	用地測量　境界確認　境界確認	0.5%	0.0%	4.0%
7－1－3－3	用地測量　境界確認　土地境界確認書作成	1.5%	0.0%	0.5%
7－1－4－1	用地測量　境界測量　補助基準点の設置	3.0%	0.0%	3.0%
7－1－4－2	用地測量　境界測量　境界測量	3.0%	0.0%	2.0%
7－1－4－3	用地測量　境界測量　用地境界仮杭設置	3.5%	0.0%	5.0%
7－1－4－4	用地測量　境界測量　用地境界杭設置	5.0%	0.0%	21.0%
7－1－5	用地測量　境界点間測量	4.0%	0.0%	3.0%
7－1－6	用地測量　面積計算	0.0%	0.0%	0.0%
7－1－7－1	用地測量　用地実測図原図等の作成　用地実測図原図作成	0.0%	0.0%	0.0%
7－1－7－2	用地測量　用地実測図原図等の作成　用地現況測量（建物等）	3.0%	0.0%	2.5%
7－1－7－3	用地測量　用地実測図原図等の作成　用地平面図作成	0.0%	0.0%	0.5%
7－1－7－4	用地測量　用地実測図原図等の作成　土地調書作成	0.0%	0.0%	0.0%
7－3－1	用地測量　公共用地境界確定協議　公共用地管理者との打合せ	0.5%	0.0%	0.5%
7－3－2	用地測量　公共用地境界確定協議　現況実測平面図作成	3.5%	0.0%	2.5%
7－3－3	用地測量　公共用地境界確定協議　横断面図作成	2.5%	0.0%	1.5%
7－3－4	用地測量　公共用地境界確定協議　依頼書作成	0.0%	0.0%	0.0%
7－3－5	用地測量　公共用地境界確定協議　協議書作成	0.5%	0.0%	0.5%

(つづく)

作　業	作　業　名	機械経費率	通信運搬費等率	材料費率
8－2－1－1	撮影　撮影（デジタル）　撮影計画	0.0%	0.0%	0.5%
8－2－1－2	撮影　撮影（デジタル）　総運航			
8－2－1－3	撮影　撮影（デジタル）　撮影			
8－2－1－4	撮影　撮影（デジタル）　滞留	0.0%	1.5%	0.0%
8－2－1－5	撮影　撮影（デジタル）　GNSS/IMU 計算	0.5%	0.0%	0.0%
8－2－1－6	撮影　撮影（デジタル）　数値写真作成	60.5%	0.0%	13.5%
8－3－1	標定点及び同時調整　対空標識の設置 （写真縮尺　1/10,000～12,500）	1.0%	0.5%	2.0%
8－3－2	標定点測量及び同時調整　標定点測量	8.0%	0.0%	0.5%
8－3－3	標定点測量及び同時調整　簡易水準測量	6.0%	0.5%	0.5%
8－3－5	標定点測量及び同時調整　同時調整	31.0%	0.0%	0.0%
8－4－1－1	数値図化　数値図化　レベル1000作業計画	0.5%	0.0%	0.0%
8－4－1－2	数値図化　数値図化　レベル1000現地調査	3.0%	0.5%	2.0%
8－4－1－3	数値図化　数値図化　レベル1000数値図化	35.0%	0.0%	0.5%
8－4－1－4	数値図化　数値図化　レベル1000数値編集	12.5%	0.0%	0.5%
8－4－1－5	数値図化　数値図化　レベル1000補測編集	7.5%	0.5%	3.0%
8－4－1－6	数値図化　数値図化　レベル1000 数値地形図データファイルの作成	16.0%	0.0%	0.0%
8－4－2－1	数値図化　数値図化　レベル2500作業計画	0.0%	0.0%	0.0%
8－4－2－2	数値図化　数値図化　レベル2500現地調査	2.0%	0.5%	2.0%
8－4－2－3	数値図化　数値図化　レベル2500数値図化	49.0%	0.0%	0.5%
8－4－2－4	数値図化　数値図化　レベル2500数値編集	14.0%	0.0%	0.0%
8－4－2－5	数値図化　数値図化　レベル2500補測編集	8.0%	0.5%	1.5%
8－4－2－6	数値図化　数値図化　レベル2500 数値地形図データファイルの作成	23.5%	0.0%	0.0%
9－1－1	現地測量　現地測量（作業計画）（S＝1/500）	0.0%	0.0%	0.0%
9－1－2	現地測量　現地測量（S＝1/500）	6.0%	0.5%	2.0%
10－2－1－1	航空レーザ測量　数値図化　レベル1000全体計画	1.0%	0.0%	0.0%
10－2－1－2	航空レーザ測量　数値図化　レベル1000計測計画	9.5%	0.0%	5.0%
10－2－1－3	航空レーザ測量　数値図化　レベル1000総運航			
10－2－1－4	航空レーザ測量　数値図化　レベル1000計測			
10－2－1－5	航空レーザ測量　数値図化　レベル1000滞留	0.0%	1.5%	0.0%
10－2－1－6	航空レーザ測量　数値図化　レベル1000調整用基準点の設置	29.5%	0.0%	1.0%
10－2－1－7	航空レーザ測量　数値図化 レベル1000点群データ及びオリジナルデータ作成	11.0%	0.0%	0.0%
10－2－1－8	航空レーザ測量　数値図化 レベル1000グラウンドデータ作成	11.5%	0.0%	0.5%
10－2－1－9	航空レーザ測量　数値図化 レベル1000グリッド（標高）データ作成	11.5%	0.0%	0.0%
10－2－1－10	航空レーザ測量　数値図化　レベル1000等高線データ作成	11.0%	0.0%	0.0%
10－2－1－11	航空レーザ測量　数値図化 レベル1000成果データファイルの作成	10.5%	0.0%	2.0%

② 地 質 調 査
1. 地質調査積算基準
　1－1　適 用 範 囲
　　　土木事業に係る地質調査に適用する。
　1－2　地質調査業務費
　　1－2－1　地質調査業務費の構成

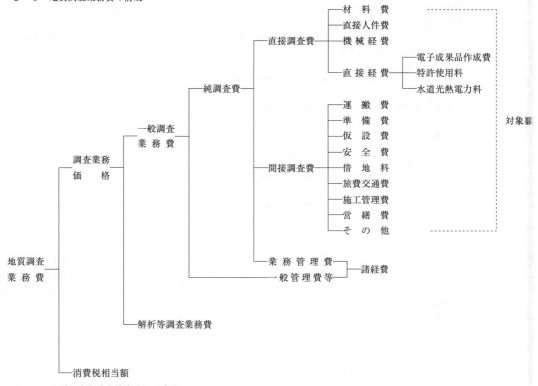

　　1－2－2　地質調査業務費構成費目の内容
　(1) 一般調査業務費
　　　一般調査業務費は，当該地質調査に必要な費用である。
　　① 純 調 査 費
　　　ア．直接調査費
　　　　直接調査費は，業務に必要な経費のうち，次のaからdに掲げるものとする。
　　　　　a．材 料 費
　　　　　　材料費は，当該調査を実施するのに要する材料の費用である。
　　　　　b．直接人件費
　　　　　　業務に従事する者の人件費である。なお，名称及びその基準日額等は別途定める。
　　　　　c．機 械 経 費
　　　　　　調査に必要な機器の損料又は使用料とし，各調査の種別ごとに積算し計上する。
　　　　　d．直 接 経 費
　　　　　　(a) 電子成果品作成費
　　　　　　　　電子成果品作成に要する費用を計上する。
　　　　　　(b) 特許使用料
　　　　　　　　特許使用料は，契約に基づき支出する特許使用料及び派出する技術者等に要する費用の合計額とする。
　　　　　　(c) 水道光熱電力料
　　　　　　　　水道光熱電力料は，当該調査に必要となる電力，電灯使用料及び用水使用料とする。
　　　　　　(d) 地盤情報データベースに登録するための検定費
　　　　　　　　地盤情報データベース登録のための，地盤情報の「別途定める検定に関する技術を有する第三者機関」における検定費とする。なお，直接調査費を用いる費用算出の対象額からは除く。

イ．間接調査費
　　　　　間接調査費は，業務処理に必要な経費のうち，次の a～i に掲げるものとする。
　　　　a．運　搬　費
　　　　　　機械器具及び資機材運搬，乱さない試料やコアの運搬，現場内小運搬及び作業員の輸送に要する費用を計上する。
　　　　b．準　備　費
　　　　　　準備及び跡片付け作業（資機材の準備・保管，ボーリング地点の位置出し，資材置き場と作業場所に係る伐開除根及び整地，後片付け，各種許可・申請手続き等），搬入路伐採等に要する費用を計上する。
　　　　c．仮　設　費
　　　　　　ボーリングの櫓・足場設備，揚水設備場及び足場の設置撤去，機械の分解解体，給水設備，仮道，仮橋等の設備に要する費用とし必要な額を計上する。
　　　　d．安　全　費
　　　　　　安全費は，業務における安全対策に要する費用である。
　　　　e．借　地　料
　　　　　　特に借上げを必要とする場合等に要する費用を計上する。
　　　　　　ただし，営繕費対象の敷地については借地料を計上しない。
　　　　f．旅費交通費
　　　　　　当該調査に係る旅費・交通費を計上する。
　　　　g．施工管理費
　　　　　　出来高及び工程管理現場写真等に要する費用を計上する。
　　　　h．営　繕　費
　　　　　　大規模なボーリング等で必要な場合に限り営繕に要する費用を計上する。また，弾性波探査で，火薬類取扱所，火工所の設置が必要な場合は，その費用を計上する。
　　　　i．そ　の　他
　　　　　　伐木補償，土地の復旧など必要な費用を計上する。
　　　ウ．業務管理費
　　　　　業務管理費は，純調査費のうち，直接調査費，間接調査費以外の経費であり，土質試験等の専門調査業に外注する場合に必要となる経費，業務実績の登録等に要する費用，事務職員の人件費，オンライン電子納品に要する費用，情報共有システムに要する費用（登録料及び利用料），PC 等の標準的な OA 機器費用（BIM/CIM に関するライセンス費用を含む），熱中症対策費用を含む。
　　　　　なお，業務管理費は，一般管理費等と合わせて諸経費として計上する。
　　　　　また，業務管理費は諸経費率算定の対象額としない。
　　② 一般管理費等
　　　　当該調査を実施する企業の経費で，一般管理費及び付加利益である。
　　　ア．一般管理費
　　　　　一般管理費は，当該調査を実施する企業の当該調査担当部署以外の経費であって，役員報酬，従業員給料手当，退職金，法定福利費，福利厚生費，事務用品費，通信交通費，動力用水光熱費，広告宣伝費，交際費，寄付金，地代家賃，減価償却費，租税公課，保険料，雑費等を含む。
　　　イ．付加利益
　　　　　付加利益は，当該調査を実施する企業を継続的に運営するのに要する費用であって，法人税，地方税，株主配当金，役員賞与金，内部保留金，支払利息及び割引料，支払保証料，その他の営業外費用等を含む。
(2) 解析等調査業務費
　　　解析等調査業務費は，一般調査業務による調査資料等にもとづき，解析，判定，工法選定等高度な技術力を要する業務を実施する費用である。
(3) 消費税相当額
　　　消費税相当額は，消費税相当分とする。
1―3　地質調査業務費の積算方法
　　　　地質調査業務費は，次式により積算する。
　1―3―1　地質調査業務費＝｛(一般調査業務費) ＋ (解析等調査業務費)｝＋ (消費税相当額)
　　　　　　　　　　　　　＝｛(一般調査業務費) ＋ (解析等調査業務費)｝×｛1＋ (消費税率)｝
　(1) 一般調査業務費＝｛(直接調査費) ＋ (間接調査費)｝×｛1＋ (諸経費率)｝
　　　　　　　　　　＝｛対象額｝×｛1＋ (諸経費率)｝
　　　なお，｛対象額｝＝(直接調査費) ＋ (間接調査費)
　(2) 諸経費
　　　一般調査業務費に係る諸経費は，別表1により対象額（直接調査費＋間接調査費）ごとに求めた諸経費率を，当該対象額に乗じて得た額とする。
　(3) 解析等調査業務費
　　　解析等調査業務費については「土木設計業務等積算基準」による。

別表1
(1) 諸経費率標準値

対　象　額	100万円以下	100万円を超え3,000万円以下		3,000万円を超えるもの
適用区分等	下記の率とする。	(2)の算定式により求められた率とする。ただし，変数値は下記による。		下記の率とする。
		A	b	
率又は変数値	82.5%	290.2	−0.091	60.6%

(2) 算　定　式
　　$Z = A \times Y^b$
　　　ただし，Z：諸経費率（単位：%）
　　　　　　　Y：対象額（単位：円）（直接調査費＋間接調査費）
　　　　　　　A，b：変数値
　　　（備考）　諸経費率の値は，小数点以下第2位を四捨五入して小数点以下第1位止めとする。

1−4　安全費の積算
　　安全費とは，当該地質業務を遂行するために安全対策上必要となる経費であり，現場状況により，以下の(1)又は(2)により算定した額とする。なお，安全対策上必要となる経費とは，主に現場の一般交通に対する交通誘導員，交通処理，掲示板，保安柵及び保安灯等や環境保全のための仮囲いに要する費用のことをいう。
　(1) 交通処理等に係わる安全費を算出する業務は，主として現道上で連続的に行われ，且つ安全対策が必要となる場合を対象とし，当該地域の安全費率を用いて次式により算出する。
　　　（安全費）＝（直接調査費）×（安全費率）
　　（注）　1．上式の直接調査費は，直接経費を含まない費用である。
　　安全費率は下表を標準とする。

安全費率

場　所＼地　域	大市街地	市街地（甲）	市街地（乙）都市近郊	その他
主として現道上	−	10.0%	9.5%	4.5%

　　（備考）　1．地域が複数となる場合は，地域毎の区間（距離）を重量とし，加重平均により率を小数第1位（小数第2位を四捨五入）まで算出する。
　　　　　　2．地域区分については，①測量1．測量業務積算基準1−4−2変化率の積算(2)地域・地形区分を参考とする。
　　　　　　3．調査箇所が複数の場合で安全対策上必要となる経費の有無が混在する場合でも適用出来る。
　(2) (1)によりがたい場合は，現場状況に応じて積上げ計算により算出する。

1−5　打合せ等（共通）
（1業務当り）

区　　分		主任技師	技師(A)	技師(B)	技師(C)	備　　考
打合せ	業務着手時	0.5	0.5			（対面）
	中間打合せ	0.5		0.5		1回当り（対面）
	成果物納入時	0.5	0.5			（対面）
関係機関協議資料作成				0.25	0.25	1機関当り
関係機関打合せ協議			0.5	0.5		1機関1回当り（対面）

（備考）　1．解析等調査業務を含まない地質調査の業務の発注において打合せを規定する場合には，本歩掛は適用せず別途計上する。
　　　　2．打合せ，関係機関打合せ協議には，打合せ議事録の作成時間及び移動時間（片道所要時間1時間程度以内）を含むものとする。
　　　　3．打合せ，関係機関打合せ協議には，電話，電子メールによる確認等に要した作業時間を含むものとする。
　　　　4．中間打合せの回数は，各節によるものとし，各節に記載が無い場合は必要回数（3回を標準）を計上する。打合せ回数を変更する場合は，1回当り，中間打合せ1回の人員を増減する。
　　　　　なお，複数分野の業務を同時に発注する場合は，主たる業務の打合せ回数を適用し，それ以外の業務については，必要に応じて中間打合せ回数を計上する。
　　　　5．関係機関打合せ協議の回数は，1機関当り1回程度とし，関係機関打合せ協議の回数を増減する場合は，1回当り，関係機関打合せ協議1回の人員を増減する。なお，発注者のみが直接関係機関と協議する場合は，関係機関打合せ協議を計上しない。
　　　　6．本歩掛は直接調査費には含まれない（解析等調査業務費とする）。

2. 地質調査市場単価
2－1 機械ボーリング（土質ボーリング・岩盤ボーリング）
2－1－1 適用範囲
機械ボーリング（土質ボーリング・岩盤ボーリング）は，市場単価方式による地質調査のせん孔作業に適用する。
2－1－1－1 市場単価が適用できる範囲
機械ボーリングのうち土質ボーリングは，2－1－3表2.1.1に示す規格区分を対象に行う孔径φ66㎜，孔径φ86㎜，孔径φ116㎜のノンコアボーリング[*1]・オールコアボーリング[*2]とする。また，岩盤ボーリングは，2－1－3表2.1.2に示す規格区分を対象に行う孔径φ66㎜，孔径φ76㎜，孔径φ86㎜のせん孔長を問わないオールコアボーリング[*2]とする。
なお，上記適用範囲外については別途計上する。
*1．ノンコアボーリング
・コアの採取をしないボーリング。
・標準貫入試験及びサンプリング（採取試料の土質試験）等の併用による地質状況の把握が可能である。
*2．オールコアボーリング
・観察に供するコアを採取するボーリング。
・連続的にコアを採取し，試料箱（コア箱）に納めて納品する。
・採取したコアを連続的に確認できることから，詳細な地質状況の把握が可能である。

2－1－2 編成人員
滞在費を算出するための機械ボーリング1パーティー当りの編成人員は次表を標準とする。

職　　種	地質調査技師	主任地質調査員	地質調査員
人　　員	0.5	1.0	1.0

2－1－3 市場単価の設定
2－1－3－1 市場単価の構成と範囲
市場単価で対応しているのは，機・労・材の○印及びフロー図の実線部分である。

調　査　費	市　場　単　価		
	機	労	材
機械ボーリング	○	○	○

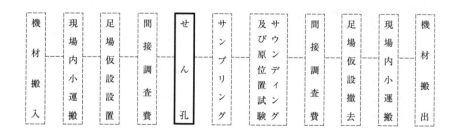

2－1－3－2　市場単価の規格・仕様区分

表2.1.1　土質ボーリングの規格区分

種別・規格		単位
φ66mm	粘性土・シルト	m
	砂・砂質土	〃
	礫混じり土砂	〃
	玉石混じり土砂	〃
	固結シルト・固結粘土	〃
φ86mm	粘性土・シルト	m
	砂・砂質土	〃
	礫混じり土砂	〃
	玉石混じり土砂	〃
	固結シルト・固結粘土	〃
φ116mm	粘性土・シルト	m
	砂・砂質土	〃
	礫混じり土砂	〃
	玉石混じり土砂	〃
	固結シルト・固結粘土	〃

（備考）上表以外は別途考慮する。

表2.1.2　岩盤ボーリングの規格区分

種別・規格		単位
φ66mm	軟岩	m
	中硬岩	〃
	硬岩	〃
	極硬岩	〃
	破砕帯	〃
φ76mm	軟岩	m
	中硬岩	〃
	硬岩	〃
	極硬岩	〃
	破砕帯	〃
φ86mm	軟岩	m
	中硬岩	〃

（備考）上表以外は別途考慮する。

2－1－3－3　補正係数の設定

表2.1.3　土質ボーリングの補正係数

補正の区分	適用基準	記号	補正係数
せん孔深度	50m 以下	K1	1.00
	50m 超 80m 以下	K2	1.10
	80m 超 100m 以下	K3	1.15
せん孔方向	鉛直下方	K8	1.00
	斜め下方	K9	1.15
	水平	K10	1.20
	斜め上方	K11	1.40

表2.1.4　岩盤ボーリングの補正係数

補正の区分	適用基準	記号	補正係数
せん孔深度	50m 以下	K4	1.00
	50m 超 80m 以下	K5	1.10
	80m 超 120m 以下	K6	1.15
	120m 超	K7	1.25
せん孔方向	鉛直下方	K12	1.00
	斜め下方	K13	1.15
	水平	K14	1.20
	斜め上方	K15	1.40

2－1－3－4　直接調査費の算出

　　　　直接調査費＝設計単価×設計数量
　　　　設計価格＝標準の市場単価×せん孔延長×（K1～K7）×（K8～K15）

〔算出例〕
　　　せん孔深度80m（軟岩60m，中硬岩20m）斜め下方の岩盤ボーリングを行う場合
（補正係数）　せん孔深度　（50m 超 80m 以下）：K5
　　　　　　　せん孔方向　（斜め下方）　　　　：K13
（軟岩の市場単価［50m 以下］×60m＋中硬岩の市場単価［50m 以下］×20m）×（K5×K13）

（注）　せん孔深度の補正係数は，各ボーリングの深度より適用基準に当てはまるものを選び，深度全体を補正の対称とする。

2—1—4　適用にあたっての留意事項
2—1—4—1　ボーリングせん孔方向の適用範囲

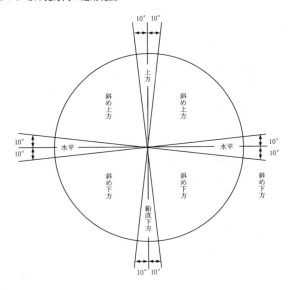

2—1—4—2　地質調査の土質・岩分類
　地質調査の土質・岩分類は下表を標準とする。

土質・岩分類

土質・岩分類	土質分類 及びボーリング掘進状況	地山弾性波速度 (km/sec)	一軸圧縮強度 (N/mm²)
粘土・シルト	ML, MH, CL, CH, OL, OH, OV, VL, VH₁, VH₂	―	―
砂・砂質土	S, S-G, S-F, S-FG, SG, SG-F, SF, SF-G, SFG	―	―
礫混り土砂	G, G-S, G-F, G-FS, GS, GS-F, GF, GF-S, GFS	―	―
玉石混じり土砂	―	―	―
固結シルト・固結粘土	―	―	―
軟岩	メタルクラウンで容易に掘進出来る岩盤	2.5以下	30以下
中硬岩	メタルクラウンでも掘進出来るがダイヤモンドビットの方がコア採取率が良い岩盤	2.5超3.5以下	30〜80
硬岩	ダイヤモンドビットを使用しないと掘進困難な岩盤	3.5超4.5以下	80〜150
極硬岩	ダイヤモンドビットのライフが短い岩盤	4.5超	150〜180
破砕帯	ダイヤモンドビットの摩耗が特に激しく，崩壊が著しくコア詰まりの多い岩盤	―	―

（備考）　1．上表の分類は，地盤材料の工学的分類法（小分類）による。
　　　　　2．水源までの距離が20m未満の場合の給水費は含むものとする。
　　　　　3．運搬費，仮設費，宿泊費などは別途計上する。
　　　　　4．標準貫入試験及びサンプリング等の延長も掘削延長に含むものとする。
　　　　　5．保孔材料，標本箱等は含むものとする。
　　　　　6．泥水処理費用等が必要な場合は別途計上する。
　　　　　7．採取方法及び採集深度を決定するために先行ボーリングを実施する場合は，別途箇所数を計上する。

2－1－5　日当り作業量
　　日当り作業量は下表を標準とする。

土質ボーリング（ノンコア）の日当り作業量

種別・規格		単位	日当り作業量
φ66mm	粘性土・シルト	m	7.0
	砂・砂質土	〃	6.0
	礫混じり土砂	〃	4.0
	玉石混じり土砂	〃	2.0
	固結シルト・固結粘土	〃	4.0
φ86mm	粘性土・シルト	m	6.0
	砂・砂質土	〃	5.0
	礫混じり土砂	〃	3.0
	玉石混じり土砂	〃	2.0
	固結シルト・固結粘土	〃	4.0
φ116mm	粘性土・シルト	m	5.0
	砂・砂質土	〃	4.0
	礫混じり土砂	〃	3.0
	玉石混じり土砂	〃	2.0
	固結シルト・固結粘土	〃	3.0

（備考）　1．工期算定等にあたっては，作業条件による補正は行わない。
　　　　　2．オールコアボーリングの場合は，日当り作業量に補正係数0.85を掛けるものとする。

岩盤ボーリング（オールコア）の日当り作業量

種別・規格		単位	日当り作業量
φ66mm	軟岩	m	4.0
	中硬岩	〃	3.0
	硬岩	〃	3.0
	極硬岩	〃	2.0
	破砕帯	〃	2.0
φ76mm	軟岩	m	4.0
	中硬岩	〃	3.0
	硬岩	〃	3.0
	極硬岩	〃	2.0
	破砕帯	〃	2.0
φ86mm	軟岩	m	4.0
	中硬岩	〃	3.0

（備考）　工期算定等にあたっては，作業条件による補正は行わない。

2－2　サンプリング
　2－2－1　適用範囲
　　　サンプリングは，市場単価方式による地質調査に適用する。
　2－2－1－1　市場単価が適用出来る範囲
　　　機械ボーリングにおけるサンプリングのうち，固定ピストン式シンウォールサンプラー（シンウォールサンプリング），ロータリー式二重管サンプラー（デニソンサンプリング），ロータリー式三重管サンプラー（トリプルサンプリング）に適用する。

2－2－2　編成人員
滞在費を算出するためのサンプリングの編成人員は次表を標準とする。

職　種	地質調査技師	主任地質調査員	地質調査員
人　員	0.5	1.0	1.0

2－2－3　市場単価の設定
2－2－3－1　市場単価の構成と範囲
市場単価で対応しているのは，機・労・材の○印及びフロー図の実線部分である。

調査費	市場単価		
	機	労	材
サンプリング	○	○	○

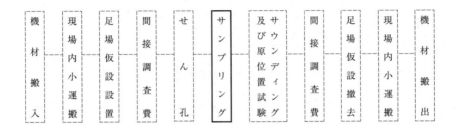

2－2－3－2　市場単価の規格・仕様区分

サンプリングの規格区分及び選定方法

種別・規格		単位	採取目的	必要な孔径
固定ピストン式 シンウォールサンプラー （シンウォールサンプリング）	軟質な粘性土 （0≦N値≦4）	本	軟弱な粘性土の乱さない試料の採取	86mm以上
ロータリー式二重管サンプラー （デニソンサンプリング）	硬質な粘性土 （4<N値）	〃	硬質粘性土の採取	116mm以上
ロータリー式三重管サンプラー （トリプルサンプリング）	砂質土	〃	砂質土の採取	116mm以上

2－2－3－3　直接調査費の算出
　直接調査費＝設計単価×設計数量
　設計単価＝標準の市場単価
2－2－3－4　適用にあたっての留意事項
　単価は，パラフィンワックス，キャップ，運搬用アイスボックス，ドライアイス等を含むものとする。

2－2－4　日当り作業量
日当り作業量は下表を標準とする。

サンプリングの日当り作業量

種別・規格		単位	日当り作業量
固定ピストン式 シンウォールサンプラー （シンウォールサンプリング）	軟質な粘性土 （0≦N値≦4）	本	5
ロータリー式二重管サンプラー （デニソンサンプリング）	硬質な粘性土 （4<N値）	〃	4
ロータリー式三重管サンプラー （トリプルサンプリング）	砂質土	〃	3

2－3　サウンディング及び原位置試験
　2－3－1　適用範囲
　　サウンディング及び原位置試験は，市場単価方式による地質調査に適用する。

2－3－1－1　市場単価が適用出来る範囲
　　サウンディング及び原位置試験のうち，標準貫入試験，孔内載荷試験（プレッシャーメータ試験・ボアホールジャッキ試験），現場透水試験，スクリューウエイト貫入試験（旧スウェーデン式サウンディング試験），機械式コーン（オランダ式二重管コーン）貫入試験，ポータブルコーン貫入試験に適用する。

2－3－2　編成人員
　　滞在費を算出するためのサウンディング及び原位置試験の編成人員は次表を標準とする。

職　　　種	地質調査技師	主任地質調査員	地質調査員
人　　　員	0.5	1.0	1.0

2－3－3　市場単価の設定
2－3－3－1　市場単価の構成と範囲
　　市場単価で対応しているのは，機・労・材の○印及びフロー図の実線部分である。

調　査　費	市　場　単　価		
	機	労	材
サウンディング及び原位置試験	○	○	○

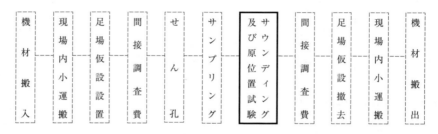

2－3－3－2　市場単価の規格・仕様区分

サウンディング及び原位置試験の規格区分

種　　別	規　　格		単位
標準貫入試験	粘性土・シルト		回
	砂・砂質土		〃
	礫混じり土砂		〃
	玉石混じり土砂		〃
	固結シルト・固結粘土		〃
	軟岩		〃
孔内載荷試験 （プレッシャーメータ試験・ ボアホールジャッキ試験）	普通載荷（2.5MN/m² 以下）	GL-50m 以内	〃
	中圧載荷（2.5〜10MN/m²）	GL-50m 以内	〃
	高圧載荷（10〜20MN/m²）	GL-50m 以内	〃
現場透水試験	オーガー法	GL-10m 以内	〃
	ケーシング法	GL-10m 以内	〃
	一重管式	GL-20m 以内	〃
	二重管式	GL-20m 以内	〃
	揚水法	GL-20m 以内	〃
スクリューウエイト貫入試験 （旧スウェーデン式サウンディング試験）	GL-10m 以内　　　N 値 4 以内		m
機械式コーン （オランダ式二重管コーン）貫入試験	20kN　　GL-30m 以内		〃
	100kN　GL-30m 以内		〃
ポータブルコーン貫入試験	単管式　GL-5m 以内		〃
	二重管式 GL-5m 以内		〃

（備考）　上表以外は別途考慮する。

2—3—3—3　補正係数の設定

現場透水試験の補正係数

補正の区分	適用基準	記号	補正係数
現場透水試験 ケーシング法	GL-10m 以内	K1	1.00
	GL-20m 以内	K2	1.10
	GL-30m 以内	K3	1.15
	GL-40m 以内	K4	1.25
	GL-50m 以内	K5	1.30
現場透水試験 二重管式	GL-20m 以内	K6	1.00
	GL-40m 以内	K7	1.15
現場透水試験 揚水法	GL-20m 以内	K8	1.00
	GL-40m 以内	K9	1.15

2—3—3—4　直接調査費の算出
　　直接調査費＝設計単価×設計数量
　　設計単価＝標準の市場単価×（K1～K9）

2—3—4　適用にあたっての留意事項
　1. 孔内載荷試験（プレッシャーメータ試験・ボアホールジャッキ試験）における普通載荷及び中圧載荷は，測定器がプレシオメーター，LLT及びKKTを標準とする。土研式を使用する場合は，別途計上する。
　2. サウンディング及び原位置試験に伴う機材，雑品はこれを含むものとする。
　3. 現場透水試験は，資料整理（内業）を含むものとする。
　4. 現場透水試験は，孔内洗浄を含むものとする。

2—3—5　日当り作業量
　　日当り作業量は下表を標準とする。

サウンディング及び原位置試験の日当り作業量

種別・規格			単位	日当り作業量
標準貫入試験	粘性土・シルト		回	12.0
	砂・砂質土		〃	10.0
	礫混じり土砂		〃	8.0
	玉石混じり土砂		〃	7.0
	固結シルト・固結粘土		〃	7.0
	軟岩		〃	7.0
孔内載荷試験（プレッシャーメータ試験・ボアホールジャッキ試験）	普通載荷（2.5MN/m² 以下）	GL-50m 以内	〃	3.0
	中圧載荷（2.5～10MN/m²）	GL-50m 以内	〃	2.0
	高圧載荷（10～20MN/m²）	GL-50m 以内	〃	2.0
現場透水試験	オーガー法	GL-10m 以内	〃	2.0
	ケーシング法	GL-10m 以内	〃	2.0
	一重管式	GL-20m 以内	〃	1.0
	二重管式	GL-20m 以内	〃	1.0
	揚水法	GL-20m 以内	〃	1.0
スクリューウエイト貫入試験（旧スウェーデン式サウンディング試験）	GL-10m 以内	N値4以内	m	22.0
機械式コーン（オランダ式二重管コーン）貫入試験	20kN	GL-30m 以内	〃	12.0
	100kN	GL-30m 以内	〃	11.0
ポータブルコーン貫入試験	単管式　GL-5m 以内		〃	25.0
	二重管式　GL-5m 以内		〃	15.0
（備考）　工期算定等にあたっては，作業条件による補正は行わない。				

2—4　現場内小運搬

現場内小運搬は，ボーリングマシン並びに各種原位置試験用器材をトラック又はライトバン等より降した地点から，順次調査地点へと移動して，調査終了後にトラック又はライトバンに積み込む地点までの運搬費である。（運搬に付随する積込み，積降ろしを含む。なお，トラック又はライトバン等による資機材運搬，人員輸送は別途計上する。）

小運搬の積算にあたっては，下表を参考に現地の条件にあった運搬方法を選ぶものとする。なお，搬入路伐採等については，小運搬（人肩，クローラ，モノレール，索道）に際し，立木伐採や下草刈り等が必要な場合に適用するものとし，その際は，2—6「その他間接調査費」の「搬入路伐採等」の単価を適用する。

小運搬方法一覧

運搬方法	運搬距離	地形	運搬効率	特長	備考
人肩	短距離に適用	緩傾斜地	極めて不良	条件を選ばないが，低能率（最低でも歩道程度は必要である。）	原則として，特装車等が活用できない場合に適用する。（例：幅50cm以下）
特装車（クローラ）	短〜中距離に適用	急傾斜地（登坂能力は斜度20°程度まで）	良好	道路がなくても可能，大量輸送が可能。	―
モノレール	短〜中距離に適用	傾斜地急傾斜地急峻地	良好	既存の運搬路が無い場合に有利である。	―
索道（ケーブルクレーン）	短〜中距離に適用	急傾斜地急峻地	良好	河川，谷，崖を越える場合に有利である。	―

2—4—1　適用範囲

現場内小運搬は，市場単価方式による地質調査に適用する。

2—4—1—1　市場単価が適用出来る範囲

現場内小運搬のうち，人肩運搬，特装車運搬（クローラ），モノレール運搬するもの。

2—4—2　編成人員

滞在費を算出するための現場内小運搬1回当りの編成人員は次表を標準とする。

運搬方法＼職種	主任地質調査員	地質調査員
人肩	0.5	1.0
特装車	0.5	1.0
モノレール		0.5

（備考）上表以外は別途計上する。

2—4—3　市場単価の設定

2—4—3—1　市場単価の構成と範囲

市場単価で対応しているのは，機・労・材の○印及びフロー図の実線部分である。

調査費	市場単価		
	機	労	材
現場内小運搬	○	○	×

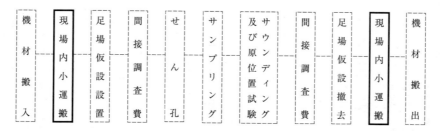

2－4－3－2　市場単価の規格・仕様区分

現場内小運搬の規格区分

種別・規格			単位
人肩運搬	50m 以下	総運搬距離	t
	50m 超 100m 以下	〃	〃
特装車運搬（クローラ）	100m 以下	総運搬距離	〃
	100m 超 300m 以下	〃	〃
	300m 超 500m 以下	〃	〃
	500m 超 1,000m 以下	〃	〃
モノレール運搬	50m 以下	総運搬距離	〃
	50m 超 100m 以下	〃	〃
	100m 超 200m 以下	〃	〃
	200m 超 300m 以下	〃	〃
	300m 超 500m 以下	〃	〃
	500m 超 1,000m 以下	〃	〃

（備考）上表以外は別途考慮する。

現場内小運搬における架設・撤去の規格区分

種別・規格			単位
モノレール運搬	50m 以下	総設置距離	箇所
	50m 超 100m 以下	〃	〃
	100m 超 200m 以下	〃	〃
	200m 超 300m 以下	〃	〃
	300m 超 500m 以下	〃	〃
	500m 超 1,000m 以下	〃	〃

（備考）上表以外は別途考慮する。

現場内小運搬における機械器具損料の規格区分

種別・規格			単位
モノレール運搬	50m 以下	総設置距離	日
	50m 超 100m 以下	〃	〃
	100m 超 200m 以下	〃	〃
	200m 超 300m 以下	〃	〃
	300m 超 500m 以下	〃	〃
	500m 超 1,000m 以下	〃	〃

（備考）上表以外は別途考慮する。

2－4－3－3　補正係数の設定

標高差における距離の補正係数

小運搬方法	補正値	換算距離の計算
人肩運搬	5	換算距離＝運搬距離＋標高差×補正値
特装車運搬（クローラ）	3	換算距離＝運搬距離＋標高差×補正値

（備考）標高差は1m単位とする。

2—4—3—4　間接調査費の算出
〔人肩運搬，特装車運搬〕
間接調査費＝設計単価×運搬総重量
設計単価＝標準の市場単価（換算距離別）

〔モノレール運搬，索道運搬〕
間接調査費＝設計単価（運搬）×運搬総重量＋設計単価（架設・撤去）＋設計単価（機械器具損料）×供用日数
設計単価＝標準の市場単価　ただし，機械器具損料は特別調査により別途計上する。
供用日数＝架設日数＋調査・試験等作業日数＋撤去日数
※供用日数の算定にあたっては，不稼働係数，年末年始，夏季休暇等の撤去不能期間を考慮する。

2—4—4　適用にあたっての留意事項
現場内の各小運搬方法に伴う機材，雑品はこれを含むものとする。

2—4—5　日当り作業量
日当り作業量は下表を標準とする。

現場内小運搬の日当り作業量

種　別	規　格	単位	日当り作業量
人肩運搬	50m 以下	t	3.2
	50m 超 100m 以下	〃	1.3
特装車運搬（クローラ）	100m 以下	〃	3.5
	100m 超 300m 以下	〃	1.9
	300m 超 500m 以下	〃	1.4
	500m 超 1,000m 以下	〃	1.2
モノレール運搬	50m 以下	〃	3.4
	50m 超 100m 以下	〃	2.8
	100m 超 200m 以下	〃	2.3
	200m 超 300m 以下	〃	1.0
	300m 超 500m 以下	〃	1.0
	500m 超 1,000m 以下	〃	1.0

（備考）上表以外は別途計上する。

現場内小運搬における架設の日当り作業量

種　別	規　格	単位	日当り作業量
モノレール運搬	50m 以下	箇所	1.2
	50m 超 100m 以下	〃	0.6
	100m 超 200m 以下	〃	0.3
	200m 超 300m 以下	〃	0.2
	300m 超 500m 以下	〃	0.16
	500m 超 1,000m 以下	〃	0.08

（備考）上表以外は別途計上する。

現場内小運搬における撤去の日当り作業量

種　別	規　格	単位	日当り作業量
モノレール運搬	50m 以下	箇所	1.66
	50m 超 100m 以下	〃	0.74
	100m 超 200m 以下	〃	0.60
	200m 超 300m 以下	〃	0.35
	300m 超 500m 以下	〃	0.31
	500m 超 1,000m 以下	〃	0.10

（備考）上表以外は別途計上する。

2—5　足場仮設
　2—5—1　適用範囲
　　　　足場仮設は，市場単価方式による地質調査に適用する。
　　2—5—1—1　市場単価が適用出来る範囲
　　　　　足場仮設のうち，平坦地足場，湿地足場，傾斜地足場，水上足場に適用する。
　2—5—2　編成人員
　　　　滞在費を算出するための足場仮設の編成人員は次表を標準とする。

職種	主任地質調査員	地質調査員
人員	0.5	1.0

　2—5—3　市場単価の設定
　　2—5—3—1　市場単価の構成と範囲
　　　　　市場単価で対応しているのは，機・労・材の○印及びフロー図の実線部分である。

調査費	市場単価		
	機	労	材
足場仮設	○	○	○

　　2—5—3—2　市場単価の規格・仕様区分

足場仮設の規格区分

種　別　・　規　格		単位
平坦地足場	高さ0.3m以下	箇所
	高さ0.3m超	〃
湿地足場		〃
傾斜地足場	地形傾斜　15°以上～30°未満	〃
	地形傾斜　30°以上～45°未満	〃
	地形傾斜　45°以上～60°	〃
水上足場	水深1m以下	〃
	水深3m以下	〃
	水深5m以下	〃
（備考）上表以外は別途計上する。		

　　2—5—3—3　補正係数の設定

足場仮設におけるボーリング深度の補正係数

足場の区分	50m以下	50m超80m以下	80m超120m以下	120m超
記　号	K1	K2	K3	K4
平坦地足場	1.00	1.05	1.10	1.20
湿地足場	1.00	1.05	1.10	1.20
傾斜地足場	1.00	1.05	1.10	1.20
水上足場	1.00	1.05	1.10	1.20

2—5—3—4　間接調査費の算出
　　　間接調査費＝設計単価×設計数量
　　　設計単価＝標準の市場単価×（K1～K4）
2—5—4　適用にあたっての留意事項
　(1)　単価は，ボーリング櫓設置撤去，機械分解組立を含むものとする。
　(2)　水上足場において，ボーリング櫓設置撤去のために「とび工」が必要な場合，並びに，水底の地形が傾斜しており，整地のため「潜水士」が必要な場合は，別途計上するものとする。
　(3)　水上足場は，作業船を含むものとする。
　(4)　水上足場は，河川・湖沼等波浪の少ない場合とし，海上の場合は，別途計上する。
　(5)　水上足場設置後に，作業現場までの移動に船外機搭載の船舶等を使用する必要がある場合の移動費用については，別途計上する。
2—5—5　日当り作業量
　　日当り作業量は下表を標準とする。

足場仮設の日当り作業量（設置・撤去）

種　　別	規　　格	単位	日当り作業量
平坦地足場	高さ0.3m以下	箇所	2.0
	高さ0.3m超	〃	1.25
湿地足場		〃	1.0
傾斜地足場	地形傾斜　15°以上～30°未満	〃	1.0
	地形傾斜　30°以上～45°未満	〃	0.5
	地形傾斜　45°以上～60°	〃	0.5
水上足場	水深1m以下	〃	0.5
	水深3m以下	〃	0.5
	水深5m以下	〃	0.3

（備考）上表以外は別途計上する。

2—6　その他間接調査費
　2—6—1　適用範囲
　　　その他間接調査費は，市場単価方式による地質調査に適用する。
　2—6—1—1　市場単価が適用出来る範囲
　　　その他間接調査費は，間接調査費のうち，準備及び跡片付け，搬入路伐採等，環境保全，調査孔閉塞，給水費（ポンプ運転）とする。現場条件等により，給水に係る運搬が必要な場合は別途計上する。また，試掘，舗装復旧，ボーリング泥水処理が必要な場合は別途計上する。
　2—6—2　編成人員
　　　滞在費を算出するためのその他の間接調査費1業務あるいは1箇所当りの編成人員は次表を標準とする。

工種＼職種	地質調査技師	主任地質調査員	地質調査員
準備及び跡片付け	1.0	1.0	0.5
搬入路伐採等		0.5	1.0
環境保全（仮囲い）		1.0	1.0

　2—6—3　市場単価の設定
　2—6—3—1　市場単価の構成と範囲
　　　市場単価で対応しているのは，機・労・材の○印及びフロー図の実線部分である。

調査費	市　場　単　価		
	機	労	材
その他間接調査費	○	○	○

機材搬入 — 現場内小運搬 — 足場仮設設置 — **間接調査費** — せん孔 — サンプリング — サウンディング及び原位置試験 — **間接調査費** — 足場仮設撤去 — 現場内小運搬 — 機材搬出

2－6－3－2　市場単価の規格・仕様区分

その他間接調査費の規格区分

種　　別　・　規　　格		単位
準備及び跡片付け		業務
搬入路伐採等	幅3m以下	m
環境保全	仮囲い	箇所
調査孔閉塞		〃
給水費（ポンプ運転）	20m以上150m以下	〃

2－6－3－3　補正係数の設定

その他間接調査費における距離の補正係数

工　種	補正値	換算距離の計算
搬入路伐採等	6	換算距離＝道路延長＋標高差×補正値
（備考）標高差は1m単位とする。		

2－6－3－4　間接調査費の算出
　　間接調査費＝設計単価×設計数量
　　ただし，搬入路伐採等は，間接調査費＝設計単価×換算距離　とする。
　　設計単価＝標準の市場単価

2－6－4　適用にあたっての留意事項
　(1) 準備及び後片付けの単価は，資機材の準備・保管，ボーリング地点の整地・跡片付け，占用許可及び申請手続き，位置出し測量等を含むものとする。
　(2) 搬入路伐採等は，現場内小運搬で立木伐採や下草刈り等が必要な場合とする。
　(3) 環境保全（仮囲い）は，道路や住宅の近くでボーリングを行う場合等で，安全上，環境保全上，囲いが必要な場合とする。
　(4) 環境保全（仮囲い）の単価は，交通誘導員の費用を含まないものとする。
　(5) 調査孔閉塞は，調査孔を閉塞する必要がある場合とする。
　(6) 給水費（ポンプ運転）の単価は，水源が20m以上150m未満の場合とする。水源が20m未満は，せん孔に含むものとする。また，150m超は別途計上するものとする。

2－6－5　日当り作業量
　日当り作業量は下表を標準とする。

その他間接調査費の日当り作業量

種　　別　・　規　　格		単位	日当り作業量
準備及び跡片付け		業務	1.0
搬入路伐採等		m	166.0
環境保全	仮囲い	箇所	2.0

2－7　解析等調査業務
2－7－1　適用範囲
　　機械ボーリングの解析等調査業務を含めた業務に適用する。
2－7－2　計画準備
　　本歩掛は，調査計画の立案及び業務計画書を作成する歩掛である。

（1業務当り）

工程＼職種	主任技師	技師（A）	技師（B）	技師（C）
計画準備	1.5	2.5	2.5	2.0

2－7－3　単価の適用
　2－7－3－1　単価が適用出来る範囲
　　(1) 解析等調査業務のうち，既存資料の収集・現地調査，資料整理とりまとめ，断面図等の作成，総合解析とりまとめ　打合せとする。
　　(2) 単価は，特別調査等により計上する。
　　(3) 直接人件費の内，解析等調査業務費として計上する部分は，「土木設計業務等積算基準」におけるその他原価の対象とし，それ以外の部分は直接調査費に計上する。
　　(4) 直接人件費の内，解析等調査業務費として計上する場合は，「土木設計業務等の電子納品要領（案）」，「地質調査資料整理要領（案）」等に基づいて作成する場合にも適用でき，費用についても含む。
　　(5) ダム，トンネル，地すべり，砂防等の大規模な業務や技術的に高度な業務には適用しない。

2—7—3—2 適用にあたっての留意事項
　(1) 岩盤ボーリング1本は土質ボーリング3本に換算する。また，ボーリング1本中に土質ボーリングと岩盤ボーリングが混在する場合は，その1本に占める割合が多い方とする。
　(2) ボーリングのせん孔長は考慮しないものとする。
2—7—4 単価の設定
2—7—4—1 単価の構成と範囲
1．既存資料の収集・現地調査
　(1) 業務の範囲
　　① 関係文献等の収集と検討
　　② 調査地周辺の現地踏査
　(2) 単価は，コピー代等を含む。
2．資料整理とりまとめ
　(1) 業務の範囲
　　① 各種計測結果の評価及び考察（異常データのチェック含む。）
　　② 試料の観察
　　③ ボーリング柱状図の作成
　(2) 単価は，ボーリング柱状図，コピー代を含む。
　(3) 本単価は内業単価である。
3．断面図等の作成
　(1) 業務の範囲
　　① 地層及び土性の判定
　　② 土質又は地質断面図の作成（着色を含む）
　(2) 単価は，用紙類等を含む。
　(3) 本単価は内業単価である。
4．総合解析とりまとめ
　(1) 業務の範囲
　　① 調査地周辺の地形・地質の検討
　　② 地質調査結果に基づく土質定数の設定
　　③ 地盤の工学的性質の検討と支持地盤の設定
　　④ 地盤の透水性の検討（現場透水試験や粒度試験等が実施されている場合）
　　⑤ 調査結果に基づく基礎形式の検討（具体的な計算を行うものでなく，基礎形式の適用に関する一般的な比較検討）
　　⑥ 設計・施工上の留意点の検討（特に盛土や切土を行う場合）
　　⑦ 報告書の執筆
　　ただし，次のような業務は含まない。
　　　1) 杭の支持力計算，圧密沈下（沈下量及び沈下時間）計算，応力分布及び地すべり計算等の具体的な計算業務
　　　2) 高度な土質・地質定数の計算と検討，軟弱地盤に対する対策工法の検討，安定解析，液状化解析，特定の基礎工法や構造物に関する総合的検討
　　　3) 地質図の作成（別途，地質，地表踏査が必要なもの）
　(2) 試験種目数別の補正
　　現地で行われる調査，室内試験等を含む調査の種目数は，0～3種を標準とし，これを超える場合には，補正する。
　　なお，試験種目は，サンプリング，標準貫入試験，動的円錐貫入試験，孔内載荷試験（プレッシャーメータ試験・ボアホールジャッキ試験），現場透水試験，岩盤透水試験，間隙水圧試験，スクリューウエイト貫入試験（旧スウェーデン式サウンディング試験），機械式コーン（オランダ式二重管コーン）貫入試験，ポータブルコーン貫入試験，三成分コーン試験，電気式静的コーン貫入試験，オートマチックラムサウンディング，物理的性質試験，化学的性質試験，力学的性質試験，現場単位体積重量試験，平板載荷試験，現場CBR試験等の区分とする。
　(3) 単価は，コピー代等を含む。
　(4) 本単価は内業単価である。
5．打合せ
　　中間打合せ回数は3回を標準とし，必要に応じて打合せ回数を増減する。打合せ回数を増減する場合は，1回当り，中間打合せ1回の人員を増減する。

2—7—4—2　単価の規格・仕様区分

解析等調査業務の規格区分

種　別　・　規　格		単位
既存資料の収集・現地調査	直接人件費（解析等調査業務費分）	業務
資料整理とりまとめ	〃　（〃）	〃
〃	〃　（直接調査費分）	〃
断面図等の作成	〃　（解析等調査業務費分）	〃
〃	〃　（直接調査費分）	〃
総合解析とりまとめ	〃　（解析等調査業務費分）	〃
打合せ	〃　（〃）	—

2—7—4—3　補正係数の設定表
　　1．解析等調査業務

解析等調査業務の補正係数

土質ボーリング		補正係数（計算式）
既存資料の収集・現地調査	直接人件費（解析等調査業務費分）	$Y = 0.035X + 0.79$
資料整理とりまとめ	〃　（〃）	$Y = 0.040X + 0.76$
〃	〃　（直接調査費分）	$Y = 0.040X + 0.76$
断面図等の作成	〃　（解析等調査業務費分）	$Y = 0.040X + 0.76$
〃	〃　（直接調査費分）	$Y = 0.040X + 0.76$
総合解析とりまとめ	〃　（解析等調査業務費分）	$Y = 0.020X + 0.88$

（備考）Y：補正係数　X：土質ボーリング本数

　　2．試験種目数別の補正係数（総合解析とりまとめ）

試験種目数別の補正係数

試験種目数	0〜3種	4〜5種	6〜9種
補正係数	1.00	1.20	1.30

2—7—5　直接人件費の算出及び直接調査費の算出
　　直接人件費＝設計単価
　　設計単価＝標準の単価×補正係数
　ただし，資料整理とりまとめ等の直接労務費については次のとおり。
　　直接調査費＝設計単価
　　設計単価＝標準の単価×補正係数
　（備考）　標準の単価＝特別調査等により計上

2—8　その他
2—8—1　電子成果品作成費
　電子成果品作成費は次の計算式による。
　電子成果品作成費（千円）＝$4.7 x^{0.38}$
　　x：直接調査費（千円）（電子成果品作成費を除く）
　ただし，上限を26万円とする。
　（備考）1．上式の電子成果品作成費の算出にあたっては，直接調査費を千円単位（小数点以下切り捨て）で代入する。
　　　　　2．算出された電子成果品作成費（千円）は，千円未満を切り捨てる（小数点以下切り捨て）ものとする。

2—8—2　施工管理費
　施工管理費は次の計算式による。
　施工管理費＝直接調査費×0.007

2—8—3　地盤情報データベースに登録するための検定費
　地盤情報データベースに登録するための検定費
　＝（ボーリング1本当りの検定費用）×（ボーリング本数）

3. 地質調査標準歩掛
3−1 地すべり調査
3−1−1 適用範囲と作業内容

本歩掛は，地すべり調査業務単独発注の他，基礎地盤調査が同時に発注される地すべり調査業務に適用する。

業務フロー

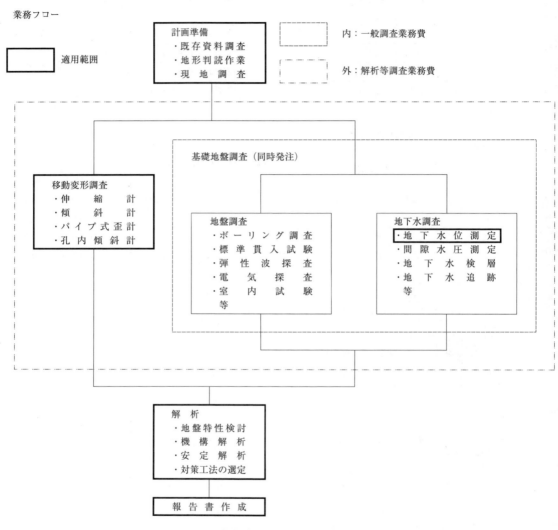

作業区分別作業内容

作業区分		作業内容
計画準備		実施計画書を作成，提出する。また，地すべり調査の実施の予備調査として，次の項目を実施する。 **「既存資料調査」**：対象地すべり地付近の地形，地質，水文，地すべりの分布，滑動履歴など既存資料を収集する。 **「地形判読作業」**：地形図，空中写真などを用いて地すべりブロックを判定し，その周辺の地形分類，埋谷画図などを必要に応じて作成する。 **「現地調査」**：地形，地質，水文，滑動現況及び履歴等の現地調査を行い，地すべり現況を明らかにするとともに，調査計画，応急対策計画の概要を調査する。これには，主測線，その他地すべり調査計画上必要な基準線となる測線を定める作業も含む。
地下水調査	地下水位測定	地下水位の変化を観測する。測定法は，一般的には水圧式水位計又はフロート式水位計を使用するが，他に手動で降下させる触針式水位計を使用する場合もある。
移動変形調査	伸縮計による調査	一般に地すべり地の頭部ではテンション，末端部や隆起部ではコンプレッションが働き，地表にクラックや圧縮が生ずる。この地表の動きを測定して，地すべりの活動の様子，地すべり機構を知るための調査を行う。

(つづく)

作業区分別作業内容（つづき）

作業区分		作業内容
移動変形調査	傾斜計による調査	地すべりによる地表の傾斜変動を測定し，地すべり変動を確認する。
	パイプ式歪計による調査	パイプ式歪計は，外径48～60mmの塩ビ管外周軸方向で，直行する2方向，又は，1方向にペーパーストレーンゲージを1.0m間隔に装置したものをボーリング孔に設置し，ゲージの歪量を測定し，すべり面の位置を確認する。
	挿入式孔内傾斜計による調査	挿入型孔内傾斜計は，通常86mm以上の孔径で削孔したボーリング孔に溝付の塩化ビニールパイプ，あるいはアルミケーシングパイプを地表面から不動層まで埋設した後，プローブに取付けられた車輪をパイプの溝に合わせて降下して0.5mあるいは1.0mごとにパイプの傾きを検出し，指示計に表示される傾き量あるいは変位量を読みとるもので，X方向，Y方向の地盤の変形方向，大きさを調べる。
解析	地盤特性検討	基礎地盤調査資料並びに移動変形調査から，「地すべり規模」，「地形特性」，「地質特性」，「地下構造特性」，「地下水特性」等，総合的に対象地域の地盤特性を明らかにし，「安定解析」，「機構解析」，「対策工法の選定」に関わる基本的な常数，条件を検討する。
	機構解析	地形，地質，地盤構造から推定される素因，更に移動変形，地下水，人為的な誘因等と，安定計算結果から総合的に判断して地すべり運動機構と地すべり発生原因を解明する。
	安定解析	地すべり運動方向に設けた測線の地すべり断面について，安定計算を行い，地すべり斜面の安定度を計算する。
対策工法選定		機構解析，安定解析及びその他の調査結果を基に，各種対策工法より，最も効果的かつ経済的な対策工法を選定する。
報告書作成		業務の目的を踏まえ，業務の各段階で作成された成果をもとに，業務の方法，過程，結論について記した報告書，概要版及び付属資料を作成する。

3－1－2　計画準備　　　　　　　　　　　　　　　　　　　　　　　　　　　（1業務当り）

工程＼職種	技師長	主任技師	技師(C)
計 画 準 備	1.0	1.5	1.5

（備考）1．本表は，次に示す調査項目のうち1種目の場合の歩掛であり，調査種目数に応じて下表の補正係数を標準歩掛に乗じて適用する。また，下記に列挙した調査が全て既存調査である場合には，調査種目数を1種の場合として取り扱う。
　　　　・移動変形調査のうち，伸縮計，傾斜計，パイプ式歪計，挿入式孔内傾斜計。
　　　　・同時発注の調査のうち，地表地質調査，ボーリング調査，弾性波探査，電気探査，地下水位測定，間隙水圧測定，地下水検層，地下水追跡，室内試験のいずれか。
　　　2．本表は，調査種目数7種以内及び対象総面積0.6km²以内の場合に適用し，これを超える場合には別途考慮する。

調査種目数（種目）	1	2	3	4	5	6	7
補正係数	1.0	1.1	1.2	1.4	1.5	1.6	1.7

3－1－3　地下水位測定
　　※本歩掛には，関係機関協議資料作成及び関係機関打合せ協議に係る作業時間も含む。
（1）設置　　　　　　　　　　　　　　　　　　　　　　　　　　　　　　　（1孔当り）

種別	細別	単位	数量	摘要
人件費	地質調査技師	人	0.4	
	主任地質調査員	〃	0.5	
	地質調査員	〃	0.7	
材料費		式	1	人件費の73%

（備考）材料費には次のものを含む。塩ビパイプ，固定金具，収納箱，雑品。

❻調　　　査―84

(2) 観測　　　　　　　　　　　　　　　　　　　　　　　　　（1孔当り　1回当り）

種　別	細　別	単位	数　量	摘　　要
人　件　費	主任地質調査員	人	0.07	
	地質調査員	〃	0.07	
材　料　費	雑　　品	式	1	人件費の8%
機械損料	地下水位計	孔・日		

（備考）機械損料＝延べ供用日数×日当り損料

(3) 資料整理　　　　　　　　　　　　　　　　　　　　　　（1孔当り　1回当り）

種　別	細　別	単位	数　量	摘　　要
人　件　費	主任地質調査員	人	0.2	
材　料　費	雑　　品	式	1	人件費の7%

(4) 撤去　　　　　　　　　　　　　　　　　　　　　　　　　　　　（1孔当り）

種　別	細　別	単位	数　量	摘　　要
人　件　費	地質調査技師	人	0.2	
	主任地質調査員	〃	0.2	
	地質調査員	〃	0.4	

3―1―4　移動変形調査

3―1―4―1　伸縮計による調査

(1) 設置　　　　　　　　　　　　　　　　　　　　　　　　　　　　（1基当り）

種　別	細　別	単位	数　量	摘　　要
人　件　費	地質調査技師	人	0.4	
	主任地質調査員	〃	0.4	
	地質調査員	〃	1.2	
材　料　費		式	1	人件費の62%

（備考）1. 材料費には次のものを含む。格納箱1箱，記録ペン1本，インバー線14m，木杭9本，塩ビ管9m，ソケット2個，雑品。
　　　　2. 撤去を行う場合は別途考慮する。
　　　　3. 本歩掛には，関係機関協議資料作成及び関係機関打合せ協議に係る作業時間も含む。

(2) 観測　　　　　　　　　　　　　　　　　　　　　　　　（1基当り　1回当り）

種　別	細　別	単位	数　量	摘　　要
人　件　費	主任地質調査員	人	0.04	
	地質調査員	〃	0.04	
材　料　費	雑　　品	式	1	人件費の4%
機械損料	伸　縮　計	基・日		

（備考）機械損料＝延べ供用日数×日当り損料

(3) 資料整理　　　　　　　　　　　　　　　　　　　　　　（1基当り　1ヶ月当り）

種　別	細　別	単位	数　量	摘　　要
人　件　費	地質調査技師	人	0.1	
	主任地質調査員	〃	0.2	
	地質調査員	〃	0.2	
材　料　費	雑　　品	式	1	人件費の1%

（備考）観測周期は7日を標準とするが，観測周期1～8日の場合には本表を適用できる。

3－1－4－2　傾斜計による調査
(1) 設置　　　　　　　　　　　　　　　　　　　　　　　　　　　　　(1基当り)

種別	細別	単位	数量	摘要
人件費	地質調査技師	人	0.5	
	主任地質調査員	〃	0.5	
	地質調査員	〃	1.5	
材料費		式	1	人件費の34%

(備考)　1．材料費には次のものを含む。格納箱1箱，ガラス板1枚，コンクリート(現場打，普通ポルトランド) 0.09m³，栗石0.03m³，杉丸太4本，雑品。
　　　　2．撤去を行う場合は別途考慮する。
　　　　3．本歩掛には，関係機関協議資料作成及び関係機関打合せ協議に係る作業時間も含む。

(2) 観測　　　　　　　　　　　　　　　　　　　　　　　　　　(1基当り　1回当り)

種別	細別	単位	数量	摘要
人件費	主任地質調査員	人	0.04	
	地質調査員	〃	0.04	
材料費	雑品	式	1	人件費の1%
機械損料	傾斜計	基・日		

(備考)　機械損料＝延べ供用日数×日当り損料

(3) 資料整理　　　　　　　　　　　　　　　　　　　　　　　(1基当り　1ヶ月当り)

種別	細別	単位	数量	摘要
人件費	地質調査技師	人	0.1	
	主任地質調査員	〃	0.2	
	地質調査員	〃	0.3	
材料費	雑品	式	1	人件費の1%

(備考)　観測周期は7日を標準とするが，観測周期1～15日の場合には本表を適用できる。

3－1－5　パイプ式歪計による調査
(1) 設置　　　　　　　　　　　　　　　　　　　　　　　　　　　　　(1孔当り)

種別	細別	単位	数量	摘要
人件費	地質調査技師	人	0.5	
	主任地質調査員	〃	0.5	
	地質調査員	〃	1.5	
材料費	パイプ歪計	本	(備考) 1	φ48mm，t3.6mm
	リード線	m	(備考) 2	3芯
	雑品	式	1	雑品を除く材料費の21%

(備考)　1．パイプ式歪計の算出は，次式による。
　　　　　　N（本数）＝D（深度m）
　　　　2．リード線数量の算出は，次式による。（余裕長2.0mを含む）
　　　　　　①1方向2ゲージの場合
　　　　　　　　L（1孔当りリード線延長）＝D（深度m）÷2（D（深度m）+4）
　　　　　　②2方向4ゲージの場合
　　　　　　　　L（1孔当りリード線延長）＝[D（深度m）÷2（D（深度m）+4)]×2
　　　　3．パイプ式歪計はソケットレス仕様を標準とする。
　　　　4．本表は，1方向2ゲージ又は2方向4ゲージ，ゲージ間隔1.0m，深度30m以内の場合に適用し，これ以外の場合には別途計上する。
　　　　5．撤去を行う場合は別途計上する。
　　　　6．本歩掛には，関係機関協議資料作成及び関係機関打合せ協議に係る作業時間も含む。

(2) 観測

(1孔当り・1回当り)

種別	細別	単位	数量	摘要
人件費	地質調査員	人	0.06	
	主任地質調査員	〃	0.06	
材料費	雑品	式	1	人件費の1%
機械損料	静歪み指示計	台・日	0.04	

(備考) 本表は，1方向2ゲージ又は2方向4ゲージ，ゲージ間隔1.0m，観測深度30m以内の場合に適用し，これ以外の場合には別途計上する。

(3) 資料整理

(1孔当り・1ヶ月当り)

種別	細別	単位	数量	摘要
人件費	地質調査技師	人	0.1	
	主任地質調査員	〃	0.2	
	地質調査員	〃	0.3	
材料費	雑品	式	1	人件費の1%

(備考) 観測周期は7日を標準とするが，観測周期1～15日の場合には本表を適用できる。

3－1－6 挿入式孔内傾斜計

(1) 設置

(1孔当り)

種別	細別	単位	数量	摘要
人件費	地質調査技師	人	0.4	
	主任地質調査員	〃	0.4	
	地質調査員	〃	1.2	
材料費	アルミケーシング	本	(備考)1	φ47mm×3m立上がり1mを含む。
	アルミカップリング	ヶ	(備考)2	
	ケーシングキャップ類	組	1.0	
	雑品	式	1	雑品を除く材料費の7%

(備考) 1．アルミケーシング数量の算出は，次式による。
　　　　M（本数）＝D（深度m）÷3＋1（端数切捨て）
　　　2．アルミカップリング数量の算出は，次式による。
　　　　N（個数）＝M（アルミケーシング本数）－1
　　　3．本表は，1方向または2方向で0.5～1.0m間隔，深度50m以内の場合に適用し，これ以外の場合には，別途計上する。
　　　4．撤去を行う場合は別途計上する。
　　　5．本歩掛には，関係機関協議資料作成及び関係機関打合せ協議に係る作業時間も含む。

(2) 観測

(1孔当り　1回当り)

種別	細別	単位	数量	摘要
人件費	主任地質調査員	人	0.1	
	地質調査員	〃	0.2	
材料費	雑品	式	1	人件費の1%
機械損料	孔内傾斜計	台・日	0.1	

(備考) 本表は，1方向又は2方向で0.5～1.0m間隔，深度50m以内の場合に適用し，これを超える場合には，別途計上する。

(3) 資料整理　　　　　　　　　　　　　　　　　　　　　　　（1孔当り　1ヶ月当り）

種別	細別	単位	数量	摘要
人件費	地質調査技師	人	0.2	
	主任地質調査員	〃	0.5	
	地質調査員	〃	0.5	
材料費	雑品	式	1	人件費の1%

（備考）観測周期は7日を標準とするが，観測周期7～15日の場合には本表を適用できる。

3－1－7　解析

3－1－7－1　地盤特性検討
（1業務当り）

工程＼職種	主任技師	技師(A)	技師(B)	技師(C)	技術員
地盤特性検討	1.0	1.0	0.5	1.0	1.5

（備考）1．本表は，地盤特性検討1箇所の場合の標準歩掛であり，検討箇所数に応じて下表の補正係数を標準歩掛に乗じて適用する。
　　　　2．本表は，検討4箇所以内かつ検討対象総面積 $0.6km^2$ 以下とし，これを超える場合には別途計上する。

検討箇所数（箇所）	1	2	3	4
補正係数	1.0	1.6	2.1	2.7

3－1－7－2　機構解析
（1業務当り）

工程＼職種	主任技師	技師(A)	技師(B)	技師(C)	技術員
機構解析	1.5	1.5	1.0	1.0	0.5

（備考）1．本表は，機構解析1ブロックの場合の標準歩掛であり，解析ブロック数に応じて下表の補正係数を標準歩掛に乗じて適用する。
　　　　2．本表は，機構解析対象合計5ブロック以内かつ解析対象総面積 $0.6km^2$ 以下の場合に適用し，これを超える場合には別途計上する。

解析ブロック数	1	2	3	4	5
補正係数	1.0	1.3	1.6	1.9	2.2

3－1－7－3　安定解析
（1業務当り）

工程＼職種	主任技師	技師(A)	技師(B)	技師(C)	技術員
安定解析	1.0	1.0	1.0	0.5	1.5

（備考）1．本表は，安定解析断面1断面の場合の標準歩掛であり，断面数に応じて下表の補正係数を標準歩掛に乗じて適用する。
　　　　2．本表は，解析断面数8断面以内かつ断面の総延長4km以内の場合に適用し，これを超える場合には別途考慮する。

解析断面数（断面）	1	2	3	4	5	6	7	8
補正係数	1.0	1.1	1.2	1.3	1.4	1.5	1.6	1.6

3－1－7－4　対策工法選定
（1業務当り）

工程＼職種	主任技師	技師(A)	技師(B)	技師(C)	技術員
対策工法選定	1.0	2.0	1.0	1.0	1.0

（備考）1．本表は，対策工法選定対象1箇所当りの場合の標準歩掛であり，選定箇所数に応じて下表の補正係数を標準歩掛に乗じて適用する。
　　　　2．本表は，選定箇所数3箇所以内かつ対象総面積 $0.6km^2$ 以内の場合に適用し，これを超える場合には別途計上する。

選定箇所数（箇所）	1	2	3
補正係数	1.0	1.5	2.0

3−1−8 報告書作成

(1業務当り)

工程＼職種	主任技師	技師(A)	技師(B)
報 告 書 作 成	1.5	1.0	1.5

(備考) 1. 本表は，次に示す調査結果資料のうち1種を参照する場合の標準歩掛であり，調査種目数に応じて下表の補正係数を標準歩掛に乗じて適用する。なお，下記に含まれる調査であっても，既存資料は調査種目数として計上しない。また，下記に列挙した調査が全て既存調査の場合には，調査種目数を1種の場合として取り扱う。
・移動変形調査のうち，伸縮計，傾斜計，パイプ式歪計，挿入式孔内傾斜計。
・同時発注調査のうち，地表地質調査，ボーリング調査，弾性波探査，電気探査，地下水位測定，間隙水圧測定，地下水検層，地下水追跡，室内試験のいずれか。
2. 本表は，調査結果資料7種目以内の場合に適用し，これを超える場合には別途計上する。

調 査 種 目 数	1	2	3	4	5	6	7
補 正 係 数	1.0	1.1	1.2	1.2	1.3	1.4	1.5

3−1−9 その他
(1) 打合せ
　中間打合せは，4回を標準とし，必要に応じて打合せ回数を増減する。打合せ回数を増減する場合は，1回当り，中間打合せ1回の人員を増減する。
(2) 電子成果品作成費
　地すべり調査の電子成果品作成費は，「土木設計業務等積算基準」による。

3−2 弾性波探査
3−2−1 弾性波探査業務
3−2−1−1 適用範囲
　本業務は，弾性探査のうち弾性波探査器（24成分）を使用して探査する発破法及びスタッキング法に適用する。また，本歩掛の適用延長は発破法の場合は測線延長4kmまで，スタッキング法の場合は測線延長1.5kmまでとする。
　地域及び地形については，地域は原野又は森林，地形は丘陵地，低山地又は高山地の場合に適用できるものとする。

3−2−1−2 業務区分

業 務 名	適 用 範 囲
計 画 準 備	実施計画書の作成
現 地 踏 査	測線計画，起振計画のための現地踏査
資 料 検 討	測線計画，起振計画のための資料検討
測 線 設 定	現地における測線設置（伐採，測量，杭打ちを含む）
観 測	現地における探査観測（起振，展開，受信，記録）
解 析	観測結果についての解析及び地層，地質の判定
照 査	計画準備，測線設定，観測，解析についての照査
報告書とりまとめ	調査結果の評価，考察，検討を整理して報告書としてとりまとめる。

3−2−1−3 地域・地形区分

地 域 区 分	適 用 範 囲
原　　　　野	樹木が少なく見通しのよいところ
森　　　　林	樹木が多く見通しの悪いところ

地 形 区 分	適 用 範 囲
丘　 陵　 地	緩やかな起伏のあるところ
低　 山　 地	相当勾配のある地形，あるいは標高1,000m未満の山地
高　 山　 地	急峻な地形，あるいは標高1,000m以上の山地

3−2−1−4　解析等調査業務費及び直接調査費
(1)　発破法及びスタッキング法標準歩掛（受振点間隔5m）

解析等調査業務費　　　　　　　　　　　　　　　　　　　　　　　　　　　　　（1km当り）

区　分 \ 職　種	直　接　人　件　費					
	技師長	主任技師	技師(A)	技師(B)	技師(C)	技術員
計　画　準　備		2.0	2.0		2.0	
現　地　踏　査		2.2	1.0			
資　料　検　討		0.5	1.5			
解　　　　析	1.2	2.0	3.5	5.0		
照　　　　査	0.5	0.8				
報告書とりまとめ	1.5	2.0	4.0			
計	3.2	9.5	12.0	5.0	2.0	

直接調査費　　　　　　　　　　　　　　　　　　　　　　　　　　　　　　　　（1km当り）

区　分 \ 職　種	直　接　人　件　費		
	地質調査技師	主任地質調査員	地質調査員
測　線　設　定	3.9	4.1	12.5
観　　　　測	4.8	6.2	15.6
計	8.7	10.3	28.1

（備考）
1. 本歩掛は，関係機関協議資料作成及び関係機関打合せ協議に係る作業時間も含む。
2. 受振点間隔が5m以外の場合は，別途計上する。
3. 解析等調査業務費における直接人件費は，その他原価の対象とする。また，直接調査費における直接人件費は，施工管理費の対象とする。
4. 測線延長1km以外の場合は，次式により補正係数を求め標準歩掛（解析等調査業務費：計画準備〜報告書とりまとめ，及び直接調査費：測線設定〜観測）に乗ずるものとする。
　調査箇所が同一の場合は測線長を合計した測線延長，調査箇所が離れており移動に時間を要する場合は測線延長毎に補正係数を算出するものとする。
　なお，測線延長は小数第2位（小数第3位を四捨五入）まで代入し，補正係数は小数第2位（小数第3位を四捨五入）まで算出するものとする。
　補正式
　　$y = 0.492x + 0.508$
　　　　y：補正係数
　　　　x：測線延長（km）

(2)　機械経費及び材料費
　機械経費（損料）及び材料費は測線設定及び観測に要するもので，次表を標準とする。

発破法及びスタッキング法における測線設定の機械経費及び材料費　　　　　　　（1km当り）

機　械　経　費						材　料　費				
	名　称	規　格	単位	数量	摘　要		名　称	規　格	単位	数量	摘　要
構成	トランシット	3級	日	3.4	20秒読み	構成	木　杭	平杭	本	200	
	レベル自動式	3級	〃	3.4	40/2mm						
	その他測量器具		〃	3.4							
機械経費率				1.7%			材料費率				3.4%

（備考）機械経費率及び材料費率は測線設定にかかる直接人件費に対する割合。

発破法における観測の機械経費及び材料費　　　　　　　　　　　　　　　（1km当り）

機械経費							材料費				
構成	名称	規格	単位	数量	摘要		名称	規格	単位	数量	摘要
^	弾性波探査器	24成分	日	2.8		構成	ダイナマイト		kg	15	
^						^	発破母線損耗		m	132	
^						^	電気雷管		本	126	
^						^	絶縁テープ		巻	29	
^						^	電話線損耗		m	227	
^						^	安全対策器具		式	1	
^						^	雑品		式	1	
機械経費率					13.6%	材料費率					26.6%

（備考）　機械経費率及び材料費率は観測にかかる直接人件費に対する割合。

スタッキング法における観測の機械経費及び材料費　　　　　　　　　　　　（1km当り）

機械経費							材料費				
構成	名称	規格	単位	数量	摘要		名称	規格	単位	数量	摘要
^	弾性波探査器	24成分	日	2.8		構成	絶縁テープ		巻	29	
^						^	電話線消耗		m	227	
^						^	雑品		式	1	
機械経費率					13.6%	材料費率					6.3%

（備考）　機械経費率及び材料費率は観測にかかる直接人件費に対する割合。

3-2-1-5　間接調査費
(1)　準備費

発破法　　　　　　　　　　　　　　　　　　　　　　　　　　　　（1km当り）

区分 \ 職種	直接人件費		
	地質調査技師	主任地質調査員	地質調査員
現場準備及び後片付け	3.2	6.2	7.3

（備考）
1. 現場準備及び後片付けには，火工所設置撤去，火薬作業申請手続き，地権者交渉，発破孔埋戻しを含んでいる。
2. 測線延長が1km以外の場合は，次式により補正係数を求め標準歩掛に乗ずるものとする。
   調査箇所が同一の場合は測線長を合計した測線延長，調査箇所が離れており移動に時間を要する場合は測線延長毎に補正係数を算出するものとする。
   なお，測線延長は小数第2位（小数第3位を四捨五入）までを代入する。
   補正式
   　　$y = 0.489x + 0.511$
   　　　　　　y：補正係数
   　　　　　　x：測線延長（km）

スタッキング法　　　　　　　　　　　　　　　　　　　　　　　　（1km当り）

区分 \ 職種	直接人件費		
	地質調査技師	主任地質調査員	地質調査員
現場準備及び後片付け	1.7	2.8	3.6

（備考）
1. 現場準備及び後片付けには，地権者交渉を含んでいる。
2. 測線延長が1km以外の場合は，次式により補正係数を求め標準歩掛に乗ずるものとする。
   調査箇所が同一の場合は測線長を合計した測線延長，調査箇所が離れており移動に時間を要する場合は測線延長毎に補正係数を算出するものとする。
   なお，測線延長は小数第2位（小数第3位を四捨五入）までを代入する。
   補正式
   　　$y = 0.674x + 0.326$
   　　　　　　y：補正係数
   　　　　　　x：測線延長（km）

3－2－1－6　その他
(1)　打合せ
　　中間打合せの回数は，4回を標準とし，必要に応じて打合せ回数を増減する。打合せ回数を増減する場合は，1回当り，中間打合せ1回の人員を加算する。
(2)　電子成果品作成費
　　弾性波探査の報告書とりまとめ等に係る電子成果品作成費は次の計算による。
　　　　y＝0.0215x＋45,451

$$y：電子成果品作成費（円）$$
$$x：直接調査費（円）$$

3－3　軟弱地盤技術解析
　3－3－1　軟弱地盤技術解析積算基準
　　3－3－1－1　適用範囲
　　　軟弱地盤解析は，軟弱地盤上の盛土，構造物（地下構造物，直接基礎含む）を施工するに当り地質調査で得られた資料をもとに，基礎地盤，盛土，工事に伴い影響する周辺地盤等について，下記3－3－1－4業務内容における(3)現況軟弱地盤の解析，(4)検討対策工法の選定，(5)対策後地盤解析，(6)最適工法の決定で示す検討を行う場合に適用する。
　　3－3－1－2　軟弱地盤解析を実施する条件となる構造物
　　　堤防盛土（高規格堤防を含む），道路盛土，排水機場，建築物，地下構造物等とする。
　　　構造物自体の安定計算として実施することを，設計指針で規定している等，一般化している安定計算（擁壁のすべり安定計算，土留壁の変形計算，樋管基礎地盤の沈下計算・対策検討，法面勾配決定のための盛土内円弧すべり計算，支持杭基礎における諸検討等）及び現況軟弱地盤の解析を必要としない簡易な対策工法の検討は，本業務の対象外とする。
　　3－3－1－3　業務のフロー

```
            地質調査（土質定数の設定含む）
                    ↓
            ┌─────────────────┐
            │現地踏査及び解析計画│
            │        ↓        │
            │現況での地盤の解析│          実線枠内が軟弱地盤技術解析の対象範囲
            │        ↓        │
            │対策工法の選定   │
            │        ↓        │
            │対策後の状態を想定した地盤の解析│
            │        ↓        │
            │最適工法の決定   │
            └─────────────────┘
                    ↓
                詳細設計
```

　　3－3－1－4　業務内容
(1)　解析計画
　　業務遂行のための作業工程計画・人員計画の作成，解析の基本条件の整理・検討（検討土層断面の設定，土質試験結果の評価を含む），業務打合せのための資料作成等を行うものである。
(2)　現地踏査
　　現地状況を把握するために行う。
(3)　現況軟弱地盤の解析
　1)　地盤の破壊に係る検討
　　設定された土質定数，荷重（地震時含む）等の条件に基づき，すべり計算（基礎地盤の圧密に伴う強度増加の検討を含む）等を実施して地盤のすべり破壊に対する安全率を算定する。
　2)　地盤の変形に係る検討
　　設定された土質定数，荷重等の条件に基づき，簡易的手法によって地盤内発生応力を算定し，地盤変形量（側方流動，地盤隆起，仮設構造物等の変位等及び既設構造物への影響検討を含む）を算定する。
　3)　地盤の圧密沈下に係る検討
　　設定された土質定数，荷重等の条件に基づき，地中鉛直増加応力を算定し，即時沈下量，圧密沈下量，各圧密度に対する沈下時間を算定する。
　4)　地盤の液状化に係る検討
　　広範囲の地質地盤を対象に土質定数及び地震条件に基づき，液状化強度，地震時剪断応力比から，液状化に対する抵抗率F_Lを求め，判定を行う。
(4)　検討対策工法の選定
　　当該地質条件，施工条件に対して適用可能な軟弱地盤対策工を抽出し，各工法の特性・経済性を概略的に比較検討のうえ詳細な安定計算等を実施する対象工法を1つ又は複数選定する。

(5) 対策後地盤解析
　選定された対策工について，現況地盤の改良等，対策を行った場合を想定し，対象範囲，対策後の地盤定数の設定を行った上で，軟弱地盤の解析のうち必要な解析を実施し，現地への適応性の検討（概略的な施工計画の提案を含む）を行う。
(6) 最適工法の決定
　「対策工法の選定」が複数の場合において，「対策後の検討」結果を踏まえ経済性・施工性・安全性等の総合比較により最適対策工法を決定する。
(7) 照　　査
　各項目ごとに基本的な方針，手法，解析及び評価結果に誤りがないかどうかについて確認する。
(8) 打合せ
　打合せは，業務開始時，成果品納入時及び業務途中の主要な区切りにおいて行うものとする。
(9) その他，業務で含まれる作業
　1) 主要地点断面図作成
　　現況（対策前），対策（案）の断面図作成を行う。
　2) 報告書作成
　　業務の目的を踏まえ，業務の各段階で作成された資料をもとに業務の方法，過程，結論について記した報告書を作成する。

3－3－2　軟弱地盤技術解析業務
3－3－2－1　標準歩掛（道路，河川関係の軟弱地盤技術解析に適用）

工種	（細別）	単位	主任技術者	技師長	主任技師	技師(A)	技師(B)	技師(C)	技術員
解析計画		人／業務	1.5		1.5	2.0	1.0	0.5	0.5
現地踏査		〃			2.0	1.5	1.5	1.0	1.0
現況地盤解析	※地盤破壊　円弧すべり	人／断面			1.0	1.5	2.0	2.5	2.0
	※地盤変形　簡便法	〃			1.0	1.5	1.0	0.5	2.0
	※地盤圧密　一次元解析	〃			1.0	1.5	2.0	1.5	2.0
	※地盤液状化　簡便法	〃			1.0	2.0	1.5	1.0	2.5
検討対策工法の選定		人／業務	1.0		2.0	2.0	2.0	1.0	1.5
対策後地盤解析	※地盤破壊　円弧すべり	人／断面			1.5	1.5	2.0	2.5	2.5
	※地盤変形　簡便法	〃			1.5	1.5	1.5	1.0	2.5
	※地盤圧密　一次元解析	〃			1.5	1.5	1.5	2.0	1.5
	※地盤液状化　簡便法	〃			1.5	2.5	1.5	1.5	2.5
最適工法の決定		人／業務	1.0		2.0	1.5	1.0	1.0	1.0
照査				1.5	1.5	1.0	1.0		

（備考）
1. 本歩掛は軟弱地盤深さ60ｍ程度までを対象とし，地盤の深さによる増減は行わない。
2. 現地踏査は，他業務と同時発注の場合であっても，歩掛の低減は行わない。
3. 地盤の破壊に係る検討手法は，円弧（円形）すべり計算に適用する。複合すべり，有限要素法による弾性解析は適用しない。又，地盤の浸透破壊（ボイリング，パイピング，アップリフト＝盤ぶくれ，湿潤線上昇に対する安全性）の検討は適用しない。
4. 地盤の変形に係る検討手法は，簡便法（解析理論に基づきモデルを簡素化して一般式を用いた計算）に適用する。詳細法（地盤モデルを分割した要素で作成した詳細モデルによる計算：弾性解析の計算，又は非弾性解析や有限要素法による解析等）には適用しない。
5. 地盤の圧密沈下に係る検討手法は，一次元解析に適用する。断面二次元による有限要素法等によって行う圧密沈下解析は，適用しない。
6. 地盤の液状化に係る検討手法は，簡便法（N値と粒度からFL法で推計：道路橋示方書，V耐震設計編参考）に適用する。詳細法（液状化試験で得られる液状化強度比と地震応答解析で得られる地震時剪断応力比より推計）の一次元解析，断面二次解析（有限要素法）には適用しない。
7. ※印は計算などを必要とする1断面当りの歩掛であり，断面数が2以上となる場合は次表により割増率を求め，その値を1断面当りの歩掛に乗じて割増を行う。

（つづく）

<table>
<tr><td colspan="3" align="center">検討断面が複数になる場合の補正</td></tr>
<tr><td align="center">項　　　目</td><td align="center">総 合 補 正 倍 率</td><td align="center">適用範囲</td></tr>
<tr><td align="center">地盤破壊　（円弧すべり：現況及び対策後）</td><td align="center">割増率＝0.165×断面数＋0.835</td><td align="center">11断面まで</td></tr>
<tr><td align="center">地盤変形　（簡　便　法：現況及び対策後）</td><td align="center">割増率＝0.106×断面数＋0.894</td><td align="center">6断面まで</td></tr>
<tr><td align="center">地盤圧密　（一　次　元：現況及び対策後）</td><td align="center">割増率＝0.085×断面数＋0.915</td><td align="center">21断面まで</td></tr>
<tr><td align="center">地盤液状化（簡　便　法：現況及び対策後）</td><td align="center">割増率＝0.045×断面数＋0.955</td><td align="center">8断面まで</td></tr>
</table>

8. 検討対策工法の選定とは，対策工法を抽出し各工法の特性，経済性を概略的に比較検討し，「対策後の検討」を実施する対象を，1つ又は複数選定するもので歩掛は6工法までの選定に適用する。
　検討対策工法の選定には，既設構造物への影響評価，環境面への影響検討，新技術を含めた検討を含む。
9. 最適工法の決定とは，検討対策工法の選定において工法を複数（2～6工法）選定した場合に，「対策後の検討」結果を踏まえ，総合比較により，最適工法を決定するものである。
10. 本表は，表中の適用範囲欄に示す断面数までに適用し，これを超える場合には，別途計上する。
11. 電子成果品作成費は，直接人件費に対する率により算出するものとし，算出方法は次式によるものとする。
　　　電子成果品作成費＝直接人件費×0.04
　　　　①1千円未満は切り捨て。
　　　　②電子成果品作成費の上限は，400千円とする。
12. その他原価，一般管理費等の積算は，「土木設計業務等積算基準」に準ずるものとする。
13. 「3－3－1－4(9)その他，業務で含まれる作業」については，3－3－2－1標準歩掛に含む。

3－3－3　そ の 他
(1) 打 合 せ
　中間打合せは，4回を標準とし，必要に応じて打合せ回数を増減する。打合せ回数を増加する場合は，1回につき，中間打合せ1回の人員を加算する。

（参　考）　　　　　　各 種 試 験・計 測 に 必 要 な ボ ー リ ン グ 孔 径

区分	試 験・計 測 名	必要孔径(mm)	区分	試 験・計 測 名	必要孔径(mm)
土質試験	固定ピストン式シンウォールサンプリング	86～	岩盤調査	岩 盤 透 水 試 験	66～
	ロータリー式二重管サンプリング（デニソンサンプリング）	116～		孔 内 微 流 速 測 定	66～
				湧 水 圧 測 定	66～
	ロータリー式三重管サンプリング	116～		グ ラ ウ ト 試 験	66～
	標 準 貫 入 試 験	66～		ボ ア ホ ー ル ス キ ャ ナ ー	66～
	孔 内 載 荷 試 験（プレッシャーメータ試験・ボアホールジャッキ試験）（プレシオメーター）	66～	地すべり調査	パ イ プ 式 歪 計	66～
				孔 内 傾 斜 計	86～
				多 層 移 動 量 計	66～
	〃　　（L.L.T）	86		水 位 計	66～
	〃　　（K.K.T）	66		地 下 水 検 層	66～
	揚 水 試 験	250～		簡 易 揚 水 試 験	66～
	現 場 透 水 試 験	86～	探査・検層	速 度 検 層	66～
	間 隙 水 圧 測 定	86～		P S 検 層	66～
	地下水孔内流向・流速測定（LD型）	116～		反 射 検 層	66～
	〃　　（SWM－KZ型）	150～		密 度 検 層	66～
	地 中 ガ ス 調 査	86～		電 気 検 層	66～
				温 度 検 層	66～
				キ ャ リ パ ー 検 層	66～
				常 時 微 動 測 定	101～

③ 土木設計業務
1. 土木設計業務等積算基準
　1－1　適用範囲
　　　土木事業に係る設計業務等に適用する。
　1－2　業務委託料
　　1－2－1　業務委託料の構成

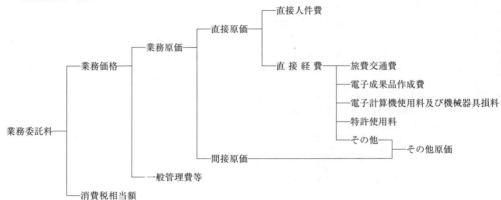

　　1－2－2　業務委託料構成費目の内容
　(1) 直接原価
　　① 直接人件費
　　　　直接人件費は，業務処理に従事する技術者の人件費とする。
　　② 直接経費（積上計上分）
　　　　直接経費は，業務処理に必要な経費とする。
　　　ア．旅費交通費
　　　イ．電子成果品作成費
　　　ウ．電子計算機使用料及び機械器具損料
　　　エ．特許使用料等
　　③ 直接経費（積上げ計上するものを除く）
　　　　直接経費（積上計上分）以外の直接経費とする。
　　　　なお，特殊な技術計算，図面作成等の専門業に外注する場合に必要となる経費業務実績の登録等に要する費用を含む。
　(2) 間接原価
　　　当該業務担当部署の事務職員の人件費及び福利厚生費，水道光熱費等の経費，オンライン電子納品に要する費用，情報共有システムに要する費用（登録料及び利用料），PC等の標準的なOA機器費用（BIM/CIMに関するライセンス費用を含む）とする。
　　　　※　その他原価は直接経費（積上計上するものを除く）及び間接原価からなる。
　(3) 一般管理費等
　　　業務を処理する建設コンサルタント等における経費等のうち直接原価，間接原価以外の経費。一般管理費等は一般管理費及び付加利益よりなる。
　　① 一般管理費
　　　　一般管理費は，建設コンサルタント等の当該業務担当部署以外の経費であって，役員報酬，従業員給与手当，退職金，法定福利費，福利厚生費，事務用品費，通信交通費，動力用水光熱費，広告宣伝費，交際費，寄付金，地代家賃，減価償却費，租税公課，保険料，雑費等を含む。
　　② 付加利益
　　　　付加利益は，当該業務を実施する建設コンサルタント等を，継続的に運営するのに要する費用であって，法人税，地方税，株主配当金，役員賞与金，内部留保金，支払利息及び割引料，支払保証料その他の営業外費用等を含む。
　1－3　業務委託料の積算
　　1－3－1　建設コンサルタントに委託する場合
　(1) 業務委託料の積算方式
　　　業務委託料は，次の方式により積算する。
　　　　業務委託料＝（業務価格）＋（消費税相当額）
　　　　　　　　　＝［{（直接人件費）＋（直接経費）＋（その他原価）}＋（一般管理費等）］×{1＋（消費税率）}

(2) 各構成要素の算定
　① 直接人件費
　　　設計業務等に従事する技術者の人件費とする。なお，名称及びその基準日額は別途定める。
　② 直接経費
　　　直接経費は，1－2－2(1)の②の各項について必要額を積算するものとし，旅費交通費については，業務にかかる旅費交通費を計上する。
　　　1－2－2(1)の②の各項目以外の必要額については，その他原価として計上する。
　③ その他原価
　　　その他原価は，次式により算定した額の範囲内とする。
　　　（その他原価）＝直接人件費×α／(1－α)
　　　ただし，αは業務原価（直接経費の積上計上分を除く）に占めるその他原価の割合であり，35％とする。
　④ 一般管理費等
　　　一般管理費等は，次式により算定した額の範囲内とする。
　　　（一般管理費等）＝（業務原価）×β／(1－β)
　　　ただし，βは業務価格に占める一般管理費等の割合であり，35％とする。
　⑤ 消費税相当額
　　　消費税相当額は，業務価格に消費税の税率を乗じて得た額とする。
　　　消費税相当額＝〔｛(直接人件費)＋(直接経費)＋(その他原価)｝＋(一般管理費等)〕×(消費税率)

1－3－2　個人（建設コンサルタント以外の個人をいう）に委託する場合（諸謝金による場合を除く）
　1－3－1の(1)と同一の方法により積算するものとする。ただし，その他原価，一般管理費等については算入しないものとする。

1－4　設計変更の積算
　　業務委託の変更は，官積算書をもとにして次式により算出する。

　　業　務　価　格
　　（落札率を乗じた額）＝変更官積算業務価格×（直前の請負額／直前の官積算額）

　　変更業務委託料＝業　務　価　格×(1＋消費税率)
　　　　　　　　　（落札率を乗じた額）

　(備考)　1．変更官積算業務価格は，官単位，官経費をもとに当初設計と同一方法により積算する。
　　　　　2．直前の請負額，直前の官積算額は，消費税相当額を含んだ額とする。
　　　　　3．設計変更における単価については以下の場合においては新単価（変更指示時点単価）により積算するものとする。
　　　　　　・当初業務履行予定地から独立した区間の数量変更があった場合
　　　　　　・当初業務では想定されなかった新規工種が追加された場合

1－5　打合せ等（共通）

区　　　分		主任技師	技師(A)	技師(B)	技師(C)	備　　　考
打合せ	業務着手時	0.5	0.5	0.5		（対面）
	中間打合せ	0.5	0.5	0.5		1回当り（対面）
	成果物納入時	0.5	0.5	0.5		（対面）
関係機関打合せ協議		0.5	0.5			1機関1回当り（対面）

　(備考)　1．打合せ，関係機関打合せ協議には，打合せ議事録の作成時間及び移動時間（片道所要時間1時間程度以内）を含むものとする。
　　　　　2．打合せ，関係機関打合せ協議には，電話，電子メールによる確認等に要した作業時間を含むものとする。
　　　　　3．中間打合せの回数は，各項によるものとし，各項に記載が無い場合は必要回数（5回を標準）を計上する。打合せ回数を変更する場合は，1回当り，中間打合せ1回の人員を増減する。
　　　　　　なお，複数分野の業務を同時に発注する場合は，主たる業務の打合せ回数を適用し，それ以外の業務については，必要に応じて中間打合せ回数を計上する。
　　　　　4．関係機関打合せ協議の回数は，1機関当り1回程度とし，関係機関打合せ協議の回数を増減する場合は，1回当り，関係機関打合せ協議1回の人員を増減する。なお，発注者のみが直接関係機関と協議する場合は，関係機関打合せ協議を計上しない。

1―6　その他（共通）

区　　分	主任技師	技師(A)	技師(B)	技師(C)	備　　考
合同現地踏査	0.5		0.5		1回当り
照査技術者による報告	0.5				〃
条件明示チェックシートの作成		0.25	0.25		1工種当り

（備考）　1.　照査技術者による報告には，議事録の作成時間及び移動時間（片道所要時間1時間程度以内）を含むものとする。
　　　　　2.　条件明示チェックシートの作成は，予備設計時に作成する際に適用する。

1―7　公開成果品作成（共通）
　　本歩掛は，設計成果品を公開用資料とするためにマスキング作業等が必要な場合に適用する。

（1業務当り）

区　　分	主任技師	技師(A)	技師(B)	技師(C)	技術員	備　　考
公開成果品作成				1.3	2.3	

（備考）　公開成果品作成費は必要に応じて計上するものとする。

2．設計留意書の作成
　　予備（概略）設計業務において，その設計を通じて得た着目点，留意点等（生産性向上の観点から後段階設計時に一層の検討を行うべき事項）後段階の設計時に検討すべき提案をとりまとめた生産性向上設計留意書を作成する場合は，1業務当り，主任技師0.5人，技師（A）1.0人を別途計上すること。
　　ただし，これによりがたい場合は，別途計上するものとする。

3．電子成果品作成費
　3―1　電子成果品作成費
　　　「土木設計業務等の電子納品要領」に基づく電子成果品の作成費用は，次の計算式により算出するものとする。
　　　ただし，これによりがたい場合は別途計上する。
　(1)　概略設計，予備設計又は詳細設計
　　　電子成果品作成費（千円）＝$6.9 x^{0.45}$
　　　ただし，x：直接人件費（千円）
　(2)　その他の設計業務（(1)以外）
　　　電子成果品作成費（千円）＝$5.1 x^{0.38}$
　　　ただし，x：直接人件費（千円）

（備考）　1.　上式の電子成果品作成費の算出にあたっては，直接人件費を千円単位（小数点以下切り捨て）で代入する。
　　　　　2.　算出された電子成果品作成費（千円）は，千円未満を切り捨てる（小数点以下切り捨て）ものとする。
　　　　　3.　電子成果品作成費の上下限については，
　　　　　　　(1)の場合，上限：700千円，下限：20千円
　　　　　　　(2)の場合，上限：250千円，下限：20千円　とする。

4. 土木設計業務等標準歩掛

4−1 道路設計標準歩掛
4−1−1 道路概略設計

1. 道路概略設計(A)
(1) 標準歩掛

地形図(1/5,000),地質資料,現地踏査結果,文献及び設計条件等に基づき,可能と思われる各線形を選定し,各線形について図上で100mピッチの縦横断の検討及び土量計算,主要構造物の数量,概算工事費を積算し,比較案及び最適案を提案する業務とする。

(10km当り)

区分＼職種	主任技術者	技師長	主任技師	技師(A)	技師(B)	技師(C)	技術員
設計計画			3.5	4.0	5.5	3.5	
現地踏査			1.5	1.5	1.0		
路線選定及び主要構造物計画	2.0	1.5	1.5	3.5	4.0		
設計図及び関係機関との協議資料作成					5.0	10.0	11.0
概算工事費算出				2.5	4.0	6.5	10.5
照査		1.5	1.5	1.0			
報告書作成			2.5	3.5	4.0	2.5	
合計	2.0	3.0	10.5	16.0	23.5	22.5	21.5

2. 道路概略設計(B)
(1) 標準歩掛

地形図(1/2,500),地質資料,現地踏査結果,文献及び設計条件等に基づき,可能と思われる各線形を選定し,各線形について図上で50mピッチの縦横断の検討及び土量計算,主要構造物の数量,概算工事費を積算し,比較案及び最適案を提案する業務とする。

(10km当り)

区分＼職種	主任技術者	技師長	主任技師	技師(A)	技師(B)	技師(C)	技術員
設計計画			3.0	5.0	6.0	3.5	
現地踏査			2.0	2.0	2.5		
路線選定及び主要構造物計画	2.0	2.0	2.5	5.5	7.0		
設計図及び関係機関との協議資料作成					8.0	14.5	18.0
概算工事費算出				3.0	6.0	8.0	11.0
照査		1.5	2.0	2.5			
報告書作成			2.5	5.0	6.0	6.5	
合計	2.0	3.5	12.0	23.0	35.5	32.5	29.0

(備考) (道路概略設計(A),(B)共通)
1. 設計延長は,主要構造物(トンネル,橋梁,函渠等)を含む区間を延長とする。
2. 道路の規格,構造形式等による補正は行わない。
3. 新設及び改良区間を対象とする。
4. 設計延長(成果受取り延長)は,以下のいずれかのとおりとする。
   ・設計延長と比較路線の成果を要求する場合は,それぞれの延長の合計を設計延長として計上する。
   ・最適ルートのみの成果を要求する場合は,最適ルートのみを設計延長として計上する。
5. 電子計算機使用料は,直接経費として直接人件費の2%を計上する。

3. 標準歩掛の補正(道路概略設計(A),道路概略設計(B))
(1) 地形により下表で割増すものとする。

地形	割増率
平地	0 %
丘陵地	5 〃
市街地	10 〃
山地	10 〃
急峻山地	20 〃

(2) 暫定計画を行う場合は,標準歩掛を15%割増すものとする。
(3) 工区ごとに成果品の分割を行う場合は,標準歩掛を5%割増すものとする。

4—1—2　道路予備設計
1. 道路予備設計(A)
(1) 標　準　設　計
　　概略設計によって決定された路線について，平面線形，縦横断線形の比較案を策定し，施工性，経済性，維持管理，走行性，安全性及び環境等の総合的な検討と橋梁，トンネル等の主要構造物の位置，概略形式，基本寸法を計画し，技術的，経済的判定によりルートの中心線を決定する業務とする。
　　なお，使用する図面は，空中写真図（1/1,000），作成する縦横断図は，20 m ピッチとする。

（1 km 当り）

区　　分 \ 職　種	主任技術者	技師長	主任技師	技師(A)	技師(B)	技師(C)	技術員
設　計　計　画	1.5		1.0	1.0	1.5	1.0	
現　地　踏　査			1.0	0.5	0.5		
路　線　選　定			1.0	0.5	0.5	1.0	
設計図及び関係機関との協議資料作成				1.5	2.0	2.5	3.5
概算工事費算出				1.0	1.5	1.0	1.5
照　　　査		1.0	1.0				
報告書作成			1.0	0.5	1.0	1.0	
合　　　計	1.5	1.0	5.0	5.0	7.0	6.5	5.0

（備考）1. 交差する道路が2車線（対面）未満の交差点設計は含まれる。
　　　　2. 新設及び改良区間を対象とする。
　　　　3. 暫定計画の設計は含まない。
　　　　4. 設計延長は，構造物（橋梁，トンネル）等の延長も含め道路予備設計延長とする。（この場合，構造物（延長50 m 以内）の一般図についても作成させるものとし，別途構造物予備設計は計上しない。）
　　　　5. 電子計算機使用料は，直接経費として直接人件費の2％を計上する。

2. 道路予備修正設計(A)
(1) 標　準　設　計
　　道路予備設計(A)の成果に基づき，道路予備設計(A)と同一水準の業務内容を行う業務とする。

（1 km 当り）

区　　分 \ 職　種	主任技術者	技師長	主任技師	技師(A)	技師(B)	技師(C)	技術員
設　計　計　画			1.0	0.5	1.5	0.5	
現　地　踏　査				1.0	0.5	1.0	
路　線　選　定				0.5	0.5		
設計図及び関係機関との協議資料作成				1.0	1.5	1.5	3.0
概算工事費算出					0.5	1.5	1.0
照査及び報告書作成			1.0	1.0	1.0	0.5	
合　　　計	0.0	0.0	2.0	4.0	5.5	5.0	4.0

（備考）1. 上記歩掛は，縦断線形の修正を伴う場合に適用する。
　　　　2. 交差する道路が2車線（対面）未満の交差点設計は含まれる。
　　　　3. 新設及び改良区間を対象とする。
　　　　4. 暫定計画の設計は含まない。
　　　　5. 設計延長は，構造物（橋梁，トンネル）等の延長も含め道路予備設計延長とする（この場合，構造物（延長50 m 以内）の一般図についても作成させるものとし，別途構造物予備設計は計上しない）。
　　　　6. 電子計算機使用料は，直接経費として直接人件費の2％を計上する。

3. 道路予備設計(B)
(1) 標準歩掛

道路予備設計(A), あるいは同修正設計より決定された中心線に基づいて行われた実測路線測量による実測図を用いて図上での用地幅杭位置を決定する業務とする。

（1km 当り）

区分 \ 職種	主任技術者	技師長	主任技師	技師(A)	技師(B)	技師(C)	技術員
設 計 計 画	1.5		1.0	1.0	1.0	0.5	
現 地 踏 査			1.0	0.5	0.5		
縦 断 設 計				1.0	0.5	0.5	
横 断 設 計				1.0	0.5	0.5	1.5
道路付帯構造物及び小構造物設計						0.5	1.0
用 排 水 設 計						0.5	1.0
設計図及び関係機関との協議資料作成				1.0	1.5	2.0	4.0
用 地 幅 杭 計 画					0.5	1.0	
概 算 工 事 費					1.0	1.5	2.5
照 査		1.0	1.0				
報 告 書 作 成			1.0	1.5	1.5	1.0	
合 計	1.5	1.0	4.0	6.0	7.0	8.0	10.0

（備考） 1. 上記歩掛は, 交差点予備設計と同時発注の場合も対象とする。
2. 交差する道路が2車線（対面）未満の交差点設計は含まれる。
3. 新設及び改良区間を対象とする。
4. 設計延長には, 本線区間内における延長20m以上の構造物（橋梁, トンネル）は, その延長を控除する。
　　ただし, 高架橋等において副道（4m以上）が高架橋下にある場合は, その延長を控除せずに構造物予備設計及び道路予備設計(B)を副道車線分だけ計上するものとする。
5. 座標計算及び暫定計画の設計は含まない。
6. 電子計算機使用料は, 直接経費として直接人件費の2％を計上する。

4. 道路予備修正設計(B)
(1) 標準歩掛

道路予備修正設計(B)は, 道路予備設計(B)の成果に基づき道路予備設計(B)と同一水準の業務内容を行う業務とする。

（1km 当り）

区分 \ 職種	主任技術者	技師長	主任技師	技師(A)	技師(B)	技師(C)	技術員
設 計 計 画					0.6	0.6	1.2
現 地 踏 査					0.5	0.6	0.9
横 断 設 計				0.7	0.5	0.8	0.8
道路付帯構造物及び小構造物設計				0.1	0.3	0.6	0.6
用 排 水 設 計				0.3	0.2	0.6	0.9
設 計 図 作 成					0.8	1.3	1.8
関係機関との協議資料作成					0.7	0.9	0.8
用 地 幅 杭 計 画					0.4	0.7	0.5
概 算 工 事 費 算 出						1.5	1.1
照査及び報告書作成			1.2	1.0	1.4	0.6	
計	0.0	0.0	1.2	3.2	5.5	9.1	6.5

（備考） 1. 上記歩掛は, 縦断線形の修正を伴わない場合に適用する。
2. 交差する道路が2車線（対面）未満の交差点設計は含まれる。
3. 新設及び改良区間を対象とする。
4. 設計延長には, 本線区間内における延長20m以上の構造物（橋梁, トンネル）は, その延長を控除する。
　　ただし, 高架橋等において副道（4m以上）が高架橋下にある場合は, その延長を控除せずに構造物予備設計及び道路予備設計(B)を副道車線分だけ計上するものとする。
5. 座標計算及び暫定計画の設計は含まない。
6. 電子計算機使用料は, 直接経費として直接人件費の2％を計上する。

5. 歩掛の補正（予備(A), (B), 修正設計(A), (B)）
(1) 地形による補正は下表で割増すものとする。

地　　形	割　増　率
平　　地	0　％
丘　陵　地	5　〃
市　街　地 山　　地	15　〃
急　峻　山　地	25　〃

(2) 車線数により下表で割増すものとする。

幅　　員	割　増　率
1　〜　2　車　線	−5　％
3　〜　4　車　線	0　〃
5　〜　6　車　線	5　〃
7　〜　8　車　線	10　〃

(3) 複断面の場合は，標準歩掛を15％割増すものとする。
(4) 暫定計画を行う場合は，標準歩掛を15％割増すものとする。
(5) 歩道等（W＝4ｍ未満の側道を含む）設計を行う場合は，標準歩掛を5％割増すものとする。
(6) 道路環境関連施設（緑地，遮音設備等）を設計（力学計算を必要としない）する場合は，標準歩掛を5％割増すものとする。
(7) 特殊法面（法枠工，ロックボルト，ストンガード等力学計算を必要としない構造物）の設計を道路設計と一体で行う場合は，標準歩掛を5％割増すものとする。
(8) 工区ごとに図面，数量計算書，報告書等の成果物を分割する場合は，標準歩掛を10％割増すものとする。
(9) 軟弱地盤上に道路を築造する場合に路床入替，在来地盤改良等の処理に対する設計をする場合には標準歩掛を5％割増すものとする。

4−1−3　道路詳細設計
1. 道路詳細設計(A)
(1) 標準設計
　　道路詳細設計は，与えられた平面図（縮尺1/1,000線形入り），縦横断図ならびに予備設計成果に基づいて，道路工事に必要な縦横断の設計及び小構造物（設計計算を必要としないもの）の設計を行い各工種別数量計算を行う。

（予備設計あり）　　　　　　　　　　　　　　　　　　　　　　　　　　　　　　　　　　　（1km当り）

区　分 ＼ 職　種	直　接　人　件　費					
	主任技術者	技師長	主任技師	技師(A)	技師(B)	技師(C)	技術員
設　計　計　画		0.2	0.5	1.1	1.1		
施　工　計　画			0.3	0.9	2.9		
現　地　踏　査				1.0	1.3	1.2	
平　面　縦　断　設　計			0.6	1.3	2.9	3.1	2.8
横　断　設　計				0.6	2.2	3.6	5.5
道路付帯構造物設計				0.3	0.5	1.6	2.3
小　構　造　物　設　計				0.2	0.6	1.8	3.1
仮　設　構　造　物　設　計					0.5	1.4	
用　排　水　設　計					1.0	1.9	
設　計　図						4.7	8.0
数　量　計　算				0.5	2.1	4.0	6.5
照　　査			1.0	2.0	2.4	3.1	
報　告　書　作　成			0.5	1.9	3.3	1.8	
計		0.2	2.9	9.8	20.8	28.2	28.2

（つづく）

(備考) 1. 交差する道路が2車線（対面）未満の交差点設計は含まれる。
2. 新設及び改良区間を対象とする。
3. 座標計算及び暫定計画の設計は含まない。
4. 電子計算機使用料は，直接経費として人件費の2％を計上する。
5. 予備設計とは，道路予備設計(B)及び道路予備修正設計(B)をいう。
6. 照査には，赤黄チェックによる照査も含む。
7. 単独区間あたりの設計延長が1km未満の場合においては，次式によるものとする。
　　設計歩掛＝標準歩掛×(0.5×設計延長(km)＋0.5)
　　※単独区間毎に算定し，計上する。
8. 仮設構造物・用排水設計に指定仮設を検討する場合は，本歩掛を適用せず別途計上する。
※赤黄チェック：成果物をとりまとめるにあたって，設計図，設計計算書，数量計算書について，それぞれ及び相互（設計図－設計計算書間，設計図－数量計算書間等）の整合を確認する上で，確認マークをするなどしてわかりやすく確認結果を示し，間違いの修正を行うための照査手法。

2. 道路詳細設計(B)
(1) 標 準 設 計

　道路詳細設計(B)は，与えられた平面図（縮尺1/1,000線形入り），縦横断図にもとづいて，道路工事に必要な縦横断の設計及び小構造物（設計計算を必要としないもの）の設計を行い，各工種別数量計算を行う。

（予備設計なし） （1km当り）

区　分 \ 職　種	主任技術者	技師長	主任技師	技師(A)	技師(B)	技師(C)	技術員
設計計画及び施工計画		1.5	1.0	2.0	3.0		
現 地 踏 査			0.5	0.5	1.0	0.5	
平 面 縦 断 設 計			1.0	2.0	2.5	2.0	1.5
横 断 設 計				1.0	2.0	2.5	3.5
道路付帯構造物・小構造物設計				1.0	1.5	2.0	2.0
仮設構造物・用排水設計					0.5	1.5	
設 計 図						2.0	3.0
数 量 計 算				1.0	1.5	3.5	4.0
照 査			0.5	1.5	2.0	3.0	
報 告 書 作 成			1.0	1.5	2.5	1.0	
合 計	0.0	1.5	4.0	10.5	16.5	18.0	14.0

(備考) 1. 交差する道路が2車線（対面）未満の交差点設計は含まれる。
2. 新設及び改良区間を対象とする。
3. 座標計算及び暫定計画の設計は，含まない。
4. 電子計算機使用料は，直接経費として直接人件費の2％を計上する。
5. 照査には，赤黄チェックによる照査も含む。
6. 単独区間あたりの延長が1km未満の場合においては，次式によるものとする。
　　設計歩掛＝標準歩掛×(0.5×設計延長(km)＋0.5)
　　※単独区間ごとに算定し，計上する。
7. 仮設構造物・用排水設計に指定仮設を検討する場合は，本歩掛を適用せず別途計上する。

3. 標準歩掛の補正
(1) 地形により下表で割増すものとする。

地　形	割　増　率
平　　　地	0 ％
丘　陵　地	10 〃
山　　　地	15 〃
市　街　地	20 〃
急 峻 山 地	30 〃

(2) 車線数により下表で割増すものとする。

幅　員	割　増　率
1〜2車線	− 5 ％
3〜4車線	0 〃
5　車線	5 〃
6〜7車線	10 〃
8　車線	15 〃

(3) 複断面の場合は，標準歩掛を20％割増すものとする。
(4) 暫定計画を行う場合は，標準歩掛を25％割増すものとする。
(5) 歩道（W＝4m未満の側道を含む）等の設計を行う場合は，標準歩掛を10％割増すものとする。
(6) 取付道路（W≦3m又はL≦30m／箇所），付替水路（W≦2m又はL≦100m／箇所），横断管渠等のいずれも設計をしない場合は，標準歩掛を10％減ずるものとする。
(7) 道路環境関連施設（緑地，遮音設備等）を設計（力学計算を必要としない）する場合は，標準歩掛を5％割増すものとする。
(8) 特殊法面（法枠工，ロックボルト，ストンガード等力学計算を必要としない構造物）の設計を道路設計と一体で行う場合は，標準歩掛を10％割増すものとする。
(9) 工区ごとに図面，数量計算書，報告書等の成果物を分割を含む場合は，標準歩掛を10％割増すものとする。
(10) 軟弱地盤上に道路を築造する場合に路床入替，在来地盤改良等の処理に対する設計を含めて発注する場合は，標準歩掛を10％割増すものとする。
(11) 現道拡幅等の工事で施工途中の車線変更等に対する設計を含めて発注する場合は，標準歩掛を10％割増すものとする。

4−1−4　補正の適用
(1) 地　形
　　地形の区分は，下記を目途として決定する。
　　　平　　地＝平坦な農耕地等で，比較的起伏の少ない場合
　　　丘　陵　地＝丘状をなす農耕地等で，比較的起伏の多い場合
　　　山　　地＝山地部の普通部で，切土高さが7m以上の所がある場合
　　　急峻山地＝山地部の急峻部で，切土高さが20m以上の所がある場合
　　　市　街　地＝市街地又は計画道路付近の家屋密度が60％程度以上の場合
(2) 歩道（副道W＝4m未満）の割増率は，両側，片側とも同率とする。
(3) 環境関連施設
　　環境関連施設の設計で，力学計算を必要とする場合は，別途計上する。
(4) 平面交差点設計の計上について（予備設計(B)，予備修正設計(B)，詳細設計(A)(B)）
　1) 交差点の予備設計を計上する場合
　　(イ) 現道の既設交差点で新規に交差点改良の設計を行う場合
　　(ロ) バイパス等で大規模な交差点計画が必要となり，交差点の容量等について計算を必要とする場合
　2) 交差点の詳細設計を計上する場合
　　　予備設計に同じ
(5) 複断面（断面構成）
　　複断面とは，同一平面線形（中心線）で縦断線形を複数設計する場合であり，本線と副道が分離する場合，あるいは，道路本線が上下線で分離する場合などが該当する。
(6) 取付道路，付替水路
　1) 取付道路，付替水路共，平面図に記入する以外に詳細図を作成する場合で，各々累計延長が歩掛表の値を超えた場合には「4−4　道路設計関係その他設計等4−4−1　取付道路・大型用排水路詳細設計」を適用する。
　2) 取付道路，付替水路のうち一般構造物（擁壁，函渠等）については，別途計上する。
(7) 暫定計画
　　暫定計画とは，全体計画の他に全体計画に至るまでの当分の計画として，前期契約施工分の検討，成果を別途にとりまとめる場合とする。
(8) 補正の考え方
　1) 幾何構造及び地形等，断面全体に係る補正項目は，その適用区間延長ごとに補正するものとする。
　2) 歩掛の補正は，標準歩掛に該当項目の補正係数全てを加減算したものとを乗じたもので，標準歩掛と加算したものが直接人件費であり，直接経費を加算したものが直接原価となる。

4−1−5 その他
(1) 打合せ

中間打合せの回数は5回を標準とし，必要に応じて打合せ回数を増減する。打合せ回数を変更する場合は，1回当り，中間打合せ1回の人員を増減する。

(2) 照明施設設計

照明施設設計は国土交通省「電気通信施設設計業務積算基準」によるものとする。

4−2 交差点設計
4−2−1 平面交差点予備設計
(1) 標準歩掛

(1箇所当り)

職種 区分	主任技術者	技師長	主任技師	技師(A)	技師(B)	技師(C)	技術員
設 計 計 画			0.5	0.9			
現 地 踏 査				0.5	0.8	0.1	
平面・縦断設計				0.6	0.7	1.2	
横 断 設 計						0.6	1.1
交差点容量・路面表示					0.6	1.2	
設 計 図						0.8	1.4
関係機関との協議資料作成					1.4		
数 量 計 算						0.1	0.9
概算工事費算出					0.1	0.4	0.7
照 査			0.5	0.9			
報 告 書 作 成				0.7	1.0		
合 計	0.0	0.0	1.0	3.6	3.2	5.8	4.1

(備考) 1. 本歩掛を適用する場合は，本線予備設計より交差点の範囲は控除しない。
2. 交差する道路が2車線以上（3枝以上）の場合に適用する。
3. 新設及び改良交差点を対象とし，各々の右折車線長（本線シフト含む）が200m以下を標準とする。
4. 平面図は，縮尺1/500を標準とする。
5. 打合せ，設計計画及び現地踏査については，本線設計と合わせて発注する場合には本線に含まれるものとし計上しない。
6. 地形，地物及び車線数による補正は行わない。
7. 設計計算が必要な一般構造物等の設計は別途計上する。
8. 座標計算，環境対策に関する設計及びパース作成は含まない。
9. 交差点容量・路面表示は方向別計画交通量の解析を含まない。
10. 電子計算機使用料は，直接経費として直接人件費の2％を計上する。

4−2−2　平面交差点詳細設計（予備設計あり）
(1)　標 準 歩 掛

（1箇所当り）

区分＼職種	主任技術者	技師長	主任技師	技師(A)	技師(B)	技師(C)	技術員
直接人件費							
設 計 計 画			0.5	0.5	0.5		
現 地 踏 査			0.5	0.5			
平面・縦断設計			0.5	0.5	0.5	0.5	1.0
横 断 設 計				0.5	0.5	0.5	0.5
交差点容量・路面表示					1.0	0.5	0.5
小構造物設計					0.5	0.5	1.0
用 排 水 設 計						1.0	
設 計 図					1.5	1.0	1.0
数 量 計 算					0.5	1.0	1.0
照 査			0.5	0.5	0.9	0.9	
報 告 書 作 成				1.0	0.5	0.5	0.5
合 計	0.0	0.0	2.0	3.5	6.4	6.4	5.5

(備考)　1．本歩掛を適用する場合は，本線詳細設計より交差点の範囲は控除しない。
　　　　2．交差する道路が2車線以上（3枝以上）の場合に適用する。
　　　　3．新設及び改良交差点を対象とし，各々の右折車線長（本線シフト含む）が200m以下を標準とする。
　　　　4．平面図は，縮尺1/500を標準とする。
　　　　5．打合せ，設計計画及び現地踏査については，本線設計と合わせて発注する場合には本線に含まれるものとし計上しない。
　　　　6．地形，地物及び車線数による補正は行わない。
　　　　7．設計計算が必要な一般構造物等の設計は別途計上する。
　　　　8．座標計算，環境対策に関する設計及びパース作成は含まない。
　　　　9．交差点容量・路面表示は方向別計画交通量の解析を含まない。
　　　　10．電子計算機使用料は，直接経費として直接人件費の2％を計上する。
　　　　11．照査には，赤黄チェックによる照査も含む。

4－2－3 平面交差点詳細設計（予備設計なし）
(1) 標 準 歩 掛

（1箇所当り）

区　分＼職種	主任技術者	技師長	主任技師	技師(A)	技師(B)	技師(C)	技術員
設 計 計 画				0.5	0.5	0.5	
現 地 踏 査				0.5	0.5		
平 面・縦 断 設 計				0.5	0.5	0.5	0.5	1.0
横 断 設 計				0.5	0.5	0.5	0.5
交差点容量・路面表示				0.5	0.5	0.5	0.5
小 構 造 物 設 計					0.5	0.5	1.0
用 排 水 設 計						1.0	
設 計 図				1.0	1.0	1.0	1.5
関係機関との協議資料作成					1.0	0.5	
数 量 計 算					0.5	1.0	1.0
照 査			0.5	0.5	0.9	0.9	
報 告 書 作 成				1.0	0.5	0.5	0.5
合 計	0.0	0.0	2.0	5.0	6.4	6.9	6.0

（備考） 1．本歩掛を適用する場合は，本線詳細設計延長から交差点の範囲は控除しない。
　　　　2．交差する道路が2車線以上（3枝以上）の場合に適用する。
　　　　3．新設及び改良交差点を対象とし，各々の右折車線長（本線シフト含む）が200m以下を標準とする。
　　　　4．平面図は，縮尺1/500を標準とする。
　　　　5．打合せ，設計計画及び現地踏査については，本線設計と合わせて発注する場合には本線に含まれるものとし計上しない。
　　　　6．地形，地物及び車線数による補正は行わない。
　　　　7．設計計算が必要な一般構造物等の設計は別途計上する。
　　　　8．座標計算，環境対策に関する設計及びパース作成は含まない。
　　　　9．交差点容量・路面表示は方向別計画交通量の解析を含まない。
　　　10．電子計算機使用料は，直接経費として直接人件費の2％を計上する。
　　　11．照査には，赤黄チェックによる照査も含む。

4－2－4　ダイヤモンド型IC予備設計
(1) 標準歩掛

（1箇所当り）

区分＼職種	直接人件費					
	主任技術者	技師長	主任技師	技師(A)	技師(B)	技師(C)	技術員
設 計 計 画			0.5	1.0	0.5	0.5	
現 地 踏 査			1.0	0.5	1.0		
平面・縦断設計			1.0	1.5	1.0	1.5	2.5
横 断 設 計				1.0	1.5	1.0	2.5
交差点容量・路面表示					0.5	0.5	1.0
設 計 図					0.5	1.0	1.0
関係機関との協議資料作成					0.5	1.0	
数 量 計 算				1.0	1.0	1.0	2.0
概 算 工 事 費 算 出					0.5	1.0	1.0
照 査			0.5	1.0			
報 告 書 作 成				0.5	0.5	1.0	
合 計	0.0	0.0	3.0	6.5	7.5	8.5	10.0

(備考)　1．本歩掛を適用する場合は，本線予備設計延長からインターチェンジの範囲は控除しない。
　　　2．フルランプ型及びランプ総延長が2km以下を標準とする。
　　　3．平面図は，縮尺1/1,000を標準とする。
　　　4．打合せ，設計計画及び現地踏査については，本線設計と合わせて発注する場合には本線に含まれるものとし計上しない。
　　　5．地形，地物及び車線数による補正は行わない。
　　　6．設計計算が必要な一般構造物等及び高架構造となる場合の跨道橋等については別途計上する。
　　　7．座標計算，環境対策に関する設計及びパース作成は含まない。
　　　8．交差点容量・路面表示は方向別計画交通量の解析を含まない。
　　　9．ハーフランプ型は補正の対象とする（ハーフランプ型に適用する場合は，標準歩掛に0.85を乗じて補正するものとする）。
　　　10．電子計算機使用料は，直接経費として直接人件費の2％を計上する。

4－2－5　ダイヤモンド型IC詳細設計（予備設計あり）
(1)　標 準 歩 掛

（1箇所当り）

区分＼職種	主任技術者	技師長	主任技師	技師(A)	技師(B)	技師(C)	技術員
設 計 計 画			0.5	2.0	1.0		
現 地 踏 査			1.0	0.5	0.5	1.0	
平 面 ・ 縦 断 設 計			1.0	2.5	2.0	2.5	4.0
横 断 設 計			1.0	1.0	1.0	1.5	2.5
小 構 造 物 設 計				0.5	1.0	1.0	1.5
用 排 水 設 計						0.5	0.5
交差点容量・路面表示				0.5	1.5	1.0	1.0
設 計 図					0.5	0.5	2.0
数 量 計 算				1.5	2.5	3.0	4.5
照 査			0.5	1.5	1.7	1.7	
報 告 書 作 成				1.0	1.0	1.5	1.5
合 計	0.0	0.0	4.0	11.0	12.7	14.2	17.5

（備考）　1.　本歩掛を適用する場合は，本線詳細設計延長からインターチェンジの範囲は控除しない。
　　　　2.　フルランプ型及びランプ総延長が2km以下を標準とする。
　　　　3.　平面図は，縮尺1/500を標準とする。
　　　　4.　打合せ，設計計画及び現地踏査については，本線設計と合わせて発注する場合には本線に含まれるものとし計上しない。
　　　　5.　地形，地物及び車線数による補正は行わない。
　　　　6.　設計計算が必要な一般構造物等及び高架構造となる場合の跨道橋等については別途計上する。
　　　　7.　座標計算，環境対策に関する設計及びパース作成は含まない。
　　　　8.　交差点容量・路面表示は方向別計画交通量の解析を含まない。
　　　　9.　ハーフランプ型は補正の対象とする（ハーフランプ型に適用する場合は，標準歩掛に0.85を乗じて補正するものとする）。
　　　10.　電子計算機使用料は，直接経費として直接人件費の2％を計上する。
　　　11.　照査には，赤黄チェックによる照査も含む。

4－2－6　そ の 他
(1)　打 合 せ
　　　中間打合せの回数は5回を標準とし，必要に応じて打合せ回数を増減する。打合せ回数を変更する場合は，1回当り，中間打合せ1回の人員を増減する。

4—3 歩道詳細設計
(1) 適用範囲
　　本歩掛は，現道の路側に歩道を新設もしくは改築する場合の歩道詳細設計に適用する。
　　なお，適用範囲は，3kmまでとする。
(2) 作業区分
　　歩道詳細設計における作業区分は以下のとおりとする。

作業区分	作業の範囲
設計計画	業務概要，実施方針，業務工程，組織計画，打合せ計画等を記載した業務計画書を作成する。
現地踏査	設計範囲における歩道の状況（建築物，他道路，排水系統，用地境界，地形など沿道周辺）の概況を把握，確認する。
平面設計	実測平面図（S＝1/500）に基づき，車道部又は車道端の線形に合わせ，構造物，用排水路，排水流向などについて，その断面，位置，取合いなど，必要なもの全ての設計を行う。
縦断設計	実測縦断により，20mごとの測点及び変化点について，路面高さ及び車道高さと整合を図り，歩道計画高を設計する。
横断設計	実測横断図（S＝1/100～1/200）に基づき，縦断図と同一地点において，道路中心線の計画高又は現道高さより先に決定又は与条件として与えられた幅員に対し，水路，縁石，側溝などの位置，取合い及び幅杭位置等を横断計画に必要な全ての構造物を設計する。
小構造物設計	原則として応力計算を必要とせず，標準設計図集等から設計出来る石積擁壁又はブロック積擁壁，コンクリート擁壁（高さ2m未満），管渠（径60cm以下で道路横断以外のもの），側溝，街渠，法面保護工，小型用排水路（幅2m以下又は高さ1.5m以下），集水桝，防護柵工，取付道路（延長10m未満），階段工（高さ3m未満）等の設計（取合い等）を行う。
用排水設計	既存資料及び現地踏査の結果に基づいて用排水系統の計画，流量計算，用排水路構造物の形状等について設計を行い，排水系統図を作成する。
設計図	実測図（平面・縦断・横断面図）をもとに，平面図，縦断図，標準横断図，横断図，詳細図を作成する。
数量計算	決定した歩道詳細設計に対して，数量算出要領に基づき，各工種ごとに数量を算出する。
照査	現地状況・基礎情報の収集等の確認，地形・地質等が設計に反映されているかの照査，設計方針・設計手法・設計図・概算工事費の適切性・整合性の照査等を行う。
報告書作成	設計業務成果概要書等のとりまとめを行う。

(3) 歩道詳細設計標準歩掛

（設計延長1km当り）

区分＼職種	技師長	主任技師	技師(A)	技師(B)	技師(C)	技術員
設計計画		0.5	0.5			
現地踏査			0.8	0.8	1.7	
平面設計			0.5	0.5	0.5	1.0
縦断設計				0.5	0.5	
横断設計				0.5	1.0	1.0
小構造物設計				0.7	0.7	1.7
用排水設計					0.5	0.5
設計図				0.5	1.5	1.5
数量計算				1.5	1.0	3.1
照査		1.0	0.5	0.7	0.7	
報告書作成				1.0	0.5	1.0
合計	0.0	1.5	2.3	6.7	8.6	9.8

（備考）　1．直接人件費は上表の標準歩掛に設計延長を乗じて積算する。
　　　　　2．上表の標準歩掛は歩道片側分の歩掛であり，設計が両側に及ぶ場合は，両側の延べ設計延長を計上する。
　　　　　3．上表の標準歩掛には，現地での平面・縦断・横断及び詳細測量は含まない。
　　　　　4．小構造物以外の張出し歩道，床版橋，函渠等の構造物に関する設計は別途計上する。その場合，張出し歩道，橋梁等の延長は設計延長から控除する。
　　　　　5．上表は，歩道舗装の標準図及び数量計算を含んでいる。
　　　　　6．照査には，赤黄チェックによる照査も含む。

(4) そ の 他
　1) 打合せ
　　　中間打合せの回数は5回を標準とし，必要に応じて打合せ回数を増減する。打合せ回数を変更する場合は，1回当り，中間打合せ1回の人員を増減する。
　2) 電子計算機使用料
　　　電子計算機の使用料として直接人件費の2％を計上する。

4－4　道路設計関係その他設計等
　4－4－1　取付道路・大型用排水路詳細設計
(1) 標準歩掛
　　本歩掛は，道路詳細設計(A)(B)における取付道路及び大型用排水路における平面図・横断図・縦断図及び，小構造物の図面作成及び数量計算（設計計算を含まず）に適用する。
　　なお，適用範囲については，
　　　取付道路…3m＜W＜12mかつ30m/箇所＜L≦320m/箇所
　　　大型用排水路詳細設計…2m＜W＜10mかつ100m/箇所＜L≦320m/箇所
　とする。

取付道路　　　　　　　　　　　　　　　　　　　　　　　　　　　　　　　　（100m当り）

工　種	規　　格	単位	技師(B)	技師(C)	技術員	摘　要
取付道路	3m＜W＜12mかつ 30m/箇所＜L≦320m/箇所	人	1.0	1.5	1.0	
〃	W＝3m以下又は L＝30m以下	－	－	－	－	道路詳細設計に含まれる。

大型用排水路　　　　　　　　　　　　　　　　　　　　　　　　　　　　　　（100m当り）

工　種	規　　格	単位	技師(B)	技師(C)	技術員	摘　要
付替水路	2m＜W＜10mかつ 100m/箇所＜L≦320m/箇所	人	1.0	1.5	－	
〃	W＝2m以下又は L＝100m以下	－	－	－	－	道路詳細設計に含まれる。

（備考）　1．設計計算を必要とする一般構造物（擁壁・函渠等）については，本歩掛に含まない。
　　　　2．取付道路，付替水路とも，延長・幅員の適用範囲は上記に示すとおりであるが，複雑な構造となる場合は，別途考慮するものとする。
　　　　3．複雑な構造となる場合とは，構造計算や水理計算を要するものの場合である。
　　　　4．『新設・改良』及び『地形』に対する補正は，行わないものとする。
　　　　5．1箇所の延長が320mを超える場合は，別途考慮するものとする。
　　　　6．標準設計適用のものや二次製品を使用する場合についても本歩掛を適用するものとする。

　4－4－2　座標計算
(1) 標準歩掛
　　本歩掛は，道路設計及び交差点設計時の座標計算に用いるものとし，計算計画・試算及び検算・線形図作成・計算報告書の一連作業に適用する。なお，適用延長は総延長500m以上とし，曲線数などの補正は行わないものとする。

座標計算　　　　　　　　　　　　　　　　　　　　　　　　　　　　　　　　　（1km当り）

工　種	単位	技師(A)	技師(B)	技師(C)	摘　要
座標計算	人	0.5	2.0	1.0	

（備考）　1．本歩掛は，本線設計及びインターチェンジ等の座標計算を対象とする。
　　　　2．線形計画は行ってあるものを対象とする。
　　　　3．電子計算機の費用は道路計画に含まれる。

4-5 一般構造物設計
4-5-1 門型ラーメン・箱型函渠
(1) 門型ラーメン・箱型函渠予備設計
① 標準歩掛

この歩掛には，門型ラーメン，箱型函渠，橋梁等を比較形式として比較検討を行う場合に適用する。 （1箇所当り）

区分＼職種	主任技術者	技師長	主任技師	技師(A)	技師(B)	技師(C)	技術員
設 計 計 画			0.5	0.5			
設 計 条 件 の 確 認			1.0	0.5			
比 較 形 式 選 定				0.5			
概 略 設 計 計 算				1.0	1.5	2.0	
基 礎 工 検 討				0.5	1.0	1.5	
概 略 設 計 図					1.0	1.5	1.5
関係機関との協議資料の作成					0.5	0.5	1.0
概 算 工 事 費 算 出					1.0	1.5	1.5
比 較 一 覧 表 作 成					0.5		
照 査			1.0	0.5			
報 告 書 作 成				0.5	0.5	0.5	1.0
合 計	0.0	0.0	2.5	4.0	6.0	7.5	5.0

（備考） 1. 比較検討を行う比較形式は，3案を標準とする。
2. 基礎工検討を行わない場合，基礎工検討は計上しない。
3. 現地踏査は，1箇所当り，技師(A) 0.5＋技師(B) 0.5を別途計上すること。
ただし，道路設計に含めて委託する場合は計上しない。
4. 協議資料の作成を特記仕様書にて指示しない場合は，協議資料の作成は計上しない。
5. 電子計算機使用料は，直接経費として，直接人件費の2％を計上する。

② 増減率

標準設計及び既存の資料等によって，断面形状等比較検討に必要な諸要素が決定できる場合に適用する。

	設計計画 設計条件の確認	±0％
標準設計及び断面形状等比較形式選定に利用できる既存の資料によって概略設計計算，概略設計図の作成が簡略化できる場合	比較形式選定 概略設計計算 基礎工検討 概略設計図 協議資料の作成 概算工事費算出 比較一覧表作成 照査 報告書作成	−30％

（備考） 比較断面の形状寸法を決定した資料及び形状寸法が分かる図面（断面図等）作成を含む。

(2) 門型ラーメン・箱型函渠詳細設計
　① 標準歩掛
　　ア．門型ラーメン
　　　　本歩掛の適用範囲は，内空断面積40 m² 以下，延長は100 m 以下とする。　　　　　　　　　　（1箇所当り）

区分＼職種	主任技術者	技師長	主任技師	技師(A)	技師(B)	技師(C)	技術員
設 計 計 画			0.5	1.0			
設計条件の確認				0.5			
設 計 計 算				1.0	1.5	2.5	
設 計 図					2.0	2.5	3.5
数 量 計 算						1.5	2.5
照 査			1.0	1.0	1.3	1.3	
報 告 書 作 成				0.5	1.0	1.0	0.5
合 計	0.0	0.0	1.5	4.0	5.8	8.8	6.5

（備考）1．上表は1連1層の場合であり断面形状が多連多層の場合は右表の増減率により割増したものを1箇所当りの歩掛とする。
　　　　2．基礎工及び仮設設計を行う場合は別途計上する。
　　　　3．形式比較検討を行う必要のある場合は，4—5—1(1)予備設計の必要区分を別途計上する。
　　　　4．現地踏査は，1箇所当り，技師(A) 0.5＋技師(B) 1.0を別途計上する。
　　　　　　ただし，道路設計に含めて委託する場合は計上しない。
　　　　5．電子計算機使用料は，直接経費として，直接人件費の2％を計上する。
　　　　6．照査には，赤黄チェックによる照査も含む。

断面形状	増減率
1連1層	± 0%
1連2層	+ 60%
2連1層	+ 60%
3連1層	+120%

断面形状

　　1連1層　　　2連1層　　　3連1層　　　1連2層

　　イ．箱型函渠
　　　　本歩掛の適用範囲は，内空断面積40 m² 以下，延長は100 m 以下とする。　　　　　　　　　　（1箇所当り）

区分＼職種	主任技術者	技師長	主任技師	技師(A)	技師(B)	技師(C)	技術員
設 計 計 画			0.5	0.5			
設計条件の確認				0.5			
設 計 計 算				1.0	1.5	2.0	
設 計 図					2.0	2.5	2.5
数 量 計 算						1.0	1.0
照 査			1.0	1.0	1.3	1.3	
報 告 書 作 成				0.5	0.5	0.5	1.0
合 計	0.0	0.0	1.5	3.5	5.3	7.3	4.5

（備考）1．上表は1連1層の場合であり断面形状が多連多層の場合は右表の増減率により割増したものを1箇所当りの歩掛とする。
　　　　2．基礎工及び仮設設計を行う場合は別途計上する。
　　　　3．形式比較検討を行う必要のある場合は，4—5—1(1)予備設計の必要区分を別途計上する。
　　　　4．現地踏査は，1箇所当り，技師(A) 0.5＋技師(B) 0.5を別途計上する。
　　　　　　ただし，道路設計に含めて委託する場合は計上しない。
　　　　5．電子計算機使用料は，直接経費として，直接人件費の2％を計上する。
　　　　6．照査には，赤黄チェックによる照査も含む。

断面形状	増減率
1連1層	± 0%
1連2層	+ 60%
2連1層	+ 60%
3連1層	+120%

断面形状

　　1連1層　　　2連1層　　　3連1層　　　1連2層

② 増減率

条　件	内　容	増減率 門型ラーメン	増減率 箱型函渠	摘　要
(1) 予備設計を行っている場合	予備設計を行った上で詳細設計を行う場合	−10%		概略設計計算を行っていない場合は除く。
(2) 標準設計を使用する場合	本体の形状寸法・配筋に標準設計を採用する場合	—	−30%	・箱型函渠のみに適用 ・くい基礎となる場合を除く。 ・設計計算を行わずに設計する場合を含む。 ・(1)及び(3)との増減率の組合せは行わない。
(3) 同一断面で施工場所が異なる場合（類似構造物）	設計計算を行わずに設計を行う場合	−20%		・(1)及び(2)との増減率の組合せは行わない。
(4) 斜角による増減率	$\theta = 90°$	± 0%		（1箇所当り歩掛×増減率）を標準歩掛に加える。
	$\theta = 90°$ 未満～70°以上	+10%		
	$\theta = 70°$ 未満	+30%		
(5) ウイングの設計を行う場合（取付けブロック積を含む）	片側の場合	+30%		(1)の場合：（標準歩掛×増減率）を1箇所当り歩掛に加える。 (2)の場合：（標準歩掛×増減率）を1箇所当り歩掛に加える。 (3)の場合：（標準歩掛×増減率）を1箇所当り歩掛に加える。 注）多連多層の場合においても1連1層の標準歩掛に乗ずること。
	両側の場合	+60%		

（備考）　1.　ウイングの設計における片側の場合とは，例えば水路の場合の呑口側又は吐口側の一方（呑口・吐口側が同形状寸法の場合を含む）を設ける場合をいい，また，両側の場合とは，呑口・吐口側の両方に形状の異なるものを設ける場合をいう。
　　　　　2.　斜角とは，構造物中心線に対する端部及び継手部の角度をいう。

③ 同一施工場所における箇所数
　ア．標準設計を使用しない場合

条　　件	箇　所　数	摘　　　要
(1) 断面形状が変化しない（同一断面形状）場合	n = 1	標準歩掛 × n
(2) 断面形状が変化する場合（土被りの変化等により断面形状が変化する場合）	$n = 1 + (n_1 - 1) \times 0.7$ n_1：設計断面数 nは小数第1位止めとする	標準断面 × n 例）設計断面数：2 設計断面数：3

（備考）　類似構造物の場合の箇所数は使用する断面数（n_2）とし，下式とする。
　　　　　標準歩掛×<u>0.8</u>×n_2
　　　　　　　　　↑
　　　　　　　（類似構造物）

　イ．標準設計を使用する場合

条　　件	箇　所　数	摘　　　要
(1) 使用する図面番号が1種類（同一断面形状）の場合	n = 1	標準歩掛×<u>0.7</u>× n 　　　　　↑ 　　　（標準設計）
(2) 使用する図面番号が複数の場合（土被りの変化等により断面形状が変化する場合）	n＝図面番号の異なるタイプ数	

(3) プレキャストボックスウイングの取付け設計
① 標準歩掛

(1箇所当り)

区　分＼職　種	主任技術者	技師長	主任技師	技師(A)	技師(B)	技師(C)	技術員
設 計 計 画				0.5	0.5		
設 計 計 算				0.5	1.0	1.5	
設 計 図					1.0	1.0	2.5
数 量 計 算					1.0	0.5	1.0
照　　　査				1.0	0.6	0.6	
合　　　計	0.0	0.0	0.0	2.0	4.1	3.6	3.5

(備考)　1．この歩掛はウイング本体のみの設計に適用する。
　　　　2．1箇所当りとは，ウイングの設計計算を1回行う場合をいう。
　　　　3．現地踏査が必要な場合は別途計上する（箱型函渠詳細設計に準拠）。
　　　　4．設計計画とは，業務の実施にあたり作業工程，人員計画，基本条件の整理・検討及び業務打合せのための資料を作成することをいう。
　　　　5．設計計算とは，ウイングの断面を決定するための応力計算及び本体の補強の検討等を実施することをいう。
　　　　6．設計図とは，工事の実施に必要な図面を作成することをいう。
　　　　　（一般図，ボックスの補強図・ウイング構造図・配筋図・鉄筋表・鉄筋加工図）
　　　　7．数量計算とは，設計図に基づき必要な材料の数量を算出することをいう。
　　　　8．照査とは，設計終了後，設計条件，設計計算，設計図，数量計算について再確認することをいう。
　　　　9．「報告書作成」は，本歩掛の各業務区分に含む。
　　　10．照査には，赤黄チェックによる照査も含む。

② 歩掛適用範囲と歩掛補正
　1）歩掛の適用範囲
　　　・ウイングの取付け対象となるボックスの高さは，4m以下とする。
　　　・現場打ちのウイングを対象とする。（取付けブロック積み含む，プレキャストウイングは含まない。）
　　　・ウイングの基礎工設計及び仮設計は含まない。
　2）歩 掛 補 正
　　　両側のウイングを設計する場合は，上記標準歩掛を75%増とする。
　　　（ただし，両方のウイングとも構造計算を伴う場合に適用する。対称型で構造計算を必要としない場合は設計図，数量計算のうち必要な歩掛のみを計上する。）

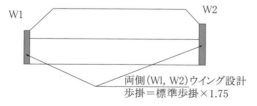

(4) プレキャストボックス割付一般図の作成
① 標準歩掛

（1箇所当り）

区分＼職種	主任技術者	技師長	主任技師	技師(A)	技師(B)	技師(C)	技術員
設 計 計 画				0.5			
設 計 図					0.5	1.5	1.5
数 量 計 算					0.5	0.5	1.5
照 査				1.0	0.6	0.6	
合 計	0.0	0.0	0.0	1.5	1.6	2.6	3.0

（備考） 1. 現地踏査が必要な場合は別途計上する（箱型函渠詳細設計に準拠）。
2. 基礎工設計及び仮設設計を行う場合は別途計上する。
3. 設計計画とは，仕様・規格のチェック，配置計画，防水工法の必要性・継手位置の検討をいう。
4. 設計図とは，工事の実施に必要な図面を作成することをいう（ブロック割付一般図）。
5. 数量計算とは，設計図に基づき必要な材料の数量を算出することをいう。
6. 照査とは，設計終了後，設計計画，設計図，数量計算について再確認することをいう。
7. 「報告書作成」は，本歩掛の各業務区分に含む。
8. 照査には，赤黄チェックによる照査も含む。

② 歩掛適用範囲と歩掛補正
1) 歩掛適用範囲
・設計延長160 m以下に適用する。
・現地踏査，ボックス形式の比較検討，基礎工設計，及び仮設設計は含まない。
2) 歩掛補正
プレキャストボックスの「ウイング設計」と「割付一般図の作成」を一連の作業とした場合の，「割付一般図の作成」に対する補正率
補正率＝0.85（一連作業としての割付一般図作成1箇所当りに対する補正）
（ウイング設計については補正率を考えない）

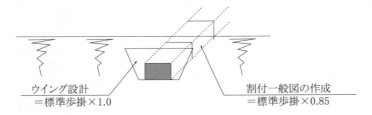

4—5—2 擁壁・補強土
(1) 擁壁・補強土予備設計
① 標準歩掛
擁壁類等の内から3案を比較工種として比較検討を行う場合に適用。　　　　　　　　　　　　　　　　（1箇所当り）

区分＼職種	主任技術者	技師長	主任技師	技師(A)	技師(B)	技師(C)	技術員
設 計 計 画			0.5	0.5			
設計条件の確認			0.5				
比較形式選定			0.5				
概 略 設 計 計 算					0.5	1.5	
基 礎 工 検 討					0.5	1.5	
概 略 設 計 図					0.5	1.0	1.0
協議資料の作成					0.5	0.5	1.0
概算工事費算出					0.5	0.5	
比較一覧表作成					0.5	0.5	
照　　　査			1.0	1.0			
報 告 書 作 成				0.5	0.5	0.5	1.0
合　　　計	0.0	0.0	1.5	3.0	3.5	6.0	3.0

（備考） 1. 検討を行う比較工種は，3案を標準とする。
　　　　2. 基礎工検討を行わない場合，基礎工検討は計上しない。
　　　　3. 現地踏査は，1箇所当り，技師(A)0.5＋技師(B)0.5を別途計上する。
　　　　　 ただし，道路設計に含めて委託する場合は計上しない。
　　　　4. 協議資料の作成を特記仕様書にて指示しない場合は，協議資料の作成は計上しない。
　　　　5. 電子計算機使用料は，直接経費として，直接人件費の2％を計上する。

② 増減率
標準設計及び既存の資料等によって，断面形状等比較検討に必要な諸要素が決定出来る場合に適用する。

	設計計画 設計条件の確認	±0％
標準設計及び断面形状等比較形式選定に利用出来る既存の資料によって概略設計計算，概略設計図の作成が簡略化できる場合	比較形式選定 概略設計計算 基礎工検討 概略設計図 協議資料の作成 概算工事費算出 比較一覧表作成 照査 報告書作成	－20％

（備考） 比較断面の形状寸法を決定した資料及び形状寸法が分かる図面（断面図等）作成を含む。

(2) 逆T式擁壁，重力式擁壁詳細設計
　① 標準歩掛
　　ア．逆T式擁壁
　　　　本歩掛の適用範囲は，高さ2m以上10m以下，1断面当りの延長500m以下とする。
　　　　なお，構造が異なり連続しない擁壁を複数設計する場合は，各箇所で計上する。

(1箇所当り)

区分＼職種	主任技術者	技師長	主任技師	技師(A)	技師(B)	技師(C)	技術員
設 計 計 画			1.0				
設計条件の確認				0.5			
設 計 計 算					1.0	2.5	
設 計 図					1.0	2.5	3.5
数 量 計 算						1.0	2.0
照 査				0.5	0.3	0.3	
報 告 書 作 成					0.5	1.0	1.0
合 計	0.0	0.0	1.0	1.0	2.8	7.3	6.5

(備考) 1．基礎工及び仮設設計を行う場合は，別途計上すること。
　　　 2．形式比較検討を行う必要のある場合は，4－5－2(1)予備設計の必要区分を別途計上する。
　　　 3．現地踏査は，1箇所当り，技師(A) 0.5＋技師(B) 0.5を別途計上する。
　　　　　ただし，道路設計に含めて委託する場合は計上しない。
　　　 4．本歩掛は，L型擁壁にも適用出来るものとする。
　　　 5．電子計算機使用料は，直接経費として，直接人件費の2％を計上する。
　　　 6．照査には，赤黄チェックによる照査も含む。

　　イ．重力式擁壁
　　　　本歩掛の適用範囲は，高さ2m以上10m以下，1断面当りの延長500m以下する。
　　　　なお，構造が異なり連続しない擁壁を複数設計する場合は，各箇所で計上する。

(1箇所当り)

区分＼職種	主任技術者	技師長	主任技師	技師(A)	技師(B)	技師(C)	技術員
設 計 計 画			1.0				
設計条件の確認				0.5			
設 計 計 算					0.5	1.5	
設 計 図					1.5	1.5	1.0
数 量 計 算						0.5	1.5
照 査				0.5	0.3	0.3	
報 告 書 作 成					0.5	0.5	1.0
合 計	0.0	0.0	1.0	1.0	2.8	4.3	3.5

(備考) 1．基礎工及び仮設設計を行う場合は，別途計上する。
　　　 2．形式比較検討を行う必要のある場合は，4－5－2(1)予備設計の必要区分を別途計上する。
　　　 3．現地踏査は，1箇所当り，技師(A) 0.5＋技師(B) 0.5を別途計上する。
　　　　　ただし，道路設計に含めて委託する場合は計上しない。
　　　 4．電子計算機使用料は，直接経費として，直接人件費の2％を計上する。
　　　 5．照査には，赤黄チェックによる照査も含む。

② 増減率

条件	内容	増減率 逆T型	増減率 重力式	摘要
(1) 予備設計を行っている場合	予備設計を行った上で詳細設計を行う場合	-10%		・概略設計計算を行っていない場合は除く。
(2) 標準設計を使用する場合	本体の形状寸法に標準設計を採用する場合	-20%		・設計計算を行わずに設計する場合を含む。 ・(1)及び(3)との増減率の組合せは行わない。
(3) 同一断面で施工場所が異なる場合（類似構造物）	設計計算及びスベリ安定計算の解析の両方を行わずに設計を行う場合	-20%		・(1)及び(2)との増減率の組合せは行わない。

③ 箇所数

ア．標準設計を使用しない場合

条件	箇所数	摘要
(1) 同型，同高，同設計条件の場合	$n=1$	・杭基礎となる場合を除く。 ・設計条件が同じで断面形状の同じ擁壁が連続する場合
(2) 連続している擁壁で上記(1)以外の場合　擁壁本体の高低差による箇所数	$n_1 = \Delta h / 1.0\text{m}$ ただし，$\Delta h > 1.0\text{m}$ n_1：高低差による箇所数 Δh：連続した区間の高低差 　　　（擁壁本体の高さ） 1.0m：1箇所として考える高低差	・n_1及びn_2の箇所数に端数がでる場合は，小数第1位を四捨五入する。 ・箇所数はn_1及びn_2のうち大きい値を用いて下式により算定する。 　$n = 1 + ((n_1 \text{ or } n_2) - 1) \times 0.7$ 　nは小数第1位止めとする。
延長による箇所数	$n_2 = L / 40\text{m}$ n_2：延長による箇所数 L：連続した区間の延長 40m：1箇所として考える延長	

(備考) 1. (2)連続している擁壁で上記(1)以外の場合とは，連続した区間内において，擁壁高さ及び設計条件が異なる場合をいう。
2. 連続している擁壁とは，目地で区割りされてはいるが，一連の連続している擁壁をいう。
3. 高さ2.0m未満の区間は，箇所数の算定対象延長から除くものとする。
4. 類似構造物の場合の箇所数は，使用する断面積（n_3）とし，下式とする。
　　標準歩掛×0.8×n_3
　　　　　　　↑
　　　　　（類似構造物）
5. 連続する擁壁延長が20m以下のものは，高低差に関係なく1箇所とする。
6. 擁壁の構造上（延長及び高低差等）上記計算によりがたい場合は（過大な数値となる場合等）目地割り等を勘案し実状に見合った断面数とする。

イ．標準設計を使用する場合

条件	箇所数	摘要
(1) 同一図面番号の擁壁が連続する場合	$n=1$	標準歩掛×0.8×n 　　　　　　↑ 　　　　（標準設計）
(2) 図面番号の異なる擁壁が連続する場合	n＝図面番号の異なるタイプ数	

(備考) 1. 同一図面番号の場合で，前壁天端及び底版の一部を切り欠いて使用する場合は，タイプ数には含めない。
2. 高さ2.0m未満の区間は，タイプ数算定の対象としない。

(3) モタレ式，井桁，大型ブロック積擁壁詳細設計
　① 標準歩掛
　　　本歩掛の適用範囲は，高さ2m以上10m以下，1断面当りの延長500m以下とする。

(1箇所当り)

区分＼職種	直接人件費						
	主任技術者	技師長	主任技師	技師(A)	技師(B)	技師(C)	技術員
設 計 計 画			1.0	0.5			
設 計 条 件 の 確 認				0.5			
設 計 計 算					2.0	1.5	
設 計 図					1.5	1.5	1.5
数 量 計 算						0.5	1.5
照 査				0.5	0.3	0.3	
報 告 書 作 成					0.5	1.0	1.0
合 計	0.0	0.0	1.0	1.5	4.3	4.8	4.0

(備考) 1. 基礎工及び仮設設計を行う場合は別途計上する。
　　　 2. 上記歩掛の設計計算は，スベリ安定計算を行う場合を標準としている。
　　　　　スベリ安定計算を行わない場合は設計計算を技師(B) 1.0＋技師(C) 1.5とする。
　　　 3. 形式比較検討を行う必要のある場合は，4－5－2(1)擁壁・補強土予備設計の必要区分を別途計上する。
　　　 4. 現地踏査は，1箇所当り，技師(A) 0.5＋技師(B) 0.5を別途計上する。
　　　　　ただし，道路設計に含めて委託する場合は計上しない。
　　　 5. 電子計算機使用料は，直接経費として，直接人件費の2％を計上する。
　　　 6. 照査には，赤黄チェックによる照査も含む。

　② 増減率

条件	内容	増減率			摘要
		モタレ式	井桁	大型ブロック積	
(1) 予備設計を行っている場合	予備設計を行った上で詳細設計を行う場合	\multicolumn{3}{c|}{－10％}	・概略設計計算を行っていない場合は除く。
(2) 標準設計を使用する場合	本体の形状寸法に標準設計を採用する場合	－20％	－	－	・設計計算を行わずに設計する場合を含む。・(1)及び(3)との増減率の組合せは行わない。
(3) 同一断面で施工場所が異なる場合（類似構造物）	設計計算及びスベリ安定計算の両方を行わずに設計を行う場合	\multicolumn{3}{c|}{－20％}	・(1)及び(2)との増減率の組合せは行わない。

　③ 箇所数

条件	箇所数	摘要
同一法面，斜面において，設計計算を複数断面行う場合	$n = 1 + (n_1 - 1) \times 0.7$ n_1：同一法面・斜面内で設計を行う断面数	・標準歩掛×n 　nは小数第1位止めとする。

(備考) 1. モタレ式において標準設計を使用する場合の箇所数は，図面番号の異なるタイプ数（n_2）とし，下式とする。
　　　　　　　標準歩掛×0.8×n_2
　　　　　　　　　　　↑
　　　　　　　　　（標準設計）
　　　 2. 類似構造物の場合の箇所数は使用する断面数（n_3）とし，下式とする。
　　　　　　　標準歩掛×0.8×n_3
　　　　　　　　　　　↑
　　　　　　　　　（類似構造物）

(4) 補強土詳細設計〔テールアルメ，多数アンカー式擁壁等〕

① 標準歩掛

本歩掛の適用範囲は，高さ2m以上10m以下，1断面当りの延長500m以下とする。

（1箇所当り）

区 分 \ 職 種	主任技術者	技師長	主任技師	技師(A)	技師(B)	技師(C)	技術員
設 計 計 画			0.8	0.7			
設計条件の確認				0.5	0.3		
設 計 計 算					2.1	2.5	
設 計 図					1.2	2.0	2.5
数 量 計 算						1.1	1.4
照 査				0.4	0.5	0.4	
報 告 書 作 成					0.8	1.0	0.8
合 計	0.0	0.0	0.8	1.6	4.9	7.0	4.7

（備考） 1. 基礎工及び仮設設計を行う場合は，別途計上する。
2. 上記歩掛の設計計算は，スベリ安定計算を行う場合を標準としている。
スベリ安定計算を行わない場合は設計計算を技師(B) 1.0＋技師(C) 2.5とする。
3. 形式比較検討を行う必要のある場合は，4－5－2(1)擁壁・補強土予備設計の必要区分を別途計上する。
4. 現地踏査は，1箇所当り，技師(A) 0.5を別途計上する。
ただし，道路設計に含めて委託する場合は計上しない。
5. 電子計算機使用料は，直接経費として，直接人件費の2％を計上する。
6. 本歩掛は，ジオテキスタイル，敷網工法にも適用する。
7. 照査には，赤黄チェックによる照査も含む。

② 増減率

条 件	内 容	増減率	摘 要
(1) 予備設計を行っている場合	予備設計を行った上で詳細設計を行う場合	－10％	・概略設計計算を行っていない場合は除く。
(2) 同一断面で施工場所が異なる場合（類似構造物）	設計計算及びスベリ安定計算の解析の両方を行わずに設計を行う場合	－20％	・(1)との増減率の組合せは行わない。

③ 箇所数

条 件	箇 所 数	摘 要
連続した区間において，設計計算を複数断面行う場合	$n = 1 + (n_1 - 1) \times 0.7$ n_1：同一設計区間内で設計を行う断面数	・標準歩掛×n 　nは小数第1位止めとする。

（備考） 類似構造物の場合の箇所数は使用する断面数（n_2）とし，下式とする。
標準歩掛×0.8×n_2
　　　　　　　↑
　　　　　（類似構造物）

(5) U型擁壁詳細設計
　① 標準歩掛

(1箇所当り)

区分＼職種	主任技術者	技師長	主任技師	技師(A)	技師(B)	技師(C)	技術員
設 計 計 画			1.0	0.5			
設計条件の確認					0.5		
設 計 計 算					1.0	1.5	2.5
設 計 図					1.0	3.0	3.0
数 量 計 算					0.5	1.0	1.5
照 査			1.0	0.5	1.0	1.0	
報 告 書 作 成				0.5	0.5	0.5	1.0
合 計	0.0	0.0	2.0	1.5	4.5	7.0	8.0

(備考) 1. 上表は，予備設計成果に基づいて，左右が同じ高さで，張出し部のない場合である。擁壁の高さが左右で異なる場合，張出し部を設ける場合，擁壁高さが左右で異なりかつ張出し部を設ける場合は，下表の増減率を割増しするものとする。
　　　　　なお，形状による補正を行う場合は次式によるものとする。
　　　　　　　設計歩掛＝標準歩掛×（1＋増減率）
　　　2. 電子計算機使用料は，直接経費として，直接人件費の2％を計上する。
　　　3. 照査には，赤黄チェックによる照査も含む。

条 件	増 減 率	備 考
擁壁の高さが左右異なる場合	＋30％	
擁壁天端に張出しを設ける場合	＋30％	
擁壁の高さが左右で異なりかつ張出し部を設ける場合	＋50％	

　　　4. 基礎工設計及び仮設計を行う場合は，別途計上する。
　　　5. 形式比較検討を行う必要のある場合は，4－5－2(1)擁壁・補強土予備設計の必要区分を別途計上する。
　　　6. 本標準歩掛は，高さ1.0ｍ以上について適用する。
　　　7. 現地踏査が必要な場合は，技師(A)0.5＋技師(B)0.5を別途計上する。
　　　　ただし，道路設計に含めて委託する場合は計上しない。

　② 増 減 率

条 件	内 容	増減率	摘 要
(1) 予備設計を行っていない場合	予備設計を行わずに実施設計を行う場合	＋10％	
(2) 同一断面で施工場所が異なる場合（類似構造物）	設計計算を行わずに設計を行う場合	－30％	・(1)との組合せは行わない。
(3) 簡用法を用いて設計する場合		－20％	・(1)と(2)との組合せは行わない。

(備考) 簡用法とは，U型擁壁の幅が狭い場合，片持梁として算出した壁下端のモーメントを底板の両端に加え，底板は単純梁として計算する手法である。
　　　　なお，設計条件による補正を行う場合は次式によるものとする。
　　　　　　　設計歩掛＝標準歩掛×（1＋増減率）

③ 箇所数

条　　　　件		箇　所　数	摘　　　要
(1) 同型，同高，同設計条件の場合		n = 1	・設計条件が同じで断面形状の同じ擁壁が連続する場合
(2) 連続している擁壁で上記(1)以外の場合	擁壁本体の高低差による箇所数	$n_1 = \Delta h / 0.5 m$ ただし，$\Delta h > 0.5 m$ n_1 ：高低差による箇所数 Δh ：連続した区間の高低差 　　　（擁壁本体の高さ） 0.5 m：1 箇所として考える高低差	・n_1 及び n_2 の箇所数に端数がでる場合は，小数第1位を四捨五入する。 ・箇所数は n_1 及び n_2 のうち大きい値を用いて下式により算定する。 　$n = 1 + ((n_1 \text{ or } n_2) - 1) \times 0.7$ 　n は小数第1位止めとする。
	延長による箇所数	$n_2 = L / 40 m$ n_2 ：延長による箇所数 L ：連続した区間の延長 40 m：1 箇所として考える延長	

（備考）　1．連続している擁壁で上記(1)以外の場合とは，連続した区間内において，擁壁高さ又は設計条件が異なる場合をいう。
　　　　2．連続している擁壁とは，目地で区割りされてはいるが，一連の連続している擁壁をいう。
　　　　3．高さ1.0 m 未満の区間は，箇所数の算定対象延長から除くものとする。
　　　　4．類似構造物の場合の箇所数は，使用する断面積（n_3）とし，標準歩掛×<u>0.7</u>×n_3とする。
　　　　　　　　　　　　　　　　　　　　　　　　　　　　　　　　　　　↑
　　　　　　　　　　　　　　　　　　　　　　　　　　　　　　（②増減率による類似構造物の補正）
　　　　5．連続する擁壁延長が 20 m 以下のものは，高低差に関係なく1箇所とする。
　　　　6．擁壁の構造上（延長及び高低差等）上記箇所数の計算によりがたい場合は，目地割り等を勘案し実状に見合った断面数とする。

(6)　プレキャストL型擁壁の割付一般図
　(1)　標 準 歩 掛

（1箇所当り）

職　　種 区　　分	直　接　人　件　費						
	主任技術者	技師長	主任技師	技師(A)	技師(B)	技師(C)	技術員
設　計　計　画				0.5	0.5		
設　　計　　図						0.5	2.0
数　量　計　算					1.0	1.0	1.0
照　　　　　査				0.5	0.3	0.3	
合　　　　　計	0.0	0.0	0.0	1.0	1.8	1.8	3.0

（備考）　1．1箇所とは道路方向に対して片側又は両側同一形状の場合をいう。
　　　　2．現地踏査が必要な場合は別途計上する（箱型函渠詳細設計に準拠）。
　　　　3．基礎工設計及び仮設設計を行う場合は別途計上する。
　　　　4．設計計画とは，業務の実施にあたり基本条件の整理・検討及び業務打合せのための資料を作成することをいう（形式選定含む）。
　　　　5．設計図とは，工事の実施に必要な図面を作成することをいう。
　　　　6．数量計算とは，設計図に基づき必要な材料の数量を算出することをいう。
　　　　7．照査とは，設計終了後，基本的な設計方針，手法，使用する製品の決定について再確認することをいう。
　　　　8．「報告書作成」は，本歩掛の各業務区分に含む。
　　　　9．照査には，赤黄チェックによる照査も含む。

　(2)　歩掛の適用範囲と歩掛補正
　　　①　歩掛適用範囲は設計延長 500 m 以下に適用し，擁壁断面形状の種類（n）は，n＝1～4を標準とする。
　　　②　歩掛補正は，断面形状による補正率とし，擁壁断面形状の種類（n）が5～7断面の場合は標準歩掛を50％増とする。

4—5—3 法面工
(1) 法面工予備設計
① 標準歩掛
　この歩掛は，場所打ち法枠，アンカー付場所打ち法枠，吹付法枠工，アンカー付吹付法枠工，コンクリート吹付，張ブロック等を比較工種として比較検討を行う場合に適用する。

(1箇所当り)

区分＼職種	主任技術者	技師長	主任技師	技師(A)	技師(B)	技師(C)	技術員
設 計 計 画			1.0	0.5			
設計条件の確認				0.5			
比較形式選定				1.0			
概略設計計算				0.5	1.0	1.5	
基礎工検討					0.5	0.5	
概略設計図					0.5	1.0	1.5
協議資料の作成					0.5	0.5	1.0
概算工事費算出					0.5	1.0	1.5
比較一覧表作成						0.5	0.5
照　　査			1.0	0.5			
報告書作成				0.5	0.5	1.0	1.0
合　　計	0.0	0.0	2.0	3.5	4.0	6.0	5.0

(備考) 1. 検討を行う比較工種は，3案を標準とする。
　　　 2. 現地踏査は，1箇所当り，技師(A) 0.5＋技師(B) 0.5を別途計上する。
　　　　　ただし，道路設計に含めて委託する場合は計上しない。
　　　 3. 基礎工検討を行わない場合には基礎工検討を計上しない。
　　　 4. 協議資料の作成を特記仕様書にて指示しない場合は，協議資料の作成は計上しない。
　　　 5. 電子計算機使用料は，直接経費として，直接人件費の2％を計上する。

② 増減率
　標準設計及び既存の資料等によって，断面形状等比較検討に必要な諸要素が決定できる場合に適用する。

	設計計画 設計条件の確認	±0％
標準設計及び断面形状等比較形式選定に利用できる既存の資料によって概略設計計算，概略設計図の作成が簡略化できる場合	比較形式選定 概略設計計算 基礎工検討 概略設計図 協議資料の作成 概算工事費算出 比較一覧表作成 照査 報告書作成	－20％

(備考)　比較断面の形状寸法を決定した資料及び形状寸法が分かる図面（断面図等）作成を含む。
　　　　既存の資料等によって，断面形状等比較検討に必要な諸要素が決定できる場合に適用する。

(2) 法面工詳細設計
　① 標準歩掛
　　ア．場所打ち法枠
　　　本歩掛の適用範囲は，設計面積1箇所当り5,000 m²以下とする。

(1箇所当り)

区分＼職種	主任技術者	技師長	主任技師	技師(A)	技師(B)	技師(C)	技術員
設 計 計 画			0.5	0.5			
設計条件の確認				0.5			
設 計 計 算				1.5	2.5	2.5	
設 計 図					1.0	1.5	2.0
数 量 計 算					1.0	1.5	2.0
照 査			1.0	1.0	1.3	1.3	
報 告 書 作 成					0.5	0.5	1.0
合 計	0.0	0.0	1.5	3.5	6.3	7.3	5.0

(備考) 1. 上記歩掛の設計計算はスベリ安定計算を行う場合を標準としている。スベリ安定計算を行わない場合は，設計計算を技師(A) 1.0＋技師(B) 2.0＋技師(C) 2.0とする。
　　　 2. 形式比較検討を行う必要のある場合は，4－5－3(1)法面工予備設計の必要区分を別途計上する。
　　　 3. 現地踏査は，1箇所当り，技師(A) 0.5＋技師(B) 0.5を別途計上する。
　　　　　ただし，道路設計に含めて委託する場合は計上しない。
　　　 4. 本歩掛は，吹付法枠の場合にも適用できるものとする。
　　　 5. 電子計算機使用料は，直接経費として，直接人件費の2％を計上する。
　　　 6. 照査には，赤黄チェックによる照査も含む。

　　イ．アンカー付場所打ち法枠
　　　本歩掛の適用範囲は，設計面積1箇所当り5,000 m²以下とする。

(1箇所当り)

区分＼職種	主任技術者	技師長	主任技師	技師(A)	技師(B)	技師(C)	技術員
設 計 計 画			1.0	0.5			
設計条件の確認				0.5			
設 計 計 算				2.0	3.5	3.0	
設 計 図					2.0	2.5	3.0
数 量 計 算					1.0	2.0	3.0
照 査			1.0	0.5	1.0	1.0	
報 告 書 作 成					0.5	0.5	1.0
合 計	0.0	0.0	2.0	3.5	8.0	9.0	7.0

(備考) 1. 上記歩掛の設計計算はスベリ安定計算を行う場合を標準としている。スベリ安定計算を行わない場合は，設計計算を技師(A) 1.0＋技師(B) 2.0＋技師(C) 2.0とする。
　　　 2. 形式比較検討を行う必要のある場合は，4－5－3(1)法面工予備設計の必要区分を別途計上する。
　　　 3. 現地踏査は，1箇所当り，技師(A) 0.5＋技師(B) 0.5を別途計上する。
　　　　　ただし，道路設計に含めて委託する場合は計上しない。
　　　 4. 本歩掛は，アンカー吹付法枠，ロックボルトの場合にも適用できるものとする。
　　　 5. 電子計算機使用料は，直接経費として，直接人件費の2％を計上する。
　　　 6. 照査には，赤黄チェックによる照査も含む。

② 増減率

条　　件	内　　容	増減率 場所打ち法枠	増減率 アンカー付場所打ち法枠	摘　　要
①予備設計を行っている場合	予備設計を行った上で詳細設計を行う場合	-10%		・概略設計計算を行っていない場合は除く。
②計画面積による増減率	1断面当り面積　1,000m² 未満	±0%		・1断面当りの設計面積に応じて計上する 1断面当り面積＝計画面積／断面数 （標準歩掛×増減率）を標準歩掛に加える。
	1断面当り面積　1,000m² 以上	+20%		

（備考）　断面数とは，同一法面，斜面において設計計算を行う断面数をいう。

③ 箇所数

条　　件	箇　所　数	摘　　要
同一法面・斜面において，設計計算を複数断面行う場合	n＝1＋（n₁－1）×0.7 n₁：同一法面・斜面内で設計を行う断面数	・標準歩掛×n 　nは小数第1位止めとする。

4－5－4　落石防護柵

(1) 落石防護柵詳細設計

① 標準歩掛

この歩掛は，柵高H＝1.5～3.5mの直柱型及び曲柱型を対象とした落石防護柵詳細設計に適用する。

(1箇所当り)

区分＼職種	主任技術者	技師長	主任技師	技師(A)	技師(B)	技師(C)	技術員
設　計　計　画			0.5	0.5			
設 計 条 件 の 確 認			1.0	0.5	0.5	1.0	
設 計 計 算・設 計 図				0.5	1.0	1.5	1.0
数　量　計　算						0.5	0.5
照　　　　査			1.0	0.5	1.0	1.0	
報　告　書　作　成					1.0	1.5	1.0
合　　　計	0.0	0.0	2.5	2.0	3.5	5.5	2.5

（備考）
1. 落石防護柵の延長は100m以下を標準とする。
2. 基礎工の設計は設計計画・設計図に含む。
　本歩掛の基礎工は，コンクリート基礎（直接基礎）又は既存擁壁へ継ぎ足す構造となるものに適用し，擁壁と一体で設計する場合の擁壁は別途計上する。
3. 現地踏査を必要とする場合は技師(A) 0.5，技師(B) 0.5を別途計上する。
4. 現地の状況により仮設設計を必要とする場合は技師(C) 1.0，技術員1.0を別途計上する。
　仮設設計とは，現場条件（施工スペースがない等）により足場の設置・仮設防護柵の設置等施工方法・仮設方法の検討を行う場合をいう。
5. 電子計算機使用料は，直接経費として，直接人件費の2％を計上する。
6. 照査には，赤黄チェックによる照査も含む。

② 歩掛補正
　ア　延長補正
　　歩掛は延長100mまでの場合であり，100mを超える場合は，主に設計図・数量計算について作業量が増大する実態を踏まえ，下表により補正係数を求め標準歩掛全体に乗ずるものとする。
　　補正係数 = 0.0002L + 0.98　　Lは設計延長（m）とする。
　　　　　　　　　　　　　　　　　　※小数第3位を四捨五入し小数第2位止めとする。
　イ　設計計算を行わない場合（類似）

増　減　率

条　　件	増　減　率	摘　　要
設計を行うための条件が同じで設計計算を行わずに設計を行う場合	－55%	設計計算を行う場合は標準歩掛を用いる。
（備考）　類似とは，対策を必要とする法面が複数存在し，既存資料（過去に行った設計成果）や現地踏査により，設計条件が同じと判断され，設計計算を行わずに，数量計算，設計図等の作業を行う場合をいう。		

箇　所　数

条　　件	箇　所　数	摘　　要
対策を必要とする法面が複数存在する場合	設計計算を必要としない法面の数　n	（標準歩掛）×0.45×n

③　同一法面で設計断面が複数存在する場合

条　　件	低減率	箇　所　数	摘　　要
同一法面において，設計条件の違いにより設計計算を複数断面行う場合	－30%	n = 1 +（n_1－1）×0.7 n_1：同一法面内で設計を行う断面数	・標準歩掛×n 　nは小数第1位止めとする。

4－5－5　雪崩予防施設
(1)　雪崩予防施設詳細設計
　①　標 準 歩 掛
　　ア　雪崩予防柵，雪崩防護柵

（1タイプ当り）

区　分＼職　種	直　接　人　件　費						
	主任技術者	技師長	主任技師	技師(A)	技師(B)	技師(C)	技術員
設 計 計 画			0.5	0.5			
設計条件の確認			0.5	0.5			
施 設 配 置 計 画				0.5	0.5	1.0	
設 計 計 算				0.5	1.5	1.5	0.5
設 計 図					1.0	2.0	3.0
数 量 計 算						1.0	1.5
照　　　査			1.0	0.5	1.0	1.0	
報 告 書 作 成					0.5	1.0	1.0
合　　計	0.0	0.0	2.0	2.5	4.5	7.5	6.0

（備考）　1.　直接基礎の設計は，本歩掛に含まれている。
　　　　　　なお，杭基礎とする場合は，4－5－6一般構造物基礎工設計により積算するものとする。
　　　　2.　仮設設計を行う場合は別途計上する。
　　　　3.　施設配置計画は，効果，経済性等を考慮し，最適な施設の配置の計画を行う。
　　　　　　なお，施設配置計画には，雪崩解析は含まない。
　　　　4.　施設配置計画を行わない場合，施設配置計画は計上しない。
　　　　5.　現地踏査は，技師(A) 0.5＋技師(B) 0.5を別途計上する。（同一法面・斜面において異種の施設を複数設計する場合は，主となる施設の現地踏査を計上する。）ただし，道路設計に含めて委託する場合は計上しない。
　　　　6.　照査には，赤黄チェックによる照査も含む。

イ　吊　柵

　　本歩掛の適用範囲は，設計面積1,000 m²未満とし，設計面積1,000 m²以上については，②増減率による。ただし，設計面積37,000 m²を超えるものについては別途計上する。

（1タイプ当り）

区　分＼職　種	主任技術者	技師長	主任技師	技師(A)	技師(B)	技師(C)	技術員
設　計　計　画				0.5	0.5		
設計条件の確認				1.0			
施設配置計画				0.5	0.5		
設　計　計　算					1.0	1.5	
設　計　図					0.5	1.5	1.5
数　量　計　算						0.5	1.5
照　　　査			1.0		0.7	0.7	
報告書作成					1.5	1.0	
合　　　計	0.0	0.0	1.5	2.0	4.2	5.2	3.0

（備考）
1. 直接基礎の設計は，本歩掛に含まれている。
2. 仮設設計を行う場合は別途計上する。
3. 施設配置計画には，雪崩解析は含まない。
4. 施設配置計画を行わない場合，施設配置計画は計上しない。
5. 協議資料の作成を行う場合は，別途計上する。
6. 現地踏査は，技師(A) 1.0＋技師(B) 1.5を別途計上する。（同一斜面・法面において異種の施設を複数設計する場合は，主となる施設の現地踏査を計上する。）ただし，道路設計に含めて委託する場合は計上しない。
7. 吊枠には適用しない。
8. 照査には，赤黄チェックによる照査も含む。

　②　増　減　率

条　件	内　容	増減率 雪崩予防柵 雪崩防護柵	吊　柵	摘　　　要
(1) 設計計算を行わずに設計ができる場合	他業務の設計成果を用いて設計を行う場合	－30％		・設計計算を行う場合は歩掛を用いるものとする。
(2) 設計面積による増減率	設計面積 1,000 m²未満	±0％	±0％	・（標準歩掛×増減率）を標準歩掛に加える ・設計面積とは，計画地点の斜面，法面の面積をいう。 ・$y = 29.566 \text{Ln}(a) - 204.23$ 　（1％単位，以下四捨五入） 　a：設計面積（1 m²単位）
	設計面積 1,000 m²以上	＋30％	－	
	設計面積 1,000 m²以上 37,000 m²以下	－	y	

（備考）
1. 「(1)の他業務の設計成果を用いる場合」とは，例えば，過去に行った設計成果を利用して，設計計算を行わずに設計ができる場合をいう。
2. 同一法面・斜面において異種の施設を複数設計する場合で，1工種当りの面積が適用範囲以上の場合は，各々の標準歩掛を増減率で補正する。
　　ただし，1工種当り1,000 m²未満の場合については考慮しない。

③ タイプ数
　　同一工種の構造物を複数タイプ設計する場合

条　　　　　件	箇　所　数	摘　　　　要
地形，グライド係数等設計条件の相違により，構造物の設計を複数行う場合	$n = 1 + (n_1 - 1) \times 0.7$ n_1：同一斜面内で設計を行うタイプ数	・標準歩掛× n 　n は小数第１位止めとする。
（備考）　同一業務内で，同じ工種の構造物を設計する場合に適用する。 　　　　（例えば，同一業務内で予防柵と防護柵を設計する場合には適用しない。）		

　　設計計算を行わずに設計を行う場合

条　　　　件	箇　所　数	摘　　　　要
(1)　設計する構造物が同一形状の場合	$n = 1$	標準歩掛×0.7× n ↑ （計算なしの補正）
(2)　設計する構造物の形状が異なる場合	n＝設計する構造物数	

4－5－6　一般構造物基礎工
(1) 一般構造物基礎工詳細設計
　① 適用範囲
　　　本歩掛は，函渠・擁壁等の一般構造物に適用する。
　② 作業区分
　　　一般構造物基礎工詳細設計における作業区分は以下のとおりとする。

作業区分	作　業　の　範　囲
設　計　計　画	業務の目的・主旨を把握したうえで特記仕様書に示す業務内容，設計条件を確認し，杭種の比較検討，施工計画の立案を行う。また，業務概要，実施方針，業務工程，組織計画，打合せ計画等を記載した業務計画書を作成する。
設　計　計　算	基本的に定まった条件のもとで，適切な断面形状を検討し，杭種，杭径，杭長等全ての断面を決定する。
設　計　図	設計計算により定められた諸条件で，構造一般図，配筋図，詳細図等を作成する。
数　量　計　算	決定した基礎工詳細設計に対して，数量算出要領に基づき，各工種ごとに数量を算出する。
照　　　　査	基本的な条件決定に伴う施工条件，設計方針，設計手法及び設計計算，設計図，数量計算等の適切性及び整合性等の照査。
報　告　書　作　成	設計条件，杭種決定の経緯と選定理由，設計計算書，設計図面，数量計算書，概算工事費算出，施工計画書，施工段階での注意事項，現地踏査等の内容をとりまとめる。

③ 標準歩掛
　ア．［既製杭］（鋼管杭・RC 杭・PHC 杭に適用する）　　　　　　　　　　　　　　　　（1箇所当り）

区分＼職種	主任技術者	技師長	主任技師	技師(A)	技師(B)	技師(C)	技術員
設 計 計 画		1.0	1.0	1.0			
設 計 計 算					1.5	1.5	
設 計 図						1.5	2.5
数 量 計 算						0.5	1.0
照 査			0.5	1.0	0.9	0.9	
報 告 書 作 成					0.5	1.0	
合 計	0.0	1.0	1.5	2.0	2.9	5.4	3.5

　イ．［場所打杭］（深礎杭を除く）　　　　　　　　　　　　　　　　　　　　　　　　（1箇所当り）

区分＼職種	主任技術者	技師長	主任技師	技師(A)	技師(B)	技師(C)	技術員
設 計 計 画		0.5	1.0	1.0			
設 計 計 算					1.5	2.5	
設 計 図						2.0	2.5
数 量 計 算						1.5	2.5
照 査			0.5	1.5	1.2	1.2	
報 告 書 作 成					0.5	1.0	
合 計	0.0	0.5	1.5	2.5	3.2	8.2	5.0

　ウ．［深礎杭］　　　　　　　　　　　　　　　　　　　　　　　　　　　　　　　　（1箇所当り）

区分＼職種	主任技術者	技師長	主任技師	技師(A)	技師(B)	技師(C)	技術員
設 計 計 画	1.5	2.0	1.5				
設 計 計 算				1.5	2.0	2.5	
設 計 図					1.0	2.0	2.5
数 量 計 算						1.5	2.5
照 査			1.0	1.0	1.3	1.3	
報 告 書 作 成					2.5	2.5	
合 計	1.5	2.0	2.5	2.5	6.8	9.8	5.0

（備考）　（既製杭，場所打杭，深礎杭に共通）
　　1．上部構造物の断面が同一形状であり杭種，杭径が同一の場合は，上部構造物が連続していても1箇所分のみ計上する。
　　2．上部構造物の構造が変わる場合，杭種又は杭径が変わる場合は，それぞれ1箇所分として計上する。
　　3．連続する構造物において，杭種及び杭径が同一で上部構造物の断面が変化する場合，類似構造物とし，伸縮目地等により構造を分離されたブロックを1箇所とする。
　　4．設計条件の確認は上記歩掛に含まれる。
　　5．仮設設計が必要な場合は，別途計上する。
　　6．電子計算機使用料は，直接経費として直接人件費の1％を計上する。
　　7．照査には，赤黄チェックによる照査も含む。

(2)　標準歩掛の補正
　①　類似形式の補正
　　(a)　類似構造物の場合は，「標準歩掛」の80％を計上する。
　　(b)　類似構造物の補正は次式による。
　　　　　歩掛＝標準歩掛×（0.2＋0.8×n）　　　n：箇所数

(3) 構造物単位及び類似構造物の考え方
　＊構造物の単位　1箇所の考え方
　　1)　同一形状が連続する上部構造物を1箇所とする場合
　　　①　基礎工の杭種及び杭径が同一の場合
　　　　上記に該当する場合，連続するブロックは1箇所とする。
　　　　（ただし，杭長・本数は関係しない）

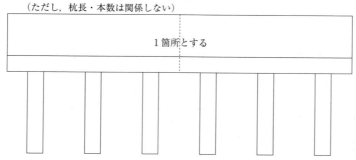

　　2)　上部構造物の1ブロック単位を1箇所とする場合
　　　①　上部構造物の形状が変化する場合（ただし，1箇所として考える高低差は上部構造物と同じ考え方とする）
　　　②　杭種がブロックごとに変化する場合
　　　③　杭径がブロックごとに変化する場合
　　　　上記のいずれかに該当する場合は，各ブロックを1箇所とする。
　　　　（ただし，杭長・本数は関係しない）
　　　（注）ブロックの単位は上部構造物の区分で分割したものとする。

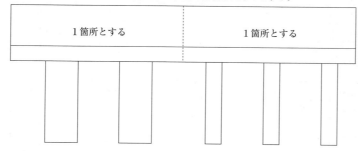

　＊類似扱いとする組合せ
　　上部構造物に変化はあるが杭種・杭径が同じ場合
　　（ただし，杭長・本数は関係しない）
　　ただし，1箇所として考える高低差は上部構造物と同じ考え方とする。
　　下記の場合は2ブロックと考え，歩掛は基本1箇所・類似1箇所とする。

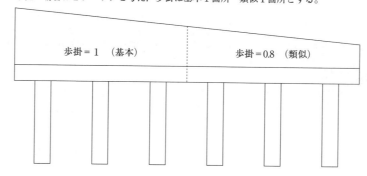

＊類似扱いとしない組合せ
　杭種または，杭径が異なる場合
　（ただし，上部構造物の形状・杭長・本数は関係しない）
　下記の場合は2ブロックと考え，類似性がないので歩掛は基本2箇所とする。

| 歩掛＝1 | 歩掛＝1 |

条　件

上部構造物は
変化しない

杭種又は杭径
が異なる場合

4－5－7　そ　の　他
（1）打　合　せ
　　中間打合せの回数は3回を標準とし，必要に応じて打合せ回数を増減する。打合せ回数を変更する場合は，1回当り，中間打合せ1回の人員を増減する。

4－6　橋梁設計
4－6－1　橋梁予備設計
(1) 適用範囲

本歩掛は，上部工，下部工，基礎工について比較検討を行い，比較案3案を選定する場合に適用する。なお，3,000mを超えるもの，並びに景観検討は含まない。

(2) 作業区分

橋梁予備設計における作業区分は以下のとおりとする。

作業区分	区　分	作　業　の　範　囲
設計計画	設計計画	業務の目的・主旨を把握したうえで特記仕様書に示す業務内容を確認し，業務概要・実施方針・業務工程・業務組織計画・打合せ計画・成果品の内容，部数・使用する主な図書及び基準・連絡体制（緊急時含む）等の事項について業務計画書（照査計画書を含む）を作成する。
	設計条件の確認	特記仕様書に示された道路の幾何構造，荷重条件等設計施工上の基本的条件並びに地質条件を確認し，当該設計用に整理を行う。
	橋梁形式比較案の選定	橋長，支間割りの検討を行い，架橋地点の橋梁としてふさわしい橋梁形式数案について，構造特性，施工性，経済性，維持管理，環境との整合など総合的な観点から技術的特徴，課題を整理し，評価を加えて，調査職員と協議のうえ，設計する比較案3案の選定を行う。
	基本事項の検討	設計を実施する橋梁形式比較案に対して，構造特性（安定性，耐震性，走行性）・施工性（施工の安全性，難易性，確実性，工事用道路及び作業ヤード）・経済性・維持管理（耐久性，管理の難易性）・環境との整合（修景，騒音，振動，近接施工）等の事項を標準として技術的検討を行う。
設計計算	設計計算	上部工の設計計算については，主要点（主桁最大モーメント又は軸力の生ずる箇所）の概算応力計算及び概略断面検討を行い，支間割，主桁配置，桁高，主構等の決定を行うものとする。下部工及び基礎工については，震度法により，躯体及び基礎工の形式規模を想定し，概算の応力計算及び安定計算を行う。
設計図	設計図	橋梁形式比較案のそれぞれに対し，一般図（平面図，側面図，上下部工・基礎工主要断面図）を作成し，鉄道，道路，河川との関連，建築限界及び河川改修断面図等を記入するほか，土質柱状図の記入を行う。なお，構造物の基本寸法の表示は，橋長，支間長，幅員，桁高，桁間隔，下部工及び基礎工の主要寸法のみとする。また，既設構造物及び計画等との位置関係がわかる寸法を記入する。
概算工事費算出	概算工事費算出	橋梁形式比較案のそれぞれに対し，概算数量を算出し，それをもとに概算の工事費を算定する。
照査	照査	照査技術者は，下記に示す事項を標準として照査を行い，管理技術者に提出する。 ① 基本条件の決定に際し，現地の状況の他，基礎情報を収集，把握しているかの確認を行い，その内容が適切であるかについて照査を行う。特に地形，地質条件については，設計の目的に対応した情報が得られているかの確認を行う。 ② 一般図を基に橋台位置，径間割り，支承条件及び地盤条件と橋梁形式の整合が適切にとれているかの照査を行う。また埋設物，支障物件，周辺施設との近接等，施工条件が設計計画に反映されているかの照査を行う。 ③ 設計方針及び設計手法が適切であるかの照査を行う。 ④ 設計計算，設計図，概算工事費の適切性及び整合性に着目し照査を行う。
報告書作成	報告書作成	設計業務の成果として，設計業務成果概要書・設計計算書等・設計図面・数量計算書・概算工事費・施工計画書・現地踏査結果等について作成を行う。なお，設計条件・橋梁形式比較案ごとに当該構造物の規模及び形式の選定の理由・道路，鉄道，河川の交差条件・主要材料の概略数量・概算工事費算出・主桁主要断面寸法，下部工躯体及び基礎寸法，杭本数等概略計算の主要結果・橋梁形式比較一覧表・詳細設計に向けての必要な調査，検討事項について解説し，とりまとめて記載した設計概要書の作成を行う。
	橋梁形式比較一覧表の作成	橋梁形式比較案に関する検討結果をまとめ，橋梁形式比較一覧表の作成を行う。橋梁形式一覧表には一般図（側面図，上下部工及び基礎工断面図）を記入するほか，「基本事項の検討」において実施した技術的特徴，課題を列記し，各橋梁形式比較案の評価を行い，最適橋梁形式案を明示する。

(つづく)

作業区分	区　分	作　業　の　範　囲
その他 （標準歩掛対象外）	地震時保有水平耐力法による耐力照査	道路，鉄道，河川の交差条件等において橋台，橋脚の位置を決定するに当り，躯体の寸法，支間割及び支承条件等は建築限界，河川条件，河積阻害率等と密接に関係するため，諸条件のポイントとなる橋台，橋脚について地震時保有水平耐力法による耐力照査を行う。
	関係機関との協議資料作成	関係機関との協議用資料，説明用資料作成を行う。
	現地踏査	架橋地点の現地踏査を行い，特記仕様書に基づいた設計範囲及び貸与資料と現地との整合性を目視により確認するものとする。また，地形・地質等の自然状況，沿道・交差・用地条件等の周辺条件を把握し，合わせて工事用道路・施工ヤード等の施工性の判断に必要な基礎的な現地状況の把握を行う。

(3) 標準歩掛

（1橋当り）

区　分	直　接　人　件　費						
	主任技術者	技師長	主任技師	技師(A)	技師(B)	技師(C)	技術員
設計計画	2.0	2.1	4.4	6.2	4.9		
設計計算			3.4	4.6	7.6	6.4	
設計図				4.8	5.2	6.1	
概算工事費算出			1.7	4.7	5.8	5.3	
照　査		1.9	2.8	4.2			
報告書作成				1.5	2.2	1.6	1.3
合　計	2.0	4.0	10.6	18.2	24.2	19.0	12.7

（備考）電子計算機使用料は，直接経費として上記標準歩掛の2％を計上する。

(4) 橋長補正

標準歩掛は，対象延長75mの場合であり，他の橋長については下表により係数を求め，その係数を標準歩掛に乗ずるものとする。

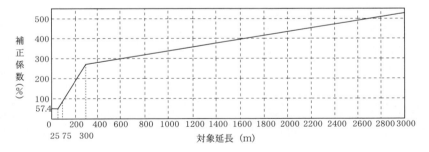

◎橋長延長（L）による補正係数算定表

対象延長（m）	25m以下の場合	300m未満の場合	300m以上の場合
補正係数（％）	57.4	0.853×L＋36.025	0.082×L＋267.325

（備考）　1.　補正係数については，小数第2位を四捨五入し，小数第1位とする。
　　　　　2.　橋長が3,000mを超えるものについては別途計上する。

(5) コントロールポイントとなる橋台（地震時に液状化が生じる地盤上の場合），橋脚を有し，地震時保有水平耐力法による耐力照査を実施する場合は，1基当り下表を追加する。なお，設計条件等により必要に応じて追加できるものとする。

（1基当り）

区分 \ 職種	主任技術者	技師長	主任技師	技師(A)	技師(B)	技師(C)	技術員
地震時保有水平耐力法による耐力照査				1.1	1.7	0.8	

(6) 基礎地盤が杭基礎を必要とする場合は，1橋当り10%割増するものとする。
　　＊標準歩掛×（y/100＋0.10）
　　　　［橋長補正式の値％］

(7) 関係機関との協議資料を作成する場合は下記歩掛を追加するものとする。

（1業務当り）

区分 \ 職種	主任技術者	技師長	主任技師	技師(A)	技師(B)	技師(C)	技術員
関連機関との協議資料作成					3.5	3.2	1.9

(8) 現地踏査

（1業務当り）

区分 \ 職種	主任技術者	技師長	主任技師	技師(A)	技師(B)	技師(C)	技術員
現地踏査			1.3	1.6	1.8	0.9	

（備考）　1業務当り最大2橋とし，それを超える場合は別途計上する。

(9) 打合せ
　　中間打合せの回数は6回を標準とし，必要に応じて打合せ回数を増減する（設計計算を実施する前の数種の比較検討案選定時，最適案決定時の2回を含む）。打合せ回数を増減する場合は，1回当り，中間打合せ1回の人員を増減する。

⑽　景観検討については別途計上する。

4－6－2　橋梁詳細設計
(1) 適用範囲
　　本歩掛は，橋梁の上部工，下部工，基礎工，架設工における橋梁工事に必要な詳細設計に適用する。
　　なお，詳細設計において，予備設計時に用いた地元状況，設計条件等の諸条件と差異が生じ，構造形式等の修正設計が生じた場合は別途計上するものとする。
(2) 作業区分
　　橋梁詳細設計における作業区分は以下のとおりとする。

作業区分	区　分	作　業　の　範　囲
設 計 計 画	設 計 計 画	業務の目的・主旨を把握したうえで，特記仕様書に示す業務内容を確認し，業務概要・実施方針・業務工程・業務組織計画・打合せ計画・成果品の内容，部数・使用する主な図書及び基準・連絡体制（緊急時含む）等の事項について業務計画書（照査計画書を含む）を作成する。また，予備設計なしの場合は，橋梁型式を比較し詳細設計を行う。
	設計条件の確認	特記仕様書に示された道路の幾何構造，荷重条件等設計施工上の基本的条件を確認し，当該設計用に整理を行う。
	設計細部事項の検討	使用材料，地盤定数，支承条件，構造細目，付属物の形式など詳細設計に当り必要な設計の細部条件について技術的検討を加えたうえ，これを当該設計用に整理するとともに適用基準との整合を図り確認を行う。
設 計 計 算	設 計 計 算	詳細設計計算に当り，橋梁予備設計等で決定された橋梁の主要構造寸法に基づき，現地への搬入条件及び架設条件を考慮し，上部工については，橋体，床版，支承，高欄，伸縮装置，橋面排水等，下部工及び基礎工については，梁，柱，フーチング，躯体及び基礎本体等について詳細設計を行う。架設工については，架設中の本体構造物，架設設備の応力計算を行い，橋梁上部の断面架設機械及び材料の種類，規格，寸法等を決定する。
設 計 図	設 計 図	橋梁位置図，一般図，線形図，構造一般図，構造詳細図，支承，高欄，伸縮装置，排水装置，架設計画図等の詳細設計図の作成を行う。（一般図及び構造一般図については，既設構造物及び計画構造物等との位置関係がわかる寸法を記入する。）
数 量 計 算	数 量 計 算	決定した構造物の詳細形状に対して，各工種ごとに数量算出要領に基づき数量の算出を行う。
照　　査	照　　査	照査技術者は，下記に示す事項を標準として照査を行い，管理技術者に提出する。 ①　設計条件の決定に際し，現地の状況の他，基礎情報を収集，把握しているかの確認を行い，その内容が適切であるかについて照査を行う。特に地形，地質条件については，設計の目的に対応した情報が得られているかの確認を行う。 ②　一般図をもとに橋台位置，径間割り，支承条件及び地盤条件と橋梁形式の整合が適切にとれているかの確認を行う。また，埋設物，支障物件，周辺施設との近接等，施工条件が設計計画に反映されているかの確認を行う。 ③　設計方針及び設計手法が適切であるかの照査を行う。また，架設工法と施工法の確認を行い，施工時応力についても照査を行う。 ④　設計計算，設計図，数量の正確性，適切性及び整合性に着目し照査を行う。最小鉄筋量等構造細目についても照査を行い，基準との整合を図る。特に，上部工，下部工及び付属物それぞれの取り合いについて整合性の照査を行う。
報告書作成	報告書作成	設計業務の成果として，設計業務成果概要書・設計計算書等・設計図面・数量計算書・概算工事費・施工計画書・現地踏査結果等について作成をする。なお，設計条件・橋梁形式決定の経緯及び選定理由（構造特性，施工性，経済性，維持管理，環境の要件の解説）・上部工の解析手法，構造各部の検討内容及び問題点，特に考慮した事項・道路，鉄道，河川の交差条件，コントロールポイント・主桁主要断面寸法，下部工躯体及び基礎寸法等設計計算の主要結果・主要材料，工事数量の総括・施工段階での注意事項，検討事項について解説しとりまとめて記載した設計概要書の作成を行う。

(つづく)

作業区分	区分	作業の範囲
その他（標準歩掛対象外）	座標計算	道路線形計算書，平面図及び縦断線形図等に基づき，当該構造物の必要箇所（橋台，橋座，支承面，下部工，基礎工等）について線形計算を行い，平面座標及び縦断計画高を求める。
	施工計画	構造物の規模，道路・鉄道の交差条件，河川の渡河条件及び，計画工程表，施工順序，施工方法，資材・部材の搬入計画，仮設備計画等，工事費積算にあたって必要な計画書を作成する。
	動的照査	地震時における構造物及び基盤の挙動を動力学的に解析して応答値を算出し，耐震性能の照査を行う。
	関係機関との協議資料作成	関係機関との協議用資料，説明用資料の作成を行う。
	現地踏査	架橋地点の現地踏査を行い，特記仕様書に基づいた設計範囲及び貸与資料と現地との整合性を目視により確認するものとする。また，地形・地質等の自然状況，沿道・交差・用地条件等の周辺条件を把握し，合わせて工事用道路・施工ヤード等の施工性の判断に必要な基礎的な現地状況の把握を行う。
	液状化が生じる地盤での橋台(橋台基礎)の耐力照査	橋に影響を与える液状化が生じると判断される地盤にある橋台（橋台基礎）では，地震時保有水平耐力法によってレベル2地震動に対して静的に耐震性能の照査を行う。

◎下記の項目は橋梁詳細設計（上部工，下部工，基礎工，架設工）1橋当りに適用するものとする。

(1) 座標計算

(1橋当り)

区分 \ 職種	主任技術者	技師長	主任技師	技師(A)	技師(B)	技師(C)	技術員
座標計算				0.8	1.7	2.0	

(2) 施工計画

(1橋当り)

区分 \ 職種	主任技術者	技師長	主任技師	技師(A)	技師(B)	技師(C)	技術員
施工計画				3.0	4.1	4.5	

(3) 動的照査

動的照査を必要とする橋梁の場合は，下記歩掛を追加するものとする。

(1橋当り)

区分 \ 職種	主任技術者	技師長	主任技師	技師(A)	技師(B)	技師(C)	技術員
動的照査			3.2	7.2	9.1	9.6	

(備考) 本歩掛は，2次元モデルを対象としている。

◎下記の項目は橋梁詳細設計（1業務当り）に適用するものとする。
(1) 関係機関との協議資料作成
　　関係機関との協議資料を作成する場合は，下記歩掛を追加するものとする。

（1業務当り）

区　分 ＼ 職　種	直　接　人　件　費					
	主任技術者	技師長	主任技師	技師(A)	技師(B)	技師(C)	技術員
関係機関との協議資料作成				1.3	3.4	3.6	3.1

(2) 現地踏査

（1業務当り）

区　分 ＼ 職　種	直　接　人　件　費					
	主任技術者	技師長	主任技師	技師(A)	技師(B)	技師(C)	技術員
現　地　踏　査			1.5	1.5	1.8		

（備考）1業務当り最大2橋とし，それを超える場合は別途計上する。

(3) 打合せ
　　中間打合せの回数は，6回を標準とし，必要に応じて打合せ回数を増減する（一般図の作成時及び細部事項決定時の2回を含む）。打合せ回数を変更する場合は，1回当り，中間打合せ1回の人員を増減する。

4―6―3　橋梁上部工設計標準歩掛表
（設計計画，設計計算，設計図，数値計算，照査，報告書作成）
　A　コンクリート上部工
　　1）適用範囲
　　　　本歩掛は，コンクリート橋上部構造を道路橋示方書等により設計するもので，支承，伸縮装置，排水装置，高欄及び応力計算を必要としない付帯施設の設計を含む場合に適用する。また，架設計画（トラック〈クローラ〉クレーンによる直接架設で，かつ支保工の必要のない簡易な架設）は含まれるが，架設計画，景観検討，仮設構造物設計，仮橋設計，橋梁付属物等（照明，遮音壁等）の設計は含まないものとする。
　　2）標準歩掛
　　　　標準歩掛は，標準橋長の場合であり，他の橋長の場合は各橋長補正式により補正係数を求め，その係数を標準歩掛に乗ずるものとする。

（1橋当り）

構造形式	基準長（橋長）	主任技術者	技師長	主任技師	技師(A)	技師(B)	技師(C)	技術員	橋長補正式（%）L：橋長
RC 単純床版橋	～10m			0.5	3.0	4.9	10.9	8.5	y = 2.541×L + 87.30
RC 単純T桁橋	5～20m（予備あり）				4.0	5.5	20.0	12.0	y = 1.743×L + 78.21
RC 単純中空床版橋	5～20m（予備あり）			2.5	5.0	5.4	19.4	12.0	y = 1.532×L + 80.85
RC 3径間連続中空床版橋	25～70m（予備あり）			6.0	8.5	28.1	39.6	24.0	y = 0.673×L + 68.03
RC 3径間連続T桁橋	30～100m（予備あり）			5.0	7.5	27.5	43.5	24.0	y = 0.686×L + 55.41
RC 3径間連続ラーメン橋	10～35m（予備あり）			7.0	10.0	18.0	37.0	29.0	y = 0.708×L + 84.07
PC 単純プレテンションI桁橋	5～20m（予備あり）				4.5	6.3	15.3	7.0	y = 2.132×L + 73.35
PC 単純プレテンションT桁橋	5～35m（予備あり）				4.0	10.9	16.4	9.0	y = 1.705×L + 65.90
PC プレテンションホロー桁橋	5～30m（予備あり）			2.0	4.5	12.3	18.3	9.5	y = 1.434×L + 74.91
PC 単純中空床版橋	10～35m（予備あり）			3.5	9.0	18.6	24.1	18.0	y = 0.980×L + 77.95
PC 単純ポストテンションT桁橋	15～50m（予備あり）			2.5	7.0	25.1	32.6	19.5	y = 0.835×L + 72.86
PC 単純箱桁橋	25～70m（予備あり）		3.0	6.5	11.5	26.6	37.1	29.5	y = 0.608×L + 71.12
PC 3径間連結プレテンションT桁橋	25～85m（予備あり）		2.5	7.5	13.0	27.2	41.7	32.0	y = 0.565×L + 68.93
PC 3径間連結ポストテンションT桁橋	40～120m（予備あり）		3.5	9.0	14.5	33.7	51.2	39.0	y = 0.461×L + 63.12
PC 斜材付きπ型ラーメン橋	20～65m（予備あり）	2.5	4.5	9.0	15.5	38.2	55.5	44.0	y = 0.437×L + 81.43
PC 3径間連続中空床版橋	35～105m（予備あり）		4.5	10.0	15.5	36.5	53.5	43.0	y = 0.424×L + 70.32
PC 3径間連続ポストテンションT桁橋	60～195m（予備あり）	1.5	1.5	10.5	16.5	57.0	72.0	45.0	y = 0.366×L + 53.34
PC 3径間連続箱桁橋	65～225m（予備あり）	1.5	4.5	13.5	18.5	68.5	88.5	50.5	y = 0.304×L + 55.92

（備考）1．補正係数は上記橋長の範囲内の数値を代入した値を適用し，小数第2位を四捨五入して小数第1位とする。なお，上記橋長を超える場合は別途計上する。
　　　　2．電子計算機使用料は基本構造物を対象とし，直接経費として上記標準歩掛の2％を計上する。
　　　　3．RC単純床版橋については，予備設計の有無にかかわらず標準歩掛の補正はしないものとする。
　　　　4．照査には，赤黄チェックによる照査も含む。

　B　鋼橋上部工
　　1）適用範囲
　　　　本歩掛は，鋼橋上部構造を道路橋示方書等により設計するもので，支承，伸縮装置，排水装置，高欄及び応力計算を必要としない付帯施設の設計を含む場合に適用する。また，架設計画（トラック〈クローラ〉クレーンによる直接架設で，かつ支保工の必要のない簡易な架設）は含まれるが，架設計画，景観検討，仮設構造物設計，仮橋設計，橋梁付属物等（照明，遮音壁等）の設計は含まないものとする。

2) 標準歩掛

標準歩掛は，標準橋長の場合であり，他の橋長の場合は各橋長補正式により補正係数を求め，その係数を標準歩掛に乗ずるものとする。なお，疲労設計は標準歩掛に含まれるものとする。

(1橋当り)

	構造形式	基準長	主任技術者	技師長	主任技師	技師(A)	技師(B)	技師(C)	技術員	橋長補正式 (%) L：橋長
鋼橋	単純 H 形橋	5～35m (予備あり)			3.0	3.5	11.5	15.0	9.5	$y=1.599 \times L+68.02$
	単純合成 H 形橋	5～35m (予備あり)			3.0	4.0	12.0	15.5	9.5	$y=1.523 \times L+69.54$
	単純鈑桁橋	10～40m (予備あり)		0.5	3.5	5.5	18.2	24.2	19.0	$y=0.936 \times L+76.60$
	単純合成鈑桁橋	15～50m (予備あり)		0.5	3.5	6.5	20.5	28.5	21.0	$y=0.827 \times L+73.12$
	単純鋼床版鈑桁橋	25～85m (予備あり)		3.5	9.5	11.5	29.4	32.9	39.5	$y=0.547 \times L+69.92$
	単純箱桁橋	20～75m (予備あり)		2.5	6.0	9.5	43.9	48.4	31.0	$y=0.493 \times L+76.58$
	単純合成箱桁橋	25～70m (予備あり)		5.5	7.5	12.5	34.9	32.9	46.5	$y=0.496 \times L+76.44$
	単純鋼床版箱桁橋	25～85m (予備あり)		3.0	7.0	12.5	46.1	50.6	33.0	$y=0.452 \times L+75.14$
	ゲルバー桁橋 (3径間非合成)	60～195m (予備あり)		3.0	9.0	15.5	52.8	59.8	32.0	$y=0.396 \times L+49.51$
	単純トラス橋	35～110m (予備あり)		3.0	5.5	11.0	43.6	64.1	36.5	$y=0.392 \times L+71.58$
	3径間連続鈑桁橋	60～195m (予備あり)		3.0	8.0	18.5	51.0	59.5	37.5	$y=0.383 \times L+51.17$
	π型ラーメン鈑桁橋	20～90m (予備あり)		1.5	13.0	17.5	67.5	75.0	50.0	$y=0.308 \times L+83.06$
	ゲルバートラス橋	120～350m (予備あり)		3.0	12.5	16.5	77.6	84.1	51.5	$y=0.279 \times L+34.44$
	3径間連続 鋼床版鈑桁橋	70～210m (予備あり)	3.0	6.0	20.0	28.0	66.7	74.2	67.0	$y=0.271 \times L+62.06$
	3径間連続トラス橋	125～380m (予備あり)		3.0	12.0	19.0	82.2	91.7	54.0	$y=0.261 \times L+34.10$
	3径間連続箱桁橋	110～320m (予備あり)		4.0	14.5	27.0	82.2	90.7	59.5	$y=0.243 \times L+47.76$
	3径間連続 鋼床版箱桁橋	120～420m (予備あり)	3.5	7.0	20.5	37.5	77.4	93.4	116.0	$y=0.209 \times L+43.57$

(備考) 1. 補正係数は上記橋長の範囲内の数値を代入した値を適用し，小数第2位を四捨五入して小数第1位とする。なお，上記橋長の範囲を超える場合は別途計上する。
2. 電子計算機使用料は基本構造物を対象とし，直接経費として上記標準歩掛の2％を計上する。
3. 照査には，赤黄チェックによる照査も含む。

C　標準歩掛の補正（橋梁上部工）
この補正はコンクリート橋，鋼橋に適用する。
1) 予備設計無しの場合
標準歩掛（予備設計あり）×（1+0.05）
2) 径間が変化する場合
連続桁（3径間に対し）

径　間　数	標準歩掛に対する補正	径間ごとの標準橋長
2 径 間	標準歩掛×(1−0.10)	3径間適用橋長× 60%
4 径 間	標準歩掛×(1+0.05)	3径間適用橋長×130%
5 径 間	標準歩掛×(1+0.20)	3径間適用橋長×150%
6 径 間	標準歩掛×(1+0.25)	3径間適用橋長×190%

(備考)　橋長補正式については，標準歩掛（3径間）の補正式を適用。

3) 形状の変化する場合
　(a) 斜橋（橋軸方向バチ形を含む）斜角90〜70°割増し無し，斜角70°未満の場合は，標準歩掛に10%を加算する。

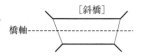
［斜橋］

標準歩掛×（1＋0.10）

　(b) バチ形（幅員方向）の場合は，標準歩掛に30%を加算する。

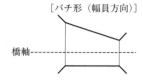
［バチ形（幅員方向）］

標準歩掛×（1＋0.30）

　(c) 曲線形の場合は，標準歩掛に80%を加算する。

標準歩掛×（1＋0.80）

（備考）　1.　曲線形の補正は桁の形状が曲線の場合に適用するものとし，床版のみが曲線の場合は適用しない。
　　　　　2.　斜橋・バチ形・曲線形が重複する場合，各上記補正率のうち，上位の補正率を単独使用する。
　　　　　（例）　斜橋で曲線形の場合→「標準歩掛×80%」のみ加算する。

4) 類似構造物
　設計計算，設計図，数量計算を別にする必要がある類似構造物についての歩掛は，
　歩掛＝標準歩掛（基本構造物）×（橋長補正係数＋各種補正係数）×0.65
（備考）　1.　上部工の幅員，橋長は変化するが，同一橋種であり，形状（斜角かつバチ形かつ曲線形）の補正項目が同一の場合は類似構造物として取り扱う。
　　　　　2.　上部工の幅員，橋長が同一で，橋種も全て同一の場合は連続していても1橋分のみ計上する。
　上記の割増し条件による補正計算は次式による。

※（例）　予備設計なし，4径間，曲線形で基本構造物1箇所，類似構造物2箇所の場合
① 基本構造物＝標準歩掛　×　（y/100　＋　0.05　＋　0.05　＋　0.8）
　　　　　　　　　　　　　　　↑　　　　　↑　　　　　↑　　　　↑
　　　　　　　　　　　　（橋長補正式の値%）（予備なし）（4径間）（曲線形）

② 類似構造物(1)＝標準歩掛　×　（y′/100　＋　0.05　＋　0.05　＋　0.8）×　0.65
　　　　　　　　　　　　　　　　↑　　　　　↑　　　　　↑　　　　↑　　　　↑
　　　　　　　　　　　　（橋長補正式の値%）（予備なし）（4径間）（曲線形）（類似構造物）

③ 類似構造物(2)＝標準歩掛　×　（y″/100　＋　0.05　＋　0.05　＋　0.8）×　0.65
　　　　　　　　　　　　　　　　↑　　　　　↑　　　　　↑　　　　↑　　　　↑
　　　　　　　　　　　　（橋長補正式の値%）（予備なし）（4径間）（曲線形）（類似構造物）

　　y′，y″とは，類似構造物のそれぞれの橋長による橋長補正率（%）を示す。

---

5) 標準設計を利用，又はJIS桁を使用する場合は，
　標準歩掛（予備設計あり）×60%を計上する。
（備考）　標準設計を利用，又はJIS桁を使用する場合は，予備設計の有無に関わらず，「標準歩掛（予備設計あり）×60%」を計上し，橋長補正，形状・構造変化による補正は行わない。

6) 景観検討については別途計上する。

4－6－4　橋梁下部工設計標準歩掛表

本歩掛は橋梁下部工を道路橋示方書等により設計するもので，構造物設置に伴う掘削，埋戻しの土量計算及び設計計算を必要としない橋梁下部工に付随した袖部のコンクリートブロック積み等の設計を含むものとする。また景観検討，仮設構造物設計，仮橋設計は含まないものとする。

（1基当り）

工種	型　　式	技師長	主任技師	技師(A)	技師(B)	技師(C)	技術員
橋台	重　力　式		0.5	2.5	4.8	6.3	3.0
橋台	逆　Ｔ　式		0.7	3.5	7.8	9.8	4.9
橋台	控え壁式（扶壁式）		2.5	2.5	14.1	12.6	6.5
橋台	ラ ー メ ン 式		3.0	7.5	12.8	11.8	7.5
橋台	箱　　　式	1.5	3.0	5.5	14.3	12.3	8.0
橋台	ラーメン式（2方向）	1.5	5.5	7.5	14.2	14.7	10.5
橋脚	重　力　式		0.5	3.0	4.0	6.5	2.5
橋脚	壁式（逆Ｔ式）		0.5	2.5	7.3	8.3	4.5
橋脚	柱　式（2柱式）		1.0	4.0	9.3	9.3	5.0
橋脚	張　出　式		0.5	4.0	10.5	10.5	5.0
橋脚	ラ ー メ ン 式		3.0	5.0	15.0	15.0	7.0
橋脚	Ｓ Ｒ Ｃ（中空式）	1.5	7.5	8.5	26.8	23.3	18.5

（備考）　1.　電子計算機使用料は基本構造物を対象とし，直接経費として上記標準歩掛の2％を計上する。
　　　　　2.　照査には，赤黄チェックによる照査も含む。
　　　　　3.　橋台において液状化が生じる地盤での橋台の耐力照査は，技師(A)0.5人，技師(B)0.5人，技師(C)1.0人を追加する。類似構造物の場合は，4－6－5標準歩掛の補正（橋梁下部工）の対象とする。

4－6－5　標準歩掛の補正（橋梁下部工）

(1)　類似構造物

類似構造物の場合は，「標準歩掛」の70％を計上する。

類似構造物の補正は次式による。

歩掛＝標準歩掛×（0.3＋0.7×n）　n：基数（基本構造物＋類似構造物）

（備考）　1.　下部工の躯体幅・高さが変化しても構造型式が同一である場合は類似構造物とする。
　　　　　2.　上部反力及び，下部工の躯体幅，高さが同一で，構造型式も全て同一の場合は1基分のみ計上する。

(2)　景観検討については別途計上する。

4－6－6　橋台・橋脚基礎工歩掛表

本歩掛は，橋梁下部工の橋台・橋脚の基礎に適用する。なお，仮設構造物設計，仮橋設計は含まないものとする。

（1基当り）

工種	型　　式	区分	主任技術者	技師長	主任技師	技師(A)	技師(B)	技師(C)	技術員
橋台	既製杭（鋼管・RC・PHC）	計		0.5	2.0	2.0	3.3	6.3	3.5
橋台	場　所　打　杭（深礎杭を除く）	〃		0.5	2.2	2.4	3.9	9.5	5.2
橋台	深　礎　杭	〃	1.5	1.5	3.0	3.0	7.5	10.0	4.0
橋脚	既製杭（鋼管・RC・PHC）	計		0.5	2.0	2.0	3.8	7.3	3.5
橋脚	場　所　打　杭（深礎杭を除く）	〃		0.5	2.0	2.0	3.8	9.8	5.0
橋脚	深　礎　杭	〃	1.0	1.5	3.5	3.5	8.0	11.0	5.0
橋脚	井　　筒	〃	1.0	1.5	6.5	6.0	18.2	18.7	12.0
橋脚	鋼管矢板ウェル	〃	1.0	3.0	6.5	6.0	18.5	21.0	13.0
橋脚	ニューマチックケーソン	〃	1.0	3.0	6.0	10.0	22.7	23.7	11.5

（備考）　1.　電子計算機使用料は基本構造物を対象とし，直接経費として上記標準歩掛の2％を計上する。
　　　　　2.　照査には，赤黄チェックによる照査も含む。
　　　　　3.　橋台において液状化が生じる地盤での橋台基礎の耐力照査は，技師(A)1.0人，技師(B)1.0人，技師(C)1.0人を追加する。類似構造物の場合は，4－6－7標準歩掛の補正（基礎工）の対象とする。

4—6—7　標準歩掛の補正（基礎工）
 (1) 類似形式の補正
   1) 類似構造物の場合は標準歩掛の70％を計上する。
   2) 類似構造物の補正は次式による。
      歩掛＝標準歩掛×(0.3＋0.7×n)
       n：基数（基本構造物＋類似構造物）
（備考） 1. 下部工の構造型式（重力式，逆Ｔ式，柱式等）が異なる場合，又は，杭種，杭径が異なる場合はそれぞれ1基分として計上する。
　　　　 2. 下部工の躯体幅，高さは変わるが，構造型式が同一で，杭種，杭径が同一の場合は類似構造物とする。
　　　　 3. 下部工の躯体幅，高さ，構造型式が同一で，杭種，杭径も全て同一の場合は1基分のみ計上する。
4—6—8　類似構造物の考え方
 ＊橋梁下部工・橋梁基礎工における類似扱いとする組合せ
　下部工の高さは変化するが構造型式が同一の場合，かつ，基礎工の杭種・杭径が同じ場合。（ただし，杭長・本数は関係しない）
　下記の場合は，基本1箇所，類似1箇所とする。

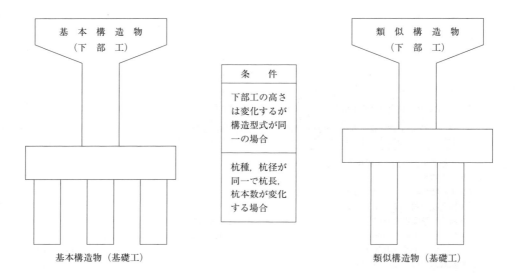

＊橋梁下部工は類似扱い，橋梁基礎工は類似扱いとしない組合せ
　下部工の高さは変化するが構造型式が同一の場合，基礎工の杭種又は杭径が異なる場合。
　下記の場合は，下部工は基本1箇所，類似1箇所とする。基礎工は基本2箇所とする。

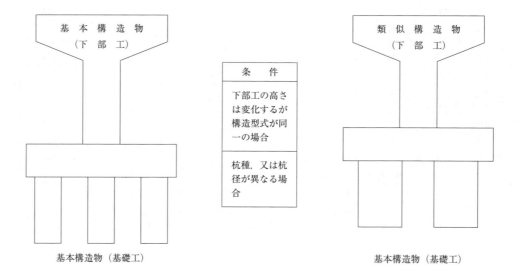

＊橋梁下部工・橋梁基礎工における類似扱いとしない組合せ
　下部工の構造型式が変化し，かつ，基礎工の杭種又は杭径が異なる場合。
　下記の場合は，下部工，基礎工共に基本2箇所とする。

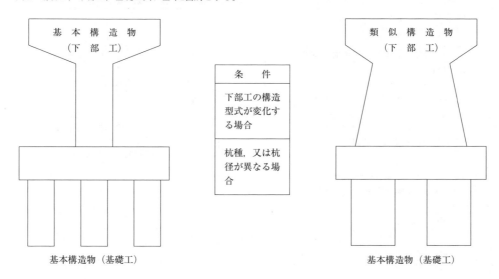

4－6－9　架設計画（1工法）
(1)　適用範囲
　　本歩掛は橋梁上部工の架設計画及び架設工設計に適用する。なお，迂回路等に係わる設計は含まないものとする。
(2)　標準歩掛
(1工法当り)

区　分＼職　種	主任技術者	技師長	主任技師	技師(A)	技師(B)	技師(C)	技術員
設　計　計　画			0.7	1.3			
設　計　計　算				0.6	1.0	1.0	
設　計　図					1.2	1.6	
数　量　計　算						0.7	
照　査				0.5	0.5	0.4	
報　告　書　作　成					1.0	0.9	
合　計			0.7	2.4	3.7	4.6	

（備考）　1.　橋梁上部工架設工法別工法一覧表の架設工法Ⅲに適用する。
　　　　2.　トラック（クローラ）クレーンによる直接架設で，かつ支保工の必要のない簡易な架設は橋梁上部工の歩掛に含む。
　　　　3.　フローティングクレーン工法，台船工法による一括架設及びケーブルエレクション斜吊工法等の特殊工法は，対象としない。
　　　　4.　設計協議については，主目的とする構造物の設計協議に含むものとする。
　　　　5.　照査には，赤黄チェックによる照査も含む。

(3)　増減率
　1)　架設時の応力が橋梁上部の断面決定の要因とはならないが，仮設部材の応力計算，安定計算が必要な場合（架設工法Ⅰ）は標準歩掛の190％。
　2)　架設時の応力が橋梁上部の断面決定の一つの要因となり，かつ仮設部材の応力計算，安定計算が必要となる場合（架設工法Ⅱ）は，標準歩掛の247％

― 475 ―

橋梁上部工架設工法別工法一覧表

	鋼　　　　橋	コンクリート（ＰＣ）橋
架設工法Ⅰ	架設時の応力が橋梁上部の断面決定の要因とはならないが仮設部材の応力計算，安定計算が必要となるもの。 (イ)　ケーブルエレクション工法（直吊り工法）	
架設工法Ⅱ	架設時の応力が橋梁上部の断面決定の一つの要因となり，かつ仮設部材の応力計算，安定計算が必要となるもの。 (イ)　送出し工法 (ロ)　トラベラクレーン工法	(イ)　移動式支保工架設工法（ハンガータイプ） (ロ)　移動式支保工架設工法（サポートタイプ）
架設工法Ⅲ	架設工法Ⅰ，Ⅱ以外の工法で架設工法Ⅰ，Ⅱに比べて比較的簡易なもの。 (イ)　トラッククレーンベント工法 (ロ)　クレーン架設工法（自走式クレーン） (ハ)　クレーン架設工法（門型クレーン）	(イ)　トラッククレーンベント工法 (ロ)　固定式支保工架設工法（上路式） (ハ)　架設桁架設工法（吊下げ式） (ニ)　クレーン架設工法（自走式クレーン） (ホ)　クレーン架設工法（門型クレーン）

4－6－10　横断歩道橋詳細設計

(1)　標準歩掛　　　　　　　　　　　　　　　　　　　　　　　　　　　　　　　　　　　　　（1橋当り）

区分＼職種	主任技術者	技師長	主任技師	技師(A)	技師(B)	技師(C)	技術員
設 計 計 画		1.0	1.0	2.0			
設 計 計 算				3.5	4.5	8.0	
設 　計　 図				8.5	10.5	13.0	
数 量 計 算					3.5	6.0	4.5
座 標 計 算					0.5	0.5	1.0
施 工 計 画			0.5	1.5	1.0	0.5	
照 　　　 査		0.5	1.5		1.0	1.0	
報 告 書 作 成					1.5	1.5	1.0
合 　　　 計	0.0	1.5	3.0	8.5	20.5	27.5	18.5

（備考）　1.　上表は，横断歩道橋設計図集が適用出来ない歩道橋の設計歩掛である。なお，「設計条件の確認」「設計細部事項の検討」「架設計画（トラック〈クローラ〉クレーンによる直接架設で，かつ支保工の必要のない簡易な架設）」については上記に含まれるが，「仮設構造物設計」「橋梁付属物等の設計」は含まないものとする。
　　　　　　2.　上表の設計計画の歩掛には関係機関との協議資料作成を含むものとする。ただし，比較案等の資料が必要な場合は別途計上する。
　　　　　　3.　標準設計を利用し，一部手直しをする場合は，設計計画，設計計算，設計図，照査は標準歩掛の80％，数量計算，座標計算，施工計画，報告書作成は標準歩掛の100％計上する。
　　　　　　　　標準設計を利用する場合は，下記の割増条件による補正は行わない。
　　　　　　4.　上表の歩掛は直接基礎も含むものとする。なお，杭基礎を必要とする場合は，杭基礎の標準歩掛を適用する。
　　　　　　5.　照査には，赤黄チェックによる照査も含む。

　　　　下記の割増し条件による補正計算：標準歩掛×（1＋桁型式による割増＋不静定構造による割増＋渡架型式による割増＋昇降型式による割増）

標準歩掛の補正
　(1)　桁型式による割増
　　　　主桁型式による割増は，Ｃ型，Ｉ型（Ｔ型鋼使用を含む），Ｈ型以外のタイプについて考慮する。
　　　　　　箱桁・ＰＣ桁　　　　　＋25％
　(2)　不静定構造による割増
　　　　　　連続桁・ラーメン構造　＋20％
　(3)　渡架型式による割増（下記型式のうち特殊形状は除く）
　　　　　　二方向横断型・コの字型　＋20％
　(4)　昇降型式による割増
　　　　　　斜路式　　　　　　　　＋20％
　（備考）　上記以外による場合及び景観検討は別途計上する。

(2) 現地踏査　　　　　　　　　　　　　　　　　　　　　　　　　　　　　　　　　　（1業務当り）

区　分 \ 職　種	主任技術者	技師長	主任技師	技師(A)	技師(B)	技師(C)	技術員
		直　接　人　件　費					
現　地　踏　査			0.5	0.5	1.0		

(3) 打合せ
　　中間打合せについては5回を標準とし，必要に応じて打合せ回数を増減する。打合せ回数を変更する場合は，1回当り，中間打合せ1回の人員を増減する。

4－7　地下横断歩道等設計
　4－7－1　適用範囲
　(1) 本歩掛は，車道を横断する地下横断歩道の詳細設計に適用する。
　(2) 本歩掛を適用する各部の設計断面数は，下表に示した断面数までとする。

ＢＯＸ部	4断面まで
連　結　部	2断面まで
出　入　口　部	4断面まで

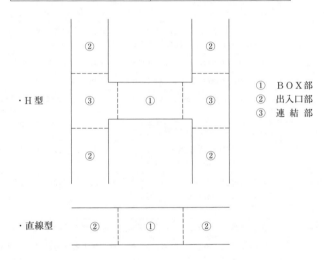

① ＢＯＸ部
② 出入口部
③ 連　結　部

・Ｈ型
・直線型

(3) 広場部を有する地下横断歩道については別途考慮するものとする。

4－7－2　業務内容

工　種	区　分	業　務　内　容
設計計画		特記仕様書に示す事項及び貸与資料を把握の上，現地踏査に基づき設計条件及び設計上の基本事項の整理・検討を行うものとする。また，業務計画書及び関係機関との協議用資料・説明用資料を作成するものとする。
現地踏査		業務の実施に当り，地下横断歩道の計画地点の現地踏査を行い，特記仕様書に示す設計範囲及び貸与資料と現地との整合性を目視により確認し，道路交通及び沿道歩行者の流れ，出入り口の設置位置，地下埋設物，工事帯の確保について，基礎的な現地状況を把握するものとする。
本体設計	平面・縦断線形設計	道路線形計算書，平面及び縦断線形図に基づき，当該構造物の必要箇所について詳細に線形計算を行い，平面及び縦断座標を求めるものとする。
	BOX部	BOX部について必要な設計を行い，形式及び各詳細寸法を決定するものとし，タイル張り及び吹付けなどの標準的な内装仕上げの設計を含むものとする。
	出入口部	出入口部について必要な設計を行い，形式及び各詳細寸法を決定するものとし，階段，斜路などの昇降方式の設計及びタイル張り，吹付けなどの標準的な内装仕上げの設計を含むものとする。
	連結部	BOX部と出入口部との連結部について必要な設計を行い，形式及び各詳細寸法を決定するものとし，タイル張り及び吹付けなどの標準的な内装仕上げの設計を含むものとする。
	基礎	基礎地盤の調査結果により，基礎の種類及び形状を決定するものとする。
景観検討	現地調査	材質の決定や細部にわたる判断を行う基礎資料とするため対象地区の植生，周辺道路の舗装，植栽などを現地調査により把握するものとする。
	課題設定	各部位（地下横断歩道においては出入口，上屋，内部空間）のデザインテーマを設定するものとする。
	デザイン立案	各部位（地下横断歩道においては出入口，上屋，内部空間）のデザイン案の作成を行うものとする。
	比較検討	各部位（地下横断歩道においては出入口，上屋，内部空間）のデザイン案の比較検討を行うものとする。
	採用案決定	比較検討の結果から採用案を決定するものとする。
付属施設設計	給排水施設	散水，清掃用の給水設備及び雨水や浸透する地下水の排水の為の排水施設（集水槽，排水ポンプなど）を設計するものとする。
	照明施設	歩行者に施設の存在を明らかにするとともに，歩行者が安心してこれを利用出来るようにするために，立体横断施設技術基準・同解説（2-10照明，5-9照明設備）に記載されている照明施設を設計するものとする。
	防犯施設	防犯上留意すべき施設として，反射鏡，非常警報装置に関する設計を行うものとする。
	案内施設	出入口及び地下道分岐部への案内板，視覚障害者誘導用ブロックや手摺，点字案内に関する設計を行うものとする。
	電源施設	各付属施設の動力源として電源施設を設計するものとする。
上屋設計		出入口部それぞれの上屋について，必要な設計を行い，形式及び各詳細寸法を決定するものとする。
施工計画	施工方法	交通処理，地下埋設物の処理，安全対策，環境対策，経済性，施工性などに応じて施工方法を決定するものとする。
	仮設構造物設計	施工に必要な，土留工，仮締切工，路面覆工における仮設構造物について安定計算及び断面計算を行うものとする。
	工程計画	施工方法，仮設構造物設計に応じた工程計画を決定するものとする。
設計図		地下横断歩道の位置図，一般図，線形図，構造一般図，躯体構造の詳細図，基礎構造の詳細図を作成するものとする。
数量計算		決定した地下横断歩道本体の詳細形状に対し，特記仕様書に示す方法により，構造物の数量を詳細に計算し，工種別にとりまとめを行うものとする。
照査		設計内容について照合検査を行うものとする。
報告書作成		詳細設計業務の成果として，設計概要書，設計計算書，設計図面，数量計算書，施工計画書についてとりまとめるものとする。

4－7－3　標準歩掛　　　　　　　　　　　　　　　　　　　　　　　　　（地下横断歩道1箇所当り）

工　種	区　分	直　接　人　件　費					
		技師長	主任技師	技師（A）	技師（B）	技師（C）	技術員
設　計　計　画			1.5	3.0	2.5		
現　地　踏　査			0.5	0.5	1.0		
本　体　設　計	平面・縦断線形設計		1.0	1.5	0.5		
	B　O　X　部		1.0	0.5	1.5	1.5	
	出　入　口　部			1.5	3.0	2.0	
	連　結　部			1.5	2.0	1.5	
	基　　　礎			0.5	0.5	1.0	
景　観　検　討	現　地　調　査			0.5	1.0		
	課　題　設　定			0.5	1.0		
	デ ザ イ ン 立 案			0.5	1.0		
	比　較　検　討			0.5	1.0		
	採　用　案　決　定			0.5	1.0		
付 属 施 設 設 計	給　排　水　施　設			1.0	0.5	1.0	0.5
	照　明　施　設				1.0	1.0	0.5
	防　犯　施　設				0.5	0.5	1.0
	案　内　施　設					0.5	1.0
	電　源　施　設				0.5	0.5	1.0
上　屋　設　計				0.5	1.5	0.5	
施　工　計　画	施　工　方　法		1.0	1.0	1.0	0.5	
	仮 設 構 造 物 設 計			1.0	1.0	1.0	0.5
	工　程　計　画			0.5	1.0		
設　計　図				2.0	3.5	7.5	14.5
数　量　計　算					2.5	6.5	8.5
照　　　査			1.5	2.5	1.9	1.9	
報　告　書　作　成					2.5	1.5	1.0
合　　　計		0.0	6.5	20.0	33.4	28.9	28.5

（備考）　1．上屋の形状は「立体横断施設技術基準・同解説」及び「設計便覧（案）」による標準的なものとする。
　　　　2．排水施設は機械設備（ポンプ排水）を標準とする。
　　　　3．防犯施設は非常警報装置（非常ベル，非常灯など）を標準とし，監視用カメラを設計する場合は，別途計上する。
　　　　4．パース作成を行う場合は，別途計上する。
　　　　5．電子計算機使用料として直接人件費合計の2％を計上する。
　　　　6．照査には，赤黄チェックによる照査も含む。

4－7－4　標準歩掛の補正
（1）予備設計の有無による補正
　　予備設計を行わずに詳細設計を行う場合は設計計画の歩掛を下記の補正係数により補正する。

工　種	区　分	補　正　係　数
設　計　計　画	予備設計無し	1.20

（2）平面形状による補正
　　平面形状が直線型の場合には，下表に示した工種について，各工種ごとの補正係数により歩掛を補正する。

工　種	区　分	補　正　係　数
平面・縦断線形設計	平面形状（直線型）	0.60
設　計　図		0.70
数　量　計　算		0.75

(3) 基礎形式による補正

　基礎は直接基礎を標準とし，置換基礎を検討する場合には下記の補正係数により補正する。なお，杭基礎を必要とする場合は，杭基礎の標準歩掛を適用するものとする。

工　　種	区　　分	補　正　係　数
基　　　　礎	置換基礎を検討する場合	1.30

(4) 道路供用区分による補正

　未供用道路（バイパス）の場合には施工計画の歩掛を下記の補正係数により補正する。

工　　種	区　　分	補　正　係　数
施　工　計　画	未供用道路（バイパス）	0.75

4－7－5　そ　の　他

(1) 打合せ

　中間打合せの回数は5回を標準とし，必要に応じて打合せ回数を増減する。打合せ回数を変更する場合は，1回当り，中間打合せ1回の人員を増減する。

4－8　山岳トンネル詳細設計
　4－8－1　適用範囲
　(1) 本歩掛は，関連道路設計及び地質調査資料等，既存の関連資料をもとに，道路トンネルの詳細設計を行う場合に適用する。
　　なお，既成トンネルを拡幅設計する場合は，別途計上する。
　(2) 作業区分
　　山岳トンネル詳細設計歩掛における作業区分は以下のとおりとする。

作業区分	作業の範囲
設 計 計 画	業務概要，実施方針，業務工程，組織計画，打合せ計画等を記載した業務計画書を作成する。
現 地 踏 査	設計範囲及び貸与資料と現地の整合性。地形，地質等の自然条件，地物，環境条件等の周辺状況等の把握。工事用道路・施工ヤード等の施工性の判断及び施工設備計画の立案に必要な現地状況を把握する。
設計条件の確認	道路の幾何構造，建築限界，交通量等の検討・設計上の基本的条件について確認を行う。
本 体 工 設 計	地質調査資料，現地踏査結果及び関連資料等に基づき，技術基準に示される地山分類を行い，地質平面縦断図を作成する。 技術基準及び道路の幅員構成，建築限界，内装版，換気等諸設備の条件及び地山分類等をもとに，内空断面，断面構造を検討・整理し適用断面の選定及び平面縦断図を作成する。 また，選定された適用断面について，支保工の構造及び規模を算定する。必要に応じて，補助工法の併用も考慮した断面及び支保工の検討を行う。 トンネルの延長，地形，地質，地物，トンネル断面及び周辺の環境条件を考慮して，技術的検討，経済的な評価を行い，合理的な掘削方式及び掘削工法を選定する。
坑 門 工 設 計	坑門躯体の構造計算を行うとともに坑門工により必要となる坑門工背部，前部の土工，法面工，抱き擁壁工，排水工の設計を行う。
坑門工比較設計	実測平面図を用い1坑口当り3案程度の比較案を抽出し，総合的な観点から技術的特徴，課題を整理し，評価を加えるとともに簡易な透視図及び比較検討書を作成のうえ，坑門工の位置・型式を選定する。
防 水 工 設 計	トンネル内への漏水を防ぐための防水工の設計を行う。
排 水 工 設 計	トンネルの湧水及び路面水を適切に処理するため，覆工背面排水，路面排水，路盤排水を考慮し，排水溝，排水管，集水桝等の排水構造物の設計を行うとともに，トンネル内の排水系統の計画を行うものとする。
舗 装 工 設 計	交通量をもとに，排水性，照明効果，走行性，維持管理等を考慮し，トンネル内舗装の比較検討のうえ，舗装の種類・構成を設計する。
非常用施設設計	トンネル延長及び交通量をもとに，トンネル等級を決定し，非常用施設を選定，配置計画を行うとともに施設収容のための箱抜きの設計を行う。
施工計画・仮設備計画	施工方法，工程，施工ヤード計画等各事項に関する検討を，とりまとめた施工計画書を作成するとともに，必要に応じて参考図を作成する。 トンネル施工に伴う仮設備（換気，仮排水，電力，ストックヤード，工事用道路検討等）について，各必要項目の検討を行うとともに，参考図を作成する。 指定された位置を対象に，ずり捨場の概略検討を行う。
換 気 検 討	トンネルの延長，縦断勾配，トンネル断面及び周辺の環境条件を考慮して，既存資料をもとに所要換気量を算定し計画可能な3案程度の換気方法を対象に比較検討を行い，経済的かつ合理的な換気方法を選定する。
照　　　査	現地状況，基礎情報の収集，把握の適切性，各種施工条件が設計計画に反映されているか。設計方針及び設計手法の照査。設計計算，設計図，数量の正確性，適切性及び整合性等の照査を行う。

4－8－2　山岳トンネル詳細設計標準歩掛

(1) 設計計画　　　(1業務当り)

区分＼職種	主任技術者	技師長	主任技師	技師(A)	技師(B)	技師(C)	技術員
設　計　計　画		1.5	2.0	2.0	1.5		

(2) 現地踏査　　　(1業務当り)

区分＼職種	主任技術者	技師長	主任技師	技師(A)	技師(B)	技師(C)	技術員
現　地　踏　査		2.0	2.5	2.5	2.0		

(3) 設計条件の確認　　　　　　　　　　　　　　　　　　　　　　　　　　　　　　　　　　　　　　(1業務当り)

区分＼職種	主任技術者	技師長	主任技師	技師(A)	技師(B)	技師(C)	技術員
設計条件の確認			1.5	1.5	1.5		

(4) 本体工設計　　(1断面当り)

区分＼職種	主任技術者	技師長	主任技師	技師(A)	技師(B)	技師(C)	技術員
本　体　工　設　計	1.5	1.5	2.5	4.0	6.0	7.5	11.0

(備考)　1.　設計断面数は，掘削工法と支保パターンの組合せにより計上する。
　　　　　　なお，インバートが必要な場合及び掘削補助工法を併用する場合は，1断面加算する。
　　　　　　ただし「道路トンネル技術基準（構造編）同解説」による標準支保パターンCⅡ-aとCⅡ-b又はDⅠ-aとDⅠ-bを同時に設計する場合で，それぞれ掘削工法が異なる場合は，上記歩掛を適用してよいが，同じ掘削工法の場合は，別途計上する。
　　　　　　またCⅡ-a，CⅡ-b又はDⅠ-a，DⅠ-bのうち一方の断面のみを設計する場合は，上記歩掛を適用する。
　　　　2.　設計断面数が2以上の場合は，下記による。
　　　　　　（計上歩掛）＝（標準歩掛）×（0.4n＋0.6）
　　　　　　　n：設計断面数
　　　　3.　特殊断面で支保覆工断面の構造計算を必要とする場合は別途計上する。

(例)　○○トンネル設計断面数

掘　削　工　法	標準支保パターン	インバート（cm）	断　面　数
補助ベンチ付全断面掘削工法	B	無し	1
〃	CⅡ-a	〃	1
上部半断面工法	DⅠ-a	45	1
〃　補助工法併用	DⅠ-b	45	1
上　部　半　断　面　工　法	DⅡ	50	1
設計断面数合計（n）			5

(5) 坑門工
① 坑門工設計 (1坑口当り)

区分＼職種	主任技術者	技師長	主任技師	技師(A)	技師(B)	技師(C)	技術員
面 壁 型			2.5	3.5	4.0	6.0	8.5
突 出 型			2.5	4.0	5.5	10.0	11.5

(備考) 1. 面壁型とは,重力・半重力式,ウイング式,アーチウイング式を含む。
2. 突出型とは,突出・半突出式,竹割式を含む。
ただし,ベルマウス式については別途計上する。
3. 坑門工で必要となる坑門工背部,前部の土工,法面工,抱き擁壁工,排水工等の設計を含む。
ただし,坑門工前部・背部の落石・雪崩防止工,地すべり対策工及び坑門工の杭基礎等の設計を行う場合は別途計上する。
4. 坑門型式が同一で,長さ及び幅等が異なり,設計図・材料計算を別にする必要がある類似構造物についての歩掛は,次による。
　　[基準構造物　1.0
　　　類似構造物　0.8]

② 坑門工比較設計 (1坑口当り)

区分＼職種	主任技術者	技師長	主任技師	技師(A)	技師(B)	技師(C)	技術員
比 較 設 計			1.0	1.5	2.0	2.5	2.5

(備考) 1. 上表は,坑門工の位置・型式の選定を検討する場合に計上する。
なお,坑門工比較検討を行う場合は特記仕様書に明示する。
2. 着色パース等を作成する場合は,別途計上する。
3. 併設トンネルで坑門工比較設計を両トンネル同時に行う場合は,片方のトンネル(2坑口)のみ標準歩掛を適用し,残りのトンネルは別途計上するものとする。

(6) 防水工設計 (1断面当り)

区分＼職種	主任技術者	技師長	主任技師	技師(A)	技師(B)	技師(C)	技術員
防 水 工 設 計						1.0	1.0

(備考) 本体工の設計断面数(n)とする。

(7) 排水工設計 (1トンネル当り)

区分＼職種	主任技術者	技師長	主任技師	技師(A)	技師(B)	技師(C)	技術員
排 水 工 設 計				2.0	3.5	5.5	7.0

(備考) トンネルが連続しており,複数のトンネルを1つのトンネルとして(一体で)設計する場合はその複数トンネルを1トンネルとする。

(8) 舗装工設計 (1トンネル当り)

区分＼職種	主任技術者	技師長	主任技師	技師(A)	技師(B)	技師(C)	技術員
舗 装 工 設 計					4.5	4.0	6.5

(備考) トンネルが連続しており,複数のトンネルを1つのトンネルとして(一体で)設計する場合はその複数トンネルを1トンネルとする。

(9) 非常用施設設計

(1トンネル当り)

区分＼職種	主任技術者	技師長	主任技師	技師(A)	技師(B)	技師(C)	技術員
等級 AA				3.5	5.0	9.5	15.0
等級 A				3.5	4.0	6.5	13.5
等級 B				2.5	3.5	5.0	8.0
等級 C				2.0	3.5	4.0	7.0

（備考） 1. 上表は，非常施設の選定，配置計画及び箱抜き設計が含まれる。
2. トンネル等級区分が，AA，A，B，Cとなる場合に計上するものとする。なお，特記仕様書に計画交通量を明示する。
3. トンネルが連続しており，複数のトンネルを1つのトンネルとして（一体で）設計する場合はその複数トンネルを1トンネルとする。

(10) 施工計画・仮設備計画

(1トンネル当り)

区分＼職種	主任技術者	技師長	主任技師	技師(A)	技師(B)	技師(C)	技術員
施工計画・仮設備計画			4.5	6.0	7.5	12.5	15.5

（備考） 1. 上表には，共通仕様書の「施工計画」「仮設備計画」「ずり捨場の概略検討」が含まれる。
なお，ずり捨場の詳細設計は含まれない。
2. トンネルが連続しており，複数のトンネルを1つのトンネルとして（一体で）設計する場合はその複数トンネルを1トンネルとする。

(11) 換気検討

(1トンネル当り)

区分＼職種	主任技術者	技師長	主任技師	技師(A)	技師(B)	技師(C)	技術員
換気検討			2.5	5.5	6.0	4.5	4.5

（備考） 1. 上表は，所要換気量の算定及び換気方法の選定を検討する場合に計上するものとする。
なお，換気検討を行う場合は特記仕様書に明示する。
2. トンネルの計画延長に応じ，下記の補正を行う。
（計上歩掛）＝（標準歩掛）×（補正係数）
（補正係数）＝ $0.6+0.4L$
L：トンネル計画延長（km）
（延長はキロメートル単位とし小数第2位四捨五入第1位止め）
3. トンネルが連続しており，複数のトンネルを1つのトンネルとして（一体で）設計する場合はその複数トンネルを1トンネルとする。

(12) 照査

(1業務当り)

区分＼職種	主任技術者	技師長	主任技師	技師(A)	技師(B)	技師(C)	技術員
照査		1.5	2.0	1.5	12.0	11.0	

（備考） 照査には，赤黄チェックによる照査も含む。

4－8－3　標準歩掛の補正
(1)　トンネルの計画延長が700m以下の場合には，下表の補正係数を(2)の各歩掛に乗ずるものとする。

計画延長　(m)	補正係数
100以下	0.50
100を超え200以下	0.60
200　〃　300　〃	0.70
300　〃　500　〃	0.80
500　〃　700　〃	0.90

(2)　歩掛の補正は，舗装工設計，施工計画・仮設備計画に適用する。

4－8－4　標準歩掛の留意事項
(1)　予備設計の有無に関係なく同様の歩掛とする。
(2)　「設計図」「数量計算」「報告書作成」は，各歩掛区分に含まれる。
(3)　「関係機関との協議資料作成」が必要な場合は，別途計上する。
(4)　「坑門工比較設計」及び「換気検討」の作業内容は，山岳トンネル予備設計に準じた設計である。
(5)　内装版，天井版が必要な場合は，別途計上する。
(6)　仮設構造物の設計が必要な場合は，別途計上する。
(7)　「非常用施設設計」及び，「換気検討」歩掛には，設備設計は含まれない。
(8)　併設トンネルの詳細設計（2本同時）を行う場合は次による。
　　イ）計画延長は，延長の長い方のトンネルを対象とする。
　　ロ）設計断面数は，掘削工法と巻厚の組合せにより必要数計上する。
　　　ただし，1本の本体工各設計断面を2本目に修正することなく使用できる場合は，1本目のみの設計断面数とする。
(9)　景観検討が必要な場合は，別途計上する。

4－8－5　その他
(1)　電子計算機の使用料
　　1.　電子計算機の使用料は，直接経費として2.の直接人件費の合計の2％を計上する。
　　2.　電子計算機使用料は，本体工設計，坑門工設計に計上する。
(2)　打合せ
　　中間打合せの回数は5回を標準とし，必要に応じて打合せ回数を増減する（以下に示す打合せを含む）。打合せ回数を増減する場合は，1回当り，中間打合せ1回の人員を増減する。
　　①　当初基本方針打合せ
　　②　中間打合せ（地質図，線形図）
　　③　中間打合せ（断面，本体）
　　④　中間打合せ（坑門，その他付属構造物）
　　⑤　中間打合せ（施工計画，仮設備，報告書原案）
　　⑥　成果品納入

4−9　共同溝設計
　4−9−1　共同溝予備設計
(1)　適用範囲
　　実測平面図，縦断，横断図をもとに行われる一般的な開削工法の予備設計に適用するものとし，特殊工法（シールド工法）は，除外するものとする。
(2)　標準歩掛　　（1km当り）

区分＼職種	主任技術者	技師長	主任技師	技師(A)	技師(B)	技師(C)	技術員
設　計　計　画		1.5	2.0	3.0	6.5		
現　地　踏　査			2.0	1.5	1.5		
平面・縦断線形設計				3.0	3.5	4.0	
概算工事費算出				3.0	5.0	7.0	8.0
設　計　図					5.5	9.5	11.5
報　告　書　作　成			2.0	2.0	4.5	4.5	
照　　　査		1.5	1.0	2.0			
合　　　計	0.0	3.0	7.0	14.5	26.5	25.0	19.5

（備考）　1.　本体，仮設構造物の断面寸法は原則として既往の資料や簡単な力学計算より求めるものとするが，他事業関連で詳細に検討する必要がある場合は別途計上する。
　　　　　2.　既設埋設物件資料は，貸与を原則とする。
　　　　　3.　設計協議及び報告書作成に要する用紙，青焼，製本代は別途計上する。
　　　　　4.　標準歩掛は2洞道を原則とし，1洞道を増減するごとに10%の範囲で増減してよい。
　　　　　5.　パース作成の必要がある場合は，別途計上する。

　4−9−2　共同溝詳細設計［開削工法］

　　この歩掛は幹線共同溝のうち開削工法で行う場合に適用する。
(1)　標準歩掛
　①　設計計画　　　（1業務当り）

区分＼職種	主任技術者	技師長	主任技師	技師(A)	技師(B)	技師(C)	技術員
設　計　計　画		1.5	2.0	2.5	2.5	2.5	

② 全体設計 (1km当り)

区分＼職種	主任技術者	技師長	主任技師	技師(A)	技師(B)	技師(C)	技術員
現地踏査			1.5	2.5	2.5	2.5	
設計条件の整理・検討	2.5	6.5	13.0	12.5	12.0		
平面・縦断設計			2.5	7.0	9.0	9.0	12.5
数量計算				3.0	5.5	12.5	16.0
合計	0.0	2.5	10.5	25.5	29.5	36.0	28.5

（備考）1．上記は歩掛補正表に示す基本条件に対する歩掛であり，設計条件が異なる場合は歩掛補正表に従い補正したものを使用するものとする。
　　　　なお，補正方法は
　　　　　設計歩掛＝標準歩掛×（1＋K1＋K2＋K3＋K4＋K5＋K6＋K7）　とする。
2．補正係数：K7の特殊検討の項目とは下記の7項目とし，特殊検討を行う場合はその旨特記仕様書に明示するものとする。
　(1) 交差物件　10％：共同溝が河川，鉄道等と交差する際，構造，施工方法等で特に検討を要する場合。
　(2) 近接施工　10％：近接施工の影響範囲内で対策方法等を検討する場合。ただし近接施工の影響範囲の判定は除くものとする。
　(3) 本体縦断検討　5％：「共同溝設計指針　5.1.14　共同溝縦断方向の検討」に該当し検討・設計を行う場合。
　(4) 大規模山留設計　5％：「共同溝設計指針　7.4　大規模山留設計」に該当し検討・設計を行う場合。
　(5) 耐震検討　5％：耐震検討，液状化対策を検討する場合。ただし液状化の判定及び地震時の動的解析は除くものとする。
　(6) プレキャスト工法　5％：プレキャスト工法により設計する場合。
　(7) その他　5％：その他必要となる特殊検討事項。
3．パース作成の必要がある場合は，別途計上する。
4．参画企業及び関係機関との協議用資料作成費は，設計条件の整理・検討等の各区分に含まれるが，現場条件の変更に伴う施工・設計方針の変更の検討資料作成は含まれない。

歩掛補正表

補正項目	基本条件（補正係数）＝0	補正条件	補正係数又は補正係数算出式	備考
予備設計成果の有無	有	無	K1(%)＝45	
参加企業数	2企業	3企業以上	K2(%)＝25×（参加企業数－2）	
市街地か否か	市街地	市街地以外	K3(%)＝－10	市街地とはDID地区又はそれに準ずる地区をいう。
既設道路か否か	既設道路	新設又は改築道路	K4(%)＝－10	既設道路とは共同溝の建設に伴い道路附属物，舗装等の撤去復旧の設計が必要な場合をいう。
同調施工事業	無	有	K5(%)＝20	同調施工＝有とは共同溝の建設が地下鉄，都市高速道路等他事業と同調（同時）施工となり，構造，施工方法等で検討，協議，調整等が必要となる場合をいう。
断面設計の平均数量	8断面／km	8断面／km以外	K6(%)＝5×（断面設計平均数量－8）	断面設計平均数量（断面／km）＝｛仮設構造物断面設計数量＋一般部断面設計数量｝÷｛2×設計延長（km）｝
特殊検討	無	有	K7(%)＝特殊検討の補正値の合計	特殊検討の項目数は上表（備考）2による。

◎断面設計平均数量の補正係数：K6の算出例
　【設計条件】
　　　設　計　延　長：0.75 km
　　　仮設構造物断面設計：覆　工　　6断面　　計　8断面
　　　　　　　　　　　　　無覆工　　2断面　　（覆工，無覆工の区別はしない）
　　　一般部断面設計：2洞道　　4断面　　計　6断面
　　　　　　　　　　　3洞道　　2断面　　（洞道数による区別はしない）

$$断面設計平均数量 = \frac{8+6}{2 \times 0.75}$$

$$= 9.333$$

$$= 9 断面／km　　（整数値に四捨五入する）$$

$$K6 = 5 \times (9-8)$$

$$= 5\%$$

③　一般部断面設計
　　本歩掛は共同溝本体のうち縦断的に連続する一般部の1断面の設計に適用する。

（1断面当り）

区　分＼職　種	主任技術者	技師長	主任技師	技師(A)	技師(B)	技師(C)	技術員
応　力　計　算				0.5	1.0	1.5	
設　計　図　面　作　成						2.0	3.0
数　量　計　算						1.0	2.0
合　　　　計	0.0	0.0	0.0	0.5	1.0	4.5	5.0

（備考）　1.　上記歩掛は2洞道断面のものであり，洞道数が異なる場合は次式により補正するものとする。
　　　　　　補正係数(%) = 20 × (洞道数 − 2)
　　　　　　設計歩掛 = 標準歩掛 × (1 + 補正係数)
　　　　2.　プレキャスト工法により設計を行う場合は，標準歩掛を5％割増すものとする。

④　換気口部設計
　　本歩掛は，共同溝本体のうち強制換気口及び自然換気口1箇所の設計に適用する。

（1箇所当り）

区　分＼職　種	主任技術者	技師長	主任技師	技師(A)	技師(B)	技師(C)	技術員
応　力　計　算				1.0	1.0	1.5	
設　計　図　作　成						2.5	5.0
数　量　計　算						1.5	2.5
合　　　　計	0.0	0.0	0.0	1.0	1.0	5.5	7.5

⑤ 仮設構造物設計
　鋼矢板による締切，H鋼親杭土留方式による仮設構造物の設計に適用する。
　ただし，本歩掛は縦断的に連続する仮設構造物の1断面を設計するものである。

（1断面当り）

区分＼職種	主任技術者	技師長	主任技師	技師(A)	技師(B)	技師(C)	技術員
応力計算				0.5	1.0	1.0	
設計図作成						0.5	2.0
数量計算						0.5	1.0
合計	0.0	0.0	0.0	0.5	1.0	2.0	3.0

（備考）　1. 上記歩掛は仮設構造物に覆工がある場合のものであり，覆工が無い（無覆工）断面は上記歩掛を25％減ずるものとする。
　　　　　2. アンカー工による対策が必要となる場合は，別途計上する。

⑥ 特殊部設計
　本歩掛は，共同溝本体のうち特殊部及び一般部のうち1スパンで設計を行う必要のあるもの（※備考3）1箇所の設計に適用する。

（1箇所当り）

区分＼職種	主任技術者	技師長	主任技師	技師(A)	技師(B)	技師(C)	技術員
応力計算			1.0	0.5	1.5	2.0	
設計図作成					1.5	3.0	4.5
数量計算						2.0	3.0
合計	0.0	0.0	1.0	0.5	3.0	7.0	7.5

（備考）　1. 上記歩掛は1断面変化のものであり断面変化数（※備考2）が異なる場合は次式により補正するものとする。
　　　　　　　補正係数(%) ＝ 30 × (断面変化数 − 1)
　　　　　　　設計歩掛 ＝ 標準歩掛 × (1 ＋ 補正係数)
　　　　　2. 断面変化数とは，設計する特殊部と一般部の各洞道断面を比較し，特殊部において洞道断面の変化している数とする。
　　　　　　　【例1─TB】
　　　　　　　　1断面変化：補正係数＝0
　　　　　　　【例2─TBEB】
　　　　　　　　2断面変化：補正係数＝30％

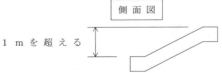

　　　　　3. 一般部のうち1スパンで設計を行う必要のあるものの例
　　　　　　　【例1─土被りが1mを超えて変化する場合】→1断面変化相当とし，1箇所計上する。

　　　　　　　【例2─1層2連から2層1連に変化する場合】→1断面変化相当とし，1箇所計上する。

⑦ 施工計画　　　　　　　　　　　　　　　　　　　　　　　　　　　　　（1業務当り）

区分＼職種	主任技術者	技師長	主任技師	技師(A)	技師(B)	技師(C)	技術員
施　工　計　画				2.0	2.0	2.5	

⑧ 照査　　　　　　　　　　　　　　　　　　　　　　　　　　　　　　（1業務当り）

区分＼職種	主任技術者	技師長	主任技師	技師(A)	技師(B)	技師(C)	技術員
照　　　査			3.0	7.0	11.6	6.6	

（備考）　照査には，赤黄チェックによる照査も含む。

⑨ 報告書作成　　　　　　　　　　　　　　　　　　　　　　　　　　　（1業務当り）

区分＼職種	主任技術者	技師長	主任技師	技師(A)	技師(B)	技師(C)	技術員
報　告　書　作　成			2.0	4.0	2.5	2.0	1.5

⑩ 電子計算機使用料
　　電子計算機使用料は，直接経費として直接人件費の合計に対して，3％を計上する。

4－9－3　シールド共同溝詳細設計
　　この歩掛は，幹線共同溝のうちシールド工法で行う場合に適用する。

(1) 標準歩掛（予備設計あり）　　　　　　　　　　　　　　　　　　　　（1km当り）

区分＼職種	主任技術者	技師長	主任技師	技師(A)	技師(B)	技師(C)	技術員
設　計　計　画		1.0	2.0	3.0	3.5	2.5	
現　地　踏　査			2.0	3.0	2.5	1.5	
基本条件検討整理			2.5	4.0	6.0	6.5	6.5
機種選定及び位置検討			3.5	3.5	4.5	3.5	
特殊事項の検討			5.5	6.0	6.5	8.5	
覆　工　の　設　計				3.5	5.0	4.5	
施　工　計　画			4.5	10.5	10.5	21.5	16.0
設　計　図			4.5	6.0	8.0	6.5	5.0
本　体　構　造　設　計			5.0	10.5	12.0	11.0	6.0
関係機関との協議資料作成			3.5	5.5	7.5	8.0	
照　　　査		2.0	3.5	8.0	12.8	8.3	
報　告　書　作　成			9.5	10.5	10.0	7.0	
合　　　計	0.0	3.0	46.0	74.0	88.8	89.3	33.5

（備考）　1. シャフト部設計を行う場合は別途計上する。
　　　　　2. 耐震検討における，液状化の判定及び地震時の動的解析は別途計上する。
　　　　　3. 照明，受配設備計画を行う場合は別途計上する。
　　　　　4. 照査には，赤黄チェックによる照査も含む。

(2) 立坑設計（予備設計あり）　　　　　　　　　　　　　　　　　　　　　　　　　　　（1箇所当り）

区　分＼職　種	直　接　人　件　費					
	主任技術者	技師長	主任技師	技師(A)	技師(B)	技師(C)	技術員
立　坑　設　計		8.0	21.5	21.5	27.5	27.5	

（備考）　仮設工法が同一な場合，立坑の設計箇所数は次式による。
　　　　　箇所数(n) = 1 + (n₁ − 1)×0.85
　　　　　n₁；仮設工法が同一な設計を行う設計箇所数。

(3)　電子計算機使用料
　　　電子計算機使用料は，直接経費として直接人件費の3％を計上する。

4—10　電線共同溝（C・C・BOX）設計
　4—10—1　電線共同溝（C・C・BOX）予備設計
(1)　標準歩掛
　　　本歩掛は，既存の関連資料をもとに最適な構造，線形，施工方法の選定を行う設計で，設計延長が0.75 km超～1.0 km以下，設計地域が市街地（DID地区）の場合を標準とする。設計延長等条件が異なる場合は，割増率等により標準歩掛を補正するものとする。
　　　なお，適用範囲は4 kmまでとする。

（1箇所当り）

区　分＼職　種	直　接　人　件　費					
	技師長	主任技師	技師(A)	技師(B)	技師(C)	技術員
設　計　計　画	1.0	1.0	1.5	1.5	1.5	
現　地　踏　査		1.5	1.0	0.5	0.5	1.5
設計条件の整理検討		1.0	1.5	1.5	1.5	1.5
平面・縦断線形設計		1.0	1.5	2.0	2.0	1.5
管　路　部　設　計			1.5	1.5	1.5	0.5
特　殊　部　設　計			1.5	2.0	0.5	0.5
地　上　機　器　部　設　計			1.0	1.0	0.5	0.5
概　算　工　事　費　算　出			1.0	1.5	1.5	1.0
関係機関との協議用資料作成		1.0	1.0	2.0	2.5	2.0
照　　　査		1.5	1.0	1.0		
報　告　書　作　成		1.0	2.0	2.5	2.0	1.0
計	1.0	8.0	14.5	17.0	14.0	10.0

（備考）　1.　本歩掛の適用範囲は原形復旧までとする。歩道等の景観を考慮した設計を行う場合は別途計上する。
　　　　　2.　仮設構造物設計は標準歩掛に含まれる。
　　　　　3.　設計場所の異なる場所を同時に設計する場合には，各々の場所ごとに上記標準歩掛を適用し補正するものとする。
　　　　　4.　設計延長とは，電線共同溝の実延長をいい，両側歩道に設置する場合には，道路延長×2のように計上する。

(2) 標準歩掛の補正
　① 標準歩掛の補正方法
　　標準歩掛の補正方法は，次式によって行うものとする。
　　ただし，打合せ等（打合せ及び関係機関との打合せ協議）は補正を行わない。
　　　　　設計歩掛＝標準歩掛×割増率×（1＋変化率）
　② 標準歩掛の割増率及び変化率
　　1）設計延長による補正
　　　標準歩掛は設計延長により次表の割増を行うものとする。

設　計　延　長（m）	割増率
500m以下	0.8
500m超～　750m以下	0.9
750m超～1,000m以下	1.0
1,000m超～1,500m以下	1.1
1,500m超～2,000m以下	1.2
2,000m超～2,500m以下	1.3
2,500m超～3,000m以下	1.4
3,000m超～3,500m以下	1.4
3,500m超～4,000m以下	1.5

　　2）地域による補正
　　　市街地（DID地区）以外の地域又は計画道路（区画整理地内道路含む）において設計した場合は，下表の変化率により標準歩掛を補正するものとする。

区　　　分	変化率(%)
予　備　設　計	－15

（備考）設計区間内に地域がまたがる場合は，設計延長により加重平均するものとする。
　　　　対象地域の変化率＝$L_1 \div L \times (-15\%)$
　　　　　L：設計延長
　　　　　L_1：市街地（DID地区）以外の地域
　　　　　　　又は計画道路（区画整理地内道路含む）
　　　　　　　の延長

(3) その他
　① 打合せ
　　中間打合せの回数は5回を標準とし，必要に応じて打合せ回数を増減する。打合せ回数を増減する場合は，1回当り，中間打合せ1回の人員を増減する。

4—10—2　電線共同溝（C・C・BOX）詳細設計
(1) 標準歩掛
　　本歩掛は，予備設計成果に基づいて工事に必要な詳細構造の設計を行う詳細設計で，設計延長が0.75km超～1.0km以下設計地域が市街地（DID地区）の場合を標準歩掛とする。設計延長等条件が異なる場合は，割増率等により標準歩掛を補正するものとする。
　　なお，適用範囲は4km以下とする。
① 全体設計　　　（1箇所当り）

区分	職種	技師長	主任技師	技師(A)	技師(B)	技師(C)	技術員
設計計画		1.0	1.0	1.0	1.0	0.5	
全体設計	現地踏査		0.5	1.5	1.0	0.5	
	設計条件の整理検討		1.5	1.0	1.5	0.5	1.0
	平面・縦断線形設計		1.0	2.0	3.0	3.0	3.5
	数量計算			1.5	3.0	3.5	5.0
管路部設計				1.5	2.5	2.5	3.5
特殊部設計				2.5	2.5	2.5	4.5
地上機器部設計				2.0	2.0	2.0	1.5
施工計画			1.0	1.0	1.5	0.5	
関係機関との協議用資料作成			1.0	1.0	2.5	1.5	1.5
照査			1.0	1.5	3.0	3.0	
報告書作成			1.0	2.0	2.5	0.5	2.0
合計		1.0	8.0	18.5	26.0	20.5	22.5

（備考）1. 本歩掛の適用範囲は原形復旧までとする。歩道等の景観を考慮した設計を行う場合は別途計上する。
　　　　2. 応力計算を必要としない掘削深さ2.0m程度の仮設構造物設計は施工計画に含むものとする。
　　　　3. 応力計算を伴う管路部，特殊部，地上機器部，仮設構造物の各設計を行う場合は，②各部設計を必要により計上する。
　　　　4. 予備設計成果がない場合は標準歩掛の補正により補正し積算するものとする。
　　　　5. 河川横断，橋梁添架が伴う設計は，その箇所ごとに別途計上する。
　　　　6. 設計場所の異なる場所を同時に設計する場合には，各々の場所ごとに上記標準歩掛を適用し補正するものとする。
　　　　7. 設計延長とは，電線共同溝の実延長をいい，両側歩道に設置する場合には，道路延長×2　のように計上する。
　　　　8. 電子計算機使用料は，直接経費として直接人件費の2%を計上する。
　　　　9. 照査には，赤黄チェックによる照査も含む。

② 各部設計　　（1ケース当り）

区分	職種	技師長	主任技師	技師(A)	技師(B)	技師(C)	技術員
管路部詳細設計				0.5	0.5		
特殊部詳細設計				0.5	0.5	1.0	
地上機器部詳細設計					0.5	0.5	
仮設構造物詳細設計					0.5	1.0	

（備考）1. 本表は応力計算を伴う各部を対象とする。
　　　　2. 仮設構造物詳細設計は，掘削深さ2m程度を超えるもの，または，土質状況等により必要と判断する場合に行うものとする。
　　　　3. 応力計算ケース数により4—10—2(2)②2）の割増を行うものとする。
　　　　4. 応力計算ケース数とは設計条件ごとの数のことであり，応力計算の必要箇所ごとではない。
　　　　　　例として，電線の入溝予定条数や地質条件等の設計条件が同一であれば，ケース数は1とする。
　　　　5. 電子計算機使用料は，直接経費として直接人件費の2%を計上する。

(2) 標準歩掛の補正
　① 標準歩掛の補正方法
　　標準歩掛の補正方法は次式打合せによって行うものとする。
　　ただし，打合せ等（打合せ及び関係機関との打合せ協議）は補正を行わない。
　　設計歩掛＝（全体設計標準歩掛×割増率１＋各部設計×割増率２）×（１＋Σ変化率）
　② 標準歩掛の割増率及び変化率
　　１）設計延長による補正
　　　全体設計標準歩掛は設計延長により次表の割増を行うものとする。

設　計　延　長（m）	割増率１
500m以下	0.7
500m超〜　750m以下	0.8
750m超〜1,000m以下	1.0
1,000m超〜1,500m以下	1.2
1,500m超〜2,000m以下	1.4
2,000m超〜2,500m以下	1.6
2,500m超〜3,000m以下	1.8
3,000m超〜3,500m以下	1.9
3,500m超〜4,000m以下	2.1

　　２）応力計算ケース数による補正
　　　応力計算を伴う各部設計標準歩掛は，応力計算ケース数により次表の割増を行うものとする。

応力計算ケース数	割増率２
１〜３	1.0
４	1.1
５	1.2
６	1.2
７	1.3
８	1.4
９	1.5
10	1.6
11	1.6
12	1.7

　　３）予備設計成果がない場合の補正
　　　予備設計成果のない場合は次表の変化率により標準歩掛を補正する。

区　　分	変化率(%)
詳　細　設　計	＋30

4）地域による補正

市街地（DID 地区）以外の地域又は計画道路（区画整理地内道路含む）において設計した場合は次表の変化率により標準歩掛を補正するものとする。

区　　分	変化率(％)
詳　細　設　計	－15

(備考)　設計区間内に地域がまたがる場合は，設計延長により加重平均するものとする。
　　　　対象地域の変化率 ＝ $L_1 \div L \times (-15\%)$
　　　　　　L：設計延長
　　　　　　L_1：市街地（DID 地区）以外の地域
　　　　　　　　　又は計画道路（区画整理地内道路含む）
　　　　　　　　　の延長

(3)　そ の 他

①　打 合 せ

中間打合せ回数は5回を標準とし，必要に応じて打合せ回数を増減する。打合せ回数を増減する場合は，1回当り，中間打合せ1回の人員を増減する。

②　関係機関打合せ協議

関係機関とは入溝企業者，地下埋設企業者などをいう。

4−11 仮設構造物詳細設計
4−11−1 土留工
(1) 土留工詳細設計

① 適用範囲

本歩掛は，道路構造物等の施工に伴う仮設の土留工（鋼矢板工法，親杭横矢板工法［H形鋼］）に適用する。
なお，指定仮設を検討する場合は，本歩掛を適用せず別途計上とする。

② 作業区分

土留工における作業区分は以下のとおりとする。

作業区分	区　分	作　業　の　範　囲
設計計画	設計計画	業務の目的・主旨を把握したうえで，特記仕様書に示す業務内容，設計条件を確認し，構造型式の比較検討を行う。また，業務概要，実施方針，業務工程，組織計画，打合せ計画等を記載した業務計画書（照査計画を含む）を作成する。
	施工計画	仮設構造物に関する，計画工程表，施工順序，施工方法，資材・部材の搬入計画，工事費積算にあたって必要な計画を記載した施工計画の作成を行う。なお，施工計画書には設計と不可分な施工上の留意点についてとりまとめを行い，記載する。
設計計算	設計計算	地盤条件，施工条件及び周辺環境条件等，基本的に定まった条件のもとで応力計算を行い，材料の種類，規格，長さ（根入れ長）等を決定する。
設計図	設計図	設計計算により定められた諸条件で，構造一般図，詳細図等を作成する。
数量計算	数量計算	決定した仮設構造物詳細形状に対して，数量算出要領に基づき，各項目ごとに数量の算出を行う。
照　査	照　査	基本的な条件決定に伴う，施工条件，設計方針，設計手法及び設計計算，設計図，数量計算等の適切性及び整合性等の照査。
報告書作成	報告書作成	設計条件，構造型式決定の経緯と選定理由，設計計算書，設計図面，数量計算書，概算工事費，施工計画書，施工段階での注意事項，現地踏査等の内容のとりまとめを行う。

③ 標準歩掛

　ア．自立式の場合　　　　　　　　　　　　　　　　　　　　　　　　　　　　　　（1基当り）

区分＼職種	主任技術者	技師長	主任技師	技師(A)	技師(B)	技師(C)	技術員
設計計画				0.5			
設計計算					0.5	1.0	
設計図						0.5	1.0
数量計算							2.0
照査					1.2	0.2	
報告書作成						1.0	
合計	0.0	0.0	0.0	0.5	1.7	2.7	3.0

（備考）1. 電子計算機使用料は基本構造物を対象とし，直接経費として上記標準歩掛の2％を計上する。
　　　　2. 打合せ・現地踏査については，主目的とする構造物の打合せ・現地踏査に含むものとする。
　　　　3. 照査には，赤黄チェックによる照査も含む。

　イ．切梁式（2段）の場合　　　　　　　　　　　　　　　　　　　　　　　　　（1基当り）

区分＼職種	主任技術者	技師長	主任技師	技師(A)	技師(B)	技師(C)	技術員
設計計画				0.5	1.0		
設計計算					0.5	1.5	
設計図						0.5	1.5
数量計算						0.5	2.0
照査					1.2	0.2	
報告書作成						1.0	
合計	0.0	0.0	0.0	0.5	2.7	3.7	3.5

（備考）1. 電子計算機使用料は基本構造物を対象とし，直接経費として上記標準歩掛の2％を計上する。
　　　　2. 打合せ・現地踏査については，主目的とする構造物の打合せ・現地踏査に含むものとする。
　　　　3. 同一基内で切梁段数（アンカー段数）が変化する場合，又は，切梁・アンカー併用の場合は別途計上する。
　　　　4. 照査には，赤黄チェックによる照査も含む。

ウ．タイロッド式の場合　　　　　　　　　　　　　　　　　　　　　　　　（1基当り）

区　分 ＼ 職　種	主任技術者	技師長	主任技師	技師(A)	技師(B)	技師(C)	技術員
設　計　計　画				0.5	1.0		
設　計　計　算					1.5	1.5	
設　計　図					1.0	1.0	1.5
数　量　計　算						0.5	2.0
照　　査				0.5	2.1	0.6	
報　告　書　作　成						1.0	
合　　計	0.0	0.0	0.0	1.0	5.6	4.6	3.5

（備考）　1．電子計算機使用料は基本構造物を対象とし，直接経費として上記標準歩掛の2％を計上する。
　　　　　2．打合せ・現地踏査については，主目的とする構造物の打合せ・現地踏査に含むものとする。
　　　　　3．タイロッド段数が変化する場合，上記標準歩掛の補正は行わないものとする。
　　　　　4．照査には，赤黄チェックによる照査も含む。

(2) 標準歩掛の補正（土留工）
　① アンカー式の場合の補正
　　　アンカー式（アンカー2段を標準）の場合は，切梁式（2段）「標準歩掛」の145％を計上する。
　　　　　標準歩掛×（1＋0.45）
　② タイロッド式の場合の補正
　　　タイロッド式で切梁式併用の場合は，タイロッド式「標準歩掛」の125％を計上する。
　　　　　標準歩掛×（1＋0.25）
　（備考）　1．上記は，切梁2段の場合であり，それ以外の段数の場合は③「切梁段数による補正」を追加適用する。
　　　　　　2．同一基内で切梁段数が変化する場合は別途計上する。
　③ 切梁段数による補正

段　数	標準歩掛（切梁式2段）に対する補正
1　段	標準歩掛（切梁式2段）×（1−0.15）
3　段	標準歩掛（切梁式2段）×（1＋0.10）
4　段	標準歩掛（切梁式2段）×（1＋0.15）

（備考）　切梁5段以上については別途計上する。

　④ アンカー段数による補正

段　数	アンカー式2段に対する補正
1　段	アンカー式2段×（1−0.15）
3　段	アンカー式2段×（1＋0.10）
4　段	アンカー式2段×（1＋0.15）

（備考）　アンカー式5段以上については別途計上する。

　⑤ 同一基内で複数の設計計算箇所の補正（切梁式，タイロッド式で切梁式併用の場合のみ適用）
　　　同一基内で複数（2箇所以上）の設計計算箇所を有する場合は，「切梁式各段数歩掛」の135％を計上する。
　　　　　切梁式各段数歩掛×（1＋0.35）
（備考）　1．同一基内で複数（2箇所以上）の設計計算箇所を有する場合とは，構造型式（種別，切梁段数）は同一であるが，平面形状が変化する場合をいう。

（例）

　　　　　2．土留工が連続している場合は，延長に関係なく1基とする。

⑥ 複数基の設計を行う場合の類似形式の補正
　ア．類似構造物の場合は，「基本構造物歩掛」の55％を計上する。
　イ．類似構造物の補正は次式による。
$$歩掛＝基本構造物歩掛×（0.45＋0.55×n）$$
$$n：基数（基本構造物＋類似構造物）$$

（備考）1．異なる施工箇所で，土留工の深さ，幅，延長は変化するが，構造型式（種別，切梁段数，アンカー段数，設計計算箇所数）が同一である場合は類似構造物とする。
　　　　2．上記において，土留工の深さ，幅，延長，構造型式が同一の場合は1基分のみ計上する。

4－11－2　仮橋，仮桟橋

(1) 仮橋，仮桟橋詳細設計

① 適用範囲
本歩掛は，道路構造物等の施工に伴う仮橋，仮桟橋に適用する。

② 作業区分
仮橋，仮桟橋における作業区分は以下のとおりとする。

作業区分	区　分	作　業　の　範　囲
設計計画	設計計画	業務の目的・主旨を把握したうえで，特記仕様書に示す業務内容，設計条件を確認し，構造型式の比較検討を行う。また，業務概要，実施方針，業務工程，組織計画，打合せ計画等を記載した業務計画書（照査計画を含む）を作成する。
	架設計画	現地の立地条件及び輸送・搬入条件等をもとに，詳細な架設計画を行う。
	施工計画	仮設構造物に関する，計画工程表，施工順序，施工方法，資材・部材の搬入計画，工事費積算にあたって必要な計画を記載した施工計画の作成を行う。なお，施工計画書には設計と不可分な施工上の留意点についてとりまとめを行い，記載する。
設計計算	設計計算	地盤条件，施工条件及び周辺環境条件等，基本的に定まった条件のもとで応力計算を行い，材料の種類，規格，長さ（根入れ長）等を決定する。
設計図	設計図	設計計算により定められた諸条件で，構造一般図，詳細図等を作成する。
数量計算	数量計算	決定した仮設構造物詳細形状に対して，数量算出要領に基づき，各項目ごとに数量の算出を行う。
照　査	照　査	基本的な条件決定に伴う，施工条件，設計方針，設計手法及び設計計算，設計図，数量計算等の適切性及び整合性等の照査。
報告書作成	報告書作成	設計条件，構造型式決定の経緯と選定理由，設計計算書，設計図面，数量計算書，概算工事費，施工計画書，施工段階での注意事項，現地踏査等の内容のとりまとめを行う。

③ 標準歩掛
1) 一般通行用仮橋の場合　　　　　　　　　　　　　　　　　　　　　　　　　　　　　（1橋当り）

区　分＼職　種	主任技術者	技師長	主任技師	技師(A)	技師(B)	技師(C)	技術員
設　計　計　画			0.5	1.0			
設　計　計　算					1.5	1.5	
設　計　図					1.0	1.5	2.5
数　量　計　算						0.5	1.5
照　　査				1.0	1.7	0.7	
報　告　書　作　成						1.0	
合　　計	0.0	0.0	0.5	2.0	4.2	5.2	4.0

（備考）1．電子計算機使用料は基本構造物を対象とし，直接経費として上記標準歩掛の2％を計上する。
　　　　2．打合せ・現地踏査については，主目的とする構造物の打合せ・現地踏査に含むものとする。
　　　　3．上部工がH形鋼桁・トラス桁（リース材等製品使用）の双方に適用する。
　　　　4．下部工の設計（H形鋼の打ち込み，台座コンクリート等）は含むものとする。
　　　　5．照査には，赤黄チェックによる照査も含む。

2) 工事用仮橋，仮桟橋の場合　　　　　　　　　　　　　　　　　　　　　　　　　　　　（1橋当り）

区分＼職種	主任技術者	技師長	主任技師	技師(A)	技師(B)	技師(C)	技術員
設 計 計 画				0.5	1.0		
設 計 計 算					1.5	1.5	
設 計 図					0.5	0.5	1.0
数 量 計 算						0.5	1.5
照 査				1.0	1.7	0.7	
報 告 書 作 成						1.0	
合 計	0.0	0.0	0.0	1.5	4.7	4.2	2.5

（備考）　1．電子計算機使用料は基本構造物を対象とし，直接経費として上記標準歩掛の2％を計上する。
　　　　2．打合せ・現地踏査については，主目的とする構造物の打合せ・現地踏査に含むものとする。
　　　　3．上部工がH形鋼桁・トラス桁（リース材等製品使用）の双方に適用する。
　　　　4．下部工の設計（H形鋼の打ち込み，台座コンクリート等）は含むものとする。
　　　　5．照査には，赤黄チェックによる照査も含む。

(2) 標準歩掛の補正（仮橋，仮桟橋）
　① 同一橋内で複数の設計計算箇所の補正
　　　同一橋内で複数（2箇所以上）の設計計算箇所を有する場合は，「標準歩掛」の150％を計上する。
　　　　　　　標準歩掛×（1＋0.50）
　（備考）　1．同一橋内で複数（2箇所以上）の設計計算箇所を有する場合とは，構造型式（種別）は同一であるが，平面形式が変化する場合をいう。

　　　　（例）

　　　　　2．仮橋，仮桟橋が連続している場合は，延長に関係なく1橋とする。
　② 複数橋の設計を行う場合の類似形式の補正
　　a）類似構造物の場合は，「基本構造物歩掛」の70％を計上する。
　　b）類似構造物の補正は次式による。
　　　　　歩掛＝基本構造物歩掛×（0.30＋0.70×n）
　　　　n：橋数（基本構造物＋類似構造物）
　（備考）　1．異なる施工箇所で，仮橋，仮桟橋の幅員，橋長は変化するが，構造型式（種別，設計計算箇所数）が同一である場合は類似構造物とする。
　　　　　2．上記において，仮橋，仮桟橋の幅員，橋長，構造型式が同一の場合は1橋分のみ計上する。

4—11—3　類似構造物の考え方
○類似構造物扱いとするもの（土留工の場合）
　＊異なる施工箇所で，土留工の深さ，幅，延長は変化するが，構造型式（種別，切梁段数，アンカー段数，設計計算箇所数）が同一である場合は類似構造物とする。
　（例）下記の場合は，基本1箇所，類似1箇所とする

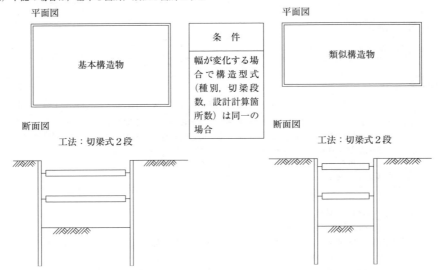

○類似構造物扱いとしないもの（土留工の場合）
　＊異なる施工箇所で，土留工の深さ，幅，延長が同一であっても，構造型式（種別，切梁段数，アンカー段数，設計計算箇所数）が変化する場合は類似構造物扱いとしない。
　（例）下記の場合は，基本2箇所とする。

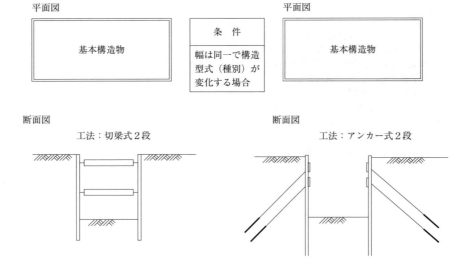

○類似構造物扱いとするもの（仮橋，仮桟橋の場合）
　＊異なる施工箇所で，仮橋，仮桟橋の幅員，橋長は変化するが，構造型式（種別，設計計算箇所数）が同一である場合は類似構造物とする。
　（例）下記の場合は，基本1箇所，類似1箇所とする。

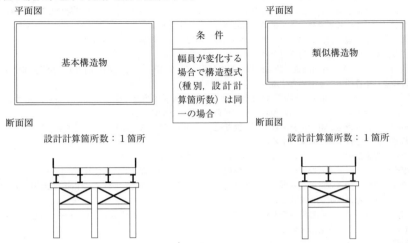

○類似構造物扱いとしないもの（仮橋，仮桟橋の場合）
　＊異なる施工箇所で，仮橋，仮桟橋の幅員，橋長が同一であっても，構造型式（種別，設計計算箇所数）が変化する場合は類似構造物扱いとしない。
　（例）下記の場合は，基本2箇所とする。

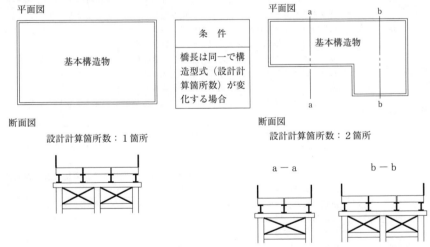

4−12 河川構造物設計
4−12−1 樋門設計
(1) 適用範囲及び留意事項
① 本歩掛は，主に1級河川及び2級河川の堤防を横断する樋門（計画流量50 m^3／s以下）の設計に適用する。
② 本歩掛は標準的な樋門の設計業務内容を示すものであり，各々の設計条件に応じて標準歩掛を増減する。
③ 標準設計を使用する場合は，本歩掛の適用範囲外とし，別途計上する。
④ 標準歩掛には，埋設物，道路，橋梁等，近接構造物の移設，架設等の計画検討は含まれない。
⑤ 予備設計なしで詳細設計を行う場合は，
　1　原則として，位置，計画流量，断面形状，基礎型式，管材，構造形式（柔構造樋門 or 剛支持樋門）等については，設計図書により条件明示するものとする。
　2　上記項目を併せて検討させる場合は，予備設計標準歩掛の「基本事項の検討」の歩掛を詳細設計標準歩掛に別途計上する。なお，施工計画検討等，その他の項目の検討が必要で実施させる場合も同様とする。
⑥ 詳細設計で行う構造設計の地盤処理工（置換基礎）については，無処理及び置換処理を対象とし，基礎形式については，直接基礎と浮き直接基礎を対象とする。
　　ただし，柔構造樋門については，キャンバー盛土の検討を含む。
⑦ 詳細設計の「ゲート工及び操作室」には，機械関係（金物）の詳細設計は含まれていない。
⑧ 詳細設計で行う構造設計の高水護岸及び低水護岸は，樋門の上・下流のそれぞれ15 m，計30 m程度の範囲とし，階段工等の雑工一式が標準歩掛に含まれている。
⑨ 詳細設計において，下記種別が標準歩掛の適用条件に対して変化する場合は「4−12−1(4)標準歩掛の補正」に示す補正係数で歩掛の補正を行うものとする。
　　・断面積（内空断面とする）　・連数　・管長又はスパン
⑩ 函渠縦断方向の耐震設計（レベル2），地震時保有水平耐力法を用いる耐震設計（レベル2）を実施する場合は，別途計上する。

(2) 樋門予備設計
① 作業区分
　　樋門予備設計歩掛における作業区分は以下のとおりとする。

作　業　区　分	業　務　内　容
設　計　計　画	業務の目的・主旨を把握したうえで，設計図書に示す業務内容を確認し，業務計画書を作成する。
現　地　踏　査	貸与資料をもとに現地踏査を行い，現況施設の状況，予定地周辺の河川の状況，地形，地質，近接構造物及び土地利用状況・河川の利用形態等を把握し，合わせて工事用道路，仮排水路，施工ヤード等の施工の観点から現地状況を把握し整理する。
基本事項の検討	設置目的及び必要とする機能条件を確認・整理し，計画流量，位置，敷高，必要断面，断面形状，長さ，樋門及び水門形式，基礎地盤の性状による沈下・変位量，地盤対策工，管材・基礎形式・構造形式，ゲート・巻上機構造等に関する基本事項の比較検討を行う。
景　観　検　討	全体景観及び操作室について，周辺の環境に配慮して調和を考慮した素材・デザインの検討を行う。
設　計　図	下記の全体図及び計画一般図を作成する。 ①全体図（平面・縦断）：地形図に川裏側の流入河川（取付水路を含む）が，本川と合流する地点まで記入したもの。 ②計画一般図：樋門本体，翼壁，基礎，上屋，管理橋等の主要施設及び施工計画の他に，堤防諸元，土質柱状図等を図面に表示したもの。
施工計画検討	決定された施設計画について①施工法（施工方針，施工順序及び施工機械等）②仮設計画（主要仮設構造物の規模と諸元）③全体計画（全体平面，掘削断面，工程計画）等の比較検討を行い，最適な施工計画案を策定する。
概算工事費算出	算出した概略数量をもとに，概算工事費を算定する。
パ　ー　ス　作　成	決定したデザインをもとに，周辺を含めた着色パース（A3判）を1タイプについて作成する。
照　査	下記に示す事項を標準として照査を行う。 ①基本条件の決定に際し，現地の状況の他，基礎情報を収集，把握しているかの確認を行い，その内容が適切であるかについて照査を行う。 ②一般図をもとに構造物の位置，断面形状，構造形式及び地盤条件と基礎形式の整合が適切にとられているかの照査を行う。 ③設計方針及び設計手法が適切であるかの照査を行う。 ④設計計算，設計図，概算工事費の適切性及び整合性に着目し照査を行う。
報　告　書　作　成	設計業務成果概要書，設計計算書等，設計図面，数量計算書，概算工事費，施工計画書，現地踏査結果等のとりまとめを行い，報告書を作成する。

② 標準歩掛 (1箇所当り)

区分 \ 職種	技師長	主任技師	技師(A)	技師(B)	技師(C)	技術員
設 計 計 画	1.0	1.0	1.5			
現 地 踏 査		1.5	1.0	2.5		
基本事項の検討		3.0	10.0	17.5	10.0	
景 観 検 討			1.5	3.0	3.0	
設 計 図				3.5	6.5	5.0
施工計画検討		1.5	3.5	5.5		
概 算 工 事 費			1.5	2.0	4.0	
パ ー ス 作 成			1.0	4.0		
照 査	1.5	1.5	2.0			
報 告 書 作 成		2.0	2.5	5.0		
合 計	2.5	10.5	24.5	43.0	23.5	5.0

（備考）1. 電子計算機使用料は，直接人件費の2％を直接経費として計上する。
    2. パース作成費は必要に応じて計上する。

(3) 樋門詳細設計
  ① 作 業 区 分
    樋門詳細設計歩掛における作業区分は以下のとおりとする。

作 業 区 分		業 務 内 容
設 計 計 画		業務の目的・主旨を十分に把握したうえで，設計図書に示す業務内容を確認し，業務計画書を作成する。
現 地 踏 査		貸与資料をもとに現地踏査を行い，現況施設の状況，予定地周辺の河川の状況，地形，地質，近接構造物及び土地利用状況，河川の利用形態等を把握し，合わせて工事用道路，仮排水路，施工ヤード等の施工の観点から現地状況を把握し整理する。
基本事項の決定		予備設計等の貸与資料，設計図書及び指示事項等に基づき，詳細設計で決定する事項を整理し，施設，配置計画，断面，基礎地盤の沈下・変位量，地盤対策工及び函材，函軸構造形式，スパン割り，継手型式を検討する。
景 観 設 計	普通の検討	周辺との調和を考慮した素材・デザインを決定し，詳細設計を行う。なお，デザイン決定においては，イメージパース（ペンシル）2案程度提案する。
	特別の検討	河川景観，周辺整備計画をもとに，地域の特性（歴史的・文化的）背景を整理し，景観のデザインテーマをもとに，3案程度のイメージパースを作成し，計画案を選定するとともに，使用する素材について美観性，耐候性，加工性，経済性について比較検討を行い，決定された最終案に対し詳細設計を行う。
構 造 設 計	設計条件の確認	構造設計に必要な，設計条件，荷重条件，自然・地盤条件，施工条件等の必要項目を設定する。
	基礎工	荷重条件，函体構造形式，地盤対策工等に基づき基礎地盤の沈下を考慮した『弾性床上の梁』の解析等により，相対沈下量，地盤の降伏変位量等について照査し，函体構造及び地盤改良工の仕様を検討する。柔構造の場合は，相対沈下量，地盤の降伏変位量などを算定した上で地盤処理工の仕様を決定する。
	地盤処理工（置換基礎）	地盤条件，施工条件，周辺に及ぼす影響，経済性等の諸条件を考慮して設計を行う。

(つづく)

作業区分		業務内容
構造設計	本体工	躯体，門柱・操作台，胸壁，翼壁，水叩き，護床工及び沈下・変位・部材応力等の計測工について検討し，安定計算・構造計算を行い，構造詳細図，配筋図等を作成する。
	ゲート工及び操作室	扉体，巻上機，戸当り，操作室，管理橋の各部について検討し，ゲート・操作室の設計を行う。
	高水護岸・低水護岸及び土工等	高水護岸・低水護岸の構造及び使用すべき材料の選定と，必要に応じて安定計算，構造計算を行って，平面図，横断図，縦断図，構造詳細図を作成する。また，掘削，盛土及び埋戻等の土工図を作成する。
施工計画		堤防開削，本堤築造及びそれに伴う仮締切の構造・撤去等の工事の順序と施工法を検討する。
施工計画（地盤処理工置換基礎）		地盤処理工（置換基礎）の工事順序と施工方法を検討する。
仮設構造物設計		施工計画により必要となる仮設構造物（仮締切，仮排水路，工事用道路及び山留工等）の規模，構造諸元を近接構造物への影響を考慮して，水理計算，安定計算及び構造計算により決定し，仮設計画を策定する。
数量計算		数量算出要領に基づき，工種別，区間別に数量のとりまとめを行う。
パース作成		決定したデザインをもとに，周辺を含めた着色パース（A3判）を1タイプについて作成する。
照査		下記に示す事項を標準として照査を行う。 ①設計条件の決定に際し，現地の状況の他，基礎情報を収集，把握しているかの確認を行い，その内容が適切であるかについて照査を行う。 ②一般図をもとに構造物の断面形状，構造形式及び地盤条件と基礎形式の整合が適切にとれているかの確認を行う。 ③設計方針及び設計手法が適切であるかの確認を行う。また，仮設工法と施工法の確認を行い，施工時の応力についても照査を行う。 ④設計計算，設計図，数量の正確性，適切性及び整合性に着目し照査を行う。最小鉄筋量等構造細目についても照査を行い，基準との整合を図る。特に，構造物相互の取り合いについて整合性の照査を行う。
報告書作成		設計業務成果概要書，設計計算書等，設計図面，数量計算書，概算工事費，施工計画書，現地踏査結果等のとりまとめを行い，報告書を作成する。

② 標準歩掛
1) 柔構造型式
標準　RC構造：一連当り断面積 2 m² 以上 7 m² 以下 × 1 連 × 40 m　　　　　　（1箇所当り）

区分	職種	技師長	主任技師	技師(A)	技師(B)	技師(C)	技術員
設計計画				0.5	2.0	1.0	
現地踏査				0.5	1.0	1.5	
基本事項の検討			1.0	2.5	4.5	7.5	
景観設計				1.0	1.5	2.0	
構造設計	設計条件の確認			1.0	2.0	3.5	
	基礎工			2.0	4.0	8.5	3.0
	本体工				12.0	19.5	26.5
	ゲート工及び操作室				3.5	5.5	6.5
	高水護岸・低水護岸及び土工等				2.0	3.5	5.0
施工計画				1.0	1.5	5.0	
仮設構造物設計				1.0	2.5	5.0	
数量計算					3.0	5.5	8.5
パース作成					1.0	3.5	
照査		1.0	1.0	2.0	3.3	2.3	
報告書作成				1.5	3.0	3.5	
合計		2.0	12.0	25.0	64.8	39.3	46.5

（つづく）

(備考) 1. 予備設計を行わないで詳細設計を行う場合は，「4―12―1(1)適用範囲及び留意事項の⑤」によるものとする。
2. 施工計画の歩掛は，地盤処理工を含まない場合である。
3. 電子計算機使用料は，直接人件費の2％を直接経費として計上する。
4. 景観設計において特別の検討を行う場合は，下記の歩掛を加算する。
なお，「普通の検討」と「特別の検討」の区分は「4―12―1(3)樋門詳細設計の①作業区分」によるものとする。

区分＼職種	技師長	主任技師	技師(A)	技師(B)	技師(C)	技術員
景観設計（特別の検討）		1.5	3.0	5.5		

※直接人件費

5. 構造設計において地盤処理工（置換基礎）の検討を行う場合は，下記の歩掛を加算する。

区分＼職種	技師長	主任技師	技師(A)	技師(B)	技師(C)	技術員
構造設計 地盤処理工（置換基礎）		1.0	1.0	3.0		

※直接人件費

6. 施工計画で地盤処理工（置換基礎）を含む場合は，下記の歩掛を加算する。

区分＼職種	技師長	主任技師	技師(A)	技師(B)	技師(C)	技術員
施工計画 地盤処理工（置換基礎）		0.5	1.5	2.0		

※直接人件費

7. パース作成は，必要に応じて計上する。
8. 照査には，赤黄チェックによる照査も含む。

2) 剛支持直接基礎
標準 RC構造：一連当り断面積5m²以下×1連×2スパン　　　　　　　　　　　（1箇所当り）

区分＼職種	技師長	主任技師	技師(A)	技師(B)	技師(C)	技術員
設計計画		0.5	2.0	1.0		
現地踏査		1.0	1.0	1.5		
基本事項の検討	1.0	2.0	2.0	3.5		
景観設計		1.0	1.5	2.0		
構造設計　設計条件の確認		1.0	2.0	2.0		
構造設計　基礎工			2.0	2.0	3.0	
構造設計　本体工			3.5	8.0	15.0	17.5
構造設計　ゲート工及び操作室				3.5	5.5	6.5
構造設計　高水護岸・低水護岸及び土工等				2.0	3.5	5.0
施工計画		1.0	1.5	2.5	2.5	
仮設構造物設計		1.0	2.5	4.5		
数量計算				2.0	4.5	7.5
パース作成				1.0	3.5	
照査	1.5	1.0	2.0	3.6	2.6	
報告書作成		1.5	3.0	3.5		
合計	2.5	10.0	24.0	45.1	36.6	36.5

※直接人件費

(備考) 1. 予備設計を行わないで詳細設計を行う場合は，「4―12―1(1)適用範囲及び留意事項の⑤」によるものとする。
2. 施工計画の歩掛は，地盤処理工を含まない場合である。
3. 電子計算機使用料は，直接人件費の2％を直接経費として計上する。

(つづく)

4. 景観設計において特別の検討を行う場合は，下記の歩掛を加算する。
   なお，「普通の検討」と「特別の検討」の区分は「4―12―1(3)樋門詳細設計の①作業区分」によるものとする。

区　分＼職　種	直　接　人　件　費					
	技師長	主任技師	技師(A)	技師(B)	技師(C)	技術員
景観設計（特別の検討）		1.5	3.0	5.5		

5. 構造設計において地盤処理工（置換基礎）の検討を行う場合は，下記の歩掛を加算する。

区　分＼職　種	直　接　人　件　費					
	技師長	主任技師	技師(A)	技師(B)	技師(C)	技術員
構　造　設　計　地盤処理工（置換基礎）		1.0	1.5	1.5	0.5	

6. 施工計画で地盤処理工（置換基礎）を含む場合は，下記の歩掛を加算する。

区　分＼職　種	直　接　人　件　費					
	技師長	主任技師	技師(A)	技師(B)	技師(C)	技術員
施　工　計　画　地盤処理工（置換基礎）			1.0	1.0	1.0	

7. パース作成は，必要に応じて計上する。
8. 照査には，赤黄チェックによる照査も含む。

(4) 標準歩掛の補正

樋門詳細設計の対象事項が標準歩掛の対象と異なる場合は，標準歩掛に以下の補正係数を乗じて歩掛の補正を行うものとする。なお，断面積，連数，管長，スパンが補正係数の表以外の場合は，別途考慮するものとする。

$S = A \times K_1 \times K_2 \times (K_3 \,\text{又は}\, K_4)$

S：補正後の歩掛　　　　　K_2：連数による補正係数
A：標準歩掛　　　　　　　K_3：管長による補正係数（柔構造の場合）
K_1：断面積による補正係数　K_4：スパンによる補正係数（剛支持の場合）

(1) 断面積による補正係数（K_1）

断面積（m²）（一連当り）	補正係数 柔構造
2 未満	0.95
2 以上　7 以下	1.00

断面積（m²）（一連当り）	補正係数 剛支持
5 以下	1.00

(2) 連数による補正係数（K_2）

連数	補正係数 柔構造・剛支持
1	1.00
2	1.15
3	1.30

(3) 管長による補正係数（K_3：柔構造）

管長（m）	補正係数 柔構造
11 未満	0.85
11 以上　23 未満	0.90
23 以上　35 未満	0.95
35 以上　46 未満	1.00
46 以上　58 未満	1.05
58 以上　70 未満	1.10
70 以上　74 以下	1.15

(4) スパンによる補正係数（K_4：剛支持）

スパン	補正係数 剛支持
1	0.95
2	1.00
3	1.05
4	1.10
5	1.15

(5) その他
① 打合せ
中間打合せの回数は5回を標準とし，必要に応じて打合せ回数を増減する。打合せ回数を変更する場合は，1回当り，中間打合せ1回の人員を増減する。

4—12—2　河川排水機場設計
(1) 適用範囲及び定義
① 本歩掛は，一般の河川排水機場（パイプ形式，総排水容量 $1\,m^3/s$ 以上 $30\,m^3/s$ 以下）の予備設計，詳細設計に適用する。なお，次のものは対象外とし，別途計上する。
1) 救急排水ポンプ機場
2) 揚水機場
3) コンクリート形式
4) その他特殊な機場
② 河川排水機場とは，ある区域の内水又は河川水をポンプ設備により適切に堤外に排除するために設けられる構造物で，機場本体，導水路，沈砂地，吐出水槽までの一連の構造物を指していう。
なお，樋門（樋管）の設計については，本歩掛に含まない。
③ 設計範囲は，土木構造物と一体となる建築物は含むものとし，機械，電気設備に関する設計は，土木構造物の設計根拠となる概略寸法等の基本構造を決定するまでとする。
④ 軸種区分（立軸，横軸），ポンプ台数による歩掛補正の必要はない。
⑤ 地震時保有水平耐力法や有限要素法を用いる耐震設計（レベル2）を実施する場合は，別途計上する。
(2) 標準歩掛の補正方法
（標準歩掛）×補正係数
なお，積算を行うにあたっての不必要な工種は標準歩掛から随時削除する。
(3) 河川排水機場予備設計歩掛
① 標準歩掛
パイプ形式　　　　　　　　　　　　　　　　　　　　　　　基準規格：総排水量 $10\,m^3/s$

工　種　名	技師長	主任技師	技師(A)	技師(B)	技師(C)	技術員
設　計　計　画	1.0	1.0	1.0	0.5		
現　地　踏　査		0.5	1.0	1.5		
基　本　事　項　の　検　討			11.0	11.0	9.0	9.5
景　観　検　討		0.5	1.5	1.0		
設　計　図			5.5	6.5	9.0	10.0
機　場　上　屋		2.0	4.5	5.5	6.0	3.5
ポ ン プ 機 電 設 備 計 画			5.0	5.5	5.0	3.0
施　工　計　画　検　討			4.0	5.0	4.5	4.0
概　算　工　事　費　算　出		1.0	3.0	1.5	1.5	2.5
照　　　査	1.0	1.5	1.5	0.5		
報　告　書　作　成	1.0	1.5	2.0	2.0		
合　　　計	3.0	8.0	40.0	40.5	35.0	32.5

（備考）　パース作成は，必要タイプ当り，標準歩掛の3.4％を直接経費として別途計上する。

② 作業区分補正係数
　下表以外の総排水量の場合は，下式により算出する。
　補正係数 = 0.04842 × 総排水量（m³／s）+ 0.51582

総排水量による補正係数

総排水量	補正係数	総排水量	補正係数	総排水量	補正係数
1.0	0.56	11.0	1.05	21.0	1.53
2.0	0.61	12.0	1.10	22.0	1.58
3.0	0.66	13.0	1.15	23.0	1.63
4.0	0.71	14.0	1.19	24.0	1.68
5.0	0.76	15.0	1.24	25.0	1.73
6.0	0.81	16.0	1.29	26.0	1.77
7.0	0.85	17.0	1.34	27.0	1.82
8.0	0.90	18.0	1.39	28.0	1.87
9.0	0.95	19.0	1.44	29.0	1.92
10.0	1.00	20.0	1.48	30.0	1.97

③ 打合せ
　中間打合せの回数は5回を標準とし，必要に応じて打合せ回数を増減する。打合せ回数を変更する場合は，1回当り，中間打合せ1回の人員を増減する。

(4) 河川排水機場詳細設計歩掛
① 標準歩掛
　パイプ形式　　　　　　　　　　　　　　　　　　　　　　　基準規格：総排水量 10 m³／s

工　種　名	技師長	主任技師	技師(A)	技師(B)	技師(C)	技術員
設　計　計　画	1.0	1.5	2.0	2.0		
現　地　踏　査	1.0	1.0	1.5	1.0		
基本事項の決定		11.0	15.0	14.5	11.0	12.5
景　観　検　討		2.0	3.5	5.5	6.0	4.5
構　造　設　計			31.5	48.0	57.0	54.5
機場上屋設計及び外構設計		10.5	22.0	23.5	22.5	15.0
ポンプ機電設備計画		3.5	6.5	12.5	8.0	6.5
ゲート設備計画		1.5	2.0	3.0	2.5	2.5
施　工　計　画		2.5	4.0	6.5	4.5	4.0
仮設構造物設計			5.5	11.5	11.0	12.0
数　量　計　算				7.0	14.0	16.5
照　　　　　査	1.5	3.5	3.5	4.3	4.3	
報　告　書　作　成		2.5	3.5	4.5	3.0	4.0
合　　　計	3.5	39.5	100.5	143.8	143.8	132.0

(備考) 1. パース作成は，必要タイプ当り，標準歩掛の1.0%を直接経費して別途計上する。
　　　 2. 照査には，赤黄チェックによる照査も含む。

② 補正係数

下表以外の総排水量の場合は，下式により算出する。

補正係数 = 0.02474 × 総排水量（m³／s）+ 0.75256

総排水量による補正係数

総排水量	補正係数	総排水量	補正係数	総排水量	補正係数
1.0	0.78	11.0	1.02	21.0	1.27
2.0	0.80	12.0	1.05	22.0	1.30
3.0	0.83	13.0	1.07	23.0	1.32
4.0	0.85	14.0	1.10	24.0	1.35
5.0	0.88	15.0	1.12	25.0	1.37
6.0	0.90	16.0	1.15	26.0	1.40
7.0	0.93	17.0	1.17	27.0	1.42
8.0	0.95	18.0	1.20	28.0	1.45
9.0	0.98	19.0	1.22	29.0	1.47
10.0	1.00	20.0	1.25	30.0	1.49

③ 打合せ

中間打合せの回数は5回を標準とし，必要に応じて打合せ回数を増減する。打合せ回数を増減する場合は，1回当り，中間打合せ1回の人員を増減する。

4－12－3 護岸設計

(1) 護岸設計適用範囲
① 本歩掛は，主に一級及び二級河川の護岸詳細設計に適用するものとし，護岸予備設計は別途計上する。
② 本歩掛は，標準的な護岸の設計業務内容を示すものであり，設計条件に応じて業務内容を増減して運用するものとする。

(2) 護岸詳細設計
① 設計に必要な先行調査（現況河川解析，河道計画検討，測量，地質，環境等に関する調査）は実施済みで付与条件とする。なお，先行調査が不足している場合には，必要に応じて別途調査を行うものとする。
② 標準護岸歩掛は高水及び低水護岸を対象としているが高水護岸と築堤を同時に設計する場合の築堤は含むものとし本歩掛を適用するものとするが，築堤単独発注の場合は別途計上する。なお，標準護岸には矢板護岸が含まれるものとする。
③ 標準歩掛のうち「両岸」とは左右岸，同型式，同条件の護岸を同時設計する場合に適用する。
④ 基礎工法の検討における「軟弱地盤」とは，護岸の基礎工が計画される位置に下記条件の地層が3m以上あるケースとする。
 a 粘土地盤の場合
 (a) 標準貫入試験によるN値が3以下の地盤
 (b) 機械式コーン（オランダ式二重管コーン）貫入値が0.3N／㎠以下の地盤
 (c) スクリューウエイト貫入試験（旧スウェーデン式サウンディング試験）において980N以下の荷重で沈下する地盤
 (d) 一軸圧縮強さquが0.06N／㎠以下の地盤
 (e) 自然含水比が40％以上の沖積粘土の地盤
 b 有機質土の地盤の場合
 c 砂地盤の場合
 (a) 標準貫入試験によるN値が10以下の地盤
 (b) 粒径の揃った細砂の地盤
⑤ 本歩掛は，一般的な親水護岸（緩傾斜式，階段式等）は対象とするが，多自然型護岸については別途計上する。
⑥ 詳細設計は予備設計において，基本的事項（法線，護岸タイプ，環境護岸の配置，基礎工型式，施工法等）が決定されているという条件であり，予備設計なしで詳細設計を実施する場合，上記の条件は付与条件とする。
⑦ 詳細設計における設計延長には取付け区間を含めるものとする。
⑧ 災害復旧緊急用の護岸設計も，原則的には詳細設計の本歩掛を適用するものとする。
⑨ 「仮設計画」には，仮締切，仮排水路等の構造設計を含んでいる。
⑩ 「付帯施設設計」における「その他施設」は，管渠以外（取付道路，利水施設等）の改築施設に対して各々一般構造図を作成するものである。

(3) 護岸詳細設計歩掛
① 標準歩掛

(単位：200m当り)

工　種	種　別	標準歩掛 片岸 技師長	主任技師	技師(A)	技師(B)	技師(C)	技術員	両岸 技師長	主任技師	技師(A)	技師(B)	技師(C)	技術員
設計計画			0.5	0.5	1.0				0.5	0.5	1.0		
現地踏査			0.5	1.0	1.0				1.0	1.0	1.0		
基本事項の決定	法線等の見直し検討			1.0	1.0					1.0	2.0		
	護岸の配置計画			0.5	1.0	1.0				0.5	1.0	1.5	
	構造物との取付検討			0.5	0.5	0.5				0.5	1.0	1.0	
	小　計			2.0	2.5	1.5				2.0	4.0	2.5	
景観検討			0.5	0.5	0.5				0.5	0.5	0.5		
本体設計	基礎工検討諸元設定			0.5	0.5	1.5				0.5	0.5	1.5	
	安定計算			0.5	1.0	1.0				0.5	1.0	1.5	
	小　計			1.0	1.5	2.5				1.0	1.5	3.0	
付帯施設設計	階段工等				0.5	0.5					0.5	0.5	
	排水管渠				0.5	0.5					0.5	0.5	
	その他施設			0.5	0.5	0.5				0.5	0.5	1.0	
	小　計			0.5	1.5	1.5				0.5	1.5	2.0	
施工計画	施工計画			1.5	2.0	0.5				1.5	2.5	0.5	
	仮設計画			0.5	1.0	1.0				0.5	1.5	1.0	
図面作成	図面作成			1.5	2.5	6.5				2.0	3.5	8.5	
	パース作成			0.5	1.0	1.0				0.5	1.5	1.0	
数量計算				0.5	1.5	2.5				1.0	2.0	4.0	
照査			0.5	0.5	1.8	0.8			0.5	1.0	2.7	1.2	
報告書作成			0.5	1.0	1.0				0.5	1.5	1.0		
合　計		0.0	2.5	9.5	16.8	12.8	9.0	0.0	3.0	10.5	21.7	16.7	12.5

（備考）　1．パース作成は，必要に応じて計上する。
　　　　　2．照査には，赤黄チェックによる照査も含む。

(4) 標準歩掛の補正
　　護岸設計条件が標準歩掛と異なる場合には，標準歩掛に以下の補正係数を乗じて歩掛の補正を行う。
$$S = A \cdot (K_1 \times K_2 \times K_3 \times K_4)$$
　　S：補正後の歩掛
　　A：護岸の標準歩掛
　　Kn：各項目の補正係数

① 設計延長に対する補正係数（K_1）
　　設計延長による補正係数は，次式により算出し標準歩掛に乗じるものとする。
　　なお，設計延長が1.4kmを超える場合は，別途計上する。
　　　$K_1 = 0.0025x + 0.5$　　K_1：設計延長による補正係数
　　　　　　　　　　　　　　　　x：設計延長（m）

② 基礎地盤条件による補正係数（K_2）

設計区分 \ 地盤条件	一般地盤	軟弱地盤
詳　細　設　計	1.00	1.08

③ 測点間隔による補正係数（K_3）

測点間隔（m）	20～25	40～50
補 正 係 数	1.00	0.81

④ 市街地における補正係数（K_4）

地域区分	一般地区	市街化地区
補 正 係 数	1.00	1.13

（備考） 市街化地区とは既成市街地（DID区域）や都市計画区域等で，一般平地に比して小構造物等が多く，また，変化点の多い地区が対象である。

(5) その他
① 打合せ
中間打合せの回数は5回を標準とし，必要に応じて打合せ回数を増減する。打合せ回数を変更する場合は，1回当り，中間打合せ1回の人員を増減する。
② 電子計算機使用料
電子計算機使用料として直接人件費の2％を計上する。

4−13 砂防構造物設計
4−13−1 砂防堰堤予備設計
(1) 標準歩掛
本歩掛の適用範囲は，堰堤高 H = 15 m 未満とする。

（1基当り）

区分 ＼ 職種	主任技術者	技師長	主任技師	技師(A)	技師(B)	技師(C)	技術員
設 計 計 画			1.0	1.0	1.0		
基 本 事 項 検 討			1.0	1.0	1.0		
配 置 設 計				1.0	1.5	2.0	3.5
施設設計検討 本体工設計			1.0	1.0	2.0	2.0	5.0
基礎工検討			0.5	0.5	1.0		
景観検討			1.0	1.0	1.0	1.5	2.0
概 算 工 事 費						2.0	2.0
最 適 案 の 選 定			0.5	1.0	1.0		
施 工 計 画 検 討				0.5	0.5	1.0	
照 査			1.0	1.0			
総 合 検 討			0.6	0.8	0.6		
報 告 書 作 成			0.6	1.4	2.6	2.0	2.0
合 計	0.0	0.0	7.2	10.2	12.2	10.5	14.5

（備考） 予備設計において現地踏査を行う場合は，（技師(A) 1.5人，技師(B) 1.0人）別途計上する。

(2) 打合せ
中間打合せの回数は5回を標準とし，必要に応じて打合せ回数を増減する。打合せ回数を増減する場合は，1回当り，中間打合せ1回の人員を増減する。

4―13―2　砂防堰堤詳細設計
(1) 標準歩掛
　　本歩掛の適用範囲は，重力式（透過型・不透過型，堰堤高 H＝15m 未満）とする。
　　なお，重力式透過型砂防堰堤のスリット部はコンクリート製及び鋼製に適用する。

(1基当り)

区分	職種	主任技術者	技師長	主任技師	技師(A)	技師(B)	技師(C)	技術員	
設　計　計　画				0.4	1.1	1.6			
基　本　事　項　決　定				0.6	1.8	2.5	1.0	0.7	
施設設計	本　堰　堤　工（透　過　型）				2.2	4.9	5.0	7.1	
	〃　　　　　（不 透 過 型）				1.7	2.6	4.4	4.8	
	副　　堰　　堤　　工					1.7	2.4	4.3	
	水　　叩　　き　　工					0.2	0.8	1.1	箇所当り
	側　壁　護　岸　工					0.4	1.0	1.5	箇所当り
	床　　固　　　　工					1.0	1.5	1.0	
	流末処理工（護岸工含む）				0.2	0.3	0.3	0.5	10m当り
	基　礎　工　設　計					1.0	2.0	1.1	0.4	
	景　観　設　計					0.7	1.4	1.7	1.8	
施　工　計　画					1.0	1.9	2.3	3.0	
仮　設　構　造　物　設　計					0.5	1.0	1.3	1.7	
数　　量　　計　　算						1.7	4.3	5.1	
照　　　　　　査				1.2	1.5	1.2	0.8		
総　合　検　討				0.9	1.6	1.6			
報　告　書　作　成				0.6	1.5	2.7	3.1	3.1	
合　　　　　　計	0.0	0.0	3.7	14.8	28.7	31.0	36.1		

(備考)　1. 詳細設計の現地踏査は，（主任技師0.5人，技師(A)1.0人，技師(B)1.5人，技師(C)1.0人）を別途計上する。
　　　　2. 施設設計内訳は，小項目に示したもので該当しない工種がある場合は，その人員数を控除する。なお，設計計算は本業務区分の各小項目に含む。
　　　　3. 垂直壁の歩掛は副堰堤工に準ずる。
　　　　4. 照査には，赤黄チェックによる照査も含む。

(2) 打合せ
　　中間打合せの回数は5回を標準とし，必要に応じて打合せ回数を増減する。打合せ回数を増減する場合は，1回当り，中間打合せ1回の人員を増減する。

4—13—3　流木対策工
　　4—13—3—1　流木対策調査
　(1) 標準歩掛
　　　歩掛の適用範囲は，1業務2流域までとする。

(1業務当り)

区　分＼職　種	主任技術者	技師長	主任技師	技師(A)	技師(B)	技師(C)	技術員
計　画　準　備			0.5	1.0	1.0		
現　地　調　査			1.5	1.5	2.5	2.0	2.0
流　域　現　況　調　査				2.0	4.0	3.5	2.0
地　形　調　査				(0.5)	(0.5)	(1.0)	
地　質　調　査				(0.5)	(1.0)		
林　相　調　査				(0.5)	(1.0)	(1.0)	
荒　廃　状　況　調　査					(0.5)	(0.5)	(1.0)
既　往　災　害　調　査				(0.5)	(1.0)		
保全対象の状況調査						(1.0)	(1.0)
既　存　施　設　調　査					1.0	1.5	1.0
未　計　上　分　の施　設　諸　元　整　理					(0.5)	(1.0)	
施　設　現　況　図　作　成					(0.5)	(0.5)	(1.0)
流　木　発　生　原　因　調　査			0.5	0.5	1.0		
発　生　場　所・量・長　さ・直　径　の　調　査				1.0	0.5	1.0	1.0
総　合　検　討			0.5	1.0			
合　　　　　計	0.0	0.0	3.0	7.0	10.0	8.0	6.0

(備考)　1．（　）は細目内訳人員数を示す。
　　　　2．「資料収集・整理」及び「報告書作成」は，各業務区分に含む。
　　　　3．1業務で2流域を超える場合は，別途計上する。

(2) 打合せ
　　　中間打合せの回数は5回を標準とし，必要に応じて打合せ回数を増減する。打合せ回数を増減する場合は，1回当り，中間打合せ1回の人員を増減する。

4—13—3—2　流木対策施設計画
(1) 標準歩掛
　　歩掛の適用範囲は1流域とし，流域面積は3.5 km²までとする。

(1業務当り)

職種 区分	主任技術者	技師長	主任技師	技師(A)	技師(B)	技師(C)	技術員
計　画　準　備			0.5	1.0	1.5		
現　地　調　査			1.0	1.5	1.0	1.0	
流 出 流 木 量 の 設 定				0.5	1.5	1.5	
流 木 に よ る 被 害 の 推 定				0.5	0.5	1.0	
流 木 対 策 施 設 配 置 計 画			1.5	1.0	2.0	3.0	0.5
対 策 施 設 設 定			(1.0)	(1.0)	(1.0)	(1.5)	(0.5)
対 策 優 先 度 検 討			(0.5)		(1.0)	(1.5)	
照　　　　　査			0.5		0.5		
総　合　検　討			0.5	0.5			
合　　　　　計	0.0	0.0	4.0	5.0	7.0	6.5	0.5

(備考)　1.　(　)は細目内訳人員数を示す。
　　　　2.　「報告書作成」は，各業務区分に含む。
　　　　3.　砂防基準点等に流出する流木の除去を計画するときは，「流木除去計画」として，別途計上する。
　　　　4.　1業務で複数流域を行う場合は，別途計上する。

(2) 打合せ
　　中間打合せの回数は5回を標準とし，必要に応じて打合せ回数を増減する。打合せ回数を変更する場合は，1回当り，中間打合せ1回の人員を増減する。

4－13－3－3　流木対策工予備設計
(1) 標準歩掛
　本歩掛の適用範囲は，流木捕捉工1業務1基当りで設計形態は新設の予備設計の歩掛である。

(1業務当り)

区分＼職種	主任技術者	技師長	主任技師	技師(A)	技師(B)	技師(C)	技術員
設 計 計 画			0.5	1.0	1.5		
現 地 踏 査				1.0	2.0		
基 本 事 項 検 討			0.5	1.0	1.5		
施 設 設 計 検 討			1.0	1.0	3.5	5.5	5.5
設 計 計 算			(1.0)	(1.0)	(1.0)	(1.0)	(0.5)
基 本 図 面 作 成					(1.5)	(2.5)	(3.0)
数 量 算 出					(1.0)	(2.0)	(2.0)
概 算 工 事 費 算 出						2.0	2.0
最 適 案 の 選 定			0.5	0.5			
照 査			1.0	0.5	1.0		
総 合 検 討			0.5	1.0	1.0		
合 計	0.0	0.0	4.0	6.0	10.5	7.5	7.5

(備考) 1.　( ) は細目内訳人員数を示す。
　　　 2.　「配置計画」，「報告書作成」は各業務区分に含む。
　　　 3.　「景観検討」を行う場合は，主任技師0.5人，技師(A)0.5人，技師(C)1.0人を計上する。
　　　 4.　「施工計画検討」を行う場合は，技師(B)0.5人，技師(C)1.5人を計上する。
　　　 5.　1業務で複数基行う場合は，別途計上する。

(2) 打合せ
　中間打合せの回数は5回を標準とし，必要に応じて打合せ回数を増減する。打合せ回数を増減する場合は，1回当り，口間打合せ1回の人員を増減する。

4—13—3—4　流木対策工詳細設計
(1) 標準歩掛
　　歩掛の適用範囲は，流木捕捉工1業務1基当りで設計形態は新設の詳細設計の歩掛である。
　　また，高さ15m未満，幅80m未満とし，部材種別は鋼製とする。

(1業務当り)

区分＼職種	主任技術者	技師長	主任技師	技師(A)	技師(B)	技師(C)	技術員
設　計　計　画			1.5	1.5	1.5		
現　地　踏　査				1.0	2.0		
基 本 事 項 決 定			1.5	2.0	3.5		
地　質　条　件			(0.5)	(0.5)	(1.0)		
設　計　条　件			(0.5)	(1.0)	(1.5)		
環　境　条　件			(0.5)	(0.5)	(1.0)		
施　設　設　計				3.5	5.5	5.5	2.5
設　計　計　算				(2.0)	(2.0)	(2.5)	
設　計　図　作　成				(1.5)	(3.5)	(3.0)	(2.5)
数　量　計　算					3.0	4.0	5.5
照　　　　査			0.5	1.0	2.7	1.2	
総　合　検　討			1.5	1.0	1.0	0.5	
合　　　計	0.0	0.0	5.0	10.0	19.2	11.2	8.0

(備考)　1.　(　)は細目内訳人員数を示す。
　　　　2.　「報告書作成」は，各業務区分に含む。
　　　　3.　「景観検討」を行う場合は，技師(A)1.0人，技師(B)2.0人を計上する。
　　　　4.　「施工計画及び仮設構造物設計」を行う場合は，主任技師1.0人，技師(A)1.5人，技師(B)2.5人，技師(C)3.0人を計上する。
　　　　5.　1業務で複数基行う場合は，別途計上する。
　　　　6.　照査には，赤黄チェックによる照査も含む。

(2) 打合せ
　　中間打合せの回数は5回を標準とし，必要に応じて打合せ回数を増減する。打合せ回数を増減する場合は，1回当り，中間打合せ1回の人員を増減する。

4－13－4　渓流保全工詳細設計
(1) 標　準　歩　掛
　本歩掛の適用範囲は渓流保全工延長250ｍ以下，渓流保全工幅60ｍ以下とし，渓流保全工延長250ｍを超え1,000ｍ以下については(2)①歩掛補正率による。ただし，渓流保全工延長1,000ｍを超えるもの，渓流保全工幅60ｍを超えるものについては別途計上する。

(1基当り)

区　分 ＼ 職　種	主任技術者	技師長	主任技師	技師(A)	技師(B)	技師(C)	技術員
設　計　計　画			0.5	1.0	1.5		
基　本　事　項　決　定			0.5	1.0	1.0		
施設設計 護　岸　工				1.5	1.0	2.0	3.0
施設設計 床　固　工				2.0	2.0	1.5	2.5
施設設計 帯　　　工						1.0	2.0
施設設計 護　床　工					1.5	1.5	1.0
施工計画・仮設構造物設計					1.5	1.0	1.5
数　量　計　算				1.0	2.0	2.5	3.0
照　　　　　査			0.5	1.5	0.9	0.9	
総　合　検　討			1.0	2.0	0.5		
報　告　書　作　成			1.0	1.5	1.5	1.0	2.0
合　　　　計	0.0	0.0	3.5	11.5	13.4	11.4	15.0

(備考)　1．渓流保全工幅とは，渓流保全工護岸天端間の内幅とする。
　　　　2．詳細設計において現地踏査を行う場合は，(技師(A)1.0人，技師(B)1.5人)を別途計上する。
　　　　3．施設設計の小項目に該当しない工種がある場合はその人員数を控除するものとする。また，管理用道路設計及び景観設計を行う場合は(2)②により別途計上する。
　　　　4．床固工及び帯工を複数基設計する場合は，床固工及び帯工の人員を(2)③により補正するものとする。
　　　　5．付属施設として取水工・排水工の設計を行う場合は，(2)④により別途計上する。
　　　　6．階段工及び魚道工を行う場合は別途計上する。
　　　　7．照査には，赤黄チェックによる照査も含む。

(2) 渓流保全工詳細設計歩掛の補正等
　① 歩掛補正率

	流　路　工　延　長		摘　　　要
	250ｍ以下	250～1,000ｍ以下	y：補正率（％表示の小数点以下四捨五入）
補正率	100（％）	y＝0.07(x)＋82.5（％）	x：渓流保全工延長（m）

(備考)　上記歩掛補正率は，床固工・帯工・管理用道路・景観設計及び現地踏査には適用しない。

　② 管理用道路・景観設計

(1箇所当り)

区　分 ＼ 職　種	主任技師	技師(A)	技師(B)	技師(C)	技術員
管　理　用　道　路			1.5	1.0	1.5
景　観　設　計	2.5	3.0	5.5	6.0	7.5

　③ 床固工・帯工の複数基の補正

区　分	補　正　係　数	摘　　　要
床　固　工	1＋(n－1)×0.23	n：床固工・帯工の基数
帯　　　工		

(備考)　上記床固工・帯工の複数基の補正は，床固工11基，帯工8基まで適用とする。

④ 付属施設による人員の加算 (1基当り)

区　分 　　　　　職　種	技師(B)	技師(C)	技術員
取　水　工　・　排　水　工	0.5	1.5	1.5

(備考) 取水工・排水工設計を複数基行う場合は，$1+(n-1)\times 0.26$（n＝基数）により，補正するものとする。ただし，取水工・排水工設計を複数基行う場合の適用範囲は6基までとする。

(3) 打合せ

中間打合せの回数は5回を標準とし，必要に応じて打合せ回数を増減する。打合せ回数を増減する場合は，1回当り，中間打合せ1回の人員を増減する。

4-14 道路休憩施設設計
4-14-1 道路休憩施設予備設計
4-14-1-1 サービスエリア予備設計
(1) 標準歩掛 (通り抜け車道1km当り)

区　分　　　　　職　種	直接人件費					
	技師長	主任技師	技師(A)	技師(B)	技師(C)	技術員
設　計　計　画	1.5	1.5	1.0	2.0		
現　地　踏　査	2.0	2.0	2.5			
平　面　・　縦　断　設　計		2.0	2.0	2.5	3.0	4.0
横　断　設　計			2.5	3.5	4.0	5.0
小　構　造　物　設　計				2.5	3.0	4.0
概　算　工　事　費　算　出			2.5	3.0	3.0	3.5
照　　　査		1.5	1.0			
合　　　計	3.5	7.0	11.5	13.5	13.0	16.5

(備考) 1. 本歩掛は，高規格幹線道路に設置するサービスエリア又は，これに準ずる休憩施設予備設計に適用する。
2. 設計対象区間は，上り線，下り線を別途計上するものとし，対象区間は，ランプ及び通り抜け車道のノーズ間距離とする。
3. 環境対策に関する設計，鳥かん図及びパース図作成，座標計算，交通解析，照明設備，上下水施設，上屋の設計は含まない。
4. インターチェンジとサービスエリアの併設は，本歩掛を適用する。
5. 打合せについては，本線設計と合わせて発注する場合には本線設計に含まれるものとし，設計計画及び現地踏査については，各々計上する。
6. 数量計算は，概算工事費算出に含まれている。
7. 設計図，関係機関との協議資料作成及び報告書作成については，本歩掛の各業務区分に含まれている。

4—14—1—2　パーキングエリア予備設計
　(1)　標準歩掛　　　　　　　　　　　　　　　　　　　　　　　　　　　　　　　　　(通り抜け車道1km当り)

区　分＼職　種	直　接　人　件　費					
	技 師 長	主任技師	技 師(A)	技 師(B)	技 師(C)	技 術 員
設　計　計　画	1.5	1.5	1.0	2.0		
現　地　踏　査	2.0	2.5	2.5			
平面・縦断設計		1.5	2.5	2.5	2.5	3.0
横　断　設　計			2.5	3.0	3.5	4.5
小 構 造 物 設 計				2.5	2.5	3.0
概算工事費算出			1.5	2.0	3.0	3.0
照　　　　　査		1.5	1.0			
合　　　　　計	3.5	7.0	11.0	12.0	11.5	13.5

(備考)　1．本歩掛は，高規格幹線道路に設置するパーキングエリア又は，これに準ずる休憩施設予備設計に適用する。
　　　　2．設計対象区間は，上り線，下り線を別途計上するものとし，対象区間は，ランプ及び通り抜け車道のノーズ間距離とする。
　　　　3．環境対策に関する設計，鳥かん図及びパース図作成，座標計算，交通解析，照明設備，上下水施設，上屋の設計に含まない。
　　　　4．インターチェンジとパーキングエリアの併設は，本歩掛を適用する。
　　　　5．打合せについては，本線設計と合わせて発注する場合には本線設計に含まれるものとし，設計計画及び現地踏査については，各々計上する。
　　　　6．数量計算は，概算工事費算出に含まれている。
　　　　7．設計図，関係機関との協議資料作成及び報告書作成については，本歩掛の各業務区分に含まれている。

4—14—2　道路休憩施設詳細設計
　4—14—2—1　サービスエリア詳細設計（予備設計あり）
　　(1)　標準歩掛　　　　　　　　　　　　　　　　　　　　　　　　　　　　　　　(通り抜け車道1km当り)

区　分＼職　種	直　接　人　件　費					
	技 師 長	主任技師	技 師(A)	技 師(B)	技 師(C)	技 術 員
設　計　計　画	2.5	3.0	4.5	9.0		
現　地　踏　査	3.0	2.5	7.0			
平面・縦断設計		4.5	7.0	13.0	15.0	17.0
横　断　設　計			3.5	5.5	7.5	13.0
小 構 造 物 設 計			2.5	5.0	8.0	12.0
数　量　計　算			3.5	5.5	7.0	10.5
照　　　　　査		2.0	3.0	2.4	2.4	
合　　　　　計	5.5	12.0	31.0	40.4	39.9	52.5

(備考)　1．本歩掛は，高規格幹線道路に設置するサービスエリア又は，これに準ずる休憩施設詳細設計に適用する。
　　　　2．設計対象区間は，上り線，下り線を別途計上するものとし，対象区間は，ランプ及び通り抜け車道のノーズ間距離とする。
　　　　3．環境対策に関する設計，鳥かん図及びパース図作成，座標計算，交通解析，照明設備，上下水施設，上屋の設計は含まない。
　　　　4．インターチェンジとサービスエリアの併設は，本歩掛を適用する。
　　　　5．打合せについては，本線設計と合わせて発注する場合には本線設計に含まれるものとし，設計計画及び現地踏査については，各々計上する。
　　　　6．設計計算が必要な擁壁類，高架構造となる場合の跨道橋等については，別途計上するものとする。ただし，小構造物設計は，含まれる。
　　　　7．用排水設計，設計図及び報告書作成については，本歩掛の各業務区分に含まれている。
　　　　8．照査には，赤黄チェックによる照査も含む。

4—14—2—2　サービスエリア詳細設計（予備設計なし）
(1)　標準歩掛　　　　　　　　　　　　　　　　　　　　　　　　　　　　　　　　　　　　（通り抜け車道1km当り）

区分 \ 職種	技師長	主任技師	技師(A)	技師(B)	技師(C)	技術員
設　計　計　画	2.5	3.5	6.0	10.0		
現　地　踏　査	3.0	2.5	7.5			
平面・縦断設計		5.5	9.0	15.0	21.0	22.0
横　断　設　計			3.5	5.5	7.5	13.0
小 構 造 物 設 計			2.5	5.0	8.0	12.0
数　量　計　算			3.5	5.5	7.0	10.5
照　　　　査		2.0	3.0	2.4	2.4	
合　　　計	5.5	13.5	35.0	43.4	45.9	57.5

（備考）　1．本歩掛は，高規格幹線道路に設置するサービスエリア又は，これに準ずる休憩施設詳細設計に適用する。
　　　　　2．設計対象区間は，上り線，下り線を別途計上するものとし，対象区間は，ランプ及び通り抜け車道のノーズ間距離とする。
　　　　　3．環境対策に関する設計，鳥かん図及びパース図作成，座標計算，交通解析，照明設備，上下水施設，上屋の設計は含まない。
　　　　　4．インターチェンジとサービスエリアの併設は，本歩掛を適用する。
　　　　　5．打合せについては，本線設計と合わせて発注する場合には本線設計に含まれるものとし，設計計画及び現地踏査については，各々計上する。
　　　　　6．設計計算が必要な擁壁類，高架構造となる場合の跨道橋等については，別途計上するものとする。ただし，小構造物設計は，含まれる。
　　　　　7．用排水設計，設計図及び報告書作成については，本歩掛の各業務区分に含まれている。
　　　　　8．照査には，赤黄チェックによる照査も含む。

4—14—2—3　パーキングエリア詳細設計（予備設計あり）
(1)　標準歩掛　　　　　　　　　　　　　　　　　　　　　　　　　　　　　　　　　　　　（通り抜け車道1km当り）

区分 \ 職種	技師長	主任技師	技師(A)	技師(B)	技師(C)	技術員
設　計　計　画	1.5	2.5	3.5	6.0		
現　地　踏　査		4.5	6.5			
平面・縦断設計		4.0	6.5	11.0	12.5	16.0
横　断　設　計			3.5	5.5	7.5	13.0
小 構 造 物 設 計			3.0	4.5	8.0	13.5
数　量　計　算			3.0	4.5	7.5	9.5
照　　　　査		2.5	4.0	3.1	3.1	
合　　　計	1.5	13.5	30.0	34.6	38.6	52.0

（備考）　1．本歩掛は，高規格幹線道路に設置するパーキングエリア又は，これに準ずる休憩施設詳細設計に適用する。
　　　　　2．設計対象区間は，上り線，下り線を別途計上するものとし，対象区間は，ランプ及び通り抜け車道のノーズ間距離とする。
　　　　　3．環境対策に関する設計，鳥かん図及びパース図作成，座標計算，交通解析，照明設備，上下水施設，上屋の設計は含まない。
　　　　　4．インターチェンジとパーキングエリアの併設は，本歩掛を適用する。
　　　　　5．打合せについては，本線設計と合わせて発注する場合には本線設計に含まれるものとし，設計計画及び現地踏査については，各々計上する。
　　　　　6．設計計算が必要な擁壁類，高架構造となる場合の跨道橋等については，別途計上するものとする。ただし，小構造物設計は，含まれる。
　　　　　7．用排水設計，設計図及び報告書作成については，本歩掛の各業務区分に含まれている。
　　　　　8．照査には，赤黄チェックによる照査も含む。

4—14—2—4　パーキングエリア詳細設計（予備設計なし）
(1)　標準歩掛

（通り抜け車道1km当り）

区分＼職種	直接人件費					
	技師長	主任技師	技師(A)	技師(B)	技師(C)	技術員
設 計 計 画	2.0	3.5	5.0	8.0		
現 地 踏 査	2.0	4.0	7.0			
平面・縦断設計		4.5	8.5	13.0	14.0	15.5
横 断 設 計			3.5	5.5	7.5	13.0
小 構 造 物 設 計			3.0	4.5	8.0	13.5
数 量 計 算			3.0	4.5	7.5	9.5
照 査		2.5	4.0	3.1	3.1	
合 計	4.0	14.5	34.0	38.6	40.1	51.5

（備考）1．本歩掛は，高規格幹線道路に設置するパーキングエリア又は，これに準ずる休憩施設詳細設計に適用する。
　　　　2．設計対象区間は，上り線，下り線を別途計上するものとし，対象区間は，ランプ及び通り抜け車道のノーズ間距離とする。
　　　　3．環境対策に関する設計，鳥かん図及びパース図作成，座標計算，交通解析，照明設備，上下水施設，上屋の設計に含まない。
　　　　4．インターチェンジとパーキングエリアの併設は，本歩掛を適用する。
　　　　5．打合せについては，本線設計と合わせて発注する場合には本線設計に含まれるものとし，設計計画及び現地踏査については，各々計上する。
　　　　6．設計計算が必要な擁壁類，高架構造となる場合の跨道橋等については，別途計上するものとする。ただし，小構造物設計は，含まれる。
　　　　7．用排水設計，設計図及び報告書作成については，本歩掛の各業務区分に含まれている。
　　　　8．照査には，赤黄チェックによる照査も含む。

4—14—2—5　標準歩掛の補正（地形）
　休憩施設予備設計及び詳細設計（予備設計あり，なし）の標準歩掛について，地形により次の割増しをするものとする。
　なお，地形の区分は下記を目安として決定する。
　　平　　地：平坦な農耕地，市街地等で比較的起伏の少ない場合
　　丘 陵 地：丘状をなす農耕地，市街地等で比較的起伏の多い場合
　　山　　地：山地部の普通部で，切土高さ7m以上の所がある場合
　　急峻山地：山地部の急峻部で，切土高さ20m以上の所がある場合

地　形	割増率
平　地	0%
丘 陵 地	0%
山　地	15%
急峻山地	30%

4—14—3　その他
(1)　打合せ
　中間打合せの回数は5回を標準とし，必要に応じて打合せ回数を増減する。打合せ回数を変更する場合は，1回当り，中間打合せ1回の人員を増減する。

2. 建築工事

- ❶ 建築工事の積算体系及び歩掛
- ❷ 共　通　費
- ❸ 仮　　　設
- ❹ 土　　　工
- ❺ 地　　　業
- ❻ 鉄　　　筋
- ❼ コンクリート
- ❽ 型　　　枠
- ❾ 鉄　　　骨
- ❿ 既製コンクリート
- ⓫ 防　　　水
- ⓬ 石
- ⓭ タ　イ　ル
- ⓮ 木　　　工
- ⓯ 屋根及びとい
- ⓰ 金　　　属
- ⓱ 左　　　官
- ⓲ 建　　　具
- ⓳ 塗　　　装
- ⓴ 内　外　装
- ㉑ 仕上ユニット
- ㉒ 排　　　水
- ㉓ 構内舗装
- ㉔ 植　　　栽
- ㉕ とりこわし
- ㉖ 建築改修工事

歩掛は**市場単価方式への移行工種**についても掲載しております。
次ページの注意事項に留意されご利用ください。

「建設工事標準歩掛(建築工事編)」の使用にあたっての注意事項

1 「建築工事編」標準歩掛の使用にあたって

> 　国土交通省をはじめとする公共建築工事積算においては，従来の「積上げ方式」から市場での取引価格を直接積算に導入する「市場単価方式」が平成11年4月より段階的に採用され，(一財)建設物価調査会発行の季刊「建築コスト情報」に建築工事市場単価として公表しています。
> 　本誌には，市場単価方式への移行工種も歩掛は掲載しておりますが，市場単価につきましては季刊「建築コスト情報」をご利用ください。
> 　なお，建築工事編の標準歩掛により単価作成を行う場合は，下請経費等に相当する「その他」を加算する必要があります。「その他」の標準的な数値は525ページをご参照ください。
> 　**本誌掲載歩掛で(参考)は，本書「建設工事標準歩掛積算委員会」が採用した参考歩掛です。ご使用にあたっては十分ご留意ください。**

2 標準歩掛の科目と市場単価本施行工種の対比について

　下表は，本誌建築工事編の科目と市場単価方式に移行した工種の対比表です。
　なお，市場単価移行工種の細目「名称・規格仕様」につきましては，季刊「建築コスト情報」に掲載されておりますので，標準歩掛の使用の際にはご参照の上ご使用ください。

表　本誌掲載と建築工事市場単価本施行工種の対比　　　　　　　　　　　　　　令和6年9月現在

建設工事標準歩掛(建築工事編) 科目	建築コスト情報 建築工事市場単価編(建築工事) 工種	内容	本施行実施年度(平成)
❹ 土　　工	土工事	土工事	14
❻ 鉄　　筋	鉄筋工事	鉄筋工事	11
		圧接工事	12
❼ コンクリート	コンクリート工事	コンクリート工事(打設手間)	12
		コンクリート工事(ポンプ圧送)	12
❽ 型　　枠	型枠工事	型枠工事	11
⓫ 防　　水	防水工事	アスファルト防水工事	11
		シーリング工事	19
⓰ 金　　属	金属工事	軽量鉄骨下地工事	15
⓱ 左　　官	左官工事	左官工事	13
		吹付工事	21
⓲ 建　　具	建具工事	ガラス工事	18
⓳ 塗　　装	塗装工事	塗装工事	14
⓴ 内 外 装	内外装工事	内装床工事	17
		内装ボード工事	16

(注)　季刊「建築コスト情報」の建築工事市場単価編に掲載されている市場単価は，「共通設定条件(1．調査対象建物と標準施工条件　2．基本共通条件)」がありますので，市場単価採用にあたっては内容ご参照の上ご使用ください。

❶ 建築工事の積算体系及び歩掛

① 工事費の構成

建築工事の工事費の積算は，敷地条件，建物の規模・構造，工法，施工の段取り，周辺環境，他工事との関連，工事期間，施工時期，下請業者の状況，契約上の諸条件等を勘案し，適正に行わなければならない。

発注者が作成する工事費は，工事価格に消費税等相当額を加算することによって算定される。消費税等相当額は，消費税法及び地方税法に基づき工事価格に課せられる消費税及び地方消費税相当分からなる税率（10％）を乗じて得た額である。

工事価格は，工事原価と一般管理費等（付加利益等を含む）により構成される。

工事原価は，純工事費（下請経費を含む）と現場管理費とで構成され，純工事費は直接工事費（直接仮設を含む）と共通仮設費（総合仮設費）により構成される。

直接工事費は，工事目的物を施工するために直接必要とされる費用であり，各工事科目ごとに分けて積算する。

共通仮設費，現場管理費及び一般管理費等を合わせて共通費という。また，現場管理費と一般管理費等を合わせて諸経費ということがある。

共通費は，❷の共通仮設費，現場管理費，一般管理費等に基づいて積算する。

工事費の構成は，**図1 工事費の構成**による。

② 工事歩掛と単価

直接工事費は，工事費の積算において主体をなすものである。

また，直接工事費の算定には，以下の方法がある。

(1) 材料価格及び機器類価格に個別の数量を乗じて算定する。

(2) 単位施工当りに必要な材料費，労務費，機械器具費その他等から構成された単価に数量を乗じて算定する。

(3) 上記(1)又は(2)により難い場合は，施工に必要となる全ての費用を「1式」として算定する。

前出(2)の単価には，歩掛による複合単価や物価資料に掲載された「建築工事市場単価」等がある。

また，歩掛による複合単価，「建築工事市場単価」以外の単価及び価格は，物価資料の掲載価格又は製造業者・専門工事業者の見積価格等を参考とする。

歩掛による複合単価は，材料歩掛（所要資材数量）に材料単価を乗じて材料費を，また労務歩掛（作業に要する員数）に労務単価を乗じて労務費を計算する。更に，これに機械器具費，仮設材費，運搬費及び下請経費等を加算して算出する。

本編の材料歩掛及び労務歩掛は，施工に伴い通常発生する材料の切りむだ，破損，こぼれ，その他の材料のロス，及び手待ちなど労務のロスを見込んでいるものである。

本書の歩掛は，国が定めた統一基準である「公共建築工事標準仕様書」（建築工事編）（令和4年版）を適用する鉄筋コンクリート造の事務所等，延べ面積3,000㎡程度の標準的な新営工事を想定している。

建築工事の歩掛は，多くの実績値を集約したものであり，施工時期，天候，立地条件，工期，施工の難易度，労働者の能力などによって大きく相違する。

特に，労務歩掛では労働者が熟練工であるか否か，また，給与体系が時間給か出来高給であるかによって大きな相違がでてくる。したがって，あらゆる場合の歩掛をそれぞれ設定することは困難である。歩掛の性格としてはどうしても規模，工法等が標準的な場合を想定して設定せざるを得ない。本編の歩掛は，様々な条件下における標準的なものの実績の最大公約数である。

なお，公共建築工事における工事費積算に用いる労務単価は，「公共工事設計労務単価」によっている。

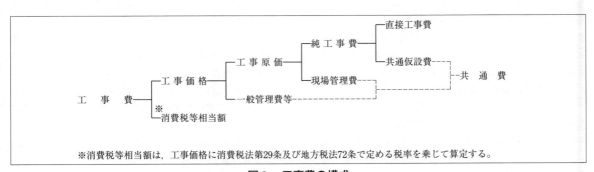

※消費税等相当額は，工事価格に消費税法第29条及び地方税法72条で定める税率を乗じて算定する。

図1 工事費の構成

③ 下請経費等

この工事標準歩掛には「その他」の項目がある。これは本歩掛員数に下請経費が含まれていないため，「その他」を用いて，元請業者の下請けとなる下請経費（製造業者・専門工事業者の諸経費（以下「下請経費」という。））を算出しており，これらには現場管理費及び一般管理費等が含まれる。（**表1 製造業者・専門工事業者の諸経費（下請経費）**参照）

表1 製造業者・専門工事業者の諸経費（下請経費）

製造業者・専門工事業者の諸経費とは，製造業者・専門工事業者の現場管理費及び一般管理費等であり，その内容は以下のとおりとする。 現場管理費とは，工事施工に当り現場で必要とする費用であり，一般管理費等とは製造業者・専門工事業者の継続運営に必要な費用と付加利益である。	
現場管理費	労務管理費，租税公課，保険料，従業員給料手当，退職金，法定福利費，福利厚生費，事務用品費，通信交通費，その他の現場管理に要する費用
一般管理費等	役員報酬，従業員給料手当，退職金，法定福利費，福利厚生費，維持修繕費，事務用品費，通信交通費，動力用水光熱費，調査研究費，広告宣伝費，交際費，地代家賃，減価償却費，試験研究償却費，租税公課，保険料，雑費，付加利益

また，「その他」は下請経費，小器材の損耗費，現場労働者に関する法定福利費等であり，**表2 「その他」の率（建築工事）**の「その他」の率対象に「その他」の率を乗じて算定する。なお，法定福利費は法定の雇用保険，健康保険，介護保険及び厚生年金保険の事業主負担額である。

「その他」の率対象は，大きく分けて「労務費」を対象とする場合と「材料費＋労務費」を対象とする場合に区分される。建築工事では，前者が主に労務提供型の下請けで『躯体関係の工事』であり，後者は主に「材工」で施工する下請けであり，『仕上げ工事』などがある。歩掛の「その他」の率は，中間値＋1％※を標準とし，地域の特殊性等を考慮のうえ，適切に定める。

※墜落制止用器具の費用を含めた環境安全費の計上分として1％を加算。対象は**表2 「その他」の率（建築工事）**に示された工種とする。

④ 工事費に関する事項

積算基準等を円滑かつ適切に運用するために必要な事項をまとめた「公共建築工事積算基準等資料」（令和6年改定　以下，「基準等資料」という。）が国土交通省大臣官房官庁営繕部から公表されている。以下に，工事費に関する事項（抜粋）を示す。

(1) 新たな追加の工事等の取扱い

以下の場合の費用には，「当初請負代金額から消費税等相当額を減じた額を当初工事費内訳書記載の工事価格で除した比率（以下「当初請負比率」という。）を乗じない。

イ　新たな追加の工事

現に施工中の工事と一体で施工することが不可欠な場合において，設計図書で明示していない施工条件について受注者が予期することのできない特別な状態が生じ，以下の(イ)から(ホ)の新たな種類の工事を追加する場合の費用。

(イ)　とりこわし（地下埋設物及び埋設配管に限る）
(ロ)　地盤改良
(ハ)　土壌汚染処理
(ニ)　石綿含有吹付材及び保温材等の処理
(ホ)　上記(イ)から(ニ)に伴う発生材処理

ロ　公共料金等

(イ)　現場発生による，湧水を公共下水道に流す場合等の費用
(ロ)　仮設建築物の行政手数料
(ハ)　浄化槽の行政手数料
(ニ)　昇降機の行政手数料
(ホ)　水道の負担金（敷地内）

(2) (1)イの新たな追加の工事に関して，当該追加の工事に係る設計変更における工事費は，当該変更に係る直接工事費を積算し，これに当該変更に係る共通費を加えて得た額に，当該追加の工事が新たに追加された際の請負代金の変更額から消費税等相当額を減じた額を当該設計変更時の工事費内訳書記載の工事価格で除した比率（以下「当該追加の工事に係る請負比率」という。）を乗じ，さらに消費税等相当額を加えて得た額とする。

(3) (1)ロの公共料金等を新たに追加する場合は，これらの費用の共通費は算定せず，工事費に加算する。

⑤ 数量積算基準

建築工事の数量は，一般に（一財）建築コスト管理システム研究所及び（公社）日本建築積算協会が編集した「建築数量積算基準・同解説」（以下，「数量積算基準」という）によることが多い。この数量積算基準は，工事費（積算価額）を積算するための建築数量の計測・計算の方法を示すものであり，鉄筋コンクリート造，鉄骨鉄筋コンクリート造，鉄骨造，壁式鉄筋コンクリート造，木造（軸組構法）等の標準的な建築物に適用することを定めたものである。

建築工事の数量は，設計図書に示された内容に基づき，数量積算基準の定める方法により算出する。

なお，公共建築工事の積算では，国が定めた統一基準である「公共建築数量積算基準」（令和5年改定）を適用している。この基準は，前出の数量積算基準を基に公

表2 「その他」の率（建築工事）

工　種	「その他」の率	「その他」の率対象	備　考
仮　　　　設	20～30%　（25% + 1 % = 26%）	労, 雑	
土　　　　工	20～30%　（25% + 1 % = 26%）	労, 雑	
地　　　　業	20～30%　（25% + 1 % = 26%）	労, 雑	
鉄　　　　筋	20～30%　（25% + 1 % = 26%）	労, 雑	
コンクリート	20～30%　（25% + 1 % = 26%）	労, 雑	
型　　　　枠	18～26%　（22% + 1 % = 23%）	材, 労, 雑	
鉄　　　　骨	20～30%　（25% + 1 % = 26%）	労, 雑	
既製コンクリート	15～23%　（19% + 1 % = 20%）	材, 労	材にセメント, 細骨材, 鉄筋は含めない
防　　　　水	15～23%　（19% + 1 % = 20%）	材, 労, 雑	
石	16～24%　（20% + 1 % = 21%）	労	
タ　イ　ル	16～24%　（20% + 1 % = 21%）	材, 労	材にセメント, 細骨材は含めない
木　　　　工	20～30%　（25% + 1 % = 26%）	労	
屋根及びとい	15～23%　（19% + 1 % = 20%）	材, 労, 雑	
金　　　　属	16～24%　（20% + 1 % = 21%）	材, 労	
左　　　　官	19～27%　（23% + 1 % = 24%）	労	
建具（建具取付）	16～24%　（20% + 1 % = 21%）	労	
建具（ガラス）	15～23%　（19% + 1 % = 20%）	材, 労	
塗　　　　装	18～26%　（22% + 1 % = 23%）	材, 労, 雑	
内　外　装	15～23%　（19% + 1 % = 20%）	材, 労, 雑	材にセメント, 細骨材は含めない
仕上ユニット	20～30%　（25% + 1 % = 26%）	労	
排　　　　水	18～26%　（22% + 1 % = 23%）	材, 労, 雑	材に普通コンクリート, 砂利, セメント, 細骨材は含めない
構　内　舗　装	18～26%　（22% + 1 % = 23%）	材, 労, 雑	
植栽（樹木費以外）	18～26%　（22% + 1 % = 23%）	材, 労, 雑	材に芝を含む
植栽（樹木費）	上記決定率×0.7　（15.4% + 1 % = 16.4%）	材	材に地被類を含む
撤　　　　去	20～30%　（25% + 1 % = 26%）	労, 雑	
外　壁　改　修	20～30%　（25% + 1 % = 26%）	労	
とりこわし	20～30%　（25% + 1 % = 26%）	労, 雑	

（備考）
1. 表の材は「材料費」, 労は「労務費」, 雑は「運搬費及び消耗材料費等」を示す。
2. 植栽の「その他」の率には枯補償, 枯損処置を含むものとする。
3. 取外しの場合は, 取外しを行う製品等に対応する工種の「その他」の率を適用する。
4. 「その他」の率の欄の（ ）内は, 「その他」の率の中間値に墜落制止器具の費用を含めた環境安全費の計上分として1%を加算した値を示す。

共建築工事に活用できる基準として, 国土交通省大臣官房官庁営繕部から公表されている。

⑥ 内訳書標準書式

建築工事の工事費算出の根拠を示す内訳書は, 一般に（一財）建築コスト管理システム研究所及び（公社）日本建築積算協会が編集した「建築工事内訳書標準書式・同解説」（以下, 「内訳標準書式」という）によることが多い。この内訳標準書式には, 工種別内訳書標準書式（以下, 「工種別内訳書式」という）, 改修内訳書標準書式（以下, 「改修内訳書式」という）及び部分別内訳書標準書式（以下, 「部分別内訳書式」という）の三つの書式がある。

(1) 工種別内訳書式

工種別内訳書式は, 主に工種・材料を対象として部分の価格を計算し, 工程の順序に従い記載する方式であり, 内訳書式として一般に広く使用されている。

工事種目の区分は, 設計図, 仕様書等の表示に従い, 建物の棟別, 各工作物又は工種区分等による。

各工事種目は, 科目, 細目等に区分する。

科目は, 工種別, 材種別, 職種別, 箇所別又は機能別等によって区分する。

細目は，科目を更に細分化したもので，材料費，労務費，仮設費，機械器具費，運搬費及び下請となる専門工事業者の経費（以下，「下請経費」という）等又はそのいくつかを併せたもので示す。

(2) 改修内訳書式

改修内訳書式は，改修工事の標準となる書式を示すもので，改修内容に従い記載する方式である。

工事種目の区分は，工種別内訳書式と同様であるが，各工事種目は，大科目，中科目及び小科目に区分する。

大科目は，直接仮設及び改修種別（防水改修，外壁改修，内装改修等）によって区分する。

また，改修工事では通常，撤去と改修が伴うことから中科目として撤去と改修に区分する。

小科目は，改修種別に従って，部位（床，幅木・壁，天井等）や工種（鉄筋，コンクリート，型枠等）等に区分する。

細目は，小科目の順序に従って，材料費，労務費，機械器具費，運搬費及び下請経費等又はそのいくつかを併せたもので示す。

(3) 部分別内訳書式

部分別内訳書式は，五会連合協定〔㈳建築業協会（現（一社）日本建設業連合会），（一社）全国建設業協会，（公社）日本建築家協会，（一社）日本建築学会，（公社）日本建築士会連合会〕の書式として昭和43年6月に決定されたが，その後「建築積算研究会」制定，「建築工事内訳書標準書式検討委員会」制定を経て，現在，「建築工事積算研究会」制定の標準書式となっている。

部分別内訳書式は，工種別内訳書式を更に発展させて，建築物を構成する各部分を部位別に区分し，それぞれの部位のコストをその部位の持つ目的や機能と関連させながら捉えようとする方式であり，コストプランニングなどの費用の検討に利用できるものである。

なお，公共建築工事の積算では，国が定めた統一基準である「公共建築工事内訳書標準書式（建築工事編）」（令和5年版）を適用している。この書式は，公共建築工事に活用できる内訳書式として，国土交通省大臣官房官庁営繕部から公表されている。

また，この書式では，建築工事内訳書標準書式及び建築改修工事内訳書標準書式について，定めている。

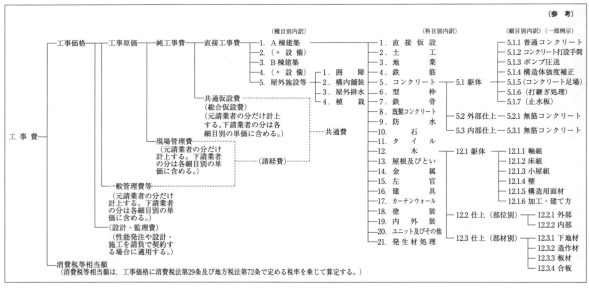

図2　工種別内訳

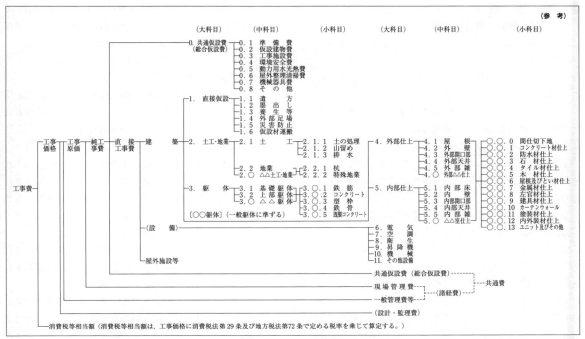

図3　部分別内訳

❷ 共通費
① 共通仮設費（総合仮設費）

仮設工事とは，建築物等を完成するために必要とする一時的な仮の施設・設備をいい，工事が完了するまでに全て撤去されるものであり，共通仮設（総合仮設ともいう），直接仮設及び専用仮設に区分される。

共通仮設は，複数の工事種目に共通して必要とする仮設であり，直接仮設は，工事種目ごとの複数の工事科目に共通して必要とする仮設をいう。

また，専用仮設は，工事種目ごとの工事科目で単独に必要とする仮設をいう。これらの仮設は工事に不可欠なものである。

公共工事標準請負契約約款第1条の3には，「仮設，施工方法その他工事目的物を完成するために必要な一切の手段については，この約款及び設計図書に特別の定めがある場合を除き，受注者がその責任において定める。」とあり，仮設は原則として受注者の任意に基づくものとされている。生産手段を持たない発注者である官公庁の積算方法としては仮設について現場の実態を基に費用を算定しており，多くの場合は後述するように実績値を数値化して用いている。

(1) 共通仮設費の区分と内容

共通仮設費は，建築工事，電気設備工事，機械設備工事及び昇降機設備工事のそれぞれと処分費に区分して算定する。

処分費とは，建設発生土処分費及び発生材処分費をいう。

共通仮設費は，各工事種目（事務所・庁舎，車庫，自転車置場等）に共通して使用する仮設の費用

共　通　仮　設　費

項　目	内　　　　　容
準　備　費	敷地測量，敷地整理，道路占用・使用料，仮設用借地料，その他の準備に要する費用
仮設建物費	監理事務所，現場事務所，倉庫，下小屋，宿舎，作業員施設等に要する費用
工事施設費	仮囲い，工事用道路，歩道構台，場内通信設備等の工事用施設に要する費用
環境安全費	安全標識，消火設備等の施設の設置，交通誘導・安全管理等の要員，隣接物等の養生及び補償復旧並びに台風等災害に備えた災害防止対策に要する費用
動力用水光熱費	工事用電気設備及び工事用給排水設備に要する費用並びに工事用電気・水道料金等
屋外整理清掃費	屋外・敷地周辺の跡片付け及びこれに伴う発生材処分並びに端材等の処分及び除雪に要する費用
機械器具費	共通的な工事用機械器具（測量機器，揚重機械器具，雑機械器具）に要する費用
情報システム費	情報共有，遠隔臨場，BIM，その他情報通信技術等のシステム・アプリケーションに要する費用
そ　の　他	材料及び製品の品質管理試験に要する費用，その他上記のいずれの項目にも属さない費用

（準備費，仮設建物費，工事施設費，環境安全費，動力用水光熱費，屋外整理清掃費，機械器具費，情報システム費，その他）として計上する。

共通仮設費の項目及び内容は前表による。

(2) 共通仮設費の算定

共通仮設には，指定仮設と任意仮設とがあり，指定仮設については発注者が指定する仮設を受注者は設ける義務が生じることから通常は費用を積み上げ計算により算定している。

任意仮設については，受注者の任意性が容認されていることから，受発注者双方がそれぞれ施工計画を立てて費用を積み上げるか，過去の実績等に基づく直接工事費に対する比率（以下「共通仮設費率」という）により費用を算定する。次頁に示している建築工事の共通仮設費率は，国土交通省大臣官房官庁営繕部が令和5年3月に公表した共通仮設費率の算定式をもとに算定した率である。

なお，次頁の表3，表4の共通仮設費率は，施工場所が一般的な市街地の場合の比率であり，次のような工事については，実状に応じて補正又は別途積算する。

(1) 山間へき地及び離島において施工する工事
(2) 建物種類が公共住宅である工事
(3) 積雪寒冷地において積雪寒冷期に施工する工事

また，共通仮設費は敷地の状況，建物の種類，その他の施工条件等によって変化するので注意を要する。

次頁の表の共通仮設費率は，実態調査の結果，共通仮設費との相関が比較的高い工事規模（直接工事費）と工期に応じた共通仮設費率を数値化したものである。

なお，共通仮設費率の算定に用いるT（工期）は，入札公告等に示された開札予定日から工期末までの日数をもとに，開札から契約までを考慮し7日を減じた日数を30日／月にて除す。その値は小数点以下第2位を四捨五入して1位止めとする。

なお，設計図書等に工期の始期が明示されている場合は，その始期から工期末までの日数を30日／月にて除し，この値をT（工期）として共通仮設費率を算出する。

通常，共通仮設費は，直接工事費に対する比率（共通仮設費率）を求め，直接工事費にこの共通仮設費率を乗じて算定し，率に含まれない内容（仮囲い，仮設鉄板敷等）の設置が設計図書へ特記された場合には，これらの項目について費用を積み上げにより算定して共通仮設費に加算する（❸仮設②共通仮設（総合仮設）(2)仮囲いの歩掛による）。

ただし，共通仮設費率を算定する場合の直接工事費には，処分費を含まない。すなわち，建築工事において，処分費（建設発生土処分費及び発生材処分費）を含めて

表3 算定式による共通仮設費率（Kr）の参考値

共通仮設費率		新営建築工事				

P：直接工事費（千円）	T：工期（か月）					
	6.0	9.0	12.0	18.0	24.0	36.0
5,000	7.88	10.15	12.15	15.65	18.74	24.14
10,000	6.48	8.35	9.99	12.87	15.41	19.85
50,000	4.12	5.30	6.35	8.18	9.79	12.61
100,000	3.38	4.36	5.22	6.73	8.05	10.37
200,000	2.78	3.59	4.29	5.53	6.62	8.53
500,000	2.15	2.77	3.32	4.27	5.11	6.59
700,000	1.96	2.52	3.02	3.88	4.65	5.99
1,000,000	1.77	2.28	2.73	3.51	4.21	5.42
2,000,000	1.45	1.87	2.24	2.89	3.46	4.46
3,000,000	1.30	1.67	2.00	2.58	3.08	3.97
5,000,000	1.12	1.45	1.73	2.23	2.67	3.44

注）1. 処分費（建設発生土処分費及び発生材処分費）を含めて発注する場合は，これらの費用の共通仮設費は算定しない。
2. 積み上げによる共通仮設費は，含まない場合としている。
3. 監理事務所（監督職員事務所）は，設ける場合としている。

〔備考〕算定式は以下のとおり。

共通仮設費率[注1]
$$Kr = \mathrm{Exp}\,(3.346 - 0.282 \times \log_e P + 0.625 \times \log_e T)$$ [注2・3]
　Kr：共通仮設費率（％）[注4]
　P ：直接工事費（千円）
　T ：工期（か月）
（注1）本表の共通仮設費率は，施工場所が一般的な市街地の比率である。
（注2）Exp（　）は，指数関数 $e^{(\ )}$ を表す。eは，ネイピア数（自然対数の底）を表す。
（注3）Pが以下の範囲を外れる場合は，共通仮設費を別途定めることができる。
　　　10,000（千円）≦P≦5,000,000（千円）
（注4）Krの値は，小数点以下第3位を四捨五入して2位止めとする。

表4 算定式による共通仮設費率（Kr）の参考値

共通仮設費率		改修建築工事				

P：直接工事費（千円）	T：工期（か月）					
	4.0	6.0	9.0	12.0	18.0	24.0
5,000	7.50	9.30	11.54	13.44	16.67	19.43
15,000	5.31	6.58	8.16	9.51	11.80	13.74
25,000	4.52	5.60	6.95	8.10	10.04	11.70
50,000	3.63	4.51	5.59	6.51	8.07	9.41
75,000	3.20	3.96	4.92	5.73	7.11	8.28
100,000	2.92	3.62	4.49	5.23	6.49	7.56
200,000	2.35	2.91	3.61	4.21	5.22	6.08
400,000	1.89	2.34	2.90	3.38	4.19	4.89
600,000	1.66	2.06	2.55	2.98	3.69	4.30
800,000	1.52	1.88	2.33	2.72	3.37	3.93
1,000,000	1.41	1.75	2.17	2.53	3.14	3.66

注）1. 処分費（建設発生土処分費及び発生材処分費）を含めて発注する場合は，これらの費用の共通仮設費は算定しない。
2. 積み上げによる共通仮設費は，含まない場合としている。
3. 監理事務所（監督職員事務所）は，設ける場合としている。

〔備考〕算定式は以下のとおり。

共通仮設費率[注1]
$$Kr = \mathrm{Exp}\,(3.962 - 0.315 \times \log_e P + 0.531 \times \log_e T)$$ [注2・3]
　Kr：共通仮設費率（％）[注4]
　P ：直接工事費（千円）
　T ：工期（か月）
（注1）本表の共通仮設費率は，施工場所が一般的な市街地の比率である。
（注2）Exp（　）は，指数関数 $e^{(\ )}$ を表す。eは，ネイピア数（自然対数の底）を表す。
（注3）Pが以下の範囲を外れる場合は，共通仮設費を別途定めることができる。
　　　3,000（千円）≦P≦1,000,000（千円）
（注4）Krの値は，小数点以下第3位を四捨五入して2位止めとする。

❷ 共　　通　　費—3

発注する場合，処分費を除く直接工事費の合計額と当該工事の工期に対応する共通仮設費率により共通仮設費を算定し，処分費については，共通仮設費の算定の対象としない。

また，共通費を算定する場合の直接工事費には，本設のための電力，水道等の各種負担金は含まないものとする。

共通仮設費率の算定方法は，対象となる工事の直接工事費と工期により前頁の表〔備考〕に示す算定式から比率を求める。ただし，新営工事の直接工事費が10,000（千円）≦P≦5,000,000（千円）の範囲（改修工事の直接工事費が3,000（千円）≦P≦1,000,000（千円）の範囲）を外れる場合は，共通仮設費率を別途定めることができる。

「基準等資料」では，「原則として算定式により算定された率を採用する。」としている。

なお，共通仮設費率に含まれない内容については，必要に応じて別途積み上げにより算定して加算する。

共通仮設費率の留意事項
① 環境安全費に含まれる台風等災害に備えた災害防止対策に要する費用のうち，一般的なものの費用については，以下の費用が含まれている。
・屋外に存置された資材等の移動，養生に要する費用
・外部足場の点検，補強，シート類の巻き上げ等に要する費用
② 共通仮設費率に含まれる動力用水光熱費
・新営工事は引込費用及び使用料が該当する。（工事用）
・改修工事は既存施設からの引き込みが可能であるため，主にメータ設置費と使用料が該当する。（工事用）

建築工事において，共通仮設費率に含む内容に挙げる監理事務所（監督職員事務所）を設けない場合は，共通仮設費率（Kr）に以下の補正値を乗じる。

直接工事費	1000万円未満	1000万円以上50億円以下	50億円を超える
補正値	0.887	0.738＋0.0162× $\log_e P$	0.988
Pは，公共建築工事共通費積算基準 別表におけるP：直接工事費（千円）			
注1）補正式による値は，小数点以下第4位を四捨五入して3位止めとする。			
注2）設計変更においては，変更後のPに対応した値を変更後のKrに乗じる。			

とりこわし工事を含めて発注する場合，とりこわし工事は新営建築工事に含めて算定する。

前頁の算定式により算定する共通仮設費率に含まれる内容を次表に示す。

ただし，設計図書に基づく以下の費用は含まれない。
・現場環境改善費
・工事場所以外の屋外整理清掃費
・新たな施策等の試行による特別な費用

建築工事の共通仮設費率に含む内容

項　　目	内　　容
準　備　費	敷地整理（新営の場合），道路占用・使用料，その他の準備に要する費用
仮設建物費	監理事務所（敷地内），現場事務所（敷地内），倉庫，下小屋，作業員施設等に要する費用
工事施設費 環境安全費	場内通信設備等の工事用施設に要する費用 安全標識，消火設備等の施設の設置，隣接物等の養生及び補償復旧に要する費用 台風等災害に備えた災害防止対策に要する費用のうち一般的なものの費用
動力用水光熱費	工事用電気設備及び工事用給排水設備に要する費用並びに工事用電気・水道料金等
屋外整理清掃費	屋外・敷地周辺の跡片付け及びこれに伴う発生材処分並びに端材等の処分に要する費用
機械器具費 そ　の　他	測量機器及び雑機械器具に要する費用 公共建築工事標準仕様書に基づく試験費，レディーミクストコンクリートの単位水量試験費，特記仕様書にて定める試験のうち軽微な試験費，その他上記のいずれの項目にも属さないもののうち軽微なものの費用

以下の工事を単独で発注する場合の共通仮設費は，製造業者・専門工事業者からの見積りを参考に計上する（②現場管理費及び③一般管理費等についても同様とする）。
・とりこわし工事
・特殊な室内装備品（家具，書架及び実験台の類）工事
・造園工事
・舗装工事
・さく井設備工事等

設計変更における共通仮設費については，共通仮設費を積み上げにより算定した場合は設計変更においても積み上げにより算定し，比率により算定した場合は設計変更においても比率により算定する。

この場合の共通仮設費は，設計変更の内容を当初発注工事内に含めた場合の共通仮設費を求め，当初発注工事の共通仮設費を控除した額とする。

② **現場管理費**

現場管理費は，工事施工にあたり，工事現場の管理運営を行うために必要な費用である。現場管理費の60％程度が人件費で占められており，特殊な条件での建築物等，工事内容によっては，人員構成に相違が出ることが予想される。このため，共通仮設費と同様，施工場所，建物の種類等の施工条件によっては実状に応じて補正又

は別途積算する。
(1) 現場管理費の区分と内容

現場管理費は，共通仮設費で区分した項目ごとに算定する。

通常，現場管理費は事務所・庁舎等，類型的範囲内では純工事費及び工期との高い相関を示すことから，純工事費及び工期（前出①共通仮設費（総合仮設費）参照）に対応する比率（現場管理費率）を求め，純工事費にこの現場管理費率を乗じて算定する。表5，表6に示している現場管理費率は，国土交通省大臣官房官庁営繕部が令和5年3月に公表した現場管理費率の算定式をもとに算定した率である。なお，現場管理費の項目及び内容は下表による。

(2) 現場管理費の算定

通常，現場管理費は，純工事費に対する比率（現場管理費率）を求め，純工事費にこの現場管理費率を乗じて算定し，率に含まれない要員等の費用（共通仮設費の費用以外，現場雇用労働者の給料等）が設計図書へ特記された場合には，これらの項目について費用を積み上げて現場管理費に加算する。

ただし，現場管理費率を算定する場合の純工事費には，処分費を含まない。すなわち，建築工事において，処分費（建設発生土処分費及び発生材処分費）を含めて発注する場合，処分費を除く純工事費の合計額と当該工事の工期に対応する現場管理費率により現場管理費を算定し，処分費については，現場管理費の算定の対象としない。

現場管理費率の算定方法は，対象となる工事の純工事費と工期により次頁の表〔備考〕に示す算定式から比率を求める。ただし，新営工事の純工事費が10,000（千円）≦Np≦5,000,000（千円）の範囲（改修工事の純工事費が3,000（千円）≦Np≦1,000,000（千円）の範囲）を外れる場合は，現場管理費率を別途定めることができる。

「基準等資料」では，「原則として算定式により算定された率を採用する。」としている。

なお，現場管理費率に含まれない内容については，必要に応じて別途積み上げにより算定して加算する。

次頁表5，表6により算定する現場管理費率に含まれる内容は，次表による。

とりこわし工事を含めて発注する場合，とりこわし工事は新営建築工事に含めて算定する。

設計変更における現場管理費については，現場管理費

現　場　管　理　費

項　　目	内　　　　　容
労 務 管 理 費	現場雇用労働者（各現場で元請企業が臨時に直接雇用する労働者）及び現場労働者（再下請を含む下請契約に基づき現場労働に従事する労働者）の労務管理に要する費用 ・募集及び解散に要する費用 ・慰安，娯楽及び厚生に要する費用 ・純工事費に含まれない作業用具及び作業用被服等の費用 ・賃金以外の食事，通勤費等に要する費用 ・安全，衛生に要する費用及び研修訓練等に要する費用 ・労災保険法による給付以外に災害時に事業主が負担する費用
租 税 公 課	工事契約書等の印紙代，申請書・謄抄本登記等の証紙代，固定資産税・自動車税等の租税公課，諸官公署手続き費用
保 険 料	火災保険，工事保険，自動車保険，組立保険，賠償責任保険，法定外の労災保険及びその他の損害保険の保険料
従業員給料手当	現場従業員（元請企業の社員）及び現場雇用従業員（各現場で元請企業が臨時に直接雇用する従業員）並びに現場雇用労働者の給与，諸手当（交通費，住宅手当等），賞与及び外注人件費（施工図等作成費）を除く。）に要する費用
施工図等作成費	施工図・完成図等の作成に要する費用
退 職 金	現場従業員に対する退職給付引当金繰入額及び現場雇用従業員，現場雇用労働者の退職金
法 定 福 利 費	現場従業員，現場雇用従業員，現場雇用労働者及び現場労働者に関する次の費用 ・現場従業員，現場雇用従業員及び現場雇用労働者に関する労災保険料，雇用保険料，健康保険料及び厚生年金保険料の事業主負担額 ・現場労働者に関する労災保険料の事業主負担額 ・建設業退職金共済制度に基づく証紙購入代金
福 利 厚 生 費	現場従業員に対する慰安，娯楽，厚生，貸与被服，健康診断，医療，慶弔見舞金等に要する費用
事 務 用 品 費	事務用消耗品費，OA機器等の事務用備品費，新聞・図書・雑誌等の購入費，工事写真・完成写真代等の費用
通 信 交 通 費	通信費，旅費及び交通費
補 償 費	工事施工に伴って通常発生する騒音，振動，濁水，工事用車両の通行等に対して，近隣の第三者に支払われる補償費。ただし，電波障害に関する補償費を除く。
そ の 他	会議費，式典費，工事実績の登録等に要する費用，各種調査に要する費用，その他上記のいずれの項目にも属さない費用

❷共　　通　　費—5

表5　算定式による現場管理費率（Jo）の参考値

現場管理費率　　　新営建築工事

Np：純工事費（千円）	T：工期（か月）					
	6.0	9.0	12.0	18.0	24.0	36.0
5,000	35.90	50.29	63.87	89.45	113.61	159.13
10,000	26.34	36.89	46.85	65.62	83.34	116.73
50,000	12.83	17.97	22.82	31.96	40.59	56.85
100,000	9.41	13.18	16.74	23.44	29.78	41.71
200,000	6.90	9.67	12.28	17.20	21.84	30.59
500,000	4.58	6.42	8.15	11.42	14.50	20.31
700,000	3.94	5.52	7.01	9.82	12.48	17.48
1,000,000	3.36	4.71	5.98	8.38	10.64	14.90
2,000,000	2.47	3.45	4.39	6.14	7.80	10.93
3,000,000	2.06	2.88	3.66	5.13	6.51	9.12
5,000,000	1.64	2.29	2.91	4.08	5.18	7.26

注）1.　処分費（建設発生土処分費及び発生材処分費）を含めて発注する場合は，これらの費用の現場管理費は算定しない。
　　2.　積み上げによる現場管理費は，含まない場合としている。

〔備考〕算定式は以下のとおり。

現場管理費率[注1]
　　$Jo = Exp\ (5.899 - 0.447 \times \log_e Np + 0.831 \times \log_e T)$　[注2・3]
　　Jo：現場管理費率（％）[注4]
　　Np：純工事費（千円）
　　T：工期（か月）
（注1）　本表の現場管理費率は，施工場所が一般的な市街地の比率である。
（注2）　Exp（ ）は，指数関数 $e^{(\ )}$ を表す。eは，ネイピア数（自然対数の底）を表す。
（注3）　Npが以下の範囲を外れる場合は，現場管理費を別途定めることができる。
　　　　 10,000（千円）≦ Np ≦5,000,000（千円）
（注4）　Joの値は，小数点以下第3位を四捨五入して2位止めとする。

表6　算定式による現場管理費率（Jo）の参考値

現場管理費率　　　改修建築工事

Np：純工事費（千円）	T：工期（か月）					
	4.0	6.0	9.0	12.0	18.0	24.0
5,000	35.46	48.51	66.37	82.90	113.41	141.65
15,000	19.63	26.86	36.75	45.90	62.80	78.44
25,000	14.92	20.41	27.92	34.87	47.71	59.59
50,000	10.27	14.06	19.23	24.02	32.86	41.04
75,000	8.26	11.30	15.46	19.31	26.42	33.00
100,000	7.08	9.68	13.24	16.54	22.63	28.27
200,000	4.87	6.67	9.12	11.39	15.59	19.47
400,000	3.36	4.59	6.28	7.85	10.73	13.41
600,000	2.70	3.69	5.05	6.31	8.63	10.78
800,000	2.31	3.16	4.33	5.40	7.39	9.23
1,000,000	2.05	2.80	3.84	4.79	6.56	8.19

注）1.　処分費（建設発生土処分費及び発生材処分費）を含めて発注する場合は，これらの費用の現場管理費は算定しない。
　　2.　積み上げによる現場管理費は，含まない場合としている。

〔備考〕算定式は以下のとおり。

現場管理費率[注1]
　　$Jo = Exp\ (7.079 - 0.538 \times \log_e Np + 0.773 \times \log_e T)$　[注2・3]
　　Jo：現場管理費率（％）[注4]
　　Np：純工事費（千円）
　　T：工期（か月）
（注1）　本表の現場管理費率は，施工場所が一般的な市街地の比率である。
（注2）　Exp（ ）は，指数関数 $e^{(\ )}$ を表す。eは，ネイピア数（自然対数の底）を表す。
（注3）　Npが以下の範囲を外れる場合は，現場管理費を別途定めることができる。
　　　　 3,000（千円）≦ Np ≦1,000,000（千円）
（注4）　Joの値は，小数点以下第3位を四捨五入して2位止めとする。

を積み上げにより算定した場合は設計変更においても積み上げにより算定し，比率により算定した場合は設計変更においても比率により算定する。

この場合の現場管理費は，設計変更の内容を当初発注工事内に含めた場合の現場管理費を求め，当初発注工事の現場管理費を控除した額とする。

③ 一般管理費等

一般管理費等は，工事施工にあたる受注者が継続して企業活動するために本・支店，営業所等が必要とする経費であり，一般管理費と付加利益等からなる。したがって，一般管理費を個々の工事で積み上げることは不可能であり，統計値によらざるを得ない。

一般管理費の項目・内容及び付加利益等は，次表による。

1) 一般管理費等の算定

一般管理費等は，工事の性質，需給の状況，履行の難易等によって相違する。また，一般管理費等は直接

一般管理費

項目	内容
役員報酬等	取締役及び監査役に要する報酬及び賞与（損金算入分）
従業員給料手当	本店及び支店の従業員に対する給与，諸手当及び賞与（賞与引当金繰入額を含む。）
退職金	本店及び支店の役員及び従業員に対する退職金（退職給付引当金繰入額及び退職年金掛金を含む。）
法定福利費	本店及び支店の従業員に関する労災保険料，雇用保険料，健康保険料及び厚生年金保険料の事業主負担額
福利厚生費	本店及び支店の従業員に対する慰安，娯楽，貸与被服，医療，慶弔見舞等の福利厚生等に要する費用
維持修繕費	建物，機械，装置等の修繕維持費，倉庫物品の管理費等
事務用品費	事務用消耗品費，固定資産に計上しない事務用備品，新聞参考図書等の購入費
通信交通費	通信費，旅費及び交通費
動力用水光熱費	電力，水道，ガス等の費用
調査研究費	技術研究，開発等の費用
広告宣伝費	広告，公告又は宣伝に要する費用
交際費	得意先，来客等の接待，慶弔見舞等に要する費用
寄付金	社会福祉団体等に対する寄付
地代家賃	事務所，寮，社宅等の借地借家料
減価償却費	建物，車両，機械装置，事務用備品等の減価償却額
試験研究償却費	新製品又は新技術の研究のための特別に支出した費用の償却額
開発償却費	新技術又は新経営組織の採用，資源の開発並びに市場の開拓のため特別に支出した費用の償却額
租税公課	不動産取得税，固定資産税等の租税及び道路占有料その他の公課
保険料	火災保険その他の損害保険料
契約保証費	契約の保証に必要な費用
雑費	社内打合せの費用，諸団体会費等の上記のいずれの項目にも属さない費用

付加利益等

法人税，都道府県民税，市町村民税等（上表（一般管理費）の租税公課に含むものを除く）
株主配当金
役員賞与（損金算入分を除く）
内部留保金
支払利息及び割引料，支払保証料その他の営業外費用

工事費，共通仮設費，及び現場管理費を合計した，いわゆる工事原価に対応する比率（一般管理費等率）を求め，工事原価にこの一般管理費等率を乗じて算定する。

なお，契約保証費については，必要に応じて別途加算する。

設計変更における一般管理費等については，設計変更の内容を当初発注工事内に含めた場合の一般管理費等を求め，当初発注工事の一般管理費等を控除した額とする。

ただし，設計変更については契約保証費にかかる補正を行わない。

表7の〔備考〕に示す算定式は，令和5年3月に国土交通省大臣官房官庁営繕部から公表されている。

表7　算定式による一般管理費等率（Gp）の参考値

一般管理費等率　　建築工事

Cp：工事原価（千円）	Gp：一般管理費等率（％）
5,000以下	17.24
10,000	16.29
25,000	15.02
50,000	14.07
100,000	13.11
200,000	12.16
400,000	11.20
600,000	10.64
800,000	10.25
1,000,000	9.94
2,500,000	8.68
3,000,000を超える	8.43

〔備考〕工事原価が5百万円を超え30億円以下の場合の一般管理費等は，以下の算定式により算定された率による。

一般管理費等率
$Gp = 28.978 - 3.173 \times \log_{10}(Cp)$
　Gp：一般管理費等率（％）[注1]
　Cp：工事原価（千円）

工事原価が5百万円以下の場合の一般管理費等率は上表のとおり，17.24％（定率）とし，工事原価が30億円を超える場合の一般管理費等率は，8.43％（定率）とする。

（注1）　Gpの値は，小数点以下第3位を四捨五入して2位止めとする。

④ 設計変更における共通費の算定

1) 設計変更における共通費

（1）共通仮設費，現場管理費及び一般管理費等は，当初請負比率を乗じる工事，当該追加の工事に係る責

❷ 共　通　費—7

負比率を乗じる工事，そのどちらにも当てはまらない工事に区分して算定する。

⑤　共通費及び共通費率の参考値
算定式から算出した共通費と共通費率の参考値

共通費（千円）は，共通仮設費（千円）+現場管理費（千円）+一般管理費等（千円）で計算して記載した。

共通費率（％）は，共通費（千円）／直接工事費（千円）で計算し，小数点以下1位を四捨五入して記載した。

表8　算定式による共通費の参考値

共通費（円）　新営建築工事

P：直接工事費（千円）	T：工期（か月）					
	6.0	9.0	12.0	18.0	24.0	36.0
5,000	3,481	4,512	5,489	7,351	9,133	12,558
10,000	5,500	7,006	8,430	11,130	13,706	18,628
50,000	16,738	20,418	23,888	30,401	36,553	48,193
100,000	27,592	33,045	38,142	47,725	56,738	73,736
200,000	45,994	54,086	61,619	75,756	89,015	113,928
500,000	91,603	105,278	118,021	141,773	163,920	205,543
700,000	118,384	134,927	150,460	179,137	206,081	256,237
1,000,000	155,493	175,903	194,856	230,080	263,107	324,480
2,000,000	264,339	295,041	323,429	376,096	425,305	516,257
3,000,000	362,739	401,810	438,399	506,001	568,357	685,070
5,000,000	571,580	625,514	674,683	766,312	851,246	1,008,971

表9　算定式による共通費率の参考値

共通費率（％）　新営建築工事

P：直接工事費（千円）	T：工期（か月）					
	6.0	9.0	12.0	18.0	24.0	36.0
5,000	70%	90%	110%	147%	183%	251%
10,000	55%	70%	84%	111%	137%	186%
50,000	33%	41%	48%	61%	73%	96%
100,000	28%	33%	38%	48%	57%	74%
200,000	23%	27%	31%	38%	45%	57%
500,000	18%	21%	24%	28%	33%	41%
700,000	17%	19%	21%	26%	29%	37%
1,000,000	16%	18%	19%	23%	26%	32%
2,000,000	13%	15%	16%	19%	21%	26%
3,000,000	12%	13%	15%	17%	19%	23%
5,000,000	11%	13%	13%	15%	17%	20%

表10　算定式による共通費の参考値

共通費（円）　改修建築工事

P：直接工事費（千円）	T：工期（か月）					
	4.0	6.0	9.0	12.0	18.0	24.0
5,000	3,415	4,317	5,555	6,704	8,834	10,826
15,000	6,714	8,222	10,274	12,171	15,672	18,918
25,000	9,358	11,282	13,892	16,298	20,726	24,822
50,000	14,960	17,648	21,272	24,604	30,711	36,359
75,000	19,865	23,127	27,546	31,586	38,988	45,805
100,000	24,383	28,146	33,199	37,847	46,338	54,140
200,000	40,420	45,706	52,835	59,341	71,180	82,030
400,000	67,958	75,444	85,506	94,619	111,223	126,437
600,000	92,502	101,800	114,024	125,287	145,489	164,048
800,000	115,495	126,118	140,321	153,327	176,672	197,987
1,000,000	137,016	149,110	164,980	179,458	205,631	229,359

表11 算定式による共通費率の参考値

共通費率（％）　　改修建築工事

P：直接工事費（千円）	T：工期（か月）					
	4.0	6.0	9.0	12.0	18.0	24.0
5,000	68%	86%	111%	134%	177%	217%
15,000	45%	55%	68%	81%	104%	126%
25,000	37%	45%	56%	65%	83%	99%
50,000	30%	35%	43%	49%	61%	73%
75,000	26%	31%	37%	42%	52%	61%
100,000	24%	28%	33%	38%	46%	54%
200,000	20%	23%	26%	30%	36%	41%
400,000	17%	19%	21%	24%	28%	32%
600,000	15%	17%	19%	21%	24%	27%
800,000	14%	16%	18%	19%	22%	25%
1,000,000	14%	15%	16%	18%	21%	23%

❸ 仮　設

① 一般事項

(1) 各工事種目に共通して必要な仮設（以下「共通仮設」という）のうち，共通仮設費率に含まないもの及び工事種目ごとに必要な仮設（以下「直接仮設」という）について適用する。
(2) 施工条件が明示された場合は，その内容により算出する。
(3) 外部足場及び内部足場は，手すり先行方式枠組本足場を標準とする。
(4) 仮設材の運搬費は往復とし，車両はトラック 4 t 積，運搬距離は 30 km 程度（片道）をそれぞれ標準とする。ただし，建築構造物の規模や敷地条件等により 2 t 積を考慮する。
(5) 移動式揚重機の価格は，物価資料による建設機械賃料とする。
(6) 建設用仮設材のうち，賃貸仮設材の利用に係る費用（以下「仮設資材賃料」という）は，物価資料の仮設資材賃料（基本料＋日額賃料×設計供用日数）又は基礎価格に 1 現場当り損料率を乗じて算定する。また，リース材の返還時に必要な軽微な補修費用を修理費として計上する。
(7) 修理費は，仮設資材賃料の 5 ％を標準とする。
(8) 建設用仮設材において，掛けと払いを別々に計上する必要がある場合は，基本料は掛け手間，修理費は払い手間に計上する。

② 共通仮設（総合仮設）

(1) 仮　設　建　物（**参考**）

名　　称	摘　　要	単位	材料 品　　　名	材料 単位	材料 歩掛数量	労務 職　　種	労務 歩掛員数(人)	備　考
現 場 事 務 所 (延べ面積 50 m²) (協力会社事務所)	階段，外部塗装共 建具，ガラス， ベニヤ板張り	延べ面積 1 m² 当り	組立ハウス	式	1	大　工	0.4	35％
			基礎地業	〃	1	普通作業員	0.5	100％
			木造間仕切り・造作	〃	1			60％
			雑資材	〃	1	その他	1 式	100％
			運搬トラック　4 t 積	台	0.05			

（備考）　1.　施工手間は，設置 65％，撤去 35％ の割合とする。
　　　　　2.　備考欄の数値は，1 現場当り損料率を示す。
　　　　　3.　上記 2. の仮設材は，物価資料の基礎価格に 1 現場当り損料率を乗じて算定する。（以下共通）
　　　　　4.　「その他」の率対象は，大工，普通作業員とする。

名　　称	摘　　要	単位	材料 品　　　名	材料 単位	材料 歩掛数量	労務 職　　種	労務 歩掛員数(人)	備　考
現 場 事 務 所 (延べ面積 226.8 m²)	6.3×18 m 2 階建 収容人員 19 人	1 棟当り	鋼製組立ハウス	棟	1	大　工	60	
			基礎切り丸太 末口φ120 mm ℓ1,800 mm	本	52	普通作業員	25	
			塗　装	m²	210			
			消耗品部材	式	1			
			維持修理費	〃	1			
			天井せっこうボード張り　厚 9 mm	m²	79			
			床ビニル床タイル張り　厚 2 mm	〃	150			
			畳敷き 下地共 一畳	枚	25			
			床土間コンクリート	m²	29			
			壁軸組	〃	118	その他	1 式	
			壁せっこうボード張り　厚 9 mm	〃	161			
			壁ラスモルタル塗り	〃	17			
			木製幅木　H 75 mm	m	46			
			出入口枠及び扉片開き H×W 1,800×900 mm	箇所	2			
			出入口枠及び扉両開き H×W 1,800×1,800 mm	〃	6			
			押入れ　1,800×1,800 mm	〃	2.5			
			倉庫棚　幅 600 mm ×2 段	延 m	25			

（つづく）

❸仮　　設—2

名　　称	摘　　要	単位	材料 品名	単位	歩掛数量	労務 職種	歩掛員数(人)	備考
現場事務所 (延べ面積226.8m²)	6.3×18m 2階建 収容人員19人	1棟当り	食堂カウンター	箇所	1			
			食堂流し	〃	1			
			湯沸室流し	〃	1			
			湯沸室棚	〃	1			
			事務室棚	〃	1			
			設備工事(電気設備,機械設備共)	式	1			
			運搬トラック　4t積	台	8			
			残材トラック　4t積	〃	3			
現場宿舎 (延べ面積226.8m²)	1,2階共宿舎 収容人員18人	〃	鋼製組立ハウス	棟	1	大　工	60	
			基礎切り丸太 末口φ120mm ℓ1,800mm	本	52	普通作業員	25	
			塗　装	m²	210			
			消耗品部材	式	1			
			維持修理費	〃	1			
			天井せっこうボード張り　厚9mm	m²	227			
			床ビニル床タイル張り　厚2mm	〃	205			
			畳敷き下地共　一畳	枚	9			
			壁軸組	m²	305			
			壁軸組せっこうボード張り　厚9mm	〃	198			
			木製幅木　H75mm	m	198			
			出入口枠及び扉片開き $H \times W$ 1,800×900mm	箇所	24	その他	1式	
			出入口枠及び扉両開き $H \times W$ 1,800×1,800mm	〃	3			
			押入れ　1,800×1,800mm	〃	3.5			
			ベッド	〃	16			
			寝室棚	〃	16			
			カーテン	〃	34			
			洗面所,流し台	〃	2			
			便所隔板	式	1			
			雑資材	〃	1			
			設備工事(電気設備,機械設備共)	〃	1			
			運搬トラック　4t積	台	8			
			残材トラック　4t積	〃	4			

(備考)　1．現場事務所(延べ面積50m²)の(備考)1．に同じ。
　　　　2．「その他」の率対象は、大工、普通作業員とする。

名　　称	摘　　要	単位	材料 品名	単位	歩掛数量	労務 職種	歩掛員数(人)	備考
金物倉庫 (延べ面積100m²)		延べ面積1m²当り	組立ハウス	式	1	大　工	0.25	35%
			基礎地業	〃	1	普通作業員	0.3	100%
			棚板材　0.07m³	〃	1			60%
			雑資材	〃	1	その他	1式	100%
			運搬トラック　4t積	台	17.5m²/4t			

(備考)　1．現場事務所(延べ面積50m²)の(備考)1．～3．に同じ。
　　　　2．「その他」の率対象は、大工、普通作業員とする。

— 537 —

ユニットトイレ（汲取式1穴式）

名称	摘要	単位	材料 品名	材料 単位	材料 歩掛数量	労務 職種	労務 歩掛員数(人)	備考
ユニットトイレ（汲取式1穴式）		1箇所当り	ユニットトイレ	式	1	普通作業員	4.0	35%
			基礎地業	〃	1	その他	1 式	100%
			雑資材	〃	1			100%
			ためます 1個	〃	1			100%
			運搬トラック 4t積	台	1			

(備考) 1. 現場事務所（延べ面積50m²）の（備考）1.～3.に同じ。
2. 「その他」の率対象は，普通作業員とする。

ユニットトイレ（水洗式 男女別）

名称	摘要	単位	材料 品名	材料 単位	材料 歩掛数量	労務 職種	労務 歩掛員数(人)	備考
ユニットトイレ（水洗式 男女別）		1箇所当り	ユニットトイレ	式	1	普通作業員	4.0	35%
			基礎地業	〃	1	配管工	1.5	100%
			雑資材	〃	1	その他	1 式	100%
			配管材	〃	1			100%
			運搬トラック 4t積	台	1			

(備考) 1. 現場事務所（延べ面積50m²）の（備考）1.～3.に同じ。
2. 「その他」の率対象は，普通作業員，配管工とする。

現場工作所（骨組，屋根のみ）

名称	摘要	単位	材料 品名	材料 単位	材料 歩掛数量	労務 職種	労務 歩掛員数(人)	備考
現場工作所（骨組，屋根のみ）		1m²当り	パイプ造	式	1	とび工	0.15	35%
			波形鉄板♯30（762×1,829mm）1.43枚	〃	1	普通作業員	0.05	30%
			基礎地業	〃	1	その他	1 式	100%
			運搬トラック 4t積	台	75m²/4t			

(備考) 1. 現場事務所（延べ面積50m²）の（備考）1.～3.に同じ。
2. 「その他」の率対象は，とび工，普通作業員とする。

現場工作所

名称	摘要	単位	材料 品名	材料 単位	材料 歩掛数量	労務 職種	労務 歩掛員数(人)	備考
現場工作所		1m²当り	パイプ造	式	1	とび工	0.35	35%
			基礎地業	〃	1	普通作業員	0.2	100%
			壁パイプ φ48.6mm 2,400mm	〃	1	その他	1 式	20%
			クランプ	〃	1			20%
			波形鉄板♯30（762×1,829mm）2.86枚	〃	1			30%
			雑資材	〃	1			100%
			運搬トラック 4t積	台	60m²/4t			

(備考) 1. 現場事務所（延べ面積50m²）の（備考）1.～3.に同じ。
2. 「その他」の率対象は，とび工，普通作業員とする。

(2) 仮囲い

名称	摘要	単位	材料 品名	単位	歩掛数量	労務 職種	歩掛員数(人)	備考
成形鋼板	W500×H3,000 mm	1 m 当り	仮囲鉄板 厚さ1.2mm	枚	2.1	普通作業員	0.24	仮囲鉄板，丸パイプは仮設資材賃料
			丸パイプ φ48.6mm	m	9.36			
			修理費	式	1	その他	1 式	
			雑費（労務費の8％）	〃	1			
	W500×H2,000 mm	〃	仮囲鉄板 厚さ1.2mm	枚	2.1	普通作業員	0.19	仮囲鉄板，丸パイプは仮設資材賃料
			丸パイプ φ48.6mm	m	6.24			
			修理費	式	1	その他	1 式	
			雑費（労務費の8％）	〃	1			

（備考）　1．施工手間は，設置65％，撤去35％の割合とする。
　　　　　2．仮設資材賃料は，①一般事項(6)による。
　　　　　3．修理費は，①一般事項(7)による。
　　　　　4．雑費は，ハンマ，ラチェットレンチ，脚立，足場板，フックボルト，クランプ等の費用とする。
　　　　　5．仮囲鋼板にイメージアップのための塗装等が設計図書に明示された場合は，必要な費用を計上する。
　　　　　6．「その他」の率対象は，普通作業員，雑費とする。

名称	摘要	単位	材料 品名	単位	歩掛数量	労務 職種	歩掛員数(人)	備考
波形カラー鉄板へい **(参考)**	W750×H1,800 mm	1 m 当り	切り丸太 φ80mm ℓ3,000mm	本	0.916	大工	0.08	
			杉正割材	m³	0.015	普通作業員	0.04	
			カラー鉄板	枚	1.3	その他	1 式	
			くぎ・鉄線	kg	0.32			
有刺鉄線柵 **(参考)**	H1,500 mm	〃	切り丸太 φ80mm ℓ2,000mm	本	0.9	大工	0.05	
			有刺鉄線5段（筋かい共）#14	m	8.0	普通作業員	0.03	
			くぎ・ステープル	kg	0.38	その他	1 式	

（備考）　1．成形鋼板の（備考）1．に同じ。
　　　　　2．「その他」の率対象は，くぎ・鉄線，くぎ・ステープル，大工，普通作業員とする。

名称	摘要	単位	材料 品名	単位	歩掛数量	労務 職種	歩掛員数(人)	備考
シート張りへい **(参考)**	杭打ち時移動性を考慮したもの H3,600 mm	1 m 当り	単管 φ48.6mm	m	7.2	とび工	0.4	
			ジョイント	個	0.6			
			クランプ	〃	3			
			ベース金物	〃	0.63			
			切り丸太 ℓ1,000mm	本	0.25	その他	1 式	
			幅木土台用足場板 ℓ4,000mm	枚	0.5			
			シート 3,600×5,400 mm	〃	0.2			
			くぎ・鉄線	kg	0.05			

（備考）　1．成形鋼板の（備考）1．に同じ。
　　　　　2．「その他」の率対象は，くぎ・鉄線，とび工とする。

仮囲い運搬

名称	摘要	単位	成形鋼板 H=3,000 mm	成形鋼板 H=2,000 mm	波形カラー鉄板へい H=1,800 mm (参考)	有刺鉄線柵 H=1,500 mm (参考)	シート張りへい H=3,600 mm (参考)
トラック運転	4 t 積	日	2.13	1.42	1.1	1.1	1.42

（備考）　1．仮囲い100 m 当り（往復）の運転日数を示す。
　　　　　2．1日当りのトラック運転は，③直接仮設(7)仮設材運搬を参照。

仮設鉄板敷・運搬

名 称	摘 要	単位	材料 品名	材料 単位	材料 歩掛数量	労務 職種	労務 歩掛員数(人)	備考
仮設鉄板敷・運搬		1m²当り	敷鉄板 1,524×6,096×22 mm	枚	0.11	普通作業員	0.046	
			トラック運転 11 t 積	日	0.01	その他	1 式	
			トラッククレーン運転 油圧伸縮ジブ型 4.9 t 吊	〃	0.023			

(備考) 1. 施工手間及び機械運転は，設置50％，撤去50％の割合とする。
2. 仮設鉄板敷の仮設資材賃料は，整備費＋設置期間に応じた日額賃料×設計供用日数とする。なお，不足弁償費は計上しない。
3. 仮設鉄板敷の整備費は，基本料に加え通常の使用で発生する反り等の復旧に係る費用を含む。
4. 敷鉄板の積込み取卸しに要する費用を含む。
5. 運搬機械の日数は，トラック11 t 積による換算値とする。また，トラック運転は，1 m²当り往復とする。
6. 1日当りのトラック運転は，③直接仮設(7)仮設材運搬を参照。
7. トラッククレーン運転は，建設機械賃料とする。
8. 「その他」の率対象は，普通作業員とする。

トラッククレーン（油圧伸縮ジブ型）分解・組立費

名 称	摘 要	単位	材料 品名	材料 単位	材料 歩掛数量	労務 職種	労務 歩掛員数(人)	備考
トラッククレーン分解・組立費		1回当り	雑費（労務費の6％）	式	1	特殊作業員	5.6	
						その他	1 式	

(備考) 1. 分解部品の運搬費は，別途加算する。
2. 100 t 吊～200 t 吊のトラッククレーン（油圧伸縮ジブ型）に適用する。
3. 「その他」の率対象は，特殊作業員，雑費とする。

トラッククレーン（油圧伸縮ジブ型）分解部品運搬

(1往復当り)

名 称	摘 要	単位	100 t 吊	120 t 吊	160 t 吊	200 t 吊	備考
トラック運転	11 t 積	日	3.7	4.1	5.8	12.7	

(備考) 運搬機械の日数は，トラック11 t 積による換算値とする。

(3) ガードフェンス

名 称	摘 要	単位	材料 品名	材料 単位	材料 歩掛数量	労務 職種	労務 歩掛員数(人)	備考
ガードフェンス	H＝1.8 m	1m当り	ガードフェンス	枚	0.56	普通作業員	0.013	資材は仮設資材賃料
			柱脚固定具	個	0.57	その他	1 式	
			修理費	式	1			

(備考) 1. 施工手間は，設置65％，撤去35％の割合とする。
2. ガードフェンス，柱脚固定具の仮設資材賃料は，①一般事項(6)による。
3. 修理費は，①一般事項(7)による。
4. 「その他」の率対象は，普通作業員とする。

ガードフェンス運搬

名 称	摘 要	単位	ガードフェンス	備考
トラック運転	4 t 積	日	0.32	

(備考) 1. ガードフェンス100 m 当り（往復）の運転日数を示す。
2. 1日当りのトラック運転は，③直接仮設(7)仮設材運搬を参照。

(4) 屋外整理・清掃・片付け（参考）

名称	摘要	単位	材料 品名	材料 単位	材料 歩掛数量	労務 職種	労務 歩掛員数(人)	備考
屋外整理・清掃・片付け		1m²当り	—	—	—	軽作業員	0.1	
			—	—	—	その他	1式	

（備考）1. 共通仮設費を過去の実績等に基づく直接工事費に対する比率（共通仮設費率）により算定する場合は，共通仮設費率に屋外整理清掃費が含まれるため，適用しない。
2. 「その他」の率対象は，軽作業員とする。

③ 直接仮設

(1) 遣方・墨出し・養生・整理清掃後片付け

名称	摘要		単位	材料 品名	材料 単位	材料 歩掛数量	労務 職種	労務 歩掛員数(人)	備考
遣方	一般		建築面積1m²当り	切り丸太　末口75mm　ℓ1,800mm	本	0.15	大工	0.006	
				小幅板　15×90mm	m³	0.0004	普通作業員	0.006	
				くぎ	kg	0.001	その他	1式	
	小規模・複雑		〃	切り丸太　末口75mm　ℓ1,800mm	本	0.2	大工	0.008	
				小幅板　15×90mm	m³	0.0006	普通作業員	0.008	
				くぎ	kg	0.002	その他	1式	
平遣方			1箇所当り	切り丸太　末口75mm　ℓ1,800mm	本	2	大工	0.08	
				小幅板　15×90mm	m³	0.005	普通作業員	0.08	
				くぎ	kg	0.014	その他	1式	
隅遣方			〃	切り丸太　末口75mm　ℓ1,800mm	本	3	大工	0.12	
				小幅板　15×90mm	m³	0.01	普通作業員	0.12	
				くぎ	kg	0.028	その他	1式	
建遣方（参考）	ブロック積み，目盛り遣方を含む		〃	木材	m³	0.01	大工	0.05	
				くぎ	kg	0.02	普通作業員	0.01	
							その他	1式	

（備考）1. 遣方，平遣方，隅遣方等の仮設材（切り丸太，小幅板，木材）の1現場当り損料率は90％，くぎは100％とする。
2. 遣方は，縄張り，水準点（ベンチマーク）設置を含む。
3. 歩掛の摘要のうち，小規模とは，概ね建築面積においては150m²未満，延べ面積においては300m²未満の建物をいい，複雑とは小部屋が多い建物等をいう。
4. 「その他」の率対象は，くぎ，大工，普通作業員とする。

名称	摘要	単位	材料 品名	材料 単位	材料 歩掛数量	労務 職種	労務 歩掛員数(人)	備考
墨出し	一般	延べ面積1m²当り	—	—	—	大工	0.015	
			—	—	—	普通作業員	0.013	
			—	—	—	その他	1式	
	小規模・複雑	〃	—	—	—	大工	0.018	
			—	—	—	普通作業員	0.016	
			—	—	—	その他	1式	

（備考）1. 鉄骨造（地上階）の墨出しは，表③-1により単価の補正を行う。
2. 地下階及び付帯部分（ドライエリア，ピロティ，ピット，外部階段，吹抜け，バルコニー，外部廊下等）の墨出しは，表③-2により単価の補正を行う。
3. 遣方の（備考）3.に同じ。
4. 「その他」の率対象は，大工，普通作業員とする。

名　　　称	摘　　　要	単位	材　　　料 品　　名	単位	歩掛数量	労　　　務 職　種	歩掛員数(人)	備　考
養　　生	一　般	延べ面積1m²当り	—	—	—	普通作業員	0.018	
			—	—	—	そ の 他	1　式	
	小規模・複雑	〃	—	—	—	普通作業員	0.022	
			—	—	—	そ の 他	1　式	
整理清掃後片付け	一　般	延べ面積1m²当り	—	—	—	軽作業員	0.09	
			—	—	—	そ の 他	1　式	
	小規模・複雑	〃	—	—	—	軽作業員	0.11	
			—	—	—	そ の 他	1　式	

(備考)　1．鉄骨造（地上階）の養生・整理清掃後片付けは，表③－1により単価の補正を行う。
　　　　2．地下階及び付帯部分（ドライエリア，ピロティ，ピット，外部階段，吹抜け，バルコニー，外部廊下等）の養生・
　　　　　　整理清掃後片付けは，表③－2により単価の補正を行う。
　　　　3．遣方の（備考）3．に同じ。
　　　　4．「その他」の率対象は，普通作業員，軽作業員とする。

表③－1　墨出し及び養生・整理清掃後片付けの建物構造による単価補正

名　　　称	鉄骨造（地上階）	備　　　考
墨　出　し	80%	
養生・整理清掃後片付け	80%	

表③－2　墨出し及び養生・整理清掃後片付けの地下階及び付帯部分に使用する単価補正

名　　　称	一　般	複　雑	小　規　模
地　　下　　階	110%	110%	110%
ドライエリア，ピロティ，大規模ピット	80%	80%	80%（大規模ピットを除く）
外部階段，吹抜け（柱・梁あり）	70%	70%	70%
バルコニー，外部廊下，吹抜け（その他），ピット	50%	50%	50%

(2) 外 部 足 場

名　　称	摘　　要	単位	材料 品名	材料 単位	材料 歩掛数量	労務 職種	労務 歩掛員数(人)	備考
枠組本足場 〔手すり先行方式〕 1,200枠 (500布枠2枚)	足場高さ 12m未満	掛面積 1m²当り	建枠　1,200×1,700 mm	枚	0.38	とび工	0.049	建枠から合板足場板までは仮設資材賃料
			板付布枠　500×1,800 mm	〃	0.65			
			筋かい　1,200×1,800 mm	本	0.32			
			壁つなぎ　ℓ600 mm程度	個	0.03			
			先行手すり枠	枚	0.36			
			つま先板（幅木）	〃	0.68	その他	1式	
			手すり　枠組本足場用	本	0.36			
			ジャッキベース　ストローク250 mm	〃	0.12			
			合板足場板　240×4,000 mm	枚	0.05			
			修理費	式	1			
	足場高さ 22m未満	〃	建枠　1,200×1,700 mm	枚	0.38	とび工	0.056	建枠から合板足場板までは仮設資材賃料
			板付布枠　500×1,800 mm	〃	0.65			
			筋かい　1,200×1,800 mm	本	0.32			
			壁つなぎ　ℓ600 mm程度	個	0.03			
			先行手すり枠	枚	0.36			
			つま先板（幅木）	〃	0.68	その他	1式	
			手すり　枠組本足場用	本	0.36			
			ジャッキベース　ストローク250 mm	〃	0.08			
			合板足場板　240×4,000 mm	枚	0.03			
			修理費	式	1			
	足場高さ 22m以上	〃	建枠　1,200×1,700 mm	枚	0.38	とび工	0.062	建枠から合板足場板までは仮設資材賃料
			板付布枠　500×1,800 mm	〃	0.65			
			筋かい　1,200×1,800 mm	本	0.32			
			壁つなぎ　ℓ600 mm程度	個	0.03			
			先行手すり枠	枚	0.36			
			つま先板（幅木）	〃	0.68	その他	1式	
			手すり　枠組本足場用	本	0.36			
			ジャッキベース　ストローク250 mm	〃	0.06			
			合板足場板　240×4,000 mm	枚	0.02			
			修理費	式	1			
枠組本足場 〔手すり先行方式〕 900枠 (500+240布枠)	足場高さ 12m未満	〃	建枠　900×1,700 mm	枚	0.38	とび工	0.044	建枠から合板足場板までは仮設資材賃料
			板付布枠　500×1,800 mm	〃	0.32			
			〃　　　240×1,800 mm	〃	0.32			
			筋かい　1,200×1,800 mm	本	0.32			
			壁つなぎ　ℓ600 mm程度	個	0.03			
			先行手すり枠	枚	0.36			
			つま先板（幅木）	〃	0.68	その他	1式	
			手すり　枠組本足場用	本	0.36			
			ジャッキベース　ストローク250 mm	〃	0.12			
			合板足場板　240×4,000 mm	枚	0.05			
			修理費	式	1			

(つづく)

❸ 仮　　　　設—9

名　称	摘　要	単位	材料 品名	材料 単位	材料 歩掛数量	労務 職種	労務 歩掛員数(人)	備　考
枠組本足場〔手すり先行方式〕900枠（500＋240布枠）	足場高さ 22m 未満	掛面積1m²当り	建枠　900×1,700 mm	枚	0.38	と び 工	0.049	建枠から合板足場板までは仮設資材賃料
			板付布枠　500×1,800 mm	〃	0.32			
			〃　　　240×1,800 mm	〃	0.32			
			筋かい　1,200×1,800 mm	本	0.32			
			壁つなぎ　ℓ600 mm 程度	個	0.03			
			先行手すり枠	枚	0.36	そ の 他	1 式	
			つま先板（幅木）	〃	0.68			
			手すり　枠組本足場用	本	0.36			
			ジャッキベース ストローク250 mm	〃	0.08			
			合板足場板　240×4,000 mm	枚	0.03			
			修理費	式	1			
	足場高さ 22m 以上	〃	建枠　900×1,700 mm	枚	0.38	と び 工	0.054	建枠から合板足場板までは仮設資材賃料
			板付布枠　500×1,800 mm	〃	0.32			
			〃　　　240×1,800 mm	〃	0.32			
			筋かい　1,200×1,800 mm	本	0.32			
			壁つなぎ　ℓ600 mm 程度	個	0.03			
			先行手すり枠	枚	0.36	そ の 他	1 式	
			つま先板（幅木）	〃	0.68			
			手すり　枠組本足場用	本	0.36			
			ジャッキベース ストローク250 mm	〃	0.06			
			合板足場板　240×4,000 mm	枚	0.02			
			修理費	式	1			
枠組本足場〔手すり先行方式〕600枠（500布枠）	足場高さ 12m 未満	〃	建枠　600×1,700 mm	枚	0.38	と び 工	0.04	建枠から合板足場板までは仮設資材賃料
			板付布枠　500×1,800 mm	〃	0.32			
			筋かい　1,200×1,800 mm	本	0.32			
			壁つなぎ　ℓ600 mm 程度	個	0.03			
			先行手すり枠	枚	0.36	そ の 他	1 式	
			つま先板（幅木）	〃	0.68			
			手すり　枠組本足場用	本	0.36			
			ジャッキベース ストローク250 mm	〃	0.12			
			合板足場板　240×4,000 mm	枚	0.05			
			修理費	式	1			

（備考）
1. 枠組足場階段を含む。
2. 施工手間は，掛け65％，払い35％の割合とする。
3. 外部足場の仮設資材賃料は，①一般事項(6)による。
4. 修理費は，①一般事項(7)による。
5. 枠組本足場の設置の標準は，表③－3を参考に選定する。
6. 一般的な事務庁舎等の外部足場の設計供用日数は，表③－4の足場平均存置日数（建築面積750 m²程度）による。
ただし，建築面積の大小による補正を表③－5により行う。
7. 「その他」の率対象は，とび工とする。

❸仮　　設—10

名称	摘要	単位	材料 品名	単位	歩掛数量	労務 職種	歩掛員数(人)	備考
単管本足場	足場高さ 10m 未満	掛面積 1m² 当り	丸パイプ φ48.6mm	m	5.6	とび工	0.10	丸パイプから合板足場板までは仮設資材賃料
			ジョイント	個	0.72			
			クランプ　自在直交親子	〃	3.59			
			壁つなぎ	〃	0.04			
			固定ベース	〃	0.14	その他	1 式	
			つま先板（幅木）　合板足場板	枚	0.28			
			合板足場板　240×4,000mm	〃	0.34			
			修理費	式	1			
	足場高さ 20m 未満	〃	丸パイプ φ48.6mm	m	5.5	とび工	0.11	丸パイプから合板足場板までは仮設資材賃料
			ジョイント	個	0.71			
			クランプ　自在直交親子	〃	3.66			
			壁つなぎ	〃	0.04			
			固定ベース	〃	0.06	その他	1 式	
			つま先板（幅木）　合板足場板	枚	0.28			
			合板足場板　240×4,000mm	〃	0.32			
			修理費	式	1			
	足場高さ 20m 以上	〃	丸パイプ φ48.6mm	m	5.4	とび工	0.12	丸パイプから合板足場板までは仮設資材賃料
			ジョイント	個	0.70			
			クランプ　自在直交親子	〃	3.67			
			壁つなぎ	〃	0.04			
			固定ベース	〃	0.04	その他	1 式	
			つま先板（幅木）　合板足場板	枚	0.28			
			合板足場板　240×4,000mm	〃	0.31			
			修理費	式	1			
単管抱足場	足場高さ 10m 未満	〃	丸パイプ φ48.6mm	m	1.95	とび工	0.05	丸パイプから合板足場板までは仮設資材賃料
			クランプ　自在直交親子	個	0.16			
			クランプ　三連直交	〃	0.29			
			ジョイント	〃	0.23			
			壁つなぎ	〃	0.04	その他	1 式	
			固定ベース	〃	0.06			
			合板足場板　240×4,000 mm	枚	0.028			
			修理費	式	1			
	足場高さ 10～15m 未満	〃	丸パイプ φ48.6mm	m	1.95	とび工	0.052	丸パイプから合板足場板までは仮設資材賃料
			クランプ　自在直交親子	個	0.16			
			クランプ　三連直交	〃	0.29			
			ジョイント	〃	0.23			
			壁つなぎ	〃	0.04	その他	1 式	
			固定ベース	〃	0.04			
			合板足場板　240×4,000 mm	枚	0.02			
			修理費	式	1			

(つづく)

❸ 仮　設—11

名　称	摘　要	単位	材料 品　名	材料 単位	歩掛数量	労務 職種	労務 歩掛員数(人)	備　考
単管抱足場	足場高さ 15～20m 未満	掛面積 1m² 当り	丸パイプ　φ48.6mm	m	1.95	とび工	0.055	丸パイプから合板足場板までは仮設資材賃料
			クランプ　自在直交親子	個	0.16			
			クランプ　三連直交	〃	0.29			
			ジョイント	〃	0.23	その他	1 式	
			壁つなぎ	〃	0.04			
			固定ベース	〃	0.03			
			合板足場板　240×4,000 mm	枚	0.014			
			修理費	式	1			
単管一本足場	足場高さ 10m 未満	〃	丸パイプ　φ48.6mm	m	1.42	とび工	0.038	丸パイプから合板足場板までは仮設資材賃料
			クランプ　自在直交親子	個	0.45			
			ジョイント	〃	0.19			
			壁つなぎ	〃	0.04	その他	1 式	
			固定ベース	〃	0.06			
			合板足場板　240×4,000 mm	枚	0.028			
			修理費	式	1			
単管一本足場	足場高さ 10～15m 未満	〃	丸パイプ　φ48.6mm	m	1.42	とび工	0.041	丸パイプから合板足場板までは仮設資材賃料
			クランプ　自在直交親子	個	0.45			
			ジョイント	〃	0.19			
			壁つなぎ	〃	0.04	その他	1 式	
			固定ベース	〃	0.04			
			合板足場板　240×4,000 mm	枚	0.02			
			修理費	式	1			
	足場高さ 15～20m 未満	〃	丸パイプ　φ48.6mm	m	1.42	とび工	0.043	丸パイプから合板足場板までは仮設資材賃料
			クランプ　自在直交親子	個	0.45			
			ジョイント	〃	0.19			
			壁つなぎ	〃	0.04	その他	1 式	
			固定ベース	〃	0.03			
			合板足場板　240×4,000 mm	枚	0.014			
			修理費	式	1			
単管ブラケット足場 (参考)	足場高さ 10m 未満	〃	丸パイプ　φ48.6mm	m	1.7	とび工	0.07	丸パイプから合板足場板までは仮設資材賃料
			ブラケット	個	0.34			
			ジョイント	〃	0.23			
			クランプ　自在直交親子	〃	0.47	その他	1 式	
			クランプ　自在	〃	0.13			
			壁つなぎ	〃	0.08			
			固定ベース	〃	0.07			
			合板足場板　240×4,000 mm	枚	0.42			
			修理費	式	1			

(備考)　1.　(2)外部足場　枠組本足場の（備考）2.～4.及び6.に同じ。
　　　　2.　「その他」の率対象は，とび工とする。

名　称	摘　要	単位	材料 品　名	単位	歩掛数量	労務 職種	歩掛員数(人)	備考
安全手すり〔手すり先行方式〕	枠組本足場用	掛長さ1m当り	先行手すり枠	枚	0.56	とび工	0.008	先行手すり枠は仮設資材賃料
			修理費	式	1	その他	1 式	
安全手すり	単管本足場用	〃	丸パイプ φ48.6mm	m	3.05	とび工	0.035	丸パイプ，及びクランプは仮設資材賃料
			クランプ　自在直交親子	個	2.28	その他	1 式	
			修理費	式	1			

（備考）　1.　(2)外部足場　枠組本足場の（備考）2.～4.に同じ。
　　　　2.　安全手すりの存置期間は，表③-4足場平均存置日数（建築面積750 m²程度）の階数1の日数とする。
　　　　　　ただし，建築面積の大小による補正を表③-5により行う。
　　　　3.　「その他」の率対象は，とび工とする。

名　称	摘　要	単位	材料 品　名	単位	歩掛数量	労務 職種	歩掛員数(人)	備考
登り桟橋	単管本足場用	掛長さ1m当り	丸パイプ φ48.6mm	m	6.75	とび工	0.13	丸パイプから合板足場板までは仮設資材賃料 滑り止め桟木の1現場当り損料率は40%，くぎは100%
			クランプ　自在直交親子	個	5.8			
			合板足場板 240×4,000 mm	枚	1.1	その他	1 式	
			滑り止め　桟木　30×50 mm	m³	0.005			
			くぎ	kg	0.14			
			修理費	式	1			

（備考）　1.　枠組本足場の（備考）2.～4.及び6.に同じ。
　　　　2.　「その他」の率対象は，くぎ，とび工とする。

名　称	摘　要	単位	材料 品　名	単位	歩掛数量	労務 職種	歩掛員数(人)	備考
地足場		建築面積1m²当り	丸パイプ φ48.6mm	m	1.32	とび工	0.036	丸パイプから合板足場板までは仮設資材賃料
			ジョイント	個	0.16			
			クランプ　自在直交親子	〃	0.33	その他	1 式	
			合板足場板 240×4,000 mm	枚	0.58			
			修理費	式	1			

（備考）　1.　(2)外部足場　枠組本足場の（備考）2.～4.に同じ。
　　　　2.　標準設計供用日数は，30日とする。
　　　　3.　「その他」の率対象は，とび工とする。

表③-3　枠組本足場の設置の標準

建枠寸法	板付布枠	規模・仕上げ
1200枠	500布枠×2枚	鉄筋コンクリート造外壁タイル等（6階建て以上）
900枠	500+240布枠	鉄筋コンクリート造外壁タイル等（5階建て以下） 鉄筋コンクリート造外壁吹付け仕上げ程度（2階建て以上） 鉄骨造外壁パネル・スレート張り（2階建て以上）
600枠	500布枠×1枚	鉄筋コンクリート造外壁吹付け仕上げ程度（平家建て） 鉄骨造外壁パネル・スレート張り（平家建て）

（備考）　1.　階高は，4m程度とする。
　　　　2.　建枠及び板付布枠の寸法単位は，mmとする。
　　　　3.　地下階の外部足場は，建枠600枠，板付布枠500枠×1枚とする。

表③-4　足場平均存置日数（建築面積　750m²程度）

階　　数	平均存置日数及び算定式	備　　考
1	109	
2	131	
3	153	
4	175	
5	197	
6	219	
7	241	
8	263	
算定式（RC造）	22N＋87	

（備考）　1.　Nは階数を示す。
　　　　　2.　特殊な建物等（階高が著しく高く，コンクリート打設が2回以上になる等）の場合は，別途考慮する。

表③-5　建築面積の大小による補正係数

建築面積（m²）	300	450	750	1000
対象範囲（m²）	～375　未満	375～575　未満	575～925　未満	925～1,250　未満
補正係数	0.90	0.95	1.00	1.05

建築面積（m²）	1500	2000	3000
対象範囲（m²）	1,250～1,875　未満	1,875～2,500　未満	2,500～3,750　程度
補正係数	1.10	1.20	1.30

（備考）　補正係数は足場平均存置日数に乗じる。

足場存置日数の算出例
　　一般的な事務庁舎　鉄筋コンクリート造　3階建　建築面積2,200m²　一括の場合

足場平均存置日数＝153（日）
　　22N＋87…表③-4足場平均存置日数（建築面積　750m²程度）の算定式（RC造）より
　　N＝3
足場存置日数＝153（日）×1.2≒184（日）
　　補正係数＝1.2…表③-5建築面積の大小による補正係数より

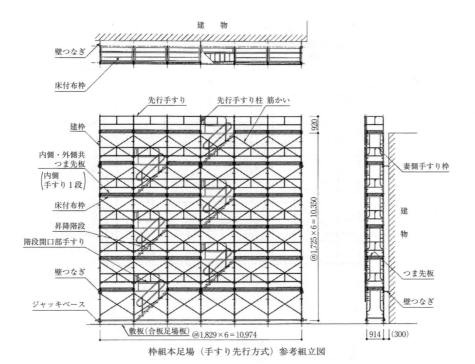

枠組本足場（手すり先行方式）参考組立図

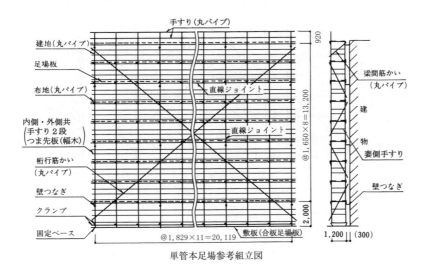

単管本足場参考組立図

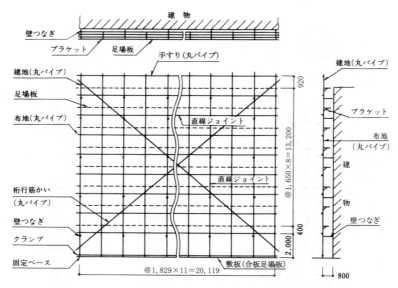

単管ブラケット足場参考組立図

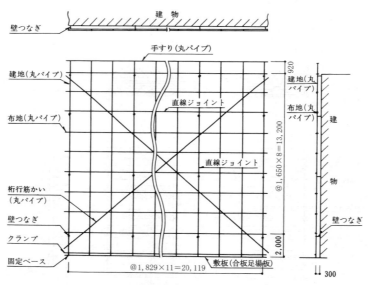

単管抱足場参考組立図

(3) 内部足場

名称	摘要	単位	材料 品名	材料 単位	材料 歩掛数量	労務 職種	労務 歩掛員数(人)	備考
内部仕上足場 (脚立足場)	階高4.0m以下	床面積 1 m² 当り	鋼製脚立	脚	0.2	普通作業員	0.02	鋼製脚立,合板足場板は仮設資材賃料
			合板足場板 240×4,000 mm	枚	0.2	その他	1式	
			修理費	式	1			

(備考) 1. (2)外部足場 枠組本足場の(備考) 2.～4. に同じ。
2. 標準設計供用日数は, 20日とする。ただし, 平家建ての場合の設計供用日数は, 30日とする。
3. 複数階への転用がある場合は, 仮設資材賃料の基本料に転用率(次表)を乗じて算定する。

転用率

転用階数※	1	2	3	4	5	6	7	8	9	10
転用率	1.0	0.8	0.64	0.5	0.4	0.33	0.29	0.25	0.22	0.2

※転用階数とは, 足場を転用しながら設置する延べ階数をいう。

4. 「その他」の率対象は, 普通作業員とする。

名称	摘要	単位	材料 品名	材料 単位	材料 歩掛数量	労務 職種	労務 歩掛員数(人)	備考
内部仕上足場 (枠組棚足場) 〔手すり先行方式〕	階高4.0m超 5.0m未満	床面積 1 m² 当り	建枠 900×1,700 mm	枚	0.18	とび工	0.098	建枠から合板足場板までは仮設資材賃料
			調整枠 900×1,200 mm	〃	0.18			
			板付布枠 500×1,800 mm	〃	0.17			
			板付布枠 240×1,800 mm	〃	0.17			
			筋かい 1,200×1,800 mm	本	0.33			
			丸パイプ φ48.6 mm	m	1.79			
			ジョイント	個	0.36			
			クランプ	〃	0.92	その他	1式	
			先行手すり枠	枚	0.33			
			つま先板(幅木)	〃	0.42			
			手すり 枠組足場用	本	0.2			
			ジャッキベース ストローク250 mm	〃	0.36			
			合板足場板 240×4,000 mm	枚	1.19			
			修理費	式	1			
	階高5.0m以上 5.7m未満	〃	建枠 900×1,700 mm	枚	0.36	とび工	0.098	建枠から合板足場板までは仮設資材賃料
			板付布枠 500×1,800 mm	〃	0.17			
			板付布枠 240×1,800 mm	〃	0.17			
			筋かい 1,200×1,800 mm	本	0.33			
			丸パイプ φ48.6 mm	m	1.79			
			ジョイント	個	0.36			
			クランプ	〃	0.92	その他	1式	
			先行手すり枠	枚	0.33			
			つま先板(幅木)	〃	0.42			
			手すり 枠組足場用	本	0.2			
			ジャッキベース ストローク250 mm	〃	0.36			
			合板足場板 240×4,000 mm	枚	1.19			
			修理費	式	1			

(つづく)

仮設—17

名称	摘要	単位	材料 品名	材料 単位	歩掛数量	労務 職種	労務 歩掛員数(人)	備考
内部仕上足場（枠組棚足場）〔手すり先行方式〕	階高5.7m以上7.4m未満	床面積1m²当り	建枠 900×1,700mm	枚	0.54	とび工	0.114	建枠から合板足場板までは仮設資材賃料
			板付布枠 500×1,800mm	〃	0.33			
			板付布枠 240×1,800mm	〃	0.33			
			筋かい 1,200×1,800mm	本	0.5			
			丸パイプ φ48.6mm	m	1.79			
			ジョイント	個	0.36			
			クランプ	〃	0.92	その他	1式	
			先行手すり枠	枚	0.5			
			つま先板（幅木）	〃	0.62			
			手すり 枠組足場用	本	0.4			
			ジャッキベース ストローク250mm	〃	0.36			
			合板足場板 240×4,000mm	枚	1.19			
			修理費	式	1			
	階高7.4m以上9.1m未満	〃	建枠 900×1,700mm	枚	0.72	とび工	0.144	建枠から合板足場板までは仮設資材賃料
			板付布枠 500×1,800mm	〃	0.67			
			板付布枠 240×1,800mm	〃	0.67			
			筋かい 1,200×1,800mm	本	0.67			
			丸パイプ φ48.6mm	m	2.6			
			ジョイント	個	0.44			
			クランプ	〃	1.37	その他	1式	
			先行手すり枠	枚	0.67			
			つま先板（幅木）	〃	0.82			
			手すり 枠組足場用	本	0.6			
			ジャッキベース ストローク250mm	〃	0.36			
			合板足場板 240×4,000mm	枚	1.19			
			修理費	式	1			
	階高9.1m以上10.8m未満	〃	建枠 900×1,700mm	枚	0.9	とび工	0.173	建枠から合板足場板までは仮設資材賃料
			板付布枠 500×1,800mm	〃	0.67			
			板付布枠 240×1,800mm	〃	0.67			
			筋かい 1,200×1,800mm	本	0.83			
			丸パイプ φ48.6mm	m	2.6			
			ジョイント	個	0.44			
			クランプ	〃	1.37	その他	1式	
			先行手すり枠	枚	0.83			
			つま先板（幅木）	〃	1.02			
			手すり 枠組足場用	本	0.8			
			ジャッキベース ストローク250mm	〃	0.36			
			合板足場板 240×4,000mm	枚	1.19			
			修理費	式	1			

(つづく)

名　称	摘　要	単位	材料 品　名	材料 単位	歩掛数量	労務 職　種	労務 歩掛員数(人)	備　考
内部仕上足場 （枠組棚足場） 〔手すり先行方式〕	階高 10.8 m 以上 12.5 m 未満	床面積 1 m² 当り	建枠　900×1,700 mm	枚	1.08	とび工	0.189	建枠から合板足場板までは仮設資材賃料
			板付布枠　500×1,800 mm	〃	0.83			
			板付布枠　240×1,800 mm	〃	0.83			
			筋かい　1,200×1,800 mm	本	1.0			
			丸パイプ　φ48.6 mm	m	2.6			
			ジョイント	個	0.44			
			クランプ	〃	1.37	その他	1 式	
			先行手すり枠	枚	1.0			
			つま先板（幅木）	〃	1.22			
			手すり　枠組足場用	本	1.0			
			ジャッキベース ストローク250 mm	〃	0.36			
			合板足場板　240×4,000 mm	枚	1.19			
			修理費	式	1			

（備考）　1. (2)外部足場　枠組本足場の（備考）2.～4. に同じ。
　　　　　2. (3)内部足場　内部仕上足場（脚立足場）の（備考）3. に同じ。
　　　　　3. 枠組棚足場の標準設計供用日数は，次表による。ただし，平家建ての場合の設計供用日数は，30日とする。

階高（m）	単位	4.0超 5.0未満	5.0以上 5.7未満	5.7以上 7.4未満	7.4以上 9.1未満	9.1以上 10.8未満	10.8以上 12.5未満	備考
標準設計供用日数	日	25	25	25	26	26	27	

　　　　　4. 「その他」の率対象は，とび工とする。

名　称	摘　要	単位	材料 品　名	材料 単位	歩掛数量	労務 職　種	労務 歩掛員数(人)	備　考
内部仕上足場 （簡易型移動式足場）	階高 4.0 m 超 5.0 m 未満	床面積 1 m² 当り	ローリングタワー2段	台	0.02	とび工	0.02	ローリングタワーは仮設資材賃料
			修理費	式	1	その他	1 式	
	階高 5.0 m 以上 5.7 m 未満	〃	ローリングタワー3段	台	0.02	とび工	0.02	ローリングタワーは仮設資材賃料
			修理費	式	1	その他	1 式	
	階高 5.7 m 以上 7.4 m 未満	〃	ローリングタワー4段	台	0.02	とび工	0.025	ローリングタワーは仮設資材賃料
			修理費	式	1	その他	1 式	
	階高 7.4 m 以上 9.1 m 未満	〃	ローリングタワー5段	台	0.02	とび工	0.03	ローリングタワーは仮設資材賃料
			修理費	式	1	その他	1 式	

（備考）　1. (2)外部足場　枠組本足場の（備考）2.～4. に同じ。
　　　　　2. 標準設計供用日数は，30日とする。
　　　　　3. 「その他」の率対象は，とび工とする。

名　称	摘　要	単位	材料 品　名	材料 単位	歩掛数量	労務 職　種	労務 歩掛員数(人)	備　考
内部階段仕上足場		床面積 1 m² 当り	丸パイプ　φ48.6 mm	m	2.6	とび工	0.064	丸パイプから合板足場板までは仮設資材賃料
			クランプ	個	1.05			
			固定ベース	〃	0.42			滑り止め桟木の1現場当り損料率は20%，くぎは100%
			合板足場板　240×4,000 mm	枚	0.84	その他	1 式	
			滑り止め　桟木	m³	0.0012			
			くぎ	kg	0.034			
			修理費	式	1			

（備考）　1. (2)外部足場　枠組本足場の（備考）2.～4. に同じ。
　　　　　2. 標準設計供用日数は，30日とする。
　　　　　3. 「その他」の率対象は，くぎ，とび工とする。

❸仮　　　設—19

名　　称	摘　　要	単位	材料 品　　名	単位	歩掛数量	労務 職　種	歩掛員数(人)	備考
シャフト内足場		床面積1 m²当り	丸パイプ φ48.6 mm	m	3.08	と び 工	0.13	丸パイプから合板足場板までは仮設資材賃料
			ジョイント	個	0.34			
			クランプ	〃	1.33			
			固定ベース	〃	0.34	その他	1 式	
			合板足場板 240×4,000 mm	枚	1.33			
			修理費	式	1			

（備考）　1.　(2)外部足場　枠組本足場の（備考）2.　～4.　に同じ。
　　　　　2.　標準設計供用日数は，30日とする。
　　　　　3.　「その他」の率対象は，とび工とする。

名　　称	摘　　要	単位	材料 品　　名	単位	歩掛数量	労務 職　種	歩掛員数(人)	備考
巡回桟橋(参考)		掛長さ1m当り	[-150×75×6.5mm　w=800mm	t	0.092	と び 工	0.1	溝形鋼の1現場当り損料率は20%
			角パイプ　50×50mm 根太用	m	2			
			丸パイプ　φ48.6 mm	〃	4.2			角パイプから合板足場板までは仮設資材賃料
			ジョイント	個	0.3			
			クランプ　自在	〃	1.5			
			クランプ　自在直交親子	〃	1.5	その他	1 式	
			固定ベース	〃	1.5			幅木の1現場当り損料率は20%，くぎは100%
			合板足場板 240×4,000 mm	枚	1.078			
			幅木　H200 mm	m	2			
			くぎ，金物	kg	0.5			
			修理費	式	1			

（備考）　1.　(2)外部足場　枠組本足場の（備考）2.　～4.　に同じ。
　　　　　2.　「その他」の率対象は，くぎ，金物，とび工とする。

名　　称	摘　　要	単位	材料 品　　名	単位	歩掛数量	労務 職　種	歩掛員数(人)	備考
吊足場(参考)		水平1 m²当り	足場用鋼管　φ48.6 mm	m	1.2	と び 工	0.06	足場用鋼管から合板足場板までは仮設資材賃料
			クランプ	個	0.4			
			吊チェーンℓ 2,000 mm 打抜きフック付き	本	0.4	その他	1 式	
			合板足場板 240×4,000 mm	枚	0.5			
			修理費	式	1			

（備考）　1.　(2)外部足場　枠組本足場の（備考）2.　～4.　に同じ。
　　　　　2.　「その他」の率対象は，とび工とする。

(4)　内部躯体足場

名　　称	摘　　要	単位	材料 品　　名	単位	歩掛数量	労務 職　種	歩掛員数(人)	備考
内部躯体足場(鉄筋・型枠足場)	階高4.0m以下	床面積1 m²当り	鋼製脚立	脚	0.1	普通作業員	0.01	鋼製脚立,合板足場板は，日額賃料×設計供用日数
			合板足場板 240×4,000 mm	枚	0.1	その他	1 式	
			修理費	式	1			

（備考）　1.　(2)外部足場　枠組本足場の（備考）2.　～4.　に同じ。
　　　　　　　ただし，内部仕上足場への転用を考慮し，仮設資材賃料の基本料は計上しない。
　　　　　2.　標準設計供用日数は，20日とする。ただし，平家建ての場合の設計供用日数は，30日とする。
　　　　　3.　「その他」の率対象は，普通作業員とする。

特典 受講料 5,500円 → 0円

本書をご購入の方に限り、以下の講習会に無料でご参加いただけます。

令和6年度 公共建築工事積算講座

1. **建設工事標準歩掛（建築工事）による積算について**
   （一財）建設物価調査会 専任講師

2. **特別講演** 公共建築工事積算基準について／営繕積算方式の普及・促進について
   国土交通省 大臣官房 官庁営繕部 計画課 担当官

日程	2024年11月22日（金）	主催	（一財）建設物価調査会
時間	13:30 ～ 17:10	後援	（公社）日本建築積算協会
会場	浜離宮建設プラザ 10F 大会議室		（一社）日本建築士事務所協会連合会
住所	東京都中央区築地 5-5-12	受講料	0円／名（通常 5,500円（税込））

参加をご希望の方は下記をご記入の上 FAX をお送りください。

FAX：03-3663-1378 （株）建設物価サービス（講習会業務代行）

事業所名	
住所	〒
メール	
部署	ご担当者
TEL	FAX
参加者名	フリガナ

1077

申込書にご記入いただきました内容は、発送、請求書等の手続きに利用するほか、（一財）建設物価調査会が開催する講習会、刊行物のご案内を郵便、FAX、メール等にてお送りするために利用させていただきます。これらの案内が不要の場合は、次に○をお付けください。＜不要＞

❸仮　　　設—2)

名　称	摘　要	単位	材料 品名	材料 単位	歩掛数量	労務 職種	労務 歩掛員数(人)	備考
内部躯体足場 (鉄筋・型枠足場) 〔手すり先行方式〕	階高4.0m超 5.0m未満	床面積 1m² 当り	建枠　900×1,700mm	枚	0.16	とび工	0.062	建枠から合板足場板までは仮設資材賃料
			調整枠　900×1,200mm	〃	0.16			
			板付布枠　500×1,800mm	〃	0.14			
			板付布枠　240×1,800mm	〃	0.14			
			筋かい　1,200×1,800mm	本	0.14			
			丸パイプ　φ48.6mm	m	1.11			
			ジョイント	個	0.12			
			クランプ	〃	0.84	その他	1式	
			手すり　枠組足場用	本	0.11			
			先行手すり枠	枚	0.14			
			つま先板（幅木）	〃	0.33			
			ジャッキベース　ストローク250mm	本	0.33			
			合板足場板　240×4,000mm	枚	0.3			
			修理費	式	1			
	階高5.0m以上 5.7m未満	〃	建枠　900×1,700mm	枚	0.44	とび工	0.127	建枠から合板足場板までは仮設資材賃料
			板付布枠　500×1,800mm	〃	0.11			
			板付布枠　240×1,800mm	〃	0.11			
			筋かい　1,200×1,800mm	本	0.44			
			丸パイプ　φ48.6mm	m	1.86			
			ジョイント	個	0.32			
			クランプ	〃	1.08	その他	1式	
			手すり　枠組足場用	本	0.22			
			先行手すり枠	枚	0.44			
			つま先板（幅木）	〃	0.56			
			ジャッキベース　ストローク250mm	本	0.67			
			合板足場板　240×4,000mm	枚	0.67			
			修理費	式	1			
内部躯体足場 (躯体支保工) 〔手すり先行方式〕	階高5.7m以上 7.4m未満	〃	建枠　900×1,700mm	枚	0.77	とび工	0.163	建枠から合板足場板までは仮設資材賃料
			板付布枠　500×1,800mm	〃	0.44			
			板付布枠　240×1,800mm	〃	0.44			
			筋かい　1,200×1,800mm	本	0.78			
			丸パイプ　φ48.6mm	m	1.86			
			ジョイント	個	0.32			
			クランプ	〃	1.08	その他	1式	
			手すり　枠組足場用	本	0.44			
			先行手すり枠	枚	0.78			
			つま先板（幅木）	枚	0.67			
			ジャッキベース　ストローク250mm	本	0.67			
			合板足場板　240×4,000mm	枚	0.67			
			修理費	式	1			
	階高7.4m以上 9.1m未満	〃	建枠　900×1,700mm	枚	1.11	とび工	0.199	建枠から合板足場板までは仮設資材賃料
			板付布枠　500×1,800mm	〃	0.78			
			板付布枠　240×1,800mm	〃	0.78	その他	1式	
			筋かい　1,200×1,800mm	本	1.11			
			丸パイプ　φ48.6mm	m	1.86			

(つづく)

❸仮　　設—21

名称	摘要	単位	材料 品名	材料 単位	材料 歩掛数量	労務 職種	労務 歩掛員数(人)	備考
内部躯体足場（躯体支保工）〔手すり先行方式〕	階高 7.4 m 以上 9.1 m 未満	床面積 1 m² 当り	ジョイント	個	0.32			建枠から合板足場板までは仮設資材賃料
			クランプ	〃	1.08			
			手すり　枠組足場用	本	0.67			
			先行手すり枠	枚	1.11			
			つま先板（幅木）	〃	0.78			
			ジャッキベース ストローク250 mm	本	0.67			
			合板足場板 240×4,000 mm	枚	0.67			
			修理費	式	1			
	階高 9.1 m 以上 10.8 m 未満	〃	建枠　900×1,700 mm	枚	1.44	とび工	0.274	建枠から合板足場板までは仮設資材賃料
			板付布枠　500×1,800 mm	〃	1.11			
			板付布枠　240×1,800 mm	〃	1.11			
			筋かい　1,200×1,800 mm	本	1.44			
			丸パイプ　φ48.6 mm	m	2.82			
			ジョイント	個	0.83			
			クランプ	〃	1.43	その他	1 式	
			手すり　枠組足場用	本	0.89			
			先行手すり枠	枚	1.44			
			つま先板（幅木）	〃	0.89			
			ジャッキベース ストローク250 mm	本	0.67			
			合板足場板 240×4,000 mm	枚	0.67			
			修理費	式	1			
	階高 10.8 m 以上 12.5 m 未満	〃	建枠　900×1,700 mm	枚	1.78	とび工	0.31	建枠から合板足場板までは仮設資材賃料
			板付布枠　500×1,800 mm	〃	1.44			
			板付布枠　240×1,800 mm	〃	1.44			
			筋かい　1,200×1,800 mm	本	1.77			
			丸パイプ　φ48.6 mm	m	2.82			
			ジョイント	個	0.83			
			クランプ	〃	1.43	その他	1 式	
			手すり　枠組足場用	本	1.11			
			先行手すり枠	枚	1.77			
			つま先板（幅木）	〃	1.0			
			ジャッキベース ストローク250 mm	本	0.67			
			合板足場板 240×4,000 mm	枚	0.67			
			修理費	式	1			

（備考）　1.　(2)外部足場　枠組本足場の（備考）2.　～4. に同じ。
　　　　2.　躯体支保工には，鉄筋・型枠足場を含む。
　　　　3.　複数階への転用がある場合は，仮設資材賃料の基本料に転用率（(3)内部足場　内部仕上足場（脚立足場）（備考）3. 参照）を乗じて算定する。
　　　　4.　標準設計供用日数（鉄筋・型枠足場，躯体支保工の平均存置期間）は，次表による。

階　高（m）	単位	4.0超 5.0未満	5.0以上 5.7未満	5.7以上 7.4未満	7.4以上 9.1未満	9.1以上 10.8未満	10.8以上 12.5未満
標準設計供用日数	日	20 ※	38	43	43	47	47

　　　　　　　※ただし，平家建ての場合の設計供用日数は，30日とする。
　　　　5.　「その他」の率対象は，とび工とする。

(5) 雑足場（参考）

名称	摘要	単位	材料 品名	材料 単位	歩掛数量	労務 職種	労務 歩掛員数(人)	備考
鉄骨上通路	鉄骨梁間 7m 受梁 1,500mm 鉄骨梁架渡し角パイプ使用	掛長さ1m当り	角パイプ 2.3mm ℓ8,000mm	本	0.315	とび工	0.05	角パイプの1現場当り損料率は2%、角材は13%、鉄線は100%、合板足場板は2%
			角材 90×90mm ℓ2,000mm	〃	1.275	その他	1式	
			鉄線	kg	0.699			
			合板足場板 240×4,000mm	枚	2.515			

(備考) 1. (2)外部足場 枠組本足場の（備考）2. に同じ。
2. 「その他」の率対象は、鉄線、とび工とする。

(6) 災害防止（金網類・シート・ネット類）

名称	摘要	単位	材料 品名	材料 単位	歩掛数量	労務 職種	労務 歩掛員数(人)	備考
金網張り		掛面積1m²当り	亀甲金網 16mm目	m²	1.1	とび工	0.02	鉄線その他の1現場当り損料率は100%
			鉄線 その他	kg	0.16	その他	1式	
	(水平張り)	〃	亀甲金網 16mm目	m²	1.2	とび工	0.025	鉄線その他の1現場当り損料率は100%
			鉄線その他	kg	0.3	その他	1式	
金網式養生枠		〃	金網式養生枠 850×1,800mm	枚	0.65	とび工	0.01	金網式養生枠、クランプは仮設資材賃料
			クランプ 養生枠用	個	0.78	その他	1式	
			修理費	式	1			

(備考) 1. (2)外部足場 枠組本足場の（備考）2. に同じ。
2. 亀甲金網の供用1日当り損料率は、0.2222%とする。
3. 金網式養生枠は、(2)外部足場 枠組本足場の（備考）3. 及び4. に同じ。
4. 外部足場に架設される災害防止（金網類・シート・ネット類）の存置期間は、足場存置日数から10日を減じた期間とする。
5. 「その他」の率対象は、鉄線その他、とび工とする。

名称	摘要	単位	材料 品名	材料 単位	歩掛数量	労務 職種	労務 歩掛員数(人)	備考
安全ネット張り	(水平張り)	掛面積1m²当り	安全ネット 15mm目 防炎タイプ	m²	1.2	とび工	0.023	安全ネットは仮設資材賃料
			修理費	式	1	その他	1式	
養生シート張り		〃	養生シート 防炎1類	m²	1.1	とび工	0.022	養生シートは仮設資材賃料
			修理費	式	1	その他	1式	
メッシュシート張り		〃	メッシュシート	m²	1.1	とび工	0.018	メッシュシートは仮設資材賃料
			修理費	式	1	その他	1式	
小幅ネット張り	(層間塞ぎ)	掛長さ1m当り	安全ネット 15mm目 防炎タイプ	m²	0.44	とび工	0.02	安全ネット、ブラケットは仮設資材賃料
			ブラケット 500mm級	本	0.56	その他	1式	
			修理費	式	1			
防音シート張り		掛面積1m²当り	防音シート	m²	1.1	とび工	0.022	防音シートは仮設資材賃料
			修理費	式	1	その他	1式	
アルミ防音パネル張り	枠組本足場用 857×1,820mm	掛面積1m²当り	足場用アルミ防音パネル	枚	0.65	とび工	0.05	資材は仮設資材賃料
			防音パネルクランプ	個	0.78	その他	1式	
			修理費	式	1			

(備考) 1. (2)外部足場 枠組本足場の（備考）2.～4. に同じ。
2. 金網張りの（備考）4. に同じ。
3. 「その他」の率対象は、とび工とする。

❸仮設—23

名称	摘要	単位	材料 品名	材料 単位	材料 歩掛数量	労務 職種	労務 歩掛員数(人)	備考
養生防護棚 (朝顔)	枠組本足場用 (直線部)	掛長さ1m当り	朝顔主材 @1,829 mm	組	0.55	とび工	0.11	朝顔主材は仮設資材賃料
			修理費	式	1	その他	1 式	
	枠組本足場用 (コーナー部)	掛1箇所当り	朝顔主材 コーナー部	組	1.0	とび工	0.2	朝顔主材は仮設資材賃料
			修理費	式	1	その他	1 式	

(備考) 1. (2)外部足場 枠組本足場の(備考)2.～4.に同じ。
2. 養生防護棚の存置期間は、足場平均存置日数から10日を減じた期間とする。
3. 「その他」の率対象は、とび工とする。

名称	摘要	単位	材料 品名	材料 単位	材料 歩掛数量	労務 職種	労務 歩掛員数(人)	備考
ダストシュート (H20 m) **(参考)**		1m当り	合板足場板 240×4,000 mm	枚	4.326	とび工	0.45	足場板の1現場当り損料率は2%、角材は13%、くぎ・鉄線は100%
			角材 90×90 mm ℓ2,000 mm	本	4.4	その他	1 式	
			くぎ・鉄線	kg	3.32			

(備考) 1. (2)外部足場 枠組本足場の(備考)2.に同じ。
2. 「その他」の率対象は、くぎ・鉄線、とび工とする。

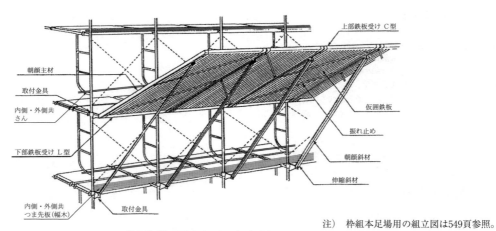

養生防護棚(枠組本足場用)参考組立図

注) 枠組本足場用の組立図は549頁参照。

(7) 仮設材運搬
仮設材運搬
(100 m²·100 m当り往復)

名称	摘要	単位	歩掛数量	備考
トラック運転	4t積	日	別表	歩掛数量は別表の地足場からアルミ防音パネルによる

トラック運転

名称	摘要	単位	材料 品名	材料 単位	材料 歩掛数量	労務 職種	労務 歩掛員数(人)	備考
トラック運転	2t積	1日当り	燃料 軽油	ℓ	18.5	運転手(一般)	1.0	
			機械損料	供用日	1.13	その他	1 式	

(つづく)

名　　称	摘　　要	単位	材料 品名	材料 単位	材料 歩掛数量	労務 職種	労務 歩掛員数(人)	備考
トラック運転	4 t積	1日当り	燃料　軽油	ℓ	26.0	運転手(一般)	1.0	
			機械損料	供用日	1.13	その他	1 式	
	11 t積	〃	燃料　軽油	ℓ	47.3	運転手(一般)	1.0	
			機械損料	供用日	1.13	その他	1 式	

(備考)　「その他」の率対象は，運転手(一般)，燃料とする。

別表－地足場　　　　　　　　　　　　　　　　　　　　　　　　　　　　　　　　　　　(100 m² 当り往復)

名　称	単位	地足場	備　　考
トラック　4 t積	日	0.57	

別表－枠組本足場〔手すり先行方式〕　　　　　　　　　　　　　　　　　　　　　　　　(100 m² 当り往復)

名　称	単位	1,200 枠	900 枠 (2枚布)	600 枠	備　　考
トラック　4 t積	日	0.91	0.81	0.70	

別表－単管足場　　　　　　　　　　　　　　　　　　　　　　　　　　　　　　　　　　(100 m² 当り往復)

名　称	単位	本足場	一本足場	抱足場	備　　考
トラック　4 t積	日	0.93	0.18	0.25	

別表－安全手すり　　　　　　　　　　　　　　　　　　　　　　　　　　　　　　　　　(100 m 当り往復)

名　称	単位	枠組本足場用〔手すり先行方式〕	単管本足場用	備　　考
トラック　4 t積	日	0.18	0.39	

別表－内部躯体足場（階高4.0 m超）〔手すり先行方式〕　　　　　　　　　　　　　　　(100 m² 当り往復)

名　称	単位	4.0 m超 5.0 m未満	5.0 m以上 5.7 m未満	5.7 m以上 7.4 m未満	7.4 m以上 9.1 m未満	9.1 m以上 10.8 m未満	10.8 m以上 12.5 m未満
トラック　4 t積	日	0.82	1.45	2.08	2.78	3.57	4.17

(備考)　階高4.0 m以下は，内部仕上足場（脚立足場）に転用するものとし，計上しない。

別表－内部仕上足場（脚立足場，階高4.0 m以下）　　　　　　　　　　　　　　　　　　(100 m² 当り往復)

名　称	単位	平家建 (標準)	2階建 (標準)	3階建 (標準)	4階建 (標準)	5階建 (標準)	6階建 (標準)
トラック　4 t積	日	0.25	0.2	0.16	0.125	0.1	0.083

名　称	単位	7階建 (標準)	8階建 (標準)	9階建 (標準)	10階建 (標準)	備　　考
トラック　4 t積	日	0.073	0.063	0.055	0.05	

別表-内部仕上足場（枠組棚足場　階高4.0m超）〔手すり先行方式〕　　　　　　　　　　　　　　　（100m²当り往復）

名　　　称	単位	4.0m超 5.0m未満	5.0m以上 5.7m未満	5.7m以上 7.4m未満	7.4m以上 9.1m未満	9.1m以上 10.8m未満	10.8m以上 12.5m未満	備　考
トラック　4t積	日	1.69	1.69	2.08	2.7	2.94	3.23	

別表-内部仕上足場（簡易型移動式足場，階高4.0m超）　　　　　　　　　　　　　　　　　　　　（100m²当り往復）

名　　　称	単位	4.0m超 5.0m未満 (2段)	5.0m以上 5.7m未満 (3段)	5.7m以上 7.4m未満 (4段)	7.4m以上 9.1m未満 (5段)	備　考
トラック　4t積	日	0.18	0.21	0.25	0.32	

別表-その他の内部足場　　　　　　　　　　　　　　　　　　　　　　　　　　　　　　　　　　　（100m²当り往復）

名　　　称	単位	内部階段 仕上足場	シャフト 内足場	備　考
トラック　4t積	日	0.89	1.32	

別表-養生防護棚　　　　　　　　　　　　　　　　　　　　　　　　　　　　　　　　　　　　　　（100m当り往復）

名　　　称	単位	枠組本足場用	備　考
トラック　4t積	日	2.04	コーナー部も含む

別表-登り桟橋　　　　　　　　　　　　　　　　　　　　　　　　　　　　　　　　　　　　　　　（100m当り往復）

名　　　称	単位	単管本足場用	備　考
トラック　4t積	日	1.67	

別表-金網式養生枠　　　　　　　　　　　　　　　　　　　　　　　　　　　　　　　　　　　　　（100m²当り往復）

名　　　称	単位	金網式養生枠	備　考
トラック　4t積	日	0.29	

別表-金網類，シート・ネット類　　　　　　　　　　　　　　　　　　　　　　　　　　　　　　　（100m²当り往復）

名　　　称	単位	金網類	シート・ ネット類	備　考
トラック　4t積	日	0.052	0.02	

別表-小幅ネット　　　　　　　　　　　　　　　　　　　　　　　　　　　　　　　　　　　　　　（100m当り往復）

名　　　称	単位	小幅ネット張り （層間塞ぎ）	備　考
トラック　4t積	日	0.07	

別表-アルミ防音パネル　　　　　　　　　　　　　　　　　　　　　　　　　　　　　　　　　　　（100m²当り往復）

名　　　称	単位	アルミ 防音パネル張り	備　考
トラック　4t積	日	0.25	

❹ 土　工

① 一般事項

(1) 土工の数量は，地山の数量とする。
(2) 適用する土質は，土砂（レキ質土，砂，砂質土，粘性土）とし，著しく異なる土質（岩塊，玉石混じり土等）の場合は別途算出する。
(3) 根切りは，根切り付近に堆積又は運搬機械（ダンプトラック）への積込みまで含む。
(4) 根切り土を現場内外を問わず運搬機械により仮置きする場合は，仮置き場所までの運搬費を計上する。また，必要に応じて仮置き場所の養生費を計上する。
(5) 埋戻し，盛土等に購入土（山砂等）を使用する場合は，購入土の所要量の20％を標準として割増し，単価に含める。ただし，購入土の運搬費は計上しない。
(6) 埋戻し，盛土等に他現場の建設発生土を使用する場合は，実状に応じて運搬機械への積込み費，現場までの運搬費を計上する。
(7) 床付けは，根切りが機械施工の場合に計上する。なお，人力土工及び小規模土工による根切りには床付けが含まれているので計上しない。
(8) 杭間ざらいは，根切りを機械施工で行う場合に計上する。なお，人力土工の場合は根切りに含まれているので計上しない。
(9) 掘削及び積込みは，バックホウを標準とする。切梁により直接ダンプトラックに積込みできない場合はクラムシェルによる積込みとする。
(10) バックホウの標準バケット容量は，山積容量を示し，クラムシェルの標準バケット容量は平積容量を示す。
(11) 大型土工機械（バックホウ$1.4 m^3$，クラムシェル$0.6 m^3$）には分解組立費を計上する。
(12) 建設発生土運搬は，処分場までの距離ごとによる。
(13) 建設発生土処分は，処分場の条件明示等による。

② 土工機械

1. 機種の選定

土工機械は，土工数量，掘削工法，現場条件を勘案し最も適したものを選定する。

(1) バックホウの最大掘削深さは，下表を標準とする。

掘削機械	規　格	最大掘削深さ	摘　要
バックホウ	$0.13 m^3$	2 m	
	$0.28 m^3$	3 m	
	$0.45 m^3$	4 m	
	$0.8 m^3$	5 m	
	$1.4 m^3$	6 m	

(2) 土工機械の適用は，下表を標準とする。ただし，現場状況等により使用が困難な場合は別途考慮する。

名　称	土工区分		適用機械	規　格		摘　要
根切り	つぼ掘り及び布掘り		バックホウ	排出ガス対策型	$0.8 m^3$	
	山留め付き総掘り	自立式	〃	〃	$1.4 m^3$	バックホウ積込み
		切梁腹起方式	〃	〃	$1.4 m^3$	バックホウ積込み
			〃	〃	$0.45 m^3$	クラムシェル積込み
		グランドアンカー方式	〃	〃	$1.4 m^3$	バックホウ積込み
			〃	〃	$0.8 m^3$	クラムシェル積込み
	法付き総掘り		〃	〃	$1.4 m^3$	
	小規模土工		〃	〃	$0.28 m^3$	
埋戻し	つぼ掘り及び布掘り		〃	〃	$0.8 m^3$	
	山留め付き総掘り		〃	〃	$0.8 m^3$	
	法付き総掘り		〃	〃	$0.8 m^3$	
	小規模土工		〃	〃	$0.28 m^3$	
盛土			〃	〃	$0.8 m^3$	
敷ならし			ブルドーザ	〃	普通　15 t 級	
			〃	〃	普通　3 t 級	

(つづく)

❹土　　　工－2

名　称	土工区分	適用機械	規　格	摘　要
締固め		タイヤローラ	排出ガス対策型　8～20 t	
		振動ローラ	排出ガス対策型　搭乗式・タンデム型 2.4～2.8 t	
すきとり		ブルドーザ	排出ガス対策型　普通　3 t級	
積込み	一般	バックホウ	排出ガス対策型　0.8 m³	
	小規模土工	〃	〃　0.28 m³	
建設発生土運搬	一般	ダンプトラック	10 t積級	
	小規模土工	〃	4 t積級	
	人力土工	〃	2 t積級	

2. 土工機械運転
(1日当り)

機械名	規格	運転労務(人) 特殊	運転労務(人) 一般	機械損料(日) 供用日	燃料(ℓ) 軽油	タイヤ損耗費(日) 供用日	その他	摘要
バックホウ	排出ガス対策型　油圧式クローラ型 1.4 m³	1.0	—	1.64	150	—	1式	
〃	〃　0.8 m³	1.0	—	1.64	94.1	—	〃	
〃	〃　0.45 m³	1.0	—	1.64	53.9	—	〃	
〃	〃　0.28 m³	1.0	—	1.64	37.0	—	〃	
〃	〃　0.13 m³	1.0	—	1.78	22.4	—	〃	
クラムシェル	油圧ロープ式クローラ型 0.6 m³	1.0	—	1.50	101	—	〃	
ブルドーザ	排出ガス対策型　普通　15 t級	1.0	—	1.75	73.5	—	〃	
〃	〃　3 t級	1.0	—	1.75	22.1	—	〃	
タイヤローラ	排出ガス対策型　8～20 t	1.0	—	1.86	36.0	—	〃	
振動ローラ	排出ガス対策型　搭乗式・タンデム型 2.4～2.8 t	—	—	1.57	16.0	—	〃	運転特殊作業員(1.0人)
〃	ハンドガイド式　0.8～1.1 t	—	—	1.50	6.7	—	〃	〃
タンパ	60～80 kg	—	—	1.33	5.0 (ガソリン)	—	〃	〃
ダンプトラック	10 t積級	—	1.0	1.29	58.1	1.29	〃	
〃	4 t積級	—	1.0	1.29	32.0	1.29	〃	
〃	2 t積級	—	1.0	1.29	20.8	1.29	〃	

(備考)　1. 燃料（軽油）には油脂類の費用が含まれている。
　　　　2. 「その他」の率対象は、運転手（特殊）、運転手（一般）、特殊作業員、燃料とする。

3. 土工機械運搬
(1台当り)

機械名	規格	質量 (t)	運搬機械 規格	運搬機械 日数（往復）	備考
バックホウ	排出ガス対策型 油圧式クローラ型 1.4 m³	31.8	トラック11t積	2.9	分解組立て別途加算
バックホウ	排出ガス対策型 油圧式クローラ型 0.8 m³	19.8	トラック11t積	2.0	
バックホウ	排出ガス対策型 油圧式クローラ型 0.45 m³	10.7	トラック11t積	1.4	
バックホウ	排出ガス対策型 油圧式クローラ型 0.28 m³	6.4	トラック11t積	1.1	
バックホウ	排出ガス対策型 油圧式クローラ型 0.13 m³	4.2	トラック11t積	0.9	

(つづく)

機械名	規　格	質量(t)	運搬機械 規格	運搬機械 日数（往復）	備　考
クラムシェル	油圧ロープ式 クローラ型 0.6 m³	33.7	トラック 11t 積	3.1	分解組立て 別途加算
ブルドーザ	排出ガス対策型 普通 15t 級	14.6	トラック 11t 積	1.7	
ブルドーザ	排出ガス対策型 普通 3t 級	3.8	トラック 11t 積	0.9	
タイヤローラ	排出ガス対策型 8〜20t	14.8	トラック 11t 積	1.7	
振動ローラ	排出ガス対策型 搭乗式・タンデム型 2.4〜2.8t	2.5	トラック 11t 積	0.8	

（備考）　運搬機械の日数は，トラック11t積による換算値である。

4．トラック運転

(1日当り)

機械名	規　格	運転労務（人） 運転手（一般）	機械損料（日） 供用日	燃料（ℓ） 軽油	その他	摘　要
トラック	11t 積	1.0	1.13	47.3	1 式	

（備考）　「その他」の率対象は，運転手（一般），燃料とする。

5．土工機械分解組立

(1台当り)

機械名	規　格	分解組立 労務（人）	分解組立 分解組立機械	分解組立 日数	分解組立 雑費（％）	その他	摘　要
バックホウ	排出ガス対策型 油圧式クローラ型 1.4 m³	1.9	ラフテレーンクレーン 排出ガス対策型 油圧伸縮ジブ型 25t 吊	1.50	3.0	1 式	
クラムシェル	油圧ロープ式 クローラ型 0.6 m³	7.1	ラフテレーンクレーン 排出ガス対策型 油圧伸縮ジブ型 25t 吊	1.40	3.0	〃	

（備考）　1．労務は，特殊作業員とする。
　　　　　2．雑費は，労務費に上表の率を乗じて算出する。
　　　　　3．「その他」の率は，特殊作業員，雑費とする。

③ 根切り

根切り歩掛（土工機械の作業内容と使用機械）

名　称	土 工 区 分	単位	使用機械その他	単位	歩掛	その他	摘　要
根切り （機械）	つぼ掘り，布掘り 深さ5m以内	1m³ 当り	排出ガス対策型 バックホウ 0.8 m³ 運転	日	0.010	1 式	
			普通作業員	人	0.015		
	つぼ掘り，布掘り 深さ4m以内	〃	排出ガス対策型 バックホウ 0.45 m³ 運転	日	0.017	〃	
			普通作業員	人	0.015		
	山留め付き総掘り 深さ6m以内 山留め自立式	〃	排出ガス対策型 バックホウ 1.4 m³ 運転	日	0.0039	〃	
			普通作業員	人	0.003		
	山留め付き総掘り 深さ5m以内 山留め自立式	〃	排出ガス対策型 バックホウ 0.8 m³ 運転	日	0.0063	〃	
			普通作業員	人	0.003		

(つづく)

❹ 土　　　工—4

名　称	土 工 区 分	単位	使 用 機 械 そ の 他	単位	歩　掛	その他	摘　　要
根　切　り（機　　械）	山留め付き総掘り 深さ6m以内 山留め切梁腹起方式	1 m³当り	排出ガス対策型 バックホウ1.4m³運転	日	0.0044	1　式	
^	^	^	普通作業員	人	0.009	^	^
^	山留め付き総掘り 深さ5m以内 山留め切梁腹起方式	〃	排出ガス対策型 バックホウ0.8m³運転	日	0.0071	〃	
^	^	^	普通作業員	人	0.009	^	^
^	山留め付き総掘り 深さ6m以内 山留め切梁腹起方式	〃	排出ガス対策型 バックホウ0.45m³運転	日	0.013	〃	クラムシェル1台に対しバックホウ2台の編成とする
^	^	^	クラムシェル0.6m³運転	〃	0.0063	^	^
^	^	^	普通作業員	人	0.009	^	^
^	山留め付き総掘り 深さ6m以内 グランドアンカー方式	〃	排出ガス対策型 バックホウ1.4m³運転	日	0.0039	〃	
^	^	^	普通作業員	人	0.007	^	^
^	山留め付き総掘り 深さ5m以内 グランドアンカー方式	〃	排出ガス対策型 バックホウ0.8m³運転	日	0.0063	〃	
^	^	^	普通作業員	人	0.007	^	^
^	山留め付き総掘り 深さ6m以内 グランドアンカー方式	〃	排出ガス対策型 バックホウ0.8m³運転	日	0.0063	〃	クラムシェル1台に対しバックホウ1台の編成とする
^	^	^	クラムシェル0.6m³運転	〃	0.0067	^	^
^	^	^	普通作業員	人	0.007	^	^
^	山留め付き総掘り 深さ6m以内 グランドアンカー方式	〃	排出ガス対策型 バックホウ0.45m³運転	日	0.011	〃	クラムシェル1台に対しバックホウ2台の編成とする
^	^	^	クラムシェル0.6m³運転	〃	0.0056	^	^
^	^	^	普通作業員	人	0.007	^	^
^	法付き総掘り 深さ6m以内	〃	排出ガス対策型 バックホウ1.4m³運転	日	0.0039	—	
^	法付き総掘り 深さ5m以内	〃	排出ガス対策型 バックホウ0.8m³運転	日	0.0063	—	
^	床付け	1 m²当り	普通作業員	人	0.02	1　式	・根切り底の地業の面積数量で計上する ・小規模土工及び人力土工には適用しない
^	杭間ざらい	杭1本当り	普通作業員	人	0.08	〃	既製コンクリート杭の場合に適用する

（備考）「その他」の率対象は，普通作業員とする。

④ 埋戻し，盛土
1. 機種の選定
　　埋戻し，盛土の機種は，バックホウと振動ローラを標準とする。
2. 埋戻し，盛土歩掛

名称	土工区分	単位	使用機械その他	単位	歩掛	その他	摘要
埋戻し（機械）	つぼ掘り，布掘り部	1m³ 当り	排出ガス対策型 バックホウ 0.8m³運転	日	0.0067	1 式	締固めによる
			振動ローラ0.8～1.1t運転	〃	0.016		
			締固め（タンパ運転）	m³	0.1		
			普通作業員	人	0.016		
	つぼ掘り，布掘り部	〃	排出ガス対策型 バックホウ 0.45m³運転	日	0.011	〃	〃
			振動ローラ0.8～1.1t運転	〃	0.016		
			締固め（タンパ運転）	m³	0.1		
			普通作業員	人	0.016		
	山留め付き総掘り部	〃	排出ガス対策型 バックホウ0.8m³運転	日	0.0067	〃	〃
			振動ローラ0.8～1.1t運転	〃	0.016		
			締固め（タンパ運転）	m³	0.1		
			普通作業員	人	0.016		
	法付き総掘り部	〃	排出ガス対策型 バックホウ0.8m³運転	日	0.0067	〃	〃
			振動ローラ0.8～1.1t運転	〃	0.016		
			締固め（タンパ運転）	m³	0.1		
			普通作業員	人	0.016		
盛土（機械）	建物内部及び建物周囲	〃	排出ガス対策型 バックホウ0.8m³運転	日	0.0067	〃	〃
			振動ローラ0.8～1.1t運転	〃	0.016		
			締固め（タンパ運転）	m³	0.1		
			普通作業員	人	0.016		
	建物内部及び建物周囲	〃	排出ガス対策型 バックホウ0.45m³運転	日	0.011	〃	〃
			振動ローラ0.8～1.1t運転	〃	0.016		
			締固め（タンパ運転）	m³	0.1		
			普通作業員	人	0.016		

（備考）「その他」の率対象は，普通作業員とする。

3. 敷ならし

敷ならし歩掛

名　　称	土工区分	単位	使用機械その他	単位	歩掛	その他	摘　要
敷ならし	構内敷ならし	1m³当り	排出ガス対策型ブルドーザ15t級運転	日	0.0035	1式	
			普通作業員	人	0.003		
	構内敷ならし	〃	排出ガス対策型ブルドーザ3t級運転	日	0.0077	〃	
			普通作業員	人	0.003		

（備考）1．締固めが必要な場合は，別途加算する。
　　　　2．「その他」の率対象は，普通作業員とする。

⑤ 締固め，すきとり

締固め，すきとり歩掛

名　　称	土工区分	単位	使用機械その他	単位	歩掛	その他	摘　要
締固め	構内締固め	1m³当り	タイヤローラ8～20t運転	日	0.0027	－	
	〃	〃	振動ローラ2.4～2.8t運転	日	0.013	－	
	締固め	〃	タンパ60～80kg運転	日	0.031	1式	
			普通作業員	人	0.03		
すきとり	機械すきとり	〃	ブルドーザ15t級運転	日	0.0029	－	
	〃	〃	ブルドーザ3t級運転	日	0.017	－	

（備考）1．積込費は，別途計上する。
　　　　2．「その他」の率対象は，普通作業員とする。

⑥ 積込み

積込み歩掛

名　　称	土工区分	単位	使用機械その他	単位	歩掛	摘　要
積込み	機械積込み	1m³当り	排出ガス対策型バックホウ 0.8m³運転	日	0.0044	
	〃	〃	排出ガス対策型バックホウ 0.45m³運転	日	0.0071	

⑦ 建設発生土運搬

1. 機　種
ダンプトラック10t車を標準とする。

2. 建設発生土運搬歩掛
(1m³当り往復)

名　　称	単位	使用機械その他	歩　掛	摘　要
建設発生土運搬	日	ダンプトラック10t積級	D/100	運搬日数当り 運搬日数（D）は別表による
(備考)　捨場処理費を必要とする場合は加算する。					

別表　ダンプトラック運搬日数（D）

(注)　1.　以下の表は，地山100m³の土量を運搬する日数である。
　　　2.　運搬距離は，片道距離で表示しているが，往路と復路が異なる時は，平均値とする。
　　　3.　自動車専用道路を利用する場合には，別途考慮する。
　　　4.　DID（人口集中地区）は，総務省統計局の国勢調査報告資料添付の人口集中地区境界図によるものとする。
　　　5.　運搬距離が，60kmを超える場合は，別途積上げとする。
　　　6.　バックホウの標準バケット容量は山積容量を示し，クラムシェルの標準バケット容量は平積容量を示す。

別表―1　　　　　　　　　　　　　　　　　　　　　　　　　　　　　　　　(100m³当り)

積込機械	バックホウ　排出ガス対策型　油圧式クローラ型1.4m³							
運搬機械	ダンプトラック　10t積級							
	DID区間　：　無し							
運搬距離 (km)	0.3以下	0.5以下	1.0以下	1.5以下	2.0以下	2.5以下	3.0以下	3.5以下	4.5以下
運搬日数	0.5	0.6	0.7	0.8	0.9	1.0	1.2	1.3	1.5
運搬距離 (km)	6.0以下	7.0以下	8.5以下	10.0以下	12.5以下	16.5以下	23.5以下	51.5以下	60.0以下
運搬日数	1.8	2.1	2.4	2.7	3.1	3.8	4.7	6.3	9.4

別表―2　　　　　　　　　　　　　　　　　　　　　　　　　　　　　　　　(100m³当り)

積込機械	バックホウ　排出ガス対策型　油圧式クローラ型1.4m³							
運搬機械	ダンプトラック　10t積級							
	DID区間　：　有り							
運搬距離 (km)	0.3以下	0.5以下	1.0以下	1.5以下	2.0以下	2.5以下	3.0以下	3.5以下	4.5以下
運搬日数	0.5	0.6	0.7	0.8	0.9	1.0	1.2	1.3	1.5
運搬距離 (km)	5.5以下	6.5以下	8.0以下	9.5以下	11.5以下	15.0以下	20.5以下	33.0以下	60.0以下
運搬日数	1.8	2.1	2.4	2.7	3.1	3.8	4.7	6.3	9.4

別表―3　　　　　　　　　　　　　　　　　　　　　　　　　　　　　　　　(100m³当り)

積込機械	バックホウ　排出ガス対策型　油圧式クローラ型0.8m³							
運搬機械	ダンプトラック　10t積級							
	DID区間　：　無し							
運搬距離 (km)	0.3以下	0.5以下	1.0以下	1.5以下	2.0以下	3.0以下	4.0以下	5.5以下	6.5以下
運搬日数	0.65	0.75	0.85	0.95	1.1	1.3	1.5	1.8	2.1
運搬距離 (km)	7.5以下	9.5以下	11.5以下	15.5以下	22.5以下	49.5以下	60.0以下		
運搬日数	2.4	2.7	3.1	3.8	4.7	6.3	9.4		

別表—4 (100m³ 当り)

積込機械	バックホウ　排出ガス対策型　油圧式クローラ型0.8m³								
運搬機械	ダンプトラック　10t積級								
	DID区間：　有り								
運搬距離 (km)	0.3以下	0.5以下	1.0以下	1.5以下	2.0以下	3.0以下	3.5以下	5.0以下	6.0以下
運搬日数	0.65	0.75	0.85	0.95	1.1	1.3	1.5	1.8	2.1
運搬距離 (km)	7.0以下	8.5以下	11.0以下	14.0以下	19.5以下	31.5以下	60.0以下		
運搬日数	2.4	2.7	3.1	3.8	4.7	6.3	9.4		

別表—5 (100m³ 当り)

積込機械	バックホウ　排出ガス対策型　油圧式クローラ型0.45m³								
運搬機械	ダンプトラック　10t積級								
	DID区間：　無し								
運搬距離 (km)	0.5以下	1.0以下	2.0以下	2.5以下	3.5以下	4.5以下	6.0以下	7.5以下	10.0以下
運搬日数	1.1	1.2	1.4	1.6	1.8	2.1	2.4	2.7	3.1
運搬距離 (km)	13.5以下	19.5以下	39.0以下	60.0以下					
運搬日数	3.8	4.7	6.3	9.4					

別表—6 (100m³ 当り)

積込機械	バックホウ　排出ガス対策型　油圧式クローラ型0.45m³								
運搬機械	ダンプトラック　10t積級								
	DID区間：　有り								
運搬距離 (km)	0.5以下	1.0以下	1.5以下	2.0以下	3.0以下	4.0以下	5.5以下	7.0以下	9.0以下
運搬日数	1.1	1.2	1.4	1.6	1.8	2.1	2.4	2.7	3.1
運搬距離 (km)	12.0以下	17.5以下	28.5以下	60.0以下					
運搬日数	3.8	4.7	6.3	9.4					

別表—7 (100m³ 当り)

積込機械	クラムシェル　油圧ロープ式　クローラ型0.6m³								
運搬機械	ダンプトラック　10t積級								
	DID区間：　無し								
運搬距離 (km)	0.5以下	1.0以下	2.0以下	3.5以下	4.5以下	5.5以下	7.0以下	9.5以下	13.0以下
運搬日数	1.2	1.3	1.5	1.8	2.1	2.4	2.7	3.1	3.8
運搬距離 (km)	19.5以下	37.5以下	60.0以下						
運搬日数	4.7	6.3	9.4						

別表—8 (100m³ 当り)

積込機械	クラムシェル　油圧ロープ式　クローラ型0.6m³								
運搬機械	ダンプトラック　10t積級								
	DID区間：　有り								
運搬距離 (km)	0.5以下	1.0以下	2.0以下	3.5以下	4.0以下	5.0以下	6.5以下	8.5以下	12.0以下
運搬日数	1.2	1.3	1.5	1.8	2.1	2.4	2.7	3.1	3.8
運搬距離 (km)	17.0以下	28.0以下	60.0以下						
運搬日数	4.7	6.3	9.4						

⑧ 小規模土工，人力土工

1. 適用範囲
(1) 小規模土工は，1箇所当りの掘削土量が100m³程度までの小規模な土工及び小規模構造物（排水構造物，ブロック積み及び小型擁壁等）の作業土工に適用する。
(2) 人力土工は，機械施工が不可能な場合又は小規模工事に適用する。

2. 小規模土工用機械運転歩掛表

(1日当り)

機械名	規格	運転労務(人) 特殊	運転労務(人) 一般	機械損料（日）	燃料消費量（ℓ）	その他	摘要
バックホウ	排出ガス対策型 油圧式クローラ型 0.28m³	1.0		1.64	37.0	1式	
〃	0.13m³	1.0		1.78	22.4	〃	
ブルドーザ	排出ガス対策型 普通 3.0t級	1.0		1.75	22.1	〃	

（備考）「その他」の率対象は，運転手（特殊），燃料とする。

3. 根切り歩掛（小規模土工の作業内容と使用機械）

名称	摘要	単位	使用機械その他	単位	歩掛	その他	備考
根切り	深さ3m以内	1m³当り	排出ガス対策型 バックホウ 0.28m³運転	日	0.025	1式	
			普通作業員	人	0.03		
	深さ2m以内	〃	排出ガス対策型 バックホウ 0.13m³運転	日	0.05	〃	
			普通作業員	人	0.03		
	人力	〃	普通作業員	人	0.39	〃	

（備考）「その他」の率対象は，普通作業員とする。

4. 埋戻し歩掛（小規模土工の作業内容と使用機械）

名称	摘要	単位	使用機械その他	単位	歩掛	その他	備考
埋戻し	深さ3m以内	1m³当り	排出ガス対策型 バックホウ 0.28m³運転	日	0.020	1式	
			締固めタンパ 60〜80kg運転	m³	1.0		締固めによる
			普通作業員	人	0.04		
	深さ2m以内	〃	排出ガス対策型 バックホウ 0.13m³運転	日	0.033	〃	
			締固めタンパ 60〜80kg運転	m³	1.0		締固めによる
			普通作業員	人	0.04		
	人力	〃	普通作業員	人	0.23	〃	

（備考）
1. 人力埋戻しで締固めが必要な場合は，タンパによる締固めを別途計上する。
2. 「その他」の率対象は，普通作業員とする。

5. 積込み歩掛

名称	摘要	単位	使用機械その他	単位	歩掛	その他	備考
積込み	機械積込み	1m³当り	排出ガス対策型 バックホウ 0.28m³運転	日	0.013		
	機械積込み	〃	排出ガス対策型 バックホウ 0.13m³運転	日	0.025		
	人力	〃	普通作業員	人	0.13	1式	

(備考)「その他」の率対象は，普通作業員とする。

6. 建設発生土運搬（小規模土工）

(1) 機種

ダンプトラック4t車又は2t車を標準とする。

(2) 建設発生土運搬歩掛

(1m³当り往復)

名称	単位	使用機械その他	歩掛	摘要
建設発生土運搬	日	ダンプトラック 4t積級	D/10	運搬日数当り 運搬日数（D）は別表による
		ダンプトラック 2t積級	D/10	

(備考) 捨場処理費を必要とする場合は加算する。

別表 ダンプトラック運搬日数（D）

(注) 1. 以下の別表は，地山10m³の土量を運搬する日数である。
2. 運搬距離は，片道距離で表示しているが，往路と復路が異なる時は，平均値とする。
3. 自動車専用道路を利用する場合には，別途考慮する。
4. DID（人口集中地区）は，総務省統計局の国勢調査報告資料添付の人口集中地区境界図によるものとする。
5. 運搬距離が，60kmを超える場合は，別途積上げとする。
6. バックホウの標準バケット容量は山積容量を示す。

別表―1 (10m³当り)

積込機械	バックホウ 排出ガス対策型 油圧式クローラ型 0.28m³									
運搬機械	ダンプトラック 4t積級									
DID区間 ： 無し									
運搬距離(km)	0.2以下	1.0以下	1.5以下	2.5以下	3.5以下	4.0以下	5.0以下	6.0以下	7.5以下
運搬日数	0.2	0.25	0.3	0.35	0.4	0.45	0.5	0.55	0.6
運搬距離(km)	10.0以下	13.0以下	19.0以下	35.0以下	60.0以下				
運搬日数	0.8	0.9	1.1	1.5	2.3				

別表―2 (10m³当り)

積込機械	バックホウ 排出ガス対策型 油圧式クローラ型 0.28m³									
運搬機械	ダンプトラック 4t積級									
DID区間 ： 有り									
運搬距離(km)	0.2以下	1.0以下	1.5以下	2.0以下	3.0以下	3.5以下	4.5以下	5.5以下	7.0以下
運搬日数	0.2	0.25	0.3	0.35	0.4	0.45	0.5	0.55	0.6
運搬距離(km)	9.0以下	12.0以下	17.0以下	27.0以下	60.0以下				
運搬日数	0.8	0.9	1.1	1.5	2.3				

別表―3 (10m³ 当り)

積 込 機 械	バックホウ　排出ガス対策型　油圧式クローラ型　0.13m³								
運 搬 機 械	ダンプトラック　2t積級								
	DID区間 ： 無し								
運搬距離（km）	0.3 以下	1.0 以下	1.5 以下	2.5 以下	3.0 以下	3.5 以下	4.5 以下	5.5 以下	7.0 以下
運 搬 日 数	0.45	0.5	0.6	0.7	0.8	0.9	1.0	1.1	1.3
運搬距離（km）	9.0 以下	12.0 以下	17.0 以下	28.5 以下	60.0 以下				
運 搬 日 数	1.5	1.8	2.3	3.0	4.5				

別表―4 (10m³ 当り)

積 込 機 械	バックホウ　排出ガス対策型　油圧式クローラ型　0.13m³								
運 搬 機 械	ダンプトラック　2t積級								
	DID区間 ： 有り								
運搬距離（km）	0.3 以下	1.0 以下	1.5 以下	2.5 以下	3.0 以下	3.5 以下	4.5 以下	5.0 以下	6.5 以下
運 搬 日 数	0.45	0.5	0.6	0.7	0.8	0.9	1.0	1.1	1.3
運搬距離（km）	8.0 以下	11.0 以下	15.0 以下	24.0 以下	60.0 以下				
運 搬 日 数	1.5	1.8	2.3	3.0	4.5				

別表―5 (10m³ 当り)

積　　　込	人力								
運 搬 機 械	ダンプトラック　2t積級								
	DID区間 ： 無し								
運搬距離（km）	0.3 以下	0.5 以下	1.5 以下	2.0 以下	2.5 以下	3.0 以下	4.0 以下	5.0 以下	6.5 以下
運 搬 日 数	0.5	0.55	0.6	0.7	0.8	0.9	1.0	1.1	1.3
運搬距離（km）	8.5 以下	11.0 以下	16.0 以下	27.5 以下	60.0 以下				
運 搬 日 数	1.5	1.8	2.3	3.0	4.5				

別表―6 (10m³ 当り)

積　　　込	人力								
運 搬 機 械	ダンプトラック　2t積級								
	DID区間 ： 有り								
運搬距離（km）	0.3 以下	0.5 以下	1.0 以下	1.5 以下	2.0 以下	2.5 以下	3.5 以下	4.5 以下	6.0 以下
運 搬 日 数	0.5	0.55	0.6	0.7	0.8	0.9	1.0	1.1	1.3
運搬距離（km）	8.0 以下	10.5 以下	14.5 以下	23.0 以下	60.0 以下				
運 搬 日 数	1.5	1.8	2.3	3.0	4.5				

⑨ 山留め

山留め工法
　　山留め
　　　① 鋼矢板工法　　② 親杭，横矢板工法　　③ ソイルセメント柱列壁工法　　④ 場所打ち連続壁工法
　　支保工
　　　① 水平切梁工法　　② アイランド工法　　③ 逆打ち工法　　　　　　　　④ グランドアンカー工法

等があるが適用には小規模，簡易な場合を除き，施工計画図を作成のうえ，現場条件に適した工法を選定する。

1. 鋼矢板の打込み・引抜き

1-1 電動式バイブロハンマ

(1) 機種の選定

鋼矢板の打込み・引抜きの使用機械は鋼矢板の種類及び型式，普通（ⅠA～V_L型），広幅（Ⅱw～Ⅳw型），打込み長さ，土質，現場条件などにより異なるが，一般的には次表を標準とする。

打込みの使用機械と規格(1)

機　種	規　格	鋼矢板の型式	最大N値	打込み長さ (m)	付　属　機　械
電動式・普通型バイブロハンマ（単独施工）	60 kW	ⅠA型	$N<50$	$\ell \leq 6$	クローラクレーン排出ガス対策型(2014年規制)油圧駆動式ウインチ・ラチスジブ型50～55 t 吊
	〃	Ⅱ型		$\ell \leq 15$	
	60 kW	Ⅲ型		$\ell \leq 15$	
	90 kW			$15<\ell \leq 19$	
	60 kW	Ⅳ型		$\ell \leq 15$	
	90 kW			$15<\ell \leq 25$	
	60 kW	V_L型		$\ell \leq 15$	
	90 kW			$15<\ell \leq 25$	
	60 kW	Ⅱw型		$\ell \leq 15$	
	60 kW	Ⅲw型		$\ell \leq 15$	
	90 kW			$15<\ell \leq 19$	
	60 kW	Ⅳw型		$\ell \leq 15$	
	90 kW			$15<\ell \leq 25$	

打込みの使用機械と規格(2)

機　種	規　格	鋼矢板の型式	最大N値	打込み長さ (m)	付　属　機　械
電動式・普通型バイブロハンマ（ウォータジェット併用施工）	60 kW	Ⅱ型	$50 \leq N<100$	$\ell \leq 15$	クローラクレーン排出ガス対策型(2014年規制)油圧駆動式ウインチ・ラチスジブ型50～55 t 吊ウォータジェットポンプ圧力14.7 MPa　325 ℓ/min ×2台(14.7 MPa　325 ℓ/min ×1台)
	90 kW		$100 \leq N \leq 180$		
	60 kW	Ⅲ型	$50 \leq N<100$	$\ell \leq 15$	
	90 kW		$100 \leq N \leq 180$	$\ell \leq 19$	
	60 kW	Ⅳ型	$50 \leq N<100$	$\ell \leq 15$	
	90 kW		$100 \leq N \leq 180$	$\ell \leq 25$	
	60 kW	V_L型	$50 \leq N<100$	$\ell \leq 15$	
	90 kW		$100 \leq N \leq 180$	$\ell \leq 25$	
	60 kW	Ⅱw型	$50 \leq N<100$	$\ell \leq 15$	
	90 kW		$100 \leq N \leq 180$		
	60 kW	Ⅲw型	$50 \leq N<100$	$\ell \leq 15$	
	90 kW		$100 \leq N \leq 180$	$\ell \leq 19$	
	60 kW	Ⅳw型	$50 \leq N<100$	$\ell \leq 15$	
	90 kW		$100 \leq N \leq 180$	$\ell \leq 25$	

(つづく)

(備考) 1. ウォータジェットの（ ）書きは，Nmax＜50で転石等により必要が生じた場合に計上する。
2. 対象地盤の最大N値が50以上ものについては，換算N値を求めて適用する。
$$換算N値 = \frac{1,500}{落下50回当り貫入量（cm）}$$
3. 打込み長さは，地表面よりの鋼矢板の打込み長さであり，鋼矢板長さとは異なる。

引抜き用機械と規格

機　種	規　格	引抜き長さ（m）	鋼矢板の型式	付属機械
電動式バイブロハンマ	60 kW	25 m以下	ⅠA型，Ⅱ型，Ⅲ型，Ⅳ型，V_L型	クローラクレーン 排出ガス対策型（2014年規制）油圧駆動式ウインチ・ラチスジブ型 50～55 t吊

(備考) 引抜き長さは，地表面よりの鋼矢板の引抜き長さであり，鋼矢板長さとは異なる。

(2) 小運搬

小運搬用として次の場合20 t吊のラフテレーンクレーン（油圧伸縮ジブ型）（賃料）を計上する。
① 施工場所から30 m以内のところに矢板置場を設けることができない場合。
② 作業場所が狭小で民家その他施設，構造物などを破損又は危険にさらすおそれのある場合。

(3) 打込み，引抜き作業の編成人員

（人）

工種	職種	土木一般世話役	とび工	普通作業員	溶接工
電動式バイブロハンマ（単独施工）	打込み	1	2	1	—
	引抜き	1	2	1	—
電動式バイブロハンマ（ウォータジェット併用施工）	打込み	1	2	1	1
	引抜き	1	2	1	1

(4) 日当り施工枚数
(4)—1 打込み

鋼矢板の1日当り打込み枚数
電動式バイブロハンマによる単独施工（Nmax＜50）

日当り施工枚数（N）　　　　　　　　　　　　　　　　　　　（枚／日）

打込み長さ(m) \ 型式	ⅠA型	Ⅱ型	Ⅲ型	Ⅳ型	V_L型	Ⅱw型	Ⅲw型	Ⅳw型
2 以下	57	56	55	54	52	55	53	52
4 以下	51	49	47	44	40	46	43	39
6 以下	47	43	40	37	32	40	36	32
9 以下	—	38	35	31	26	34	30	26
12 以下	—	33	29	26	21	29	25	21
15 以下	—	29	26	22	18	25	21	18
19 以下	—	—	24	21	16	—	20	16
23 以下	—	—	—	18	14	—	—	14
25 以下	—	—	—	16	13	—	—	13

(備考) 施工枚数には，導材（ガイド）及び敷鉄板の施工手間が含まれている。

電動式バイブロハンマとウォータジェット併用施工

日当り施工枚数(N) (枚／日)

打込み長さ(m) \ 型式	Ⅱ型	Ⅲ型	Ⅳ型	V_L型	Ⅱw型	Ⅲw型	Ⅳw型
2 以下	64 (68)	62 (67)	60 (65)	56 (62)	62 (66)	59 (65)	56 (62)
4 以下	40 (44)	38 (43)	35 (41)	31 (38)	37 (43)	34 (40)	31 (38)
6 以下	29 (33)	27 (32)	25 (30)	22 (27)	27 (31)	24 (29)	22 (27)
9 以下	22 (25)	20 (24)	18 (22)	16 (20)	20 (24)	18 (22)	16 (20)
12 以下	17 (19)	15 (18)	14 (17)	12 (15)	15 (18)	13 (17)	12 (15)
15 以下	13 (16)	12 (15)	11 (14)	9 (12)	12 (15)	11 (14)	9 (12)
19 以下	—	11 (13)	10 (12)	8 (10)	—	9 (11)	8 (10)
23 以下	—	—	8 (10)	7 (9)	—	—	7 (9)
25 以下	—	—	7 (9)	6 (8)	—	—	6 (8)

(備考) 1. 凡例
　　　上段：$50 \leq N_{max} < 100$
　　　下段（ ）書き：$N_{max} < 50$ で，転石等により，やむを得ずウォータジェットを使用する必要が生じた場合。
　　2. 施工枚数には，導材（ガイド）及び敷鉄板の施工手間が含まれている。

電動式バイブロハンマとウォータジェット併用施工（$100 \leq N_{max} \leq 180$）

日当り施工枚数(N) (枚／日)

打込み長(m) \ 型式	Ⅱ型	Ⅲ型	Ⅳ型	V_L型	Ⅱw型	Ⅲw型	Ⅳw型
2 以下	58	55	52	46	55	50	46
4 以下	33	31	27	23	30	26	23
6 以下	23	21	19	15	21	18	15
9 以下	17	15	13	11	15	13	11
12 以下	13	11	10	8	11	10	8
15 以下	10	9	8	6	9	8	6
19 以下	—	7	6	5	—	6	5
23 以下	—	—	5	4	—	—	4
25 以下	—	—	5	4	—	—	4

(備考) 施工枚数には，導材（ガイド）及び敷鉄板の施工手間が含まれている。

(4)—2 引抜き
鋼矢板の1日当り引抜き枚数

日当り施工枚数 (枚／日)

引抜き長さ(m)	2以下	4以下	6以下	9以下	12以下	15以下	19以下	23以下	25以下
引抜き枚数(枚／日)	91	78	68	58	50	43	38	33	30

(備考) 1. 広幅鋼矢板（Ⅱw，Ⅲw，Ⅳw型）には適用しない。
　　2. 鋼矢板を鉛直に吊り上げた状態で，鋼矢板を切断する場合については，別途計上する。

(5) 諸雑費
① 諸雑費に含まれるもの
　溶接棒，導材（ガイド）賃料，敷鉄板賃料，電気溶接機損料，ウォータジェット併用施工用付属機器に関する経費（配管バンド及び溶接棒，電気溶接機損料，水中ポンプ損料，水槽及び配管損料），現場内小運搬に関する経費，電力に関する経費等の費用

② 諸雑費の計上方法
　労務費，機械運転経費の合計額に次表の率を乗じた金額を上限として計上する。

諸 雑 費 率　　　　　　　　　　　　　　　　　　　　　(％)

施 工 区 分	バイブロハンマ 機種・規格		諸雑費率
バイブロハンマ単独施工・打込み	電動式	60 kW	19
		90 kW	22
ウォータジェット併用施工・打込み	電動式	60 kW	18 (22)
		90 kW	20 (24)
引　　　抜　　　き	電動式	60 kW	18

(備考)　ウォータジェット併用施工・打込みにおける( )書きは，Nmax＜50の場合で，転石等によりやむを得ずウォータジェットを使用する必要が生じた場合。

1－2　油圧式バイブロハンマ

(1) 機種の選定

　鋼矢板の打込み・引抜きの使用機械は鋼矢板の種類及び型式，普通（Ⅱ～V_L型），広幅（Ⅱw～Ⅳw型），打込み長さ，土質，現場条件などにより異なるが，一般的には次表を標準とする。

打込みの使用機械と規格(1)

機　種	規　格	鋼矢板の型式	最大N値	打込み長さ (m)	付 属 機 械
油圧式バイブロハンマ（単独施工）	油圧式・可変超高周波型・排出ガス対策型（第3次基準値）242 kW	Ⅱ型	N＜50	$\ell \leq 15$	クローラクレーン 排出ガス対策型(2014年規制) 油圧駆動式ウインチ・ラチスシップ型 50～55 t 吊
		Ⅲ型		$\ell \leq 19$	
		Ⅳ型		$\ell \leq 25$	
		V_L型		$\ell \leq 25$	
		Ⅱw型		$\ell \leq 15$	
		Ⅲw型		$\ell \leq 19$	
		Ⅳw型		$\ell \leq 25$	

打込みの使用機械と規格(2)

機　種	規　格	鋼矢板の型式	最大N値	打込み長さ (m)	付 属 機 械
油圧式バイブロハンマ（ウォータジェット併用施工）	油圧式・可変超高周波型・排出ガス対策型（第3次基準値）242 kW	Ⅱ型	50≦ N ＜100	$\ell \leq 15$	クローラクレーン 排出ガス対策型(2014年規制) 油圧駆動式ウインチ・ラチスシップ型 50～55 t 吊 ウォータジェット ポンプ圧力 14.7 MPa 325 ℓ/min ×2台 (14.7 MPa 325 ℓ/min ×1台)
			100≦ N ≦180		
		Ⅲ型	50≦ N ＜100	$\ell \leq 19$	
			100≦ N ≦180		
		Ⅳ型	50≦ N ＜100	$\ell \leq 25$	
			100≦ N ≦180		
		V_L型	50≦ N ＜100	$\ell \leq 25$	
			100≦ N ≦180		
		Ⅱw型	50≦ N ＜100	$\ell \leq 15$	
			100≦ N ≦180		

(つづく)

機　種	規　格	鋼矢板の型式	最大N値	打込み長さ（m）	付　属　機　械
油圧式 バイブロハンマ （ウォータジェット 併用施工）	油圧式・ 可変超高周波型・ 排出ガス対策型 （第3次基準値） 242 kW	Ⅲw 型	50≦N<100	ℓ ≦19	クローラクレーン 排出ガス対策型（2014年規制） 油圧駆動式ウインチ・ラチスジブ型 50～55 t 吊
			100≦N≦180		
		Ⅳw 型	50≦N<100	ℓ ≦25	ウォータジェット ポンプ圧力 　14.7 MPa 325 ℓ/min ×2 台 （14.7MPa 325 ℓ/min ×1 台）
			100≦N≦180		

（備考）　1.　ウォータジェットの（　）書きは，Nmax＜50で転石等により必要が生じた場合に計上する。
　　　　　2.　対象地盤の最大N値が50以上については，換算N値を求めて適用する。

$$換算 N 値 = \frac{1,500}{落下50回当り貫入量（cm）}$$

　　　　　3.　打込み長さは，地表面よりの鋼矢板の打込み長さであり，鋼矢板長さとは異なる。

引抜き用機械と規格

機　　種	規　　格	引抜き長さ（m）	鋼矢板の型式	付　属　機　械
油圧式バイブロハンマ	油圧式・可変超高周波型・ 排出ガス対策型 （第3次基準値） 242kW	25 m 以下	Ⅱ型，Ⅲ型，Ⅳ型， V_L 型	ラフテレーンクレーン 排出ガス対策型（第3 次基準値）　油圧伸縮 ジブ型　25 t 吊

（備考）　引抜き長さは，地表面よりの鋼矢板の引抜き長さであり，鋼矢板長さとは異なる。

(2)　小　運　搬
　　小運搬用として次の場合20 t 吊のラフテレーンクレーン（油圧伸縮ジブ型）（賃料）を計上する。
　①　施工場所から30 m 以内のところに矢板置場を設けることができない場合。
　②　作業場所が狭小で民家その他施設，構造物などを破損又は危険にさらすおそれのある場合。

(3)　打込み，引抜き作業の編成人員

（人）

工　種	職　種	土木一般世話役	と び 工	普通作業員	溶　接　工
油圧式バイブロハンマ （単独施工）	打　込　み	1	2	1	―
	引　抜　き	1	2	1	―
油圧式バイブロハンマ （ウォータジェット併用施工）	打　込　み	1	2	1	1
	引　抜　き	1	2	1	1

(4)　日当り施工枚数
(4)―1　打　込　み
　　鋼矢板の1日当り打込み枚数
　　油圧式バイブロハンマによる施工（Nmax＜50）

日当り施工枚数（N）　　　　　　　　　　　　　　　（枚／日）

打込み長(m) ＼ 型式	Ⅱ型	Ⅲ型	Ⅳ型	V_L 型	Ⅱw型	Ⅲw型	Ⅳw型
2 以 下	56	55	53	51	55	53	51
4 以 下	48	46	43	39	45	42	38
6 以 下	42	39	36	31	39	35	31
9 以 下	37	33	30	25	33	29	25
12 以 下	31	28	25	20	28	24	20
15 以 下	28	25	21	17	24	20	17
19 以 下	―	21	18	14	―	17	14
23 以 下	―	―	16	12	―	―	12
25 以 下	―	―	14	11	―	―	11

（備考）　施工枚数には，導材（ガイド）及び敷鉄板の施工手間が含まれている。

油圧式バイブロハンマとウォータジェット併用施工

日当り施工枚数（N）　　　　　　　　　　　　　　　　（枚／日）

打込み長(m) \ 型式	Ⅱ型	Ⅲ型	Ⅳ型	V_L型	Ⅱw型	Ⅲw型	Ⅳw型
2 以下	61 (66)	58 (64)	55 (62)	51 (58)	58 (64)	54 (61)	50 (58)
4 以下	36 (42)	34 (40)	31 (37)	27 (34)	33 (39)	30 (36)	26 (33)
6 以下	26 (30)	24 (29)	21 (27)	18 (24)	23 (28)	21 (26)	18 (23)
9 以下	19 (23)	17 (21)	15 (20)	13 (17)	17 (21)	15 (19)	13 (17)
12 以下	14 (17)	13 (16)	11 (15)	10 (13)	13 (16)	11 (14)	9 (13)
15 以下	12 (14)	10 (13)	9 (12)	8 (10)	10 (13)	9 (12)	8 (10)
19 以下	—	8 (11)	7 (10)	6 (8)	—	7 (10)	6 (8)
23 以下	—	—	6 (8)	5 (7)	—	—	5 (7)
25 以下	—	—	5 (7)	4 (6)	—	—	4 (6)

（備考）1. 凡例
　　　　　上段：$50 \leq N_{max} < 100$
　　　　　下段（　）書き：$N_{max} < 50$ で，転石等によりやむを得ずウォータジェットを使用する必要が生じた場合。
　　　　2. 施工枚数には，導材（ガイド）及び敷鉄板の施工手間が含まれている。

油圧式バイブロハンマとウォータジェット併用施工（$100 \leq N_{max} \leq 180$）

日当り施工枚数（N）　　　　　　　　　　　　　　　　（枚／日）

打込み長(m) \ 型式	Ⅱ型	Ⅲ型	Ⅳ型	V_L型	Ⅱw型	Ⅲw型	Ⅳw型
2 以下	51	48	44	38	47	42	38
4 以下	27	24	21	17	24	20	17
6 以下	18	16	14	11	16	13	11
9 以下	13	12	10	8	11	9	8
12 以下	10	9	7	6	8	7	6
15 以下	8	7	6	4	7	5	4
19 以下	—	5	5	4	—	4	4
23 以下	—	—	4	3	—	—	3
25 以下	—	—	3	3	—	—	3

（備考）施工枚数には，導材（ガイド）及び敷鉄板の施工手間が含まれている。

(4)—2　引　抜　き

鋼矢板の1日当り引抜き枚数

日当り施工枚数　　　　　　　　　　　　　　　　　　（枚／日）

引抜き長さ (m)	2以下	4以下	6以下	9以下	12以下	15以下	19以下	23以下	25以下
引抜き枚数（枚／日）	91	78	68	58	50	43	38	33	30

（備考）1. 広幅鋼矢板（Ⅱw，Ⅲw，Ⅳw型）には適用しない。
　　　　2. 鋼矢板を鉛直に吊り上げた状態で，鋼矢板を切断する場合については，別途計上する。

(5)　諸　雑　費
　① 諸雑費に含まれるもの
　　　溶接棒，導材（ガイド）賃料，敷鉄板賃料，電気溶接機損料，ウォータジェット併用施工用付属機器に関する経費（配管バンド及び溶接棒，電気溶接機損料，水中ポンプ損料，水槽及び配管損料），現場内小運搬に関する経費，電力に関する経費等の費用

② 諸雑費の計上方法
　　労務費，機械運転経費の合計額に次表の率を乗じた金額を上限として計上する。

諸 雑 費 率　　　　　　　　　　　　　　　　　　　　（％）

施 工 区 分	バイブロハンマ 機 種・規 格		諸 雑 費 率
バイブロハンマ単独施工・打込み	油 圧 式	242 kW	1
ウォータジェット併用施工・打込み	油 圧 式	242 kW	6 (7)
引　　　抜　　　き	油 圧 式	242 kW	0.2

（備考）　ウォータジェット併用施工・打込みにおける（　）書きは，Nmax＜50の場合で，転石等によりやむを得ずウォータジェットを使用する必要が生じた場合。

1－3　油圧圧入引抜工
　　　国土交通省土木工事積算基準　6章仮設工欄参照（建設物価調査会　発行）
1－4　鋼矢板工アースオーガ併用圧入工
　　　国土交通省土木工事積算基準　6章仮設工欄参照（建設物価調査会　発行）
1－5　鋼矢板（H形鋼）工（クレーン引抜き工）
　　　国土交通省土木工事積算基準　6章仮設工欄参照（建設物価調査会　発行）

2．H形鋼の打込み・引抜き

2－1　電動式バイブロハンマ
(1)　機種の選定
　①　施工機械は打込み長さによる施工性などを考慮し，現場条件に適した機種を選定する。
　②　機械の規格はH形鋼のサイズ，打込み長さ，土質などにより異なるが一般的には下表を標準とする。

打込みの使用機械と規格(1)

機　種	規　格	H形鋼の形式	最大N値	打込み長さ(m)	付　属　機　械
電動式・普通型バイブロハンマ（単独施工）	60 kW	H200	N＜50	$\ell \leq 12$	クローラクレーン排出ガス対策型（2014年規制）油圧駆動式ウインチ・ラチスジブ型 50～55 t 吊
	〃	H250		$\ell \leq 15$	
	60 kW	H300		$\ell \leq 15$	
	90 kW			$15＜\ell \leq 25$	
	60 kW	H350・H400		$\ell \leq 15$	
	90 kW			$15＜\ell \leq 25$	

打込みの使用機械と規格(2)

機　種	規　格	H形鋼の形式	最大N値	打込み長さ(m)	付　属　機　械
電動式・普通型バイブロハンマ（ウォータジェット併用施工）	60 kW	H200	$50 \leq N＜100$	$\ell \leq 15$	クローラクレーン排出ガス対策型（2014年規制）油圧駆動式ウインチ・ラチスジブ型 50～55 t 吊 ウォータジェットポンプ圧力 14.7 MPa　325 ℓ/min ×2台 (14.7 MPa　325 ℓ/min ×1台)
	90 kW		$100 \leq N \leq 180$		
	60 kW	H250	$50 \leq N＜100$	$\ell \leq 15$	
	90 kW		$100 \leq N \leq 180$	$\ell \leq 19$	
	60 kW	H300	$50 \leq N＜100$	$\ell \leq 15$	
	90 kW		$100 \leq N \leq 180$	$\ell \leq 25$	
	60 kW	H350・H400	$50 \leq N＜100$	$\ell \leq 15$	
	90 kW		$100 \leq N \leq 180$	$\ell \leq 25$	

（備考）　1．ウォータジェットの（　）書きは，Nmax＜50で転石等により必要が生じた場合に計上する。
　　　　2．対象地盤の最大N値が50以上ものについては，換算N値を求めて適用する。

$$換算N値 = \frac{1,500}{落下50回当り貫入量(cm)}$$

　　　　3．打込み長さは，地表面よりのH形鋼の打込み長さであり，H形鋼長さとは異なる。

引抜き用機械と規格

機　　　種	規　　　格	引抜き長さ（m）	付　属　機　械
電動式バイブロハンマ	60 kW	25 m 以下	クローラクレーン 排出ガス対策型（2014年規制） 油圧駆動式ウインチ・ラチスジブ型 50 〜 55 t 吊

（備考）　引抜き長さは，地表面よりのH形鋼の引抜き長さであり，H形鋼長さとは異なる。

(2) 小　運　搬

　　小運搬用として，次の場合20 t 吊のラフテレーンクレーン（油圧伸縮ジブ型（賃料））を計上する。
　① 施工場所から30 m 以内のところに材料置場を設けることができない場合。
　② 作業場所が狭小で民家，その他施設，構造物などを破損又は危険にさらすおそれのある場合。

(3) 打込み，引抜き作業の編成人員

（人）

工　種	職　　　種	土木一般世話役	と び 工	普通作業員	溶 接 工
バイブロハンマ （単独施工）	打　込　み	1	3	1	—
	引　抜　き	1	3	1	—
バイブロハンマ （ウォータジェット併用施工）	打　込　み	1	3	1	1
	引　抜　き	1	3	1	1

(4) 日当り施工枚数

　(4)—1　打　込　み

　　　　H形鋼の1日当り打込み本数
　　　　電動式バイブロハンマによる施工（Nmax < 50）

日当り施工本数（N）

（本／日）

型　式 打込み長さ（m）	H 200	H 250	H 300	H 350	H 400
2 以 下	56	54	52	49	47
4 以 下	48	44	41	36	32
6 以 下	43	38	34	28	25
9 以 下	37	32	28	22	19
12 以 下	32	27	23	18	15
15 以 下	—	23	19	15	12
19 以 下	—	—	18	14	11
23 以 下	—	—	15	12	9
25 以 下	—	—	14	10	8

（備考）　施工本数には，導材（ガイド）及び敷鉄板の施工手間が含まれている。

電動式バイブロハンマとウォータジェット併用施工

日当り施工本数（N）　　　　　　　　　　　　　　　　　　　（本／日）

打込み長さ (m) ＼ 型式	H 200	H 250	H 300	H 350	H 400
2 以下	64 (68)	61 (65)	58 (63)	52 (60)	49 (57)
4 以下	40 (44)	36 (41)	33 (39)	28 (35)	25 (32)
6 以下	29 (33)	25 (30)	23 (28)	19 (25)	17 (22)
9 以下	21 (25)	19 (23)	17 (21)	14 (18)	12 (16)
12 以下	16 (19)	14 (17)	13 (16)	10 (14)	9 (12)
15 以下	13 (16)	11 (14)	10 (13)	8 (11)	7 (10)
19 以下	—	10 (12)	9 (11)	7 (9)	6 (8)
23 以下	—	—	7 (9)	6 (8)	5 (7)
25 以下	—	—	6 (8)	5 (7)	4 (6)

（備考）　1．凡例
　　　　　　上段：$50 \leq N_{max} < 100$
　　　　　　下段（　）書き：$N_{max} < 50$で，転石等により，やむを得ずウォータジェットを使用する必要が生じた場合。
　　　　2．施工枚数には，導材（ガイド）及び敷鉄板の施工手間が含まれている。

電動式バイブロハンマとウォータジェット併用施工（$100 \leq N_{max} \leq 180$）

日当り施工本数（N）　　　　　　　　　　　　　　　　　　　（本／日）

打込み長 (m) ＼ 型式	H 200	H 250	H 300	H 350	H 400
2 以下	57	52	48	42	37
4 以下	33	28	25	20	17
6 以下	23	19	17	13	11
9 以下	17	14	12	9	8
12 以下	12	10	9	7	6
15 以下	10	8	7	5	4
19 以下	—	7	6	4	4
23 以下	—	—	5	4	3
25 以下	—	—	4	3	3

（備考）　施工本数には，導材（ガイド）及び敷鉄板の施工手間が含まれている。

(4)—2　引抜き

H形鋼の1日当り引抜き本数

日当り施工本数　　　　　　　　　　　　　　　　　　　（本／日）

引抜き長さ (m)	2以下	4以下	6以下	9以下	12以下	15以下	19以下	23以下	25以下
引抜き枚数（本／日）	91	78	68	58	50	43	38	33	30

（備考）　H形鋼を鉛直に吊り上げた状態で，H形鋼を切断する場合については，別途計上する。

(5) 諸 雑 費
① 諸雑費に含まれるもの
溶接棒，導材（ガイド）賃料，敷鉄板賃料，電気溶接機損料，ウォータジェット併用施工用付属機器に関する経費（配管バンド及び溶接棒，電気溶接機損料，水中ポンプ損料，水槽及び配管損料），現場内小運搬に関する経費，電力に関する経費等の費用
② 諸雑費の計上方法
労務費，機械運転経費の合計額に次表の率を乗じた金額を上限として計上する。

諸 雑 費 率　　　　　　　　　　　　　　（％）

施 工 区 分	バイブロハンマ 機 種・規 格		諸 雑 費 率
バイブロハンマ 単独施工・打込み	電 動 式	60 kW	19
		90 kW	22
ウォータジェット 併用施工・打込み	電 動 式	60 kW	18 (22)
		90 kW	20 (24)
引 抜 き	電 動 式	60 kW	18

（備考）ウォータジェット併用施工・打込みにおける（　）書きは，Nmax＜50の場合で，転石等によりやむを得ずウォータジェットを使用する必要が生じた場合。

2－2 油圧式バイブロハンマ

(1) 機種の選定
① 施工機械は打込み長さによる施工性などを考慮し，現場条件に適した機種を選定する。
② 機械の規格はH形鋼のサイズ，打込み長さ，土質などにより異なるが一般的には下表を標準とする。

打込みの使用機械と規格 (1)

機　種	規　格	H形鋼の形式	最大N値	打込み長さ (m)	付 属 機 械
油圧式 バイブロハンマ （単独施工）	油圧式・ 可変超高周波型・ 排出ガス対策型 （第3次基準値） 242 kW	H200	N＜50	$\ell \leq 6$	クローラクレーン 排出ガス対策型（2014年規制） 油圧駆動式ウインチ・ ラチスジブ型　50～55 t 吊
		H250		$\ell \leq 15$	
		H300		$\ell \leq 25$	
		H350		$\ell \leq 25$	
		H400		$\ell \leq 25$	

打込みの使用機械と規格 (2)

機　種	規　格	H形鋼の形式	最大N値	打込み長さ (m)	付 属 機 械
油圧式 バイブロハンマ （ウォータジェット 併用施工）	油圧式・ 可変超高周波型・ 排出ガス対策型 （第3次基準値） 242 kW	H250	$50 \leq N < 100$	$\ell \leq 19$	クローラクレーン 排出ガス対策型（2014年規制） 油圧駆動式ウインチ・ ラチスジブ型　50～55 t 吊 ウォータジェット ポンプ圧力 14.7 MPa　325 ℓ/min ×2台 (14.7 MPa　325 ℓ/min ×1台)
			$100 \leq N \leq 180$		
		H300	$50 \leq N < 100$	$\ell \leq 25$	
			$100 \leq N \leq 180$		
		H350	$50 \leq N < 100$	$\ell \leq 25$	
			$100 \leq N \leq 180$		
		H400	$50 \leq N < 100$	$\ell \leq 25$	
			$100 \leq N \leq 180$		

（つづく）

(備考) 1. ウォータジェットの（ ）書きは，Nmax＜50で転石等により必要が生じた場合に計上する。
2. 対象地盤の最大N値が50以上ものについては，換算N値を求めて適用する。

$$換算N値 = \frac{1,500}{落下50回当り貫入量（cm）}$$

3. 打込み長さは，地表面よりのH形鋼の打込み長さであり，H形鋼長さとは異なる。

引抜き用機械と規格

機　種	規　格	引抜き長さ（m）	付属機械
油圧式バイブロハンマ	油圧式・可変超高周波型・排出ガス対策型（第3次基準値）242kW	25 m 以下	ラフテレーンクレーン 排出ガス対策型（第3次基準値）油圧伸縮ジブ型　25 t 吊

(備考) 引抜き長さは，地表面よりのH形鋼の引抜き長さであり，H形鋼長さとは異なる。

(2) 小運搬

小運搬用として，次の場合20 t 吊のラフテレーンクレーン（油圧伸縮ジブ型（賃料））を計上する。
① 施工場所から30 m 以内のところに材料置場を設けることができない場合。
② 作業場所が狭小で民家，その他施設，構造物などを破損又は危険にさらすおそれのある場合。

(3) 打込み，引抜き作業の編成人員

(人)

工種	職種	土木一般世話役	とび工	普通作業員	溶接工
バイブロハンマ（単独施工）	打込み	1	3	1	—
	引抜き	1	3	1	—
バイブロハンマ（ウォータジェット併用施工）	打込み	1	3	1	1
	引抜き	1	3	1	1

(4) 日当り施工枚数

(4)-1 打込み

H形鋼の1日当り打込み本数
油圧式バイブロハンマによる施工（Nmax＜50）

日当り施工本数（N）

(本／日)

打込み長（m） ＼ 型式	H 200	H 250	H 300	H 350	H 400
2 以下	56	54	52	49	46
4 以下	48	44	40	35	31
6 以下	42	37	33	27	24
9 以下	—	31	27	21	18
12 以下	—	26	22	17	14
15 以下	—	22	18	14	12
19 以下	—	—	16	12	10
23 以下	—	—	13	10	8
25 以下	—	—	12	9	7

(備考) 施工本数には，導材（ガイド）及び敷鉄板の施工手間が含まれている。

油圧式バイブロハンマとウォータジェット併用施工

日当り施工本数（N） (本／日)

打込み長 (m) ＼ 型式	H 250	H 300	H 350	H 400
2 以下	56 (62)	52 (60)	46 (55)	42 (51)
4 以下	31 (38)	28 (35)	23 (30)	20 (27)
6 以下	22 (27)	19 (25)	16 (21)	13 (19)
9 以下	16 (20)	14 (18)	11 (15)	9 (13)
12 以下	12 (15)	10 (14)	8 (11)	7 (10)
15 以下	9 (12)	8 (11)	6 (9)	5 (8)
19 以下	8 (10)	7 (9)	5 (7)	4 (6)
23 以下	－	5 (7)	4 (6)	4 (5)
25 以下	－	5 (7)	4 (5)	3 (5)

(備考) 1. 凡例
　　　　上段：$50 \leq$ Nmax < 100
　　　　下段（ ）書き：Nmax < 50 で，転石等によりやむを得ずウォータジェットを使用する必要が生じた場合。
　　　2. 施工枚数には，導材（ガイド）及び敷鉄板の施工手間が含まれている。

油圧式バイブロハンマとウォータジェット併用施工（$100 \leq$ Nmax ≤ 180）

日当り施工本数（N） (本／日)

打込み長 (m) ＼ 型式	H 250	H 300	H 350	H 400
2 以下	45	40	33	29
4 以下	22	19	15	12
6 以下	15	12	9	8
9 以下	10	9	6	5
12 以下	8	6	5	4
15 以下	6	5	4	3
19 以下	5	4	3	2
23 以下	－	3	2	2
25 以下	－	3	2	2

(備考) 施工本数には，導材（ガイド）及び敷鉄板の施工手間が含まれている。

(4)—2 引 抜 き

H形鋼の1日当り引抜き本数

日当り施工本数 (本／日)

引 抜 き 長 さ (m)	2以下	4以下	6以下	9以下	12以下	15以下	19以下	23以下	25以下
引 抜 き 枚 数 (本／日)	91	78	68	58	50	43	38	33	30

(備考) H形鋼を鉛直に吊り上げた状態で，H形鋼を切断する場合については，別途計上する。

(5) 諸雑費
① 諸雑費に含まれるもの
　　溶接棒，導材（ガイド）賃料，敷鉄板賃料，電気溶接機損料，ウォータジェット併用施工用付属機器に関する経費（配管バンド及び溶接棒，電気溶接機損料，水中ポンプ損料，水槽及び配管損料），現場内小運搬に関する経費，電力に関する経費等の費用
② 諸雑費の計上方法
　　労務費，機械運転経費の合計額に次表の率を乗じた金額を上限として計上する。

諸雑費率　　　　　　　　　　　　　　　　　（％）

施 工 区 分	バイブロハンマ 機　種　・　規　格		諸雑費率
バイブロハンマ単独施工・打込み	油 圧 式	242 kW	1
ウォータジェット併用施工・打込み	油 圧 式	242 kW	6（7）
引　　抜　　き	油 圧 式	242 kW	0.2

（備考）　ウォータジェット併用施工・打込みにおける（　）書きは，Nmax＜50の場合で，転石等によりやむを得ずウォータジェットを使用する必要が生じた場合。

3．山留め支保工工事費算出例
(1) 鋼矢板工法

山留め仕様	矢 板 型 式	シートパイル　Ⅲ型	
	矢 板 長 さ	H＝12.0 m	
	矢 板 周 長	L＝140 m	
	矢 板 枚 数	n＝350 枚	140 L÷0.4 W＝350
	矢板延べ長さ	m＝4,200 m	12 H×350 n＝4,200
	矢 板 総 質 量	W＝252 t	4,200 m×単質量60 kg＝252 t
	損 料 日 数	D＝200日（仮定）	
	打込み用機械	電動式バイブロハンマ　60 kW クローラクレーン　50～55 t 吊	
	引抜き用機械	電動式バイブロハンマ　60 kW クローラクレーン　50～55 t 吊	
	土　　　　　　質	最大N値20	
	打 込 み 日 数	350本/29本/日＝12.07→12.1日	
	引 抜 き 日 数	350本/50本/日＝ 7.00→ 7.0日	
	施 工 日 数	12.1日＋7.0日＝19.1日	
施 工 費	打 込 み 費	12.1日×機械運転　円/日	機械運転単価表参照
	引 抜 き 費	7.0日×機械運転　円/日	〃
	配 置 人 員	19.1日×配置人員　円/日	
	鋼 材 使 用 料	252 t×円/t	損料日数による賃貸料金
	鋼 材 修 理 損 耗	252 t×円/t	
	機 械 運 搬	組立・解体共　1式	組立・解体・運搬歩掛参照
	鋼 材 運 搬	252 t×円/t	
	防 護 手 摺	140 m×円/m	手摺歩掛参照
	そ の 他	（鋼材使用料を除く）　1式	下請経費等
	計		

(2) 親杭・横矢板工法

山留め仕様	H 形 鋼 型 式	H－250×250×9×14	
	横 矢 板	松板 45 mm　500 m²	5 m×100 m＝500 m²
	H 形 鋼 長 さ	ℓ＝10 m	
	H 形 鋼 間 隔	＠＝1.2 m	
	H 形 鋼 周 長	L＝100 m	
	H 形 鋼 本 数	n＝84 本	(100÷1.2)＋1
	H 形 鋼 延 べ 長 さ	m＝840 m	84 本×10 m＝840 m
	H 形 鋼 総 質 量	W＝60.3 t	840 m×71.8 kg＝60.3 t
	損 料 日 数	D＝200 日（仮定）	
	打 込 み 用 機 械	電動式バイブロハンマ　60 kW クローラクレーン　50～55 t 吊	
	引 抜 き 用 機 械	電動式バイブロハンマ　60 kW クローラクレーン　50～55 t 吊	
	土　　　　質	最大 N 値　20	
	打 込 み 日 数	84 本/27 本/日＝3.11→3.1 日	
	引 抜 き 日 数	84 本/50 本/日＝1.68→1.7 日	
	施 工 日 数	3.1 日＋1.7 日＝4.8 日	
施　工　費	打 込 み 費	3.1 日×機械運転　円/日	機械運転単価表参照
	引 抜 き 費	1.7 日×機械運転　円/日	〃
	配 置 人 員	4.8 日×配置人員　円/日	
	鋼 材 使 用 料	60.3 t×円/t	損料日数による賃貸料金
	鋼 材 修 理 損 耗	60.3 t×円/t	
	機 械 運 搬	組立・解体共　1 式	組立・解体・運搬歩掛参照
	鋼 材 運 搬	60.3 t×円/t	
	防 護 手 摺	100 m×円/m	手摺歩掛参照
	横 矢 板	500 m²×矢板　円/m²	横矢板設置歩掛参照
	そ の 他	（鋼材使用料を除く）　1 式	下請経費等
	計		

4.　山留め損料日数

損料日数の算定

作 業 の 内 容	損 料 日 数 の 算 定 式	日　数	摘　　　　要
根 切 り	根切り量÷170 m³/日×1/重機台数		工事規模，工程，作業現場の広さ等にもよるが÷5,000 m³/台とする
埋 戻 し	埋戻し量÷240 m³/日		
砂利, 均しコンクリート地業	5 日×作業工程		約 500 m² を一工程とする。小規模は最低 20 日，500 m² 以上は 25 日＋{0.01×(対象面積－500)}＝工程とする
コンクリート工事	25 日×　〃		
矢 板 打 抜 き	{(打込み)＋(引抜き)}×1/2×1/重機台数		
鉄　　　骨	地下鉄骨数量÷15 t/日		
合　　　計			

5. 運転機械及び労力

5-1 電動式バイブロハンマ

(1) 運転機械

名　　　称	規　　　格	1日当り燃料消費量(ℓ)	諸 雑 費 率 (％)
クローラクレーン	排出ガス対策型（2014年規制）油圧駆動式ウインチ・ラチスジブ型　50～55t吊		
バイブロハンマ杭打機 （単独施工）	電動式・普通型 60kW	76	打込み19　引抜き18
	電動式・普通型 90kW	76	打込み22
バイブロハンマ杭打機 （ウォータジェット併用施工）	電動式・普通型 60kW	215	打込み18（22）
	電動式・普通型 90kW	215	打込み20（24）

（備考）1. ウォータジェット併用施工・打込みにおける（　）書きは，Nmax＜50で転石等によりやむを得ず使用する場合。
　　　　2. 諸雑費は労務費及び機械運転経費の合計額に上表の率を乗じた金額を上限として計上する。

(2) 配置人員

(単位：人)

工　種	職　種	土木一般世話役	とび工	普通作業員	溶接工
打込み	バイブロハンマ（単独施工）	1	2	1	―
	バイブロハンマ（ウォータジェット併用施工）	1	2	1	1
引抜き	バイブロハンマ（単独施工）	1	2	1	―

5-2 油圧式バイブロハンマ

(1) 運転機械

名　　　称	規　　　格	1日当り燃料消費量(ℓ)	諸 雑 費 率 (％)
クローラクレーン （打込み）	排出ガス対策型（2014年規制）油圧駆動式ウインチ・ラチスジブ型　50～55t吊		
ラフテレーンクレーン （引抜き）	排出ガス対策型（第3次基準値）油圧伸縮ジブ型　25t吊		
バイブロハンマ杭打機 （単独施工）	油圧式・可変超高周波型 排出ガス対策型 （第3次基準値） 242kW	473	打込み　1
	油圧式・可変超高周波型 排出ガス対策型 （第3次基準値） 242kW	484	引抜き　0.2
バイブロハンマ杭打機 （ウォータジェット併用施工）	油圧式・可変超高周波型 排出ガス対策型 （第3次基準値） 242kW	612	打込み　6（7）

（備考）1. ウォータジェット併用施工・打込みにおける（　）書きは，Nmax＜50の場合で転石等によりやむを得ず使用する場合。
　　　　2. 諸雑費は労務費及び機械運転経費の合計額に上表の率を乗じた金額を上限として計上する。

(2) 配置人員　　　　　　　　　　　　　　　　　　　　　　　　　　　　　　　　　　　　　（単位：人）

工　種	職　種	土木一般世話役	とび工	普通作業員	溶接工
打込み	バイブロハンマ（単独施工）	1	3	1	―
打込み	バイブロハンマ（ウォータジェット併用施工）	1	3	1	1
引抜き	バイブロハンマ（単独施工）	1	3	1	―

6. 単価表

(1) 電動式バイブロハンマ杭打機運転　　　　　　　　　　　　　　　　　　　　　　　　（1日当り）

名　称	摘　要	材料 品名	材料 単位	材料 歩掛数量	労務 職種	労務 歩掛員数(人)	その他
電動式バイブロハンマ杭打機	打込み 引抜き	電力料	kW	―	運転手（特殊）	1	1式
		燃料費	ℓ	76(139)			
		諸雑費	式	1			
		クローラクレーン損料	供用日	1.31			
		バイブロハンマ損料	〃	1.31			
		ウォータジェット	〃	1.31			

（備考）1. 燃料費（ ）書きは，ウォータジェット　ポンプ圧力14.7MPa　吐出量325ℓ/minの燃料費。
　　　　2. 「その他」の率対象は，運転手（特殊），燃料費，諸雑費とする。

(2) 油圧式バイブロハンマ杭打機運転　　　　　　　　　　　　　　　　　　　　　　　　（1日当り）

名　称	摘　要	材料 品名	材料 単位	材料 歩掛数量	労務 職種	労務 歩掛員数(人)	その他
油圧式バイブロハンマ杭打機	打込み	電力料	kW	―	運転手（特殊）	1	1式
		燃料費	ℓ	473(139)			
		諸雑費	式	1			
		クローラクレーン損料	供用日	1.31			
		バイブロハンマ損料	〃	1.31			
		ウォータジェット	〃	1.31			

（備考）1. 燃料費（ ）書きは，ウォータジェット　ポンプ圧力14.7MPa　吐出量325ℓ/minの燃料費。
　　　　2. 「その他」の率対象は，運転手（特殊），燃料費，諸雑費とする。

（1日当り）

名　称	摘　要	材料 品名	材料 単位	材料 歩掛数量	労務 職種	労務 歩掛員数(人)	その他
油圧式バイブロハンマ杭打機	引抜き	電力料	kW	―	運転手（特殊）	1	1式
		燃料費	ℓ	484			
		諸雑費	式	1			
		ラフテレーンクレーン損料	供用日	1.21			
		バイブロハンマ損料	〃	1.21			

（備考）「その他」の率対象は，運転手（特殊），燃料費，諸雑費とする。

(3) 組立・解体・運搬（往復）

(1回当り)

名　　　　称	単　位	バイブロハンマ クローラクレーン 50～55t吊
組立・解体費の労務（特殊作業員）	人	5.5
ラフテレーンクレーン25t吊の運転	日	1.5
運　搬　費　等　率	％	434
諸　雑　費　率	〃	21
そ　の　他	1　式	

(備考)　1.　分解・組立の合計であり，内訳は分解50％，組立50％である。
　　　　2.　標準的作業に必要な装備品・専用部品が含まれている。
　　　　3.　運搬費等には下記①～⑤の費用が含まれており，労務費・クレーン運転費の合計額に上表の率を乗じて計上する。
　　　　　①　トラック及びトレーラによる運搬費〔往復〕（誘導車，誘導員含む）
　　　　　②　自走による本体賃料・損料
　　　　　③　運搬中の本体賃料・損料
　　　　　④　分解・組立時の本体賃料
　　　　　⑤　ウエス，洗浄油，グリス，油圧作動油等の費用
　　　　4.　諸雑費は分解・組立のみを計上する際に適用し，下記①，②の費用が含まれており，労務費・クレーン運転費の合計額に上表の率を乗じた金額を上限として計上する。
　　　　　①　分解・組立時の本体賃料
　　　　　②　ウエス，洗浄油，グリス，油圧作動油等の費用
　　　　5.　「その他」の率対象は，特殊作業員とする。

(4) 仮設材等（鋼矢板，H形鋼）の運搬

	単位	製品長12m以内	製品長12m超～15m以内	15m超
基　本　運　賃	t	1.0	1.0	1.0
冬　期　割　増	〃	0.2	0.2	0.2
深夜早朝割増	〃	0.3	0.3	0.3

(備考)　1.　基本運賃は，製品長さ別の距離に応じた運賃とする。
　　　　2.　冬期割増は，地域及び期間による。
　　　　3.　深夜早朝割増は，「22～5時」に指定する場合とする。
　　　　4.　有料道路利用料，自動車航送船利用料は，別途加算する。
　　　　5.　仮設材の積込み，取卸しは，別途加算する。
　　　　6.　基本運賃は，国土交通省「土木工事工事費積算要領及び基準の運用」の第2章②(4)仮設材等の運搬の基本運賃表による。

(5) 手　摺 **(参考)**

名　称	摘　要	単位	材料	単位	歩掛数量	職　種	歩掛員数(人)
防　護　手　摺	丸パイプφ48.6 架払い共	1m当り	パイプ賃料	m	2.0	普通作業員	0.1
			クランプその他	式	1	その他	1　式

(備考)　「その他」の率対象は，普通作業員とする。

(6) 横矢板設置・撤去

名　称	摘　要	単位	材料	単位	歩掛数量	職　種	歩掛員数(人)	その他
横矢板設置	松4.5cm　粘性土	1m²当り	横矢板	m²	1	土木一般世話役	0.04	1　式
						普通作業員	0.12	
横矢板撤去		1m²当り	—	—	—	土木一般世話役	0.02	1　式
						普通作業員	0.06	

(備考)　1.　砂質土，レキ質土の場合1.25掛けとする。
　　　　2.　歩掛算出の施工面積は，壁面積とする。
　　　　3.　「その他」の率対象は，土木一般世話役，普通作業員とする。

(7)―1　切梁・腹起し，設置・撤去

名　　称	摘　要	単位	材　料	単位	歩掛数量	職　種	歩掛員数(人)	その他
切梁・腹起し，設置		1t当り	ラフテレーンクレーン賃料 排出ガス対策型(2011年規制) 油圧伸縮ジブ型　25t吊	日	0.17 (0.1)	土木一般 世話役	0.17 (0.1)	1式
						とび工	0.32 (0.19)	
			諸　雑　費	%	5	溶接工	0.17 (0.1)	
						普通作業員	0.17 (0.1)	
切梁・腹起し，撤去		〃	ラフテレーンクレーン賃料 排出ガス対策型(2011年規制) 油圧伸縮ジブ型　25t吊	日	0.10 (0.05)	土木一般 世話役	0.10 (0.05)	〃
						とび工	0.19 (0.12)	
			諸　雑　費	%	7	溶接工	0.10 (0.05)	
						普通作業員	0.10 (0.05)	

(備考)　1．切梁・腹起しにおいては，加工材を標準とし，中間支柱の施工は含まない。また，火打ブロックを使用する場合は，（　）内の値を計上する。
　　　　2．歩掛算出の施工質量は，主部材及び副部材の全質量とする。
　　　　3．現場の広さが機械の移動，仮設材置場などの確保ができない場合には，労務の10～20％程度の割増を行うことができる。
　　　　4．諸雑費は溶接棒，アセチレンガス，酸素ガス，溶接機損料，溶接機運転経費等の費用であり，労務費の合計額に上表の率を乗じた金額を上限として計上する。
　　　　5．「その他」の率対象は，土木一般世話役，とび工，溶接工，普通作業員，諸雑費とする。

(7)―2　切梁・腹起しの部材質量
　　　主部材及び副部材の質量算出は，次表による。
　　　ただし，これによりがたい場合は，別途考慮する。

部材質量算出方法

部材名	部　品　名	質量算出方法	摘　　要
主部材	切梁，腹起し，火打梁，補助ピース	積上げ	キリンジャッキ・火打受ピース（火打ブロック）の長さに相当する部材長の質量を控除すること
副部材 (A)	隅部ピース，交差部ピース，カバープレート，キリンジャッキ，ジャッキカバー，ジャッキハンドル，火打受ピース，腰掛金物，(火打ブロック)	主部材質量 ×0.22 (0.67)	キリンジャッキ・火打受ピースの長さは，どちらも50cmとする。火打ブロックを使用する場合は，（　）内の値とする
副部材 (B)	ブラケット，ボルトナット	主部材質量 ×0.04 (0.06)	1現場全損とする。火打ブロックを使用する場合は，（　）内の値とする

(7)―3　H形鋼の使用区分
　　　積算にあたっての使用区分は，次表を標準とする。

項目＼用途	切梁・腹起し	親　　杭
設計計算	加　工　材	生　　材
質量算出	〃	〃
賃料計算	〃	〃

(備考)　仮設材設置・撤去に使用する材料については「建設用仮設材賃料積算基準」による。

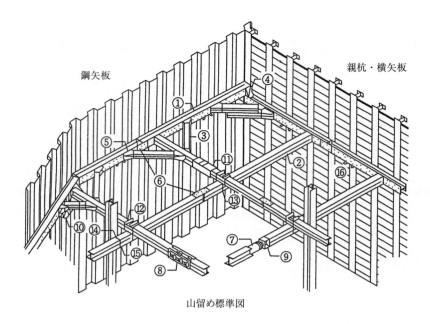

山留め標準図

No.	部材名称
1	腹起し
2	切梁
3	火打梁
4	隅部ピース
5	火打受ピース
6	カバープレート
7	キリンジャッキ
8	ジャッキカバー
9	補助ピース
10	自在火打受ピース
11	土圧計
12	交叉部ピース
13	交叉部
14	締付用Uボルト
15	切梁ブラケット
16	腹起ブラケット

(8)—1 覆工板・覆工板受桁設置・撤去

名　　称	摘　要	単位	材　　料	単位	歩掛数量	職　種	歩掛員数(人)	その他
覆工板・覆工板受桁,設置		1m²当り	ラフテレーンクレーン賃料 排出ガス対策型(2011年規制) 油圧伸縮ジブ型 25t吊	日	0.029	土木一般世話役	0.029	1　式
			諸　雑　費	%	4	とび工	0.046	
						溶接工	0.021	
						普通作業員	0.051	
同　上　撤　去		〃	ラフテレーンクレーン賃料 排出ガス対策型(2011年規制) 油圧伸縮ジブ型 25t吊	日	0.018	土木一般世話役	0.018	〃
			諸　雑　費	%	6	とび工	0.027	
						溶接工	0.013	
						普通作業員	0.032	

(備考)　1.　覆工板・覆工板受桁においては，受桁用桁受の設置撤去の歩掛が含まれており，1工事当りの覆工板設置面積700m²以下に適用する。覆工板設置面積が700m²を超える場合は，別途考慮する。
　　　　2.　覆工板においては，据置式（はめこみ式）の加工材を標準とし，路面のすりつけ作業は含まない。
　　　　3.　覆工板受桁及び受桁用桁受においては，加工材を標準とする。
　　　　4.　歩掛算出の施工面積は，覆工板の面積とする。
　　　　5.　諸雑費は，溶接棒，アセチレンガス，酸素ガス，溶接機損料，溶接機運転経費等の費用であり，労務費の合計額に上表の率を乗じた金額を上限として計上する。
　　　　6.　「その他」の率対象は，土木一般世話役，とび工，溶接工，普通作業員，諸雑費とする。

(8)—2　覆工板の部材質量
　　覆工板の受桁及び桁受の質量算出は，次式による。
　　ただし，1工事当りの覆工板設置面積が，700m²を超える場合は，別途考慮する。
　　　　受桁及び桁受質量 (t) ＝覆工板設置面積 (m²) ×0.134

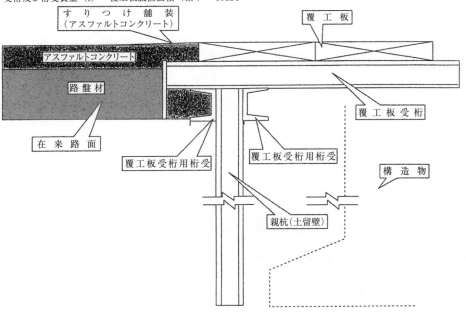

覆工板受桁及び桁受参考図

❺ 地　業

① 一般事項
（既製コンクリート杭）
　(1) 杭頭処理，杭頭補強は，特記により別計上する。ただし，埋込み工法による場合は，杭頭処理は計上しない。
（現場打ちコンクリート杭）
　(1) 鉄筋及び鋼材のスクラップ控除は，(所要量－設計数量)×70％×スクラップ単価により直接工事から控除する。
　(2) 鉄筋及び鋼材の運搬は，工場加工の場合に適用し，運搬距離30km程度（片道）を標準とする。
　(3) 構造体強度補正（3N）の費用については別計上する。
　(4) 杭頭の余盛り部分のコンクリートこわしを別計上する。

② 地　業

名　称	摘　要	単位	材料 品　名	単位	歩掛数量	労務 職　種	歩掛員数(人)	その他
砂地業 (参考)	水締めを含む	1m³ 当り	砂　厚10cm	m³	1.05	普通作業員	0.4	1式
砂利地業	基礎下	〃	砂利　厚6cm	m³	1.10	普通作業員	0.2	〃
割り石地業 (参考)	〃	〃	割り石　厚10cm	m³	1.05	普通作業員	0.36	〃
			目つぶし砂利	〃	0.3			

（備考）「その他」の率対象は，普通作業員とする。

③ 床下防湿層敷き

名　称	摘　要	単位	材料 品　名	単位	歩掛数量	労務 職　種	歩掛員数(人)	その他
床下防湿層敷き		1m² 当り	ポリエチレンフィルム　厚0.15mm	m²	1.10	普通作業員	0.005	1式

（備考）「その他」の率対象は，普通作業員とする。

④ 土間下断熱材敷き

名　称	摘　要	単位	材料 品　名	単位	歩掛数量	労務 職　種	歩掛員数(人)	その他
押出法ポリスチレンフォーム断熱材	JIS A 9521	1m² 当り	2種bA　厚さ25, 50mm	m²	1.05	普通作業員	0.045	1式
			3種bA　厚さ25, 30, 40, 50mm	〃	1.05			

（備考）「その他」の率対象は，普通作業員とする。

⑤ 鋼管・既製コンクリート杭打工（パイルハンマ工）
国土交通省土木工事積算基準　第4章基礎工欄参照（建設物価調査会　発行）

⑥ 鋼管・既製コンクリート杭打工（中掘工）
国土交通省土木工事積算基準　第4章基礎工欄参照（建設物価調査会　発行）

⑦ 場所打杭工（全回転式オールケーシング工）
国土交通省土木工事積算基準　第4章基礎工欄参照（建設物価調査会　発行）

⑧ 杭頭処理

既製コンクリート杭杭頭処理　　　　　　　　　　　　　　　　（1箇所当り）

杭　　　径	はつり工（人）	その他	場外搬出トラック（4t車・台）**(参考)**	摘　要
300(mm)	0.12	1式	0.030	
350	0.16	〃	0.042	
400	0.20	〃	0.056	
450	0.25	〃	0.075	
500	0.30	〃	0.085	
600	0.41	〃	0.130	

（備考）　1．杭余長は平均1m位程度。
　　　　　2．切断後の建設発生材の積込み費を含む。
　　　　　3．「その他」の率対象は，はつり工とする。

場所打ちコンクリート杭の杭頭処理　　　　　　　　　　　　　　（1m^{3}当り）

名　　称	摘　要	単　位	歩　掛
空気圧縮機運転	可搬式スクリューエンジン掛 5.0m^3	運転日	0.21
コンクリートブレーカ	30kg級 損料	〃	0.42
特殊作業員		人	0.42
普通作業員		〃	0.21
そ の 他		式	1

（備考）「その他」の率対象は，特殊作業員，普通作業員とする。

空気圧縮機運転　　　　　　　　　　　　　　　　　　　　　（1運転日当り）

名　　称	摘　要	単　位	歩　掛
空気圧縮機	可搬式スクリューエンジン掛 5.0m^3	供用日	1.56
燃　料	軽油	L	33.1
そ の 他		式	1

（備考）「その他」の率対象は，燃料とする。

⑨ 杭 頭 補 強

既製コンクリート杭杭頭補強 　　　　　　　　　　　（1箇所当り）

名　　称	摘　要	単位	A形						B形
			杭径300	杭径350	杭径400	杭径450	杭径500	杭径600	杭径300～600
コンクリート		m³	0.012	0.02	0.03	0.05	0.06	0.12	—
杭頭補強用底板		個	1	1	1	1	1	1	1
異 形 鉄 筋	SD295 D10	kg	1.6	2.1	3.0	4.0	5.0	6.9	—
異 形 鉄 筋	SD295 D13	〃	4.0	6.5	7.0	9.9	10.5	11.8	—
鉄 筋 工		人	0.05	0.05	0.06	0.09	0.10	0.12	—
特 殊 作 業 員		〃	0.02	0.03	0.05	0.08	0.09	0.19	0.02
普 通 作 業 員		〃	0.02	0.02	0.02	0.02	0.02	0.02	—
そ の 他		式	1	1	1	1	1	1	1

（備考）「その他」の率対象は，鉄筋工，特殊作業員，普通作業員とする。

杭頭補強図

A形

補強主筋
　杭径300φ以下　　4－D13
　杭径350φ～400φ　6－D13
　杭径450φ～600φ　8－D13
・ただしフックはつけない

杭天端
基礎下端
補強帯筋（D10－100＠）
中詰めコンクリート（基礎のコンクリートと同じ強度）
底板
D（杭径）
L_1
100
1.5D

B形

杭天端
中詰めコンクリート
基礎下端
底板
D（杭径）

❻ 鉄　筋

① 一 般 事 項

(1) 鉄筋は異形鉄筋を標準とする。
(2) 鉄筋の加工・組立の数量は，設計数量（ロスを含まない）とする。
(3) SRC造におけるフープ筋は，スパイラルフープを標準とする。
(4) スクラップ控除は，（所要数量－設計数量）×70％×スクラップ単価により直接工事費から控除する。
(5) 鉄筋加工は，実状により工場加工又は現場加工を選択する。
(6) 鉄筋の加工・組立における細物はD13以下，太物はD16以上とする。
(7) 太物鉄筋（D16以上）の継手（重ね継手，圧接継手）は特記による。
(8) 太物，細物の構成比率が著しく異なる場合は歩掛りを補正する。
(9) S造スラブは，鉄骨造におけるデッキプレート等を使用したコンクリート床板に適用する。
(10) 梁貫通孔補強は，公共建築工事標準仕様書（建築）の配筋図，7節梁貫通孔及びその他の配筋による。ただし，溶接金網は別に計上する。
(11) 小型構造物は，小規模な工作物等（擁壁，囲障基礎，門等）に適用する。ただし，連続する擁壁等については，RC壁式構造を用する。
(12) 鉄筋運搬は，工場加工の場合に適用し，運搬距離30km程度（片道）を標準とする。

② 鉄筋加工・組立

1. 加工・組立歩掛

現　場　加　工　の　場　合

名　称	摘　要	単位	材料 品名	材料 単位	材料 歩掛数量	労務 職種	労務 歩掛員数(人)	その他
加工・組立	RC壁式構造 継手：太物重ね	1t 当り	結束線#21	kg	5.0	鉄筋工 普通作業員	2.69 0.51	1 式
	RC壁式構造 継手：太物圧接	〃	結束線#21	kg	4.9	鉄筋工 普通作業員	2.66 0.51	〃
	RCラーメン構造 継手：太物重ね	〃	結束線#21	kg	4.0	鉄筋工 普通作業員	2.33 0.44	〃
	RCラーメン構造 継手：太物圧接	〃	結束線#21	kg	3.8	鉄筋工 普通作業員	2.27 0.43	〃
	SRCラーメン構造 継手：太物重ね	〃	結束線#21	kg	4.0	鉄筋工 普通作業員	2.50 0.47	〃
	SRCラーメン構造 継手：太物圧接	〃	結束線#21	kg	3.8	鉄筋工 普通作業員	2.43 0.46	〃

（備考）
1. 歩掛は 2. 組立歩掛，3. 加工歩掛及び 7. 構造別による鉄筋の割合により算出する。
2. 上記歩掛は，壁式構造（太物20％，細物80％），RC及びSRC造ラーメン構造（太物40％，細物60％）による。
3. 「その他」の率対象は，鉄筋工，普通作業員，結束線とする。

❻鉄　　　　筋—2

工　場　加　工　の　場　合

名　称	摘　要	単位	材料 品　名	単位	歩掛数量	労務 職　種	歩掛員数(人)	工場管理費	その他
加工・組立	RC壁式構造　継手：太物重ね	1t当り	結束線#21	kg	5.0	鉄筋工　普通作業員	2.53　0.51	1式	1式
	RC壁式構造　継手：太物圧接	〃	結束線#21	kg	4.9	鉄筋工　普通作業員	2.50　0.51	〃	〃
	RCラーメン構造　継手：太物重ね	〃	結束線#21	kg	4.0	鉄筋工　普通作業員	2.19　0.44	〃	〃
	RCラーメン構造　継手：太物圧接	〃	結束線#21	kg	3.8	鉄筋工　普通作業員	2.14　0.43	〃	〃
	SRCラーメン構造　継手：太物重ね	〃	結束線#21	kg	4.0	鉄筋工　普通作業員	2.36　0.47	〃	〃
	SRCラーメン構造　継手：太物圧接	〃	結束線#21	kg	3.8	鉄筋工　普通作業員	2.29　0.46	〃	〃

（備考）1. 歩掛は2.組立歩掛，3.加工歩掛，及び7.構造別による鉄筋の割合により算出する。
　　　　2. 上記歩掛は，壁式構造（太物20％，細物80％），RC及びSRC造ラーメン構造（太物40％，細物60％）による。
　　　　3. 工場より現場までの運搬費を別途計上する。
　　　　4. 「その他」の率対象は，鉄筋工，普通作業員，工場管理費，結束線とする。

2.　組　立　歩　掛

名　称	摘　要	単位	材料 品　名	単位	歩掛数量	労務 職　種	歩掛員数(人)	その他
組立	RC造　細物　継手：重ね	1t当り	結束線#21	kg	6.0	鉄筋工　普通作業員	2.13　0.41	1式
	RC造　太物　継手：重ね	〃	結束線#21	kg	1.0	鉄筋工　普通作業員	0.93　0.15	〃
	RC造　太物　継手：圧接	〃	結束線#21	kg	0.5	鉄筋工　普通作業員	0.79　0.13	〃
	SRC造　細物　継手：重ね	〃	結束線#21	kg	6.0	鉄筋工　普通作業員	2.25　0.43	〃
	SRC造　太物　継手：圧接	〃	結束線#21	kg	0.5	鉄筋工　普通作業員	1.00　0.17	〃
	SRC造　スパイラル筋	〃	結束線#21	kg	5.0	鉄筋工　普通作業員	1.73　0.32	〃

（備考）1. SRC造において，フープ筋をスパイラル筋としない場合は，細物の鉄筋工2.25人を2.35人とする。
　　　　2. コンクリート打設時の鉄筋の点検保守を含む。
　　　　3. 「その他」の率対象は，鉄筋工，普通作業員，結束線とする。

3. 加 工 歩 掛

現 場 加 工 の 場 合

名 称	摘 要	単位	労 務 職 種	労 務 歩掛員数(人)	その他
加 工	RCラーメン構造 継手：細物重ね	1t 当り	鉄 筋 工	0.92	1 式
			普 通 作 業 員	0.18	
	RCラーメン構造 継手：太物重ね 継手：太物圧接	〃	鉄 筋 工	0.32	〃
			普 通 作 業 員	0.06	

（備考）「その他」の率対象は，鉄筋工，普通作業員とする。

工 場 加 工 の 場 合

名 称	摘 要	単位	労 務 職 種	労 務 歩掛員数(人)	工場管理費	その他
加 工	RCラーメン構造 継手：細物重ね	1t 当り	鉄 筋 工	0.73	1 式	1 式
			普 通 作 業 員	0.18		
	RCラーメン構造 継手：太物重ね 継手：太物圧接	〃	鉄 筋 工	0.26	〃	〃
			普 通 作 業 員	0.06		

（備考）1. 工場管理費は，労務費の30〜60％を計上する。
2. 工場より現場までの運搬費を別途計上する。
3. 「その他」の率対象は，鉄筋工，普通作業員，工場管理費とする。

4. 梁貫通孔補強加工組立歩掛

現 場 加 工 の 場 合

名 称	摘 要	単位	労 務 職 種	労 務 歩掛員数(人)	その他
加 工	梁貫通孔 太物	1t 当り	鉄 筋 工	2.23	1 式
			普 通 作 業 員	0.20	
	梁貫通孔 細物	〃	鉄 筋 工	2.70	〃
			普 通 作 業 員	0.25	

（備考）「その他」の率対象は，鉄筋工，普通作業員とする。

工 場 加 工 の 場 合

名 称	摘 要	単位	労 務 職 種	労 務 歩掛員数(人)	工場管理費	その他
加 工	梁貫通孔 太物	1t 当り	鉄 筋 工	1.34	1 式	1 式
			普 通 作 業 員	0.20		
	梁貫通孔 細物	〃	鉄 筋 工	1.89	〃	〃
			普 通 作 業 員	0.25		

（備考）1. 工場管理費は，労務費の30〜60％を計上する。
2. 工場より現場までの運搬費を別途計上する。
3. 「その他」の率対象は，鉄筋工，普通作業員，工場管理費とする。

❻鉄　　　筋—4

名　称	摘　要	単位	材料 品　名	単位	歩掛数量	労務 職　種	歩掛員数(人)	その他
組　立	梁貫通孔 太物	1t 当り	結束線#21	kg	2.0	鉄筋工 普通作業員	3.00 0.30	1式
	梁貫通孔 細物	〃	結束線#21	kg	5.0	鉄筋工 普通作業員	3.80 0.40	〃

(備考)　1.　コンクリート打設時の鉄筋の点検保守を含む。
　　　　2.　「その他」の率対象は，鉄筋工，普通作業員，結束線とする。

5.　S造スラブ加工組立歩掛

現　場　加　工　の　場　合

名　称	摘　要	単位	労務 職　種	歩掛員数(人)	その他
加　工	S造スラブ	1t 当り	鉄　筋　工 普　通　作　業　員	0.59 0.12	1式

(備考)　1.　配筋は格子状型でD10を55％，D13を45％程度の場合とする。
　　　　2.　「その他」の率対象は，鉄筋工，普通作業員とする。

工　場　加　工　の　場　合

名　称	摘　要	単位	労務 職　種	歩掛員数(人)	工場管理費	その他
加　工	S造スラブ	1t 当り	鉄　筋　工 普　通　作　業　員	0.48 0.12	1式	1式

(備考)　1.　配筋は格子状型でD10を55％，D13を45％程度の場合とする。
　　　　2.　工場管理費は，労務費の30～60％を計上する。
　　　　3.　工場より現場までの運搬費を別途計上する。
　　　　4.　「その他」の率対象は，鉄筋工，普通作業員，工場管理費とする。

名　称	摘　要	単位	材料 品　名	単位	歩掛数量	労務 職　種	歩掛員数(人)	その他
組　立	S造スラブ	1t 当り	結束線#21	kg	6.0	鉄筋工 普通作業員	1.49 0.28	1式

(備考)　1.　配筋は格子状型でD10を55％，D13を45％程度の場合とする。
　　　　2.　コンクリート打設時の鉄筋の点検保守を含む。
　　　　3.　「その他」の率対象は，鉄筋工，普通作業員，結束線とする。

6. 小型構造物加工組立歩掛

名 称	摘 要	単位	材料 品 名	材料 単位	材料 歩掛数量	労務 職 種	労務 歩掛員数(人)	その他
加 工・組 立	小型構造物	1 t 当り	結束線#21	kg	6.0	鉄 筋 工	4.50	1 式
						普通作業員	0.90	

(備考) 1. コンクリート打設時の鉄筋の点検保守を含む。
　　　 2. 「その他」の率対象は，鉄筋工，普通作業員，結束線とする。

7. 構造別による鉄筋の割合（参考）

名 称	鉄筋(%) 細物 13 mm 以下	鉄筋(%) 太物 16 mm 以上	備 考
R C 壁 式 構 造	75～85	15～25	
R C ラーメン構造	55～65	35～45	
S R C ラーメン構造	55～65	35～45	

③ ガス圧接

《一 般 事 項》
(1) 規格，形状の著しく異なる場合，径の差が6 mmを超える場合は圧接としない。
(2) 圧接面のさび，油その他の有害な付着物の除去及び圧接面の処理を含む。
(3) 径の異なる鉄筋の圧接は，大きい径を適用する。

1. ガス圧接歩掛

名 称	摘 要	単位	材料 品 名	材料 単位	材料 歩掛数量	労務 職 種	労務 歩掛員数(人)	その他
ガ ス 圧 接	D19	1箇所当り	酸素	m³	0.03	溶 接 工	0.017	1 式
			アセチレン	kg	0.03	普通作業員	0.009	
	D22	〃	酸素	m³	0.04	溶 接 工	0.018	〃
			アセチレン	kg	0.04	普通作業員	0.009	
	D25	〃	酸素	m³	0.05	溶 接 工	0.019	〃
			アセチレン	kg	0.05	普通作業員	0.010	
	D29	〃	酸素	m³	0.065	溶 接 工	0.025	〃
			アセチレン	kg	0.065	普通作業員	0.012	

(備考)「その他」の率対象は，酸素，アセチレン，溶接工，普通作業員とする。

❻ 鉄筋—6

④ 鉄筋運搬（往復）

名　　称	摘　　要	単位	トラック運転		
			品　名	単位	歩 掛 数 量
鉄　筋　運　搬	太　物	1t当り	4t積	日	0.13
	細　物	〃	4t積	日	0.15

（備考）　工場加工の場合に適用する。

⑤ トラック運転

名　　称	摘　　要	単位	材　　料			労　　務		その他
			品　名	単位	歩掛数量	職　種	歩掛員数(人)	
トラック運転	4t積	1日当り	燃料（軽油）	ℓ	26.0	運転手（一般）	1.00	1式
			機械損料	供用日	1.13			

（備考）　「その他」の率対象は，運転手（一般），燃料とする。

❼ コンクリート

① 一般事項

(1) 建築構造物の階高は、3.5～4.0m程度を標準とする。
(2) コンクリート打設のスランプは、15～18cmを標準とする。
(3) 配管式ポンプ車で打設する場合は、施工する面積に対してコンクリート足場（コンクリート配管受台）を計上する。
(4) ポンプ圧送費には、機械器具費、機械運転費及び回送費を含み、圧送高さは30m以下を標準とする。
(5) ポンプ車の圧送基本料金は、総打設回数とし、打設日ごとのポンプ車1台・1回当りの打設量による単価区分とする。
(6) 小型構造物の打設手間は、工作物の基礎等で1箇所当り1m³程度のコンクリート量で点在する構造物及び高さ1m程度の擁壁、囲障の基礎等に適用する。
(7) 構造体強度補正（3N、6N）の費用については別計上する。

② コンクリート打設手間

1. コンクリート1日当りの打設量と打設手間（配管型）

ポンプ車1台当り打設量	ポンプ圧送能力（Q）	実稼働時間（H）	1回の打設量（m³）スランプ15～18	ポンプ車1台当り作業員（人）	1m³当り打設人員（人）スランプ15～18
50m³ 未満	60 m³/h	2.0	48.0	6.0	0.13
50m³ 以上 100m³ 未満	60 〃	4.0	96.0	9.6	0.10
100m³ 以上 170m³ 未満	60 〃	6.9	165.6	12.0	0.072
170m³ 以上	80 〃	6.9	220.8	14.4	0.068

（備考）打設時の型枠及び鉄筋の点検保守を含まない。

2. コンクリート1日当りの打設量と打設手間（ブーム型）

ポンプ車1台当り打設量	ポンプ圧送能力（Q）	実稼働時間（H）	1回の打設量（m³）スランプ15～18	ポンプ車1台当り作業員（人）	1m³当り打設人員（人）スランプ15～18
20m³ 未満	20 m³/h	2.5	21.5	2.8	0.13
20m³ 以上 50m³ 未満	60 〃	2.0	51.6	6.0	0.12
50m³ 以上 100m³ 未満	60 〃	4.0	103.2	9.6	0.093
100m³ 以上 170m³ 未満	60 〃	6.9	178.0	12.0	0.067
170m³ 以上	80 〃	6.9	237.4	14.4	0.063

（備考）打設時の型枠及び鉄筋の点検保守を含まない。

3. 打設部位別補正係数

打設部位	一般	耐圧版・スラブ	土間	捨コンクリート
補正係数	1	0.48	0.38	0.46

（備考）スラブとは、S造でスラブ面のみコンクリート構造としたものである。

4. コンクリート打設手間歩掛

(1m³当り)

名称	単位	捨コンクリート 人力打設	捨コンクリート シュート打設	土間コンクリート 人力打設	土間コンクリート シュート打設	防水押えコンクリート等 人力打設	防水押えコンクリート等 シュート打設（参考）	小型構造物 工作物の基礎等	小型構造物 擁壁、囲障の基礎等	小型構造物 シュート打設（参考）
特殊作業員	人	0.26	0.18	0.25	0.17	0.3	0.17	0.65	0.43	0.3
機械運転	h	—	—	—	—	—	0.12	—	—	—
その他		1式	1式	1式	1式	1式	1式	1式	1式	1式

（備考）1. 機械運転は、トラッククレーン（油圧10～11t、バケット容量0.6m³）を示す。
2. 「その他」の率対象は、特殊作業員とする。

7 コンクリート-2

5. コンクリート足場（コンクリート配管受台）
（1 m² 当り）

名称	摘要	単位	材料 品名	材料 単位	材料 歩掛数量	労務 職種	労務 歩掛員数(人)	備考
コンクリート足場	カート道板（参考）	1 m² 当り	道板受台	個	0.25	とび工	0.005	道板受台の1現場当り損料率は2％、角材は13％、なまし鉄線は100％、合板足場板は2％
			角材 90×90 mm	m³	0.005	その他	1式	
			なまし鉄線	kg	0.03			
			合板足場板 240×4,000 mm	枚	0.19			
	ポンプ車（配管式）	〃	道板受台	個	0.25	とび工	0.001	道板受台の1現場当り損料率は2％、角材は13％、なまし鉄線は100％、合板足場板は2％
			角材 90×90 mm	m³	0.0013	その他	1式	
			なまし鉄線	kg	0.01			
			合板足場板 240×4,000 mm	枚	0.13			

（備考） 1. 施工手間は、架け65％、払い35％の割合とする。
　　　　 2. 「その他」の率対象は、なまし鉄線、とび工とする。

③ コンクリート機械器具

《一般事項》
(1) コンクリートポンプ車は配管型又はブーム型とし、敷地の条件、打設高さ等により選定する。
(2) ポンプ車の打設能力は、1回当りの打設量に応じた機種を選定する。
(3) 階高が著しく高い建物などは、1時間当りの打設量を補正する。
(4) ポンプ車の運転は、1日の打設量により20 m³ 未満、20 m³ 以上50 m³ 未満、50 m³ 以上100 m³ 未満、100 m³ 以上170 m³ 未満、170 m³ 以上の5段階に区分する。
(5) ポンプ車の圧送能力は、1回の打設量が20 m³ 未満の場合20 m³/h、20 m³ 以上170 m³ 未満の場合60 m³/h、170 m³ 以上の場合80 m³/h を標準とする。なお、100 m³ 未満のポンプ車の損料は、各1回の打設量において一定の打設時間とする。
(6) コンクリートポンプ車の回送費は、組立て費に含む。

1. コンクリートポンプ運転（配管型・ブーム型）
（1 m³ 当り）

名称	単位	配管型 圧送能力 60 m³/h 100 m³ 未満	配管型 60 m³/h 100 m³ 以上 170 m³ 未満	配管型 80 m³/h 170 m³ 以上	ブーム型 20 m³/h 20 m³ 未満	ブーム型 60 m³/h 20 m³ 以上 100 m³ 未満	ブーム型 60 m³/h 100 m³ 以上 170 m³ 未満	ブーム型 80 m³/h 170 m³ 以上
ポンプ車損料	h	—	0.042	0.031	—	—	0.039	0.029
燃料	ℓ	0.42	0.42	0.33	0.72	0.42	0.42	0.41
運転手（特殊）	人	—	0.006	0.005	—	—	0.006	0.004
特殊作業員	〃	—	0.012	0.01	—	—	0.012	0.008
その他		1式	1式	1式	1式	1式	1式	1式

（備考） 1. 燃料は軽油とする。
　　　　 2. 「その他」の率対象は、燃料、運転手（特殊）、特殊作業員とする。

2. コンクリートポンプ組立て（配管型・ブーム型）
（ポンプ車1回1台当り）

名称	単位	配管型 60 m³/h 50 m³ 未満	配管型 60 m³/h 50 m³ 以上 100 m³ 未満	配管型 80 m³/h 100 m³ 以上 170 m³ 未満	配管型 80 m³/h 170 m³ 以上	ブーム型 20 m³/h 20 m³ 未満	ブーム型 20 m³/h 20 m³ 以上 50 m³ 未満	ブーム型 60 m³/h 50 m³ 以上 100 m³ 未満	ブーム型 60 m³/h 100 m³ 以上 170 m³ 未満	ブーム型 80 m³/h 170 m³ 以上
ポンプ車損料	h	5.0	7.0	3.0	3.0	4.5	4.0	6.0	2.0	2.0
燃料	ℓ	10.2	10.2	10.2	10.7	6.2	10.7	10.7	10.7	14.0
運転手(特殊)	人	0.63	0.88	0.38	0.38	0.56	0.5	0.75	0.25	0.25
特殊作業員	〃	1.26	1.76	0.76	0.76	1.12	1.0	1.5	0.5	0.5
その他		1式	1式	1式	1式	1式	1式	1式	1式	1式

（備考） 1. 配管等の設置及び撤去時間を含む。
　　　　 2. 燃料は軽油とする。
　　　　 3. ポンプ車の回送時間を含む。
　　　　 4. 「その他」の率対象は、燃料、運転手（特殊）、特殊作業員とする。

❽ 型　枠

① 一般事項

(1) 建築構造物等の合板型枠，コンクリート打放し仕上げにおける打放し面補修，型枠目地棒及び型枠運搬に適用する。
(2) 特殊な型枠を使用する場合は物価資料による掲載価格，専門工事業者の見積価格等により算出する。
(3) 労務歩掛には，下ごしらえ，組立，建込み，取外し，小運搬，くぎ抜き，整理，はく離剤塗布及びコンクリート打設時の型枠点検並びに保守を含む。
(4) 梁型枠等の歩掛には，サポート類を含む。
(5) 普通合板型枠にコーンを使用する場合，普通合板型枠にコーンを加算する。また，コーン処理を別途計上する。
(6) 小型構造物の型枠は，工作物の基礎等で1箇所当り1㎥程度のコンクリート量で点在する構造物，高さ1m程度の擁壁，囲障の基礎等に適用する。
(7) 型枠資材は，基礎価格に1現場当り損料率を乗じて算定する。
(8) 型枠材の運搬費は往復とし，運搬距離は30km程度（片道）を標準とする。
(9) 型枠運搬用トラックの規格は，4t積を標準とする。
　　ただし，建築構造物の規模や敷地条件等により10t積を考慮する。
(10) 型枠材（丸パイプ及びパイプサポート類も含む）は型枠業者が回収する。
(11) 型枠組立解体時に発生した鉄線，釘類及び端材の処理費は，共通仮設費の屋外整理清掃費に含まれる。
(12) 型枠の数量は，設計図に記載されている設計寸法から計測・計算した面積とする。なお，材料のロス等については単価の中で考慮する。

型枠資材の1現場当り損料率　　　　　　　　　　　（％）

種別＼材料	型枠用合板	さん材	角材	丸パイプ	パイプサポート	フォームタイ	コーン
普通合板型枠	24〜30	34〜38	15〜25	3	5	28〜32	—
打放し合板型枠	28〜32						28〜32

（備考）　1．鉄線，くぎ金物，セパレータは100％とする。
　　　　2．型枠用合板，さん材，角材，丸パイプ，パイプサポート，フォームタイ，コーンは損料扱いとする。

コンクリート容積（1m³）に対する概算型枠面積　**(参考)**

部位	基礎	柱	梁	床板	壁	階段及び雑	摘要
型枠面積（m²/m³）	2.1	5.5	6.1	7.8	12.8	7.6	

② 合板型枠

(1) 部位別型枠

名称	摘要	単位	材料 品名	単位	歩掛数量	労務 歩掛員数(人) 型わく工	普通作業員	その他
型　枠 (普通合板型枠)	独立基礎	1m²当り	型枠用合板 厚12mm	m²	1.08	0.13	0.054	1式
			さん材	m³	0.0059			
			丸パイプ	m	7.77			
			セパレータ	個	2.08			
			フォームタイ	本	4.16			
			くぎ金物	kg	0.066			
			はく離剤	ℓ	0.02			

（つづく）

❽ 型　　　枠—2

名　称	摘　要	単位	材料 品　名	単位	歩掛数量	労務 歩掛員数(人) 型わく工	普通作業員	その他
型　枠 (普通合板型枠)	地中梁 布基礎	1m² 当り	型枠用合板　厚12mm	m²	1.03	0.11	0.05	1 式
			さん材	m³	0.0031			
			丸パイプ	m	7.51			
			セパレータ	個	2.22			
			フォームタイ	本	4.44			
			くぎ金物	kg	0.055			
			はく離剤	ℓ	0.02			

(備考)　1.　1現場当り損料率は，①一般事項　型枠資材の1現場当り損料率（普通合板型枠）による。
　　　　2.　「その他」の率対象は，合板，さん材，丸パイプ，セパレータ，フォームタイ，くぎ金物，はく離剤，型わく工，普通作業員とする。

名　称	摘　要	単位	材料 品　名	単位	歩掛数量	労務 歩掛員数(人) 型わく工	普通作業員	その他
型　枠 (普通合板型枠)	柱	1m² 当り	型枠用合板　厚12mm	m²	1.09	0.15(0.18)	0.054(0.059)	1 式
			さん材	m³	0.0054			
			丸パイプ	m	9.78			
			セパレータ	個	2.4			
			フォームタイ	本	4.8			
			コーン	個	(4.8)			
			くぎ金物	kg	0.06			
			はく離剤	ℓ	0.02			

(備考)　1.　（　）内は，打放し合板型枠の歩掛数量，員数を示す。
　　　　2.　1現場当り損料率は，①一般事項　型枠資材の1現場当り損料率による。
　　　　3.　建築構造物等のコンクリート打放し仕上げには，打放し面補修を別途計上する。
　　　　4.　打放し合板型枠には，面木類を含む。ただし，化粧目地，打継目地，誘発目地及び大面木は含まないので，必要な場合は別途計上する。
　　　　5.　「その他」の率対象は，合板，さん材，丸パイプ，セパレータ，フォームタイ，コーン，くぎ金物，はく離剤，型わく工，普通作業員とする。

名　称	摘　要	単位	材料 品　名	単位	歩掛数量	労務 歩掛員数(人) 型わく工	普通作業員	その他
型　枠 (普通合板型枠)	梁	1m² 当り	型枠用合板　厚12mm	m²	1.06	0.18(0.22)	0.098(0.11)	1 式
			さん材	m³	0.0063			
			角材	〃	0.0063			
			丸パイプ	m	5.75			
			パイプサポート	本	0.99			
			セパレータ	個	1.75			
			フォームタイ	本	3.5			
			コーン	個	(3.5)			
			くぎ金物	kg	0.072			
			はく離剤	ℓ	0.02			

(備考)　1.　前出の柱（備考）1.～4.に同じ。
　　　　2.　「その他」の率対象は，合板，さん材，角材，丸パイプ，パイプサポート，セパレータ，フォームタイ，コーン，くぎ金物，はく離剤，型わく工，普通作業員とする。

名　称	摘　要	単位	材料 品　名	材料 単位	材料 歩掛数量	労務 歩掛員数(人)		その他
型　枠 (普通合板型枠)	壁	1m² 当り	型枠用合板　厚12mm	m²	1.04 (1.1)	型わく工 0.11(0.13)	普通作業員 0.051(0.056)	1　式
			さん材	m³	0.0034 (0.0061)			
			丸パイプ	m	8.34			
			パイプサポート	本	0.06			
			セパレータ	個	2.47			
			フォームタイ	本	4.94			
			コーン	個	(4.94)			
			くぎ金物	kg	0.061 (0.084)			
			はく離剤	ℓ	0.02			

(備考)　1.　前出の柱（備考）1.～4.に同じ。
　　　　2.　「その他」の率対象は，合板，さん材，丸パイプ，パイプサポート，セパレータ，フォームタイ，コーン，くぎ金物，はく離剤，型わく工，普通作業員とする。

名　称	摘　要	単位	材料 品　名	材料 単位	材料 歩掛数量	労務 歩掛員数(人)		その他
型　枠 (普通合板型枠)	床板	1m² 当り	型枠用合板　厚12mm	m²	1.0	型わく工 0.13(0.15)	普通作業員 0.088(0.097)	1　式
			さん材	m³	0.0008			
			角材	〃	0.0097			
			丸パイプ	m	5.91			
			パイプサポート	本	0.99			
			くぎ金物	kg	0.017			
			はく離剤	ℓ	0.02			
	階段 (参考)	〃	型枠用合板　厚12mm	m²	1.23	型わく工 0.17(0.23)	普通作業員 0.15(0.2)	〃
			さん材	m³	0.003			
			角材	〃	0.021			
			丸パイプ	m	2.4			
			パイプサポート	本	1.4			
			くぎ金物	kg	0.08			
			はく離剤	ℓ	0.02			
	庇 (参考)	〃	型枠用合板　厚12mm	m²	1.25	型わく工 0.13(0.16)	普通作業員 0.08(0.09)	〃
			さん材	m³	0.011			
			角材	〃	0.013			
			丸パイプ	m	3.7			
			パイプサポート	本	1			
			くぎ金物	kg	0.28			
			はく離剤	ℓ	0.02			

(備考)　1.　前出の柱（備考）1.～4.に同じ。
　　　　2.　「その他」の率対象は，合板，さん材，角材，丸パイプ，パイプサポート，くぎ金物，はく離剤，型わく工，普通作業員とする。

❽ 型枠—4

名称	摘要	単位	材料 品名	単位	歩掛数量	労務 歩掛員数(人)		その他
型枠 (普通合板型枠)	ブロック造 がりょう **(参考)**	1m²当り	型枠用合板　厚12mm	m²	1.04 (1.1)	型わく工	普通作業員	1 式
			さん材	m³	0.005	0.14(0.18)	0.08 (0.1)	
			丸パイプ	m	3.3			
			セパレータ	個	1			
			フォームタイ	本	1.9			
			コーン	個	(1.9)			
			くぎ金物	kg	0.06			
			はく離剤	ℓ	0.02			

（備考）　1．前出の柱（備考）1.～4.に同じ。
　　　　　2．「その他」の率対象は，合板，さん材，丸パイプ，セパレータ，フォームタイ，コーン，くぎ金物，はく離剤，型わく工，普通作業員とする。

(2)　鉄筋コンクリート造建物型枠（一般ラーメン構造）
　　　標準建物——階高3m以上3.8m未満
　　　　　　　　　　　　　　型枠の標準的な構成比　　　　　　　　　　　　　　　（％）

部位	基礎	地中梁	柱	梁	壁	床その他	計
一般ラーメン構造	3	10	10	20	35	22	100

名称	摘要	単位	材料 品名	単位	歩掛数量	労務 歩掛員数(人)		その他
型枠 (普通合板型枠)	一般ラーメン構造	1m²当り	型枠用合板　厚12mm	m²	1.04 (1.06)	型わく工	普通作業員	1 式
			さん材	m³	0.004 (0.005)	0.13(0.16)	0.07 (0.08)	
			角材	〃	0.003			
			丸パイプ	m	7.33			
			セパレータ	個	1.74			
			フォームタイ	本	3.48			
			コーン	個	(3.48)			
			パイプサポート	本	0.44			
			くぎ金物	kg	0.05 (0.06)			
			はく離剤	ℓ	0.02			

（備考）　1．(1)部位別型枠の柱（備考）1.～4.に同じ。
　　　　　2．「その他」の率対象は，合板，さん材，角材，丸パイプ，セパレータ，フォームタイ，コーン，パイプサポート，くぎ金物，はく離剤，型わく工，普通作業員とする。

(3) 鉄筋コンクリート造建物型枠（壁式構造）
標準建物──中層住宅程度

型枠の標準的な構成比 (%)

部　位	基　礎	地中梁	壁	床その他	計
構成比	2	6	62	30	100

名　称	摘　要	単位	材料 品名	材料 単位	材料 歩掛数量	労務 歩掛員数(人) 型わく工	労務 歩掛員数(人) 普通作業員	その他
型　枠 (普通合板型枠)	壁式構造	1m² 当り	型枠用合板　厚12mm	m²	1.03 (1.06)	0.13(0.16)	0.06 (0.07)	1 式
			さん材	m³	0.003 (0.004)			
			角材	〃	0.003			
			丸パイプ	m	7.55			
			セパレータ	個	1.71			
			フォームタイ	本	3.42			
			コーン	個	(3.42)			
			パイプサポート	本	0.33			
			くぎ金物	kg	0.05 (0.06)			
			はく離剤	ℓ	0.02			

(備考) 1. (1)部位別型枠の柱（備考）1.～4.に同じ。
　　　2. 「その他」の率対象は，合板，さん材，角材，丸パイプ，セパレータ，フォームタイ，コーン，パイプサポート，くぎ金物，はく離剤，型わく工，普通作業員とする。

(4) その他の型枠（小型構造物，鉄骨造建物（門形ラーメン））

型枠の標準的な構成比（鉄骨造建物（門形ラーメン）） (%)

部　位	基　礎	地中梁	計
構成比	30	70	100

名　称	摘　要	単位	材料 品名	材料 単位	材料 歩掛数量	労務 歩掛員数(人) 型わく工	労務 歩掛員数(人) 普通作業員	その他
型　枠 (普通合板型枠)	小型構造物	1m² 当り	型枠用合板　厚12mm	m²	1.25	0.15	0.07	1 式
			さん材	m³	0.007			
			角材	〃	0.02			
			鉄線	kg	0.09			
			くぎ金物	〃	0.04			
			はく離剤	ℓ	0.02			

(備考) 1. 1現場当り損料率は，合板50％，さん材50％，角材50％とする。その他の仮設材の1現場当り損料率は，①一般事項　型枠資材の1現場当り損料率（普通合板型枠）による。
　　　2. 「その他」の率対象は，合板，さん材，角材，鉄線，くぎ金物，はく離剤，型わく工，普通作業員とする。

❽型　　枠—6

名　称	摘　要	単位	材料 品　名	単位	歩掛数量	労務 型わく工	歩掛員数(人) 普通作業員	その他
型　　枠 (普通合板型枠)	鉄骨造建物 (門形ラーメン)	1m² 当り	型枠用合板 厚12mm	m²	1.05	0.11	0.05	1 式
			さん材	m³	0.004			
			丸パイプ	m	7.59			
			セパレータ	個	2.18			
			フォームタイ	本	4.36			
			くぎ金物	kg	0.06			
			はく離剤	ℓ	0.02			

(備考)　1.　1現場当り損料率は，①一般事項　型枠資材の1現場当り損料率（普通合板型枠）に同じ。
　　　　2.　「その他」の率対象は，合板，さん材，丸パイプ，セパレータ，フォームタイ，くぎ金物，はく離剤，型わく工，普通作業員とする。

③　打放し面補修

名　称	摘　要	単位	材料 品　名	単位	歩掛数量	労務 職　種	歩掛員数(人)	その他
A　種	コーン処理	1m² 当り	—	—	—	左官	0.015	1 式
B　種	部分目違いばらい コーン処理共	〃	—	—	—	左官	0.025	〃
	部分目違いばらい コーン処理無	〃	—	—	—	左官	0.01	〃
C　種	全面目違いばらい	〃	—	—	—	左官	0.02	〃

(備考)　1.　普通合板型枠にコーンを用いる場合は，コーン処理としてA種（コーン処理）を準用する。
　　　　2.　「その他」の率対象は，左官とする。

④　型枠目地棒

名　称	摘　要	単位	材料 品　名	単位	歩掛数量	労務 職　種	歩掛員数(人)	その他
型枠目地棒	30×30mm以下	1m 当り	型枠目地材	m	1.05	型わく工	0.007	1 式

(備考)　「その他」の率対象は，型枠目地材，型わく工とする。

⑤ **耐震スリット　厚25**

1．垂直全貫通型　耐火

名　　称	摘　要	単位	材料 品　　名	単位	歩掛数量	労務 職　種	歩掛員数(人)	その他
垂直全貫通型 耐火　防水	厚25　壁厚150	1m 当り	耐震スリット	m	1.05	型わく工	0.054	1　式
垂直全貫通型 耐火　防水	厚25　壁厚180	〃	耐震スリット	m	1.05	型わく工	0.054	〃
垂直全貫通型 耐火　防水	厚25　壁厚200	〃	耐震スリット	m	1.05	型わく工	0.054	〃
垂直全貫通型 耐火　防水	厚25　壁厚250	〃	耐震スリット	m	1.05	型わく工	0.054	〃
垂直全貫通型 耐火　非防水	厚25　壁厚150	〃	耐震スリット	m	1.05	型わく工	0.054	〃
垂直全貫通型 耐火　非防水	厚25　壁厚180	〃	耐震スリット	m	1.05	型わく工	0.054	〃
垂直全貫通型 耐火　非防水	厚25　壁厚200	〃	耐震スリット	m	1.05	型わく工	0.054	〃
垂直全貫通型 耐火　非防水	厚25　壁厚250	〃	耐震スリット	m	1.05	型わく工	0.054	〃

（備考）「その他」の率対象は，耐震スリット，型わく工とする。

2．垂直全貫通型　非耐火

名　　称	摘　要	単位	材料 品　　名	単位	歩掛数量	労務 職　種	歩掛員数(人)	その他
垂直全貫通型 非耐火　防水	厚25　壁厚150	1m 当り	耐震スリット	m	1.05	型わく工	0.054	1　式
垂直全貫通型 非耐火　防水	厚25　壁厚180	〃	耐震スリット	m	1.05	型わく工	0.054	〃
垂直全貫通型 非耐火　防水	厚25　壁厚200	〃	耐震スリット	m	1.05	型わく工	0.054	〃
垂直全貫通型 非耐火　防水	厚25　壁厚250	〃	耐震スリット	m	1.05	型わく工	0.054	〃
垂直全貫通型 非耐火　非防水	厚25　壁厚150	〃	耐震スリット	m	1.05	型わく工	0.054	〃
垂直全貫通型 非耐火　非防水	厚25　壁厚180	〃	耐震スリット	m	1.05	型わく工	0.054	〃
垂直全貫通型 非耐火　非防水	厚25　壁厚200	〃	耐震スリット	m	1.05	型わく工	0.054	〃
垂直全貫通型 非耐火　非防水	厚25　壁厚250	〃	耐震スリット	m	1.05	型わく工	0.054	〃

（備考）「その他」の率対象は，耐震スリット，型わく工とする。

3. 水平全貫通型　耐火

名称	摘要	単位	材料 品名	材料 単位	材料 歩掛数量	労務 職種	労務 歩掛員数(人)	その他
水平全貫通型 耐火　防水	厚25　壁厚150	1m当り	耐震スリット	m	1.05	型わく工	0.032	1式
水平全貫通型 耐火　防水	厚25　壁厚180	〃	耐震スリット	m	1.05	型わく工	0.032	〃
水平全貫通型 耐火　防水	厚25　壁厚200	〃	耐震スリット	m	1.05	型わく工	0.032	〃
水平全貫通型 耐火　防水	厚25　壁厚250	〃	耐震スリット	m	1.05	型わく工	0.032	〃
水平全貫通型 耐火　非防水	厚25　壁厚150	〃	耐震スリット	m	1.05	型わく工	0.032	〃
水平全貫通型 耐火　非防水	厚25　壁厚180	〃	耐震スリット	m	1.05	型わく工	0.032	〃
水平全貫通型 耐火　非防水	厚25　壁厚200	〃	耐震スリット	m	1.05	型わく工	0.032	〃
水平全貫通型 耐火　非防水	厚25　壁厚250	〃	耐震スリット	m	1.05	型わく工	0.032	〃

（備考）「その他」の率対象は，耐震スリット，型わく工とする。

4. 水平全貫通型　非耐火

名称	摘要	単位	材料 品名	材料 単位	材料 歩掛数量	労務 職種	労務 歩掛員数(人)	その他
水平全貫通型 非耐火　防水	厚25　壁厚150	1m当り	耐震スリット	m	1.05	型わく工	0.032	1式
水平全貫通型 非耐火　防水	厚25　壁厚180	〃	耐震スリット	m	1.05	型わく工	0.032	〃
水平全貫通型 非耐火　防水	厚25　壁厚200	〃	耐震スリット	m	1.05	型わく工	0.032	〃
水平全貫通型 非耐火　防水	厚25　壁厚250	〃	耐震スリット	m	1.05	型わく工	0.032	〃
水平全貫通型 非耐火　非防水	厚25　壁厚150	〃	耐震スリット	m	1.05	型わく工	0.032	〃
水平全貫通型 非耐火　非防水	厚25　壁厚180	〃	耐震スリット	m	1.05	型わく工	0.032	〃
水平全貫通型 非耐火　非防水	厚25　壁厚200	〃	耐震スリット	m	1.05	型わく工	0.032	〃
水平全貫通型 非耐火　非防水	厚25　壁厚250	〃	耐震スリット	m	1.05	型わく工	0.032	〃

（備考）「その他」の率対象は，耐震スリット，型わく工とする。

⑥ スリーブ

1．スリーブ　鋼管（白管）

名　称	摘　要	単位	材料（1箇所当り）			労　務		その他
^	^	^	品　名	単位	歩掛数量	職　種	歩掛員数(人)	^
配管用炭素鋼鋼管（白）	50A	1箇所当り	鋼管（白）	m	スリーブ実長×1.05	型わく工	0.07	1　式
^	^	^	雑材料	式	1	配管工	0.03	^
配管用炭素鋼鋼管（白）	65A	〃	鋼管（白）	m	スリーブ実長×1.05	型わく工	0.07	〃
^	^	^	雑材料	式	1	配管工	0.03	^
配管用炭素鋼鋼管（白）	80A	〃	鋼管（白）	m	スリーブ実長×1.05	型わく工	0.07	〃
^	^	^	雑材料	式	1	配管工	0.04	^
配管用炭素鋼鋼管（白）	100A	〃	鋼管（白）	m	スリーブ実長×1.05	型わく工	0.08	〃
^	^	^	雑材料	式	1	配管工	0.05	^
配管用炭素鋼鋼管（白）	125A	〃	鋼管（白）	m	スリーブ実長×1.05	型わく工	0.08	〃
^	^	^	雑材料	式	1	配管工	0.05	^
配管用炭素鋼鋼管（白）	150A	〃	鋼管（白）	m	スリーブ実長×1.05	型わく工	0.09	〃
^	^	^	雑材料	式	1	配管工	0.06	^
配管用炭素鋼鋼管（白）	200A	〃	鋼管（白）	m	スリーブ実長×1.05	型わく工	0.1	〃
^	^	^	雑材料	式	1	配管工	0.08	^
配管用炭素鋼鋼管（白）	250A	〃	鋼管（白）	m	スリーブ実長×1.05	型わく工	0.1	〃
^	^	^	雑材料	式	1	配管工	0.08	^
配管用炭素鋼鋼管（白）	300A	〃	鋼管（白）	m	スリーブ実長×1.05	型わく工	0.11	〃
^	^	^	雑材料	式	1	配管工	0.09	^

（備考）
1. 雑材料は，材料価格の5％とし計上する。
2. 配管用炭素鋼鋼管の材料は，径ごとに区分する。
3. 型枠工事で施工するスリーブを対象とする。
4. 「その他」の率対象は，配管用炭素鋼鋼管（白），雑材料，型わく工及び配管工とする。

2．スリーブ　紙チューブ

名　称	摘　要	単位	材料（1箇所当り）			労　務		その他
^	^	^	品　名	単位	歩掛数量	職　種	歩掛員数(人)	^
紙チューブ	径50	1箇所当り	円形型枠	m	スリーブ実長×1.05	型わく工	0.07	1　式
^	^	^	雑材料	式	1	^	^	^
紙チューブ	径75	〃	円形型枠	m	スリーブ実長×1.05	型わく工	0.08	〃
^	^	^	雑材料	式	1	^	^	^
紙チューブ	径100	〃	円形型枠	m	スリーブ実長×1.05	型わく工	0.08	〃
^	^	^	雑材料	式	1	^	^	^
紙チューブ	径125	〃	円形型枠	m	スリーブ実長×1.05	型わく工	0.08	〃
^	^	^	雑材料	式	1	^	^	^
紙チューブ	径150	〃	円形型枠	m	スリーブ実長×1.05	型わく工	0.09	〃
^	^	^	雑材料	式	1	^	^	^
紙チューブ	径200	〃	円形型枠	m	スリーブ実長×1.05	型わく工	0.11	〃
^	^	^	雑材料	式	1	^	^	^

（備考）
1. 雑材料は，材料価格の5％とし計上する。
2. 円形型枠の材料は，径ごとに区分する。
3. 型枠工事で施工するスリーブを対象とする。
4. 「その他」の率対象は，円形型枠，雑材料，型わく工とする。

3. スリーブ　硬質ポリ塩化ビニル管（VU）

名称	摘要	単位	材料（1箇所当り） 品名	単位	歩掛数量	労務 職種	歩掛員数(人)	その他
硬質ポリ塩化ビニル管(VU)	40A	1箇所当り	VU	m	スリーブ実長×1.05	型わく工	0.08	1 式
			雑材料	式	1			
硬質ポリ塩化ビニル管(VU)	50A	〃	VU	m	スリーブ実長×1.05	型わく工	0.08	〃
			雑材料	式	1			
硬質ポリ塩化ビニル管(VU)	65A	〃	VU	m	スリーブ実長×1.05	型わく工	0.08	〃
			雑材料	式	1			
硬質ポリ塩化ビニル管(VU)	75A	〃	VU	m	スリーブ実長×1.05	型わく工	0.08	〃
			雑材料	式	1			
硬質ポリ塩化ビニル管(VU)	100A	〃	VU	m	スリーブ実長×1.05	型わく工	0.09	〃
			雑材料	式	1			
硬質ポリ塩化ビニル管(VU)	125A	〃	VU	m	スリーブ実長×1.05	型わく工	0.1	〃
			雑材料	式	1			
硬質ポリ塩化ビニル管(VU)	150A	〃	VU	m	スリーブ実長×1.05	型わく工	0.1	〃
			雑材料	式	1			
硬質ポリ塩化ビニル管(VU)	200A	〃	VU	m	スリーブ実長×1.05	型わく工	0.11	〃
			雑材料	式	1			
硬質ポリ塩化ビニル管(VU)	250A	〃	VU	m	スリーブ実長×1.05	型わく工	0.13	〃
			雑材料	式	1			
硬質ポリ塩化ビニル管(VU)	300A	〃	VU	m	スリーブ実長×1.05	型わく工	0.14	〃
			雑材料	式	1			
硬質ポリ塩化ビニル管(VU)	350A	〃	VU	m	スリーブ実長×1.05	型わく工	0.15	〃
			雑材料	式	1			
硬質ポリ塩化ビニル管(VU)	400A	〃	VU	m	スリーブ実長×1.05	型わく工	0.16	〃
			雑材料	式	1			
硬質ポリ塩化ビニル管(VU)	450A	〃	VU	m	スリーブ実長×1.05	型わく工	0.18	〃
			雑材料	式	1			
硬質ポリ塩化ビニル管(VU)	500A	〃	VU	m	スリーブ実長×1.05	型わく工	0.19	〃
			雑材料	式	1			
硬質ポリ塩化ビニル管(VU)	600A	〃	VU	m	スリーブ実長×1.05	型わく工	0.21	〃
			雑材料	式	1			

（備考）　1．雑材料は，材料価格の5％とし計上する。
　　　　　2．硬質ポリ塩化ビニル管（VU）の材料は，径ごとに区分する。
　　　　　3．型枠工事で施工するスリーブを対象とする。
　　　　　4．「その他」の率対象は，硬質ポリ塩化ビニル管（VU），雑材料，型わく工とする。

4．スリーブ　溶融亜鉛めっき鋼板

名　称	摘　要	単位	材料（1箇所当り）			労　務		その他
^	^	^	品　名	単位	歩掛数量	職　種	歩掛員数(人)	^
溶融亜鉛めっき鋼板	径50　0.6 t つめ（固定用金具）共	1箇所当り	スリーブ（溶融亜鉛めっき鋼板製）	個	1	型わく工	0.07	1　式
溶融亜鉛めっき鋼板	径100　0.6 t つめ（固定用金具）共	〃	スリーブ（溶融亜鉛めっき鋼板製）	個	1	型わく工	0.08	〃
溶融亜鉛めっき鋼板	径200　0.6 t つめ（固定用金具）共	〃	スリーブ（溶融亜鉛めっき鋼板製）	個	1	型わく工	0.1	〃
溶融亜鉛めっき鋼板	径300　0.6 t つめ（固定用金具）共	〃	スリーブ（溶融亜鉛めっき鋼板製）	個	1	型わく工	0.11	〃

（備考）　1．スリーブ（溶融亜鉛めっき鋼板製）の材料は，製品長さ L=200～300，L=300～500，L=400～700ごとに区分する。
　　　　　2．型枠工事で施工するスリーブを対象とする。
　　　　　3．「その他」の率対象は，スリーブ（溶融亜鉛めっき鋼板製），型わく工とする。

⑦　型　枠　運　搬

型　枠　運　搬　　（100 m² 当り）

名　称	摘　要	単位	2階建以下	3階建以下	4階建以下	5階建以下	6階建以下	備　考
トラック運転	4 t 積	日	1.01	0.86	0.71	0.61	0.51	

ト ラ ッ ク 運 転

名　称	摘　要	単位	材　料			労　務		その他
^	^	^	品　名	単位	歩掛数量	職　種	歩掛員数(人)	^
トラック運転	4 t 積	1日当り	燃料（軽油）	ℓ	26.0	運転手（一般）	1.0	1　式
^	^	^	機械損料	供用日	1.13	^	^	^

（備考）　「その他」の率対象は，運転手（一般），燃料とする。

型枠資材質量（鉄筋コンクリート造　一般ラーメン構造）**(参考)**　　（1 m² 当り）

品　名	規　格	単位質量	数　量	質　量
型枠用合板	厚12 mm	7.2 kg/m²	1.04　m²	7.49 kg
さん材		600 kg/m³	0.004　m³	2.4　〃
角材		〃　〃	0.003　〃	1.8　〃
丸パイプ	φ48.6 mm	2.73 kg/m	7.33　m	20.01　〃
パイプサポート	高さ2,576～3,939 mm	14.2 kg/本	0.44　本	6.25　〃
くぎ金物			0.05　kg	0.05　〃
セパレータ他				3　〃
計				41　〃

車種と型枠資材の積載量 **(参考)**　　（m³）

材料＼車種	2 t 積	4 t 積	6 t 積	8 t 積
型枠資材	48	97	146	195

（備考）　型枠資材の1 m² 当り質量は，41 kg。

❾鉄　骨―1

❾ 鉄　骨

① 一般事項

(1) 鉄骨工事の細目別内訳には，建物を構成する「(1)主体鉄骨」，鉄骨階段，胴縁母屋等の「(2)付帯鉄骨」，及び「(3)耐火被覆」に大別して計上する。

(2) 「(2)付帯鉄骨」のPC版取付用ファスナー，スリーブ，鉄骨階段，及びデッキプレート等は，鋼材に含めず別途価格を算出する。
「(3)耐火被覆」は，耐火性能や部位等で厚さごとに面積計上する。また，小間詰め等は幅，厚み等で長さ計上する。

(3) 所要数量を求めるときは設計数量に下表数値の割増をすることを標準とする。

鋼材の種類	割増率
形鋼，鋼管及び平鋼	5％
広幅平鋼及び鋼板（切板）	3％
ボルト類	4％
アンカーボルト類	0％

(4) 鋼材加工する際に発生する材量の残材に価値が有る場合は，その価値を評価しスクラップ控除として直接工事費から控除する。

(5) 工場加工組立については，標準歩掛で計算を行うと共に，専門工事業者の見積価格等と比較検討し定める。

(6) 鋼材を工場にて加工する場合は，鉄骨運搬を計上する。

(7) 鉄骨建方用揚重機の費用は別途共通仮設費に計上する。

(8) 現場建方の歩掛は，低層及び，中層の建物に適用する。なお1m²当り鋼材使用量及び鋼材総使用量により補正する。

鉄　骨　工　事　明　細　内　訳　書

名　　称	摘　　要	単位	数　量	備　考
(1)主体鉄骨				
切 板 鋼 板	規格・板厚	t	所要数量(t)	設計数量(t)×1.03
形　　鋼	規格・形状・寸法	〃	〃	設計数量(t)×1.05
広 幅 平 鋼	〃	〃	〃	設計数量(t)×1.03
ボックス柱	〃	〃	〃	設計数量(t)×1.05
平　　鋼	規格・寸法	〃	〃	設計数量(t)×1.05
丸　　鋼	規格・径	〃	〃	設計数量(t)×1.04
鉄骨スクラップ控除		▲1式	ロス量(所要数量－設計数量)×0.7	単価＝鉄くずH₂
工 場 加 工 組 立	工場溶接共	t	設計数量(t)	
工 場 錆 止 め 塗 装		1式(t,m²)	設計数量又は塗装面積	
鉄 骨 運 搬		t	設計数量(t)	
現 場 建 方		〃	〃	
高 力 ボ ル ト 類	規格・形状・寸法	〃	所要数量(t)	設計数量(t)×1.04
高力ボルト類締付	高力，特殊高力	本	設計数量(本)	径，本数
現 場 溶 接	すみ肉6mm換算長	m	設計数量(m)	
現 場 錆 止 め 塗 装		1式(t,m²)	設計数量又は塗装面積	
小　　　計				
(2)付帯鉄骨				
鉄 骨 階 段	材工共	箇所(1式)		タイプ，箇所
1次ファスナー	カーテンウォール取付け用	〃		
ス リ ー ブ	径，長さ	〃		
アンカーボルト	種別，径，長さ，材工共	〃		
溶 接 部 試 験	工場及び現場第三者試験機関	〃	設計数量(箇所)	
デッキプレート等	形状，厚さ，材工共	m²	設計数量(m²)	
(デッキ受け金物)		箇所(m)		
外周コンクリート止め	材工共	m		
軽 量 形 鋼 構 造	母屋，胴縁，ボルト類，材工共	1式(箇所)	設計数量(t)	
錆 止 め 塗 装		1式(t,m²)	設計数量又は塗装面積	
柱底均しモルタル	種別，材工共	1式(箇所)	設計数量(箇所)	厚，寸法
スタッドボルト	材工共	1式(本数)	設計数量(t)	規格・形状・寸法
(仮 設 金 物)	形状，寸法，材工共	1式(箇所)	設計数量(箇所)	必要に応じて計上
鉄 骨 足 場		〃	計画数量	必要に応じて計上
小　　　計				

(つづく)

― 614 ―

名　　　称	摘　　　要	単位	数量	備考
(3)耐火被覆				
耐　火　被　覆	仕様，性能，部位	m^2	設計数量	
〃	仕様，性能，小間詰め	m	〃	
小　　　　計				
計				

② **主体鉄骨の工場加工・組立（参考）**

主体鉄骨の工場加工・組立は，工場溶接を含めて工場直接労務費を算出し，設計数量（t）当り単価とする。工場直接労務費の算出に際し，主体鉄骨の数量算出による集計は下記に分類する。

歩掛には，鋼板の切板加工が含まれていない。したがって，鋼板の材料費は切板価格とする。

柱，梁について，形鋼と鋼板を集計する。

主 体 鉄 骨 加 工 ・ 組 立 歩 掛　　　　　　　　　　（1t当り）

名　　　称	摘　　　要	単位	全溶接構造	H形鋼構造	備　　　　考
工 場 直 接 労 務 費		h	( )	( )	算出式による
工 場 間 接 費			1 式		全溶接構造　労務×150～200%
〃				1 式	H形鋼構造　労務×100～150%
副 資 材 費			1 式	1 式	酸素，アセチレンガス，消耗鋼材（エンドタブを含む）等
溶 接 材 料 費	すみ肉6mm換算長	m	( )	( )	
そ の 他			1 式	1 式	

（備考）「その他」の率対象は，工場直接労務費，副資材費，溶接材料費とする。

工場直接労務費　　便宜上「公共工事設計労務単価（基準額）」の鉄骨工の77%とし，1日の実働時間を7時間と想定する。

工場直接工賃金（円/h 鉄骨工単価/日×0.77÷7時間）≒　　（円/h）

(1) **工場直接労務費**

　○全溶接構造

$$\text{工場直接工} = \left\{ \left(\frac{A \times a + B \times b}{A + B} \times C \right) + (d \times D) \right\} \times (e \times g \times H_1) + (f \times g \times H_2)　（円/t）$$

　○H形鋼構造

$$\text{工場直接工} = \{(a \times C) + (d \times D)\} \times (e \times g \times H_1) + (f \times g \times H_2)　（円/t）$$

A：鋼板柱の鋼材使用量（t）
B：鋼板梁の鋼材使用量（t）
C：鋼板の使用率（%） ………………… $\dfrac{\text{鋼板設計数量}}{\text{設計数量（鋼板＋形鋼）}}$
D：H形鋼（他の形鋼を含む）の使用率（%） …… $\dfrac{\text{形鋼設計数量}}{\text{設計数量（鋼板＋形鋼）}}$

　　他の形鋼－CT鋼，I形鋼及び溝形鋼の単一部材で，梁，柱を構成するもの。

a：鋼板柱の鉄骨工標準加工時間（h/t） ……………………………………………………表-a
b：鋼板梁の鉄骨工標準加工時間（h/t） ……………………………………………………表-b
d：H形鋼（他の形鋼を含む）の鉄骨工標準加工時間（h/t） ………………………………表-d

$$\text{部材当り鋼材使用量} = \frac{\text{形鋼の設計数量（kg）}}{\text{部材数（P）}}$$

　　部材数(P)－柱，梁の主要部材及びそれに準ずる間柱，小梁で工場加工・組立前の本数

e：構造の加工難易による増減率 ……………………………………………………………表-e
f：溶接工標準加工時間（h/t） ………………………………………………………………表-f

$$\text{溶接長（m/t）} = \frac{\text{溶接すみ肉6mm換算長（m）}}{\text{鉄骨設計数量（t）}}$$

g：鋼材総使用量による増減率 ………………………………………………………………表-g
H_1：1時間当り工場鉄骨工直接賃金（円/h）
H_2：1時間当り工場溶接工直接賃金（円/h）

❾ 鉄　　　骨—3

表-a　鋼板柱の鉄骨工標準加工時間　(h/t)

平均板厚 (mm)	10 未満	10 以上 11 未満	11 以上 12 未満	12 以上 13 未満	13 以上 14 未満	14 以上 15 未満	15 以上 16 未満	16 以上 17 未満	17 以上 18 未満	18 以上 19 未満
a	33.9	32.1	30.6	29.3	31.3	30.1	29.1	28.2	27.4	26.6
平均板厚 (mm)	19 以上 20 未満	20 以上 21 未満	21 以上 22 未満	22 以上 23 未満	23 以上 24 未満	24 以上 25 未満	25 以上 26 未満	26 以上 27 未満	27 以上 28 未満	28 以上
a	25.9	25.2	24.6	24.0	23.5	23.0	22.6	22.1	21.7	21.3

(備考)　1．切板加工時間を除く。
　　　　2．平均板厚とは，柱及びブラケットに使用する各々の鋼板厚（mm）に，各々の設計数量（t）を乗じた合計数量を，鋼板柱の設計数量（t）の合計で除した数値とする。

表-b　鋼板梁の鉄骨工標準加工時間　(h/t)

平均板厚 (mm)	7 未満	7 以上 8 未満	8 以上 9 未満	9 以上 10 未満	10 以上 11 未満	11 以上 12 未満	12 以上 13 未満	13 以上 14 未満	14 以上 15 未満
b	18.4	17.0	15.9	15.0	14.3	13.6	13.0	13.9	13.4
平均板厚 (mm)	15 以上 16 未満	16 以上 17 未満	17 以上 18 未満	18 以上 19 未満	19 以上 20 未満	20 以上 21 未満	21 以上 22 未満	22 以上 23 未満	23 以上
b	13.0	12.6	12.2	11.8	11.5	11.2	11.0	10.7	10.5

(備考)　1．切板加工時間を除く。
　　　　2．平均板厚とは，梁に使用する各々の鋼板厚さ（mm）に，各々の設計数量（t）を乗じた合計数量を，鋼板梁の設計数量（t）の合計で除した数値とする。

表-d　H形鋼（他の形鋼を含む）の鉄骨工標準加工時間　(h/t)

部材当り鋼材使用量 (kg/p)	100 未満	100 以上 150 未満	150 以上 200 未満	200 以上 250 未満	250 以上 300 未満	300 以上 350 未満	350 以上 400 未満	400 以上 450 未満	450 以上 500 未満
d	17.9	16.5	15.6	15.1	14.7	14.3	14.1	13.8	13.6
部材当り鋼材使用量 (kg/p)	500 以上 550 未満	550 以上 600 未満	600 以上 700 未満	700 以上 800 未満	800 以上 900 未満	900 以上 1,000 未満	1,000 以上 1,200 未満	1,200 以上 1,400 未満	1,400 以上 1,600 未満
d	13.5	13.3	13.2	12.9	12.7	12.5	12.3	12.1	11.8

(備考)　1．部材当り鋼材使用量は，H形鋼（他の形鋼も含む）の部材数（P）で補正されたものである。
　　　　2．他の形鋼とは，CT鋼，I形鋼及び溝形鋼で，単一部材で柱及び梁を構成するものをいう。
　　　　3．部材数（P）とは，柱及び梁の主要部材並びにこれに準じる間柱及び小梁で，工場組立て前の本数を示す。

表-e　構造の加工難易による増減率

加工難易	単　　純	一　　般	複　　雑
e	0.8〜0.95	1	1.05〜1.2

(備考)　1．一般とは，事務所等で標準ラーメン構造の場合。
　　　　2．単純とは，工場，倉庫等で加工部材の種類が少ない場合。
　　　　3．複雑とは，上記以外で加工部材の種類が多い場合。

表-f　溶接工標準加工時間　(h/t)

溶接長 (m/t)	20 未満	20 以上 30 未満	30 以上 40 未満	40 以上 50 未満	50 以上 60 未満	60 以上 70 未満	70 以上 80 未満	80 以上 90 未満	90 以上 100 未満	100 以上 110 未満
f	2	3.4	4.6	5.7	6.7	7.7	8.7	9.6	10.5	11.3
溶接長 (m/t)	110 以上 120 未満	120 以上 130 未満	130 以上 140 未満	140 以上 150 未満	150 以上 160 未満	160 以上 170 未満	170 以上 180 未満	180 以上 190 未満	190 以上 200 未満	200 以上
f	12.2	13	13.8	14.6	15.4	16.1	16.9	17.6	18.4	19.1

表-g　鋼材総使用量による増減率

鋼材総使用量 (t)	30 未満	30 以上 60 未満	60 以上 100 未満	100 以上 200 未満	200 以上 300 未満	300 以上 400 未満	400 以上 500 未満	500 以上 600 未満	600 以上 700 未満	700 以上 800 未満
g	1.36	1.31	1.22	1.16	1.08	1.04	1.01	0.99	0.97	0.96
鋼材総使用量 (t)	800 以上 900 未満	900 以上 1,000 未満	1,000 以上 1,500 未満	1,500 以上 2,000 未満	2,000 以上					
g	0.94	0.93	0.92	0.89	0.86					

(2) 副資材費

副資材費　　　　　　　　　　　　　　　　(1t当り)

材　料	摘　要	単　位	全溶接構造	H形鋼構造	備　考
酸　　素		m³	7	3.5	
アセチレン		kg	3.5	1.7	
サービスボルト		本	2	1	
補助鋼材		kg	6	2	

(3) 溶接材料費

溶接材料費　　　　　　　　　　　　　　　(1m当り)

材　料	摘　要	単　位	手溶接	半自動溶接	自動溶接	備　考
溶　接　棒		kg	0.42	—	—	
CO_2ワイヤ		〃	—	0.23	—	
炭酸ガス		〃	—	0.12	—	
潜弧溶接ワイヤ		〃	—	—	0.21	
フラックス		〃	—	—	0.21	

(備考) 1. すみ肉脚長6mm換算。
　　　 2. 半自動溶接を標準とする。

③ 鉄骨運搬

(1t当り)

名　称	摘　要	単　位	数　量	備　考
トラック運転	6t積	日	0.12	
	11t積	日	0.065	

④ 現場建方

　現場建方は低層（平屋）及び中層（2節6階程度）に適用する。
　現場建方は，1日当りの標準作業量を15tとし，現場における取降し，仮締め及びひずみ直しを含む。

(1) 低層，中層の現場建方

現場建方歩掛（標準）　　　　　　　　　　(1t当り)

名　称	摘　要	単　位	低　層	中　層	備　考
普通ボルト	仮締め	本	20	20	4％（損料率）
とび工		人	0.4	0.53	
鉄骨工		〃	0.067	0.067	
その他		式	1	1	

(備考) 1. 備考欄の数値は1現場当り損料率を示す。
　　　 2. 揚重機械器具は，別途計上する。
　　　 3. 「その他」の率対象は，普通ボルト，とび工，鉄骨工とする。

　　現場建方の補正
　　　現場建方費＝標準単価×K₁
　　　補正値 K₁ = a × b
　　　　a：1m²当り鋼材使用量による増減率 ……………… 表-a
　　　　b：鋼材総使用量による増減率 …………………… 表-b

表-a　1m²当り鋼材使用量による増減率

1m²当り鋼材使用量（kg）	50未満	50以上55未満	55以上60未満	60以上65未満	65以上70未満	70以上80未満	80以上90未満	90以上110未満	110以上130未満	130以上150未満	150以上190未満	190以上250未満
増減率	1.3	1.26	1.22	1.18	1.14	1.1	1.05	1	0.95	0.89	0.84	0.77

表-b　鋼材総使用量による増減率

鋼材総使用量（t）	10未満	10以上15未満	15以上20未満	20以上30未満	30以上50未満	50以上80未満	80以上150未満	150以上250未満	250以上500未満	500以上1,000未満	1,000以上
増減率	1.34	1.3	1.26	1.22	1.18	1.14	1.1	1.05	1	0.95	0.89

❾鉄　　　骨—5

(2) 現場建方用機械運転費
　　機械の機種・規格の選択
　　　　選択は，敷地の状況，設置場所，他工事との関係，建物形状，吊上げ荷重，作業半径，作業方法・手順，経済性及び作業効率等を検討する。
　一般条件　1．使用機械はクレーン車（トラッククレーン，クローラクレーン），タワークレーンを主に計画する。
　　　　　　2．建方期間は，使用する機械の種類，台数，性能及び関連工事の揚重作業により決定され，鉄骨作業のみに使用できる期間は，ロスタイムを考慮して作業効率を70％内外とする。
　　　　　　3．建方能率は，天候との関連が非常に大きく，作業が休止される条件として，降雨量が1日10 mm以上，最大風速10 m/s以上を一応の目安とする。
　　　　　　4．建方完了後の建て入れ直し期間及び仮設設備据付期間等を考慮する。
　建方用機械運転日の補正
　　　　現場建方費と同様の補正を行う。
　トラッククレーン車の選定
　　　　トラッククレーン車には各種の規定があり，トラッククレーンの規格を選定するには，敷地条件による作業エリアから，最大作業半径吊上げ高さにより決定する（次図「トラッククレーン油圧式吊上げ作業能力」参照）。
　トラッククレーン車の場合
　　　　1日の作業能力：1ピース（柱1節，梁3層）を1 tとし，15ピースを標準とし，現場建方費と同様の補正を行う。

トラッククレーン油圧式吊上げ作業能力（参考資料）

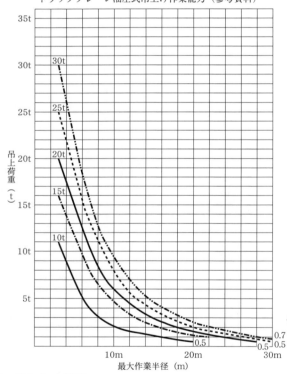
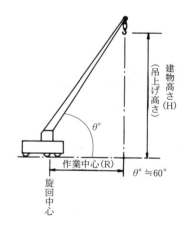

作業半径(R) = 建物高さ(H)×0.58(標準) + 建物スパン(m)×0.5

⑤　ボルト本締め
　　トルシア形高力ボルト締付けの歩掛は鉄骨設計数量300 t未満を標準とする。

（100本当り）

名　　称	摘　　要	単位	数　量
鉄　骨　工		人	※
締 付 機 器		日	※
そ　の　他		式	1

（備考）　1．※印の数量は，別表1又は別表2による。
　　　　　2．「その他」の率対象は，鉄骨工とする。

— 618 —

別表1　トルシア形高力ボルト締付け（ビル鉄骨）　　　　　　　　　　　　　　（100本当り）

名　称		単位	1,000本未満	1,000本以上2,000本未満	2,000本以上3,000本未満	3,000本以上4,000本未満	4,000本以上5,000本未満	5,000本以上6,000本未満	6,000本以上7,000本未満	7,000本以上8,000本未満	8,000本以上9,000本未満	9,000本以上10,000本未満	10,000本以上
高力ボルト	鉄骨工	人	0.78	0.77	0.75	0.73	0.71	0.69	0.67	0.65	0.63	0.61	0.60
	締付機器	日	0.56	0.55	0.54	0.52	0.51	0.49	0.47	0.46	0.44	0.43	0.42
	その他	式	1	1	1	1	1	1	1	1	1	1	1

（備考）　1．締付機器は電動レンチ（M24用）とする。
　　　　　2．JIS形高力ボルト締付けについては10％増しとする。
　　　　　3．「その他」の率対象は，鉄骨工とする。

別表2　トルシア形高力ボルト締付け（大張間構造）　　　　（100本当り）

名　称		単　位	数　量
高力ボルト	鉄骨工	人	0.80
	締付機器	日	0.58
	その他	式	1

（備考）　1．締付機器は電動レンチ（M24用）とする。
　　　　　2．JIS形高力ボルト締付けについては10％増しとする。
　　　　　3．「その他」の率対象は，鉄骨工とする。

⑥　**普通ボルト締付け**

（100本当り）

名　称		単　位	径9～13	径16～19	径22～25
普通ボルト	鉄骨工	人	0.68	0.81	0.93
	その他	式	1	1	1

（備考）　1．軽量鉄骨の付帯鉄骨には適用しない。
　　　　　2．「その他」の率対象は，鉄骨工とする。

⑦　**現　場　溶　接**

現場溶接は溶接1m当りの標準溶接価格（すみ肉溶接脚長6mm換算）を算出する。

（1m当り）

名　称	摘　要	単　位	半自動溶接	備　考
溶接棒等		kg	0.28	
炭酸ガス		〃	0.14	
溶接工		人	0.05	
溶接器具損料		式	1	
その他		〃	1	

（備考）「その他」の率対象は，溶接棒等，炭酸ガス，溶接工とする。

⑧　**鉄骨工場塗装**

さび止め塗装　　　　　　　　　　　　　　　　　　　　　　（1m²当り）

名　称	摘　要	単　位	素地ごしらえ	さび止め1回塗り	備　考
研磨紙	♯120～220	枚	0.25	―	
鉛・クロムフリーさび止めペイント	JIS K 5674　2種	kg	―	0.11	
塗装工		人	0.015	0.01	
その他		式	1	1	

（備考）　1．t当り塗装面積（参考資料）　H形鋼：30m²　ラチス：45m²　軽量形鋼：60m²
　　　　　2．「その他」の率対象は，研磨紙，鉛・クロムフリーさび止めペイント，塗装工とする。

⑨ アンカーボルト埋込み

アンカーボルト埋込み（B種）　　　　　　　　　　　　　（1本当り）

名　称	摘　要	単位	間柱及び軽微なもの 13～16φ	主柱用 16～19φ	22～25φ	28φ以上	備　考
型わく工		人	0.048	0.072	0.092	0.12	
その他		式	1	1	1	1	

（備考）「その他」の率対象は，型わく工とする。

⑩ 柱底均しモルタル

柱底均しモルタル（B種　厚30mm）　　　　　　　　　　（1箇所当り）

名　称	摘　要	単位	400mm角	500mm角	600mm角	700mm角	備　考
セメント		kg	3.2	5.0	7.2	9.8	
細骨材	砂	m³	0.005	0.008	0.012	0.016	
左官		人	0.08	0.09	0.10	0.11	
普通作業員		〃	0.03	0.03	0.03	0.03	
その他		式	1	1	1	1	

（備考）1.「その他」の率は，「左官」による。
　　　　2.「その他」の率対象は，左官，普通作業員とする。

⑪ 軽量鉄骨（母屋・胴縁の類）加工組立

軽量鉄骨加工組立歩掛　　　　　　　　　　　　　　　　（1t当り）

名　称	摘　要	単位	歩掛数量	備　考
鉄骨工		人	3～5	簡易3，一般4，複雑5
その他		式	1	

（備考）1.　普通ボルト締付けを含む。
　　　　2.「その他」の率対象は，鉄骨工とする。

⑫ 鉄骨足場

鉄骨足場（単管つり足場）　　　　　　　　　　　　（掛面積1m²当り）

名　称	摘　要	単位	単管つり足場	備　考
丸パイプ		m	1.95	2％（損料率）
足場チェーン	径6　L=4,000mm	本	0.13	2％（〃）
合板足場板	240×4,000×25mm	枚	0.05	2％（〃）
とび工		人	0.035	
その他		式	1	

（備考）1.　備考欄の数値は，1現場当り損料率を示す。
　　　　2.「その他」の率対象は，とび工とする。

単管つり足場以外については，仮設工事の項に記載。

⑬ 災害防止金網

「❸仮設」参照

⑭ 仮設材運搬（鉄骨足場）

仮設材運搬（鉄骨足場）　　　　　　　　　　　　（100m²当り往復）

名　称	摘要	単位	1節	2節	3節	4節	5節	6節	7節	8節	9節	10節
トラック運転	4t積	日	0.225	0.18	0.143	0.113	0.09	0.074	0.065	0.056	0.05	0.045

⑮ トラック運転

(1日当り)

名　　　称	摘　　　要	単位	4t積	6t積	11t積	備　考
運 転 手（一　般）		人	1.0	1.0	1.0	
燃　　　　　料	軽油	ℓ	26.0	29.3	47.3	
機 械 損 料		供用日	1.13	1.13	1.13	
そ　の　他		式	1	1	1	

（備考）「その他」の率対象は，運転手（一般），燃料とする。

⑯ 鉄骨工場加工・組立工場直接工算出例

○全溶接構造　　　　　　　　　　　事　務　所　（S造）

記　号	A	B	C	D	a	b	d	e	f	g
名　称	鋼板柱の鋼板使用量	鋼板梁の鋼板使用量	鋼板の使用率	H形鋼の使用率	鋼板柱の平均板厚	鋼板梁の平均板厚	H形鋼の部材当り鋼板使用量	構造の加工難易	工場溶接(6mm換算長)	鋼材総使用量
数　値	1,400 t	2,000 t	85.0%	15.0%	24 mm	16 mm	350 kg/p	やや複雑	120 m/t	4,000 t
単位加工時間率					23.0h	12.6h	14.1h	1.1	13.0h	0.86

加工時間の算出

$$\text{工場鉄骨工}\left\{\left(\frac{\overset{A}{1,400}\times\overset{a}{23.0}+\overset{B}{2,000}\times\overset{b}{12.6}}{\underset{A}{1,400}+\underset{B}{2,000}}\times\overset{C}{0.85}\right)+(\overset{d}{14.1}\times\overset{D}{0.15})\right\}\times\overset{e}{1.1}\times\overset{g}{0.86}=15.58$$

工場溶接工　$\underset{f}{13.0}\times\underset{g}{0.86}$　　　　　　　　　　　　　　　=11.18

工場直接工　計　26.76h

○全溶接構造　　　　　　　　　　　事　務　所　（SRC造）

記　号	A	B	C	D	a	b	d	e	f	g
名　称	鋼板柱の鋼板使用量	鋼板梁の鋼板使用量	鋼板の使用率	H形鋼の使用率	鋼板柱の平均板厚	鋼板梁の平均板厚	H形鋼の部材当り鋼板使用量	構造の加工難易	工場溶接(6mm換算長)	鋼材総使用量
数　値	400 t	780 t	98.3%	1.7%	14 mm	12 mm	1,500 kg/p	一　般	80 m/t	1,200 t
単位加工時間率					30.1h	13.0h	11.8h	1.0	9.6h	0.92

加工時間の算出

$$\text{工場鉄骨工}\left\{\left(\frac{\overset{A}{400}\times\overset{a}{30.1}+\overset{B}{780}\times\overset{b}{13.0}}{\underset{A}{400}+\underset{B}{780}}\times\overset{C}{0.983}\right)+(\overset{d}{11.8}\times\overset{D}{0.017})\right\}\times\overset{e}{1.0}\times\overset{g}{0.92}=17.18$$

工場溶接工　$\underset{f}{9.6}\times\underset{g}{0.92}$　　　　　　　　　　　　　　　= 8.83

工場直接工　計　26.01h

○H形鋼構造　　　　　　　　　　　倉　庫

記　号	C	D	a	d	e	f	g
名　称	鋼板の使用率	H形鋼の使用率	鋼板の平均板厚	H形鋼の部材当り鋼板使用量	構造の加工難易	工場溶接(6mm換算長)	鋼材総使用量
数　値	10.0%	90.0%	10 mm	250 kg/p		30 m/t	200 t
単位加工時間率			32.1h	14.7h	0.9	4.6h	1.08

加工時間の算出

$$\text{工場鉄骨工}\left\{(\overset{a}{32.1}\times\overset{C}{0.1})+(\overset{d}{14.7}\times\overset{D}{0.9})\right\}\times\overset{e}{0.9}\times\overset{g}{1.08}=15.98$$

工場溶接工　$\underset{f}{4.6}\times\underset{g}{1.08}$　　　　　　　　　　　　= 4.97

工場直接工　計　20.95 h

❿ 既製コンクリート

① 一 般 事 項

(1) 建築用コンクリートブロック積み歩掛は，空洞ブロックを組積し，鉄筋により補強された帳壁，衛生配管裏積みブロック及び高さ2.2m以下の塀に適用する。なお，現場打ちまぐさ，がりょう等は，「❻鉄筋」及び「❼コンクリート」等による。

② 建築用コンクリートブロック積み（帳壁）

名 称	摘 要		単位	材 料			労 務	
				品 名	単位	歩掛数量	職 種	歩掛員数(人)
内壁コンクリートブロック帳壁 (空洞ブロックA(08)) A 種	10cmブロック	仕 上 下 地	1m²当り	建築用空洞ブロック	個	13	建築ブロック工	0.11
				セメント	kg	13.1	普通作業員	0.05
				細骨材（砂）	m³	0.03	そ の 他	1 式
				鉄筋 D10	kg	3.7		
	12cmブロック	仕 上 下 地	〃	建築用空洞ブロック	個	13	建築ブロック工	0.12
				セメント	kg	16.6	普通作業員	0.06
				細骨材（砂）	m³	0.03	そ の 他	1 式
				鉄筋 D10	kg	3.7		
	15cmブロック	仕 上 下 地	〃	建築用空洞ブロック	個	13	建築ブロック工	0.13
				セメント	kg	24.2	普通作業員	0.07
				細骨材（砂）	m³	0.05	そ の 他	1 式
				鉄筋 D10	kg	3.7		
	19cmブロック	仕 上 下 地	〃	建築用空洞ブロック	個	13	建築ブロック工	0.15
				セメント	kg	35.3	普通作業員	0.10
				細骨材（砂）	m³	0.07	そ の 他	1 式
				鉄筋 D10	kg	3.7		
内壁コンクリートブロック帳壁 (空洞ブロックB(12)) B 種	10cmブロック	仕 上 下 地	〃	建築用空洞ブロック	個	13	建築ブロック工	0.12
				セメント	kg	13.1	普通作業員	0.05
				細骨材（砂）	m³	0.03	そ の 他	1 式
				鉄筋 D10	kg	3.7		
	12cmブロック	仕 上 下 地	〃	建築用空洞ブロック	個	13	建築ブロック工	0.13
				セメント	kg	16.6	普通作業員	0.06
				細骨材（砂）	m³	0.03	そ の 他	1 式
				鉄筋 D10	kg	3.7		
	15cmブロック	仕 上 下 地	〃	建築用空洞ブロック	個	13	建築ブロック工	0.14
				セメント	kg	24.2	普通作業員	0.08
				細骨材（砂）	m³	0.05	そ の 他	1 式
				鉄筋 D10	kg	3.7		
	19cmブロック	仕 上 下 地	〃	建築用空洞ブロック	個	13	建築ブロック工	0.16
				セメント	kg	35.3	普通作業員	0.10
				細骨材（砂）	m³	0.07	そ の 他	1 式
				鉄筋 D10	kg	3.7		

(つづく)

❿既製コンクリート-2

名称	摘要		単位	材料			労務	
				品名	単位	歩掛数量	職種	歩掛員数(人)
内壁コンクリートブロック帳壁 (空洞ブロックC(16)) C種	10cmブロック	仕上下地	1m²当り	建築用空洞ブロック	個	13	建築ブロック工	0.12
				セメント	kg	13.1	普通作業員	0.06
				細骨材（砂）	m³	0.03	その他	1 式
				鉄筋 D10	kg	3.7		
	12cmブロック	仕上下地	〃	建築用空洞ブロック	個	13	建築ブロック工	0.13
				セメント	kg	16.6	普通作業員	0.07
				細骨材（砂）	m³	0.03	その他	1 式
				鉄筋 D10	kg	3.7		
	15cmブロック	仕上下地	〃	建築用空洞ブロック	個	13	建築ブロック工	0.14
				セメント	kg	24.2	普通作業員	0.08
				細骨材（砂）	m³	0.05	その他	1 式
				鉄筋 D10	kg	3.7		
	19cmブロック	仕上下地	〃	建築用空洞ブロック	個	13	建築ブロック工	0.16
				セメント	kg	35.3	普通作業員	0.11
				細骨材（砂）	m³	0.07	その他	1 式
				鉄筋 D10	kg	3.7		
外壁コンクリートブロック帳壁 (空洞ブロックC(16)) C種	10cmブロック	仕上下地	〃	建築用空洞ブロック	個	13	建築ブロック工	0.12
				セメント	kg	13.1	普通作業員	0.06
				細骨材（砂）	m³	0.03	その他	1 式
				鉄筋 D10	kg	1.6		
				鉄筋 D13	〃	4.0		
	12cmブロック	仕上下地	〃	建築用空洞ブロック	個	13	建築ブロック工	0.13
				セメント	kg	16.6	普通作業員	0.07
				細骨材（砂）	m³	0.03	その他	1 式
				鉄筋 D10	kg	1.6		
				鉄筋 D13	〃	4.0		
	15cmブロック	仕上下地	〃	建築用空洞ブロック	個	13	建築ブロック工	0.14
				セメント	kg	24.2	普通作業員	0.08
				細骨材（砂）	m³	0.05	その他	1 式
				鉄筋 D10	kg	1.6		
				鉄筋 D13	〃	4.0		
	19cmブロック	仕上下地	〃	建築用空洞ブロック	個	13	建築ブロック工	0.16
				セメント	kg	35.3	普通作業員	0.11
				細骨材（砂）	m³	0.07	その他	1 式
				鉄筋 D10	kg	1.6		
				鉄筋 D13	〃	4.0		

(つづく)

❿既製コンクリート—3

名称	摘要	単位	材料 品名	材料 単位	材料 歩掛数量	労務 職種	労務 歩掛員数(人)
外壁コンクリートブロック帳壁 (空洞ブロックC(16-W)) C種	10cmブロック 仕上下地	1m²当り	建築用空洞ブロック	個	13	建築ブロック工	0.12
			セメント	kg	13.1	普通作業員	0.06
			細骨材(砂)	m³	0.03	その他	1 式
			鉄筋 D10	kg	1.6		
			鉄筋 D13	〃	4.0		
	12cmブロック 仕上下地	〃	建築用空洞ブロック	個	13	建築ブロック工	0.13
			セメント	kg	16.6	普通作業員	0.07
			細骨材(砂)	m³	0.03	その他	1 式
			鉄筋 D10	kg	1.6		
			鉄筋 D13	〃	4.0		
	15cmブロック 仕上下地	〃	建築用空洞ブロック	個	13	建築ブロック工	0.14
			セメント	kg	24.2	普通作業員	0.08
			細骨材(砂)	m³	0.05	その他	1 式
			鉄筋 D10	kg	1.6		
			鉄筋 D13	〃	4.0		
	19cmブロック 仕上下地	〃	建築用空洞ブロック	個	13	建築ブロック工	0.16
			セメント	kg	35.3	普通作業員	0.11
			細骨材(砂)	m³	0.07	その他	1 式
			鉄筋 D10	kg	1.6		
			鉄筋 D13	〃	4.0		

(備考) 1. 空洞部充填モルタルはセメント:砂=1:2.5, 化粧目地用モルタルはセメント:砂=1:1, 化粧目地仕上げは❼左官」参照。
2. 外壁コンクリートブロック帳壁に防水性能をもたせる場合は,防水剤製造所仕様による,歩掛数量の防水剤を加算する。
3. 建築ブロック工の労務歩掛員数には,ブロック積みの他縦遣り方,モルタル充填,鉄筋そう入及び目地押えの作業を含む。
普通作業員の労務には,ブロック積み降ろし,小運搬及びモルタル練りの作業を含む。
4. 建築用コンクリートブロックの空洞ブロックの圧縮強さは,JIS A 5406により,圧縮強さを表す記号08〔$4 N/mm^2$ 以上〕,12〔$6 N/mm^2$ 以上〕,16〔$8 N/mm^2$ 以上〕と規定されている。
圧縮強さ〔 〕内の数値は,全断面積に対する圧縮強さを示す。
5.「その他」の率対象は,建築用空洞ブロック,建築ブロック工,普通作業員とする。

コンクリートブロック積みの鉄筋の配筋

名称	鉄筋の配筋	
用途	縦筋	横筋
内壁	D10-400@	D10-400@
外壁	D13-400@	D10-400@

(備考) 重ね継手長さは45d,定着長さは40dとする。ただし,配力筋の定着長さは25dとする。

コンクリートブロック化粧積み加算

(1m² 当り)

名称	摘要	単位	材料 品名	材料 単位	材料 歩掛数量	労務 職種	労務 歩掛員数(人)
コンクリートブロック化粧積み加算	片面	1m²当り	—	—	—	建築ブロック工	0.025
			—	—	—	その他	1 式
	両面	〃	—	—	—	建築ブロック工	0.05
			—	—	—	その他	1 式

(備考) 1. ブロック積み目地幅は10mmとする。
2.「その他」の率対象は,建築ブロック工とする。

③ 防水立上り部（れんが押え）

(1 m² 当り)

名称	摘要	単位	材料 品名	単位	歩掛数量	労務 職種	歩掛員数(人)
れんが	210×100×60mm 半枚積み	1 m² 当り	れんが	個	68	建築ブロック工	0.08
			セメント	kg	21.2	普通作業員	0.04
			細骨材（砂）	m³	0.05	その他	1式

(備考) 1. れんがの種類は，普通れんがとする。
　　　　　また，「れんが」にモルタルブロック（セメントれんが）を使用することができる。
　　　　2.「その他」の対象は，れんが，建築ブロック工，普通作業員とする。

④ れんが積み（参考）

名称	摘要			単位	材料			労務		その他
れんが壁厚	壁厚 cm	野積み 本/m³	モルタル m³/m³ ／ m³/千本		品名	単位	歩掛数量	職種	歩掛員数(人)	
					化粧目地モルタル0.005m³/壁m²					
1枚積み (1B)	21	620	0.25 ／ 0.4	1m² 当り	れんが	本	136	建築ブロック工	0.27	1式
					モルタル	m³	0.055	普通作業員	0.16	〃
半枚積み (1/2B)	10	620	0.2 ／ 0.325	〃	れんが	本	68	建築ブロック工	0.15	〃
					モルタル	m³	0.022	普通作業員	0.1	〃
1.5枚積み (1 1/2B)	32	640	0.28 ／ 0.435	〃	れんが	本	205	建築ブロック工	0.42	〃
					モルタル	m³	0.09	普通作業員	0.26	〃

(備考) 1. 化粧積みの場合，建築ブロック工を片面0.08人／m²加算する。
　　　　2.「その他」の対象は，れんが，建築ブロック工，普通作業員とする。

⑤ 耐火れんが積み

JIS 並形：230×114×65 mm，耐火モルタル：1袋 0.06 m³，目地：8 mm

名称	摘要	単位	材料 品名	単位	歩掛数量	労務 職種	歩掛員数(人)	その他
1枚積み (1B)	シャモット SK32	1 m² 当り	耐火れんが	個	132	建築ブロック工	0.37	1式
			耐火モルタル	kg	7.5	普通作業員	0.23	〃
半枚積み (1/2B)	〃	〃	耐火れんが	個	66	建築ブロック工	0.21	〃
			耐火モルタル	kg	3.0	普通作業員	0.14	〃

(備考)「その他」の対象は，耐火れんが，耐火モルタル，建築ブロック工，普通作業員とする。

⑥ 養生

養生は，「❸仮設」による。

⑦ 運搬（参考）

建築用空洞ブロックの質量　　　　　　　　　　　　　　　　　　　　　　　　(kg/個)

種別		19 (cm) ブロック	15 (cm) ブロック	10 (cm) ブロック
長さ×高さ×厚さ (mm)		390×190×190	390×190×150	390×190×100
質量	A(08) A種	11.5	9.5	6.5
	B(12) B種	14	11	8
	C(16) C種	17	14	10

建築用空洞ブロック運搬

名称		運搬車1t当り積載量		名称	運搬車1t当り積載量
		個	壁m²		本
建築用空洞ブロック	19 cm	60	4.5	れんが	400
	15 cm	70	5.5	耐火れんが	330
	10 cm	110	8.5		

❿既製コンクリート―5

⑧　軽量気泡コンクリート板（ALC パネル）（参考）

名称	摘要	単位	材料 品名	単位	歩掛数量	労務 職種	歩掛員数(人)
屋根ＡＬＣパネル	ＡＬＣパネル　厚75mm	1m²当り	ALCパネル	m²	1.05	取付工	0.084
			鉄筋 モルタル 溶接棒	式	1	荷揚クレーン	0.0025 台/m²
						その他	1 式
	〃　厚100mm	〃	ALCパネル	m²	1.05	取付工	0.092
			鉄筋 モルタル 溶接棒	式	1	荷揚クレーン	0.0031 台/m²
						その他	1 式
	〃　厚150mm	〃	ALCパネル	m²	1.05	取付工	0.102
			鉄筋 モルタル 溶接棒	式	1	荷揚クレーン	0.005 台/m²
						その他	1 式
床ＡＬＣパネル	ＡＬＣパネル　厚100mm	〃	ALCパネル	m²	1.05	取付工(荷揚共)	0.13
			鉄筋 モルタル 溶接棒	式	1	その他	1 式
	〃　厚125mm	〃	ALCパネル	m²	1.05	取付工(荷揚共)	0.14
			鉄筋 モルタル 溶接棒	式	1	その他	1 式
	〃　厚150mm	〃	ALCパネル	m²	1.05	取付工(荷揚共)	0.15
			鉄筋 モルタル 溶接棒	式	1	その他	1 式
外壁ＡＬＣパネル	ＡＬＣパネル　厚100mm	〃	ALCパネル	m²	1.05	取付工	0.21
			鉄筋 モルタル 溶接棒	式	1	荷揚クレーン	0.004 台/m²
						その他	1 式
	〃　厚150mm	〃	ALCパネル	m²	1.05	取付工	0.25
			鉄筋 モルタル 溶接棒	式	1	荷揚クレーン	0.006 台/m²
						その他	1 式
間仕切りＡＬＣパネル	ＡＬＣパネル　厚75mm	〃	ALCパネル	m²	1.15	取付工(荷揚共)	0.22
			鉄筋 モルタル 溶接棒	式	1	その他	1 式
	〃　厚100mm	〃	ALCパネル	m²	1.15	取付工(荷揚共)	0.24
			鉄筋 モルタル 溶接棒	式	1	その他	1 式
	〃　厚150mm	〃	ALCパネル	m²	1.15	取付工(荷揚共)	0.26
			鉄筋 モルタル 溶接棒	式	1	その他	1 式

（備考）　1.　ＡＬＣパネルは，工場製品であり質量は 650 kg/m³ とする。鉄筋，モルタル等は，必要数量を計上する。
　　　　　2.　荷揚クレーンの揚重 t 数は，現場の実情に合わせ決定する。
　　　　　3.　軽量気泡コンクリートパネル（ＡＬＣパネル）の種類，品質，寸法，試験などは，JIS A 5416に規定されている。
　　　　　4.　「その他」の率対象は，ＡＬＣパネル，取付工とする。

⑪ 防　水

① 一 般 事 項

(1) アスファルト防水，改質アスファルトシート防水，合成高分子系ルーフィングシート防水，ケイ酸質系塗布防水及び塗膜防水の各防水工事並びにシーリング工事の仕様は「公共建築工事標準仕様書（建築工事編）」による。
(2) アスファルト防水の成形緩衝材及び成形キャント材は，別途計上する。
(3) 防水における防水入隅処理は，別途計上する。
(4) 防水下地が ALC パネル及び PC 版等の場合の継目処理は，別途計上する。
(5) シーリングは，補助材（バックアップ材及びボンドブレーカー等）を含む。
(6) 現在，歩掛りが設定されているものに※印を付した。利用に当たっては，刊行物等の価格と比較しながら利用する。

防水層の種類を下記に示す。

1. アスファルト防水の種類
   (ア) 屋根保護防水密着工法
      ・アスファルト屋根保護防水密着工法（A—1）※
      ・　　　　〃　　　　　　　（A—2）※
      ・　　　　〃　　　　　　　（A—3）
   (イ) 屋根保護防水密着断熱工法
      ・アスファルト屋根保護防水密着断熱工法（AⅠ—1）※
      ・　　　　〃　　　　　　　（AⅠ—2）※
      ・　　　　〃　　　　　　　（AⅠ—3）
   (ウ) 屋根保護防水絶縁工法
      ・アスファルト屋根保護防水絶縁工法（B—1）※
      ・　　　　〃　　　　　　　（B—2）※
   (エ) 屋根保護防水絶縁断熱工法
      ・アスファルト屋根保護防水絶縁断熱工法（BⅠ—1）※
      ・　　　　〃　　　　　　　（BⅠ—2）※
   (オ) 屋根露出防水絶縁工法
      ・アスファルト屋根露出防水絶縁工法（D—1）※
      ・　　　　〃　　　　　　　（D—2）※
   (カ) 屋根露出防水絶縁断熱工法
      ・アスファルト屋根露出防水絶縁断熱工法（DⅠ—1）
      ・　　　　〃　　　　　　　（DⅠ—2）
   (キ) 屋内防水密着工法
      ・アスファルト屋内防水密着工法（E—1）※
      ・　　〃　　屋根防水密着工法（E—2）※

2. 改質アスファルトシート防水の種類
   (ア) 屋根露出防水密着工法
      ・屋根露出防水密着工法（AS—T1）（トーチ工法）
      ・　　〃　　　（AS—T2）（トーチ工法）
      ・　　〃　　　（AS—T3）（トーチ工法）
      ・　　〃　　　（AS—T4）（トーチ工法）
      ・　　〃　　　（AS—J1）（常温粘着工法）
   (イ) 屋根露出防水絶縁断熱工法
      ・屋根露出防水絶縁断熱工法（ASⅠ—T1）（トーチ工法）
      ・　　〃　　　（ASⅠ—J1）（常温粘着工法）

3. 合成高分子系ルーフィングシート防水の種類
   (ア) 合成高分子系ルーフィングシート防水
      ・接着工法（S—F1）
      ・　〃　　（S—F2）
      ・機械的固定工法（S—M1）
      ・　　〃　　（S—M2）

⓫防　　　　水－2

　　　(イ)　合成高分子系ルーフィングシート防水（断熱工法）
　　　　　・接着工法（SI－F1）
　　　　　・　〃　　（SI－F2）
　　　　　・機械的固定工法（SI－M1）
　　　　　・　〃　　　　（SI－M2）
　　　(ウ)　合成高分子系ルーフィングシート防水（屋内保護密着工法）
　　　　　・屋内保護密着工法（S－C1）
　４．ケイ酸質系塗布防水の種類
　　　(ア)　ケイ酸質系塗布防水
　　　　　・ケイ酸質系塗布防水（C－SUI）
　　　　　・　〃　　　　（C－SUP）
　５．塗膜防水の種類
　　　(ア)　ウレタンゴム系塗膜防水
　　　　　・絶縁工法（X－1）
　　　　　・密着工法（X－2）
　　　(イ)　ゴムアスファルト系塗膜防水
　　　　　・ゴムアスファルト系塗膜防水（Y－1）
　　　　　・　　〃　　　　　　（Y－2）

② アスファルト防水

名称	摘要	単位	材料 品名	単位	歩掛数量	労務 職種	歩掛員数(人)
屋根保護防水密着工法	A－1 平面	1m² 当り	アスファルトプライマー	kg	0.2	防水工	0.081
			アスファルト（3種）	〃	6.0	普通作業員	0.026
			アスファルトルーフィング(1500)	m²	2.28	その他	1式
			ストレッチルーフィング(1000)	〃	2.28		
			ポリエチレンフィルム(厚0.15mm)	〃	1.1		
			燃料（重油）	ℓ	1.8		
	A－1 立上り 立下り面	〃	アスファルトプライマー	kg	0.2	防水工	0.13
			アスファルト（3種）	〃	6.93	普通作業員	0.041
			ゴムアスファルト系シール材	ℓ	0.25	その他	1式
			アスファルトルーフィング(1500)	m²	2.28		
			網状アスファルトルーフィング	〃	0.26		
			ストレッチルーフィング(1000)	〃	3.14		
			燃料（重油）	ℓ	2.1		
	A－2 平面	〃	アスファルトプライマー	kg	0.2	防水工	0.066
			アスファルト（3種）	〃	5.0	普通作業員	0.021
			アスファルトルーフィング(1500)	m²	1.14	その他	1式
			ストレッチルーフィング(1000)	〃	2.28		
			ポリエチレンフィルム(厚0.15mm)	〃	1.1		
			燃料（重油）	ℓ	1.5		
	A－2 立上り 立下り面	〃	アスファルトプライマー	kg	0.2	防水工	0.11
			アスファルト（3種）	〃	5.93	普通作業員	0.035
			ゴムアスファルト系シール材	ℓ	0.25	その他	1式
			アスファルトルーフィング(1500)	m²	1.14		
			網状アスファルトルーフィング	〃	0.26		
			ストレッチルーフィング(1000)	〃	3.14		
			燃料（重油）	ℓ	1.8		

（備考）「その他」の率対象は，アスファルトプライマー，アスファルト，ゴムアスファルト系シール材，アスファルトルーフィング，網状アスファルトルーフィング，ストレッチルーフィング，ポリエチレンフィルム，燃料，防水工，普通作業員とする。

名称	摘要	単位	材料 品名	単位	歩掛数量	労務 職種	歩掛員数(人)
屋根保護防水密着断熱工法	AI－1 平面 （立上り，立下り面は A－1による）	1m² 当り	アスファルトプライマー	kg	0.2	防水工	0.1
			アスファルト（3種）	〃	6.0	普通作業員	0.036
			アスファルトルーフィング(1500)	m²	2.28	その他	1式
			ストレッチルーフィング(1000)	〃	2.28		
			フラットヤーンクロス	〃	1.1		
			断熱材（厚25mm）	〃	1.04		
			燃料（重油）	ℓ	1.8		

（つづく）

⓫防　　　水―4

名称	摘　　要	単位	材料 品　　名	単位	歩掛数量	労務 職　種	歩掛員数(人)
屋根保護防水密着断熱工法	AI－2 平　面 (立上り,立下り面は A－2による)	1m² 当り	アスファルトプライマー	kg	0.2	防水工	0.086
			アスファルト（3種）	〃	5.0	普通作業員	0.031
			アスファルトルーフィング（1500）	m²	1.14	その他	1 式
			ストレッチルーフィング（1000）	〃	2.28		
			フラットヤーンクロス	〃	1.1		
			断熱材（厚25mm）	〃	1.04		
			燃料（重油）	ℓ	1.5		

（備考）「その他」の率対象は，アスファルトプライマー，アスファルト，アスファルトルーフィング，ストレッチルーフィング，フラットヤーンクロス，断熱材，燃料，防水工，普通作業員とする。

名称	摘　　要	単位	材料 品　　名	単位	歩掛数量	労務 職　種	歩掛員数(人)
屋根保護防水絶縁工法	B－1 平　面	1m² 当り	アスファルトプライマー	kg	0.2	防水工	0.091
			アスファルト（3種）	〃	6.2	普通作業員	0.029
			アスファルトルーフィング（1500）	m²	2.28	その他	1 式
			砂付あなあきルーフィング	〃	1.04		
			ストレッチルーフィング（1000）	〃	2.28		
			ポリエチレンフィルム(厚0.15mm)	〃	1.1		
			燃料（重油）	ℓ	1.9		
	B－1 立上り 立下り面 △印数量は減を示す。	〃	アスファルトプライマー	kg	0.2	防水工	0.13
			アスファルト（3種）	〃	6.93	普通作業員	0.042
			ゴムアスファルト系シール材	ℓ	0.25	その他	1 式
			アスファルトルーフィング（1500）	m²	2.28		
			網状アスファルトルーフィング	〃	0.26		
			砂付あなあきルーフィング	〃	△1.3		
			ストレッチルーフィング（1000）	〃	3.14		
			燃料（重油）	ℓ	2.7		
	B－2 平　面	〃	アスファルトプライマー	kg	0.2	防水工	0.076
			アスファルト（3種）	〃	5.2	普通作業員	0.024
			アスファルトルーフィング（1500）	m²	1.14	その他	1 式
			砂付あなあきルーフィング	〃	1.04		
			ストレッチルーフィング（1000）	〃	2.28		
			ポリエチレンフィルム(厚0.15mm)	〃	1.1		
			燃料（重油）	ℓ	1.6		
	B－2 立上り 立下り面 △印数量は減を示す。	〃	アスファルトプライマー	kg	0.2	防水工	0.11
			アスファルト（3種）	〃	5.93	普通作業員	0.035
			ゴムアスファルト系シール材	ℓ	0.25	その他	1 式
			アスファルトルーフィング（1500）	m²	1.14		
			網状アスファルトルーフィング	〃	0.26		
			砂付あなあきルーフィング	〃	△1.3		
			ストレッチルーフィング（1000）	〃	3.14		
			燃料（重油）	ℓ	2.4		

（備考）1.「その他」の率対象は，アスファルトプライマー，アスファルト，ゴムアスファルト系シール，アスファルトルーフィング，網状アスファルトルーフィング，砂付あなあきルーフィング，ストレッチルーフィング，ポリエチレンフィルム，燃料，防水工，普通作業員とする。
2.　砂付あなあきルーフィングを用いる仕様による。

― 630 ―

名称	摘要	単位	材料 品名	単位	歩掛数量	労務 職種	歩掛員数(人)
屋根保護防水絶縁断熱工法	BI－1 平面 (立上り，立下り面はB－1による)	1m² 当り	アスファルトプライマー	kg	0.2	防水工	0.11
			アスファルト（3種）	〃	6.2	普通作業員	0.039
			アスファルトルーフィング（1500）	m²	2.28	その他	1式
			砂付あなあきルーフィング	〃	1.04		
			ストレッチルーフィング（1000）	〃	2.28		
			フラットヤーンクロス	〃	1.1		
			断熱材（厚25mm）	〃	1.04		
			燃料（重油）	ℓ	1.9		
	BI－2 平面 (立上り，立下り面はB－2による)	〃	アスファルトプライマー	kg	0.2	防水工	0.096
			アスファルト（3種）	〃	5.2	普通作業員	0.034
			アスファルトルーフィング（1500）	m²	1.14	その他	1式
			砂付あなあきルーフィング	〃	1.04		
			ストレッチルーフィング（1000）	〃	2.28		
			フラットヤーンクロス	〃	1.1		
			断熱材（厚25mm）	〃	1.04		
			燃料（重油）	ℓ	1.6		

（備考） 1．「その他」の率対象は，アスファルトプライマー，アスファルト，アスファルトルーフィング，砂付あなあきルーフィング，ストレッチルーフィング，フラットヤーンクロス，断熱材，燃料，防水工，普通作業員とする。
2．砂付あなあきルーフィングを用いる仕様による。

名称	摘要	単位	材料 品名	単位	歩掛数量	労務 職種	歩掛員数(人)
屋根露出防水絶縁工法	D－1 平面	1m² 当り	アスファルトプライマー	kg	0.2	防水工	0.087
			アスファルト（3種）	〃	4.2	普通作業員	0.03
			アスファルトルーフィング（1500）	m²	1.14	その他	1式
			砂付あなあきルーフィング	〃	1.04		
			ストレッチルーフィング（1000）	〃	2.28		
			砂付ストレッチルーフィング	〃	1.14		
			燃料（重油）	ℓ	1.3		
	D－1 立上り 立下り面 △印数量は減を示す。	〃	アスファルトプライマー	kg	0.2	防水工	0.13
			アスファルト（3種）	〃	4.75	普通作業員	0.043
			ゴムアスファルト系シール材	ℓ	0.25	その他	1式
			アスファルトルーフィング（1500）	m²	1.14		
			網状アスファルトルーフィング	〃	0.26		
			砂付あなあきルーフィング	〃	△1.3		
			ストレッチルーフィング（1000）	〃	3.14		
			砂付ストレッチルーフィング	〃	1.14		
			燃料（重油）	ℓ	1.8		
	D－2 平面	〃	アスファルトプライマー	kg	0.2	防水工	0.072
			アスファルト（3種）	〃	3.2	普通作業員	0.025
			アスファルトルーフィング（1500）	m²	1.14	その他	1式
			砂付あなあきルーフィング	〃	1.04		
			ストレッチルーフィング（1000）	〃	1.14		
			砂付ストレッチルーフィング	〃	1.14		
			燃料（重油）	ℓ	1.0		

（つづく）

⓫防　　水—6

名称	摘　　要	単位	材料 品　名	単位	歩掛数量	労務 職　種	歩掛員数(人)
屋根露出防水絶縁工法	D－2 立上り 立下り面 △印数量は減を示す。	1m² 当り	アスファルトプライマー	kg	0.2	防水工	0.11
			アスファルト（3種）	〃	3.75	普通作業員	0.036
			ゴムアスファルト系シール材	ℓ	0.25	その他	1 式
			アスファルトルーフィング（1500）	m²	1.14		
			網状アスファルトルーフィング	〃	0.26		
			砂付あなあきルーフィング	〃	△1.3		
			ストレッチルーフィング（1000）	〃	2.0		
			砂付ストレッチルーフィング	〃	1.14		
			燃料（重油）	ℓ	1.5		

（備考）　1.「その他」の率対象は，アスファルトプライマー，アスファルト，ゴムアスファルト系シール材，アスファルトルーフィング，網状アスファルトルーフィング，砂付あなあきルーフィング，ストレッチルーフィング，砂付ストレッチルーフィング，燃料，防水工，普通作業員とする。
　　　　　2.　砂付あなあきルーフィングを用いる仕様による。

名称	摘　　要	単位	材料 品　名	単位	歩掛数量	労務 職　種	歩掛員数(人)
屋内防水密着工法	E－1 平　面	1m² 当り	アスファルトプライマー	kg	0.2	防水工	0.059
			アスファルト（3種）	〃	5.0	普通作業員	0.021
			アスファルトルーフィング（1500）	m²	2.28	その他	1 式
			ストレッチルーフィング（1000）	〃	1.14		
			燃料（重油）	ℓ	1.5		
	E－1 立上り 立下り面	〃	アスファルトプライマー	kg	0.2	防水工	0.13
			アスファルト（3種）	〃	6.93	普通作業員	0.041
			ゴムアスファルト系シール材	ℓ	0.25	その他	1 式
			アスファルトルーフィング（1500）	m²	2.28		
			網状アスファルトルーフィング	〃	0.26		
			ストレッチルーフィング（1000）	〃	3.14		
			燃料（重油）	ℓ	2.1		
	E－2 平　面	〃	アスファルトプライマー	kg	0.2	防水工	0.044
			アスファルト（3種）	〃	4.0	普通作業員	0.016
			アスファルトルーフィング（1500）	m²	1.14	その他	1 式
			ストレッチルーフィング（1000）	〃	1.14		
			燃料（重油）	ℓ	1.2		
	E－2 立上り 立下り面	〃	アスファルトプライマー	kg	0.2	防水工	0.091
			アスファルト（3種）	〃	4.93	普通作業員	0.028
			ゴムアスファルト系シール材	ℓ	0.25	その他	1 式
			アスファルトルーフィング（1500）	m²	1.14		
			網状アスファルトルーフィング	〃	0.26		
			ストレッチルーフィング（1000）	〃	2.0		
			燃料（重油）	ℓ	1.5		

（備考）「その他」の率対象は，アスファルトプライマー，アスファルト，ゴムアスファルト系シール材，アスファルトルーフィング，網状アスファルトルーフィング，ストレッチルーフィング，燃料，防水工，普通作業員とする。

③ アスファルト防水押えの伸縮目地他

アスファルト防水押えの伸縮目地　　　　　　　　　　　（1m当り）

名　称	摘　要	材料 品名	単位	歩掛数量	労務 職種	歩掛員数（人）
伸　縮　目　地	成形伸縮目地材	目地幅25mm（本体は、目地幅の80％以上）	m	1.05	防水工	0.025
		—	—	—	その他	1式

（備考）　1．成形伸縮目地材
　　　　　　（1）付着層タイプ又はアンカータイプとする。
　　　　　　（2）品質は，圧縮性能等JIS規定の試験に合格したものとする。
　　　　　2．「その他」の率対象は，成形伸縮目地材，防水工とする。

成形緩衝材　　　　　　　　　　　（1m当り）

名　称	摘　要	材料 品名	単位	歩掛数量	労務 職種	歩掛員数（人）
成　形　緩　衝　材		成形緩衝材	m	1.05	防水工	0.013
		—	—	—	その他	1式

（備考）　1．成形緩衝材は，アスファルトルーフィング類の製造所の指定する製品とする。
　　　　　2．「その他」の率対象は，成形緩衝材，防水工とする。

防水押えアングル（**参考**）　　　　　　　　　　　（1m当り）

名　称	摘　要	材料 品名	単位	歩掛数量	労務 職種	歩掛員数（人）
防水押えアングル		アルミアングル（既製品）30×15程度	m	1.05	防水工	0.017
		ステンレスビス	本	2.2	普通作業員	0.017
		—	—	—	その他	1式

（備考）　1．ステンレスビスの埋込み労務を含む。
　　　　　2．「その他」の率対象は，アルミアングル，ステンレスビス，防水工，普通作業員とする。

防水入隅処理（モルタル）　　　　　　　　　　　（1m当り）

名　称	摘　要	材料 品名	単位	歩掛数量	労務 職種	歩掛員数（人）
防水入隅処理（モルタル）		セメント	kg	0.28	左官	0.01
		細骨材（砂）	m^3	0.00068	普通作業員	0.00072
		—	—	—	その他	1式

（備考）「その他」の率対象は，左官，普通作業員とする。

④ モルタル防水（参考）

（$1m^2$又は1m当り）

施工箇所	厚さ(mm)	単位	材料 セメント(袋)	砂(m^3)	防水剤(ℓ)	労務歩掛員数（人） 普通作業員A	左官a	左官b	普通作業員B	普通作業員C	その他
屋根・バルコニー床	35	m^2	0.45	0.045	0.8	0.01	0.03	0.04	0.01	0.05	1式
軒　先			0.5	0.05	0.9						
廊下床	25	〃	0.36	0.036	0.7	0.01	0.03	0.04	0.01	0.04	〃
幅木 H100〜150	15	m	0.04	0.005	0.7	0.004	0.015	0.01	0.005	0.01	〃
笠木幅10〜15cm	30	〃	0.1	0.01	0.14	0.006	0.015	0.01	0.007	0.02	〃
塔屋床	35	m^2	0.45	0.045	0.8	0.011	0.033	0.044	0.011	0.06	〃
水槽・浄化槽・ポンプ室床	30	〃	0.4	0.04	0.8	0.01	0.03	0.04	0.01	0.02	〃

（備考）　1．6階以上については，労務歩掛員数1.3倍。ルーフドレン，テレビアンテナ及び手すり回りなどはシーリング処理とする。急結剤$0.5\ell/m^2$・水止め0.02人$/m^2$。防水工事専門業者の責任施工とする。
　　　　　2．普通作業員Aは掃除，Bは手元，Cは小運搬。左官のaは防水層，bは仕上げ。
　　　　　3．「その他」の率対象は，普通作業員，左官とする。

⑤ シーリング

名　　称	摘　要	単位	材料　品　名	材料　単位	材料　歩掛数量	労務　職　種	労務　歩掛員数(人)
シーリング (SR-1シリコーン系 SR-1シリコーン系[防かびタイプ])	断面寸法 10×10mm	1m 当り	シーリング材（1成分形）	ℓ	0.055	防　水　工	0.027
〃	〃	〃	補足材（シーリング材の10%）		1　式	そ　の　他	1　式
	断面寸法 15×10mm	〃	シーリング材（1成分形）	ℓ	0.12	防　水　工	0.032
	〃	〃	補足材（シーリング材の10%）		1　式	そ　の　他	1　式
	断面寸法 20×10mm	〃	シーリング材（1成分形）	ℓ	0.25	防　水　工	0.037
	〃	〃	補足材（シーリング材の10%）		1　式	そ　の　他	1　式
	断面寸法 25×15mm	〃	シーリング材（1成分形）	ℓ	0.34	防　水　工	0.042
	〃	〃	補足材（シーリング材の10%）		1　式	そ　の　他	1　式
	断面寸法 30×15mm	〃	シーリング材（1成分形）	ℓ	0.48	防　水　工	0.047
	〃	〃	補足材（シーリング材の10%）		1　式	そ　の　他	1　式
シーリング (SR-2シリコーン系 MS-2変成シリコーン系 PS-2ポリサルファイド系 PU-2ポリウレタン系)	断面寸法 10×10mm	〃	シーリング材（2成分形）	ℓ	0.055	防　水　工	0.029
	〃	〃	補足材（シーリング材の10%）		1　式	そ　の　他	1　式
	断面寸法 15×10mm	〃	シーリング材（2成分形）	ℓ	0.12	防　水　工	0.034
	〃	〃	補足材（シーリング材の10%）		1　式	そ　の　他	1　式
	断面寸法 20×10mm	〃	シーリング材（2成分形）	ℓ	0.25	防　水　工	0.039
	〃	〃	補足材（シーリング材の10%）		1　式	そ　の　他	1　式
	断面寸法 25×15mm	〃	シーリング材（2成分形）	ℓ	0.34	防　水　工	0.044
	〃	〃	補足材（シーリング材の10%）		1　式	そ　の　他	1　式
	断面寸法 30×15mm	〃	シーリング材（2成分形）	ℓ	0.48	防　水　工	0.049
	〃	〃	補足材（シーリング材の10%）		1　式	そ　の　他	1　式
シーリング （AC-1 アクリル系）	断面寸法 10×10mm	〃	シーリング材（1成分形）	ℓ	0.055	防　水　工	0.015
	〃	〃	補足材（シーリング材の10%）		1　式	そ　の　他	1　式
	断面寸法 15×10mm	〃	シーリング材（1成分形）	ℓ	0.12	防　水　工	0.02
	〃	〃	補足材（シーリング材の10%）		1　式	そ　の　他	1　式

（備考）　1．補足材とは，プライマー，バックアップ材，ボンドブレーカー，マスキングテープ，清掃用洗浄剤等をいう。
　　　　　2．バックアップ材又はボンドブレーカーが不要の場合は，補足材をシーリング材の5％とし，防水工を0.005人減ずる。
　　　　　3．「その他」の率対象は，シーリング材，補足材，防水工とする。

⑥ コーキング（参考）

名　　称	摘　要	単位	材料　品　名	材料　単位	材料　歩掛数量	労務　職　種	労務　歩掛員数(人)
シーリング （油性コーキング）	断面寸法 10×10mm	1m 当り	シーリング材（油性）	ℓ	0.12	防　水　工	0.013
	〃	〃	—	—	—	そ　の　他	1　式
	断面寸法 15×10mm	〃	シーリング材（油性）	ℓ	0.17	防　水　工	0.018
	〃	〃	—	—	—	そ　の　他	1　式

（備考）　「その他」の率対象は，シーリング材（油性），防水工とする。

⑫ 石

① 一般事項

(1) 石の歩掛は，石材及びテラゾブロックを用いた床，壁等の仕上げ等に適用する。
(2) 石材の施工割り増し等は設計数量に対応する石材加工製品の価格に含む。

② 石張り

名　　称	摘　　要	単位	材料 品　名	単位	歩掛数量	労務 職　種	歩掛員数(人)
外壁湿式工法 壁・花こう岩張り	ひき石厚30 600×800mm 引き金物ステンレス製 3.2mm	1m² 当り	花こう岩	m²	1.0	石　工	0.35
			セメント	kg	26.2	普通作業員	0.32
			細骨材砂	m³	0.063	その他	1式
			鉄　筋　D10	kg	3.3		
			引き金物	〃	0.04		
	割石厚70 600×800mm 引き金物ステンレス製 4.0mm	〃	花こう岩	m²	1.0	石　工	0.4
			セメント	kg	36.5	普通作業員	0.36
			細骨材砂	m³	0.088	その他	1式
			鉄　筋　D10	kg	3.3		
			引き金物	〃	0.09		
内壁空積工法 壁・大理石張り	大理石厚20 900×900mm 引き金物ステンレス製 3.2mm 発泡スチロール厚50	〃	大理石	m²	1.0	石　工	0.33
			セメント	kg	5.0	普通作業員	0.3
			細骨材砂	m³	0.012	その他	1式
			鉄　筋　D10	kg	2.2		
			引き金物	〃	0.02		
			発泡スチロール	m²	0.08		
床・花こう岩張り	ひき石厚30 600×600mm	〃	花こう岩	m²	1.0	石　工	0.25
			セメント	kg	15.5	普通作業員	0.23
			細骨材砂	m³	0.039	その他	1式
	割石厚100 900×450mm	〃	花こう岩	m²	1.0	石　工	0.3
			セメント	kg	20.0	普通作業員	0.27
			細骨材砂	m³	0.08	その他	1式
床・大理石張り	大理石厚20 500×500mm	〃	大理石	m²	1.0	石　工	0.25
			セメント	kg	15.4	普通作業員	0.23
			細骨材砂	m³	0.039	その他	1式

(備考)　「その他」の率対象は，石工，普通作業員とする。

③ テラゾブロック張り

名　　称	摘　　要	単位	材料 品　名	単位	歩掛数量	労務 職　種	歩掛員数(人)
床・テラゾ ブロック張り	厚さ 30 mm 500×500 mm	1 m² 当り	テラゾブロック	m²	1.0	石　工	0.2
			セメント	kg	15.6	普通作業員	0.18
			細骨材砂	m³	0.039	その他	1 式
壁・テラゾ ブロック張り	厚さ 30 mm 900×900 mm 引き金物ステンレス製 3.2mm	〃	テラゾブロック	m²	1.0	石　工	0.25
			セメント	kg	25.4	普通作業員	0.23
			細骨材砂	m³	0.063	その他	1 式
			鉄筋 D10	kg	2.2		
			引き金物	〃	0.1		
幅木テラゾ ブロック張り	厚さ 25 mm 900×75 mm	1 m 当り	テラゾブロック	m	1.0	石　工	0.08
			セメント	kg	0.45	普通作業員	0.05
			細骨材砂	m³	0.001	その他	1 式

（備考）「その他」の率対象は，石工，普通作業員とする。

④ モルタル調合比

モルタルの調合（容積比）

材料 施工箇所	セメント	砂	目地幅標準
目地モルタル	1	0.5	壁　外壁湿式工法　6 mm 以上 壁　内壁空積工法　6 mm 以上 床　屋外　　　　　4 mm 以上 床　屋内　　　　　3～6 mm
裏込めモルタル	1	3	
敷きモルタル	1	4	
張付用ペースト	1	0	

⑬ タイル

① 一般事項

(1) タイル工事等の歩掛は，水洗い程度の手間を含む。
(2) タイル張付けモルタルには，混入する保水剤を含む。
(3) 下地モルタルは，⑰左官により別途計上する。ただし，クリンカータイルの下地モルタルは含む。

② 床タイル張り

(1 m² 又は 1 m 当り)

名称	摘要	単位	材料 タイル(枚)	セメント(kg)	細骨材 砂(m³)	労務 タイル工(人)	普通作業員(人)	その他
床タイル（一般タイル張り）	100 mm角	m²	102	3.0	0.004	0.22	0.09	1式
	150 〃	〃	45	2.6	0.004	0.19	0.09	〃
床タイル（ユニットタイル張り）300×300 mm（目地共）	100 mm角	m²	11.5(シート)	4.4	0.003	0.19	0.07	1式
床クリンカータイル張り **(参考)**	120 mm角	m²	63	5.5	0.002	0.19	0.1	1式
	152 〃	〃	39	5.8	0.002	0.18	0.1	〃
	180 〃	〃	28	6.1	0.003	0.17	0.1	〃
床モザイクタイル（ユニットタイル張り）300×300 mm（目地共）	25 mm角	m²	11.5(シート)	5.2	0.003	0.19	0.07	1式
	50 〃	〃	11.5(シート)	4.0	0.003	0.19	0.07	〃
	50二丁 **(参考)**	〃	11.5(シート)	4.0	0.003	0.19	0.07	〃
床タイル（階段用タイル張り）	100 mm角	m	10	0.2	0.0004	0.075	0.025	1式
	150 〃	〃	7	0.3	0.0004	0.075	0.025	〃

(備考) 1. タイルの寸法は，目地を含むモジュール寸法。
2. モザイクユニットタイルの1シート寸法は，300×300mmとする。
3. 階段用タイルは，段鼻又は，垂れ付き段鼻とする。
4. 「その他」の率対象は，タイル，タイル工，普通作業員とする。

③ 外装壁タイル張り

名称	摘要	単位	材料 品名	単位	歩掛数量	労務 職種	歩掛員数(人)	その他
外装壁タイル 小口平 108×60	密着張り	1 m² 当り	タイル	枚	135	タイル工	0.25	1式
			セメント	kg	5.9	普通作業員	0.07	
			細骨材 砂	m³	0.008			
	改良積上げ張り	〃	タイル	枚	135	タイル工	0.30	〃
			セメント	kg	5.2	普通作業員	0.095	
			細骨材 砂	m³	0.009			
	改良圧着張り	〃	タイル	枚	135	タイル工	0.28	〃
			セメント	kg	5.9	普通作業員	0.081	
			細骨材 砂	m³	0.008			
外装壁タイル 二丁掛平 227×60	密着張り	〃	タイル	枚	67	タイル工	0.24	〃
			セメント	kg	5.7	普通作業員	0.09	
			細骨材 砂	m³	0.008			
	改良積上げ張り	〃	タイル	枚	67	タイル工	0.29	〃
			セメント	kg	5.0	普通作業員	0.11	
			細骨材 砂	m³	0.009			
	改良圧着張り	〃	タイル	枚	67	タイル工	0.27	〃
			セメント	kg	5.7	普通作業員	0.095	
			細骨材 砂	m³	0.008			

(備考) 「その他」の率対象は，タイル，タイル工，普通作業員とする。

④ 外装壁役物タイル張り

名　称	摘　要	単位	材料 品名	材料 単位	材料 歩掛数量	労務 職種	労務 歩掛員数(人)	その他
外装壁役物タイル 小口曲がり (108+50)×60	密着張り	1m 当り	タイル	枚	15	タイル工	0.085	1 式
			セメント	kg	0.86	普通作業員	0.018	
			細骨材 砂	m³	0.0013			
	改良積上げ張り	〃	タイル	枚	15	タイル工	0.11	〃
			セメント	kg	0.75	普通作業員	0.018	
			細骨材 砂	m³	0.0013			
	改良圧着張り	〃	タイル	枚	15	タイル工	0.10	〃
			セメント	kg	0.88	普通作業員	0.018	
			細骨材 砂	m³	0.0013			
外装壁役物タイル 標準曲がり (168+50)×60	密着張り	〃	タイル	枚	15	タイル工	0.085	〃
			セメント	kg	1.19	普通作業員	0.018	
			細骨材 砂	m³	0.0018			
	改良積上げ張り	〃	タイル	枚	15	タイル工	0.11	〃
			セメント	kg	1.03	普通作業員	0.018	
			細骨材 砂	m³	0.0019			
	改良圧着張り	〃	タイル	枚	15	タイル工	0.10	〃
			セメント	kg	1.21	普通作業員	0.018	
			細骨材 砂	m³	0.0018			
外装壁役物タイル 小口屏風曲がり 108×(60+50)	密着張り	〃	タイル	枚	9.5	タイル工	0.097	〃
			セメント	kg	0.56	普通作業員	0.018	
			細骨材 砂	m³	0.0009			
	改良積上げ張り	〃	タイル	枚	9.5	タイル工	0.125	〃
			セメント	kg	0.48	普通作業員	0.018	
			細骨材 砂	m³	0.0009			
	改良圧着張り	〃	タイル	枚	9.5	タイル工	0.111	〃
			セメント	kg	0.56	普通作業員	0.018	
			細骨材 砂	m³	0.0009			
外装壁役物タイル 二丁掛 屏風曲がり 227×(60+50)	密着張り	〃	タイル	枚	4.5	タイル工	0.097	〃
			セメント	kg	0.62	普通作業員	0.018	
			細骨材 砂	m³	0.0009			
	改良積上げ張り	〃	タイル	枚	4.5	タイル工	0.125	〃
			セメント	kg	0.55	普通作業員	0.018	
			細骨材 砂	m³	0.0009			
	改良圧着張り	〃	タイル	枚	4.5	タイル工	0.111	〃
			セメント	kg	0.64	普通作業員	0.018	
			細骨材 砂	m³	0.0009			

(備考)　1.　屏風曲がりを水切り等の面台に使用する場合は，労務を各々の80%掛けとする。
　　　　2.　「その他」の率対象は，タイル，タイル工，普通作業員とする。

⑬ タ　イ　ル－3

⑤ 内装壁タイル張り

名　　称	摘　　要	単位	材料 品名	単位	歩掛数量	労務 職種	歩掛員数(人)	その他
内装壁タイル 100 mm 角	改良積上げ張り (外装壁タイルも同じ)	1 m² 当り	タイル	枚	102	タイル工	0.25	1 式
			セメント	kg	5.8	普通作業員	0.08	
			細骨材 砂	m³	0.019			
	ユニットタイル 有機系接着剤による接着張り モルタル面	〃	タイル	シート	11.5	タイル工	0.18	〃
			接着剤	kg	0.8	普通作業員	0.05	
			白セメント	〃	0.12			
	ユニットタイル 有機系接着剤による接着張り ボード面	〃	タイル	シート	11.5	タイル工	0.18	〃
			接着剤	kg	0.8	普通作業員	0.05	
			白セメント	〃	0.12			

（備考）　1．タイルの寸法は目地を含むモデュール寸法とする。
　　　　2．内装ユニットタイルの1シート寸法は，300×300 mm とする。
　　　　3．有機系接着剤はタイプⅠ又はタイプⅡとする。
　　　　4．「その他」の率対象は，タイル，接着剤，白セメント，タイル工及び普通作業員とする。

⑥ 内装壁モザイクタイル張り

名　　称	摘　　要	単位	材料 品名	単位	歩掛数量	労務 職種	歩掛員数(人)	その他
内装壁モザイクタイル 25mm 角	ユニットタイル モザイクタイル張り	1 m² 当り	タイル	シート	11.5	タイル工	0.21	1 式
			セメント	kg	4.4	普通作業員	0.07	
			細骨材 砂	m³	0.003			
内装壁モザイクタイル 50 角平 45×45	ユニットタイル マスク張り (外装壁モザイクタイルも同じ)	〃	タイル	シート	11.5	タイル工	0.21	〃
			セメント	kg	4.2	普通作業員	0.10	
			細骨材 砂	m³	0.003			
内装壁モザイクタイル 50 二丁平 95×45	ユニットタイル マスク張り (外装壁モザイクタイルも同じ)	〃	タイル	シート	11.5	タイル工	0.21	〃
			セメント	kg	4.1	普通作業員	0.10	
			細骨材 砂	m³	0.003			

（備考）　1．タイルの寸法は目地を含むモデュール寸法。
　　　　2．モザイクユニットタイルの1シート寸法は，300×300 mm とする。
　　　　3．「その他」の率対象は，タイル，タイル工，普通作業員とする。

⑦ 内装壁モザイクタイル役物張り

名　　称	摘　　要	単位	材料 品名	単位	歩掛数量	労務 職種	歩掛員数(人)	その他
内装壁モザイクタイル役物張り 50 角曲がり (45+45)×45	ユニットタイル (外装壁モザイクタイルも同じ)	1 m 当り	タイル	シート	3.5	タイル工	0.08	1 式
			セメント	kg	0.39	普通作業員	0.022	
			細骨材 砂	m³	0.0003			
内装壁モザイクタイル役物張り 50 二丁曲がり (95+45)×45	ユニットタイル (外装壁モザイクタイルも同じ)	〃	タイル	シート	3.5	タイル工	0.08	〃
			セメント	kg	0.57	普通作業員	0.022	
			細骨材 砂	m³	0.0005			
内装壁モザイクタイル役物張り 50 二丁屏風曲がり 95×(45+45)	ユニットタイル (外装壁モザイクタイルも同じ)	〃	タイル	シート	3.5	タイル工	0.08	〃
			セメント	kg	0.38	普通作業員	0.022	
			細骨材 砂	m³	0.0003			

（備考）　1．屏風曲がりを水切り等の面台に使用する場合は，労務を各々の80％掛けとする。
　　　　2．モザイクユニットタイルの1シート寸法は，300×300 mm とする。
　　　　3．「その他」の率対象は，タイル，タイル工，普通作業員とする。

⓭ タ イ ル－4

モルタルの調合（容積比）

施工部位・工法			材料	セメント	白セメント	細骨材	混和剤	備考
張付けモルタル	壁	密着張り		1	－	1～2	適量	粒度調整されたもの
		改良圧着張り		1	－	1～2	適量	
		ユニットタイル	屋外	1	－	0.5～1	適量	粒度調整されたもの
			屋内		1	0.5～1	適量	目地の色に応じてセメントの種類を定める。
	床	ユニットタイル		1	－	0.5～1	適量	粒度調整されたもの
		その他のタイル		1	－	1～2	適量	粒度調整されたもの
目地モルタル	3mmを超えるもの			1		0.5～2	適量	
	3mm以下のもの		屋外		1	0.5～2	適量	目地の色に応じてセメントの種類を定める。
			屋内		1	0.5	適量	

（備考） 1. セメント混和用ポリマーディスパージョンの使用量は，セメント質量の5％（全固形分換算）程度とする。
2. 張付けモルタルには，必要に応じて，保水剤を使用する。ただし，保水剤は，所定の使用量を超えないよう注意する。

セメントモルタルによるタイル張り工法と張付けモルタルの塗厚

タイルの種類	タイルの大きさ	工法	張付けモルタル 塗厚（総厚）(mm)	備考
内外装タイル	小口平 二丁掛 100角	密着張り	5～8	1枚ずつ張り付ける。
		改良圧着張り	下地側 4～6 タイル側 1～3	
ユニットタイル （内装タイル以外）	50二丁以下	マスク張り	3～4	ユニットごとに張り付ける。
		モザイクタイル張り	3～5	

1m^{2}当りタイル所要数（ロスは含まない）**(参考)**

目地幅 \ 単位 形状	モザイク (300mm角)	100mm角	108mm角(36角)	150mm角	180mm角	二丁掛(227×60)	小口平(108×60)	三丁掛(227×90)	四丁掛(227×120)
無し	枚/m^2	－	(100.0)	85.7	43.3	30.9	73.4	154.3	48.9	36.7
1.6mm(五厘)	〃	－	96.9	(83.2)	42.4	30.3	71.0	148.1	47.8	36.0
3mm(1分)	〃	10.9	94.3	81.2	41.6	29.9	69.0	143.0	46.8	35.3
4.5mm(1分5厘)	〃	－	91.6	79.0	40.8	29.4	67.0	137.8	45.7	34.7
6mm(2分)	〃	－	89.0	76.9	40.1	28.9	65.0	132.9	44.7	34.1
7.5mm(2分5厘)	〃	－	86.5	(75.0)	39.3	28.4	(63.2)	(128.3)	43.7	33.4
9mm(3分)	〃	－	84.2	73.1	(38.6)	(28.0)	61.4	123.9	(42.8)	(32.8)

（備考）（ ）印は標準目地幅の所要数を示す。

⑧ テラコッタ張り（参考）

(1m² 又は 1m 当り)

名称	摘要	単位	材料 品名	単位	数量	労務 職種	歩掛員数(人)	その他
テラコッタ張り	大型タイル形式のテラコッタ張り	m²	テラコッタ	m²	1	張り手間 タイル工	0.35	1式
	ホーロータイル形式のもので，壁体の化粧構造用，空胴式のテラコッタ積み	〃	モルタル	m³	0.03	積み手間 タイル工	0.30	〃
			緊結補強金物	kg	設計による	普通作業員	0.30	〃
	パラペットじゃ腹，窓台がく縁などの糸尺もの	m	テラコッタ糸尺もの	m	1	タイル工	0.15	〃
			モルタル緊結補強金物	kg	設計による	普通作業員	0.15	〃

(備考)「その他」の率対象は，テラコッタ，緊結補強金物，テラコッタ糸尺もの，モルタル緊結補強金物，タイル工，普通作業員とする。

⑨ 先付けタイル（参考）

1. 先付けタイル工場加工費（平物）PCパック（一発目地）

(1m² 当り)

名称	摘要	単位	50角モザイクタイル	50二丁掛タイル	小口タイル	二丁掛タイル	その他
塩ビフィルム	粘着剤加工付き	m²	1.05	1.05	1.05	1.05	1式
裏打ち合板	厚 2.5	〃	1.1	1.2	1.2	1.2	〃
同上加工費	大工（うまのり加工共）	人	0.01	0.03	0.03	0.03	〃
接着剤		kg	1.0	1.0	1.2	1.2	〃
スチレンパット		個	4	4	4	4	〃
加工費	普通作業員	人	0.08	0.09	0.1	0.09	〃
〃	軽作業員	〃	0.07	0.08	0.09	0.08	〃
こん包・運搬費	普通作業員	〃	0.04	0.04	0.06	0.06	〃
紙張りしろ	軽作業員	〃	△0.02	△0.02	—	—	〃

(備考) 1. 凹凸の少ない建物を標準とする。
2.「その他」の率対象は，塩ビフィルム，裏打ち合板，大工，接着剤，スチレンパット，普通作業員，軽作業員とする。

2. 先付けタイル現場施工費（平物）

(1m² 当り)

名称	摘要	単位	50角モザイクタイル	50二丁掛タイル	小口タイル	二丁掛タイル	その他
型わく工		人	0.08	0.09	0.10	0.10	1式
タイル工		〃	0.11	0.11	0.11	0.11	〃
普通作業員		〃	0.19	0.19	0.23	0.23	〃
セット用くぎ等		式	1	1	1	1	〃

(備考) 1. 凹凸の少ない建物を標準とする。
2.「その他」の率対象は，型わく工，タイル工，普通作業員，セット用くぎ等とする。

3. 先付けタイル現場施工に伴う労務加算

(1m² 当り)

名称	摘要	単位	特殊作業員	型枠工	普通作業員	その他
コンクリート打設		人	0.04	—	—	1式
型枠建込み		〃	—	0.02	0.005	1式

(備考)「その他」の率対象は，特殊作業員，型枠工，普通作業員とする。

⑭ 木　工

① 一般事項
(1) 鉄筋コンクリート構造等の内装木工に適用する。
(2) 木材の材種，等級，代用樹種等の適用は特記による。
(3) 部位別（床組，軸組等）又は部材別（幅木，額縁等）による材工単価とする。

② 床下地組（参考）

名　称	摘　要	単位	材料 木材(m³)	くぎ(kg)	金物(kg)	労務 職種	歩掛員数(人)	その他
ころばし床組 （荒床下地 H＝110）	大引き 90×90/2　@900 根太 40×45　@450	床面 1 m² 当り	0.012	0.032	0.11	大工 普通作業員	0.08 0.012	1式
ころばし床組 （縁甲板張り下地 H＝150）	大引き 90×90　@900 根太 45×54　@300	〃	0.021	0.12	0.18	大工 普通作業員	0.10 0.02	〃
つか立て床組 （荒床下地 H＝210）	大引き 90×90/2　@900 床づか 90×90　@1200 根太 40×45　@450	〃	0.014	0.06	—	大工 普通作業員	0.13 0.02	〃
舞台等揚床組 （縁甲板張り下地 H＝700～800）	土台，大引き 105×105　@900 根太 90×90/2　@300 床づか 90×90　@300 根がらみ筋かい 90×25　@900×900	〃	0.051	0.005	0.173	大工 普通作業員	0.20 0.04	〃

（備考）「その他」の率対象は，大工，普通作業員とする。

③ 床板張り（参考）

名　称	摘　要	単位	材料 木材(m³)	くぎ(kg)	金物(kg)	労務 職種	歩掛員数(人)	その他
畳下床板張り	合板厚 12 mm	床面 1 m² 当り	1.15	0.03	—	大工 普通作業員	0.028 0.08	1式
縁甲板張り	板厚 12～15 mm 本実張り	〃	1.15	0.1	—	大工 普通作業員	0.12 0.016	〃
〃	板厚 12～15 mm 化粧合板張り	〃	1.15	0.01	接着剤（少量）	大工 普通作業員	0.08 0.02	〃
舞台床等縁甲板張り	板厚 25～30 mm 表面かんな掛け目違い払い共	〃	1.15	0.10	接着剤 目かすがい（少量）	大工 普通作業員	0.15 0.03	〃
ビニル床材張り等張物下地合板張り	合板厚 4～5.5 mm	〃	1.15	0.05	接着剤（少量）	大工 普通作業員	0.05 0.01	〃
ビニル床材張り下地捨張り縁甲板張り	板厚 12～15 mm 本実斜め張り 表面目違い払い共	〃	1.20	0.05	〃	大工 普通作業員	0.07 0.014	〃
ビニル床材等張物下地捨板張り	板厚 12～15 mm 突き付け斜め張り 表面目違い払い共	〃	1.20	0.06	〃	大工 普通作業員	0.07 0.014	〃
ビニル床材等張物下地合板張り	合板厚 12～15 mm 表面目違い払い共	〃	1.15	0.05	〃	大工 普通作業員	0.06 0.012	〃
〃	合板厚 25～30 mm 表面目違い払い共	〃	1.15	0.13	〃	大工 普通作業員	0.07 0.014	〃

（備考）「その他」の率対象は，大工，普通作業員とする。

④ 間仕切軸組（参考）

名　　称	摘　　要	単位	材料 木材(m^3)	材料 くぎ(kg)	材料 金物(kg)	労務 職　種	労務 歩掛員数(人)	その他
間仕切軸組 H=3,000	土台，頭継ぎ，90×90/2 柱 90×90　　　@1,800 間柱 90×90/2　　@450	壁面 1 m^2 当り	0.017	0.018	0.22	大　工 普通作業員	0.09 0.02	1 式
〃	土台，頭継ぎ，100×100/2 柱 100×100　　@1,800 間柱 100×100/2　@450	〃	0.021	0.018	0.22	大　工 普通作業員	0.09 0.02	〃
〃	土台，頭継ぎ，105×105/2 柱 105×105　　@1,800 間柱 105×105/2　@450	〃	0.023	0.018	0.22	大　工 普通作業員	0.09 0.02	〃

（備考）「その他」の率対象は，大工，普通作業員とする。

⑤ 壁胴縁組（参考）

名　　称	摘　　要	単位	材料 木材(m^3)	材料 くぎ(kg)	材料 金物(kg)	労務 職　種	労務 歩掛員数(人)	その他
木造面(横) 胴　縁　組	ラスボード下地 40×20　　　　　@450	壁面 1 m^2 当り	0.0022	0.021	—	大　工 普通作業員	0.05 0.01	1 式
〃	せっこうボード，合板等張り下地 45×25　　　　　@450 （仕上げ）	〃	0.003	0.035	—	大　工 普通作業員	0.05 0.01	〃
木造面(縦，横) 胴　縁　組	せっこうボード，合板等底目地下地 縦 45×20（仕上げ）@900 横 45×20（仕上げ）@450	〃	0.0040	0.038	—	大　工 普通作業員	0.06 0.012	〃
〃	メラミン化粧板等張下地 縦 45×25（仕上げ）@600 横 〃　　〃　　@450	〃	0.0057	0.042	接着剤（少量）	大　工 普通作業員	0.07 0.014	〃
コンクリート面(横) 胴　縁　組	40×35（仕上げ）@450 木れんが接着剤張付け	〃	0.0042	0.052	〃	大　工 普通作業員	0.08 0.016	〃
コンクリート面(縦，横) 胴　縁　組	40×35（仕上げ）@450×450 木れんが接着剤張付け	〃	0.0083	0.054	〃	大　工 普通作業員	0.11 0.02	〃
〃	40×35（仕上げ）@450×450 捨て胴縁 90×90/2　@900	〃	0.0149	0.054	0.04	大　工 普通作業員	0.11 0.02	〃

（備考）「その他」の率対象は，大工，普通作業員とする。

⑥ 天井下地組（参考）

名　　称	摘　　要	単位	材料 木材(m^3)	材料 くぎ(kg)	材料 金物(kg)	労務 職　種	労務 歩掛員数(人)	その他
便所，湯沸室等 天井下地組，合板張下地	吊木受 90×90/2　@900 野縁受 40×45　　@900 野縁 〃　　　　@450×450 吊木 〃　　　　@450 H600	天井 1 m^2 当り	0.0155	0.071	0.6	大　工 普通作業員	0.11 0.02	1 式
〃	吊木受なし 野縁受 40×45　　@900 野縁 〃　　　　@450×450 吊木 〃　　　　@450 H600	〃	0.0120	0.060	0.65	大　工 普通作業員	0.11 0.02	〃
一般大部屋 天井下地組，合板張下地	吊木受なし 野縁受 40×45　　@900 野縁 〃　　　　@450×450 吊木 〃　　　　@450 H600	〃	0.0120	0.060	0.6	大　工 普通作業員	0.092 0.02	〃
一般大部屋 天井下地組 化粧せっこうボード，ロックウール 化粧吸音板張り等下地	野縁受 40×45　　@900 野縁 〃　　　　@360 板野縁 90×15　　@300 板野縁 45×15　　@300	〃	0.025	0.070	0.80	大　工 普通作業員	0.092 0.02	〃

（備考）「その他」の率対象は，大工，普通作業員とする。

— 643 —

⑦ 壁，天井板張り（参考）

名称	摘要	単位	材料 木材(m²)	くぎ(kg)	金物(kg)	労務 職種	歩掛員数(人)	その他
羽目板張り	板厚 15 mm 本実張り 表面かんな掛目違払い	壁面 1 m² 当り	1.15	0.02	—	大工	0.09	1式
						普通作業員	0.02	
合板張り	合板厚 4〜5.5 mm 底目地釘張り，接着剤張り	〃	1.15	0.02	接着剤 (少量)	大工	0.07	〃
						普通作業員	0.014	
〃	合板厚 4〜5.5 mm 布張り下地等突き付け張り	〃	1.15	0.02	〃	大工	0.05	〃
						普通作業員	0.01	
和室天井 杉柾ベニヤ等敷目板張り	1枚寸法 長2,700×幅450 mm 〃 長3,600×幅450 mm	天井 1 m² 当り	1.15	0.03	—	大工	0.10	〃
						普通作業員	0.02	
木造ラス下地板	板厚 12〜15 mm	壁面 1 m² 当り	1.10	0.03	—	大工	0.06	〃
						普通作業員	0.013	
壁 プリント合板張り	厚 4〜6 mm くぎ，接着剤併用	〃	1.15	0.02	接着剤 (少量)	大工	0.12	〃
						普通作業員	0.024	
壁 メラミン化粧板張り	合板厚 9〜12 mm 底目地板共	〃	1.15	0.05	〃	大工	0.18	〃
						普通作業員	0.04	

（備考）「その他」の率対象は，大工，普通作業員とする。

⑧ 幅木，その他（参考）

名称	摘要	単位	材料 木材(m)	くぎ(kg)	金物(kg)	労務 職種	歩掛員数(人)	その他
練付幅木	H=100 ローズ，チーク，しおじ，レオ，ウォールナット等	1本当り	1.15	0.01	接着剤 (少量)	大工	0.09	1式
						普通作業員	0.02	
カーテンボックス	H100×W150㎜ Π型板厚25㎜	1 m 当り	1.15	0.06	—	大工	0.09	〃
						普通作業員	0.02	
集成材手すり	しおじ積層材 50×120内外	〃	1.15	—	—	大工	0.013	〃
						普通作業員	0.03	
集成材手すり（曲り）	50×120内外	1箇所 当り	1式	—	接着剤 (少量)	大工	0.29	〃
						普通作業員	0.06	

（備考）「その他」の率対象は，大工，普通作業員とする。

⑨ 和室

名称	摘要	単位	材料 木材(m³)	くぎ(kg)	金物(kg)	労務 職種	歩掛員数(人)	その他
和室化粧柱	90×90 建築工事標準詳細図6-41-1	1本当り	0.034	0.068	0.136	大工 普通作業員	0.34 0.068	1式
和室化粧半柱	90×36	〃	0.0136	0.027	0.054	大工 普通作業員	0.163 0.033	〃
和室敷居	90×40 建築工事標準詳細図6-41-1	1m当り	0.0042	0.017	0.025	大工 普通作業員	0.084 0.017	〃
和室鴨居	〃	〃	0.0042	0.017	0.025	大工 普通作業員	0.084 0.017	〃
和室中鴨居	90×40 建築工事標準詳細図6-46-1	〃	0.0042	0.017	0.025	大工 普通作業員	0.084 0.017	〃
和室畳寄せ	一般 25×105/2 建築工事標準詳細図6-43-1	〃	0.0015	0.006	0.009	大工 普通作業員	0.045 0.009	〃
〃	板畳部 36×45 建築工事標準詳細図6-43-1	〃	0.0017	0.007	0.01	大工 普通作業員	0.051 0.01	〃
和室付鴨居	25×40 建築工事標準詳細図6-44-1	〃	0.0011	0.004	0.007	大工 普通作業員	0.033 0.007	〃
和室回り縁	30×36 建築工事標準詳細図6-44-1	〃	0.0013	0.005	0.008	大工 普通作業員	0.046 0.009	〃
和室上がりがまち	90×60 建築工事標準詳細図6-45-1	〃	0.0057	0.023	0.034	大工 普通作業員	0.114 0.023	〃
和室額縁	30×65 建築工事標準詳細図6-41-3	〃	0.0023	0.009	0.014	大工 普通作業員	0.058 0.012	〃
和室けこみ	H=250 建築工事標準詳細図6-41-2	〃	0.0017	0.007	0.01	大工 普通作業員	0.06 0.012	〃
〃	H=180 建築工事標準詳細図6-41-3	〃	0.0008	0.003	0.005	大工 普通作業員	0.028 0.006	〃

(備考)「その他」の率対象は，大工，普通作業員とする。

⑩ 和室 押入れ

名称	摘要	単位	材料 木材 下地材(m³)	造作材(m³)	くぎ(kg)	金物(kg)	労務 職種	歩掛員数(人)	その他
和室押入れ	1間 建築工事標準詳細図6-46-1	1か所当り	0.0568	0.0031	0.126	0.246	大工 普通作業員	0.563 0.113	1式
〃	半間 建築工事標準詳細図6-46-1	〃	0.0323	0.0025	0.075	0.144	大工 普通作業員	0.346 0.07	〃
〃	1間 天袋付き 建築工事標準詳細図6-46-1	〃	0.0853	0.0043	0.188	0.367	大工 普通作業員	0.833 0.166	〃
〃	半間 天袋付き 建築工事標準詳細図6-46-1	〃	0.0483	0.0035	0.111	0.214	大工 普通作業員	0.509 0.102	〃

(備考)「その他」の率対象は，大工，普通作業員とする。

⑪ 建具枠回り（参考）

名称	摘要	単位	材料 木材(m³)	材料 くぎ(kg)	材料 金物(kg)	労務 職種	労務 歩掛員数(人)	その他
額縁	窓 出入口	1m当り	0.002	0.017	—	大工 普通作業員	0.04 0.01	1式
窓枠 （引違い）	幅 高さ 1.8×1.2m	1か所当り	0.055	—	0.5	大工 普通作業員	0.9 0.1	〃
出入口枠 （片開き）	幅 高さ 0.9×2.0m	〃	0.044	—	0.45	大工 普通作業員	0.7 0.1	〃
出入口枠 （両開き）	幅 高さ 1.6×2.0m	〃	0.05	—	0.5	大工 普通作業員	0.8 0.15	〃
出入口枠 （片開き，欄間付き）	幅 高さ 0.9×2.5m	〃	0.061	—	0.55	大工 普通作業員	0.85 0.12	〃
出入口枠 （両開き，欄間付き）	幅 高さ 1.6×2.5m	〃	0.073	—	0.6	大工 普通作業員	0.95 0.18	〃

（備考）「その他」の率対象は，大工，普通作業員とする。

板材面積割増倍率（参考）

名称	摘要	倍率	名称	摘要	倍率
床板	合いじゃくり	1.2	天井	化粧（羽重ね）	1.25
床板	畳下地板など，そば突付け	1.1	屋根	化粧野地	1.2
壁	下見板，羽目板	1.15	屋根	野地	1.1
壁	押縁下見板	1.15			
壁	木ずり	0.8			

（備考）張上げ面積，ふき上げ面積に対する倍率

⓯ 屋根及びとい

① 一般事項

(1) といの付属金物には，一般的な取付工法で用いる支持金物，留付け金物及び継手等を含む。

屋根面の斜面長さ（水平長さを1とした場合）（参考）

屋根勾配	2/10	2.5/10	3/10	3.5/10	4/10	4.5/10	5/10	5.5/10	6/10	6.5/10	7/10	7.5/10	8/10	8.5/10	9/10	9.5/10	10/10
斜面の長さ	1.02	1.031	1.044	1.059	1.077	1.097	1.118	1.141	1.166	1.193	1.221	1.25	1.281	1.312	1.345	1.379	1.41
隅部分の長さ	1.428	1.436	1.446	1.457	1.47	1.484	1.5	1.517	1.536	1.556	1.578	1.601	1.625	1.65	1.676	1.704	1.732

角度	勾配（寸）	角度	勾配（寸）	角度	勾配（寸）	角度	勾配（寸）	角度	勾配（寸）	角度	勾配（寸）
1°	0.175	9°	1.584	17°	3.057	25°	4.663	33°	6.494	41°	8.693
2°	0.349	10°	1.763	18°	3.249	26°	4.877	34°	6.745	42°	9.004
3°	0.524	11°	1.944	19°	3.443	27°	5.095	35°	7.002	43°	9.325
4°	0.699	12°	2.126	20°	3.689	28°	5.317	36°	7.265	44°	9.657
5°	0.875	13°	2.309	21°	3.839	29°	5.543	37°	7.536	45°	10.000
6°	1.051	14°	2.493	22°	4.040	30°	5.774	38°	7.813		
7°	1.228	15°	2.679	23°	4.245	31°	6.009	39°	8.098		
8°	1.405	16°	2.867	24°	4.452	32°	6.249	40°	8.391		

② 屋根下地（参考）

名称	摘要	単位	材料 品名	単位	歩掛数量	労務 職種	歩掛員数(人)	その他
アスファルト・ルーフィング（フェルト）ぶき	ルーフィング 21 m/巻 フェルト 42 m/巻 各種屋根ふきの下地	屋根面 1 m² 当り	ルーフィング（フェルト）	m²	1.15	屋根ふき工	0.008	1式
			ステープル	kg	0.03			
こけら板ぶき	ふき足 160 mm	〃	こけら板	束	0.20	屋根ふき工	0.028	〃
			くぎ	kg	0.02			
	ふき足 90 mm	〃	こけら板	束	0.25	屋根ふき工	0.03	〃
			くぎ	kg	0.023			
	ふき足 75 mm	〃	こけら板	束	0.30	屋根ふき工	0.032	〃
			くぎ	kg	0.025			
	ふき足 60 mm	〃	こけら板	束	0.36	屋根ふき工	0.035	〃
			くぎ	kg	0.03			
	ふき足 42 mm	〃	こけら板	束	0.50	屋根ふき工	0.06	〃
			くぎ	kg	0.04			

（備考） こけら板の寸法：1束の量・荷姿などは生産地によって異なる。
   （例）長さ240 mm（8寸）・幅90 mm（3寸）・厚さ18～30 mm（6分～1寸）12枚手へぎ，300×240×12 mm 機械へぎなど。
   下ぶき・仮設建物上ぶき，土居ぶきの場合，ふき足60.75 mm。化粧こけら板ぶき（略）。
   「その他」の率対象は，ルーフィング，こけら板，ステープル，くぎ，屋根ふき工とする。

③ 屋根（かわら）ぶき（参考）

名称	摘要	単位	材料 品名	単位	歩掛数量	労務 職種	歩掛員数(人)	その他
日本かわらぶき	引掛けさんがわら（64判）（粘土焼き，手詰め，プレスセメントかわら）	屋根面 1 m² 当り	さんがわら	枚	20	屋根ふき工	0.05	1式
			役もの	〃	6	普通作業員	0.08	
			くぎ	kg	0.02	普通作業員（2階）	0.12	
			針金	〃	0.03			
			ふき土	m³	0.025			

（つづく）

⓯ 屋根及びとい―2

名称	摘要	単位	材料 品名	単位	歩掛数量	労務 職種	歩掛員数(人)	その他
洋かわらぶき	フランス形	屋根面 1 m² 当り	フランス形がわら	枚	15	屋根ふき工	0.05	1 式
			役もの	〃	15%	普通作業員	0.07	
			くぎ	kg	0.03			
			針金	kg	0.04			
			ふき土	m³	0.02			
	S形	〃	S形がわら	枚	18	屋根ふき工	0.08	〃
			役もの	〃	15%	普通作業員	0.08	
			くぎ	kg	0.03			
			針金	〃	0.04			
			ふき土	m³	0.02			
	スペイン形・イタリア形	〃	スペイン・イタリア形がわら	枚	30	屋根ふき工	0.1	〃
			役もの	〃	15%	普通作業員	0.15	
			くぎ	kg	0.03			
			針金	〃	0.04			
			ふき土	m³	0.02			

(備考) 必要あるときは，役ものを区分して計上する。単位（m）。役ものは，小住宅の場合，寄せむね・切妻ともに，引掛けさんがわら枚数の約30％。（軒から草・須浜・丸がわら・のしがわら・敷き平がわら・けらば・すみがわら・鬼がわらなど。）
　　　手伝い手間（普通作業員）：2階・急勾配の屋根は，平屋の1.5倍。
　　　「その他」の率対象は，さんがわら，フランス形がわら，S形がわら，スペイン・イタリア形がわら，役もの，くぎ，針金，ふき土，屋根ふき工，普通作業員とする。

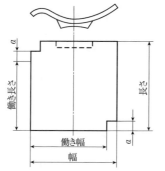

さんがわらには，引掛さんを付けないものもある。

日本かわら（例）

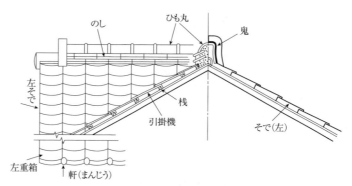

日本かわらぶき（例）

④ **スレートぶき（参考）**

名称	摘要	単位	材料 品名	単位	歩掛数量	労務 職種	歩掛員数(人)	その他
スレート波板ぶき	木製もや・野地板がある場合 (重ね：1.5山，流れ9cm)	屋根面 1 m² 当り	小波板・0.72×1.82	枚	0.93	屋根ふき工	0.04	1 式
			座金付くぎ	kg	0.2	普通作業員	0.04	
	鉄骨もや (重ね：2.5山，流れ15cm)	〃	小波板・0.72×1.82	枚	1.06	屋根ふき工	0.05	〃
			フックボルト	kg	0.4	普通作業員	0.04	

(備考) 小波板（11.5山・幅72cm），大波板（7.5山・幅95cm）。長さ：1.82 m，2.12 m，2.42 m。大波板のみ・2.00 m。必要あるときは，役ものを区分して計上する（単位：m）。（むながわら：山形・箱形・丸形・二重山形，くら形，がんぶり鬼がわら，ともえがわら，巻上げ，垂付きけらば板，むな面戸，各種面戸，その他）。手伝い手間（普通作業員）：2階・急勾配の屋根は，平屋の場合の1.5倍。
　　　「その他」の率対象は，小波板，座金付くぎ，フックボルト，屋根ふき工，普通作業員とする。

名　称	摘　要		単位	材料			労務		その他
				品　名	単位	歩掛数量	職　種	歩掛員数(人)	
スレート平板ぶき	ひし形ぶき	400 mm 角 (重ね：65，75mm)	屋根面 1 m² 当り	小　平　板	枚	10	屋根ふき工	0.05	1 式
				く　　ぎ	kg	0.05	普通作業員	0.03	
		300 mm 角 (重ね：65 mm)	〃	小　平　板	枚	19	屋根ふき工	0.05	〃
				く　　ぎ	kg	0.09	普通作業員	0.04	
	一文字ぶき	400 mm 角	〃	小平板ふき足流れ 150 mm	枚	17	屋根ふき工	0.06	〃
				小平板ふき足流れ 165 mm	〃	15	普通作業員	0.04	
				く　　ぎ	kg	0.08			

（備考）　小平板：300・400 mm角，厚さ4・6 mm。ひし形ぶき：すみきり小平板，重ね65・75 mm，むね・妻けらばを本額ぶきするときは4枚/m。一文字ぶき：正角小平板，ふき足流れ150・165 mm，各くぎ2本どめ。むね：山形・あおり仕舞い・役物。
　手伝い手間（普通作業員）：2階・急勾配の屋根は，平家の場合の1.4倍。
　「その他」の率対象は，小平板，くぎ，フックボルト，屋根ふき工，普通作業員とする。

ひし形ぶき

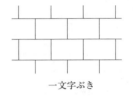
一文字ぶき

平板ぶきの種類

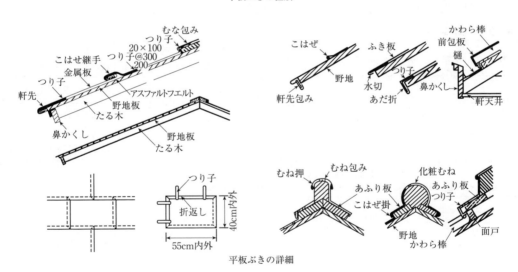

平板ぶきの詳細

名　称	摘　要	単位	材料			労務		その他
			品　名	単位	歩掛数量	職　種	歩掛員数(人)	
厚形スレートぶき		屋根面 1 m² 当り	厚形スレート（1種）	枚	11	屋根ふき工	0.05	1 式
			厚形スレート（2種）	〃	13	普通作業員	0.06	
			く　　ぎ	kg	0.04	普通作業員（2階）	0.09	
			針　　金	〃	0.005			

（備考）　厚形スレート：(1種・36形) 364×357×11 mm，働き303×303 mm。(2種・42形) 330×330×11 mm，働き270×288 mm。
　必要あるときは役ものを区分して計上する（単位：m）。(軒先がわら，左右けらば・軒すみ・そで，のしがわらなど)。
　「その他」の率対象は，厚形スレート，くぎ，針金，屋根ふき工，普通作業員とする。

⓯ 屋根及びとい―4

名称	摘要	単位	材料 品名	材料 単位	材料 歩掛数量	労務 職種	労務 歩掛員数(人)	その他
平形セメントがわらぶき		屋根面 1 m² 当り	平形セメントがわら	枚	14	屋根ふき工	0.04	1 式
			くぎ	kg	0.03	普通作業員	0.06	
			針金	〃	0.004	普通作業員(2階)	0.09	

(備考) 大きさ各種。330×305, ふき足273 mm・利き幅265 mmの場合14枚/m²。役がわら。
　　　　プレスセメントがわら：厚さ10 mm。手詰めセメントがわら：厚さ12 mm。
　　　　「その他」の率対象は，平形セメントがわら，くぎ，針金，屋根ふき工，普通作業員とする。

⑤ 波形スレートぶき役物（参考）

名称	摘要	単位	材料 品名	材料 単位	材料 歩掛数量	労務 職種	労務 歩掛員数(人)	その他
大波けらば	ℓ=1,820 mm	1 m 当り	ナット付きフックボルト	本	4	屋根ふき工	0.05	1 式
小波けらば	ℓ=1,820 mm	〃	〃	〃	4	〃	0.05	〃
大波曲げむね	ℓ= 960 mm	〃	〃	〃	5	〃	0.07	〃
小波曲げむね	ℓ= 720 mm	〃	〃	〃	5	〃	0.07	〃
山形むね	ℓ= 900 mm	〃	〃	〃	4	〃	0.07	〃
すみ当	ℓ=1,820 mm	〃	〃	〃	4	〃	0.05	〃

(備考) ロス率は5～8％とする。
　　　　「その他」の率対象は，大波けらば，小波けらば，大波曲げむね，小波曲げむね，山形むね，すみ当，ナット付きフックボルト，屋根ふき工とする。

⑥ 亜鉛鉄板ぶき

名称	摘要	単位	材料 品名	材料 単位	材料 歩掛数量	労務 職種	労務 歩掛員数(人)	その他
亜鉛鉄板平ぶき(参考)	一文字ぶき，四つ切り，こはぜ返し13.5 mmの場合	屋根面 1 m² 当り	三,六亜鉛めっき鉄板	枚	0.73	板金工	0.08	1 式
						普通作業員	0.01	
			くぎ	kg	0.02	普通作業員(2階)	0.015	

(備考) 一文字ぶき，ひしぶき，四つ切り・六つ切り・八つ切り・十二切り，ひさしなどがあるが，最近では四つ切りを多用。
　　　　軒先，谷，むねなど軽微な割合の場合は，（単位：m²）当りに含ませる。
　　　　「その他」の率対象は，亜鉛めっき鉄板，くぎ，板金工，普通作業員とする。

名称	摘要	単位	材料 品名	材料 単位	材料 歩掛数量	労務 職種	労務 歩掛員数(人)	その他
亜鉛鉄板かわら棒ぶき	かわら棒 間隔420 mm	屋根面 1 m² 当り	三,六亜鉛めっき鉄板	枚	0.97	板金工	0.1	1 式
						普通作業員	0.014	
			くぎ	kg	0.03	普通作業員(2階)	0.019	

(備考) 軒先，谷，むね，鬼板など特殊なもので比重が大きな場合には別に計上する。
　　　　「その他」の率対象は，亜鉛めっき鉄板，くぎ，板金工，普通作業員とする。

❶屋根及びとい―E

名　　　　称	摘　　　要	単位	材料 品　名	単位	歩掛数量	労務 職　種	歩掛員数(人)	その他
長尺亜鉛鉄板かわら棒ぶき (参考)	かわら棒 間隔320～450 mm	屋根面 1 m² 当り	亜鉛鉄板	m²	1.4～1.6	板金工	0.11	1 式
			野地板の場合くぎ	本	10	普通作業員	0.02	
			野地板のない場合フックボルト	〃	3～4			

（備考）　軒先，谷，むね，鬼板など特殊なもので比重が大きな場合には別に計上する。
　　　　「その他」の率対象は，亜鉛めっき鉄板，くぎ，フックボルト，板金工，普通作業員とする。

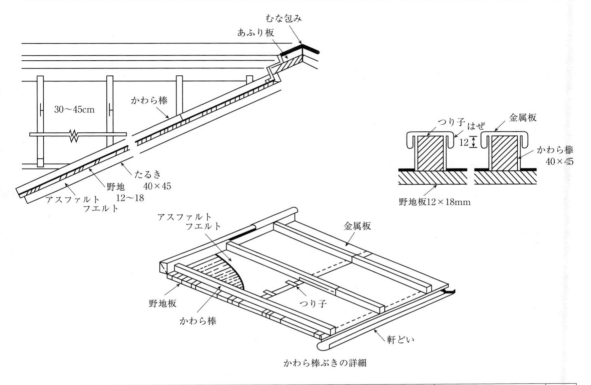

かわら棒ぶきの詳細

名　　　称	摘　　　要	単位	材料 品　名	単位	歩掛数量	労務 職　種	歩掛員数(人)	その他
亜鉛鉄板波板ぶき	1.5山重ね 0.19×762×1,829mm 木もや	屋根面 1 m² 当り	亜鉛小波鉄板	枚	0.9	板金工	0.03	1 式
			くぎ	kg	0.03	普通作業員	0.01	
	1.5山重ね 0.25×762×1,829 mm 木もや	〃	亜鉛大波鉄板	枚	0.9	板金工	0.03	
			くぎ	kg	0.03	普通作業員	0.01	
	1.5山重ね 0.35×762×1,829 mm 鉄もや (参考)	〃	亜鉛小波鉄板	枚	0.9	板金工	0.04	
			フックボルト	本	9	普通作業員	0.015	
	1.5山重ね 0.40×762×1,829 mm 鉄もや (参考)	〃	亜鉛大波鉄板	枚	0.9	板金工	0.04	
			フックボルト	本	9	普通作業員	0.015	
長尺亜鉛鉄板波板ぶき (参考)	1.5山重ね，大波	〃	亜鉛大波長尺鉄板	m²	1.5	板金工	0.05	
			フックボルト	本	8	普通作業員	0.01	

（備考）　軒先，むね，けらば等は屋根と同材を使用し，板金工1m当り加工0.05人。
　　　　「その他」の率対象は，亜鉛小波鉄板，亜鉛大波鉄板，くぎ，フックボルト，板金工，普通作業員とする。

⓯ 屋根及びとい―6

名　称	摘　　要	単位	材料 品　名	単位	歩掛数量	労務 職　種	歩掛員数(人)	その他
亜鉛鉄板波板ぶき (参考)	0.5×914×コイル 山高 87 mm ピッチ 200 mm 働き幅 600 mm	屋根面 1 m² 当り	亜鉛鉄板	m²	1.52	板金工	0.1	1 式
			タイトフレーム ボルト (付属金物含む)	式	1	普通作業員	0.01	
			溶接棒					
	0.8×914×コイル 山高 150 mm ピッチ 250 mm 働き幅 300 mm	〃	亜鉛鉄板	m²	1.83	板金工	0.11	〃
			タイトフレーム ボルト (付属金物含む)	式	1	普通作業員	0.01	
			溶接棒					
	0.8×610×コイル 山高 173 mm ピッチ 300 mm 働き幅 300 mm	〃	亜鉛鉄板	m²	2.03	板金工	0.12	〃
			タイトフレーム ボルト (付属金物含む)	式	1	普通作業員	0.01	
			溶接棒					

(備考) 「その他」の率対象は，亜鉛鉄板，タイトフレーム，ボルト，溶接棒，板金工，普通作業員とする。

⑦ 銅板ぶき (参考)

名　称	摘　　要	単位	材料 品　名	単位	歩掛数量	労務 職　種	歩掛員数(人)	その他
銅板平ぶき	四つ切 365×300 mm こはぜ返し 15 mm	屋根面 1 m² 当り	銅板	枚	3.17	板金工	0.3	1 式
			真ちゅうくぎ	kg	0.02	普通作業員	0.04	

(備考) 軒先，谷，むね，鬼板など別途に計上する。
　　　　「その他」の率対象は，銅板，真ちゅうくぎ，板金工，普通作業員とする。

⑧ アルミ合金板ぶき (参考)

名　称	摘　　要	単位	材料 品　名	単位	歩掛数量	労務 職　種	歩掛員数(人)	その他
アルミ合金板ぶき	0.4×970×482	屋根 1 m² 当り	アルミ合金板	枚	2.5	板金工	0.06	1 式
			合成パッキング	個	16	普通作業員	0.02	
			アルミねじくぎ大	本	8			
			アルミねじくぎ小	〃	3			
			アルミワッシャー	枚	11			
			アルミ特殊くぎ	本	25			
アルミ合金板かわら棒ぶき	0.4×455×コイル	〃	アルミ合金板	m²	1.4	板金工	0.135	〃
			くぎ	kg	0.02	普通作業員	0.03	
	0.5×455×コイル	〃	アルミ合金板	m²	1.4	板金工	0.15	〃
			くぎ	kg	0.02	普通作業員	0.03	

(備考) 「その他」の率対象は，アルミ合金板，合成パッキング，アルミねじくぎ，アルミワッシャー，アルミ特殊くぎ，板金工，普通作業員とする。

⑮屋根及びとい—?

⑨ 被覆鋼板ぶき（参考）

名　　称	摘　　要	単位	材料 品名	単位	歩掛数量	労務 職種	歩掛員数(人)	その他
被覆鋼板ぶき	長尺物使用 木もや　野地板あり	屋根 1 m² 当り	被覆鉄板 ♯26～♯28	m²	1.4～1.6	板金工	0.08	1式
			くぎ	本	10	普通作業員	0.02	
	鉄もや　野地板なし	〃	フックボルト	〃	3～4	板金工	0.15	〃
			コーキング材	m	1.4	普通作業員	0.03	

（備考）　製品厚さは3～3.7 mmがあり，中しん鋼板は♯28～♯18（0.4～1.2 mm）がある。
　　　　「その他」の率対象は，被覆鉄板，くぎ，フックボルト，コーキング材，板金工，普通作業員とする。

⑩ 合成樹脂波板ぶき（参考）

名　　称	摘　　要	単位	材料 品名	単位	歩掛数量	労務 職種	歩掛員数(人)	その他
合成樹脂大波板ぶき	960×1,820×1.2 木造下地	屋根 1 m² 当り	塩化ビニル	枚	0.68	板金工	0.03	1式
			ナット付きくぎ	本	2.8	普通作業員	0.01	
	960×1,820×1.2 鉄骨下地	〃	塩化ビニル	枚	0.68	板金工	0.03	〃
			フックボルト φ6 ℓ120	本	6	普通作業員	0.01	
合成樹脂小波板ぶき	720×1,820×1.0 木造下地	〃	塩化ビニル	枚	0.84	板金工	0.03	1式
			ナット付きくぎ	本	4	普通作業員	0.01	
	720×1,820×1.0 鉄骨下地	〃	塩化ビニル	枚	0.84	板金工	0.03	〃
			フックボルト φ6 ℓ120	本	6	普通作業員	0.01	

（備考）　「その他」の率対象は，合成樹脂大波板（塩化ビニル），合成樹脂小波板（塩化ビニル），ナット付きくぎ，板金工，普通作業員とする。

❶⑤屋根及びとい—8

屋根工事の運搬歩掛(**参考**)

名　称　(摘　要)	単位	運搬車t当り積載量	仕上がり単位(屋根面)	運搬車t当り積載量
アスファルトルーフィングA種（30 kg/本・21 m²/本）	本	33	m²	623
アスファルトルーフィングB種（22 kg/本・21 m²/本）	〃	45	〃	850
アスファルトフェルトC種（20 kg/本・42 m²/本）	〃	50	〃	1,890
こけら板	把	100		
かわら，セメント和がわら	枚	420	m²	22
役がわら	〃	230		
波形スレート，小波板　（ℓ=1.82 m/11.5山）	〃	67	m²	65
波形スレート，大波板　（ℓ=1.82 m/7.5山）	〃	50	〃	50
スレート小平板　　　40 cm角　C1形ぶき	〃		〃	50
スレート小平板　　　40 cm角　一文字ぶき	〃		〃	30
波形スレート　（2種，3，6形）	〃	300	〃	26
波形スレート　（2種，42形）	〃	370	〃	28
平形セメントがわら	〃	450	〃	32
亜鉛鉄板　（3×6板）厚0.3	〃	230		
〃　　　（3×6板）厚0.4	〃	185		
〃　　　（3×6板）厚0.5	〃	150		
〃　　（762原板）波形（ℓ=1.82m）小幅もの　厚0.3	〃	275		
〃　　（762原板）〃（ℓ=1.82m）〃　厚0.4	〃	220		
〃　　（762原板）〃（ℓ=1.82m）〃　厚0.5	〃	185		
〃　　（914原板）〃（ℓ=1.82m）大幅もの　厚0.3	〃	230		
〃　　（914原板）〃（ℓ=1.82m）〃　厚0.4	〃	185		
〃　　（914原板）〃（ℓ=1.82m）〃　厚0.5	〃	150		

⑪ と　い

名称	摘要	単位	材料 品名	単位	歩掛数量	労務 職種	歩掛員数(人)	その他
亜鉛鉄板軒どい (参考)	半円形 径 75 mm 亜鉛鉄板 0.91×1.82 m 厚0.5～厚0.4	1m当り	亜鉛鉄板	枚	0.1	板金工	0.05	1 〃
			とい受金物	個	1.2			
			副資材（材料費の60%）	式	1			
	半円形 径 90 mm 〃	〃	亜鉛鉄板	枚	0.11	板金工	0.05	〃
			副資材（材料費の60%）	式	1			
	半円形 径 100 mm 〃	〃	亜鉛鉄板	枚	0.12	板金工	0.06	〃
			副資材（材料費の60%）	式	1			
	半円形 径 120 mm 〃	〃	亜鉛鉄板	枚	0.14	板金工	0.06	〃
			副資材（材料費の60%）	式	1			
亜鉛鉄板谷どい (参考)	V形 幅 420 mm 914×1,829 厚0.8	〃	亜鉛鉄板	枚	0.31	板金工	0.17	〃
			副資材（材料費の60%）	式	1			
	V形 幅 470 mm 〃 厚0.6	〃	亜鉛鉄板	枚	0.35	板金工	0.17	〃
			副資材（材料費の60%）	式	1			
	V形 幅 520 mm 〃 厚0.6	〃	亜鉛鉄板	枚	0.39	板金工	0.17	〃
			副資材（材料費の60%）	式	1			
銅板軒どい (参考)	半円形 径 75 mm 銅板 0.36×1.20 m 10～15オンス	〃	銅板	枚	0.35	板金工	0.12	〃
			副資材（材料費の60%）	式	1			
	半円形 径 90 mm 銅板 0.36×1.20 m 10～15オンス	〃	銅板	枚	0.41	板金工	0.15	〃
			副資材（材料費の60%）	式	1			
	半円形 径 100 mm 〃	〃	銅板	枚	0.44	板金工	0.16	〃
			副資材（材料費の60%）	式	1			
	半円形 径 120 mm 〃	〃	銅板	枚	0.54	板金工	0.17	〃
			副資材（材料費の60%）	式	1			
亜鉛鉄板とい (参考)	径 60 mm 亜鉛鉄板 0.91×1.82 m 厚0.3～厚0.27	〃	亜鉛鉄板	枚	0.14	板金工	0.08	〃
			付属金物（材料費の60%）	式	1			
	径 75 mm 〃	〃	亜鉛鉄板	枚	0.18	板金工	0.085	〃
			付属金物（材料費の60%）	式	1			
	径 90 mm 〃	〃	亜鉛鉄板	枚	0.22	板金工	0.10	〃
			付属金物（材料費の60%）	式	1			
銅板どい (参考)	径 60 mm 銅板 0.36×1.20 m 8～10オンス	〃	銅板	枚	0.55	板金工	0.14	〃
			付属金物（材料費の60%）	式	1			
	径 75 mm 〃	〃	銅板	枚	0.67	板金工	0.18	〃
			付属金物（材料費の60%）	式	1			
	径 90 mm 〃	〃	銅板	枚	0.80	板金工	0.22	〃
			付属金物（材料費の60%）	式	1			
塩化ビニル軒どい (参考)	半円形 径 90 mm 成形品	〃	塩ビどい	m	1.05	板金工	0.045	〃
			受金物各径による鉄製	個	1.1			
			継手材（上記材料費の10%）	式	1			
	半円形 径 105 mm 〃	〃	塩ビどい	m	1.05	板金工	0.048	〃
			受金物各径による鉄製	個	1.1			
			継手材（上記材料費の10%）	式	1			

(つづく)

⓯屋根及びとい―10

名称	摘要	単位	材料 品名	材料 単位	材料 歩掛数量	労務 職種	労務 歩掛員数(人)	その他
塩化ビニル軒どい (参考)	半円形 径120 mm 成形品	1 m 当り	塩ビどい	m	1.05	板金工	0.05	1 式
			受金物各径による鉄製	個	1.1			
			継手材（上記材料費の10%）	式	1			
硬質ポリ塩化ビニル管 と い	径 50 mm 成形品	〃	硬質ポリ塩化ビニル管	m	1.05	板金工	0.04	〃
			付属金物（上記材料費の70%）	式	1			
	径 65 mm 〃	〃	硬質ポリ塩化ビニル管	m	1.05	板金工	0.049	〃
			付属金物（上記材料費の70%）	式	1			
	径 75 mm 〃	〃	硬質ポリ塩化ビニル管	m	1.05	板金工	0.054	〃
			付属金物（上記材料費の70%）	式	1			
	径 100 mm 〃	〃	硬質ポリ塩化ビニル管	m	1.05	板金工	0.063	〃
			付属金物（上記材料費の70%）	式	1			
	径 125 mm 〃	〃	硬質ポリ塩化ビニル管	m	1.05	板金工	0.072	〃
			付属金物（上記材料費の70%）	式	1			
	径 150 mm 〃	〃	硬質ポリ塩化ビニル管	m	1.05	板金工	0.081	〃
			付属金物（上記材料費の70%）	式	1			
鋼管とい	径 50 mm 白管	〃	配管用鋼管	m	1.05	配管工	0.10	〃
			付属金物（上記材料費の60%）	式	1	普通作業員	0.02	
	径 65 mm 〃	〃	配管用鋼管	m	1.05	配管工	0.13	〃
			付属金物（上記材料費の60%）	式	1	普通作業員	0.02	
	径 80 mm 〃	〃	配管用鋼管	m	1.05	配管工	0.15	〃
			付属金物（上記材料費の60%）	式	1	普通作業員	0.03	
	径 100 mm 〃	〃	配管用鋼管	m	1.05	配管工	0.18	〃
			付属金物（上記材料費の60%）	式	1	普通作業員	0.04	
	径 125 mm 〃	〃	配管用鋼管	m	1.05	配管工	0.25	〃
			付属金物（上記材料費の60%）	式	1	普通作業員	0.05	
	径 150 mm 〃	〃	配管用鋼管	m	1.05	配管工	0.30	〃
			付属金物（上記材料費の60%）	式	1	普通作業員	0.06	
鋳鉄管とい (参考)			排水用鋳鉄製 $\ell = 1,600$	本	0.625	配管工	0.4	〃
			鉛コーキング用	kg	0.875			
			ヤーン	〃	0.119			
とい受金物 (参考)		1個 当り	フックボルト 25×3	kg	0.3	溶接工	0.007	〃
			受金物 φ13 $\ell = 75$	本	2	鉄骨工	0.12	
			溶接棒 (6 mm換算)	kg	0.028			

（備考）「その他」の率対象は，亜鉛鉄板，とい受け金物，銅板，塩ビどい，硬質ポリ塩化ビニル管，配管用鋼管，排水用鋳鉄管，付属金物，継手材，鉛コーキング，ヤーン，フックボルト，溶接棒，受金物，副資材，板金工，配管工，普通作業員，溶接工，鉄骨工とする。

⑫ 鋼管とい掃除口

名 称	摘 要	単位	材料 品 名	単位	歩掛数量	労務 職 種	歩掛員数(人)	その他
床 下 掃 除 口	径 80 mm	1箇所当り	床 下 掃 除 口	個	1	配 管 工	0.11	1 式
			90°大曲りY継手	〃	1			
			接合材（本体・継手の3％）	式	1			
	径 100 mm	〃	床 下 掃 除 口	個	1	配 管 工	0.13	〃
			90°大曲りY継手	〃	1			
			接合材（本体・継手の3％）	式	1			
	径 125 mm	〃	床 下 掃 除 口	個	1	配 管 工	0.15	〃
			90°大曲りY継手	〃	1			
			接合材（本体・継手の3％）	式	1			
	径 150 mm	〃	床 下 掃 除 口	個	1	配 管 工	0.18	〃
			90°大曲りY継手	〃	1			
			接合材（本体・継手の3％）	式	1			
床 上 掃 除 口	径 80 mm	〃	床 上 掃 除 口	個	1	配 管 工	0.29	〃
			90°大曲りY継手	〃	1			
			90° 曲 継 手	〃	1			
			接合材（本体・継手の3％）	式	1			
	径 100 mm	〃	床 上 掃 除 口	個	1	配 管 工	0.32	〃
			90°大曲りY継手	〃	1			
			90° 曲 継 手	〃	1			
			接合材（本体・継手の3％）	式	1			
	径 125 mm	〃	床 上 掃 除 口	個	1	配 管 工	0.35	〃
			90°大曲りY継手	〃	1			
			90° 曲 継 手	〃	1			
			接合材（本体・継手の3％）	式	1			
	径 150 mm	〃	床 上 掃 除 口	個	1	配 管 工	0.38	〃
			90°大曲りY継手	〃	1			
			90° 曲 継 手	〃	1			
			接合材（本体・継手の3％）	式	1			

（備考）「その他」の率対象は，床下掃除口，床上掃除口，90°大曲りY継手，90°曲継手，接合材，配管工とする。

⑬ 鋼管とい防露巻き

名 称	摘 要	単位	材料 品 名	単位	歩掛数量	労務 職 種	歩掛員数(人)	その他
一般の屋内露出部	径 50 mm	1 m 当り	保温筒 厚20	m	1.03	保 温 工	0.051	1 式
			粘着テープ	〃	4.2			
			合成樹脂カバー 厚0.3	m²	0.49	ダクト工	0.030	
			カバーピン	個	12			
			雑材料（材料費の5％）	式	1			
			運搬費（材料費＋雑材料）の3％	式	1			

（つづく）

⓯屋根及びとい—12

名称	摘要	単位	材料 品名	単位	歩掛数量	労務 職種	歩掛員数(人)	その他
一般の屋内露出部	径 65 mm	1 m 当り	保温筒 厚20	m	1.03	保温工	0.057	1 式
			粘着テープ	〃	4.5	ダクト工	0.033	
			合成樹脂カバー 厚0.3	m²	0.55			
			カバーピン	個	12			
			雑材料（材料費の5％）	式	1			
			運搬費｛(材料費＋雑材料）の3％｝	式	1			
	径 80 mm	〃	保温筒 厚20	m	1.03	保温工	0.062	〃
			粘着テープ	〃	4.7	ダクト工	0.036	
			合成樹脂カバー 厚0.3	m²	0.60			
			カバーピン	個	12			
			雑材料（材料費の5％）	式	1			
			運搬費｛(材料費＋雑材料）の3％｝	式	1			
	径 100 mm	〃	保温筒 厚20	m	1.03	保温工	0.083	〃
			粘着テープ	〃	5.4	ダクト工	0.045	
			合成樹脂カバー 厚0.3	m²	0.75			
			カバーピン	個	12			
			雑材料（材料費の5％）	式	1			
			運搬費｛(材料費＋雑材料）の3％｝	式	1			
	径 125 mm	〃	保温筒 厚20	m	1.03	保温工	0.102	〃
			粘着テープ	〃	5.9	ダクト工	0.051	
			合成樹脂カバー 厚0.3	m²	0.85			
			カバーピン	個	12			
			雑材料（材料費の5％）	式	1			
			運搬費｛(材料費＋雑材料）の3％｝	式	1			
	径 150 mm	〃	保温筒 厚20	m	1.03	保温工	0.119	〃
			粘着テープ	〃	6.4	ダクト工	0.057	
			合成樹脂カバー 厚0.3	m²	0.95			
			カバーピン	個	12			
			雑材料（材料費の5％）	式	1			
			運搬費｛(材料費＋雑材料）の3％｝	式	1			
天井内等	径 50 mm	〃	保温筒 厚20	m	1.03	保温工	0.088	〃
			粘着テープ	〃	2.7			
			ビニルテープ 幅100	〃	4.9			
			雑材料（材料費の5％）	式	1			
	径 65 mm	〃	保温筒 厚20	m	1.03	保温工	0.094	〃
			粘着テープ	〃	2.8			
			ビニルテープ 幅125	〃	4.3			
			雑材料（材料費の5％）	式	1			

(つづく)

名称	摘要	単位	材料 品名	単位	歩掛数量	労務 職種	歩掛員数(人)	その他
天井内等	径 80 mm	1 m 当り	保温筒 厚20	m	1.03	保温工	0.10	一式
			粘着テープ	〃	2.8			
			ビニルテープ 幅125	〃	4.8			
			雑材料（材料費の5％）	式	1			
	径 100 mm	〃	保温筒 厚20	m	1.03	保温工	0.13	〃
			粘着テープ	〃	2.9			
			ビニルテープ 幅125	〃	5.7			
			雑材料（材料費の5％）	式	1			
	径 125 mm	〃	保温筒 厚20	m	1.03	保温工	0.16	〃
			粘着テープ	〃	3.0			
			ビニルテープ 幅150	〃	5.4			
			雑材料（材料費の5％）	式	1			
	径 150 mm	〃	保温筒 厚20	m	1.03	保温工	0.18	〃
			粘着テープ	〃	3.1			
			ビニルテープ 幅150	〃	6.1			
			雑材料（材料費の5％）	式	1			
厨房・浴室内等	径 50 mm	〃	保温筒 厚20	m	1.03	保温工	0.078	〃
			粘着テープ	〃	2.7			
			アスファルトルーフィングフェルト	m²	0.37			
			ステンレス鋼板 厚0.2	〃	0.49	板金工	0.14	
			雑材料（材料費の5％）	式	1			
			運搬費｛(材料費＋雑材料)の3％｝	〃	1			
	径 65 mm	〃	保温筒 厚20	m	1.03	保温工	0.084	〃
			粘着テープ	〃	2.8			
			アスファルトルーフィングフェルト	m²	0.43			
			ステンレス鋼板 厚0.2	〃	0.55	板金工	0.15	
			雑材料（材料費の5％）	式	1			
			運搬費｛(材料費＋雑材料)の3％｝	〃	1			
	径 80 mm	〃	保温筒 厚20	m	1.03	保温工	0.093	〃
			粘着テープ	〃	2.8			
			アスファルトルーフィングフェルト	m²	0.48			
			ステンレス鋼板 厚0.2	〃	0.60	板金工	0.17	
			雑材料（材料費の5％）	式	1			
			運搬費｛(材料費＋雑材料)の3％｝	〃	1			

(つづく)

⓯ 屋根及びとい—14

名 称	摘 要	単位	材料 品　名	材料 単位	材料 歩掛数量	労務 職　種	労務 歩掛員数(人)	その他
厨房・浴室内等	径 100 mm	1 m 当り	保温筒 厚20	m	1.03	保温工	0.12	1 式
			粘着テープ	〃	2.9			
			アスファルトルーフィングフェルト	m²	0.58	板金工	0.20	
			ステンレス鋼板 厚0.2	〃	0.71			
			雑材料（材料費の5％）	式	1			
			運搬費｜（材料費＋雑材料）の3％｜	〃	1			
	径 125 mm	〃	保温筒 厚20	m	1.03	保温工	0.14	〃
			粘着テープ	〃	3.0			
			アスファルトルーフィングフェルト	m²	0.67	板金工	0.22	
			ステンレス鋼板 厚0.2	〃	0.81			
			雑材料（材料費の5％）	式	1			
			運搬費｜（材料費＋雑材料）の3％｜	〃	1			
	径 150 mm	〃	保温筒 厚20	m	1.03	保温工	0.16	〃
			粘着テープ	〃	3.1			
			アスファルトルーフィングフェルト	m²	0.77	板金工	0.25	
			ステンレス鋼板 厚0.2	〃	0.91			
			雑材料（材料費の5％）	式	1			
			運搬費｜（材料費＋雑材料）の3％｜	〃	1			

（備考）「その他」の率対象は，保温筒，粘着テープ，アスファルトルーフィングフェルト，ステンレス鋼板，合成樹脂カバー，カバーピン，ビニルテープ，雑材料，保温工，板金工，ダクト工，運搬費とする。

⑭ 鋼管とい塗装

名 称	摘 要	単位	材料 品　名	材料 単位	材料 歩掛数量	労務 職　種	労務 歩掛員数(人)	その他
鋼管とい塗装	径 50 mm	1 m 当り	一液形変性エポキシ樹脂さび止めペイント JPMS 28	kg	0.019	塗装工	0.014	1 式
			研磨紙　P 120～400	枚	0.011			
			合成樹脂調合ペイント JIS K 5516	kg	0.027			
	径 65 mm	〃	一液形変性エポキシ樹脂さび止めペイント JPMS 28	kg	0.025	塗装工	0.018	〃
			研磨紙　P 120～400	枚	0.014			
			合成樹脂調合ペイント JIS K 5516	kg	0.035			
	径 80 mm	〃	一液形変性エポキシ樹脂さび止めペイント JPMS 28	kg	0.03	塗装工	0.023	〃
			研磨紙　P 120～400	枚	0.018			
			合成樹脂調合ペイント JIS K 5516	kg	0.043			
	径 100 mm	〃	一液形変性エポキシ樹脂さび止めペイント JPMS 28	kg	0.038	塗装工	0.028	〃
			研磨紙　P120～400	枚	0.022			
			合成樹脂調合ペイント JIS K 5516	kg	0.053			

（つづく）

名　　称	摘　要	単位	材料 品　名	単位	歩掛数量	労務 職　種	歩掛員数(人)	その他
鋼管とい塗装	径125 mm	1 m 当り	一液形変性エポキシ樹脂さび止めペイント JPMS 28	kg	0.047	塗装工	0.035	1式
			研磨紙　P 120～400	枚	0.027			
			合成樹脂調合ペイント JIS S K 5516	kg	0.067			
	径150 mm	〃	一液形変性エポキシ樹脂さび止めペイント JPMS 28	kg	0.057	塗装工	0.042	〃
			研磨紙　P 120～400	枚	0.033			
			合成樹脂調合ペイント JIS S K 5516	kg	0.08			

（備考）　「その他」の率対象は，一液形変性エポキシ樹脂さび止めペイント，研磨紙，合成樹脂調合ペイント，塗装工とする。

⑮　ルーフドレン

名　　称	摘　　要	単位	材料 品　名	単位	歩掛数量	労務 職　種	歩掛員数(人)	その他
ルーフドレン	径50～80mm	1箇所当り	ルーフドレン	個	1	型わく工	0.09	1式
						左官	0.09	
	径100～150mm	〃	ルーフドレン	個	1	型わく工	0.1	〃
						左官	0.1	

（備考）　ルーフドレンは屋上用縦引き・横引き及び中継用とする。
　　　　　「その他」の率対象は，ルーフドレン，型わく工，左官とする。

⑯ 金　属

① 一般事項
(1) 金属工事の歩掛は，主たる材質が金属製であるもの及び一部に他の材質が含まれる金属製品に対応するが，細目別内訳には「鉄骨」,「屋根及びとい」,「建具」,「仕上げユニット」等の科目も含め適切に分類し計上する。
(2) 使用されている部位，規格，寸法形状等で分類する。

② 溶接金網敷き

名　称	摘　要	単位	材料 品　名	単位	歩掛数量	労務 職　種	歩掛員数(人)	その他
溶接金網敷き	径4.0 100×100	1m² 当り	溶接金網	m²	1.08	鉄筋工	0.022	1　式
	径4.0 150×150	〃	溶接金網	m²	1.08	鉄筋工	0.022	〃
	径5.0 100×100	〃	溶接金網	m²	1.08	鉄筋工	0.025	〃
	径5.0 150×150	〃	溶接金網	m²	1.08	鉄筋工	0.025	〃
	径6.0 100×100	〃	溶接金網	m²	1.08	鉄筋工	0.025	〃
	径6.0 150×150	〃	溶接金網	m²	1.08	鉄筋工	0.025	〃

(備考)　その他の率対象は，溶接金網，鉄筋工とする。

③ 下地ラス張り

名　称	摘　要	単位	材料 品　名	単位	歩掛数量	労務 職　種	歩掛員数(人)	その他
壁メタルラス張り	(平ラス)	1m² 当り	平ラス	m²	1.10	特殊作業員	0.03	1　式
壁ワイヤラス張り	(ひし形ラス)	〃	ひし形ラス	m²	1.10	特殊作業員	0.04	〃
			アスファルトフェルト20kg品	〃	1.10			
			ステープル	kg	0.05			
			力骨 3.2mm	〃	0.25			
壁リブラス張り	木造下地	〃	リブラス	m²	1.10	特殊作業員	0.025	〃
			ステープル	kg	0.06			
	鉄骨下地	〃	リブラス	m²	1.10	特殊作業員	0.05	〃
			鉄線	kg	0.10			
天井メタルラス張り	(平ラス)	〃	平ラス	m²	1.10	特殊作業員	0.05	〃
			ステープル	kg	0.04			
			力骨 3.2mm	〃	0.25			
壁ラスシート張り (参考)		〃	ラスシート	m²	1.10	特殊作業員	0.04	〃
			タッピングビス	本	9			
			座金	枚	9			
天井ラスシート張り (参考)		〃	ラスシート	m²	1.10	特殊作業員	0.045	〃
			タッピングビス	本	9			
			座金	枚	9			
ワイヤメッシュ敷き (参考)	φ2.6mm 100mmピッチ	〃	ワイヤメッシュ	m²	1.10	特殊作業員	0.025	〃
			鉄線	kg	0.10			

(備考)　「その他」の率対象は，平ラス，ひし形ラス，アスファルトフェルト，ステープル，力骨，リブラス，鉄線，ラスシート，タッピングビス，座金，ワイヤメッシュ，特殊作業員とする。

④ 軽量鉄骨下地（壁・天井）

(1) 軽量鉄骨壁下地は，建物内部の間仕切壁等に適用する。
(2) 軽量鉄骨天井下地は，屋内及び屋外の天井等に適用する。ただし，「特定天井及び特定天井の構造耐力上安全な構造方法を定める件」（平成25年8月5日　国土交通省告示第771号）に定める特定天井，天井面構成部材等の単位面積当りの質量が20kg／m^2を超える天井，水平でない天井及びシステム天井によるものを除く。

名　称	摘　要	単位	材料 品名	材料 単位	材料 歩掛数量	労務 職種	労務 歩掛員数(人)	その他
軽量鉄骨壁下地 50形	下地張りなし 間柱間隔300 mm 開口補強別途	1 m^2 当り	スタッド	m	3.5	内装工	0.027	1 式
			ランナ	〃	0.8			
			スペーサー	個	5.2			
			打込みピン	〃	0.9			
			振止め	m	0.8			
	下地張りあり 間柱間隔450 mm 開口補強別途	〃	スタッド	m	2.3	内装工	0.025	〃
			ランナ	〃	0.8			
			スペーサー	個	3.5			
			打込みピン	〃	0.9			
			振止め	m	0.8			
軽量鉄骨壁下地 65形	下地張りなし 間柱間隔300 mm 開口補強別途	〃	スタッド	m	3.5	内装工	0.034	〃
			ランナ	〃	0.6			
			スペーサー	個	5.2			
			打込みピン	〃	0.7			
			振止め	m	0.8			
	下地張りあり 間柱間隔450 mm 開口補強別途	〃	スタッド	m	2.3	内装工	0.032	〃
			ランナ	〃	0.6			
			スペーサー	個	3.5			
			打込みピン	〃	0.7			
			振止め	m	0.8			
軽量鉄骨壁下地 90形	下地張りなし 間柱間隔300 mm 開口補強別途	〃	スタッド	m	3.5	内装工	0.044	〃
			ランナ	〃	0.5			
			スペーサー	個	5.2			
			打込みピン	〃	0.5			
			振止め	m	0.8			
	下地張りあり 間柱間隔450 mm 開口補強別途	〃	スタッド	m	2.3	内装工	0.042	〃
			ランナ	〃	0.5			
			スペーサー	個	3.5			
			打込みピン	〃	0.5			
			振止め	m	0.8			
軽量鉄骨壁下地 100形	下地張りなし 間柱間隔300 mm 開口補強別途	〃	スタッド	m	3.5	内装工	0.049	〃
			ランナ	〃	0.4			
			スペーサー	個	5.2			
			打込みピン	〃	0.5			
			振止め	m	0.8			
	下地張りあり 間柱間隔450 mm 開口補強別途	〃	スタッド	m	2.3	内装工	0.047	〃
			ランナ	〃	0.4			
			スペーサー	個	3.5			
			打込みピン	〃	0.5			
			振止め	m	0.8			
軽量鉄骨壁下地 開口部補強 65形	出入口 H:2.0m×W:0.9m	1箇所当り	リップ溝形鋼 (60×30×10×2.3)	kg	19.4	内装工	0.18	〃
			スタッド	m	3.4			
			錆止め塗料塗り※	m^2	2.2			
			雑費	1式	労務費の12%			
	出入口 H:2.0m×W:1.2m	〃	リップ溝形鋼 (60×30×10×2.3)	kg	20.1	内装工	0.19	〃
			スタッド	m	3.4			
			錆止め塗料塗り※	m^2	2.3			
			雑費	1式	労務費の12%			

(つづく)

⓰ 金　　　属―3

名　称	摘　要	単位	材料 品　名	材料 単位	材料 歩掛数量	労務 職　種	労務 歩掛員数(人)	その他
軽量鉄骨壁下地 開口部補強 65形	出入口 H:2.0m×W:1.8m	1箇所 当り	リップ溝形鋼 (60×30×10×2.3) スタッド 錆止め塗料塗り※ 雑費	kg m m² 1式	21.5 3.4 2.4 労務費の12%	内装工	0.2	1式
	ダクト等（四方補強） H:0.2m×W:0.4m	〃	スタッド 雑費	m 1式	1.7 労務費の12%	内装工	0.12	〃
	ダクト等（四方補強） H:0.3m×W:0.6m	〃	スタッド 雑費	m 1式	2.6 労務費の12%	内装工	0.13	〃
	ダクト等（四方補強） H:0.45m×W:0.9m	〃	スタッド 雑費	m 1式	2.9 労務費の12%	内装工	0.14	〃
軽量鉄骨壁下地 開口部補強 90形	出入口 H:2.0m×W:0.9m	〃	リップ溝形鋼 (75×45×15×2.3) スタッド 錆止め塗料塗り※ 雑費	kg m m² 1式	34.1 4.3 3.9 労務費の12%	内装工	0.24	〃
	出入口 H:2.0m×W:1.2m	〃	リップ溝形鋼 (75×45×15×2.3) スタッド 錆止め塗料塗り※ 雑費	kg m m² 1式	35.1 4.3 4.0 労務費の12%	内装工	0.25	〃
	出入口 H:2.0m×W:1.8m	〃	リップ溝形鋼 (75×45×15×2.3) スタッド 錆止め塗料塗り※ 雑費	kg m m² 1式	37.2 4.3 4.2 労務費の12%	内装工	0.26	〃
	ダクト等（四方補強） H:0.2m×W:0.4m	〃	スタッド 雑費	m 1式	1.7 労務費の12%	内装工	0.16	〃
	ダクト等（四方補強） H:0.3m×W:0.6m	〃	スタッド 雑費	m 1式	2.6 労務費の12%	内装工	0.17	〃
	ダクト等（四方補強） H:0.45m×W:0.9m	〃	スタッド 雑費	m 1式	2.9 労務費の12%	内装工	0.18	〃
軽量鉄骨壁下地 開口部補強 100形	出入口 H:2.0m×W:0.9m	〃	リップ溝形鋼 (75×45×15×2.3) スタッド 錆止め塗料塗り※ 雑費	kg m m² 1式	75.1 4.8 8.5 労務費の12%	内装工	0.26	〃
	出入口 H:2.0m×W:1.2m	〃	リップ溝形鋼 (75×45×15×2.3) スタッド 錆止め塗料塗り※ 雑費	kg m m² 1式	77.1 4.8 8.7 労務費の12%	内装工	0.27	〃
	出入口 H:2.0m×W:1.8m	〃	リップ溝形鋼 (75×45×15×2.3) スタッド 錆止め塗料塗り※ 雑費	kg m m² 1式	81.2 4.8 9.2 労務費の12%	内装工	0.28	〃
	ダクト等（四方補強） H:0.2m×W:0.4m	〃	スタッド 雑費	m 1式	1.7 労務費の12%	内装工	0.18	〃
	ダクト等（四方補強） H:0.3m×W:0.6m	〃	スタッド 雑費	m 1式	2.6 労務費の12%	内装工	0.19	〃
	ダクト等（四方補強） H:0.45m×W:0.9m	〃	スタッド 雑費	m 1式	2.9 労務費の12%	内装工	0.2	〃

(つづく)

⓰ 金　属一式

名　称	摘　要	単位	材料 品　名	材料 単位	材料 歩掛数量	労務 職　種	労務 歩掛員数(人)	その他
下がり壁下地 19形（屋内）	軽量鉄骨 H＝0.5m以下	1m² 当り	野縁受け	m	4.7	内装工	0.15	1　式
			シングル野縁	〃	9.0			
			シングルクリップ	個	6.7	雑　費	労務費の6%	
			シングル野縁ジョイント	〃	1.8			
下がり壁下地 25形（屋外）	軽量鉄骨 H＝0.5m以下	〃	野縁受け	m	4.7	内装工	0.17	〃
			シングル野縁	〃	9.0			
			シングルクリップ	個	6.7	雑　費	労務費の6%	
			シングル野縁ジョイント	〃	1.8			
軽量鉄骨天井下地 19型（屋内）	下地張りなし 野縁間隔 225mm	〃	つりボルト	m	1.5	内装工	0.041	〃
			野縁受け	〃	1.4			
			野縁受けハンガ	個	1.5			
			ナット	〃	3.1			
			野縁受けジョイント	〃	0.2			
			シングル野縁	m	2.3			
			ダブル野縁	〃	2.3			
			シングル野縁ジョイント	個	0.3			
			ダブル野縁ジョイント	〃	0.3			
			シングルクリップ	〃	2.6			
			ダブルクリップ	〃	2.6			
	下地張りなし 野縁間隔 300mm	〃	つりボルト	m	1.5	内装工	0.037	〃
			野縁受け	〃	1.4			
			野縁受けハンガ	個	1.5			
			ナット	〃	3.1			
			野縁受けジョイント	〃	0.2			
			シングル野縁	m	2.3			
			ダブル野縁	〃	1.2			
			シングル野縁ジョイント	個	0.3			
			ダブル野縁ジョイント	〃	0.2			
			シングルクリップ	〃	2.6			
			ダブルクリップ	〃	1.3			
	下地張りあり 野縁間隔 360mm	〃	つりボルト	m	1.5	内装工	0.035	〃
			野縁受け	〃	1.4			
			野縁受けハンガ	個	1.5			
			ナット	〃	3.1			
			野縁受けジョイント	〃	0.2			
			シングル野縁	m	2.3			
			ダブル野縁	〃	0.6			
			シングル野縁ジョイント	個	0.3			
			ダブル野縁ジョイント	〃	0.1			
			シングルクリップ	〃	2.6			
			ダブルクリップ	〃	0.6			
	金属成形板用 野縁間隔 360mm	〃	つりボルト	m	1.5	内装工	0.035	〃
			野縁受け	〃	1.4			
			野縁受けハンガ	個	1.5			
			ナット	〃	3.1			
			野縁受けジョイント	〃	0.2			
			シングル野縁	m	2.9			
			シングル野縁ジョイント	個	0.4			
			シングルクリップ	〃	3.2			

（つづく）

⓰ 金　属―5

名　称	摘　要	単位	材料 品　名	材料 単位	材料 歩掛数量	労務 職　種	労務 歩掛員数(人)	その他
軽量鉄骨天井下地 25型（屋外）	下地張りなし 野縁間隔 225 mm	1 m² 当り	つりボルト	m	0.8	内　装　工	0.055	1　式
			野縁受け	〃	1.4			
			野縁受けハンガ	個	1.5			
			ナット	〃	3.1			
			野縁受けジョイント	〃	0.2			
			シングル野縁	m	2.3			
			ダブル野縁	〃	2.3			
			シングル野縁ジョイント	個	0.3			
			ダブル野縁ジョイント	〃	0.3			
			シングルクリップ	〃	2.6			
			ダブルクリップ	〃	2.6			
	下地張りなし 野縁間隔 300 mm	〃	つりボルト	m	0.8	内　装　工	0.049	〃
			野縁受け	〃	1.4			
			野縁受けハンガ	個	1.5			
			ナット	〃	3.1			
			野縁受けジョイント	〃	0.2			
			シングル野縁	m	2.3			
			ダブル野縁	〃	1.2			
			シングル野縁ジョイント	個	0.3			
			ダブル野縁ジョイント	〃	0.2			
			シングルクリップ	〃	2.6			
			ダブルクリップ	〃	1.3			
	下地張りあり 野縁間隔 360 mm	〃	つりボルト	m	0.8	内　装　工	0.049	〃
			野縁受け	〃	1.4			
			野縁受けハンガ	個	1.5			
			ナット	〃	3.1			
			野縁受けジョイント	〃	0.2			
			シングル野縁	m	2.9			
			ダブル野縁	〃	0.6			
			シングル野縁ジョイント	個	0.4			
			ダブル野縁ジョイント	〃	0.1			
			シングルクリップ	〃	3.2			
			ダブルクリップ	〃	0.6			
	金属成形板用 野縁間隔 360 mm	〃	つりボルト	m	0.8	内　装　工	0.049	〃
			野縁受け	〃	1.4			
			野縁受けハンガ	個	1.5			
			ナット	〃	3.1			
			野縁受けジョイント	〃	0.2			
			シングル野縁	m	3.5			
			シングル野縁ジョイント	個	0.5			
			シングルクリップ	〃	3.9			

(つづく)

名　　称	摘　　要	単位	材料 品　　名	材料 単位	材料 歩掛数量	労務 職　種	労務 歩掛員数(人)	その他
軽量鉄骨天井下地 開口部補強 19型（屋内） 25型（屋外）	300×300, 300φ	1箇所当り	野縁受け	m	1.0	内装工	0.045	1式
			ダブル野縁	〃	2.0			
			シングルクリップ	個	4			
			ダブルクリップ	〃	4			
	450×450, 450φ	〃	野縁受け	m	1.4	内装工	0.052	〃
			ダブル野縁	〃	2.0			
			シングルクリップ	個	6			
			ダブルクリップ	〃	4			
	650×650, 650φ	〃	野縁受け	m	1.6	内装工	0.053	〃
			ダブル野縁	〃	2.0			
			シングルクリップ	個	6			
			ダブルクリップ	〃	4			
	900×900, 900φ	〃	野縁受け	m	2.2	内装工	0.076	〃
			ダブル野縁	〃	3.8			
			シングルクリップ	個	8			
			ダブルクリップ	〃	4			
	1,300×1,300, 1,300φ	〃	野縁受け	m	2.8	内装工	0.084	〃
			ダブル野縁	〃	3.8			
			シングルクリップ	個	8			
			ダブルクリップ	〃	4			
	300×1,300	〃	野縁受け	m	2.8	内装工	0.069	〃
			ダブル野縁	〃	2.0			
			シングルクリップ	個	8			
			ダブルクリップ	〃	6			
	300×2,500	〃	野縁受け	m	5.2	内装工	0.096	〃
			ダブル野縁	〃	2.0			
			シングルクリップ	個	12			
			ダブルクリップ	〃	8			
	300×3,700	〃	野縁受け	m	7.6	内装工	0.123	〃
			ダブル野縁	〃	2.0			
			シングルクリップ	個	16			
			ダブルクリップ	〃	10			

（備考）　1．開口部補強，インサートは別途計上する。
　　　　2．天井ふところが19形（屋内）の場合は1.5m未満，25形（屋外）の場合は1.0m未満に適用し，それ以外の場合は，天井下地補強を別途加算する。
　　　　3．※：鉄鋼面　工程B種　現場2回目　鉛・クロムフリーさび止め　1回目別途
　　　　4．「その他」の率対象は，スタッド，ランナ，スペーサー，打込みピン，振止め，リップ溝形鋼，つりボルト，野縁受け，野縁受けハンガ，ナット，野縁受けジョイント，シングル野縁，ダブル野縁，シングル野縁ジョイント，ダブル野縁ジョイント，シングルクリップ，ダブルクリップ，雑費，内装工とする。

軽量鉄骨天井下地補強加算

名　　称	摘　　要	単位	材料 品　　名	材料 単位	材料 歩掛数量	労務 職　種	労務 歩掛員数(人)	その他
軽量鉄骨天井下地補強加算	ふところ1m加算	1m²当り	つりボルト	m	4.60	内装工	0.008	1式
	ふところ2m加算	〃	つりボルト	m	6.10	内装工	0.01	〃

（備考）　1．つりボルトの長さ加算を含む。
　　　　2．軽量鉄骨天井下地の19形及び25形に適用する。
　　　　3．「その他」の率対象は，つりボルト，内装工とする。

⑤ 金物工事

名称	摘要	単位	材料 品名	材料 単位	材料 歩掛数量	労務 職種	労務 歩掛員数(人)	その他
屋上点検口	ステンレス製 径550	1箇所当り	屋上点検口	個	1	配管工	0.3	1式
						左官	0.15	
	ステンレス製 径600	〃	屋上点検口	個	1	配管工	0.3	〃
						左官	0.15	
	ステンレス製 500角	〃	屋上点検口	個	1	配管工	0.25	〃
						左官	0.1	
	鋼製 径550	〃	屋上点検口	個	1	配管工	0.3	〃
						左官	0.15	
	鋼製 500角	〃	屋上点検口	個	1	配管工	0.25	〃
						左官	0.1	
コーナービード（モルタル用）		1m当り	コーナービード	m	1.0	左官	0.025	〃
床目地棒		〃	目地金物	m	1.0	左官	0.025	〃
			アンカーモルタル	〃	設計による			
目地ジョイナー（ボード用）		〃	ジョイナー	m	1.0	内装工	0.025	〃
壁見切縁	アルミ製	〃	見切縁	m	1.0	内装工	0.03	〃
	塩化ビニル製		見切縁	m	1.0	内装工	0.027	
下り壁見切縁	アルミ製	〃	見切縁	m	1.0	内装工	0.035	〃
	塩化ビニル製		見切縁	m	1.0	内装工	0.032	
天井廻縁	アルミ製	〃	廻縁	m	1.0	内装工	0.03	〃
	塩化ビニル製		廻縁	m	1.0	内装工	0.027	
グレーチング溝ふた	鋼製 溝幅 W=200～300 グレーチング幅 250～350	〃	グレーチング溝ふた	m	1.0	特殊作業員	0.1	〃
			グレーチング溝ふた用枠	〃	1.0	左官	0.04	
	鋼製 溝幅 W=350～450 グレーチング幅 400～500	〃	グレーチング溝ふた	m	1.0	特殊作業員	0.11	〃
			グレーチング溝ふた用枠	〃	1.0	左官	0.04	
	ステンレス製 溝幅 W=200～300 グレーチング幅 250～350	〃	グレーチング溝ふた	m	1.0	特殊作業員	0.1	〃
			グレーチング溝ふた用枠	〃	1.0	左官	0.04	
	ステンレス製 溝幅 W=350～450 グレーチング幅 400～500	〃	グレーチング溝ふた	m	1.0	特殊作業員	0.11	〃
			グレーチング溝ふた用枠	〃	1.0	左官	0.04	
手摺 (参考)	アルミ製（既製品） H=1,100	〃	手摺	〃	1.0	特殊作業員	0.3	〃
						普通作業員	0.2	

（つづく）

名称	摘要	単位	材料 品名	単位	歩掛数量	労務 職種	歩掛員数(人)	その他
鋳鉄製マンホールふた (水封型)(簡易密閉型)(密閉型) 50KN (T-20) 15KN (T-6) 5KN (T-2)	内径300	1箇所当り	鋳鉄製マンホールふた	個	1	配管工	0.21	1 式
						左官	0.09	
	内径350	〃	鋳鉄製マンホールふた	個	1	配管工	0.21	〃
						左官	0.09	
	内径600	〃	鋳鉄製マンホールふた	個	1	配管工	0.3	〃
						左官	0.15	
面格子 (参考)	アルミ製(既製品) W=2,000 H=1,500	〃	面格子	個	1.0	特殊作業員	0.6	〃
丸環	ステンレス製(既製品)	〃	丸環	個	1.0	特殊作業員	0.13	〃
床点検口	450~600角 コンクリート床用	〃	点検口	個	1.0	内装工	0.1	〃
						左官	0.05	
天井点検口	450角 軽量天井下地用 開口補強は含まない	〃	点検口	個	1.0	内装工	0.15	〃
	600角 軽量天井下地用 開口補強は含まない	〃	点検口	個	1.0	内装工	0.17	〃
天井用インサート	一般用	1m² 当り	一般用インサート	個	1.5	特殊作業員	0.005	〃
	デッキ用	〃	デッキ用インサート	個	1.5	特殊作業員	0.005	〃
階段・手摺等	鉄骨工事に計上しないものを数量単位「箇所」・延長・tとし材工共で計上する。							

(備考) 1. マンホールふたの密閉型は,内径600のみとする。
　　　 2. 「その他」の率対象は,屋上点検口,コーナービード,目地金物,アンカーモルタル,ジョイナー,見切縁,廻縁 グレーチング溝ふた,グレーチング溝ふた用枠,手摺,マンホールふた,面格子,丸環,点検口,一般用インサート デッキ用インサート,左官,内装工,特殊作業員,配管工とする。

⑥ **雨押え（参考）**

名称	摘要	単位	材料 品名	単位	歩掛数量	労務 職種	歩掛員数(人)	その他
雨押え	糸長120mm 亜鉛鉄板0.91×1.82使用	1m 当り	亜鉛鉄板	枚	0.08	板金工	0.04	1 式
	延べ幅240mm 亜鉛鉄板0.91×1.82使用	〃	亜鉛鉄板	枚	0.16	板金工	0.05	〃

(備考) 1. 谷どい・捨て板・水切りなど,糸尺・延べ幅もの。くぎ・びょう・はんだ・塩酸・木炭など少量の雑材料は「その他」に含む。
　　　 2. 「その他」の率対象は,亜鉛鉄板,板金工とする。

⑦ 鋼製笠木類（参考）

名　　称	摘　　要	単位	材料 品　名	単位	歩掛数量	労務 職　種	歩掛員数(人)	その他
鋼 製 笠 木	100 ㍶-1.6 糸幅180mm	1m当り	鋼　板	kg	2.5	板 金 工	0.22	1 式
			取付け金物	〃	鋼板×30%			
			運搬（2t車）	台	0.05			
〃	150 ㍶-1.6 糸幅230mm	〃	鋼　板	kg	3.2	板 金 工	0.24	〃
			取付け金物	〃	鋼板×30%			
			運搬（2t車）	台	0.05			
鋼 製 水 切	㍶-0.8 糸幅150mm	〃	鋼　板	kg	1.6	板 金 工	0.15	〃
			取付け金物	〃	鋼板×30%			
			運搬（2t車）	台	0.03			
鋼 製 棟 押 え	㍶-0.8 糸幅300mm	〃	鋼　板	kg	3.1	板 金 工	0.24	〃
			取付け金物	〃	鋼板×30%			
			運搬（2t車）	台	0.05			
鋼 製 見 切 縁	㍶-0.8 糸幅120mm	〃	鋼　板	kg	1.3	板 金 工	0.17	〃
			取付け金物	〃	鋼板×30%			
			運搬（2t車）	台	0.03			

（備考）　1.　素地ごしらえ，鉄鋼面錆止め塗料現場1回塗りを加算する。
　　　　　2.　「その他」の率対象は，鋼板，取付け金物，板金工とする。

⑰ 左　官

① 一 般 事 項
(1) モルタル塗り等には，混和剤，目地棒，定規等の補助材を含む。
(2) 左官工具（こて類，練り混ぜ器具等）は，その他に含む。
(3) モルタル塗り，プラスタ塗り等の標準の調合，塗り厚，塗り回数はそれぞれの表を標準とする。
(4) 細目の計上は，平部（m^2）又は役物（m，箇所）による。役物（笠木，水切り，側溝等）は糸尺の寸法ごとに区分する。
(5) 既製コンクリート，石及びタイル工事に要するモルタルの調合は本節による。

② 床コンクリート直均し仕上げ

名　称	摘　要	単位	材料 品名	単位	歩掛数量	労務 職種	歩掛員数(人)	その他
コンクリート直均し仕上げ	薄物仕上げ	1m^2当り	—	—	—	左官	0.035	1式
	厚物仕上げ	〃	—	—	—	左官	0.025	〃

（備考）薄物仕上げ：合成樹脂塗り床，ビニル系床材張り，コンクリート直均し仕上げ，フリーアクセスフロア（置敷式）等に適用する。
　　　　厚物仕上げ：カーペット張り，防水下地，セルフレベリング材塗り等に適用する。
　　　　「その他」の率対象は，左官とする。

③ 床モルタル塗り

名　称	摘　要	単位	材料 品名	単位	歩掛数量	労務 職種	歩掛員数(人)	その他
モルタル塗り	金ごて仕上げ 塗厚 30mm 現場練り	1m^2当り	セメント	kg	16.9	左官	0.045	1式
			砂	m^3	0.035	普通作業員	0.036	
	金ごて仕上げ 塗厚 30mm ポンプ圧送 **(参考)**	〃	モルタル 1:2.5	m^3	0.032	左官	0.036	〃
						特殊作業員	0.008	
			モルタルポンプ機械損料	h	0.024	普通作業員	0.007	
			同上雑品（機械損料の20%）	式	1			
階段モルタル塗り	金ごて仕上げ 塗厚 30mm 現場練り	〃	セメント	kg	16.9	左官	0.18	〃
			砂	m^3	0.035	普通作業員	0.036	
防水モルタル塗り **(参考)**	塗厚 30mm	〃	セメント	kg	17.5	左官	0.045	〃
			砂	m^3	0.036	普通作業員	0.04	
			防水剤	ℓ	0.4			
化粧目地切り仕上げ **(参考)**		〃	—	—	—	左官	0.06	〃

（備考）「その他」の率対象は，左官，普通作業員とする。

④ 床下地モルタル塗り

名　称	摘　要	単位	材料 品　名	材料 単位	材料 歩掛数量	労務 職　種	労務 歩掛員数(人)	その他
下地モルタル塗り	ユニットタイル下地　塗厚　22 mm　現場練り	1 m² 当り	セメント	kg	11.0	左　官	0.04	1式
			砂	m³	0.027	普通作業員	0.026	
	一般タイル下地　塗厚　37 mm　現場練り	〃	セメント	kg	18.4	左　官	0.05	〃
			砂	m³	0.046	普通作業員	0.044	
	クリンカタイル下地　塗厚　34 mm　現場練り　(参考)	〃	セメント	kg	13.6	左　官	0.05	〃
			砂	m³	0.045	普通作業員	0.041	
	防水下地　塗厚　18 mm　現場練り	〃	セメント	kg	9.0	左　官	0.04	〃
			砂	m³	0.022	普通作業員	0.022	
	ビニル系床材下地　塗厚　28 mm　現場練り	〃	セメント	kg	11.1	左　官	0.045	〃
			砂	m³	0.037	普通作業員	0.034	
	ビニル系床材下地　塗厚　28 mm　ポンプ　圧送　(参考)	〃	モルタル 1:2.5	m³	0.030	左　官	0.036	〃
						特殊作業員	0.008	
			モルタルポンプ 機械損料	h	0.023	普通作業員	0.007	
			同上雑品（機械損料の20%）	式	1			
階段下地モルタル塗り	ビニル系床材下地　塗厚　28mm　現場練り	〃	セメント	kg	11.1	左　官	0.18	〃
			砂	m³	0.037	普通作業員	0.034	

（備考）「その他」の率対象は，左官，普通作業員とする。

⑤ 床特殊モルタル塗り（参考）

名　称	摘　要	単位	材料 品　名	材料 単位	材料 歩掛数量	労務 職　種	労務 歩掛員数(人)	その他
色モルタル塗り	塗厚　30 mm	1 m² 当り	セメント	kg	12.5	左　官	0.06	1式
			砂	m³	0.036			
			白セメント	kg	5.0	普通作業員	0.07	
			顔料	〃	0.1			
パーライトモルタル塗り	塗厚　30 mm	〃	セメント	kg	17.5	左　官	0.05	〃
			砂	m³	0.018	普通作業員	0.045	
			パーライト	〃	0.018			
ひる石モルタル塗り	塗厚　30 mm	〃	セメント	kg	17.5	左　官	0.06	〃
			砂	m³	0.018	普通作業員	0.05	
			ひる石	〃	0.018			
耐火モルタル塗り		〃	マグネシヤセメント	kg	5.5	左　官	0.16	〃
			石粉	〃	0.45			
			おがくず	m³	0.025			
			顔料	kg	0.7	普通作業員	0.08	
			にがり	〃	4			

（備考）「その他」の率対象は，左官，普通作業員とする。

名称	摘要	単位	材料 品名	材料 単位	材料 歩掛数量	労務 職種	労務 歩掛員数(人)	その他
耐酸アスファルトモルタル塗り	床面 塗厚 30 mm	1 m² 当り	アスファルトプライマー	ℓ	0.4	左　官	0.07～0.14	1式
			ブローンアスファルト (JIS K 2207 針入度20～30)	kg	21.4			
			ろう石粉	〃	28.5	普通作業員	0.1～0.2	
			硅砂	〃	21.4			
			かま損料（上記材料計の2%）	式	1			
	立上り面 塗厚 30 mm	〃	アスファルトプライマー	ℓ	0.4	左　官	0.11～0.21	〃
			ブローンアスファルト (JIS K 2207 針入度20～30)	kg	14.3			
			ろう石粉	〃	26.1	普通作業員	0.13～0.26	
			硅砂	〃	7.1			
			かま損料（上記材料計の2%）	式	1			
舗装用アスファルトモルタル塗り	砕石混入なし 塗厚 30 mm	〃	アスファルトプライマー	ℓ	0.4	左　官	0.13	〃
			ブローンアスファルト (JIS K 2207 針入度20～30)	kg	9.3			
			砂	m³	0.043	普通作業員	0.15	
			石粉	kg	12.8			
			かま損料（上記材料計の6.9%）	式	1			
	砕石混入 塗厚 30 mm	〃	アスファルトプライマー	ℓ	0.4	左　官	0.16	〃
			ブローンアスファルト (JIS K 2207 針入度20～30)	kg	7.2			
			砕石	m³	0.015			
			砂	〃	0.032	普通作業員	0.15	
			石粉	kg	7.2			
			かま損料（上記材料計の6.9%）	式	1			

（備考）「その他」の率対象は，左官，普通作業員とする。

⑥ **床人造石塗り（参考）**

名称	摘要	単位	材料 品名	材料 単位	材料 歩掛数量	労務 職種	労務 歩掛員数(人)	その他
人造石塗りとぎ出し	塗厚 30 mm	1 m² 当り	セメント	kg	12.5	左　官	0.16	1式
			白セメント	〃	7.0			
			砂	m³	0.028	普通作業員	0.08	
			砕石	kg	12.8			
			顔料	〃	0.2	左官(とぎ工)	0.2	
人造石塗り洗い出し	塗厚 30 mm	〃	セメント	kg	12.5	左　官	0.224	〃
			白セメント	〃	10			
			砂	m³	0.028	普通作業員	0.22	
			砕石	kg	20			
			顔料	〃	0.1			
現場テラゾ	塗厚 30 mm	〃	セメント	kg	10	左　官	0.102	〃
			白セメント	〃	6			
			砂	m³	0.022	普通作業員	0.1	
			砕石	kg	21			
			顔料	〃	0.15	左官(とぎ工)	0.5	
			ワックス	g	12			

（備考）「その他」の率対象は，左官，普通作業員とする。

⑦ 壁モルタル塗り

名　　称	摘　　要	単位	材料 品　名	材料 単位	材料 歩掛数量	労務 職　種	労務 歩掛員数(人)	その他
外壁モルタル塗り	はけ引き 塗厚 25 mm	1 m² 当り	セメント	kg	13.0	左　官	0.11	1式
			砂	m³	0.03	普通作業員	0.038	
	金ごて 塗厚 25 mm	〃	セメント	kg	13.0	左　官	0.13	〃
			砂	m³	0.03	普通作業員	0.038	
内壁モルタル塗り	はけ引き 塗厚 20 mm	〃	セメント	kg	10.3	左　官	0.095	〃
			砂	m³	0.024	普通作業員	0.03	
			消石灰	kg	0.38			
	金ごて 塗厚 20 mm	〃	セメント	kg	10.3	左　官	0.115	〃
			砂	m³	0.024	普通作業員	0.03	
			消石灰	kg	0.38			
外壁 柱型モルタル塗り (参考)	はけ引き 塗厚 25 mm	〃	セメント	kg	14.0	左　官	0.13	〃
			砂	m³	0.03	普通作業員	0.04	
	金ごて 塗厚 25 mm	〃	セメント	kg	14.0	左　官	0.141	〃
			砂	m³	0.03	普通作業員	0.044	
内壁 柱型モルタル塗り (参考)	はけ引き 塗厚 20 mm	〃	セメント	kg	10.3	左　官	0.11	〃
			砂	m³	0.024	普通作業員	0.03	
			消石灰	kg	0.38			
	金ごて 塗厚 20 mm	〃	セメント	kg	10.3	左　官	0.13	〃
			砂	m³	0.024	普通作業員	0.03	
			消石灰	kg	0.38			
防水モルタル塗り (参考)	塗厚 25 mm	〃	セメント	kg	15.0	左　官	0.11	〃
			砂	m³	0.03	普通作業員	0.034	
			防水剤	ℓ	0.36			

（備考）「その他」の率対象は，左官，普通作業員とする。

⑧ 壁下地モルタル塗り

名　　称	摘　　要	単位	材料 品　名	材料 単位	材料 歩掛数量	労務 職　種	労務 歩掛員数(人)	その他
下地モルタル塗り	ユニットタイル下地 外壁　木ごて 塗厚　20 mm	1 m² 当り	セメント	kg	10.9	左　官	0.09	1式
			砂	m³	0.026	普通作業員	0.032	
	ユニットタイル下地 内壁　木ごて 塗厚　15 mm	〃	セメント	kg	8.5	左　官	0.07	〃
			砂	m³	0.019	普通作業員	0.024	
	外装タイル下地 外壁　木ごて 塗厚　16 mm	〃	セメント	kg	9.5	左　官	0.07	〃
			砂	m³	0.022	普通作業員	0.027	
	外装タイル下地 内壁　木ごて 塗厚　11 mm	〃	セメント	kg	6.9	左　官	0.06	〃
			砂	m³	0.016	普通作業員	0.02	
	内装タイル下地 改良積上張り　木ごて	〃	セメント	kg	3.4	左　官	0.03	〃
			砂	m³	0.007	普通作業員	0.009	
	内装タイル下地 接着張り　金ごて	〃	セメント	kg	6.4	左　官	0.06	〃
			砂	m³	0.014	普通作業員	0.018	
	防水下地 塗厚　18 mm	〃	セメント	kg	9.0	左　官	0.04	〃
			砂	m³	0.022	普通作業員	0.022	
	リブラス下地ラスこすり 塗厚　10 mm **(参考)**	〃	わらすさ	kg	0.2	左　官	0.05	〃
			セメント	〃	6.0	普通作業員	0.014	
			砂	m³	0.012			

（備考）「その他」の率対象は，左官，普通作業員とする。

⑨ 壁特殊モルタル塗り（参考）

名　　称	摘　　要	単位	材料 品　名	材料 単位	材料 歩掛数量	労務 職　種	労務 歩掛員数(人)	その他
外壁色モルタル塗り	塗厚　25 mm	1 m² 当り	セメント	kg	13.0	左　官	0.118	1式
			砂	m³	0.027	普通作業員	0.038	
			白セメント	kg	3.0			
			顔料	〃	0.14			
	ラス下地 塗厚　25 mm	〃	セメント	kg	12.0	左　官	0.105	〃
			砂	m³	0.034	普通作業員	0.036	
			白セメント	kg	3.0			
			顔料	〃	0.14			
パーライトモルタル塗り	塗厚　25 mm	〃	セメント	kg	14.0	左　官	0.11	〃
			砂	m³	0.015	普通作業員	0.038	
			パーライト	〃	0.015			
ひる石モルタル塗り	塗厚　25 mm	〃	セメント	kg	14.0	左　官	0.09	〃
			砂	m³	0.015	普通作業員	0.034	
			ひる石	〃	0.015			

（備考）「その他」の率対象は，左官，普通作業員とする。

⑩ 壁人造石塗り（参考）

名　称	摘　要	単位	材料 品名	材料 単位	材料 歩掛数量	労務 職種	労務 歩掛員数(人)	その他
人造石塗りとぎ出し	塗厚　25 mm	1 m² 当り	セメント	kg	12.0	左　官	0.21	1式
			白セメント	〃	6.2	普通作業員	0.07	
			砂	m³	0.02	左官(とぎ工)	0.3	
			砕石	kg	12.8			
			顔料	〃	0.2			
人造石塗り洗い出し	塗厚　25 mm	〃	セメント	kg	12.0	左　官	0.24	〃
			白セメント	〃	6.2	普通作業員	0.06	
			砂	m³	0.02			
			砕石	kg	12.8			
			顔料	〃	0.2			
人造石塗り小たたき	塗厚　40 mm	〃	セメント	kg	16.0	左　官	0.27	〃
			白セメント	〃	16.0	普通作業員	0.07	
			砂	m³	0.04	石　工	0.33	
			砕石	kg	32.0			
			顔料	〃	0.16			

（備考）「その他」の率対象は，左官，普通作業員，石工とする。

⑪ 壁プラスター塗り（参考）

名　称	摘　要	単位	材料 品名	材料 単位	材料 歩掛数量	労務 職種	労務 歩掛員数(人)	その他
混合プラスター塗り	塗厚モルタル　6 mm 〃 プラスター　14 mm	1 m² 当り	セメント	kg	5.4	左　官	0.14	1式
			砂	m³	0.02	普通作業員	0.03	
			プラスター	kg	4.1			
			すさ	〃	0.1			
	せっこうボード下地 塗厚　18 mm	〃	砂	m³	0.016	左　官	0.13	〃
			ボード用せっこうプラスター下塗	kg	6.2	普通作業員	0.03	
			混合プラスター上塗用	〃	1.55			
			白毛すさ	〃	0.045			
せっこうプラスター塗り	塗厚モルタル　6 mm 〃 プラスター　14 mm	〃	セメント	kg	4.0	左　官	0.13	〃
			砂	m³	0.02	普通作業員	0.03	
			せっこうプラスター	kg	7.2			
			すさ	〃	0.057			
パーライトプラスター塗り	塗厚　25 mm	〃	セメント	kg	7.5	左　官	0.121	〃
			砂	m³	0.015	普通作業員	0.036	
			パーライト	〃	0.015			
			プラスター	kg	10.0			
			すさ	〃	0.2			
ドロマイトプラスター塗り	塗厚　20 mm	〃	セメント	kg	5.4	左　官	0.12	〃
			砂	m³	0.02	普通作業員	0.03	
			ドロマイトプラスター下塗用	kg	3.2			
			ドロマイトプラスター上塗用	〃	0.97			
			白毛すさ	〃	0.076			
			さらしすさ	〃	0.012			

（つづく）

名称	摘要	単位	材料 品名	材料 単位	材料 歩掛数量	労務 職種	労務 歩掛員数(人)	その他
柱型 混合プラスター塗り	塗厚 20 mm	1m² 当り	セメント	kg	4.0	左官	0.18	1式
			砂	m³	0.02	普通作業員	0.04	
			混合プラスター下塗用	kg	6.0			
			混合プラスター上塗用	〃	1.5			
			白毛すさ	〃	0.06			
柱型 ドロマイトプラスター塗り	塗厚 20 mm	〃	セメント	kg	5.4	左官	0.14	〃
			砂	m³	0.021	普通作業員	0.04	
			ドロマイトプラスター下塗用	kg	3.7			
			ドロマイトプラスター上塗用	〃	1.0			
			白毛すさ	〃	0.08			
			さらしすさ	〃	0.01			

(備考)　「その他」の率対象は，左官，普通作業員とする。

⑫ **壁各種吹き付け（参考）**

名称	摘要	単位	材料 品名	材料 単位	材料 歩掛数量	労務 職種	労務 歩掛員数(人)	その他
色セメント吹付け		1m² 当り	白セメント	kg	0.56	左官	0.03	1式
			プラスター	〃	0.10	普通作業員	0.02	
			顔料	〃	0.003			
白セメント吹付け	2回吹き 下地別	〃	白セメント	kg	1.25	左官	0.03	〃
			顔料	〃	0.06	普通作業員	0.03	
			石粉	〃	0.02			
色モルタル吹付け		〃	白セメント	kg	1.0	左官	0.02	〃
			顔料	〃	0.14	普通作業員	0.02	
			ドロマイトプラスター下塗用	〃	0.26			
			防水剤	〃	0.016			
			石粉吹付け用	〃	0.37			
せっこうプラスター吹付け		〃	せっこうプラスター	kg	0.50	左官	0.015	〃
			石粉	〃	0.13	普通作業員	0.015	
セメントのろ引き		〃	セメント	kg	1.0	左官	0.018	〃
						普通作業員	0.01	
リシンかき落し	塗厚 25 mm	〃	セメント	kg	11.0	左官	0.16	〃
			白セメント	〃	6.2	普通作業員	0.05	
			砂	m³	0.03			
			砕石	kg	12.8			
			顔料	〃	0.2			
			プラスター	〃	4.0			
リシンかき落し	塗厚 20 mm	〃	セメント	kg	9.0	左官	0.192	〃
			白セメント	〃	5.0	普通作業員	0.04	
			砂	m³	0.020			
			砕石	kg	10.1			
			顔料	〃	0.2			
			プラスター	〃	3.2			

(備考)　「その他」の率対象は，左官，普通作業員とする。

⑬ 和風壁塗り（参考）

名称	摘要	単位	材料 品名	単位	歩掛数量	労務 職種	歩掛員数(人)	その他
こまい(小舞)かき	本四ツ（上）下ごしらえかき共	1m²当り	—	—	—	左官	0.11	1式
	縦四ツ（中）下ごしらえかき共	〃	—	—	—	左官	0.09	〃
	並こまい（下）下ごしらえかき共	〃	—	—	—	左官	0.07	〃
荒壁		〃	荒壁土	m³	0.04	左官	0.04	〃
			わらすさ	kg	0.45	普通作業員	0.05	
裏返し		〃	荒壁土	m³	0.02	左官	0.04	〃
			わらすさ	kg	0.23	普通作業員	0.05	
むら（斑）直し中塗り		〃	中塗土	m³	0.02	左官	0.06	〃
			砂	〃	0.01	普通作業員	0.06	
			もみすさ	kg	0.08			
こまい大津壁	両面壁	〃	荒木田土	m³	0.047	左官	0.27	〃
			砂	〃	0.03			
			荒壁用わらすさ	kg	0.60	普通作業員	0.12	
			中塗用もみすさ	〃	0.60			
			ぬき伏せ用パーム	〃	0.20			
			プラスター	〃	3.60			
			さらしすさ	〃	0.12			
	片面壁	〃	荒木田土	m³	0.04	左官	0.14	〃
			砂	〃	0.025			
			荒壁用わらすさ	kg	0.60	普通作業員	0.04	
			中塗用もみすさ	〃	0.35			
			ぬき伏せ用パーム	〃	0.10			
			プラスター	〃	1.80			
			さらしすさ	〃	0.05			
こまいしっくい塗り	片面壁	〃	荒木田土	m³	0.04	左官	0.153	〃
			砂	〃	0.025			
			荒壁用わらすさ	kg	0.60	普通作業員	0.07	
			パーム	〃	0.10			
			上貝灰	〃	1.80			
			つのまた	〃	0.07			
			さらしすさ	〃	0.06			
こまい砂壁塗り	片面壁	〃	荒木田土	m³	0.04	左官	0.14	〃
			砂	〃	0.025			
			荒壁用わらすさ	kg	0.60	普通作業員	0.061	
			中塗用もみすさ	〃	0.35			
			パーム	〃	0.10			
			のり	〃	0.15			
			色砂	ℓ	1.7			

(つづく)

名称	摘要	単位	材料 品名	単位	歩掛数量	労務 職種	歩掛員数(人)	その他
じゅらく壁塗り	塗厚 25 mm コンクリート下地	1 m² 当り	セメント	kg	7.5	左官	0.21	1式
			砂	m³	0.03	普通作業員	0.067	
			壁土	〃	0.012			
			すさ	kg	0.60			

（備考）「その他」の率対象は，左官，普通作業員とする。

⑭ 役物モルタル塗り

名称	摘要	単位	材料 品名	単位	歩掛数量	労務 職種	歩掛員数(人)	その他
建具周囲モルタル充填	外部	1 m 当り	セメント	kg	4.9	左官	0.06	1式
			砂	m³	0.012	普通作業員	0.01	
			防水剤	kg	0.1			
	内部	〃	セメント	kg	4.9	左官	0.05	〃
			砂	m³	0.012	普通作業員	0.01	
柱コーナー加算		〃	―	―	―	左官	0.015	〃
梁コーナー加算		〃	―	―	―	左官	0.02	〃
くつずり	戸当たり無 糸幅 100 mm	〃	セメント	kg	1.4	左官	0.053	〃
			砂	m³	0.003	普通作業員	0.003	
	戸当たり付 糸幅 100 mm	〃	セメント	kg	1.7	左官	0.077	〃
			砂	m³	0.003	普通作業員	0.003	
ボーダー	平部 糸幅 150 mm	〃	セメント	kg	2.1	左官	0.105	〃
			砂	m³	0.004	普通作業員	0.005	
	階段部 糸幅 150 mm	〃	セメント	kg	2.1	左官	0.233	〃
			砂	m³	0.004	普通作業員	0.005	
幅木	出幅木 H 100 mm	〃	セメント	kg	1.3	左官	0.052	〃
			砂	m³	0.003	普通作業員	0.003	
	出幅木 H 150 mm (参考)	〃	セメント	kg	2.0	左官	0.06	〃
			砂	m³	0.004	普通作業員	0.006	
	出幅木 H 300 mm	〃	セメント	kg	3.8	左官	0.065	〃
			砂	m³	0.009	普通作業員	0.009	
	階段出幅木 H 150 mm	〃	セメント	kg	1.9	左官	0.065	〃
			砂	m³	0.004	普通作業員	0.005	
	目地入 H 100 mm	〃	セメント	kg	1.0	左官	0.033	〃
			砂	m³	0.002	普通作業員	0.003	
			目地ジョイナー	m	1.05			

（つづく）

⑰ 左官—10

名称	摘要	単位	材料 品名	単位	歩掛数量	労務 職種	歩掛員数(人)	その他
膳板	糸幅 150 mm	1m当り	セメント	kg	2.0	左官	0.07	1式
			砂	m³	0.005	普通作業員	0.005	
笠木	糸幅 340 mm	〃	セメント	kg	4.4	左官	0.1	〃
			砂	m³	0.01	普通作業員	0.01	
	糸幅 160 mm	〃	セメント	kg	2.1	左官	0.08	〃
			砂	m³	0.005	普通作業員	0.005	
パラペット	糸幅 500 mm	〃	セメント	kg	6.5	左官	0.18	〃
			砂	m³	0.015	普通作業員	0.015	
窓台	糸幅 150 mm	〃	セメント	kg	2.0	左官	0.08	〃
			砂	m³	0.005	普通作業員	0.005	
水切り	糸幅 170 mm	〃	セメント	kg	2.2	左官	0.07	〃
			砂	m³	0.005	普通作業員	0.005	

（備考）「その他」の率対象は，左官，普通作業員とする。

⑮ 役物人造石塗り（参考）

名称	摘要	単位	材料 品名	単位	歩掛数量	労務 職種	歩掛員数(人)	その他
幅木 人造石塗りとぎ出し	H 100 mm	1m当り	セメント	kg	1.0	左官	0.12	1式
			白セメント	〃	1.0	普通作業員	0.014	
			砂	m³	0.003	左官(とぎ工)	0.04	
			砕石	kg	2.0			
			顔料	〃	0.01			
階段ボーダー 人造石塗りとぎ出し	幅 60 mm 塗厚 30 mm	〃	セメント	kg	0.9	左官	0.172	〃
			白セメント	〃	0.7	普通作業員	0.01	
			砂	m³	0.002	左官(とぎ工)	0.21	
			砕石	kg	1.6			
			顔料	〃	0.01			
笠木 人造石塗りとぎ出し	糸幅 300 mm	〃	セメント	kg	4.5	左官	0.13	〃
			白セメント	〃	3.5	普通作業員	0.031	
			砂	m³	0.01	左官(とぎ工)	0.16	
			砕石	kg	8.0			
			顔料	〃	0.04			
笠木 人造石塗り洗い出し	糸幅 300 mm 塗厚 20 mm	〃	セメント	kg	4.5	左官	0.15	〃
			白セメント	〃	3.5	普通作業員	0.15	
			砂	m³	0.01			
			砕石	kg	8.0			
			顔料	〃	0.04			

（つづく）

❶⓱左　　　　官—1

名　称	摘　要	単位	材料 品　名	単位	歩掛数量	労務 職　種	歩掛員数(人)	その他
幅木 テラゾ	H 100 mm	1 m 当り	セメント	kg	1.0	左　官	0.15	1式
			白セメント	〃	1.0	普通作業員	0.02	
			砂	m³	0.002	左官(とぎ工)	0.562	
			砕石	kg	2.1			
			顔料	〃	0.02			
			ワックス	g	1.2			
笠木 テラゾ	糸幅 300 mm	〃	セメント	kg	4.5	左　官	0.05	〃
			白セメント	〃	3.5	普通作業員	0.05	
			砂	m³	0.01	左官(とぎ工)	0.38	
			砕石	kg	8.0			
			顔料	〃	0.04			
			ワックス	g	4.0			

（備考）　「その他」の率対象は，左官，普通作業員とする。

木造建物左官塗り面積概数値（参考）

仕　様	摘　要	塗り面積	仕　様	摘　要	塗り面積
大壁塗り	外部壁	延べ面積の 1.0 倍内外	真壁塗り	軒高 3.6 m	建て面積の 2.5 倍内外
	内部壁	〃　1.5～2.0 倍		〃　3.0 m	〃　2.0 倍内外
	内部天井	〃　1.0 倍			

モルタルの調合（容積比）（参考）

下　地	施工箇所	下塗り・ラスこすり セメント	砂	むら直し・中塗り セメント	砂	上　塗　り セメント	砂	消石灰
コンクリート れんが コンクリートブロック	床 仕上げ	－	－	－	－	1	2.5	－
	床 張物下地	－	－	－	－	1	4.0	－
	内壁	1	2.5	1	3	1	3	0.3
	外壁その他	1	2.5	1	3	1	3	－
メタルラス（平ラス）	内壁	1	3.0	1	3	1	3	0.3
リブラス	ひさし	1	2	1	3	1	3	0.3
ワイヤラス	外壁その他	1	2.5	1	3	1	3	－
木毛セメント板の類	内壁	1	2	1	3	1	3	0.3
	外壁その他	1	2	1	3	1	3	－

（備考）
1. ラスこすりには，施工上必要あるときには，すさを適量混入する。
2. ワイヤラスのラスこすりには，更に 3～5 mm 程度の粗砂 1 を加えてもよい。
3. 中塗り・上塗り用モルタルにおいては，軽量骨材として砂をパーライトに，消石灰をドロマイトプラスター・ポラリン・白土などに置き換えることもある。

モルタル 1 m³ 当りの材料所要量（参考）

モルタルの調合 セメント：砂：消石灰	セメント 袋/m³	kg/m³	砂 m³/m³	消石灰 袋/m³	kg/m³
1：0.5	45.8	1,145	0.46	－	－
1：1	37.2	930	0.74	－	－
1：2	25.2	630	1.01	－	－
1：2.5	21.2	530	1.06	－	－
1：3	18.8	470	1.13	－	－
1：4	15.0	375	1.21	－	－
1：2.5：0.2	20.6	515	1.03	2.4	48
1：2.8：0.2	19.2	480	1.07	2.25	45
1：3　：0.3	17.8	445	1.07	3.15	63

（備考）材料歩掛には施工上のロスは含まない（施工上のロスはセメント 6 %，砂 10 %割増し）。
セメント：25 kg/袋　　砂：細目・荒目（パーライト）　　消石灰：20 kg 袋

モルタル標準塗り厚（参考）

下　　地	施工箇所	下塗り・ラスこすり mm	むら直し mm	中塗り mm	上塗り mm
コンクリート	床	－	－	－	30
れんが・コンクリートブロック	内　壁	7	－	7	6
	外　壁	9	－	8	8
メタルラス（平ラス）	内　壁	ラスの厚さより1mm程度厚くする	－	6	3
リブラス	ひさし		－	6	3
ワイヤラス	外壁その他	5	－	9	6

（備考）
1. 塗り厚は，下地表面から測定し，ラスこすりの厚さは含まないものとする。
2. 塗り厚の総計及び塗り回数は特記による。ただし，天井・ひさしは12mm以下，その他は12mm以上とする。
3. 1回の塗り厚は床の場合を除き，7mm以下とする。厚さ10mm以上のラスこすりは，この限りではない。
4. ラスこすりの場合，塗付け後，金ぐしなどで全面かき荒らし。
5. むらが著しいときは，むら直しを行う。
6. 上塗りの仕上げ型には，金ごて仕上げ・木ごて仕上げ・はけ引き仕上げ・色モルタル仕上げ（塗厚3mm以上）・かき落し粗面仕上げ・吹付仕上げ・のろ引き仕上げなどがある。
7. 目地は，特記のない場合，押し目地とする。

モルタル塗り厚に対する1m³当りの容積

塗り厚(mm)	容積(m³/m²)	塗り厚(mm)	容積(m³/m²)
3	0.003	13.5	0.0135
4.5	0.0045	15	0.015
6	0.006	16	0.016
9	0.009	18	0.018
10.5	0.0105	21	0.021
12	0.012	30	0.03

混合プラスタ調合・塗厚（参考）

下　　地	塗層	容積調合 プラスター 下塗り用	容積調合 プラスター 上塗り用	砂	白毛すさ プラスター25kg/袋につき kg	塗厚 壁 mm	塗厚 壁 mm	塗厚 天井・ひさし mm	塗厚 天井・ひさし mm
コンクリート・れんがブロック，メタルラス	下塗り	1	－	1.5	0.25	6.0	15.0	5.5	13.0
	中塗り	1	－	2.0	0.25	7.5		6.0	
	上塗り	－	1	－	－	1.5		1.5	
	中塗り	1	－	2.0	0.25	7.5	9.0	6.0	7.5
	上塗り	－	1	－	－	1.5		1.5	
木ずりの類	下塗り	1	－	1.0	0.25	4.0	18.0	3.5	15.0
	むら直し	－	－	1.5	0.25	6.0		4.0	
	中塗り	1	－	2.0	0.25	6.5		6.0	
	上塗り	－	1	－	－	1.5		1.5	

⑱ 建　具

① 一　般　事　項
(1) 建具寸法は，建具の有効内法寸法とする。
(2) 金属製建具は，アルミニウム製建具，樹脂製建具，鋼製建具，鋼製軽量建具，ステンレス製建具及びシャッター等に区分し，製品代，取付費及び運搬費に分けて計上する。
(3) アルミニウム製建具は，枠見込み70mm程度を対象とする。
(4) 建具に取付けるガラス及びガラス留めシーリングは，本節の「④ガラス」による。
(5) 建具塗装は，「⑲塗装」による。
(6) 養生及びクリーニング費は，別途計上する。

② 木　製　建　具
建具枠及び窓枠は，「⑭木工」による。

(1) 木製建具取付け

名　称	摘　要	単位	材料 品名	単位	歩掛数量	労務 職種	歩掛員数(人)	その他
両開き戸	フラッシュ戸 W1,700×H2,000 (参考)	1箇所当り	丁番	枚	6	建具工 (建込み手間)	0.47	1式
			箱錠	個	1			
			戸当り，あおり止め	〃	1			
			上げ落し	〃	1			
			建具	枚	2			
	フラッシュ戸 W1,600×H1,800	〃	丁番	枚	4	建具工 (建込み手間)	0.3	〃
			箱錠	個	1			
			戸当り，あおり止め	〃	1			
			上げ落し	〃	1			
			建具	枚	2			
	フラッシュ戸 W1,700×H2,000 （フロアヒンジ） (参考)	〃	フロアヒンジ	個	2	建具工 (建込み手間)	1.27	〃
			箱錠	〃	1			
			戸当り，あおり止め	〃	1			
			上げ落し	〃	1			
			建具	枚	2			
自由両開き戸 (参考)	フラッシュ戸 W1,600×H2,000	〃	自由丁番	枚	4	建具工 (建込み手間)	0.36	〃
			押板，取手	〃	4			
			戸当り，あおり止め	個	2			
			建具	枚	2			
片開き戸	フラッシュ戸 W850×H2,000 (参考)	〃	丁番	枚	3	建具工 (建込み手間)	0.25	〃
			箱錠	個	1			
			戸当り，あおり止め	〃	1			
			建具	枚	1			
	フラッシュ戸 W800×H1,800	〃	丁番	枚	2	建具工 (建込み手間)	0.15	〃
			箱錠	個	1			
			戸当り，あおり止め	〃	1			
			建具	枚	1			
	フラッシュ戸 W850×H2,000 （フロアヒンジ） (参考)	〃	フロアヒンジ	個	1	建具工 (建込み手間)	0.64	〃
			箱錠	〃	1			
			戸当り，あおり止め	〃	1			
			建具	枚	1			

(つづく)

⑱ 建　具―2

名　称		摘　要	単位	材料 品　名	単位	歩掛数量	労務 職　種	歩掛員数(人)	その他
自由片開き戸		フラッシュ戸 W850×H2,000 (参考)	1箇所当り	自由丁番	枚	2	建具工 (建込み手間)	0.18	1式
				押板	〃	2			
				戸当り，あおり止め	個	1			
				建具	枚	1			
開き戸	片開き	フラッシュ戸 W850×H2,000 (ピボットヒンジ) (参考)	〃	ピボットヒンジ	組	1	建具工 (建込み手間)	0.27	〃
				円筒錠	個	1			
				ドアクローザ	〃	1			
				建具	枚	1			
	便所片開き	フラッシュ戸 W600×H1,800	〃	ラバトリーヒンジ	組	1	建具工 (建込み手間)	0.13	〃
				表示付き空錠	個	1			
				帽子掛け戸当り	〃	1			
				建具	枚	1			
開き窓	両開き	ガラス窓 W1,600×H1,200 (参考)	〃	角丁番	枚	6	建具工 (建込み手間)	0.36	〃
				ハンドル式窓締め	組	1			
				建具	枚	2			
		ガラス窓 W1,500×H1,200	〃	丁番	枚	4	建具工 (建込み手間)	0.2	〃
				あおり止め	個	2			
				上げ落し	〃	1			
				窓締り	組	1			
				建具	枚	2			
		ガラス窓 W1,600×H1,200 (参考)	〃	丁番	枚	4	建具工 (建込み手間)	0.36	〃
				調整器	個	2			
				上げ落し	〃	1			
				窓締り	組	1			
				建具	枚	2			
	片開き (参考)	ガラス窓 W600×H2,000	〃	丁番	枚	3	建具工 (建込み手間)	0.18	〃
				ハンドル式窓締め	組	1			
				建具	枚	1			
引戸	引違い	フラッシュ戸 W1,600×H2,000 (参考)	〃	甲丸レール	本	2	建具工 (建込み手間)	0.16	〃
				戸車　外径36mm	個	4			
				差込み錠	組	1			
				引き手	個	4			
				建具	枚	2			
		フラッシュ戸 W1,700×H1,800	〃	レール	本	2	建具工 (建込み手間)	0.1	〃
				引き手	個	4			
				ねじ締り	組	1			
				戸車	個	4			
				建具	枚	2			

(つづく)

⑱ 建　　具—3

名　称		摘　要	単位	材料 品名	単位	歩掛数量	労務 職種	歩掛員数(人)	その他
引戸	片引き (参考)	フラッシュ戸 W800×H2,000	1箇所 当り	甲丸レール	本	1	建具工 (建込み手間)	0.08	1 式
^	^	^	^	戸車　外径36mm	個	2	^	^	^
^	^	^	^	かま錠	組	1	^	^	^
^	^	^	^	引き手	個	2	^	^	^
^	^	^	^	建具	枚	1	^	^	^
^	吊り戸 (参考)	フラッシュ戸 W4,000×H2,000 2枚吊り	〃	車径50mm ハンガーエプロン付き	個	4	建具工 (建込み手間)	0.52	〃
^	^	^	^	ハンガーレール ℓ8m	本	1	^	^	^
^	^	^	^	車径50mm ガイドローラーエプロン付き	個	4	^	^	^
^	^	^	^	ガイドレール ℓ8m	本	1	^	^	^
^	^	^	^	中央せき止め ドアーストップ打掛け		1 式	^	^	^
^	^	^	^	建具	枚	2	^	^	^
窓	引違い	ガラス窓 W1,700×H1,350	〃	レール	本	2	建具工 (建込み手間)	0.09	〃
^	^	^	^	戸車　外径30mm	個	4	^	^	^
^	^	^	^	ねじ締り	組	1	^	^	^
^	^	^	^	引き手	個	4	^	^	^
^	^	^	^	建具	枚	2	^	^	^
^	回転	ガラス窓 W800×H550	〃	回転軸	組	2	建具工 (建込み手間)	0.15	〃
^	^	^	^	キャッチ	個	1	^	^	^
^	^	^	^	ひも掛け	〃	1	^	^	^
^	^	^	^	建具	枚	1	^	^	^
ふすま	引違い	ふすま W1,750×H1,800	〃	引き手 (押入用ふすまの場合は2個)	個	4	建具工 (建込み手間)	0.10	〃
^	^	^	^	建具	枚	2	^	^	^
^	片開き	ふすま W900×H1,800	〃	丁番	枚	2	建具工 (建込み手間)	0.08	〃
^	^	^	^	把手(押入用ふすまの場合)	個	1	^	^	^
^	^	^	^	キャッチ	〃	1	^	^	^
^	^	^	^	建具	枚	1	^	^	^
障子	引違い	障子 W1,750×H1,800	〃	建具	枚	2	建具工 (建込み手間)	0.13	〃
窓 (参考)	上げ下げ	ガラス窓 W850×H1,700	〃	窓車	個	4	建具工 (建込み手間)	0.2	〃
^	^	^	^	分銅	〃	4	^	^	^
^	^	^	^	ワイヤーφ6 ℓ4m	本	4	^	^	^
^	^	^	^	手掛金物	個	2	^	^	^
^	^	^	^	クレセント	組	1	^	^	^
^	^	^	^	建具	枚	2	^	^	^
^	すべり出し	ガラス窓 W800×H1,000	〃	ホイトコ	個	2	建具工 (建込み手間)	0.13	〃
^	^	^	^	キャッチ	〃	1	^	^	^
^	^	^	^	手掛金物	〃	1	^	^	^
^	^	^	^	建具	枚	1	^	^	^

(備考)　1.　建具工（建込み手間）の歩掛員数は，建具の吊込み，付属金物の取付け手間等を含む。
　　　　2.　開きフラッシュ戸取付において，丁番は，建具の高さが2,000mm以上2,400mm以下の場合は，片開きにおいては3枚，両開きにおいては6枚とする。
　　　　3.　「その他」の率の対象は，建具工とする。

(2) 木製建具製作（**参考**）

(1m²当り)

名称		摘要		歩掛数量 建具の木材所要量（m³）	労務 職種	労務 歩掛員数(人)	その他
洋風建具	出入口	フラッシュ戸		0.026　（合板2.5 m²）	建具工	1.08～2.78	1式
		から戸		0.038	建具工	0.8～1.9	〃
		腰から戸		0.03	建具工	0.8～1.76	〃
		網戸		0.02　（網1.2 m²）	建具工	0.38～0.57	〃
	窓	ガラス窓	小	0.014	建具工	0.37～0.86	〃
			大	0.021	建具工	0.56～1.29	〃
和風建具	出入口	格子戸，まいら戸		0.026	建具工	0.8～1.76	〃
		腰付きガラス戸		0.018	建具工	0.41～0.8	〃
		紙障子		0.015	建具工	0.4～1.35	〃
	窓	ガラス障子		0.014	建具工	0.2～0.5	〃

（備考）1. 木製建具製作の単位面積当り（m²）歩掛員数（人）は，専門業者見積価格査定のための参考とする。なお，歩掛員数（人）の上下幅については，建具製作の難易度による。
　　　　2.「その他」の率の対象は，建具工とする。

(3) 付属金物の種類・数量他（**参考**）

付属金物の種類・数量

種別	名称	片開き	両開き	種別	名称	A	B	C
開き戸	丁番	2・3枚	4・6枚	便所片開き戸	丁番	2・3枚	2・3枚	2・3枚
	にぎり玉付き箱錠	1組	1組		表示錠	1組	－	－
	上げ落し	－	上・下に各1組		表示器	－	1組	－
	戸当り，あおり止め	1組	2組		空錠	－	にぎり玉付き1組	－
自由戸	自由丁番	2・3枚／－	4・6枚／－		ラッチ	－	－	1組
	ばね丁番	－／2・3枚	－／4・6枚		三角締り	－	－	1組
	取手	1個	2個		取手			2組
	押板	1枚／2枚	2枚／4枚		ラバトリーヒンジ	特記による。		
	本締り錠	1組／－	1組／－					
	上げ落し	－／上・下に各1組	上・下に各1組／上・下に各1組					

（備考）1. 開き戸：ドアクローザ，フロアヒンジ，ドアホルダー，その他座付き取手，押板，破損止め金物，けり板などは特記による。
　　　　　　丁番の大きさ・枚数，ドアクローザは次ページ表による。
　　　　2. 自由戸：フロアヒンジ，ピボットヒンジ，ドアホルダー，戸当り，あおり止めなどは特記による。
　　　　　　自由丁番の大きさ・枚数は次ページの表による。

建具かまちの標準寸法

建具の種類		縦がまち（mm）	上がまち（mm）	下がまち（mm）	中がまち（mm）	摘要
から戸	見付け幅	100	100	150	81	鏡板9～15mm
	見込み厚	35～40	35～40	35～40	35～40	
ガラス戸	見付け幅	40	40	70～90	24	雨戸 中ざん3～5本，各仕口は縦がまちに打抜きほぞ差し，戸板幅200～350mm幅ぞろい，4枚はぎ合せ，目板張り，又は耐水合板，四方小入れまいらざんに銅（黄銅）丸頭ぎ打止め。戸じり上げざる・落しる・まくらは堅木材。召し合せ丸角印ろう。突付け。
	見込み厚	30	30	30	30	
雨戸	見付け幅	33	50	54	33	
	見込み厚	30	27	27	21	
紙障子	見付け幅	27～32	27～32	45	25	
	見込み厚	27～32	面内おさめ	面内おさめ	25	
ふすま	見付け幅	18～25	22	22	－	
	見込み厚	18～25	17～24	17～24	－	

戸と自由丁番

かまちの厚さ (mm)	戸の大きさ 高さ (m)	幅 (m)	吊り元さんの厚さ (mm)	自由丁番 寸法 (mm)	(寸)	(mm)	枚数 (枚)
19～25		0.65	6	75	3	76.2	
22～30	1.8内外	0.7	11	100	4	101.6	2
28～38		0.75		125	5	127	
30～45		0.8	19	150	6	152.4	
35～57	2	0.85	22	175	7	177	3
38～57	2～2.3		26	200	8	203.2	

戸とドアクローザ・フロアヒンジ

戸の大きさ 高さ (m)	幅 (m)	質量 (kg)	ドアクローザの品番 普通の場合	ストップ付きの場合	フロアヒンジの品番 普通の場合	ストップ付きの場合
1.8	0.8	20～30	71	171	110	210
2.1	0.9	30～40	72	172		
2.4	0.95	50～60	73	173	120	220
	1	70～90	74	174		

戸と丁番・木ねじ

かまちの厚さ (mm)	戸の大きさ 幅 (m)	丁番 寸法 (mm)	(寸)	質量 (約・g) 真ちゅう	砲金	建具の高さと丁番の枚数 (枚) 1.8m	～2m	～2.4m	～3m	木ねじ (mm)	(#)	(本)
20～30	0.8以内	75	3	–	–					3.5	6	6
～33		90	3 1/2	270	300					3.8	7	6
～36	0.75以内	100	4	370	410	2	2・3	3・4	4・5	4.1	8	8
	～0.8	115	4 1/2	480	530					4.5	9	8
～43	～0.85	125	5	600	670					4.8	10	10
～50	～0.9	150	6	1,000	1,100					4.8	10	12
50以上	～1					3	3	3・4	4・5	4.8	10	12

n枚折りたたみ戸用付属金物の種類・数量

名称	摘要	名称	摘要
ドアハンガー	中央吊り・端吊折りたたみドアハンガー。丸ハンガー型・角ハンガー型。丸レール式・同調節式。スチールボール入り・コロ入りオイレスベアリング $\left(\frac{n}{2}偶数に切下げ\right)$ 個	ガイドレール	(内のり幅) 本
		ガイドローラー	$\left(\frac{n}{2}偶数に切下げ\right)$ 個
		丁番	かくし丁番 (2～4) n枚
		取手	4個
トラックレール	(内のり幅) 本。カーブレールは, 建具の幅と同一寸法の半径カーブが必要。	打掛け金物	1組
		掛け金	戸じり南番
ブラケット	$\left(\frac{内のり幅}{45～60cm}+1\right)$ 組。中央ブラケットは, 中受けの2倍幅の継手使用。外受け両端ブラケットは, ストップ付き使用。	ケースハンドル錠	
		せき止め金物	端部2個

回転窓用付属金物の種類・数量

名　　　称	回　転・らん　間　窓		た　て　回　転
回　転　軸	（左右）1組	1組	（上下）1組
キ　ャ　ッ　チ	1組	－	－
ヒ　ー　ト　ン	－	1組	－
回　転　ひ　も	－	（床より，上かまちまでの高さ）2本	－
ひ　も　掛　け	－	1組	－
フ　ッ　ク　棒	1組	－	－
調　整　器	3本	－	1組
開　き　窓　締　り	－	－	1組
上　げ　落　し	－	－	上下に1組
（備考）　フック棒は，各室ごとに1本とし，フック棒掛けを含む。上げ落しは，方立のある場合は不要。			

すべり出し窓用付属金物の種類・数量

名　　　称	横　形（1枚建て）	縦　形（1枚建て）
ホ　イ　ト　コ	1組	1組
キ　ャ　ッ　チ	1組	1組
窓ハンドル締り	（1組）	（1組）
フ　ッ　ク　棒	1本	1本
（備考）　フック棒は，各室ごとに1本とし，フック棒掛けを含む。		

突出し・引倒し窓用付属金物の種類・数量

名　　　称	突　出　し（1枚建て）	引　倒　し（1枚建て）
丁　　　　番	2枚	2枚
調　整　器	2組	2組
窓ハンドル締り	1組	－
キ　ャ　ッ　チ	－	1組
フ　ッ　ク　棒	－	1本
（備考）　フック棒は，窓の高さ2.2m以上の場合，各室に1本とし，フック棒掛けを含む。		

上げ下げ窓用付属金物の種類・数量

名　　　称	上　げ　下　げ（2枚建て）		分　銅　な　し（1枚建て）	
窓　　　　車	4個		－	
分　　　　銅	4個		－	
吊　ひ　も	4×（　）・本		－	
手　掛　け	2個		2個	
ク　レ　セ　ン　ト	1組	－	－	－
上げ下げ用ねじ締り	－	1組	－	－
窓　は　じ　き	－	－	左右に2組	－
カ　ー　ロ　ッ　ク	－	－	－	左右に2組
（備考）　手掛付き締り・外手掛け・バランス窓車は，特記による。				

(4) ドアクローザ取付け

名称	摘要	単位	材料 品名	単位	歩掛数量	労務 職種	歩掛員数(人)	その他
ドアクローザ		1箇所当り	ドアクローザ	個	1	建具工	0.09	1式

(備考)「その他」の率対象は，建具工とする。

(5) ガラス清掃

名称	摘要	単位	材料 品名	単位	歩掛数量	労務 職種	歩掛員数(人)	その他
ガラス清掃	ガラス両面	1m²当り	—	—	—	普通作業員	0.017	1式

(備考)「その他」の率対象は，普通作業員とする。

(6) 木製建具運搬 **(参考)**

名称	運搬車1t当り積載量 枚	名称	運搬車1t当り積載量 枚
出入口戸	20	窓	50

③ 金属製建具

《一般事項》
(1) 建具の金具部品及び表面仕上は，別途計上する。
(2) アルミニウム建具は，枠見込70mm程度を対象とする。なお，これを超える場合は，特記とする。
(3) 建具取付け後の建具清掃，はつり，建具周囲防水モルタル充填，さし筋及びあと施工アンカー等は，別途計上する。

《金属製建具の分類》
金属製建具は，材料による分類，開閉操作による分類，性能による分類，製作方法による分類などにより，次のように分類される。
(1) 材料による分類　　……アルミニウム製，樹脂製，鋼製，ステンレス製など
(2) 開閉操作による分類　……片開き，両開き，引違い，片引きなど
(3) 性能等級による分類　……耐風圧性，気密性，水密性など
(4) 製作方法による分類　……既製品，半既製品，注文製品
また，鋼製建具，アルミニウム製建具などについては，表面仕上げの種類によっても分類される。

1. アルミニウム製建具

アルミ製出入口戸取付け

名称	摘要	単位	材料 品名	材料 単位	材料 歩掛数量	労務 職種	労務 歩掛員数(人)	その他
片開き出入口戸	幅　高さ 900×2,100mm	1 m² 当り	—	—	—	サッシ工	0.2	1式
						普通作業員	0.04	
両開き出入口戸	幅　高さ 1,800×2,100mm	〃	—	—	—	サッシ工	0.19	〃
						普通作業員	0.04	
引違い出入口戸	幅　高さ 1,800×2,100mm	〃	—	—	—	サッシ工	0.19	〃
						普通作業員	0.04	
腰　唐　戸 （片開き） （両開き） (参考)		〃	—	—	—	サッシ工	0.21	〃
						普通作業員	0.05	
ガラス戸 （片開き） （両開き） (参考)		〃	—	—	—	サッシ工	0.21	〃
						普通作業員	0.05	

(備考)「その他」の率対象は，サッシ工，普通作業員とする。

アルミニウム製窓取付け

名称	摘要	単位	材料 品名	材料 単位	材料 歩掛数量	労務 職種	労務 歩掛員数(人)	その他
引違い窓 （既製品）	幅　高さ 1,600×1,500mm	1 m² 当り	—	—	—	サッシ工	0.15	1式
						普通作業員	0.03	
引違い窓 （注文製品） (参考)	幅　高さ 1,600×1,500mm	〃	—	—	—	サッシ工	0.18	
						普通作業員	0.05	
上げ下げ窓	幅　高さ 1,600×1,500mm	〃	—	—	—	サッシ工	0.19	
						普通作業員	0.04	

(つづく)

名称	摘要	単位	材料 品名	単位	歩掛数量	労務 職種	歩掛員数(人)	その他
すべり出し窓	幅 高さ 1,600×1,500mm	1 m² 当り	—	—	—	サッシ工	0.29	1 式
						普通作業員	0.06	
固定窓	幅 高さ 1,600×1,500mm	〃	—	—	—	サッシ工	0.16	〃
						普通作業員	0.03	
回転窓	幅 高さ 1,600×1,500mm	〃	—	—	—	サッシ工	0.18	〃
						普通作業員	0.03	
片引き窓 (参考)		〃	—	—	—	サッシ工	0.15	〃
						普通作業員	0.03	
たて回転窓 バランス 〃 はめ殺し 〃 (参考)		〃	—	—	—	サッシ工	0.24	〃
						普通作業員	0.06	
網戸 固定式 (参考)		〃	—	—	—	サッシ工	0.048	〃
						普通作業員	0.012	
網戸 可動式 (参考)		〃	—	—	—	サッシ工	0.056	〃
						普通作業員	0.014	

(備考) 「その他」の率対象は，サッシ工，普通作業員とする。

アルミニウム製建具付属金物取付け

名称	摘要	単位	材料 品名	単位	歩掛数量	労務 職種	歩掛員数(人)	その他
二重皿板	幅100mm内外	1 m 当り	—	—	—	サッシ工	0.03	1 式
膳板・額縁	幅60mm内外	〃	—	—	—	サッシ工	0.05	〃
アングル		〃	—	—	—	サッシ工	0.02	〃
方立	高さ1,500mm内外	1 本 当り	—	—	—	サッシ工	0.08	〃
						普通作業員	0.02	
二段水切り (参考)		1 m 当り	—	—	—	サッシ工	0.05	〃

(備考) 「その他」の率対象は，サッシ工，普通作業員とする。

2. 鋼製建具

鋼製出入口戸取付け

名　　称	摘　要	単位	材料 品名	単位	歩掛数量	労務 職種	歩掛員数(人)	その他
片開き出入口戸	幅　高さ 900×2,100mm	1m²当り	—	—	—	サッシ工	0.25	1式
						普通作業員	0.04	
両開き出入口戸	幅　高さ 1,800×2,100mm	〃	—	—	—	サッシ工	0.24	〃
						普通作業員	0.04	
引違い出入口戸	幅　高さ 1,800×2,100mm	〃	—	—	—	サッシ工	0.24	〃
						普通作業員	0.04	
片開き防火戸（小扉付き）	幅　高さ 2,000×2,400mm	〃	—	—	—	サッシ工	0.32	〃
						普通作業員	0.06	
片開き防火戸（分銅品）(参考)	幅　高さ 2,000×2,400mm	〃	—	—	—	サッシ工	0.40	〃
						普通作業員	0.10	
アングル出入口戸（片開き）（両開き）(参考)		〃	—	—	—	サッシ工	0.20	〃
						普通作業員	0.04	
アングルハンガー吊り戸（片開き）（両開き）(参考)		〃	—	—	—	サッシ工	0.23	〃
						普通作業員	0.05	

（備考）「その他」の率対象は，サッシ工，普通作業員とする。

特殊建具金物取付け

名　　称	摘　要	単位	材料 品名	単位	歩掛数量	労務 職種	歩掛員数(人)	その他
ドアクローザ		1箇所当り	—	—	—	サッシ工	0.08	1式
						普通作業員	0.01	
フロアヒンジ		〃	—	—	—	サッシ工	0.12	〃
						普通作業員	0.02	
押板	2枚／1組	1組当り	—	—	—	サッシ工	0.11	〃
						普通作業員	0.01	

（備考）「その他」の率対象は，サッシ工，普通作業員とする。

鋼製建具（スクリーン等）取付け（**参考**）

名称	摘要	単位	材料 品名	材料 単位	材料 歩掛数量	労務 職種	労務 歩掛員数(人)	その他
はめ殺し（スクリーン）	鋼製	1m² 当り	—	—	—	サッシ工	0.15	1式
						普通作業員	0.03	
ガラリ	〃	〃	—	—	—	サッシ工	0.16	〃
						普通作業員	0.04	
カーテンウォール	〃	〃	—	—	—	サッシ工	0.64	〃
						普通作業員	0.16	

（備考）「その他」の率対象は，サッシ工，普通作業員とする。

鋼製建具付属金物取付け（**参考**）

名称	摘要	単位	材料 品名	材料 単位	材料 歩掛数量	労務 職種	労務 歩掛員数(人)	その他
カーテンボックス		1m 当り	—	—	—	サッシ工	0.08	1式
						普通作業員	0.02	
アングル		〃	—	—	—	サッシ工	0.03	〃
膳板・額縁	幅60mm内外	〃	—	—	—	サッシ工	0.05	〃
二段水切り		〃	—	—	—	サッシ工	0.05	〃

（備考）「その他」の率対象は，サッシ工，普通作業員とする。

〔参考〕金属建具工事費の構成

　　建具工事は，工場製作と現場取付け作業の2工程に分かれるが，工場製作の比重が極めて大きい。建具の製作及び現場取付けは，左官工事，内外装工事などの仕上工事の施工前に完了させておかねばならないことから，施工図の承諾・工場製作を段取りよく行うとともに，設計変更などの対応は速やかに行う必要がある。

　　なお，既製品，半既製品については，各メーカーごとに量産方式によって規格サッシ以外にも数種類の品種があり，適寸での使用は全ての面でメリットがある。

　　ただし，既製品，半既製品とも大きさ，断面等の制約があり，たとえ建具金物が専用品であったとしても，戸，建窓（方立），段窓（無目）などの各種の組合せが自由であることや，額縁類が枠等と一緒に製作され一体となっているため，特殊な大きさの建具は気密型等とともに注文製品となる。

＜単位＞　金属製建具は，枠，無目，方立，額縁など建具と一体となって製作し，取付けられ，らんま付き，2段窓2連窓などの段連窓等の場合も，クレセント取手等の通常の付属金物は単価に含まれているもので，それらを含めて1箇所として計上する。

＜単価＞　既製品の場合は，各メーカーごとの価格を計上する。

　金属製建具工事費の構成　　建具価格の算出は，下式による。なお，工場間接費は，工場労務費に工場間接費率を乗じた金額と工場経費を加算して算出する。

$$\underline{材料費＋製造加工費（副資材＋工場加工費＋工場間接費）}＋\underline{防錆費}＋\underline{運搬取付け費}＋\underline{経費}$$
$$＝製品代(ア) \qquad ＋(ア)×8\% ＋ (ア)×25\% ＋(ア)×15\%$$

(注) %は参考数値。

（防錆費は鋼製の場合のみで，防蝕加工に鋼板にはボンデ加工等，アルミニウムはアルマイト，電解着色，塗料焼付け等で，これらの防蝕加工には，質量又は表面積による加工費を加算する。概算として建具価格の60％増が電解着色，塗料焼付けで40％増，ボンデ処理6～10％増）。

建具組子及び枠の延長による概算質量（参考）

鋼 製 概 算 質 量 (kg/m)				アルミニウム製概算質量 (kg/m)			
戸枠，くつずり	戸 か ま ち	サ ッ シ バ ー	ガラススクリーン	戸枠，くつずり	サ ッ シ バ ー	ガラススクリーン	
2.5～5	2～5	2.2～2.5	2.5～5	2～3	1.5～2	1.5～3	

3. シャッター（参考）

シャッターを構成する部材を下図のとおり①，②，③，④，⑤の5つに区分し，それぞれを求めた金額の合計が製品代である。これに⑥の(1)～(4)の各ブロック該当の金額を加算すると完成までの合計金額となる（区分表は次ページ参照）。

ただし，部材の材質はすべてJISによる鋼製であるので，ステンレス製の本体及び扉等を使用する場合は別途加算する。

構成部材に対する積算区分
（下図の部材の番号は右の式の番号に共通する）

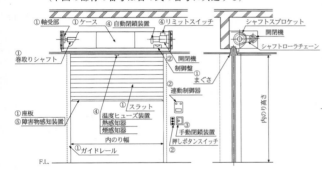

① 本　体　（スラット，座板，ガイドレール，巻取シャフト，軸受，まぐさ，ケース）
② 開閉装置　（上部電動もしくは，上部手動，押しボタンスイッチ，制御盤）
③ 手動閉鎖装置　（防火・防煙シャッターに使用し随時閉鎖できる装置で，上部電動，又は上部手動開閉装置と併用）
④ 自動閉鎖装置　（ヒューズ装置，又は煙（熱）感知器連動自動閉鎖機構）
⑤ 障害物感知装置　（電動降下時に障害物を感知した場合，自動的に停止する機能を有する装置）

　　　　　　　　小　計　　製　品　代
⑥　(1)　取付け工事費
　　(2)　手動閉鎖装置取付け工事費
　　(3)　二次側配管配線調整費
　　(4)　運搬費
　　　　　　　　合　計　　完成までの金額

煙（熱）感知器連動自動閉鎖機構は，煙（熱）感知器と自動閉鎖装置及び連動制御器（図略）によって構成される。
グリルシャッターの積算の場合，上記と同じ手順で行う。ただし，③手動閉鎖装置及び④自動閉鎖装置は削除。
障害物感知装置は，次の場所に設けるシャッターに設置する。
1) 日常使用される管理用のシャッター。ただし，押しボタン押切方式等で，シャッターを操作する人が自ら安全を確認できるものは除く。
2) 一斉操作，遠隔操作等見えない場所から操作するシャッター。

防火シャッター構成部材

防火戸の種類	スラットの鋼板の呼び厚さ（mm）	摘　要
「特定防火設備」の防火（防火煙）シャッター〔旧甲種防火（防煙）シャッター〕	1.5以上	
「防火設備」の防火シャッター〔旧乙種防火シャッター〕	0.8以上1.5未満	

（備考）　1.　シャッターの内のり幅は五メートル以下で，規定された遮煙性能試験に合格したもの又はシャッターに近接する位置に網入りガラスその他建築基準法（昭和二十五年法律第二百一号）第二条第九号の二ロに規定する防火設備を固定して併設したもので，内のり幅が八メートル以下とする。
　　　　　2.　スラットの厚さ0.8mmのものは，幅3m以下の場合に限る。

シャッター取付け(参考)

名称	摘要	単位	職種	歩掛員数(人)	その他
防煙シャッター グリルシャッター	Aブロック	1箇所当り	特殊作業員	5.21	1式
	Bブロック（6m²以下）	〃	特殊作業員	5.21	〃
	Bブロック	〃	特殊作業員	6.27	〃
	Cブロック（10m²以下）	〃	特殊作業員	8.27	〃
	Cブロック	〃	特殊作業員	9.45	〃
	Dブロック（16m²以下）	〃	特殊作業員	10.54	〃
	Dブロック	〃	特殊作業員	15.85	〃
	Eブロック（22m²以下）	〃	特殊作業員	17.44	〃
	Eブロック（32m²以下）	〃	特殊作業員	25.13	〃
	Eブロック	〃	特殊作業員	30.27	〃
防火シャッター	Aブロック	〃	特殊作業員	4.71	〃
	Bブロック（8m²以下）	〃	特殊作業員	4.71	〃
	Bブロック	〃	特殊作業員	5.87	〃
	Cブロック（13m²以下）	〃	特殊作業員	7.68	〃
	Cブロック	〃	特殊作業員	8.77	〃
	Dブロック（28m²以下）	〃	特殊作業員	11.73	〃
	Dブロック	〃	特殊作業員	14.65	〃
	Eブロック（28m²以下）	〃	特殊作業員	16.4	〃
	Eブロック（40m²以下）	〃	特殊作業員	23.51	〃
	Eブロック	〃	特殊作業員	29.17	〃
避難扉取付け		1枚当り	特殊作業員	2.03	〃
くぐり戸		〃	特殊作業員	1.41	〃
軽量シャッター	木造建物	1m²当り	特殊作業員	0.2	〃
	鉄骨トラス造	〃	特殊作業員	0.26	〃
	コンクリート，ブロック造	〃	特殊作業員	0.3	〃

(備考) 1. 工事費，運搬費等の価格は，1現場5箇所以上の場合の1箇所分の価格。日曜，祭日等は別途加算する。
2. 足場架払い，はつり，建具周囲モルタル充填，さし筋，あと施工アンカー及び使用電力料は別途加算する。
3. ステンレス製の本体及び扉等を使用する場合は，別途加算する。
4. 取付け後の特別養生は別途加算する。
5. 軽量シャッターの取外し費，大工，はつり足場代は別途加算する。
6. 軽量シャッターの面積6m²未満は，6m²として積算する。
7. 「その他」の率対象は，特殊作業員とする。

防煙・グリル・防火シャッター区分表（A～Eブロック）

H(mm)\W(mm)	1,000	1,500	2,000	2,500	3,000	3,500	4,000	4,500	5,000	5,500	6,000	6,500	7,000	7,500	8,000	8,500	9,000	9,500	10,000
2,000	(Aブロック)				(Bブロック)					(Cブロック)					(Dブロック)				
2,500																			
3,000																			
3,500																			
4,000																			
4,500																			
5,000	(Bブロック)			(Cブロック)			(Dブロック)					(Eブロック)							

（備考）
1. 全て鋼製とし3面ケースを含む。ステンレスグリルシャッターのガイドレール，まぐさ，座金は鋼製。
2. 中間寸法ものは上位寸法を適用。
3. 法規により，防煙シャッターの有効内法幅は5m以下とされているが，固定網入りガラススクリーンを使用した場合は，8mまでの防火シャッターを使用できる。

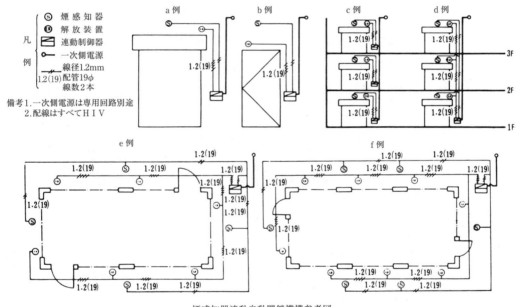

煙感知器連動自動閉鎖機構参考図

鋼製建具運搬（参考）

名　　　　称	運搬車1t当り積載量(m²)	名　　　　称	運搬車1t当り積載量(m²)
唐戸，腰唐戸	18	はめ殺し窓	65
鋼製出入口戸（フラッシュ戸）	20	引違い，引分け，片引き窓	35
ガラス戸	25	すべり出し，突出し，引倒し，回転窓	40
シャッター	12	上げ下げ窓	25

（備考）シャッターは付属品共，アルミニウム製建具の積載量は鋼製建具の約2倍。

④ ガ ラ ス

1. 板 ガ ラ ス

《一般事項》
(1) 板ガラスの規格寸法には定寸と特寸がある。
　　定寸…JIS，あるいはメーカーによって規定された規格寸法のガラス。
　　特寸…現場単位の寸法に応じて，カッティングのうえメーカーから出荷されるガラス。受注可能な最大寸法の目安となる。
(2) 板ガラスの労務のうち，普通作業員は両面のガラス清掃となっている。
(3) ガラスとめ材は，「2．ガラスとめ材」による。

(1 m² 当り)

名称	摘要	単位	材料 ガラス(m²)	材料 ガラスとめ材	労務 ガラス工(人)	労務 普通作業員(人)	その他
型板ガラス	4mm 特寸 2.18 m² 以下	m²	1.03	1 式	0.06	0.017	1 式
	〃 〃 4.45 〃	〃	1.03	〃	0.09	0.017	〃
	6mm 特寸 2.18 〃	〃	1.03	〃	0.09	0.017	〃
	〃 〃 4.45 〃	〃	1.03	〃	0.14	0.017	〃
網入型板ガラス	6.8mm 特寸 2.18 m² 以下	〃	1.03	1 式	0.13	0.017	1 式
	〃 〃 4.45 〃	〃	1.03	〃	0.19	0.017	〃
フロート板ガラス	3mm 特寸 2.18 m² 以下	〃	1.03	1 式	0.05	0.017	1 式
	5mm 特寸 2.18 〃		1.03	〃	0.09	0.017	〃
	〃 〃 4.45 〃		1.03	〃	0.14	0.017	〃
	〃 〃 6.81 〃		1.03	〃	0.17	0.017	〃
	6mm 特寸 2.18 〃		1.03	〃	0.09	0.017	〃
	〃 〃 4.45 〃		1.03	〃	0.14	0.017	〃
	〃 〃 6.81 〃		1.03	〃	0.17	0.017	〃
	8mm 特寸 2.18 〃		1.03	〃	0.13	0.017	〃
	〃 〃 4.45 〃		1.03	〃	0.19	0.017	〃
	〃 〃 6.81 〃		1.03	〃	0.23	0.017	〃
	10mm 特寸 2.18 〃		1.03	〃	0.16	0.017	〃
	〃 〃 4.45 〃		1.03	〃	0.24	0.017	〃
	〃 〃 6.81 〃		1.03	〃	0.29	0.017	〃
	12mm 特寸 2.18 〃 (参考)		1.03	〃	0.19	0.017	〃
	〃 〃 4.45 〃 〃		1.03	〃	0.28	0.017	〃
	〃 〃 6.81 〃		1.03	〃	0.34	0.017	〃
	15mm 特寸 2.18 〃 (参考)		1.03	〃	0.24	0.017	〃
	〃 〃 4.45 〃 〃		1.03	〃	0.36	0.017	〃
	〃 〃 6.81 〃		1.03	〃	0.42	0.017	〃
	19mm 特寸 2.18 〃 (参考)		1.03	〃	0.31	0.017	〃
	〃 〃 4.45 〃 〃		1.03	〃	0.45	0.017	〃
	〃 〃 6.81 〃 〃		1.03	〃	0.52	0.017	〃
網入磨き板ガラス	6.8mm 特寸 2.18 m² 以下	〃	1.03	1 式	0.13	0.017	1 式
	〃 〃 4.45 〃	〃	1.03	〃	0.19	0.017	〃
	10mm 特寸 2.18 〃		1.03	〃	0.16	0.017	〃
	〃 〃 4.45 〃		1.03	〃	0.24	0.017	〃
	〃 〃 6.81 〃		1.03	〃	0.29	0.017	〃

(つづく)

(1 m² 当り)

名称	摘要	単位	材料 ガラス(m²)	材料 ガラスとめ材	労務 ガラス工(人)	労務 普通作業員(人)	その他
熱線吸収板ガラス	3mm 特寸 2.18 m² 以下	m²	1.03	1 式	0.05	0.017	1 式
	5mm 特寸 2.18 〃	〃	1.03	〃	0.09	0.017	〃
	〃 〃 4.45 〃	〃	1.03	〃	0.14	0.017	〃
	〃 〃 6.81 〃	〃	1.03	〃	0.17	0.017	〃
	6mm 特寸 2.18 〃	〃	1.03	〃	0.09	0.017	〃
	〃 〃 4.45 〃	〃	1.03	〃	0.14	0.017	〃
	〃 〃 6.81 〃	〃	1.03	〃	0.17	0.017	〃
	8mm 特寸 2.18 〃	〃	1.03	〃	0.13	0.017	〃
	〃 〃 4.45 〃	〃	1.03	〃	0.19	0.017	〃
	〃 〃 6.81 〃	〃	1.03	〃	0.23	0.017	〃
	10mm 特寸 2.18 〃	〃	1.03	〃	0.16	0.017	〃
	〃 〃 4.45 〃	〃	1.03	〃	0.24	0.017	〃
	〃 〃 6.81 〃	〃	1.03	〃	0.29	0.017	〃
	12mm 特寸 2.18 〃 (参考)	〃	1.03	〃	0.19	0.017	〃
	〃 〃 4.45 〃 〃	〃	1.03	〃	0.28	0.017	〃
	〃 〃 6.81 〃 〃	〃	1.03	〃	0.34	0.017	〃
	15mm 特寸 2.18 〃 (参考)	〃	1.03	〃	0.24	0.017	〃
	〃 〃 4.45 〃 〃	〃	1.03	〃	0.36	0.017	〃
	〃 〃 6.81 〃 〃	〃	1.03	〃	0.42	0.017	〃
熱線吸収網入磨き板ガラス	6.8mm 特寸 2.18 m² 以下 (参考)	〃	1.03	1 式	0.13	0.017	1 式
	〃 〃 4.45 〃 〃	〃	1.03	〃	0.19	0.017	〃
熱線反射ガラス	6mm 特寸 2.18 m² 以下	〃	1.03	1 式	0.09	0.017	1 式
	〃 〃 4.45 〃	〃	1.03	〃	0.14	0.017	〃
	8mm 特寸 2.18 〃	〃	1.03	〃	0.13	0.017	〃
	〃 〃 4.45 〃	〃	1.03	〃	0.19	0.017	〃
	〃 〃 6.81 〃	〃	1.03	〃	0.23	0.017	〃
	10mm 特寸 2.18 〃 (参考)	〃	1.03	〃	0.16	0.017	〃
	〃 〃 4.45 〃 〃	〃	1.03	〃	0.24	0.017	〃
	〃 〃 6.81 〃 〃	〃	1.03	〃	0.29	0.017	〃
	12mm 特寸 2.18 〃 (参考)	〃	1.03	〃	0.19	0.017	〃
	〃 〃 4.45 〃 〃	〃	1.03	〃	0.28	0.017	〃
	〃 〃 6.81 〃 〃	〃	1.03	〃	0.34	0.017	〃
複層ガラス	FL3・A6・FL3 2.0 m² 以下	〃	1.0	1 式	0.27	0.017	1 式
	〃 4.0 〃		1.0	〃	0.41	0.017	〃
	FL5・A6・FL5 2.0 〃		1.0	〃	0.39	0.017	〃
	〃 4.0 〃		1.0	〃	0.57	0.017	〃
	FL6・A6・FL6 2.0 〃		1.0	〃	0.47	0.017	〃
	〃 4.0 〃		1.0	〃	0.69	0.017	〃
	FL3・A6・HGBFL3 2.0 〃		1.0	〃	0.27	0.017	〃
	〃 4.0 〃		1.0	〃	0.41	0.017	〃
	FL5・A6・HGBFL5 2.0 〃		1.0	〃	0.39	0.017	〃
	〃 4.0 〃		1.0	〃	0.57	0.017	〃
	FL6・A6・HGBFL6 2.0 〃		1.0	〃	0.47	0.017	〃
	〃 4.0 〃		1.0	〃	0.69	0.017	〃
	FL5・A6・PW6.8 2.0 〃		1.0	〃	0.52	0.017	〃
	〃 4.0 〃		1.0	〃	0.78	0.017	〃
	FL6・A6・PW6.8 2.0 〃		1.0	〃	0.57	0.017	〃
	〃 4.0 〃		1.0	〃	0.86	0.017	〃

(つづく)

⑱建　　具―17

（1m² 又は1枚当り）

名　称	摘　要	単位	材料 ガラス(m²)	材料 ガラスとめ材	労務 ガラス工(人)	労務 普通作業員(人)	その他
合わせガラス	FL3・FL3　2.0 m² 以下(参考)	m²	1.0	1 式	0.09	0.017	1 式
	〃　　　　4.0　〃	〃	1.0	〃	0.14	0.017	〃
	FL3・FL5　2.0　〃 (参考)	〃	1.0	〃	0.13	0.017	〃
	〃　　　　4.0　〃	〃	1.0	〃	0.19	0.017	〃
	FL5・FL5　2.0　〃 (参考)	〃	1.0	〃	0.16	0.017	〃
	〃　　　　4.0　〃	〃	1.0	〃	0.24	0.017	〃
	FL3・HGBFL3　2.0 〃 (参考)	〃	1.0	〃	0.09	0.017	〃
	〃　　　　4.0 〃 〃	〃	1.0	〃	0.14	0.017	〃
	FL3・HGBFL5　2.0 〃 (参考)	〃	1.0	〃	0.13	0.017	〃
	〃　　　　4.0 〃 〃	〃	1.0	〃	0.19	0.017	〃
強化ガラスドア (参考)	12×762×2,134　規格品	枚	1	1 式	1.25	0.028	1 式
	12×914×2,134　〃	〃	1	〃	1.25	0.033	〃
	12×1,067×2,134　〃	〃	1	〃	1.30	0.039	〃
	12×800×2,200　特注品	〃	1	〃	1.30	0.030	〃
	12×1,000×2,200　〃	〃	1	〃	1.30	0.037	〃
	12×1,200×2,200　〃	〃	1	〃	1.70	0.045	〃
	12×800×2,500　〃	〃	1	〃	1.30	0.034	〃
	12×1,000×2,500　〃	〃	1	〃	1.30	0.043	〃
	12×1,200×2,500　〃	〃	1	〃	1.70	0.051	〃
強化ガラス	FL 5 mm　2.0 m² 以下	m²	1.0	1 式	0.09	0.017	1 式
	〃　　　　4.0　〃	〃	1.0	〃	0.14	0.017	〃
	FL 6 mm　2.0　〃	〃	1.0	〃	0.09	0.017	〃
	〃　　　　4.0　〃	〃	1.0	〃	0.14	0.017	〃
	FL 8 mm　2.0　〃	〃	1.0	〃	0.13	0.017	〃
	〃　　　　4.0　〃	〃	1.0	〃	0.19	0.017	〃
	FL10 mm　2.0　〃	〃	1.0	〃	0.16	0.017	〃
	〃　　　　4.0　〃	〃	1.0	〃	0.24	0.017	〃
	FL12 mm　2.0　〃	〃	1.0	〃	0.19	0.017	〃
	〃　　　　4.0　〃	〃	1.0	〃	0.28	0.017	〃
	FL15 mm　2.0　〃 (参考)	〃	1.0	〃	0.24	0.017	〃
	〃　　　　4.0 〃 〃	〃	1.0	〃	0.36	0.017	〃
	FL19 mm　2.0　〃 (参考)	〃	1.0	〃	0.31	0.017	〃
	〃　　　　4.0 〃 〃	〃	1.0	〃	0.45	0.017	〃
倍強度ガラス	6 mm 特寸 2.0 m² 以下	〃	1.0	1 式	0.09	0.017	1 式
	〃　　　4.0　〃	〃	1.0	〃	0.14	0.017	〃
	8 mm 特寸 2.0　〃	〃	1.0	〃	0.13	0.017	〃
	〃　　〃　4.0　〃	〃	1.0	〃	0.19	0.017	〃
	〃　　〃　6.0　〃	〃	1.0	〃	0.23	0.017	〃

（備考）　1．副資材の材料及び労務は別途加算する。
　　　　　2．ガラス清掃（両面）は普通作業員に含む。
　　　　　3．ガラス記号説明
　　　　　　　FL＝フロート板ガラス
　　　　　　　PW＝網入磨き板ガラス
　　　　　　　H・G・B＝熱線吸収板の色（H：ブルー，G：グレー，B：ブロンズ）
　　　　　　　A＝空気層を表し数字は厚さ（mm）を示す。
　　　　　4．熱線反射ガラスの映像調整費は必要に応じ別途加算する。
　　　　　5．「その他」の率対象は，ガラス，ガラス工，普通作業員とする。

2. ガラスとめ材

名　　称	ガラスとめ材1m当り 歩掛			ガラス1m²当りガラスとめ材参考値				その他
	品名・職種	単位	数量	0.74m²以下 4.65m/m²	2.18m²以下 3.38m/m²	4.45m²以下 2.23m/m²	6.81m²以下 1.71m/m²	
ガスケット	ガラス工	人	0.011	0.051	0.037	0.025	0.019	1 式
シーリング	シーリング	ℓ	0.038	0.177	0.128	0.085	0.065	〃
	バックアップ材	式	1	1 式	1 式	1 式	1 式	
	ガラス工	人	0.044	0.205	0.149	0.098	0.075	

（備考）
1. ガスケットは，建具本体に含むものとする。
2. シーリングの大きさが10×8mm以上のものになるとバックアップ材の材質が異なるので，別途考慮する。
3. シーリングの断面寸法は，4×4mm程度とする。
4. シーリングは，ガラス両面の材料及び労務とする。
5. シーリング材は，シリコーン系1成分形（高モジュラス）とする。
6. バックアップ材は，シーリング材価格の30％とする。
7. 「その他」の率対象は，シーリング，バックアップ材，ガラス工とする。

3. 溝型ガラス（プロフィリット）**（参考）**

名　称	摘要	単位	材料			労務		その他
			品　名	単位	歩掛数量	職種	歩掛員数(人)	
溝型ガラス（プロフィリット）	ℓ=2m	1m²当り	ガラスU-6-40　ℓ=2m	m²	1.05	ガラス工	0.163	1 式
			ポリエチレンフォーム（パテパッキング）	式	1			
			ハードボード（下敷き用）	〃	1			
			ポリサルファイド系シーリング材	〃	1			
	ℓ=3m	〃	ガラスU-6-40　ℓ=3m	m²	1.05	ガラス工	0.175	〃
			ポリエチレンフォーム／ハードボード	式	1			
			ポリサルファイド系シーリング材	〃	1			
	ℓ=3.5m	〃	ガラスU-6-40　ℓ=3.5m	m²	1.05	ガラス工	0.188	〃
			ポリエチレンフォーム／ハードボード	式	1			
			ポリサルファイド系シーリング材	〃	1			
	ℓ=4m	〃	ガラスU-6-40　ℓ=4m	m²	1.05	ガラス工	0.2	〃
			ポリエチレンフォーム／ハードボード	式	1			
			ポリサルファイド系シーリング材	〃	1			
	ℓ=5m	〃	ガラスU-6-40　ℓ=5m	m²	1.05	ガラス工	0.225	〃
			ポリエチレンフォーム／ハードボード	式	1			
			ポリサルファイド系シーリング材	〃	1			

（備考）
1. 枠は別に必要である。アルミ又はステンレス，スチール等各種あり。
2. 「その他」の率対象は，ガラス，ハードボード，ポリサルファイド系シーリング材，ポリエチレンフォーム，ガラス工とする。

4. ガラスブロック（参考）

名称	摘要	単位	材料 品名	材料 単位	材料 歩掛数量	労務 職種	労務 歩掛員数(人)	その他
ガラスブロック (目地幅10mm)	115mm角	1m² 当り	ガラスブロック 115×115×80 mm	個	64	ガラス工	0.8	1式
			細骨材 砂	m³	0.04			
			セメント	kg	12.5			
			白セメント	〃	3.5			
			石粉	〃	6.0			
			防水剤	ℓ	0.4			
			鉄筋	式	1			
	145mm角	〃	ガラスブロック 145×145×95 mm	個	42	ガラス工	0.65	〃
			細骨材 砂	m³	0.038			
			セメント	kg	10.8			
			白セメント	〃	2.3			
			石粉	〃	5.4			
			防水剤	ℓ	0.32			
			鉄筋	式	1			
	190mm角	〃	ガラスブロック 190×190×95 mm	個	25	ガラス工	0.56	〃
			細骨材 砂	m³	0.035			
			セメント	kg	9.8			
			白セメント	〃	2.0			
			石粉	〃	5			
			防水剤	ℓ	0.28			
			鉄筋	式	1			
	240mm角	〃	ガラスブロック 240×240×95 mm	個	16	ガラス工	0.5	〃
			細骨材 砂	m³	0.03			
			セメント	kg	8.4			
			白セメント	〃	2.0			
			石粉	〃	4.5			
			防水剤	ℓ	0.25			
			鉄筋	式	1			

（備考）「その他」の率対象は，ガラスブロック，白セメント，石粉，防水剤，ガラス工とする。

5. プリズムガラス（参考）

名称	摘要	単位	材料 品名	材料 単位	材料 歩掛数量	労務 職種	労務 歩掛員数(人)	その他
プリズムガラス (目地幅10mm)		1m² 当り	プリズムガラス 115×240×95 mm	個	32	ガラス工	0.8	1式
			細骨材 砂	m³	0.04			
			セメント	kg	11.5			
			白セメント	〃	3.5			
			防水剤	ℓ	0.3			
			鉄筋	式	1			

（備考）「その他」の率対象は，プリズムガラス，白セメント，防水剤，ガラス工とする。

⓲ 塗　　装

① 一 般 事 項

(1) 塗装は素地ごしらえ，錆止め塗料塗り及び仕上げ塗料塗りに適用する。なお，建築物の模様替及び修繕に係る塗装は，「㉖建築改修工事⑤塗装改修」による。
(2) 塗装は種別，下地区分，部位等，仕様に応じて計上する。
(3) 塗装仕様は，「公共建築工事標準仕様書」（建築工事編）令和４年版に準拠している。
(4) JASS 18 は，（一社）日本建築学会の材料規格を示す。
(5) 錆止め塗りの歩掛は，現場１回塗りとする。
(6) 仕上塗りの歩掛で，下地が鉄鋼面，亜鉛めっき鋼面及び鋼製建具面の場合は，錆止め塗料塗りを含んでいないので，工事現場での錆止め塗料塗り（現場１回）と仕上塗り単価との合成単価とする。
(7) 仕上塗りの歩掛で，下地が木部，モルタル面，せっこうボード及びけい酸カルシウム板面の場合は，素地ごしらえを含んでいないので，素地ごしらえと仕上塗り単価との合成単価とする。ただし，オイルステイン塗り及び細幅物の仕上塗り歩掛には，素地ごしらえを含む。
(8) 歩掛にない細幅物（糸幅300mm以下）の単価を作成する際は，㎡単価に「0.4（係数）」を乗じて算定する。
(9) 材料は，特に原色系塗料を使用する場合には，必要に応じて材料単価を計上する。

② 素地ごしらえ

名　称	摘要	単位	材料 品名	材料 単位	材料 歩掛数量	労務 職種	労務 歩掛員数(人)	その他
木部の素地ごしらえ	A種	1㎡当り	木部下塗り用調合ペイント JASS 18 M-304	kg	0.01	塗装工	0.01	1式
			合成樹脂エマルションパテ JIS K 5669（耐水形）	〃	0.05			
			研磨紙　P120～220	枚	0.13			
	B種	〃	研磨紙　P120～220	枚	0.07	塗装工	0.005	〃
鉄鋼面の素地ごしらえ	A種	〃	化学処理剤	kg	0.04	塗装工	0.017	〃
	B種	〃	―	―	―	塗装工	0.017	〃
	C種	〃	研磨紙　P120～220	枚	0.25	塗装工	0.015	〃

（備考）1．木部A種において屋外の場合は，合成樹脂エマルションパテは不要とし，塗装工の歩掛員数0.01を0.007人とする。
　　　　2．木部A種においてJASS 18 M-304は，合成樹脂調合ペイント塗り及びつや有合成樹脂エマルションペイント塗りの場合に適用し，それ以外はJASS 18 M-308を適用する。
　　　　3．鉄鋼面A種及びB種は製作工場にて行う。また，鉄鋼面B種のブラスト法に用いるショット等は，別途計上する。
　　　　4．「その他」の率対象は，木部下塗り用調合ペイント，合成樹脂エマルションパテ，化学処理剤，研磨紙，塗装工とする。

名　称	摘要	単位	材料 品名	材料 単位	材料 歩掛数量	労務 職種	労務 歩掛員数(人)	その他
亜鉛めっき鋼面の素地ごしらえ	工程　B種	1㎡当り	―	―	―	塗装工	0.004	1式

（備考）1．錆止め塗料用とする。
　　　　2．「その他」の率対象は，塗装工とする。

⑲ 塗装—2

名　称	摘　要	単位	材料 品　名	材料 単位	材料 歩掛数量	労務 職　種	労務 歩掛員数(人)	その他
モルタル面及びせっこうプラスター面の素地ごしらえ	A種	1m²当り	合成樹脂エマルションシーラー JIS K 5663	kg	0.1	塗装工	0.041	1式
			合成樹脂エマルションパテ JIS K 5669（耐水形）	〃	0.23			
			研磨紙　P120〜220	枚	0.13			
	B種	〃	合成樹脂エマルションシーラー JIS K 5663	kg	0.1	塗装工	0.019	〃
			合成樹脂エマルションパテ JIS K 5669（耐水形）	〃	0.08			
			研磨紙　P120〜220	枚	0.07			
	付着物除去	〃	—	—	—	塗装工	0.002	〃

（備考）　1．付着物除去は，汚れの除去を含む。
　　　　　2．「その他」の率対象は，合成樹脂エマルションシーラー，合成樹脂エマルションパテ，研磨紙，塗装工とする。

名　称	摘　要	単位	材料 品　名	材料 単位	材料 歩掛数量	労務 職　種	労務 歩掛員数(人)	その他
コンクリート面の素地ごしらえ	A種	1m²当り	建築用下地調整塗材 JIS A 6916	kg	1.5	左官	0.02	1式
			合成樹脂エマルションパテ JIS K 5669（耐水形）	〃	0.15	塗装工	0.023	
			研磨紙　P120〜220	枚	0.13			
	B種	〃	建築用下地調整塗材 JIS A 6916	kg	1.5	左官	0.02	〃
			研磨紙　P120〜220	枚	0.07	塗装工	0.004	

（備考）　「その他」の率対象は，建築用下地調整塗材，合成樹脂エマルションパテ，研磨紙，左官，塗装工とする。

名　称	摘　要	単位	材料 品　名	材料 単位	材料 歩掛数量	労務 職　種	労務 歩掛員数(人)	その他
押出成形セメント板面の素地ごしらえ	A種	1m²当り	反応形合成樹脂シーラーおよび弱溶剤系反応形合成樹脂シーラー JASS 18 M-201	kg	0.08	塗装工	0.033	1式
			反応形合成樹脂パテ （2液形エポキシ樹脂パテ） JASS 18 M-202	〃	0.3			
			研磨紙　P120〜220	枚	0.07			
	B種	〃	反応形合成樹脂シーラーおよび弱溶剤系反応形合成樹脂シーラー JASS 18 M-201	kg	0.08	塗装工	0.013	〃

（備考）　「その他」の率対象は，反応形合成樹脂シーラーおよび弱溶剤系反応形合成樹脂シーラー，反応形合成樹脂パテ，研磨紙，塗装工とする。

名称	摘要	単位	材料 品名	材料 単位	材料 歩掛数量	労務 職種	労務 歩掛員数(人)	その他
せっこうボード面及びその他ボード面の素地ごしらえ	A種	1m²当り	合成樹脂エマルションパテ JIS K 5669（一般形）	kg	0.2	塗装工	0.027	1式
			研磨紙　P120〜220	枚	0.13			
	B種	〃	合成樹脂エマルションパテ JIS K 5669（一般形）	kg	0.05	塗装工	0.006	〃
			研磨紙　P120〜220	枚	0.07			

（備考）　1．屋外及び水回りの素地ごしらえは，合成樹脂エマルションパテ JIS K 5669（一般形）を JIS K 5669（耐水形）とする。
　　　　2．せっこうボード面の素地ごしらえは，合成樹脂エマルションパテをせっこうボード用目地処理材（ジョイントコンパウンド）とする。
　　　　3．「その他」の率対象は，合成樹脂エマルションパテ，研磨紙，塗装工とする。

名称	摘要	単位	材料 品名	材料 単位	材料 歩掛数量	労務 職種	労務 歩掛員数(人)	その他
けい酸カルシウム板面の素地ごしらえ	A種	1m²当り	反応形合成樹脂シーラーおよび弱溶剤系反応形合成樹脂シーラー JASS 18 M-201	kg	0.1	塗装工	0.038	1式
			合成樹脂エマルションパテ JIS K 5669（一般形）	〃	0.2			
			研磨紙　P120〜220	枚	0.13			
	B種	〃	反応形合成樹脂シーラーおよび弱溶剤系反応形合成樹脂シーラー JASS 18 M-201	kg	0.1	塗装工	0.017	〃
			合成樹脂エマルションパテ JIS K 5669（一般形）	〃	0.05			
			研磨紙　P120〜220	枚	0.07			

（備考）　1．屋外及び水回りの素地ごしらえは，合成樹脂エマルションパテ JIS K 5669（一般形）を JIS K 5669（耐水形）とする。
　　　　2．「その他」の率対象は，反応形合成樹脂シーラーおよび弱溶剤系反応形合成樹脂シーラー，合成樹脂エマルションパテ，研磨紙，塗装工とする。

名称	摘要	単位	材料 品名	材料 単位	材料 歩掛数量	労務 職種	労務 歩掛員数(人)	その他
塗膜はく離 **(参考)**	木部油性ペイント　塗替え用	1m²当り	―	―	―	塗装工	0.035	1式
	木部水性ペイント　塗替え用	〃	―	―	―	塗装工	0.021	〃
錆落し **(参考)**	鉄部2種ケレン　塗替え用	〃	―	―	―	塗装工	0.14	〃
	鉄部3種ケレンA　塗替え用	〃	―	―	―	塗装工	0.085	〃
	鉄部3種ケレンB　塗替え用	〃	―	―	―	塗装工	0.049	〃
	鉄部3種ケレンC　塗替え用	〃	―	―	―	塗装工	0.035	〃
	鉄部4種ケレン　塗替え用	〃	―	―	―	塗装工	0.028	〃

（備考）「その他」の率対象は，塗装工とする。

③ 木部素地押え（参考）

名　称	摘　要	単位	材料 品　名	材料 単位	材料 歩掛数量	労務 職　種	労務 歩掛員数(人)	その他
木　部 の素地押え		1 m² 当り	木部下塗り用調合ペイント JASS 18 M-304 合成樹脂	kg	0.09	塗装工	0.022	1 式
			合成樹脂エマルションパテ JIS K 5669（耐水形）	〃	0.03			
			研磨紙　P120～220	枚	0.07			

（備考）　1．木部素地押えは，多彩模様塗料塗りに適用する。
　　　　2．「その他」の率対象は，木部下塗り用調合ペイント，合成樹脂エマルションパテ，研磨紙，塗装工とする。

④ 鉄鋼面錆止め塗料塗り（素地ごしらえは含まない）

名　称	摘　要	単位	材料 品　名	材料 単位	材料 歩掛数量	労務 職　種	労務 歩掛員数(人)	その他
鉄　鋼　面 錆止め塗料塗り	A種 現場1回塗り	1 m² 当り	鉛・クロムフリーさび止めペイント JIS K 5674　1種	kg	0.1	塗装工	0.019	1 式
			研磨紙　P120～180	枚	0.13			
	A種 現場1回塗り （※1）	〃	鉛・クロムフリーさび止めペイント JIS K 5674　2種	kg	0.11	塗装工	0.019	〃
			研磨紙　P120～180	枚	0.13			
	B種 現場1回塗り	〃	鉛・クロムフリーさび止めペイント JIS K 5674　1種	kg	0.1	塗装工	0.017	〃
	B種 現場1回塗り （※1）	〃	鉛・クロムフリーさび止めペイント JIS K 5674　2種	kg	0.11	塗装工	0.017	〃
	工場1回塗り	〃	鉛・クロムフリーさび止めペイント JIS K 5674　1種	kg	0.1	塗装工	0.01	〃
	工場1回塗り （※1）	〃	鉛・クロムフリーさび止めペイント JIS K 5674　2種	kg	0.11	塗装工	0.01	〃

（備考）　1．凡例　※1：つや有合成樹脂エマルションペイント塗り（EP-G）の場合とする。
　　　　2．「その他」の率対象は，鉛・クロムフリーさび止めペイント，研磨紙，塗装工とする。

⑤ 亜鉛めっき鋼面錆止め塗料塗り

名　称	摘　要	単位	材料 品　名	材料 単位	材料 歩掛数量	労務 職　種	労務 歩掛員数(人)	その他
亜鉛めっき鋼面の 錆止め塗料塗り	工程　B種 現場1回目 素地別途	1 m² 当り	変性エポキシ樹脂プライマー	kg	0.14	塗装工	0.017	1 式
	工程　B種 現場1回目 素地B種	〃	変性エポキシ樹脂プライマー	kg	0.14	塗装工	0.017	〃
			塗装素地ごしらえ	m²	1.0			

（備考）「その他」の率対象は，変性エポキシ樹脂プライマー，塗装工とする。

名　称	摘　要	単位	材料 品　名	材料 単位	材料 歩掛数量	労務 職　種	労務 歩掛員数(人)	その他
亜鉛めっき鋼面 （鋼建面）の 錆止め塗料塗り	工程　A種 現場2回目 1回目別途	1 m² 当り	一液形変性エポキシ樹脂さび止めペイント　JPMS 28	kg	0.1	塗装工	0.019	1 式
			研磨紙　P120～400	枚	0.13			
	工程　A種 現場2回目 1回目別途 （※1）	〃	水系さび止めペイント（屋内） JASS 18 M-111	kg	0.11	塗装工	0.019	〃
			研磨紙　P120～400	枚	0.13			

（備考）　1．※1：つや有合成樹脂エマルションペイント塗り（EP-G）の場合とする。
　　　　2．「その他」の率対象は，一液形変性エポキシ樹脂さび止めペイント，水系さび止めペイント，研磨紙，塗装工とする。

⑥ 合成樹脂調合ペイント塗り（SOP）（素地ごしらえ・錆止め塗料塗りは含まない）

名　　称	摘　要	単位	材料 品　　名	材料 単位	材料 歩掛数量	労務 職　種	労務 歩掛員数(人)	その他
合成樹脂調合ペイント塗り（SOP）	木部 A種	1m² 当り	木部下塗り用調合ペイント JASS 18 M-304　合成樹脂	kg	0.18	塗装工	0.073	1式
			合成樹脂調合ペイント JIS K 5516　1種	〃	0.17			
	木部 B種	〃	木部下塗り用調合ペイント JASS 18 M-304　合成樹脂	kg	0.09	塗装工	0.059	〃
			合成樹脂調合ペイント JIS K 5516　1種	〃	0.17			
			合成樹エマルションパテ JIS K 5669（耐水形）	〃	0.03			
			研磨紙　P120～220	枚	0.07			
	鉄鋼面 A種	〃	合成樹脂調合ペイント JIS K 5516　1種	kg	0.26	塗装工	0.056	〃
			研磨紙　P220～240	枚	0.07			
	鉄鋼面 B種	〃	合成樹脂調合ペイント JIS K 5516　1種	kg	0.17	塗装工	0.038	〃

（備考）「その他」の率対象は，木部下塗り用調合ペイント，合成樹脂調合ペイント，合成樹脂エマルションパテ，研磨紙，塗装工とする。

名　　称	摘　要	単位	材料 品　　名	材料 単位	材料 歩掛数量	労務 職　種	労務 歩掛員数(人)	その他
合成樹脂調合ペイント塗り（SOP）	亜鉛めっき鋼面 塗料1種 錆止め別途	1m² 当り	合成樹脂調合ペイント JIS K 5516　1種	kg	0.17	塗装工	0.038	1式
	亜鉛めっき鋼面 塗料1種 錆止めB種	〃	合成樹脂調合ペイント JIS K 5516　1種	kg	0.17	塗装工	0.038	〃
			錆止め塗料塗り	m²	1.0			
	亜鉛めっき鋼面（鋼建面） 塗料1種 錆止め別途	〃	合成樹脂調合ペイント JIS K 5516　1種	kg	0.17	塗装工	0.038	〃
	亜鉛めっき鋼面（鋼建面） 塗料1種 錆止めA種	〃	合成樹脂調合ペイント JIS K 5516　1種	kg	0.17	塗装工	0.038	〃
			錆止め塗料塗り	m²	1.0			

（備考）1．錆止め塗料塗りの摘要
　　　　　　亜鉛めっき鋼面　錆止めB種　　工程B種，現場1回目，変性エポキシ樹脂プライマー，素地B種
　　　　　　亜鉛めっき鋼面（鋼建面）　　　工程A種，現場2回目，一液形変性エポキシ樹脂さび止めペイント，1回目別途
　　　　2．合成樹脂調合ペイントは，淡彩とする。
　　　　3．「その他」の率対象は，合成樹脂調合ペイント，塗装工とする。

⑦ 合成樹脂エマルションペイント塗り（EP）（素地ごしらえは含まない）

名　　称	摘　要	単位	材料 品　　名	単位	歩掛数量	労務 職　種	歩掛員数(人)	その他
合成樹脂エマルションペイント塗り（EP）	A種 一般	1m²当り	合成樹脂エマルションペイント JIS K 5663　1種	kg	0.3	塗装工	0.054	1式
			合成樹脂エマルションシーラー JIS K 5663	〃	0.07			
			研磨紙　P220〜240	枚	0.07			
	A種 見上げ面	〃	合成樹脂エマルションペイント JIS K 5663　1種	kg	0.3	塗装工	0.06	〃
			合成樹脂エマルションシーラー JIS K 5663	〃	0.07			
	B種 一般	〃	合成樹脂エマルションペイント JIS K 5663　1種	kg	0.2	塗装工	0.04	〃
			合成樹脂エマルションシーラー JIS K 5663	〃	0.07			
	B種 見上げ面	〃	合成樹脂エマルションペイント JIS K 5663　1種	kg	0.2	塗装工	0.046	〃
			合成樹脂エマルションシーラー JIS K 5663	〃	0.07			

（備考）「その他」の率対象は，合成樹脂エマルションペイント，合成樹脂エマルションシーラー，研磨紙，塗装工とする。

⑧ 多彩模様塗料塗り（EP－M）（素地ごしらえは含まない）**（参考）**

名　　称	摘　要	単位	材料 品　　名	単位	歩掛数量	労務 職　種	歩掛員数(人)	その他
多彩模様塗料塗り（EP-M）		1m²当り	合成樹脂エマルションペイント JIS K 5663　1種	kg	0.1	塗装工	0.052	1式
			多彩模様塗料	〃	0.3			

（備考）「その他」の率対象は，合成樹脂エマルションペイント，多彩模様塗料，塗装工とする。

⑨ つや有合成樹脂エマルションペイント塗り（EP－G）（素地ごしらえは含まない）

名　　称	摘　要	単位	材料 品　　名	単位	歩掛数量	労務 職　種	歩掛員数(人)	その他
つや有合成樹脂エマルションペイント塗り（EP-G）	A種 一般	1m²当り	つや有合成樹脂エマルションペイント　JIS K 5660	kg	0.3	塗装工	0.058	1式
			合成樹脂エマルションシーラー JIS K 5663	〃	0.07			
			研磨紙　P220〜240	枚	0.25			
	A種 見上げ面	〃	つや有合成樹脂エマルションペイント　JIS K 5660	kg	0.3	塗装工	0.06	〃
			合成樹脂エマルションシーラー JIS K 5663	〃	0.07			
	B種 一般	〃	つや有合成樹脂エマルションペイント　JIS K 5660	kg	0.2	塗装工	0.04	〃
			合成樹脂エマルションシーラー JIS K 5663	〃	0.07			
	B種 見上げ面	〃	つや有合成樹脂エマルションペイント　JIS K 5660	kg	0.2	塗装工	0.046	〃
			合成樹脂エマルションシーラー JIS K 5663	〃	0.07			

（備考）「その他」の率対象は，つや有合成樹脂エマルションペイント，合成樹脂エマルションシーラー，研磨紙，塗装工とする。

⑩ 木部つや有合成樹脂エマルションペイント塗り（EP-G）（素地ごしらえは含まない）

名　称	摘要	単位	材料 品名	材料 単位	材料 歩掛数量	労務 職種	労務 歩掛員数(人)	その他
木部つや有合成樹脂エマルションペイント塗り（EP-G）	木部	1 m² 当り	合成樹脂エマルションシーラー JIS K 5663	kg	0.07	塗装工	0.044	1式
			つや有合成樹脂エマルションペイント JIS K 5660	〃	0.2			
			合成樹脂エマルションパテ JIS K 5669（耐水形）（薄付け用）	〃	0.03			
			研磨紙 P120～220	枚	0.07			

（備考）「その他」の率対象は、つや有合成樹脂エマルションペイント、合成樹脂エマルションシーラー、合成樹脂エマルションパテ、研磨紙、塗装工とする。

⑪ 鉄鋼面つや有合成樹脂エマルションペイント塗り（EP-G）（素地ごしらえ・錆止め塗料塗りは含まない）

名　称	摘要	単位	材料 品名	材料 単位	材料 歩掛数量	労務 職種	労務 歩掛員数(人)	その他
鉄鋼面つや有合成樹脂エマルションペイント塗り（EP-G）	鉄鋼面 A種	1 m² 当り	つや有合成樹脂エマルションペイント JIS K 5660	kg	0.3	塗装工	0.048	1式
			研磨紙 P220～240	枚	0.25			
	鉄鋼面 B種	〃	つや有合成樹脂エマルションペイント JIS K 5660	kg	0.2	塗装工	0.029	〃

（備考）「その他」の率対象は、つや有合成樹脂エマルションペイント、研磨紙、塗装工とする。

⑫ 亜鉛めっき鋼面つや有合成樹脂エマルションペイント塗り（EP-G）（素地ごしらえ・錆止め塗料塗りは含まない）

名　称	摘要	単位	材料 品名	材料 単位	材料 歩掛数量	労務 職種	労務 歩掛員数(人)	その他
亜鉛めっき鋼面つや有合成樹脂エマルションペイント塗り（EP-G）		1 m² 当り	つや有合成樹脂エマルションペイント JIS K 5660	kg	0.2	塗装工	0.029	1式

（備考）「その他」の率対象は、つや有合成樹脂エマルションペイント、塗装工とする。

⑬ 亜鉛めっき鋼面（鋼建面）つや有合成樹脂エマルションペイント塗り（EP-G）（素地ごしらえは含まない）

名　称	摘要	単位	材料 品名	材料 単位	材料 歩掛数量	労務 職種	労務 歩掛員数(人)	その他
亜鉛めっき鋼面（鋼建面）つや有合成樹脂エマルションペイント塗り（EP-G）	鋼建面 錆止め工程A種 現場2回目	1 m² 当り	つや有合成樹脂エマルションペイント JIS K 5660	kg	0.2	塗装工	0.029	1式
			錆止め塗料塗り	m²	1.0			

（備考）1. 錆止め塗料塗りの摘要
　　　　　亜鉛めっき鋼面（鋼建面）　工程A種現場2回目　水系さび止めペイント（屋内）1回目別途
　　　　2.「その他」の率対象は、つや有合成樹脂エマルションペイント、塗装工とする。

⑭ **クリヤラッカー塗り（CL）**（素地ごしらえは含まない）

名　　称	摘要	単位	材料 品　　名	材料 単位	材料 歩掛数量	労務 職　種	労務 歩掛員数(人)	その他
クリヤラッカー塗り（CL）	A種	1 m² 当り	ラッカー系シーラー JIS K 5533　ウッドシーラー	kg	0.1	塗装工	0.12	1 式
			ラッカー系シーラー JIS K 5533　サンジングシーラー	〃	0.1			
			ニトロセルロースラッカー JIS K 5531（木材用） （木材用クリヤラッカー）	〃	0.2			
			目止め剤　クリヤラッカー塗り用	〃	0.2			
			研磨紙　P220～240	枚	0.13			
			研磨紙　P240～320	〃	0.25			
	B種	〃	ラッカー系シーラー JIS K 5533　ウッドシーラー	kg	0.1	塗装工	0.067	〃
			ラッカー系シーラー JIS K 5533　サンジングシーラー	〃	0.1			
			ニトロセルロースラッカー JIS K 5531（木材用） （木材用クリヤラッカー）	〃	0.1			
			研磨紙　P220～240	枚	0.13			

（備考）　1．着色工程は含まない。
　　　　　2．「その他」の率対象は，ラッカー系シーラー，ニトロセルロースラッカー，目止め剤，研磨紙，塗装工とする。

⑮ **ラッカーエナメル塗り（LE）**（素地ごしらえは含まない）

名　　称	摘要	単位	材料 品　　名	材料 単位	材料 歩掛数量	労務 職　種	労務 歩掛員数(人)	その他
ラッカーエナメル塗り（LE）	A種	1 m² 当り	ラッカー系シーラー JIS K 5533　ウッドシーラー	kg	0.1	塗装工	0.138	1 式
			ラッカー系下地塗料 JIS K 5535　ラッカーサーフェーサー	〃	0.28			
			ニトロセルロースラッカー JIS K 5531　ラッカーエナメル	〃	0.24			
			研磨紙　P220～240	枚	0.13			
			研磨紙　P320～400	〃	0.5			
	B種	〃	ラッカー系シーラー JIS K 5533　ウッドシーラー	kg	0.1	塗装工	0.117	〃
			ラッカー系下地塗料 JIS K 5535　ラッカーサーフェーサー	〃	0.28			
			ニトロセルロースラッカー JIS K 5531　ラッカーエナメル	〃	0.16			
			研磨紙　P220～240	枚	0.13			
			研磨紙　P320～400	〃	0.5			

（備考）　1．表は，公共建築工事標準仕様書平成28年版の仕様とする。
　　　　　2．「その他」の率対象は，ラッカー系シーラー，ラッカー系下地塗料，ニトロセルロースラッカー，研磨紙，塗装工とする。

⑯ ウレタン樹脂ワニス塗り（UC）（素地ごしらえは含まない）

名称	摘要	単位	材料 品名	単位	歩掛数量	労務 職種	歩掛員数(人)	その他
ウレタン樹脂ワニス塗り（UC）	工程 A種 1液形	1m²当り	1液形油変性ポリウレタンワニス JASS 18 M-301	kg	0.15	塗装工	0.063	1式
			研磨紙 P120〜400	枚	0.2			
	工程 A種 2液形	〃	2液形ポリウレタンワニス JASS 18 M-502	kg	0.18	塗装工	0.063	〃
			研磨紙 P120〜400	枚	0.2			
	工程 B種 1液形	〃	1液形油変性ポリウレタンワニス JASS 18 M-301	kg	0.1	塗装工	0.042	〃
			研磨紙 P120〜400	枚	0.1			
	工程 B種 2液形	〃	2液形ポリウレタンワニス JASS 18 M-502	kg	0.12	塗装工	0.042	〃
			研磨紙 P120〜400	枚	0.1			

（備考）「その他」の率対象は，1液形油変性ポリウレタンワニス，2液形ポリウレタンワニス，研磨紙，塗装工とする。

⑰ ラッカーエナメル吹付け（素地ごしらえは含まない）**（参考）**

名称	摘要	単位	材料 品名	単位	歩掛数量	労務 職種	歩掛員数(人)	その他
ラッカーエナメル吹付け	木部・鉄鋼面（平面）下・中塗り ラッカーエナメル 4回吹付け	1m²当り	ニトロセルロースラッカー JIS K 5531 ラッカーエナメル	kg	0.6	塗装工	0.35	1式
			ラッカー系下地塗料 JIS K 5535 ラッカーサーフェーサー	〃	0.13			
			ラッカー系下地塗料 JIS K 5535 ラッカープライマー	〃	0.12			
	木部・鉄鋼面（平面）下・中塗り ラッカーエナメル 3回吹付け	〃	ニトロセルロースラッカー JIS K 5531 ラッカーエナメル	kg	0.45	塗装工	0.25	〃
			ラッカー系下地塗料 JIS K 5535 ラッカーサーフェーサー	〃	0.13			
			ラッカー系下地塗料 JIS K 5535 ラッカープライマー	〃	0.12			

（備考）「その他」の率対象は，ニトロセルロースラッカー，ラッカー系下地塗料，塗装工とする。

⑱ オイルステイン塗り（OS）（素地ごしらえを含む）

名称	摘要	単位	材料 品名	単位	歩掛数量	労務 職種	歩掛員数(人)	その他
オイルステイン塗り（OS）		1m²当り	オイルステイン	kg	0.06	塗装工	0.052	1式

（備考）1. 表は，公共建築工事標準仕様書平成31年版の仕様とする。
　　　　2.「その他」の率対象は，オイルステイン，塗装工とする。

⑲ アクリル樹脂系非水分散形塗料塗り（NAD）（素地ごしらえは含まない）

名称	摘要	単位	材料 品名	単位	歩掛数量	労務 職種	歩掛員数(人)	その他
アクリル樹脂系非水分散形塗料塗り（NAD）	A種	1m²当り	アクリル樹脂系非水分散形塗料 JIS K 5670	kg	0.3	塗装工	0.044	1式
			研磨紙 P220〜240	枚	0.07			
	B種	〃	アクリル樹脂系非水分散形塗料 JIS K 5670	kg	0.2	塗装工	0.029	〃

（備考）「その他」の率対象は，アクリル樹脂系非水分散形塗料，研磨紙，塗装工とする。

⑳ **合成樹脂エマルション模様塗料塗り（EP-T）**

名　　称	摘　要	単位	材料 品　名	材料 単位	材料 歩掛数量	労務 職　種	労務 歩掛員数(人)	その他
合成樹脂エマルション模様塗料塗り（EP-T）	モルタル面 コンクリート面 成形セメント板面 ボード面 せっこうボード面 けいカル板面 工程A種 素地別途	1m² 当り	合成樹脂エマルション模様塗料 JIS K 5668　2種	kg	0.6	塗装工	0.065	1式
			合成樹脂エマルションペイント JIS K 5663　1種	〃	0.24			
			合成樹脂エマルションシーラー JIS K 5663	〃	0.07			
	モルタル面 コンクリート面 成形セメント板面 ボード面 せっこうボード面 けいカル板面 工程B種 素地別途	〃	合成樹脂エマルション模様塗料 JIS K 5668　2種	kg	0.6	塗装工	0.048	〃
			合成樹脂エマルションペイント JIS K 5663　1種	〃	0.1			
			合成樹脂エマルションシーラー JIS K 5663	〃	0.07			
	モルタル面 コンクリート面 成形セメント板面 ボード面 せっこうボード面 けいカル板面 工程B種 素地B種	〃	合成樹脂エマルション模様塗料 JIS K 5668　2種	kg	0.6	塗装工	0.048	〃
			合成樹脂エマルションペイント JIS K 5663　1種	〃	0.1			
			合成樹脂エマルションシーラー JIS K 5663	〃	0.07			
			塗装素地ごしらえ	m²	1.0			
	ボード面(継目) せっこうボード面 (継目) 工程B種 素地A種	〃	合成樹脂エマルション模様塗料 JIS K 5668　2種	kg	0.6	塗装工	0.048	〃
			合成樹脂エマルションペイント JIS K 5663　1種	〃	0.1			
			合成樹脂エマルションシーラー JIS K 5663	〃	0.07			
			塗装素地ごしらえ	m²	1.0			

（備考）1. 塗装素地ごしらえの摘要
　　　　モルタル面　　　　素地B種　　一般塗料用　　モルタル面　　　　工程B種
　　　　コンクリート面　　素地B種　　一般塗料用　　コンクリート面　　工程B種
　　　　成形セメント板面　素地B種　　一般塗料用　　成形セメント板面　工程B種
　　　　ボード面　　　　　素地B種　　一般塗料用　　ボード面　　　　　工程B種
　　　　ボード面（継目）　素地A種　　一般塗料用　　ボード面　　　　　工程A種
　　　　せっこうボード面　素地B種　　一般塗料用　　せっこうボード面　工程B種
　　　　せっこうボード面（継目）　素地A種　一般塗料用　せっこうボード面　工程A種
　　　　けいカル板面　　　素地B種　　一般塗料用　　けいカル板面　　　工程B種
　　2. 合成樹脂エマルションペイントは，（アクリル系）淡彩とする。
　　3. 「その他」の率対象は，合成樹脂エマルション模様塗料，合成樹脂エマルションペイント，合成樹脂エマルションシーラー，塗装工とする。

㉑ **合成樹脂調合ペイント塗り（SOP）**（糸幅：300mm 以下）

名　　称	摘　要	単位	材料 品　名	材料 単位	材料 歩掛数量	労務 職　種	労務 歩掛員数(人)	その他
合成樹脂調合ペイント塗り（SOP）	木部 A種 (屋外)	1m 当り	木部下塗り用調合ペイント JASS 18 M-304　合成樹脂	kg	0.019	塗装工	0.027	1式
			合成樹脂調合ペイント JIS K 5516　1種淡彩	〃	0.017			
			研磨紙　P120～220	枚	0.013			
	木部 B種 (屋内)	〃	木部下塗り用調合ペイント JASS 18 M-304　合成樹脂	kg	0.01	塗装工	0.023	〃
			合成樹脂調合ペイント JIS K 5516　1種淡彩	〃	0.017			
			合成樹脂エマルションパテ JIS K 5669（耐水形）	〃	0.008			
			研磨紙　P120～220	枚	0.02			

（備考）1. 素地ごしらえ（A種）を含む。
　　2. 「その他」の率対象は，木部下塗り用調合ペイント，合成樹脂調合ペイント，合成樹脂エマルションパテ，研磨紙，塗装工とする。

㉒ つや有合成樹脂エマルションペイント塗り（EP-G）（糸幅：300mm 以下）

名　　称	摘　要	単位	材料 品　　名	材料 単位	材料 歩掛数量	労務 職　種	労務 歩掛員数(人)	その他
つや有合成樹脂エマルションペイント塗り（EP—G）	木部	1m当り	つや有合成樹脂エマルションペイント　JIS K 5660	kg	0.02	塗装工	0.018	1式
			合成樹脂エマルションシーラー JIS K 5663	〃	0.007			
			合成樹脂エマルションパテ JIS K 5669（耐水形）（薄付け用）	〃	0.008			
			木部下塗り用調合ペイント JASS 18 M-304　合成樹脂	〃	0.001			
			研磨紙　P120～220	枚	0.02			

（備考）　1．素地ごしらえ（A種）を含む。
　　　　　2．「その他」の率対象は，つや有合成樹脂エマルションペイント，合成樹脂エマルションシーラー，合成樹脂エマルションパテ，木部下塗り用調合ペイント，研磨紙，塗装工とする。

㉓ クリヤラッカー塗り（CL）（糸幅：300mm 以下）

名　　称	摘　要	単位	材料 品　　名	材料 単位	材料 歩掛数量	労務 職　種	労務 歩掛員数(人)	その他
クリヤラッカー塗り（CL）	木部 A種	1m当り	ラッカー系シーラー JIS K 5533　ウッドシーラー	kg	0.01	塗装工	0.041	1式
			ラッカー系シーラー JIS K 5533　サンジングシーラー	〃	0.01			
			ニトロセルロースラッカー JIS K 5531（木材用）（木材用クリヤラッカー）	〃	0.02			
			目止め剤 クリヤラッカー塗り用	〃	0.02			
			研磨紙　P120～220	枚	0.007			
			研磨紙　P220～240	〃	0.013			
			研磨紙　P240～320	〃	0.025			
	木部 B種	〃	ラッカー系シーラー JIS K 5533　ウッドシーラー	kg	0.01	塗装工	0.024	〃
			ラッカー系シーラー JIS K 5533　サンジングシーラー	〃	0.01			
			ニトロセルロースラッカー JIS K 5531（木材用）（木材用クリヤラッカー）	〃	0.01			
			研磨紙　P120～220	枚	0.007			
			研磨紙　P220～240	〃	0.013			

（備考）　1．素地ごしらえ（B種）を含む。
　　　　　2．着色工程は含まない。
　　　　　3．「その他」の率対象は，ラッカー系シーラー，ニトロセルロースラッカー，目止め剤，研磨紙，塗装工とする。

㉔ ラッカーエナメル塗り（LE）（糸幅：300mm以下）

名　称	摘　要	単位	材料 品　名	材料 単位	材料 歩掛数量	労務 職　種	労務 歩掛員数(人)	その他
ラッカーエナメル塗り（LE）	木部 A種	1m当り	セラックニス類 JASS 18 M-308	kg	0.001	塗装工	0.049	1式
			合成樹脂エマルションパテ JIS K 5669（耐水形）	〃	0.005			
			ラッカー系シーラー JIS K 5533　ウッドシーラー	〃	0.01			
			ラッカー系下地塗料 JIS K 5535　ラッカーサーフェーサー	〃	0.028			
			ニトロセルロースラッカー JIS K 5531　ラッカーエナメル	〃	0.024			
			研磨紙　P120〜220	枚	0.013			
			研磨紙　P220〜240	〃	0.013			
			研磨紙　P320〜400	〃	0.05			
	木部 B種	〃	合成樹脂エマルションパテ JIS K 5669（耐水形）	kg	0.005	塗装工	0.042	〃
			ラッカー系シーラー JIS K 5533　ウッドシーラー	〃	0.01			
			ラッカー系下地塗料 JIS K 5535　ラッカーサーフェーサー	〃	0.028			
			ニトロセルロースラッカー JIS K 5531　ラッカーエナメル	〃	0.016			
			研磨紙　P120〜220	枚	0.013			
			研磨紙　P220〜240	〃	0.013			
			研磨紙　P320〜400	〃	0.05			

（備考）　1.　表は，公共建築工事標準仕様書平成28年版の仕様とする。
　　　　　2.　素地ごしらえ（A種）を含む。
　　　　　3.　「その他」の率対象は，セラックニス類，合成樹脂エマルションパテ，ラッカー系シーラー，ラッカー系下地塗料，ニトロセルロースラッカー，研磨紙，塗装工とする。

㉕ オイルステイン塗り（OS）（糸幅：300mm以下）

名　称	摘　要	単位	材料 品　名	材料 単位	材料 歩掛数量	労務 職　種	労務 歩掛員数(人)	その他
オイルステイン塗り(OS)	木部	1m当り	オイルステイン	kg	0.006	塗装工	0.017	1式

（備考）　1.　表は，公共建築工事標準仕様書平成31年版の仕様とする。
　　　　　2.　素地ごしらえを含む。
　　　　　3.　「その他」の率対象は，オイルステイン，塗装工とする。

㉖ **その他塗料塗り**（素地ごしらえ・錆止め塗料は含まない）**(参考)**

名　　称	摘　要	単位	材　料 品　名	単位	歩掛数量	労　務 職　種	歩掛員数(人)	その他
フェノール樹脂	鉄鋼面(平面) 3回塗り	1 m² 当り	フェノール樹脂塗料（上塗り）	kg	0.12	塗装工	0.052	1 式
			〃　　　　　　（中塗り）	〃	0.13			
			〃　　　　　　（下塗り）	〃	0.14			

（備考）「その他」の率対象は、フェノール樹脂塗料，塗装工とする。

名　　称	摘　要	単位	材　料 品　名	単位	歩掛数量	労　務 職　種	歩掛員数(人)	その他
耐熱塗料	鉄鋼面(平面) (200℃) 2回塗り	1 m² 当り	耐熱塗料	kg	0.3	塗装工	0.072	1 式

（備考）「その他」の率対象は、耐熱塗料，塗装工とする。

名　　称	摘　要	単位	材　料 品　名	単位	歩掛数量	労　務 職　種	歩掛員数(人)	その他
アルミニウムペイント	鉄鋼面(平面) 3回塗り	1 m² 当り	アルミニウムペイント	kg	0.27	塗装工	0.063	1 式
	鉄鋼面(平面) 2回塗り	〃	〃	〃	0.18	塗装工	0.042	〃

（備考）「その他」の率対象は、アルミニウムペイント，塗装工とする。

㉗ **その他塗料塗り**（素地ごしらえは含まない）

名　　称	摘　要	単位	材　料 品　名	単位	歩掛数量	労　務 職　種	歩掛員数(人)	その他
防腐・防蟻剤塗り		1 m² 当り	防腐・防蟻剤	ℓ	0.3	塗装工	0.031	1 式

（備考）「その他」の率対象は、防腐・防蟻剤，塗装工とする。

名　　称	摘　要	単位	材　料 品　名	単位	歩掛数量	労　務 職　種	歩掛員数(人)	その他
木材保存剤 **(参考)**	木部(平面) 荒木面 1回塗り	1 m² 当り	加圧注入処理用木材保存剤 JIS K 1570	kg	0.2	塗装工	0.023	1 式
	木部(平面) 削り面 1回塗り	〃	〃	〃	0.15	塗装工	0.02	〃

（備考）「その他」の率対象は、木材保存剤，塗装工とする。

⑳ 内外装

① 一般事項

(1) 内外装材料及び接着剤等の「ホルムアルデヒドの放散量」は，JIS及びJASのF☆☆☆☆規格品等とする。
　　化学物質の濃度測定は特記による。測定費については，刊行物（季刊「建築コスト情報」等）掲載価格，又は環境測定の専門調査機関等よりの見積り価格等による。

② 木質系床

名称	摘要	単位	材料 品名	材料 単位	材料 歩掛数量	労務 職種	労務 歩掛員数(人)	その他
フローリングボード	厚15mm	1m²当り	フローリングボード	m²	1.05	内装工	0.13	1式
			くぎ	kg	0.11	普通作業員	0.018	
			―	―	―			
フローリングブロック	厚15mm 303×303 定盤金具付き	〃	フローリングブロック	m²	1.05	内装工	0.07	〃
			セメント	kg	21.3	普通作業員	0.057	
			砂 荒目・細目混合	m³	0.044			
	厚15mm 303×303 接着タイプ (参考)	〃	フローリングブロック	m²	1.03	内装工	0.095	〃
			接着剤	kg	0.3			
モザイクパーケット (参考)	456～600 厚8mm	〃	モザイクパーケット	m²	1.03	内装工	0.1	〃
			接着剤	kg	0.3			
弾性モザイクパーケット (参考)	303×303 厚8mm	〃	弾性モザイクパーケット	m²	1.03	内装工	0.1	〃
			接着剤	kg	0.3			

(備考) 1. フローリング張りの釘留め工法に用いる接着剤は，JIS A 5536（床仕上げ材用接着剤）によるウレタン樹脂系とする。
　　　 2. フローリングブロックに用いる砂の混合比は荒目3：細目7とする。
　　　 3. 「その他」の率対象は，フローリングボード，フローリングブロック，モザイクパーケット，くぎ，接着剤，内装工，普通作業員とする。

③ プラスチック系床

名称	摘要	単位	材料 品名	材料 単位	材料 歩掛数量	労務 職種	労務 歩掛員数(人)	その他
ビニル床タイル	床	1m²当り	ビニル床タイル	m²	1.05	内装工	0.03	1式
			接着剤 ビニル系床材用	kg	0.3			
	階段 踏面及びけ込み	〃	ビニル床タイル	m²	1.3	内装工	0.07	〃
			接着剤 ビニル系床材用	kg	0.3			
天然及び合成ゴムタイル (参考)		〃	天然・合成ゴムタイル	m²	1.05	内装工	0.035	〃
			接着剤 ビニル系床材用	kg	0.3			
ビニル床シート	床	〃	ビニル床シート（複層）	m²	1.05	内装工	0.04	〃
			接着剤 ビニル系床材用	kg	0.3			
	階段 踏面及びけ込み	〃	ビニル床シート（複層）	m²	1.08	内装工	0.07	〃
			接着剤 ビニル系床材用	kg	0.3			
ノンスリップシート (参考)		〃	ノンスリップシート	m²	1.05	内装工	0.057	〃
			接着剤 ビニル系床材用	kg	0.3			
クッションシート (参考)		〃	クッションシート	m²	1.05	内装工	0.054	〃
			接着剤 ビニル系床材用	kg	0.3			
ビニル幅木 (ソフト幅木)	一般	1m当り	ビニル幅木（一般用）	m	1.05	内装工	0.015	〃
			接着剤 ビニル系床材用	kg	0.02			
	階段稲妻 高さ60 〃 75 〃 100	〃	ビニル幅木（一般用）（現場切断加工）	m	1.08	内装工	0.06	〃
			接着剤 ビニル系床材用	kg	0.04			

(つづく)

⑳ 内　外　装―2

名　称	摘　要	単位	材料 品　名	単位	歩掛数量	労務 職　種	歩掛員数(人)	その他
ビニル幅木 （ソフト幅木）	階段ささら	1m 当り	ビニル幅木（階段ささら用）	m	0.54	内装工	0.06	1式
			接着剤　ビニル系床材用	kg	0.04			

（備考）　1. ビニル系仕上材張りは，施工後の水拭き清掃を含む。
　　　　　　 また，完成時の清掃及び樹脂ワックス掛けは，直接仮設の整理清掃片付けに含む。
　　　　　2. ビニルシート及びビニルタイル用接着剤は，JIS A 5536（床仕上げ材用接着剤）により，種別は施工箇所に応じたものとする。
　　　　　3. ゴムタイル用接着剤は，JIS A 5536（床仕上げ材用接着剤）により，種別は施工場所に応じたものとする。
　　　　　4. 「その他」の率対象は，ビニル床タイル，天然・合成ゴムタイル，ビニル床シート，ノンスリップシート，クッションシート，ビニル幅木，接着剤，内装工とする。

ビニルシート　熱溶接工法加算額　　　　　　　　　　　　　　　　　（1m² 当り）

名　称	摘　要	単位	歩掛数量	備　考
内装工		人	0.01	
その他		式	1	

（備考）「その他」の率対象は，内装工とする。

④ カーペット敷込み

名　称	摘　要	単位	材料 品　名	単位	歩掛数量	労務 職　種	歩掛員数(人)	その他
織じゅうたん	C種 グリッパー工法 敷き手間	1m² 当り	接着剤　カーペット用	kg	0.1	内装工	0.07	1式
	A，B種 グリッパー工法 敷き手間	〃	接着剤　カーペット用	kg	0.1	内装工	0.09	〃
タフテッド カーペット	全面接着工法 敷き手間	〃	接着剤　カーペット用	kg	0.1	内装工	0.06	〃
ニードルパンチ カーペット	厚6 敷き手間	〃	接着剤　カーペット用	kg	0.3	内装工	0.05	〃
下地フェルト		〃	合繊フェルト	m²	1.05	内装工	0.03	〃
			接着剤　カーペット用	kg	0.1			

（備考）　1. カーペット用接着剤は，JIS A 5536（床仕上げ材用接着剤）により，カーペット製造所の指定するものとする。
　　　　　2. 「その他」の率対象は，合繊フェルト，接着剤，内装工とする。

⑤ 畳

名　称	摘　要	単位	材料 品　名	単位	歩掛数量	労務 職　種	歩掛員数(人)	その他
畳 （新　規） **(参考)**	採寸割付け，製作 （機械縫い）	1枚 当り	畳　表	枚	1	特殊作業員	0.2	1式
			畳　床	〃	1			
			付けわら	畳	1			
			畳　縁	〃	1			
			畳糸（ビニロン糸）	把	0.04			
			縁下紙	畳	1			

（つづく）

⑳ 内　外　装―3

名　　称	摘　要	単位	材料 品　名	単位	歩掛数量	労務 職　種	歩掛員数(人)	その他
畳表替え **(参考)**	表替え（機械縫い）	1枚当り	畳　表	枚	1	特殊作業員	0.1	1　式
			畳　縁	畳	1			
			畳糸（ビニロン糸）	把	0.04			
			縁下紙	畳	1			
畳表裏返し **(参考)**	表裏返し（機械縫い）	〃	畳　縁	畳	1	特殊作業員	0.1	〃
			畳糸（ビニロン糸）	把	0.04			
			縁下紙	畳	1			
畳敷き	敷込み手間のみ 1畳	〃	―	―	―	特殊作業員	0.05	〃
	〃 半畳	〃	―	―	―	特殊作業員	0.04	〃

（備考）1.　上記歩掛は30畳までを標準とし，それ以上の場合は上記労務歩掛の80％程度とする。
　　　　2.　畳敷きは，畳の現場採寸を含む。
　　　　3.　「その他」の率対象は，畳表，畳床，付けわら，畳縁，畳糸，縁下紙，特殊作業員とする。

⑥　せっこうボード張り

名　　称	摘　要	単位	材料 品　名	単位	歩掛数量	労務 職　種	歩掛員数(人)	その他
壁せっこうボード張り	突付け	1m² 当り	せっこうボード	m²	1.05	内装工	0.05	1　式
			くぎ（ボードくぎ）	kg	0.025			
	目透し	〃	せっこうボード	m²	1.05	内装工	0.055	〃
			くぎ（ボードくぎ）	kg	0.025			
	V目地	〃	せっこうボード	m²	1.05	内装工	0.05	〃
			くぎ（ボードくぎ）	kg	0.025			
	継目処理	〃	せっこうボード	m²	1.05	内装工	0.07	〃
			ジョイントテープ	m	0.87			
			ジョイントコンパウンド	kg	0.3			
			くぎ（ボードくぎ）	〃	0.025			
	下地張り（捨張り）	〃	せっこうボード	m²	1.05	内装工	0.04	〃
			くぎ（ボードくぎ）	kg	0.025			
	ラスボード	〃	ラスせっこうボード	m²	1.05	内装工	0.04	〃
			くぎ（ボードくぎ）	kg	0.025			
	直張り継目処理	〃	せっこうボード	m²	1.05	内装工	0.09	〃
			ジョイントテープ	m	0.87			
			ジョイントコンパウンド	kg	0.3			
			接着剤（直張り用）	〃	3.2			
	直張り突付け	〃	せっこうボード	m²	1.05	内装工	0.07	〃
			接着剤（直張り用）	kg	3.2			
	直張り下地張り	〃	せっこうボード	m²	1.05	内装工	0.06	〃
			接着剤（直張り用）	kg	3.2			

（つづく）

⑳内　外　装―4

名　　称	摘　要	単位	材料 品　　名	単位	歩掛数量	労務 職　種	歩掛員数(人)	その他
天井せっこうボード張り	突付け	1m²当り	せっこうボード	m²	1.05	内　装　工	0.05	1　式
			くぎ（ボードくぎ）	kg	0.025			
	目透し	〃	せっこうボード	m²	1.05	内　装　工	0.055	〃
			くぎ（ボードくぎ）	kg	0.025			
	継目処理	〃	せっこうボード	m²	1.05	内　装　工	0.072	〃
			ジョイントテープ	m	0.87			
			ジョイントコンパウンド	kg	0.3			
			くぎ（ボードくぎ）	〃	0.025			
	下地張り（捨張り）	〃	せっこうボード	m²	1.05	内　装　工	0.04	〃
			くぎ（ボードくぎ）	kg	0.025			
	化粧ボード	〃	化粧せっこうボード（吸音せっこうボード）	m²	1.05	内　装　工	0.055	〃
			くぎ（ボードくぎ）	kg	0.04			

（備考）　1．壁せっこうボード張り
　　　　　　・直張りは，コンクリート等の下地に適用し，その他は軽量鉄骨下地，木造下地及び下地張りボード面等に適用する。
　　　　2．天井せっこうボード張り
　　　　　　・軽量鉄骨下地，木造下地及び下地張りボード等に適用する。
　　　　　　・照明器具が天井に埋込みの場合のボード切込みは，別途計上する。
　　　　3．「その他」の率対象は，せっこうボード，ラスせっこうボード，化粧せっこうボード，ジョイントテープ，ジョイントコンパウンド，くぎ，接着剤，内装工とする。

⑦　けい酸カルシウム板張り

名　　称	摘　要	単位	材料 品　　名	単位	歩掛数量	労務 職　種	歩掛員数(人)	その他
壁けい酸カルシウム板張り	突付け	1m²当り	けい酸カルシウム板	m²	1.05	内　装　工	0.06	1　式
			くぎ（ボードくぎ）	kg	0.025			
	目透し	〃	けい酸カルシウム板	m²	1.05	内　装　工	0.07	〃
			くぎ（ボードくぎ）	kg	0.025			
	下地張り（捨張り）	〃	けい酸カルシウム板	m²	1.05	内　装　工	0.055	〃
			くぎ（ボードくぎ）	kg	0.025			
天井けい酸カルシウム板張り	突付け	1m²当り	けい酸カルシウム板	m²	1.05	内　装　工	0.06	〃
			小ねじ	kg	0.03			
	目透し	〃	けい酸カルシウム板	m²	1.05	内　装　工	0.07	〃
			小ねじ	kg	0.03			
	下地張り（捨張り）	〃	けい酸カルシウム板	m²	1.05	内　装　工	0.055	〃
			小ねじ	kg	0.03			

（備考）　1．軽量鉄骨下地，木造下地及び下地張りボード面等に適用する。
　　　　2．照明器具が天井に埋込みの場合のボード切込みは，別途計上する。
　　　　3．「その他」の率対象は，けい酸カルシウム板，くぎ，小ねじ，内装工とする。

⑧ 天井ロックウール吸音板張り及びサンドウィッチパネル

名称	摘要	単位	材料 品名	単位	歩掛数量	労務 職種	歩掛員数(人)	その他
天井ロックウール吸音板張り	フラット 軽鉄直張り	1 m² 当り	ロックウール吸音板(フラット)	m²	1.05	内装工	0.06	1 式
			くぎ(特殊)	kg	0.07			
	フラット せっこうボード 下地張り共	〃	ロックウール吸音板(フラット)	m²	1.05	内装工	0.075	〃
			せっこうボード	〃	1.05			
			ステープル	kg	0.02			
			接着剤(ボード用)	〃	0.22			
	凹凸模様 せっこうボード 下地張り共	〃	ロックウール吸音板(フラット)	m²	0.07	内装工	0.12	〃
			ロックウール吸音板(凹凸模様)	〃	0.98			
			せっこうボード	〃	1.05			
			ステープル	kg	0.02			
			接着剤(ボード用)	〃	0.22			
サンドウィッチパネル (参考)		〃	サンドウィッチパネル	m²	1.05	内装工	0.3	〃
			副資材	式	1			

(備考) 1. 軽量鉄骨天井下地，木造下地等に適用する。
2. 照明器具が天井に埋込みの場合のボード切込みは，別途計上する。
3. ロックウール吸音板のボード寸法は，軽量鉄骨天井下地の直張りは 455×910 mm，その他は 300×600 mm 程度に適用する。
4. 「その他」の率対象は，ロックウール吸音板，せっこうボード，サンドウィッチパネル，副資材，くぎ，ステープル，接着剤，内装工とする。

⑨ 天井ボード切込み

名称	摘要	単位	材料 品名	単位	歩掛数量	労務 職種	歩掛員数(人)	その他
天井ボード切込み	150 角 150φ 以下	1箇所 当り	―	―	―	内装工	0.013	1 式
	300 角 300φ 以下	〃	―	―	―	内装工	0.015	〃
	450 角 450φ 以下	〃	―	―	―	内装工	0.019	〃
	650 角 650φ 以下	〃	―	―	―	内装工	0.023	〃
	900 角 900φ 以下	〃	―	―	―	内装工	0.028	〃
	1,300 角 1,300φ 以下	〃	―	―	―	内装工	0.036	〃
	300×1,300 以下	〃	―	―	―	内装工	0.026	〃
	300×2,500 以下	〃	―	―	―	内装工	0.038	〃
	300×3,700 以下	〃	―	―	―	内装工	0.05	〃

(備考) 「その他」の率対象は，内装工とする。

⑳内　外　装—6

⑩　木毛セメント板打込み，断熱材張り及び打込み

名　　称	摘　要	単位	材料 品　　名	単位	歩掛数量	労務 職　種	歩掛員数(人)	その他
壁 断熱材張り		1m² 当り	断熱材	m²	1.05	内装工	0.033	1式
			セメント	kg	7.0	普通作業員	0.017	
			接着剤（断熱材用）	〃	0.5			
壁 断熱材打込み		〃	断熱材	m²	1.05	型枠工	0.027	〃
			くぎ	kg	0.01	普通作業員	0.013	
天井 断熱材打込み		〃	断熱材	m²	1.05	型枠工	0.02	〃
			くぎ	kg	0.01	普通作業員	0.01	
天井 木毛セメント板 打込み		〃	木毛セメント板	m²	1.05	型枠工	0.033	〃
			くぎ	kg	0.05	普通作業員	0.017	

（備考）　1.　断熱材はJIS A 9511（発泡プラスチック保温材）によるビーズ法ポリスチレンフォーム保温材，押出法ポリスチレンフォーム保温材，硬質ウレタンフォーム保温材A種及びフェノールフォーム保温材とし，適用する種類及び厚さは特記による。
　　　　　2.　「その他」の率対象は，木毛セメント板，断熱材，くぎ，接着剤，型枠工，内装工，普通作業員とする。

⑪　壁紙張り

名　　称	摘　要	単位	材料 品　　名	単位	歩掛数量	労務 職　種	歩掛員数(人)	その他
壁紙張り	織物，紙程度	1m² 当り	壁紙	m²	1.05	内装工	0.05	1式
			接着剤（壁紙用）	kg	0.18			
	プラスチック程度	〃	壁紙	m²	1.05	内装工	0.025	〃
			接着剤（壁紙用）	kg	0.18			
天井壁紙張り	織物，紙程度	〃	壁紙	m²	1.05	内装工	0.055	〃
			接着剤（壁紙用）	kg	0.18			
	プラスチック程度	〃	壁紙	m²	1.05	内装工	0.028	〃
			接着剤（壁紙用）	kg	0.18			

（備考）　1.　素地ごしらえを別途加算する。
　　　　　2.　湿気の多い場所，外壁内面のせっこうボード直張り下地等の場合は，防かび剤入り接着剤とする。
　　　　　3.　壁紙張り・天井壁紙張りの歩掛数量は，無地又はリピートサイズの小さい模様を標準としている。リピートサイズの大きな模様の場合は適宜補正する。
　　　　　4.　「その他」の率対象は，壁紙，接着剤，内装工とする。

⑫　壁紙張り　素地ごしらえ

名　　称	摘　要	単位	材料 品　　名	単位	歩掛数量	労務 職　種	歩掛員数(人)	その他
壁紙張り 素地ごしらえ B種	モルタル面	1m² 当り	合成樹脂エマルションシーラー（壁紙用）	kg	0.1	内装工	0.012	1式
			合成樹脂エマルションパテ（壁紙用）	〃	0.04			
			研磨紙　P120〜220	枚	0.03			
	せっこう ボード面	〃	せっこうボード用目地処理剤 （ジョイントコンパウンド）	kg	0.02	内装工	0.004	〃
			研磨紙　P120〜220	枚	0.03			

（つづく）

⑳ 内　　外　　装—7

名　称	摘　要	単位	材料 品名	単位	歩掛数量	労務 職種	歩掛員数(人)	その他
壁紙張り素地ごしらえB種	けい酸カルシウム板面	1 m² 当り	反応形合成樹脂シーラー及び弱溶剤系反応形合成樹脂シーラー JASS18 M-201	kg	0.1	内装工	0.01	1 式
			合成樹脂エマルションパテ（壁紙用）	〃	0.02			
			研磨紙　P 120～220	枚	0.03			
	コンクリート面	〃	建築用下地調整塗材　JIS A6916	kg	1.1	左官	0.015	〃
			研磨紙　P 120～220	枚	0.03	内装工	0.004	
			シーラー（壁紙用）	kg	0.07			

（備考）「その他」の率対象は，合成樹脂エマルションシーラー，せっこうボード用目地処理剤，反応形合成樹脂シーラー及び弱溶剤系反応形合成樹脂シーラー，合成樹脂エマルションパテ，建築用下地調整塗材，研磨紙，シーラー，内装工，左官工とする。

⑬ 化粧シート張り

名　称	摘　要	単位	材料 品名	単位	歩掛数量	労務 職種	歩掛員数(人)	その他
壁化粧シート張り手間	ボード,ケイカル下地処理共	1 m² 当り	化粧シート用プライマー 水性プライマー	ℓ	0.044	内装工	0.1	1 式
	モルタル,木部下地処理共	〃	化粧シート用プライマー 合成樹脂	〃	0.056	内装工	0.1	〃
	金属面下地処理共	〃	化粧シート用プライマー 合成ゴム	〃	0.025	内装工	0.09	〃
	金属製建具下地処理共	〃	化粧シート用プライマー 合成ゴム	〃	0.063	内装工	0.11	〃
天井化粧シート張り手間	ボード,ケイカル下地処理共	1 m² 当り	化粧シート用プライマー 水性プライマー	ℓ	0.044	内装工	0.11	〃
	モルタル,木部下地処理共	〃	化粧シート用プライマー 合成樹脂	ℓ	0.056	内装工	0.11	〃
	金属面下地処理共	〃	化粧シート用プライマー 合成ゴム	〃	0.025	内装工	0.1	〃

（備考）　1. 化粧シートの歩掛数量は，無地又は，リピートサイズの小さい模様を標準としている。リピートサイズの大きな模様の場合は，適宜補正をする。
　　　　　2.「その他」の率対象は，化粧シート用プライマー，内装工とする。

⑭ 壁グラスウール吸音板張り

名称	摘要	単位	材料 品名	単位	歩掛数量	労務 職種	歩掛員数(人)	その他
壁グラスウール吸音板張り	32k 厚さ25mm ガラスクロス スピンドルピン共	1m² 当り	グラスウール吸音板 ガラスクロス額縁張り 32k 厚さ25mm	m²	1.05	内装工	0.04	1式
			スピンドルピン 1000本/箱 キャップ共	本	11			
			スピンドルピン用接着剤 合成ゴム系	kg	0.01			
	32k 厚さ50mm ガラスクロス スピンドルピン共	〃	グラスウール吸音板 ガラスクロス額縁張り 32k 厚さ50mm	m²	1.05	内装工	0.04	〃
			スピンドルピン 1000本/箱 キャップ共	本	11			
			スピンドルピン用接着剤 合成ゴム系	kg	0.01			

(備考) 「その他」の率対象は，グラスウール吸音板，スピンドルピン，スピンドルピン用接着剤，内装工とする。

⑮ その他（参考）

名称	摘要	単位	材料 品名	単位	歩掛数量	労務 職種	歩掛員数(人)	その他
スパンドレル	厚1.0mm 幅100mm	1m² 当り	アルミスパンドレル	m²	1.05	内装工	0.25	1式
			小ねじ	kg	0.4			

(備考) 「その他」の率対象は，アルミスパンドレル，小ねじ，内装工とする。

㉑ 仕上ユニット

① 一般事項

(1) 仕上ユニットは，他の科目別内訳に属さない細目について計上する。
(2) 仕上ユニットには，工場で製品化した製品を現場で取付けるもの，工場で単品等として製作し，現場で組立てて取付けるもの，又は製品の一部を現場で寸法合せをして取付けるもの等に区分される。
(3) 単価・価格の構成は，製品代（単品製品等を含む），雑材料費（必要に応じて），運搬費，取付け（現場加工を含む），仕上塗装（必要に応じて），その他（工具，下請経費）を別紙明細書を作成し，1箇所又は一式として計上する。
(4) 見積書を徴収して価格を判断する場合は，見積内容の確認と同時に特殊な材料なのか，一般材料として取扱っているものなのか，また，数量の多寡によっても価格の判断をする。
(5) 歩掛名称中の（標詳○-○-○）は，「建築工事標準詳細図」（国土交通省大臣官房官庁営繕部整備課監修）の番号を示す。

② 階段滑り止め

(1m当り)

名　称	摘　要	単位	所要量	備　考
階段滑り止め		m	1.0	
接　着　剤		kg	0.015	
左　官		人	0.05	
そ　の　他		式	1	

(備考)　「その他」の率対象は，左官とする。

③ くつずり

(1m当り)

名　称	摘　要	単位	ステンレス製 厚さ2.0 幅40	備　考
床　く　つ　ず　り	埋込み	m	1	
左　官		人	0.025	
そ　の　他		式	1	

(備考)　「その他」の率対象は，左官とする。

④ 室名札

(1箇所当り)

名　称	摘　要	単位	平付け型	備　考
室　名　札	アクリル板 t=3.0	個	1	
内　装　工		人	0.06	
そ　の　他		式	1	

(備考)　1．建築工事標準詳細図8-43-1（室名札（平付け型））に対応している。
　　　　2．「その他」の率対象は，内装工とする。

⑤ 衝突防止表示

(1箇所当り)

名　称	摘　要	単位	ステンレス製 径30 両面	備　考
衝　突　防　止　表　示	径30 厚さ2mm	箇所	1.05	1組（2枚）
内　装　工		人	0.005	
そ　の　他		式	1	

(備考)　「その他」の率対象は，内装工とする。

⑥ 誘導用及び注意喚起用床材 （1m²当り）

名　　　称	摘　　　要	単　位	点字ブロック レジンコンクリート製 300×300 厚さ30	点字ブロック 塩化ビニル製 300×300	備　　考
誘導用及び注意喚起用床材		枚	10.9	11.4	
接　着　剤	ビニル系床材用	kg	—	0.3	
建築ブロック工		人	0.035	—	
普通作業員		〃	0.055	—	
内　装　工		〃	—	0.03	
そ　の　他		式	1	1	

名　　　称	摘　　　要	単　位	点字タイル I類無ゆう 150角	点字タイル I類無ゆう 300角	備　　考
誘導用及び注意喚起用床材		枚	45	11.5	
セ　メ　ン　ト		kg	2.6	2.4	
砂	荒目・細目混合	m³	0.004	0.004	
普通作業員		人	0.09	0.09	
タ　イ　ル　工		〃	0.19	0.08	
そ　の　他		式	1	1	

（備考）　1. 砂の混合比は，荒目3：細目7とする。
　　　　　2. 「その他」の率対象は，建築ブロック工，普通作業員，内装工，タイル工とする。

⑦ 厨房器具 （1台当り）

名　　　称	摘　　　要	単　位	流し台 BL型 幅1200	流し台 BL型 幅1500	流し台 BL型 幅1800	コンロ台 BL型 幅600～700	備　　考
厨　房　器　具		個	1	1	1	1	
特殊作業員		人	0.25	0.25	0.3	0.15	
そ　の　他		式	1	1	1	1	

名　　　称	摘　　　要	単　位	吊戸棚 幅900	吊戸棚 幅1200	水切棚 幅900・1200 1段・2段	備　　考
厨　房　器　具		個	1	1	1	
大　　　工		人	0.25	0.3	0.1	
そ　の　他		式	1	1	1	

（備考）　1. 建築工事標準詳細図6-11-1（湯沸室器具配置）に対応している。
　　　　　2. 「その他」の率対象は，特殊作業員，大工とする。

⑧ ベネシアンブラインド （1m²当り）

名　　　称	摘　　　要	単　位	スラット幅25 横型ギア式	スラット幅25 横型コード式	スラット幅25 横型操作棒式	備　　考
ベネシアンブラインド	アルミ製	m²	1	1	1	
内　装　工		人	0.025	0.025	0.025	
そ　の　他		式	1	1	1	

（備考）「その他」の率対象は，内装工とする。

㉑仕上ユニット―3

⑨ **カーテンレール** （1m当り）

名　　　称	摘　　　要	単位	ステンレス製			備　考
			紐引き 引分け 重量用(10-90)	手引き 引分け 重量用(10-90)	手引き 引分け 軽量用(10-60)	
カーテンレール		m	1	1	1	
内　装　工		人	0.021	0.014	0.014	
そ　の　他		式	1	1	1	

名　　　称	摘　　　要	単位	アルミニウム製			備　考
			紐引き 引分け 重量用(10-90)	手引き 引分け 重量用(10-90)	手引き 引分け 軽量用(10-60)	
カーテンレール		m	1	1	1	
内　装　工		人	0.021	0.014	0.014	
そ　の　他		式	1	1	1	

（備考）「その他」の率対象は，内装工とする。

⑩ **ブラインド取付け** （1m²当り）

名　　　称	摘　　　要	単位	よこ型 25-35mm	たて型 80-100mm	備　考
内　装　工		人	0.025	0.04	
そ　の　他		式	1	1	

（備考）「その他」の率対象は，内装工とする。

⑪ **ピクチャーレール** （1m当り）

名　　　称	摘　　　要	単位	アルミ製 シルバー 天井埋込みタイプ			備　考
			ボード厚9.5	ボード厚12.5	ボード二重張り	
ピクチャーレール	ツバ付タイプ	m	1	1	1	
内　装　工		人	0.027	0.027	0.027	
そ　の　他		式	1	1	1	

名　　　称	摘　　　要	単位	アルミ製 ホワイト 天井埋込みタイプ			備　考
			ボード厚9.5	ボード厚12.5	ボード二重張り	
ピクチャーレール	ツバ付タイプ	m	1	1	1	
内　装　工		人	0.027	0.027	0.027	
そ　の　他		式	1	1	1	

（備考）「その他」の率対象は，内装工とする。

⑫ 煙突用成形ライニング材　　　　　　　　　　　　　　　　　　　　　　（1m当り）

名　　称	摘　　要	単　位	内径 212～216	内径 262～267	内径 314～319	内径 356	内径 408	内径 457～458	備　考
煙突用成形ライニング材	650℃ 標詳7-21	m	1.05	1.05	1.05	1.05	1.05	1.05	
型　わ　く　工		人	0.17	0.17	0.21	0.21	0.26	0.26	
そ　の　他		式	1	1	1	1	1	1	

名　　称	摘　　要	単　位	内径 510～512	内径 562	内径 612	内径 712～714	内径 814～816	内径 914～918	内径 1020	備　考
煙突用成形ライニング材	650℃ 標詳7-21	m	1.05	1.05	1.05	1.05	1.05	1.05	1.05	
型　わ　く　工		人	0.3	0.3	0.34	0.43	0.51	0.6	0.7	
そ　の　他		式	1	1	1	1	1	1	1	

（備考）　1.　建築工事標準詳細図7-21（煙突：成形パイプ打込み）に対応している。
　　　　　2.　「その他」の率対象は，型わく工とする。

⑬ 掲示板　　　　　　　　　　　　　　　　　　　　　　　　　　　　（1箇所当り）

名　　称	摘　　要	単　位	枠アルミ製 塩ビ発泡シート張 900×1200	枠アルミ製 塩ビ発泡シート張 900×1800	枠アルミ製 塩ビ発泡シート張 1200×3600	備　考
掲　示　板		箇所	1	1	1	
内　装　工		人	0.07	0.09	0.216	
そ　の　他		式	1	1	1	

（備考）「その他」の率対象は，内装工とする。

⑭ 床排水金具　　　　　　　　　　　　　　　　　　　　　　　　　（1箇所当り）

名　　称	摘　　要	単　位	マット下 65φ 黄銅製クロムめっき	備　　考
床　排　水　金　具	D金物 標詳8-21-2	個	1	
配　管　工		人	0.26	
そ　の　他		式	1	

（備考）「その他」の率対象は，配管工とする。

⑮ 旗竿受金物　　　　　　　　　　　　　　　　　　　　　　　　　（1組当り）

名　　称	摘　　要	単　位	ステンレス製 壁付 彫込み用	ステンレス製 壁付 ねじ止め用	備　　考
旗　竿　受　金　物		組	1	1	
内　装　工		人	0.1	0.1	
そ　の　他		式	1	1	

（備考）「その他」の率対象は，内装工とする。

㉑仕上ユニット―5

仕上ユニット　内訳書記載例

名　称	摘　要	数量	単位	単価	金額	備　考
床目地棒	材質，形状，寸法		m			
階段滑り止め	〃		〃			
室名札	〃		箇所			
流し台	〃		〃			
コンロ台	〃		〃			
水切棚	〃		〃			
吊戸棚	〃		〃			
ベネシアンブラインド	〃		m^2			
カーテンレール	〃		m			
掲示板	〃		箇所			
旗竿受金物	〃		〃			

（備考）　摘要欄は，材質，形状，寸法等ユニットの仕様がわかるように記載する。
　　　　　単位は箇所，台等とするが，種々の仕上ユニットを複数組み合わせた場合は1式計上とする。

㉒ 排　　水

① 一般事項
(1) 標準歩掛の仕様は，「公共建築工事標準仕様書（建築工事編）」とする。
(2) 標準仕様書の街きょ，縁石，側溝を設置する工事に適用する。
(3) 歩掛名称中の（標詳○－○－○）は，「建築工事標準詳細図」（国土交通省大臣官房官庁営繕部整備課監修）の番号を示す。

② 排水歩掛

(1) 縁石

（1m当り）

名　称	摘　要	単位	縁石 W100×H100 （標詳9-11-5）	縁石 W150×H150 （標詳9-11-6）	備　考
普通コンクリート	18N S15	m³	0.02	0.02	
歩車道ブロック	100/110×155×600	個	1.65	—	×1.05（ロス）
歩車道ブロック	150/170×200×600	〃	—	1.65	×1.05（ロス）
根　切　り	つぼ掘り及び布掘り バックホウ0.45m³	m³	0.16	0.18	
埋　戻　し	人力	〃	0.12	0.12	
排水敷均し	建設発生土	〃	0.04	0.06	別表－1
排水砂利地業	再生クラッシャラン	〃	0.02	0.03	別表－2
排水モルタル	調合1：2	〃	0.002	0.002	別表－3
排水型枠	運搬費共	m²	0.2	0.2	別表－4
特殊作業員		人	0.06	0.07	
普通作業員		〃	0.04	0.05	
そ の 他		式	1	1	

（備考）　1．建築工事標準詳細図9-11-5・6（縁石）に対応している。
　　　　　2．「その他」の率対象は，歩車道ブロック，特殊作業員，普通作業員とする。

(2) L形側溝

（1m当り）

名　称	摘　要	単位	L形側溝 W=350 （標詳9-11-1）	L形側溝 W=450 （標詳9-11-2）	備　考
L形側溝	250A	個	1.65	—	×1.05（ロス）
L形側溝	250B	〃	—	1.65	×1.05（ロス）
根　切　り	つぼ掘り及び布掘り バックホウ0.45m³	m³	0.17	0.19	
埋　戻　し	人力	〃	0.09	0.09	
排水敷均し	建設発生土	〃	0.08	0.1	別表－1
排水砂利地業	再生クラッシャラン	〃	0.04	0.05	別表－2
排水モルタル	調合1：2	〃	0.01	0.01	別表－3
特殊作業員		人	0.08	0.08	
普通作業員		〃	0.05	0.05	
そ の 他		式	1	1	

（備考）　1．建築工事標準詳細図9-11-1・2（L形側溝）に対応している。
　　　　　2．「その他」の率対象は，L形側溝，特殊作業員，普通作業員とする。

(3) 縁石, 植樹桝用ブロック

(1m当り)

名称	摘要	単位	標詳 9-11-7,9	標詳 9-11-8	標詳9-11-10 タイプ1	標詳9-11-10 タイプ2	標詳 9-11-12	備考
					クラッシャラン			
普通コンクリート	JIS A 5308 呼び強度18 S15 粗骨材20	m³	0.01	0.02	0.01	0.01	0.01	
地先境界ブロックA	120×120×600	個	1.65	—	—	—	—	×1.05(ロス)
地先境界ブロックC	150×150×600	〃	—	1.65	1.65	1.65	—	×1.05(ロス)
植樹桝用ブロック	150×180×600	〃	—	—	—	—	1.65	×1.05(ロス)
根切り	つぼ掘り及び布掘り バックホウ0.45m³	m³	0.19	0.22	0.22	0.23	0.22	
埋戻し	人力	〃	0.14	0.16	0.17	0.18	0.16	
排水敷均し	建設発生土	〃	0.05	0.06	0.05	0.05	0.06	別表-1
排水砂利地業	クラッシャラン	〃	0.02	0.03	0.02	0.03	0.02	別表-2
排水モルタル	調合1:2	〃	0.001	0.002	0.002	0.002	0.002	別表-3
特殊作業員		人	0.06	0.06	0.06	0.06	0.06	
普通作業員		〃	0.04	0.04	0.04	0.04	0.04	
その他		式	1	1	1	1	1	

名称	摘要	単位	標詳 9-11-7,9	標詳 9-11-8	標詳9-11-10 タイプ1	標詳9-11-10 タイプ2	標詳 9-11-12	備考
					再生クラッシャラン			
普通コンクリート	JIS A 5308 呼び強度18 S15 粗骨材20	m³	0.01	0.02	0.01	0.01	0.01	
地先境界ブロックA	120×120×600	個	1.65	—	—	—	—	×1.05(ロス)
地先境界ブロックC	150×150×600	〃	—	1.65	1.65	1.65	—	×1.05(ロス)
植樹桝用ブロック	150×180×600	〃	—	—	—	—	1.65	×1.05(ロス)
根切り	つぼ掘り及び布掘り バックホウ0.45m³	m³	0.19	0.22	0.22	0.23	0.22	
埋戻し	人力	〃	0.14	0.16	0.17	0.18	0.16	
排水敷均し	建設発生土	〃	0.05	0.06	0.05	0.05	0.06	別表-1
排水砂利地業	再生クラッシャラン	〃	0.02	0.03	0.02	0.03	0.02	別表-2
排水モルタル	調合1:2	〃	0.001	0.002	0.002	0.002	0.002	別表-3
特殊作業員		人	0.06	0.06	0.06	0.06	0.06	
普通作業員		〃	0.04	0.04	0.04	0.04	0.04	
その他		式	1	1	1	1	1	

(備考) 1. 建築工事標準詳細図9-11-7・9・8・10・12(縁石, 植樹桝用ブロック)に対応している。
2. 「その他」の率対象は, 地先境界ブロックA, 地先境界ブロックC, 植樹桝用ブロック, 特殊作業員, 普通作業員とする。

(4) V形側溝

（1m当り）

名　　　称	摘　　要	単位	標詳9-11-3 クラッシャラン	標詳9-11-3 再生クラッシャラン	備　考
V　形　側　溝	500×80×500 VT-250	個	1.65	1.65	×1.05（ロス）
根　切　り	つぼ掘り及び布掘り バックホウ0.45m³	m³	0.2	0.2	
埋　戻　し	人力	〃	0.11	0.11	
排　水　敷　均　し	建設発生土	〃	0.09	0.09	別表-1
排　水　砂　利　地　業	クラッシャラン	〃	0.05	—	別表-2
排　水　砂　利　地　業	再生クラッシャラン	〃	—	0.05	別表-2
排　水　モルタル	調合1：2	〃	0.01	0.01	別表-3
特　殊　作　業　員		人	0.09	0.09	
普　通　作　業　員		〃	0.05	0.05	
そ　の　他		式	1	1	

（備考）1．建築工事標準詳細図9-11-3（V形側溝）に対応している。
　　　　2．「その他」の率対象は，V形側溝，特殊作業員，普通作業員とする。

(5) 街きょ

（1m当り）

名　　　称	摘　　要	単位	標詳9-11-4 クラッシャラン	標詳9-11-4 再生クラッシャラン	備　考
歩車道ブロックA	150/170×200×600	個	1.65	1.65	×1.05（ロス）
根　切　り	つぼ掘り及び布掘り バックホウ0.45m³	m³	0.39	0.39	
埋　戻　し	人力	〃	0.23	0.23	
排　水　敷　均　し	建設発生土	〃	0.16	0.16	別表-1
排　水　砂　利　地　業	クラッシャラン	〃	0.08	—	別表-2
排　水　砂　利　地　業	再生クラッシャラン	〃	—	0.08	別表-2
排　水　モルタル	調合1：2	〃	0.003	0.003	別表-3
排水無筋コンクリート	基礎コンクリート	〃	0.09	0.09	別表-6
排　水　型　枠	運転費共	m²	0.21	0.21	別表-4
排水コンクリートこて押え		〃	0.5	0.5	別表-7
特　殊　作　業　員		人	0.07	0.07	
普　通　作　業　員		〃	0.05	0.05	
そ　の　他		式	1	1	

（備考）1．建築工事標準詳細図9-11-4（街きょ）に対応している。
　　　　2．「その他」の率対象は，歩車道ブロックA，特殊作業員，普通作業員とする。

(6) U形側溝RC蓋

（1m当り）

名　　称	摘　要	単位	側溝蓋 1種 W=240	側溝蓋 1種 W=300	側溝蓋 1種 W=360	側溝蓋 1種 W=450	備　考
R　C　蓋		枚	1.67	1.67	1.67	1.67	×1.05（ロス）
普　通　作　業　員		人	0.023	0.023	0.04	0.04	
そ　の　他		式	1	1	1	1	

（備考）「その他」の率対象は，RC蓋，普通作業員とする。

(7) U形側溝

(1m当り)

名　　　称	摘　　　要	単位	プレキャスト 再生クラッシャラン 150	180	240	300A	300B	備　考
U　形　側　溝		個	1.65	1.65	1.65	1.65	1.65	×1.05（ロス）
根　切　り	つぼ掘り及び布掘り バックホウ0.45m³	m³	0.24	0.27	0.34	0.37	0.42	
埋　戻　し	人力	〃	0.16	0.17	0.2	0.21	0.23	
排 水 敷 均 し	建設発生土	〃	0.08	0.1	0.14	0.16	0.19	別表－1
排 水 砂 利 地 業	再生クラッシャラン	〃	0.03	0.03	0.03	0.04	0.04	別表－2
排 水 モ ル タ ル	調合1:2	〃	0.005	0.005	0.007	0.009	0.009	別表－3
特 殊 作 業 員		人	0.09	0.09	0.09	0.09	0.09	
普 通 作 業 員		〃	0.08	0.08	0.08	0.08	0.08	
そ　の　他		式	1	1	1	1	1	

名　　　称	摘　　　要	単位	プレキャスト 再生クラッシャラン 300C	360A	360B	450	600	備　考
U　形　側　溝		個	1.65	1.65	1.65	1.65	1.65	×1.05（ロス）
根　切　り	つぼ掘り及び布掘り バックホウ0.45m³	m³	0.48	0.45	0.51	0.65	0.92	
埋　戻　し	人力	〃	0.27	0.24	0.24	0.34	0.53	
排 水 敷 均 し	建設発生土	〃	0.21	0.2	0.27	0.31	0.39	別表－1
排 水 砂 利 地 業	再生クラッシャラン	〃	0.04	0.05	0.05	0.06	0.07	別表－2
排 水 モ ル タ ル	調合1:2	〃	0.009	0.01	0.01	0.01	0.02	別表－3
特 殊 作 業 員		人	0.11	0.11	0.11	0.11	0.11	
普 通 作 業 員		〃	0.08	0.08	0.08	0.08	0.08	
そ　の　他		式	1	1	1	1	1	

名　　　称	摘　　　要	単位	現場打ち 再生クラッシャラン 200×200	200×250	200×300	250×250	250×300	備　考
根　切　り	つぼ掘り及び布掘り バックホウ0.45m³	m³	0.42	0.47	0.52	0.49	0.55	
埋　戻　し	人力	〃	0.24	0.27	0.3	0.27	0.33	
排 水 敷 均 し	建設発生土	〃	0.18	0.2	0.22	0.22	0.22	別表－1
排 水 砂 利 地 業	再生クラッシャラン	〃	0.05	0.05	0.05	0.06	0.06	別表－2
排水普通コンクリート	18N S15	〃	0.09	0.1	0.11	0.1	0.11	別表－9
排 水 型 枠	運搬費共	m²	1.04	1.24	1.44	1.24	1.44	別表－4
排 水 鉄 筋	SD295 D10	t	0.0043	0.0046	0.0048	0.0047	0.006	別表－8
排水コンクリートこて押え		m²	0.4	0.4	0.4	0.45	0.45	別表－7
特 殊 作 業 員		人	0.05	0.05	0.05	0.05	0.05	
そ　の　他		式	1	1	1	1	1	

(1m当り)

名　　称	摘　　要	単位	現場打ち 250×350	現場打ち 300×300	再生クラッシャラン 300×350	再生クラッシャラン 350×350	再生クラッシャラン 350×400	備　考
根　切　り	つぼ掘り及び布掘り バックホウ0.45m³	m³	0.6	0.57	0.63	0.66	0.71	
埋　戻　し	人力	〃	0.33	0.3	0.33	0.33	0.36	
排水敷均し	建設発生土	〃	0.27	0.27	0.3	0.3	0.35	別表-1
排水砂利地業	再生クラッシャラン	〃	0.06	0.06	0.06	0.07	0.07	別表-2
排水普通コンクリート	18N S15	〃	0.12	0.12	0.13	0.14	0.15	別表-9
排水型枠	運搬費共	m²	1.64	1.44	1.64	1.64	1.84	別表-4
排水鉄筋	SD295 D10	t	0.0063	0.0061	0.0064	0.0065	0.0078	別表-8
排水コンクリートこて押え		m²	0.45	0.5	0.5	0.55	0.55	別表-7
特殊作業員		人	0.05	0.05	0.05	0.05	0.05	
そ　の　他		式	1	1	1	1	1	

(備考) 1. 建築工事標準詳細図9-12（側溝，側溝桝，街きょ桝）に対応している。
　　　 2. 「その他」の率対象は，U形側溝，特殊作業員，普通作業員とする。

別表-1　排水敷均し（建設発生土）　　　　　　　　　　　　　　　　　　　　　　（1m³当り）

名　　称	摘　要	単位	歩掛数量	備　考
普通作業員		人	0.23	
そ　の　他		式	1	

(備考)「その他」の率対象は，普通作業員とする。

別表-2　排水砂利地業　　　　　　　　　　　　　　　　　　　　　　　　　　　　（1m³当り）

名　　称	摘　要	単位	クラッシャラン	再生クラッシャラン
砂　　利		m³	1.1	1.1
普通作業員		人	0.2	0.2
そ　の　他		式	1	1

(備考)「その他」の率対象は，普通作業員とする。

別表-3　排水モルタル（調合1:2）　　　　　　　　　　　　　　　　　　　　　　（1m³当り）

名　　称	摘　要	単位	歩掛数量	備　考
セメント		kg	670.0	
細骨材	砂	m³	1.11	
普通作業員		人	1.2	
そ　の　他		式	1	

(備考)「その他」の率対象は，普通作業員とする。

別表-4 排水型枠（運搬費共） （1m²当り）

名　称	摘　要	単位	歩掛数量	備　考
合　板	型枠用 厚12mm 900×1,800mm	m²	1.25	27%
さ ん 材		m³	0.007	36%
角　材		〃	0.02	20%
鉄　線		kg	0.09	
く ぎ 金 物		〃	0.04	
は く 離 剤		ℓ	0.02	
型 わ く 工		人	0.07	
普 通 作 業 員		〃	0.04	
トラック運転	4t積	日	0.0101	別表-5
そ の 他		式	1	

（備考）
1. 備考欄の数値は、1現場当り損料率を示す。
2. コンクリート打設時の型枠点検及び保守を含む。
3. 型枠材運搬費を含む。
4. 「その他」の率対象は、合板、さん材、角材、鉄線、くぎ金物、はく離剤、型わく工、普通作業員とする。

別表-5 トラック運転 （1日当り）

名　称	摘　要	単位	4t積	備　考
運 転 手（一般）		人	1.0	
燃　料	軽油	ℓ	26.0	
機 械 損 料		供用日	1.13	
そ の 他		式	1	

（備考）「その他」の率対象は、運転手（一般）、燃料とする。

別表-6 排水無筋コンクリート 基礎コンクリート （1m³当り）

名　称	摘　要	単位	基礎コンクリート	備　考
普通コンクリート	JIS A 5308 呼び強度18 S15 粗骨材20	m³	1	
特 殊 作 業 員		人	0.39	
普 通 作 業 員		〃	0.39	
そ の 他		式	1	

（備考）「その他」の率対象は、特殊作業員、普通作業員とする。

別表-7 排水コンクリートこて押え （1m²当り）

名　称	摘　要	単位	こて押え	備　考
左　官		人	0.035	
そ の 他		式	1	

（備考）「その他」の率対象は、左官とする。

別表-8　排水鉄筋　SD295 D10　　　　　　　　　　　　　　　　　　　　　（1t当り）

名　　称	摘　　要	単　位	SD295 D10	備　考
鉄　　筋	D10	t	1.04	
結　束　線	＃21	kg	5.8	
普通作業員		人	0.9	
鉄　筋　工		〃	4.33	
そ　の　他		式	1	

（備考）「その他」の率対象は，鉄筋，結束線，普通作業員，鉄筋工とする。

別表-9　排水普通コンクリート　18N S15　　　　　　　　　　　　　　　（1m³当り）

名　　称	摘　　要	単　位	18N S15	備　考
普通コンクリート	JIS A 5308　呼び強度18 S15　粗骨材20	m³	1	
特殊作業員		人	0.39	
普通作業員		〃	0.39	
そ　の　他		式	1	

（備考）「その他」の率対象は，特殊作業員，普通作業員とする。

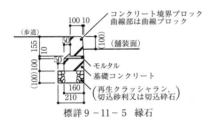

標詳9-11-5　縁石

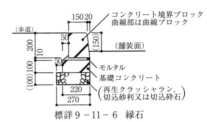

標詳9-11-6　縁石

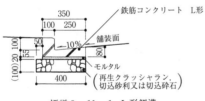

標詳9-11-1　L形側溝

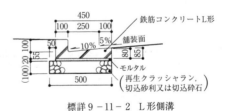

標詳9-11-2　L形側溝

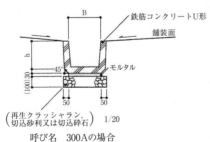

標詳9-12-1　U形側溝（プレキャスト）

縁石及びL形側溝・U形側溝（プレキャスト）（建築工事標準詳細図）

㉓ 構内舗装

① 一般事項

(1) 標準歩掛の仕様は,「公共建築工事標準仕様書（建築工事編）」の舗装工事に適用する。
(2) 養生，清掃，後片付け等は，別に計上する。
(3) 機械損料は,「建設機械等損料算定表」(国土交通省)による。舗装機械は，排出ガス対策型とする。また，舗装機械運搬費を別途計上する。
(4) 標準歩掛は，建物周囲の通路，前庭まわり，駐車場及び歩道等のアスファルト舗装及びコンクリート舗装の1施工区画の面積が2,500m²未満の場合に適用する。
　なお，施工規模別に区別し，特に施工幅の狭い歩道は，歩道部として施工面積によらず，「特に狭い場所」として適用する。
　施工規模は,「特に狭い場所」,「500 m²未満」,「500 m²以上～1,000 m²未満」,「1,000 m²以上 ～2,500 m²未満」に区別する。
　施工規模が2,500 m²以上の場合は，別途，専門業者見積りとする。
(5) 構内舗装の標準的な舗装断面ごとの組合せを下記に示す。
(6) 構内舗装単価の構成は，舗装材料（舗装断面ごとの割増を含む），構内舗装歩掛（施工厚，施工規模別），及び労務，その他（下請経費等）の合成単価として算出する。
(7) 舗装機械の運搬費は，施工規模に応じた施工機械の組合せにより算出する。
(8) 舗装材料費
　アスファルト舗装材料の路盤材・加熱アスファルト混合物・プライムコート・タックコートは，材料使用量により別途計上する。
(9) 路床に遮断層又は凍結抑制層を設ける場合の材料は，特記がなければ，川砂，海砂，又は良質な山砂とする。
(10) 瀝青材散布にシールコート（JIS K 2208 PK-1（冬季はPK-2））を行う場合は，特記とする。
(11) コンクリート舗装に用いるレディミクストコンクリートは，気温による温度補正は行わない。

② アスファルト舗装

1-1 歩掛

アスファルト舗装の単価構成 　　　　　　　　　　　　　　　　　　　　　　　　　　　（100 m²当り）

	名　　　称	摘　要	単　位	適用表	備　　考
材料費	路　盤　材		m³	表1	
	加熱アスファルト混合物		t	表2	
	プライムコート		ℓ	表3	
	そ　の　他		式	1	
施工費	路　床　整　正		m²	表4	
	路盤材敷均し		〃	表5～7	
	路盤材締固め		〃	表8～10	
	プライムコート散布		〃	表11	
	アスファルト混合物敷均し		〃	表12～13	
	アスファルト混合物締固め		〃	表14	

（備考）　材料費の「その他」の対象は，路盤材，加熱アスファルト混合物，プライムコートとする。

表1．路盤材　　　　　　　　　　　　　　　　　　　　　　　　　　　　　　　　　　（m³/100 m²）

名　　　称	摘要	車　道　部			歩　道　部	
		10cm	15cm	20cm	10cm	15cm **(参考)**
切　込　砂　利		12.50	18.75	25.00	11.90	17.85
再生クラッシャラン	RC-40	12.90	19.35	25.80	12.20	18.30
クラッシャラン	C-40	12.90	19.35	25.80	12.20	18.30
再生粒調砕石		13.20	19.80	26.40	12.50	18.30
粒　調　砕　石		13.20	19.80	26.40	12.50	18.30

（備考）　公共建築工事標準仕様書においては，路盤材料の種別，品質等は特記による。特記がなければ，砕石及び再生クラッシャラン又はクラッシャラン鉄鋼スラグとする。

表2．加熱アスファルト混合物 (t／100 m²)

名　　称	摘　要	車道部 3cm	車道部 5cm	歩道部 3cm	備　考
再生密粒度アスファルト		7.24	12.07	6.93	
密粒度アスファルト		7.24	12.07	6.93	
再生細粒度アスファルト		6.93	11.55	6.77	
細粒度アスファルト		6.93	11.55	6.77	
再生粗粒度アスファルト(**参考**)		—	12.07	—	
粗粒度アスファルト(**参考**)		—	12.07	—	

表3．プライムコート及びタックコート (ℓ／100 m²)

名　　称	摘　要	車道部	歩道部	備　考
プライムコート	PK-3	153	153	
タックコート	PK-4	40.8	—	

(備考) 1．プライムコート用の乳材は，JIS K 2208（石油アスファルト乳剤）により，種別はPK-3とする。
　　　 2．タックコート用の乳材は，JIS K 2208により，種別はPK-4とする。

表4．路床整正 (100 m²当り)

名　称	摘　要	単位	特に狭い場所	500 m²未満	500 m²以上 1,000 m²未満	1,000 m²以上 2,500 m²未満	備考
モータグレーダ運転	油圧式 3.1 m級	日	—	0.078	0.066	0.052	
普通作業員		人	1	0.46	0.37	0.28	
そ の 他		式	1	1	1	1	

(備考) 1．かき起こし敷均し合成作業及び補足材なしの場合とする。
　　　 2．「その他」の率対象は，普通作業員とする。

表5．路盤材敷均し（厚さ10 cm） (100 m²当り)

名　称	摘　要	単位	特に狭い場所	500 m²未満	500 m²以上 1,000 m²未満	1,000 m²以上 2,500 m²未満	備考
モータグレーダ運転	油圧式 3.1 m級	日	—	0.085	0.07	0.056	
普通作業員		人	4.20	1.76	1.35	0.94	
そ の 他		式	1	1	1	1	

(備考) 「その他」の率対象は，普通作業員とする。

表6．路盤材敷均し（厚さ15 cm） (100 m²当り)

名　称	摘　要	単位	特に狭い場所	500 m²未満	500 m²以上 1,000 m²未満	1,000 m²以上 2,500 m²未満	備考
モータグレーダ運転	油圧式 3.1 m級	日	—	0.085	0.07	0.056	
普通作業員		人	5.7	2.36	1.8	1.24	
そ の 他		式	1	1	1	1	

(備考) 「その他」の率対象は，普通作業員とする。

表7．路盤材敷均し（厚さ20 cm） (100 m²当り)

名　称	摘　要	単位	特に狭い場所	500 m²未満	500 m²以上 1,000 m²未満	1,000 m²以上 2,500 m²未満	備考
モータグレーダ運転	油圧式 3.1 m級	日	—	0.085	0.07	0.056	
普通作業員		人	7.8	3.2	2.43	1.66	
そ の 他		式	1	1	1	1	

(備考) 「その他」の率対象は，普通作業員とする。

表8. 路盤材締固め（厚さ10 cm） (100 m²当り)

名称	摘要	単位	施工規模 特に狭い場所	500 m²未満	500 m²以上 1,000 m²未満	1,000 m²以上 2,500 m²未満	備考
タンパ運転	60～80 kg	日	0.63	0.5	—	—	
振動ローラ運転	2.4～2.8 t	〃	0.29	0.35	0.17	0.12	
タイヤローラ運転	8～20 t	〃	—	—	0.069	0.056	
ロードローラ運転	マカダム10 t	〃	—	—	0.071	0.058	

表9. 路盤材締固め（厚さ15 cm） (100 m²当り)

名称	摘要	単位	施工規模 特に狭い場所	500 m²未満	500 m²以上 1,000 m²未満	1,000 m²以上 2,500 m²未満	備考
タンパ運転	60～80 kg	日	0.68	0.55	—	—	
振動ローラ運転	2.4～2.8 t	〃	0.4	0.48	0.24	0.16	
タイヤローラ運転	8～20 t	〃	—	—	0.069	0.056	
ロードローラ運転	マカダム10 t	〃	—	—	0.071	0.058	

表10. 路盤材締固め（厚さ20 cm） (100 m²当り)

名称	摘要	単位	施工規模 特に狭い場所	500 m²未満	500 m²以上 1,000 m²未満	1,000 m²以上 2,500 m²未満	備考
タンパ運転	60～80 kg	日	0.81	0.65	—	—	
振動ローラ運転	2.4～2.8 t	〃	0.58	0.7	0.35	0.23	
タイヤローラ運転	8～20 t	〃	—	—	0.082	0.067	
ロードローラ運転	マカダム10 t	〃	—	—	0.085	0.069	

表11. プライムコート・タックコート散布 (100 m²当り)

名称	摘要	単位	プライムコート	タックコート	備考
アスファルトスプレヤ運転	25 ℓ/mim	日	0.04	0.01	
特殊作業員		人	0.07	0.02	
普通作業員		〃	0.04	0.01	
その他		式	1	1	

（備考）「その他」の率対象は，特殊作業員，普通作業員とする。

表12. アスファルト混合物敷均し（厚さ3 cm） (100 m²当り)

名称	摘要	単位	施工規模 特に狭い場所	500 m²未満	500 m²以上 1,000 m²未満	1,000 m²以上 2,500 m²未満	備考
アスファルトフィニッシャ運転	2.0～4.5 m	日	—	0.087	0.076	0.066	
世話役		人	0.3	0.2	0.16	0.12	
特殊作業員		〃	0.9	0.94	0.78	0.59	
普通作業員		〃	1.7	0.85	0.66	0.46	
その他		式	1	1	1	1	

（備考）「その他」の率対象は，世話役，特殊作業員，普通作業員とする。

表13. アスファルト混合物敷均し（厚さ5 cm） (100 m²当り)

名称	摘要	単位	施工規模 特に狭い場所	500 m²未満	500 m²以上 1,000 m²未満	1,000 m²以上 2,500 m²未満	備考
アスファルトフィニッシャ運転	2.0～4.5 m	日	—	0.087	0.076	0.066	
世話役		人	0.3	0.2	0.16	0.12	
特殊作業員		〃	0.9	0.94	0.78	0.59	
普通作業員		〃	2.3	1.09	0.84	0.58	
その他		式	1	1	1	1	

（備考）「その他」の率対象は，世話役，特殊作業員，普通作業員とする。

表14. アスファルト混合物締固め (100m²当り)

名　　　称	摘　　要	単位	特に狭い場所	500m²未満	500m²以上 1,000m²未満	1,000m²以上 2,500m²未満	備考
タンパ運転	60〜80kg	日	0.63	0.5	—	—	
振動ローラ運転	2.4〜2.8t	〃	0.23	0.28	0.14	0.09	
タイヤローラ運転	8〜20t	〃	—	—	0.082	0.056	
ロードローラ運転	マカダム10t	〃	—	—	0.085	0.068	

表15. 舗装機械運転 (1日当り)

機械名	規　格	適用単価表	運転手(特殊)(人)	特殊作業員(人)	機械損料(供用日)	燃料(ℓ)軽油	燃料(ℓ)ガソリン	備考
モータグレーダ	油圧式3.1m級	単価表1	1.0	—	1.57	48.8	—	
タンパ	60〜80kg	単価表2	—	1.0	1.33	—	5.0	
振動ローラ	排出ガス対策型 2.4〜2.8t	単価表2	—	1.0	1.57	16.0	—	
タイヤローラ	排出ガス対策型 8〜20t	単価表1	1.0	—	1.86	36.0	—	
ロードローラ	排出ガス対策型 マカダム10t	単価表1	1.0	—	1.57	37.0	—	
アスファルトスプレヤ	手押し式 25ℓ/min	単価表3			1.57	—	3.4	
アスファルトフィニッシャ	ホイール型 2.0〜4.5m	単価表1	1.0	—	1.75	29.5	—	

（備考）1. アスファルトスプレヤの運転は，舗設労務により行うものとする。
　　　　2. アスファルトフィニッシャは，加熱用燃料として軽油を1日当り12ℓ加算する。

単価表1　運転1日当り (1日当り)

名　　称	摘　要	単　位	数　量	備　　考
運転手（特殊）		人		舗装機械運転による
燃　　料	軽油	ℓ		〃
機械損料		供用日		〃
そ　の　他		式	1	

（備考）「その他」の率対象は，運転手（特殊），燃料とする。

単価表2　運転1日当り (1日当り)

名　　称	摘　要	単　位	数　量	備　　考
特殊作業員		人		舗装機械運転による
燃　　料	(注)	ℓ		〃
機械損料		供用日		〃
そ　の　他		式	1	

（備考）1. 摘要の（注）燃料：タンパはガソリン，振動ローラは軽油。
　　　　2. 「その他」の率対象は，特殊作業員，燃料とする。

単価表3　運転1日当り (1日当り)

名　　称	摘　要	単　位	数　量	備　　考
燃　　料	ガソリン	ℓ		舗装機械運転による
機械損料		供用日		〃
そ　の　他		式	1	

（備考）「その他」の率対象は，燃料とする。

1-2 舗装機械運搬

施工規模別舗装機械運搬組み合せ

機　械　名	規　　格	特に狭い場所	500㎡未満	500㎡以上 1,000㎡未満	1,000㎡以上 2,500㎡未満
モータグレーダ	油圧式　3.1m級	—	○	○	○
振動ローラ	2.4～2.8t	○	○	○	○
タイヤローラ	8～20t	—	—	○	○
ロードローラ	マカダム10t	—	—	○	○
アスファルトフィニッシャ	2.0～4.5m	—	○	○	○

表16. 舗装機械運搬　　　　　　　　　　　　　　　　　　　　　　　（1日当り往復）

名　称	摘　要	単位	数量	備　考
トラック運転	11t積	日	別表	数量は別表1による

別表1．舗装機械運搬　　　　　　　　　　　　　　　　　　　　　　　　　（1台当り）

機　械　名	規　格	質量(t)	運搬機械 規格	運搬機械 日数（往復）	摘　要
モータグレーダ	油圧式　3.1m級	10.0	トラック11t積	1.3	
振動ローラ	2.4～2.8t	2.5	〃	0.8	
タイヤローラ	8～20t	14.8	〃	1.7	
ロードローラ	マカダム10t	9.3	〃	1.3	
アスファルトフィニッシャ	2.0～4.5m	6.7	〃	1.1	

（備考）運搬機械の日数は，トラック11t積による換算値である。

表17．トラック運転　　　　　　　　　　　　　　　　　　　　　　　　　　（1日当り）

名　称	摘　要	単位	11t積	備　考
運転手（一般）		人	1.0	
燃　料	軽油	ℓ	47.3	
機械損料		供用日	1.13	
その他		式	1	

（備考）「その他」の率対象は，運転手（一般），燃料とする。

1-3 構内舗装用直接仮設
　　　　　　　　　　　　　　　　　　　　　　　　　　　　　　　　　　　（100㎡当り）

名　称	摘要	単位	墨出し，養生清掃，跡片付け	備　考
特殊作業員		人	0.5	
普通作業員		〃	0.5	
軽作業員		〃	0.5	
その他		式	1	

（備考）「その他」の率対象は，特殊作業員，普通作業員，軽作業員とする。

③ 透水性舗装（参考）

1-1 歩掛
透水性舗装の単価構成
1. 透水性舗装のフィルター層用砂，加熱アスファルト混合物の材料，施工歩掛は下記による。
2. 透水性舗装のフィルター層用砂，加熱アスファルト混合物以外は，②アスファルト舗装による。

表1．透水性舗装の材料（フィルター層用砂）　　　　　　　　　　　　　　　　（100 m² 当り）

	名　称	摘　要	単位	厚さ5 cm	厚さ10 cm	厚さ15 cm	備　考
材料	フィルター層用砂		m³	6.0	12.0	18.0	
	その他		式	1	1	1	

（備考）材料費のフィルター層用砂は「その他」の率対象とする。

表2．透水性舗装の材料（加熱アスファルト混合物）　　　　　　　　　　　　　（100 m² 当り）

	名　称	摘　要	単位	厚さ3 cm	厚さ5 cm	備　考
材料	加熱アスファルト混合物	開粒度アスファルト	t	6.61	11.28	厚さ3 cmは歩道
	その他		式	1	1	

（備考）材料費の加熱アスファルト混合物は，「その他」の率対象とする。

表3．フィルター層用砂敷均し（厚さ5 cm）　　　　　　　　　　　　　　　　　（100 m² 当り）

名　称	摘　要	単位	特に狭い場所	500 m²未満	500 m²以上 1,000 m²未満	1,000 m²以上 2,500 m²未満	備考
モータグレーダ運転	油圧式　3.1 m級	日	—	0.051	0.042	0.034	
普通作業員		人	2.52	1.06	0.81	0.56	
その他		式	1	1	1	1	

（備考）「その他」の対象は，普通作業員とする。

表4．フィルター層用砂敷均し（厚さ10 cm）　　　　　　　　　　　　　　　　（100 m² 当り）

名　称	摘　要	単位	特に狭い場所	500 m²未満	500 m²以上 1,000 m²未満	1,000 m²以上 2,500 m²未満	備考
モータグレーダ運転	油圧式　3.1 m級	日	—	0.085	0.07	0.056	
普通作業員		人	4.20	1.76	1.35	0.94	
その他		式	1	1	1	1	

（備考）「その他」の対象は，普通作業員とする。

表5．フィルター層用砂敷均し（厚さ15 cm）　　　　　　　　　　　　　　　　（100 m² 当り）

名　称	摘　要	単位	特に狭い場所	500 m²未満	500 m²以上 1,000 m²未満	1,000 m²以上 2,500 m²未満	備考
モータグレーダ運転	油圧式　3.1 m級	日	—	0.085	0.07	0.056	
普通作業員		人	5.70	2.36	1.80	1.24	
その他		式	1	1	1	1	

（備考）「その他」の対象は，普通作業員とする。

表6．フィルター層用砂締固め（厚さ5 cm）　　　　　　　　　　　　　　　　　（100 m² 当り）

名　称	摘　要	単位	特に狭い場所	500 m²未満	500 m²以上 1,000 m²未満	1,000 m²以上 2,500 m²未満	備考
タンパ運転	60〜80 kg	日	0.38	0.3	—	—	
振動ローラ運転	2.4〜2.8 t	〃	0.17	0.21	0.1	0.07	
タイヤローラ運転	8〜20 t	〃	—	—	0.041	0.034	
ロードローラ運転	マカダム10 t	〃	—	—	0.043	0.035	

表7. フィルター層用砂締固め（厚さ10 cm）　　　　　　　　　　　　　　　　　　　　　　　　　　　　　（100 m² 当り）

名　称	摘　要	単位	特に狭い場所	500 m²未満	500 m²以上 1,000 m²未満	1,000 m²以上 2,500 m²未満	備考
タ ン パ 運 転	60～80 kg	日	0.63	0.50	—	—	
振 動 ロ ー ラ 運 転	2.4～2.8 t	〃	0.29	0.35	0.17	0.12	
タ イ ヤ ロ ー ラ 運 転	8～20 t	〃	—	—	0.069	0.056	
ロ ー ド ロ ー ラ 運 転	マカダム10 t	〃	—	—	0.071	0.058	

表8. フィルター層用砂締固め（厚さ15 cm）　　　　　　　　　　　　　　　　　　　　　　　　　　　　　（100 m² 当り）

名　称	摘　要	単位	特に狭い場所	500 m²未満	500 m²以上 1,000 m²未満	1,000 m²以上 2,500 m²未満	備考
タ ン パ 運 転	60～80 kg	日	0.68	0.55	—	—	
振 動 ロ ー ラ 運 転	2.4～2.8 t	〃	0.40	0.48	0.24	0.16	
タ イ ヤ ロ ー ラ 運 転	8～20 t	〃	—	—	0.069	0.056	
ロ ー ド ロ ー ラ 運 転	マカダム10 t	〃	—	—	0.071	0.058	

④　コンクリート舗装目地

名　称	摘　要	単位	品　名	単位	歩掛数量	職　種	歩掛員数(人)	その他
コンクリート打手間	特に狭い場所	100 m² 当り	打設手間	—	—	特殊作業員	3.75	1式
			表面仕上げ コンクリート厚7～15 cm	—	—	（仕上げ）	1.00	
収縮目地 突合せ目地 （参考）	目地棒 8×40 mm	1 m 当り	注入目地棒（損率30%）	m	1.05	特殊作業員	0.04	〃
			アスファルト	kg	0.30			
			燃料（重油）	ℓ	0.09			
伸縮調整目地 （参考）	目地棒 8×40mm 目地板 8×110mm 程度	〃	注入目地棒（損率30%）	m	1.05	特殊作業員	0.05	〃
			目地板	〃	1.05			
			アスファルト	kg	0.30			
			燃料（重油）	ℓ	0.09			
エラスタイト	エラスタイト 25×90mm	〃	エラスタイト	m	1.05	特殊作業員	0.034	〃

（備考）　1．コンクリート打手間の材料数量は，コンクリート舗装の材料使用量による。
　　　　　2．エラスタイトの数量は，幅150mmの場合は1.67倍とする。
　　　　　3．「その他」の率対象は，注入目地棒，目地板，アスファルト，燃料，エラスタイト，特殊作業員とする。

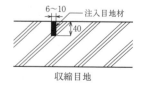

収縮目地

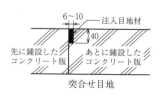

突合せ目地

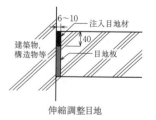

伸縮調整目地

コンクリート舗装の材料使用量　　　　　　　　　　　　　　　　　　　　　　　　　　　　　　　　（m³/100 m²）

名　称	摘　要	一般及び歩道 7 cm	10 cm	15 cm	備　考
コ ン ク リ ー ト		7.21	10.3	15.45	割増率3％

（備考）　1．コンクリートの設計強度及びスランプは特記による。なお，気温によるコンクリート強度の補正は行わない。
　　　　　2．溶接金網を敷込む場合　108m²　鉄筋工2.5人とする。

⑤ インターロッキングブロック舗装

（1m²当り）

名　称	摘　要	単位	厚さ6cm 100m²未満 路盤材別途	厚さ8cm 100m²未満 路盤材別途	備　考
インターロッキングブロック	厚さ60mm　標準色	m²	1.00	—	
	厚さ80mm　標準色	〃	—	1.00	
世　話　役		人	0.01	0.01	
普　通　作　業　員		〃	0.05	0.05	
ブ　ロ　ッ　ク　工		〃	0.04	0.04	
そ　の　他		式	1	1	

（備考）「その他」の率対象は，インターロッキングブロック，世話役，普通作業員，ブロック工とする。

⑥ コンクリート平板

（1m²当り）

名　称	摘　要	単位	特に狭い場所	500m²程度	備　考
コンクリート平板	300×300×60	枚	11.0	11.0	
ブ　ロ　ッ　ク　工		人	0.05	0.05	
普　通　作　業　員		〃	0.05	0.05	
そ　の　他		式	1	1	

（備考）1．「その他」の率対象は，コンクリート平板，ブロック工，普通作業員とする。
　　　　2．下層路盤等は，②アスファルト舗装，③透水性舗装による。

㉔ 植　　栽

① 一般事項
(1) 工事仕様は，公共建築工事標準仕様書に準ずるものとする。
(2) 使用する機械は，排出ガス対策型とする。
(3) 機械を使用する場合は，機械運搬費を別途計上する。

② 植付け（高木）　　　　　　　　　　　　　　　　　　　　　　　　　　　　　　　（1本当り）

名　称	摘　要	単位	幹　周（cm）				
			15未満	15～25未満	25～40未満	40～60未満	60～90未満
世　話　役		人	0.032	0.054	0.05	0.1	0.16
造　園　工		〃	0.161	0.274	0.23	0.44	0.74
普通作業員		〃	0.096	0.163	0.14	0.26	0.45
トラック運転	クレーン装置付　4t級 2.9t吊り	日	—	—	0.087	0.108	—
バックホウ運転	0.13m³	〃	—	—	0.021	0.048	0.105
トラッククレーン	油圧伸縮ジブ型4.9t吊り	〃	—	—	—	—	0.09
そ　の　他		式	1	1	1	1	1

（備考）1．トラッククレーンは，賃料による。
　　　　2．「その他」の率対象は，世話役，造園工，普通作業員とする。

③ 植付け（中低木）　　　　　　　　　　　　　　　　　　　　　　　　　　　　　　（1本当り）

名　称	摘　要	単位	樹　高（cm）			
			50未満	50～100未満	100～200未満	200～300未満
世　話　役		人	0.001	0.002	0.005	0.02
造　園　工		〃	0.008	0.012	0.037	0.15
普通作業員		〃	0.006	0.01	0.03	0.122
そ　の　他		式	1	1	1	1

（備考）「その他」の率対象は，世話役，造園工，普通作業員とする。

④ 植付け（地被類）　　　　　　　　　　　　　　　　　　　　　　　　　　　　　　（1m²当り）

名　称	摘　要	単位	りゅうのひげ類	笹　類
世　話　役		人	0.007	0.008
造　園　工		〃	0.028	0.032
普通作業員		〃	0.03	0.034
そ　の　他		式	1	1

（備考）1．植付け株数は，44株/m²程度とする。
　　　　2．「その他」の率対象は，世話役，造園工，普通作業員とする。

⑤ 掘取り（中低木，根巻き有り）　　　　　　　　　　　　　　　　　　　　　　　　（1本当り）

名　称	摘　要	単位	樹　高（cm）			
			50未満	50～100未満	100～200未満	200～300未満
世　話　役		人	0.003	0.004	0.007	0.017
造　園　工		〃	0.02	0.029	0.054	0.13
普通作業員		〃	0.016	0.023	0.045	0.114
そ　の　他		式	1	1	1	1

（備考）「その他」の率対象は，世話役，造園工，普通作業員とする。

⑥ 掘取り（中低木，根巻き無し） (1本当り)

名　称	摘　要	単位	樹　高（cm）			
^^^	^^^	^^^	50未満	50～100未満	100～200未満	200～300未満
世　話　役		人	0.002	0.003	0.006	0.014
造　園　工		〃	0.016	0.024	0.045	0.1
普 通 作 業 員		〃	0.016	0.023	0.045	0.114
そ　の　他		式	1	1	1	1

（備考）「その他」の率対象は，世話役，造園工，普通作業員とする。

⑦ 掘取り（高木，根巻き有り） (1本当り)

名　称	摘　要	単位	幹　周（cm）				
^^^	^^^	^^^	15未満	15～25未満	25～40未満	40～60未満	60～90未満
世　話　役		人	0.02	0.044	0.07	0.1	0.17
造　園　工		〃	0.103	0.221	0.36	0.55	0.88
普 通 作 業 員		〃	0.061	0.132	0.13	0.21	0.34
トラック運転	クレーン装置付　4t級 2.9t 吊り	日	—	—	0.017	0.024	—
バックホウ運転	0.13m^3	〃	—	—	0.064	0.091	0.148
トラッククレーン	油圧伸縮ジブ型 4.9t 吊り	〃	—	—	—	—	0.03
雑　費		式	1（労務費の4%）	1（労務費の5%）	1（労務費の6%）	1（労務費の5%）	1（労務費の5%）
そ　の　他		〃	1	1	1	1	1

（備考）1．トラッククレーンは，賃料による。
　　　　2．「その他」の率対象は，世話役，造園工，普通作業員，雑費とする。

⑧ 掘取り（高木，根巻き無し） (1本当り)

名　称	摘　要	単位	幹　周（cm）				
^^^	^^^	^^^	15未満	15～25未満	25～40未満	40～60未満	60～90未満
世　話　役		人	0.017	0.036	0.06	0.09	0.14
造　園　工		〃	0.085	0.183	0.31	0.49	0.78
普 通 作 業 員		〃	0.061	0.132	0.13	0.21	0.34
トラック運転	クレーン装置付　4t級 2.9t 吊り	日	—	—	0.017	0.024	—
バックホウ運転	0.13m^3	〃	—	—	0.064	0.091	0.148
トラッククレーン	油圧伸縮ジブ型 4.9t 吊り	〃	—	—	—	—	0.03
そ　の　他		式	1	1	1	1	1

（備考）1．トラッククレーンは，賃料による。
　　　　2．「その他」の率対象は，世話役，造園工，普通作業員とする。

⑨ 幹巻き（高木） (1本当り)

名　称	摘　要	単位	幹　周（cm）		
^^^	^^^	^^^	25～40未満	40～60未満	60～90未満
世　話　役		人	0.011	0.02	0.032
造　園　工		〃	0.049	0.087	0.142
普 通 作 業 員		〃	0.019	0.034	0.055
雑　費		式	1（労務費の15%）	1（労務費の17%）	1（労務費の20%）
そ　の　他		〃	1	1	1

（備考）「その他」の率対象は，世話役，造園工，普通作業員，雑費とする。

⑩ **支柱 (1)**

(1本当り)

名称	摘要	単位	添え柱型一本	竹布掛け	二脚鳥居（添木付）	二脚鳥居（添木なし）	三脚鳥居
世話役		人	0.003	0.023	0.018	0.013	0.018
造園工		〃	0.015	0.049	0.102	0.077	0.102
普通作業員		〃	0.011	0.063	0.059	0.044	0.059
杉丸太	長0.6m 末口6cm	本	—	—	1	1	—
〃	長0.6m 末口7.5cm	〃	—	—	—	—	1
〃	長1.8m 末口6cm	〃	—	—	2	2	—
〃	長1.8m 末口7.5cm	〃	—	—	—	—	3
こずえ丸太	長4m 末口3cm	〃	—	—	1	—	—
真竹	12本束 長1.5m	〃	1	—	—	—	—
〃	12本束 長6.0m	〃	—	0.5	—	—	—
雑費		式	1（労務費・材料費の7%）	1（労務費・材料費の2%）	1（労務費・材料費の3%）	1（労務費・材料費の3%）	1（労務費・材料費の3%）
その他		〃	1	1	1	1	1

(備考) 「その他」の率対象は, 世話役, 造園工, 普通作業員, 杉丸太, こずえ丸太, 真竹, 雑費とする。

⑪ **支柱 (2)**

(1本当り)

名称	摘要	単位	十字鳥居	二脚鳥居組合せ	八つ掛竹三本	八つ掛丸太L=4m	八つ掛丸太L=6~7m
世話役		人	0.027	0.036	0.013	0.02	0.031
造園工		〃	0.153	0.204	0.074	0.111	0.176
普通作業員		〃	0.089	0.118	0.043	0.064	0.102
杉丸太	長0.6m 末口6cm	本	—	—	—	3	3
〃	長0.75m 末口7.5cm	〃	2	4	—	—	—
〃	長1.8m 末口7.5cm	〃	2	—	—	—	—
〃	長2.1m 末口7.5cm	〃	2	4	—	—	—
〃	長4.0m 末口6cm	〃	—	—	—	3	—
〃	長6.3m 中径6cm	〃	—	—	—	—	3
真竹	12本束 長2.5m	〃	—	—	3	—	—
雑費		式	1（労務費・材料費の3%）	1（労務費・材料費の2%）	1（労務費・材料費の4%）	1（労務費・材料費の3%）	1（労務費・材料費の3%）
その他		〃	1	1	1	1	1

(備考) 「その他」の率対象は, 世話役, 造園工, 普通作業員, 杉丸太, 真竹, 雑費とする。

⑫ 芝張り (1m² 当り)

名称	摘要	単位	目地張り	べた張り
世話役		人	0.002	0.002
造園工		〃	0.011	0.011
普通作業員		〃	0.023	0.023
芝		m²	0.7	1.0
芝目土		m³	0.027	0.027
雑費		式	—	1
その他		〃	1	1

(備考) 1. 芝の種類は，こうらい芝及び野芝とする。
　　　　2. 竹串を必要とする場合は，雑費として労務費の5％を計上する。
　　　　3. 「その他」の率対象は，世話役，造園工，普通作業員，芝，芝目土，雑費とする。

⑬ 植栽基盤整備（A種） (1m² 当り)

名称	摘要	単位	有効土層 (cm) 50	60	80	100
バックホウ運転	0.28m³	日	0.006	0.007	0.01	0.012
ホイールローダ運転	0.4m³	〃	0.006	0.006	0.006	0.006
普通作業員		人	0.008	0.009	0.012	0.014
その他		式	1	1	1	1

(備考) 「その他」の率対象は，普通作業員とする。

⑭ 植栽基盤整備（B種） (1m² 当り)

名称	摘要	単位	有効土層 (cm) 20
ホイールローダ運転	0.4m³	日	0.006
普通作業員		人	0.002
その他		式	1

(備考) 「その他」の率対象は，普通作業員とする。

⑮ 植栽基盤整備（C種） (1m² 当り)

名称	摘要	単位	有効土層 (cm) 20	50	60	80	100
植込み用土		m³	0.22	0.55	0.66	0.88	1.1
バックホウ運転	0.28m³	日	0.006	0.015	0.018	0.024	0.03
普通作業員		人	0.006	0.015	0.018	0.024	0.03
その他		式	1	1	1	1	1

(備考) 1. 植込み用土は，客土又は現場発生の良質土とする。
　　　　2. 植込み用土は，ほぐれた状態の土とする。
　　　　3. 「その他」の率対象は，植込用土，普通作業員とする。

⑯ 植栽基盤整備（D種）

(1m² 当り)

名　　称	摘　要	単位	有効土層 (cm) 20	50	60	80	100
植込み用土		m³	0.22	0.55	0.66	0.88	1.1
バックホウ運転	0.28m³	日	0.003	0.007	0.008	0.01	0.013
普通作業員		人	0.003	0.007	0.008	0.01	0.013
その他		式	1	1	1	1	1

（備考）　1.　植込み用土は，客土又は現場発生の良質土とする。
　　　　　2.　植込み用土は，ほぐれた状態の土とする。
　　　　　3.　「その他」の率対象は，植込み用土，普通作業員とする。

⑰ 植栽土工機械運転

(1日当り)

機械名	規格	運転手(特殊)(人)	燃料（軽油）(ℓ)	機械損料（供用日）	その他（式）
バックホウ	排出ガス対策型 油圧式クローラ型 0.13m³	1.0	22.4	1.78	1
〃	排出ガス対策型 油圧式クローラ型 0.28m³	1.0	37.0	1.64	1
ホイールローダ	排出ガス対策型 ホイール型 0.4m³	1.0	14.2	1.55	1
トラック	クレーン装置付 4t級 2.9t吊り	1.0	31.0	1.23	1

（備考）　「その他」の率対象は，運転手（特殊），燃料とする。

⑱ 植栽機械運搬（バックホウ）

(1台当り)

機械名	規格	質量(t)	運搬機械 規格	日数（往復）
バックホウ	排出ガス対策型 油圧式クローラ型 0.13m³	4.2	トラック 11t積	0.9
〃	排出ガス対策型 油圧式クローラ型 0.28m³	7.0	トラック 11t積	1.1

（備考）　運搬機械の日数は，トラック11t積による換算値である。

⑲ トラック運転

(1日当り)

名　　称	摘　要	単位	11t積
運転手（一般）		人	1.0
燃　料	軽油	ℓ	47.3
機械損料		供用日	1.13
その他		式	1

（備考）　「その他」の率対象は，運転手（一般），燃料とする。

㉕ とりこわし

① 一般事項
(1) 標準歩掛の仕様は，建築物解体工事共通仕様書に基づく解体工事を前提としている。
(2) 建物のとりこわしは，関係法令を十分に考慮して専門工事業者の見積価格等を参考に算定する。
(3) コンクリート類とりこわしと内装材のとりこわしは，原則として分別解体とする。

② 建物のとりこわし

1. 適用条件
(1) 建物の上部躯体とりこわし，基礎躯体とりこわし，仕上げ等とりこわしは，鉄筋コンクリート造地上4階以下の地上からの作業によるとりこわしに適用する。
- 原則として独立基礎の場合に適用する。
- 建物の地下階，免震及び制振構造の建物には適用しない。

(2) ベースマシンはバックホウ$0.8\,m^3$を標準とし，ベースマシンの運搬に要する費用は，重機$0.8\,m^3$2台及び$0.5\,m^3$1台を別途計上する。

(3) 上部躯体とは，1階床面より上部，基礎躯体とは1階床面より下部をいう。また，仕上げ等とは，躯体の解体に先駆けて行う要のある仕上げ材等をいう。

(4) とりこわし歩掛りに含む工事は下記のとおりとする。
- 鉄筋切断，発生材の小割，分別，積込み及び散水。
- 地業（捨コン及び砂利地業）の解体，壁及び天井仕上げの下地材の解体。
- 屋内階段が鉄骨造である場合の解体，玄関庇等の小規模の鉄骨の解体。
- 建物外壁部に取り付けられた施設名表示等の解体。
- 鉄筋コンクリート造の屋根が鉄骨造となっている場合の下地鉄骨部材の解体。
- 土間コンクリート及び土間スラブの解体は，基礎部躯体とりこわしに含む。
- 基礎部とりこわしには，撤去部の根切り・埋戻し・敷均し（場内発生土砂を利用）を含む。
- 電気設備に関する躯体に埋め込まれた設備機器類の解体，配管・配線の解体。
- 機械設備に関する躯体に埋め込まれた設備機器類の解体，配管類の解体。
- 石綿含有成形板（レベル3）の解体。
- 仕上げ等のとりこわしには，機械設備に関するダクトの解体，保温部材等の解体を含む。

(5) とりこわし歩掛りに含まず別途計上する工事は下記のとおりとする。
- 杭の引き抜き，場所打ち杭及びラップルコンクリート等の解体。
- 建物内の備品（家具類）及び石綿含有製品等の解体。
- エレベーター設備に付帯する鉄骨部材，耐震補強等で設置された鉄骨部材の解体。
- 施設の用途上設置された鉄骨階段，屋外鉄骨階段の解体。
- とりこわし後の敷地の整地。（特記による）
- 石綿含有建材（レベル2）以上の解体。
- 厨房機器類，施設の用途上設置された家具，各種実験設備機器等の解体。
- 再利用を考慮した仕上げ材，家具類等の取り外し。
- 電気設備に関する蛍光管の抜き取り，PCB等が含まれた機器本体の解体，家電（リサイクル法）製品の解体，自家発電設備及び高圧受電設備の解体，再利用を考慮した配管，配線及び機器類の取り外し。
- 機械設備に関するフロン，ハロン，臭化リチウム水溶液等が含まれた機器類の解体，油などの抜き取りが必要なタンク類及び浄化槽等の解体。家電（リサイクル法）製品の解体，エレベーター設備機器本体の解体，石綿含有製品の解体，再利用を考慮した配管及び機器類の取り外し。

2. 歩　掛

上部躯体とりこわし （延べ面積1m²当り）

名　称	摘　要	単位	数　量	備　考
ベースマシン運転	バックホウ 排出ガス対策型 油圧式クローラ型0.8m³	日	（　）	
コンクリート圧砕機	圧砕力549〜981 kN	〃	（　）	
普 通 作 業 員		人	（　）	
そ　の　他		式	1	

（注）1. 数量は，上部躯体とりこわし表による。
　　　2. 「その他」の率の対象は，普通作業員とする。

上部躯体とりこわし表（2階以下） （面積1m²当り）

1階床面積	延べ面積（1m²）当り壁長				
	0.05未満	0.05〜0.07未満	0.07〜0.13未満	0.13〜0.19未満	0.19以上
300 m²未満	0.0345	0.0355	0.0365	0.0375	0.0385
300〜750 m²未満	0.0345	0.0355	0.0365	0.0375	0.0385
750 m²以上	0.0362	0.0372	0.0382	0.0392	0.0402

上部躯体とりこわし表（3階以上） （面積1m²当り）

1階床面積	延べ面積（1m²）当り壁長				
	0.05未満	0.05〜0.07未満	0.07〜0.13未満	0.13〜0.19未満	0.19以上
300 m²未満	0.0345	0.0355	0.0365	0.0375	0.0385
300〜750 m²未満	0.0362	0.0372	0.0382	0.0392	0.0402
750 m²以上	0.0380	0.0390	0.0400	0.0410	0.0420

基礎躯体とりこわし （建築面積1m²当り）

名　称	摘　要	単位	数　量	備　考
ベースマシン運転	バックホウ 排出ガス対策型 油圧式クローラ型0.8m³	日	（　）	
コンクリート圧砕機	圧砕力549〜981 kN	〃	（　）	
普 通 作 業 員		人	（　）	
そ　の　他		式	1	

（注）1. 数量は，基礎躯体とりこわし表による。
　　　2. 「その他」の率の対象は，普通作業員とする。

基礎躯体とりこわし表 （床面積1m²当り）

1階の柱1本当り の面積※1	2階以下	3階以上	1階の柱1本当り の面積※1	2階以下	3階以上
15 m²未満	0.0276	0.0447	24〜27 m²未満	0.0408	0.0512
15〜18 m²未満	0.0309	0.0464	27〜30 m²未満	0.0441	0.0527
18〜21 m²以上	0.0342	0.0479	30〜33 m²以上	0.0474	0.0543
21〜24 m²以上	0.0375	0.0495	33 m²以上	0.0507	0.0559

※1　1階の柱1本当りの面積の算定
　　　1階の柱1本当りの面積＝（床面積÷柱本数）÷面積補正係数
　　　床面積：地中梁で囲まれた面積
　　　柱本数：地中梁で囲まれた面積内にある1階の柱本数

面積補正係数※2

Yスパン数＼Xスパン数	1	2	3	4	5	6	7	8	Y係数
1	0.4367	0.5822	0.6550	0.6987	0.7278	0.7486	0.7642	0.7763	2.29
2	0.5848	0.7797	0.8772	0.9357	0.9747	1.0025	1.0234	1.0396	1.71
3	0.6579	0.8772	0.9868	1.0526	1.0965	1.1278	1.1513	1.1696	1.52
4	0.6993	0.9324	1.0490	1.1189	1.1655	1.1988	1.2238	1.2432	1.43
5	0.7299	0.9732	1.0949	1.1679	1.2165	1.2513	1.2774	1.2976	1.37

(注) 1. Xスパン数が8を超える場合の面積補正係数は以下の計算により算出する。
　　　※2　面積補正係数の算定
　　　　　面積補正係数＝Xスパン数÷((Xスパン数÷2＋0.5)×Y係数)
　　　2. Yスパン数が5を超える場合は，5スパンのY係数とする。

仕上げ等とりこわし　　　　　　　　　　　　　　　　　　　　　　　　　　　　　（延べ面積1m²当り）

名　称	摘　要	単位	所要量	備　考
特殊作業員		人	（　）	
その他		式	1	

(注) 1. 数量は，仕上げ等とりこわし表による。
　　　2. 集積積込みを含む。
　　　3.「その他」の率の対象は，特殊作業員とする。

仕上げ等とりこわし表　　　　　　　　　　　　　　　（面積1m²当り）

平均床面積	1～2階	3階	4階
400 m²未満	0.1400	0.1410	0.1420
400～600 m²未満	0.1408	0.1418	0.1428
600～800 m²未満	0.1425	0.1435	0.1445
800～1,000 m²未満	0.1442	0.1452	0.1462
1,000 m²以上	0.1459	0.1469	0.1479

とりこわし機械運転　　　　　　　　　　　　　　　　　　　　　　　　　　　　　　　　（1日当り）

機械名	規　格	適用単価表	運転労務（人）	機械損料（供用日）	燃料（ℓ）軽油	燃料（ℓ）ガソリン
ベースマシン	バックホウ　排出ガス対策型　油圧式クローラ型 0.8 m³	単価表1	1.0	1.64	94.1	―
ベースマシン	バックホウ　排出ガス対策型　油圧式クローラ型 0.5 m³	単価表1	1.0	1.64	57.7	―
ベースマシン	バックホウ　排出ガス対策型　油圧式クローラ型 0.13 m³	単価表1	1.0	1.78	22.40	―
クローラクレーン	油圧駆動式ウィンチ・ラチスジブ型　30～35 t 吊	単価表1	1.0	1.25	51.0	―
バックホウ	排出ガス対策型　油圧式クローラ型 0.8 m³	単価表1	1.0	1.64	94.1	―
ダンプトラック	10 t積級	単価表2	1.0	1.29	58.1	―
ダンプトラック	4 t積級	単価表2	1.0	1.29	32.0	―
ダンプトラック	2 t積級	単価表2	1.0	1.29	20.8	―

単価表1　運転1日当り　　　　　　　　　　　　　　　　　　　　　　　　　　　　　　（1日当り）

名　称	摘　要	単位	所要量	備　考
運転手（特殊）		人		とりこわし機械運転による
燃　料	軽油	ℓ		〃
機械損料		供用日		〃
その他		式	1	

(備考)「その他」の率対象は，運転手（特殊），燃料とする。

㉕ とりこわし—4

単価表2　運転1日当り　　　　　　　　　　　　　　　　　　　　　　　　　　　　　（1日当り）

名　称	摘　要	単位	所要量	備　考
運転手（一般）		人		とりこわし機械運転による
燃　料	軽油	ℓ		〃
機械損料		供用日		〃
タイヤ消耗費		〃		所要量は機械損料による。
その他		式	1	

（備考）「その他」の率対象は，運転手（一般），燃料とする。

とりこわし機械運搬　　　　　　　　　　　　　　　　　　　　　　　　　　　　　　（1往復当り）

名　称	摘　要	単位	所要量	備　考
トラック運転	11t積	日	別表	所要量は別表1による

別表1　とりこわし機械運搬

機械名	規　格	質量(t)	運搬機械 規格	運搬機械 日数（往復）	備　考
バックホウ	排出ガス対策型 油圧式クローラ型0.8m³	19.8	トラック11t積	2.0	
バックホウ	排出ガス対策型 油圧式クローラ型0.5m³	12.1	トラック11t積	1.5	
バックホウ	排出ガス対策型 油圧式クローラ型0.13m³	4.2	トラック11t積	0.9	

トラック運転　　　　　　　　　　　　　　　　　　　　　　　　　　　　　　　　　（1日当り）

名　称	摘　要	単位	11t積	備　考
運転手（一般）		人	1.0	
燃　料	軽油	ℓ	47.3	
機械損料		供用日	1.13	
その他		式	1	

（備考）「その他」の率対象は，運転手（一般），燃料とする。

とりこわし材運搬　　　　　　　　　　　　　　　　　　　　　　　　　　　　（1m³当り往復）

名　称	摘　要	単位	数　量	備　考
ダンプトラック運転	10t積級	日	D/100	運搬日数（D）は次式による。

（備考）　運搬日数の算定式
　　　　　100m³当り運搬日数（D）＝100m³当り運搬日数（D1）×補正係数（k）

ダンプトラック運搬日数（D1）　　　　　　　　　　　　　　　　　　　　　　　（100m³当り）

積込機械	バックホウ　排出ガス対策型　油圧式クローラ型0.8m³
運搬機種	ダンプトラック　10t積級

DID区間：無し

運搬距離(km)	0.3以下	0.5以下	1.0以下	1.5以下	2.0以下	3.0以下	4.0以下	5.5以下	6.5以下	7.5以下	9.5以下	11.5以下	15.5以下	22.5以下	49.5以下	60.0以下
運搬日数	0.6	0.7	0.8	0.9	1.0	1.2	1.4	1.7	2.0	2.3	2.6	3.0	3.6	4.5	6.1	9.1

DID区間：有り

運搬距離(km)	0.3以下	0.5以下	1.0以下	1.5以下	2.0以下	3.0以下	3.5以下	5.0以下	6.0以下	7.0以下	8.5以下	11.0以下	14.0以下	19.5以下	31.5以下	60.0以下
運搬日数	0.6	0.7	0.8	0.9	1.0	1.2	1.4	1.7	2.0	2.3	2.6	3.0	3.6	4.5	6.1	9.1

（備考）　1．上記表は，100m³のとりこわし量を運搬する日数である。
　　　　　2．運搬距離は片道距離であり，往路と復路が異なる時は，平均値とする。
　　　　　3．自動車専用道路を利用する場合には，別途考慮する。
　　　　　4．DID（人口集中地区）は，総務省統計局の国勢調査報告資料添付の人口集中地区境界図によるものとする。
　　　　　5．運搬距離が60kmを超える場合は，別途積上げとする。

補正係数（k）

名　　称	無筋コンクリート	木材類	せっこうボード類
補正係数	1.27	0.33	0.44

とりこわし材運搬（小規模，人力積込）　　　　　　　　　　　　　　　　　　　　　（1 m³当り往復）

名　　称	摘　　要	単位	数　量	備　　考
ダンプトラック運転	4 t積級又は2 t積級	日	D/10	運搬日数（D）は，別表1～3による。

（備考）　1.　適用機械については小規模は4 t積級，人力積込は2 t積級を標準とするが，現場状況等によりその使用が困難な場合
　　　　　　は別途考慮する。
　　　　2.　運搬日数の算定式
　　　　　　10 m³当り運搬日数（D）＝10 m³当り運搬日数（D1）×補正係数（k）

別表−1　ダンプトラック運搬日数（D1）　　　　　　　　　　　　　　　　　　　　　　（10 m³当り）

積込機械	バックホウ　　　排出ガス対策型　油圧式クローラ型 0.28 m³
運搬機種	ダンプトラック　4 t積級

	DID 区間：無し											
運搬距離 （km）	0.2 以下	1.0 以下	1.5 以下	2.5 以下	3.5 以下	4.0 以下	5.0 以下	6.0 以下	7.5 以下	10.0 以下	13.0 以下	19.0 以下	35.0 以下	60.0 以下
運搬日数	0.2	0.25	0.3	0.35	0.4	0.45	0.5	0.55	0.6	0.8	0.9	1.1	1.5	2.3

	DID 区間：有り											
運搬距離 （km）	0.2 以下	1.0 以下	1.5 以下	2.0 以下	3.0 以下	3.5 以下	4.5 以下	5.5 以下	7.0 以下	9.0 以下	12.0 以下	17.0 以下	27.0 以下	60.0 以下
運搬日数	0.2	0.25	0.3	0.35	0.4	0.45	0.5	0.55	0.6	0.8	0.9	1.1	1.5	2.3

（備考）　1.　上記別表は，10 m³のとりこわし量を運搬する日数である。
　　　　2.　運搬距離は片道距離であり，往路と復路が異なる時は，平均値とする。
　　　　3.　自動車専用道路を利用する場合には，別途考慮する。
　　　　4.　DID（人口集中地区）は，総務省統計局の国勢調査報告資料添付の人口集中地区境界図によるものとする。
　　　　5.　運搬距離が60 kmを超える場合は，別途積上げとする。

別表−2　ダンプトラック運搬日数（D1）　　　　　　　　　　　　　　　　　　　　　　（10 m³当り）

積込機械	バックホウ　　　排出ガス対策型　油圧式クローラ型 0.13 m³
運搬機種	ダンプトラック　2 t積級

	DID 区間：無し											
運搬距離 （km）	0.3 以下	1.0 以下	1.5 以下	2.5 以下	3.0 以下	3.5 以下	4.5 以下	5.5 以下	7.0 以下	9.0 以下	12.0 以下	17.0 以下	28.5 以下	60.0 以下
運搬日数	0.45	0.5	0.6	0.7	0.8	0.9	1.0	1.1	1.3	1.5	1.8	2.3	3.0	4.5

	DID 区間：有り											
運搬距離 （km）	0.3 以下	1.0 以下	1.5 以下	2.5 以下	3.0 以下	3.5 以下	4.5 以下	5.0 以下	6.5 以下	8.0 以下	11.0 以下	15.0 以下	24.0 以下	60.0 以下
運搬日数	0.45	0.5	0.6	0.7	0.8	0.9	1.0	1.1	1.3	1.5	1.8	2.3	3.0	4.5

（備考）　1.　上記別表は，10 m³のとりこわし量を運搬する日数である。
　　　　2.　運搬距離は片道距離であり，往路と復路が異なる時は，平均値とする。
　　　　3.　自動車専用道路を利用する場合には，別途考慮する。
　　　　4.　DID（人口集中地区）は，総務省統計局の国勢調査報告資料添付の人口集中地区境界図によるものとする。
　　　　5.　運搬距離が60 kmを超える場合は，別途積上げとする。

㉕とりこわし—6

別表-3　ダンプトラック運搬日数（D1）　　　　　　　　　　　　　　　　　　　　　　　　　　　　　　（10m³当り）

積込機械	人力
運搬機種	ダンプトラック　2t積級

DID区間：無し														
運搬距離(km)	0.3以下	0.5以下	1.5以下	2.0以下	2.5以下	3.0以下	4.0以下	5.0以下	6.5以下	8.5以下	11.0以下	16.0以下	27.5以下	60.0以下
運搬日数	0.5	0.55	0.6	0.7	0.8	0.9	1.0	1.1	1.3	1.5	1.8	2.3	3.0	4.5

DID区間：有り														
運搬距離(km)	0.3以下	0.5以下	1.0以下	1.5以下	2.0以下	2.5以下	3.5以下	4.5以下	6.0以下	8.0以下	10.5以下	14.5以下	23.0以下	60.0以下
運搬日数	0.5	0.55	0.6	0.7	0.8	0.9	1.0	1.1	1.3	1.5	1.8	2.3	3.0	4.5

（備考）　1．上記別表は，10m³のとりこわし量を運搬する日数である。
　　　　2．運搬距離は片道距離であり，往路と復路が異なる時は，平均値とする。
　　　　3．自動車専用道路を利用する場合には，別途考慮する。
　　　　4．DID（人口集中地区）は，総務省統計局の国勢調査報告資料添付の人口集中地区境界図によるものとする。
　　　　5．運搬距離が60kmを超える場合は，別途積上げとする。

コンクリート類集積積込み　　　　　　　　　　　　　　　　　　　　　　　　　　　　　　　　　　　　　（1m³当り）

名　称	摘　要	単位	数量	備　考
バックホウ運転	排出ガス対策型 油圧式クローラ型0.8m³	日	0.028	

鉄筋切断　　　（1m³当り）

名　称	摘　要	単位	数量	備　考
普通作業員		人	0.03	
その他		式	1	

（備考）　1．SRC造の鉄筋及び鉄骨切断は，別途計上する。
　　　　2．「その他」の率対象は，普通作業員とする。

3．内装材とりこわし（人力を指定した場合）**（参考）**

内装材とりこわし（1）　　　　　　　　　　　　　　　　　　　　　　　　　　　　　　　　　　　　　（1m²当り）

名　称	摘　要	単位	木造床組	床 ビニルタイル	開口部
普通作業員		人	0.05	0.02	0.02
その他		式	1	1	1

（備考）　1．開口部は，窓及び扉とする。
　　　　2．開口部のとりこわしには，ガラスは含まない。
　　　　3．集積までを含み，積込みは別途計上とする。
　　　　4．「その他」の率対象は，普通作業員とする。

内装材とりこわし（2）　　　　　　　　　　　　　　　　　　　　　　　　　　　　　　　　　　　　　（1m²当り）

名　称	摘　要	単位	間仕切壁 下地	間仕切壁 仕上（片面）	天井 下地	天井 仕上
普通作業員		人	0.02	0.02	0.02	0.03
その他		式	1	1	1	1

（備考）　1．間仕切壁及び天井の下地は，木造又は金属系とする。
　　　　2．間仕切壁及び天井の，仕上材と下地材は，原則として分別解体とする。
　　　　3．設備機器類及び従物類の撤去費及び処分費は，別途計上する。
　　　　4．集積までを含み，積込みは別途計上する。
　　　　5．「その他」の率対象は，普通作業員とする。

内装材とりこわし（3） アスベスト含有

(1m² 当り)

名　称	摘　要	単位	床 ビニルタイル	壁 （一重張）	壁 （二重張）	天井 （一重張）	天井 （二重張）
普 通 作 業 員		人	0.06	0.07	0.08	0.09	0.11
そ の 他		式	1	1	1	1	1

（備考）　1.　壁は片面とする。
　　　　　2.　集積までを含み，積込みは別途計上する。
　　　　　3.　作業区分をレベル3で想定している。
　　　　　4.　とりこわしに必要な養生等の仮設は含まない。
　　　　　5.　飛散防止のために行う散水の労務を含む。
　　　　　6.　「その他」の率対象は，普通作業員とする。

4．舗装とりこわし**（参考）**

コンクリート舗装とりこわし

(1m³ 当り)

名　称	摘　要	単位	数量	備　考
ベースマシン運転	バックホウ 排出ガス対策型 油圧式クローラ型 0.8m³	日	0.06	
大型ブレーカ	油圧式 600～800kg	〃	0.06	
普 通 作 業 員		人	0.12	
世　話　役		〃	0.04	
そ　の　他		式	1	

（備考）　「その他」の率対象は，普通作業員，世話役とする。

アスファルト舗装とりこわし（厚さ5cm 以下）

(1m³ 当り)

名　称	摘　要	単位	数量	備　考
バックホウ運転	排出ガス対策型 油圧式クローラ型 0.8m³	日	0.05	
普 通 作 業 員		人	0.08	
特 殊 作 業 員		〃	0.025	
そ　の　他		式	1	

（備考）　「その他」の率対象は，普通作業員，特殊作業員とする。

アスファルト舗装とりこわし（極少量（歩道程度））

(1m³ 当り)

名　称	摘　要	単位	数量	備　考
バックホウ運転	排出ガス対策型 油圧式クローラ型 0.13m³	日	0.038	

とりこわし機械運転

(1日当り)

機 械 名	規　格	運転労務 (人)	燃料（ℓ） 軽油	機械損料 (供用日)
バックホウ	排出ガス対策型 油圧式クローラ型 0.13m³	1.0	22.4	1.78

単位当りのコンクリート及び鋼材量（参考）

構造	建物種類	コンクリート量 (m³/m²)	鉄筋量 (t/m²)	鉄骨量 (t/m²)	備考
RC造	ハウジング	0.838	0.135	0.019	集合住宅等
RC造	事務所・業務施設	0.907	0.135	0.020	
RC造	教育施設	0.866	0.131	0.027	校舎等
RC造	福祉・厚生施設	0.824	0.126	0.015	介護サービス施設等
S造	事務所・業務施設	0.399	0.045	0.119	
S造	商業施設	0.402	0.045	0.101	店舗・量販店等
S造	流通関連施設	0.391	0.045	0.100	倉庫等
S造	生産施設	0.417	0.046	0.106	工場等

（備考）　数値は当会調べによるデータ（着工年2013年～2023年）の平均値である。

解体・撤去工事運搬車t当り積載量（参考）

名称	単位	運搬車t当り積載量	名称	単位	運搬車t当り積載量	名称	単位	運搬車t当り積載量
解体木造建物軸組	壁 m²	13	木材	m³	0.8	耕土，土砂	m³	0.56
かわら	m²	20	板材	m²	65	割栗，玉栗石の類	〃	0.60
厚型スレート	〃	25	れんが	千本	0.4	木製出入口扉	枚	20
平形セメントがわら	〃	30	解体鉄骨材	t	0.65	木製窓建具	〃	50
波形石綿スレート	〃	60	鋼材，金物類	〃	1	コンクリートがら	m³	0.45
波形亜鉛鉄板	枚	200	はつりくず	m³	0.45	残材	〃	0.50

建築材料の単位体積重量表（参考）

材料名	単位重量 (t/m³)	備考
砕石	1.5	乾燥
普通コンクリート	2.3	
普通モルタル	2.0	
軽量コンクリート	1.6～1.9	
板ガラス	2.5	
普通れんが	1.9	
タイル	2.3	
集成材	0.5	
ALC	0.5～0.6	
ブロック	1.3～1.7	
アスファルト防水層	1.5	

㉖ 建築改修工事
① 一 般 事 項
(1) 標準歩掛における仕様は，「公共建築改修工事標準仕様書（建築工事編)」による。
(2) 建築物等の模様替え及び修繕に係る改修工事に適用する。
(3) 仮設は設計図書等に基づき工事内容や施工条件を確認し適切に算出する。なお，設計変更に伴う工事費の変更は，設計図書により記載内容が変更された場合とする。
(4) 改修工事において，改修標準歩掛に合わない作業効率の低下等が考えられる場合は，必要に応じ単価及び価格の割増しを行う。

② 仮　　　設
(1) 改修工事における墨出し，養生，整理清掃後片付け，足場，仮設間仕切り及び仮設材運搬に適用する。
(2) 内部改修における，墨出し・養生及び整理清掃後片付け
・「個別改修」：1室において床，壁及び天井のうち1つの部位のみを改修する場合とする。
・「複合改修」：1室において床，壁及び天井のうち複数の部位を改修する場合とする。
(3) 仮設資材価格は，基礎価格に1現場当り損料率を乗じて算定する。

1．屋上防水改修

名　称	摘　要	単位	材料 品名	材料 単位	材料 歩掛数量	労務 職種	労務 歩掛員数(人)	その他
墨出し		水平面積1m²当り	—	—	—	特殊作業員	0.002	1式
						普通作業員	0.001	〃
養生	アスファルト防水（防水保護層共）	1m²当り	—	—	—	普通作業員	0.004	〃
	露出防水・簡易防水（塗膜・シート）	〃	—	—	—	普通作業員	0.002	〃
整理清掃後片付け	アスファルト防水（防水保護層共）	1m²当り	—	—	—	軽作業員	0.018	〃
	露出防水・簡易防水（塗膜・シート）	〃	—	—	—	軽作業員	0.009	〃

（備考）「その他」の率対象は，特殊作業員，普通作業員，軽作業員とする。

2．外壁改修

名　称	摘　要	単位	品名	単位	歩掛数量	職種	歩掛員数(人)	その他
墨出し	タイル・モルタル塗替等（一般）	1m²当り	—	—	—	特殊作業員	0.002	1式
						普通作業員	0.001	〃
養生		〃	—	—	—	普通作業員	0.015	〃
整理清掃後片付け		〃	—	—	—	軽作業員	0.07	〃
開口部養生	合板張り養生（窓等の開口部）	〃	合板（2類 厚5.5）	m²	1.05	大工	0.04	〃
			木下地材（仮設用材）	m³	0.01			
			くぎ	kg	0.02			

（備考）
1. 墨出しは，外壁モルタル塗り，タイル張り等を撤去し，新たに仕上をする場合に適用し，その数量は，外壁改修面積とする。外壁のクラック改修，浮き改修，吹付材のみの改修には適用しない。
2. 養生，整理清掃後片付けは，外壁面から幅2mの水平面積に対して計上する。
3. 開口部養生
・資材1現場当りの損料率は，合板33%，木下地材33%，くぎ100%とする。
・施工手間は，設置65%，撤去35%の割合とする。
・外壁タイル，モルタル等の撤去時に必要に応じて計上する。
・窓面等の面積に対して計上する。
4. 「その他」の率対象は，くぎ，特殊作業員，普通作業員，軽作業員，大工とする。

㉖建築改修工事―2

〔参考〕
外壁改修の枠組本足場の設置

> 外壁改修等で枠組足場を使用する場合の設置標準は，次表「枠組本足場の設置標準」を参考に設定する。
> 外部足場に，災害防止が必要な場合は，❸仮設による。なお，災害防止の設計日数は，施工条件明示により算定する。

枠組本足場の設置の標準（**参考**）

建枠寸法	板付布枠	規模・仕上げ
1200枠	500布枠×2枚	外部改修（タイル，モルタルはつり補修程度）（3階建て以上）
900枠	500+240布枠	外壁改修（吹付け，ピンニング程度）（3階建て以上） 外部改修（タイル，モルタルはつり補修程度）（2階建て以下）
600枠	500布枠×1枚	外壁改修（吹付け，ピンニング程度）（2階建て以下） 防水改修等で昇降用に設置する足場

（備考） 1．階高は，4m程度とする。
　　　　2．建枠及び板付布枠の寸法単位は，mmとする。

3．内部改修

名称	摘要		単位	材料 品名	材料 単位	材料 歩掛数量	労務 職種	労務 歩掛員数(人)	その他
墨出し	個別改修		床面積1m²当り	―	―	―	特殊作業員	0.002	1式
							普通作業員	0.001	
	複合改修		〃	―	―	―	特殊作業員	0.003	〃
							普通作業員	0.002	
養生	個別改修		床面積1m²当り	―	―	―	普通作業員	0.007	〃
	複合改修		〃	―	―	―	普通作業員	0.011	〃
	塗装塗替え程度		〃	―	―	―	普通作業員	0.004	〃
	搬出入路部分		〃	―	―	―	普通作業員	0.004	〃
整理清掃後片付け	個別改修		床面積1m²当り	―	―	―	軽作業員	0.036	〃
	複合改修		〃	―	―	―	軽作業員	0.054	〃
	塗装塗替え程度		〃	―	―	―	軽作業員	0.018	〃
	搬出入路部分		〃	―	―	―	軽作業員	0.018	〃
内部仕上足場（階高4m以下脚立足場 改修）	一般		床面積1m²当り	鋼製脚立 1,800mm級	脚	0.2	普通作業員	0.028	〃
				合板足場板 240×4,000mm	枚	0.2			
	塗装塗替え程度	既存塗膜の除去有り		鋼製脚立 1,800mm級	脚	0.2	普通作業員	0.014	〃
				合板足場板 240×4,000mm	枚	0.2			
		既存塗膜の除去無し		鋼製脚立 1,800mm級	脚	0.2	普通作業員	0.009	〃
				合板足場板 240×4,000mm	枚	0.2			
仮設間仕切り下地（A，B種）	軽鉄下地		1m²当り	スタッド 65形	m	2.3	特殊作業員	0.038	〃
				ランナ	〃	0.6			
				スペーサー	個	3.5			
				打込みピン	〃	0.7			
				振止め	m	0.8			
	木下地		〃	木下地材（仮設用材）	m³	0.014	大工	0.098	〃

(つづく)

名　称	摘　要		単位	材　料			労　務		その他
				品　名	単位	歩掛数量	職　種	歩掛員数(人)	
仮設間仕切り仕上材（A,B種）	A種（両面）	合板	1m²当り	合板（厚9.0）	m²	2.1	大　工	0.14	1　式
				くぎ	kg	0.04	内　装　工	0.03	
				グラスウール（32K 厚50）	m²	1.05			
		せっこうボード	〃	せっこうボード（厚9.5 準不燃）	m²	2.1	大　工	0.14	〃
				くぎ	kg	0.04	内　装　工	0.03	
				グラスウール（32K 厚50）	m²	1.05			
	B種（片面）	合板	〃	合板（厚9.0）	m²	1.05	大　工	0.07	〃
				くぎ	kg	0.02			
		せっこうボード	〃	せっこうボード（厚9.5 準不燃）	m²	1.05	大　工	0.07	〃
				くぎ	kg	0.02			
仮設間仕切り（C種）	単管下地		〃	丸パイプ	m	1.42	と　び　工	0.048	〃
				養生シート	m²	1.1			
				クランプ	個	0.45			
				固定ベース	〃	0.06			

（備考）
1. 整理清掃後片付けの「塗装塗替え程度」は，既存塗膜を除去する場合に適用する。
2. 内部仕上足場（階高4.0m以下，脚立足場，改修）
 ・階高が高い（階高4.0m超）部位の改修の場合は，「枠組本足場の設置の標準」を参考に設定する。
 ・1現場当り損料率は，鋼製脚立，合板足場板ともに4％（既存塗膜無しは2％）とする。
 ・仮設材運搬は別途計上する。
3. 仮設間仕切り下地（A，B種）「軽鉄下地・木下地」
 ・1現場当り損料率は，軽鉄下地のスタッド，ランナ及び振止めを50％，スペーサー及び打込みピンを100％，木下地材を33％とする。
 ・施工手間は，設置65％，撤去35％の割合とする。
4. 仮設間仕切り仕上材（A，B種）「合板・せっこうボード」
 ・1現場当り損料率は，合板33％，せっこうボード及びグラスウールを50％，くぎを100％とする。
 ・施工手間は，設置65％，撤去35％の割合とする。
5. 仮設間仕切り（C種）「単管下地」
 ・1現場当り損料率は，丸パイプを5％，養生シートを8％，クランプ及び固定ベースを20％とする。
 ・施工手間は，設置65％，撤去35％の割合とする。
6. 仮設間仕切り下地（A，B種），仮設間仕切り仕上材（A，B種），仮設間仕切り（C種）の表中のA種，B種及びC種は，「公共建築改修工事標準仕様書」による。
7. 「その他」の率対象は，くぎ，特殊作業員，普通作業員，軽作業員，大工，とび工とする。

4．仮　設　材　運　搬（仮設間仕切り（C種））　　　　　　　　　　　　　　　　（100m²当り往復）

名　称	摘　要	単位	単　管　下　地	備　考
トラック運転	4t積	日	0.15	

5．トラック運転　　　　　　　　　　　　　　　　　　　　　　　　　　　　　　　（1日当り）

名　称	摘　要	単位	4t積	備　考
運転手（一般）		人	1.0	
燃料	軽油	ℓ	26.0	
機械損料		供用日	1.13	
その他		式	1	

（備考）「その他」の率対象は，運転手（一般），燃料とする。

③ 撤　　　去

(1) 撤去の標準歩掛には，撤去材の撤去後の清掃及び指定場所までの集積を含む。
(2) 撤去材積込みは別途計上する。
(3) 石綿含有成形板と石綿を含まない内装材等を区分して，それぞれに対応する単価及び価格を使用する。
(4) 標準歩掛の適用条件及び留意事項
　1) 改修工事における撤去に適用する。
　2) コンクリート撤去
　　イ．既存との取り合い部におけるカッター入れの有無に留意する。
　　ロ．コンクリート撤去は，コンクリートブレーカを標準とし，少量の場合は人力を考慮する。
　　ハ．防水押えコンクリート撤去の場合は，撤去後の下地に付着しているコンクリート残存物等のケレン及び清掃を含む。
　3) 石綿含成形板の撤去は，手ばらし手間とし，撤去に必要な隔離養生等の仮設清掃費及び飛散防止手間は含まない。ただし，飛散防止のために必要な散水を行うのに要する手間は含むものとする。
　4) れんが撤去及びCB撤去
　　イ．コンクリートブレーカによる撤去を標準とする。既存との取り合い部におけるカッター入れの有無に留意する。
　　ロ．施工条件によっては，人力を考慮する。
　5) 金属製建具撤去
　　イ．建具周囲のはつり及びカッター入れの計上に留意する。
　　ロ．建具撤去の歩掛には，建具周囲はつり及びカッター入れは含まれていない。
　6) ガラス撤去
　　ガラス廻りシーリングの撤去を含む。
　7) 天井合板・ボード撤去
　　せっこうボードと他のボードを分けて撤去する場合は，1重張りを2回計上する。
　8) 既存防水層撤去
　　既存防水層撤去後の下地に付着している防水層残存物等のケレン及び清掃を含む。
　9) 空気圧縮機
　　撤去に空気圧縮機が必要な場合は，撤去機械運転及び空気圧縮機運搬を計上する。
　10) 建設発生土運搬
　　運搬経路におけるDID区間の有無は，設計図書に明記された処分先の確認又は設計担当者との協議により，判断し計上する。
　11) 発生材処分
　　建設発生材処分は，産業廃棄物処理業者の見積価格等を参考にする。

名　称	摘　要	単位	材料・機械器具 品名	単位	歩掛数量	労務 職種	歩掛員数(人)	その他
コンクリート撤去	鉄筋切断共	人力	酸素	m³	0.08	特殊作業員	2.7	1式
		1m³当り	アセチレン	kg	0.02	普通作業員	0.68	
			—	—	—	溶接工	0.03	
		コンクリートブレーカ	コンクリートブレーカ30kg	日	1.0	特殊作業員	1.0	
		〃	酸素	m³	0.08	普通作業員	0.33	〃
			アセチレン	kg	0.02	溶接工	0.03	
			空気圧縮機運転 可搬式，スクリューエンジン掛7.5～7.8m³	日	0.33			
	無筋	人力	〃	—	—	特殊作業員	1.62	〃
						普通作業員	0.408	
		コンクリートブレーカ	コンクリートブレーカ30kg	日	0.6	特殊作業員	0.6	〃
			空気圧縮機運転 可搬式，スクリューエンジン掛7.5～7.8m³	〃	0.198	普通作業員	0.198	

(注) コンクリートブレーカは，運転1日当り。

(つづく)

㉖建築改修工事―三

名称	摘要	単位	材料・機械器具 品名	単位	歩掛数量	労務 職種	歩掛員数(人)	その他
れんが撤去	人力	1m³当り	—	—	—	特殊作業員	1.08	1式
						普通作業員	0.272	
	コンクリートブレーカ	〃	コンクリートブレーカ30kg	日	0.4	特殊作業員	0.4	〃
			空気圧縮機運転 可搬式，スクリューエンジン掛7.5～7.8m³	〃	0.132	普通作業員	0.132	
CB撤去	人力	1m³当り	酸素	m³	0.032	特殊作業員	1.08	〃
			アセチレン	kg	0.008	普通作業員	0.272	
			—	—	—	溶接工	0.012	
	コンクリートブレーカ	〃	酸素	m³	0.032	特殊作業員	0.4	〃
			アセチレン	kg	0.008	普通作業員	0.132	
			コンクリートブレーカ30kg	日	0.4	溶接工	0.012	
			空気圧縮機運転 可搬式，スクリューエンジン掛7.5～7.8m³	〃	0.132			
コンクリートはつり	床（厚30mm）	1m²当り	ピックハンマ	日	0.125	普通作業員	0.03	〃
			空気圧縮機運転 可搬式，スクリューエンジン掛5.0m³	〃	0.03	はつり工	0.125	
	壁（厚30mm）	〃	ピックハンマ	日	0.135	普通作業員	0.033	〃
			空気圧縮機運転 可搬式，スクリューエンジン掛5.0m³	〃	0.033	はつり工	0.135	
目あらし	コンクリート面 床	〃	ピックハンマ	日	0.04	普通作業員	0.01	〃
			空気圧縮機運転 可搬式，スクリューエンジン掛5.0m³	〃	0.01	はつり工	0.04	
	壁	〃	ピックハンマ	日	0.05	普通作業員	0.012	〃
			空気圧縮機運転 可搬式，スクリューエンジン掛5.0m³	〃	0.012	はつり工	0.05	
ケレン	床（デッキブラシ等）	〃	—	—	—	普通作業員	0.03	〃
	壁（ 〃 ）	〃	—	—	—	普通作業員	0.035	
床清掃	布等による汚れの拭き取り程度	〃	—	—	—	軽作業員	0.018	〃
壁清掃	〃	〃	—	—	—	軽作業員	0.018	〃
カッター入れ	モルタル面 厚さ20～30mm	1m当り	コンクリートカッタ運転 手動式，ブレード径20cm	日	0.03	はつり工	0.03	〃
	コンクリート面 厚さ20～30mm	〃	コンクリートカッタ運転 手動式，ブレード径20cm	〃	0.05	はつり工	0.05	
床タイル撤去	下地モルタル共	1m²当り	ピックハンマ	日	0.1	普通作業員	0.025	〃
			空気圧縮機運転 可搬式，スクリューエンジン掛5.0m³	〃	0.025	はつり工	0.1	

（注）コンクリートブレーカ，ピックハンマ，コンクリートカッタ運転は，運転1日当り。

(つづく)

㉖建築改修工事―6

名　　称	摘　要	単位	材料・機械器具 品　名	単位	歩掛数量	労務 職　種	歩掛員数(人)	その他
床モルタル・床人研ぎ撤去		1m² 当り	ピックハンマ	日	0.08	普通作業員	0.02	1 式
			空気圧縮機運転 可搬式,スクリューエンジン掛5.0m³	〃	0.02	はつり工	0.08	〃
ビニル床シート撤去		〃	―	―	―	普通作業員	0.04	〃
ビニル床タイル撤去	一般	〃	―	―	―	普通作業員	0.06	〃
	石綿含有	〃	―	―	―	普通作業員	0.08	〃
カーペット撤去		〃	―	―	―	普通作業員	0.04	〃
タイルカーペット撤去		〃	―	―	―	普通作業員	0.03	〃
土台撤去		1m 当り	―	―	―	普通作業員	0.05	〃
床組撤去	つか立て	1m² 当り	―	―	―	普通作業員	0.14	〃
	ころばし	〃	―	―	―	普通作業員	0.11	〃
床・縁甲板フローリング撤去		〃	―	―	―	普通作業員	0.07	〃
床下地板撤去		〃	―	―	―	普通作業員	0.02	〃
敷居撤去		1本 当り	―	―	―	普通作業員	0.035	〃
鴨居撤去		〃	―	―	―	普通作業員	0.035	〃
畳撤去	一畳	1枚 当り	―	―	―	普通作業員	0.03	〃
	半畳	〃	―	―	―	普通作業員	0.018	〃
柱撤去		1本 当り	―	―	―	普通作業員	0.06	〃
頭押さえ撤去		1m 当り	―	―	―	普通作業員	0.04	〃
木製幅木撤去		〃	―	―	―	普通作業員	0.02	〃
ビニル幅木撤去	一般	〃	―	―	―	普通作業員	0.01	〃
	石綿含有	〃	―	―	―	普通作業員	0.02	〃

(注) ピックハンマは,運転1日当り。

(つづく)

名　称	摘　要		単位	材料・機械器具			労　務		その他
				品　　名	単位	歩掛数量	職　種	歩掛員数(人)	
壁タイル撤去	下地モルタル共		1 m² 当り	ピックハンマ	日	0.1	普通作業員	0.025	1 式
				空気圧縮機運転 可搬式，スクリュー エンジン掛5.0 m³	〃	0.025	はつり工	0.1	
壁モルタル・ プラスター撤去			〃	ピックハンマ	日	0.09	普通作業員	0.023	〃
				空気圧縮機運転 可搬式，スクリュー エンジン掛5.0 m³	〃	0.023	はつり工	0.09	
壁合板・ ボード撤去	一重張り	一般	1 m² 当り	—	—	—	普通作業員	0.04	〃
		石綿含有	〃	—	—	—	普通作業員	0.09	
	二重張り	一般	〃	—	—	—	普通作業員	0.048	
		石綿含有	〃	—	—	—	普通作業員	0.11	
壁下地撤去			〃	—	—	—	普通作業員	0.02	〃
壁クロス撤去			〃	—	—	—	普通作業員	0.03	〃
天井プラスター 撤去			1 m² 当り	ピックハンマ	日	0.09	普通作業員	0.023	〃
				空気圧縮機運転 可搬式，スクリュー エンジン掛5.0 m³	〃	0.023	はつり工	0.09	
天井合板・ ボード撤去	一重張り	一般	1 m² 当り	—	—	—	普通作業員	0.05	〃
		石綿含有	〃	—	—	—	普通作業員	0.11	
	二重張り	一般	〃	—	—	—	普通作業員	0.06	
		石綿含有	〃	—	—	—	普通作業員	0.13	
天井下地撤去			〃	—	—	—	普通作業員	0.03	1 式
天井クロス撤去			〃	—	—	—	普通作業員	0.03	〃

(注)　ピックハンマは，運転1日当り。

(つづく)

㉖ 建築改修工事―8

名　　称	摘　　要		単位	材料・機械器具			労　　務		その他
				品　　名	単位	歩掛数量	職　種	歩掛員数(人)	
木製戸撤去	片開き戸	枠共	1 m² 当り	—	—	—	普通作業員	0.047	1 式
		扉のみ	〃	—	—	—	普通作業員	0.024	〃
	両開き戸	枠共	〃	—	—	—	普通作業員	0.041	〃
		扉のみ	〃	—	—	—	普通作業員	0.02	〃
鋼製戸撤去	片開き戸	枠共	1 m² 当り	—	—	—	普通作業員	0.024	〃
							サッシ工	0.094	
		扉のみ	〃	—	—	—	普通作業員	0.012	〃
							サッシ工	0.047	
	両開き戸	枠共	〃	—	—	—	普通作業員	0.02	〃
							サッシ工	0.081	
		扉のみ	〃	—	—	—	普通作業員	0.01	〃
							サッシ工	0.041	
建具周囲はつり	RC 15 cm		1 m 当り	コンクリートブレーカ 30 kg	日	0.12	普通作業員	0.03	〃
				空気圧縮機運転 可搬式, スクリュー エンジン掛 7.5～7.8 m³	〃	0.03	はつり工	0.12	
	RC 20 cm		〃	コンクリートブレーカ 30 kg	日	0.14	普通作業員	0.035	〃
				空気圧縮機運転 可搬式, スクリュー エンジン掛 7.5～7.8 m³	〃	0.035	はつり工	0.14	
ガラス撤去			1 m² 当り	—	—	—	ガラス工	0.2	〃
床マンホール・点検口撤去			1箇所 当り	—	—	—	はつり工	0.2	〃
天井点検口撤去			〃	—	—	—	普通作業員	0.1	〃
たてどい撤去	鋼管		1 m 当り	—	—	—	配管工	0.2	〃
	VP管		〃	—	—	—	配管工	0.1	〃

(注) コンクリートブレーカは，運転1日当り。

(つづく)

名称	摘要		単位	材料・機械器具			労務		その他
				品名	単位	歩掛数量	職種	歩掛員数(人)	
発生材積込み	コンクリート類 （人力）		1m³ 当り	ベルトコンベヤ運転 エンジン駆動 機長7m ベルト幅350mm	日	0.24	普通作業員	0.24	1式
	ボード・木材類 （人力）		〃	—	—	—	普通作業員	0.2	〃
既存塗膜除去	鉄鋼面・亜鉛めっき鋼面	工程RA種	1m² 当り	研磨紙（P120〜320）	枚	0.85	塗装工	0.1	〃
		工程RB種	〃	〃	〃	0.25	塗装工	0.028	〃
	コンクリート・モルタル面	工程RA種	〃	〃	〃	0.85	塗装工	0.06	〃
		工程RB種	〃	〃	〃	0.25	塗装工	0.017	〃
	木部・ボード面	工程RA種	〃	〃	〃	0.85	塗装工	0.054	〃
		工程RB種	〃	〃	〃	0.25	塗装工	0.015	〃
既存防水層撤去	屋上防水層	アスファルト防水層	1m² 当り	—	—	—	普通作業員	0.08	〃
		シート防水層	〃	—	—	—	普通作業員	0.07	〃
	屋内防水層	アスファルト防水層	〃	—	—	—	普通作業員	0.10	〃
シーリング撤去			1m 当り				防水工	0.02	〃

(備考) 1. ビニル床シート撤去，ビニル床タイル撤去，カーペット撤去の歩掛には，カッターによる切断及び接着剤の除去を含む。
2. ビニル床タイル撤去，壁合板・ボード撤去，天井合板・ボード撤去において，石綿含有材撤去の作業区分は「レベル3」を想定している。
　【参考】 石綿含有建材は，発じんの度合により「レベル1〜3」に便宜的に分類されています。
　　　　　詳細につきましては，国土交通省「アスベスト対策Q＆A」（ホームページ）を参考とされたい。
3. タイルカーペット撤去歩掛には，接着剤の除去を含む。
4. 土台撤去は，木製間仕切りの土台に使用する。なお，アンカーボルト切断を含む。
5. 床組撤去
　・畳下，フローリング下の床組に使用する。
　・つか，土台，アンカーボルト切断を含む。
6. 床・縁甲板フローリング撤去歩掛には，床組は含まない。
7. 床下地板撤去は，畳，フローリングの下地板に使用する。なお，床組は含まない。
8. 頭押え撤去歩掛には，アンカーボルト切断を含む。
9. 壁合板・ボード撤去，天井合板・ボード撤去歩掛
　・下地撤去は含まない。
　・二重張り撤去は，躯体もしくは準躯体より二重張りのまま撤去する場合に適用する。
　・石綿含有材撤去の作業区分をレベル3で想定している。
10. 壁下地撤去，天井下地撤去歩掛には，ボード等の仕上げ撤去は含まない。
11. 壁クロス撤去，天井クロス撤去歩掛には，下地のボード等は含まない。
12. ガラス撤去は単層ガラスとする。なお，ガラス廻りシーリングの撤去を含む。
13. 既存塗膜除去
　・工程RA種の場合の除去範囲は，塗替え面積の100％とする。
　・工程RB種の場合の除去範囲は，塗替え面積の30％とする。

(つづく)

14. 既存防水層撤去
　・立ち上がり部を含む。
　・押さえコンクリート，保護モルタル等の撤去は含まない。
15. 「その他」の率の対象は，酸素，アセチレン，研磨紙，特殊作業員，普通作業員，溶接工，はつり工，軽作業員，サッシ工，ガラス工，配管工，塗装工，防水工とする。

撤去機械運転

（1日当り）

機械名	規格	適用単価表	運転労務（人）	機械損料（供用日）	燃料（ℓ）軽油	燃料（ℓ）ガソリン	備考
空気圧縮機	可搬式，スクリューエンジン掛7.5〜7.8 m³ 排出ガス対策型	単価表1	—	1.56	50.1	—	
空気圧縮機	可搬式，スクリューエンジン掛5.0 m³ 排出ガス対策型	単価表1	—	1.56	33.1	—	
コンクリートカッター	手動式，ブレード 径20cm	単価表1	—	1.67	—	1.38	
ベルトコンベヤ	エンジン駆動，機長7m ベルト幅350 mm	単価表1	—	1.5	—	7.8	

（備考）撤去材運搬のダンプトラック運転歩掛は，「㉕とりこわし」の「とりこわし機械運転」を参照。
　1. 撤去材運搬は，ダンプトラック10 t 積級を基本とする。
　2. 撤去材運搬（小規模・人力積込み）の適用機械については，小規模は4 t 積級，人力積込みは2 t 積級を標準とするが，現場状況等によりその使用が困難な場合は別途考慮する。
　3. 撤去材運搬は，1 m³当り往復単価とする。

単価表1　運転1日当り

（1日当り）

名称	摘要	単位	数量	備考
燃料	（注）	ℓ		撤去機械運転による
機械損料		供用日		〃
その他		式	1	

（備考）1. 摘要（注）の燃料：空気圧縮機は軽油，コンクリートカッター及びベルトコンベヤはガソリン。
　　　　2. 「その他」の率対象は，燃料とする。

撤去機械運搬

（1日当り往復）

名称	摘要	単位	数量	備考
トラック運転	11 t 積	日	別表	数量は別表1による

別表1　撤去機械運搬

機械名	規格	運搬機械 規格	運搬機械 日数（往復）	備考
空気圧縮機	可搬式，スクリューエンジン掛 排出ガス対策型	トラック11 t 積	0.7	

（備考）運搬機械の日数は，トラック11 t 積による換算値である。

トラック運転

(1日当り)

名　称	摘　要	単位	11t積	備　考
運転手（一般）		人	1.0	
燃　料	軽油	ℓ	47.3	
機械損料		供用日	1.13	
その他		式	1	

（備考）「その他」の率対象は，運転手（一般），燃料とする。

④ 外壁改修

(1) 外壁改修における施工単価数量調査に適用する。

施工数量調査（外壁改修）

名　称	摘　要	単位	品　名	単位	歩掛数量	職　種	歩掛員数(人)	その他
施工数量調査	タイル・モルタル塗替改修	1m²当り	—	—	—	特殊作業員	0.012	1 式
	打放し面・仕上塗材改修	〃	—	—	—	特殊作業員	0.01	〃

（備考）
1. 壁面積等（実調査面積）に対して使用する。
2. 調査内容は，足場等を使い壁面の直近で行う。目視・打診調査及び報告書の作成を含む。
3. 「その他」の率対象は，特殊作業員とする。

⑤ 塗装改修

(1) 既存塗膜除去は，③撤去による。

(2) 仕上塗料塗り
単価基準及び本資料に定めのない細幅（糸幅300mm以下）の作価作成する際は，㎡単価に「0.4（係数）」を乗じて算定する。

【改修標仕仕様】木部の下地調整

(1m²当り)

名　称	摘　要	単位	RA種（塗替え面）	RB種（塗替え面）	RC種（塗替え面）	備考
木部下塗り用調合ペイント	JASS 18 M-304	kg	0.01	—	—	合成樹脂
合成樹脂エマルションパテ	JIS K 5669（耐水形）	〃	0.06	—	—	
研磨紙	P120～220	枚	0.13	0.07	—	
	P240～320	〃	—	—	0.07	
塗装工		人	0.01	0.004	0.004	
その他		式	1	1	1	

（備考）
1. RA種において屋外の場合は，合成樹脂エマルションパテは不要とし，塗装工の人工を0.007人工とする。
2. RA種において，JASS 18 M-304は合成樹脂調合ペイント及びつや有合成樹脂エマルションペイントに適用し，それ以外は，JASS 18 M-308を適用する。
3. 「その他」の率対象は，木部下塗り用調合ペイント，合成樹脂エマルションパテ，研磨紙，塗装工とする。

【改修標仕仕様】鉄鋼面の下地調整

(1m²当り)

名　称	摘　要	単位	RA種（塗替え面）	RB種（塗替え面）	RC種（塗替え面）	備考
研磨紙	P120～220	枚	0.07	0.07	—	
	P240～320	〃	—	—	0.07	
塗装工		人	0.006	0.006	0.004	
その他		式	1	1	1	

（備考）「その他」の率対象は，研磨紙，塗装工とする。

㉖建築改修工事―12

【改修標仕仕様】 めっき鋼面の下地調整　錆止め塗料用　　　　　　　　　　　　　　　（1 m² 当り）

名　　称	摘　　要	単位	R A 種 （塗替え面）	R B 種 （塗替え面）	R C 種 （塗替え面）	備　考
研 磨 紙	P120～400	枚	―	0.07	0.07	
塗 装 工		人	0.004	0.006	0.004	
そ の 他		式	1	1	1	

（備考）　1. RB種（塗替え面）の既存塗膜除去範囲は30％で算出している。それ以外の場合は別途考慮が必要。
　　　　　2.「その他」の率対象は，研磨紙，塗装工とする。

【改修標仕仕様】 モルタル面及びせっこうプラスター面の下地調整　　　　　　　　　　（1 m² 当り）

名　　称	摘　　要	単位	R A 種 （塗替え面）	R B 種 （塗替え面）	R C 種 （塗替え面）	付着物除去
合成樹脂エマルション シーラー	JIS K 5663	kg	0.1	0.03	―	―
合成樹脂エマルション パテ	JIS K 5669 （耐水形）	〃	0.23	0.08	―	―
研 磨 紙	P120～220	枚	0.13	0.07	―	
	P240～320	〃	―	―	0.07	
塗 装 工		人	0.041	0.012	0.004	0.002
そ の 他		式	1	1	1	1

（備考）「その他」の率対象は，合成樹脂エマルションシーラー，合成樹脂エマルションパテ，研磨紙，塗装工とする。

【改修標仕仕様】 コンクリート面の下地調整　　　　　　　　　　　　　　　　　　　　（1 m² 当り）

名　　称	摘　　要	単位	R A 種 （塗替え面）	R B 種 （塗替え面）	R C 種 （塗替え面）	備　考
建築用下地調整塗材	JIS A 6916	kg	1.5	0.75	―	
合成樹脂エマルション パテ	JIS K 5669 （耐水形）	〃	0.15	―	―	
研 磨 紙	P120～220	枚	0.13	0.07	―	
	P240～320	〃	―	―	0.07	
左 　 官		人	0.02	0.01	―	
塗 装 工		〃	0.023	0.004	0.004	
そ の 他		式	1	1	1	

（備考）「その他」の率対象は，建築用下地調整塗材，合成樹脂エマルションパテ，研磨紙，左官，塗装工とする。

【改修標仕仕様】 押出成形セメント板面の下地調整　　　　　　　　　　　　　　　　　（1 m² 当り）

名　　称	摘　　要	単位	R A 種 （塗替え面）	R B 種 （塗替え面）	R C 種 （塗替え面）	備　考
反応形合成樹脂シーラー及び 弱溶剤系反応形合成樹脂シーラー	JASS 18 M-201	kg	0.08	0.08	―	
反応形合成樹脂パテ （2液形エポキシ樹脂パテ）	JASS 18 M-202	〃	0.3	―	―	
研 磨 紙	P120～220	枚	0.07	―	―	
	P240～320	〃	―	―	0.07	
塗 装 工		人	0.033	0.013	0.004	
そ の 他		式	1	1	1	

（備考）「その他」の率対象は，反応形合成樹脂エマルションシーラー及び弱溶剤系反応形合成樹脂シーラー，反応形合成樹脂パテ，研磨紙，塗装工とする。

【改修標仕仕様】せっこうボード面及びその他ボード面の下地調整　　　　　　　　　　　　　　　　　　　　　　　　（1m² 当り）

名　　　称	摘　　要	単位	RA種（塗替え面）	RB種（塗替え面）	RC種（塗替え面）	備　考
合成樹脂エマルションパテ	JIS K 5669（一般形）	kg	0.21	0.06	—	
研磨紙	P120～220	枚	0.13	0.07	—	
	P240～320	〃	—	—	0.07	
塗装工		人	0.028	0.007	0.004	
その他		式	1	1	1	

（備考）　1.　屋外及び水回りの素地ごしらえは，合成樹脂エマルションパテ JIS K 5669（一般形）を JIS K 5669（耐水形）とする。
　　　　　2.　せっこうボード面の素地ごしらえは，合成樹脂エマルションパテをせっこうボード用目地処理材（ジョイントコンパウンド）とする。
　　　　　3.　「その他」の率対象は，合成樹脂エマルションパテ，研磨紙，塗装工とする。

【改修標仕仕様】けい酸カルシウム板面の下地調整　　　　　　　　　　　　　　　　　　　　　　　　（1m² 当り）

名　　　称	摘　　要	単位	RA種（塗替え面）	RB種（塗替え面）	RC種（塗替え面）	備　考
反応形合成樹脂シーラー及び弱溶剤系反応形合成樹脂シーラー	JASS 18 M-201	kg	0.1	0.1		
合成樹脂エマルションパテ	JIS K 5669（一般形）	〃	0.21	0.06	—	
研磨紙	P120～220	枚	0.13	0.07	—	
	P240～320	〃	—	—	0.07	
塗装工		人	0.039	0.018	0.004	
その他		式	1	1	1	

（備考）　1.　屋外及び水回りの素地ごしらえは，合成樹脂エマルションパテ JIS K 5669（一般形）を JIS K 5669（耐水形）とする。
　　　　　2.　「その他」の率対象は，反応形合成樹脂エマルションシーラー及び弱溶剤系反応形合成樹脂シーラー，合成樹脂エマルションパテ，研磨紙，塗装工とする。

【改修標仕仕様】鉄鋼面の錆止め塗料塗り（5節）　　　　　　　　　　　　　　　　　　　　　　　　（1m² 当り）

名　　　称	摘　　要	単位	C種 現場2回塗り（塗替え面）	A種 現場1回塗り（新規面）	B種 現場1回塗り（新規面）	A, B種 工場1回塗り（新規面）
鉛・クロムフリーさび止めペイント	JIS K 5674　1種	kg	0.15	0.1	0.1	0.1
研磨紙	P120～220	枚	0.13	0.13	—	—
塗装工		人	0.027	0.019	0.017	0.01
その他		式	1	1	1	1

（備考）　1.　公共建築改修工事標準仕様書5節合成樹脂調合ペイント塗りの場合に適用する。
　　　　　2.　「その他」の率対象は，鉛・クロムフリーさび止めペイント，研磨紙，塗装工とする。

【改修標仕仕様】鉄鋼面の錆止め塗料塗り（9節）　　　　　　　　　　　　　　　　　　　　　　　　（1m² 当り）

名　　　称	摘　　要	単位	C種 現場2回塗り（塗替え面）	A種 現場1回塗り（新規面）	B種 現場1回塗り（新規面）	A, B種 工場1回塗り（新規面）
鉛・クロムフリーさび止めペイント	JIS K 5674　2種	kg	0.17	0.11	0.11	0.11
研磨紙	P120～220	枚	0.13	0.13	—	—
塗装工		人	0.027	0.019	0.017	0.01
その他		式	1	1	1	1

（備考）　1.　公共建築改修工事標準仕様書9節つや有合成樹脂エマルションペイント塗りの場合に適用する。
　　　　　2.　「その他」の率対象は，鉛・クロムフリーさび止めペイント，研磨紙，塗装工とする。

【改修標仕仕様】鉄鋼面の錆止め塗料塗り

(1 m² 当り)

名称	摘要	単位	工程A種 現場2回塗り A種 鉛・クロムフリー1種屋内外 下地調整別途（塗替え面）	工程A種 現場2回塗り B種 鉛・クロムフリー2種屋内 下地調整別途（塗替え面）	備考
鉛・クロムフリーさび止めペイント	JIS K 5674　1種	kg	0.20	—	5節SOP塗りの場合に適用
鉛・クロムフリーさび止めペイント	JIS K 5674　2種	〃	—	0.22	9節EP-G塗りの場合に適用
研磨紙	P120〜400	枚	0.13	0.13	
塗装工		人	0.035	0.035	
その他		式	1	1	

(備考)　「その他」の率対象は，鉛・クロムフリーさび止めペイント，研磨紙，塗装工とする。

名称	摘要	単位	工程B種 現場2回塗り A種 鉛・クロムフリー1種屋内外 下地調整別途（塗替え面）	工程B種 現場2回塗り B種 鉛・クロムフリー2種屋内 下地調整別途（塗替え面）	備考
鉛・クロムフリーさび止めペイント	JIS K 5674　1種	kg	0.20	—	5節SOP塗りの場合に適用
鉛・クロムフリーさび止めペイント	JIS K 5674　2種	〃	—	0.22	9節EP-G塗りの場合に適用
塗装工		人	0.033	0.033	
その他		式	1	1	

(備考)　「その他」の率対象は，鉛・クロムフリーさび止めペイント，研磨紙，塗装工とする。

【改修標仕仕様】めっき鋼面の錆止め塗料塗り

(1 m² 当り)

名称	摘要	単位	工程A種 現場1回塗り 一液形変性エポキシ樹脂さび止めペイント 屋内外	工程A種 現場1回塗り 変性エポキシ樹脂プライマー 屋内外	工程A種 現場1回塗り C種水系さび止め 屋内	備考
			下地調整別途（新規面）			
一液形変性エポキシ樹脂さび止めペイント	JPMS 28	kg	0.10	—	—	
変性エポキシ樹脂プライマー	JASS 18 M-109	〃	—	0.14	—	
水系さび止めペイント	JASS 18 M-111	〃	—	—	0.11	
研磨紙	P120〜400	枚	0.13	0.13	0.13	
塗装工		人	0.019	0.019	0.019	
その他		式	1	1	1	

名称	摘要	単位	工程A種 現場2回塗り 一液形変性エポキシ樹脂さび止めペイント 屋内外	工程A種 現場2回塗り 変性エポキシ樹脂プライマー 屋内外	工程A種 現場2回塗り C種水系さび止め 屋内	備考
			下地調整別途（塗替え面）			
一液形変性エポキシ樹脂さび止めペイント	JPMS 28	kg	0.20	—	—	
変性エポキシ樹脂プライマー	JASS 18 M-109	〃	—	0.28	—	
水系さび止めペイント	JASS 18 M-111	〃	—	—	0.22	
研磨紙	P120〜400	枚	0.13	0.13	0.13	
塗装工		人	0.035	0.035	0.035	
その他		式	1	1	1	

(1m² 当り)

名称	摘要	単位	工程B種　現場1回塗り			備考
^^^	^^^	^^^	一液形変性エポキシ樹脂さび止めペイント 屋内外	変性エポキシ樹脂プライマー 屋内外	C種水系さび止め 屋内	^^^
^^^	^^^	^^^	下地調整別途（塗替え面）			^^^
一液形変性エポキシ樹脂さび止めペイント	JPMS 28	kg	0.10	—	—	
変性エポキシ樹脂プライマー	JASS 18 M-109	〃	—	0.14	—	
水系さび止めペイント	JASS 18 M-111	〃	—	—	0.11	
塗装工		人	0.017	0.017	0.017	
その他		式	1	1	1	

名称	摘要	単位	工程C種　現場1回塗り			備考
^^^	^^^	^^^	一液形変性エポキシ樹脂さび止めペイント 屋内外	変性エポキシ樹脂プライマー 屋内外	C種水系さび止め 屋内	^^^
^^^	^^^	^^^	下地調整別途（塗替え面）			^^^
一液形変性エポキシ樹脂さび止めペイント	JPMS 28	kg	0.05	—	—	
変性エポキシ樹脂プライマー	JASS 18 M-109	〃	—	0.07	—	
水系さび止めペイント	JASS 18 M-111	〃	—	—	0.06	
塗装工		人	0.008	0.008	0.008	
その他		式	1	1	1	

名称	摘要	単位	工程A,B種　工場1回塗り			備考
^^^	^^^	^^^	一液形変性エポキシ樹脂さび止めペイント 屋内外	変性エポキシ樹脂プライマー 屋内外	C種水系さび止め 屋内	^^^
^^^	^^^	^^^	下地調整別途（新規面）			^^^
一液形変性エポキシ樹脂さび止めペイント	JPMS 28	kg	0.1	—	—	
変性エポキシ樹脂プライマー	JASS 18 M-109	〃	—	0.14	—	
水系さび止めペイント	JASS 18 M-111	〃	—	—	0.11	
塗装工		人	0.01	0.01	0.01	
その他		式	1	1	1	

（備考）「その他」の率対象は，一液形変性エポキシ樹脂さび止めペイント，変性エポキシ樹脂プライマー，水系さび止めペイント，研磨紙，塗装工とする。

【改修標仕仕様】 めっき鋼面（鋼建）の錆止め塗料塗り　　　　　　　　　　　　　　　　（1m² 当り）

名　称	摘　要	単位	工程A種　現場1回塗り 一液形変性エポキシ樹脂さび止めペイント 屋内外	工程A種　現場1回塗り 変性エポキシ樹脂プライマー 屋内外	工程A種　現場1回塗り C種水系さび止め 屋内	備　考
			下地調整別途（新規面）			
一液形変性エポキシ樹脂さび止めペイント	JPMS 28	kg	0.1	—	—	
変性エポキシ樹脂プライマー	JASS 18 M-109	〃	—	0.14	—	
水系さび止めペイント	JASS 18 M-111	〃	—	—	0.11	
研磨紙	P120～400	枚	0.13	0.13	0.13	
塗装工		人	0.019	0.019	0.019	
その他		式	1	1	1	

名　称	摘　要	単位	工程A種　現場2回塗り 一液形変性エポキシ樹脂さび止めペイント 屋内外	工程A種　現場2回塗り 変性エポキシ樹脂プライマー 屋内外	工程A種　現場2回塗り C種水系さび止め 屋内	備　考
			下地調整別途（塗替え面）			
一液形変性エポキシ樹脂さび止めペイント	JPMS 28	kg	0.2	—	—	
変性エポキシ樹脂プライマー	JASS 18 M-109	〃	—	0.28	—	
水系さび止めペイント	JASS 18 M-111	〃	—	—	0.22	
研磨紙	P120～400	枚	0.13	0.13	0.13	
塗装工		人	0.035	0.035	0.035	
その他		式	1	1	1	

名　称	摘　要	単位	工程B種　現場1回塗り 一液形変性エポキシ樹脂さび止めペイント 屋内外	工程B種　現場1回塗り 変性エポキシ樹脂プライマー 屋内外	工程B種　現場1回塗り C種水系さび止め 屋内	備　考
			下地調整別途（塗替え面）			
一液形変性エポキシ樹脂さび止めペイント	JPMS 28	kg	0.1	—	—	
変性エポキシ樹脂プライマー	JASS 18 M-109	〃	—	0.14	—	
水系さび止めペイント	JASS 18 M-111	〃	—	—	0.11	
塗装工		人	0.017	0.017	0.017	
その他		式	1	1	1	

名称	摘要	単位	工程C種　現場1回塗り			備考
			一液形変性エポキシ樹脂さび止めペイント屋内外	変性エポキシ樹脂プライマー屋内外	C種水系さび止め屋内	
			下地調整別途（塗替え面）			
一液形変性エポキシ樹脂さび止めペイント	JPMS 28	kg	0.05	—	—	
変性エポキシ樹脂プライマー	JASS 18 M-109	〃	—	0.07	—	
水系さび止めペイント	JASS 18 M-111	〃	—	—	0.06	
塗　装　工		人	0.008	0.008	0.008	
そ　の　他		式	1	1	1	

名称	摘要	単位	工程A，B種　工場1回塗り			備考
			一液形変性エポキシ樹脂さび止めペイント屋内外	変性エポキシ樹脂プライマー屋内外	C種水系さび止め屋内	
			下地調整別途（新規面）			
一液形変性エポキシ樹脂さび止めペイント	JPMS 28	kg	0.1	—	—	
変性エポキシ樹脂プライマー	JASS 18 M-109	〃	—	0.14	—	
水系さび止めペイント	JASS 18 M-111	〃	—	—	0.11	
塗　装　工		人	0.01	0.01	0.01	
そ　の　他		式	1	1	1	

（備考）「その他」の率対象は，一液形変性エポキシ樹脂さび止めペイント，変性エポキシ樹脂プライマー，水系さび止めペイント，研磨紙，塗装工とする。

【改修標仕仕様】合成樹脂調合ペイント塗り（SOP）木部　　　　　　　　　　　　　　　（1m² 当り）

名称	摘要	単位	木　部				備考
			B種（塗替え面）	C種（塗替え面）	A種（新規面）	B種（新規面）	
木部下塗り用調合ペイント	JASS 18 M-304	kg	0.09	—	0.18	0.09	合成樹脂
合成樹脂調合ペイント	JIS K 5516	〃	0.17	0.08	0.17	0.17	
合成樹脂エマルションパテ	JIS K 5669（耐水形）	〃	0.03	—	—	0.03	
研　磨　紙	P120〜220	枚	0.07	—	—	0.07	
塗　装　工		人	0.059	0.021	0.073	0.059	
そ　の　他		式	1	1	1	1	

（備考）「その他」の率対象は，木部下塗り用調合ペイント，合成樹脂調合ペイント，合成樹脂エマルションパテ，研磨紙，塗装工とする。

【改修標仕仕様】合成樹脂調合ペイント塗り（SOP）　鉄鋼面　　　　　　　　　　　　　　　（1 m² 当り）

名　称	摘　要	単位	鉄鋼面 A種（塗替え面）	鉄鋼面 B種（塗替え面）	鉄鋼面 C種（塗替え面）	鉄鋼面 A種（新規面）	鉄鋼面 B種（新規面）	備考
合成樹脂調合ペイント	JIS K 5516	kg	0.26	0.17	0.08	0.26	0.17	
不飽和ポリエステルパテ	JASS 18 M-110	〃	0.08	0.08	—	—	—	
研磨紙	P220～240	枚	0.13	—	—	0.07	—	
塗装工		人	0.063	0.042	0.021	0.056	0.038	
その他		式	1	1	1	1	1	

（備考）「その他」の率対象は，合成樹脂調合ペイント，不飽和ポリエステルパテ，研磨紙，塗装工とする。

【改修標仕仕様】合成樹脂調合ペイント塗り（SOP） めっき鋼面 (1m²当り)

名称	摘要	単位	めっき鋼面 工程A塗料1種 錆止別途	めっき鋼面 工程A塗料1種 錆止A種 現場1回塗り 一液形変性エポキシ樹脂さび止めペイント 下地調整別途（新規面）	備考
合成樹脂調合ペイント	JIS K 5516　1種	kg	0.17	0.17	淡彩
不飽和ポリエステルパテ	JASS 18 M-110	〃	0.08	0.08	
研磨紙	P120～400	枚	0.07	0.07	
錆止め塗料塗り		m²	—	1	
塗装工		人	0.044	0.044	
その他		式	1	1	

名称	摘要	単位	めっき鋼面 工程B塗料1種 錆止別途	めっき鋼面 工程B塗料1種 錆止C種 現場1回塗り 一液形変性エポキシ樹脂さび止めペイント 下地調整別途 RB種（塗替え面）	備考
合成樹脂調合ペイント	JIS K 5516　1種	kg	0.17	0.17	淡彩
錆止め塗料塗り		m²	—	1	
下地調整		〃	—	1	
塗装工		人	0.038	0.038	
その他		式	1	1	

名称	摘要	単位	めっき鋼面 工程C塗料1種 錆止別途 下地調整別途	めっき鋼面 工程C塗料1種 — RC種（塗替え面）	備考
合成樹脂調合ペイント	JIS K 5516　1種	kg	0.08	0.08	淡彩
下地調整		m²	—	1	
塗装工		人	0.021	0.021	
その他		式	1	1	

（備考）　1．　錆止め塗料塗りの摘要
　　　　　　　工程A種塗料1種　めっき鋼面　工程A種　現場1回塗り　一液形変性エポキシ樹脂さび止めペイント　屋内外
　　　　　　　下地調整別途（新規面）
　　　　　　　工程B種塗料1種　めっき鋼面　工程C種　現場1回塗り　一液形変性エポキシ樹脂さび止めペイント　屋内外
　　　　　　　下地調整別途（塗替え面）
　　　　　2．　下地調整の摘要
　　　　　　　工程B種塗料1種　錆止め塗料用　めっき鋼面　RB種（塗替え面）
　　　　　　　工程C種塗料1種　錆止め塗料用　めっき鋼面　RC種（塗替え面）
　　　　　3．　「その他」の率対象は，合成樹脂調合ペイント，不飽和ポリエステルパテ，研磨紙，塗装工とする。

【改修標準仕様書】合成樹脂調合ペイント塗り（SOP） めっき鋼面（鋼建） （1m²当り）

名称	摘要	単位	めっき鋼面（鋼建） 工程A塗料1種 錆止別途	錆止A種 現場1回塗り 一液形変性エポキシ樹脂さび止めペイント 下地別途（新規面）	錆止B種 現場1回塗り 一液形変性エポキシ樹脂さび止めペイント RA種（塗替え面）	錆止C種 現場1回塗り 一液形変性エポキシ樹脂さび止めペイント RB種（塗替え面）	備考
合成樹脂調合ペイント	JIS K 5516 1種	kg	0.17	0.17	0.17	0.17	淡彩
不飽和ポリエステルパテ	JASS 18 M-110	〃	0.08	0.08	0.08	0.08	
研磨紙	P120～400	枚	0.07	0.07	0.07	0.07	
錆止め塗料塗り		m²	—	1	1	1	
下地調整		〃	—	—	1	1	
塗装工		人	0.044	0.044	0.044	0.044	
その他		式	1	1	1	1	

名称	摘要	単位	めっき鋼面（鋼建） 工程B塗料1種 錆止別途 下地調整別途	備考
合成樹脂調合ペイント	JIS K 5516 1種	kg	0.17	淡彩
不飽和ポリエステルパテ	JASS 18 M-110	〃	—	
研磨紙	P120～400	枚	—	
塗装工		人	0.038	
その他		式	1	

名称	摘要	単位	めっき鋼面（鋼建） 工程C塗料1種 錆止別途 下地調整別途	— RC種（塗替え面）	備考
合成樹脂調合ペイント	JIS K 5516 1種	kg	0.08	0.08	淡彩
下地調整		m²	—	1	
塗装工		人	0.021	0.021	
その他		式	1	1	

（備考） 1. 錆止め塗料塗りの摘要
　　　　　工程A種塗料1種　錆止A種　めっき鋼面（鋼建）工程A種　現場1回塗り　一液形変性エポキシ樹脂さび止めペイント
　　　　　　　　　　　　　　　　　　　　　　　　　　　　　　　　　　　屋内外　下地調整別途（新規面）
　　　　　工程A種塗料1種　錆止B種　めっき鋼面（鋼建）工程B種　現場1回塗り　一液形変性エポキシ樹脂さび止めペイント
　　　　　　　　　　　　　　　　　　　　　　　　　　　　　　　　　　　屋内外　下地調整別途（塗替え面）
　　　　　工程A種塗料1種　錆止C種　めっき鋼面（鋼建）工程C種　現場1回塗り　一液形変性エポキシ樹脂さび止めペイント
　　　　　　　　　　　　　　　　　　　　　　　　　　　　　　　　　　　屋内外　下地調整別途（塗替え面）
　　　　2. 下地調整の摘要
　　　　　工程A種塗料1種RA種（塗替え面）　　　　錆止め塗料用　めっき鋼面　RA種（塗替え面）
　　　　　工程A種塗料1種RB種（塗替え面）　　　　錆止め塗料用　めっき鋼面　RB種（塗替え面）
　　　　　工程C種塗料1種RC種（塗替え面）　　　　錆止め塗料用　めっき鋼面　RC種（塗替え面）
　　　　3. 「その他」の率対象は，合成樹脂調合ペイント，不飽和ポリエステルパテ，研磨紙，塗装工とする。

【改修標仕仕様】合成樹脂エマルションペイント塗り（EP）

(1m²当り)

名　　称	摘　　要	単位	A種 一般	A種 見上げ	B種 一般	B種 見上げ	C種 一般	C種 見上げ	備考
合成樹脂エマルションペイント	JIS K 5663　1種	kg	0.3	0.3	0.2	0.2	0.2	0.2	
合成樹脂エマルションシーラー	JIS K 5663	〃	0.07	0.07	0.07	0.07	0.07	0.07	
研　磨　紙	P220～240	枚	0.07	—	—	—	—	—	
塗　装　工		人	0.054	0.06	0.04	0.046	0.04	0.046	
そ　の　他		式	1	1	1	1	1	1	

(備考)　1.　B種及びC種で塗替えの場合，合成樹脂エマルションシーラーをしみ止めシーラーとする。
　　　　2.　「その他」の率対象は，合成樹脂エマルションペイント，合成樹脂エマルションシーラー，研磨紙，塗装工とする。

【改修標仕仕様】合成樹脂エマルション模様塗料塗り（EP-T）

モルタル面・コンクリート面・成形セメント板面・ボード面・ボード面（継目）・けいカル板面（1m²当り）

名　　称	摘　　要	単位	工程A種 下地調整別途	工程A種 RB種（塗替え面）	工程B種 下地調整別途	工程B種 RB種（塗替え面）	備考
合成樹脂エマルションペイント	JIS K 5663　1種	kg	0.24	0.24	0.1	0.1	（アクリル系）淡彩
合成樹脂エマルション模様塗料	JIS K 5668　2種	〃	0.6	0.6	0.6	0.6	
合成樹脂エマルションシーラー	JIS K 5663	〃	0.07	0.07	0.07	0.07	
塗　装　工		人	0.065	0.065	0.048	0.048	
下　地　調　整		m²	—	1	—	1	
そ　の　他		式	1	1	1	1	

(備考)　1.　下地調整の摘要
　　　　　　下地調整RB種（塗装面）　RB種（塗替え面）
　　　　2.　「その他」の率対象は，合成樹脂エマルションペイント，合成樹脂エマルション模様塗料，合成樹脂エマルションシーラー，塗装工とする。

名　　称	摘　　要	単位	工程C種 下地調整別途	工程C種 RC種（塗替え面）	備考
合成樹脂エマルションペイント	JIS K 5663　1種	kg	0.14	0.14	（アクリル系）淡彩
合成樹脂エマルション模様塗料	JIS K 5668　2種	〃	—	—	
合成樹脂エマルションシーラー	JIS K 5663	〃	0.07	0.07	
塗　装　工		人	0.027	0.027	
下　地　調　整		m²	—	1	
そ　の　他		式	1	1	

(備考)　1.　下地調整の摘要
　　　　　　下地調整RC種（塗替え面）　RC種（塗替え面）
　　　　2.　「その他」の率対象は，合成樹脂エマルションペイント，合成樹脂エマルション模様塗料，合成樹脂エマルションシーラー，塗装工とする。

【改修標仕仕様】つや有合成樹脂エマルションペイント塗り（EP-G） (1m² 当り)

名　　　称	摘　　　要	単位	A種 一般	A種 見上げ	B種 一般	B種 見上げ	C種 一般	C種 見上げ	備　考
つや有合成樹脂エマルションペイント	JIS K 5660	kg	0.3	0.3	0.2	0.2	0.2	0.2	
合成樹脂エマルションシーラー	JIS K 5663	〃	0.07	0.07	0.07	0.07	0.07	0.07	
研　磨　紙	P220〜240	枚	0.25	—	—	—	—	—	
塗　装　工		人	0.058	0.06	0.04	0.046	0.04	0.046	
そ　の　他		式	1	1	1	1	1	1	

（備考）　1.　B種及びC種で塗替えの場合，合成樹脂エマルションシーラーをしみ止めシーラーとする。
　　　　　2.　「その他」の率対象は，つや有合成樹脂エマルションペイント，合成樹脂エマルションシーラー，研磨紙，塗装工とする。

【改修標仕仕様】つや有合成樹脂エマルションペイント塗り（EP-G）　亜鉛めっき鋼面 (1m² 当り)

名　　　称	摘　　　要	単位	工程A種 錆止A種 現場1回塗り C種水系さび止め（屋内） 下地調整 下地調整別途（新規面）	工程A種 錆止A種 現場1回塗り C種水系さび止め（屋内） 下地調整 RB種（塗替え面）	工程B種 錆止C種 現場1回塗り C種水系さび止め（屋内） 下地調整 RB種（塗替え面）	備　考
つや有合成樹脂エマルションペイント	JIS K 5660	kg	0.2	0.2	0.2	
錆止め塗料塗り		m²	1	1	1	
下　地　調　整		〃	—	1	1	
塗　装　工		人	0.029	0.029	0.029	
そ　の　他		式	1	1	1	

（備考）　1.　錆止め塗料塗りの摘要
　　　　　　　錆止めA種　めっき鋼面　工程A種　現場1回塗り　C種水系さび止め1種　屋内　下地調整別途（新規面）
　　　　　　　錆止めC種　めっき鋼面　工程C種　現場1回塗り　C種水系さび止め1種　屋内　下地調整別途（塗替え面）
　　　　　2.　下地調整の摘要　錆止め塗料用　めっき鋼面　RB種（塗替え面）
　　　　　3.　「その他」の率対象は，つや有合成樹脂エマルションペイント，塗装工とする。

【改修標仕仕様】つや有合成樹脂エマルションペイント塗り（EP-G）　木部 (1m² 当り)

名　　　称	摘　　　要	単位	A種	B種	C種	備　考
つや有合成樹脂エマルションペイント	JIS K 5660	kg	0.2	0.1	0.1	
合成樹脂エマルションシーラー	JIS K 5663	〃	0.07	0.07	0.07	
合成樹脂エマルションパテ	JIS K 5669（耐水形）（薄付け用）	〃	0.03	—	—	
研　磨　紙	P120〜220	枚	0.07	0.07	—	
塗　装　工		人	0.046	0.031	0.029	
そ　の　他		式	1	1	1	

（備考）　「その他」の率対象は，つや有合成樹脂エマルションペイント，合成樹脂エマルションシーラー，合成樹脂エマルションパテ，研磨紙，塗装工とする。

【改修標仕仕様】つや有合成樹脂エマルションペイント塗り（EP-G）　鉄鋼面 (1m² 当り)

名　　　称	摘　　　要	単位	A種	B種	C種	備　考
つや有合成樹脂エマルションペイント	JIS K 5660	kg	0.3	0.2	0.2	
研　磨　紙	P220〜240	枚	0.25	—	—	
塗　装　工		人	0.048	0.029	0.029	
そ　の　他		式	1	1	1	

（備考）　「その他」の率対象は，つや有合成樹脂エマルションペイント，研磨紙，塗装工とする。

【改修標仕仕様】つや有合成樹脂エマルションペイント塗り（EP-G）　亜鉛めっき鋼面　　　　　　　　　（1m² 当り）

名　称	摘　要	単位	A 種	B 種	備　考
つや有合成樹脂エマルションペイント	JIS K 5660	kg	0.2	0.2	
塗　装　工		人	0.029	0.029	
そ　の　他		式	1	1	

（備考）「その他」の率対象は，つや有合成樹脂エマルションペイント，塗装工とする。

【改修標仕仕様】アクリル樹脂系非水分散形塗料塗り（NAD）　　　　　　　　　　　　　　　　　（1m² 当り）

名　称	摘　要	単位	A 種	B 種	備　考
アクリル樹脂系非水分散形塗料	JIS K 5670	kg	0.3	0.2	
研　磨　紙	P220～240	枚	0.07	—	
塗　装　工		人	0.044	0.029	
そ　の　他		式	1	1	

（備考）「その他」の率対象は，アクリル樹脂系非水分散形塗料，研磨紙，塗装工とする。

【改修標仕仕様】ウレタン樹脂ワニス塗り（UC）　木部　　　　　　　　　　　　　　　　　　　（1m² 当り）

名　称	摘　要	単位	工程A種 1液形 下地調整別途	工程A種 1液形 RB種（塗替え面）	工程A種 2液形 下地調整別途	工程A種 2液形 RB種（塗替え面）	備　考
1液形油変性ポリウレタンワニス	JASS 18 M-301	kg	0.15	0.15	—	—	
2液形ポリウレタンワニス	JASS 18 M-502	〃	—	—	0.18	0.18	
研　磨　紙	P120～400	枚	0.2	0.2	0.2	0.2	
下　地　調　整		m²	—	1	—	1	
塗　装　工		人	0.063	0.063	0.063	0.063	
そ　の　他		式	1	1	1	1	

名　称	摘　要	単位	工程B種 1液形 下地調整別途	工程B種 1液形 RB種（塗替え面）	工程B種 2液形 下地調整別途	工程B種 2液形 RB種（塗替え面）	備　考
1液形油変性ポリウレタンワニス	JASS 18 M-301	kg	0.1	0.1	—	—	
2液形ポリウレタンワニス	JASS 18 M-502	〃	—	—	0.12	0.12	
研　磨　紙	P120～400	枚	0.1	0.1	0.1	0.1	
下　地　調　整		m²	—	1	—	1	
塗　装　工		人	0.042	0.042	0.042	0.042	
そ　の　他		式	1	1	1	1	

（備考）　1．下地の摘要
　　　　　　　下地調整RB種（塗替え面）　　　RB種（塗替え面）
　　　　 2．「その他」の率対象は，1液形油変性ポリウレタンワニス，2液形ポリウレタンワニス，研磨紙，塗装工とする。

【改修標仕仕様】 フタル酸樹脂エナメル塗り（FE） （1m²当り）

名　　称	摘　　要	単位	木部 工程C種 下地調整別途	木部 工程C種 RC種（塗替え面）	備　　考
フタル酸樹脂エナメル	JIS K 5572	kg	0.21	0.21	淡彩
下 地 調 整		m²	—	1	
塗 装 工		人	0.046	0.046	
そ の 他		式	1	1	

（備考）　1.　下地調整の摘要
　　　　　　　RC種（塗替え面）　　木部　RC種（塗替え面）
　　　　　2.　「その他」の率対象は，フタル酸樹脂エナメル，塗装工とする。

名　　称	摘　　要	単位	鉄鋼面 工程C種 錆止別途 —	鉄鋼面 工程C種 下地調整別途	鉄鋼面 工程C種 RC種（塗替え面）	備　　考
フタル酸樹脂エナメル	JIS K 5572	kg		0.15	0.15	淡彩
下 地 調 整		m²		—	1	
塗 装 工		人		0.046	0.046	
そ の 他		式		1	1	

（備考）　1.　下地調整の摘要
　　　　　　　RC種（塗替え面）　　錆止め塗料用　鉄面　RC種（塗替え面）
　　　　　2.　「その他」の率対象は，フタル酸樹脂エナメル，塗装工とする。

名　　称	摘　　要	単位	めっき鋼面 工程C種 錆止別途	めっき鋼面 工程C種 下地調整別途	めっき鋼面 工程C種 RC種（塗替え面）	備　　考
フタル酸樹脂エナメル	JIS K 5572	kg	—	0.15	0.15	淡彩
下 地 調 整		m²		—	1	
塗 装 工		人		0.046	0.046	
そ の 他		式		1	1	

（備考）　1.　下地調整の摘要
　　　　　　　RC種（塗替え面）　　錆止め塗料用　めっき鋼面　RC種（塗替え面）
　　　　　2.　「その他」の率対象は，フタル酸樹脂エナメル，塗装工とする。

名　　称	摘　　要	単位	めっき鋼面（鋼建） 工程C種 錆止別途	めっき鋼面（鋼建） 工程C種 下地調整別途	めっき鋼面（鋼建） 工程C種 RC種（塗替え面）	備　　考
フタル酸樹脂エナメル	JIS K 5572	kg	—	0.15	0.15	淡彩
下 地 調 整		m²		—	1	
塗 装 工		人		0.046	0.046	
そ の 他		式		1	1	

（備考）　1.　下地調整の摘要
　　　　　　　RC種（塗替え面）　　錆止め塗料用　めっき鋼面　RC種（塗替え面）
　　　　　2.　「その他」の率対象は，フタル酸樹脂エナメル，塗装工とする。

【改修標仕仕様】クリヤラッカー塗り（CL） (1 m² 当り)

名　称	摘　要	単位	A 種	B 種	備　考
ラッカー系シーラー	JIS K 5533	kg	0.1	0.1	ウッドシーラー
	JIS K 5533	〃	0.1	0.1	サンジングシーラー
ニトロセルロースラッカー	JIS K 5531（木材用）木材用クリヤラッカー	〃	0.20	0.10	
目止め剤	クリヤラッカー塗り用	〃	0.2	—	
研磨紙	P220～240	枚	0.13	0.13	
	P240～320	〃	0.25	—	
塗装工		人	0.12	0.067	
その他		式	1	1	

（備考）　1.　「その他」の率対象は，ラッカー系シーラー，ニトロセルロースラッカー，目止め剤，研磨紙，塗装工とする。
　　　　　2.　着色工程は含まない。

【改修標仕仕様】ラッカーエナメル塗り（LE） (1 m² 当り)

名　称	摘　要	単位	A 種	B 種	備　考
ラッカー系シーラー	JIS K 5533	kg	0.1	0.1	ウッドシーラー
ラッカー系下地塗料	JIS K 5535	〃	0.28	0.28	ラッカーサーフェーサー
ニトロセルロースラッカー	JIS K 5531	〃	0.24	0.16	ラッカーエナメル
研磨紙	P220～240	枚	0.13	0.13	
	P320～400	〃	0.5	0.5	
塗装工		人	0.138	0.117	
その他		式	1	1	

（備考）　1.　表は，公共建築改修工事標準仕様書平成28年版の仕様とする。
　　　　　2.　「その他」の率対象は，ラッカー系シーラー，ラッカー系下地塗料，ニトロセルロースラッカー，研磨紙，塗装工とする。

【改修標仕仕様】オイルステイン塗り（OS） (1 m² 当り)

名　称	摘　要	単位	所要量	備　考
オイルステイン		kg	0.06	
塗装工		人	0.052	
その他		式	1	

（備考）　1.　表は，公共建築改修工事標準仕様書平成31年版の仕様とする。
　　　　　2.　下地調整を含む。
　　　　　3.　「その他」の率対象は，オイルステイン，塗装工とする。

【改修標仕仕様】合成樹脂調合ペイント塗り（SOP）（糸幅：300 mm 以下）　木部 (1 m 当り)

名　称	摘　要	単位	B 種 （新規面）	B 種 （塗替え面）	C 種 （塗替え面）	備　考
合成樹脂調合ペイント	JIS K 5516	kg	0.008	0.008	0.008	1種淡彩
木部下塗り用調合ペイント	JASS 18 M-304	〃	0.01	0.009	—	合成樹脂
合成樹脂エマルションパテ	JIS K 5669（耐水形）	〃	0.008	—	—	
研磨紙	P120～220	枚	0.02	0.014	—	
	P240～320	〃	—	—	0.007	
塗装工		人	0.018	0.015	0.008	
その他		式	1	1	1	

（備考）　1.　木部に適用し，B種（新規面）は下地調整RA種，B種（塗替え面）は下地調整RB種，C種（塗替え面）は下地調整RC種を含む。
　　　　　2.　「その他」の率対象は，合成樹脂調合ペイント，木部下塗り用調合ペイント，合成樹脂エマルションパテ，研磨紙，塗装工とする。

【改修標仕仕様】つや有り合成樹脂エマルションペイント塗り（EP-G）（糸幅：300 mm 以下）　木部　　　　　　　　　　（1 m 当り）

名　称	摘　要	単位	A 種 （新規面）	B 種 （塗替え面）	C 種 （塗替え面）	備　考
つや有合成樹脂 エマルションペイント	JIS K 5660	kg	0.02	0.01	0.01	
木部下塗り用調合 ペ　イ　ン　ト	JASS 18 M-304	〃	0.01	0.009	—	合成樹脂
合成樹脂エマルション シ　ー　ラ　ー	JIS K 5663	〃	0.01	0.007	0.007	
合成樹脂エマルション パ　　テ	JIS K 5669（耐水形） （薄付け用）	〃	0.008	—	—	
研　磨　紙	P120～220	枚	0.02	0.014	—	
	P240～320	〃	—	—	0.007	
塗　装　工		人	0.018	0.012	0.011	
そ　の　他		式	1	1	1	

（備考）　1.　木部に適用し，A 種は下地調整 RA 種，B 種は下地調整 RB 種，C 種は下地調整 RC 種を含む。
　　　　　2.　「その他」の率対象は，つや有合成樹脂エマルションペイント，木部下塗り用調合ペイント，合成樹脂エマルションシーラー，合成樹脂エマルションパテ，研磨紙，塗装工とする。

【改修標仕仕様】フタル酸樹脂エナメル塗り（FE）（糸幅：300 mm 以下）　木部　　　　　　　　　　（1 m 当り）

名　称	摘　要	単位	木部 工程 C 種 下地調整 RC 種（塗替え面）	備　考
フタル酸樹脂エナメル	JIS K 5572	kg	0.021	淡彩
研　磨　紙	P120～400	枚	0.007	
塗　装　工		人	0.017	
そ　の　他		式	1	

（備考）　「その他」の率対象は，フタル酸樹脂エナメル，研磨紙，塗装工とする。

【改修標仕仕様】クリヤラッカー塗り（CL）（糸幅：300 mm 以下）　木部　　　　　　　　　　（1 m 当り）

名　称	摘　要	単位	A 種	B 種	備　考
ラッカー系 シ　ー　ラ　ー	JIS K 5533	kg	0.01	0.01	ウッドシーラー
	JIS K 5533	〃	0.01	0.01	サンジングシーラー
ニトロセルロース ラ　ッ　カ　ー	JIS K 5531（木材用） 木材用クリヤラッカー	〃	0.02	0.01	
目　止　め　剤	クリヤラッカー塗り用	〃	0.02	—	
研　磨　紙	P120～220	枚	0.007	0.007	
	P220～240	〃	0.013	0.013	
	P240～320	〃	0.025	—	
塗　装　工		人	0.041	0.024	
そ　の　他		式	1	1	

（備考）　1.　木部に適用し，下地調整 RB 種を含む。
　　　　　2.　「その他」の率対象は，ラッカー系シーラー，ニトロセルロースラッカー，目止め剤，研磨紙，塗装工とする。

【改修標仕仕様】ラッカーエナメル塗り（LE）（糸幅：300 mm 以下）　木部　　　　　　　　　　　　　　　（1 m 当り）

名　　称	摘　　要	単位	A　種	B　種	備　　考
セラックニス類	JASS 18 M-308	kg	0.001	—	
合成樹脂エマルションパテ	JIS K 5669（耐水形）	〃	0.006	0.006	
ラッカー系シーラー	JIS K 5533	〃	0.01	0.01	ウッドシーラー
ラッカー系下地塗料	JIS K 5535	〃	0.028	0.028	ラッカーサーフェーサー
ニトロセルロースラッカー	JIS K 5331	〃	0.024	0.016	ラッカーエナメル
研磨紙	P120～220	枚	0.013	0.013	
	P220～240	〃	0.013	0.013	
	P320～400	〃	0.05	0.05	
塗装工		人	0.049	0.042	
その他		式	1	1	

（備考）　1.　表は，公共建築改修工事標準仕様書平成28年版の仕様とする。
　　　　　2.　木部に適用し，下地調整RA種を含む。
　　　　　3.　「その他」の率対象は，セラックニス類，合成樹脂エマルションパテ，ラッカー系シーラー，ラッカー系下地塗料，ニトロセルロースラッカー，研磨紙，塗装工とする。

【改修標仕仕様】オイルステイン塗り（OS）（糸幅：300 mm 以下）　木部　　　　　　　　　　　　　　　（1 m 当り）

名　　称	摘　　要	単位	所要量	備　　考
オイルステイン		kg	0.006	
塗装工		人	0.017	
その他		式	1	

（備考）　1.　表は，公共建築改修工事標準仕様書平成31年版の仕様とする。
　　　　　2.　木部に適用し，下地調整を含む。
　　　　　3.　「その他」の率対象は，オイルステイン，塗装工とする。

3．電気設備工事

- ❶ 電気設備工事の積算体系及び歩掛
- ❷ 共 通 費
- ❸ 電力工事
- ❹ 通信工事
- ❺ 信号工事
- ❻ 電気設備改修工事

歩掛は**市場単価方式への移行工種**についても掲載しております。
次ページの注意事項に留意されご利用ください。

「建設工事標準歩掛(電気設備工事編)」の使用にあたっての注意事項

1 「電気設備工事編」標準歩掛の使用にあたって

> 国土交通省をはじめとする公共建築工事積算においては,従来の「積上げ方式」から市場での取引価格を直接積算に導入する「市場単価方式」が平成11年4月より段階的に採用され,(一財)建設物価調査会発行の季刊「建築コスト情報」に建築工事市場単価として公表しています。
>
> 本誌には,市場単価方式への移行工種も歩掛は掲載しておりますが,市場単価につきましては季刊「建築コスト情報」をご利用ください。
>
> なお,電気設備工事編の標準歩掛により単価作成を行う場合は,下請経費等に相当する「その他」を加算する必要があります。「その他」の標準的な数値は787ページをご参照ください。
>
> **本誌掲載歩掛で(参考)は,本書「建設工事標準歩掛積算委員会」が採用した参考歩掛です。ご使用にあたっては十分ご留意ください。**

2 標準歩掛の科目と市場単価本施行工種の対比について

下表は,本誌電気設備工事編の科目と市場単価方式に移行した工種の対比表です。

なお,市場単価移行工種の細目「名称・規格仕様」につきましては,季刊「建築コスト情報」に掲載されておりますので,標準歩掛の使用の際にはご参照の上ご使用ください。

表 本誌掲載と建築工事市場単価本施行工種の対比　　　　　　　　　　　　令和6年9月現在

建設工事標準歩掛 (電気設備工事編)	建築コスト情報　建築工事市場単価編(電気設備工事)			本試行実施年度 (平成)
科　目	工　種	内　容		
❸電力工事	配線工事	絶縁電線工事		17
		絶縁ケーブル工事		19
	配管工事	電線管工事		11
		ケーブルラック工事		12
		位置ボックス工事		
		防火区画貫通処理工事		15
		プルボックス工事		13
		線ぴ類(2種金属線ぴ)工事		14
		線ぴ類(2種金属線ぴボックス)工事		
	動力設備工事	電動機その他接続材(金属製可とう電線管)工事		13
	接地工事	接地極工事		
	雷保護設備工事	接地極埋設標工事		

(注) 季刊「建築コスト情報」の建築工事市場単価編に掲載されている市場単価は,「共通設定条件(1.調査対象建物と標準施工条件　2.基本共通条件)」がありますので,市場単価採用にあたっては内容ご参照の上ご使用ください。

❶ 電気設備工事の積算体系及び歩掛

① 工事費の構成

電気設備工事の工事費の積算は，敷地条件，建物の規模・構造，工法，施工の段取り，周辺環境，他工事との関連，工事期間，施工時期，下請業者の状況，契約上の諸条件等を勘案し，適正に行わなければならない。

発注者が作成する工事費は，工事価格に消費税等相当額を加算することによって算定される。消費税等相当額は，消費税法及び地方税法に基づき工事価格に課せられる消費税及び地方消費税相当分からなる税率（10％）を乗じて得た額である。

工事価格は，工事原価と一般管理費等（付加利益等を含む）により構成される。

工事原価は，純工事費と現場管理費で構成され，純工事費は直接工事費と共通仮設費とにより構成される。

直接工事費は，工事目的物を施工するために直接必要とされる費用であり，工事科目ごとに分けて積算する。

共通費は，❷の共通仮設費，現場管理費，一般管理費等に基づいて積算する。工事費の構成は，**図1 工事費の構成**による。

電気設備工事を使用目的から大別すると，電力設備工事と通信設備工事に分類でき，また，施設場所により，屋内の各設備工事と屋外の構内配電・通信線路工事とに区分できる。なお，電力・電話の引込工事や電柱の支障移転工事は，電力会社や日本電信電話（株）が施工するが，その工事費のうち，需要家（工事の発注者）が負担しなければならない部分を，交渉や手続きその他の全てを工事請負業者に行わせ，請負工事費に含ませる場合もある。

電気設備工事は，発注者の意向により，設備工事業者に単独に発注されることもあれば，土木，建築等の主体工事と統合して発注される場合もある。一般に官公庁の発注は単独工事の場合が多いが，民間は主体工事と統合されているのが普通である。主体工事に統合される場合は，工事費構成表によって得られた工事価格が主体工事の直接工事費の中に設備工事費として積算され，下請の電気工事業者により施工されることとなる。

② 工事歩掛と単価

直接工事費の算定には，以下の方法がある。

(1) 材料価格及び機器類価格に個別の数量を乗じて算定する。
(2) 単位施工当りに必要な材料費，労務費，機械器具費，その他等から構成された単価に数量を乗じて算定する。

　　本単価には，歩掛による複合単価や物価資料に掲載された「建築工事市場単価」等がある。

(3) 上記(1)又は(2)により難い場合は，施工に必要とな
る全ての費用を「1式」として算定する。

歩掛による複合単価，「建築工事市場単価」以外の単価及び価格は，物価資料の掲載価格又は製造業者・専門工事業者の見積価格等を参考とする。

複合単価は，歩掛に基づく単価であり，材料費，労務費，機械器具費，その他（下請け経費等）で構成される。

工事の施工に必要な作業人員は，その工事条件，施工者の能力，工事の種類等によって，当然差がでてくる。したがって，歩掛はその工事ごとに異なるものと考えなければならない。しかし，工事費の積算にあたって，その工事の施工条件や，作業員の能力を詳細に調査することは現実的には困難で，不可能である。

このため，工事発注者側である官公庁や，工事受注者側である電気工事業者では，それぞれある条件を定めて，積算に使用する歩掛を定めているのが実情であり，その条件の定め方に相違があるため，歩掛の員数にも差が生じてくる。

しかし，社会通念に基づく適正利潤を考えた場合，本質的には一致したものがあるはずである。

本書（3．電気設備工事）の歩掛表は，国の統一基準である「公共建築工事標準仕様書（電気工事編）平成4年版」に準拠して，鉄筋コンクリート造，鉄骨鉄筋コンクリート造，鉄骨造の延べ面積3,000 m^{2}程度の事務所，庁舎等及び壁式鉄筋コンクリート造，鉄筋コンクリート造，鉄骨鉄筋コンクリート造，鉄骨造の延べ面積2,000 m^{2}程度の共同住宅の標準的な工事を想定したものである。

直接工事費は，材料費（雑材料を含む），労務費及び下請経費等で構成される。

前述のとおり，この歩掛表は，標準的な工事を対象に考えて作成したものであるので，条件によっては当然適正な補正を考慮しなければならない。すなわち，次のような場合には作業効率の低下による適切な割増しを考慮する必要がある。

(1) 現場への往復に時間がかかる場合
(2) 現場がいくつかに分散されている場合
(3) 関連工事との取合いで作業に支障をきたす場合
(4) 作業が夜間に及ぶ場合
(5) 作業に危険が伴う場合
(6) 建物に執務者がいる状態で行う改修工事で，作業員が執務環境に配慮等しながら施工を行なう場合
(7) 緊急を要する場合
(8) 交通の不便な場合
(9) その他，作業が困難と認められる場合

電気設備工事は照明器具，配分電盤及び通信機器等の製品を取り付ける作業が工事費の大半を占めている。したがって，電気設備工事費の中の労務費の占める割合

は，土木・建築工事に比較して一般に低い。概算見積りのような場合には，材料費に対する比率から労務費を求めることもある。

③ 下請経費等

この工事標準歩掛には「その他」の項目がある。これは本歩掛員数に下請経費が含まれていないため，「その他」を用いて，元請業者の下請けとなる下請経費（製造業者・専門工事業者の諸経費（以下「下請経費」という。）を算出しており，これらには現場管理費及び一般管理費等が含まれる。（**表1 製造業者・専門工事業者の諸経費（下請経費）**参照）

また，「その他」は下請経費，小器材の損耗費，現場労働者に関する法定福利費等であり，**表2（「その他」の率（電気設備工事））**の「その他」の率対象に「その他」の率を乗じて算定する。なお，法定福利費は法定の雇用保険，健康保険，介護保険及び厚生年金保険の事業主負担額である。

「その他」の率対象は，大きく分けて「労務費」を対象とする場合と「材料費，労務費，運搬費及び消耗材料費等」を対象とする場合に区分される。電気工事では，前者が労務提供型の下請けで，多くを占めており，後者は主に「材工」で施工する下請けであり，『塗装工事』がある。

歩掛の「その他」の率は，中間値＋1％※を標準とし，地域の特殊性等を考慮のうえ，適切に定める。

※ 墜落制止用器具の費用を含めた環境安全費の計上分として1％を加算。対象は**表2（「その他」の率（電気設備工事））**に示された工種とする。

④ 数量積算基準

電気設備工事の数量は，設計図書に示された内容に基づき，国が定めた統一基準である「公共建築設備数量積算基準」（令和5年3月改定）を適用して算出する。

⑤ 内訳書標準書式

公共建築工事の電気設備工事の積算は国が定めた統一基準である「公共建築工事内訳書標準書式（設備工事編）」（令和5年3月改定）を適用している。この書式は，公共建築工事に活用できる内訳書式として，国土交通省大臣官房官庁営繕部から公表されている。

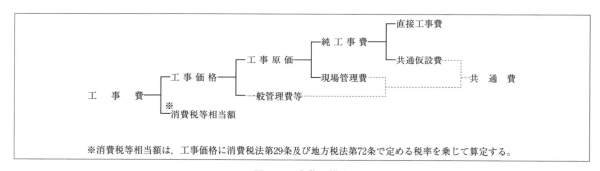

※消費税等相当額は，工事価格に消費税法第29条及び地方税法第72条で定める税率を乗じて算定する。

図1 工事費の構成

表1 製造業者・専門工事業者の諸経費（下請経費）

	製造業者・専門工事業者の諸経費とは，製造業者・専門工事業者の現場管理費及び一般管理費等であり，その内容は以下のとおりとする。 現場管理費とは，工事施工に当たり現場で必要とする費用であり，一般管理費等とは製造業者・専門工事業者の継続運営に必要な費用と付加利益である。
現場管理費	労務管理費，租税公課，保険料，従業員給料手当，退職金，法定福利費，福利厚生費，事務用品費，通信交通費，その他の現場管理に要する費用
一般管理費等	役員報酬，従業員給料手当，退職金，法定福利費，福利厚生費，維持修繕費，事務用品費，通信交通費，動力用水光熱費，調査研究費，広告宣伝費，交際費，地代家賃，減価償却費，試験研究償却費，租税公課，保険料，雑費，付加利益

表2 「その他」の率（電気設備工事）

工　　　種	「その他」の率	「その他」の率の対象	備　　　考
配管工事	20～30%（25% + 1% = 26%）	労	
配線工事	20～30%（25% + 1% = 26%）	労	
接地工事	20～30%（25% + 1% = 26%）	労	
塗装工事	18～26%（22% + 1% = 23%）	材，労，雑	
機器搬入	20～30%（25% + 1% = 26%）	労，雑	
電灯設備	20～30%（25% + 1% = 26%）	労	
動力設備	19～27%（23% + 1% = 24%）	労	
雷保護設備	20～30%（25% + 1% = 26%）	労	
受変電設備	19～27%（23% + 1% = 24%）	労	
電力貯蔵設備	19～27%（23% + 1% = 24%）	労	
架空線路	20～30%（25% + 1% = 26%）	労	
地中線路	20～30%（25% + 1% = 26%）	労	
構内交換設備	19～27%（23% + 1% = 24%）	労	
情報表示・拡声設備	19～27%（23% + 1% = 24%）	労	
誘導支援設備	19～27%（23% + 1% = 24%）	労	
テレビ共同受信設備	19～27%（23% + 1% = 24%）	労	
監視カメラ設備	19～27%（23% + 1% = 24%）	労	
火災報知設備	19～27%（23% + 1% = 24%）	労	
撤去	20～30%（25% + 1% = 26%）	労	
機器搬出	20～30%（25% + 1% = 26%）	労，雑	
はつり工事	20～30%（25% + 1% = 26%）	労	
建築工事	「2. 建築工事」による		
機械設備工事	「4. 機械設備工事」による		

（備考） 1. 表中の材は「材料費」，労は「労務費」，雑は「運搬費及び消耗材料費等」を示す。
　　　　 2. 取外しの場合は，取外しを行う製品等に対応する工種の「その他」の率を適用する。
　　　　 3.「その他」の率の欄の（　）内は，「その他」の率の中間値に，墜落制止用器具の費用を含めた環境安全費の計上分として
　　　　 　1％を加算した値を示す。

❷ 共通費

① 共通仮設費

共通仮設費は，各工事種目に共通の仮設に要する費用で，次のような内容である。

共 通 仮 設 費

項　　目	内　　容
準　備　費	敷地測量，敷地整理，道路占用・使用料，仮設用借地料，その他の準備に要する費用
仮 設 建 物 費	監理事務所，現場事務所，倉庫，下小屋，宿舎，作業員施設等に要する費用
工 事 施 設 費	仮囲い，工事用道路，歩道構台，場内通信設備等の工事用施設に要する費用
環 境 安 全 費	安全標識，消火設備等の施設の設置，交通誘導・安全管理等の要員，隣接物等の養生及び補償復旧並びに台風等災害に備えた災害防止対策に要する費用
動 力 用 水 光 熱 費	工事用電気設備及び工事用給排水設備に要する費用並びに工事用電気・水道料金等
屋 外 整 理 清 掃 費	屋外及び敷地周辺の跡片付け及びこれに伴う屋外発生材処分等並びに端材等の処分及び除雪に要する費用
機 械 器 具 費	共通的な工事用機械器具（測量機器，揚重機械器具，雑機械器具）に要する費用
情 報 シ ス テ ム 費	情報共有，遠隔臨場，BIM，その他情報通信技術等のシステム・アプリケーションに要する費用
そ　の　他	材料及び製品の品質管理試験に要する費用，その他上記のいずれの項目にも属さない費用

共通仮設費は，工事ごとの施工計画に基づいて積算することを原則としているが，設備工事の積算では通常の場合，類似する過去の工事実績を分析し，直接工事費に対する共通仮設費の平均的な比率を算出し，新しい工事にその比率を適用する方法が多くとられている。

ここに示している電気設備工事の共通仮設費率は，国土交通省官庁営繕部が令和5年3月に公表した共通仮設費率の算定式をもとに算定した率である。

表3　算定式による共通仮設費率（Kr）の参考値

共通仮設費率　　　新営電気設備工事

P：直接工事費（千円）	T：工期（か月）					
	3.0	4.0	6.0	12.0	18.0	36.0
5,000	4.12	5.00	6.56	10.46	13.75	21.92
10,000	3.38	4.11	5.39	8.60	11.30	18.01
20,000	2.78	3.37	4.43	7.07	9.29	14.81
30,000	2.48	3.01	3.95	6.30	8.28	13.20
40,000	2.29	2.77	3.64	5.81	7.63	12.17
50,000	2.15	2.60	3.42	5.45	7.17	11.42
100,000	1.76	2.14	2.81	4.48	5.89	9.39
500,000	1.12	1.36	1.78	2.84	3.73	5.95
1,000,000	0.92	1.12	1.47	2.34	3.07	4.89
2,000,000	0.76	0.92	1.20	1.92	2.52	4.02
3,000,000	0.67	0.82	1.07	1.71	2.25	3.59

注）1．直接工事費には処分費を含まない。
　　2．積み上げによる共通仮設費は，含まない場合としている。

〔備考〕算定式は以下のとおり。

共通仮設費率[注1]
$$Kr = Exp(3.086 - 0.283 \times \log_e P + 0.673 \times \log_e T)\,^{[注2・3]}$$
　　ただし，Kr：共通仮設費率（％）[注4]
　　　　　　P：直接工事費（千円）
　　　　　　T：工期（か月）

（注1）本表の共通仮設費率は，施工場所が一般的な市街地の比率である。
（注2）Exp（　）は，指数関数 $e^{(\ )}$ を表す。e は，ネイピア数（自然対数の底）を表す。
（注3）P が以下の範囲を外れる場合は，共通仮設費を別途定めることができる。
　　　　10,000（千円）≦ P ≦ 1,000,000（千円）
（注4）Kr の値は，小数点以下第3位を四捨五入して2位止めとする。

表4 算定式による共通仮設費率（Kr）の参考値

共通仮設費率　　　　改修電気設備工事

P：直接工事費（千円）	T：工期（か月）					
	2.0	3.0	6.0	9.0	12.0	18.0
3,000	2.92	3.42	4.49	5.27	5.90	6.92
4,000	2.82	3.31	4.34	5.09	5.70	6.69
5,000	2.75	3.22	4.23	4.96	5.55	6.51
10,000	2.53	2.96	3.89	4.57	5.11	5.99
20,000	2.33	2.73	3.58	4.20	4.71	5.52
30,000	2.22	2.60	3.42	4.01	4.49	5.26
40,000	2.14	2.51	3.30	3.87	4.33	5.08
50,000	2.09	2.45	3.21	3.77	4.22	4.95
100,000	1.92	2.25	2.96	3.47	3.89	4.56
200,000	1.77	2.08	2.73	3.20	3.58	4.20
300,000	1.69	1.98	2.60	3.05	3.41	4.00

注）1．直接工事費には処分費を含まない。
　　2．積み上げによる共通仮設費は，含まない場合としている。

〔備考〕算定式は以下のとおり。

共通仮設費率[注1]
　　　$Kr = Exp(1.751 - 0.119 \times \log_e P + 0.393 \times \log_e T)$ [注2・3]
　　　　ただし，Kr：共通仮設費率（％）[注4]
　　　　　　　　P：直接工事費（千円）
　　　　　　　　T：工期（か月）

（注1）本表の共通仮設費率は，施工場所が一般的な市街地の比率である。
（注2）Exp（　）は，指数関数 $e^{(\ )}$ を表す。eは，ネイピア数（自然対数の底）を表す。
（注3）Pが以下の範囲を外れる場合は，共通仮設費を別途定めることができる。
　　　　3,000（千円）≦P≦1,000,000（千円）
（注4）Krの値は，小数点以下第3位を四捨五入して2位止めとする。

なお，この共通仮設費率に含まれる内容は次のとおりであり，含まれない内容については，必要に応じ別途積上げ加算する必要がある。

(1) 準　備　費……その他の準備に要する費用
(2) 仮 設 建 物 費……現場事務所（敷地内），倉庫，下小屋，作業員施設等に要する費用
(3) 工 事 施 設 費……場内通信設備等の工事用施設に要する費用
(4) 環 境 安 全 費……安全標識，消火設備等の施設の設置に要する費用。台風等災害に備えた災害防止対策に要する費用のうち一般的なものの費用
(5) 動力用水光熱費……工事用電気設備及び工事用給排水設備に要する費用並びに工事用電気・水道料金等
(6) 屋外整理清掃費……屋外及び敷地周辺の跡片付け及びこれに伴う屋外発生材処分並びに端材等の処分に要する費用
(7) 機 械 器 具 費……測量機器及び雑機械器具に要する費用
(8) そ　の　他……上記のいずれの項目にも属さないもののうち軽微なものの費用

② 現場管理費

現場管理費は，工事施工にあたり，工事現場を管理運営するために必要な費用で，次のような内容である。

現場管理費

項　　目	内　　　　　容
労務管理費	現場雇用労働者（各現場で元請企業が臨時に直接雇用する労働者）及び現場労働者（再下請を含む下請負契約に基づき現場労働に従事する労働者）の労務管理に要する費用 ・募集及び解散に要する費用 ・慰安，娯楽及び厚生に要する費用 ・純工事費に含まれない作業用具及び作業用被服等の費用 ・賃金以外の食事，通勤費等に要する費用 ・安全，衛生に要する費用及び研修訓練等に要する費用 ・労災保険法による給付以外に災害時に事業主が負担する費用
租税公課	工事契約書等の印紙代，申請書・謄抄本登記等の証紙代，固定資産税・自動車税等の租税公課，諸官公署手続き費用
保険料	火災保険，工事保険，自動車保険，組立保険，賠償責任保険及び法定外の労災保険及びその他の損害保険の保険料
従業員給料手当	現場従業員（元請企業の社員）及び現場雇用従業員（各現場で元請企業が臨時に直接雇用する従業員）並びに現場雇用労働者の給与，諸手当（交通費，住宅手当等），賞与及び外注人件費（「施工図等作成費」を除く。）に要する費用
施工図等作成費	施工図・完成図等の作成に要する費用
退職金	現場従業員に対する退職給付引当金繰入額及び現場雇用従業員，現場雇用労働者の退職金
法定福利費	現場従業員，現場雇用従業員，現場雇用労働者及び現場労働者に関する次の費用 ・現場従業員，現場雇用従業員及び現場雇用労働者に関する労災保険料，雇用保険料，健康保険料及び厚生年金保険料の事業主負担額 ・現場労働者に関する労災保険料の事業主負担額 ・建設業退職金共済制度に基づく証紙購入代金
福利厚生費	現場従業員に対する慰安，娯楽，厚生，貸与被服，健康診断，医療，慶弔見舞等に要する費用
事務用品費	事務用消耗品費，OA機器等の事務用備品費，新聞・図書・雑誌等の購入費，工事写真・完成写真代等の費用
通信交通費	通信費，旅費及び交通費
補償費	工事施工に伴って通常発生する騒音，振動，濁水，工事用車両の通行等に対して，近隣の第三者に支払われる補償費。ただし，電波障害等に関する補償費を除く
その他	会議費，式典費，工事実績の登録等に要する費用，各種調査に要する費用，その他上記のいずれの項目にも属さない費用

現場管理費は，施工場所，工事内容，規模，工期，監理方法によって純工事費に対する比率が異なる。

ここに示している電気設備工事の現場管理費率は，国土交通省官庁営繕部が令和5年3月に公表した現場管理費率の算定式をもとに算定した率である。

表5 算定式による現場管理費率（Jo）の参考値

現場管理費率		新営電気設備工事				
Np：純工事費（千円）	T：工期（か月）					
	3.0	4.0	6.0	12.0	18.0	36.0
5,000	28.67	34.36	44.34	68.57	88.49	136.85
10,000	21.92	26.27	33.91	52.44	67.67	104.65
20,000	16.77	20.09	25.93	40.10	51.75	80.03
30,000	14.33	17.17	22.16	34.28	44.23	68.41
40,000	12.82	15.36	19.83	30.66	39.57	61.20
50,000	11.76	14.09	18.19	28.13	36.30	56.14
100,000	8.99	10.78	13.91	21.51	27.76	42.93
500,000	4.82	5.78	7.46	11.54	14.89	23.03
1,000,000	3.69	4.42	5.71	8.82	11.39	17.61
2,000,000	2.82	3.38	4.36	6.75	8.71	13.47
3,000,000	2.41	2.89	3.73	5.77	7.44	11.51

注）1．純工事費には処分費を含まない。
　　2．積み上げによる現場管理費は，含まない場合としている。

〔備考〕算定式は以下のとおり。

現場管理費率[注1]
$$Jo = Exp(5.961 - 0.387 \times \log_e Np + 0.629 \times \log_e T)^{[注2・3]}$$
　　ただし，Jo：現場管理費率（％）[注4]
　　　　　　Np：純工事費（千円）
　　　　　　T：工期（か月）

（注1）本表の現場管理費率は，施工場所が一般的な市街地の比率である。
（注2）Exp（　）は，指数関数 $e^{(\ )}$ を表す。eは，ネイピア数（自然対数の底）を表す。
（注3）Npが以下の範囲を外れる場合は，現場管理費を別途定めることができる。
　　　　10,000（千円）≦ Np ≦1,000,000（千円）
（注4）Joの値は，小数点以下第3位を四捨五入して2位止めとする。

表6 算定式による現場管理費率（Jo）の参考値

現場管理費率		改修電気設備工事				
Np：純工事費（千円）	T：工期（か月）					
	2.0	3.0	6.0	9.0	12.0	18.0
3,000	22.14	29.84	49.70	66.98	82.78	111.56
4,000	19.56	26.36	43.90	59.17	73.12	98.55
5,000	17.77	23.94	39.88	53.74	66.42	89.51
10,000	13.18	17.76	29.58	39.87	49.27	66.40
20,000	9.77	13.17	21.94	29.57	36.54	49.25
30,000	8.21	11.06	18.42	24.83	30.68	41.35
40,000	7.25	9.77	16.27	21.93	27.11	36.53
50,000	6.59	8.88	14.78	19.92	24.62	33.18
100,000	4.88	6.58	10.96	14.78	18.26	24.61
200,000	3.62	4.88	8.13	10.96	13.55	18.26
300,000	3.04	4.10	6.83	9.20	11.37	15.33

注）1．純工事費には処分費を含まない。
　　2．積み上げによる現場管理費は，含まない場合としている。

〔備考〕算定式は以下のとおり。

現場管理費率[注1]
$$Jo = Exp(6.038 - 0.431 \times \log_e Np + 0.736 \times \log_e T)^{[注2・3]}$$
　　ただし，Jo：現場管理費率（％）[注4]
　　　　　　Np：純工事費（千円）
　　　　　　T：工期（か月）

（注1）本表の現場管理費率は，施工場所が一般的な市街地の比率である。
（注2）Exp（　）は，指数関数 $e^{(\ )}$ を表す。eは，ネイピア数（自然対数の底）を表す。
（注3）Npが以下の範囲を外れる場合は，現場管理費を別途定めることができる。
　　　　3,000（千円）≦ Np ≦1,000,000（千円）
（注4）Joの値は，小数点以下第3位を四捨五入して2位止めとする。

なお，この現場管理費率には，前述の内容がすべて含まれているが，設計図書に特記事項があり，現場管理費率に含まれていないものは，別途積上げ加算する必要がある。

③ 一般管理費等

一般管理費等は，工事施工にあたる受注者の継続運営に必要な費用で，一般管理費と付加利益からなる。

③—1 一般管理費

一般管理費は，次の内容である。

一 般 管 理 費

項　　目	内　　容
役 員 報 酬 等	取締役及び監査役に要する報酬及び賞与（損金算入分）
従業員給料手当	本店及び支店の従業員に対する給与，諸手当及び賞与（賞与引当金繰入額を含む）
退　職　金	本店及び支店の役員及び従業員に対する退職金（退職給与引当金繰入額及び退職年金掛金を含む）
法 定 福 利 費	本店及び支店の従業員に関する労災保険料，雇用保険料，健康保険料及び厚生年金保険料の事業主負担額
福 利 厚 生 費	本店及び支店の従業員に対する慰安，娯楽，貸与被服，医療，慶弔見舞等の福利厚生等に要する費用
維 持 修 繕 費	建物，機械，装置等の修繕維持費，倉庫物品の管理費等
事 務 用 品 費	事務用消耗品費，固定資産に計上しない事務用備品，新聞参考図書等の購入費
通 信 交 通 費	通信費，旅費及び交通費
動力用水光熱費	電力，水道，ガス等の費用
調 査 研 究 費	技術研究，開発等の費用
広 告 宣 伝 費	広告，公告又は宣伝に要する費用
交 際 費	得意先，来客等の接待，慶弔見舞等に要する費用
寄 付 金	社会福祉団体等に対する寄付
地 代 家 賃	事務所，寮，社宅等の借地借家料
減 価 償 却 費	建物，車両，機械装置，事務用備品等の減価償却額
試 験 研 究 償 却 費	新製品又は新技術の研究のための特別に支出した費用の償却額
開 発 償 却 費	新技術又は新経営組織の採用，資源の開発並びに市場の開拓のため特別に支出した費用の償却額
租 税 公 課	不動産取得税，固定資産税等の租税及び道路占有料その他の公課
保 険 料	火災保険その他の損害保険料
契 約 保 証 費	契約の保証に必要な費用
雑 費	社内打合せの費用，諸団体会費等の上記のいずれの項目にも属さない費用

③—2 付加利益等

付加利益等は，次の内容である。

付 加 利 益 等

法人税，都道府県民税，市町村民税（一般管理費の租税公課に含むものを除く）
株主配当金
役員賞与（損金算入分を除く）
内部留保金
支払利息及び割引料，支払保証料その他の営業外費用

一般管理費等の工事原価に対する割合は，工事の性質，市場関係の需給状況，履行の難易度その他によって異なるが，積算上は工事原価に対する率で算出することがほとんどである。

ここに示している電気設備工事の一般管理費等率は，国土交通省官庁営繕部から平成28年12月に公表されている。なお，契約保証に必要な費用は，必要に応じて別途加算する。

表7 算定式による一般管理費等率（Gp）の参考値

一般管理費等率	電気設備工事
Cp：工事原価（千円）	Gp：一般管理費等率（％）
3,000以下	17.49
10,000	15.74
20,000	14.74
30,000	14.15
40,000	13.73
50,000	13.41
100,000	12.40
500,000	10.07
1,000,000	9.06
1,500,000	8.47
2,000,000を超える	8.06

〔備考〕算定式は以下のとおり

一般管理費等率（％）
$$Gp = 29.102 - 3.340 \times \log_{10}(Cp)$$
ただし，Gp：一般管理費等率（％）
　　　　Cp：工事原価（千円）
（注）Gpの値は，小数点以下第3位を四捨五入して2位止めとする。

工事原価が3百万円以下の場合の一般管理費等率は，17.49％（定率）とし，工事原価が20億円を超える場合の一般管理費等率は，8.06％（定率）とする。

④ 共通費及び共通費率の参考値

算定式から算出した，共通費と共通費率の参考値
共通費（千円）は，共通仮設費（千円）＋現場管理費（千円）＋一般管理費等（千円）で計算して記載した。
共通費率（％）は，共通費（千円）／直接工事費（千円）で計算し，小数点以下1位を四捨五入して記載した。

表8 算定式による共通費の参考値

共通費（千円）　　新営電気設備工事

P：直接工事費（千円）	T：工期（か月）					
	3.0	4.0	6.0	12.0	18.0	36.0
5,000	2,765	3,161	3,864	5,621	7,117	10,933
10,000	4,512	5,115	6,181	8,837	11,083	16,776
20,000	7,434	8,350	9,970	13,992	17,383	25,921
30,000	9,996	11,167	13,239	18,369	22,691	33,529
40,000	12,351	13,744	16,216	22,322	27,448	40,309
50,000	14,569	16,160	18,994	25,985	31,855	46,528
100,000	24,425	26,874	31,190	41,842	50,755	72,956
500,000	82,749	89,374	100,942	129,412	153,195	211,942
1,000,000	140,509	150,494	168,305	211,999	248,247	338,025
2,000,000	238,816	254,585	282,056	350,275	406,652	546,175
3,000,000	342,170	362,512	398,044	486,166	559,368	739,334

表9 算定式による共通費率の参考値

共通費率　　新営電気設備工事

P：直接工事費（千円）	T：工期（か月）					
	3.0	4.0	6.0	12.0	18.0	36.0
5,000	55%	63%	77%	112%	142%	219%
10,000	45%	51%	62%	88%	111%	168%
20,000	37%	42%	50%	70%	87%	130%
30,000	33%	37%	44%	61%	76%	112%
40,000	31%	34%	41%	56%	69%	101%
50,000	29%	32%	38%	52%	64%	93%
100,000	24%	27%	31%	42%	51%	73%
500,000	17%	18%	20%	26%	31%	42%
1,000,000	14%	15%	17%	21%	25%	34%
2,000,000	12%	13%	14%	18%	20%	27%
3,000,000	11%	12%	13%	16%	19%	25%

表10 算定式による共通費の参考値

共通費（千円）　　改修電気設備工事

P：直接工事費（千円）	T：工期（か月）					
	2.0	3.0	6.0	9.0	12.0	18.0
3,000	1,408	1,700	2,449	3,098	3,693	4,775
4,000	1,730	2,075	2,957	3,723	4,421	5,694
5,000	2,034	2,425	3,428	4,297	5,089	6,533
10,000	3,389	3,974	5,466	6,756	7,931	10,068
20,000	5,717	6,592	8,820	10,742	12,493	15,663
30,000	7,801	8,914	11,741	14,165	16,373	20,374
40,000	9,744	11,066	14,410	17,277	19,880	24,606
50,000	11,605	13,105	16,910	20,183	23,147	28,519
100,000	20,006	22,291	28,043	32,949	37,389	45,402
200,000	34,737	38,228	46,951	54,327	60,998	73,069
300,000	48,037	52,523	63,668	73,135	81,612	96,894

表11 算定式による共通費率の参考値

共通費率　　改修電気設備工事

P：直接工事費（千円）	T：工期（か月）					
	2.0	3.0	6.0	9.0	12.0	18.0
3,000	47%	57%	82%	103%	123%	159%
4,000	43%	52%	74%	93%	111%	142%
5,000	41%	49%	69%	86%	102%	131%
10,000	34%	40%	55%	68%	79%	101%
20,000	29%	33%	44%	54%	62%	78%
30,000	26%	30%	39%	47%	55%	68%
40,000	24%	28%	36%	43%	50%	62%
50,000	23%	26%	34%	40%	46%	57%
100,000	20%	22%	28%	33%	37%	45%
200,000	17%	19%	23%	27%	30%	37%
300,000	16%	18%	21%	24%	27%	32%

❸ 電力工事

① 一 般 事 項
(1) 配線工事の労務歩掛は，ボックス内の分岐，接続，絶縁抵抗試験及び回路表示を含み，機器への接続は含まない。
(2) 金属線ぴに収容する配線工事の労務歩掛は，管路入線の場合を適用する。
(3) 長さ1m以上の通線を行わない配管には，導入線を計上する。
(4) 波付硬質合成樹脂管及び線ぴ類については，導入線を計上しない。
(5) 低圧ケーブルで，合成樹脂モールド工法等の特別な工法を用いる場合は，ケーブル接続材料を別途計上する。
(6) 配管工事の労務歩掛は，管の切断，ねじ切り（硬質ビニル電線管及びねじなし電線管は除く。），曲げ，支持金具類の取付け，管内の清掃及び導通調べを含む。
(7) 配管工事は，耐震支持など特別な支持を行う場合は，支持材を加算する。
(8) 照明器具，配分電盤，制御盤等の労務歩掛は，位置墨出し，材料（機器等）の取付け，必要なインサート・吊ボルトの取付け，試験調整を含む。

② 配 線 工 事
1. 600V絶縁電線（EM-IE・EM-IC・HIV・IV・IC等　管路入線の場合）

名　称	摘　要	単位	材料 品　名	材料 単位	材料 歩掛数量	労務 職　種	労務 歩掛員数(人)	その他
600V絶縁電線	1.0 mm	1m当り	600V絶縁電線	m	1.15	電　工	0.009	1式
	1.2 〃			〃	1.15	〃	0.010	〃
	1.6 〃			〃	1.15	〃	0.010	〃
	2.0 〃			〃	1.15	〃	0.011	〃
	2.6 〃			〃	1.15	〃	0.014	〃
	2 mm²			〃	1.15	〃	0.010	〃
	3.5 〃			〃	1.15	〃	0.011	〃
	5.5 〃			〃	1.15	〃	0.014	〃
	8 〃			〃	1.15	〃	0.016	〃
	14 〃			〃	1.15	〃	0.020	〃
	22 〃			〃	1.1	〃	0.024	〃
	38 〃			〃	1.1	〃	0.032	〃
	60 〃			〃	1.1	〃	0.042	〃
	100 〃			〃	1.1	〃	0.056	〃
	150 〃			〃	1.1	〃	0.073	〃
	200 〃			〃	1.1	〃	0.083	〃
	250 〃			〃	1.1	〃	0.098	〃
	325 〃			〃	1.1	〃	0.117	〃

（備考）　1.　雑材料は，材料価格の5％とし計上する。
　　　　　2.　ダクト類の配線にも適用する。
　　　　　3.　合成樹脂製可とう電線管（PF管，CD管）内配線の場合は，歩掛員数を0.9倍する。
　　　　　4.　接地線は，ラック，ピット，トラフ及びダクトとも管内配線の歩掛員数を適用する。
　　　　　5.　「その他」の率対象は，電工とする。

❸ 電 力 工 事―2

2. 600V絶縁ケーブル配線（EM-EEF，EM-EE，VVF，VVR）

名　称	摘　　要		単位	材　　料			労　　務		その他
				品　名	単位	歩掛数量	職　種	歩掛員数(人)	
600V絶縁ケーブル	木造部分にサドル止め又はステープル止め	1.6mm-2C	1m当り	600V絶縁ケーブル	m	1.1	電工	0.020	1式
		2.0 〃 -〃			〃	1.1	〃	0.025	〃
		2.6 〃 -〃			〃	1.1	〃	0.031	〃
		1.6 〃 -3C			〃	1.1	〃	0.025	〃
		2.0 〃 -〃			〃	1.1	〃	0.030	〃
		2.6 〃 -〃			〃	1.1	〃	0.038	〃
	コンクリート部分にサドル止め（カールプラグを含む）	1.6mm-2C			〃	1.1	〃	0.026	〃
		2.0 〃 -〃			〃	1.1	〃	0.033	〃
		2.6 〃 -〃			〃	1.1	〃	0.042	〃
		1.6 〃 -3C			〃	1.1	〃	0.033	〃
		2.0 〃 -〃			〃	1.1	〃	0.041	〃
		2.6 〃 -〃			〃	1.1	〃	0.051	〃
	天井，ピット内配線	1.6mm-2C			〃	1.1	〃	0.010	〃
		2.0 〃 -〃			〃	1.1	〃	0.013	〃
		2.6 〃 -〃			〃	1.1	〃	0.017	〃
		1.6 〃 -3C			〃	1.1	〃	0.013	〃
		2.0 〃 -〃			〃	1.1	〃	0.017	〃
		2.6 〃 -〃			〃	1.1	〃	0.021	〃
	管内配線	1.6mm-2C			〃	1.1	〃	0.013	〃
		2.0 〃 -〃			〃	1.1	〃	0.017	〃
		2.6 〃 -〃			〃	1.1	〃	0.021	〃
		1.6 〃 -3C			〃	1.1	〃	0.017	〃
		2.0 〃 -〃			〃	1.1	〃	0.021	〃
		2.6 〃 -〃			〃	1.1	〃	0.026	〃

(備考)　1. 雑材料は，材料価格の3％とし計上する。
　　　　2. その他の管内配線の場合は，600Vポリエチレンケーブルの電工の歩掛員数を用いる。
　　　　3. ケーブルラック配線の場合は，管内配線の歩掛員数を1.2倍する。
　　　　4. 合成樹脂製可とう電線管（PF管，CD管）内配線の場合は，管内配線の歩掛員数を0.9倍する。
　　　　5. 「その他」の率対象は，電工とする。

3. 600V絶縁ケーブル配線（EM-EE・VVR　コンクリート部分にサドル止め配線する場合）**(参考)**

名　称	摘　　要	単位	材　　料			労　　務		その他
			品　名	単位	歩掛数量	職　種	歩掛員数(人)	
600V絶縁ケーブル（丸形）	2 mm²-2C	1m当り	600V絶縁ケーブル	m	1.1	電工	0.026	1式
	3.5 〃 -〃			〃	1.1	〃	0.034	〃
	5.5 〃 -〃			〃	1.1	〃	0.042	〃
	8 〃 -〃			〃	1.1	〃	0.046	〃
	14 〃 -〃			〃	1.1	〃	0.058	〃
	22 〃 -〃			〃	1.05	〃	0.074	〃
	38 〃 -〃			〃	1.05	〃	0.100	〃
	60 〃 -〃			〃	1.05	〃	0.130	〃
	100 〃 -〃			〃	1.05	〃	0.180	〃
	2 mm²-3C			〃	1.1	〃	0.034	〃
	3.5 〃 -〃			〃	1.1	〃	0.042	〃
	5.5 〃 -〃			〃	1.1	〃	0.052	〃
	8 〃 -〃			〃	1.1	〃	0.058	〃
	14 〃 -〃			〃	1.1	〃	0.074	〃
	22 〃 -〃			〃	1.05	〃	0.094	〃

(つづく)

名称	摘要	単位	材 品名	料 単位	歩掛数量	労 職種	務 歩掛員数(人)	その他
600V絶縁ケーブル（丸形）	38　mm²- 3 C	1m当り	600V絶縁ケーブル	m	1.05	電工	0.124	1式
	60　〃 - 〃			〃	1.05	〃	0.164	〃
	100　〃 - 〃			〃	1.05	〃	0.224	〃

（備考）　1．歩掛員数には，端末処理を含むものとする。
　　　　　2．雑材料は，材料価格の5％とし計上する。
　　　　　3．「その他」の率対象は，電工とする。

4．600Vポリエチレンケーブル配線（EM-CE，CV　管路入線の場合）

名称	摘要	単位	材 品名	料 単位	歩掛数量	労 職種	務 歩掛員数(人)	その他
600Vポリエチレンケーブル	2　mm²- 1 C	1m当り	600Vポリエチレンケーブル	m	1.1	電工	0.010	1式
	3.5　〃 - 〃			〃	1.1	〃	0.012	〃
	5.5　〃 - 〃			〃	1.1	〃	0.016	〃
	8　〃 - 〃			〃	1.1	〃	0.017	〃
	14　〃 - 〃			〃	1.1	〃	0.022	〃
	22　〃 - 〃			〃	1.05	〃	0.029	〃
	38　〃 - 〃			〃	1.05	〃	0.037	〃
	60　〃 - 〃			〃	1.05	〃	0.049	〃
	100　〃 - 〃			〃	1.05	〃	0.067	〃
	150　〃 - 〃			〃	1.05	〃	0.083	〃
	200　〃 - 〃			〃	1.05	〃	0.102	〃
	250　〃 - 〃			〃	1.05	〃	0.117	〃
	325　〃 - 〃			〃	1.05	〃	0.149	〃
	2　mm²- 2 C			〃	1.1	〃	0.013	〃
	3.5　〃 - 〃			〃	1.1	〃	0.017	〃
	5.5　〃 - 〃			〃	1.1	〃	0.021	〃
	8　〃 - 〃			〃	1.1	〃	0.023	〃
	14　〃 - 〃			〃	1.1	〃	0.029	〃
	22　〃 - 〃			〃	1.05	〃	0.037	〃
	38　〃 - 〃			〃	1.05	〃	0.050	〃
	60　〃 - 〃			〃	1.05	〃	0.065	〃
	100　〃 - 〃			〃	1.05	〃	0.090	〃
	150　〃 - 〃			〃	1.05	〃	0.110	〃
	200　〃 - 〃			〃	1.05	〃	0.136	〃
	250　〃 - 〃			〃	1.05	〃	0.157	〃
	325　〃 - 〃			〃	1.05	〃	0.198	〃
	2　mm²- 3 C			〃	1.1	〃	0.017	〃
	3.5　〃 - 〃			〃	1.1	〃	0.021	〃
	5.5　〃 - 〃			〃	1.1	〃	0.026	〃
	8　〃 - 〃			〃	1.1	〃	0.029	〃
	14　〃 - 〃			〃	1.1	〃	0.037	〃
	22　〃 - 〃			〃	1.05	〃	0.047	〃
	38　〃 - 〃			〃	1.05	〃	0.062	〃
	60　〃 - 〃			〃	1.05	〃	0.082	〃
	100　〃 - 〃			〃	1.05	〃	0.112	〃
	150　〃 - 〃			〃	1.05	〃	0.137	〃
	200　〃 - 〃			〃	1.05	〃	0.170	〃

（つづく）

❸ 電 力 工 事 ― 4

名　称	摘　要	単位	材料 品名	単位	歩掛数量	労務 職種	歩掛員数(人)	その他
600V ポリエチレンケーブル	250　mm²-3C	1m当り	600V ポリエチレンケーブル	m	1.05	電工	0.196	1式
	325　〃 -〃			〃	1.05	〃	0.248	〃
	2　mm²-4C			〃	1.1	〃	0.020	〃
	3.5　〃 -〃			〃	1.1	〃	0.024	〃
	5.5　〃 -〃			〃	1.1	〃	0.030	〃
	8　〃 -〃			〃	1.1	〃	0.035	〃
	14　〃 -〃			〃	1.1	〃	0.043	〃
	22　〃 -〃			〃	1.05	〃	0.056	〃
	38　〃 -〃			〃	1.05	〃	0.074	〃
	60　〃 -〃			〃	1.05	〃	0.098	〃
	100　〃 -〃			〃	1.05	〃	0.134	〃
	150　〃 -〃			〃	1.05	〃	0.165	〃
	200　〃 -〃			〃	1.05	〃	0.204	〃
	250　〃 -〃			〃	1.05	〃	0.235	〃
	325　〃 -〃			〃	1.05	〃	0.297	〃

（備考）　1．歩掛員数には，端末処理を含むものとする。
　　　　　2．雑材料は，材料価格の5％とし計上する。
　　　　　3．デュプレックス形は2C，トリプレックス形は3C，カドラプレックス形は4Cを適用する。
　　　　　4．EM-CET，CVTは3Cを準用する。
　　　　　5．キャブタイヤケーブルは本表を準用する。
　　　　　6．ケーブルラック配線の場合は，歩掛員数を1.2倍する。
　　　　　7．ピット，トラフ及び天井内配線の場合は，歩掛員数を0.8倍する。
　　　　　8．合成樹脂製可とう電線管（PF管，CD管）及び波付硬質合成樹脂管内配線の場合は，歩掛員数を0.9倍する。
　　　　　9．コンクリート部分にサドル止め（カールプラグ止め）の場合は，歩掛員数を2.0倍する。
　　　　 10．木造部分にサドル止め又はステープル止めの場合は，歩掛員数を1.5倍する。
　　　　 11．「その他」の率対象は，電工とする。

5．高圧架橋ポリエチレンケーブル配線（6kV EM-CE (EE)，6kV EM-CET (EE)，6kV CV，6kV CVT　管路入線の場合）

名　称	摘　要	単位	材料 品名	単位	歩掛数量	労務 職種	歩掛員数(人)	その他
高圧架橋ポリエチレンケーブル	8 mm²-1C	1m当り	高圧架橋ポリエチレンケーブル	m	1.05	電工	0.019	1式
	14　〃 -〃			〃	1.05	〃	0.024	〃
	22　〃 -〃			〃	1.05	〃	0.031	〃
	38　〃 -〃			〃	1.05	〃	0.041	〃
	60　〃 -〃			〃	1.05	〃	0.054	〃
	100　〃 -〃			〃	1.05	〃	0.074	〃
	150　〃 -〃			〃	1.05	〃	0.091	〃
	200　〃 -〃			〃	1.05	〃	0.112	〃
	250　〃 -〃			〃	1.05	〃	0.129	〃
	325　〃 -〃			〃	1.05	〃	0.164	〃
	8 mm²-3C			〃	1.05	〃	0.032	〃
	14　〃 -〃			〃	1.05	〃	0.040	〃
	22　〃 -〃			〃	1.05	〃	0.052	〃
	38　〃 -〃			〃	1.05	〃	0.068	〃
	60　〃 -〃			〃	1.05	〃	0.090	〃
	100　〃 -〃			〃	1.05	〃	0.124	〃
	150　〃 -〃			〃	1.05	〃	0.151	〃
	200　〃 -〃			〃	1.05	〃	0.188	〃
	250　〃 -〃			〃	1.05	〃	0.216	〃
	325　〃 -〃			〃	1.05	〃	0.273	〃

（つづく）

（備考） 1. 3kV EM-CE，3kV EM-CET，3kV CV，3kV CVT にも適用する。
　　　　2. 端末処理は，別途計上する。
　　　　3. 雑材料は，材料価格の3％とし計上する。
　　　　4. ケーブルラック配線の場合は，歩掛員数を1.2倍する。
　　　　5. ピット及びトラフ内配線の場合は，歩掛員数を0.8倍する。
　　　　6. 波付硬質合成樹脂管内配線の場合は，歩掛員数を0.9倍する。
　　　　7. 「その他」の率対象は，電工とする。

6. 高圧電力ケーブル端末処理（プレハブ）

名　　称	摘　　　要	単位	材料 品名	材料 歩掛数量	労務 職種	労務 歩掛員数（人）	その他
高圧電力ケーブル接続端末処理〔直線接続〕	8mm²-3C	1か所当り		1式	電工	0.15	1式
	14 〃 -〃			〃	〃	0.15	〃
	22 〃 -〃			〃	〃	0.28	〃
	38 〃 -〃			〃	〃	0.28	〃
	60 〃 -〃			〃	〃	0.42	〃
	100 〃 -〃			〃	〃	0.52	〃
	150 〃 -〃			〃	〃	0.70	〃
	200 〃 -〃			〃	〃	0.80	〃
高圧電力ケーブル端末処理	8mm²-1C（屋内・屋外）	1か所当り	端末処理材料	〃	〃	0.11	〃
	14 〃 -〃 （ 〃 ）			〃	〃	0.11	〃
	22 〃 -〃 （ 〃 ）			〃	〃	0.21	〃
	38 〃 -〃 （ 〃 ）			〃	〃	0.21	〃
	60 〃 -〃 （ 〃 ）			〃	〃	0.31	〃
	100 〃 -〃 （ 〃 ）			〃	〃	0.39	〃
	150 〃 -〃 （ 〃 ）			〃	〃	0.52	〃
	200 〃 -〃 （ 〃 ）			〃	〃	0.60	〃
	8mm²-3C（屋内・屋外）			〃	〃	0.19	〃
	14 〃 -〃 （ 〃 ）			〃	〃	0.19	〃
	22 〃 -〃 （ 〃 ）			〃	〃	0.35	〃
	38 〃 -〃 （ 〃 ）			〃	〃	0.35	〃
	60 〃 -〃 （ 〃 ）			〃	〃	0.52	〃
	100 〃 -〃 （ 〃 ）			〃	〃	0.65	〃
	150 〃 -〃 （ 〃 ）			〃	〃	0.87	〃
	200 〃 -〃 （ 〃 ）			〃	〃	1.00	〃
	250 〃 -〃 （ 〃 ）			〃	〃	1.10	〃
	325 〃 -〃 （ 〃 ）			〃	〃	1.20	〃
	8mm²-3C（屋外耐塩）			〃	〃	0.20	〃
	14 〃 -〃 （ 〃 ）			〃	〃	0.20	〃
	22 〃 -〃 （ 〃 ）			〃	〃	0.41	〃
	38 〃 -〃 （ 〃 ）			〃	〃	0.41	〃
	60 〃 -〃 （ 〃 ）			〃	〃	0.62	〃
	100 〃 -〃 （ 〃 ）			〃	〃	0.78	〃
	150 〃 -〃 （ 〃 ）			〃	〃	1.04	〃
	200 〃 -〃 （ 〃 ）			〃	〃	1.20	〃
	250 〃 -〃 （ 〃 ）			〃	〃	1.32	〃
	325 〃 -〃 （ 〃 ）			〃	〃	1.44	〃

（備考） 1. トリプレックス形は3Cを適用する。
　　　　2. 高圧耐火ケーブルにも適用する。
　　　　3. 「その他」の率対象は，電工とする。

❸電力工事—6

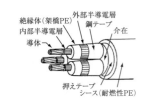

6kV架橋ポリエチレン絶縁耐燃性
ポリエチレンシースケーブル（CE/F）

6kVトリプレックス形架橋ポリエチレン絶縁耐燃性
ポリエチレンシースケーブル（CET/F）

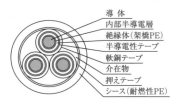

高圧ケーブル断面図

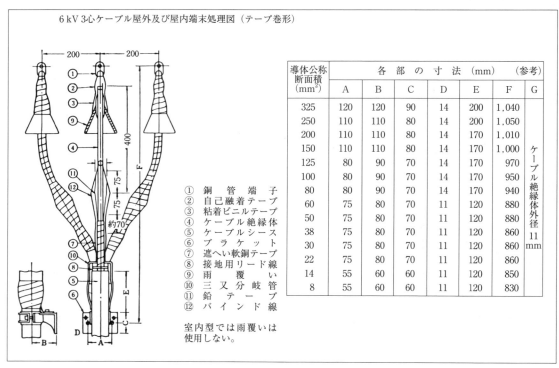

6kV3心ケーブル屋外及び屋内端末処理図（テープ巻形）

導体公称断面積 (mm^2)	各部の寸法 (mm)（参考）						
	A	B	C	D	E	F	G
325	120	120	90	14	200	1,040	ケーブル絶縁体外径11mm
250	110	110	80	14	200	1,050	
200	110	110	80	14	170	1,010	
150	110	110	80	14	170	1,000	
125	80	90	70	14	170	970	
100	80	90	70	14	170	950	
80	80	90	70	14	170	940	
60	75	80	70	11	120	880	
50	75	80	70	11	120	880	
38	75	80	70	11	120	860	
30	75	80	70	11	120	860	
22	75	80	70	11	120	860	
14	55	60	60	11	120	850	
8	55	60	60	11	120	830	

① 銅管端子
② 自己融着テープ
③ 粘着ビニルテープ
④ ケーブル絶縁体
⑤ ケーブルシース
⑥ ブラケット
⑦ 遮へい軟銅テープ
⑧ 接地用リード線
⑨ 雨覆い
⑩ 三叉分岐管
⑪ 鉛テープ
⑫ バインド線

室内型では雨覆いは使用しない。

6kV高圧ケーブル端末処理参考図

7. 制御用ケーブル配線（EM-CEE，EM-CEE-S，CVV，CVV-S 管路入線の場合）

名　称	摘　要	単位	材料 品名	材料 単位	材料 歩掛数量	労務 職種	労務 歩掛員数(人)	その他
制御用ケーブル	1.25 mm² － 2 C	1 m 当り	制御用ケーブル	m	1.1	電工	0.015	1 式
〃	2 〃 － 〃	〃	〃	〃	1.1	〃	0.017	〃
〃	3.5 〃 － 〃	〃	〃	〃	1.1	〃	0.018	〃
〃	5.5 〃 － 〃	〃	〃	〃	1.1	〃	0.021	〃
〃	8 〃 － 〃	〃	〃	〃	1.1	〃	0.026	〃
〃	1.25 〃 － 3 C	〃	〃	〃	1.1	〃	0.017	〃
〃	2 〃 － 〃	〃	〃	〃	1.1	〃	0.019	〃
〃	3.5 〃 － 〃	〃	〃	〃	1.1	〃	0.021	〃
〃	5.5 〃 － 〃	〃	〃	〃	1.1	〃	0.024	〃
〃	8 〃 － 〃	〃	〃	〃	1.1	〃	0.030	〃
〃	1.25 〃 － 4 C	〃	〃	〃	1.1	〃	0.019	〃
〃	2 〃 － 〃	〃	〃	〃	1.1	〃	0.022	〃
〃	3.5 〃 － 〃	〃	〃	〃	1.1	〃	0.023	〃
〃	5.5 〃 － 〃	〃	〃	〃	1.1	〃	0.028	〃
〃	8 〃 － 〃	〃	〃	〃	1.1	〃	0.034	〃
〃	1.25 〃 － 5 C	〃	〃	〃	1.1	〃	0.025	〃
〃	2 〃 － 〃	〃	〃	〃	1.1	〃	0.028	〃
〃	3.5 〃 － 〃	〃	〃	〃	1.1	〃	0.030	〃
〃	5.5 〃 － 〃	〃	〃	〃	1.1	〃	0.037	〃
〃	8 〃 － 〃	〃	〃	〃	1.1	〃	0.044	〃
〃	1.25 〃 － 6 C	〃	〃	〃	1.1	〃	0.025	〃
〃	2 〃 － 〃	〃	〃	〃	1.1	〃	0.028	〃
〃	3.5 〃 － 〃	〃	〃	〃	1.1	〃	0.030	〃
〃	5.5 〃 － 〃	〃	〃	〃	1.1	〃	0.037	〃
〃	8 〃 － 〃	〃	〃	〃	1.1	〃	0.044	〃
〃	1.25 〃 － 7 C	〃	〃	〃	1.1	〃	0.030	〃
〃	2 〃 － 〃	〃	〃	〃	1.1	〃	0.034	〃
〃	3.5 〃 － 〃	〃	〃	〃	1.1	〃	0.037	〃
〃	5.5 〃 － 〃	〃	〃	〃	1.1	〃	0.044	〃
〃	8 〃 － 〃	〃	〃	〃	1.1	〃	0.054	〃
〃	1.25 〃 － 8 C	〃	〃	〃	1.1	〃	0.030	〃
〃	2 〃 － 〃	〃	〃	〃	1.1	〃	0.034	〃
〃	3.5 〃 － 〃	〃	〃	〃	1.1	〃	0.037	〃
〃	5.5 〃 － 〃	〃	〃	〃	1.1	〃	0.044	〃
〃	8 〃 － 〃	〃	〃	〃	1.1	〃	0.054	〃
〃	1.25 〃 － 9 C	〃	〃	〃	1.1	〃	0.037	〃
〃	2 〃 － 〃	〃	〃	〃	1.1	〃	0.042	〃
〃	3.5 〃 － 〃	〃	〃	〃	1.1	〃	0.045	〃
〃	5.5 〃 － 〃	〃	〃	〃	1.1	〃	0.054	〃
〃	8 〃 － 〃	〃	〃	〃	1.1	〃	0.066	〃
〃	1.25 〃 －10 C	〃	〃	〃	1.1	〃	0.037	〃
〃	2 〃 － 〃	〃	〃	〃	1.1	〃	0.042	〃
〃	3.5 〃 － 〃	〃	〃	〃	1.1	〃	0.045	〃
〃	5.5 〃 － 〃	〃	〃	〃	1.1	〃	0.054	〃
〃	8 〃 － 〃	〃	〃	〃	1.1	〃	0.066	〃

（つづく）

❸電力工事—8

名称	摘要	単位	材料 品名	単位	歩掛数量	労務 職種	歩掛員数(人)	その他
制御用ケーブル	1.25 mm² -11C	1m当り	制御用ケーブル	m	1.1	電工	0.043	1式
	2 〃 - 〃			〃	1.1	〃	0.048	〃
	3.5 〃 - 〃			〃	1.1	〃	0.053	〃
	5.5 〃 - 〃			〃	1.1	〃	0.063	〃
	8 〃 - 〃			〃	1.1	〃	0.077	〃
	1.25 〃 -12C			〃	1.1	〃	0.043	〃
	2 〃 - 〃			〃	1.1	〃	0.048	〃
	3.5 〃 - 〃			〃	1.1	〃	0.053	〃
	5.5 〃 - 〃			〃	1.1	〃	0.063	〃
	8 〃 - 〃			〃	1.1	〃	0.077	〃
	1.25 〃 -13C			〃	1.1	〃	0.048	〃
	2 〃 - 〃			〃	1.1	〃	0.053	〃
	3.5 〃 - 〃			〃	1.1	〃	0.058	〃
	5.5 〃 - 〃			〃	1.1	〃	0.069	〃
	1.25 〃 -14C			〃	1.1	〃	0.048	〃
	2 〃 - 〃			〃	1.1	〃	0.053	〃
	3.5 〃 - 〃			〃	1.1	〃	0.058	〃
	5.5 〃 - 〃			〃	1.1	〃	0.069	〃
	1.25 〃 -15C			〃	1.1	〃	0.054	〃
	2 〃 - 〃			〃	1.1	〃	0.060	〃
	3.5 〃 - 〃			〃	1.1	〃	0.066	〃
	5.5 〃 - 〃			〃	1.1	〃	0.078	〃
	1.25 〃 -16C			〃	1.1	〃	0.054	〃
	2 〃 - 〃			〃	1.1	〃	0.060	〃
	3.5 〃 - 〃			〃	1.1	〃	0.066	〃
	5.5 〃 - 〃			〃	1.1	〃	0.078	〃
	1.25 〃 -17C			〃	1.1	〃	0.059	〃
	2 〃 - 〃			〃	1.1	〃	0.065	〃
	3.5 〃 - 〃			〃	1.1	〃	0.072	〃
	5.5 〃 - 〃			〃	1.1	〃	0.085	〃
	1.25 〃 -18C			〃	1.1	〃	0.059	〃
	2 〃 - 〃			〃	1.1	〃	0.065	〃
	3.5 〃 - 〃			〃	1.1	〃	0.072	〃
	5.5 〃 - 〃			〃	1.1	〃	0.085	〃
	1.25 〃 -19C			〃	1.1	〃	0.063	〃
	2 〃 - 〃			〃	1.1	〃	0.070	〃
	3.5 〃 - 〃			〃	1.1	〃	0.077	1式
	5.5 〃 - 〃			〃	1.1	〃	0.091	〃
	1.25 〃 -20C			〃	1.1	〃	0.063	〃
	2 〃 - 〃			〃	1.1	〃	0.070	〃
	3.5 〃 - 〃			〃	1.1	〃	0.077	〃
	5.5 〃 - 〃			〃	1.1	〃	0.091	〃

(つづく)

名　　称	摘　　　要	単位	材料 品　名	材料 単位	材料 歩掛数量	労務 職　種	労務 歩掛員数(人)	その他
制　御　用　ケ　ー　ブ　ル	1.25 mm² －21C	1 m 当り	制御用ケーブル	m	1.1	電　工	0.068	1　式
	2　〃　－〃			〃	1.1	〃	0.076	〃
	3.5　〃　－〃			〃	1.1	〃	0.083	〃
	1.25　〃　－22C			〃	1.1	〃	0.068	〃
	2　〃　－〃			〃	1.1	〃	0.076	〃
	3.5　〃　－〃			〃	1.1	〃	0.083	〃
	1.25　〃　－23C			〃	1.1	〃	0.072	〃
	2　〃　－〃			〃	1.1	〃	0.080	〃
	3.5　〃　－〃			〃	1.1	〃	0.088	〃
	1.25　〃　－24C			〃	1.1	〃	0.072	〃
	2　〃　－〃			〃	1.1	〃	0.080	〃
	3.5　〃　－〃			〃	1.1	〃	0.088	〃
	1.25　〃　－25C			〃	1.1	〃	0.075	〃
	2　〃　－〃			〃	1.1	〃	0.083	〃
	3.5　〃　－〃			〃	1.1	〃	0.091	〃
	1.25　〃　－26C			〃	1.1	〃	0.075	〃
	2　〃　－〃			〃	1.1	〃	0.083	〃
	3.5　〃　－〃			〃	1.1	〃	0.091	〃
	1.25　〃　－27C			〃	1.1	〃	0.075	〃
	2　〃　－〃			〃	1.1	〃	0.083	〃
	3.5　〃　－〃			〃	1.1	〃	0.091	〃
	1.25　〃　－28C			〃	1.1	〃	0.075	〃
	2　〃　－〃			〃	1.1	〃	0.083	〃
	3.5　〃　－〃			〃	1.1	〃	0.091	〃
	1.25　〃　－29C			〃	1.1	〃	0.075	〃
	2　〃　－〃			〃	1.1	〃	0.083	〃
	3.5　〃　－〃			〃	1.1	〃	0.091	〃
	1.25　〃　－30C			〃	1.1	〃	0.075	〃
	2　〃　－〃			〃	1.1	〃	0.083	〃
	3.5　〃　－〃			〃	1.1	〃	0.091	〃

（備考）　1.　雑材料は，材料価格の3％とし計上する。
　　　　　2.　ケーブルラック配線の場合は，歩掛員数を1.2倍する。
　　　　　3.　ピット，トラフ及び天井内配線の場合は，歩掛員数を0.8倍する。
　　　　　4.　合成樹脂製可とう電線管（PF管，CD管）及び波付硬質合成樹脂管内配線の場合は，歩掛員数を0.9倍する。
　　　　　5.　コンクリート部分にサドル止め（カールプラグ止め）の場合は，歩掛員数を2.0倍する。
　　　　　6.　木造部分にサドル止め又はステープル止めの場合は，歩掛員数を1.5倍する。
　　　　　7.　「その他」の率対象は，電工とする。

8. 低圧耐火ケーブル配線（EM-FP-C，NH-FP-C，FP-C 管路入線の場合）

名　称	摘　　要	単位	材料　品　名	材料　単位	材料　歩掛数量	労務　職　種	労務　歩掛員数(人)	その他
低圧耐火ケーブル	1.2 mm - 1 C	1 m 当り	低圧耐火ケーブル	m	1.1	電 工	0.012	1 式
	1.6 〃 - 〃			〃	1.1	〃	0.013	〃
	2.0 〃 - 〃			〃	1.1	〃	0.015	〃
	2.6 〃 - 〃			〃	1.1	〃	0.019	〃
	2 mm² - 〃			〃	1.1	〃	0.013	〃
	3.5 〃 - 〃			〃	1.1	〃	0.015	〃
	5.5 〃 - 〃			〃	1.1	〃	0.019	〃
	8 〃 - 〃			〃	1.1	〃	0.021	〃
	14 〃 - 〃			〃	1.1	〃	0.026	〃
	22 〃 - 〃			〃	1.05	〃	0.033	〃
	38 〃 - 〃			〃	1.05	〃	0.045	〃
	60 〃 - 〃			〃	1.05	〃	0.058	〃
	100 〃 - 〃			〃	1.05	〃	0.080	〃
	150 〃 - 〃			〃	1.05	〃	0.099	〃
	200 〃 - 〃			〃	1.05	〃	0.122	〃
	250 〃 - 〃			〃	1.05	〃	0.140	〃
	325 〃 - 〃			〃	1.05	〃	0.179	〃
	1.2 mm - 2 C			〃	1.1	〃	0.015	〃
	1.6 〃 - 〃			〃	1.1	〃	0.017	〃
	2.0 〃 - 〃			〃	1.1	〃	0.020	〃
	2.6 〃 - 〃			〃	1.1	〃	0.025	〃
	2 mm² - 〃			〃	1.1	〃	0.017	〃
	3.5 〃 - 〃			〃	1.1	〃	0.020	〃
	5.5 〃 - 〃			〃	1.1	〃	0.025	〃
	8 〃 - 〃			〃	1.1	〃	0.027	〃
	14 〃 - 〃			〃	1.1	〃	0.035	〃
	22 〃 - 〃			〃	1.05	〃	0.045	〃
	38 〃 - 〃			〃	1.05	〃	0.059	〃
	60 〃 - 〃			〃	1.05	〃	0.078	〃
	100 〃 - 〃			〃	1.05	〃	0.108	〃
	150 〃 - 〃			〃	1.05	〃	0.131	〃
	200 〃 - 〃			〃	1.05	〃	0.163	〃
	250 〃 - 〃			〃	1.05	〃	0.188	〃
	325 〃 - 〃			〃	1.05	〃	0.238	〃
	1.2 mm - 3 C			〃	1.1	〃	0.017	〃
	1.6 〃 - 〃			〃	1.1	〃	0.020	〃
	2.0 〃 - 〃			〃	1.1	〃	0.024	〃
	2.6 〃 - 〃			〃	1.1	〃	0.030	〃
	2 mm² - 〃			〃	1.1	〃	0.020	〃
	3.5 〃 - 〃			〃	1.1	〃	0.024	〃
	5.5 〃 - 〃			〃	1.1	〃	0.030	〃
	8 〃 - 〃			〃	1.1	〃	0.035	〃
	14 〃 - 〃			〃	1.1	〃	0.043	〃
	22 〃 - 〃			〃	1.05	〃	0.056	〃
	38 〃 - 〃			〃	1.05	〃	0.074	〃
	60 〃 - 〃			〃	1.05	〃	0.098	〃
	100 〃 - 〃			〃	1.05	〃	0.134	〃

(つづく)

❸電力工事—11

名　称	摘　　要	単位	材料 品名	材料 単位	材料 歩掛数量	労務 職種	労務 歩掛員数(人)	その他
低圧耐火ケーブル	150 mm² －3 C	1 m 当り	低圧耐火ケーブル	m	1.05	電工	0.165	1 式
	200 〃 －〃			〃	1.05	〃	0.204	〃
	250 〃 －〃			〃	1.05	〃	0.235	〃
	325 〃 －〃			〃	1.05	〃	0.298	〃
	1.2 mm －4 C			〃	1.1	〃	0.021	〃
	1.6 〃 －〃			〃	1.1	〃	0.024	〃
	2.0 〃 －〃			〃	1.1	〃	0.030	〃
	2.6 〃 －〃			〃	1.1	〃	0.037	〃
	2 mm² －〃			〃	1.1	〃	0.024	〃
	3.5 〃 －〃			〃	1.1	〃	0.030	〃
	5.5 〃 －〃			〃	1.1	〃	0.037	〃
	8 〃 －〃			〃	1.1	〃	0.042	〃
	14 〃 －〃			〃	1.1	〃	0.052	〃
	22 〃 －〃			〃	1.05	〃	0.067	〃
	38 〃 －〃			〃	1.05	〃	0.089	〃
	60 〃 －〃			〃	1.05	〃	0.118	〃
	100 〃 －〃			〃	1.05	〃	0.161	〃
	150 〃 －〃			〃	1.05	〃	0.198	〃
	200 〃 －〃			〃	1.05	〃	0.245	〃
	250 〃 －〃			〃	1.05	〃	0.282	〃
	325 〃 －〃			〃	1.05	〃	0.356	〃
	1.2 mm －5 C			〃	1.1	〃	0.024	〃
	1.6 〃 －〃			〃	1.1	〃	0.028	〃
	1.2 〃 －6 C			〃	1.1	〃	0.027	〃
	1.6 〃 －〃			〃	1.1	〃	0.031	〃
	1.2 〃 －7 C			〃	1.1	〃	0.030	〃
	1.6 〃 －〃			〃	1.1	〃	0.035	〃
	1.2 〃 －8 C			〃	1.1	〃	0.034	〃
	1.6 〃 －〃			〃	1.1	〃	0.038	〃
	1.2 〃 －10 C			〃	1.1	〃	0.040	〃
	1.6 〃 －〃			〃	1.1	〃	0.046	〃
	1.2 〃 －12 C			〃	1.1	〃	0.047	〃
	1.6 〃 －〃			〃	1.1	〃	0.054	〃
	1.2 〃 －15 C			〃	1.1	〃	0.060	〃
	1.6 〃 －〃			〃	1.1	〃	0.068	〃
	1.2 〃 －20 C			〃	1.1	〃	0.069	〃
	1.6 〃 －〃			〃	1.1	〃	0.079	〃
	1.2 〃 －25 C			〃	1.1	〃	0.076	〃
	1.2 〃 －30 C			〃	1.1	〃	0.083	〃
	1.6 〃 －〃			〃	1.1	〃	0.095	〃

(備考)　1.　2mm²-8 C〜30 Cは，1.6mm-8 C〜30 Cを準用する。
　　　　2.　歩掛員数には，端末処理を含むものとする。
　　　　3.　雑材料は，材料価格の5％とし計上する。
　　　　4.　トリプレックス形は3 Cを適用する。
　　　　5.　ケーブルラック配線の場合は，歩掛員数を1.2倍する。
　　　　6.　ピット，トラフ及び天井内配線の場合は，歩掛員数を0.8倍する。
　　　　7.　合成樹脂製可とう電線管（PF管，CD管）及び波付硬質合成樹脂管内配線の場合は，歩掛員数を0.9倍する。
　　　　8.　コンクリート部分にサドル止め（カールプラグ止め）の場合は，歩掛員数を2.0倍する。
　　　　9.　木造部分にサドル止め又はステープル止めの場合は，歩掛員数を1.5倍する。
　　　 10.　「その他」の率対象は，電工とする。

9. 高圧耐火ケーブル配線（6kV EM-FP-C，6kV NH-FP-C，6kV FP-C 管路入線の場合）

名　　称	摘　　要	単位	材料 品名	材料 単位	材料 歩掛数量	労務 職種	労務 歩掛員数(人)	その他
高圧耐火ケーブル	8 mm² － 1 C	1 m 当り	高圧耐火ケーブル	m	1.05	電工	0.023	1 式
	14 〃 － 〃			〃	1.05	〃	0.029	〃
	22 〃 － 〃			〃	1.05	〃	0.036	〃
	38 〃 － 〃			〃	1.05	〃	0.050	〃
	60 〃 － 〃			〃	1.05	〃	0.064	〃
	100 〃 － 〃			〃	1.05	〃	0.088	〃
	150 〃 － 〃			〃	1.05	〃	0.109	〃
	200 〃 － 〃			〃	1.05	〃	0.134	〃
	250 〃 － 〃			〃	1.05	〃	0.154	〃
	325 〃 － 〃			〃	1.05	〃	0.197	〃
	8 〃 － 3 C			〃	1.05	〃	0.039	〃
	14 〃 － 〃			〃	1.05	〃	0.047	〃
	22 〃 － 〃			〃	1.05	〃	0.062	〃
	38 〃 － 〃			〃	1.05	〃	0.081	〃
	60 〃 － 〃			〃	1.05	〃	0.108	〃
	100 〃 － 〃			〃	1.05	〃	0.147	〃
	150 〃 － 〃			〃	1.05	〃	0.182	〃
	200 〃 － 〃			〃	1.05	〃	0.224	〃
	250 〃 － 〃			〃	1.05	〃	0.259	〃
	325 〃 － 〃			〃	1.05	〃	0.328	〃

（備考）
1. 端末処理は，別途計上する。
2. 雑材料は，材料価格の3％とし計上する。
3. トリプレックス形は3Cを適用する。
4. ケーブルラック配線の場合は，歩掛員数を1.2倍する。
5. ピット及びトラフ内配線の場合は，歩掛員数を0.8倍する。
6. 波付硬質合成樹脂管内配線の場合は，歩掛員数を0.9倍する。
7. 「その他」の率対象は，電工とする。

③ 配 管 工 事
1. 電 線 管 （隠ぺい又はコンクリート打込みの場合）

名　　称	摘　　要	単位	材料 品名	材料 単位	材料 歩掛数量	労務 職種	労務 歩掛員数(人)	その他
厚鋼電線管（G）	16	1m当り	厚鋼電線管 附属品 ＝管価格×25％	m	1.1	電工	0.060	1 式
	22			〃	1.1	〃	0.080	〃
	28			〃	1.1	〃	0.103	〃
	36			〃	1.05	〃	0.124	〃
	42			〃	1.05	〃	0.170	〃
	54			〃	1.05	〃	0.229	〃
	70			〃	1.05	〃	0.266	〃
	82			〃	1.05	〃	0.323	〃
	92			〃	1.05	〃	0.360	〃
	104			〃	1.05	〃	0.402	〃
薄鋼電線管（C）	19	〃	薄鋼電線管 附属品 ＝管価格×25％	m	1.1	電工	0.052	1 式
	25			〃	1.1	〃	0.070	〃
	31			〃	1.1	〃	0.089	〃
	39			〃	1.05	〃	0.109	〃
	51			〃	1.05	〃	0.147	〃
	63			〃	1.05	〃	0.198	〃
	75			〃	1.05	〃	0.231	〃
ねじなし電線管（E）	19	〃	ねじなし電線管 附属品 ＝管価格×50％	m	1.1	電工	0.042	1 式
	25			〃	1.1	〃	0.056	〃
	31			〃	1.1	〃	0.071	〃
	39			〃	1.05	〃	0.087	〃
	51			〃	1.05	〃	0.118	〃
	63			〃	1.05	〃	0.159	〃
	75			〃	1.05	〃	0.185	〃
硬質ビニル電線管（VE・HIVE）	16	〃	硬質ビニル電線管 附属品 ＝管価格×30％	m	1.1	電工	0.044	1 式
	22			〃	1.1	〃	0.054	〃
	28			〃	1.1	〃	0.064	〃
	36			〃	1.05	〃	0.086	〃
	42			〃	1.05	〃	0.108	〃
	54			〃	1.05	〃	0.130	〃
	70			〃	1.05	〃	0.162	〃
	82			〃	1.05	〃	0.194	〃

（備考） 1. 雑材料は，材料価格の5％とし計上する。
　　　　 2. 雑材料には支持金具類のうち取付け金具を含み，別途計上すべき支持材料は含まない。
　　　　 3. 単位を本で表す場合には上記歩掛数を，厚鋼電線管，薄鋼電線管，ねじなし電線管は3.66倍，硬質ビニル電線管は4.0倍とする。
　　　　 4. 露出配管の場合は歩掛員数を1.2倍し，そのうちはり巻き配管等の場合で附属品を必要とするときには別途その費用を考慮する必要がある。
　　　　 5. 「その他」の率対象は，電工とする。

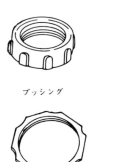

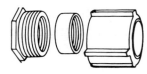

| ブッシング | 絶縁ブッシング | カップリング | ユニオンカップリング |

| ロックナット（六角型） | リングレジューサ | ねじなしカップリング | ねじなしコネクタ ロックナット付き |

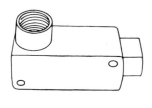

| サドル | エントランスキャプ | ユニバーサルＬＬ形 | ねじなしコネクタ ロックナットなし（鉄製） |

附 属 品 参 考 図

ノーマルベンド（JIS C 8330）寸法表（ねじ接続用）

薄鋼電線管用　　　　　　　　　　　　　　　（単位：mm）

ノーマルベンドの呼び	各部の寸法			
	ℓ（有効ねじ部の長さ）		R	L
	最大	最小		
C 25	17	15	120± 6	170± 6
C 31	19	17	150± 7	210± 7
C 39	21	19	180± 9	255± 9
C 51	24	22	230±11	330±11
C 63	27	25	290±14	410±14
C 75	30	28	350±17	500±17

厚鋼電線管用　　　　　　　　　　　　　　　（単位：mm）

ノーマルベンドの呼び	各部の寸法			
	ℓ（有効ねじ部の長さ）		R	L
	最大	最小		
C 16	19	16	90± 4	150± 4
C 22	22	19	110± 5	180± 5
C 28	25	22	140± 7	215± 7
C 36	28	25	170± 8	250± 8
C 42			210±10	295±10
C 54	32	28	235±11	345±11
C 70	36	32	275±13	425±13
C 82	40	36	310±15	510±15
C 92	42		355±17	575±17
C 104	45	39	395±19	645±19

ノーマルベンド（JIS C 8330）寸法（ねじなし接続用）　　　（単位：mm）

ノーマルベンドの呼び	各部の寸法					
	R	L	ℓ（最小）	d	d1
E25	120± 6	170± 6	20	25.9	27.3
E31	150± 7	210± 7	20	32.3	33.7
E39	180± 9	255± 9	25	38.6	40.0
E51	230±11	330±11	25	51.3	52.7
E63	290±14	410±14	26	64.2	65.6
E75	350±17	500±17	35	76.9	78.3

d: ±0.2
d1: +1.20 (E25〜E51), +1.50 (E63〜E75)

（備考）　d1は，合成樹脂被覆を施した電線管と接続する部分の，さび止めを施した内径寸法をいう。

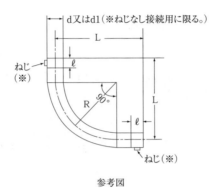

参考図

2．金属製可とう電線管

名　　　称	摘　　要	単位	材　　料			労　　務		その他
			品　名	単位	歩掛数量	職　種	歩掛員数（人）	
金属製可とう電線管 （F） （エキスパンション用 等）	F17	1m 当り	金属製可とう電線管 附属品 ＝管価格×50%	m	1.1	電　工	0.026	1　式
	F24			〃	1.1	〃	0.035	〃
	F30			〃	1.1	〃	0.044	〃
	F38			〃	1.05	〃	0.054	〃
	F50			〃	1.05	〃	0.073	〃
	F63			〃	1.05	〃	0.099	〃
	F76			〃	1.05	〃	0.115	〃
	F83			〃	1.05	〃	0.138	〃
	F101			〃	1.05	〃	0.154	〃

（備考）　1．雑材料は，材料価格の5％とし計上する。
　　　　　2．雑材料には支持金具類のうち取り付け金具を含み，別途計上すべき支持材料は含まない。
　　　　　3．「その他」の率対象は，電工とする。

金属製可とう電線管の寸法 (JIS C 8309)　　　　　　(単位:mm)

呼び	最小内径	外径	外径の許容差	ピッチ	ピッチの許容差
10	9.2	13.3	±0.2	1.6	±0.2
12	11.4	16.1	±0.2	1.6	±0.2
15	14.1	19.0	±0.2	1.6	±0.2
17	16.6	21.5	±0.2	1.6	±0.2
24	23.8	28.8	±0.2	1.8	±0.2
30	29.3	34.9	±0.2	1.8	±0.2
38	37.1	42.9	±0.4	1.8	±0.2
50	49.1	54.9	±0.4	1.8	±0.2
63	62.6	69.1	±0.6	2.0	±0.3
76	76.0	82.9	±0.6	2.0	±0.3
83	81.0	88.1	±0.6	2.0	±0.3
101	100.2	107.3	±0.6	2.0	±0.3

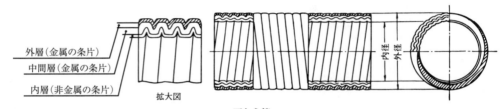

可とう管

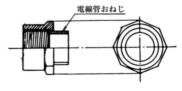

ストレートボックスコネクタ
（ロックナット付き）

アングルボックスコネクタ
（ロックナット付き）

金属製可とう電線管用附属品

3. 合成樹脂製可とう電線管（隠ぺい又はコンクリート打込みの場合）

名　　称	摘　要	単位	材料 品名	材料 単位	材料 歩掛数量	労務 職種	労務 歩掛員数(人)	その他
合成樹脂製可とう電線管 （PF管, CD管）	14	1m 当り	合成樹脂製可とう電線管	m	1.1	電工	0.028	1式
	16		〃	〃	1.1	〃	0.031	〃
	22		附属品 ＝管価格×25%		1.1	〃	0.041	〃
	28				1.1	〃	0.052	〃

（備考）　1.　雑材料は，材料価格の2％とし計上する。
　　　　　2.　露出配管の場合は，歩掛員数を1.2倍とする。
　　　　　3.　「その他」の率対象は，電工とする。

(1) 施設場所
　　使用範囲
　　合成樹脂製可とう電線管（PF管及びCD管）の施設場所・使用可否を次表に示す。

低圧屋内配線，屋側配線，屋外配線の施設（電気設備技術基準の解釈第156条，第166条），電力用ケーブルの地中埋設の施工方法（JIS C 3653）

施設場所の区分		使用の可否								
		屋内					屋側または屋外			地中埋設
		展開した場所		隠ぺい場所				隠ぺい場所		
				点検できる		点検できない			点検できる	点検できない	
		乾燥した場所	湿気の多い場所又は水気のある場所	乾燥した場所	湿気の多い場所又は水気のある場所	乾燥した場所	湿気の多い場所又は水気のある場所	展開した場所			
合成樹脂管工事	PF管	○	○	○	○	○	○	○	○	○	○
	CD管	△	△	△	△	△	△	△	△	△	○※1

（備考）　1.　○が使用できることを示す。（※1：JIS C 3653附属書3に適合する管の場合）
　　　　　2.　△は直接コンクリートに埋め込んで使用または専用の不燃材又は自消性の管又はダクトに収めて使用できることを示す。

(2) 電線管の種類
　　電線管の種類，構成，形状及び記号を次表に示す。

電線管の種類	電線管の構成	形状	記号
PF管	複層管	波付き	PFD
	単層管		PFS
CD管	単層管		CD

管の種類は，内面の形状と構造とにより分けられる。内面の形状からは平滑管と波付管とがあり，一般的には波付管が使用されている。構造からは，単層構造と複層構造とに分かれる。CD管は，単層構造のものだけであるが，PF管には，単層構造のものと複層構造のものがある。

(3) 耐燃性による分類
　　非延焼性の電線管：PF管
　　延焼性の電線管　：CD管

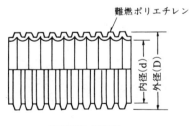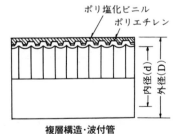

PF管の構造

PF管の寸法（JIS C 8411）　　　　　　　　　　　（単位：mm）

	呼び	外径	外径の許容差	最小内径
PF管	14	21.5	±0.30	13.2
	16	23.0		15.2
	22	30.5	±0.50	20.9
	28	36.5		26.7

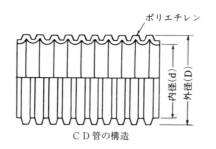

CD管の構造

CD管の寸法 (JIS C 8411) （単位：mm）

	呼び	外径	外径の許容差	最小内径
CD管	14	19.0	±0.30	13.2
	16	21.0		15.2
	22	27.5	±0.50	20.9
	28	34.0		26.7

厚鋼電線管の太さの選定　　　　（内線規定を参考）

電線太さ		電線本数								
単線 (mm)	より線 (mm²)	1	2	3	4	5	6	7	8	9	10
		電線管の最小太さ（管の呼び方）									
1.6		G16	G16	G16	G16	G22	G22	G22	G28	G28	G28
2.0		G16	G16	G16	G22	G22	G22	G28	G28	G28	G28
2.6	5.5	G16	G16	G22	G22	G22	G28	G28	G28	G36	G36
3.2	8	G16	G22	G22	G28	G28	G36	G36	G36	G36	G36
	14	G16	G22	G28	G28	G36	G36	G36	G42	G42	G42
	22	G16	G28	G28	G36	G36	G42	G54	G54	G54	G54
	38	G22	G36	G36	G42	G54	G54	G54	G70	G70	G70
	60	G22	G42	G54	G54	G70	G70	G70	G82	G82	G82
	100	G28	G54	G54	G70	G70	G82	G82	G92	G92	G104
	150	G36	G70	G70	G82	G92	G92	G104	G104		
	200	G36	G70	G82	G82	G92	G104				
	250	G42	G82	G82	G92	G104					

薄鋼電線管の太さの選定　　　　（内線規定を参考）

電線太さ		電線本数								
単線 (mm)	より線 (mm²)	1	2	3	4	5	6	7	8	9	10
		電線管の最小太さ（管の呼び方）									
1.6		C19	C19	C19	C25	C25	C25	C25	C31	C31	C31
2.0		C19	C19	C19	C25	C25	C25	C31	C31	C31	C31
2.6	5.5	C19	C19	C25	C25	C25	C31	C31	C31	C39	C39
3.2	8	C19	C25	C25	C31	C31	C31	C39	C39	C39	C51
	14	C19	C25	C31	C31	C39	C39	C51	C51	C51	C51
	22	C19	C31	C31	C39	C51	C51	C51	C51	C63	C63
	38	C25	C39	C51	C51	C51	C63	C63	C63	C75	C75
	60	C25	C51	C51	C63	C63	C75	C75	C75		
	100	C31	C63	C63	C75	C75					
	150	C39	C63	C75							
	200	C51	C75	C75							

ねじなし電線管の太さの選定 （内線規定を参考）

電線太さ 単線 (mm)	より線 (mm²)	1	2	3	4	5	6	7	8	9	10
		\multicolumn{10}{c	}{電線管の最小太さ（管の呼び方）}
1.6		E19	E19	E19	E19	E25	E25	E25	E25	E31	E31
2.0		E19	E19	E19	E25	E25	E25	E31	E31	E31	E31
2.6	5.5	E19	E19	E25	E25	E25	E31	E31	E31	E39	E39
3.2	8	E19	E25	E25	E31	E31	E31	E39	E39	E39	E51
	14	E19	E25	E31	E31	E39	E39	E51	E51	E51	E51
	22	E19	E31	E31	E39	E51	E51	E51	E51	E63	E63
	38	E25	E39	E39	E51	E51	E63	E63	E63	E75	E75
	60	E25	E51	E51	E63	E63	E75	E75	E75		
	100	E31	E63	E63	E63	E75					
	150	E39	E63	E75							
	200	E51	E75	E75							

硬質ビニル管の太さの選定 （内線規定を参考）

電線太さ 単線 (mm)	より線 (mm²)	1	2	3	4	5	6	7	8	9	10
		\multicolumn{10}{c	}{硬質ビニル管の最小太さ（管の呼び方）}
1.6		14	14	14	16	16	22	22	28	28	28
2.0		14	16	16	16	22	22	28	28	28	36
2.6	5.5	14	16	16	22	22	28	28	28	36	36
3.2	8	14	22	22	28	28	36	36	36	36	42
	14	14	22	28	28	36	36	42	42	54	54
	22	16	28	36	36	42	42	54	54	54	70
	38	16	36	42	54	54	54	70	70	70	70
	60	22	42	54	54	70	70	70	82	82	
	100	28	54	70	70	82	82				
	150	36	70	70	82						
	200	42	70	82							
	250	42	82								

合成樹脂製可とう電線管の太さの選定 （内線規定を参考）

電線太さ 単線 (mm)	より線 (mm²)	1	2	3	4	5	6	7	8	9	10
		\multicolumn{10}{c	}{合成樹脂管の最小太さ（管の呼び方）}
1.6		14	14	14	14	16	16	22	22	22	22
2.0		14	14	14	16	22	22	22	22	22	28
2.6	5.5	14	16	16	22	22	22	28	28	28	—
3.2	8	14	22	22	22	28	28	28	—	—	—
	14	14	22	28	28	—	—	—	—	—	—

④ **位置ボックス・プルボックス**
 1. 位置ボックス

名　　称	摘　　要	単位	材料 品　名	材料 単位	材料 歩掛数量	労務 職　種	労務 歩掛員数(人)	その他
コンクリートボックス	八　角	1個当り	コンクリートボックス	個	1	電　工	0.1	1　式
コンクリートボックス	中形四角	1個当り	コンクリートボックス	〃	1	〃	0.1	〃
コンクリートボックス	大形四角	1個当り	コンクリートボックス	〃	1	〃	0.1	〃
アウトレットボックス	中形四角	1個当り	アウトレットボックス	〃	1	〃	0.1	〃
アウトレットボックス	大形四角	1個当り	アウトレットボックス	〃	1	〃	0.1	〃
スイッチボックス	1個用～5個用	1個当り	スイッチボックス	〃	1	〃	0.1	〃

(備考)　1.　雑材料は，材料価格の2％とする。
　　　　2.　位置ボックスは，代表的なボックスに置き換えて計上する。
　　　　3.　「その他」の率対象は，電工とする。

位置ボックス参考図

金属製八角
コンクリートボックス75

金属製中形四角
コンクリートボックス54

金属製大形四角
コンクリートボックス54

合成樹脂製八角
コンクリートボックス75

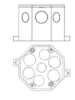

金属製中形四角
アウトレットボックス

金属製大形四角
アウトレットボックス

金属製大型四角大丸
13mmカバー

合成樹脂製スイッチボックス
(カバー付き)

1個用スイッチボックス

1個用スイッチボックスカバー

3個用スイッチボックス

3個用スイッチボックスカバー

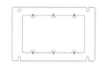

金属製丸形露出ボックス
2方出（直径89mm）

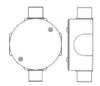

金属製丸形露出ボックス
4方出（直径100mm）

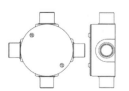

金属製露出1個用
スイッチボックス1方出

金属製露出2個用
スイッチボックス1方出

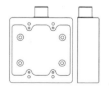

2．プルボックス

名　称	摘　要	単位	材料 品　名	材料 単位	材料 歩掛数量	労務 職　種	労務 歩掛員数(人)	その他
プルボックス	150 mm× 150 mm×100 mm	1個当り	プルボックス	個	1	電工	0.20	1 式
	200 mm× 200 mm×100 mm			〃	1	〃	0.25	〃
	250 mm× 250 mm×100 mm			〃	1	〃	0.30	〃
	300 mm× 300 mm×200 mm			〃	1	〃	0.40	〃
	350 mm× 350 mm×200 mm			〃	1	〃	0.45	〃
	400 mm× 400 mm×200 mm			〃	1	〃	0.50	〃
	450 mm× 450 mm×200 mm			〃	1	〃	0.55	〃
	500 mm× 500 mm×300 mm			〃	1	〃	0.65	〃
	550 mm× 550 mm×300 mm			〃	1	〃	0.70	〃
	600 mm× 600 mm×300 mm			〃	1	〃	0.75	〃
	650 mm× 650 mm×300 mm			〃	1	〃	0.80	〃
	700 mm× 700 mm×300 mm			〃	1	〃	0.85	〃
	750 mm× 750 mm×400 mm			〃	1	〃	0.95	〃
	800 mm× 800 mm×400 mm			〃	1	〃	1.00	〃
	850 mm× 850 mm×400 mm			〃	1	〃	1.05	〃
	900 mm× 900 mm×400 mm			〃	1	〃	1.10	〃
	950 mm× 950 mm×400 mm			〃	1	〃	1.15	〃
	1,000 mm×1,000 mm×500 mm			〃	1	〃	1.25	〃
	1,100 mm×1,100 mm×500 mm			〃	1	〃	1.35	〃
	1,200 mm×1,200 mm×500 mm			〃	1	〃	1.45	〃

（備考） 1．本表以外の寸法については，[縦(mm)＋横(mm)＋高さ(mm)]×0.0005の値を1個当りの歩掛員数とする。
　　　　 2．雑材料は，材料価格の2％とし計上する。
　　　　 3．吊りボルト，インサートは材料費を加算計上する。
　　　　 4．「その他」の率対象は，電工とする。

(1) 形式，ふたの止め方等の記号

記号	形式	記号	ふたの止め方	寸法[mm]	記号	備　考
S	露出形	S	ねじ止め式	a×b×c	—	屋内形（塗装仕上げ）
F	埋込形	—	ふたなし		C	屋内形（さび止め塗装仕上げ）
					WP	屋外形

(2) 材質・材厚及び仕上げの記号

記号	材質・材厚及び仕上げ
—	SPC 1.6
Z35	SPC 1.6にJIS H 8641「溶融亜鉛めっき」に規定するHDZ35以上の溶融亜鉛めっきを施したもの又は同等以上の耐食性を有するもの
SUS	SUS 1.2
V	合成樹脂製

（備考） 1．セパレータも含む。
　　　　 2．記号の末尾に（指定色）を付記したものは，表面を指定色により塗装を施す。

(3) 形　式

露出形ねじ止め式　　　　埋込形ねじ止め式　　　　屋外形
　　　SS　　　　　　　　　　FS　　　　　　　　SS（WP）

⑤ 線ぴ類

名　称	摘　要		単位	材　料			労　務		その他
				品　名	単位	歩掛数量	職　種	歩掛員数(人)	
1種金属線ぴ （MM1）	A型	25.4 mm×11.5 mm	1m 当り	1種金属線ぴ	m	1	電工	0.07	1式
	B型	40.4 mm×20 mm			〃	1	〃	0.08	〃
	C型	60.0 mm×30.0 mm			〃	1	〃	0.09	〃
2種金属線ぴ （MM2）	A型	40 mm×30 mm		2種金属線ぴ （止め金具共）	m	1	電工	0.09	1式
	B型	40 mm×40 mm			〃	1	〃	0.11	〃
	C型	40 mm×45 mm			〃	1	〃	0.12	〃
	D型	45 mm×30 mm			〃	1	〃	0.11	〃
	E型	45 mm×40 mm			〃	1	〃	0.12	〃
	F型	45 mm×45 mm			〃	1	〃	0.13	〃
合成樹脂線ぴ		24 mm×18 mm		合成樹脂線ぴ	m	1	電工	0.07	1式
		35 mm×18 mm			〃	1	〃	0.08	〃
		60 mm×18 mm			〃	1	〃	0.09	〃
ワイヤプロテクタ				ワイヤプロテクタ	m	1	電工	0.05	1式

（備考）　1．雑材料は，材料価格の2％とし計上する。
　　　　　2．1種金属線ぴの附属品及びボックス類は，材料費を別途計上する。
　　　　　3．2種金属線ぴのボックス吊金物等は，材料費を別途計上する。
　　　　　4．「その他」の率対象は，電工とする。

(1) 線ぴ類の種類

細　目	種　類					
	摘　要					
1種金属線ぴ（MM1）	A型			B型		
2種金属線ぴ（MM2）	A型	B型	C型	D型	E型	F型
合成樹脂線ぴ	24mm×18mm		35mm×18mm		60mm×18mm	
ワイヤプロテクタ	1号	2号	3号	4号	5号	特5号

(a) 1種金属製線ぴの種類

（単位　mm）

種類	外のり		組み合わせた ときの高さ	厚さ
	ベースの幅	キャップの幅		
A型	23.2±1	25.4±1	11.5±1	0.9以上
B型	37.0±1	40.4±1	20±1	1.1以上

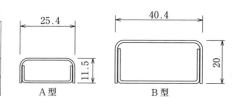

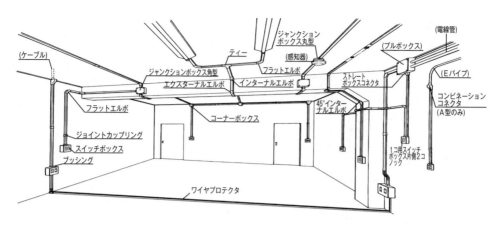

1種金属線ぴ（MM1）・ワイヤプロテクタ　参考図

(b) 2種金属製線ぴの種類

（単位　mm）

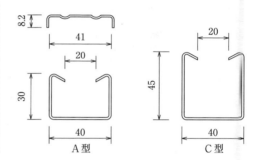

種類	外のりの幅	高さ	厚さ 本体	厚さ カバー
A型	40±1.0	30±1.0	1.45以上	1.05以上
B型	40±1.0	40±1.0	1.45以上	1.05以上
C型	40±1.0	45±1.0	1.45以上	1.05以上
D型	45±1.0	30±1.0	1.45以上	1.05以上
E型	45±1.0	40±1.0	1.45以上	1.05以上
F型	45±1.0	45±1.0	1.45以上	1.05以上

(c) 屋内配線用合成樹脂線ぴの種類

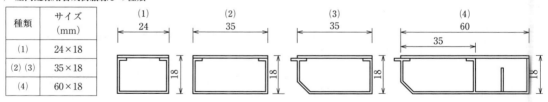

種類	サイズ（mm）
(1)	24×18
(2)(3)	35×18
(4)	60×18

(d) ワイヤプロテクタの種類

種類	W	ω	H	h
1号	12.5	8	6	4
2号	20	11.1	8.3	5
3号	25	13.3	10.3	7
4号	27	18	14	10
5号	28	18	18	14
特5号	30	20	21.5	17.5

サイズ（mm）

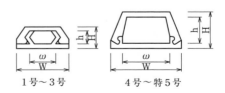

⑥ 金属ダクト・金属トラフ

名　　称	摘　　要	単位	材料 品　名	材料 単位	材料 歩掛数量	労務 職　種	労務 歩掛員数(人)	その他
金属ダクト 金属トラフ	200 mm × 100 mm	1 m 当り	金属ダクト 金属トラフ	m	1	電工	0.52	1式
	250 mm × 100 mm			〃	1	〃	0.54	〃
	300 mm × 100 mm			〃	1	〃	0.56	〃
	400 mm × 150 mm			〃	1	〃	0.62	〃
	500 mm × 150 mm			〃	1	〃	0.66	〃
	500 mm × 200 mm			〃	1	〃	0.68	〃
	600 mm × 200 mm			〃	1	〃	0.72	〃
	600 mm × 250 mm			〃	1	〃	0.74	〃
	600 mm × 300 mm			〃	1	〃	0.76	〃
	800 mm × 250 mm			〃	1	〃	0.82	〃
	800 mm × 300 mm			〃	1	〃	0.84	〃
	800 mm × 400 mm			〃	1	〃	0.88	〃

(備考) 1. 本表以外の寸法については，［縦（mm）＋横（mm）＋1,000］×0.0004の値を1m当りの歩掛員数とする。
　　　 2. 金属ダクト及び金属トラフ取付け金具は，材料費を別途計上する。
　　　 3. 金属ダクト及び金属トラフの数量は，中心線上における形式及び寸法ごとの長さとする。
　　　 4. 雑材料は，材料価格の2％とし計上する。
　　　 5. 「その他」の率対象は，電工とする。

(1) 形式，ふたの止め方等の記号

記　号	形　式	記　号	ふたの止め方	寸　法［mm］
A	A形	S	ねじ止め式	a × b
		H	ちょう番式	

(2) 材質・材厚及び仕上げの記号

記　号	材質・材厚及び仕上げ
—	SPC 1.6
Z35	SPC 1.6に JIS H 8641「溶融亜鉛めっき」に規定するHDZ35以上の溶融亜鉛めっきを施したもの又は同等以上の耐食性を有するもの

(備考) セパレータも含む。

(3) 形　式

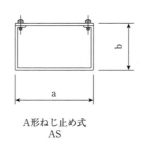

A形ねじ止め式
AS

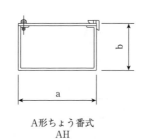

A形ちょう番式
AH

⑦-1 ケーブルラック

名称	摘要	単位	材料 品名	材料 単位	材料 歩掛数量	労務 職種	労務 歩掛員数(人)	その他
ケーブルラック	100 mm 幅×1段	1m当り	ケーブルラック	m	1	電工	0.130	1式
	200 mm 幅×1段			〃	1	〃	0.183	〃
	300 mm 幅×1段			〃	1	〃	0.243	〃
	400 mm 幅×1段			〃	1	〃	0.296	〃
	500 mm 幅×1段			〃	1	〃	0.339	〃
	600 mm 幅×1段			〃	1	〃	0.365	〃
	800 mm 幅×1段			〃	1	〃	0.496	〃
	1,000 mm 幅×1段			〃	1	〃	0.617	〃

(備考) 1. ケーブルラック支持材は別途計上する。
2. 雑材料は，材料価格の2％とし計上する。
3. 多段積みの場合の歩掛員数は，1段目（最大幅）以外のものについては，歩掛員数を0.5倍して用いる。
4. ケーブルラックの数量は，中心線上における長さとし，L型，T型，X型，ベンド分岐部等の長さを差し引く。
5. 「その他」の率対象は，電工とする。

⑦-2 ケーブルラック（ZM形, Z35形, ZA形, AL形, ZT形）

名称	摘要	単位	品名 L形	T形	X形	ベンド
ケーブルラック (ZM, Z35, ZA)	200A	1個当り	1.1	1.7	2.2	1.1
	300A		1.2	1.8	2.4	1.1
	400A		1.3	2.0	2.6	1.1
	400B（重）		1.3	2.0	2.6	1.5
	500A		1.4	2.1	2.8	1.1
	500B（重）		1.4	2.1	2.8	1.5
	600A		1.5	2.3	3.0	1.1
	600B（重）		1.5	2.3	3.0	1.5
	800A		1.7	2.6	3.4	1.5
	800B（重）		1.7	2.6	3.4	1.5
	1,000B（重）		1.9	2.9	3.8	1.5
ケーブルラック (AL)	200A	1個当り	1.2	1.8	2.4	—
	300A		1.3	2.0	2.6	—
	400A		1.4	2.1	2.8	—
	400B（重）		1.4	2.1	2.8	—
	500A		1.5	2.3	3.0	—
	500B（重）		1.5	2.3	3.0	—
	600A		1.6	2.4	3.2	—
	600B（重）		1.6	2.4	3.2	—
	800A		1.8	2.7	3.6	—
	800B（重）		1.8	2.7	3.6	—
	1,000B（重）		2.0	3.0	4.0	—

(つづく)

名　　　称	摘　　要	単位	品　　名			
			L形	T形	X形	ベンド
ケーブルラック （ZT）	200	1個当り	0.8	1.3	1.6	0.65
	300		0.9	1.5	1.8	0.7
	400		1.0	1.7	2.0	0.75
	500		1.1	1.9	2.2	0.8
	600		1.2	2.1	2.4	0.9

（備考）　1.　ケーブルラックの歩掛員数を準用し，電工の歩掛りに上記の乗率を用いて算出する。また，エンドの場合は，ケーブルラックと雑材料のみ計上する。
　　　　　2.　ケーブルラック支持材は別途計上する。
　　　　　3.　雑材料は，材料価格の2％とし計上する。
　　　　　4.　多段積の場合の歩掛員数は，1段目（最大幅）以外のものについては，歩掛員数を0.5倍して用いる。
　　　　　5.　「その他」の率対象は，電工とする。

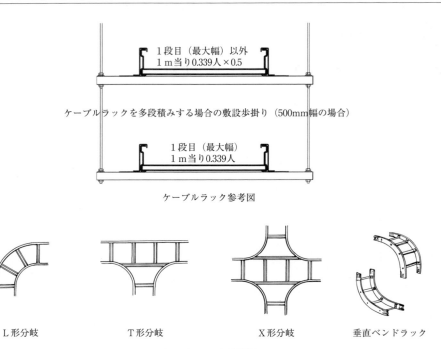

ケーブルラック参考図

L形分岐　　　T形分岐　　　X形分岐　　　垂直ベンドラック

ケーブルラック敷設図

⑦-3　ケーブルラックカバー（ZM形，Z35形，ZA形）

名　称	摘　要	単位	材料			労務		その他
			品　名	単位	歩掛数量	職種	歩掛員数(人)	
ケーブルラックカバー	200 mm 幅	1m当り	ケーブルラックカバー	m	1	電工	0.0366	1式
	300 mm 幅			〃	1	〃	0.0486	〃
	400 mm 幅			〃	1	〃	0.0592	〃
	500 mm 幅			〃	1	〃	0.0678	〃
	600 mm 幅			〃	1	〃	0.0730	〃
	800 mm 幅			〃	1	〃	0.0992	〃
	1,000 mm 幅			〃	1	〃	0.1234	〃

（備考）　1.　雑材料は，材料価格の2％とし計上する。
　　　　　2.　「その他」の率対象は，電工とする。

(1) ケーブルラックの材料及び仕上げの記号

記号	材料及び仕上げ
ZM	亜鉛の両面付着量100g/m^{2}以上の溶融亜鉛めっき鋼板に塗装を施したはしご形のもの
Z35	鋼板又は鋼材にJIS H 8641「溶融亜鉛めっき」に規定するHDZ35以上の溶融亜鉛めっきを施したはしご形のもの
ZA	溶融亜鉛-アルミニウム系合金めっき鋼板を用いたはしご形のもので，JIS H 8641「溶融亜鉛めっき」に規定するHDZ35と同等の耐食性能を有するもの
AL	アルミニウム合金に陽極酸化皮膜を施したはしご形のもの
ZT	亜鉛の両面付着量100g/m^{2}以上の溶融亜鉛めっき鋼板に塗装を施したトレー形のもの

(備考) 1. 記号の末尾にWPを付記したものは，ケーブルラックと同じ仕上げのカバーを取り付ける。
  2. 本体の接続等に用いる附属部材は，本体と同一の材質，又は異種金属接触腐食により本体の強度低下の影響を与えない材質若しくは仕上げとする。

(2) ケーブルラックの寸法及び強度の記号

	記号		内面寸法〔mm〕	許容積載静荷重		
				親げた1本〔N/m〕	子げた1本(水平)〔N〕	子げた1本(垂直)〔N〕
はしご形	200	A	180	210以上	100以上	160以上
	300	A	280	290以上	140以上	270以上
	400	A	380	370以上	180以上	340以上
		B		1,010以上	−	−
		BS		1,380以上	−	340以上
	500	A	480	450以上	220以上	480以上
		B		1,080以上	−	−
		BS		1,540以上	−	480以上
	600	A	580	530以上	260以上	550以上
		B		1,170以上	−	−
		BS		1,690以上	−	550以上
	800	A	780	680以上	340以上	760以上
		B		1,320以上	−	−
		BS		2,010以上	−	760以上
	1000	A	980	840以上	420以上	970以上
		B		1,480以上	−	−
		BS		2,320以上	−	970以上
	1200	A	1180	1,000以上	500以上	1,180以上
		B		1,630以上	−	−
		BS		2,630以上	−	1,180以上

	記号	内面寸法〔mm〕	許容積載静荷重〔N/m〕
トレー形*	200	190	180以上
	300	290	290以上
	400	390	340以上
	500	490	480以上
	600	590	590以上

(備考) 1. 内面寸法とは，ケーブルラック内面の最小寸法をいう。
  2. 許容積載静荷重の算出基準は次による。
   (イ) 両端ピン支持による等分布荷重とする。
   (ロ) ケーブルラックのたわみは，支持間隔の1/300以下とする。
   (ハ) ケーブルラックの水平支持間隔は，鋼製で2m，アルミ製で1.5mとする。
  3. BSは，垂直支持(立上り配線)専用の両面形とし，材料及び仕上げがALのものは除く。
注 *トレー形は，水平支持(水平配線)専用形とする。

(3) ケーブルラックの形式

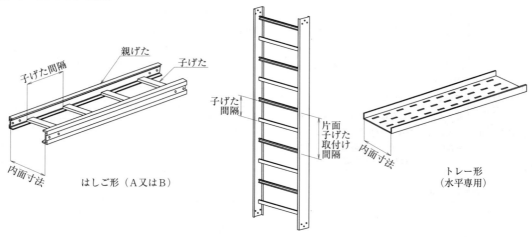

はしご形（A又はB）
はしご形（BS）（垂直専用）
トレー形（水平専用）

⑧ 防火区画貫通処理

名　　称	摘　　要	単位	材料 品　名	材料 単位	材料 歩掛数量	労務 職　種	労務 歩掛員数（人）	その他
防火区画貫通処理	200 mm 幅	1か所当り	ケーブルラック（壁）	箇所	1	電工	0.794	1式
	300 mm 幅	〃		〃	1	〃	0.946	〃
	400 mm 幅	〃		〃	1	〃	1.100	〃
	500 mm 幅	〃		〃	1	〃	1.250	〃
	600 mm 幅	〃		〃	1	〃	1.400	〃
	800 mm 幅	〃		〃	1	〃	1.710	〃
	1,000 mm 幅	〃		〃	1	〃	2.010	〃
	200 mm 幅	〃	ケーブルラック（床）	箇所	1	電工	0.722	1式
	300 mm 幅	〃		〃	1	〃	0.860	〃
	400 mm 幅	〃		〃	1	〃	0.998	〃
	500 mm 幅	〃		〃	1	〃	1.140	〃
	600 mm 幅	〃		〃	1	〃	1.270	〃
	800 mm 幅	〃		〃	1	〃	1.550	〃
	1,000 mm 幅	〃		〃	1	〃	1.830	〃
	(19)	〃	金属管用	箇所	1	電工	0.022	1式
	(25)	〃		〃	1	〃	0.027	〃
	(31)	〃		〃	1	〃	0.033	〃
	(39)	〃		〃	1	〃	0.037	〃
	(51)	〃		〃	1	〃	0.042	〃
	(63)	〃		〃	1	〃	0.046	〃
	(75)	〃		〃	1	〃	0.050	〃

（備考）「その他」の率対象は，電工とする。

⑨ バスダクト（600 V）

名　　称	摘　　要	単位	材料 品名	材料 単位	材料 歩掛数量	労務 職種	労務 歩掛員数(人)	その他
絶縁バスダクト 空気絶縁バスダクト （アルミ ― 鉄　） （アルミ ― アルミ）	3線　　200A	1m当り	バスダクト	m	1	電工	0.261	1式
	〃　　　400A			〃	1	〃	0.348	〃
	〃　　　600A			〃	1	〃	0.435	〃
	〃　　　800A			〃	1	〃	0.565	〃
	〃　　1,000A			〃	1	〃	0.739	〃
	〃　　1,200A			〃	1	〃	0.913	〃
	〃　　1,500A			〃	1	〃	1.090	〃
	〃　　2,000A			〃	1	〃	1.300	〃
	4線　　200A			m	1	電工	0.313	1式
	〃　　　400A			〃	1	〃	0.417	〃
	〃　　　600A			〃	1	〃	0.522	〃
	〃　　　800A	〃		〃	1	〃	0.678	〃
	〃　　1,000A			〃	1	〃	0.887	〃
	〃　　1,200A			〃	1	〃	1.100	〃
	〃　　1,500A			〃	1	〃	1.300	〃
	〃　　2,000A			〃	1	〃	1.550	〃
絶縁バスダクト 空気絶縁バスダクト （銅 ― 鉄）	3線　　200A			m	1	電工	0.287	1式
	〃　　　400A			〃	1	〃	0.383	〃
	〃　　　600A			〃	1	〃	0.479	〃
	〃　　　800A	〃		〃	1	〃	0.622	〃
	〃　　1,000A			〃	1	〃	0.813	〃
	〃　　1,200A			〃	1	〃	1.004	〃
	〃　　1,500A			〃	1	〃	1.199	〃
	〃　　2,000A			〃	1	〃	1.430	〃
	4線　　200A			m	1	電工	0.344	1式
	〃　　　400A			〃	1	〃	0.459	〃
	〃　　　600A			〃	1	〃	0.574	〃
	〃　　　800A	〃		〃	1	〃	0.746	〃
	〃　　1,000A			〃	1	〃	0.976	〃
	〃　　1,200A			〃	1	〃	1.210	〃
	〃　　1,500A			〃	1	〃	1.430	〃
	〃　　2,000A			〃	1	〃	1.705	〃

（備考）　1．バスダクト取付け金具は，材料費を別途計上する。
　　　　　2．バスダクトの数量は，曲がり部（エルボ），分岐部（ティー，クロス）を含んだ中心線上の長さを計測する。
　　　　　3．曲がり部分等の数量は，種類（名称，形式，極数）及び定格ごとに個数を計測する。
　　　　　4．曲がり部分等は，加工費として計上して，バスダクトの中心線上の長さから曲がり部分等の長さを差し引かない。
　　　　　5．附属品の数量は，種類（名称，形式，極数）及び定格ごとに個数を計測する。
　　　　　6．雑材料は，材料価格の2％とし計上する。
　　　　　7．「その他」の率対象は，電工とする。

バスダクトの種類及び定格

種類					極数	定格電流	定格電圧
名称		形式					
バスダクト	フィーダバスダクト ストレート エルボ オフセット ティー クロス レジューサ エキスパンションバスダクト タップ付きバスダクト トランスポジションバスダクト	—	屋内用	絶縁導体 裸導体	換気形 非換気形	3極 4極	200A 400A 600A 800A 1,000A 1,200A 1,500A 2,000A	600V
			屋外用	絶縁導体 裸導体	換気形 非換気形			
		耐火	屋内用	絶縁導体 裸導体	非換気形			
	プラグインバスダクト	—	屋内用	絶縁導体 裸導体	換気形 非換気形			
附属品	エンドクローザ	—				—		—
	フィードインボックス	—				—		600V
	プラグインブレーカ ボルトオンブレーカ	取っ手操作 内部開閉操作				3極 4極	—	—
	プラグインスイッチ ボルトオンスイッチ	取っ手操作 カバー操作 内部開閉操作	筒形ヒューズ 栓形ヒューズ					
	プラグインボックス ボルトオンボックス	ヒューズ付き	筒形ヒューズ 栓形ヒューズ					
		ヒューズなし	—					

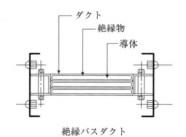
絶縁バスダクト

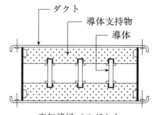
空気絶縁バスダクト
(裸導体バスダクト)

フィーダバスダクト

エルボ

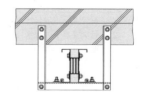
SA及びA種耐震支持

バスダクト参考図

❸電　力　工　事—3

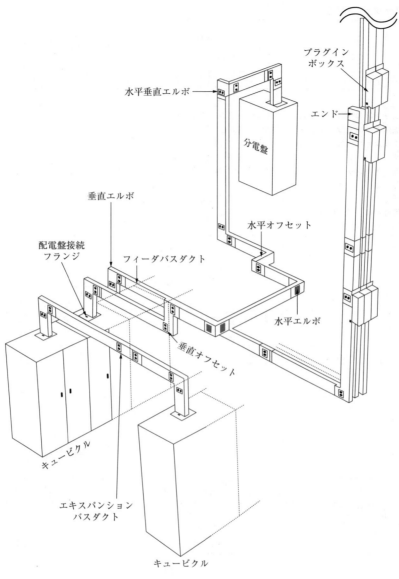

バスダクト配線図

⑩ ライティングダクト（直付）

名称	摘要	単位	材料 品名	材料 単位	材料 歩掛数量	労務 職種	労務 歩掛員数(人)	その他
ライティングダクト	2線式　15A	1m当り	ライティングダクト	m	1	電工	0.100	1式
	〃　20A			〃	1	〃	0.105	〃
	〃　25A，30A			〃	1	〃	0.110	〃

（備考）
1. つり下げの場合は，本表の歩掛員数を1.2倍して用いる。
2. 埋込みの場合は，本表の歩掛員数を1.4倍して用いる。
3. 4線式の場合は，2線式の歩掛員数を1.2倍して用いる。
4. ライティングダクト支持金具は，材料費を別途計上する。
5. ライティングダクトの数量は，中心線上における長さとし，曲がり部，分岐部等の附属品は，形式及び定格ごとの個数とする。
6. ライティングダクトの中心線上の長さから附属品の長さを差し引かない。
7. 雑材料は，材料価格の2％とし計上する。
8. 「その他」の率対象は，電工とする。

ライティングダクトの附属品

ダクトカプラ	種類	
	カップリング	フィードインあり フィードインなし
	エルボ	
	ティー	
	クロス	
フィードインボックス		
アダプタ		
プラグ		
エンドキャップ		

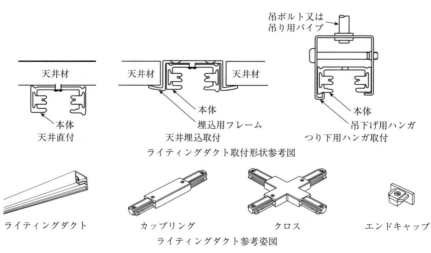

ライティングダクト取付形状参考図

ライティングダクト参考姿図

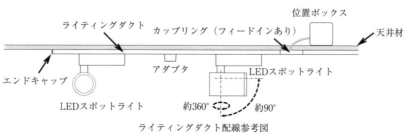

ライティングダクト配線参考図

⑪ ボンディング

名　　称	摘　　　要	単位	材料 品名	材料 単位	材料 歩掛数量	労務 職種	労務 歩掛員数(人)	その他
位置ボックスボンディング	位置ボックス	1個当り	裸銅線	kg	0.012	電工	0.010	1式
電線管ボンディング	ねじなし電線管　E19	1か所当り	裸銅線	kg	0.008	電工	0.005	1式
〃	〃　E25	〃	〃	〃	0.010	〃	0.005	〃
〃	〃　E31	〃	〃	〃	0.012	〃	0.006	〃
〃	〃　E39	〃	〃	〃	0.014	〃	0.006	〃
〃	〃　E51	〃	〃	〃	0.027	〃	0.007	〃
〃	〃　E63	〃	〃	〃	0.049	〃	0.007	〃
〃	〃　E75	〃	〃	〃	0.100	〃	0.008	〃
〃	厚鋼電線管　G16	〃	裸銅線	kg	0.008	電工	0.009	1式
〃	〃　G22	〃	〃	〃	0.010	〃	0.009	〃
〃	〃　G28	〃	〃	〃	0.012	〃	0.009	〃
〃	〃　G36	〃	〃	〃	0.014	〃	0.009	〃
〃	〃　G42	〃	〃	〃	0.027	〃	0.010	〃
〃	〃　G54	〃	〃	〃	0.049	〃	0.010	〃
〃	〃　G70	〃	〃	〃	0.100	〃	0.013	〃
〃	〃　G82	〃	〃	〃	0.110	〃	0.016	〃
〃	〃　G92	〃	〃	〃	0.120	〃	0.019	〃
〃	〃　G104	〃	〃	〃	0.130	〃	0.023	〃

（備考）　1．厚鋼電線管には，ラジアスクランプを1か所当り1個計上する。
　　　　　2．プルボックス，盤類に接続される電線管の，サイズと本数別により算出する。
　　　　　3．「その他」の率対象は，電工とする。

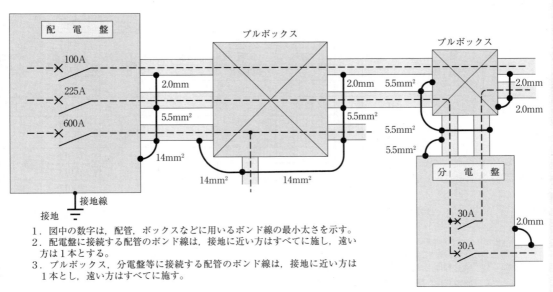

1．図中の数字は，配管，ボックスなどに用いるボンド線の最小太さを示す。
2．配電盤に接続する配管のボンド線は，接地に近い方はすべてに施し，遠い方は1本とする。
3．プルボックス，分電盤等に接続する配管のボンド線は，接地に近い方は1本とし，遠い方はすべてに施す。

ボンディング参考図

⑫ 塗装工事（電線管等用）

名称	摘要		単位	材料			労務		その他
				品名	単位	歩掛数量	職種	歩掛員数(人)	
塗装工事	薄鋼電線管ねじなし電線管	C19, E19	1m当り	塗料	kg	0.013	塗装工	0.004	1式
		C25, E25			〃	0.017	〃	0.006	〃
		C31, E31			〃	0.021	〃	0.007	〃
		C39, E39			〃	0.025	〃	0.009	〃
		C51, E51			〃	0.033	〃	0.012	〃
		C63, E63			〃	0.041	〃	0.015	〃
		C75, E75			〃	0.049	〃	0.018	〃
	厚鋼電線管	G16	1m当り	塗料	kg	0.014	塗装工	0.005	1式
		G22			〃	0.017	〃	0.007	〃
		G28			〃	0.022	〃	0.008	〃
		G36			〃	0.027	〃	0.010	〃
		G42			〃	0.031	〃	0.011	〃
		G54			〃	0.039	〃	0.014	〃
		G70			〃	0.049	〃	0.018	〃
		G82			〃	0.057	〃	0.020	〃
		G92			〃	0.065	〃	0.023	〃
		G104			〃	0.073	〃	0.026	〃
	露出ボックス		1個当り	塗料	kg	0.0041	塗装工	0.0011	1式
	平板		1m²当り	塗料	kg	0.17	塗装工	0.046	1式

（備考）「その他」の率対象は、塗料、塗装工とする。

⑬ 電線管防錆

名称	摘要	単位	材料 防食用ビニルテープ			労務		その他
			25幅	50幅	75幅	職種	歩掛員数(人)	
			歩掛数量 m					
電線管防錆	G16	1m当り	13.0			電工	0.011	1式
	G22		16.3			〃	0.012	〃
	G28		20.4			〃	0.013	〃
	G36			12.8		〃	0.014	〃
	G42			14.6		〃	0.015	〃
	G54			18.2		〃	0.017	〃
	G70				15.4	〃	0.022	〃
	G82				17.9	〃	0.025	〃
	G92				20.4	〃	0.028	〃
	G104				22.9	〃	0.032	〃

（備考）
1. 雑材料は、材料価格の5％とし計上する。
2. 運搬費は、材料価格の3％とし計上する。
3. 「その他」の率対象は、材料、雑材料、運搬費及び電工とする。

⑭ 配線器具取付け

1. タンブラスイッチ

名　　　称	摘　　　要	単位	材料 品　名	単位	歩掛数量	労務 職種	歩掛員数(人)	その他
タンブラスイッチ	1P15A ×1	1個当り	タンブラスイッチ（大角連用形）	組	1	電工	0.054	1式
	1P15A ×2			〃	1	〃	0.081	〃
	1P15A ×3			〃	1	〃	0.108	〃
	1P15A ×4			〃	1	〃	0.135	〃
	1P15A ×5			〃	1	〃	0.162	〃
	1P15A ×6			〃	1	〃	0.189	〃
	1P15A ×1　PL ×1	〃	〃	組	1	電工	0.081	1式
	1P15A ×2　PL ×1			〃	1	〃	0.108	〃
	1P15A ×2　PL ×2			〃	1	〃	0.135	〃
	1P15A ×1　2P15A ×1	〃	〃	組	1	電工	0.097	1式
	1P15A ×2　2P15A ×1			〃	1	〃	0.124	〃
	1P15A ×1　3W15A ×1			〃	1	〃	0.097	〃
	1P15A ×2　3W15A ×1			〃	1	〃	0.124	〃
	1P15A ×1　4W15A ×1			〃	1	〃	0.097	〃
	1P15A ×2　4W15A ×1			〃	1	〃	0.124	〃
	2P15A ×1			組	1	電工	0.070	1式
	2P15A ×2	〃	〃	〃	1	〃	0.105	〃
	2P15A ×3			〃	1	〃	0.140	〃
	2P15A ×4			〃	1	〃	0.175	〃
	2P15A ×1　PL ×1	〃	〃	組	1	電工	0.097	1式
	2P15A ×2　PL ×2			〃	1	〃	0.159	〃
	3W15A ×1			組	1	電工	0.070	1式
	3W15A ×2	〃	〃	〃	1	〃	0.105	〃
	4W15A ×1			〃	1	〃	0.070	〃
	4W15A ×2			〃	1	〃	0.105	〃

（備考）
1. 摘要に掲げる組合せ以外のタンブラスイッチの組合せの場合は，器具について当該組合せの器具とし，歩掛員数は次による。
　　$S = A + (B + C + \cdots) \times 0.5$
　　S：組合わせた配線器具の歩掛員数
　　A：組合わせる配線器具の中で最大の歩掛員数
　　$B, C, \cdots$：A以外の配線器具の歩掛員数
2. 材料は，器具（タンブラスイッチ，パイロットランプ等），取付枠及びフラッシュプレートの組合せとする。
3. 雑材料は，材料価格の2％とし計上する。
4. 「その他」の率対象は，電工とする。

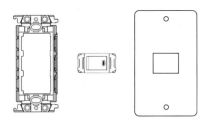

タンブラスイッチ（大角連用形）1P15A×1

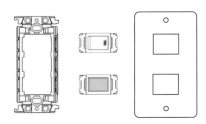

タンブラスイッチ（大角連用形）2P15A×1　PL×1

タンブラスイッチ参考図

2. フル2線式（多重伝送制御）リモコンスイッチ

名　　称	摘　　要	単位	材料 品名	材料 単位	材料 歩掛数量	労務 職種	労務 歩掛員数(人)	その他
リモコンリレー	20 A	1個当り	リモコンリレー	個	1	電工	0.168	1式
フル2線式 リモコンリレーT／U付	6A　1回路			〃	1	〃	0.125	〃
	6A　4回路			〃	1	〃	0.400	〃
フル2線式 ターミナルユニット	1回路		ターミナルユニット	個	1	電工	0.050	1式
	4回路			〃	1	〃	0.100	〃
フル2線式 リモコンスイッチ	リモコンスイッチ　1回路	1個当り	リモコンスイッチ	組	1	電工	0.064	1式
	〃　　　　　　　2回路			〃	1	〃	0.084	〃
	〃　　　　　　　3回路			〃	1	〃	0.104	〃
	〃　　　　　　　4回路			〃	1	〃	0.124	〃
	〃　　　　　　　5回路			〃	1	〃	0.166	〃
	〃　　　　　　　6回路			〃	1	〃	0.186	〃
	〃　　　　　　　7回路			〃	1	〃	0.206	〃
	〃　　　　　　　8回路			〃	1	〃	0.226	〃

（備考）　1.　リモコンリレー，リモコンスイッチの歩掛員数には設定費を含む。
　　　　2.　摘要に掲げる組合せ以外のフル2線式リモコンスイッチの歩掛員数は次による。
　　　　　　9回路以上　　$S = 0.044 + [0.044 \times (m-1)／2] + 0.02 \times n$
　　　　　　　　S：フル2線式リモコンスイッチの合成歩掛員数
　　　　　　　　n：フル2線式リモコンスイッチの回路数
　　　　　　　　m：プレートの連用数（n／4　小数点以下切り上げして整数とする。）
　　　　3.　リモコンスイッチの材料は，フル2線式リモコンスイッチ及びフラッシュプレートの組合せとする。
　　　　4.　雑材料は，材料価格の2％とし計上する。
　　　　5.　「その他」の率対象は，電工とする。

3. コンセント

名称	摘要	単位	材料 品名	材料 単位	材料 歩掛数量	労務 職種	労務 歩掛員数(人)	その他
コンセント	連用形 2P15 A ×1	1個当り	コンセント	組	1	電工	0.054	1式
	〃 2P15 A ×2	〃	〃	〃	1	〃	0.081	〃
	〃 2P15 A ×2（一体形）	〃	〃	〃	1	〃	0.054	〃
	〃 2P15 A ×1（抜止め）	〃	〃	〃	1	〃	0.054	〃
	〃 2P15 A ×2（抜止め）	〃	〃	〃	1	〃	0.081	〃
	〃 2P15 A ×2（抜止め，一体形）	〃	〃	〃	1	〃	0.054	〃
	〃 2P15 A ×1（接地端子付）	〃	〃	〃	1	〃	0.067	〃
	〃 2P15 A ×2（接地端子付）	〃	〃	〃	1	〃	0.094	〃
	〃 2P15 A ×1（接地端子付，一体形）	〃	〃	〃	1	〃	0.067	〃
	〃 2P15 A ×2（接地端子付，一体形）	〃	〃	〃	1	〃	0.067	〃
	〃 2P15 A ×1（接地極付）	〃	〃	〃	1	〃	0.067	〃
	〃 2P15 A ×2（接地極×2付，一体形）	〃	〃	〃	1	〃	0.067	〃
	〃 2P15 A ×1（接地極，接地端子付，一体形）	〃	〃	〃	1	〃	0.067	〃
	〃 2P15 A ×2（接地極×2，接地端子付×1，一体形）	〃	〃	〃	1	〃	0.067	〃
	2P15 A ×1	〃	〃	組	1	電工	0.054	1式
	2P20 A ×1（プラグ共）	〃	〃	〃	1	〃	0.065	〃
	2P30 A ×1（プラグ共）	〃	〃	〃	1	〃	0.091	〃
	3P15 A ×1（プラグ共）	〃	〃	〃	1	〃	0.080	〃
	3P20 A ×1（プラグ共）	〃	〃	〃	1	〃	0.083	〃
	3P30 A ×1（プラグ共）	〃	〃	〃	1	〃	0.122	〃
	2P15 A ×1（引掛形プラグ共）	〃	〃	組	1	電工	0.054	1式
	2P20 A ×1（引掛形プラグ共）	〃	〃	〃	1	〃	0.065	〃
	2P15 A ×1（引掛形接地極付プラグ共）	〃	〃	〃	1	〃	0.080	〃
	2P15 A ×2（引掛形接地極付プラグ共）**(参考)**	〃	〃	〃	1	〃	0.080	〃
	2P15 A ×2（防雨形，抜止め，接地極×2，接地端子付）	〃	〃	〃	1	〃	0.067	〃
ハイテンションアウトレット	2P15 A ×1	〃	ハイテンションアウトレット	個	1	電工	0.096	1式
フロアプレート	水平高低調整式	〃	フロアプレート	個	1	電工	0.087	1式

（備考）
1. 摘要に掲げる組合せ以外のコンセントの組合せの場合は，器具について当該組合せの器具とし，歩掛員数は次による。
   $S = A + (B + C + \cdots) \times 0.5$
   S：組合わせた配線器具の歩掛員数
   A：組合わせる配線器具の中で最大の歩掛員数
   B，C，…：A以外の配線器具の歩掛員数
2. 材料は，器具（コンセント，接地端子，プラグ等），取付枠（一体形を除く）及びフラッシュプレートの組合せとする。
3. 雑材料は，材料価格の2％として計上する。
4. 「その他」の率対象は，電工とする。

❸電　力　工　事—38

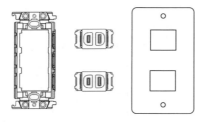
コンセント　連用形　2P15A×2

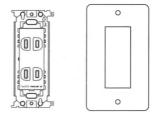
コンセント　連用形　2P15A×2（一体型）

コンセント　2P15A×1

コンセント　2P15A×1
（引掛形プラグ共）

ハイテンションアウトレット
2P15A×1

コンセント参考図

4. OAフロア用器具

名　称	摘　要	単位	材料 品名	単位	歩掛数量	労務 職種	歩掛員数(人)	その他
OAフロア用器具	蓋付フロアーボックス	1個当り	OAフロア用蓋付フロアーボックス	個	1	電工	0.080	1式
	フロア内コネクタ（20A，3心差込式，速結端子付）		OAフロア内コネクタ	〃	1	〃	0.054	〃
	フロア内コネクタ（20A，3心差込式，速結端子付，床固定）		〃	〃	1	〃	0.067	〃
	二重床用接地プラグ付テーブルタップ（ハーネスジョイントボックス用）		OAフロア用接地プラグ付テーブルタップ	〃	1	〃	0.034	〃

(備考) 1. 蓋付フロアーボックスで配線器具が組合せの場合は，器具について当該組合せの器具とし，歩掛員数は次による。
　　　　　 S＝A＋（B＋C＋・・・）×0.5
　　　　　　S：組合わせた配線器具の歩掛員数
　　　　　　A：蓋付フロアーボックス
　　　　　　B，C，・・・：Aに組込む配線器具の歩掛員数
　　　2. 雑材料は，材料価格の2％とし計上する。
　　　3. 「その他」の率対象は，電工とする。

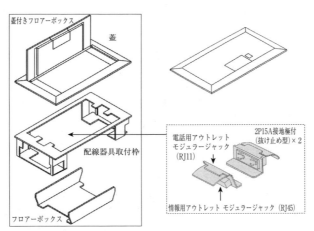

蓋付フロアーボックス

歩掛員数計算例
　蓋付フロアーボックスにコンセント2P15A接地極付（抜け止め型）×2，電話用アウトレット　モジュラージャック（RJ11），情報用アウトレット　モジュラージャック（RJ45）を，組合せた場合の電工の歩掛員数（人）の計算例を下記に示す。

　電工の歩掛員数（人）＝0.08＋(0.067＋0.054＋0.067)×0.5＝0.174（人）

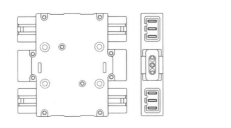
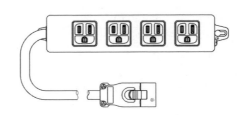

フロア内コネクタ（20A，3心差込式，速結端子付）　　　　二重床用接地プラグ付テーブルタップ（ハーネスジョイントボックス用）

OAフロア用器具参考図

5. 医用配線器具

名　　称	摘　　要	単位	材料 品名	単位	歩掛数量	労務 職種	歩掛員数(人)	その他
医用接地コンセント	2P15A×2（複式）（接地極付）	1個当り	医用接地コンセント	組	1	電工	0.087	1式
医用接地端子			医用接地端子	〃	1	〃	0.046	〃
医用接地センタボディー	プレート付		医用接地センタボディー	〃	1	〃	0.098	〃

（備考）　1.　医用接地コンセント，医用接地端子，医用接地センタボディーの歩掛員数には，JIS T 1022 による電気抵抗の測定を含む。
　　　　　2.　材料は，器具（コンセント，接地端子等）及びフラッシュプレートの組合せとする。
　　　　　3.　雑材料は，材料価格の2％とし計上する。
　　　　　4.　「その他」の率対象は，電工とする。

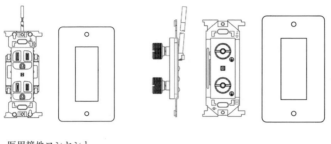
医用接地コンセント
2P15A×2（接地極付）

医用接地端子

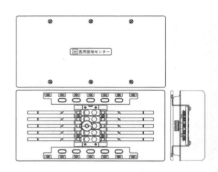
医用接地センタボディー

（備考）　医療施設で用いられる接地リード線付コンセントには，JIS T 1021規格適合品（医用）以外に接地リード線付コンセントがあるので，材料の選定に留意する。

医療用配線器具参考図

6. プルスイッチ・計器箱その他

名　　称	摘　　要	単位	材料 品名	単位	歩掛数量	労務 職種	歩掛員数(人)	その他
プルスイッチ	250V-3A	1個当り	プルスイッチ	個	1	電工	0.081	1式
押釦	連形用	1組当り	押釦	〃	1	〃	0.054	〃
			取付枠	〃	1			
			プレート	〃	1			
ブザー		1個当り	ブザー	〃	1	〃	0.081	〃
自動点滅器			自動点滅器	〃	1	〃	0.163	〃
カットアウトスイッチ	2P15A		カットアウトスイッチ	〃	1	〃	0.209	〃
計器箱	30A		計器箱	〃	1	〃	0.174	〃
電力量計			電力量計	〃	1	〃	0.435	〃

（備考）　1.　雑材料は，材料価格の2％とし計上する。
　　　　　2.　「その他」の率対象は，電工とする。

⑮ 照明器具取付け

1．白熱灯

名　称	摘　　要	単位	材料 品　名	材料 単位	材料 歩掛数量	労務 職種	労務 歩掛員数(人)	その他
白熱灯	コード吊	1個当り	白熱灯器具	個	1	電工	0.120	1式
	パイプ吊			〃	1	〃	0.144	〃
	チェーン吊			〃	1	〃	0.144	〃
	シーリングライト（直付）			〃	1	〃	0.153	〃
	ブラケット灯（壁付）			〃	1	〃	0.130	〃
	レセプタクル			〃	1	〃	0.087	〃
	ダウンライト（埋込み）			〃	1	〃	0.209	〃

（備考）
1. インサート，つりボルト等の取付けを含む。
2. 埋込器具の補強材等の取付けは，含まない。
3. システム天井に取付ける場合，電工の歩掛を0.6倍とし，雑材料は算出しない。
4. 雑材料は，材料価格の5％とし計上する。
5. 「その他」の率対象は，電工とする。

2．HID灯

名　称	摘　　要	単位	材料 品　名	材料 単位	材料 歩掛数量	労務 職種	労務 歩掛員数(人)	その他
HID灯〔投光器〕	400W以下	1個当り	投光器	個	1	電工	1.430	1式
	1,000W以下			〃	1	〃	1.740	〃
HID灯〔直付灯〕	250W以下	〃	HID灯器具	個	1	電工	0.304	1式
	400W以下			〃	1	〃	0.348	〃
	1,000W以下			〃	1	〃	0.417	〃
HID灯〔パイプペンダント〕	250W以下	〃	HID灯器具	個	1	電工	0.330	1式
	400W以下			〃	1	〃	0.391	〃
	1,000W以下			〃	1	〃	0.470	〃
HID灯〔埋込み灯〕	150W以下	〃	HID灯器具	個	1	電工	0.240	1式
	250W以下			〃	1	〃	0.357	〃
	400W以下			〃	1	〃	0.409	〃

（備考）
1. 安定器を含む。
2. HID灯器具（電動昇降装置共）は，HID灯器具の電工の歩掛に0.20人を加算する。
3. 雑材料は，材料価格の2％とし計上する。
4. 「その他」の率対象は，電工とする。

3．ＨＩＤ灯（ポールライト）

名　　　称	摘　　　　要	単位	材料 品　名	材料 単位	材料 歩掛数量	労務 職種	労務 歩掛員数(人)	その他
ＨＩＤ灯（ポールライト）	100W　ポール3.5m（地上高）	1灯当り	ポールライト	灯	1	電工	1.51	1式
	〃　　　〃　4.0m（〃）		〃	〃	1	〃	1.51	〃
	200W　ポール4.5m（〃）		〃	〃	1	〃	1.78	〃
	〃　　　〃　5.0m（〃）		〃	〃	1	〃	1.78	〃
	〃　　　〃　5.5m（〃）		〃	〃	1	〃	1.78	〃
	250W　ポール4.5m（〃）		〃	〃	1	〃	1.84	〃
	〃　　　〃　5.0m（〃）		〃	〃	1	〃	1.84	〃
	〃　　　〃　5.5m（〃）		〃	〃	1	〃	1.84	〃
	300W　ポール4.5m（〃）		〃	〃	1	〃	2.02	〃
	〃　　　〃　5.0m（〃）		〃	〃	1	〃	2.02	〃
	〃　　　〃　5.5m（〃）		〃	〃	1	〃	2.02	〃
	400W　ポール4.5m（〃）		〃	〃	1	〃	2.02	〃
	〃　　　〃　5.0m（〃）		〃	〃	1	〃	2.02	〃
	〃　　　〃　5.5m（〃）		〃	〃	1	〃	2.02	〃

〔備考〕
1. 安定器は内蔵とする。
2. ポールライトのコンクリート基礎は別途計上する。
3. 接地工事は別途計上する。
4. 雑材料は，材料価格の2％とし計上する。
5. 「その他」の率対象は，電工とし計上する。

屋外灯の参考姿図とコンクリート基礎の例

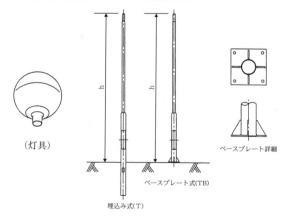

照明用ポール

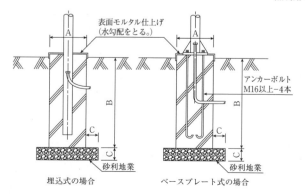

照明用ポールコンクリート基礎

4. ガーデンライト

名　称	摘　要	単位	材料 品名	材料 単位	材料 歩掛数量	労務 職種	労務 歩掛員数(人)	その他
ガーデンライト	1　灯　形	1灯当り	庭園灯	灯	1	電工	0.755	1式
	2　灯　形		〃	〃	1	〃	0.906	〃

（備考）
1. 高さは，2m以下とする。
2. 基礎は別途計上する。
3. 雑材料は，材料価格の2%とし計上する。
4. 「その他」の率対象は，電工とする。

5. 灯具昇降装置

名　称	摘　要	単位	材料 品名	材料 単位	材料 歩掛数量	労務 職種	労務 歩掛員数(人)	その他
灯具昇降装置	昇　降　装　置	1個当り	巻取り器	個	1	電工	0.20	1式
	滑　　　車		滑　車	〃	1	〃	0.08	〃
	ワ　イ　ヤ　ー	1m当り	ワイヤー	m	1	〃	0.02	〃

（備考）
1. 雑材料は，材料価格の2%とし計上する。
2. 「その他」の率対象は，電工とする。

6. 昇降装置操作盤（参考）

名　称	摘　要	単位	材料 品名	材料 単位	材料 歩掛数量	労務 職種	労務 歩掛員数(人)	その他
昇降装置操作盤	3　回　路	1面当り	昇降装置操作盤	面	1	電工	0.61	1式
	6　回　路			〃	1	〃	0.81	〃
	9　回　路			〃	1	〃	1.00	〃
	12　回　路			〃	1	〃	1.19	〃

（備考）
1. 雑材料は，材料価格の2%とし計上する。
2. 「その他」の率対象は，電工とする。

7. 蛍光灯

名　称	摘　要	単位	材料 品名	材料 単位	材料 歩掛数量	労務 職種	労務 歩掛員数(人)	その他
蛍光灯〔露出直付形〕	FL 10W—1灯用	1個当り	蛍光灯器具	個	1	電工	0.113	1式
	〃 20W— 〃			〃	1	〃	0.130	〃
	〃 30W— 〃			〃	1	〃	0.139	〃
	〃 40W— 〃			〃	1	〃	0.209	〃
	〃 110W— 〃			〃	1	〃	0.391	〃
	〃 10W—2灯用			〃	1	〃	0.139	〃
	〃 20W— 〃			〃	1	〃	0.165	〃
	〃 30W— 〃			〃	1	〃	0.183	〃
	〃 40W— 〃			〃	1	〃	0.261	〃
	〃 110W— 〃			〃	1	〃	0.478	〃
	〃 10W—3灯用			〃	1	〃	0.174	〃
	〃 20W— 〃			〃	1	〃	0.209	〃
	〃 30W— 〃 （参考）			〃	1	〃	0.275	〃
	〃 40W— 〃			〃	1	〃	0.339	〃
	〃 110W— 〃			〃	1	〃	0.609	〃
	〃 10W—4灯用			〃	1	〃	0.243	〃
	〃 20W—4・5・6灯用			〃	1	〃	0.304	〃
	〃 40W— 〃			〃	1	〃	0.443	〃
	〃 110W— 〃			〃	1	〃	0.870	〃

(つづく)

❸電力工事—44

名称	摘要	単位	材料 品名	単位	歩掛数量	職種	歩掛員数(人)	その他
Hf蛍光灯〔露出直付形〕	FHF 16W—1灯用	1個当り	蛍光灯器具	個	1	電工	0.117	1式
	〃 32W— 〃		〃	〃	1	〃	0.178	〃
	〃 86W—1灯用			〃	1	〃	0.332	〃
	〃 16W—2灯用			〃	1	〃	0.149	〃
	〃 32W— 〃			〃	1	〃	0.222	〃
	〃 32W—6灯用			〃	1	〃	0.377	〃
Hfコンパクト蛍光灯〔露出直付形〕	FHP 32W—3灯用	〃	蛍光灯器具	個	1	電工	0.178	1式
	〃 45W—4灯用			〃	1	〃	0.258	〃
	FHT 16W—1灯用			〃	1	〃	0.130	〃
	〃 24W— 〃			〃	1	〃	0.130	〃
	〃 32W— 〃			〃	1	〃	0.130	〃
	〃 42W— 〃			〃	1	〃	0.130	〃
	〃 42W—2灯用			〃	1	〃	0.150	〃
	〃 42W—3灯用			〃	1	〃	0.176	〃
	〃 42W—4灯用			〃	1	〃	0.195	〃
蛍光灯〔つり下げ形〕	FL 10W—1灯用	〃	蛍光灯器具	個	1	電工	0.139	1式
	〃 20W— 〃			〃	1	〃	0.157	〃
	〃 30W— 〃			〃	1	〃	0.165	〃
	〃 40W— 〃			〃	1	〃	0.252	〃
	〃 110W— 〃			〃	1	〃	0.470	〃
	〃 10W—2灯用			〃	1	〃	0.165	〃
	〃 20W— 〃			〃	1	〃	0.200	〃
	〃 30W— 〃			〃	1	〃	0.217	〃
	〃 40W— 〃			〃	1	〃	0.313	〃
	〃 110W— 〃			〃	1	〃	0.574	〃
	〃 10W—3灯用			〃	1	〃	0.209	〃
	〃 20W— 〃			〃	1	〃	0.252	〃
	〃 30W— 〃 (参考)			〃	1	〃	0.331	〃
	〃 40W— 〃			〃	1	〃	0.409	〃
	〃 110W— 〃			〃	1	〃	0.730	〃
	〃 20W—4・5・6灯用			〃	1	〃	0.365	〃
	〃 40W— 〃			〃	1	〃	0.530	〃
	〃 110W— 〃			〃	1	〃	1.040	〃
Hf蛍光灯〔つり下げ形〕	FHF 16W—1灯用	〃	蛍光灯器具	個	1	電工	0.141	1式
	〃 32W— 〃			〃	1	〃	0.214	〃
	〃 16W—2灯用			〃	1	〃	0.180	〃
	〃 32W— 〃			〃	1	〃	0.266	〃

(つづく)

❸ 電力工事—45

名称	摘要	単位	材料 品名	材料 単位	材料 歩掛数量	労務 職種	労務 歩掛員数(人)	その他
蛍光灯 〔埋込形〕 〔半埋込形〕	FL 10W—1灯用	1個当り	蛍光灯器具	個	1	電工	0.174	1式
	〃 20W— 〃			〃	1	〃	0.200	〃
	〃 30W— 〃			〃	1	〃	0.209	〃
	〃 40W— 〃			〃	1	〃	0.313	〃
	〃 110W— 〃			〃	1	〃	0.591	〃
	〃 10W—2灯用			〃	1	〃	0.209	〃
	〃 20W— 〃			〃	1	〃	0.252	〃
	〃 30W— 〃			〃	1	〃	0.278	〃
	〃 40W— 〃			〃	1	〃	0.391	〃
	〃 110W— 〃			〃	1	〃	0.722	〃
	〃 10W—3灯用			〃	1	〃	0.261	〃
	〃 20W— 〃			〃	1	〃	0.313	〃
	〃 30W— 〃 （参考）			〃	1	〃	0.414	〃
	〃 40W— 〃			〃	1	〃	0.513	〃
	〃 110W— 〃			〃	1	〃	0.913	〃
	〃 20W—4・5・6灯用			〃	1	〃	0.461	〃
	〃 40W— 〃			〃	1	〃	0.670	〃
	〃 110W— 〃			〃	1	〃	1.300	〃
Hf蛍光灯 〔埋込形〕 〔半埋込形〕	FHF 16W—1灯用	〃	蛍光灯器具	個	1	電工	0.180	1式
	〃 32W— 〃			〃	1	〃	0.266	〃
	〃 86W— 〃			〃	1	〃	0.502	〃
	〃 16W—2灯用			〃	1	〃	0.227	〃
	〃 32W— 〃			〃	1	〃	0.332	〃
	〃 32W—6灯用			〃	1	〃	0.570	〃
Hfコンパクト蛍光灯 〔埋込形〕 〔半埋込形〕	FHP 32W—3灯用	〃	蛍光灯器具	個	1	電工	0.266	1式
	〃 45W—4灯用			〃	1	〃	0.392	〃
	FHT 16W—1灯用			〃	1	〃	0.209	〃
	〃 24W— 〃			〃	1	〃	0.209	〃
	〃 32W— 〃			〃	1	〃	0.209	〃
	〃 42W— 〃			〃	1	〃	0.209	〃
	〃 42W—2灯用			〃	1	〃	0.240	〃
	〃 42W—3灯用			〃	1	〃	0.282	〃
	〃 42W—4灯用			〃	1	〃	0.314	〃

(備考)　1．埋込器具の補強材等の取付けは，含まない。
　　　　2．灯具位置出し，インサート，つりボルト等の取付けを含む。
　　　　3．金属線ぴに取付ける場合，電工の歩掛を0.8倍とする。
　　　　4．システム天井に取付ける場合，電工の歩掛を0.6倍とし，雑材料は算出しない。
　　　　5．防爆形器具の場合は電工の歩掛りを1.5倍，密閉形器具の場合は電工の歩掛を1.2倍とする。
　　　　6．連結器具の場合は，連結数倍とする。
　　　　7．蛍光灯器具に白熱灯が内蔵された照明器具であって，白熱灯用として専用の電源が供給される照明器具には，電工の歩掛に0.05人/個を加算する。
　　　　8．照明制御器を内蔵した照明器具及び別に設置された照明制御器等からの信号により制御されている照明器具は，電工の歩掛に0.05人/個を加算する。
　　　　9．環形蛍光灯にも適用する（コンパクト蛍光灯を除く）。
　　　10．雑材料は，材料価格の5％とし計上する。
　　　11．「その他」の率対象は，電工とする。

Hfコンパクト形蛍光ランプ（スタータ非内蔵形）の形状例

— 839 —

8. LED照明

名称	摘要	単位	材料 品名	材料 単位	材料 歩掛数量	労務 職種	労務 歩掛員数(人)	その他
LED照明 (ベースライト露出形)	LSS1－2・LSS9－2 (650×200未満)	1個当り	LED照明器具	個	1	電工	0.117	1式
	LSS10－2(650×200以上)			〃	1	〃	0.149	〃
	LSS1－4・LSS9－4・LSS12－4・ LSS13－4(1260×200未満)			〃	1	〃	0.178	〃
	LSS6－4・LSS7－4・LSS10－4 (1260×200以上)			〃	1	〃	0.222	〃
	LSS15－4(500×500)			〃	1	〃	0.178	〃
	LSS15－7(740×740)			〃	1	〃	0.258	〃
LED照明 (ベースライト埋込形)	LRS6－2(650×200未満)			〃	1	〃	0.180	〃
	LRS3－2(650×200以上)			〃	1	〃	0.227	〃
	LRS6－4・LRS10－4 (1300×200未満)			〃	1	〃	0.266	〃
	LRS3－4・LRS8－4・LRS20－4 (1300×200以上)			〃	1	〃	0.332	〃
	LRS7－4(1300×200以上) (システム天井用)			〃	1	〃	(0.332×0.6)	〃
	LRS15－3(400×400)			〃	1	〃	0.227	〃
	LRS9－4・LRS15－4(500×500)			〃	1	〃	0.266	〃
	LRS9－6・LRS15－6(650×650)			〃	1	〃	0.392	〃
	LRS28－6・LRS29－6(600×600) (システム天井用)			〃	1	〃	(0.392×0.6)	〃
LED照明 (ダウンライト埋込形)	LRS1・LRS11・LRS12・LRS13・LRS14・ LRS16・LRS17(天井切込み寸法100～150φ)			〃	1	〃	0.209	〃
	LRS1(天井切込み寸法200φ)			〃	1	〃	0.240	〃
	LRS1(天井切込み寸法250φ)			〃	1	〃	0.282	〃
LED照明 (高天井ダウンライト露出形)	LSR1・LSR2・LSR3 ※17000 lm, 20000 lm			〃	1	〃	0.348	〃
	LSR1・LSR2 ※34000 lm, 40000 lm			〃	1	〃	0.417	〃
LED照明 (高天井ダウンライト埋込形)	LRS2(天井切込み寸法400φ) ※12000 lm, 16000 lm			〃	1	〃	0.357	〃
LED照明 (ブラケットライト露出形)	LBF2・LBF4(600以下×450以下)			〃	1	〃	0.130	〃
	LBF3－2(800×200未満)			〃	1	〃	0.117	〃
	LBF3－4・LBF11 (1260×200未満)			〃	1	〃	0.178	〃
LED照明 (投光器)	LPJ1 ※18000 lm			〃	1	〃	1.43	〃
	LPJ1 ※50000 lm			〃	1	〃	1.74	〃
LED照明 (屋外ポールライト)	LST1・LST2・LST3・LST4・LSA2 ※6000 lm(T(B)3.5～5.0)	1灯当り		灯	1	〃	1.84	〃
LED照明 (屋外ポールライト) 基礎は別途とする。	LSA1(太陽電池パネル TB3.0)			〃	1	〃	2.48	〃
LED照明 (屋外ガーデンライト) 基礎は別途とする。	LPT1(150φ×1100) 高さは2m以下とする。			〃	1	〃	0.755	〃

(備考)　1.　一体形LEDに適用する。
　　　　2.　摘要に記載の型番は，公共建築設備工事標準図（電気設備工事編）による。また，（　）は標準的な器具寸法又は天井切込み寸法等を示し，※の定格光束は，代表値を示す。
　　　　3.　LED制御装置の取付けを含む。
　　　　4.　インサート，つりボルト等の取付けを含む。
　　　　5.　埋込器具の補強材等の取付けは含まない。
　　　　6.　照明制御器を内蔵した照明器具及び別に設置された照明制御器等からの信号により制御される照明器具には，電工の歩掛に0.05人/個を加算する。
　　　　7.　金属線ぴに取付ける場合，電工の歩掛を0.8倍とする。
　　　　8.　システム天井に取付ける場合，電工の歩掛を0.6倍とし，雑材料は算出しない。
　　　　9.　雑材料は，材料価格の5％とし計上する。
　　　10.　「その他」の率対象は，電工とする。

LEDダウンライト取付け例

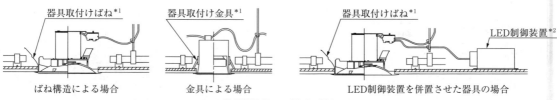

注＊1　脱落防止を兼ねる。
　＊2　LED制御装置の荷重が器具取付け金物にかからない構造の場合，LED制御装置の質量は除く。

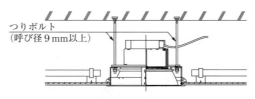

埋込天井灯取付け例

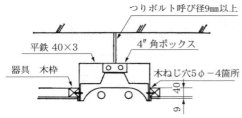

隠ぺい配管工事

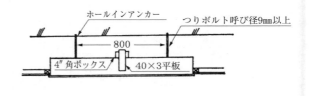

軽量鉄骨天井隠ぺい照明器具取付け例

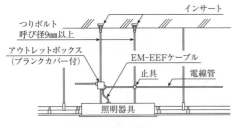

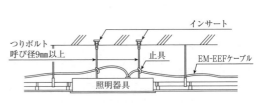

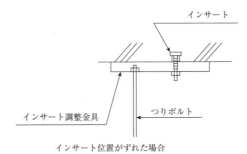

軽量鉄骨天井直付照明器具取付け例

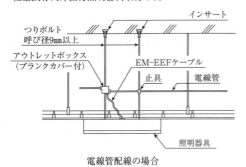

電線管配線の場合

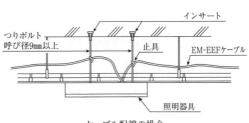

ケーブル配線の場合

9. 照明制御器

名　　　称	摘　　　要	単位	材料 品　名	材料 単位	材料 歩掛数量	労務 職種	労務 歩掛員数（人）	その他
照　明　制　御　器〔セ　ン　サ〕		1個当り	照　明　制　御　器（セ　ン　サ）	個	1	電工	0.159	1式

（備考）　1．埋込形，直付形に適用する。　　　　　　　　　　4．雑材料は，材料価格の2％とし計上する。
　　　　2．照明器具一体形には適用しない。　　　　　　　　5．「その他」の率対象は，電工とする。
　　　　3．システム天井に取付ける場合は，電工の歩掛を0.8倍して用いる。

10. 誘導灯

名　　　称	摘　　　要	単位	材料 品　名	材料 単位	材料 歩掛数量	労務 職種	労務 歩掛員数（人）	その他
誘　　導　　灯	C	1個当り	誘導灯器具	個	1	電工	0.174	1式
	BL，BH			〃	1	〃	0.200	〃
	A			〃	1	〃	0.313	〃

（備考）　1．消防関係法令による避難口誘導灯及び通路誘導灯とする。
　　　　2．Cは，避難口C級及び通路C級とする。
　　　　3．BLは，避難口B級・BL形及び通路B級・BL形とする。
　　　　4．BHは，避難口B級・BH形及び通路B級・BH形とする。
　　　　5．Aは避難口A級及び通路A級とする。　　　　　　8．雑材料は，材料価格の5％とし計上する。
　　　　6．点滅形は，電工の歩掛に0.05人/個を加算する。　9．「その他」の率対象は，電工とする。
　　　　7．点滅式誘導音付加形は，電工の歩掛に0.1人/個を加算する。

11. 非常用照明（白熱灯・LED灯）

名　　　称	摘　　　要	単位	材料 品　名	材料 単位	材料 歩掛数量	労務 職種	労務 歩掛員数（人）	その他
非常用照明(露出形)	JE9～30W，I40W LED	1個当り	非常用照明器具	個	1	電工	0.130	1式
非常用照明(埋込形)	JE9～30W，I40W LED			〃	1	〃	0.209	〃

（備考）　1．インサート，つりボルト等の取付けを含む。　　　4．雑材料は，雑材価格の5％とし計上する。
　　　　2．金属線ぴに取付ける場合，電工の歩掛を0.8倍とする。　5．「その他」の率対象は，電工とする。
　　　　3．システム天井に取付ける場合，電工の歩掛を0.6倍とし，雑材料は算出しない。

12. 誘導灯信号装置

名　　　称	摘　　　要	単位	材料 品　名	材料 単位	材料 歩掛数量	労務 職種	労務 歩掛員数（人）	その他
誘導灯信号装置		1個当り	誘導灯信号装置	個	1	電工	0.50	1式

（備考）　1．雑材料は，材料価格の2％とし計上する。　　　　2．「その他」の率対象は，電工とする。

⑯ 分電盤・制御盤取付け
1. 開閉器箱・分電盤

名称	摘要	単位	材料 品名	材料 単位	材料 歩掛数量	労務 職種	労務 歩掛員数(人)	その他
配線用遮断器	1P　30A	1個当り	配線用遮断器	個	1	電工	0.211	1式
〃	1P　60A	〃	〃	〃	1	〃	0.302	〃
〃	2P　30A	〃	〃	〃	1	〃	0.264	〃
〃	2P　60A	〃	〃	〃	1	〃	0.380	〃
〃	2P　100A	〃	〃	〃	1	〃	0.526	〃
〃	2P　225A	〃	〃	〃	1	〃	0.741	〃
〃	2P　400A	〃	〃	〃	1	〃	0.894	〃
〃	3P　30A	〃	〃	〃	1	〃	0.387	〃
〃	3P　60A	〃	〃	〃	1	〃	0.558	〃
〃	3P　100A	〃	〃	〃	1	〃	0.708	〃
〃	3P　225A	〃	〃	〃	1	〃	1.040	〃
〃	3P　400A	〃	〃	〃	1	〃	1.260	〃
〃	4P　30A	〃	〃	〃	1	〃	0.503	〃
〃	4P　60A	〃	〃	〃	1	〃	0.725	〃
〃	4P　100A	〃	〃	〃	1	〃	0.920	〃
〃	4P　225A	〃	〃	〃	1	〃	1.350	〃
〃	4P　400A	〃	〃	〃	1	〃	1.640	〃
ナイフスイッチ	1P　30A	〃	ナイフスイッチ	個	1	電工	0.263	1式
〃	1P　60A	〃	〃	〃	1	〃	0.377	〃
〃	2P　30A	〃	〃	〃	1	〃	0.330	〃
〃	2P　60A	〃	〃	〃	1	〃	0.475	〃
〃	2P　100A	〃	〃	〃	1	〃	0.657	〃
〃	2P　200A	〃	〃	〃	1	〃	0.926	〃
〃	2P　300A	〃	〃	〃	1	〃	1.120	〃
〃	3P　30A	〃	〃	〃	1	〃	0.483	〃
〃	3P　60A	〃	〃	〃	1	〃	0.698	〃
〃	3P　100A	〃	〃	〃	1	〃	0.885	〃
〃	3P　200A	〃	〃	〃	1	〃	1.300	〃
〃	3P　300A	〃	〃	〃	1	〃	1.580	〃
協約形単極サイズ	2P　30A	〃	配線用遮断器	個	1	電工	0.200	1式
小形サイズ	2P　30A	〃	〃	〃	1	〃	0.190	〃

(備考) 1. 開閉器箱・分電盤は，労務費を表より算出する。なお，材料費は別途計上する。
　　　 2. 電磁開閉器は，ナイフスイッチの電工の歩掛を適用する。
　　　 3. OA盤及び実験盤にも適用する。
　　　 4. 開閉器箱及び分電盤の電工の歩掛は盤ごとに算出する。
　　　 5. 算出人員が3人未満の場合は，実数人員とし，3人以上の場合は，次表により修正する。
　　　 6. 雑材料は，材料価格の2％とし計上する。
　　　 7. 「その他」の率対象は，電工とする。

2. 開閉器箱・分電盤（組込機器）

名称	摘要	単位	材料 品名	材料 単位	材料 歩掛数量	労務 職種	労務 歩掛員数(人)	その他
リモコンリレー	20 A	1個当り	リモコンリレー	個	1	電工	0.084	1式
リモコントランス			リモコントランス	〃	1	〃	0.050	〃
リモコンリレーT/U付	6 A ×1		リモコンリレー	〃	1	〃	0.062	〃
リモコンリレーT/U付	6 A ×4		〃	〃	1	〃	0.200	〃
ターミナルユニット	1個用		ターミナルユニット	〃	1	〃	0.025	〃
ターミナルユニット	4個用		〃	〃	1	〃	0.050	〃
伝送ユニット			伝送ユニット	〃	1	〃	0.146	〃
電磁接触器	2P協約形		電磁接触器	〃	1	〃	0.125	〃
タイムスイッチ	協約形		タイムスイッチ	〃	1	〃	0.050	〃
コントロールユニット	タイムスイッチ用		コントロールユニット	〃	1	〃	0.050	〃
コントロールユニットAS付	タイムスイッチ用・自動点滅器対応		〃	〃	1	〃	0.125	〃
低圧用ＳＰＤ	クラスⅡ（分離器含む）		低圧用ＳＰＤ	〃	1	〃	0.194	〃
電力量計			電力量計	〃	1	〃	0.217	〃

（備考） 1. 前頁1.開閉器箱・分電盤の電工の歩掛に加算する。
　　　　 2. リモコン機器は，2線式（多重伝送制御）とする。
　　　　 3. リモコンリレーの電工の歩掛には，設定費を含む。
　　　　 4. 雑材料は，材料価格の2％とし計上する。
　　　　 5. 「その他」の率対象は，電工とする。

修正表（開閉器箱・分電盤）

算出人員	適用人員	算出人員	適用人員
3 人以上～ 4 人未満	3	16人以上～19人未満	12
4 人 〃 ～ 5 人 〃	4	19人 〃 ～22人 〃	15
5 人 〃 ～ 6 人 〃	5	22人 〃 ～26人 〃	18
6 人 〃 ～ 7 人 〃	6	26人 〃 ～30人 〃	21
7 人 〃 ～ 8.5人 〃	7	30人 〃 ～35人 〃	24
8.5人 〃 ～10 人 〃	8	35人 〃 ～41人 〃	28
10 人 〃 ～13 人 〃	10	41人 〃 ～48人 〃	33
13 人 〃 ～16 人 〃	11		

3. 制御盤

名称	摘要	単位	材料 品名	材料 単位	材料 歩掛数量	労務 職種	労務 歩掛員数(人)	その他
電動機負荷	2.2 kW以下	1回路当り	電動機負荷	回路	1	電工	1.59	1式
	3.7 〃		〃	〃	1	〃	1.77	〃
	5.5 〃		〃	〃	1	〃	1.86	〃
	7.5 〃		〃	〃	1	〃	1.95	〃
	11 〃		〃	〃	1	〃	2.12	〃
	15 〃		〃	〃	1	〃	2.30	〃
	22 〃		〃	〃	1	〃	2.57	〃
	30 〃		〃	〃	1	〃	2.92	〃
	37 〃		〃	〃	1	〃	3.10	〃
	45 〃		〃	〃	1	〃	3.19	〃
	55 〃		〃	〃	1	〃	3.27	〃

（つづく）

(備考) 1. 制御盤は，労務費を表より算出する。なお，材料費は別途計上する。
2. 同一回路の自動交互運転等の場合は，電工の歩掛を1.5倍して用いる。
3. 制御盤の電工の歩掛は盤ごとに算出する。
4. 算出人員が2.5人未満の場合は，実数人員とし，2.5人以上の場合は，次表により修正する。
5. 雑材料は，材料価格の1％とし計上する。
6. 「その他」の率対象は，電工とする。

修正表（制御盤）

算　出　人　員	適用人員	算　出　人　員	適用人員	算　出　人　員	適用人員
2.5人以上〜 3.5人未満	3	10.0人以上〜11.5人未満	9	24.0人以上〜40.0人未満	0.6倍
3.5 〃 〜 4.5 〃	4	11.5 〃 〜13.0 〃	10	40.0 〃 〜44.0 〃	24
4.5 〃 〜 5.5 〃	5	13.0 〃 〜15.0 〃	11	44.0 〃 〜69.0 〃	0.55倍
5.5 〃 〜 7.0 〃	6	15.0 〃 〜17.0 〃	12	69.0 〃 〜76.0 〃	38
7.0 〃 〜 8.5 〃	7	17.0 〃 〜19.0 〃	13	76.0 〃	0.5倍
8.5 〃 〜10.0 〃	8	19.0 〃 〜24.0 〃	14		

4. 電動機・電極その他結線

名　　称	摘　　要	単位	材料 品　名	材料 単位	材料 歩掛数量	労務 職種	労務 歩掛員数(人)	その他
電　動　機　結　線	直入始動方式	1台当り	電動機結線	台	1	電工	0.174	1式
	直入始動方式以外		〃	〃	1	〃	0.348	〃
低圧コンデンサ		〃	低圧コンデンサ	台	1	電工	0.261	1式
電　極　結　線		1組当り	電極結線	組	1	〃	0.200	〃
電　　極		〃	電極取付	〃	1	〃	0.700	〃

(備考) 1. 雑材料は，材料価格の2％とし計上する（電極取付のみ）。
2. 「その他」の率対象は，電工とする。

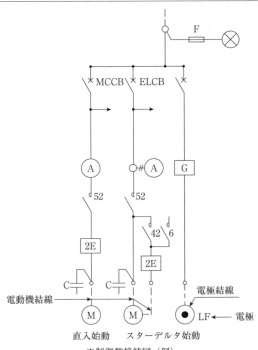

※制御盤接続図（例）

⑰ 受変電設備
1. 受配電盤

名　称	摘　要	単位	材料 品　名	単位	歩掛数量	労務 電工(人)	普通作業員(人)	その他
開放形	遮断容量　7.2 kV　4.0 kA	1面当り	受配電盤	面	1	4.16	1.68	1式
	〃　　　　　　　8.0 〃			〃	1	5.04	2.04	〃
	盤幅　800mm 以下		低圧盤	面	1	2.65	2.12	1式
	盤幅　800mm 超過			〃	1	3.54	2.65	〃
閉鎖形	遮断容量　7.2 kV　8.0 kA		受配電盤	面	1	4.78	1.86	1式
	〃　　　　　　　12.5 〃			〃	1	5.40	2.21	〃
	盤幅　800mm 以下		低圧盤	面	1	3.98	2.12	1式
	盤幅　800mm 超過			〃	1	5.31	2.65	〃

(備考) 1. 受配電盤は，労務費を表より算出する。なお，材料費は別途計上する。
　　　 2. 変圧器盤は，低圧盤の電工及び普通作業員の歩掛を適用する。ただし，変圧器は含まない。
　　　 3. 遮断器が2段積の場合は，電工及び普通作業員の歩掛を1.4倍して用いる。
　　　 4. 3.6 kV の受配電盤にも適用する。
　　　 5. 取付け，結線，試験調整を含む。　　　7. 雑材料は，材料価格の0.2%とし計上する。
　　　 6. 搬入費は別途計上する。　　　　　　　8. 「その他」の率対象は，電工，普通作業員とする。

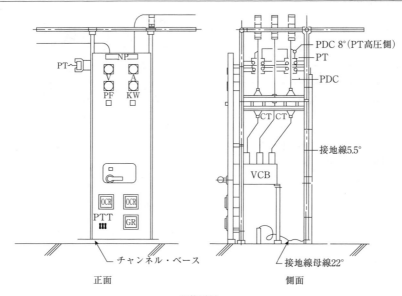

開放形例
※受配電盤

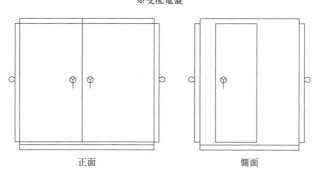

キュービクル式配電盤（前後面保守形）
閉鎖形例

2. 変圧器, 高圧進相コンデンサ

名称	摘要	単位	材料 品名	材料 単位	材料 歩掛数量	労務 電工(人)	労務 普通作業員(人)	その他
変圧器 (6 kV/3 kV)	単相 5 kVA (参考)	1台当り	変圧器	台	1	0.348	0.348	1式
	〃 7.5 〃 (参考)			〃	1	0.348	0.348	〃
	〃 10 〃			〃	1	0.460	0.460	〃
	〃 15 〃 (参考)			〃	1	0.606	0.606	〃
	〃 20 〃			〃	1	0.779	0.779	〃
	〃 25 〃 (参考)			〃	1	0.823	0.823	〃
	〃 30 〃			〃	1	0.823	0.823	〃
	〃 50 〃			〃	1	0.973	0.973	〃
	〃 75 〃			〃	1	1.60	1.60	〃
	〃 100 〃			〃	1	1.71	1.71	〃
	〃 150 〃			〃	1	2.12	2.50	〃
	〃 200 〃			〃	1	2.25	2.65	〃
	〃 250 〃			〃	1	2.59	2.98	〃
	〃 300 〃			〃	1	2.90	3.37	〃
	〃 400 〃			〃	1	3.41	4.29	〃
	〃 500 〃			〃	1	3.81	4.68	〃
	三相 5 kVA (参考)			〃	1	0.387	0.387	〃
	〃 7.5 〃 (参考)			〃	1	0.430	0.430	〃
	〃 10 〃			〃	1	0.584	0.584	〃
	〃 15 〃 (参考)			〃	1	0.620	0.620	〃
	〃 20 〃			〃	1	0.947	0.947	〃
	〃 25 〃 (参考)			〃	1	0.98	0.98	〃
	〃 30 〃			〃	1	1.04	1.04	〃
	〃 50 〃			〃	1	1.22	1.22	〃
	〃 75 〃			〃	1	1.81	1.81	〃
	〃 100 〃			〃	1	2.01	2.01	〃
	〃 150 〃			〃	1	2.47	2.84	〃
	〃 200 〃			〃	1	2.74	3.15	〃
	〃 250 〃			〃	1	3.09	3.58	〃
	〃 300 〃			〃	1	3.55	3.95	〃
	〃 400 〃			〃	1	3.89	4.79	〃
	〃 500 〃			〃	1	4.37	5.25	〃
高圧進相コンデンサ (6 kV/3 kV)	三相 10/12kvar	〃	コンデンサ	台	1	0.248	0.248	1式
	〃 15/18 〃			〃	1	0.301	0.301	〃
	〃 20/24 〃			〃	1	0.442	0.442	〃
	〃 25/30 〃			〃	1	0.558	0.558	〃
	〃 30/36 〃			〃	1	0.575	0.575	〃
	〃 50 〃			〃	1	0.655	0.655	〃
	〃 75 〃			〃	1	1.13	1.13	〃
	〃 100 〃			〃	1	1.26	1.26	〃
	〃 150 〃			〃	1	1.59	1.59	〃
	〃 200 〃			〃	1	1.78	1.78	〃
	〃 300 〃			〃	1	(備考) 2		

(つづく)

(備考) 1. 変圧器，高圧進相コンデンサは，労務費を表より算出する。なお，材料費は別途計上する。
2. 高圧進相コンデンサ三相300kvarの電工，普通作業員の歩掛については，状況に応じて必要量を計上する。
3. 油入又は乾式（箱共）の場合とする。
4. 高圧進相コンデンサは放電コイルの取付けを含むものとする。
5. 取付け，結線を含む。
6. 柱上用変圧器は㉙変圧器（柱上用）を参照のこと。
7. 搬入費は別途計上する。
8. 雑材料は，材料価格の0.2%とし計上する。
9. 「その他」の率対象は，電工，普通作業員とする。

3. 直列リアクトル（高圧進相コンデンサ用）

名　称	摘　要	単位	材料 品名	材料 単位	材料 歩掛数量	労務 電工(人)	労務 普通作業員(人)	その他
直列リアクトル (6kV/3kV)	三相 SC30 kvar 用	1台当り	直列リアクトル	台	1	0.576	0.576	1式
	〃　50　〃			〃	1	0.629	0.629	〃
	〃　75　〃			〃	1	0.682	0.682	〃
	〃　100　〃			〃	1	0.823	0.823	〃
	〃　150　〃			〃	1	0.911	0.911	〃
	〃　200　〃			〃	1	0.973	0.973	〃

(備考) 1. 直列リアクトルは，労務費を表より算出する。なお，材料費は別途計上する。
2. 油入又は乾式（箱共）の場合とする。
3. 取付け，結線を含む。
4. 搬入費は別途計上する。
5. 雑材料は，材料価格の0.2%とし計上する。
6. 「その他」の率対象は，電工，普通作業員とする。

4. 直流電源装置

名　称	摘　要	単位	材料 品名	材料 単位	材料 歩掛数量	労務 電工(人)	労務 普通作業員(人)	その他
架台式蓄電池	100 Ah 以下	1組当り	蓄電池	組	1	5.04	1.50	1式
	200　〃			〃	1	7.61	2.30	〃
	300　〃			〃	1	10.50	3.19	〃
整流器	別置形	〃	整流器	組	1	2.83	1.41	1式
キュービクル式	30 Ah 以下	1面当り	キュービクル式	面	1	1.59	1.24	1式
	50　〃			〃	1	2.39	1.59	〃
	80　〃			〃	1	3.19	2.12	〃
	100　〃			〃	1	3.98	2.83	〃
	200　〃			〃	1	4.78	3.63	〃
	300　〃			〃	1	5.31	3.89	〃

(備考) 1. 直流電源装置は，労務費を表より算出する。なお，材料費は別途計上する。
2. 出力電圧は，DC100Vの場合を示す。
3. 取付け，結線を含む。
4. 搬入費は別途計上する。
5. 雑材料は，材料価格の0.2%とし計上する。
6. 「その他」の率対象は，電工，普通作業員とする。

5. 工事材料

名称	摘要	単位	材料 品名	単位	歩掛数量	労務 職種	歩掛員数(人)	その他
銅帯	（3 t × 25mm）×1	1m当り	銅帯	m	1	電工	0.088	1式
	（3 t × 25mm）×2			〃	1	〃	0.176	〃
	（3 t × 50mm）×1			〃	1	〃	0.137	〃
	（3 t × 50mm）×2			〃	1	〃	0.274	〃
	（6 t × 50mm）×1			〃	1	〃	0.239	〃
	（6 t × 50mm）×2			〃	1	〃	0.478	〃
	（6 t × 75mm）×1			〃	1	〃	0.274	〃
	（6 t × 75mm）×2			〃	1	〃	0.548	〃
	（6 t × 100mm）×1			〃	1	〃	0.407	〃
	（6 t × 100mm）×2			〃	1	〃	0.814	〃
銅丸棒	4 mm φ	〃	銅丸棒	m	1	電工	0.097	1式
	5 〃			〃	1	〃	0.097	〃
	6 〃			〃	1	〃	0.097	〃
	7 〃			〃	1	〃	0.097	〃
	8 〃			〃	1	〃	0.097	〃
	9 〃			〃	1	〃	0.097	〃
	10 〃			〃	1	〃	0.124	〃
	11 〃			〃	1	〃	0.124	〃
	12 〃			〃	1	〃	0.124	〃
電線	8 mm^{2}以下	〃	電線	m	1.1	電工	0.036	1式
	14 〃			〃	1.1	〃	0.042	〃
	22 〃			〃	1.1	〃	0.042	〃
	38 〃			〃	1.1	〃	0.063	〃
	60 〃			〃	1.1	〃	0.082	〃
	100 〃			〃	1.1	〃	0.082	〃
	150 〃			〃	1.1	〃	0.140	〃
	200 〃			〃	1.1	〃	0.140	〃
	250 〃			〃	1.1	〃	0.140	〃
フレームパイプ	32 A	〃	黒ガス管	m	1.2	電工	0.150	1式
鋼材	平鋼3 t ×25～50 mm	〃	鋼材	m	1.1	電工	0.168	1式
	〃 6 t ×50 mm 以下			〃	1.1	〃	0.195	〃
	L形鋼3 t ×30～50 mm			〃	1.1	〃	0.177	〃
	〃 6 t ×50 mm 以下			〃	1.1	〃	0.195	〃
保護金網		1m^{2}当り	金網	m^2	1	電工	0.177	1式

(備考) 1. 銅帯，銅丸棒及び電線の受がいしの取付けを含む。
2. フレームパイプには組立金具費として，パイプ価格の30％を計上する。
3. 保護金網は取付けの加工含まず。
4. 雑材料は，材料価格の2％とし計上する。
5. 「その他」の率対象は，電工とする。

6. 高圧負荷開閉器，その他

名　　称	摘　　　要	単位	材料 品　名	材料 単位	材料 歩掛数量	労務 職種	労務 歩掛員数(人)	その他
開　閉　器	3P　100A	1台当り	高圧負荷開閉器	台	1	電工	0.690	1式
	〃　200A			〃	1	〃	0.823	〃
	〃　300A			〃	1	〃	0.920	〃
開　閉　器（地絡継電器付）	3P　100A	〃	高圧負荷開閉器（地絡継電器付）	台	1	電工	0.794	1式
	〃　200A			〃	1	〃	0.946	〃
	〃　300A			〃	1	〃	1.05	〃
断　路　器	単極単投　100A	1個当り	断　路　器	個	1	電工	0.275	1式
	〃　200A			〃	1	〃	0.412	〃
	〃　400A			〃	1	〃	0.530	〃
	〃　600A			〃	1	〃	0.630	〃
断　路　器	3極単投　100A	〃	断　路　器	個	1	電工	0.549	1式
	〃　200A			〃	1	〃	0.823	〃
	〃　400A			〃	1	〃	1.06	〃
	〃　600A			〃	1	〃	1.260	〃
プライマリーカットアウトスイッチ	50A	〃	プライマリーカットアウトスイッチ	個	1	電工	0.159	1式
	100A			〃	1	〃	0.173	〃
電力ヒューズ		〃	電力ヒューズ	個	1	電工	0.250	1式
計器用変圧器		〃	計器用変圧器	〃	1	〃	0.168	〃
計器用変流器		〃	計器用変流器	〃	1	〃	0.168	〃
変　成　器　箱		〃	変　成　器　箱	個	1	〃	0.681	〃
組合せ計器箱		〃	組合せ計器箱	〃	1	〃	0.478	〃
避　雷　器		〃	避　雷　器	個	1	〃	0.159	〃

(備考)　1.　高圧負荷開閉器の柱上用は㉚**保安開閉器その他（柱上用）**を参照のこと。
　　　　2.　雑材料は，材料価格の2％とし計上する。
　　　　3.　「その他」の率対象は，電工とする。

⑱ 自家発電設備（参考）

名称	摘要	単位	材料 品名	材料 単位	材料 歩掛数量	労務 職種	労務 歩掛員数(人)	その他
発電機容量20 kVA 以下	原動機容量 25 PS	1組当り	発電機	台	1	技術員	10.5	1式
			エンジン	〃	1	電工	6.3	
			発電機盤	〃	1	機械工	6.3	
			直流電源盤	〃	1	普通作業員	5.3	
			その他付属品	式	1	－	－	
発電機容量50 kVA 以下	60 PS	〃	発電機	台	1	技術員	15.8	〃
			エンジン	〃	1	電工	8.4	
			発電機盤	〃	1	機械工	8.4	
			直流電源盤	〃	1	普通作業員	6.3	
			その他付属品	式	1	－	－	
発電機容量100 kVA 以下	125 PS	〃	発電機	台	1	技術員	22.1	〃
			エンジン	〃	1	電工	10.5	
			発電機盤	〃	1	機械工	10.5	
			直流電源盤	〃	1	普通作業員	7.4	
			その他付属品	式	1	－	－	
発電機容量200 kVA 以下	240 PS	〃	発電機	台	1	技術員	31.5	〃
			エンジン	〃	1	電工	13.7	
			発電機盤	〃	1	機械工	13.7	
			直流電源盤	〃	1	普通作業員	7.4	
			その他付属品	式	1	－	－	
発電機容量300 kVA 以下	360 PS	〃	発電機	台	1	技術員	37.8	〃
			エンジン	〃	1	電工	16.8	
			発電機盤	〃	1	機械工	16.8	
			直流電源盤	〃	1	普通作業員	8.4	
			その他付属品	式	1	－	－	
発電機容量500 kVA 以下	600 PS	〃	発電機	台	1	技術員	47.3	〃
			エンジン	〃	1	電工	20.0	
			発電機盤	〃	1	機械工	20.0	
			直流電源盤	〃	1	普通作業員	10.5	
			その他付属品	式	1	－	－	

（備考）
1. 発電機，エンジン，発電機盤，直流電源盤等の据付を含む。なお，材料費は別途計上する。
2. 自動始動停止の場合とする。
3. 20～50 kVAで，冷却方式がラジエータ式の場合は機械工の歩掛を0.7倍，電工の歩掛りを1.3倍とする。
4. 機器回り配管を別途計上するものとする。
5. 必要な場合は別途に試運転調整費を見込む。
6. 技術員は電工労務単価の1.1倍とする。
7. 「その他」の率対象は，技術員，電工，機械工及び普通作業員とする。

⑲ 雷保護設備
1. 雷保護設備

名称	摘要	単位	材料 品名	材料 単位	材料 歩掛数量	労務 電工(人)	労務 普通作業員(人)	その他
突針	ポール，支持金具共(屋上・外壁)	1基当り	突針	基	1	2.65	—	1式
導線	支持金具共	1m当り	導線	m	1.1	0.092	—	〃
水平導体又はメッシュ導体	支持ボルト共	〃	銅より線	m	1.05	0.122	—	1式
			銅帯又はアルミ帯	〃	1.05	0.200	—	〃
鉄筋等接続端子		1個当り	接続端子	個	1	0.230 (溶接工)	—	1式
水切端子		〃	水切端子	〃	1	0.175	—	〃
銅覆鋼棒	単独打込	1箇所当り	銅覆鋼棒	組	1	0.183	—	1式
	連結打込			〃	1	0.287	—	〃
	連結打込			〃	1	0.383	—	〃
接地銅板	900mm×900mm×1.5t	〃	接地銅板	枚	1	1.53	3.58	1式
	500mm×500mm×1.5t			〃	1	0.826	1.20	〃
	500mm×250mm×1.5t			〃	1	0.609	1.03	〃
	600mm×600mm×1.5t			〃	1	0.942	1.80	〃
接地極埋設標	黄銅板製	1枚当り	埋設標	枚	1	0.307	—	1式
試験用接地端子箱	1，2個端子用	1個当り	接地端子箱	個	1	0.250	—	1式
	3，4個端子用			〃	1	0.440	—	〃
	5，6個端子用			〃	1	0.600	—	〃
	7，8個端子用			〃	1	0.780	—	〃

(備考) 1. 突針の支持管が5mを超える場合は，1m増すごとに0.26人を電工の歩掛に加算する。
2. 接地極埋設標の歩掛には，測定を含む(測定0.223人，埋設標0.084人)。
3. 雑材料は，材料価格の2%とし計上する。ただし，鉄筋等接続端子の雑材料については，材料価格の10%とし計上する。
4. 「その他」の率対象は，電工，溶接工及び普通作業員とする。

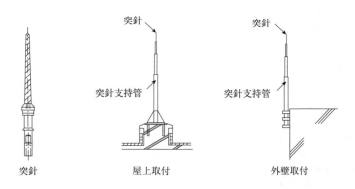

突針　　　　屋上取付　　　　外壁取付

屋上受雷部の施工例

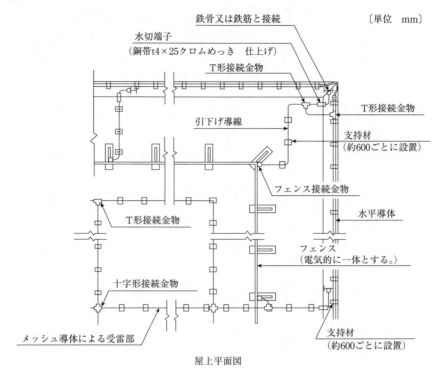

コンクリートポール寸法等（JIS A 5373附属書抜粋）

長さ m	荷重点の高さ m	支持点の高さ m	ひび割れ試験荷重 kN 末口径 mm			
			120	140	190	220
7	5.55	1.2	—	1.5	—	—
8	6.35	1.4	—	1.5 2.0	4.3	—
9	7.25	1.5	2.0	2.5	3.5 4.3 5.0	—
10	8.05	1.7	2.0	2.5	3.5 5.0	—
11	8.85	1.9	2.0	—	3.5 5.0	—
12	9.75	2.0	—	—	3.5 5.0 7.0	—
13	10.55	2.2	—	—	3.5 5.0 7.0	—
14	11.35	2.4	—	—	3.5 5.0 7.0	—
15	12.25	2.5	—	—	5.0 7.0	—
	11.95	2.8	—	—	10	10
	11.75	3.0	—	—	—	15
16	13.25	2.5	—	—	5.0 7.0	—
	12.95	2.8	—	—	10	10
	12.75	3.0	—	—	—	15
17	13.95	2.8	—	—	5.0 7.0 10	10
	13.75	3.0	—	—	—	15

（備考） テーパは，1/75とする。

⑳ 電柱建柱（人力建込みの場合）

1. コンクリート柱

(建柱穴掘削，埋戻し等を含む)

名称	摘要	単位	材料 品名	単位	歩掛数量	労務 電工(人)	普通作業員(人)	その他
コンクリート柱	長さ7m（参考）	1本当り	コンクリート柱（コンクリートブロック，足場金具・電柱札・砕石・コンクリート底板共）	本	1	1.66	0.871	1式
	〃 8m			〃	1	1.74	0.957	〃
	〃 9 〃			〃	1	2.17	1.04	〃
	〃 10 〃			〃	1	2.61	1.04	〃
	〃 11 〃			〃	1	3.04	1.22	〃
	〃 12 〃			〃	1	3.48	1.74	〃
	〃 13 〃			〃	1	3.91	1.91	〃
	〃 14 〃			〃	1	4.35	2.09	〃
	〃 15 〃			〃	1	4.78	2.43	〃

（備考） 1. 雑材料は，材料価格の2％とし計上する。
　　　　 2. 「その他」の率対象は，電工，普通作業員とする。

2. 木柱

名称	摘要	単位	材料 品名	単位	歩掛数量	労務 電工(人)	普通作業員(人)	その他
木柱	長さ6m	1本当り	木柱，根かせ，足場金具・電柱札・かさ金鉄線共	本	1	0.461	0.252	1式
	〃 7 〃			〃	1	0.565	0.296	〃
	〃 8 〃			〃	1	0.696	0.339	〃
	〃 9 〃			〃	1	0.809	0.426	〃
	〃 10 〃			〃	1	1.05	0.539	〃

（備考） 1. 雑材料は，材料価格の2％とし計上する。
　　　　 2. 「その他」の率対象は，電工，普通作業員とする。

3. 鋼板組立柱

名称	摘要	単位	材料 品名	単位	歩掛数量	労務 電工(人)	普通作業員(人)	その他
鋼板組立柱	長さ 7.1m（R 36）	1本当り	鋼板組立柱（コンクリート底板・電柱札・足場くぎ共）	本	1	0.83	0.44	1式
	〃 8.72 〃（R 37）			〃	1	1.05	0.50	〃
	〃 10.3 〃（R 38）			〃	1	1.34	0.54	〃
	〃 11.84 〃（R 39）			〃	1	1.72	0.86	〃
	〃 13.34 〃（R 310）			〃	1	2.01	0.98	〃
	〃 14.80 〃（R 311）			〃	1	2.36	1.20	〃
	〃 16.24 〃（R 312）			〃	1	2.59	1.31	〃

（備考） 1. 雑材料は，材料価格の2％とし計上する。
　　　　 2. 「その他」の率対象は，電工，普通作業員とする。

㉑ 電柱建柱（建柱車使用の場合）

1. コンクリート柱（建柱車使用の場合）

名称	摘要	単位	材料 品名	材料 単位	材料 歩掛数量	労務 電工(人)	労務 普通作業員(人)	その他
コンクリート柱	長さ7m（参考）	1本当り	コンクリート柱（コンクリートブロック，足場金具・電柱札・砕石・コンクリート底板共）	本	1	0.314	0.130	1式
	〃 8m			〃	1	0.348	0.130	〃
	〃 9〃			〃	1	0.348	0.130	〃
	〃 10〃			〃	1	0.435	0.157	〃
	〃 11〃			〃	1	0.435	0.157	〃
	〃 12〃			〃	1	0.435	0.157	〃
	〃 13〃			〃	1	0.521	0.174	〃
	〃 14〃			〃	1	0.521	0.174	〃
	〃 15〃			〃	1	0.521	0.174	〃

（備考） 1. 建設機械（建柱車）を使用する工事費の積算にあたっては，現地の状況について十分検討のうえ，下記事項の適否により決定すること。
　　(1) 現地付近の道路，交通の状況
　　(2) 建柱車の搬入状況
　　(3) 現地地盤の状況
　　(4) 現地付近における地下埋設物の状況等
　　　　建柱車の使用料金は，「建設機械等損料算定表」トラック式アースオーガ及びクレーン架装欄による。
2. 建柱費＝（機械経費×運転時間）＋（労務単価×労務歩掛）＋輸送費
3. 雑材料は，材料価格の2％とし計上する。
4. 「その他」の率対象は，電工，普通作業員とする。

2. 木柱（建柱車使用の場合）

名称	摘要	単位	材料 品名	材料 単位	材料 歩掛数量	労務 電工(人)	労務 普通作業員(人)	その他
木柱	長さ6m	1本当り	木柱，根かせ，足場金具，電柱札，かさ金鉄線共	本	1	0.270	0.099	1式
	〃 7〃			〃	1	0.270	0.099	〃
	〃 8〃			〃	1	0.313	0.117	〃
	〃 9〃			〃	1	0.313	0.117	〃
	〃 10〃			〃	1	0.391	0.141	〃

（備考） 1. 建設機械（建柱車）を使用する工事費の積算にあたっては，現地の状況について十分検討のうえ，下記事項の適否により決定すること。
　　(1) 現地付近の道路，交通の状況
　　(2) 建柱車の搬入状況
　　(3) 現地地盤の状況
　　(4) 現地付近における地下埋設物の状況等
　　　　建柱車の使用料金は，「建設機械等損料算定表」トラック式アースオーガ及びクレーン架装欄による。
2. 雑材料は，材料価格の2％とし計上する。　　3. 「その他」の率対象は，電工，普通作業員とする。

㉒ 支線取付け

名称	摘要	単位	材料 品名	材料 単位	材料 歩掛数量	労務 電工(人)	労務 普通作業員(人)	その他
支線	22mm² ～ 30mm²	1箇所当り	亜鉛めっき鋼より線（根かせ，支線当金物，支線環，ワイヤクリップ共）	箇所	1	0.548	0.235	1式
	38 〃 ～ 45 〃			〃	1	0.670	0.261	〃
	55 〃 ～ 70 〃			〃	1	0.757	0.296	〃
	90 〃 ～110 〃			〃	1	0.843	0.339	〃
	135 〃			〃	1	1.070	0.461	〃

（備考） 1. 耐張がいし挿入の場合1箇所につき電工の歩掛に0.05人を加算する。
2. Y支線の場合は，電工及び普通作業員の歩掛を1.5倍とする。
3. 水平支線の場合は，電工及び普通作業員の歩掛を0.5倍とする。
4. 普通の土地とし，特殊地質の場合は別途考慮する。
5. 雑材料は，材料価格の3％とし計上する。
6. 「その他」の率対象は，電工，普通作業員とする。

㉓ 腕金取付け

名　　称	摘　　要	単位	材料 品名	材料 単位	材料 歩掛数量	労務 電工(人)	労務 普通作業員(人)	その他
腕　　金 (アームタイ取付けを 含む)	900 mm	1本当り	腕金(真棒,アームタイ,装柱金具共)	本	1	0.130	—	1式
	1,200 〃			〃	1	0.174	—	〃
	1,500 〃			〃	1	0.209	—	〃
	1,800 〃			〃	1	0.270	—	〃
	2,700 〃			〃	1	0.461	—	〃

(備考) 1. アームタイを腕金に地上で取り付けて，装柱するときの歩掛である。
　　　 2. 雑材料は，材料価格の2％とし計上する。
　　　 3. 「その他」の率対象は，電工とする。

㉔ 電線架設

名　　称	摘　　要	単位	材料 品名	材料 単位	材料 歩掛数量	労務 電工(人)	労務 普通作業員(人)	その他
屋外用電線 (OW, OC, OE)	2.6 mm	1条1径間当り	電線がいし,バインド線,スリーブ等	径間	1.05	0.113	0.061	1式
	3.2 〃			〃	1.05	0.130	0.070	〃
	4.0 〃			〃	1.05	0.209	0.104	〃
	22 mm²			〃	1.05	0.287	0.149	〃
	38 〃			〃	1.05	0.391	0.191	〃
	60 〃			〃	1.05	0.487	0.243	〃
	100 〃			〃	1.05	0.626	0.313	〃

(備考) 1. 径間は，20～40 m で被覆銅線をがいしにバインドした場合を示す。
　　　 2. 5.0 mm の場合の歩掛は，22 mm² を準用し，14 mm² の場合は，4.0 mm を準用する。
　　　 3. 雑材料は，材料価格の3％とし計上する。
　　　 4. 「その他」の率対象は，電工，普通作業員とする。

㉕ 引込用電線

名　　称	摘　　要	単位	材料 品名	材料 単位	材料 歩掛数量	労務 電工(人)	労務 普通作業員(人)	その他
引込用電線 (DV)	DV―2F　2.0 mm	1条1径間当り	電線がいし,バインド線等	径間	1.05	0.122	0.070	1式
	〃　　　2.6 〃			〃	1.05	0.148	0.087	〃
	〃　　　3.2 〃			〃	1.05	0.183	0.104	〃
	DV―2R　8 mm²			〃	1.05	0.183	0.104	〃
	〃　　　14 〃			〃	1.05	0.252	0.139	〃
	〃　　　22 〃			〃	1.05	0.339	0.191	〃
	〃　　　38 〃			〃	1.05	0.478	0.270	〃
	〃　　　60 〃			〃	1.05	0.643	0.365	〃
	DV―3R　2.0 mm(参考)			〃	1.05	0.159	0.091	〃
	〃　　　2.6 〃 (参考)			〃	1.05	0.192	0.113	〃
	〃　　　3.2 〃 (参考)			〃	1.05	0.235	0.130	〃
	〃　　　8 mm²			〃	1.05	0.235	0.130	〃
	〃　　　14 〃			〃	1.05	0.330	0.183	〃
	〃　　　22 〃			〃	1.05	0.435	0.243	〃
	〃　　　38 〃			〃	1.05	0.626	0.357	〃
	〃　　　60 〃			〃	1.05	0.835	0.470	〃

(備考) 1. 雑材料は，材料価格の3％とし計上する。
　　　 2. 「その他」の率対象は，電工，普通作業員とする。

㉖ 架空ケーブル施設

1. 低　　　圧（参考）

名　　称	摘　　要	単位	材料 品名	材料 単位	材料 歩掛数量	労務 電工(人)	労務 普通作業員(人)	その他
600V CVケーブル	14 mm²×3心以下	1m 当り	600V CVケーブル	m	1.05	0.017	0.013	1式
	22　×3心			〃	1.05	0.021	0.015	〃
	38　×3〃			〃	1.05	0.024	0.017	〃
	60　×3〃			〃	1.05	0.029	0.020	〃
	100　×3〃			〃	1.05	0.038	0.026	〃
	150　×3〃			〃	1.05	0.049	0.033	〃

（備考）1．ハンガー，端末処理等を別途計上する。
　　　　2．「その他」の率対象は，電工，普通作業員とする。

2. 高　　　圧（参考）

名　　称	摘　　要	単位	材料 品名	材料 単位	材料 歩掛数量	労務 電工(人)	労務 普通作業員(人)	その他
6(3)kV CVケーブル	14 mm²×3心以下	1m 当り	6(3)kV CVケーブル	m	1.05	0.023	0.015	1式
	22　×3心			〃	1.05	0.026	0.017	〃
	38　×3〃			〃	1.05	0.030	0.020	〃
	60　×3〃			〃	1.05	0.035	0.023	〃
	100　×3〃			〃	1.05	0.043	0.029	〃

（備考）1．ハンガー，端末処理等を別途計上する。
　　　　2．「その他」の率対象は，電工，普通作業員とする。

3. 吊　架　線

名　　称	摘　　要	単位	材料 品名	材料 単位	材料 歩掛数量	労務 電工(人)	労務 普通作業員(人)	その他
メッセンジャーワイヤー	14 mm²	1m 当り	亜鉛メッキ鋼より線	m	1.05	0.012	0.004	1式
	22 〃			〃	1.05	0.013	0.005	〃
	30 〃			〃	1.05	0.014	0.006	〃
	38 〃（参考）			〃	1.05	0.015	0.007	〃

（備考）1．ハンガー取付け間隔は50cmとする。
　　　　2．接地工事は含まない。
　　　　3．雑材料は，材料価格の3％とし計上する。
　　　　4．「その他」の率対象は，電工，普通作業員とする。

㉗ 変　圧　器　台（柱上用）（参考）

名　　称	摘　　要	単位	材料 品名	材料 単位	材料 歩掛数量	労務 電工(人)	労務 普通作業員(人)	その他
二　　形	腕金の場合	1箇所 当り	山形鋼，丸棒，板	箇所	1	0.51	0.25	1式
H形（両面)			山形鋼，丸棒，板	〃	1	2.14	0.94	〃

（備考）1．変圧器台の標準寸法は次表による。

形状	寸　　　法
二形	台腕金長さ1.5m 幅0.5m以下
H形	根開き2.5m以下幅1.8m以下

標準より大きいものについては，そのm²に比例するものとする。

　　　　2．変圧器台は山形鋼及び軽量形鋼組立を標準とした。
　　　　3．雑材料は，材料価格の2％とし計上する。
　　　　4．「その他」の率対象は，電工，普通作業員とする。

㉘ 点　検　台（柱上用）（参考）

名　称	摘　要		単位	材　料			労　務		その他
				品　名	単位	歩掛数量	電工（人）	普通作業員（人）	
点　検　台	単柱用	片面	1組当り	点　検　台	組	1	0.57	0.29	1式
		両面			〃	1	0.71	0.35	〃
	H柱用	片面			〃	1	1.54	0.39	〃
		両面			〃	1	2.08	0.53	〃

（備考）　1．本表の労務は，次のものを含む。
　　　　　　(1) 低圧側，ケッチホルダ低圧配線，B種接地線の接続
　　　　　　(2) 油の補充，変圧器外函の接地線の接続
　　　　2．次のものは別途計上すること。
　　　　　　(1) A種，B種の接地工事
　　　　　　(2) 避雷器，油入開閉器等の変圧器付属設備
　　　　　　(3) 低圧側，ケッチホルダ以下負荷側の配線，配線設備
　　　　　　(4) はしご
　　　　3．雑材料は，材料価格の2％とし計上する。
　　　　4．「その他」の率対象は，電工，普通作業員とする。

㉙ 変　圧　器（柱上用）

名　称	摘　要		単位	材　料			労　務		その他
				品　名	単位	歩掛数量	電工（人）	普通作業員（人）	
変　圧　器（柱上用）	単相　5kVA		1台当り	変圧器（ケッチホルダ，電線管，サドル，ビニル電線等を含む）	台	1	0.547	0.547	1式
	〃　10　〃				〃	1	0.644	0.644	〃
	〃　15　〃				〃	1	0.644	0.644	〃
	〃　20　〃				〃	1	1.09	1.09	〃
	〃　25　〃				〃	1	1.09	1.09	〃
	〃　30　〃				〃	1	1.15	1.15	〃
	〃　50　〃				〃	1	1.36	1.36	〃
	〃　75　〃				〃	1	2.24	2.24	〃
	三相　5kVA				台	1	0.697	0.697	〃
	〃　10　〃				〃	1	0.817	0.817	〃
	〃　15　〃				〃	1	0.817	0.817	〃
	〃　20　〃		〃		〃	1	1.32	1.32	〃
	〃　25　〃				〃	1	1.32	1.32	〃
	〃　30　〃				〃	1	1.45	1.45	〃
	〃　50　〃				〃	1	1.70	1.70	〃
	〃　75　〃				〃	1	2.53	2.53	〃
	単相　10kVA×2		1組当り		組	1	1.06	1.06	〃
	〃　15　〃				〃	1	1.45	1.45	〃
	〃　20　〃				〃	1	1.79	1.79	〃
	〃　30　〃				〃	1	1.90	1.90	〃
	三相　10kVA×2				組	1	1.34	1.34	〃
	〃　15　〃				〃	1	1.78	1.78	〃
	〃　20　〃				〃	1	2.19	2.19	〃
	〃　30　〃				〃	1	2.40	2.40	〃

（つづく）

名称	摘要	単位	材料 品名	材料 単位	材料 歩掛数量	労務 電工(人)	労務 普通作業員(人)	その他
変圧器 (柱上用)	三相 10kVA×3	1組当り	変圧器(ケッチホルダ,電線管,サドル,ビニル電線等を含む)	組	1	1.87	1.87	1式
	〃 15 〃			〃	1	2.47	2.47	〃
	〃 20 〃			〃	1	3.05	3.05	〃
	〃 30 〃			〃	1	3.34	3.34	〃

(備考) 1. 柱上に設置の場合とし,高圧配線及び接地線等の接続を含む。
　　　 2. 変台板の取付けを含む。
　　　 3. 雑材料は,材料価格の2%とし計上する。
　　　 4. 「その他」の率対象は,電工,普通作業員とする。

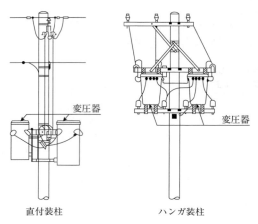

㉙柱上変圧器の装柱例

直付装柱　　ハンガ装柱

㉚ 保安開閉器その他（柱上用）

名称	摘要	単位	材料 品名	材料 単位	材料 歩掛数量	労務 電工(人)	労務 普通作業員(人)	その他
開閉器	3P100A	1台当り	高圧負荷開閉器	台	1	0.966	0.483	1式
	3P200A			〃	1	1.15	0.576	〃
	3P300A			〃	1	1.28	0.644	〃
	3P400A			〃	1	1.32	0.661	〃
開閉器 (地絡継電器付)	3P100A	〃	高圧負荷開閉器 (地絡継電器付)	台	1	1.11	0.555	〃
	3P200A			〃	1	1.32	0.662	〃
	3P300A			〃	1	1.48	0.740	〃
	3P400A			〃	1	1.52	0.760	〃
高圧カットアウト	50A	1個当り	高圧カットアウト	個	1	0.22	—	〃
	100A			〃	1	0.24	—	〃
避雷器		〃	避雷器	個	1	0.22	—	〃

(備考) 1. 高圧カットアウト30Aの歩掛は,50Aを準用する。
　　　 2. 高圧負荷開閉器等を取付ける場合は,高所作業車の損料を別途計上する。
　　　　 なお,高所作業車の損料は,請負工事機械経費積算要領に定める「建設機械等損料算定表」により計上する。
　　　 3. 雑材料は,材料価格の2%とし計上する。
　　　 4. 「その他」の率対象は,電工,普通作業員とする。

㉛ がいし取付け（参考）

名　称	摘　　要	単位	材料 品　　名	単位	歩掛数量	労務 電工(人)	普通作業員(人)	その他
がいし	ピン茶台	1個当り	がいし（がいし金具，バインド線共）	個	1	0.02	0.02	1式
	L・Pがいし			〃	1	0.04	0.04	〃
	けんすい（1個連）			〃	1	0.03	0.03	〃
	けんすい（2個連）			〃	1	0.05	0.04	〃

（備考）1．ラック配線の場合はラック及びがいしを含めて上記茶台がいしの歩掛を適用する。
　　　　2．2線用ラックは茶台がいし取付け歩掛の2個分，3線用の場合は3個分とする。
　　　　3．雑材料は，材料価格の2％とし計上する。
　　　　4．「その他」の率対象は，電工，普通作業員とする。

㉜ 保護網・保護線（参考）

名　称	摘　　要	単位	材料 品　　名	単位	歩掛数量	労務 電工(人)	普通作業員(人)	その他
保護網	径間50 m 以下	1箇所当り	腕金，鉄線又は鉄銅線	箇所	1	3.5	1.7	1式
保護線			縦方向5.0 mm，横方向2.6 mm	〃	1	0.9	0.4	〃

（備考）1．雑材料は，材料価格の2％とし計上する。
　　　　2．「その他」の率対象は，電工，普通作業員とする。

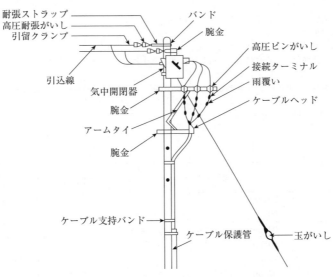

※引込柱（㉓腕金取付け，㉚保安開閉器その他，㉛がいし取付け）の装柱例

㉝ 地中ケーブル布設

1. 600V ポリエチレンケーブル配線 (EM-CE, CV)

名称	摘要	単位	材料 品名	材料 単位	材料 歩掛数量	労務 職種	労務 歩掛員数(人)	その他
600V ポリエチレン ケーブル [直接埋設式]	14 mm²-3C	1 m 当り	600V ポリエチレン ケーブル	m	1.10	電工	0.030	1式
	22 mm²-〃			〃	1.05	〃	0.038	〃
	38 mm²-〃			〃	1.05	〃	0.050	〃
	60 mm²-〃			〃	1.05	〃	0.066	〃
	100 mm²-〃			〃	1.05	〃	0.090	〃

(備考) 1. 歩掛員数には，端末処理を含む。
2. 雑材料は，材料価格の5％とし計上する。
3. EM-CET，CVT は3C を準用する。
4. ケーブル直接埋設式の場合は掘削埋戻し労務を別途計上とし，トラフ式の場合は掘削埋戻し労務及びトラフ布設を別途計上する。
5. 管路式の場合は，②配線工事 4.600V ポリエチレンケーブル配線の歩掛員数を適用し，地中管路布設を別途計上する。
6. 「その他」の率対象は，電工とする。

2. 高圧架橋ポリエチレンケーブル配線 (6kV EM-CE, 6kV EM-CET, 6kV CV, 6kV CVT)

名称	摘要	単位	材料 品名	材料 単位	材料 歩掛数量	労務 職種	労務 歩掛員数(人)	その他
高圧架橋 ポリエチレン ケーブル [直接埋設式]	14 mm²-3C	1 m 当り	高圧架橋 ポリエチレン ケーブル	m	1.05	電工	0.032	1式
	22 mm²-〃			〃	1.05	〃	0.042	〃
	38 mm²-〃			〃	1.05	〃	0.054	〃
	60 mm²-〃			〃	1.05	〃	0.072	〃
	100 mm²-〃			〃	1.05	〃	0.099	〃

(備考) 1. 3kV EM-CE，3kV EM-CET，3kV CV，3kV CVT にも適用する。
2. 端末処理は別途計上する。
3. 雑材料は，材料価格の3％とし計上する。
4. ケーブル直接埋設式の場合は掘削埋戻し労務を別途計上とし，トラフ式の場合は掘削埋戻し労務及びトラフ布設を別途計上する。
5. 管路式の場合は，②配線工事 5.高圧架橋ポリエチレンケーブル配線の歩掛員数を適用し，地中管路布設を別途計上する。
6. 「その他」の率対象は，電工とする。

㉞ 地中管路布設

1. トラフ布設

名称	摘要	単位	材料 品名	材料 単位	材料 歩掛数量	労務 職種	労務 歩掛員数(人)	その他
コンクリートトラフ	幅 120 mm	1 m 当り	コンクリートトラフ (ℓ =500)	本	2	電工	0.128	1式
	〃 150 mm			〃	2	〃	0.157	〃
	〃 200 mm			〃	2	〃	0.183	〃
	〃 250 mm			〃	2	〃	0.209	〃
	〃 300 mm			〃	2	〃	0.226	〃
	〃 400 mm			〃	2	〃	0.243	〃

(備考) 1. 労務歩掛には，砂の充填を含む。
2. 掘削及び埋戻しは含まない。
3. 雑材料は，材料価格の2％とし計上する。
4. 充填用砂は材料費を別途計上する。
5. 「その他」の率対象は，電工とする。

2. 防水鋳鉄管

名　　称	摘　　要	単位	材　　料						労　　務		その他
^	^	^	防水鋳鉄管		管路口防水装置		異物継手		職種	歩掛員数（人）	^
^	^	^	単位	歩掛数量	単位	歩掛数量	単位	歩掛数量	^	^	^
防水鋳鉄管	WI－75	1か所当り	本	1	個	1	個	1	電工	0.261	1式
^	〃 －100	^	〃	1	〃	1	〃	1	〃	0.348	〃
^	〃 －130	^	〃	1	〃	1	〃	1	〃	0.348	〃
^	〃 －150	^	〃	1	〃	1	〃	1	〃	0.443	〃
^	〃 －200	^	〃	1	〃	1	〃	1	〃	0.443	〃
^	〃 －250	^	〃	1	〃	1	〃	1	〃	0.530	〃
^	〃 －300	^	〃	1	〃	1	〃	1	〃	0.530	〃

〔備考〕 1. 管の敷設及び接続を含む。　　2. 掘削及び埋戻しは含まない。
　　　　 3. 雑材料は，材料価格の2％とし計上する。　　4.「その他」の率対象は，電工とする。

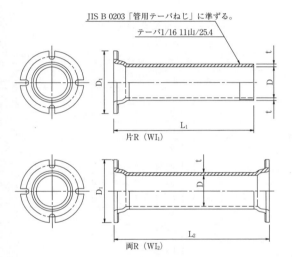

記　号		寸　法 [mm]				
^	^	D	D₁	L₁	L₂	t
WI₁, WI₂	－75	-6	75	209	600	650	12
^	^	-9	^	^	900	950	^
^	－100	-6	100	234	600	650	12
^	^	-9	^	^	900	950	^
^	－130	-6	130	264	600	650	12
^	^	-9	^	^	900	950	^
^	－150	-6	150	284	600	650	12
^	^	-9	^	^	900	950	^

〔備考〕 (1) 形状は，一例を示す。
　　　　 (2) 本体とねじ付きフランジを組み合わせたものとすることができる。
　　　　 (3) 記号にAを付したものは，水切つば付きとする。

防水鋳鉄管の規格

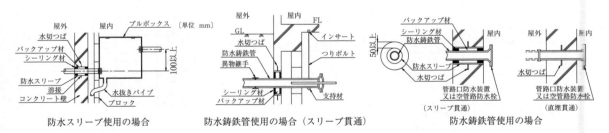

〔備考〕 (1) 図は，一例を示す。
　　　　 (2) 水切つばは，50 mm以上の鋼板，厚さ3.2 mm以上とし，全周溶接とする。

防水処理工法の例

3. 配管用炭素鋼鋼管（SGP）・ポリエチレン被覆鋼管（JIS G 3477）

名称	摘要	単位	材料 品名	材料 単位	材料 歩掛数量	労務 職種	労務 歩掛員数(人)	その他
配管用炭素鋼鋼管（SGP）ポリエチレン被覆鋼管	呼径 25A	1m当り	配管用炭素鋼鋼管・ポリエチレン被覆鋼管　附属品＝管価格×15%	m	1.05	電工	0.070	1式
	〃 32A			〃	1.05	〃	0.087	〃
	〃 40A			〃	1.05	〃	0.096	〃
	〃 50A			〃	1.05	〃	0.113	〃
	〃 65A			〃	1.05	〃	0.139	〃
	〃 80A			〃	1.05	〃	0.183	〃
	〃 100A			〃	1.05	〃	0.243	〃
	〃 125A			〃	1.05	〃	0.287	〃
	〃 150A			〃	1.05	〃	0.348	〃

（備考）
1. 管の敷設及び接続を含む。
2. 掘削及び埋戻しは含まない。
3. 雑材料は，材料価格の2%とし計上する。
4. 「その他」の率対象は，電工とする。

4. 厚鋼電線管（G）・ケーブル保護用合成樹脂被覆鋼管（GLL，GLT），硬質ビニル電線管（VE，HIVE）

名称	摘要	単位	材料 品名	材料 単位	材料 歩掛数量	労務 職種	労務 歩掛員数(人)	その他
厚鋼電線管（G）ケーブル保護用合成樹脂被覆鋼管（GLL，GLT）	16	1m当り	厚鋼電線管・ケーブル保護用合成樹脂被覆鋼管　附属品＝管単価×15%	m	1.05	電工	0.042	1式
	22			〃	1.05	〃	0.056	〃
	28			〃	1.05	〃	0.072	〃
	36			〃	1.05	〃	0.086	〃
	42			〃	1.05	〃	0.119	〃
	54			〃	1.05	〃	0.160	〃
	70			〃	1.05	〃	0.186	〃
	82			〃	1.05	〃	0.226	〃
	92			〃	1.05	〃	0.252	〃
	104			〃	1.05	〃	0.281	〃
硬質ビニル電線管（VE，HIVE）	16	〃	硬質ビニル電線管　附属品＝管単価×15%	m	1.05	電工	0.030	1式
	22			〃	1.05	〃	0.037	〃
	28			〃	1.05	〃	0.044	〃
	36			〃	1.05	〃	0.060	〃
	42			〃	1.05	〃	0.075	〃
	54			〃	1.05	〃	0.091	〃
	70			〃	1.05	〃	0.113	〃
	82			〃	1.05	〃	0.135	〃

（備考）
1. 管の敷設及び接続を含む。
2. 掘削及び埋戻しは含まない。
3. 雑材料は，材料価格の2%とし計上する。
4. 電線管防錆については，⑫塗装工事（電線管等用），⑬電線管防錆を計上する。
5. 「その他」の率対象は，電工とする。

5. 波付硬質合成樹脂管（FEP）

名称	摘要	単位	材料 品名	材料 単位	材料 歩掛数量	労務 職種	労務 歩掛員数(人)	その他
波付硬質合成樹脂管（FEP）	30	1m当り	波付硬質合成樹脂管 附属品＝管単価×4％	m	1.05	電工	0.026	1式
	40			〃	1.05	〃	0.031	〃
	50			〃	1.05	〃	0.035	〃
	65			〃	1.05	〃	0.040	〃
	80			〃	1.05	〃	0.045	〃
	100			〃	1.05	〃	0.060	〃
	125			〃	1.05	〃	0.066	〃
	150			〃	1.05	〃	0.072	〃
	200			〃	1.05	〃	0.105	〃

（備考） 1. 管の敷設及び接続を含む。
2. 掘削及び埋戻しは含まない。
3. 雑材料は，材料価格の1％とし計上する。
4. 附属品にはベルマウスを含む。
5. 「その他」の率対象は，電工とする。

6. 地盤変位対策用管路材

名称	摘要	単位	緩衝防護管	鋼製可とう管	鋼製可とう管＋伸縮管	可とう管	伸縮管＋可とう管	職種	歩掛員数(人)	その他
			歩掛数量 本							
Fs 想定沈下量 0.2m以下	50	か所	1					電工	0.039	1式
	80		1					〃	0.057	〃
	100		1					〃	0.073	〃
F_M 想定沈下量 0.6m以下	50			1				〃	0.180	〃
	80			1				〃	0.320	〃
	100			1				〃	0.378	〃
F_L 想定沈下量 1.0m以下	50				1			〃	0.118	〃
	80				1			〃	0.203	〃
	100				1			〃	0.213	〃
Ps 想定沈下量 0.2m以下	50					2		〃	0.142	〃
	80					2		〃	0.224	〃
	100					2		〃	0.214	〃
P_M 想定沈下量 0.6m以下	50					1	1	〃	0.302	〃
	80					1	1	〃	0.473	〃
	100					1	1	〃	0.468	〃
P_L 想定沈下量 1.0m以下	50					1	1	〃	0.302	〃
	80					1	1	〃	0.473	〃
	100					1	1	〃	0.468	〃

（備考） 1. 防水鋳鉄管，異種管継手，コンクリート根巻及び鋼管は，別途計上する。
2. 管の敷設及び接続を含む。
3. 掘削及び埋め戻しは含まない。
4. 雑材料は，材料価格の2％とし計上する。
5. 「その他」の率対象は電工とする。

配管引込部の地盤変位への対応例（波付硬質合成樹脂管）

（単位 mm）

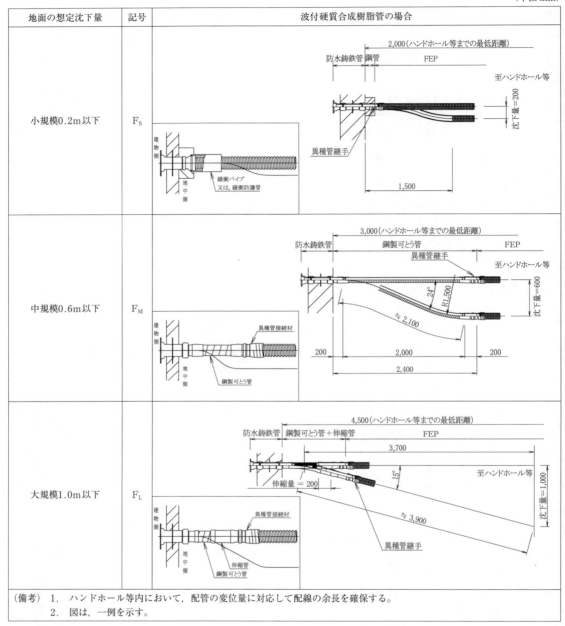

（備考） 1. ハンドホール等内において，配管の変位量に対応して配線の余長を確保する。
2. 図は，一例を示す。

配管引込部の地盤変位への対応例（鋼管）

(単位 mm)

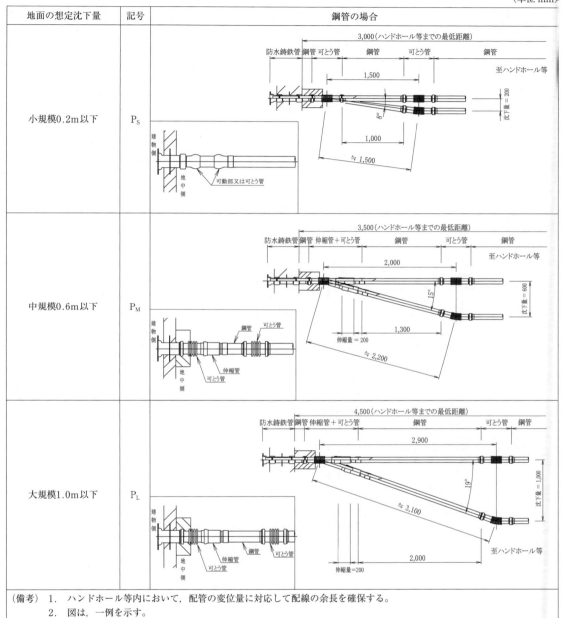

(備考) 1. ハンドホール等内において，配管の変位量に対応して配線の余長を確保する。
2. 図は，一例を示す。

7. 多孔陶管（セラダクト）布設(**参考**)

名称	摘要	単位	材料 品名	材料 単位	材料 歩掛数量	労務 電工(人)	労務 普通作業員(人)	その他
多孔陶管 （トンネル用）	neo54φ 2孔	1m 当り	多孔陶管 L = 650 mm （カップリング接続）	組	1.54	0.014	0.009	1式
	neo54φ 3孔			〃	1.54	0.015	0.010	〃
	neo54φ 4孔			〃	1.54	0.016	0.011	〃
	neo54φ 6孔			〃	1.54	0.020	0.013	〃
	neo54φ 9孔			〃	1.54	0.030	0.020	〃
	neo75φ 2孔			〃	1.54	0.015	0.010	〃
	neo75φ 4孔			〃	1.54	0.020	0.013	〃
多孔陶管 （標準型）	A54φ 4孔		多孔陶管 L = 600 mm （パッキン，ボルト締め）	組	1.67	0.024	0.016	1式
	A54φ 6孔			〃	1.67	0.028	0.020	〃
	A54φ 9孔			〃	1.67	0.048	0.032	〃
	コンダクト75φ 4孔			〃	1.67	0.028	0.020	〃
	コンダクト75φ 6孔			〃	1.67	0.048	0.032	〃
	コンダクト75φ 9孔			〃	1.67	0.064	0.040	〃
	コンダクト100φ 2孔	〃		〃	1.67	0.024	0.016	〃
	コンダクト100φ 4孔			〃	1.67	0.044	0.036	〃
	コンダクト100φ 6孔			〃	1.67	0.068	0.044	〃
	コンダクト125φ 2孔			〃	1.67	0.044	0.036	〃
	コンダクト125φ 4孔			〃	1.67	0.056	0.040	〃
	コンダクト150φ 2孔			〃	1.67	0.052	0.032	〃
	コンダクト150φ 4孔			〃	1.67	0.080	0.052	〃
多孔陶管 （空港用・高強度）	エル・ソタノ75φ 4孔	〃		組	1.67	0.044	0.036	〃
	エル・ソタノ75φ 6孔			〃	1.67	0.056	0.040	〃

(備考) 1. 管の布設及び接続を含む。
2. 掘削及び埋設は含まない。
3. 「その他」の率対象は，電工，普通作業員とする。
4. 多孔陶管（トンネル用 neo）は L = 650 mm で，カップリング接続。そのほかの多孔陶管は，L = 600 mm でパッキン，ボルト締め。

●附属品
■附属品①（パッキン・ボルト・ワッシャー）

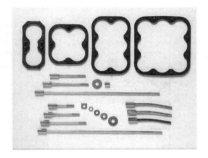

■接続方法①（ボルト締め方式）
接続は，管と管の間にゴムパッキンを介在しボルトで連結する。

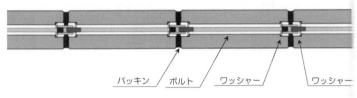

■附属品②（カップリング）

■接続方法②（カップリング方式）
接続は，管に附属したカップリングを介在し押し込んで連結する。

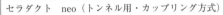

セラダクト　neo（トンネル用・カップリング方式）

セラダクト　コンダクト（標準型・ボルト締め方式）

セラダクト　エル・ソタノ（空港用・高強度管）

セラダクト　A（標準型・ボルト締め方式）

（出典：杉江製陶㈱））

ケーブル標準布設図

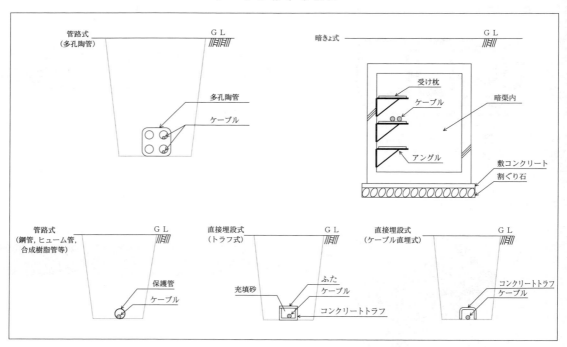

鉄筋コンクリートケーブルトラフ（ふた付き）の形状と寸法（JIS A 5372）

(単位：mm)

呼び名	a	b	c	d	e	f	g	h	L 本体	L ふた	R	縦鉄筋(本)	横鉄筋(本)
70	70	120	75	25	65	40	30	15	1,000		15	5	10(5)
120	120	170	75	25	115			15				4	5(9)
150A	150	210	90	30	145							5	5(9)
150B	150	210	120	30	145							7	7(13)
200A	200	270	90	35	190	60	50	20	500	500	25	6	6(11)
200B	200	270	90	35	190								8(15)
250	250	330	170	40	240							8	7(13)
300	300	390	170	45	290			25				8	7(13)
400	400	510	215	55	390							9	7(13)

注：aは下口に向かい寸法cに対して，片側3％以内のテーパーを付けた長さとしても良い。
　　呼び名70の本体の長さLは500mmとすることができる。その場合，横鉄筋の本数は5本とする。
　　呼び名120～400の本体の長さLは1,000mmとすることができる。その場合，横鉄筋の本数は各々（ ）内の本数とする。

8. 地中埋設標，埋設標識シート

名　　称	摘　　要	単位	材料 品名	材料 単位	材料 歩掛数量	労務 職種	労務 歩掛員数(人)	その他
地中埋設標	コンクリート製	1個当り	地中埋設標	個	1	電工	0.200	1式
地中埋設標	鉄　　製	1個当り	地中埋設標	〃	1	〃	0.020	〃
地中埋設標	樹　脂　製	1個当り	地中埋設標	〃	1	〃	0.020	〃
埋設標識シート	地中線路	1m当り	埋設標識シート	m	1.05	〃	0.004	〃

（備考）「その他」の率対象は，電工とする。

9. ブロックハンドホール

1) 人力据付（**参考**）

名　　称	摘　　要	単位	材料 品名	材料 単位	材料 歩掛数量	労務 職種	労務 歩掛員数(人)	労務 職種	労務 歩掛員数(人)	その他
ブロックハンドホール	H$_{1-6}$（0.55 t）	1基当り	ブロックハンドホール	基	1	特殊作業員	1.25	普通作業員	0.60	1式
ブロックハンドホール	H$_{1-9}$（0.7 t）	1基当り	ブロックハンドホール	〃	1	〃	1.46	〃	0.72	〃
ブロックハンドホール	H$_{2-6}$（1.0 t）	1基当り	ブロックハンドホール	〃	1	〃	1.88	〃	0.96	〃
ブロックハンドホール	H$_{2-9}$（1.2 t）	1基当り	ブロックハンドホール	〃	1	〃	2.16	〃	1.12	〃

摘要欄（　）内は参考質量

（備考）
1. 掘削，埋戻し及び地業は別途計上する。
2. 雑材料は，材料価格の5％とし計上する。
3. 質量による各作業員の計算式は次による。
　　特殊作業員　　　普通作業員
　　0.48＋1.4t　　　0.15＋0.81t　　t：ブロックハンドホール質量（t）
4. 「その他」の率対象は，特殊作業員，普通作業員とする。

2) 機械据付

名　　称	摘　　要	単位	材料 品名	材料 単位	材料 歩掛数量	労務 職種	労務 歩掛員数(人)	労務 職種	労務 歩掛員数(人)	揚重機 4.9 t（日）	その他
ブロックハンドホール	H$_{1-6}$（分割数2）	1基当り	ブロックハンドホール	基	1	特殊作業員	1.13	普通作業員	0.47	0.20	1式
ブロックハンドホール	H$_{1-9}$（分割数2）	1基当り	ブロックハンドホール	〃	1	〃	1.13	〃	0.47	0.20	〃
ブロックハンドホール	H$_{2-6}$（分割数2）	1基当り	ブロックハンドホール	〃	1	〃	1.13	〃	0.47	0.20	〃
ブロックハンドホール	H$_{2-9}$（分割数2）	1基当り	ブロックハンドホール	〃	1	〃	1.13	〃	0.47	0.20	〃

（備考）
1. 掘削，埋戻し及び地業は別途計上する。
2. 雑材料は，材料価格の5％とし計上する。
3. 分割数（側塊）による各作業員，揚重機の計算式は次による。
　　特殊作業員　　　普通作業員　　　揚重機
　　0.47＋0.33n　　0.15＋0.16n　　0.1n　　n：ブロックハンドホールの分割数
4. 揚重機は，トラッククレーン又はラフテレーンクレーンとする。
5. 「その他」の率対象は，特殊作業員，普通作業員とする。

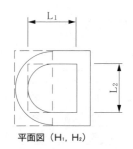

平面図（H₁, H₂）

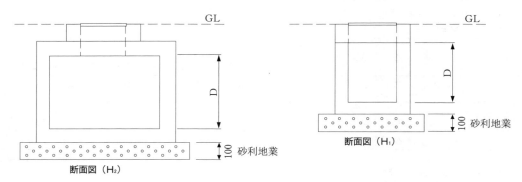

断面図（H₂）　　　　　断面図（H₁）

ブロックハンドホール

各部の寸法　　　　　　　　　　　（単位：mm）

記号		有効寸法(内部)			構造体標準厚さ	
		L1	L2	D	側面	底面
ハンドホール	H₁₋₆	600	600	600	60	80
	H₁₋₉	600	600	900	60	80
	H₂₋₆	900	900	600	70	90
	H₂₋₉	900	900	900	70	90

（備考）　1.　形状は，一例を示し，種別に応じた有効寸法を有するものとする。
　　　　　2.　構成は，一体形・多分割形いずれでもよい。ただし，多分割形の場合は各部がずれないように一体化する。
　　　　　3.　配管接続用ノックアウトを有するほか，ハンドホール内には，インサートを設ける。
　　　　　4.　L1及びL2は，±5％以内，Dは最小値とする。

❹ 通信工事

① 屋内通信線（管路内入線の場合）（EM-TIEF, TIVF）

名称	摘要	単位	材料 品名	材料 単位	材料 歩掛数量	労務 職種	労務 歩掛員数(人)	その他
屋内通信線	0.5 mm—2C	1m 当り	屋内通信線 2こより平形	m	1.15	電工	0.010	1式
	0.65 mm—2C			〃	1.15	〃	0.012	〃
	0.8 mm—2C			〃	1.15	〃	0.012	〃
	0.5 mm—4P		屋内通信線	〃	1.15	〃	0.016	〃
	0.5 mm—6P			〃	1.15	〃	0.018	〃

（備考）
1. 雑材料は、材料価格の3％とし計上する。
2. ケーブルラック配線の場合は、電工の歩掛を1.2倍して用いる。
3. ピット、トラフ及び天井内配線の場合は、電工の歩掛を0.8倍して用いる。
4. 合成樹脂製可とう電線管（PF管、CD管）及び波付硬質合成樹脂管内配線の場合は、電工の歩掛を0.9倍して用いる。
5. コンクリート部分にサドル止め（カールプラグ止め）の場合は、電工の歩掛を2.0倍して用いる。
6. 木造部分にサドル止め又はステープル止めの場合は、電工の歩掛を1.5倍して用いる。
7. 木造壁内配線（保護材の取付を含む）の場合は、電工の歩掛を1.2倍して用いる。
8. 「その他」の率対象は、電工とする。

② 構内ケーブル・着色識別ポリエチレンケーブル（管路内入線の場合）（EM-TKEE, EM-FCPEE, EM-FCPEE-S, TKEV, CCP-P, FCPEV, FCPEV-⊐）

名称	摘要	単位	材料 品名	材料 単位	材料 歩掛数量	労務 職種	労務 歩掛員数(人)	その他
構内ケーブル・着色識別ポリエチレンケーブル	0.5(0.65)mm - 5P	1m 当り	構内ケーブル・着色識別ポリエチレンケーブル	m	1.1	電工	0.017	1式
	〃 - 10P			〃	1.1	〃	0.020	〃
	〃 - 15P			〃	1.1	〃	0.022	〃
	〃 - 20P			〃	1.1	〃	0.024	〃
	〃 - 25P			〃	1.1	〃	0.027	〃
	〃 - 30P			〃	1.1	〃	0.029	〃
	〃 - 50P			〃	1.1	〃	0.039	〃
	〃 - 70P			〃	1.1	〃	0.051	〃
	〃 - 75P			〃	1.1	〃	0.052	〃
	〃 - 100P			〃	1.1	〃	0.064	〃
	〃 - 150P			〃	1.1	〃	0.083	〃
	〃 - 200P			〃	1.1	〃	0.095	〃
	0.9 mm - 5P			m	1.1	電工	0.022	1式
	〃 - 10P			〃	1.1	〃	0.025	〃
	〃 - 15P			〃	1.1	〃	0.028	〃
	〃 - 20P			〃	1.1	〃	0.031	〃
	〃 - 25P			〃	1.1	〃	0.035	〃
	〃 - 30P			〃	1.1	〃	0.037	〃
	〃 - 50P			〃	1.1	〃	0.050	〃
	〃 - 70P			〃	1.1	〃	0.065	〃
	〃 - 75P			〃	1.1	〃	0.067	〃
	〃 - 100P			〃	1.1	〃	0.083	〃
	〃 - 150P			〃	1.1	〃	0.108	〃
	〃 - 200P			〃	1.1	〃	0.123	〃
	1.2 mm - 5P			m	1.1	電工	0.027	1式
	〃 - 10P			〃	1.1	〃	0.031	〃
	〃 - 15P			〃	1.1	〃	0.034	〃
	〃 - 20P			〃	1.1	〃	0.039	〃
	〃 - 25P			〃	1.1	〃	0.043	〃
	〃 - 30P			〃	1.1	〃	0.046	〃
	〃 - 50P			〃	1.1	〃	0.062	〃
	〃 - 70P			〃	1.1	〃	0.082	〃
	〃 - 75P			〃	1.1	〃	0.083	〃
	〃 - 100P			〃	1.1	〃	0.103	〃
	〃 - 150P			〃	1.1	〃	0.133	〃
	〃 - 200P			〃	1.1	〃	0.151	〃

（つづく）

❹ 通 信 工 事－2

(備考) 1. 雑材料は，材料価格の3％とし計上する。
2. ケーブルラック配線の場合は，電工の歩掛を1.2倍して用いる。
3. ピット，トラフ及び天井内配線の場合は，電工の歩掛を0.8倍して用いる。
4. 合成樹脂製可とう電線管（PF管，CD管）及び波付硬質合成樹脂管内配線の場合は，電工の歩掛を0.9倍して用いる。
5. コンクリート部分にサドル止め（カールプラグ止め）の場合は，電工の歩掛を2.0倍して用いる。
6. 木造部分にサドル止め又はステープル止めの場合は，電工の歩掛を1.5倍して用いる。
7. 木造壁内配線（保護材の取付を含む）の場合は，電工の歩掛を1.2倍して用いる。
8. 「その他」の率対象は，電工とする。

③ 耐熱ケーブル・警報用ケーブル（管路内入線の場合）（EM-HP，NH-HP，HP，EM-AE，AE）

名　　称	摘　　　要	単位	材料 品　名	単位	歩掛数量	労務 職種	歩掛員数(人)	その他
耐熱ケーブル・警報用ケーブル	0.65 mm － 2C	1m当り	耐熱ケーブル・警報用ケーブル	m	1.1	電工	0.013	1式
	〃 － 3C		〃	〃	1.1	〃	0.014	〃
	〃 － 4C		〃	〃	1.1	〃	0.014	〃
	〃 － 5C		〃	〃	1.1	〃	0.015	〃
	〃 － 6C		〃	〃	1.1	〃	0.015	〃
	〃 － 7C		〃	〃	1.1	〃	0.016	〃
	〃 － 5P		〃	〃	1.1	〃	0.017	〃
	〃 － 7P		〃	〃	1.1	〃	0.018	〃
	〃 － 10P		〃	〃	1.1	〃	0.020	〃
	〃 － 15P		〃	〃	1.1	〃	0.022	〃
	〃 － 20P		〃	〃	1.1	〃	0.024	〃
	〃 － 25P		〃	〃	1.1	〃	0.027	〃
	〃 － 30P		〃	〃	1.1	〃	0.029	〃
	〃 － 40P		〃	〃	1.1	〃	0.034	〃
	〃 － 50P		〃	〃	1.1	〃	0.039	〃
	〃 － 75P		〃	〃	1.1	〃	0.051	〃
	〃 － 100P		〃	〃	1.1	〃	0.064	〃
	〃 － 150P		〃	〃	1.1	〃	0.083	〃
	〃 － 200P		〃	〃	1.1	〃	0.095	〃
	0.9 mm － 2C		耐熱ケーブル・警報用ケーブル	m	1.1	電工	0.014	1式
	〃 － 3C		〃	〃	1.1	〃	0.016	〃
	〃 － 4C		〃	〃	1.1	〃	0.017	〃
	〃 － 5C		〃	〃	1.1	〃	0.018	〃
	〃 － 6C		〃	〃	1.1	〃	0.019	〃
	〃 － 7C		〃	〃	1.1	〃	0.020	〃
	〃 － 5P		〃	〃	1.1	〃	0.022	〃
	〃 － 7P		〃	〃	1.1	〃	0.023	〃
	〃 － 10P		〃	〃	1.1	〃	0.025	〃
	〃 － 15P		〃	〃	1.1	〃	0.028	〃
	〃 － 20P		〃	〃	1.1	〃	0.031	〃
	〃 － 25P		〃	〃	1.1	〃	0.035	〃
	〃 － 30P		〃	〃	1.1	〃	0.037	〃
	〃 － 40P		〃	〃	1.1	〃	0.043	〃
	〃 － 50P		〃	〃	1.1	〃	0.050	〃
	〃 － 75P		〃	〃	1.1	〃	0.066	〃
	〃 － 100P		〃	〃	1.1	〃	0.083	〃
	〃 － 150P		〃	〃	1.1	〃	0.108	〃
	〃 － 200P		〃	〃	1.1	〃	0.123	〃

(つづく)

❹ 通 信 工 事―3

名称	摘要	単位	材料 品名	単位	歩掛数量	労務 職種	歩掛員数（人）	その他
耐熱ケーブル・警報用ケーブル	1.2 mm - 2C	1m当り	耐熱ケーブル・警報用ケーブル	m	1.1	電工	0.015	1式
	〃 - 3C			〃	1.1	〃	0.017	〃
	〃 - 4C			〃	1.1	〃	0.018	〃
	〃 - 5C			〃	1.1	〃	0.019	〃
	〃 - 6C			〃	1.1	〃	0.020	〃
	〃 - 7C			〃	1.1	〃	0.022	〃
	〃 - 5P			〃	1.1	〃	0.027	〃
	〃 - 7P			〃	1.1	〃	0.028	〃
	〃 - 10P			〃	1.1	〃	0.031	〃
	1.2 mm - 15P			m	1.1	電工	0.034	1式
	〃 - 20P			〃	1.1	〃	0.039	〃
	〃 - 25P			〃	1.1	〃	0.043	〃
	〃 - 30P			〃	1.1	〃	0.046	〃
	〃 - 40P			〃	1.1	〃	0.054	〃
	〃 - 50P			〃	1.1	〃	0.062	〃
	〃 - 75P			〃	1.1	〃	0.082	〃
	〃 -100P			〃	1.1	〃	0.103	〃
	〃 -150P			〃	1.1	〃	0.133	〃
	〃 -200P			〃	1.1	〃	0.151	〃

（備考） 1. 雑材料は，材料価格の3％とし計上する。
2. ケーブルラック配線の場合は，電工の歩掛を1.2倍して用いる。
3. ピット，トラフ及び天井内配線の場合は，電工の歩掛を0.8倍して用いる。
4. 合成樹脂製可とう電線管（PF管，CD管）及び波付硬質合成樹脂管内配線の場合は，電工の歩掛を0.9倍して用いる。
5. コンクリート部分にサドル止め（カールプラグ止め）の場合は，電工の歩掛を2.0倍して用いる。
6. 木造部分にサドル止め又はステープル止めの場合は，電工の歩掛を1.5倍して用いる。
7. 木造壁内配線（保護材の取付を含む）の場合は，電工の歩掛を1.2倍して用いる。
8. 「その他」の率対象は，電工とする。

④ プリント局内ケーブル（ケーブルラック配線の場合）（SWVP）（参考）

名称	摘要	単位	材料 品名	単位	歩掛数量	労務 職種	歩掛員数（人）	その他
プリント局内ケーブル	0.5 mm - 6C	1m当り	プリント局内ケーブル	m	1.05	電工	0.019	1式
	〃 - 12			〃	1.05	〃	0.021	〃
	〃 - 22			〃	1.05	〃	0.023	〃
	〃 - 24			〃	1.05	〃	0.024	〃
	〃 - 33			〃	1.05	〃	0.027	〃
	〃 - 40			〃	1.05	〃	0.030	〃
	〃 - 48			〃	1.05	〃	0.031	〃
	〃 - 60			〃	1.05	〃	0.035	〃
	〃 - 75			〃	1.05	〃	0.039	〃
	〃 - 80			〃	1.05	〃	0.041	〃
	〃 -100			〃	1.05	〃	0.046	〃
	〃 -120			〃	1.05	〃	0.054	〃
	〃 -150			〃	1.05	〃	0.062	〃

（備考） 1. 雑材料は，材料価格の3％とし計上する。
2. 「その他」の率対象は，電工とする。

⑤ 同軸ケーブル（管路内に引き入れる場合）（EM-nC-2E, EM-S-nC-FB, nC-2V, S-nC-FB, 平行フィーダー）

名　称	摘　要	単位	材料 品名	材料 単位	材料 歩掛数量	労務 職種	労務 歩掛員数(人)	その他
同軸ケーブル	3C	1m当り	同軸ケーブル	m	1.1	電工	0.017	1式
	5C			〃	1.1	〃	0.020	〃
	7C			〃	1.1	〃	0.027	〃
	10C			〃	1.1	〃	0.034	〃
	平行フィーダー(**参考**)			〃	1.1	〃	0.015	〃

（備考）
1. 雑材料は，材料価格の3％とし計上する。
2. ケーブルラック配線の場合は，電工の歩掛を1.2倍して用いる。
3. ピット，トラフ及び天井内配線の場合は，電工の歩掛を0.8倍して用いる。
4. 合成樹脂製可とう電線管(PF管，CD管)及び波付硬質合成樹脂管内配線の場合は，電工の歩掛を0.9倍して用いる。
5. コンクリート部分にサドル止め（カールプラグ止め）の場合は，電工の歩掛を2.0倍して用いる。
6. 木造部分にサドル止め又はステープル止めの場合は，電工の歩掛を1.5倍して用いる。
7. 木造壁内配線（保護材の取付を含む）の場合は，電工の歩掛を1.2倍して用いる。
8. 「その他」の率対象は，電工とする。

⑥ マイクロホン用コード（管路内に引き入れる場合）（EM-MOOS, EM-MEES, MVVS）

名　称	摘　要	単位	材料 品名	材料 単位	材料 歩掛数量	労務 職種	労務 歩掛員数(人)	その他
マイクロホン用コード	0.5 mm²-1C	1m当り	マイクロホン用コード	m	1.1	電工	0.013	1式
	0.5 〃 -2C			〃	1.1	〃	0.015	〃
	0.5 〃 -3C			〃	1.1	〃	0.016	〃
	0.5 〃 -4C			〃	1.1	〃	0.016	〃
	0.75 〃 -1C			〃	1.1	〃	0.014	〃
	0.75 〃 -2C			〃	1.1	〃	0.016	〃
	0.75 〃 -3C			〃	1.1	〃	0.017	〃
	0.75 〃 -4C			〃	1.1	〃	0.017	〃
	1.25 〃 -1C			〃	1.1	〃	0.015	〃
	1.25 〃 -2C			〃	1.1	〃	0.017	〃
	1.25 〃 -3C			〃	1.1	〃	0.018	〃
	1.25 〃 -4C			〃	1.1	〃	0.018	〃
	2.0 〃 -1C			〃	1.1	〃	0.016	〃

（備考）
1. 雑材料は，材料価格の3％とし計上する。
2. ケーブルラック配線の場合は，電工の歩掛を1.2倍して用いる。
3. ピット，トラフ及び天井内配線の場合は，電工の歩掛を0.8倍して用いる。
4. 合成樹脂製可とう電線管(PF管，CD管)及び波付硬質合成樹脂管内配線の場合は，電工の歩掛を0.9倍して用いる。
5. コンクリート部分にサドル止め（カールプラグ止め）の場合は，電工の歩掛を2.0倍して用いる。
6. 木造部分にサドル止め又はステープル止めの場合は，電工の歩掛を1.5倍して用いる。
7. 木造壁内配線（保護材の取付を含む）の場合は，電工の歩掛を1.2倍して用いる。
8. 「その他」の率対象は，電工とする。

⑦ 光ファイバケーブル（管路内入線の場合）（EM-OP-OMn, EM-OP-OSn, HP-OP）

名　称	摘　要	単位	材料 品名	材料 単位	材料 歩掛数量	労務 職種	労務 歩掛員数(人)	その他
光ファイバケーブル (MM)(SM)	8C以下	1m当り	光ファイバケーブル	m	1.1	電工	0.025	1式
	16C以下			〃	1.1	〃	0.033	〃
	300C以下			〃	1.1	〃	0.044	〃
	640C以下			〃	1.1	〃	0.060	〃

（備考）
1. 雑材料は，材料価格の3％とし計上する。
2. ケーブルラック配線の場合は，電工の歩掛を1.2倍して用いる。
3. ピット，トラフ及び天井内配線の場合は，電工の歩掛を0.8倍して用いる。
4. 合成樹脂製可とう電線管(PF管，CD管)及び波付硬質合成樹脂管内配線の場合は，電工の歩掛を0.9倍して用いる。
5. コンクリート部分にサドル止め（カールプラグ止め）の場合は，電工の歩掛を2.0倍して用いる。
6. 木造部分にサドル止め又はステープル止めの場合は，電工の歩掛を1.5倍して用いる。
7. テープスロット形の場合は，1テープを1Cとして用いる。
8. 直線・成端接続及び接続後の伝送損失測定は，別途計上する。
9. 「その他」の率対象は，電工とする。

⑧ 光ファイバケーブル直線接続

名称	摘要	単位	材料 品名	材料 単位	材料 歩掛数量	労務 職種	労務 歩掛員数（人）	その他
光ファイバケーブル直線接続	5 C（ 5テープ）以下	1箇所当り	接続材料	箇所	1 式	電工	1.34	1 式
	10 C（10テープ）以下	〃		〃	〃	〃	2.10	〃
	15 C（15テープ）以下	〃		〃	〃	〃	2.73	〃
	20 C（20テープ）以下	〃		〃	〃	〃	3.29	〃
	25 C（25テープ）以下	〃		〃	〃	〃	3.81	〃
	30 C（30テープ）以下	〃		〃	〃	〃	4.29	〃
	35 C（35テープ）以下	〃		〃	〃	〃	4.74	〃
	40 C（40テープ）以下	〃		〃	〃	〃	5.17	〃
	45 C（45テープ）以下	〃		〃	〃	〃	5.58	〃
	50 C（50テープ）以下	〃		〃	〃	〃	5.98	〃

（備考） 1. 直線接続とは，クロジャー使用での直線接続を標準とし，同時施工の分岐ケーブルがある場合は，ケーブルの成端処理として0.23人／本を加算する。
2. 成端処理及び心線対照を含む。
3. テープスロット形の場合は，1テープを1Cとして用いる。
4. 接続後の伝送損失測定は別途計上する。
5. 「その他」の率対象は，電工とする。

⑨ 光ファイバケーブル成端接続

名称	摘要	単位	材料 品名	材料 単位	材料 歩掛数量	労務 職種	労務 歩掛員数（人）	その他
光ファイバケーブル成端接続	5 C（ 5テープ）以下	1箇所当り	接続材料	箇所	1 式	電工	0.738	1 式
	10 C（10テープ）以下	〃		〃	〃	〃	1.31	〃
	15 C（15テープ）以下	〃		〃	〃	〃	1.82	〃
	20 C（20テープ）以下	〃		〃	〃	〃	2.31	〃
	25 C（25テープ）以下	〃		〃	〃	〃	2.78	〃
	30 C（30テープ）以下	〃		〃	〃	〃	3.23	〃
	35 C（35テープ）以下	〃		〃	〃	〃	3.67	〃
	40 C（40テープ）以下	〃		〃	〃	〃	4.09	〃
	45 C（45テープ）以下	〃		〃	〃	〃	4.51	〃
	50 C（50テープ）以下	〃		〃	〃	〃	4.92	〃

（備考） 1. 成端接続とは，成端箱等での光ファイバケーブルの接続，固定及び光コネクタ付きケーブル（コード）との接続とする。
2. 成端処理及び心線対照を含む。
3. テープスロット型の場合は，1テープを1Cとして用いる。
4. 接続後の伝送損失測定は，別途計上する。
5. 「その他」の率対象は，電工とする。

⑩ 光ファイバケーブル伝送損失測定

名称	摘要	単位	職種	歩掛員数（人）	その他
光ファイバケーブル伝送損失測定	4 C 以下	1箇所当り	電工	0.299	1 式
	12 C 以下	〃	〃	0.467	〃
	20 C 以下	〃	〃	0.635	〃
	40 C 以下	〃	〃	1.06	〃
	60 C 以下	〃	〃	1.48	〃
	80 C 以下	〃	〃	1.90	〃
	100 C 以下	〃	〃	2.32	〃
	120 C 以下	〃	〃	2.74	〃
	140 C 以下	〃	〃	3.16	〃
	160 C 以下	〃	〃	3.58	〃
	180 C 以下	〃	〃	4.00	〃
	200 C 以下	〃	〃	4.42	〃

（備考） 1. 敷設，接続，コネクタ取付け後に行う開放端までの伝送損失測定とする。
2. 「その他」の率対象は，電工とする。

⑪　ボタン電話用ケーブル（管路内に引き入れる場合）（EM-EBT，EM-BTIEE，EBT，BTIEV）

名　称	摘　要	単位	材料 品　名	材料 単位	材料 歩掛数量	労務 職種	労務 歩掛員数（人）	その他
ボタン電話用ケーブル	0.4 mm- 2 P	1m当り	電子ボタン電話用ケーブル	m	1.15	電工	0.014	1式
	0.4 mm- 3 P			〃	1.15	〃	0.015	〃
	0.4 mm- 4 P			〃	1.15	〃	0.016	〃
	0.4 mm-10 P			〃	1.10	〃	0.020	〃
	0.4 mm-20 P			〃	1.10	〃	0.024	〃
	0.4 mm-30 P			〃	1.10	〃	0.029	〃
	0.5 mm- 1 P			〃	1.15	〃	0.013	〃
	0.5 mm- 2 P			〃	1.15	〃	0.014	〃
	0.65mm- 2 P			〃	1.15	〃	0.014	〃

（備考）　1.　雑材料は，材料価格の3％とし計上する。
　　　　 2.　ケーブルラック配線の場合は，電工の歩掛を1.2倍して用いる。
　　　　 3.　ピット，トラフ及び天井内配線の場合は，電工の歩掛を0.8倍して用いる。
　　　　 4.　合成樹脂製可とう電線管（PF管，CD管）及び波付硬質合成樹脂管内配線の場合は，電工の歩掛を0.9倍して用いる。
　　　　 5.　コンクリート部分にサドル止め（カールプラグ止め）の場合は，電工の歩掛を2.0倍して用いる。
　　　　 6.　木造部分にサドル止め又はステープル止めの場合は，電工の歩掛を1.5倍して用いる。
　　　　 7.　木造壁内配線（保護材の取付を含む）の場合は，電工の歩掛を1.2倍して用いる。
　　　　 8.　「その他」の率対象は，電工とする。

⑫　LAN用ケーブル（管路内入線の場合）（EM-UTP，UTP）

名　称	摘　要	単位	材料 品　名	材料 単位	材料 歩掛数量	労務 職種	労務 歩掛員数（人）	その他
LAN用ケーブル	2 P（参考）	1m当り	LAN用ケーブル	m	1.1	電工	0.014	1式
	4 P			〃	1.1	〃	0.018	〃
	8 P			〃	1.1	〃	0.020	〃
	12 P			〃	1.1	〃	0.024	〃
	16 P			〃	1.1	〃	0.026	〃
	24 P			〃	1.1	〃	0.030	〃

（備考）　1.　雑材料は，材料価格の3％とし計上する。
　　　　 2.　ケーブルラック配線の場合は，電工の歩掛を1.2倍して用いる。
　　　　 3.　ピット，トラフ及び天井内配線の場合は，電工の歩掛を0.8倍して用いる。
　　　　 4.　合成樹脂製可とう電線管(PF管，CD管)及び波付硬質合成樹脂管内配線の場合は，電工の歩掛を0.9倍して用いる。
　　　　 5.　コンクリート部分にサドル止め（カールプラグ止め）の場合は，電工の歩掛を2.0倍して用いる。
　　　　 6.　木造部分にサドル止め又はステープル止めの場合は，電工の歩掛を1.5倍して用いる。
　　　　 7.　木造壁内配線（保護材の取付を含む）の場合は，電工の歩掛を1.2倍して用いる。
　　　　 8.　JIS X 5150-1「汎用情報配線設備－第1部：一般要件」の伝送測定試験を含む。
　　　　 9.　「その他」の率対象は，電工とする。

通信用構内ケーブル〔TKEV〕（構内用ケーブル）（参考）

導体径及び対数 (mm-対)	線心絶縁厚さ (約 mm)	シース標準厚さ (mm)	仕上り外径 (約 mm)	概算質量 (kg/km)	標準条長 (m)
0.5 － 10	0.15	1.4	9	100	500
20	0.15	1.4	11.5	165	500
30	0.15	1.4	13	215	500
50	0.15	1.4	15.5	325	500
100	0.15	1.5	20.5	590	500
200	0.15	1.8	28	1,120	500
0.65 － 10	0.2	1.4	10.5	140	500
20	0.2	1.4	14	240	500
30	0.2	1.4	15	325	500

市内対ポリエチレン絶縁ビニルシースケーブル〔CPEV〕（参考）

導体径及び対数 (mm-P)	線心絶縁体厚さ (約 mm)	シース標準厚さ (mm)	仕上り外径 (約 mm)	概算質量 (kg/km)	標準条長 (m)
0.5 － 3	0.3	1.5	8	70	500
5	0.3	1.5	9	90	500
7	0.3	1.5	10	110	500
10	0.3	1.5	11	130	500
15	0.3	1.5	12	160	500
20	0.3	1.5	14	200	500
25	0.3	1.5	15	240	500
30	0.3	1.5	16	270	500
50	0.3	1.5	19	390	500
75	0.3	1.6	22	550	500
100	0.3	1.7	26	720	500
150	0.3	1.9	31	1,050	250
200	0.3	2.0	35	1,350	250
0.65 － 3	0.3	1.5	9	90	500
5	0.3	1.5	10	110	500
7	0.3	1.5	10	130	500
10	0.3	1.5	12	160	500
15	0.3	1.5	13	210	500
20	0.3	1.5	15	270	500
25	0.3	1.5	16	310	500
30	0.3	1.5	17	360	500
50	0.3	1.5	21	550	500
75	0.3	1.7	26	800	500
100	0.3	1.8	29	1,050	500
150	0.3	2.1	35	1,550	250
200	0.3	2.2	40	2,000	250

(つづく)

導体径及び対数 (mm-P)	線心絶縁体厚さ (約 mm)	シース標準厚さ (mm)	仕上り外径 (約 mm)	概算質量 (kg/km)	標準条長 (m)
0.9 - 3	0.4	1.5	10	110	500
5	0.4	1.5	12	160	500
7	0.4	1.5	13	200	500
10	0.4	1.5	14	250	500
15	0.4	1.5	17	350	500
20	0.4	1.5	19	440	500
25	0.4	1.5	21	530	500
30	0.4	1.6	23	630	500
50	0.4	1.8	28	980	500
75	0.4	2.0	34	1,450	250
100	0.4	2.2	39	1,900	250
150	0.4	2.5	47	2,800	250
200	0.4	2.7	54	3,650	150
1.2 - 3	0.5	1.5	12	160	500
5	0.5	1.5	14	230	500
7	0.5	1.5	15	290	500
10	0.5	1.5	18	390	500
15	0.5	1.5	21	540	500
20	0.5	1.6	24	710	500
25	0.5	1.7	26	860	500
30	0.5	1.8	28	1,050	500
50	0.5	2.1	36	1,650	250
75	0.5	2.4	44	2,450	250
100	0.5	2.6	50	3,200	150
150	0.5	3.0	61	4,750	150
200	0.5	3.3	70	6,250	150

着色識別ポリエチレン絶縁ポリエチレンシースケーブル〔CCP〕(参考)

導体径及び対数 (mm - 対)	線心絶縁厚さ (約 mm)	シース標準厚さ (mm)	仕上り外径 (約 mm)	概算質量 (kg/km)	標準条長 (m)
0.4 - 10	0.13	1.5 以 上	8.5	60	500
30	0.13	1.5 〃	11.5	140	500
50	0.13	1.5 〃	14.0	210	500
100	0.13	1.5 〃	17.0	370	500
200	0.13	1.5 〃	23.0	690	500
0.5 - 10	0.15	1.5 〃	9.5	90	500
30	0.15	1.5 〃	13.5	200	500
50	0.15	1.5 〃	16.0	300	500
100	0.15	1.5 〃	20.5	540	500
200	0.15	1.6 〃	28.0	1,020	500
0.65 - 10	0.20	1.5 〃	11.0	120	500
30	0.20	1.5 〃	15.5	310	500
50	0.20	1.5 〃	19.0	460	500
100	0.20	1.6 〃	25.5	850	500
200	0.20	1.8 〃	34.5	1,670	500
0.9 - 10	0.27	1.5 〃	13.5	210	500
30	0.27	1.5 〃	21.0	525	500
50	0.27	1.6 〃	26.0	840	500
100	0.27	1.8 〃	34.0	1,610	500

プリント局内ケーブル ［SWVP］（参考）

導体径及び心線数 (mm-心)	心線 PVC絶縁厚さ (mm)	単位種別	単位数	各層の心線単位及び線番 中心層 単位数	線番	第1層 単位数	線番	第2層 単位数	線番	第3層 単位数	線番	PVC外被平均厚さ (mm)	ケーブル標準外径 (mm)	ケーブル最大外径 (mm)	ケーブル質量 (約) (kg/km)
0.5-6	0.3	2	3	3	1〜3	—		—		—		0.9以上	6.5	7.5	50
12	0.3	2	6	1	6	5	1〜5	—		—		0.9 〃	8.0	9.0	75
22	0.3	2	11	2	10〜11	9	1〜9	—		—		0.9 〃	10.0	11.0	115
24	0.3	3	8	1	8	7	1〜7	—		—		0.9 〃	10.0	11.0	120
33	0.3	2	11	2	10〜11	9	1〜9	—		—		0.9 〃	11.5	12.5	155
40	0.3	2	20	1	20	6	14〜19	13	1〜13	—		0.9 〃	12.0	13.0	180
48	0.3	3	16	4	13〜16	12	1〜12	—		—		0.9 〃	12.5	13.5	205
60	0.3	3	20	1	20	6	14〜19	13	1〜13	—		0.9 〃	14.0	15.0	250
75	0.3	3	25	3	23〜25	8	15〜22	14	1〜14	—		0.9 〃	15.5	16.5	300
80	0.3	2	40	1	40	7	33〜39	13	20〜32	19	1〜19	0.9 〃	16.0	17.0	320
100	0.3	2	50	4	47〜50	10	37〜46	15	22〜36	21	1〜21	0.9 〃	17.0	18.0	380
120	0.3	3	40	1	40	7	33〜39	13	20〜32	19	1〜19	0.9 〃	18.5	19.5	450
150	0.3	3	50	4	47〜50	10	37〜46	15	22〜36	21	1〜21	0.9 〃	20.5	21.5	550

高周波同軸ケーブル (JIS C 3501)

項目 記号	内部導体 素線数/素線径 (mm)	内部導体 外径 (mm)	絶縁体 厚さ (mm)	絶縁体 外径 (mm)	外部導体 下打 素線径 (mm)	外部導体 編組 持数	外部導体 編組 打数	外部導体 編組 ピッチ (mm)(以下)	外部導体 外径 (mm)	シース 厚さ (mm)	シース 標準外径 (mm)	仕上り外径 (mm)	最大導体抵抗20℃ (Ω/km)	試験電圧 (V)	静電容量 1KHZ (nF/km)	標準減衰量 10KHZ (dB/km)	参考 概算質量 (kg/km)	参考 標準荷造法
1.5C-2V	1/0.26	0.26	0.67	1.6	0.10	5	16	16	2.1	0.4	2.9	2.9±0.4	968	1,000	69±4	96	13	束
2.5C-2V	1/0.4	0.4	1.0	2.4	0.12	6	16	20	3.0	0.5	4.0	4.0±0.4	145	1,000	69±4	52	25	〃
3C-2V	1/0.5	0.5	1.3	3.1	0.14	5	24	26	3.8	0.8	5.4	5.4±0.5	91.4	1,000	67±3	42	42	〃
3C-2VCS	1/0.5	0.5	1.3	3.1	0.14	5	24	26	3.8	0.8	5.4	5.4±0.5	256	1,000	67±3	42	42	〃
3C-2VS	7/0.18	0.54	1.28	3.1	0.14	5	24	26	3.8	0.8	5.4	5.4±0.5	100	1,000	67±3	48	42	〃
5C-2V	1/0.8	0.8	2.05	4.9	0.14	7	24	42	5.6	0.9	7.4	7.4±0.5	35.9	1,000	67±3	27	74	〃
7C-2V	7/0.4	1.2	3.05	7.3	0.18	8	24	45	8.2	1.1	10.4	10.4±0.5	20.7	1,000	67±3	22	140	〃
10C-2V	7/0.5	1.5	3.95	9.4	0.20	10	24	60	10.4	1.3	13.0	13.0±0.6	13.1	1,000	67±3	18	220	ドラム

(備考)：記号のうち
　1項の数字は外部導体の概略内径を mm 単位で表したもの。
　2項の文字Cは特性インピーダンス75Ωのもの。
　3項の数字2はポリエチレン充実形。
　4項の文字Vは外部導体が一重でビニルシースを施したもの。
　5項の文字Sのみのものは内部導体がより線のもの。
　（同サイズで内部導体が単線のものと区別する。）。
　5，6項の文字CSは内部導体が銅覆鋼線のもの。
　（同一サイズで内部導体が軟銅線のものと区別する。）。

⑬ 通信機器取付け工事
1．電　　話
(1) 端子盤

名　称	摘　要	単位	材料 品　名	材料 単位	材料 歩掛数量	労務 職種	労務 歩掛員数(人)	その他
端子盤	10P／10P	1面当り	端子盤（端子取付け共）	面	1	電工	0.513	1式
	20P／20P			〃	1	〃	0.637	〃
	30P／30P			〃	1	〃	0.752	〃
	40P／40P			〃	1	〃	0.973	〃
	60P／60P			〃	1	〃	1.18	〃
	80P／80P			〃	1	〃	1.39	〃
	100P／100P			〃	1	〃	1.59	〃
	120P／120P			〃	1	〃	1.86	〃
	150P／150P			〃	1	〃	2.17	〃
	200P／200P			〃	1	〃	2.57	〃
	250P／250P			〃	1	〃	3.10	〃
	300P／300P			〃	1	〃	3.76	〃
集合保安器箱	5P	1個当り	集合保安器箱	個	1	電工	0.345	1式
	10P			〃	1	〃	0.451	〃
	20P			〃	1	〃	0.549	〃
	30P			〃	1	〃	0.619	〃
	40P			〃	1	〃	0.806	〃
	50P			〃	1	〃	0.846	〃
	60P			〃	1	〃	0.846	〃

（備考）　1．端子盤は，端子の取付け及びケーブルの端末接続を含む。
　　　　　2．端子盤で箱のみ取付けの場合は，歩掛（電工）を0.3倍して用いる。
　　　　　3．雑材料は，材料価格の2％とし計上する。
　　　　　4．「その他」の率対象は，電工とする。

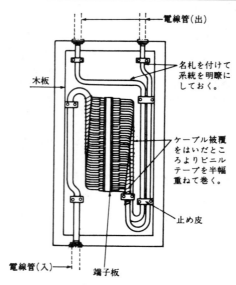

端子盤内の配線処理例

❹ 通 信 工 事―Ⅱ

(2) 端子接続 (1箇所当り)

名　　　称	摘　　　要	単位	職種	歩掛員数(人)	その他
端　子　接　続	0.5～1.2mm　5P	か所	電工	0.174	1式
	〃　　　10P	〃	〃	0.261	〃
	〃　　　15P	〃	〃	0.304	〃
	〃　　　20P	〃	〃	0.348	〃
	〃　　　25P	〃	〃	0.400	〃
	〃　　　30P	〃	〃	0.424	〃
	〃　　　50P	〃	〃	0.555	〃
	〃　　　100P	〃	〃	0.968	〃
	〃　　　150P	〃	〃	1.24	〃
	〃　　　200P	〃	〃	1.52	〃

(備考) 1. 端子盤の歩掛に含まれる場合を除く。
　　　 2. 編み出し及び心線対照を含む。
　　　 3. 「その他」の率対象は，電工とする。

(3) 電話機その他

名　　称	摘　　要	単位	材料 品名	材料 単位	材料 歩掛数量	労務 職種	労務 歩掛員数(人)	その他
電　話　機		1台当り	電　話　機	台	1	電工	0.168	1式
ＰＨＳアンテナ		1個当り	ＰＨＳアンテナ	個	1	〃	0.350	〃
加入者保安器		〃	加入者保安器	個	1	電工	0.142	1式
ローテンションアウトレット		〃	ローテンションアウトレット	個	1	電工	0.062	1式
はとめプレート		〃	はとめプレート	個	1	電工	0.019	1式
電話用アウトレット	モジュラージャック（RJ11）	〃	電話用アウトレット	個	1	電工	0.054	1式
			プレート(連用形1連用)		1			
			取　付　枠		1			
電話用アウトレット×2	モジュラージャック（RJ11）	〃	電話用アウトレット	〃	2	〃	0.081	〃
			プレート(連用形1連用)		1			
			取　付　枠		1			
情報用アウトレット	モジュラージャック（RJ45）	〃	情報用アウトレット	個	1	電工	0.067	1式
			プレート(連用形1連用)		1			
			取　付　枠		1			
情報用アウトレット×2	モジュラージャック（RJ45）	〃	情報用アウトレット	〃	2	〃	0.100	〃
			プレート(連用形1連用)		1			
			取　付　枠		1			

(備考) 1. はとめプレート，電話用アウトレット，情報用アウトレットのプレートは，樹脂製，ステンレス製，新金属製とする。
　　　 2. 雑材料は，材料価格の2％とし計上する。
　　　 3. 「その他」の率対象は，電工とする。

(4) ボタン電話装置

名称	摘要	単位	品名	単位	歩掛数量	職種	歩掛員数（人）	職種	歩掛員数（人）	調整費 技術員（人）	その他
主装置	308形	台	主装置	1台当り	1	技術員	0.44	電工	0.89	0.45	1式
	616形	〃			1	〃	0.53	〃	0.89	0.54	〃
	824形	〃			1	〃	0.62	〃	1.06	0.62	〃
	1232形	〃			1	〃	0.89	〃	1.33	0.71	〃
	1648形	〃			1	〃	1.06	〃	1.33	0.89	〃
電話機	308形	台	電話機	1台当り	1	—	—	電工	0.177	—	1式
	616形	〃			1	—	—	〃	0.177	—	〃
	824形	〃			1	—	—	〃	0.177	—	〃
	1232形	〃			1	—	—	〃	0.177	—	〃
	1648形	〃			1	—	—	〃	0.177	—	〃

（備考） 1. 電源装置を含む。
　　　　 2. 主装置回りの配線を含む。
　　　　 3. 電話機への配線は別途とする。
　　　　 4. 技術員の労務単価は，電工単価×1.1とする。
　　　　 5. 「その他」の率対象は，技術員，電工とする。

2. 情報表示・拡声設備
(1) 時刻表示

名称	摘要	単位	材料 品名	材料 単位	材料 歩掛数量	労務 職種	労務 歩掛員数（人）	その他
水晶式親時計	壁掛形　3回線以下	1台当り	親時計	台	1	電工	1.46	1式
	ラック形　6回線以下			〃	1	〃	2.90	〃
アナログ子時計	壁掛形	1個当り	子時計	個	1	電工	0.097	1式
	半埋込形			〃	1	〃	0.195	〃
	埋込形			〃	1	〃	0.248	〃
デジタル子時計	壁掛形　文字高8cm	1個当り	子時計	個	1	電工	0.976	1式
	〃　　文字高10cm			〃	1	〃	1.22	〃
	〃　　文字高12cm			〃	1	〃	1.46	〃
	〃　　文字高20cm			〃	1	〃	2.44	〃
	半埋込形　文字高8cm			個	1	電工	1.29	1式
	〃　　文字高10cm			〃	1	〃	1.61	〃
	〃　　文字高12cm			〃	1	〃	1.93	〃
	〃　　文字高20cm			〃	1	〃	3.22	〃

（備考） 1. アナログ子時計の寸法は，500mm以下とする。
　　　　 2. 雑材料は，材料価格の親時計は1％，子時計は2％とし計上する。
　　　　 3. 「その他」の率対象は，電工とする。

(2) 拡声

名称	摘要	単位	材料			労務		その他
^	^	^	品名	単位	歩掛数量	職種	歩掛員数(人)	^
増幅器	卓上形　30W 以下	1台当り	増幅器	台	1	電工	0.965	1式
^	ラック形　60W 以下	^	^	〃	1	〃	1.51	〃
^	ラック形 120W 以下	^	^	〃	1	〃	2.87	〃
^	ラック形 240W 以下	^	^	〃	1	〃	4.03	〃
^	ラック形 360W 以下	^	^	〃	1	〃	4.97	〃
スピーカ	壁掛形	1個当り	スピーカ	個	1	電工	0.097	1式
^	天井埋込形	^	^	〃	1	〃	0.195	〃
^	天井つり下げ形	^	^	〃	1	〃	0.195	〃
^	ホーンスピーカ	^	^	〃	1	〃	0.159	〃
アッテネータ		〃	アッテネータ	個	1	電工	0.053	1式
ワイヤレスアンテナ	UHF 帯	〃	ワイヤレスアンテナ	〃	1	〃	0.350	〃
ホイップアンテナ		〃	ホイップアンテナ	〃	1	〃	0.200	〃

(備考)　1．アッテネータのプレートは，樹脂製，ステンレス製，新金属製とする。
　　　　2．システム天井に取付けるスピーカは，歩掛（電工）を0.8倍とする。
　　　　3．雑材料は，材料価格の2％とし計上する。
　　　　4．「その他」の率対象は，電工とする。

3．テレビ共同受信

名称	摘要	単位	材料			労務		その他
^	^	^	品名	単位	歩掛数量	職種	歩掛員数(人)	^
アンテナ	1 段	1組当り	アンテナ	組	1	電工	1.56	1式
^	2 段	^	^	〃	2	〃	1.99	〃
^	BS用75 cm	^	^	〃	1	〃	0.850	〃
^	〃　90～100 cm	^	^	〃	1	〃	0.900	〃
^	〃　120 cm	^	^	〃	1	〃	1.20	〃
アンテナマスト	自立形（支持金具共）	1基当り	アンテナマスト	基	1	電工	1.41	1式
^	壁面取付形（支持金具共）	^	^	〃	1	〃	1.94	〃
分配器	2分配	1個当り	分配器	個	1	電工	0.186	1式
^	4 〃	^	^	〃	1	〃	0.239	〃
^	6 〃	^	^	〃	1	〃	0.292	〃
^	8 〃	^	^	〃	1	〃	0.345	〃
分岐器	1分岐	〃	分岐器	個	1	電工	0.186	1式
^	2 〃	^	^	〃	1	〃	0.212	〃
^	4 〃	^	^	〃	1	〃	0.265	〃
増幅器		〃	増幅器	個	1	電工	1.14	1式
直列ユニット	中間	〃	直列ユニット	個	1	電工	0.150	1式
^	端末	^	^	〃	1	〃	0.133	〃
テレビ端子		〃	テレビ端子	個	1	電工	0.130	1式
混合(分波)器	屋内用，屋外用	〃	混合(分波)器	個	1	電工	0.230	1式
機器収納箱	1 個用	〃	機器収納箱	個	1	電工	0.363	1式
^	2 〃	^	^	〃	1	〃	0.407	〃
^	3 〃	^	^	〃	1	〃	0.504	〃
^	4 〃	^	^	〃	1	〃	0.566	〃
^	5 〃	^	^	〃	1	〃	0.637	〃
^	6 〃	^	^	〃	1	〃	0.810	〃
^	7 〃	^	^	〃	1	〃	0.860	〃
^	8 〃	^	^	〃	1	〃	0.860	〃
^	9 〃	^	^	〃	1	〃	0.960	〃

(つづく)

❹通 信 工 事—14

名　　　称	摘　　　要	単位	材料			労務		その他
^	^	^	品　　　名	単位	歩掛数量	職種	歩掛員数（人）	^
各　種　接　栓 (参考)		1個 当り	各　種　接　栓	個	1	電工	0.010	1式
保　安　器	共同受信用	〃	保　安　器	個	1	〃	0.142	〃

（備考）　1．直列ユニット，テレビ端子のプレートは，樹脂製，ステンレス製，新金属製とする。
　　　　2．アンテナマストに基礎を必要とする場合は，別途計上する。
　　　　3．衛星アンテナをアンテナ素子と組合せて設置する場合は，電工の歩掛を0.8倍して用いる。
　　　　4．総合調整費は，機器取付け（アンテナマスト及び機器収容箱を除く）労務費合計の20%とする。
　　　　5．雑材料は，材料価格の2%とし計上する。
　　　　6．「その他」の率対象は，電工とする。

電気時計参考姿図

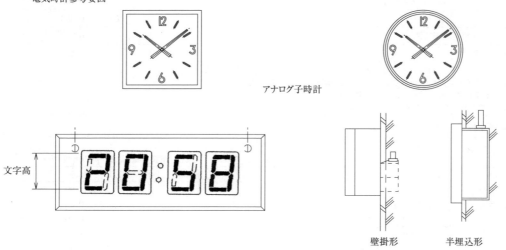

アナログ子時計

デジタル子時計

アンテナマストの取付け例

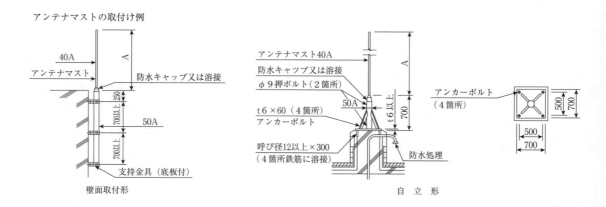

壁面取付形　　　　　　　　　　　　自　立　形

— 886 —

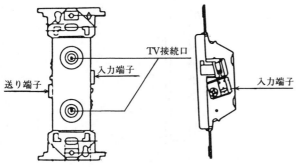

テレビ2端子中継コンセント　　　　　テレビ端末用1端子コンセント

4. インターホン装置

名　称	摘　要	単位	材料 品　名	単位	歩掛数量	労務 職種	歩掛員数(人)	その他
ドアーホン親機 (参考)		1個当り	ドアーホン親機	個	1	電工	0.14	1式
ドアーホン子機 (参考)		〃	ドアーホン子機	〃	1	〃	0.10	〃
ドアーホンアダプター (参考)		〃	ドアーホンアダプター	〃	1	〃	0.09	〃
インターホン親機	2局用	1台当り	インターホン親機	台	1	電工	0.195	1式
	3 〃			〃	1	〃	0.292	〃
	5 〃			〃	1	〃	0.496	〃
	6 〃			〃	1	〃	0.593	〃
	10 〃			〃	1	〃	1.00	〃
	12 〃			〃	1	〃	1.10	〃
	20 〃			〃	1	〃	1.50	〃
	24 〃			〃	1	〃	1.70	〃
	30 〃			〃	1	〃	2.00	〃
テレビインターホン親機	1局/増設親機	〃	インターホン親機	台	1	電工	0.150	1式
	外部受付用			〃	1	〃	0.150	〃
インターホン子機		〃	インターホン子機	台	1	電工	0.115	1式
相互式インターホン (参考)	12局用	〃	相互式インターホン	台	1	電工	1.10	1式
	24 〃			〃	1	〃	1.70	〃
インターホン電源 (参考)		〃	インターホン電源部	台	1	電工	0.17	1式
テレビインターホン	1局用	〃	テレビインターホン	〃	1	〃	0.150	〃
復帰押ボタン		1個当り	復帰押ボタン	個	1	〃	0.107	〃

(備考) 1. 労務には、機器の取付け、結線及び試験調整を含む。
　　　 2. 雑材料は、材料価格の2％とし計上する。
　　　 3. 「その他」の率対象は、電工とする。

❹通 信 工 事—16

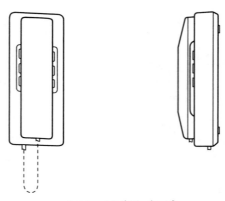

インターホン姿図　相互式

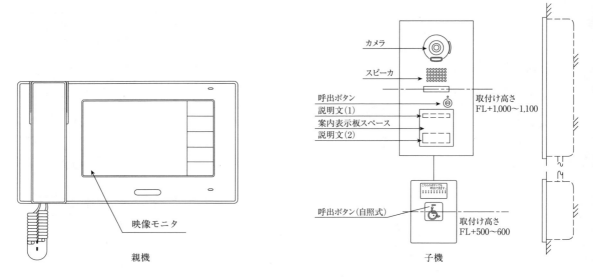

インターホン姿図　外部受付形

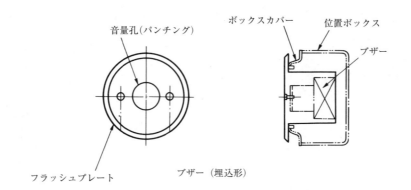

5. 表示・電鈴装置

名　　称	摘　　要	単位	材料 品名	材料 単位	材料 歩掛数量	労務 職種	労務 歩掛員数(人)	その他
表　示　盤	2 窓用	1個当り	表　示　盤	個	1	電工	0.168	1式
	3 〃			〃	1	〃	0.257	〃
	4 〃			〃	1	〃	0.336	〃
	5 〃			〃	1	〃	0.416	〃
	6 〃			〃	1	〃	0.504	〃
	7 〃			〃	1	〃	0.593	〃
	8 〃			〃	1	〃	0.673	〃
	9 〃			〃	1	〃	0.761	〃
	10 〃			〃	1	〃	0.850	〃
	12 〃			〃	1	〃	1.02	〃
	14 〃			〃	1	〃	1.19	〃
	16 〃			〃	1	〃	1.35	〃
	18 〃			〃	1	〃	1.53	〃
	20 〃			〃	1	〃	1.70	〃
	25 〃			〃	1	〃	2.10	〃
	30 〃			〃	1	〃	2.50	〃
トイレ等呼出し表示器	呼出し表示灯	〃	表示器	個	1	電工	0.08	1式
発　信　器	1個用	〃	発信器	個	1	電工	0.055	1式
	2 〃			〃	1	〃	0.082	〃
	3 〃			〃	1	〃	0.110	〃
	4 〃			〃	1	〃	0.137	〃
	5 〃			〃	1	〃	0.165	〃
	6 〃			〃	1	〃	0.192	〃
電　源　装　置	400 VA 以下	〃	電源装置	個	1	電工	1.19	1式
	1,000 〃			〃	1	〃	1.82	〃
	2,000 〃			〃	1	〃	2.46	〃
ベ　ル (参考)			ベル	個	1	電工	0.12	1式
ブ ザ ー (参考)		〃	ブザー	〃	1	〃	0.08	〃
押しボタン (参考)	1個用		押しボタン	〃	1	〃	0.05	〃
夜間呼出し電鈴 (参考)			電鈴	〃	1	〃	0.12	〃

（備考）　1．表示盤で30窓を超えるものは，電工の歩掛を (0.084×窓数) 人とする。
　　　　　2．雑材料は，材料価格の2%とし計上する。
　　　　　3．「その他」の率対象は，電工とする。

⑭ 火災報知機

(1) 火災報知(ア)

名称	摘要	単位	材料 品名	材料 単位	材料 歩掛数量	労務 職種	労務 歩掛員数(人)	その他
受信機P型1級	5 回線	1面当り	受信機	面	1	電工	5.31	1式
	6 〃		〃	〃	1	〃	5.58	〃
	8 〃		〃	〃	1	〃	6.11	〃
	10 〃		〃	〃	1	〃	6.64	〃
	12 〃		〃	〃	1	〃	7.17	〃
	15 〃		〃	〃	1	〃	7.96	〃
	20 〃		〃	〃	1	〃	9.29	〃
	25 〃		〃	〃	1	〃	10.6	〃
	30 〃		〃	〃	1	〃	11.9	〃
	35 〃		〃	〃	1	〃	13.3	〃
	40 〃		〃	〃	1	〃	14.6	〃
	50 〃		〃	〃	1	〃	17.3	〃
受信機P型2級	1 回線	〃	受信機	面	1	電工	2.39	1式
	5 〃		〃	〃	1	〃	3.10	〃
副受信機	5 回線	〃	副受信機	面	1	電工	0.42	1式
	10 〃		〃	〃	1	〃	0.86	〃
	15 〃		〃	〃	1	〃	1.30	〃
	20 〃		〃	〃	1	〃	1.75	〃
	25 〃		〃	〃	1	〃	2.15	〃
	30 〃		〃	〃	1	〃	2.55	〃
	40 〃		〃	〃	1	〃	3.40	〃
	50 〃		〃	〃	1	〃	4.25	〃

(備考) 1. 防災用連動制御盤は，受信機P型1級の電工の歩掛を適用する。
2. 受信機P型1級で50回線を超えるものは，電工の歩掛を $(3.8 + 0.27n)$ 人とし，副受信機で50回線を超えるものは，$(1.75 + 0.05n)$ 人とする。この場合において，nは回線数を示す。
3. 雑材料は，材料価格の2％とし計上する。
4. 「その他」の率対象は，電工とする。

(2) 火災報知(イ)

名　　称	摘　　要	単位	材料 品名	材料 単位	材料 歩掛数量	労務 職種	労務 歩掛員数(人)	その他
スポット型感知器	定温式	1個当り	感知器	個	1	電工	0.133	1式
	差動式			〃	1	〃	0.133	〃
煙感知器		〃		〃	1	〃	0.159	〃
R型感知器（分離型）	光電式 2信号 分離型 自動試験機能付	1組当り		組	1	電工	2.06	1式
アナログ感知器（分離型）	光電式 分離型 自動試験機能付	〃		〃	1	〃	2.06	〃
光電式分離型煙感知器	1種	〃		組	1	電工	2.06	1式
	2種			〃	1	〃	2.06	〃
分布型検出部	1個用	1個当り		個	1	電工	0.416	1式
	2 〃			〃	1	〃	0.681	〃
	3 〃			〃	1	〃	0.912	〃
	4 〃			〃	1	〃	1.143	〃
試験器	1個用	〃	試験器	個	1	電工	0.115	1式
	2 〃			〃	1	〃	0.212	〃
	3 〃			〃	1	〃	0.310	〃
分布型感知器（空気管式）	木造又はテックス張り	1m当り	空気管	m	1.1	電工	0.027	1式
	コンクリート造又はプラスター吹付け			〃	1.1	〃	0.035	〃
総合盤	単独	1個当り	発信機，表示灯，電鈴，箱	個	1	電工	0.619	1式
	消火栓箱に組込み		発信機，表示灯，電鈴	〃	1	〃	0.496	〃
発信器	P形1級	〃	発信機	個	1	電工	0.283	1式
	〃 2級			〃	1	〃	0.177	〃
発信機（表示灯一体型）	P形1級	〃	発信機	個	1	電工	0.345	1式
	〃 2級			〃	1	〃	0.239	〃
表示灯		〃	表示灯	個	1	電工	0.124	1式
警報ベル	φ150	〃	電鈴	〃	1	〃	0.124	〃
電磁レリーズ	各種	〃	電磁レリーズ	〃	1	〃	0.336	〃
立会検査	P形1級	1工事当り	—	—	—	電工	3.12	1式
	〃 2級		—	—	—	〃	2.01	〃

(備考) 1. 立会検査は，分布型感知器が15個を超える場合には，超える個数1個当り0.1人を電工の歩掛に加算し，スポット型感知器が100個を超える場合には，超える個数1個当り0.027人を電工の歩掛に加算する。
　　　2. システム天井に取付ける場合には，電工の歩掛を0.8倍して用いる。
　　　3. 雑材料は，材料価格の2％とし計上する。
　　　4. 「その他」の率対象は，電工とする。

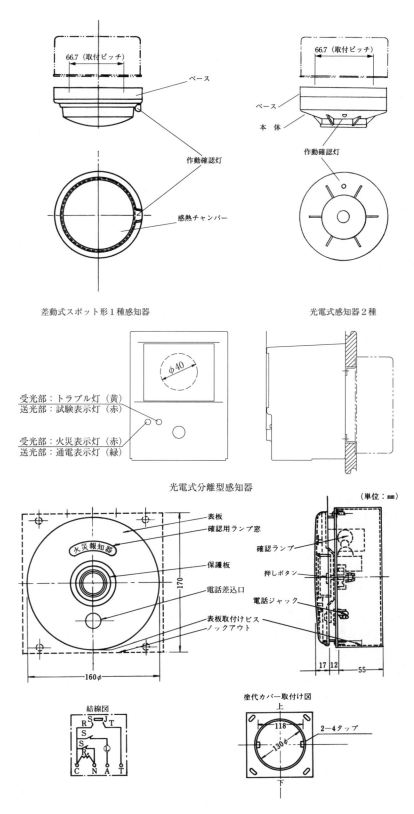

差動式スポット形1種感知器　　　　光電式感知器2種

光電式分離型感知器

P形2級発信器

⑮ ガス漏れ火災警報設備

名称	摘要	単位	材料 品名	材料 単位	材料 歩掛数量	労務 職種	労務 歩掛員数(人)	その他
ガス検知器	都市ガス，LPガス	1個当り	検知器	個	1	電工	0.133	1式
中継器		1個当り	中継器	〃	1	〃	0.177	1式
受信機	3回線	1面当り	受信機	面	1	電工	2.79	1式
受信機	5 〃	1面当り	受信機	〃	1	〃	3.10	〃
受信機	10 〃	1面当り	受信機	〃	1	〃	3.88	〃
受信機	15 〃	1面当り	受信機	〃	1	〃	4.65	〃
受信機	20 〃	1面当り	受信機	〃	1	〃	5.42	〃
受信機	25 〃	1面当り	受信機	〃	1	〃	6.19	〃
受信機	30 〃	1面当り	受信機	〃	1	〃	6.95	〃

(備考) 1. 立会検査が必要な場合は別途計上する。
2. システム天井に取付ける場合には，電工の歩掛を0.8倍して用いる。
3. 雑材料は，材料価格の2％とし計上する。
4. 「その他」の率対象は，電工とする。

⑯ 車路管制設備（参考）

名称	摘要	単位	材料 品名	材料 単位	材料 歩掛数量	労務 職種	労務 歩掛員数(人)	その他
管制盤	壁掛形	1面当り	管制盤	面	1	電工	1.46	1式
管制盤	自立形	1面当り	〃	〃	1	〃	1.79	〃
ループコイル	1m×3m	1本当り	ループコイル	本	1	電工	1.39	1式
ループコイル	2m×6m	1本当り	ループコイル	〃	1	〃	1.49	〃
車体検出器		1台当り	検出器	台	1	電工	0.436	1式
発光器，受光器	埋込形	〃	発光器，受光器	〃	1	〃	0.426	〃
発光器，受光器	スタンド形	〃	発光器，受光器	〃	1	〃	0.703	〃
信号灯	2灯 BZ付	〃	信号灯	〃	1	〃	0.400	〃
信号灯	スタンド形	〃	信号灯	〃	1	〃	0.516	〃
表示灯	一般形（PL 40W×1）	〃	表示灯	〃	1	〃	0.218	〃
表示灯	特殊形	〃	表示灯	〃	1	〃	0.456	〃
黄色回転灯		〃	回転灯	〃	1	〃	0.347	〃

(備考) 1. 自立形管制盤，スタンド形受発光器などで基礎が必要な場合は別途計上する。
2. ループコイルはコンクリート内埋設の場合に適用し，カッティング及び埋戻しは別途計上する。
3. 雑材料は，材料価格の2％とし計上する。
4. 「その他」の率対象は，電工とする。

⑰ 監視カメラ設備

名称	摘要	単位	材料 品名	材料 単位	材料 歩掛数量	労務 職種	労務 歩掛員数(人)	その他
カメラ	固定レンズ付（ドーム形を含む）	1台当り	カメラ	台	1	電工	0.900	1式
カメラ	固定レンズ・ハウジング付	1台当り	カメラ	〃	1	〃	1.29	〃
カメラ	電動ズーム付（ドーム形を含む）	1台当り	カメラ	〃	1	〃	1.45	〃
カメラ	電動ズーム・ハウジング付	1台当り	カメラ	〃	1	〃	1.76	〃
カメラ取付台		1個当り	カメラ取付台	個	1	電工	0.350	1式
回転台		〃	回転台	〃	1	〃	0.340	〃
モニタ装置		1台当り	モニタ装置	台	1	〃	0.930	〃
切替スイッチ盤		〃	切替スイッチ盤	〃	1	〃	1.41	〃
リモートコントローラ		〃	リモートコントローラ	〃	1	〃	1.02	〃

(備考) 1. 雑材料は，材料価格の2％とし計上する。
2. 「その他」の率対象は，電工とする。

❺ 信号工事

① **外 線 工 事**（通信工事に準ずる）

② **内 線 工 事**

1. 架空引込み工事　（通信工事に準ずる）

2. 配 管 工 事　（電力工事に準ずる）

3. 配 線 工 事　（通信工事に準ずる）

4. 機 器 取 付 け　（通信工事に準ずる）

❻ 電気設備改修工事

① 一般事項

(1) 電気設備の改修工事における撤去及び再使用に適用し，とりこわしには適用しない。
(2) 撤去は各設備に応じた標準歩掛員数を用いて，②撤去より再使用の有無に応じた乗数を適用して算出するほか，③撤去（電線管）から㉑（テレビ共同受信）を適用する。
　なお，本項③〜㉑撤去は，再使用しない場合の標準歩掛員数としている。
(3) 再使用を考慮した撤去（取外し）は，既存施設を破損することなく取外すことはもちろん，撤去機材を再使用できるように丁寧に取外すことが必要であり，さらに，取外した後の簡単な清掃も考慮した乗率となっている。なお，再使用しないことを前提とした撤去は，撤去機材の状態は問わない。
(4) 撤去機材の整理及び運搬を要する場合は，普通作業員を別途計上する。ただし，敷地内での撤去機材の標準的な整理，場内小運搬は，標準歩掛りに含む。
(5) 撤去機材を敷地外に搬出する場合は，場外搬出費を別途計上する。
(6) 当該撤去機材が名称にない場合は，類似機材の乗率を使用する。
(7) とりこわしは，2．建築工事㉕とりこわしによる。

② 撤去

細目	名称	単位	新営工事の標準歩掛員数に対する乗率 再使用しない	新営工事の標準歩掛員数に対する乗率 再使用する（取外し）	その他
撤去	電線・ケーブル	m	0.2	0.4	1式
	電線管	m	0.2	0.4	
	照明器具	個	0.3	0.4	
	配線器具	個	0.3	0.4	
	分電盤・端子盤	面	0.2	0.4	
	変電機器	個	0.3	0.5	
	通信用器具	個	0.3	0.4	
	電柱	本	0.3	0.6	
	架線	1条1径間	0.2	0.4	
	地中線ケーブル	m	0.3	0.6	
	コンクリートトラフ	m	0.3	0.6	

（備考）
1. 材料の整理，運搬に要する普通作業員は，別途計上する。
2. 電線管でコンクリート埋設のものは除く。
3. 現場の状況又は分解手間の程度によっては，本表の乗率を増減できる。
4. 再使用しない機材の「その他」の率の対象は，労務歩掛りとし，対象となる工種は「撤去」を適用する。
5. 再使用する機材の「その他」の率の対象は，労務歩掛りとし，再使用に対応する工種を適用する。

③ 撤去（電線管）

名称	摘要	単位	労務 職種	労務 歩掛員数(人)	その他
厚鋼電線管	G16	1m当り	電工	0.012	1式
	G22		〃	0.016	〃
	G28		〃	0.021	〃
	G36		〃	0.025	〃
	G42		〃	0.034	〃
	G54		〃	0.046	〃
	G70		〃	0.053	〃
	G82		〃	0.065	〃
	G92		〃	0.072	〃
	G104		〃	0.080	〃

(つづく)

❻電気設備改修工事—2

名 称	摘 要	単位	労務 職種	労務 歩掛員数(人)	その他
薄鋼電線管	C19	1m当り	電工	0.010	1式
	C25		〃	0.014	〃
	C31		〃	0.018	〃
	C39		〃	0.022	〃
	C51		〃	0.029	〃
	C63		〃	0.040	〃
	C75		〃	0.046	〃
ねじなし電線管	E19	〃	電工	0.008	1式
	E25		〃	0.011	〃
	E31		〃	0.014	〃
	E39		〃	0.017	〃
	E51		〃	0.024	〃
	E63		〃	0.032	〃
	E75		〃	0.037	〃
硬質ビニル電線管	VE16, HIVE16	〃	電工	0.009	1式
	VE22, HIVE22		〃	0.011	〃
	VE28, HIVE28		〃	0.013	〃
	VE36, HIVE36		〃	0.017	〃
	VE42, HIVE42		〃	0.022	〃
	VE54, HIVE54		〃	0.026	〃
	VE70, HIVE70		〃	0.032	〃
	VE82, HIVE82		〃	0.039	〃
合成樹脂製可とう電線管 (PF管, CD管)	14	〃	電工	0.006	1式
	16		〃	0.006	〃
	22		〃	0.008	〃
	28		〃	0.010	〃

(備考) 1. 撤去品を再使用する場合の撤去は，歩掛員数を2.0倍して用いる。
2. コンクリート埋設のものは除く。
3. 現場の状況によっては，増減できる。
4. 「その他」の率対象は，電工とする。

❻電気設備改修工事—3

④ 撤　　去（金属トラフ）

名　称	摘　要	単位	労務 職種	労務 歩掛員数(人)	その他
金属トラフ	200mm×100mm	1m当り	電工	0.104	1式
	250mm×100mm		〃	0.108	〃
	300mm×100mm		〃	0.112	〃
	400mm×150mm		〃	0.124	〃
	500mm×150mm		〃	0.132	〃
	500mm×200mm		〃	0.136	〃
	600mm×200mm		〃	0.144	〃
	600mm×250mm		〃	0.148	〃
	600mm×300mm		〃	0.152	〃
	800mm×250mm		〃	0.164	〃
	800mm×300mm		〃	0.168	〃
	800mm×400mm		〃	0.176	〃

（備考）　1．撤去品を再使用する場合の撤去は，歩掛員数を2.0倍して用いる。
　　　　　2．「その他」の率対象は，電工とする。

⑤ 撤　　去（線ぴ類）

名　称	摘　要	単位	労務 職種	労務 歩掛員数(人)	その他
2種金属線ぴ (MM2)	A型　40mm×30mm	1m当り	電工	0.018	1式
	B型　40mm×40mm		〃	0.022	〃
	C型　40mm×45mm		〃	0.024	〃
	D型　45mm×30mm		〃	0.022	〃
	E型　45mm×40mm		〃	0.024	〃
	F型　45mm×45mm		〃	0.026	〃

（備考）　1．撤去品を再使用する場合の撤去は，歩掛員数を2.0倍して用いる。
　　　　　2．「その他」の率対象は，電工とする。

⑥ 撤　　去（ケーブルラック）

名　称	摘　要	単位	労務 職種	労務 歩掛員数(人)	その他
ケーブルラック	100mm幅	1m当り	電工	0.026	1式
	200mm幅		〃	0.037	〃
	300mm幅		〃	0.049	〃
	400mm幅		〃	0.059	〃
	500mm幅		〃	0.068	〃
	600mm幅		〃	0.073	〃
	800mm幅		〃	0.099	〃
	1,000mm幅		〃	0.123	〃

（備考）　1．撤去品を再使用する場合の撤去は，歩掛員数を2.0倍して用いる。
　　　　　2．多段積みを同時に撤去する場合には，1段目（最大幅）以外のものは本表の歩掛員数を0.5倍して用いる。
　　　　　3．「その他」の率対象は，電工とする。

⑦ 撤　　去（プルボックス）

名　称	摘　要	単位	労務 職種	労務 歩掛員数(人)	その他
プルボックス	縦(mm)＋横(mm)＋高さ(mm)	1個当り	電工	0.0001	1式

（備考）　1.　撤去品を再使用する場合の撤去は，歩掛員数を2.0倍して用いる。
　　　　　2.　縦（mm）＋横（mm）＋高さ（mm）に上表の値を乗じたものを1個当りの歩掛員数とする。
　　　　　　　（例）　500×500×300の場合　　（500＋500＋300）×0.0001＝0.13（人）
　　　　　3.　「その他」の率対象は，電工とする。

⑧ 撤　　去（位置ボックス）

名　称	摘　要	単位	労務 職種	労務 歩掛員数(人)	その他
位置ボックス		1個当り	電工	0.020	1式

（備考）　1.　撤去品を再使用する場合の撤去は，歩掛員数を2.0倍して用いる。
　　　　　2.　「その他」の率対象は，電工とする。

⑨ 撤　　去（600V 絶縁電線）（EM-IE，EM-IC，HIV・IV・IC等　管内配線の場合）

名　称	摘　要	単位	労務 職種	労務 歩掛員数(人)	その他
600V 絶縁電線（管内配線）	1.0 mm	1m当り	電工	0.0018	1式
	1.2 〃		〃	0.0020	〃
	1.6 〃		〃	0.0020	〃
	2.0 〃		〃	0.0022	〃
	2.6 〃		〃	0.0028	〃
	2 mm^2		〃	0.0020	〃
	3.5 〃		〃	0.0022	〃
	5.5 〃		〃	0.0028	〃
	8 〃		〃	0.0032	〃
	14 〃		〃	0.0040	〃
	22 〃		〃	0.0048	〃
	38 〃		〃	0.0064	〃
	60 〃		〃	0.0084	〃
	100 〃		〃	0.0112	〃
	150 〃		〃	0.0146	〃
	200 〃		〃	0.0166	〃
	250 〃		〃	0.0196	〃
	325 〃		〃	0.0234	〃

（備考）　1.　撤去品を再使用する場合の撤去は，歩掛員数を2.0倍して用いる。
　　　　　2.　ダクト類の配線にも適用する。
　　　　　3.　合成樹脂製可とう電線管（PF管，CD管）内配線の場合は，電工の歩掛員数を0.9倍して用いる。
　　　　　4.　接地線は，ラック，ピット，トラフ及びダクトとも管内の電工の歩掛員数を適用する。
　　　　　5.　「その他」の率対象は，電工とする。

⑩ 撤　　　　去（600V 絶縁ケーブル）(EM-EEF, EM-EE, VVF, VVR)

名　　称	摘　　要		単位	労　　務		その他
				職種	歩掛員数(人)	
600V 絶縁ケーブル	木造部分にサドル止め 又は ステープル止め	1.6 mm-2C	1m 当り	電工	0.0040	1式
		2.0 〃 －〃		〃	0.0050	〃
		2.6 〃 －〃		〃	0.0062	〃
		1.6 〃 -3C		〃	0.0050	〃
		2.0 〃 －〃		〃	0.0060	〃
		2.6 〃 －〃		〃	0.0076	〃
	コンクリート部分にサドル止め （カールプラグを含む）	1.6 mm-2C	〃	電工	0.0052	1式
		2.0 〃 －〃		〃	0.0066	〃
		2.6 〃 －〃		〃	0.0084	〃
		1.6 〃 -3C		〃	0.0066	〃
		2.0 〃 －〃		〃	0.0082	〃
		2.6 〃 －〃		〃	0.0102	〃
	天井，ピット内配線	1.6 mm-2C	〃	電工	0.0020	1式
		2.0 〃 －〃		〃	0.0026	〃
		2.6 〃 －〃		〃	0.0034	〃
		1.6 〃 -3C		〃	0.0026	〃
		2.0 〃 －〃		〃	0.0034	〃
		2.6 〃 －〃		〃	0.0042	〃
	管内配線	1.6 mm-2C	〃	電工	0.0026	1式
		2.0 〃 －〃		〃	0.0034	〃
		2.6 〃 －〃		〃	0.0042	〃
		1.6 〃 -3C		〃	0.0034	〃
		2.0 〃 －〃		〃	0.0042	〃
		2.6 〃 －〃		〃	0.0052	〃

（備考）　1.　撤去品を再使用する場合の撤去は，歩掛員数を2.0倍して用いる。
　　　　　2.　ケーブルラック配線の場合は，管内配線の歩掛員数を1.2倍して用いる。
　　　　　3.　合成樹脂製可とう電線管（PF管，CD管）内配線の場合は，管内配線の歩掛員数を0.9倍して用いる。
　　　　　4.　「その他」の率対象は，電工とする。

⑪ 撤　　　去（HID灯器具）

名　称	摘　要	単位	労務 職種	労務 歩掛員数(人)	その他
HID灯器具	投光器　400W以下	1個当り	電工	0.429	1式
	投光器　1000W以下		〃	0.522	〃
	直付　250W以下		〃	0.0912	〃
	直付　400W以下		〃	0.104	〃
	直付　1000W以下		〃	0.125	〃
	パイプペンダント　250W以下		〃	0.099	〃
	パイプペンダント　400W以下		〃	0.117	〃
	パイプペンダント　1000W以下		〃	0.141	〃
	埋込　150W以下		〃	0.072	〃
	埋込　250W以下		〃	0.107	〃
	埋込　400W以下		〃	0.123	〃
	ポールライト　100W	1灯当り	電工	0.453	1式
	ポールライト　200W		〃	0.534	〃
	ポールライト　250W		〃	0.552	〃
	ポールライト　300W		〃	0.606	〃
	ポールライト　400W		〃	0.606	〃
灯具昇降装置	昇降装置	1個当り	電工	0.006	1式
	滑車		〃	0.024	〃
	ワイヤー	1m当り	電工	0.006	1式

（備考）　1．撤去品を再使用する場合の撤去は，歩掛員数を1.3倍して用いる。
　　　　　2．安定器を含む。
　　　　　3．「その他」の率対象は，電工とする。

⑫ 撤　　　去（ガーデンライト）

名　称	摘　要	単位	労務 職種	労務 歩掛員数(人)	その他
ガーデンライト	1灯形	1灯当り	電工	0.227	1式
	2灯形		〃	0.272	〃

（備考）　1．撤去品を再使用する場合の撤去は，歩掛員数を1.3倍して用いる。
　　　　　2．高さは2m以下とする。
　　　　　3．「その他」の率対象は，電工とする。

⑬ 撤　　　去（白熱灯器具）

名　称	摘　要	単位	労務 職種	労務 歩掛員数(人)	その他
白　熱　灯	コードペンダント	1個当り	電工	0.036	1式
	パイプペンダント		〃	0.0432	〃
	チェーンペンダント		〃	0.0432	〃
	シーリングライト		〃	0.0459	〃
	埋込灯		〃	0.0627	〃
	ブラケットライト		〃	0.039	〃
	レセプタクル		〃	0.0261	〃

（備考）　1．撤去品を再使用する場合の撤去は，歩掛員数を1.3倍して用いる。
　　　　　2．半埋込器具にも適用する。
　　　　　3．金属線ぴ取付けの場合は，歩掛員数を0.8倍して用いる。
　　　　　4．システム天井用器具は，歩掛員数を0.6倍して用いる。
　　　　　5．「その他」の率対象は，電工とする。

⑭ 撤　　　去（蛍光灯器具）

名　称	摘　要	単位	職種	歩掛員数(人) 露出形	歩掛員数(人) 埋込形 半埋込形	歩掛員数(人) つり下げ形	その他
蛍光灯器具	FL　10W―1灯用	1個当り	電工	0.0339	0.0522	0.0417	1式
	〃　　20W―　〃		〃	0.0390	0.0600	0.0471	〃
	〃　　30W―　〃		〃	0.0417	0.0627	0.0495	〃
	〃　　40W―　〃		〃	0.0627	0.0939	0.0756	〃
	〃　110W―　〃		〃	0.117	0.177	0.141	〃
	〃　　10W―2灯用		〃	0.0417	0.0627	0.0495	〃
	〃　　20W―　〃		〃	0.0495	0.0756	0.0600	〃
	〃　　30W―　〃		〃	0.0549	0.0834	0.0651	〃
	〃　　40W―　〃		〃	0.0783	0.117	0.0939	〃
	〃　110W―　〃		〃	0.143	0.217	0.172	〃
	〃　　10W―3灯用		〃	0.0522	0.0783	0.0627	〃
	〃　　20W―　〃		〃	0.0627	0.0939	0.0756	〃
	〃　　40W―　〃		〃	0.102	0.154	0.123	〃
	〃　110W―　〃		〃	0.183	0.274	0.219	〃
	〃　　10W―4灯用		〃	0.0729	－	－	〃
	〃　　20W―　〃		〃	0.0912	0.138	0.110	〃
	〃　　40W―　〃		〃	0.133	0.201	0.159	〃
	〃　110W―　〃		〃	0.261	0.390	0.312	〃
	〃　　20W―5灯用		〃	0.0912	0.138	0.110	〃
	〃　　40W―　〃		〃	0.133	0.201	0.159	〃
	〃　110W―　〃		〃	0.261	0.390	0.312	〃

(つづく)

❻電気設備改修工事—8

名称	摘要	単位	労務 職種	歩掛員数(人) 露出形	歩掛員数(人) 埋込形 半埋込形	歩掛員数(人) つり下げ形	その他
蛍光灯器具	FL　20W—6灯用	1個当り	電工	0.0912	0.138	0.110	1式
	〃　40W—　〃		〃	0.133	0.201	0.159	〃
	〃　110W—　〃		〃	0.261	0.390	0.312	〃

(備考)　1.　撤去品を再使用する場合の撤去は，歩掛員数を1.3倍して用いる。
　　　　2.　連結器具の場合は，歩掛員数を連結数倍する。
　　　　3.　蛍光灯器具に白熱灯が内蔵された照明器具にあって，白熱灯用として専用の電源が供給されている照明器具は，歩掛員数に0.015人／個を加算する。
　　　　4.　照明制御器を内蔵した照明器具及び別に設置された照明制御器等からの信号により制御されている照明器具は，歩掛員数に0.015人／個を加算する。
　　　　5.　金属線び取付けの場合は，歩掛員数を0.8倍して用いる。
　　　　6.　システム天井用器具は，歩掛員数を0.6倍して用いる。
　　　　7.　環形蛍光灯器具にも適用する。
　　　　8.　「その他」の率対象は，電工とする。

⑮　撤　　去（Hf蛍光灯器具）

名称	摘要	単位	労務 職種	歩掛員数(人) 露出形	歩掛員数(人) 埋込形	その他
Hf蛍光灯器具	FHF　16W—1灯用	1個当り	電工	0.0351	0.0540	1式
	〃　32W—　〃		〃	0.0534	0.0798	〃
	〃　86W—　〃		〃	0.0996	0.151	〃
	〃　16W—2灯用		〃	0.0447	0.0681	〃
	〃　32W—　〃		〃	0.0666	0.0996	〃
	〃　32W—6灯用		〃	0.113	0.171	〃
Hfコンパクト蛍光灯器具	FHP　32W—3灯用	1個当り	電工	0.0534	0.0798	1式
	〃　45W—4灯用		〃	0.0774	0.118	〃
	FHT　16W—1灯用		〃	0.0390	0.0627	〃
	〃　24W—　〃		〃	0.0390	0.0627	〃
	〃　32W—　〃		〃	0.0390	0.0627	〃
	〃　42W—1灯用		〃	0.0390	0.0627	〃
	〃　42W—2灯用		〃	0.0450	0.0720	〃
	〃　42W—3灯用		〃	0.0528	0.0846	〃
	〃　42W—4灯用		〃	0.0585	0.0942	〃

(備考)　1.　撤去品を再使用する場合の撤去は，歩掛員数を1.3倍して用いる。
　　　　2.　照明制御器を内蔵した照明器具及び別に設置された照明制御器等からの信号により制御されている照明器具は，歩掛員数に0.015人／個を加算する。
　　　　3.　金属線び取付けの場合は，歩掛員数を0.8倍して用いる。
　　　　4.　システム天井用器具は，歩掛員数を0.6倍して用いる。
　　　　5.　「その他」の率対象は，電工とする。

⑯ 撤　　　去（非常用照明器具（白熱灯））

名　　称	摘　　　要	単位	労　　　務			その他
^	^	^	職種	歩掛員数（人）		^
^	^	^	^	露出形	埋込形	^
非 常 用 照 明 器 具	JE9〜30W, I40W	1個当り	電工	0.0390	0.0627	1式

（備考）　1.　撤去品を再使用する場合の撤去は，歩掛員数を1.3倍して用いる。
　　　　　2.　金属線ぴ取付けの場合は，歩掛員数を0.8倍して用いる。
　　　　　3.　システム天井用器具は，歩掛員数を0.6倍して用いる。
　　　　　4.　「その他」の率対象は，電工とする。

⑰ 撤　　　去（木柱（建柱車利用））

細　　目	摘要	単位	労　　　務				その他
^	^	^	職種	歩掛員数（人）	職種	歩掛員数（人）	^
木　　　柱	6m	1本当り	電工	0.0810	普通作業員	0.0297	1式
^	7m	^	〃	0.0810	〃	0.0297	〃
^	8m	^	〃	0.0939	〃	0.0351	〃
^	9m	^	〃	0.0939	〃	0.0351	〃
^	10m	^	〃	0.117	〃	0.0423	〃

（備考）　1.　撤去品を再使用する場合の撤去は，電工及び普通作業員の歩掛員数を2.0倍して用いる。
　　　　　2.　建柱車の使用については，現地の状況を十分検討の上，その適否を決定する。
　　　　　3.　建柱車の損料は，請負工事機械経費積算要領に定める「建設機械等損料算定表」により別途計上する。
　　　　　4.　「その他」の率対象は，電工及び普通作業員とする。

⑱ 撤　　　去（木柱（人力））

細　　目	摘要	単位	労　　　務				その他
^	^	^	職種	歩掛員数（人）	職種	歩掛員数（人）	^
木　　　柱	6m	1本当り	電工	0.138	普通作業員	0.0756	1式
^	7m	^	〃	0.170	〃	0.0888	〃
^	8m	^	〃	0.209	〃	0.102	〃
^	9m	^	〃	0.243	〃	0.128	〃
^	10m	^	〃	0.315	〃	0.162	〃

（備考）　1.　撤去品を再使用する場合の撤去は，電工及び普通作業員の歩掛員数を2.0倍して用いる。
　　　　　2.　「その他」の率対象は，電工及び普通作業員とする。

⑲ **撤　　去**（柱上取付け変圧器）

名　　称	摘　　要	単位	労　務 歩掛員数(人) 電工	労　務 歩掛員数(人) 普通作業員	その他
変　圧　器（柱上用） （6kV/3kV）	単相　5kVA	1台当り	0.164	0.164	1式
	〃　　10　〃		0.193	0.193	〃
	〃　　15　〃		0.193	0.193	〃
	〃　　20　〃		0.327	0.327	〃
	〃　　25　〃		0.327	0.327	〃
	〃　　30　〃		0.345	0.345	〃
	〃　　50　〃		0.408	0.408	〃
	〃　　75　〃		0.672	0.672	〃
	三相　5kVA	〃	0.209	0.209	〃
	〃　　10　〃		0.245	0.245	〃
	〃　　15　〃		0.245	0.245	〃
	〃　　20　〃		0.396	0.396	〃
	〃　　25　〃		0.396	0.396	〃
	〃　　30　〃		0.435	0.435	〃
	〃　　50　〃		0.510	0.510	〃
	〃　　75　〃		0.759	0.759	〃
	単相　10kVA×2	1組当り	0.318	0.318	〃
	〃　　15　〃		0.435	0.435	〃
	〃　　20　〃		0.537	0.537	〃
	〃　　30　〃		0.570	0.570	〃
	三相　10kVA×2	〃	0.402	0.402	〃
	〃　　15　〃		0.534	0.534	〃
	〃　　20　〃		0.657	0.657	〃
	〃　　30　〃		0.720	0.720	〃
	三相　10kVA×3	〃	0.561	0.561	〃
	〃　　15　〃		0.741	0.741	〃
	〃　　20　〃		0.915	0.915	〃
	〃　　30　〃		1.00	1.00	〃

（備考）　1．撤去品を再使用する場合の撤去は，歩掛員数を1.6倍して用いる。
　　　　　2．変台板を含む。
　　　　　3．「その他」の率対象は，電工，普通作業員とする。

⑳ 撤　　　去（地中管路）

名　称	摘　要	単位	労務 職種	労務 歩掛員数(人)	その他
コンクリートトラフ	幅120mm	1m当り	電工	0.0384	1式
	幅150mm		〃	0.0471	〃
	幅200mm		〃	0.0549	〃
	幅250mm		〃	0.0627	〃
	幅300mm		〃	0.0678	〃
	幅400mm		〃	0.0729	〃
ポリエチレン被覆鋼管（PLP）	呼径 25A	〃	〃	0.0210	〃
	呼径 32A		〃	0.0261	〃
	呼径 40A		〃	0.0288	〃
	呼径 50A		〃	0.0339	〃
	呼径 65A		〃	0.0417	〃
	呼径 80A		〃	0.0549	〃
	呼径100A		〃	0.0729	〃
	呼径125A		〃	0.0861	〃
	呼径150A		〃	0.104	〃

（備考）　1．撤去品を再使用する場合の撤去は，歩掛員数を2.0倍して用いる。
　　　　　2．掘削及び埋戻しは含まない。
　　　　　3．「その他」の率対象は，電工とする。

㉑ 撤　　　去（テレビ共同受信）

名　称	摘　要	単位	労務 職種	労務 歩掛員数(人)	その他
直列ユニット	中間	1個当り	電工	0.0450	1式
	端末		〃	0.0399	〃

（備考）　1．撤去品を再使用する場合の撤去は，歩掛員数を1.3倍して用いる。
　　　　　2．「その他」の率対象は，電工とする。

4. 機械設備工事

- ❶ 機械設備工事の積算体系及び歩掛
- ❷ 共 通 費
- ❸ 配管工事
- ❹ 空気調和及び換気設備工事
- ❺ 暖房設備工事
- ❻ 衛生設備工事
- ❼ 保温工事
- ❽ 塗装工事
- ❾ 防食処置
- ❿ 土 工 事
- ⓫ コンクリート工事・その他
- ⓬ 桝　類
- ⓭ 機械設備改修工事

歩掛は**市場単価方式への移行工種**についても掲載しております。
次ページの注意事項に留意されご利用ください。

「建設工事標準歩掛（機械設備工事編）」の使用にあたっての注意事項

1 「機械設備工事編」標準歩掛の使用にあたって

　　国土交通省をはじめとする公共建築工事積算においては，従来の「積上げ方式」から市場での取引価格を直接積算に導入する「市場単価方式」が平成11年4月より段階的に採用され，(一財)建設物価調査会発行の季刊「建築コスト情報」に建築工事市場単価として公表しています。

　　本誌には，市場単価方式への移行工種も歩掛は掲載しておりますが，市場単価につきましては季刊「建築コスト情報」をご利用ください。

　　なお，機械設備工事編の標準歩掛により単価作成を行う場合は，下請経費等に相当する「その他」を加算する必要があります。「その他」の標準的な数値は908ページをご参照ください。

　　本誌掲載歩掛で（参考）は，本書「建設工事標準歩掛積算委員会」が採用した参考歩掛です。ご使用にあたっては十分ご留意ください。

2 標準歩掛の科目と市場単価本施行工種の対比について

　　下表は，本誌機械設備工事編の科目と市場単価方式に移行した工種の対比表です。

　　なお，市場単価移行工種の細目「名称・規格仕様」につきましては，季刊「建築コスト情報」に掲載されておりますので，標準歩掛の使用の際にはご参照の上ご使用ください。

表　本誌掲載と建築工事市場単価本施行工種の対比　　　　　　　　　　　　令和6年9月現在

建設工事標準歩掛 (機械設備工事編) 科目	建築コスト情報 建築工事市場単価編（機械設備工事） 工種	内容	本試行実施年度（平成）
❹ 空気調和及び換気設備工事	ダクト設備工事	ダクト工事（アングルフランジ工法，コーナーボルト工法，スパイラルダクト）	11
		チャンバー・組立チャンバー・ボックス工事	13
		既製品ボックス取付費	13
		吹出口・吸込口類，風量測定口・ベントキャップ・ダクト用点検口類取付費	14
		排煙口・ダンパー類取付費	14
❻ 衛生設備工事	衛生器具設備工事	衛生器具取付費	12
❼ 保温工事	保温工事	保温工事（ダクト）	15
		保温工事（配管）	21

（注）季刊「建築コスト情報」の建築工事市場単価編に掲載されている市場単価は，「共通設定条件（1.調査対象建物と標準施工条件　2.基本共通条件）」がありますので，市場単価採用にあたっては内容ご参照の上ご使用ください。

❶ 機械設備工事の積算体系及び歩掛

① 工事費の構成

機械設備工事の工事費の積算は，敷地条件，建物の規模・構造，工法，施工の段取り，周辺環境，他工事との関連，工事期間，施工時期，下請業者の状況，契約上の諸条件等を勘案し，適正に行わなければならない。

発注者が作成する工事費は，工事価格に消費税等相当額を加算することによって算定される。消費税等相当額は，消費税法及び地方税法に基づき工事価格に課せられる消費税及び地方消費税相当分からなる税率（10％）を乗じて得た額である。

工事価格は，工事原価と一般管理費等（付加利益等を含む）により構成される。

工事原価は，純工事費と現場管理費で構成され，純工事費は直接工事費と共通仮設費とにより構成される。

直接工事費は，工事目的物を施工するために直接必要とされる費用であり，工事科目ごとに分けて積算する。

共通費は，❷の共通仮設費，現場管理費，一般管理費等に基づいて積算する。工事費の構成は，**図1　工事費の構成**による。

② 工事歩掛と単価

直接工事費の算定には，以下の方法がある。
(1)材料価格及び機器類価格に個別の数量を乗じて算定する。
(2)単位施工当りに必要な材料費，労務費，機械器具費，その他等から構成された単価に数量を乗じて算定する。

本単価には，歩掛による複合単価や物価資料に掲載された「建築工事市場単価」等がある。
(3)上記(1)又は(2)により難い場合は，施工に必要となる全ての費用を「1式」として算定する。

歩掛による複合単価，「建築工事市場単価」以外の単価及び価格は，物価資料の掲載価格又は製造業者・専門工事業者の見積価格等を参考とする。

複合単価は，歩掛に基づく単価であり，材料費，労務費，機械器具費，その他（下請け経費等）で構成される。

③ 下請経費等

この工事標準歩掛には「その他」の項目がある。これは本歩掛員数に下請経費が含まれていないため，「その他」を用いて，元請業者の下請けとなる下請経費（製造業者・専門工事業者の諸経費（以下「下請経費」という。））を算出しており，これらには現場管理費及び一般管理費等が含まれる。（**表1　製造業者・専門工事業者の諸経費（下請経費）**参照）

また，「その他」は下請経費，小器材の損耗費，現場労働者に関する法定福利費等であり，**表2　「その他」の率（機械設備工事）**の「その他」の率対象に「その他」の率を乗じて算定する。なお，法定福利費は法定の雇用保険，健康保険，介護保険及び厚生年金保険の事業主負担額である。

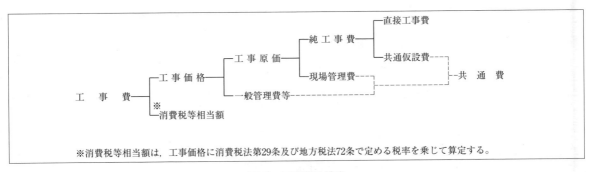

※消費税等相当額は，工事価格に消費税法第29条及び地方税法72条で定める税率を乗じて算定する。

図1　工事費の構成

表1　製造業者・専門工事業者の諸経費（下請経費）

製造業者・専門工事業者の諸経費とは，製造業者・専門工事業者の現場管理費及び一般管理費等であり，その内容は以下のとおりとする。現場管理費とは，工事施工に当たり現場で必要とする費用であり，一般管理費等とは製造業者・専門工事業者の継続運営に必要な費用と付加利益である。	
現場管理費	労務管理費，租税公課，保険料，従業員給料手当，退職金，法定福利費，福利厚生費，事務用品費，通信交通費，その他の現場管理に要する費用
一般管理費等	役員報酬，従業員給料手当，退職金，法定福利費，福利厚生費，維持修繕費，事務用品費，通信交通費，動力用水光熱費，調査研究費，広告宣伝費，交際費，地代家賃，減価償却費，試験研究償却費，租税公課，保険料，雑費，付加利益

❶機械設備工事の積算体系及び歩掛―2

「その他」の率対象は，大きく分けて「労務費」を対象とする場合と「材料費」，「労務費」並びに「運搬費及び消耗材料費等」を含めた工事全体を対象とする場合があるが，機械設備工事では，前者は，主に労務提供型の下請けである『配管工事，衛生器具工事』があり，後者は主に材工で施工する『ダクト工事，保温工事』などがある。

歩掛の「その他」の率は，中間値＋1％※を標準とし，地域の特殊性等を考慮のうえ，適切に定める。

※墜落制止用器具の費用を含めた環境安全費の計上分として1％を加算。対象は**表2**（「その他」の率（機械設備工事））に示された工種とする。

④ **数量積算基準**

機械設備工事の数量は，設計図書に示された内容に基づき，国が定めた統一基準である「公共建築設備数量積算基準」（令和5年3月改定）を適用して算出する。

⑤ **内訳書標準書式**

公共建築工事の機械設備工事の積算は国が定めた統一基準である「公共建築工事内訳書標準書式（設備工事編）」（令和5年3月改定）を適用している。この書式は，公共建築工事に活用できる内訳書式として，国土交通省大臣官房官庁営繕部から公表されている。

表2　「その他」の率（機械設備工事）

工　種	「その他」の率	「その他」の率対象	備　考
各種配管工事	20～30％（25％＋1％＝26％）	労	労務費には，はつり補修費を含む
配管附属品	19～27％（23％＋1％＝24％）	労	弁，伸縮継手，蒸気トラップ，水栓，排水金具，計器類等
保温工事	18～26％（22％＋1％＝23％）	材，労，雑	
塗装工事	18～26％（22％＋1％＝23％）	材，労，雑	
機器搬入	20～30％（25％＋1％＝26％）	労，雑	
総合調整	20～30％（25％＋1％＝26％）	労	
空気調和機器	19～27％（23％＋1％＝24％）	労	ボイラー，冷凍機，空気調和機，ポンプ，送風機等
ダクト工事	16～24％（20％＋1％＝21％）	材，労，雑	
ダクト附属品	19～27％（23％＋1％＝24％）	労	吹出口，吸込口，ダンパー類等
ダクト附属品（たわみ継手）	18～26％（22％＋1％＝23％）	材，労	
自動制御設備	19～27％（23％＋1％＝24％）	労	労務費には，自動制御機器調整費を含む
衛生器具	20～30％（25％＋1％＝26％）	労	
衛生機器	19～27％（23％＋1％＝24％）	労	タンク，ポンプ，厨房器具，湯沸器，消火器具類等
桝	19～27％（23％＋1％＝24％）	労	ため桝，インバート桝，弁桝類等
撤去	20～30％（25％＋1％＝26％）	労	
配管分岐・切断	20～30％（25％＋1％＝26％）	労	複合単価分は対象外
機器搬出	20～30％（25％＋1％＝26％）	労，雑	
はつり工事	20～30％（25％＋1％＝26％）	労	
ダクト端部閉塞	16～24％（20％＋1％＝21％）	材，労	
インバート改修	19～27％（23％＋1％＝24％）	労	
建築工事	「2.建築工事」による		
電気設備工事	「3.電気設備工事」による		

（備考）
1. 表中の材は「材料費」，労は「労務費」，雑は「運搬費及び消耗材料費等」を示す。
2. 取外しの場合は，取外しを行う製品等に対応する工種の「その他」の率を適用する。
3. 「その他」の率の欄の（　）内は，「その他」の率の中間値に墜落制止用器具の費用を含めた環境安全費の計上分として1％を加算した値を示す。

❷ 共 通 費

① 共通仮設費

共通仮設費は，各工事種目に共通の仮設に要する費用で，次のような内容である。

共 通 仮 設 費

項　　　　目	内　　　　　容
準　　　備　　　費	敷地測量，敷地整理，道路占用・使用料，仮設用借地料，その他の準備に要する費用
仮　設　建　物　費	監理事務所，現場事務所，倉庫，下小屋，宿舎，作業員施設等に要する費用
工　事　施　設　費	仮囲い，工事用道路，歩道構台，場内通信設備等の工事用施設に要する費用
環　境　安　全　費	安全標識，消火設備等の施設の設置，交通誘導・安全管理等の要員，隣接物等の養生及び補償復旧並びに台風等災害に備えた災害防止対策に要する費用
動力用水光熱費	工事用電気設備及び工事用給排水設備に要する費用並びに工事用電気・水道料金等
屋外整理清掃費	屋外・敷地周辺の跡片付け及びこれに伴う発生材処分並びに端材の処分及び除雪に要する費用
機　械　器　具　費	共通的な工事用機械器具（測量機器，揚重機械器具，雑機器具）に要する費用
情報システム費	情報共有，遠隔臨場，BIM，その他情報通信技術等のシステム・アプリケーションに要する費用
そ　　の　　他	材料及び製品の品質管理試験に要する費用，その他上記のいずれの項目にも属さない費用

共通仮設費は，工事ごとの施工計画に基づいて積算することを原則としているが，設備工事の積算では通常の場合，類似する過去の工事実績を分析し，直接工事費に対する共通仮設費の平均的な比率を算出し，新しい工事にその比率を適用する方法が多くとられている。

ここに示している機械設備工事の共通仮設費率は，国土交通省官庁営繕部が令和5年3月に公表した共通仮設費率の算定式をもとに算定した率である。

表3　算定式による共通仮設費率（Kr）の参考値

共通仮設費率　　新営機械設備工事

P：直接工事費（千円）	T：工期（か月）					
	3.0	4.0	6.0	12.0	18.0	36.0
5,000	3.27	3.76	4.57	6.37	7.75	10.81
10,000	2.89	3.32	4.04	5.63	6.85	9.56
20,000	2.56	2.94	3.57	4.98	6.05	8.45
30,000	2.38	2.73	3.32	4.63	5.63	7.86
40,000	2.26	2.60	3.15	4.40	5.35	7.47
50,000	2.17	2.49	3.03	4.23	5.14	7.18
100,000	1.92	2.20	2.68	3.74	4.54	6.34
500,000	1.44	1.66	2.01	2.81	3.41	4.76
1,000,000	1.27	1.46	1.78	2.48	3.02	4.21
2,000,000	1.13	1.29	1.57	2.19	2.67	3.72
3,000,000	1.05	1.20	1.46	2.04	2.48	3.46

注）1. 直接工事費には処分費を含まない。
　　2. 積み上げによる共通仮設費は，含まない場合としている。

〔備考〕算定式は以下のとおり。

共通仮設費率[注1]
$$Kr = Exp\ (2.173 - 0.178 \times \log_e P + 0.481 \times \log_e T)\ \text{[注2・3]}$$
　　ただし，Kr：共通仮設費率（％）[注4]
　　　　　　P　：直接工事費（千円）
　　　　　　T　：工期（か月）

（注1）　本表の共通仮設費率は，施工場所が一般的な市街地の比率である。
（注2）　Exp（　）は，指数関数 $e^{(\ )}$ を表す。eは，ネイピア数（自然対数の底）を表す。
（注3）　Pが以下の範囲を外れる場合は，共通仮設費を別途定めることができる。
　　　　10,000（千円）≦ P ≦ 1,000,000（千円）
（注4）　Krの値は，小数点以下第3位を四捨五入して2位止めとする。

❷共　　通　　費—2

表4　算定式による共通仮設費率（Kr）の参考値

共通仮設費率	改修機械設備工事

P：直接工事費(千円)	T：工期（か月）					
	2.0	3.0	6.0	9.0	12.0	18.0
3,000	3.89	4.54	5.92	6.92	7.73	9.02
4,000	3.70	4.32	5.64	6.58	7.35	8.59
5,000	3.56	4.16	5.42	6.33	7.07	8.26
10,000	3.16	3.69	4.81	5.62	6.27	7.33
20,000	2.80	3.27	4.27	4.98	5.56	6.50
30,000	2.61	3.05	3.98	4.65	5.19	6.06
40,000	2.48	2.90	3.78	4.42	4.94	5.76
50,000	2.39	2.79	3.64	4.25	4.75	5.55
100,000	2.12	2.48	3.23	3.77	4.21	4.92
200,000	1.88	2.20	2.87	3.35	3.74	4.36
300,000	1.75	2.05	2.67	3.12	3.48	4.07

注）1.　直接工事費には処分費を含まない。
　　2.　積み上げによる共通仮設費は，含まない場合としている。

〔備考〕算定式は以下のとおり。

> 共通仮設費率[注1]
> 　　$Kr = Exp(2.478 - 0.173 \times \log_e P + 0.383 \times \log_e T)$ [注2・3]
> 　　ただし，Kr：共通仮設費率（％）[注4]
> 　　　　　　P　：直接工事費（千円）
> 　　　　　　T　：工期（か月）
> （注1）　本表の共通仮設費率は，施工場所が一般的な市街地の比率である。
> （注2）　Exp（　）は，指数関数$e^{(\ )}$を表す。eは，ネイピア数（自然対数の底）を表す。
> （注3）　Pが以下の範囲を外れる場合は，共通仮設費を別途定めることができる。
> 　　　　3,000（千円）≦P≦1,000,000（千円）
> （注4）　Krの値は，小数点以下第3位を四捨五入して2位止めとする。

なお，この共通仮設費率に含まれる内容は次のとおりであり，含まれない内容については，必要に応じ別途積上げ加算する必要がある。

(1)　準　　備　　費……その他の準備に要する費用
(2)　仮 設 建 物 費……現場事務所（敷地内），倉庫，下小屋，作業員施設等に要する費用
(3)　工 事 施 設 費……場内通信設備等の工事用施設に要する費用
(4)　環 境 安 全 費……安全標識，消火設備等の施設の設置に要する費用。台風等災害に備えた災害防止対策に要する費用のうち一般的なものの費用
(5)　動力用水光熱費……工事用電気設備及び工事用給排水設備に要する費用並びに工事用電気・水道料金等
(6)　屋外整理清掃費……屋外・敷地周辺の跡片付け及びこれに伴う発生材処分並びに端材等の処分に要する費用
(7)　機 械 器 具 費……測量機器及び雑機械器具に要する費用
(8)　そ　　の　　他……上記のいずれの項目にも属さないもののうち軽微なものの費用

② **現場管理費**

現場管理費は，工事施工にあたり，工事現場を管理運営するために必要な費用で，次のような内容である。

現　場　管　理　費

項　　目	内　　　　　　　容
労 務 管 理 費	現場雇用労働者（各現場で元請企業が臨時に直接雇用する労働者）及び現場労働者（再下請を含む下請負契約に基づき現場労働に従事する労働者）の労務管理に要する費用 ・募集及び解散に要する費用 ・慰安，娯楽及び厚生に要する費用 ・純工事費に含まれない作業用具及び作業用被服等の費用 ・賃金以外の食事，通勤費等に要する費用 ・安全，衛生に要する費用及び研修訓練等に要する費用 ・労災保険法による給付以外に災害時に事業主が負担する費用
租 税 公 課	工事契約書等の印紙代，申請書・謄抄本登記等の証紙代，固定資産税・自動車税等の租税公課，諸官公署手続き費用
保 険 料	火災保険，工事保険，自動車保険，組立保険，賠償責任保険，法定外の労災保険及びその他の損害保険の保険料
従業員給料手当	現場従業員（元請企業の社員）及び現場雇用従業員（各現場で元請企業が臨時に直接雇用する従業員）並びに現場雇用労働者の給与，諸手当（交通費，住宅手当等），賞与及び外注人件費「施工図等作成費」を除く。）に要する費用
施工図等作成費	施工図・完成図等の作成に要する費用
退 職 金	現場従業員に対する退職給付引当金繰入額及び現場雇用従業員，現場雇用労働者の退職金
法 定 福 利 費	現場従業員，現場雇用従業員，現場雇用労働者及び現場労働者に関する次の費用 ・現場従業員，現場雇用従業員及び現場雇用労働者に関する労災保険料，雇用保険料，健康保険料及び厚生年金保険料の事業主負担額 ・現場労働者に関する労災保険料の事業主負担額 ・建設業退職金共済制度に基づく証紙購入代金
福 利 厚 生 費	現場従業員に対する慰安，娯楽，厚生，貸与被服，健康診断，医療，慶弔見舞等に要する費用
事 務 用 品 費	事務用消耗品費，OA機器等の事務用備品費，新聞・図書・雑誌等の購入費，工事写真・完成写真代等の費用
通 信 交 通 費	通信費，旅費及び交通費
補 償 費	工事施工に伴って通常発生する騒音，振動，濁水，工事用車両の通行等に対して，近隣の第三者に支払われる補償費。ただし，電波障害等に関する補償費を除く
そ の 他	会議費，式典費，工事実績の登録等に要する費用，各種調査に要する費用，その他上記のいずれの項目にも属さない費用

現場管理費は，施工場所，工事内容，規模，工期，監理方法によって純工事費に対する比率が異なる。

ここに示している機械設備工事の現場管理費率は，国土交通省官庁営繕部が令和5年3月に公表した現場管理費率の算定式をもとに算定した率である。

❷共　　通　　費—4

表5　算定式による現場管理費率（Jo）の参考値

| 現場管理費率 | 新営機械設備工事 |

Np：純工事費（千円）	T：工期（か月）					
	3.0	4.0	6.0	12.0	18.0	36.0
5,000	21.05	23.81	28.32	38.10	45.32	60.97
10,000	17.68	19.99	23.78	31.99	38.06	51.20
20,000	14.84	16.79	19.97	26.87	31.96	42.99
30,000	13.40	15.16	18.03	24.26	28.85	38.82
40,000	12.46	14.10	16.77	22.56	26.84	36.10
50,000	11.78	13.33	15.85	21.33	25.37	34.13
100,000	9.89	11.19	13.31	17.91	21.30	28.66
500,000	6.60	7.46	8.87	11.94	14.20	19.10
1,000,000	5.54	6.26	7.45	10.02	11.92	16.04
2,000,000	4.65	5.26	6.26	8.42	10.01	13.47
3,000,000	4.20	4.75	5.65	7.60	9.04	12.16

注）1．直接工事費には処分費を含まない。
　　2．積み上げによる現場管理費は，含まない場合としている。

〔備考〕算定式は以下のとおり。

現場管理費率(注1)
$$Jo = Exp\ (4.723 - 0.252 \times \log_e Np + 0.428 \times \log_e T)\ ^{(注2・3)}$$
ただし，Jo：現場管理費率（％）(注4)
　　　　Np：純工事費（千円）
　　　　T ：工期（か月）

（注1）　本表の現場管理費率は，施工場所が一般的な市街地の比率である。
（注2）　Exp（　）は，指数関数e^( )を表す。eは，ネイピア数（自然対数の底）を表す。
（注3）　Npが以下の範囲を外れる場合は，現場管理費を別途定めることができる。
　　　　10,000（千円）≦ Np ≦ 1,000,000（千円）
（注4）　Joの値は，小数点以下第3位を四捨五入して2位止めとする。

表6　算定式による現場管理費率（Jo）の参考値

| 現場管理費率 | 改修機械設備工事 |

Np：純工事費（千円）	T：工期（か月）					
	2.0	3.0	6.0	9.0	12.0	18.0
3,000	21.86	30.23	52.64	72.81	91.65	126.77
4,000	19.14	26.48	46.10	63.77	80.27	111.02
5,000	17.27	23.89	41.60	57.53	72.42	100.17
10,000	12.55	17.36	30.22	41.80	52.61	72.77
20,000	9.12	12.61	21.95	30.36	38.22	52.87
30,000	7.56	10.46	18.21	25.19	31.71	43.85
40,000	6.62	9.16	15.95	22.06	27.77	38.41
50,000	5.98	8.26	14.39	19.90	25.05	34.65
100,000	4.34	6.00	10.45	14.46	18.20	25.17
200,000	3.15	4.36	7.59	10.50	13.22	18.29
300,000	2.62	3.62	6.30	8.71	10.97	15.17

注）1．直接工事費には処分費を含まない。
　　2．積み上げによる現場管理費は，含まない場合としている。

〔備考〕算定式は以下のとおり。

現場管理費率(注1)
$$Jo = Exp\ (6.221 - 0.461 \times \log_e Np + 0.800 \times \log_e T)\ ^{(注2・3)}$$
ただし，Jo：現場管理費率（％）(注4)
　　　　Np：純工事費（千円）
　　　　T ：工期（か月）

（注1）　本表の現場管理費率は，施工場所が一般的な市街地の比率である。
（注2）　Exp（　）は，指数関数e^( )を表す。eは，ネイピア数（自然対数の底）を表す。
（注3）　Npが以下の範囲を外れる場合は，現場管理費を別途定めることができる。
　　　　3,000（千円）≦ Np ≦ 1,000,000（千円）
（注4）　Joの値は，小数点以下第3位を四捨五入して2位止めとする。

　なお，この現場管理費率には，前述の内容がすべて含まれているが，設計図書に特記事項があり，現場管理費率に含まれていないものは，別途積上げ加算する必要がある。

③ 一般管理費等

一般管理費等は，工事施工にあたる受注者の継続運営に必要な費用で，一般管理費と付加利益等からなる。

③-1 一般管理費

一般管理費は，次のような内容である。

一 般 管 理 費

項　　　目	内　　　　容
役　員　報　酬　等	取締役及び監査役に要する報酬及び賞与（損金算入分）
従業員給料手当	本店及び支店の従業員に対する給与，諸手当及び賞与（賞与引当金繰入額を含む）
退　　職　　金	本店及び支店の役員及び従業員に対する退職金（退職給付引当金繰入額及び退職年金掛金を含む）
法　定　福　利　費	本店及び支店の従業員に関する労災保険料，雇用保険料，健康保険料及び厚生年金保険料の事業主負担額
福　利　厚　生　費	本店及び支店の従業員に対する慰安，娯楽，貸与被服，医療，慶弔見舞等の福利厚生等に要する費用
維　持　修　繕　費	建物，機械，装置等の修繕維持費，倉庫物品の管理費等
事　務　用　品　費	事務用消耗品費，固定資産に計上しない事務用備品，新聞参考図書等の購入費
通　信　交　通　費	通信費，旅費及び交通費
動力用水光熱費	電力，水道，ガス等の費用
調　査　研　究　費	技術研究，開発等の費用
広　告　宣　伝　費	広告，公告又は宣伝に要する費用
交　　際　　費	得意先，来客等の接待，慶弔見舞等に要する費用
寄　　付　　金	社会福祉団体等に対する寄付
地　代　家　賃	事務所，寮，社宅等の借地借家料
減　価　償　却　費	建物，車両，機械装置，事務用備品等の減価償却額
試　験　研　究　償　却　費	新製品又は新技術の研究のための特別に支出した費用の償却額
開　発　償　却　費	新技術又は新経営組織の採用，資源の開発並びに市場の開拓のため特別に支出した費用の償却額
租　税　公　課	不動産取得税，固定資産税等の租税及び道路占有料その他の公課
保　　険　　料	火災保険その他の損害保険料
契　約　保　証　費	契約の保証に必要な費用
雑　　　　費	社内打合せの費用，諸団体会費等の上記のいずれの項目にも属さない費用

③-2 付加利益等

付加利益等は次の内容である。

付 加 利 益 等

法人税，都道府県民税，市町村民税等（一般管理費の租税公課に含むものを除く）
株主配当金
役員賞与（損金算入分を除く）
内部留保金
支払い利息及び割引料，支払保証料その他の営業外費用

一般管理費等の工事原価に対する割合は，工事の性質，市場関係の需給状況，履行の難易度その他によって異なるが，積算上は工事原価に対する率で算出することがほとんどである。

ここに示している機械設備工事の一般管理費等率は，国土交通省官庁営繕部により平成28年12月に公表されている。なお，契約保証に必要な費用は，必要に応じて別途加算する。

表7　算定式による一般管理費等率（Gp）の参考値

一般管理費等率	機械設備工事
Cp：工事原価（千円）	Gp：一般管理費等率（％）
3,000以下	16.68
10,000	15.09
20,000	14.17
30,000	13.63
40,000	13.25
50,000	12.96
100,000	12.04
500,000	9.91
1,000,000	8.99
1,500,000	8.45
2,000,000を超える	8.07

〔備考〕算定式は以下のとおり

一般管理費等率（％）
$Gp = 27.283 - 3.049 \times \log_{10}(Cp)$
ただし，Gp：一般管理費等率（％）
　　　　Cp：工事原価（千円）
（注）Gpの値は，小数点以下第3位を四捨五入して2位止めとする。

工事原価が3百万円以下の場合の一般管理費等率は，16.68％（定率）とし，工事原価が20億円を超える場合の一般管理費等率は，8.07％（定率）とする。

❷共　　通　　費―6

④　共通費及び共通費率の参考値

算定式から算出した，共通費と共通費率の参考値
共通費（千円）は，共通仮設費（千円）＋現場管理費（千円）＋一般管理費等（千円）で計算して記載した。
共通費率（％）は，共通費（千円）／直接工事費（千円）で計算し，小数点以下1位を四捨五入して記載した。

表8　算定式による共通費の参考値

共通費（千円）　　新営機械設備工事

P：直接工事費（千円）	T：工期（か月）					
	3.0	4.0	6.0	12.0	18.0	36.0
5,000	2,222	2,417	2,737	3,447	3,984	5,179
10,000	3,889	4,213	4,748	5,931	6,825	8,810
20,000	6,821	7,366	8,257	10,232	11,718	15,018
30,000	9,482	10,212	11,423	14,088	16,093	20,536
40,000	11,980	12,891	14,386	17,685	20,162	25,651
50,000	14,365	15,434	17,201	21,100	24,015	30,495
100,000	25,271	27,056	30,018	36,519	41,412	52,206
500,000	93,494	99,526	109,319	130,851	147,007	182,596
1,000,000	163,706	173,737	190,298	226,372	253,567	313,128
2,000,000	287,246	304,000	332,103	393,605	439,910	541,084
3,000,000	413,412	436,196	474,629	558,341	620,864	758,802

表9　算定式による共通費率の参考値

共通費率　　新営機械設備工事

P：直接工事費（千円）	T：工期（か月）					
	3.0	4.0	6.0	12.0	18.0	36.0
5,000	44%	48%	55%	69%	80%	104%
10,000	39%	42%	47%	59%	68%	88%
20,000	34%	37%	41%	51%	59%	75%
30,000	32%	34%	38%	47%	54%	68%
40,000	30%	32%	36%	44%	50%	64%
50,000	29%	31%	34%	42%	48%	61%
100,000	25%	27%	30%	37%	41%	52%
500,000	19%	20%	22%	26%	29%	37%
1,000,000	16%	17%	19%	23%	25%	31%
2,000,000	14%	15%	17%	20%	22%	27%
3,000,000	14%	15%	16%	19%	21%	25%

表10　算定式による共通費の参考値

共通費（千円）　　改修機械設備工事

P：直接工事費（千円）	T：工期（か月）					
	2.0	3.0	6.0	9.0	12.0	18.0
3,000	1,405	1,726	2,578	3,341	4,053	5,380
4,000	1,718	2,094	3,089	3,978	4,808	6,354
5,000	2,012	2,436	3,558	4,561	5,496	7,236
10,000	3,318	3,939	5,573	7,031	8,386	10,907
20,000	5,552	6,462	8,856	10,976	12,947	16,602
30,000	7,548	8,696	11,687	14,337	16,789	21,335
40,000	9,411	10,760	14,268	17,366	20,246	25,556
50,000	11,187	12,715	16,682	20,186	23,434	29,439
100,000	19,239	21,519	27,378	32,512	37,278	46,023
200,000	33,357	36,770	45,477	53,069	60,031	72,850
300,000	46,165	50,438	61,422	70,971	79,740	95,823

表11　算定式による共通費率の参考値

共通費率　　改修機械設備工事

P：直接工事費（千円）	T：工期（か月）					
	2.0	3.0	6.0	9.0	12.0	18.0
3,000	47%	58%	86%	111%	135%	179%
4,000	43%	52%	77%	99%	120%	159%
5,000	40%	49%	71%	91%	110%	145%
10,000	33%	39%	56%	70%	84%	109%
20,000	28%	32%	44%	55%	65%	83%
30,000	25%	29%	39%	48%	56%	71%
40,000	24%	27%	36%	43%	51%	64%
50,000	22%	25%	33%	40%	47%	59%
100,000	19%	22%	27%	33%	37%	46%
200,000	17%	18%	23%	27%	30%	36%
300,000	15%	17%	20%	24%	27%	32%

❸ 配 管 工 事

① 配管工事の仕様

1. 配 管 材 料

給水・給湯及び消火管

呼 称	規格番号	規格名称	摘 要
鋼 管	JIS G 3452	配管用炭素鋼鋼管（消火）	白管
	JIS G 3454	圧力配管用炭素鋼鋼管（消火）	STPG 370 白管 Sch 40
	JIS G 3454	圧力配管用炭素鋼鋼管（不活性ガス消火）	STPG 370 白管 Sch 40 白管 Sch 80
塩ビライニング鋼管	JWWA K 116	水道用硬質塩化ビニルライニング鋼管（給水）	SGP－VA（一般配管用）SGP－VB（一般配管用）SGP－VD（地中配管用）
	WSP 011	フランジ付硬質塩化ビニルライニング鋼管（給水）	SGP－FVA（一般配管用）SGP－FVB（一般配管用）SGP－FVD（地中配管用）
ポリ粉体鋼管	JWWA K 132	水道用ポリエチレン粉体ライニング鋼管（給水）	SGP－PA（一般配管用）SGP－PB（一般配管用）SGP－PD（地中配管用）
	WSP 039	フランジ付ポリエチレン粉体ライニング鋼管（給水）	SGP－FPA（一般配管用）SGP－FPB（一般配管用）SGP－FPD（地中配管用）
耐熱性ライニング鋼管	JWWA K 140	水道用耐熱性硬質塩化ビニルライニング鋼管（給湯）	SGP－HVA
外面被覆鋼管	WSP 041	消火用硬質塩化ビニル外面被覆鋼管（消火）	SGP－VS（地中配管用）STPG370VS 白管 Sch 40（地中配管用）
ステンレス鋼管	JIS G 3448	一般配管用ステンレス鋼鋼管	給水，給湯，消火
	JIS G 3459	配管用ステンレス鋼鋼管	
	JWWA G 115	水道用ステンレス鋼管	給水，給湯
	JWWA G 119	水道用波状ステンレス鋼管	
銅 管	JIS H 3300	銅及び銅合金継目無管	硬質(M) 給水，給湯
被覆銅管	JIS H 3330	外面被覆銅管	給水，給湯
	JWWA H 101	水道用銅管	
保温付被覆銅管	JCDA 0008	保温付被覆銅管	硬質又は軟質 給水，給湯

呼 称	規格番号	規格名称	摘 要
ビニル管	JIS K 6742	水道用硬質ポリ塩化ビニル管	VP 又は HIVP
	JWWA K 129	水道用ゴム輪形硬質ポリ塩化ビニル管	VP 又は HIVP Ⅰ形 又は Ⅱ形
ポリエチレン管	JIS K 6762	水道用ポリエチレン二層管	給水（屋外埋設用）
	JWWA K 144	水道配水用ポリエチレン管	
架橋ポリエチレン管	JIS K 6769	架橋ポリエチレン管	給水・給湯
	JIS K 6787	水道用架橋ポリエチレン管	給水
ポリブテン管	JIS K 6778	ポリブテン管	給水・給湯
	JIS K 6792	水道用ポリブテン管	給水

（備考）1. 規格にない塩ビライニング鋼管，ポリ粉体鋼管及びビニル管の材料，製造方法，品質等は，JWWA K 116, JWWA K 129 及び JWWA K 132に準ずるものとする。
2. 規格番号中，JWWA は日本水道協会規格，WSP は日本水道鋼管協会規格，JCDA は（一社）日本銅センター規格を表す。

排水及び通気管

呼 称	規格番号	規格名称	摘 要
鋼 管	JIS G 3442	水配管用亜鉛めっき鋼管	雑排水，通気，ドレン
	JIS G 3452	配管用炭素鋼鋼管（白管）	
コーティング鋼管	WSP 032	排水用ノンタールエポキシ塗装鋼管	汚水，雑排水，雨水，通気
排水用塩ビライニング鋼管	WSP 042	排水用硬質塩化ビニルライニング鋼管	汚水，雑排水，雨水，通気
ビニル管	JIS K 6741	硬質ポリ塩化ビニル管	VP・VU
	AS 58	排水用リサイクル硬質ポリ塩化ビニル管	REP－VU（屋外埋設用）
	JIS K 9798	リサイクル硬質ポリ塩化ビニル発泡三層管	RF－VP（屋内用）
	JIS K 9797	リサイクル硬質ポリ塩化ビニル三層管	RS－VU（屋外埋設用）
コンクリート管	JIS A 5372	プレキャスト鉄筋コンクリート製品（1類水路用遠心力鉄筋コンクリート管）	外圧管1種のB形
耐火二層管	—	排水・通気用耐火二層管 JIS K 6741（硬質ポリ塩化ビニル管(VP)）又は JIS K 9798（リサイクル硬質ポリ塩化ビニル発泡三層管(RF-VP)）規格品に繊維モルタルで被覆したもので国土交通大臣認定のもの	汚水，雑排水，雨水，通気，ドレン

（備考）規格番号中，AS は塩化ビニル管・継手協会規格を表す。

2. 各種配管の継手類

給水・給湯及び消火管の継手

呼　称	規　格 番号	規　格 名　称	摘　要
鋼管継手	JIS B 2301	ねじ込み式可鍛鋳鉄製管継手	亜鉛めっきを施したもので地中配管用は外面に樹脂被覆を施したもの
	JIS B 2302	ねじ込み式鋼管製継手	亜鉛めっきを施したもの
	JIS B 2220	鋼製管フランジ	
塩ビライニング鋼管及びポリ粉体鋼管継手	JPF MP 003	水道用ライニング鋼管用ねじ込み式管端防食管継手	
	JPF NP 001	管端防食管継手用パイプニップル	
	WSP 011	フランジ付硬質塩化ビニルライニング鋼管	
	WSP 039	フランジ付ポリエチレン粉体ライニング鋼管	
	JPF MP 008	水道用ライニング鋼管用ねじ込み式管端防食管フランジ	
	JWWA K 150	水道用ライニング鋼管用管端防食形継手	
耐熱性ライニング鋼管継手	JPF MP 011	耐熱性硬質塩化ビニルライニング鋼管用ねじ込み式管端防食管フランジ	
	JWWA K 141	水道用耐熱性硬質塩化ビニルライニング鋼管用管端防食形継手	
	JPF MP 005	耐熱性硬質塩化ビニルライニング鋼管用ねじ込み式管端防食管継手	
ステンレス鋼管継手	JIS B 2220	鋼製管フランジ	
	JIS B 2309	一般配管用ステンレス鋼製突合せ溶接式管継手	
	JIS B 2312	配管用鋼製突合せ溶接式管継手	
	JIS B 2313	配管用鋼板製突合せ溶接式管継手	
	SAS 322	一般配管用ステンレス鋼鋼管の管継手性能基準	
	SAS 363	管端つば出しステンレス鋼管継手	
	SAS 361	ハウジング形管継手	
	JPF SP 001	配管用ステンレス鋼製スタブエンド	
	JWWA G 116	水道用ステンレス鋼鋼管継手	
銅管及び保温付被覆銅管継手	JCDA 0002	銅配管用銅及び銅合金の機械的管継手の性能基準	
	JIS H 3401	銅及び銅合金の管継手	
	JCDA 0001	銅及び銅合金の管継手	
	JWWA H 102	水道用銅管継手	
ビニル管継手	JIS K 6743	水道用硬質ポリ塩化ビニル管継手	TS形又はB形, HITS形又はB形
	JWWA K 130	水道用ゴム輪形硬質ポリ塩化ビニル管継手	I形又はII形
	JWWA K 131	水道用硬質塩化ビニル管のダクタイル鋳鉄異形管	チーズ
ポリエチレン管継手	JWWA B 116	水道用ポリエチレン管金属継手	
	JWWA K 145	水道配水用ポリエチレン管継手	
架橋ポリエチレン管継手	JIS K 6770	架橋ポリエチレン管継手	
	JIS K 6788	水道用架橋ポリエチレン管継手	

呼　称	規　格 番号	規　格 名　称	摘　要
ポリブテン管継手	JIS K 6779	ポリブテン管継手	

(備考)1. 規格にない鋼製溶接式管継手及びビニル管継手の材料, 製造方法, 品質等は, JIS 及び JWWA に準ずるものとする。
　　　2. 規格番号中, WSP は日本水道鋼管協会規格, SAS はステンレス協会規格, JCDA は（一社）日本銅センター規格, JPF は日本金属継手協会規格を表す。

排水及び通気管の継手

呼　称	規　格 番号	規　格 名　称	摘　要
鋼管継手	JPF DF 001	排水用ねじ込み式鋳鉄製管継手	亜鉛めっきを施したもの
	JPF MDJ 002	排水鋼管用可とう継手（MDジョイント）	クッションパッキン付を含む
	JPF MDJ 003	圧送排水鋼管用可とう継手	
排水用塩ビライニング鋼管継手	JPF MDJ 002	排水鋼管用可とう継手（MDジョイント）	クッションパッキン付を含む
	JPF MDJ 004	ちゅう房排水用可とう継手	
コーティング鋼管継手	JPF MDJ 002	排水鋼管用可とう継手（MDジョイント）	クッションパッキン付を含む
	JPF MDJ 003	圧送排水鋼管用可とう継手	
	JPF MDJ 004	ちゅう房排水用可とう継手	
ビニル管継手	JIS K 6739	排水用硬質ポリ塩化ビニル管継手	
	AS 38	屋外排水設備用ポリ硬質塩化ビニル管継手（VU継手）	
耐火二層管継手	―	排水・通気用耐火二層管継手 JIS K 6739（排水用硬質ポリ塩化ビニル管継手）規格品に繊維モルタルで被覆したもので国土交通大臣認定のもの	

(備考)1. 規格にない形状, 寸法のねじ込み式鋳鉄製管継手の, 品質, 管の許容差, 試験等は, JPF DF 001 （排水用ねじ込み式鋳鉄製管継手）に準ずるものとする。
　　　2. 通気管及び呼び径25以下の排水管の継手には, JIS B 2301 （ねじ込み式可鍛鋳鉄製管継手）及び JIS B 2302 （ねじ込み式鋼管製管継手）を使用してもよい。
　　　3. 規格番号中, JPF は日本金属継手協会規格, AS に塩化ビニル管・継手協会規格を表す。

3. 配管の接合

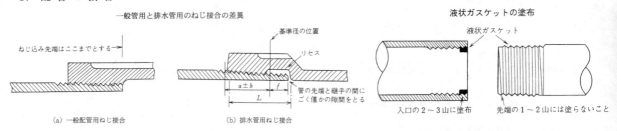

鋼管のねじ接合（加工） 　　　鋼管のねじ接合（通気管・消火管）

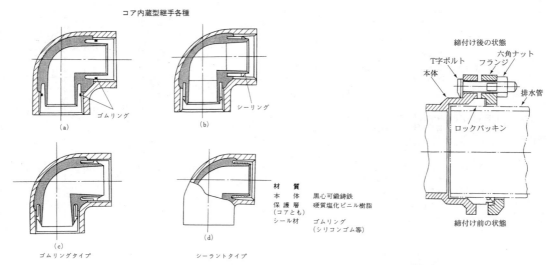

鋼管のねじ接合（ライニング鋼管コア内蔵型） 　　　鋼管のメカニカル接合（排水用）(1)

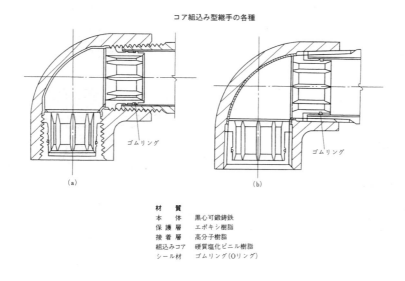

鋼管のねじ接合（ライニング鋼管コア組込み型）

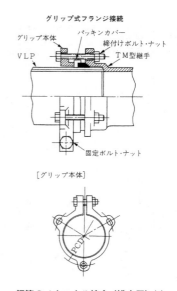

鋼管のメカニカル接合（排水用）(2)

❸配 管 工 事—4

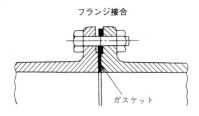

鋼管のフランジ接合

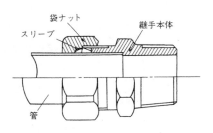

ステンレス鋼管の接合（圧縮接合）

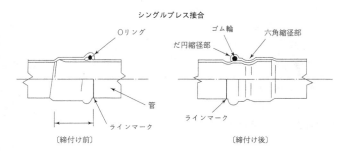

ステンレス鋼管の接合（プレス接合）

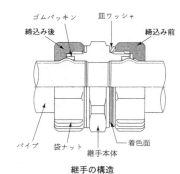

ステンレス鋼管の接合（拡管式接合）

溶接継手の開先加工

(a) 75〜125 Suの場合

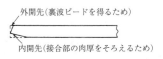

(b) 150 Su以上の場合

(c) 20〜65 Suの場合

ステンレス鋼管の接合（溶接接合）

— 919 —

❸配 管 工 事—5

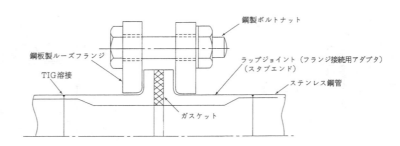

ステンレス鋼管の接合（フランジ接合）

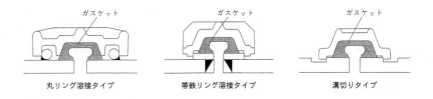

ハウジング形管継手の接合と種類

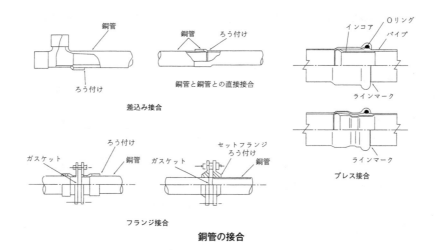

銅管の接合

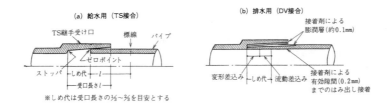

ビニル管の接合（密着接合）

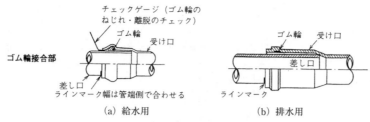

ビニル管の接合（ゴム輪接合）

4. 異種管の接合

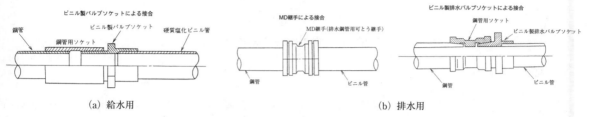

硬質塩化ビニル管と鋼管の接合

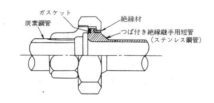

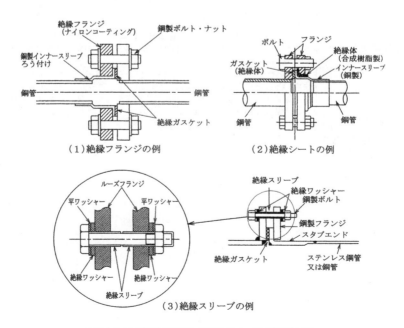

ステンレス鋼管又は銅管と鋼管の接合（絶縁処置の例）

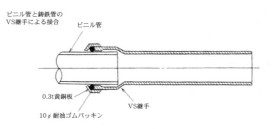

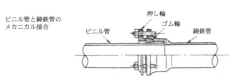

硬質塩化ビニル管と排水鋳鉄管の接合

5. 配管用雑材料

名　　称	仕　　様	
管　座　金	黄銅製ニッケル-クロムめっき又はステンレス鋼製とする。ただし，天井又は壁部の場合は，合成樹脂製としてもよい。	
管スリーブ	亜鉛鉄板製	径が200mm以下のものは厚さ0.4mm以上，径が200mmを超えるもの（上限が350mm）は厚さ0.6mm以上で，原則として筒形の両端を外側に折り曲げてつばを設ける。また，必要に応じて円筒部を両方から差し込む伸縮形とする。
	つば付き鋼管製	JIS G 3452（配管用炭素鋼管）の黒管に，厚さ6mm，つば幅50mm以上の鋼板を溶接後，汚れ，油類を除去し，内面及び端面にさび止め塗料塗りしたものとする。
管吊り金物・支持金物類	(ア) 吊り金物，支持金物及び固定金物は，内部の流体を含む管の荷重等に対して十分な吊り又は支持強度を有する構造のものとする。吊り金物は，鋼板を円形に加工した吊りバンドと棒鋼に転造ねじ加工を施した吊り用ボルトを組合せたものとする。また吊り金物，支持金物及び固定金物は，塗装を施したものとする。ただし，屋外露出部分は，溶融亜鉛めっき（2種35）を施したもの又はステンレス鋼製とする。 　なお，棒鋼を転造ねじ加工した「吊り用ボルト」を使用してもよい。 (イ) インサート金物は，管の吊り又は支持に十分な強度をもち，かつ，吊り金物等の連結に便利な構造のものとし，亜鉛めっきを施した鋼製の型押品とする。 　なお，断熱インサート金物は，インサートの台座に断熱材の厚さに等しい長さのさや管を備えたものとする。	
合成樹脂製支持受(1)	JIS A 9511（発泡プラスチック保温材）によるA種硬質ウレタンフォームに準ずるもので，密度300kg/㎥及び圧縮強度4.5MPa以上とし，断熱特性の優れたものとする。また，燃焼性能測定法Bに合格したものとする。	
合成樹脂製支持受(2)	JIS A 9511（発泡プラスチック保温材）によるA種ビーズ法ポリスチレンフォームに準ずるもので，密度100kg/㎥以上及び熱伝導率0.04W/(m・K)（平均温度23℃）以下のものとする。また，支持受部の保温材を金具等で補強し，燃焼性能測定法Aに合格したものとする。 なお，温水温度60℃以下（耐熱仕様は80℃以下）に適用する。	
(備考)　外壁の地中部分で水密を要する部分のスリーブはつば付き鋼管とし，地中部分で水密を要しない部分のスリーブはビニル管（硬質ポリ塩化ビニル管（VU））とする。			

6. 接合材

名　　　称	仕　　　　　　　様
ねじ接合材	(ア) テープシール材は，JIS K 6885（シール用四ふっ化エチレン樹脂未焼成テープ（生テープ））によるものとし，飲料水配管に使用する場合は衛生上無害であり，かつ，水質に害を与えないものとする。 (イ) 一般用ペーストシール剤は，管内の流体に溶出せず，使用目的に適した成分のものとする。 (ウ) 給水用，給湯用及び冷温水用の防食用ペーストシール剤は，JWWA K 161（水道用ライニング鋼管用液状シール剤）に規定する水道用シール剤とする。
ガスケット	ジョイントシート（無機繊維及び有機合成繊維を主成分とし，充填材・バインダーを加えたもの），四ふっ化エチレン樹脂（PTFE）等，それぞれ水質，水圧，温度等に適応する耐久性のあるものとする。高圧蒸気（0.1MPa以上）には，うず巻き形ガスケット（外輪付又は内外輪付）とする。ステンレス鋼管のガスケットは，ジョイントシートを四ふっ化エチレン樹脂（PTFE）ではさみ込んだものとする。
はんだ（軟ろう）	JIS Z 3282（はんだ―化学成分及び形状）による Sn96.5Ag3.5とし，液相線温度（融点）221℃のものとする。
ろう（硬ろう）	JIS Z 3261（銀ろう）のうちカドミウムを含有しないもの又は JIS Z 3264（りん銅ろう）とする。
ビニル管用接着剤	JWWA S 101（水道用硬質塩化ビニル管の接着剤）によるものとする。

7. 配管の試験（一部抜すい）

給　　水	水圧試験の保持時間は60分以上とする。 (ア) 給水装置に該当する管は，1.75 MPa以上又は水道事業者の規定圧力。 (イ) 揚水管は，当該ポンプの全揚程に相当する圧力の2倍の圧力（ただし最小0.75 MPa）とする。 (ウ) 高置タンク以下の配管は，静水頭に相当する圧力の2倍の圧力（ただし最小0.75 MPa）とする。
排　　水	(ア) 排水管の満水試験の保持時間は30分以上とする。 (イ) 衛生器具のトラップを水封して排水・通気管の満水及び通水試験を行う。
消　　火	次の試験を行う。 (ア) 各消火ポンプに連結される配管は，当該ポンプの締切圧力の1.5倍の圧力とし，保持時間は60分以上とする。 (イ) 連結送水管送水口など各種送水口に連結される配管は，配管の設計送水圧力の1.5倍の圧力とし，上記(ア)と兼用される配管は，(ア)，(イ)のいずれか大なる圧力とする。保持時間は60分以上とする。ただし上記(ア)と兼用される配管は(ア)(イ)の大きい方とする。 (ウ) 屋内消火栓及び屋外消火栓は放水試験を行う。 (エ) スプリンクラー装置は，自動警報弁及び流水作動弁の作動試験並びに放水試験弁による放水試験を行う。 (オ) 不活性ガス消火配管は，次の圧力値とし， 　(i) 貯蔵容器から選択弁までの配管は，40℃における貯蔵容器内圧力値とする。 　(ii) 選択弁から噴射ヘッドまでの配管は，最高使用出力（初期圧力降下計算を行った結果得られた値。以下同じ。）とする。 　(iii) 選択弁を設けない場合，貯蔵容器から噴射ヘッドまでの配管は，最高使用圧力とする。 　　空気又は窒素ガスによる，気密試験を10分間以上行う。 (カ) 粉末消火配管は，次の圧力値とし， 　(i) 貯蔵容器から選択弁までの配管は，圧力調整器の設定圧力とする。 　(ii) 選択弁から噴射ヘッドまでの配管は，最高使用出力（初期圧力降下計算を行った結果得られた値。以下同じ。）とする。 　(iii) 選択弁を設けない場合，貯蔵容器から噴射ヘッドまでの配管は，最高使用圧力とする。 　　空気又は窒素ガスによる，気密試験を10分間以上行う。

8. 横走り管の吊り及び振れ止め支持間隔

分類	呼び径	15	20	25	32	40	50	65	80	100	125	150	200	250	300
吊り金物による吊り	鋼管及びステンレス鋼管	2.0m以下								3.0m以下				
	ビニル管,耐火二層管及びポリエチレン管	1.0m以下						2.0m以下					
	銅管	1.0m以下						2.0m以下					
	ポリブテン管	0.6m以下	0.7m以下		1.0m以下		1.3m以下		1.6m以下		—				
形鋼振れ止め支持	鋼管,鋳鉄管及びステンレス鋼管	—						8.0m以下			12m以下				
	ビニル管,耐火二層管,ポリエチレン管及びポリブテン管	—		6.0m以下				8.0m以下			12m以下				
	銅管	—		6.0m以下				8.0m以下			12m以下				

配管の支持金物の一例　　　　　　　　　　　伸縮配管の支持金物の一例

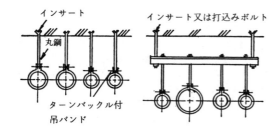
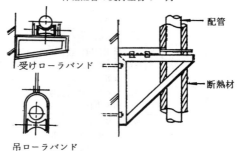

② 一般事項

(1) 配管工事に適用し,標準歩掛における仕様は,公共建築工事標準仕様書による。
(2) 労務には,すみ出し,インサート取付け,小運搬,支持金物取付け,吊込み及び満水,通気,通水又は耐圧試験を含むものとする。
(3) 地中配管の歩掛は建物周囲とし,根切り及び埋戻しは含まない。
(4) 形鋼振止め支持が必要な場合は支持材として,対象となる配管工事の工事費(材料費,労務費,その他を含んだ費用をいう。)の3%を別途に計上する。
(5) 冷水,冷温水管及びブライン管に使用する合成樹脂製支持受の材料費は別途に数量を算出して計上する。
(6) 配管のためのスリーブ費は配管工事の工事費に対し,鉄筋コンクリート造の場合は空気調和設備工事では9%,給排水衛生工事(ガス設備工事を含む)では10%をそれぞれ別途に計上する。鉄骨鉄筋コンクリート造の場合は空気調和設備工事では6%,給排水衛生設備工事(ガス工事を含む))では7%をそれぞれ別途に計上する。また,デッキプレートの開口切断費は,配管工事の工事費に対し,空気調和設備工事では2%,給排水衛生設備工事(ガス設備工事を含む)では4%をそれぞれ別途に計上する。

③ **配管工事の歩掛**
1. 配管用炭素鋼鋼管　ねじ接合

名称	摘要呼び径 (A)	(B)	単位	質量 kg/m	材料 品名	単位	歩掛数量	労務 職種	歩掛員数(人)	その他
炭素鋼鋼管（屋内一般配管）	15A	1/2	1m当り	1.31	配管用炭素鋼鋼管 継手 接合材等 支持金物	m 式 〃 〃	1.10 1 1 1	配管工	0.089	1式
	20A	3/4	〃	1.68	配管用炭素鋼鋼管 継手 接合材等 支持金物	m 式 〃 〃	1.10 1 1 1	配管工	0.100	〃
	25A	1	〃	2.43	配管用炭素鋼鋼管 継手 接合材等 支持金物	m 式 〃 〃	1.10 1 1 1	配管工	0.123	〃
	32A	1 1/4	〃	3.38	配管用炭素鋼鋼管 継手 接合材等 支持金物	m 式 〃 〃	1.10 1 1 1	配管工	0.151	〃
	40A	1 1/2	〃	3.89	配管用炭素鋼鋼管 継手 接合材等 支持金物	m 式 〃 〃	1.10 1 1 1	配管工	0.166	〃
	50A	2	〃	5.31	配管用炭素鋼鋼管 継手 接合材等 支持金物	m 式 〃 〃	1.05 1 1 1	配管工	0.208	〃
	65A	2 1/2	〃	7.47	配管用炭素鋼鋼管 継手 接合材等 支持金物	m 式 〃 〃	1.10 1 1 1	配管工	0.271	〃
	80A	3	〃	8.79	配管用炭素鋼鋼管 継手 接合材等 支持金物	m 式 〃 〃	1.10 1 1 1	配管工	0.307	〃
	100A	4	〃	12.2	配管用炭素鋼鋼管 継手 接合材等 支持金物	m 式 〃 〃	1.05 1 1 1	配管工	0.401	〃
	125A	5	〃	15.0	配管用炭素鋼鋼管 継手 接合材等 支持金物	m 式 〃 〃	1.05 1 1 1	配管工	0.474	〃
	150A	6	〃	19.8	配管用炭素鋼鋼管 継手 接合材等 支持金物	m 式 〃 〃	1.05 1 1 1	配管工	0.577	〃

（備考）
1. 地中配管，屋外配管に適用する場合，炭素鋼鋼管の歩掛数量を，呼び径にかかわらず1.05とする。
2. 継手は，管単価に対して下表の割合とし計上する。

	（白）排水	（白）冷温水 （黒）ブライン	（白）通気・消火・プロパン，冷却水	（黒）蒸気・油
屋内一般配管	65%	65%	55%	85%
機械室・便所配管	85%	75%	75%	95%
屋外配管	50%	40%	40%	50%
地中配管	45%	－	35%	45%

3. 接合材等は，管単価の5％とし計上する。
4. 支持金物は，管単価の15％とし計上する。
5. 機械室・便所配管，地中配管，屋外配管の歩掛はそれぞれ屋内一般配管の1.2倍，0.7倍，0.9倍とする。
6. 上表の他に，はつり補修費として，労務費の8％とし計上する。
7. 「その他」の率対象は，配管工，はつり補修とする。

❸配管工事—11

2. 配管用炭素鋼鋼管 溶接接合

名称	摘要呼び径 (A)	(B)	単位	質量 kg/m	材料 品名	単位	歩掛数量	労務 職種	歩掛員数(人)	その他
炭素鋼鋼管 (屋内一般配管)	15	1/2	1m 当り	1.31	配管用炭素鋼鋼管 継手 接合材等 支持金物	m 式 〃 〃	1.10 1 1 1	配管工	0.112	1式
	20	3/4	〃	1.68	配管用炭素鋼鋼管 継手 接合材等 支持金物	m 式 〃 〃	1.10 1 1 1	配管工	0.121	〃
	25	1	〃	2.43	配管用炭素鋼鋼管 継手 接合材等 支持金物	m 式 〃 〃	1.05 1 1 1	配管工	0.141	〃
	32	1 1/4	〃	3.38	配管用炭素鋼鋼管 継手 接合材等 支持金物	m 式 〃 〃	1.05 1 1 1	配管工	0.166	〃
	40	1 1/2	〃	3.89	配管用炭素鋼鋼管 継手 接合材等 支持金物	m 式 〃 〃	1.05 1 1 1	配管工	0.179	〃
	50	2	〃	5.31	配管用炭素鋼鋼管 継手 接合材等 支持金物	m 式 〃 〃	1.05 1 1 1	配管工	0.215	〃
	65	2 1/2	〃	7.47	配管用炭素鋼鋼管 継手 接合材等 支持金物	m 式 〃 〃	1.05 1 1 1	配管工	0.270	〃
	80	3	〃	8.79	配管用炭素鋼鋼管 継手 接合材等 支持金物	m 式 〃 〃	1.10 1 1 1	配管工	0.304	〃
	100	4	〃	12.2	配管用炭素鋼鋼管 継手 接合材等 支持金物	m 式 〃 〃	1.05 1 1 1	配管工	0.389	〃
	125	5	〃	15.0	配管用炭素鋼鋼管 継手 接合材等 支持金物	m 式 〃 〃	1.05 1 1 1	配管工	0.459	〃
	150	6	〃	19.8	配管用炭素鋼鋼管 継手 接合材等 支持金物	m 式 〃 〃	1.05 1 1 1	配管工	0.576	〃
	200	8	〃	30.1	配管用炭素鋼鋼管 継手 接合材等 支持金物	m 式 〃 〃	1.05 1 1 1	配管工	0.819	〃
	250	10	〃	42.4	配管用炭素鋼鋼管 継手 接合材等 支持金物	m 式 〃 〃	1.05 1 1 1	配管工	1.097	〃
	300	12	〃	53.0	配管用炭素鋼鋼管 継手 接合材等 支持金物	m 式 〃 〃	1.05 1 1 1	配管工	1.324	〃

(つづく)

(備考)　1.　地中配管，屋外配管に適用する場合，炭素鋼鋼管の歩掛数量を，呼び径にかかわらず1.05とする。
　　　　2.　継手は，管単価に対して下表の割合とし計上する。

	呼び径	（白）消火・プロパン・冷却水・冷温水（黒）ブライン	（黒）蒸気・油
屋内一般配管	15～25A	30%	35%
	32～300A		
機械室・便所配管	15～25A	40%	50%
	32～300A		
屋　外　配　管	15～25A	25%	30%
	32～300A		
地　中　配　管	15～25A	25%	30%
	32～300A		

　　　　3.　接合材等は，管単価の8％とし計上する。
　　　　4.　支持金物は，管単価の15％とし計上する。
　　　　5.　機械室・便所配管，地中配管，屋外配管の歩掛はそれぞれ屋内一般配管の1.2倍，0.7倍，0.9倍とする。
　　　　6.　上表の他に，はつり補修費として，労務費の8％とし計上する。
　　　　7.　「その他」の率対象は，配管工，はつり補修とする。

3. 配管用炭素鋼鋼管　ハウジング形管接合

名　称	摘要呼び径 (A)	摘要呼び径 (B)	単位	質量 kg/m	材料 品　名	単位	歩掛数量	労務 職種	歩掛員数(人)	その他
炭素鋼鋼管（屋内一般配管）	50	2	1m当り	5.31	配管用炭素鋼鋼管 継手 接合材等 支持金物	m 式 〃 〃	1.10 1 1 1	配管工	0.106	1式
	65	2 1/2	〃	7.47	配管用炭素鋼鋼管 継手 接合材等 支持金物	m 式 〃 〃	1.10 1 1 1	配管工	0.133	〃
	80	3	〃	8.79	配管用炭素鋼鋼管 継手 接合材等 支持金物	m 式 〃 〃	1.10 1 1 1	配管工	0.173	〃
	100	4	〃	12.2	配管用炭素鋼鋼管 継手 接合材等 支持金物	m 式 〃 〃	1.05 1 1 1	配管工	0.256	〃
	125	5	〃	15.0	配管用炭素鋼鋼管 継手 接合材等 支持金物	m 式 〃 〃	1.05 1 1 1	配管工	0.302	〃
	150	6	〃	19.8	配管用炭素鋼鋼管 継手 接合材等 支持金物	m 式 〃 〃	1.05 1 1 1	配管工	0.368	〃
	200	8	〃	30.1	配管用炭素鋼鋼管 継手 接合材等 支持金物	m 式 〃 〃	1.05 1 1 1	配管工	0.485	〃
	250	10	〃	42.4	配管用炭素鋼鋼管 継手 接合材等 支持金物	m 式 〃 〃	1.05 1 1 1	配管工	0.653	〃
	300	12	〃	53.0	配管用炭素鋼鋼管 継手 接合材等 支持金物	m 式 〃 〃	1.05 1 1 1	配管工	0.787	〃

(備考)　1.　継手は，管単価に対して下表の割合とし計上する。

	呼び径	（白）冷却水	（白）消火，冷温水
屋内一般配管	50～80A	208%	244%
	100～150A	166%	195%
	200～300A	125%	145%
機械室・便所配管	50～80A	334%	334%
	100～150A	268%	268%
	200～300A	202%	202%
屋外配管	50～80A	174%	174%
	100～150A	138%	138%
	200～300A	102%	102%

2.　支持金物は，管単価の10%とし計上する。
3.　機械室・便所配管，地中配管，屋外配管の歩掛はそれぞれ屋内一般配管の1.2倍，0.7倍，0.9倍とする。
4.　上表の他に，はつり補修費として，労務費の8%とし計上する。
5.　「その他」の率対象は，配管工，はつり補修とする。

4. 配管用炭素鋼鋼管　MD継手

名　称	摘要呼び径 (A)	摘要呼び径 (B)	単位	質量 kg/m	材料 品名	材料 単位	材料 歩掛数量	労務 職種	労務 歩掛員数(人)	その他
炭素鋼鋼管 (屋内一般配管)	32	1 1/4	1m 当り	3.38	配管用炭素鋼鋼管 継手 接合材等 支持金物	m 式 〃 〃	1.10 1 1 1	配管工	0.135	1式
	40	1 1/2	〃	3.89	配管用炭素鋼鋼管 継手 接合材等 支持金物	m 式 〃 〃	1.10 1 1 1	配管工	0.145	〃
	50	2	〃	5.31	配管用炭素鋼鋼管 継手 接合材等 支持金物	m 式 〃 〃	1.10 1 1 1	配管工	0.172	〃
	65	2 1/2	〃	7.47	配管用炭素鋼鋼管 継手 接合材等 支持金物	m 式 〃 〃	1.10 1 1 1	配管工	0.214	〃
	80	3	〃	8.79	配管用炭素鋼鋼管 継手 接合材等 支持金物	m 式 〃 〃	1.10 1 1 1	配管工	0.239	〃
	100	4	〃	12.2	配管用炭素鋼鋼管 継手 接合材等 支持金物	m 式 〃 〃	1.10 1 1 1	配管工	0.306	〃
	125	5	〃	15.0	配管用炭素鋼鋼管 継手 接合材等 支持金物	m 式 〃 〃	1.10 1 1 1	配管工	0.361	〃
	150	6	〃	19.8	配管用炭素鋼鋼管 継手 接合材等 支持金物	m 式 〃 〃	1.10 1 1 1	配管工	0.457	〃
	200	8	〃	30.1	配管用炭素鋼鋼管 継手 接合材等 支持金物	m 式 〃 〃	1.10 1 1 1	配管工	0.666	〃

(備考)　1. 継手は，管単価に対して下表の割合とし計上する。

継手		（白）排水	（白）通気
	屋内一般配管	115%	100%
	機械室・便所配管	160%	140%

　2. 支持金物は，管単価の20%とし計上する。
　3. 機械室・便所配管の歩掛は屋内一般配管の1.2倍とする。
　4. 上表の他に，はつり補修費として，労務費の8％とし計上する。
　5. 「その他」の率対象は，配管工，はつり補修とする。

5. 配管用炭素鋼鋼管　フランジ接合

名称	摘要呼び径(A)	摘要呼び径(B)	単位	質量 kg/m	材料 品名	単位	歩掛数量	労務 職種	歩掛員数(人)	その他
炭素鋼鋼管（屋内一般配管）（ブライン）	65	1 1/4	1m当り	7.47	配管用炭素鋼鋼管 継手 接合材等 支持金物	m 式 〃 〃	1.00 1 1 1	配管工	0.212	1式
	80	1 1/2	〃	8.79	配管用炭素鋼鋼管 継手 接合材等 支持金物	m 式 〃 〃	1.00 1 1 1	配管工	0.244	〃
	100	2	〃	12.2	配管用炭素鋼鋼管 継手 接合材等 支持金物	m 式 〃 〃	1.00 1 1 1	配管工	0.314	〃
	125	2 1/2	〃	15.0	配管用炭素鋼鋼管 継手 接合材等 支持金物	m 式 〃 〃	1.00 1 1 1	配管工	0.374	〃
	150	3	〃	19.8	配管用炭素鋼鋼管 継手 接合材等 支持金物	m 式 〃 〃	1.00 1 1 1	配管工	0.477	〃
	200	4	〃	30.1	配管用炭素鋼鋼管 継手 接合材等 支持金物	m 式 〃 〃	1.00 1 1 1	配管工	0.677	〃
	250	5	〃	42.4	配管用炭素鋼鋼管 継手 接合材等 支持金物	m 式 〃 〃	1.00 1 1 1	配管工	0.913	〃
	300	6	〃	53.0	配管用炭素鋼鋼管 継手 接合材等 支持金物	m 式 〃 〃	1.00 1 1 1	配管工	1.10	〃

（備考）　1. 継手は，屋内一般配管では管単価の120％，機械室・便所配管では170％，屋外配管では100％とし計上する。
　　　　　2. 接合材等は，管単価の3％とし計上する。
　　　　　3. 支持金物は，管単価の10％とし計上する。
　　　　　4. 機械室・便所配管の歩掛は屋内一般の1.2倍とする。
　　　　　5. 上表の他に，はつり補修費として，労務費の8％とし計上する。
　　　　　6. 「その他」の率対象は，配管工，はつり補修とする。

6. 水道用硬質塩化ビニルライニング鋼管（SGP—VA）ねじ接合（管端防食継手）

名　称	摘　要	単位	材料 品　名	単位	歩掛数量	労務 職種	歩掛員数(人)	その他
屋内一般配管（給水・冷却水用）	呼び径　15A	1m当り	塩ビライニング鋼管	m	1.10	配管工	0.089	1式
			継　　　手	式	1			
			接　合　材　等	〃	1			
			支　持　金　物	〃	1			
	〃　　20A	〃	塩ビライニング鋼管	m	1.10	配管工	0.100	〃
			継　　　手	式	1			
			接　合　材　等	〃	1			
			支　持　金　物	〃	1			
	〃　　25A	〃	塩ビライニング鋼管	m	1.10	配管工	0.123	〃
			継　　　手	式	1			
			接　合　材　等	〃	1			
			支　持　金　物	〃	1			
	〃　　32A	〃	塩ビライニング鋼管	m	1.10	配管工	0.151	〃
			継　　　手	式	1			
			接　合　材　等	〃	1			
			支　持　金　物	〃	1			
	〃　　40A	〃	塩ビライニング鋼管	m	1.10	配管工	0.166	〃
			継　　　手	式	1			
			接　合　材　等	〃	1			
			支　持　金　物	〃	1			
	〃　　50A	〃	塩ビライニング鋼管	m	1.10	配管工	0.208	〃
			継　　　手	式	1			
			接　合　材　等	〃	1			
			支　持　金　物	〃	1			
	〃　　65A	〃	塩ビライニング鋼管	m	1.10	配管工	0.271	〃
			継　　　手	式	1			
			接　合　材　等	〃	1			
			支　持　金　物	〃	1			
	〃　　80A	〃	塩ビライニング鋼管	m	1.10	配管工	0.307	〃
			継　　　手	式	1			
			接　合　材　等	〃	1			
			支　持　金　物	〃	1			
	〃　　100A	〃	塩ビライニング鋼管	m	1.05	配管工	0.401	〃
			継　　　手	式	1			
			接　合　材　等	〃	1			
			支　持　金　物	〃	1			
	〃　　125A	〃	塩ビライニング鋼管	m	1.05	配管工	0.474	〃
			継　　　手	式	1			
			接　合　材　等	〃	1			
			支　持　金　物	〃	1			
	〃　　150A	〃	塩ビライニング鋼管	m	1.05	配管工	0.577	〃
			継　　　手	式	1			
			接　合　材　等	〃	1			
			支　持　金　物	〃	1			

（備考）　1．継手は，管単価の60％とし計上する。
　　　　　2．接合材等は，管単価の5％とし計上する。
　　　　　3．支持金物は，管単価の10％とし計上する。
　　　　　4．上表の他に，はつり補修費として，労務費の8％とし計上する。
　　　　　5．「その他」の率対象は，配管工，はつり補修とする。

7. 水道用硬質塩化ビニルライニング鋼管（SGP—VD）ねじ接合（管端防食継手）

名称	摘要	単位	材料 品名	単位	歩掛数量	労務 職種	歩掛員数(人)	その他
地中配管（給水・冷却水用）	呼び径 15 A	1 m 当り	塩ビライニング鋼管	m	1.05	配管工	0.067	1式
			継手	式	1			
			接合材等	〃	1			
	〃 20 A	〃	塩ビライニング鋼管	m	1.05	配管工	0.076	〃
			継手	式	1			
			接合材等	〃	1			
	〃 25 A	〃	塩ビライニング鋼管	m	1.05	配管工	0.093	〃
			継手	式	1			
			接合材等	〃	1			
	〃 32 A	〃	塩ビライニング鋼管	m	1.05	配管工	0.114	〃
			継手	式	1			
			接合材等	〃	1			
	〃 40 A	〃	塩ビライニング鋼管	m	1.05	配管工	0.125	〃
			継手	式	1			
			接合材等	〃	1			
	〃 50 A	〃	塩ビライニング鋼管	m	1.05	配管工	0.157	〃
			継手	式	1			
			接合材等	〃	1			
	〃 65 A	〃	塩ビライニング鋼管	m	1.05	配管工	0.205	〃
			継手	式	1			
			接合材等	〃	1			
	〃 80 A	〃	塩ビライニング鋼管	m	1.05	配管工	0.232	〃
			継手	式	1			
			接合材等	〃	1			
	〃 100 A	〃	塩ビライニング鋼管	m	1.05	配管工	0.303	〃
			継手	式	1			
			接合材等	〃	1			
	〃 125 A	〃	塩ビライニング鋼管	m	1.05	配管工	0.359	〃
			継手	式	1			
			接合材等	〃	1			
	〃 150 A	〃	塩ビライニング鋼管	m	1.05	配管工	0.436	〃
			継手	式	1			
			接合材等	〃	1			

（備考）　1.　継手は，管単価の35％とし計上する。
　　　　　2.　接合材等は，管単価の20％とし計上する。
　　　　　3.　「その他」の率対象は，配管工とする。

8. 水道用硬質塩化ビニルライニング鋼管（SGP—VA）ハウジング形管継手

名　称	摘　要	単位	材料 品　名	単位	歩掛数量	労務 職種	歩掛員数(人)	その他
屋内一般配管 （冷却水用）	呼び径　50 A	1 m 当り	塩ビライニング鋼管 継　　手 支　持　金　物	m 式 〃	1.10 1 1	配管工	0.141	1式
	〃　　65 A	〃	塩ビライニング鋼管 継　　手 支　持　金　物	m 式 〃	1.10 1 1	配管工	0.177	〃
	〃　　80 A	〃	塩ビライニング鋼管 継　　手 支　持　金　物	m 式 〃	1.10 1 1	配管工	0.230	〃
	〃　　100 A	〃	塩ビライニング鋼管 継　　手 支　持　金　物	m 式 〃	1.05 1 1	配管工	0.341	〃
	〃　　125 A	〃	塩ビライニング鋼管 継　　手 支　持　金　物	m 式 〃	1.05 1 1	配管工	0.403	〃
	〃　　150 A	〃	塩ビライニング鋼管 継　　手 支　持　金　物	m 式 〃	1.05 1 1	配管工	0.490	〃
	〃　　200 A	〃	塩ビライニング鋼管 継　　手 支　持　金　物	m 式 〃	1.05 1 1	配管工	0.647	〃
	〃　　250 A	〃	塩ビライニング鋼管 継　　手 支　持　金　物	m 式 〃	1.05 1 1	配管工	0.871	〃
	〃　　300 A	〃	塩ビライニング鋼管 継　　手 支　持　金　物	m 式 〃	1.05 1 1	配管工	1.049	〃

（備考）　1.　継手は，150 Aまでは管単価の190％，200 A以上は120％とし計上する。
　　　　　2.　支持金物は，管単価の10％とし計上する。
　　　　　3.　上表の他に，はつり補修費として，労務費の8％とし計上する。
　　　　　4.　「その他」の率対象は，配管工，はつり補修とする。

❸配 管 工 事—19

9. フランジ付硬質塩化ビニルライニング鋼管（SGP—FVA）フランジ接合

名　　称	摘　　要	単位	材　　料 品　　名	単位	歩掛数量	労　　務 職種	歩掛員数(人)	その他
屋内一般配管（給水・冷却水用）	呼び径 65 A	1 m 当り	塩ビライニング鋼管	m	1.00	配管工	0.214	1式
			継　　　　手	式	1			
			接　合　材　等	〃	1			
			支　持　金　物	〃	1			
	〃　　 80 A	〃	塩ビライニング鋼管	m	1.00	配管工	0.246	〃
			継　　　　手	式	1			
			接　合　材　等	〃	1			
			支　持　金　物	〃	1			
	〃　　100 A	〃	塩ビライニング鋼管	m	1.00	配管工	0.317	〃
			継　　　　手	式	1			
			接　合　材　等	〃	1			
			支　持　金　物	〃	1			
	〃　　125 A	〃	塩ビライニング鋼管	m	1.00	配管工	0.377	〃
			継　　　　手	式	1			
			接　合　材　等	〃	1			
			支　持　金　物	〃	1			
	〃　　150 A	〃	塩ビライニング鋼管	m	1.00	配管工	0.480	〃
			継　　　　手	式	1			
			接　合　材　等	〃	1			
			支　持　金　物	〃	1			
	〃　　200 A	〃	塩ビライニング鋼管	m	1.00	配管工	0.681	〃
			継　　　　手	式	1			
			接　合　材　等	〃	1			
			支　持　金　物	〃	1			
	〃　　250 A	〃	塩ビライニング鋼管	m	1.00	配管工	0.917	〃
			継　　　　手	式	1			
			接　合　材　等	〃	1			
			支　持　金　物	〃	1			
	〃　　300 A	〃	塩ビライニング鋼管	m	1.00	配管工	1.104	〃
			継　　　　手	式	1			
			接　合　材　等	〃	1			
			支　持　金　物	〃	1			

（備考）　1.　継手は，管単価の120％とし計上する。
　　　　　2.　接合材等は，管単価の3％とし計上する。
　　　　　3.　支持金物は，管単価の10％とし計上する。
　　　　　4.　上表の他に，はつり補修費として，労務費の8％とし計上する。
　　　　　5.　「その他」の率対象は，配管工，はつり補修とする。

10. フランジ付硬質塩化ビニルライニング鋼管（SGP—FVD）フランジ接合

名　　称	摘　　要	単位	材料 品　名	単位	歩掛数量	労務 職種	歩掛員数(人)	その他
地　中　配　管 （給水・冷却水用）	呼び径 65 A	1 m 当り	塩ビライニング鋼管 継　　手 接　合　材　等	m 式 〃	1.00 1 1	配管工	0.150	1式
	〃　　80 A	〃	塩ビライニング鋼管 継　　手 接　合　材　等	m 式 〃	1.00 1 1	配管工	0.172	〃
	〃　　100 A	〃	塩ビライニング鋼管 継　　手 接　合　材　等	m 式 〃	1.00 1 1	配管工	0.222	〃
	〃　　125 A	〃	塩ビライニング鋼管 継　　手 接　合　材　等	m 式 〃	1.00 1 1	配管工	0.264	〃
	〃　　150 A	〃	塩ビライニング鋼管 継　　手 接　合　材　等	m 式 〃	1.00 1 1	配管工	0.336	〃
	〃　　200 A	〃	塩ビライニング鋼管 継　　手 接　合　材　等	m 式 〃	1.00 1 1	配管工	0.477	〃
	〃　　250 A (参考)	〃	塩ビライニング鋼管 継　　手 接　合　材　等	m 式 〃	1.00 1 1	配管工	0.642	〃
	〃　　300 A (参考)	〃	塩ビライニング鋼管 継　　手 接　合　材　等	m 式 〃	1.00 1 1	配管工	0.773	〃

（備考）　1．継手は，管単価の100％とし計上する。
　　　　　2．接合材等は，管単価の3％とし計上する。
　　　　　3．「その他」の率対象は，配管工とする。

11. 水道用耐熱性硬質塩化ビニルライニング鋼管（SGP—HVA）ねじ接合（管端防食継手）

名称	摘要	単位	材料 品名	単位	歩掛数量	労務 職種	歩掛員数(人)	その他
屋内一般配管 （給湯・冷温水用）	呼び径 15A	1m当り	塩ビライニング鋼管 継手 接合材等 支持金物	m 式 〃 〃	1.10 1 1 1	配管工	0.089	1式
〃	〃 20A	〃	塩ビライニング鋼管 継手 接合材等 支持金物	m 式 〃 〃	1.10 1 1 1	配管工	0.100	〃
〃	〃 25A	〃	塩ビライニング鋼管 継手 接合材等 支持金物	m 式 〃 〃	1.10 1 1 1	配管工	0.123	〃
〃	〃 32A	〃	塩ビライニング鋼管 継手 接合材等 支持金物	m 式 〃 〃	1.10 1 1 1	配管工	0.151	〃
〃	〃 40A	〃	塩ビライニング鋼管 継手 接合材等 支持金物	m 式 〃 〃	1.10 1 1 1	配管工	0.166	〃
〃	〃 50A	〃	塩ビライニング鋼管 継手 接合材等 支持金物	m 式 〃 〃	1.10 1 1 1	配管工	0.208	〃
〃	〃 65A	〃	塩ビライニング鋼管 継手 接合材等 支持金物	m 式 〃 〃	1.10 1 1 1	配管工	0.271	〃
〃	〃 80A	〃	塩ビライニング鋼管 継手 接合材等 支持金物	m 式 〃 〃	1.10 1 1 1	配管工	0.307	〃
〃	〃 100A	〃	塩ビライニング鋼管 継手 接合材等 支持金物	m 式 〃 〃	1.05 1 1 1	配管工	0.401	〃

(備考) 1. 継手は，管単価の55％とし計上する。
2. 接合材等は，管単価の5％とし計上する。
3. 支持金物は，管単価の10％とし計上する。
4. 上表の他に，はつり補修費として，労務費の8％とし計上する。
5. 「その他」の率対象は，配管工，はつり補修とする。

12. 消火用硬質塩化ビニル外面被覆鋼管（SGP—VS）ねじ接合

名　　称	摘　　要	単位	材料 品　名	単位	歩掛数量	労務 職種	歩掛員数(人)	その他
地　中　配　管	呼び径　50A	1m当り	塩ビ外面被覆鋼管	m	1.05	配管工	0.157	1式
			継　　手	式	1			
			接合材等	〃	1			
	〃　　65A	〃	塩ビ外面被覆鋼管	m	1.05	配管工	0.205	〃
			継　　手	式	1			
			接合材等	〃	1			
	〃　　80A	〃	塩ビ外面被覆鋼管	m	1.05	配管工	0.232	〃
			継　　手	式	1			
			接合材等	〃	1			
	〃　　100A	〃	塩ビ外面被覆鋼管	m	1.05	配管工	0.303	〃
			継　　手	式	1			
			接合材等	〃	1			

（備考）　1.　継手は，管単価の45%とし計上する。
　　　　　2.　接合材等は，管単価の18%とし計上する。
　　　　　3.　「その他」の率対象は，配管工とする。

13. 水道用ポリエチレン粉体ライニング鋼管（SGP—PA）ねじ接合（管端防食継手）

名称	摘要	単位	材料 品名	材料 単位	材料 歩掛数量	労務 職種	労務 歩掛員数(人)	その他
屋内一般配管（給水・冷却水用）	呼び径 15A	1m当り	粉体ライニング鋼管	m	1.10	配管工	0.089	1式
			継手	式	1			
			接合材等	〃	1			
			支持金物	〃	1			
	〃 20A	〃	粉体ライニング鋼管	m	1.10	配管工	0.100	〃
			継手	式	1			
			接合材等	〃	1			
			支持金物	〃	1			
	〃 25A	〃	粉体ライニング鋼管	m	1.10	配管工	0.123	〃
			継手	式	1			
			接合材等	〃	1			
			支持金物	〃	1			
	〃 32A	〃	粉体ライニング鋼管	m	1.10	配管工	0.151	〃
			継手	式	1			
			接合材等	〃	1			
			支持金物	〃	1			
	〃 40A	〃	粉体ライニング鋼管	m	1.10	配管工	0.166	〃
			継手	式	1			
			接合材等	〃	1			
			支持金物	〃	1			
	〃 50A	〃	粉体ライニング鋼管	m	1.10	配管工	0.208	〃
			継手	式	1			
			接合材等	〃	1			
			支持金物	〃	1			
	〃 65A	〃	粉体ライニング鋼管	m	1.10	配管工	0.271	〃
			継手	式	1			
			接合材等	〃	1			
			支持金物	〃	1			
	〃 80A	〃	粉体ライニング鋼管	m	1.10	配管工	0.307	〃
			継手	式	1			
			接合材等	〃	1			
			支持金物	〃	1			
	〃 100A	〃	粉体ライニング鋼管	m	1.05	配管工	0.401	〃
			継手	式	1			
			接合材等	〃	1			
			支持金物	〃	1			

（備考） 1. 継手は，管単価の75％とし計上する。
　　　　2. 接合材等は，管単価の5％とし計上する。
　　　　3. 支持金物は，管単価の15％とし計上する。
　　　　4. 上表の他に，はつり補修費として，労務費の8％とし計上する。
　　　　5. 「その他」の率対象は，配管工，はつり補修とする。

14. 水道用ポリエチレン粉体ライニング鋼管（SGP—PD）ねじ接合（管端防食継手）

名称	摘要	単位	材料 品名	材料 単位	材料 歩掛数量	労務 職種	労務 歩掛員数(人)	その他
地中配管 （給水・冷却水用）	呼び径　15 A	1 m 当り	粉体ライニング鋼管	m	1.05	配管工	0.067	1式
			継　　　手	式	1			
			接　合　材　等	〃	1			
	〃　　20 A	〃	粉体ライニング鋼管	m	1.05	配管工	0.076	〃
			継　　　手	式	1			
			接　合　材　等	〃	1			
	〃　　25 A	〃	粉体ライニング鋼管	m	1.05	配管工	0.093	〃
			継　　　手	式	1			
			接　合　材　等	〃	1			
	〃　　32 A	〃	粉体ライニング鋼管	m	1.05	配管工	0.114	〃
			継　　　手	式	1			
			接　合　材　等	〃	1			
	〃　　40 A	〃	粉体ライニング鋼管	m	1.05	配管工	0.125	〃
			継　　　手	式	1			
			接　合　材　等	〃	1			
	〃　　50 A	〃	粉体ライニング鋼管	m	1.05	配管工	0.157	〃
			継　　　手	式	1			
			接　合　材　等	〃	1			
	〃　　65 A	〃	粉体ライニング鋼管	m	1.05	配管工	0.205	〃
			継　　　手	式	1			
			接　合　材　等	〃	1			
	〃　　80 A	〃	粉体ライニング鋼管	m	1.05	配管工	0.232	〃
			継　　　手	式	1			
			接　合　材　等	〃	1			
	〃　　100 A	〃	粉体ライニング鋼管	m	1.05	配管工	0.303	〃
			継　　　手	式	1			
			接　合　材　等	〃	1			

（備考）　1. 継手は，管単価の55%とし計上する。
　　　　　2. 接合材等は，管単価の18%とし計上する。
　　　　　3. 「その他」の率対象は，配管工とする。

15. フランジ付ポリエチレン粉体ライニング鋼管（SGP—FPA）フランジ接合

名　　称	摘　　要	単位	材料 品　名	単位	歩掛数量	労務 職種	歩掛員数(人)	その他
屋内一般配管 （給水・冷却水用）	呼び径 65 A	1 m 当り	粉体ライニング鋼管	m	1.00	配管工	0.214	1式
			継　　　　手	式	1			
			接　合　材　等	〃	1			
			支　持　金　物	〃	1			
	〃　　80 A	〃	粉体ライニング鋼管	m	1.00	配管工	0.246	〃
			継　　　　手	式	1			
			接　合　材　等	〃	1			
			支　持　金　物	〃	1			
	〃　　100 A	〃	粉体ライニング鋼管	m	1.00	配管工	0.317	〃
			継　　　　手	式	1			
			接　合　材　等	〃	1			
			支　持　金　物	〃	1			
	〃　　125 A	〃	粉体ライニング鋼管	m	1.00	配管工	0.377	〃
			継　　　　手	式	1			
			接　合　材　等	〃	1			
			支　持　金　物	〃	1			
	〃　　150 A	〃	粉体ライニング鋼管	m	1.00	配管工	0.480	〃
			継　　　　手	式	1			
			接　合　材　等	〃	1			
			支　持　金　物	〃	1			
	〃　　200 A	〃	粉体ライニング鋼管	m	1.00	配管工	0.681	〃
			継　　　　手	式	1			
			接　合　材　等	〃	1			
			支　持　金　物	〃	1			
	〃　　250 A	〃	粉体ライニング鋼管	m	1.00	配管工	0.917	〃
			継　　　　手	式	1			
			接　合　材　等	〃	1			
			支　持　金　物	〃	1			
	〃　　300 A	〃	粉体ライニング鋼管	m	1.00	配管工	1.104	〃
			継　　　　手	式	1			
			接　合　材　等	〃	1			
			支　持　金　物	〃	1			

(備考)　1.　継手は，管単価の105％とし計上する。
　　　　2.　接合材等は，管単価の3％とし計上する。
　　　　3.　支持金物は，管単価の10％とし計上する。
　　　　4.　上表の他に，はつり補修費として，労務費の8％とし計上する。
　　　　5.　「その他」の率対象は，配管工，はつり補修とする。

16. フランジ付ポリエチレン粉体ライニング鋼管（SGP—FPD）フランジ接合

名 称	摘 要	単位	材料 品名	材料 単位	材料 歩掛数量	労務 職種	労務 歩掛員数(人)	その他
地 中 配 管 （給水・冷却水用）	呼 び 径 65 A	1 m 当り	粉体ライニング鋼管	m	1.00	配管工	0.150	1式
			継 手	式	1			
			接 合 材 等	〃	1			
	〃 80 A	〃	粉体ライニング鋼管	m	1.00	配管工	0.172	〃
			継 手	式	1			
			接 合 材 等	〃	1			
	〃 100 A	〃	粉体ライニング鋼管	m	1.00	配管工	0.222	〃
			継 手	式	1			
			接 合 材 等	〃	1			
	〃 125 A	〃	粉体ライニング鋼管	m	1.00	配管工	0.264	〃
			継 手	式	1			
			接 合 材 等	〃	1			
	〃 150 A	〃	粉体ライニング鋼管	m	1.00	配管工	0.336	〃
			継 手	式	1			
			接 合 材 等	〃	1			
	〃 200 A	〃	粉体ライニング鋼管	m	1.00	配管工	0.477	〃
			継 手	式	1			
			接 合 材 等	〃	1			
	〃 250 A	〃	粉体ライニング鋼管	m	1.00	配管工	0.642	〃
			継 手	式	1			
			接 合 材 等	〃	1			
	〃 300 A	〃	粉体ライニング鋼管	m	1.00	配管工	0.773	〃
			継 手	式	1			
			接 合 材 等	〃	1			

（備考） 1. 継手は，管単価の90％とし計上する。
　　　　 2. 接合材等は，管単価の3％とし計上する。
　　　　 3. 「その他」の率対象は，配管工とする。

17. 排水用硬質塩化ビニルライニング鋼管（黒）MD継手

名　　称	摘　　要	単位	材料 品　名	単位	歩掛数量	労務 職種	歩掛員数(人)	その他
機械室・便所配管 （排　水　用）	呼び径　40 A	1 m 当り	ライニング鋼管 継　　　手 支　持　金　物	m 式 〃	1.10 1 1	配管工	0.174	1式
	〃　　50 A	〃	ライニング鋼管 継　　　手 支　持　金　物	m 式 〃	1.10 1 1	配管工	0.206	〃
	〃　　65 A	〃	ライニング鋼管 継　　　手 支　持　金　物	m 式 〃	1.10 1 1	配管工	0.257	〃
	〃　　80 A	〃	ライニング鋼管 継　　　手 支　持　金　物	m 式 〃	1.10 1 1	配管工	0.287	〃
	〃　　100 A	〃	ライニング鋼管 継　　　手 支　持　金　物	m 式 〃	1.10 1 1	配管工	0.367	〃
	〃　　125 A	〃	ライニング鋼管 継　　　手 支　持　金　物	m 式 〃	1.10 1 1	配管工	0.433	〃
	〃　　150 A	〃	ライニング鋼管 継　　　手 支　持　金　物	m 式 〃	1.10 1 1	配管工	0.548	〃
	〃　　200 A	〃	ライニング鋼管 継　　　手 支　持　金　物	m 式 〃	1.10 1 1	配管工	0.799	〃

（備考）　1．継手は，管単価の100％とし計上する。
　　　　　2．支持金物は，管単価の15％とし計上する。
　　　　　3．上表の他に，はつり補修費として，労務費の8％とし計上する。
　　　　　4．「その他」の率対象は，配管工，はつり補修とする。

18. 排水用ノンタールエポキシ塗装鋼管 MD 継手

名　　称	摘　　要	単位	材料 品　名	単位	歩掛数量	労務 職種	歩掛員数(人)	その他
機械室・便所配管 （排水用）	呼び径　32 A	1 m 当り	エポキシ塗装鋼管 M　D　継　手 支　持　金　物	m 式 〃	1.10 1 1	配管工	0.162	1式
	〃　　40 A	〃	エポキシ塗装鋼管 M　D　継　手 支　持　金　物	m 式 〃	1.10 1 1	配管工	0.174	〃
	〃　　50 A	〃	エポキシ塗装鋼管 M　D　継　手 支　持　金　物	m 式 〃	1.10 1 1	配管工	0.206	〃
	〃　　65 A	〃	エポキシ塗装鋼管 M　D　継　手 支　持　金　物	m 式 〃	1.10 1 1	配管工	0.257	〃
	〃　　80 A	〃	エポキシ塗装鋼管 M　D　継　手 支　持　金　物	m 式 〃	1.10 1 1	配管工	0.287	〃
	〃　　100 A	〃	エポキシ塗装鋼管 M　D　継　手 支　持　金　物	m 式 〃	1.10 1 1	配管工	0.367	〃
	〃　　125 A	〃	エポキシ塗装鋼管 M　D　継　手 支　持　金　物	m 式 〃	1.10 1 1	配管工	0.433	〃
	〃　　150 A	〃	エポキシ塗装鋼管 M　D　継　手 支　持　金　物	m 式 〃	1.10 1 1	配管工	0.548	〃
	〃　　200 A	〃	エポキシ塗装鋼管 M　D　継　手 支　持　金　物	m 式 〃	1.10 1 1	配管工	0.799	〃

（備考）　1. MD継手として，管単価の110%とし計上する。
　　　　　2. 支持金物として，管単価の15%とし計上する。
　　　　　3. 上表の他に，はつり補修費として，労務費の8%とし計上する。
　　　　　4. 「その他」の率対象は，配管工，はつり補修とする。

19. 一般配管用ステンレス鋼鋼管（圧縮・プレス・拡管式接合）

名　　称	摘　　要	単位	材料 品　名	材料 単位	材料 歩掛数量	労務 職種	労務 歩掛員数(人)	その他
屋内一般配管（給水・給湯）	呼び径 13 SU	1m当り	ステンレス鋼鋼管	m	1.10	配管工	0.052	1式
			継手	式	1			
			支持金物	〃	1			
	〃 20 SU	〃	ステンレス鋼鋼管	m	1.10	配管工	0.071	〃
			継手	式	1			
			支持金物	〃	1			
	〃 25 SU	〃	ステンレス鋼鋼管	m	1.10	配管工	0.090	〃
			継手	式	1			
			支持金物	〃	1			
	〃 30 SU	〃	ステンレス鋼鋼管	m	1.10	配管工	0.106	〃
			継手	式	1			
			支持金物	〃	1			
	〃 40 SU	〃	ステンレス鋼鋼管	m	1.10	配管工	0.132	〃
			継手	式	1			
			支持金物	〃	1			
	〃 50 SU	〃	ステンレス鋼鋼管	m	1.10	配管工	0.149	〃
			継手	式	1			
			支持金物	〃	1			
	〃 60 SU	〃	ステンレス鋼鋼管	m	1.10	配管工	0.185	〃
			継手	式	1			
			支持金物	〃	1			
機械室・便所配管（給水・給湯）	呼び径 13 SU	1m当り	ステンレス鋼鋼管	m	1.10	配管工	0.062	1式
			継手	式	1			
			支持金物	〃	1			
	〃 20 SU	〃	ステンレス鋼鋼管	m	1.10	配管工	0.085	〃
			継手	式	1			
			支持金物	〃	1			
	〃 25 SU	〃	ステンレス鋼鋼管	m	1.10	配管工	0.108	〃
			継手	式	1			
			支持金物	〃	1			
	〃 30 SU	〃	ステンレス鋼鋼管	m	1.10	配管工	0.127	〃
			継手	式	1			
			支持金物	〃	1			
	〃 40 SU	〃	ステンレス鋼鋼管	m	1.10	配管工	0.158	〃
			継手	式	1			
			支持金物	〃	1			
	〃 50 SU	〃	ステンレス鋼鋼管	m	1.10	配管工	0.179	〃
			継手	式	1			
			支持金物	〃	1			
	〃 60 SU	〃	ステンレス鋼鋼管	m	1.10	配管工	0.222	〃
			継手	式	1			
			支持金物	〃	1			

（備考）
1. 継手は屋内一般配管では圧縮・プレス接合は管単価の145%，拡管式接合は160%とし計上する。機械室・便所配管では圧縮・プレス接合は230%，拡管式接合は427%とし計上する。
2. 支持金物は，管単価の10%とし計上する。
3. 上表の他に，はつり補修費として，労務費の8%とし計上する。
4. 「その他」の率対象は，配管工，はつり補修とする。

20. 一般配管用ステンレス鋼鋼管（溶接接合）

名称	摘要	単位	材料 品名	材料 単位	材料 歩掛数量	労務 職種	労務 歩掛員数(人)	その他
屋内一般配管 （冷温水・蒸気還管） （給水・給湯・消火）	呼び径 13 SU	1m当り	ステンレス鋼鋼管 継手 接合材等 支持金物	m 式 〃 〃	1.10 1 1 1	配管工	0.115	1式
〃	〃 20 SU	〃	ステンレス鋼鋼管 継手 接合材等 支持金物	m 式 〃 〃	1.10 1 1 1	配管工	0.136	〃
〃	〃 25 SU	〃	ステンレス鋼鋼管 継手 接合材等 支持金物	m 式 〃 〃	1.10 1 1 1	配管工	0.157	〃
〃	〃 30 SU	〃	ステンレス鋼鋼管 継手 接合材等 支持金物	m 式 〃 〃	1.10 1 1 1	配管工	0.176	〃
〃	〃 40 SU	〃	ステンレス鋼鋼管 継手 接合材等 支持金物	m 式 〃 〃	1.10 1 1 1	配管工	0.207	〃
〃	〃 50 SU	〃	ステンレス鋼鋼管 継手 接合材等 支持金物	m 式 〃 〃	1.10 1 1 1	配管工	0.230	〃
〃	〃 60 SU	〃	ステンレス鋼鋼管 継手 接合材等 支持金物	m 式 〃 〃	1.10 1 1 1	配管工	0.275	〃
〃	〃 75 SU	〃	ステンレス鋼鋼管 継手 接合材等 支持金物	m 式 〃 〃	1.05 1 1 1	配管工	0.339	〃
〃	〃 80 SU	〃	ステンレス鋼鋼管 継手 接合材等 支持金物	m 式 〃 〃	1.05 1 1 1	配管工	0.406	〃
〃	〃 100 SU	〃	ステンレス鋼鋼管 継手 接合材等 支持金物	m 式 〃 〃	1.05 1 1 1	配管工	0.509	〃
〃	〃 125 SU	〃	ステンレス鋼鋼管 継手 接合材等 支持金物	m 式 〃 〃	1.05 1 1 1	配管工	0.636	〃

（つづく）

❸ 配 管 工 事—31

名　　称	摘　　要	単位	材料 品　　名	単位	歩掛数量	労務 職種	歩掛員数(人)	その他
屋内一般配管 （冷温水・蒸気還管） （給水・給湯・消火）	呼び径　150 SU	1 m 当り	ステンレス鋼鋼管 継　　手 接　合　材　等 支　持　金　物	m 式 〃 〃	1.05 1 1 1	配管工	0.772	1式
	〃　　　200 SU	〃	ステンレス鋼鋼管 継　　手 接　合　材　等 支　持　金　物	m 式 〃 〃	1.05 1 1 1	配管工	1.077	〃
	〃　　　250 SU	〃	ステンレス鋼鋼管 継　　手 接　合　材　等 支　持　金　物	m 式 〃 〃	1.05 1 1 1	配管工	1.423	〃
	〃　　　300 SU	〃	ステンレス鋼鋼管 継　　手 接　合　材　等 支　持　金　物	m 式 〃 〃	1.05 1 1 1	配管工	1.809	〃
機械室・便所配管 （冷温水・蒸気還管） （給水・給湯・消火）	呼び径　13 SU	1 m 当り	ステンレス鋼鋼管 継　　手 接　合　材　等 支　持　金　物	m 式 〃 〃	1.10 1 1 1	配管工	0.138	1式
	〃　　　20 SU	〃	ステンレス鋼鋼管 継　　手 接　合　材　等 支　持　金　物	m 式 〃 〃	1.10 1 1 1	配管工	0.163	〃
	〃　　　25 SU	〃	ステンレス鋼鋼管 継　　手 接　合　材　等 支　持　金　物	m 式 〃 〃	1.10 1 1 1	配管工	0.188	〃
	〃　　　30 SU	〃	ステンレス鋼鋼管 継　　手 接　合　材　等 支　持　金　物	m 式 〃 〃	1.10 1 1 1	配管工	0.211	〃
	〃　　　40 SU	〃	ステンレス鋼鋼管 継　　手 接　合　材　等 支　持　金　物	m 式 〃 〃	1.10 1 1 1	配管工	0.248	〃
	〃　　　50 SU	〃	ステンレス鋼鋼管 継　　手 接　合　材　等 支　持　金　物	m 式 〃 〃	1.10 1 1 1	配管工	0.276	〃
	〃　　　60 SU	〃	ステンレス鋼鋼管 継　　手 接　合　材　等 支　持　金　物	m 式 〃 〃	1.10 1 1 1	配管工	0.330	〃

（つづく）

名　　称	摘　　要	単位	材料 品　名	材料 単位	材料 歩掛数量	労務 職種	労務 歩掛員数(人)	その他
機械室・便所配管 （冷温水・蒸気還管） （給水・給湯・消火）	呼び径　75 SU	1 m 当り	ステンレス鋼鋼管 継　　手 接合材等 支持金物	m 式 〃 〃	1.05 1 1 1	配管工	0.407	1式
	〃　　80 SU	〃	ステンレス鋼鋼管 継　　手 接合材等 支持金物	m 式 〃 〃	1.05 1 1 1	配管工	0.488	〃
	〃　　100 SU	〃	ステンレス鋼鋼管 継　　手 接合材等 支持金物	m 式 〃 〃	1.05 1 1 1	配管工	0.611	〃
	〃　　125 SU	〃	ステンレス鋼鋼管 継　　手 接合材等 支持金物	m 式 〃 〃	1.05 1 1 1	配管工	0.763	〃
	〃　　150 SU	〃	ステンレス鋼鋼管 継　　手 接合材等 支持金物	m 式 〃 〃	1.05 1 1 1	配管工	0.926	〃
	〃　　200 SU	〃	ステンレス鋼鋼管 継　　手 接合材等 支持金物	m 式 〃 〃	1.05 1 1 1	配管工	1.292	〃
	〃　　250 SU	〃	ステンレス鋼鋼管 継　　手 接合材等 支持金物	m 式 〃 〃	1.05 1 1 1	配管工	1.708	〃
	〃　　300 SU	〃	ステンレス鋼鋼管 継　　手 接合材等 支持金物	m 式 〃 〃	1.05 1 1 1	配管工	2.171	〃

（備考）　1．継手は，屋内一般配管は管単価の75％，機械室・便所配管は110％とし計上する。
　　　　　2．接合材等は，屋内一般配管は管単価の20％，機械室・便所配管は30％とし計上する。
　　　　　3．支持金物は，管単価の10％とし計上する。
　　　　　4．上表の他に，はつり補修費として，労務費の8％とし計上する。
　　　　　5．「その他」の率対象は，配管工，はつり補修とする。

21. 一般配管用ステンレス鋼鋼管（ハウジング形管継手）

名称	摘要	単位	材料 品名	単位	歩掛数量	労務 職種	歩掛員数(人)	その他
屋内一般配管 （冷温水・給水）	呼び径 60 SU	1m当り	ステンレス鋼鋼管 継手 支持金物	m 式 〃	1.10 1 1	配管工	0.106	1式
	〃 75 SU	〃	ステンレス鋼鋼管 継手 支持金物	m 式 〃	1.10 1 1	配管工	0.133	〃
	〃 80 SU	〃	ステンレス鋼鋼管 継手 支持金物	m 式 〃	1.10 1 1	配管工	0.173	〃
	〃 100 SU	〃	ステンレス鋼鋼管 継手 支持金物	m 式 〃	1.05 1 1	配管工	0.256	〃
	〃 125 SU	〃	ステンレス鋼鋼管 継手 支持金物	m 式 〃	1.05 1 1	配管工	0.302	〃
	〃 150 SU	〃	ステンレス鋼鋼管 継手 支持金物	m 式 〃	1.05 1 1	配管工	0.368	〃
	〃 200 SU	〃	ステンレス鋼鋼管 継手 支持金物	m 式 〃	1.05 1 1	配管工	0.485	〃
	〃 250 SU	〃	ステンレス鋼鋼管 継手 支持金物	m 式 〃	1.05 1 1	配管工	0.653	〃
	〃 300 SU	〃	ステンレス鋼鋼管 継手 支持金物	m 式 〃	1.05 1 1	配管工	0.787	〃
機械室・便所配管 （冷温水・給水）	呼び径 60 SU	1m当り	ステンレス鋼鋼管 継手 支持金物	m 式 〃	1.10 1 1	配管工	0.127	1式
	〃 75 SU	〃	ステンレス鋼鋼管 継手 支持金物	m 式 〃	1.10 1 1	配管工	0.159	〃
	〃 80 SU	〃	ステンレス鋼鋼管 継手 支持金物	m 式 〃	1.10 1 1	配管工	0.207	〃
	〃 100 SU	〃	ステンレス鋼鋼管 継手 支持金物	m 式 〃	1.05 1 1	配管工	0.307	〃
	〃 125 SU	〃	ステンレス鋼鋼管 継手 支持金物	m 式 〃	1.05 1 1	配管工	0.363	〃

（つづく）

名称	摘要	単位	材料 品名	材料 単位	材料 歩掛数量	労務 職種	労務 歩掛員数(人)	その他
機械室・便所配管 （冷温水・給水）	呼び径 150 SU	1 m 当り	ステンレス鋼鋼管 継手 支持金物	m 式 〃	1.05 1 1	配管工	0.441	1式
	〃 200 SU	〃	ステンレス鋼鋼管 継手 支持金物	m 式 〃	1.05 1 1	配管工	0.582	〃
	〃 250 SU	〃	ステンレス鋼鋼管 継手 支持金物	m 式 〃	1.05 1 1	配管工	0.784	〃
	〃 300 SU	〃	ステンレス鋼鋼管 継手 支持金物	m 式 〃	1.05 1 1	配管工	0.944	〃

（備考）　1．継手は，屋内一般配管の 60 SU～80 SU は管単価の 147％，100 SU～150 SU は 110％，200 SU～300 SU は 74％とし計上する。機械室・便所配管の 60 SU～80 SU は管単価の 232％，100 SU～150 SU は 169％，200 SU～300 SU は 113％とし計上する。
　　　　　2．支持金物は，管単価の 10％とし計上する。
　　　　　3．上表の他に，はつり補修費として，労務費の 8％とし計上する。
　　　　　4．「その他」の率対象は，配管工，はつり補修とする。

22. 遠心力鉄筋コンクリート管

名称	摘要	単位	材料 品名	単位	歩掛数量	労務 職種	歩掛員数(人)	その他
地中配管（排水）	呼び径 100 A	1m当り	ヒューム管（ソケット接合）	m	1.05	配管工	0.220	1式
	〃 125 A	〃	〃	〃	1.05	配管工	0.256	〃
	〃 150 A	〃	〃	〃	1.05	配管工	0.306	〃
	〃 200 A	〃	〃	〃	1.05	配管工	0.400	〃
	〃 250 A	〃	〃	〃	1.05	配管工	0.501	〃
	〃 300 A	〃	〃	〃	1.05	配管工	0.600	〃

（備考）「その他」の率対象は，配管工とする。

23. 銅管（M）・被覆銅管・保温付被覆銅管

名称	摘要	単位	材料 品名	単位	歩掛数量	労務 職種	歩掛員数(人)	その他
屋内一般配管 銅管（M）・被覆銅管 保温付被覆銅管 （給水・給湯）	呼び径 15 A （1/2B）	1m当り	銅管	m	1.05	配管工	0.059	1式
			継手	式	1			
			接合材等	〃	1			
			支持金物	〃	1			
	〃 20 A （3/4B）	〃	銅管	m	1.05	配管工	0.082	〃
			継手	式	1			
			接合材等	〃	1			
			支持金物	〃	1			
	〃 25 A （1B）	〃	銅管	m	1.05	配管工	0.105	〃
			継手	式	1			
			接合材等	〃	1			
			支持金物	〃	1			
	〃 32 A （1 1/4B）	〃	銅管	m	1.05	配管工	0.129	〃
			継手	式	1			
			接合材等	〃	1			
			支持金物	〃	1			
	〃 40 A （1 1/2B）	〃	銅管	m	1.05	配管工	0.152	〃
			継手	式	1			
			接合材等	〃	1			
			支持金物	〃	1			
	〃 50 A （2B）	〃	銅管	m	1.05	配管工	0.200	〃
			継手	式	1			
			接合材等	〃	1			
			支持金物	〃	1			
	〃 65 A （2 1/2B）	〃	銅管	m	1.05	配管工	0.247	〃
			継手	式	1			
			接合材等	〃	1			
			支持金物	〃	1			
	〃 80 A （3B）	〃	銅管	m	1.05	配管工	0.293	〃
			継手	式	1			
			接合材等	〃	1			
			支持金物	〃	1			

（つづく）

❸配管工事—36

名　称	摘　要	単位	材料 品　名	単位	歩掛数量	労務 職種	歩掛員数(人)	その他
屋内一般配管 銅管（M）・被覆銅管・保温付被覆銅管 （給水・給湯）	呼び径 100 A （4 B）	1 m 当り	銅　　　　管 継　手　式 接　合　材　等 支　持　金　物	m 〃 〃 〃	1.05 1 1 1	配管工	0.388	1式
	〃　125 A （5 B）	〃	銅　　　　管 継　手　式 接　合　材　等 支　持　金　物	m 〃 〃 〃	1.05 1 1 1	配管工	0.482	〃
	〃　150 A （6 B）	〃	銅　　　　管 継　手　式 接　合　材　等 支　持　金　物	m 〃 〃 〃	1.05 1 1 1	配管工	0.576	〃
機械室・便所配管 銅管（M）・被覆銅管・保温付被覆銅管 （給水・給湯）	呼び径 15 A （1/2 B）	1 m 当り	銅　　　　管 継　手　式 接　合　材　等 支　持　金　物	m 〃 〃 〃	1.05 1 1 1	配管工	0.071	1式
	〃　20 A （3/4 B）	〃	銅　　　　管 継　手　式 接　合　材　等 支　持　金　物	m 〃 〃 〃	1.05 1 1 1	配管工	0.098	〃
	〃　25 A （1 B）	〃	銅　　　　管 継　手　式 接　合　材　等 支　持　金　物	m 〃 〃 〃	1.05 1 1 1	配管工	0.126	〃
	〃　32 A （1 1/4 B）	〃	銅　　　　管 継　手　式 接　合　材　等 支　持　金　物	m 〃 〃 〃	1.05 1 1 1	配管工	0.155	〃
	〃　40 A （1 1/2 B）	〃	銅　　　　管 継　手　式 接　合　材　等 支　持　金　物	m 〃 〃 〃	1.05 1 1 1	配管工	0.182	〃
	〃　50 A （2 B）	〃	銅　　　　管 継　手　式 接　合　材　等 支　持　金　物	m 〃 〃 〃	1.05 1 1 1	配管工	0.240	〃
	〃　65 A （2 1/2 B）	〃	銅　　　　管 継　手　式 接　合　材　等 支　持　金　物	m 〃 〃 〃	1.05 1 1 1	配管工	0.296	〃
	〃　80 A （3 B）	〃	銅　　　　管 継　手　式 接　合　材　等 支　持　金　物	m 〃 〃 〃	1.05 1 1 1	配管工	0.352	〃

(つづく)

❸配　管　工　事—37

名　　称	摘　　要	単位	材料 品　　名	単位	歩掛数量	労務 職種	歩掛員数(人)	その他
機械室・便所配管 銅管(M)・被覆銅管 ・保温付被覆銅管 （給水・給湯）	呼び径 100 A （4 B）	1 m 当り	銅　　　　管	m	1.05	配管工	0.466	1式
			継　　　　手	式	1			
			接　合　材　等	〃	1			
			支　持　金　物	〃	1			
	〃　　125 A （5 B）	〃	銅　　　　管	m	1.05	配管工	0.578	〃
			継　　　　手	式	1			
			接　合　材　等	〃	1			
			支　持　金　物	〃	1			
	〃　　150 A （6 B）	〃	銅　　　　管	m	1.05	配管工	0.691	〃
			継　　　　手	式	1			
			接　合　材　等	〃	1			
			支　持　金　物	〃	1			

（備考）　1．継手は屋内一般配管では管単価の75％，機械室・便所配管では90％とし計上する。
　　　　　2．接合材等は，管単価の10％とし計上する。
　　　　　3．支持金物は，管単価の10％とし計上する。
　　　　　4．上表の他に，はつり補修費として，労務費の8％とし計上する。
　　　　　5．「その他」の率対象は，配管工，はつり補修とする。

24．耐衝撃性硬質ポリ塩化ビニル管（HIVP）・硬質ポリ塩化ビニル管（VP）・リサイクル硬質ポリ塩化ビニル発泡三層管（RF-VP）・硬質ポリ塩化ビニル管（VU）・リサイクル硬質ポリ塩化ビニル三層管（RS-VU）・排水用リサイクル硬質ポリ塩化ビニル管（REP-VU）

名　　称	摘　　要	単位	材料 品　　名	単位	歩掛数量	労務 職種	歩掛員数(人)	その他
屋内一般配管 （給水用） （HIVP・VP）	呼び径 16 A	1 m 当り	H I V P・V P 管	m	1.10	配管工	0.046	1式
			継　　　　手	式	1			
			接　合　材　等	〃	1			
			支　持　金　物	〃	1			
	〃　　20 A	〃	H I V P・V P 管	m	1.10	配管工	0.062	〃
			継　　　　手	式	1			
			接　合　材　等	〃	1			
			支　持　金　物	〃	1			
	〃　　25 A	〃	H I V P・V P 管	m	1.10	配管工	0.074	〃
			継　　　　手	式	1			
			接　合　材　等	〃	1			
			支　持　金　物	〃	1			
	〃　　30 A	〃	H I V P・V P 管	m	1.10	配管工	0.079	〃
			継　　　　手	式	1			
			接　合　材　等	〃	1			
			支　持　金　物	〃	1			
	〃　　40 A	〃	H I V P・V P 管	m	1.10	配管工	0.101	〃
			継　　　　手	式	1			
			接　合　材　等	〃	1			
			支　持　金　物	〃	1			
	〃　　50 A	〃	H I V P・V P 管	m	1.10	配管工	0.128	〃
			継　　　　手	式	1			
			接　合　材　等	〃	1			
			支　持　金　物	〃	1			

（つづく）

❸配 管 工 事—38

名　　称	摘　要	単位	材料 品　　名	単位	歩掛数量	労務 職種	歩掛員数(人)	その他
屋内一般配管 （給水用） （HIVP・VP）	呼び径　65A	1m 当り	HIVP・VP管 継　　手 接合材等 支持金物	m 式 〃 〃	1.10 1 1 1	配管工	0.163	1式
	〃　　75A	〃	HIVP・VP管 継　　手 接合材等 支持金物	m 式 〃 〃	1.10 1 1 1	配管工	0.190	〃
	〃　　100A	〃	HIVP・VP管 継　　手 接合材等 支持金物	m 式 〃 〃	1.10 1 1 1	配管工	0.245	〃
	〃　　125A	〃	HIVP・VP管 継　　手 接合材等 支持金物	m 式 〃 〃	1.10 1 1 1	配管工	0.301	〃
	〃　　150A	〃	HIVP・VP管 継　　手 接合材等 支持金物	m 式 〃 〃	1.10 1 1 1	配管工	0.356	〃
地中配管 （給水用） （HIVP・VP）	呼び径　16A	1m 当り	HIVP・VP管 継　　手 接合材等	m 式 〃	1.05 1 1	配管工	0.032	1式
	〃　　20A	〃	HIVP・VP管 継　　手 接合材等	m 式 〃	1.05 1 1	配管工	0.043	〃
	〃　　25A	〃	HIVP・VP管 継　　手 接合材等	m 式 〃	1.05 1 1	配管工	0.052	〃
	〃　　30A	〃	HIVP・VP管 継　　手 接合材等	m 式 〃	1.05 1 1	配管工	0.055	〃
	〃　　40A	〃	HIVP・VP管 継　　手 接合材等	m 式 〃	1.05 1 1	配管工	0.071	〃
	〃　　50A	〃	HIVP・VP管 継　　手 接合材等	m 式 〃	1.05 1 1	配管工	0.090	〃
	〃　　65A	〃	HIVP・VP管 継　　手 接合材等	m 式 〃	1.05 1 1	配管工	0.114	〃
	〃　　75A	〃	HIVP・VP管 継　　手 接合材等	m 式 〃	1.05 1 1	配管工	0.133	〃

（つづく）

❸配　管　工　事—39

名　　称	摘　　要	単位	材料 品　　名	単位	歩掛数量	労務 職種	歩掛員数(人)	その他
地　中　配　管 （給　水　用） （HIVP・VP）	呼び径　100A	1m 当り	HIVP・VP管 継　　　手 接　合　材　等	m 式 〃	1.05 1 1	配管工	0.172	1式
	〃　　125A	〃	HIVP・VP管 継　　　手 接　合　材　等	m 式 〃	1.05 1 1	配管工	0.211	〃
	〃　　150A	〃	HIVP・VP管 継　　　手 接　合　材　等	m 式 〃	1.05 1 1	配管工	0.249	〃
屋内一般配管 （排水・通気用） （VP・RF-VP）	呼び径　16A	1m 当り	VP管 継　　　手 接　合　材　等 支　持　金　物	m 式 〃 〃	1.10 1 1 1	配管工	0.046	1式
	〃　　20A	〃	VP管 継　　　手 接　合　材　等 支　持　金　物	m 式 〃 〃	1.10 1 1 1	配管工	0.062	〃
	〃　　25A	〃	VP管 継　　　手 接　合　材　等 支　持　金　物	m 式 〃 〃	1.10 1 1 1	配管工	0.074	〃
	〃　　30A	〃	VP管 継　　　手 接　合　材　等 支　持　金　物	m 式 〃 〃	1.10 1 1 1	配管工	0.079	〃
	〃　　40A	〃	VP管 継　　　手 接　合　材　等 支　持　金　物	m 式 〃 〃	1.10 1 1 1	配管工	0.101	〃
	〃　　50A	〃	VP管 継　　　手 接　合　材　等 支　持　金　物	m 式 〃 〃	1.10 1 1 1	配管工	0.128	〃
	〃　　65A	〃	VP管 継　　　手 接　合　材　等 支　持　金　物	m 式 〃 〃	1.10 1 1 1	配管工	0.163	〃
	〃　　75A	〃	VP管 継　　　手 接　合　材　等 支　持　金　物	m 式 〃 〃	1.10 1 1 1	配管工	0.190	〃
	〃　　100A	〃	VP管 継　　　手 接　合　材　等 支　持　金　物	m 式 〃 〃	1.10 1 1 1	配管工	0.245	〃

(つづく)

名称	摘要	単位	材料 品名	材料 単位	材料 歩掛数量	労務 職種	労務 歩掛員数(人)	その他
屋内一般配管 (排水・通気用) (VP・RF-VP)	呼び径 125 A	1 m 当り	VP管 継手 接合材等 支持金物	m 式 〃 〃	1.10 1 1 1	配管工	0.301	1式
	〃 150 A	〃	VP管 継手 接合材等 支持金物	m 式 〃 〃	1.10 1 1 1	配管工	0.356	〃
	〃 200 A	〃	VP管 継手 接合材等 支持金物	m 式 〃 〃	1.10 1 1 1	配管工	0.466	〃
	〃 250 A	〃	VP管 継手 接合材等 支持金物	m 式 〃 〃	1.10 1 1 1	配管工	0.577	〃
	〃 300 A	〃	VP管 継手 接合材等 支持金物	m 式 〃 〃	1.10 1 1 1	配管工	0.688	〃
地中配管 (排水・通気用) (VP・RF-VP)	呼び径 16 A	1 m 当り	VP管 継手 接合材等	m 式 〃	1.05 1 1	配管工	0.032	1式
	〃 20 A	〃	VP管 継手 接合材等	m 式 〃	1.05 1 1	配管工	0.043	〃
	〃 25 A	〃	VP管 継手 接合材等	m 式 〃	1.05 1 1	配管工	0.052	〃
	〃 30 A	〃	VP管 継手 接合材等	m 式 〃	1.05 1 1	配管工	0.055	〃
	〃 40 A	〃	VP管 継手 接合材等	m 式 〃	1.05 1 1	配管工	0.071	〃
	〃 50 A	〃	VP管 継手 接合材等	m 式 〃	1.05 1 1	配管工	0.090	〃
	〃 65 A	〃	VP管 継手 接合材等	m 式 〃	1.05 1 1	配管工	0.114	〃
	〃 75 A	〃	VP管 継手 接合材等	m 式 〃	1.05 1 1	配管工	0.133	〃
	〃 100 A	〃	VP管 継手 接合材等	m 式 〃	1.05 1 1	配管工	0.172	〃

(つづく

❸配 管 工 事—41

名　　称	摘　　要	単位	材料 品　　名	材料 単位	材料 歩掛数量	労務 職種	労務 歩掛員数(人)	その他
地　中　配　管 （排水・通気用） （VP・RF-VP）	呼び径 125A	1m当り	Ｖ　Ｐ　管 継　　手 接　合　材　等	m 式 〃	1.05 1 1	配管工	0.211	1式
	〃　　150A	〃	Ｖ　Ｐ　管 継　　手 接　合　材　等	m 式 〃	1.05 1 1	配管工	0.249	〃
	〃　　200A	〃	Ｖ　Ｐ　管 継　　手 接　合　材　等	m 式 〃	1.05 1 1	配管工	0.326	〃
	〃　　250A	〃	Ｖ　Ｐ　管 継　　手 接　合　材　等	m 式 〃	1.05 1 1	配管工	0.404	〃
	〃　　300A	〃	Ｖ　Ｐ　管 継　　手 接　合　材　等	m 式 〃	1.05 1 1	配管工	0.482	〃
地　中　配　管 （排水・通気用） （VU・RS-VU・ REP-VU）	呼び径 40A	1m当り	Ｖ　Ｕ　管 継　　手 接　合　材　等	m 式 〃	1.05 1 1	配管工	0.071	1式
	〃　　50A	〃	Ｖ　Ｕ　管 継　　手 接　合　材　等	m 式 〃	1.05 1 1	配管工	0.090	〃
	〃　　65A	〃	Ｖ　Ｕ　管 継　　手 接　合　材　等	m 式 〃	1.05 1 1	配管工	0.114	〃
	〃　　75A	〃	Ｖ　Ｕ　管 継　　手 接　合　材　等	m 式 〃	1.05 1 1	配管工	0.133	〃
	〃　　100A	〃	Ｖ　Ｕ　管 継　　手 接　合　材　等	m 式 〃	1.05 1 1	配管工	0.172	〃
	〃　　125A	〃	Ｖ　Ｕ　管 継　　手 接　合　材　等	m 式 〃	1.05 1 1	配管工	0.211	〃
	〃　　150A	〃	Ｖ　Ｕ　管 継　　手 接　合　材　等	m 式 〃	1.05 1 1	配管工	0.249	〃
	〃　　200A	〃	Ｖ　Ｕ　管 継　　手 接　合　材　等	m 式 〃	1.05 1 1	配管工	0.326	〃
	〃　　250A	〃	Ｖ　Ｕ　管 継　　手 接　合　材　等	m 式 〃	1.05 1 1	配管工	0.404	〃
	〃　　300A	〃	Ｖ　Ｕ　管 継　　手 接　合　材　等	m 式 〃	1.05 1 1	配管工	0.482	〃

（つづく）

（備考）屋内一般配管：1. 継手は，給水用は管単価の30％，排水・通気用は20％とし計上する。
　　　　　　　　　2. 接合材等は，管単価の10％とし計上する。
　　　　　　　　　3. 支持金物は，管単価の25％とし計上する。
　　　　　　　　　4. 上表の他に，はつり補修費として，労務費の8％とし計上する。
　　　　　　　　　5. 「その他」の率対象は，配管工，はつり補修とする。
　　　　地　中　配　管：1. 継手は，給水用は管単価の25％，排水・通気用は15％とし計上する。
　　　　　　　　　2. 接合材等は，管単価の10％とし計上する。
　　　　　　　　　3. 「その他」の率対象は，配管工とする。

25．耐熱性硬質ポリ塩化ビニル管（HTVP）

名　称	摘　要	単位	材料 品名	単位	歩掛数量	労務 職種	歩掛員数(人)	その他
屋内一般配管（給水用）（HTVP）	呼び径 16 A	1 m 当り	HTVP管	m	1.10	配管工	0.046	1式
			継手	式	1			
			接合材等	〃	1			
			支持金物	〃	1			
	〃　　20 A	〃	HTVP管	m	1.10	配管工	0.062	〃
			継手	式	1			
			接合材等	〃	1			
			支持金物	〃	1			
	〃　　25 A	〃	HTVP管	m	1.10	配管工	0.074	〃
			継手	式	1			
			接合材等	〃	1			
			支持金物	〃	1			
	〃　　30 A	〃	HTVP管	m	1.10	配管工	0.079	〃
			継手	式	1			
			接合材等	〃	1			
			支持金物	〃	1			
	〃　　40 A	〃	HTVP管	m	1.10	配管工	0.101	〃
			継手	式	1			
			接合材等	〃	1			
			支持金物	〃	1			
	〃　　50 A	〃	HTVP管	m	1.10	配管工	0.128	〃
			継手	式	1			
			接合材等	〃	1			
			支持金物	〃	1			
	〃　　65 A	〃	HTVP管	m	1.10	配管工	0.163	〃
			継手	式	1			
			接合材等	〃	1			
			支持金物	〃	1			
	〃　　75 A	〃	HTVP管	m	1.10	配管工	0.190	〃
			継手	式	1			
			接合材等	〃	1			
			支持金物	〃	1			
	〃　　100 A	〃	HTVP管	m	1.10	配管工	0.245	〃
			継手	式	1			
			接合材等	〃	1			
			支持金物	〃	1			

（つづく）

❸配管工事—43

名称	摘要	単位	材料 品名	材料 単位	材料 歩掛数量	労務 職種	労務 歩掛員数(人)	その他
屋内一般配管 （給水用） （ＨＴＶＰ）	呼び径 125Ａ	1ｍ当り	ＨＴＶＰ管 継　　手 接合材等 支持金物	ｍ 式 〃 〃	1.10 1 1 1	配管工	0.301	1式
	〃　　150Ａ	〃	ＨＴＶＰ管 継　　手 接合材等 支持金物	ｍ 式 〃 〃	1.10 1 1 1	配管工	0.356	〃
地中配管 （給水用） （ＨＴＶＰ）	呼び径 16Ａ	1ｍ当り	ＨＴＶＰ管 継　　手 接合材等	ｍ 式 〃	1.05 1 1	配管工	0.032	1式
	〃　　20Ａ	〃	ＨＴＶＰ管 継　　手 接合材等	ｍ 式 〃	1.05 1 1	配管工	0.043	〃
	〃　　25Ａ	〃	ＨＴＶＰ管 継　　手 接合材等	ｍ 式 〃	1.05 1 1	配管工	0.052	〃
	〃　　30Ａ	〃	ＨＴＶＰ管 継　　手 接合材等	ｍ 式 〃	1.05 1 1	配管工	0.055	〃
	〃　　40Ａ	〃	ＨＴＶＰ管 継　　手 接合材等	ｍ 式 〃	1.05 1 1	配管工	0.071	〃
	〃　　50Ａ	〃	ＨＴＶＰ管 継　　手 接合材等	ｍ 式 〃	1.05 1 1	配管工	0.090	〃
	〃　　65Ａ	〃	ＨＴＶＰ管 継　　手 接合材等	ｍ 式 〃	1.05 1 1	配管工	0.114	〃
	〃　　75Ａ	〃	ＨＴＶＰ管 継　　手 接合材等	ｍ 式 〃	1.05 1 1	配管工	0.133	〃
	〃　　100Ａ	〃	ＨＴＶＰ管 継　　手 接合材等	ｍ 式 〃	1.05 1 1	配管工	0.172	〃
	〃　　125Ａ	〃	ＨＴＶＰ管 継　　手 接合材等	ｍ 式 〃	1.05 1 1	配管工	0.211	〃
	〃　　150Ａ	〃	ＨＴＶＰ管 継　　手 接合材等	ｍ 式 〃	1.05 1 1	配管工	0.249	〃

（備考）　屋内一般配管：1．継手は管単価35％とし計上する。
　　　　　　　　　　　　 2．接合材等は，管単価の10％とし計上する。
　　　　　　　　　　　　 3．支持金物は，管単価の15％とし計上する。
　　　　　　　　　　　　 4．上表の他に，はつり補修費として，労務費の8％とし計上する。
　　　　　　　　　　　　 5．「その他」の率対象は，配管工，はつり補修とする。
　　　　　地中配管：1．継手は管単価30％とし計上する。
　　　　　　　　　　 2．接合材等は，管単価の10％とし計上する。
　　　　　　　　　　 3．「その他」の率対象は，配管工とする。

26. 耐火二層管（FDVD）

名称	摘要	単位	材料 品名	材料 単位	材料 歩掛数量	労務 職種	労務 歩掛員数(人)	その他
屋内一般配管 耐火二層管 （排水・通気）	呼び径 40 A	1m 当り	耐火二層管	m	1.10	配管工	0.117	1式
			継手	式	1			
			接合材等	〃	1			
			支持金物	〃	1			
	〃 50 A	〃	耐火二層管	m	1.10	配管工	0.148	〃
			継手	式	1			
			接合材等	〃	1			
			支持金物	〃	1			
	〃 65 A	〃	耐火二層管	m	1.10	配管工	0.189	〃
			継手	式	1			
			接合材等	〃	1			
			支持金物	〃	1			
	〃 75 A	〃	耐火二層管	m	1.10	配管工	0.220	〃
			継手	式	1			
			接合材等	〃	1			
			支持金物	〃	1			
	〃 100 A	〃	耐火二層管	m	1.10	配管工	0.284	〃
			継手	式	1			
			接合材等	〃	1			
			支持金物	〃	1			
	〃 125 A	〃	耐火二層管	m	1.10	配管工	0.349	〃
			継手	式	1			
			接合材等	〃	1			
			支持金物	〃	1			
	〃 150 A	〃	耐火二層管	m	1.10	配管工	0.412	〃
			継手	式	1			
			接合材等	〃	1			
			支持金物	〃	1			
機械室・便所 耐火二層管 （排水・通気）	呼び径 40 A	1m 当り	耐火二層管	m	1.10	配管工	0.140	1式
			継手	式	1			
			接合材等	〃	1			
			支持金物	〃	1			
	〃 50 A	〃	耐火二層管	m	1.10	配管工	0.178	〃
			継手	式	1			
			接合材等	〃	1			
			支持金物	〃	1			
	〃 65 A	〃	耐火二層管	m	1.10	配管工	0.227	〃
			継手	式	1			
			接合材等	〃	1			
			支持金物	〃	1			
	〃 75 A	〃	耐火二層管	m	1.10	配管工	0.264	〃
			継手	式	1			
			接合材等	〃	1			
			支持金物	〃	1			

(つづく)

❸配 管 工 事―45

名　　　称	摘　　要	単位	材料 品　　　名	単位	歩掛数量	労務 職種	歩掛員数(人)	その他
機械室・便所 耐火二層管 （排水・通気）	呼び径 100 A	1 m 当り	耐火二層管 継　　手 接合材等 支持金物	m 式 〃 〃	1.10 1 1 1	配管工	0.341	1式
	〃　125 A	〃	耐火二層管 継　　手 接合材等 支持金物	m 式 〃 〃	1.10 1 1 1	配管工	0.418	〃
	〃　150 A	〃	耐火二層管 継　　手 接合材等 支持金物	m 式 〃 〃	1.10 1 1 1	配管工	0.495	〃

(備考) 1. 継手は屋内一般では管単価の50％，機械室・便所は120％とし計上する。
　　　　2. 接合材等は，管単価の15％とし計上する。
　　　　3. 支持金物は，管単価の10％とし計上する。
　　　　4. 上表の他に，はつり補修費として，労務費の8％とし計上する。
　　　　5. 「その他」の率対象は，配管工，はつり補修とする。

27. 冷媒用銅管

名　　称	呼び径	単位	材料 品　　名	単位	歩掛数量	労務 職種	歩掛員数(人)	その他
屋内一般配管 屋外配管（架空）	6.35 (0.8)	1 m 当り	冷媒管 継手・接合材等 支持金物 雑材料	m 式 〃 〃	1.05 1 1 1	配管工	0.034	1式
	9.52 (0.8)	〃	冷媒管 継手・接合材等 支持金物 雑材料	m 式 〃 〃	1.05 1 1 1	配管工	0.050	〃
	12.70 (0.8)	〃	冷媒管 継手・接合材等 支持金物 雑材料	m 式 〃 〃	1.05 1 1 1	配管工	0.064	〃
	15.88 (1.0)	〃	冷媒管 継手・接合材等 支持金物 雑材料	m 式 〃 〃	1.05 1 1 1	配管工	0.080	〃
	19.05 (1.05)	〃	冷媒管 継手・接合材等 支持金物 雑材料	m 式 〃 〃	1.05 1 1 1	配管工	0.094	〃
	22.22 (1.2)	〃	冷媒管 継手・接合材等 支持金物 雑材料	m 式 〃 〃	1.05 1 1 1	配管工	0.109	〃

(つづく)

名　　称	呼び径	単位	材料 品名	材料 単位	材料 歩掛数量	労務 職種	労務 歩掛員数(人)	その他
屋内一般配管 屋外配管（架空）	25.40 (1.35)	1m当り	冷媒管 継手・接合材等 支持金物 雑材料	m 式 〃 〃	1.05 1 1 1	配管工	0.125	1式
	28.58 (1.55)	〃	冷媒管 継手・接合材等 支持金物 雑材料	m 式 〃 〃	1.05 1 1 1	配管工	0.140	〃
	31.75 (1.7)	〃	冷媒管 継手・接合材等 支持金物 雑材料	m 式 〃 〃	1.05 1 1 1	配管工	0.158	〃
	34.92 (1.85)	〃	冷媒管 継手・接合材等 支持金物 雑材料	m 式 〃 〃	1.05 1 1 1	配管工	0.170	〃
	38.10 (2.0)	〃	冷媒管 継手・接合材等 支持金物 雑材料	m 式 〃 〃	1.05 1 1 1	配管工	0.184	〃
	44.45 (2.3)	〃	冷媒管 継手・接合材等 支持金物 雑材料	m 式 〃 〃	1.05 1 1 1	配管工	0.210	〃
	50.80 (2.65)	〃	冷媒管 継手・接合材等 支持金物 雑材料	m 式 〃 〃	1.05 1 1 1	配管工	0.242	〃

(備考)　1．呼び径の数字は銅管の外径（mm）を，（　）内数字は銅管の肉厚（mm）を示す。
　　　　2．継手・接合材等は管単価の40%とし計上する。
　　　　3．支持金物は，管単価の40%とし計上する。
　　　　4．雑材料は，材料費の15%とし計上する。
　　　　5．「その他」の率対象は，配管工とする。

28. 冷媒用断熱材被覆銅管

名称	呼び径	断熱材 液管	断熱材 ガス管	単位	材料 品名	材料 単位	材料 歩掛数量	労務 職種	労務 歩掛員数(人)	その他
屋内一般配管 屋外配管（架空）	6.35(0.8)	10	20	1m当り	冷媒管	m	1.05	配管工	0.044	1式
					継手・接合材等	式	1			
					支持金物	〃	1			
					保護プレート	枚	1			
					雑材料	式	1			
	9.52(0.8)	10	20	〃	冷媒管	m	1.05	配管工	0.060	〃
					継手・接合材等	式	1			
					支持金物	〃	1			
					保護プレート	枚	1			
					雑材料	式	1			
	12.70(0.8)	10	20	〃	冷媒管	m	1.05	配管工	0.074	〃
					継手・接合材等	式	1			
					支持金物	〃	1			
					保護プレート	枚	1			
					雑材料	式	1			
	15.88(1.0)	10	20	〃	冷媒管	m	1.05	配管工	0.090	〃
					継手・接合材等	式	1			
					支持金物	〃	1			
					保護プレート	枚	1			
					雑材料	式	1			
	19.05(1.05)	10	20	〃	冷媒管	m	1.05	配管工	0.104	〃
					継手・接合材等	式	1			
					支持金物	〃	1			
					保護プレート	枚	1			
					雑材料	式	1			
	22.22(1.2)	10	20	〃	冷媒管	m	1.05	配管工	0.119	〃
					継手・接合材等	式	1			
					支持金物	〃	1			
					保護プレート	枚	1			
					雑材料	式	1			
	25.40(1.35)	10	20	〃	冷媒管	m	1.05	配管工	0.135	〃
					継手・接合材等	式	1			
					支持金物	〃	1			
					保護プレート	枚	1			
					雑材料	式	1			
	28.58(1.55)	10	20	〃	冷媒管	m	1.05	配管工	0.150	〃
					継手・接合材等	式	1			
					支持金物	〃	1			
					保護プレート	枚	1			
					雑材料	式	1			
	31.75(1.7)	10	20	〃	冷媒管	m	1.05	配管工	0.168	〃
					継手・接合材等	式	1			
					支持金物	〃	1			
					保護プレート	枚	1			
					雑材料	式	1			

(つづく)

名　称	呼び径	断熱材 液管	断熱材 ガス管	単位	材料 品　名	材料 単位	材料 歩掛数量	労務 職種	労務 歩掛員数(人)	その他
屋内一般配管 屋外配管（架空）	34.92(1.85)	10	20	1m当り	冷媒管	m	1.05	配管工	0.180	1式
					継手・接合材等	式	1			
					支持金物	〃	1			
					保護プレート	枚	1			
					雑材料	式	1			
	38.10(2.0)	10	20	〃	冷媒管	m	1.05	配管工	0.194	〃
					継手・接合材等	式	1			
					支持金物	〃	1			
					保護プレート	枚	1			
					雑材料	式	1			
	44.45(2.3)	10	20	〃	冷媒管	m	1.05	配管工	0.220	〃
					継手・接合材等	式	1			
					支持金物	〃	1			
					保護プレート	枚	1			
					雑材料	式	1			
	50.80(2.65)	10	20	〃	冷媒管	m	1.05	配管工	0.252	〃
					継手・接合材等	式	1			
					支持金物	〃	1			
					保護プレート	枚	1			
					雑材料	式	1			

（備考）
1. 呼び径の数字は銅管の外径（mm）を，（　）内数字は銅管の肉厚（mm）を示す。
2. 断熱材の数字は厚み（mm）を示し，値は以上表示とする。
3. 継手・接合材等は管単価の30％とし計上する。
4. 支持金物は，管単価の40％とし計上する。
5. 雑材料は，材料費の15％とし計上する。
6. 「その他」の率対象は，配管工とする。

29. 一般弁類

名　称	呼び径(A)	単位	材料 品　名	材料 単位	材料 歩掛数量	労務 職種	労務 歩掛員数(人)	その他	備　考
弁類	15	1個当り	弁類	個	1	配管工	0.07	1式	1. 仕切弁，玉形弁，逆止弁，ボール弁，減圧弁，安全弁，コック，エア抜弁，吸排気弁，ストレーナ，高圧トラップ，低圧トラップ等の弁類は，本表による。 2. バタフライ弁は本表の配管工の歩掛りを50％とする。 3. 多量トラップは本表の配管工の歩掛りを200％とする。 4. 「その他」の率対象は，配管工とする。
	20		〃	〃	1	〃	0.08	〃	
	25		〃	〃	1	〃	0.09	〃	
	32		〃	〃	1	〃	0.11	〃	
	40		〃	〃	1	〃	0.13	〃	
	50		〃	〃	1	〃	0.16	〃	
	65		〃	〃	1	〃	0.28	〃	
	80		〃	〃	1	〃	0.34	〃	
	100		〃	〃	1	〃	0.40	〃	
	125		〃	〃	1	〃	0.48	〃	
	150		〃	〃	1	〃	0.65	〃	
	200		〃	〃	1	〃	0.72	〃	
	250		〃	〃	1	〃	0.90	〃	
	300		〃	〃	1	〃	1.10	〃	

30. 伸縮管継手・フレキシブルジョイント等

名　称	呼び径(A)	単位	材料 品名	材料 単位	材料 歩掛数量	労務 職種	労務 歩掛員数(人)	その他	備　考
伸縮管継手 （ベローズ形（単式）） （ベローズ形（複式）） （スリーブ形）	15	1個当り	伸縮管継手	個	1	配管工	0.54	1式	1. ベローズ形（単式）は表中の配管工の歩掛りを60％とする。 2.「その他」の率対象は，配管工とする。
	20		〃	〃	1	〃	0.54	〃	
	25		〃	〃	1	〃	0.77	〃	
	32		〃	〃	1	〃	0.77	〃	
	40		〃	〃	1	〃	0.77	〃	
	50		〃	〃	1	〃	1.00	〃	
	65		〃	〃	1	〃	1.34	〃	
	80		〃	〃	1	〃	1.57	〃	
	100		〃	〃	1	〃	2.19	〃	
	125		〃	〃	1	〃	3.23	〃	
	150		〃	〃	1	〃	3.93	〃	
	200		〃	〃	1	〃	4.33	〃	
	250		〃	〃	1	〃	5.27	〃	
	300		〃	〃	1	〃	5.84	〃	
ボールジョイント防振継手 （ベローズ形） （合成ゴム製） フレキシブルジョイント （ベローズ形） （合成ゴム製）	15	1個当り	ボールジョイント防振継手	個	1	配管工	0.10	1式	「その他」の率対象は，配管工とする。
	20		〃	〃	1	〃	0.10	〃	
	25		〃	〃	1	〃	0.10	〃	
	32		〃	〃	1	〃	0.11	〃	
	40		〃	〃	1	〃	0.13	〃	
	50		〃	〃	1	〃	0.16	〃	
	65		〃	〃	1	〃	0.28	〃	
	80		〃	〃	1	〃	0.34	〃	
	100		〃	〃	1	〃	0.40	〃	
	125		〃	〃	1	〃	0.48	〃	
	150		〃	〃	1	〃	0.65	〃	
	200		〃	〃	1	〃	0.72	〃	
	250		〃	〃	1	〃	0.90	〃	
	300		〃	〃	1	〃	1.10	〃	
蒸発タンク （高圧トラップ装置用）	100	1個当り	蒸発タンク	個	1	配管工	0.16	1式	「その他」の率対象は，配管工とする。
	125		〃	〃	1	〃	0.18	〃	
	150		〃	〃	1	〃	0.20	〃	
	200		〃	〃	1	〃	0.25	〃	
リフト継手	20	1組（継手2個）当り	リフト継手	個	2	配管工	0.16	1式	「その他」の率対象は，配管工とする。
	25		〃	〃	2	〃	0.16	〃	
	32		〃	〃	2	〃	0.16	〃	
	40		〃	〃	2	〃	0.20	〃	
	50		〃	〃	2	〃	0.25	〃	
	65		〃	〃	2	〃	0.30	〃	
	80		〃	〃	2	〃	0.35	〃	
	100		〃	〃	2	〃	0.38	〃	
電蝕防止継手	15	1個当り	電蝕防止継手	個	1	配管工	0.07	1式	「その他」の率対象は，配管工とする。
	20		〃	〃	1	〃	0.08	〃	
	25		〃	〃	1	〃	0.09	〃	
	32		〃	〃	1	〃	0.11	〃	
	40		〃	〃	1	〃	0.13	〃	
	50		〃	〃	1	〃	0.16	〃	
	65		〃	〃	1	〃	0.28	〃	

(つづく)

❸配 管 工 事—50

名　称	呼び径(A)	単位	材料 品名	材料 単位	材料 歩掛数量	労務 職種	労務 歩掛員数(人)	その他	備考
フレキシブルチューブ	20	1本当り	フレキシブルチューブ	本	1	配管工	0.10	1式	「その他」の率対象は，配管工とする。
	25		〃	〃	1	〃	0.10	〃	

31．計 器 類

細目	単位	名　称	単位	数量	備考
圧　力　計 （水　用）	1組当り	圧　力　計	個	1	「その他」の率対象は，配管工とする。
		メートルコック（10φ）	〃	1	
		配　管　工	人	0.23	
		そ　の　他	式	1	
圧　力　計 （蒸　気　用）	1組当り	圧　力　計	個	1	「その他」の率対象は，配管工とする。
		メートルコック（10φ）	〃	1	
		サイホン管（10φ）	〃	1	
		配　管　工	人	0.23	
		そ　の　他	式	1	
連　成　計	1組当り	連　成　計	個	1	「その他」の率対象は，配管工とする。 蒸気用はサイホン管（10φ）付
		メートルコック（10φ）	〃	1	
		配　管　工	人	0.23	
		そ　の　他	式	1	
真　空　計（参考）	1組当り	真　空　計	個	1	「その他」の率対象は，配管工とする。
		メートルコック（10φ）	〃	1	
		サイホン管（10φ）	〃	1	
		配　管　工	人	0.23	
		そ　の　他	式	1	
温　度　計	1個当り	温　度　計	個	1	「その他」の率対象は，配管工とする。
		配　管　工	人	0.23	
		そ　の　他	式	1	
フロートスイッチ (オイルサービスタンク用)	1個当り	フロートスイッチ	個	1	「その他」の率対象は，配管工とする。
		配　管　工	人	1.00	
		そ　の　他	式	1	
地　震　感　知　器 （配管配線工事別途）	1組当り	感知器（付属品付）	個	1	「その他」の率対象は，配管工とする。
		配　管　工	人	0.40	
		そ　の　他	式	1	
煤　煙　濃　度　計 （配管配線工事別途）	1組当り	煤煙濃度計（付属品付）	個	1	「その他」の率対象は，配管工とする。
		配　管　工	人	0.70	
		そ　の　他	式	1	
瞬　間　流　量　計	1個当り	瞬　間　流　量　計	個	1	「その他」の率対象は，配管工とする。
		配　管　工	人	0.23	
		そ　の　他	式	1	

❹ 空気調和及び換気設備工事

① 冷　凍　機

1．チリングユニット据付け

名　称	摘　　要		単位	労　　務		その他	備　　考
	圧縮機電動機出力			職　種	歩掛員数(人)		
チリングユニット	3.75 kW 以下		1基当り	設備機械工	1.58	1式	1．防振基礎の場合は20%増しとする。 2．搬入費を別に計上する。 3．「その他」の率対象は，設備機械工とする。
	5.5	〃		〃	1.89	〃	
	11.0	〃		〃	3.15	〃	
	22.0	〃		〃	5.18	〃	
	37.0	〃		〃	7.21	〃	
	60.0	〃		〃	8.56	〃	
	75.0	〃		〃	12.61	〃	
	90.0	〃		〃	13.06	〃	

2．空気熱源ヒートポンプユニット据付け

名　称	摘　　要		単位	労　　務		その他	備　　考
	圧縮機電動機出力			職　種	歩掛員数(人)		
空気熱源ヒートポンプユニット	2.2 kW 以下		1基当り	設備機械工	1.87	1式	1．防振基礎の場合は20%増しとする。 2．モジュール形の場合は，モジュールごとの歩掛員数を加算して計上する。 3．搬入費を別に計上する。 4．「その他」の率対象は，設備機械工とする。
	3.75	〃		〃	2.31	〃	
	5.5	〃		〃	3.10	〃	
	7.5	〃		〃	3.46	〃	
	11.0	〃		〃	5.12	〃	
	15.0	〃		〃	5.33	〃	
	22.0	〃		〃	6.70	〃	
	33.0	〃		〃	10.31	〃	
	37.0	〃		〃	10.88	〃	

3．吸収冷温水機据付け

名　称	摘　　要		単位	労　　務		その他	備　　考
	冷凍能力			職　種	歩掛員数(人)		
吸収冷温水機	70 kW 以下		1基当り	設備機械工	6.28	1式	1．搬入費を別に計上する。 2．「その他」の率対象は，設備機械工とする。
	105	〃		〃	8.44	〃	
	140	〃		〃	10.60	〃	
	176	〃		〃	12.76	〃	
	264	〃		〃	18.16	〃	
	352	〃		〃	23.56	〃	
	440	〃		〃	25.74	〃	
	528	〃		〃	30.54	〃	
	598	〃		〃	34.38	〃	
	721	〃		〃	41.10	〃	
	897	〃		〃	50.70	〃	
	1,056	〃		〃	59.34	〃	

❹空気調和及び換気設備工事—2

② 冷　却　塔
(1) 現場組立形冷却塔及び大型の冷却塔は，機器単価に，墨出し，据付費，調整等を含めるため，これらについては製造者の見積りにより計上する。

1．冷却塔据付け

名　称	摘　要 冷却能力	単位	労務 職種	労務 歩掛員数(人)	その他	備　考
冷　却　塔 (FRP)	20.9 kW 以下	1基当り	設備機械工	1.18	1式	1．防振基礎の場合は20%増しとする。 2．搬入費を別に計上する。 3．「その他」の率対象は，設備機械工とする。 (注) 摘要欄は，冷却水出入口温度32℃，37℃，外気温度27℃(WB)の場合の冷却能力を示す。
	31.4　〃		〃	1.27	〃	
	41.8　〃		〃	1.31	〃	
	62.7　〃		〃	1.51	〃	
	83.7　〃		〃	1.59	〃	
	104　〃		〃	1.71	〃	
	125　〃		〃	1.95	〃	
	167　〃		〃	2.52	〃	
	209　〃		〃	2.93	〃	
	251　〃		〃	3.33	〃	
	334　〃		〃	4.47	〃	
	418　〃		〃	6.18	〃	
	523　〃		〃	6.87	〃	
	627　〃		〃	8.84	〃	

③ 空 気 調 和 機
1．空気調和機据付け

名　称	摘　要 風　量	単位	労務 職種	労務 歩掛員数(人)	その他	備　考
ユニット形 空気調和機	9,780 m³/h 以下	1台当り	設備機械工	4.66	1式	1．防振基礎の場合は20%増しとする。 2．搬入費を別に計上する。 3．「その他」の率対象は，設備機械工とする。
	11,300　〃		〃	5.09	〃	
	17,100　〃		〃	7.66	〃	
	25,900　〃		〃	9.39	〃	
	30,700　〃		〃	10.04	〃	
	35,700　〃		〃	12.14	〃	
	39,400　〃		〃	15.39	〃	
	43,800　〃		〃	20.85	〃	
コンパクト形 空気調和機	2,000 m³/h 以下		設備機械工	1.70	1式	
	4,000　〃		〃	2.05	〃	
	6,000　〃		〃	2.41	〃	

2．パッケージ形空気調和機据付け

名　称	摘　要 冷房能力	単位	労務 職種	労務 歩掛員数(人)	その他	備　考
水 冷 式 パッケージ形 空気調和機	2.5 kW 以下	1台当り	設備機械工	1.15	1式	1．屋内機の天井吊りは100%増しとする。 2．防振基礎の場合20%増しとする。 3．本体及び附属品の取付けを含む。 4．電気配管，配線工事は含まない。 5．搬入費を別に計上する。 6．「その他」の率対象は，設備機械工とする。 (注) 摘要欄は，冷却水出入口温度32℃，37℃，外気温度27℃(WB)の場合の冷却能力を示す。
	5.0　〃		〃	1.51	〃	
	9.0　〃		〃	1.55	〃	
	14.0　〃		〃	1.89	〃	
	22.4　〃		〃	2.19	〃	
	28.0　〃		〃	2.44	〃	
	45.0　〃		〃	3.18	〃	
	56.0　〃		〃	3.63	〃	
	71.0　〃		〃	5.36	〃	
	90.0　〃		〃	5.86	〃	
	112.0　〃		〃	8.33	〃	

❹ 空気調和及び換気設備工事—3

3. パッケージ形空気調和機(圧縮機屋内形)据付け

名称	摘要 定格冷房能力	単位	職種	歩掛員数(人) 屋内機	歩掛員数(人) 屋外機	その他	備考
パッケージ形空気調和機(直吹き・ダクト接続)	12.5kW以下	1台当り	設備機械工	0.95	0.34	1式	1. 屋外機の天井吊りは100%増しとする。 2. 防振基礎の場合20%増しとする。 3. 屋内機、屋外機、その他の附属品の取付けを含む。 4. 冷媒配管及び電気配管,配線工事は含まない。 5. 搬入費を別に計上する。 6. 「その他」の率対象は,設備機械工とする。 (注) 摘要欄は、JIS標準条件(JIS B 8616)による定格冷房能力を示す。
	18.0 〃		〃	1.30	0.52	〃	
	25.0 〃		〃	1.59	0.65	〃	
	35.5 〃		〃	2.59	1.12	〃	
	50.0 〃		〃	3.20	1.14	〃	
	56.0 〃		〃	3.50	1.29	〃	
	71.0 〃		〃	4.44	1.82	〃	

4. パッケージ形空気調和機(圧縮機屋外形)据付け

名称	摘要 定格冷房能力	単位	職種	屋内機 天井吊	屋内機 壁掛け	屋内機 床置き	屋外機	その他	備考
パッケージ形空気調和機(セパレート・マルチ)	2.8kW以下	1台当り	設備機械工	0.41	—	0.15	0.45	1式	1. 屋外機の天井吊りは100%増しとする。 2. 防振基礎の場合20%増しとする。 3. 屋内機の「天井吊」は、天井吊形(露出,隠ぺい共)、カセット形及び外気処理ユニット(天井吊形)を示す。また「床置き」は、床置立形、床置横形、床置ローボイ形(各々,露出,隠ぺい共)及び外気処理ユニット(床置形)を示す。 4. 本体及び附属品の取付けを含む。 5. 冷媒配管,電気配管,配線工事は含まない。 6. 搬入費を別に計上する。 7. 「その他」の率対象は,設備機械工とする。 (注) 摘要欄は、JIS標準条件(JIS B 8616)による定格冷房能力を示す。
	3.2 〃		〃	0.50	0.27	0.15	0.55	〃	
	4.0 〃		〃	0.51	0.27	0.18	0.58	〃	
	4.5 〃		〃	0.52	0.27	0.30	0.62	〃	
	5.0 〃		〃	0.52	0.27	0.30	0.66	〃	
	5.6 〃		〃	0.53	0.30	0.31	0.77	〃	
	6.3 〃		〃	0.53	0.30	0.36	0.80	〃	
	7.1 〃		〃	0.53	0.31	0.36	0.83	〃	
	8.0 〃		〃	0.63	0.33	0.42	0.98	〃	
	10.0 〃		〃	0.81	0.42	0.50	1.09	〃	
	12.5 〃		〃	0.81	0.55	0.51	1.24	〃	
	14.0 〃		〃	0.82	0.60	0.51	1.28	〃	
	20.0 〃		〃	—	—	—	2.29	〃	
	25.0 〃		〃	—	—	—	2.56	〃	
	28.0 〃		〃	—	—	—	2.84	〃	
	33.5 〃		〃	—	—	—	3.36	〃	
	40.0 〃		〃	—	—	—	3.98	〃	
	45.0 〃		〃	—	—	—	4.45	〃	
	50.0 〃		〃	—	—	—	4.93	〃	
	56.0 〃		〃	—	—	—	5.50	〃	
	63.0 〃		〃	—	—	—	6.16	〃	
	80.0 〃		〃	—	—	—	7.77	〃	

5．ガスエンジンヒートポンプ式空気調和機据付け

名称	摘要 定格冷房能力	単位	労務 職種	労務 歩掛員数(人)	その他	備考
ガスエンジンヒートポンプ式空気調和機	28.0 kW 以下	1台当り	設備機械工	屋外機 2.7	1式	1．防振基礎の場合は20％増しとする。 2．搬入費を別に計上する。 3．屋内機の据付けは，4．パッケージ形空気調和機（圧縮機屋外形）据付けによる。 4．「その他」の率対象は，設備機械工とする。 (注) 摘要欄は，JIS 標準条件（JIS B 8616）による定格冷房能力を示す。
	35.5 〃	〃	〃	〃 3.5	〃	
	45.0 〃	〃	〃	〃 5.6	〃	
	56.0 〃	〃	〃	〃 7.0	〃	
	71.0 〃	〃	〃	〃 7.6	〃	
	85.0 〃	〃	〃	〃 9.0	〃	

6．ルームエアコンディショナー（ウインド形）据付け

名称	摘要 定格冷房能力	単位	労務 職種	労務 歩掛員数(人)	その他	備考
ルームエアコンディショナー（ウインド形）	1.8 kW 以下	1台当り	設備機械工	0.34	1式	1．本体及び附属品の取付けを含む。 2．「その他」の率対象は，設備機械工とする。 (注) 摘要欄は，JIS 標準条件（JIS C 9612）による定格冷房能力を示す。
	2.2 〃	〃	〃	0.65	〃	
	3.6 〃	〃	〃	0.86	〃	
	4.5 〃	〃	〃	0.95	〃	

7．ルームエアコンディショナー（セパレート形（圧縮機屋外形））据付け

名称	摘要 定格冷房能力	単位	職種	屋内機 壁掛け	屋内機 床置き	屋外機	その他	備考
ルームエアコンディショナー（セパレート形（圧縮機屋外形））	1.8 kW 以下	1台当り	設備機械工	0.10	—	0.29	1式	1．屋外機の天井吊りは100％増しとする。 2．本体及び附属品の取付けを含む。 3．冷媒配管，電気工事，配線工事を含む。 4．「その他」の率対象は，設備機械工とする。 (注) 摘要欄は，JIS 標準条件（JIS C 9612）による定格冷房能力を示す。
	2.5 〃	〃	〃	0.10	0.17	0.30	〃	
	3.6 〃	〃	〃	0.12	0.17	0.37	〃	
	4.0 〃	〃	〃	0.14	0.18	0.45	〃	
	4.5 〃	〃	〃	0.22	0.28	0.63	〃	
	6.3 〃	〃	〃	0.28	—	0.75	〃	

8．ファンコイルユニット据付け

名称	摘要 定格風量	(参考形番)	単位	労務 職種	労務 歩掛員数(人)	その他	備考
ファンコイルユニット（床置形）	420 m³/h 以上	(FCU-3)	1台当り	設備機械工	0.79	1式	1．「その他」の率対象は，設備機械工とする。
	560 〃	(〃-4,6)	〃	〃	0.87	〃	
	1,120 〃	(〃-8)	〃	〃	0.95	〃	
〃（天井吊り形）	420 m³/h 以上	(FCU-3)		設備機械工	1.19	1式	
	560 〃	(〃-4,6)		〃	1.31	〃	
	1,120 〃	(〃-8)		〃	1.43	〃	
〃（ロ-ボイ形）	360 m³/h 以上	(FCU-3)		設備機械工	0.79	1式	
	480 〃	(〃-4,6)		〃	0.87	〃	
	960 〃	(〃-8)		〃	0.95	〃	
〃（カセット形）	480 m³/h 以上	(FCU-3)		設備機械工	1.25	1式	
	640 〃	(〃-4,6)		〃	1.36	〃	
	1,280 〃	(〃-8)		〃	1.53	〃	

9. 全熱交換器据付け

名称	摘要 風量	単位	労務 職種	労務 歩掛員数(人)	その他	備考
回転形全熱交換器	600 m³/h 以下	1台当り	設備機械工	0.68	1式	1. 天井吊りの場合は100%増しとする。 2. 機器質量が100kg以上のものは搬入費を別に計上する。 3.「その他」の率対象は,設備機械工とする。
	1,500 〃		〃	0.99	〃	
	2,400 〃		〃	1.22	〃	
	3,900 〃		〃	1.67	〃	
	5,400 〃		〃	2.12	〃	
	7,500 〃		〃	2.70	〃	
	11,400 〃		〃	3.83	〃	
	16,200 〃		〃	5.86	〃	
静止形全熱交換器（単体）	1,000 m³/h 以下	〃	設備機械工	1.23	1式	
	2,000 〃		〃	1.50	〃	
	3,000 〃		〃	1.79	〃	
	4,000 〃		〃	2.04	〃	
	5,000 〃		〃	2.39	〃	
	7,500 〃		〃	3.06	〃	
	10,000 〃		〃	3.60	〃	
	15,000 〃		〃	5.23	〃	
	20,000 〃		〃	6.31	〃	
	25,000 〃		〃	7.93	〃	
全熱交換ユニット	100 m³/h 以下	〃	設備機械工	1.01	1式	
	300 〃		〃	1.25	〃	
	500 〃		〃	1.44	〃	
	1,000 〃		〃	1.98	〃	
	2,000 〃		〃	3.06	〃	
	4,000 〃		〃	4.95	〃	
	6,000 〃		〃	6.85	〃	
	10,000 〃		〃	11.17	〃	
	15,000 〃		〃	15.50	〃	
全熱交換ユニット（カセット形）	500 m³/h 以下	〃	設備機械工	0.41	1式	1.「その他」の率対象は,設備機械工とする。
	750 〃		〃	0.52	〃	
	1,000 〃		〃	0.53	〃	

10. 空気清浄装置据付け

名称	摘要（風量・寸法等）	単位	労務（職種）	労務（歩掛員数(人)）	その他	備考
自動巻取形エアフィルター	150 m³/min 以下	1台当り	設備機械工	1.35	1式	1. 駆動装置・その他の取付けを含む。 2.「その他」の率対象は,設備機械工とする。
	175 〃		〃	1.38	〃	
	200 〃		〃	1.41	〃	
	225 〃		〃	1.43	〃	
	250 〃		〃	1.45	〃	
	275 〃		〃	1.48	〃	
	300 〃		〃	1.51	〃	
	325 〃		〃	1.54	〃	
	350 〃		〃	1.57	〃	
	375 〃		〃	1.59	〃	
	400 〃		〃	1.61	〃	
	450 〃		〃	1.65	〃	
	500 〃		〃	2.15	〃	
	550 〃		〃	2.21	〃	
	600 〃		〃	2.26	〃	
	650 〃		〃	2.29	〃	
	700 〃		〃	2.31	〃	
	750 〃		〃	2.36	〃	
	800 〃		〃	2.42	〃	
電気集じん器	167 m³/min 以下	〃	設備機械工	1.73	1式	1.「その他」の率対象は,設備機械工とする。
	250 〃		〃	2.21	〃	
	333 〃		〃	2.46	〃	
	500 〃		〃	3.06	〃	
	667 〃		〃	3.56	〃	
	1,000 〃		〃	5.08	〃	
	1,667 〃		〃	7.61	〃	
パネル形エアフィルター	500×500×25 t	1枚当り	設備機械工	0.05	1式	
	500×500×50 t		〃	0.06	〃	
折込み形エアフィルター	610×610	〃	設備機械工	0.10	1式	

11. 加湿器据付け

名称	摘要	単位	労務（職種）	労務（歩掛員数(人)）	その他	備考
天井カセット形気化式加湿器		1台当り	設備機械工	0.41	1式	1.「その他」の率対象は,設備機械工とする。

④ 送風機

1. 送風機据付け

名称	摘要 呼び番号・口径等	単位	労務 職種	労務 歩掛員数(人)	その他	備考
送風機（片吸込）	No.1 1/4 以下	1台当り	設備機械工	0.85	1式	1. 天井吊りの場合は100%増しとする。 2. 防振基礎の場合は20%増しとする。 3. 送風機には排煙機を含む。 4. 塩ビ製，ステンレス製等の送風機も本表による。 5. 機器質量が100kg以上のものは搬入費を別に計上する。 6. 「その他」の率対象は，設備機械工とする。
	No.1 1/2 〃		〃	1.00	〃	
	No.2 〃		〃	1.23	〃	
	No.2 1/2 〃		〃	1.40	〃	
	No.3 〃		〃	1.62	〃	
	No.3 1/2 〃		〃	2.02	〃	
	No.4 〃		〃	2.31	〃	
	No.4 1/2 〃		〃	2.53	〃	
	No.5 〃		〃	3.07	〃	
	No.5 1/2 〃		〃	3.37	〃	
	No.6 〃		〃	3.88	〃	
	No.7 〃		〃	6.26	〃	
	No.8 〃		〃	7.31	〃	
	No.9 〃		〃	9.28	〃	
	No.10 〃		〃	11.31	〃	
送風機（両吸込）	No.2 以下	1台当り	設備機械工	1.59	1式	1. 天井吊りの場合は100%増しとする。 2. 防振基礎の場合は20%増しとする。 3. 送風機には排煙機を含む。 4. 塩ビ製，ステンレス製等の送風機も本表による。 5. 機器質量が100kg以上のものは搬入費を別に計上する。 6. 「その他」の率対象は，設備機械工とする。
	No.2 1/2 〃		〃	1.83	〃	
	No.3 〃		〃	2.18	〃	
	No.3 1/2 〃		〃	2.55	〃	
	No.4 〃		〃	3.20	〃	
	No.4 1/2 〃		〃	3.58	〃	
	No.5 〃		〃	4.29	〃	
	No.5 1/2 〃		〃	4.83	〃	
	No.6 〃		〃	5.55	〃	
	No.7 〃		〃	10.04	〃	
	No.8 〃		〃	11.44	〃	
	No.9 〃		〃	15.33	〃	
	No.10 〃		〃	18.47	〃	

2. 消音ボックス付送風機等据付け

名称	摘要 呼び番号・口径等	単位	労務 職種	労務 歩掛員数(人)	その他	備考
消音ボックス付送風機		1台当り	設備機械工	0.85	1式	1. 天井吊りの場合は100%増しとする。 2. 消音ボックス付送風機の適用は，呼び番号1 1/2以下の遠心送風機又は3以下の斜流送風機内蔵とする。 3. 「その他」の率対象は，設備機械工とする。
軸流送風機 斜流送風機		〃	〃	0.85	〃	1. 天井吊りの場合は100%増しとする。 2. 「その他」の率対象は，設備機械工とする。
パイプ用ファン	150φ以下	〃	〃	0.25	〃	1. 「その他」の率対象は，設備機械工とする。

3. 換気扇等据付け

名称	摘要（呼び番号・口径等）	単位	労務（職種）	歩掛員数(人)	その他	備考
換気扇	羽根径200 mm以下	1台当り	設備機械工	0.39	1式	1. 圧力扇を含む。 2. 換気扇木枠取付けを含む。 3. 「その他」の率対象は,設備機械工とする。
	〃 250 mm 〃		〃	0.45	〃	
	〃 300 mm 〃		〃	0.54	〃	
	〃 400 mm 〃		〃	0.58	〃	
	〃 500 mm 〃		〃	0.62	〃	
	天井埋込形		〃	0.50	〃	
レンジフード		〃	〃	0.85	〃	1.「その他」の率対象は,設備機械工とする。

4. ウェザーカバー

名称	摘要	単位	材料 ウェザーカバー(個)	労務（職種）	歩掛員数(人)	その他	備考
ウェザーカバー	20cm用	1個当り	1	設備機械工	0.16	1式	1.「その他」の率対象は,設備機械工とする。
	25cm用			〃	0.18	〃	
	30cm用			〃	0.22	〃	
	40cm用			〃	0.23	〃	
	50cm用			〃	0.25	〃	

⑤ 機器搬入費

機器搬入費は,トラッククレーンを使用して機器を現場敷地内の仮置場から設置場所まで運び入れ,基礎上に仮据付を行う費用であり,単独の機器の質量が100kg以上のものについて適用する。

1. 歩掛

(1) 計算方法

搬入費の計算は次による。

搬入費 ＝ 搬入機器質量 × 搬入基準単価 × 補正率

① 搬入基準単価の算出方法

搬入する機器の質量1t当りの基準となる単価（以下,搬入基準単価という）は,表－1により算出する。

表－1　機器搬入費の計算式

細目	単位	名称	摘要	所要量	備考
機器搬入費	t	揚重機賃料	トラッククレーン又はラフテレーンクレーン16t	1式 (0.347 [台・日/t] × 賃料 [円/台・日])	
		油圧ジャッキ損料	20t	1式 (1.736 [台・日/t] × 損料 [円/台・日])	
		コロ	SGP100A ×2m	1式 (8.119×10^{-3} [m/t] × 材料単価 [円/m])	
		道板	松4m×3.6cm×15cm	1式 (0.198×10^{-3} [m³/t] × 材料単価 [円/m³])	
		油圧ジャッキ,コロ,道板の運搬費	トラック普通用2t積	1式 (0.0175 [日/t] × 運搬機械運転 [円/日])	「運搬機械運転」は表－2による。
		とび工		1.33 [人]	
		その他		1式	

1)「その他」の率対象はとび工とする。

2) 表－1の計算式において運搬費を算出するために,表－2により運搬機械運転の単価を算出する。

表－2　運搬機械運転の計算式

名称	仕様	単位	所要量	単価
運転手（一般）		人	1	
機械損料	トラック普通用2t積	供用日	1.13	
燃料（軽油）		ℓ	18.5	
その他		式	1	

（備考）1.「その他」の率対象は,運転手,燃料とする。

3) 搬入基準単価となる単価の算出
　表−1で示したそれぞれの項目を個別に算出し，その算出した値を合算して搬入基準単価を算出する。
　㋐　揚　重　機
　　ラフテレーンクレーン（16 t）：建設物価
　　$49,000 \times 0.347 = 17,003.00$
　㋑　油圧ジャッキ
　　油圧ジャッキ（20 t）：機械損料
　　$622 \times 1.736 = 1,079.79$
　㋒　コ　　ロ
　　コロ（SGP（黒）100A × 2 m）：建設物価
　　$2,436.36 \times 8.119 \times 10^{-3} = 19.78$
　㋓　道　　板
　　道板（松 4 m × 3.6 cm × 15 cm）：建設物価
　　$56,000 \times 0.198 \times 10^{-3} = 11.09$
　㋔　運　搬　費
　　表−2より算出する。
　　「その他」の率は，機械設備工事の「機器搬入」20～30％の中間値の25％に1％を加えた26％とする。
　　表−3　運搬機械運転の計算方法

名　　称	単位	所要量	単　価	金　額	備　考
運転手（一般）	人	1	23,600	23,600.00	①
トラック普通用2t積	台	1.13	3,560	4,022.80	②
軽　　油	ℓ	18.5	135	2,497.50	③
そ　の　他		0.26		6,785.35	④(① + ③) × (0.25 + 0.01)
計		① + ② + ③ + ④		36,905.65	

　　$36,905.65 \times 0.0175 = 645.85$
　㋕　と　び　工
　　とび工：公共工事設計労務単価
　　$31,200 \times 1.33 = 41,496.00$
　㋖　そ　の　他
　　その他（とび工）率対象は26％（25％ + 1 ％）
　　$41,496.00 \times 0.26 = 10,788.96$

　　搬入基準単価（㋐～㋖）= 17,003.00 + 1,079.79 + 19.78 + 11.09 + 645.85 + 41,496.00 + 10,788.96
　　　　　　　　　　　　 = 71,044.47
　　　　　　　　　　　　 ≒ 71,000
② 補正率　質量又は容積質量による。（表−4を参照）
　1) 補正区分
　　㋐　重量品は，搬入する機器自体の機器質量で補正区分を決定する。
　　㋑　容積品は，機器の機器質量ではなく算出した容積質量で補正区分を決定する。

2) 補正率
   補正区分が決定したら，搬入基準単価にその該当する補正率を乗じる。
   表-4　補正率

区分		摘要	補正率	備考
重量品	600kg/m³以上	250kg 以下	1.30	単独搬入の場合は，補正率を30%増しする。
		500kg 以下	1.20	
		800kg 以下	1.10	
		1,000kg 以下	1.00	
		3,000kg 以下	0.85	
		5,000kg 以下	0.75	
		7,000kg 以下	0.70	
		10,000kg 以下	0.60	
		15,000kg 以下	0.50	
容積品	600kg/m³未満	600kg/m³未満	1.00	
		500kg/m³未満	1.20	
		400kg/m³未満	1.40	
		300kg/m³未満	1.70	
		200kg/m³未満	2.00	
		100kg/m³未満	2.50	

3) 重量品と容積品に区別する。(表-4を参照)
   重量品と容積品を区別する方法は，「機器質量(kg)/体積(m³)」で容積判定を行い，その算出した値が，600kg/m³以上なら重量品となり，600kg/m³未満なら容積品とする。

2．ポンプと鋼板製水槽の搬入費計算例
   機器ごとの質量に補正率を乗じた質量に搬入基準単価を乗じて計算する。
   搬入費(円) = 搬入機器質量(t)(b) × 搬入基準単価(円/t)(a) × 補正率(c)

表-5　搬入費計算例　　　　　　　　　　　　　　　　　　　　　　　　　　　搬入基準単価(a)：71,000

名称	質量(t)(b)	容積(m³)縦×横×高	質容判定(kg/m³)容積質量	判定	補正率(c)重量品	容積品	搬入費(円)(a)×(b)×(c)
ポンプ	0.7	1.5×0.8×0.8＝0.96	729	重量品	1.1		54,670
鋼板製水槽	1.6	2.8×2.0×2.0＝11.20	143	容積品		2.0	227,200

⑥ ダクト設備

(1) 歩掛員数は加工・取付を含んだものとする。

1. アングルフランジ工法ダクト

(1) 低圧ダクト

名称	鉄板（ダクトの長辺寸法）厚 mm	単位	亜鉛鉄板 m²	鋼板 kg	形鋼 kg	六角ボルト・ナット M8×20L〜25L 組	ガスケット用フランジ m	棒鋼・形鋼 M10又は呼び径9 kg	鋼材防錆塗装 塗料・さび止め kg	塗装工 人	ダクト（鉄板鋼材加工取付）工 人	その他
ダクト（アングルフランジ工法ダクト）低圧	0.5 (450以下)	m²	1.41	–	(25×25×3) 3.2	18	(幅25) 1.5	(25×25×3) 0.31	0.126	0.011	0.25	1式
	0.6 (451〜750)	〃	1.36	–	(25×25×3) 3.6	20	(幅25) 1.6	(25×25×3) 0.54	0.139	0.012	0.26	
	0.8 (751〜1500)	〃	1.31	–	(30×30×3) 4.5	17	(幅30) 1.3	(30×30×3) 0.77	0.156	0.014	0.28	
	1.0 (1501〜2200)	〃	1.31	–	(40×40×3) 5.7	17	(幅40) 1.3	(40×40×3) 1.00	0.204	0.018	0.31	
	1.2 (2201以上)	〃	1.32	–	(40×40×5) 9.4	17	(幅40) 1.3	(40×40×5) 1.23	0.221	0.020	0.41	
	1.6	〃	–	14.7	(40×40×5) 9.2	16	(幅40) 1.2	(40×40×5) 1.10	0.850	0.075	0.54	

(備考) 1. 継目及び継手を外面からシール材でシールする場合は，複合単価を2％増しとする。
2. 塗料及び塗装工は，工場塗りとする。
3. 消耗品・雑材料は，材料費の5％（鋼板厚1.6mmは8％）とし計上する。
4. 運搬費は，（材料費＋消耗品・雑材料費）の10％とし計上する。
5. 「その他」の率対象は，材料，消耗品・雑材料，鋼材防錆塗装，運搬費，ダクト工とする。

(2) 高圧1ダクト，高圧2ダクト

名称	鉄板（ダクトの長辺寸法）厚 mm	単位	亜鉛鉄板 m²	形鋼 kg	六角ボルト・ナット M8×20L〜25L 組	ガスケット用フランジ m	棒鋼・形鋼 M10又は呼び径9 kg	鋼材防錆塗装 塗料・さび止め kg	塗装工 人	ダクト（鉄板鋼材加工取付）工 人	その他
ダクト（アングルフランジ工法ダクト）高圧1・2	0.8 (450以下)	m²	1.41	(25×25×3) 3.5	18	(幅25) 1.5	(25×25×3) 0.31	0.126	0.011	0.25	1式
	1.0 (451〜750)	〃	1.36	(25×25×3) 3.6	17	(幅25) 1.6	(25×25×3) 0.54	0.139	0.012	0.26	
	1.0 (751〜1200)	〃	1.31	(30×30×3) 4.5	17	(幅30) 1.3	(30×30×3) 0.77	0.156	0.014	0.28	
	1.2 (1201〜1500)	〃	1.31	(30×30×3) 4.5	17	(幅30) 1.3	(30×30×3) 0.77	0.156	0.014	0.28	
	1.2 (1501〜2200)	〃	1.31	(40×40×3) 5.7	17	(幅40) 1.3	(40×40×3) 1.00	0.204	0.018	0.31	
	1.2 (2201以上)	〃	1.32	(40×40×5) 9.4	17	(幅40) 1.3	(40×40×5) 1.23	0.221	0.020	0.41	

(備考) 1. 継目及び継手を外面からシール材でシールする場合は，複合単価を2％増しとする。
2. 塗料及び塗装工は，工場塗りとする。
3. 消耗品・雑材料は，材料費の5％とし計上する。
4. 運搬費は，（材料費＋消耗品・雑材料費）の10％とし計上する。
5. 「その他」の率対象は，材料，消耗品・雑材料，鋼材防錆塗装，運搬費，ダクト工とする。

❹空気調和及び換気設備工事—12

2. コーナーボルト工法ダクト（低圧）

(1) 共板フランジ工法ダクト

名称	鉄板厚(ダクトの長辺寸法) mm	単位	材料 亜鉛鉄板 m²	コーナー金具 個	フランジ押え金具 1.0t 個	六角ボルト・ナット M8×20L～25L 組	ガスケットフランジ用 幅15 m	シール材 kg	補強用形鋼 kg	棒鋼・形鋼 M10又は呼び径9 kg	鋼材防錆塗装 塗料・さび止め kg	塗装工 人	ダクト工(鉄板鋼材加工取付) 人	その他
共板フランジ工法ダクト	0.5 (450以下)	m²	1.53	(1.2t) 13	7	7	1.6	0.055	—	(25×25×3) 0.46	0.010	0.001	0.22	1式
	0.6 (451～750)	〃	1.48	(1.2t) 5	4	3	1.6	0.021	(25×25×3) 0.90	(25×25×3) 0.81	0.017	0.002	0.24	
	0.8 (751～1200)	〃	1.43	(1.2t) 3	4	3	1.5	0.012	(30×30×3) 1.40	(30×30×3) 1.16	0.031	0.003	0.25	
	0.8 (1201～1500)	〃	1.43	(1.6t) 3	4	3	1.5	0.012	(30×30×3) 1.40	(30×30×3) 1.16	0.031	0.003	0.25	

（備考）
1. 継目及び継手を外面からシール材でシールする場合は，複合単価を2％増しとする。
2. 塗料及び塗装工は，工場塗りとする。
3. 消耗品・雑材料は，材料費の5％とし計上する。
4. 運搬費は，(材料費＋消耗品・雑材料費)の10％とし計上する。
5. 「その他」の率対象は，材料，消耗品・雑材料，鋼材防錆塗装，運搬費，ダクト工とする。

(2) スライドオンフランジ工法ダクト

名称	鉄板厚(ダクトの長辺寸法) mm	単位	材料 亜鉛鉄板 m²	フランジ m	コーナー金具 個	フランジ押え金具 幅30 個	六角ボルト・ナット M8×20L～25L 組	ガスケットフランジ用 幅15 m	シール材 kg	補強用形鋼 kg	棒鋼・形鋼 M10又は呼び径9 kg	鋼材防錆塗装 塗料・さび止め kg	塗装工 人	ダクト工(鉄板鋼材加工取付) 人	その他
スライドオンフランジ工法ダクト	0.5 (450以下)	m²	1.41	(0.6t×幅19) 2.1	(2.0t×幅18) 11	—	7	1.5	0.052	—	(25×25×3) 0.37	0.010	0.001	0.22	1式
	0.6 (451～750)	〃	1.36	(0.9t×幅20) 1.8	(2.3t×幅18) 5	1.2	3	1.5	0.020	(25×25×3) 0.90	(25×25×3) 0.65	0.017	0.002	0.24	
	0.8 (751～1500)	〃	1.31	(0.9t×幅20) 1.7	(2.3t×幅18) 3	1.2	2	1.4	0.011	(30×30×3) 1.40	(30×30×3) 0.93	0.031	0.003	0.25	

（備考）
1. 継目及び継手を外面からシール材でシールする場合は，複合単価を2％増しとする。
2. 塗料及び塗装工は，工場塗りとする。
3. 消耗品・雑材料は，材料費の5％とし計上する。
4. 運搬費は，(材料費＋消耗品・雑材料費)の10％とし計上する。
5. 「その他」の率対象は，材料，消耗品・雑材料，鋼材防錆塗装，運搬費，ダクト工とする。

3. ステンレス製ダクト　アングル工法

(1) 低圧ダクト（SUS・A）

名称	板厚（ダクトの長辺寸法）mm	単位	材料 ステンレス鋼板 m²	ステンレス形鋼 kg	六角ボルト・ナット ステンレス M8×20L～25L 組	ガスケット用フランジ m	棒鋼・形鋼 ステンレス M10又は呼び径9 kg	ダクト工（鋼板鋼材加工取付）人	その他
アングル工法ダクト（低圧ダクト）SUS・A	0.5（750以下）	m²	1.28	(25×25×3) 2.0	13.3	(幅25) 1.3	(25×25×3) 0.30	0.56	1式
	0.6（751～1500）	〃	1.28	(30×30×3) 3.0	13.3	(幅30) 1.3	(30×30×3) 0.86	0.59	
	0.8（1501～2200）	〃	1.28	(40×40×3) 4.0	13.3	(幅40) 1.3	(40×40×3) 1.13	0.63	
	1.0（2201以上）	〃	1.28	(40×40×5) 6.4	13.3	(幅40) 1.3	(40×40×5) 1.40	0.78	
	1.5	〃	1.17	(40×40×5) 6.4	13.3	(幅40) 1.3	(40×40×5) 1.40	1.22	

（備考）1. 消耗品・雑材料は，材料費の5%（板厚1.5mmは8%）とし計上する。
　　　　2. 運搬費は，（材料費＋消耗品・雑材料費）の10%とし計上する。
　　　　3. 「その他」の率対象は，材料，消耗品・雑材料，ダクト工，運搬費とする。

(2) 低圧ダクト（SUS・B）

名称	板厚（ダクトの長辺寸法）mm	単位	材料 ステンレス鋼板 m²	形鋼 kg	六角ボルト・ナット M8×20L～25L 組	ガスケット用フランジ m	棒鋼・形鋼 M10又は呼び径9 kg	鋼材防錆塗装 塗料・さび止め kg	塗装工 人	ダクト工（鋼板鋼材加工取付）人	その他
アングル工法ダクト（低圧ダクト）SUS・B	0.5（750以下）	m²	1.28	(25×25×3) 3.6	20	(幅25) 1.3	(25×25×3) 0.30	0.116	0.010	0.56	1式
	0.6（751～1500）	〃	1.28	(30×30×3) 4.5	17	(幅30) 1.3	(30×30×3) 0.86	0.129	0.011	0.59	
	0.8（1501～2200）	〃	1.28	(40×40×3) 5.7	17	(幅40) 1.3	(40×40×3) 1.13	0.177	0.016	0.63	
	1.0（2201以上）	〃	1.28	(40×40×5) 9.4	17	(幅40) 1.3	(40×40×5) 1.40	0.177	0.016	0.78	
	1.5	〃	1.17	(40×40×5) 9.2	16	(幅40) 1.3	(40×40×5) 1.40	0.177	0.016	0.98	

（備考）1. 塗料及び塗装工は，工場塗りとする。
　　　　2. 消耗品・雑材料は，材料費の5%（板厚1.5mmは8%）とし計上する。
　　　　3. 運搬費は，（材料費＋消耗品・雑材料費）の10%とし計上する。
　　　　4. 「その他」の率対象は，材料，消耗品・雑材料，鋼材防錆塗装，ダクト工，運搬費とする。

(3) 高圧1ダクト,高圧2ダクト (SUS・A)

名称	板厚(ダクトの長辺寸法)	単位	材料					ダクト工(鋼板鋼材加工組立)	その他
			ステンレス鋼板	ステンレス形鋼	六角ボルト・ナット ステンレス M8×20L～25L	ガスケット フランジ用	棒鋼・形鋼 M10又は呼び径9		
	mm		m²	kg	組	m	kg	人	
アングル工法ダクト(高圧1・2ダクト)SUS・A	0.8 (450以下)	m²	1.28	(25×25×3) 2.0	13.3	(幅25) 1.3	(25×25×3) 0.30	0.56	1式
	1.0 (451～750)	〃	1.28	(25×25×3) 2.0	13.3	(幅25) 1.3	(25×25×3) 0.30	0.56	
	1.0 (751～1200)	〃	1.28	(30×30×3) 3.0	13.3	(幅30) 1.3	(30×30×3) 0.86	0.59	
	1.2 (1201～1500)	〃	1.28	(30×30×3) 3.0	13.3	(幅30) 1.3	(30×30×3) 0.86	0.59	
	1.2 (1501～2200)	〃	1.28	(40×40×3) 4.0	13.3	(幅40) 1.3	(40×40×3) 1.13	0.63	
	1.2 (2201以上)	〃	1.28	(40×40×5) 6.4	13.3	(幅40) 1.3	(40×40×5) 1.40	0.78	

(備考) 1. 消耗品・雑材料は,材料費の5%とし計上する。
　　　 2. 運搬費は,(材料費+消耗品・雑材料費)の10%とし計上する。
　　　 3. 「その他」の率対象は,材料,消耗品・雑材料,ダクト工,運搬費とする。

(4) 高圧1ダクト,高圧2ダクト (SUS・B)

名称	板厚(ダクトの長辺寸法)	単位	材料					鋼材防錆塗装		ダクト工(鋼板鋼材加工組立)	その他
			ステンレス鋼板	形鋼	六角ボルト・ナット M8×20L～25L	ガスケット フランジ用	棒鋼・形鋼 M10又は呼び径9	塗料・さび止め	塗装工		
	mm		m²	kg	組	m	kg	kg	人	人	
アングル工法ダクト(高圧1・2ダクト)SUS・B	0.8 (450以下)	m²	1.28	(25×25×3) 3.2	18	(幅25) 1.3	(25×25×3) 0.30	0.116	0.010	0.56	1式
	1.0 (451～750)	〃	1.28	(25×25×3) 3.6	20	(幅25) 1.3	(25×25×3) 0.30	0.116	0.010	0.56	
	1.0 (751～1200)	〃	1.28	(30×30×3) 4.5	17	(幅30) 1.3	(30×30×3) 0.86	0.129	0.011	0.59	
	1.2 (1201～1500)	〃	1.28	(30×30×3) 4.5	17	(幅30) 1.3	(30×30×3) 0.86	0.129	0.011	0.59	
	1.2 (1501～2200)	〃	1.28	(40×40×3) 5.7	17	(幅40) 1.3	(40×40×3) 1.13	0.177	0.016	0.63	
	1.2 (2201以上)	〃	1.28	(40×40×5) 9.4	17	(幅40) 1.3	(40×40×5) 1.40	0.177	0.016	0.78	

(備考) 1. 塗料及び塗装工は,工場塗りとする。
　　　 2. 消耗品・雑材料は,材料費の5%とし計上する。
　　　 3. 運搬費は,(材料費+消耗品・雑材料費)の10%とし計上する。
　　　 4. 「その他」の率対象は,材料,消耗品・雑材料,鋼材防錆塗装,ダクト工,運搬費とする。

4. スパイラルダクト
(1) 低圧ダクト

名称	寸法 板厚 mm	寸法 口径 mmφ	単位	材料 スパイラルダクト m	補助材 ダクト用テープ(50幅) m	補助材 タップスクリュー 本	補助材 シール材 g	補助材 吊ボルト用平鋼 kg	補助材 棒鋼 M10又は呼び径9 kg	補助材 六角ボルト・ナット M8×20L〜25L 組	労務 職種	労務 歩掛員数(人)	その他
スパイラルダクト(低圧ダクト)	0.5	100	m	1.1	0.63	4	12	0.11	0.17	0.47	ダクト工	0.115	1式
		125	〃	1.1	0.79	4	15	0.14	0.17	0.47	〃	0.115	
		150	〃	1.1	0.88	4	17	0.16	0.17	0.47	〃	0.133	
		175	〃	1.1	1.10	4	21	0.18	0.17	0.47	〃	0.155	
		200	〃	1.1	1.26	6	23	0.20	0.17	0.47	〃	0.174	
		225	〃	1.1	1.41	6	27	0.22	0.17	0.47	〃	0.191	
		250	〃	1.1	1.57	6	28	0.25	0.17	0.47	〃	0.200	
		275	〃	1.1	1.73	6	32	0.26	0.17	0.47	〃	0.220	
		300	〃	1.1	1.88	8	34	0.33	0.17	0.47	〃	0.250	
		350	〃	1.1	2.20	8	40	0.34	0.17	0.47	〃	0.288	
		400	〃	1.1	2.51	10	46	0.38	0.17	0.47	〃	0.336	
		450	〃	1.1	2.83	10	53	0.43	0.46	0.94	〃	0.392	
	0.6	500	m	1.1	3.14	12	58	0.47	0.46	0.94	ダクト工	0.433	1式
		550	〃	1.1	3.45	12	75	0.52	0.46	0.94	〃	0.509	
		600	〃	1.1	3.77	14	83	0.56	0.46	0.94	〃	0.520	
		650	〃	1.1	4.08	14	88	0.61	0.46	0.94	〃	0.577	
		700	〃	1.1	4.40	16	95	0.65	0.46	0.94	〃	0.606	
	0.8	750	m	1.1	4.71	16	102	0.70	0.46	0.94	ダクト工	0.654	1式
		800	〃	1.1	5.02	18	108	0.74	0.46	0.94	〃	0.694	
		850	〃	1.1	5.34	18	115	0.79	0.46	0.94	〃	0.721	
		900	〃	1.1	5.65	20	122	0.82	0.46	0.94	〃	0.769	
		950	〃	1.1	5.97	20	127	0.88	0.46	0.94	〃	0.798	
		1,000	〃	1.1	6.28	22	135	0.92	0.46	0.94	〃	0.869	

(備考) 1. 異形継手は，(材料費＋補助材費)の20％とし計上する。
2. 雑材料等は，(材料費＋補助材費＋異形継手費)の15％とし計上する。
3. 運搬費は，(補助材費＋雑材料等費)の5％とし計上する。
4. 「その他」の率対象は，材料，補助材，異形継手，雑材料等，運搬費，ダクト工とする。

(2) 高圧1ダクト，高圧2ダクト

名称	寸法 鉄板厚 mm	寸法 ダクト口径 mmφ	単位	材料 スパイラルダクト m	補助材 ダクト用テープ(50幅) m	補助材 タップスクリュー 本	補助材 シール材 g	補助材 吊ボルト用平鋼 kg	補助材 棒鋼 M10又は呼び径9 kg	補助材 六角ボルト・ナット M8×20L〜25L 組	労務 職種	労務 歩掛員数 (人)	その他
スパイラルダクト（高圧1・2ダクト）	0.5	100	m	1.1	0.63	4	12	0.11	0.17	0.47	ダクト工	0.115	1式
		125	〃	1.1	0.79	4	15	0.14	0.17	0.47	〃	0.115	
		150	〃	1.1	0.88	4	17	0.16	0.17	0.47	〃	0.133	
		175	〃	1.1	1.10	4	21	0.18	0.17	0.47	〃	0.155	
		200	〃	1.1	1.26	6	23	0.20	0.17	0.47	〃	0.174	
	0.6	225	m	1.1	1.41	6	27	0.22	0.17	0.47	ダクト工	0.191	1式
		250	〃	1.1	1.57	6	28	0.25	0.17	0.47	〃	0.200	
		275	〃	1.1	1.73	6	32	0.26	0.17	0.47	〃	0.220	
		300	〃	1.1	1.88	8	34	0.33	0.17	0.47	〃	0.250	
		350	〃	1.1	2.20	8	40	0.34	0.17	0.47	〃	0.288	
		400	〃	1.1	2.51	10	46	0.38	0.17	0.47	〃	0.336	
		450	〃	1.1	2.83	10	53	0.43	0.46	0.94	〃	0.392	
		500	〃	1.1	3.14	12	58	0.47	0.46	0.94	〃	0.433	
		550	〃	1.1	3.45	12	75	0.52	0.46	0.94	〃	0.509	
	0.8	600	m	1.1	3.77	14	83	0.56	0.46	0.94	ダクト工	0.520	1式
		650	〃	1.1	4.08	14	88	0.61	0.46	0.94	〃	0.577	
		700	〃	1.1	4.40	16	95	0.65	0.46	0.94	〃	0.606	
		750	〃	1.1	4.71	16	102	0.70	0.46	0.94	〃	0.654	
		800	〃	1.1	5.02	18	108	0.74	0.46	0.94	〃	0.694	
	1.0	850	m	1.1	5.34	18	115	0.79	0.46	0.94	ダクト工	0.721	1式
		900	〃	1.1	5.65	20	122	0.82	0.46	0.94	〃	0.769	
		950	〃	1.1	5.97	20	127	0.88	0.46	0.94	〃	0.798	
		1,000	〃	1.1	6.28	22	135	0.92	0.46	0.94	〃	0.869	

（備考） 1. 異形継手は，（材料費＋補助材費）の20％とし計上する。
2. 雑材料等は，（材料費＋補助材費＋異形継手費）の15％とし計上する。
3. 運搬費は，（補助材費＋雑材料等費）の5％とし計上する。
4. 「その他」の率対象は，材料，補助材，異形継手，雑材料等，運搬費，ダクト工とする。

(3) 高圧1ダクト，高圧2ダクト（ステンレス）(SUS・A)

名称	寸法 厚さ mm	寸法 ダクト口径 mmφ	単位	材料 ステンレススパイラルダクト m	補助材 ダクト用テープ(50幅) m	補助材 タップスクリュー 本	補助材 シール材 g	補助材 ステンレス吊りボルト用平鋼 kg	補助材 ステンレス棒鋼 M10又は呼び径9 kg	補助材 ステンレス六角ボルト・ナット M8×20L〜25L 組	労務 職種	労務 歩掛員数（人）	その他
スパイラルダクト（ステンレス）（高圧1・2ダクト）	0.5	100	m	1.1	0.63	4	12	0.11	0.17	0.47	ダクト工	0.115	1式
		125	〃	1.1	0.79	4	15	0.14	0.17	0.47	〃	0.115	
		150	〃	1.1	0.88	4	17	0.16	0.17	0.47	〃	0.133	
		175	〃	1.1	1.10	4	21	0.18	0.17	0.47	〃	0.155	
		200	〃	1.1	1.26	6	23	0.20	0.17	0.47	〃	0.174	
	0.6	225	m	1.1	1.41	6	27	0.22	0.17	0.47	ダクト工	0.191	1式
		250	〃	1.1	1.57	6	28	0.25	0.17	0.47	〃	0.200	
		275	〃	1.1	1.73	6	32	0.26	0.17	0.47	〃	0.220	
		300	〃	1.1	1.88	8	34	0.33	0.17	0.47	〃	0.250	
		350	〃	1.1	2.20	8	40	0.34	0.17	0.47	〃	0.288	
		400	〃	1.1	2.51	10	46	0.38	0.17	0.47	〃	0.336	
		450	〃	1.1	2.83	10	53	0.43	0.46	0.94	〃	0.392	
		500	〃	1.1	3.14	12	58	0.47	0.46	0.94	〃	0.433	
		550	〃	1.1	3.45	12	75	0.52	0.46	0.94	〃	0.509	
	0.8	600	m	1.1	3.77	14	83	0.56	0.46	0.94	ダクト工	0.520	1式
		650	〃	1.1	4.08	14	88	0.61	0.46	0.94	〃	0.577	
		700	〃	1.1	4.40	16	95	0.65	0.46	0.94	〃	0.606	
		750	〃	1.1	4.71	16	102	0.70	0.46	0.94	〃	0.654	
		800	〃	1.1	5.02	18	108	0.74	0.46	0.94	〃	0.694	

（備考） 1．異形継手は，（材料費＋補助材費）の20％とし計上する。
2．雑材料等は，（材料費＋補助材費＋異形継手費）の15％とし計上する。
3．運搬費は，（補助材費＋雑材料等費）の5％とし計上する。
4．「その他」の率対象は，材料，補助材，異形継手，雑材料等，運搬費，ダクト工とする。

5. 排煙円形ダクト

名称	摘要 板厚 mm	摘要 ダクト口径 mm	単位	材料 亜鉛鉄板 1,829mm幅コイル m²	材料 形鋼 30×30×3 kg	材料 形鋼 40×40×3 kg	材料 形鋼 40×40×5 kg	材料 リベット 4.5φ×8L 本	材料 六角ボルト・ナット M8×20L～25L 組	材料 フランジ用ガスケット 3×30 m	材料 フランジ用ガスケット 3×40 m	材料 吊ボルト用平鋼 kg	材料 棒鋼 M10又は呼び径9 kg	労務 ダクト工（鋼板鋼材加工取付）人	その他
排煙円形ダクト	0.8	300	m	1.21	2.3	−	−	27	8	1.24	−	0.33	0.46	0.36	1式
		350	〃	1.41	2.7	−	−	32	9	1.43	−	0.34	0.46	0.40	
		400	〃	1.61	3.0	−	−	36	10	1.62	−	0.38	0.46	0.43	
		450	〃	1.81	3.4	−	−	41	12	1.81	−	0.43	0.46	0.48	
	1.0	500	m	2.01	−	5.1	−	45	13	−	2.03	0.47	0.46	0.58	1式
		550	〃	2.21	−	5.6	−	50	14	−	2.22	0.52	0.46	0.63	
		600	〃	2.41	−	6.1	−	54	15	−	2.41	0.56	0.46	0.68	
		650	〃	2.61	−	6.6	−	59	17	−	2.60	0.61	0.46	0.73	
		700	〃	2.81	−	7.1	−	63	18	−	2.79	0.65	0.46	0.78	
	1.2	800	m	3.22	−	−	13.1	72	20	−	3.17	0.74	0.46	0.90	1式
		900	〃	3.62	−	−	14.7	81	23	−	3.54	0.82	0.46	1.00	
		1,000	〃	4.02	−	−	16.4	90	25	−	3.92	0.92	0.46	1.10	

（備考） 1. 雑材料等は，材料費の15％とし計上する。
　　　　 2. 運搬費は，（材料費＋雑材料等費）の5％とし計上する。
　　　　 3. 「その他」の率対象は，材料，雑材料等，運搬費，ダクト工とする。

6. フレキシブルダクト

名称	摘要 ダクト口径	単位	材料 フレキシブルダクト（本）	材料 ダクト用テープ50幅（m）	労務 職種	労務 歩掛員数（人）	その他
フレキシブルダクト	100 mm	1本当り	1.0	1.3	ダクト工	0.04	1式
	125		1.0	1.6	〃	0.05	〃
	150		1.0	1.8	〃	0.06	〃
	175		1.0	2.2	〃	0.07	〃
	200		1.0	2.5	〃	0.08	〃
	225		1.0	2.8	〃	0.09	〃
	250		1.0	3.1	〃	0.10	〃
	275		1.0	3.5	〃	0.11	〃
	300		1.0	3.8	〃	0.14	〃
	350		1.0	4.4	〃	0.17	〃
	400		1.0	5.0	〃	0.20	〃

（備考） 1. 「その他」の率対象は，材料，ダクト工とする。

7. グラスウール製ダクト（円形ダクト）

名称	摘要 ダクト内径(mm)	摘要 板厚(mm)	単位	材料 グラスウール製ダクト（円形）(m)	労務 職種	労務 歩掛員数(人)	その他
グラスウール製ダクト（円形ダクト）	100	25	1m当り	1.05	ダクト工	0.067	1式
	125				〃	0.067	
	150				〃	0.067	
	175				〃	0.083	
	200				〃	0.083	
	225				〃	0.083	
	250				〃	0.083	
	275				〃	0.125	
	300				〃	0.125	

（備考）
1. 補助材は，材料費の10％とし計上する。
2. 雑材料等は，(材料費＋補助材費)の15％とし計上する。
3. 運搬費は，(補助材費＋雑材料等費)の5％とし計上する。
4. 「その他」の率対象は，材料，補助材，雑材料等，運搬費，ダクト工とする。

8. 吹出口・吸込口

名称	摘要	単位	材料 吹出口等(個)	労務 職種	労務 歩掛員数(人)	その他
吹出口 ユニバーサル形 （VHS, VS, VH, V）	0.04m²以下	1個当り	1	ダクト工	0.33	1式
	0.06 〃		1	〃	0.34	〃
	0.08 〃		1	〃	0.36	〃
	0.10 〃		1	〃	0.38	〃
	0.15 〃		1	〃	0.40	〃
	0.20 〃		1	〃	0.44	〃
	0.25 〃		1	〃	0.48	〃
	0.30 〃		1	〃	0.54	〃
	0.35 〃		1	〃	0.58	〃
	0.40 〃		1	〃	0.70	〃
線状吹出口 （BL-S, BL-D）	長辺1m以下	〃	1	ダクト工	0.34	1式
	〃 1mを超え2m以下		1	〃	0.52	〃
	〃 2mを超え3m以下		1	〃	0.70	〃
吹出口 シーリングディフューザ （C2, CA, CD, E2, EA, ED）	直径200mm以下	〃	1	ダクト工	0.39	1式
	〃 250～350mm		1	〃	0.46	〃
	〃 400～500mm		1	〃	0.55	〃
	〃 550mm以上		1	〃	0.63	〃
ノズル形吹出口	口径75mm～350mm	〃	1	ダクト工	0.39	1式

（つづく）

名　称	摘　要	単位	材料 吹出口等(個)	労務 職種	労務 歩掛員数(人)	その他
吸　込　口 (GV, GVS)	0.1m² 以下	1個当り	1	ダクト工	0.42	1式
	0.2　〃		1	〃	0.44	〃
	0.3　〃		1	〃	0.46	〃
	0.4　〃		1	〃	0.50	〃
	0.5　〃		1	〃	0.55	〃
	0.6　〃		1	〃	0.60	〃
	0.7　〃		1	〃	0.65	〃
	0.8　〃		1	〃	0.70	〃
	0.9　〃		1	〃	0.75	〃
	1.0　〃		1	〃	0.80	〃
	1.2　〃		1	〃	0.90	〃
	1.4　〃		1	〃	1.00	〃
	1.6　〃		1	〃	1.10	〃
	1.8　〃		1	〃	1.20	〃
	2.0　〃		1	〃	1.30	〃
	2.2　〃		1	〃	1.40	〃
	2.4　〃		1	〃	1.50	〃
照明器具組込形 吹出口・吸込口	1連形	〃	1	ダクト工	0.45	1式
	2連形		1	〃	0.85	〃
	3連形		1	〃	1.55	〃
排　煙　口 (手動操作装置を含む)	長辺 0.5m 未満	1組当り	1	ダクト工	0.60	1式
	〃　1.0　〃		1	〃	0.80	〃
	〃　1.0m 以上		1	〃	1.10	〃
外気取入れガラリ 排気ガラリ	0.1m² 以下	1個当り	1	ダクト工	0.90	1式
	0.2　〃		1	〃	0.95	〃
	0.3　〃		1	〃	1.00	〃
	0.4　〃		1	〃	1.05	〃
	0.5　〃		1	〃	1.10	〃
	0.6　〃		1	〃	1.20	〃
	0.7　〃		1	〃	1.30	〃
	0.8　〃		1	〃	1.40	〃
	0.9　〃		1	〃	1.50	〃
	1.0　〃		1	〃	1.60	〃
	1.2　〃		1	〃	1.70	〃
	1.4　〃		1	〃	1.80	〃
	1.6　〃		1	〃	2.00	〃
	1.8　〃		1	〃	2.10	〃
	2.0　〃		1	〃	2.20	〃
	2.2　〃		1	〃	2.30	〃
	2.4　〃		1	〃	2.40	〃

(備考)　1.「その他」の率対象は，ダクト工とする。

9. ダンパー類

名称	摘要	単位	材料 ダンパー等(個)	労務 職種	労務 歩掛員数(人)	その他
風量調節ダンパー (VD)	0.1 m² 以下	1個当り	1	ダクト工	0.42	1式
	0.2 〃		1	〃	0.44	〃
	0.3 〃		1	〃	0.46	〃
	0.4 〃		1	〃	0.48	〃
	0.5 〃		1	〃	0.50	〃
	0.6 〃		1	〃	0.55	〃
	0.7 〃		1	〃	0.60	〃
	0.8 〃		1	〃	0.65	〃
	0.9 〃		1	〃	0.70	〃
	1.0 〃		1	〃	0.75	〃
	1.2 〃		1	〃	0.80	〃
	1.4 〃		1	〃	0.90	〃
	1.6 〃		1	〃	1.00	〃
	1.8 〃		1	〃	1.10	〃
	2.0 〃		1	〃	1.20	〃
	2.2 〃		1	〃	1.30	〃
	2.4 〃		1	〃	1.40	〃
防火ダンパー(FD) 防煙ダンパー(SD) ピストンダンパー(PD) 風量調節・防火ダンパー(FVD) 防火防煙ダンパー(SFD)	0.1 m² 以下	〃	1	ダクト工	0.45	1式
	0.2 〃		1	〃	0.48	〃
	0.3 〃		1	〃	0.50	〃
	0.4 〃		1	〃	0.53	〃
	0.5 〃		1	〃	0.55	〃
	0.6 〃		1	〃	0.60	〃
	0.7 〃		1	〃	0.65	〃
	0.8 〃		1	〃	0.70	〃
	0.9 〃		1	〃	0.75	〃
	1.0 〃		1	〃	0.80	〃
	1.2 〃		1	〃	0.90	〃
	1.4 〃		1	〃	1.00	〃
	1.6 〃		1	〃	1.10	〃
	1.8 〃		1	〃	1.20	〃
	2.0 〃		1	〃	1.30	〃
	2.2 〃		1	〃	1.40	〃
	2.4 〃		1	〃	1.50	〃
風量測定口		〃	1	ダクト工	0.23	1式
ベントキャップ		〃	1	ダクト工	0.20	1式
点検口(ダクト用)	0.2 m² 未満	1か所当り	1	ダクト工	0.30	1式
	0.2 m² 以上		1	〃	0.32	〃

(備考) 1.「その他」の率対象は、ダクト工とする。

10. 排気フード，グリス除去装置据付け

名　　称	摘　　要	単位	労　　務 職　種	労　　務 歩掛員数(人)	その他
排 気 フ ー ド	一　重	投影面積1㎡当り	ダクト工	0.45	1式
	二　重		〃	0.68	〃
グリス除去装置（フード用Ｖ形）	0.3㎡未満	1個当り	ダクト工	0.20	1式
	0.3㎡以上		〃	0.22	〃

（備考）　1.「その他」の率対象は，ダクト工とする。

11. たわみ継手（キャンバス継手）

名　称	摘要 送風機呼び番号	単位	材料 片面アルミ箔ガラス布（二重） m²	材料 ピアノ線 1φ×3本 kg	材料 亜鉛鉄板 0.5mm m²	材料 リベット 4.5φ 本	材料 形鋼 kg	労務 職種	労務 歩掛員数（人）	その他
たわみ継手両吸込形（吐出口のみ）	2　以下	1組当り	0.40	0.05	0.13	35	2.7	ダクト工	0.34	1式
	2 1/2 以下		0.50	0.06	0.16	44	3.4	〃	0.38	
	3　以下		0.60	0.07	0.19	53	4.1	〃	0.41	
	3 1/2 以下		0.70	0.08	0.22	62	4.7	〃	0.45	
	4　以下		0.80	0.09	0.25	71	5.4	〃	0.49	
	4 1/2 以下		0.90	0.11	0.28	80	6.1	〃	0.55	
	5　以下		1.00	0.12	0.32	89	6.8	〃	0.60	
	5 1/2 以下		1.10	0.13	0.35	97	7.4	〃	0.66	
	6　以下		1.20	0.14	0.38	106	8.1	〃	0.74	
	7　以下		1.40	0.16	0.44	124	9.5	〃	0.82	
	8　以下		1.60	0.19	0.51	142	10.9	〃	0.96	
たわみ継手片吸込形（吸込口，吐出口共）	2　以下	〃	0.85	0.10	0.25	68	5.2	ダクト工	0.53	1式
	2 1/2 以下		1.00	0.12	0.31	87	6.7	〃	0.59	
	3　以下		1.16	0.14	0.37	102	7.9	〃	0.64	
	3 1/2 以下		1.36	0.16	0.43	120	9.2	〃	0.69	
	4　以下		1.53	0.18	0.48	135	10.3	〃	0.76	
	4 1/2 以下		1.72	0.21	0.54	153	11.7	〃	0.87	
	5　以下		1.90	0.23	0.62	172	13.1	〃	0.95	
	5 1/2 以下		2.10	0.25	0.68	189	14.5	〃	1.05	
	6　以下		2.27	0.27	0.73	204	15.6	〃	1.17	
	7　以下		2.66	0.31	0.86	241	18.1	〃	1.32	
	8　以下		3.01	0.37	0.98	274	21.0	〃	1.52	
たわみ継手（ダクト，空気調和機）		1m当り	0.30	0.04	0.10	27	2.1	〃	0.34	1式

（備考）　1. 雑材料は，材料費の3％とし計上する。
　　　　2.「その他」の率対象は，材料，雑材料，ダクト工とする。

12. 定風量・変風量ユニット

名　　称	摘　要	単位	材料 定風量ユニット等(台)	労務 職　種	労務 歩掛員数(人)	その他
定風量・変風量ユニット		1台当り	1	ダクト工	0.36	1式

(備考)　1.「その他」の率対象は，ダクト工とする。

ダクト及びダクト附属品仕様書

ダクト用材亜鉛鉄板
　亜鉛めっきの付着量は，180 g/m^2（Z18）以上とする。
鋼　　材
　形鋼（山形鋼）とし，さび止めペイントを施したものとする。
リベット
　JIS B 1213（冷間成形リベット）による銅リベット又は鋼リベットとし，鋼リベットは，亜鉛めっきを施したものとする。
ボルト及びナット
　JIS B 1180（六角ボルト）及び JIS B 1181（六角ナット）によるものとし，亜鉛めっきを施したものとする。
ダクト用テープ
　JIS H 4160（アルミニウム及びアルミニウム合金はく）に準ずるアルミニウム箔の片面に樹脂系粘着剤を塗布したテープ状のものとする。
シール材
　シリコンゴム系又はニトリルゴム系を基材としたものとし，ダクト材質に悪影響を与えないものとする。
スパイラルダクト
　(a)　直管は，亜鉛鉄板を用いてスパイラル状に甲はぜかけ機械巻きしたもので，その呼称寸法は内径基準とし，内径の公差は呼称寸法に対し 0〜+2 mm とする。スパイラルダクトの板厚及びはぜのピッチは，1.1表及び1.2表による。

1.1表　スパイラルダクト（直管）の板厚
(単位：mm)

原板の 標準厚さ	呼称寸法 低圧ダクト	呼称寸法 高圧1ダクト，高圧2ダクト
0.5	450以下	200以下
0.6	450を超え，710以下	200を超え，560以下
0.8	710を超え，1,000 〃	560を超え，800 〃
1.0	1,000を超え，1,250 〃	800を超え，1,000 〃
1.2	──	1,000を超え，1,250以下

1.2表　スパイラルダクト（直管）のはぜのピッチ
(単位：mm)

呼称寸法	はぜのピッチ
100以下	125以下
100を超え，1,250以下	150 〃

(備考)　はぜ折りの幅は，4.0 mm 以上とする。

　(b)　継手は，亜鉛鉄板を用いた，はぜ継ぎ又は溶接し，溶接の場合は，内外面に無機質亜鉛末塗料を施したものとする。スパイラルダクトの継手の呼称寸法は外径基準とし，その外径公差は1.3表，継手の板厚及び差込み長さは，1.4表及び1.5表による。

1.3表　スパイラルダクト（継手）の外径公差
(単位：mm)

呼称寸法	公　差
710 未満	−1.2〜−1.9
710 以上，1,250 以下	−2.0〜−2.2

1.4表　スパイラルダクト（継手）の板厚
(単位：mm)

原板の標準厚さ	呼称寸法
0.6	315 以下
0.8	315 を超え，710 以下
1.0	710 を超え，1,000 〃
1.2	1,000 を超え，1,250 〃

1.5表　スパイラルダクト（継手）の差込み長さ
(単位：mm)

呼称寸法	差込み長さ
315 以下	60 以上
315 を超え，800 以下	60 〃
800 を超え，1,250 以下	60 〃

ダクトの製作及び取付け

一般事項
　空調及び換気用のダクトは，亜鉛鉄板製とし，かつ，次による。なお，長方形ダクトは，アングルフランジ工法又はコーナーボルト工法（共板フランジ工法，スライドオンフランジ工法），円形ダクトはスパイラルダクトとする。

アングルフランジ工法ダクト
　板の継目
(1) ダクトのかどの継目は，2箇所以上とする。ただし，長辺が750mm以下の場合は，1箇所以上とし，ピッツバーグはぜ又はボタンパンチスナップはぜとする。
(2) 流れに直角方向の継目は，流れ方向に内部甲はぜ継ぎとする。
(3) 流れ方向の継目は，標準の板で板取りできないものに限り，内部甲はぜ継ぎとすることができる。

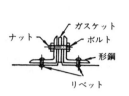

　(イ) フランジ継手　　　(ロ) ボタンパンチスナップはぜ　　　(ハ) ピッツバーグはぜ

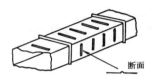 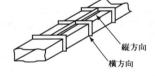

　　　(ニ) 補強リブ　　　　　　　(ホ) 形鋼補強

ダクトの板厚
　低圧ダクト，高圧1ダクト及び高圧2ダクトの板厚は，2.1表及び2.2表による。
　ダクトの両端寸法が異なる場合の板厚は，その最大寸法による板厚とする。

2.1表　低圧ダクトの板厚　（単位：mm）

原板の標準厚さ	ダクトの長辺
0.5	450以下
0.6	450を超え，750以下
0.8	750を超え，1,500 〃
1.0	1,500を超え，2,200 〃
1.2	2,200を超えるもの

2.2表　高圧ダクト1，高圧ダクト2の板厚　（単位：mm）

原板の標準厚さ	ダクトの長辺
0.8	450以下
1.0	450を超え，1,200以下
1.2	1,200を超えるもの

ダクトの接続
(1) 2.3表による接合用材料を用いて行う。
(2) フランジの継ぎ箇所は4すみとし，フランジ接触面の溶接部はグラインダなどで平滑に仕上げたのち，必要な穴あけ加工を施す。
(3) フランジの接合には，フランジ幅と同一のフランジ用ガスケットを使用し，ボルトで気密に締付ける。フランジ部のダクト端折返しは5mm以上とし，ダクト折返し部の4すみにシールを施す。
(4) フランジ取付方法はリベットに替えてスポット溶接としてもよい。間隔はリベット間隔による。

2.3表　接合用材料　（単位：mm）

ダクトの長辺	接合用フランジ 山形鋼最小寸法	最大間隔	フランジ取付用リベット 最小呼び径	リベット最大間隔	接合用ボルト 最小呼び径	最大間隔
750以下	25×25×3	1,820	4.5	65	M8	100
750を超え，1,500以下	30×30×3	1,820	4.5	65	M8	100
1,500を超え，2,200 〃	40×40×3	1,820	4.5	65	M8	100
2,200を超えるもの	40×40×5	1,820	4.5	65	M8	100

(つづく)

ダクトの補強
 (1) 2.4表及び2.5表による形鋼補強とする。なお，補強形鋼の製作及び加工は，前頁の「ダクトの接続」の項に準ずる。

2.4表　ダクトの横方向の補強　　　　　　　　　　（単位：mm）

ダクトの長辺	山形鋼 最小寸法	最大間隔	山形鋼取付用リベット 最小呼び径	リベットの最大間隔
（250を超え　750以下）	25×25×3	925	4.5	100
750を超え，1,500 〃	30×30×3	925	4.5	100
1,500を超え，2,200 〃	40×40×3	925	4.5	100
2,200を超えるもの	40×40×5	925	4.5	100

（備考）（　）内は低圧ダクトには適用しない。

2.5表　ダクトの縦方向の補強　　　　　　　　　　（単位：mm）

ダクトの長辺	山形鋼 最小寸法	取付箇所	山形鋼取付用リベット 最小呼び径	リベットの最大間隔
1,500を超え，2,200以下	40×40×3	中央に1箇所	4.5	100
2,200を超えるもの	40×40×5	中央に2箇所	4.5	100

（備考） 1. 高圧1，高圧2ダクトの場合，1,500を1,200に読み替える。
　　　　 2. 幅又は高さが450mmを超える保温を施さないダクトには，間隔300mm以下のピッチで補強リブを入れる。

ダクトの吊り及び支持
　吊り金物及び立てダクトの支持金物は，2.6表によるものとし振動の伝播を防ぐ必要のある場合は防振材を取付ける。なお，吊り金物の形鋼の長さは，接合用フランジの横幅と同一寸法とする。なお，横走り主ダクトは，12m以下ごとに地震による脱落防止用の形鋼振れ止めを施すほか，横走り主ダクト末端部にも振れ止め支持を行う。

2.6表　ダクトの吊金物及び支持金物　　　　　　　　（単位：mm）

ダクトの長辺	吊金物 山形鋼寸法	吊り用ボルト
750以下	25×25×3	M10又は　呼び径9
750を超え，1,500以下	30×30×3	〃
1,500を超え，2,200 〃	40×40×3	〃
2,200を超えるもの	40×40×5	〃

(1) 吊り

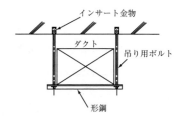

(2) 形鋼振れ止め支持

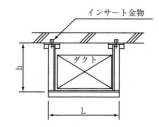

形鋼振れ止めの接合は全周すみ肉溶接とする。

共板フランジ工法ダクト
　長辺の長さ1,500 mm以下のダクトに適用し，下記以外はアングルフランジ工法ダクトによる。
　ダクトの接続
(1)　2.7表による接合方法とする。
(2)　フランジ押え金具，コーナー金具は，亜鉛鉄板製とする。
(3)　フランジの最大間隔は，1,750 mmとする。

2.7表　共板フランジ工法の接合方法　　　　　　　　（単位：mm）

ダクトの長辺		フランジ最小寸法		コーナー金具最小板厚	フランジ押え金具最小板厚
		高さ	幅		
450以下	低圧ダクト	30	9.5	1.2	1.0
450を超え，750以下	低圧ダクト	30	9.5	1.2	1.0
750を超え，1,200以下	低圧ダクト	30	9.5	1.2	1.0
1,200を超え，1,500以下	低圧ダクト	30	9.5	1.6	1.0

（備考）　1．フランジの板厚は，ダクトの板厚と同じとする。
　　　　　2．フランジ押え金具の再使用は禁止する。
　　　　　3．フランジ押え金具の長さは，150 mm以上とする。

ダクトの補強
(1)　2.8表による補強とする。

2.8表　ダクトの横方向の補強　　　（単位：mm）

ダクトの長辺	補強材寸法	最大間隔
450を超え，750以下	25×25×3	1,840
750を超え，1,500以下	30×30×3	925

(2)　幅又は高さが450 mmを超える保温を施さないダクトには，間隔300 mm以下のピッチで補強リブを入れる。
ダクトの吊り及び支持
(1)　横走りダクトの吊り間隔は2,000 mm以下とする。

スライドオンフランジ工法ダクト
　長辺の長さ1,500 mm以下のダクトに適用し，下記以外はアングルフランジ工法ダクトによる。
ダクトの接続
(1) 2.8表による接合方法とする。
(2) フランジの最大間隔は，1,840 mmとする。

2.8表　スライドオンフランジ工法の接合方法　　　（単位：mm）

ダクトの長辺		フランジ最小寸法		コーナー金具	
		高さ	板厚	最小板厚	ボルト呼び径
450以下	低圧ダクト	19	0.6	2.0	M8
450を超え，750以下	低圧ダクト	20	0.9	2.3	M8
750を超え，1,500以下	低圧ダクト	20	0.9	2.3	M8

（備考）　フランジ押え金具の厚さは，4.0 mm以上とする。

ダクトの補強
(1) 2.9表による補強とする。

2.9表　ダクトの横方向の補強　　　（単位：mm）

ダクトの長辺	補強材寸法	最大間隔
450を超え，750以下	25×25×3	1,840
750を超え，1,500以下	30×30×3	925

(2) 幅又は高さが450 mmを超える保温を施さないダクトには，間隔300 mm以下のピッチで補強リブを入れる。
ダクトの吊り及び支持
(1) 横走りダクトの吊り間隔は3,000 mm以下とする。

排煙ダクト
(1) 亜鉛鉄板製の場合は次によるほか，長方形ダクト，円形ダクトの当該事項による。
　ア．長方形ダクトの板厚は高圧1，高圧2ダクトの板厚とする。
　イ．長方形ダクトのかどの継目はピッツバーグはぜとする。
　ウ．ダクトの接続は接合用フランジによる。
　エ．排煙機との接続はフランジ接合する。
　オ．円形ダクトの板厚・補強，ダクトの吊り金物及び支持金物は2.10表，2.11表，2.12表による。

2.10表　排煙ダクト（円形）の板厚　　　　　　　　　　　　（単位：mm）

原板の標準厚さ	ダクトの直径	
	直　管	継　手
0.8	450 以下	—
1.0	450 を超え，700 以下	450 以下
1.2	700 を超えるもの	450 を超えるもの

2.11表　排煙ダクト（円形）の補強　　　　　　　　　　　　（単位：mm）

ダクトの直径	山形鋼最小寸法	最大間隔	山形鋼取付け用リベット	
			最小呼び径	リベットの最大間隔
450 以下	30×30×3	910	4.5	100
450 を超え，700 以下	40×40×3	910	4.5	100
700 を超えるもの	40×40×5	910	4.5	100

2.12表　排煙ダクト（円形）の吊り間隔　　　　　　　　　　（単位：mm）

ダクトの直径	最大間隔
450 以下	3,640
450 を超え，700 以下	3,640
700 を超えるもの	3,640

(2) 普通鋼板製の場合は次によるほか，長方形ダクト及び上記(1)に準ずる。
　ア．板厚は1.5mm以上とする。
　イ．板の継目は溶接とする。
　ウ．ダクトの接続は，接合フランジ（山形鋼40×40×5）によるものとし，その最大間隔は3,640mmとする。
　エ．ダクトの補強及び支持金物は，山形鋼（40×40×5）によるものとし，その取付け間隔は1,820mm以下とする。
　オ．接合用フランジ及び補強形鋼の取付けは，溶接としてもよい。
　カ．ダクトと排煙機との接続は，フランジ接合とする。

(3) 排煙ダクトは，地震その他の衝撃により脱落を起こさないよう堅固に取付ける。なお，壁貫通等で振れを防止できるものは貫通部と棒鋼吊りをもって形鋼振れ止め支持とみなしてよい。

(4) 排煙ダクトは木材その他可燃物から150mm以上離して設ける。

⑦ **自動制御機器及び計装工事**

1. 自動制御機器

名　　称	摘　　要	単位	材料 品名	材料 歩掛数量	労務 職種	労務 歩掛員数(人)	その他
サーモスタット	室内用	1個当り	サーモスタット	1	電工	0.22	1式
	挿入形（ダクト用）	〃	〃	1	〃	0.43	〃
	挿入形（配管用）	〃	〃	1	〃	0.95	〃
サーモプレート		〃	サーモプレート	1	〃	0.40	〃
ヒューミディスタット	室内用	〃	ヒューミディスタット	1	〃	0.22	〃
	挿入形（ダクト用）	〃	〃	1	〃	0.43	〃
ダンパ用モータ	ダンパ本体は別途　リンケージ，架台取付共	〃	モータ	1	〃	0.48	〃
弁モータ	弁本体は別途，リンケージ共	〃	〃	1	〃	0.22	〃
ダンパ・弁用補助スイッチ		〃	補助スイッチ	1	〃	0.36	〃
ポテンションメーター		〃	メーター	1	〃	0.36	〃
圧力調節器	電気式	〃	調節器	1	〃	0.95	〃
圧力検出器	電子式・空気式	〃	検出器	1	〃	0.95	〃
油面検出器		〃	〃	1	〃	0.95	〃
CO_2発信機		〃	発信機	1	〃	1.90	〃
工業計器	圧力発信器・差圧発信器・液面発信器	1台当り	工業計器	1	〃	1.90	〃
漏水テープ	検知器本体は別途盤内	1m当り	漏水テープ	1	〃	0.06	〃
自動制御盤類	壁掛形	1面当り	盤	1	〃	2.4	〃
	自立形（700×800×1,900程度）	〃	〃	1	〃	4.8	〃
中央監視盤	デスク形	〃	〃	1	〃	9.6	〃
データロガ		〃	データロガ	1	〃	2.8	〃
アフタクーラ		1基当り	アフタクーラ	1	設備機械工	1.5	〃
エアタンク		〃	エアタンク	1	〃	4.0	〃
エアフィルター		〃	エアフィルター	1	〃	0.4	〃
ヘッダー		〃	ヘッダー	1	〃	2.0	〃
除湿装置		1台当り	除湿装置	1	〃	1.3	〃
減圧弁装置		1組当り	減圧弁装置	1	配管工	1.2	〃
※調節器類	電子式	1個当り	調節器類	1	電工	0.95	〃
	空気式	〃	〃	1	〃	0.75	〃
※ステップコントローラ	モータ取付共	〃	コントローラ	1	〃	1.50	〃
※バランシングリレー		〃	バランシングリレー	1	〃	0.75	〃
※リレー類		〃	リレー類	1	〃	0.38	〃
※トランス		〃	トランス	1	〃	0.35	〃
※手動操作器		〃	操作器	1	〃	0.30	〃
※温湿度指示計	切換リレー類，指示切換ユニットは除く	〃	指示計	1	〃	1.80	〃
※温湿度記録計		〃	記録計	1	〃	1.80	〃
※切換スイッチ		〃	切換スイッチ	1	〃	0.30	〃
※変換器類		〃	変換器類	1	〃	0.53	〃

（備考）　1．※印は盤内に組込む場合を示す。
　　　　　2．調整費として材料価格の10％を計上する。（名称に※印が付いたものを除く。）
　　　　　3．「その他」の率対象は，電工，設備機械工，配管工，調整費とする。

2. 計装工事
　　3．電気設備工事❸電力工事及び❹通信工事を参照。

⑧ 総合調整費

空気調和設備，換気設備，排煙設備，給水設備，給湯設備及び消火設備において，装置全体が設計図書の意図した機能を満足させることを目的とし，設計図書に示された目標値等と照合しながら，各機器相互間の総合調整を行う。

なお，総合調整は，各機器の個別運転調整後に行うものとする。

総合調整の項目は，次によるものとする。

(1) 水量調整
(2) 風量調整
(3) 室内外空気の温湿度の測定
(4) 室内気流及び塵あいの測定
(5) 騒音の測定
(6) 初期運転状態の記録

総合調整完了後，系統ごとに各測定結果をまとめた測定表を提出する。

1. 総合調整

名　称	摘　要	単位	労務 職種	労務 歩掛員数(人)	その他	備　考
配管系統	配管総延長	m	配管工	0.018	1式	配管，弁類等の調整
ダクト系統 (空調・換気・排煙)	長方形ダクト	m^2	ダクト工	0.02	〃	風量調整ダンパー，防火ダンパー等の調整，風量，風速，騒音等の測定，必要箇所の温湿度の測定等
	スパイラルダクト	m	〃	0.012		
主　機　械 室 内 機 器	建物延べ面積5,000 m^2以下	1式	設備機械工	8.0 (4.0)	〃	温風暖房のみの場合は，( )内数値による。ボイラー，冷凍機等の点検，調整，計器測定記録，その他
	〃　　5,001～15,000 m^2	〃	〃	12.0 (6.0)		
	〃　　15,001～30,000 m^2	〃	〃	16.0 (8.0)		
各階機械 室 内 機 器	ユニット形空気調和機 コンパクト形空気調和機	台	〃	1.2	〃	調整
室 内 機 器	ファンコイルユニット	〃	〃	0.08	〃	調整
消 火 設 備	屋内消火栓ポンプ 屋外消火栓ポンプ	〃	〃	1.2	〃	

(備考) 1. 配管系統の対象は次による。
　　　　冷水管，温水管，冷温水管，冷却水管，直暖用を除く蒸気管（低圧蒸気管，高圧蒸気管，還水管等），高温水管，ブライン管，水道直結部を除く給水管，局所式を除く給湯管
　　　2. 「その他」の率対象は，配管工，ダクト工，設備機械工とする。

❺ 暖房設備工事
① ボイラー据付け

名称	摘要 定格出力	単位	労務 職種	労務 歩掛員数(人)	その他
鋳鉄製ボイラー	105 kW 以下	1基当り	設備機械工	1.56	1式
	151 〃		〃	1.88	〃
	192 〃		〃	2.19	〃
	233 〃		〃	2.52	〃
	273 〃		〃	2.88	〃
	314 〃		〃	3.18	〃
	355 〃		〃	3.50	〃
鋼製真空式(無圧式)温水発生機	46.5 kW 以下	〃	設備機械工	0.33	1式
	73.3 〃		〃	0.60	〃
	93.0 〃		〃	1.35	〃
	116 〃		〃	1.47	〃
	151 〃		〃	1.98	〃
	186 〃		〃	2.18	〃
	233 〃		〃	2.55	〃
	291 〃		〃	3.37	〃
	349 〃		〃	3.50	〃
	465 〃		〃	5.27	〃
	582 〃		〃	5.66	〃
	733 〃		〃	7.49	〃
	930 〃		〃	8.37	〃
	1,163 〃		〃	12.27	〃
	1,860 〃		〃	18.31	〃
鋼製ボイラー(温水)	81.4 kW 以下	〃	設備機械工	1.83	1式
	140 〃		〃	2.59	〃
	174 〃		〃	3.10	〃
	279 〃		〃	3.85	〃
	419 〃		〃	4.87	〃

(備考) 1. 鋳鉄製ボイラーは温水・蒸気用とする。
2. 搬入費を別に計上する。
3. 「その他」の率対象は，設備機械工とする。

② 温風暖房機据付け

名　　称	摘　要 定格出力	単位	労　務 職種	歩掛員数(人)	その他
温　風　暖　房　機（送風機別置型）	58.1 kW 以下	1基当り	設 備 機 械 工	1.22	1式
	116　〃		〃	1.62	〃
	174　〃		〃	2.30	〃
	233　〃		〃	3.24	〃
	349　〃		〃	4.46	〃
温　風　暖　房　機（送風機内蔵立型）	58.1 kW 以下	〃	設 備 機 械 工	1.83	1式
	116　〃		〃	2.59	〃
	174　〃		〃	3.10	〃
	233　〃		〃	3.85	〃
	349　〃		〃	4.87	〃
温　風　暖　房　機（送風機内蔵横型）	116 kW 以下	〃	設 備 機 械 工	2.51	1式
	174　〃		〃	4.87	〃
	233　〃		〃	6.68	〃
	349　〃		〃	8.83	〃

(備考)　1. バーナーの取付けを含む。
　　　　2. 搬入費を別に計上する。
　　　　3. 「その他」の率対象は,設備機械工とする。

③ **タ　ン　ク　類**
1. 地下オイルタンク据付け

名　　称	摘　要 容量	記号	単位	労　務 職種	歩掛員数(人)	その他
地下オイルタンク（鋼製強化プラスチック製二重殻タンク）	950 L 以下	TO-0.95	1基当り	設 備 機 械 工	2.11	1式
	1,500　〃	TO-1.5		〃	2.23	〃
	1,900　〃	TO-1.9		〃	2.84	〃
	3,000　〃	TO（TOSF）-3		〃	3.45	〃
	4,000　〃	TO（TOSF）-4		〃	4.05	〃
	5,000　〃	TO（TOSF）-5		〃	4.86	〃
	6,000　〃	TO（TOSF）-6		〃	5.27	〃
	7,000　〃	TO（TOSF）-7		〃	5.68	〃
	8,000　〃	TO（TOSF）-8		〃	8.11	〃
	10,000　〃	TO（TOSF）-10		〃	9.73	〃
	12,000　〃	TO（TOSF）-12		〃	11.76	〃
	13,000　〃	TO（TOSF）-13		〃	12.16	〃
	15,000　〃	TO（TOSF）-15		〃	13.78	〃
	18,000　〃	TO（TOSF）-18		〃	14.59	〃
	20,000　〃	TO（TOSF）-20		〃	16.22	〃
	25,000　〃	TO（TOSF）-25		〃	19.26	〃
	30,000　〃	TO（TOSF）-30		〃	21.16	〃

(備考)　1. 摘要欄の記号は,公共建築設備工事標準図（機械設備工事編）による。
　　　　2. 本体の据付けのみで,附属品,土工事,コンクリート工事,乾燥砂は含まない。
　　　　3. 搬入費を別に計上する。
　　　　4. 「その他」の率対象は,設備機械工とする。

2. 地下オイルタンク用附属品

名称	摘要 記号等	単位	材料 オイルタンク用附属品等(個)	労務 職種	労務 歩掛員数(人)	その他
オイルタンクふた	WPM 450φ	1組当り	1〔組〕	設備機械工	0.33	1式
	〃 500φ			〃	0.36	〃
	〃 600φ			〃	0.43	〃
	〃 700φ			〃	0.52	〃
	〃 800φ			〃	0.92	〃
漏えい検査管口	呼び径 32A	1個当り	1	設備機械工	0.11	1式
	〃 40A			〃	0.13	〃
除水口	呼び径 32A	〃	1	設備機械工	0.11	1式
	〃 40A			〃	0.13	〃
漏えい検査管ボックス	呼び径 150A	〃	1	設備機械工	0.15	1式
注油口壁埋込ボックス		〃	1	設備機械工	0.20	1式
複式, 単式ストレーナ (油用)	呼び径 15A		1	設備機械工	0.08	1式
	〃 20A			〃	0.09	〃
	〃 25A			〃	0.11	〃
	〃 32A			〃	0.13	〃
	〃 40A			〃	0.16	〃
	〃 50A			〃	0.20	〃
鋳鋼製仕切弁 (油用)	呼び径 15A		1	設備機械工	0.07	1式
	〃 20A			〃	0.08	〃
	〃 25A			〃	0.10	〃
	〃 32A			〃	0.12	〃
	〃 40A			〃	0.14	〃
	〃 50A			〃	0.17	〃
油流量計	呼び径 20A	1組当り	1〔組〕	設備機械工	0.30	1式
	〃 25A			〃	0.33	〃
	〃 32A			〃	0.38	〃
	〃 40A			〃	0.42	〃
遠隔油量指示計		〃	〃	設備機械工	1.50	1式
乾燥砂		1m³当り	1〔m³〕	設備機械工	0.30	1式
注油口 (ストレーナ付)	呼び径 50A	1個当り	1	設備機械工	0.16	1式
	〃 65A			〃	0.20	〃
	〃 80A			〃	0.24	〃
計量口	呼び径 32A	〃	1	設備機械工	0.30	1式
吸油逆止弁	呼び径 25A	〃	1	設備機械工	0.10	1式
	〃 32A			〃	0.11	〃
	〃 40A			〃	0.13	〃
	〃 50A			〃	0.16	〃
通気金物 (ストレーナ付)	呼び径 32A	〃	1	設備機械工	0.11	1式
	〃 40A			〃	0.13	〃
	〃 50A			〃	0.16	〃

(備考) 1. 摘要欄の記号は,公共建築設備工事標準図(機械設備工事編)による。
2. 遠隔油量指示計の電気配管配線は含まない。
3. 乾燥砂の「その他」の率は建築工事の「地業」による。
4. 「その他」の率対象は,設備機械工とする。

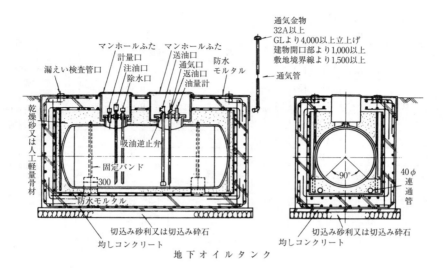

地下オイルタンク

地下オイルタンク用附属品

名　称	摘要 タンク容量	単位	オイルタンクふた WPM-AW 700A [個]	オイルタンクふた WPM-AW 800A [個]	オイルタンクふた WPM-A 450A [個]	漏えい検査管口 32A [個]	漏えい検査管ボックス 150A [個]	除水口 40A [個]	注油口 65A [個]	注油口 80A [個]	吸油逆止弁 25A [個]	吸油逆止弁 32A [個]	吸油逆止弁 40A [個]	油用通気金物 32A [個]	油用通気金物 50A [個]
地下オイルタンク附属品（TO）	8,000L 以下	組	1	1	—	4	4	1	1	—	1	—	—	1	—
	10,000L		1	1	—	4	4	1	1	—	—	1	—	1	—
	12,000～15,000L		1	1	—	4	4	1	1	—	—	1	—	—	1
	18,000～30,000L		1	1	—	4	4	—	—	1	—	—	1	—	1
地下オイルタンク附属品（TOSF）	8,000L 以下	組	1	1	1	—	—	1	1	—	1	—	—	1	—
	10,000L		1	1	1	—	—	1	1	—	—	1	—	1	—
	12,000～15,000L		1	1	1	—	—	1	1	—	—	1	—	—	1
	18,000～30,000L		1	1	1	—	—	1	—	1	—	—	1	—	1

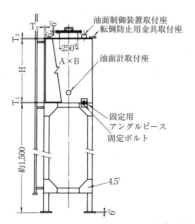

オイルサービスタンク

容量 (L)	寸法（内法） A	B	H	板厚 T_1	T_2	T_3	給油口	送油口	返油口	排油口	通気口	架台
100	400	450	630	3.2	3.2	3.2	25	20	40	20	32	L-40×40×5
150	500	500	690	3.2	3.2	3.2	25	20	40	20	32	L-40×40×5
190	500	600	725	3.2	3.2	3.2	25	20	40	20	32	L-50×50×6
300	600	650	870	4.5	4.5	3.2	25	32	40	20	32	L-50×50×6
500	800	850	850	4.5	4.5	3.2	32	32	50	25	32	L-50×50×6
950	1,000	1,000	1,110	4.5	4.5	3.2	40	40	65	32	32	L-65×65×6

❺暖房設備工事—5

3. オイルサービスタンク等据付け

名称	摘要 容量	摘要 記号等	単位	労務 職種	労務 歩掛員数（人）	その他	備考
オイルサービスタンク	100L以下	TOS-100	1基当り	設備機械工	0.40	1式	1. 摘要欄の記号は，公共建築設備工事標準図（機械設備工事編）による。 2. 架台据付けを含む。（密閉形隔膜式膨張タンクを除く。） 3. 「その他」の率対象は，設備機械工とする。
	150 〃	TOS-150		〃	0.44	〃	
	190 〃	TOS-190		〃	0.58	〃	
	300 〃	TOS-300		〃	0.72	〃	
	500 〃	TOS-500		〃	0.90	〃	
	950 〃	TOS-950		〃	1.37	〃	
ヘッダー	200φ×1,200L		〃	設備機械工	0.54	1式	
	250φ×2,500L			〃	0.92	〃	
	300φ×3,000L			〃	1.19	〃	
	350φ×4,000L			〃	1.48	〃	
開放形膨張タンク	100L以下	TE-100	〃	設備機械工	0.43	1式	
	200 〃	TE-200		〃	0.51	〃	
	300 〃	TE-300		〃	0.76	〃	
	500 〃	TE-500		〃	0.94	〃	
	750 〃	TE-750		〃	1.10	〃	
	1,000 〃	TE-1,000		〃	1.33	〃	
密閉形隔膜式膨張タンク	100L以下		〃	設備機械工	0.35	1式	
	200 〃			〃	0.44	〃	
	300 〃			〃	0.52	〃	
	500 〃			〃	0.69	〃	
	750 〃			〃	0.91	〃	
	1,000 〃			〃	1.12	〃	

④ ポンプ類据付け

名称	摘要 電動機出力等	単位	労務 職種	労務 歩掛員数（人）	その他
渦巻ポンプ（片吸込形）	0.75 kW 以下	1台当り	設備機械工	1.18	1式
	1.5 〃		〃	1.41	〃
	2.2 〃		〃	1.65	〃
	3.7 〃		〃	1.80	〃
	5.5 〃		〃	2.25	〃
	7.5 〃		〃	2.36	〃
	11.0 〃		〃	2.90	〃
	15.0 〃		〃	3.55	〃
	18.5 〃		〃	4.09	〃
	22.0 〃		〃	4.31	〃
	30.0 〃		〃	4.95	〃
	37.0 〃		〃	5.50	〃
多段ポンプ	1.5 kW 以下	〃	設備機械工	1.82	1式
	2.2 〃		〃	2.04	〃
	3.7 〃		〃	2.36	〃
	5.5 〃		〃	2.68	〃
	7.5 〃		〃	3.33	〃
	11.0 〃		〃	4.63	〃
	15.0 〃		〃	4.95	〃
	18.5 〃		〃	5.71	〃
	22.0 〃		〃	6.25	〃
	30.0 〃		〃	7.01	〃
	37.0 〃		〃	7.66	〃
小形給水ポンプユニット・水道用直結加圧形給水ポンプユニット	0.75 kW 以下×2	1基当り	設備機械工	1.97	1式
	1.5 〃 ×2		〃	2.12	〃
	2.2 〃 ×2		〃	2.20	〃
	3.7 〃 ×2		〃	2.46	〃
	5.5 〃 ×2		〃	2.84	〃
	7.5 〃 ×2		〃	3.28	〃
渦巻ポンプ（両吸込形）	11.0 kW 以下	1台当り	設備機械工	5.50	1式
	15.0 〃		〃	5.60	〃
	18.5 〃		〃	5.85	〃
	22.0 〃		〃	6.47	〃
	30.0 〃		〃	6.74	〃
	37.0 〃		〃	8.63	〃
	55.0 〃		〃	9.12	〃
深井戸用水中ポンプ	3.7 kW 以下	〃	設備機械工	0.74	1式
	5.5 〃		〃	1.07	〃
	7.5 〃		〃	1.16	〃
	15.0 〃		〃	1.49	〃
	22.0 〃		〃	1.81	〃
	37.0 〃		〃	2.22	〃
	55.0 〃		〃	2.70	〃

(つづく)

❺暖房設備工事—7

名称	摘要 電動機出力等	単位	労務 職種	労務 歩掛員数（人）	その他
汚水, 雑排水, 汚物用 水中ポンプ	0.4 kW 以下	1台 当り	設備機械工	0.97	1式
	0.75 〃		〃	1.00	〃
	1.5 〃		〃	1.23	〃
	2.2 〃		〃	1.35	〃
	3.7 〃		〃	1.50	〃
	5.5 〃		〃	1.93	〃
	7.5 〃		〃	2.31	〃
	11.0 〃		〃	3.13	〃
消火ポンプ （ユニット形）	5.5 kW 以下	〃	設備機械工	3.77	1式
	11.0 〃		〃	5.13	〃
	15.0 〃		〃	5.93	〃
	19.0 〃		〃	7.00	〃
	22.0 〃		〃	8.28	〃
	30.0 〃		〃	9.96	〃
	37.0 〃		〃	14.67	〃
真空給水ポンプ	放熱面積 700 m² 以下（単式）	〃	設備機械工	2.16	1式
	〃 900 〃 （〃）		〃	2.52	〃
	〃 700 〃 （複式）		〃	2.52	〃
	〃 1,000 〃 （〃）		〃	2.88	〃
	〃 1,800 〃 （〃）		〃	3.24	〃
	〃 2,400 〃 （〃）		〃	3.60	〃
	〃 3,500 〃 （〃）		〃	4.18	〃
凝縮水ポンプ	放熱面積 700 m² 以下（単式）	〃	設備機械工	2.20	1式
	〃 900 〃 （〃）		〃	2.38	〃
	〃 700 〃 （複式）		〃	2.38	〃
	〃 1,000 〃 （〃）		〃	2.74	〃
	〃 1,800 〃 （〃）		〃	3.10	〃
	〃 2,400 〃 （〃）		〃	3.39	〃
オイルポンプ	0.4 kW 以下	〃	設備機械工	0.58	1式
	0.75 〃		〃	0.68	〃
	1.5 〃		〃	0.94	〃
ラインポンプ	0.4 kW 以下	〃	設備機械工	0.71	1式
	0.75 〃		〃	0.75	〃
ウイングポンプ		〃	設備機械工	0.32	1式

(備考) 1. 防振基礎の場合は，労務歩掛を20％増しとする。
      2. 深井戸用水中ポンプの揚水管は含まない。
      3. 質量が100kg以上の場合は，搬入費を別に計上する。
      4. 小形給水ポンプユニットの電動機出力は，ポンプ1台当りとし，歩掛りは，1ユニット（ポンプ2台）当りとする。
         なお，1ユニット（ポンプ3台以上）の場合の歩掛りは，ポンプ台数／2の値を乗じたものとする。
      5. 「その他」の率対象は，設備機械工とする。

⑤ 配管及び附属品

1. 配管工事

　　配管工事のうち，冷温水管，給排水管，通気管，消火管，蒸気管，空気管，油管，プロパンガス管，給湯管等の鋼管及び銅管の労務歩掛並びに継手，接合材料，支持金物等については，空気調和及び換気設備工事の配管工事の該当事項を参照すること。

2. 一般弁類

　　❸配管工事—29．一般弁類を参照

3. 高圧トラップ装置

名称	摘要 呼び径	単位	複合単価 高圧トラップ 呼び径	個	玉形弁 呼び径	個	仕切弁 呼び径	個	Y形ストレーナ 呼び径	個	バイパス黒管 呼び径	m
高圧トラップ装置（管末トラップ）	20A	1組当り	20A	1	20A	3	20A	2	20A	1	20A	2.1
	25A		25A	1	25A	3	20A	2	25A	1	25A	1.5
											20A	0.5
	32A		32A	1	32A	3	20A	2	32A	1	32A	1.3
											20A	0.5
	40A		40A	1	40A	3	20A	2	40A	1	40A	1.9
											20A	0.5

4. 低圧トラップ装置

名称	摘要 呼び径	単位	複合単価 低圧トラップ 呼び径	個	仕切弁 呼び径	個	Y形ストレーナ 呼び径	個	バイパス黒管 呼び径	m
低圧トラップ装置（管末トラップ）	20A	1組当り	20A	1	20A	5	20A	1	20A	2.1
	25A		25A	1	25A	3	25A	1	25A	1.6
					20A	2			20A	0.5
	32A		32A	1	32A	3	32A	1	32A	1.8
					20A	2			20A	0.5

5. 多量トラップ装置

名称	摘要 呼び径	単位	複合単価 多量トラップ 呼び径	個	玉形弁又は仕切弁 呼び径	個	仕切弁 呼び径	個	Y形ストレーナ 呼び径	個	バイパス黒管 呼び径	m
多量トラップ装置（蒸気圧300kPaまで）	20A	1組当り	20A	1	20A	3	20A	2	20A	1	20A	2.5
	25A		25A	1	25A	3	20A	2	25A	1	25A	2.5
											20A	0.5
	32A		32A	1	32A	3	20A	2	32A	1	32A	2.5
											20A	0.5
	40A		40A	1	40A	3	20A	2	40A	1	40A	2.6
											20A	0.5
	50A		50A	1	50A	3	20A	2	50A	1	50A	2.7
											20A	0.5
	65A		65A	1	65A	3	20A	2	65A	1	65A	2.8
											20A	0.5

6. 減圧装置（蒸気用）

名称	摘要 高圧管×減圧弁	単位	複合単価 減圧弁 呼び径	個	玉形弁 呼び径	個	仕切弁（ブロー用）呼び径	個	Y形ストレーナ 呼び径	個	安全弁 呼び径（特記寸法）	個	圧力計 目盛板外径	組
減圧装置（蒸気用）	20^A×15^A	組	15	1	20	1	20	1	20	1	(15)	1	100φ	2
	32 ×20		20	1	32	1	20	1	32	1	(15)	1	100φ	2
	32 ×25		25	1	32	1	20	1	32	1	(20)	1	100φ	2
	32 ×32		32	1	32	1	20	1	32	1	(25)	1	100φ	2
	40 ×25		25	1	40	1	20	1	40	1	(20)	1	100φ	2
	40 ×32		32	1	40	1	20	1	40	1	(25)	1	100φ	2
	40 ×40		40	1	40	1	20	1	40	1	(25)	1	100φ	2
	50 ×32		32	1	50	1	20	1	50	1	(25)	1	100φ	2
	50 ×40		40	1	50	1	20	1	50	1	(25)	1	100φ	2
	50 ×50		50	1	50	1	20	1	50	1	(32)	1	100φ	2
	65 ×40		40	1	65	1	20	1	65	1	(25)	1	100φ	2
	65 ×50		50	1	65	1	20	1	65	1	(32)	1	100φ	2
	65 ×65		65	1	65	1	20	1	65	1	(50)	1	100φ	2
	80 ×50		50	1	80	1	20	1	80	1	(32)	1	100φ	2
	80 ×65		65	1	80	1	20	1	80	1	(50)	1	100φ	2
	80 ×80		80	1	80	1	20	1	80	1	(50)	1	100φ	2
	100 ×65		65	1	100	1	20	1	100	1	(50)	1	100φ	2
	100 ×80		80	1	100	1	20	1	100	1	(50)	1	100φ	2
	100 ×100		100	1	100	1	20	1	100	1	(65)	1	100φ	2

（備考）1．上表は，バランスパイプを必要としない減圧装置の歩掛りである。
　　　　2．安全弁の呼び径は，特記による。

7. 温度調整装置

名称	摘要 呼び径	単位	複合単価 温度調整弁 呼び径	個	仕切弁（ブロー用）呼び径	個	玉形弁 呼び径	個	Y形ストレーナ 呼び径	個	圧力計 目盛板外径	組
温度調整装置	20^A	組	20^A	1	20	1	20	1	20	1	100φ	1
	25		25	1	20	1	25	1	25	1	100φ	1
	32		32	1	20	1	32	1	32	1	100φ	1
	40		40	1	20	1	40	1	40	1	100φ	1
	50		50	1	20	1	50	1	50	1	100φ	1
	65		65	1	20	1	65	1	65	1	100φ	1
	80		80	1	20	1	80	1	80	1	100φ	1
	100		100	1	20	1	100	1	100	1	100φ	1

（備考）1．蒸気圧は，300kPaまでとする。

高圧トラップ装置

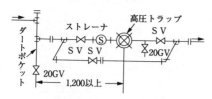

バイパス管及びダートポケットは主管と同径

低圧トラップ装置

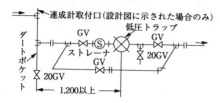

バイパス管及びダートポケットは主管と同径

バランスパイプを必要としない減圧装置

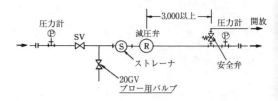

バランスパイプを必要とする減圧装置

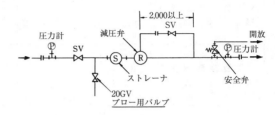

温度調節装置

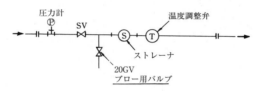

特 殊 弁 装 置 施 工 標 準 図

⑥ 暖房器具

1. 暖房器具据付け

名　称	摘　要	単位	労務 職種	労務 歩掛員数（人）	その他
鋳鉄製柱形放熱器（床置形）	20節以下	1組当り	設備機械工	0.97	1式
	21節以上		〃	1.25	〃
鋳鉄製柱形放熱器（壁掛形）	20節以下	〃	設備機械工	1.55	1式
	21節以上		〃	2.14	〃
鋳鉄製壁掛放熱器（壁掛形）	3節以下	〃	設備機械工	1.25	1式
	4節以上（4節以上は，1節を増すごとの歩掛りとする。）	1節当り	〃	0.19	〃
鋳鉄製柱形放熱器（天井吊り形）	3節以下	1組当り	設備機械工	1.94	1式
	4節以上（4節以上は，1節を増すごとの歩掛りとする。）	1節当り	〃	0.26	〃
コンベクター	エレメント1.5m未満	1組当り	設備機械工	1.07	1式
	エレメント1.5m以上		〃	1.27	〃
ベースボードヒーター	エレメント 1段 長さ2m未満（反射板・背板のないカバーの取付けを含む）	〃	設備機械工	1.35	1式
	エレメント 1段 長さ2m以上（　〃　）		〃	1.75	〃
パネルヒーター	床置形・壁掛形 3.5kW以下	1台当り	設備機械工	0.54	1式
ファンヒーター（天井吊り形）	6kW以下	〃	設備機械工	1.05	1式
	10kW以下		〃	1.29	〃
蒸気用給湿器	スプレー式	1個当り	設備機械工	0.1	1式
放熱器弁	単体で取付ける場合	〃	設備機械工	0.1	1式
放熱器トラップ	〃	〃	設備機械工	0.1	1式

（備考）　1. 鋳鉄製柱形放熱器（床置形）及び（壁掛形），鋳鉄製壁掛放熱器（壁掛形）及び（天井吊り形）の組替えは，1節当り設備機械工を0.23人とする。
　　　　2. ファンコンベクターは，コンベクターの設備機械工を20％増しとする。
　　　　3. ベースボードヒーターは，エレメントが1段増すごとに設備機械工を20％増しとする。
　　　　4. 「その他」の率対象は，設備機械工とする。

❻ 衛生設備工事
① 衛 生 器 具
1．大 便 器

名　　称	摘　　要	単位	材　料　（衛　生　器　具）			労　　　務		その他
^	^	^	品　　名	単位	歩掛数量	職　種	歩掛員数(人)	^
大　便　器	和風便器	洗浄弁式	1組当り	大　便　器	個	1	配管工	1.34	1式
^	^	^	^	洗　浄　弁	〃	1	^	^	^
^	^	^	^	附　属　品	式	1	^	^	^
^	^	^	^	雑　材　料	〃	1	^	^	^
^	^	タンク式（ロータンク）	〃	大　便　器	個	1	配管工	1.85	1式
^	^	^	^	ロ　ー　タ　ン　ク	〃	1	^	^	^
^	^	^	^	附　属　品	式	1	^	^	^
^	^	^	^	雑　材　料	〃	1	^	^	^
^	^	タンク式（ハイタンク）	〃	大　便　器	個	1	配管工	1.94	1式
^	^	^	^	ハ　イ　タ　ン　ク	〃	1	^	^	^
^	^	^	^	附　属　品	式	1	^	^	^
^	^	^	^	雑　材　料	〃	1	^	^	^
^	大便器 C 710 C 910 C 1200 C 1210 C 710R C 910R C 710S C 910S C 1200R C 1210R C 1200S C 1210S	洗浄弁式	〃	大　便　器	個	1	配管工	1.06	1式
^	^	^	^	洗　浄　弁	〃	1	^	^	^
^	^	^	^	附　属　品	式	1	^	^	^
^	^	^	^	雑　材　料	〃	1	^	^	^
^	^	タンク式（ロータンク）	〃	大　便　器	個	1	配管工	1.56	1式
^	^	^	^	ロ　ー　タ　ン　ク	〃	1	^	^	^
^	^	^	^	附　属　品	式	1	^	^	^
^	^	^	^	雑　材　料	〃	1	^	^	^
^	^	タンク式（ハイタンク）	〃	大　便　器	個	1	配管工	1.65	1式
^	^	^	^	ハ　イ　タ　ン　ク	〃	1	^	^	^
^	^	^	^	附　属　品	式	1	^	^	^
^	^	^	^	雑　材　料	〃	1	^	^	^
^	身障者用大便器 C 1111 C 1111R C 1111S	高座面形洗浄弁式	〃	大　便　器	個	1	配管工	2.10	1式
^	^	^	^	洗　浄　弁	〃	1	^	^	^
^	^	^	^	附　属　品	式	1	^	^	^
^	^	^	^	雑　材　料	〃	1	^	^	^
^	^	高座面形タンク式	〃	大　便　器	個	1	配管工	1.56	1式
^	^	^	^	ロ　ー　タ　ン　ク	〃	1	^	^	^
^	^	^	^	附　属　品	式	1	^	^	^
^	^	^	^	雑　材　料	〃	1	^	^	^
^	和風便器耐火カバー		1個当り	耐　火　カ　バ　ー	個	1	配管工	0.50	1式
^	温 水 洗 浄 便 座		1組当り	温 水 洗 浄 便 座	組	1	配管工	0.25	1式
^	大 便 器 用 洗 浄 弁		1個当り	洗　浄　弁	個	1	配管工	0.35	1式

（備考）　1．和風便器洗浄弁式の附属品には，スパッド，紙巻器，フランジがある。
　　　　2．和風便器タンク式の附属品には，スパッド，洗浄管，支持金物，タンク用金具，紙巻器，フランジがある。
　　　　3．洋風大便器洗浄弁式の附属品には，スパッド，便座，床フランジ，紙巻器，取付けボルトがある。
　　　　4．洋風大便器タンク式の附属品には，洗浄管，スパッド，便座，床フランジ，タンク用金具，紙巻器，取付けボルトがある。
　　　　5．大便器の便座は，普通便座とする。
　　　　6．大便器用洗浄弁は，洗浄弁のみ取付の場合とする
　　　　7．「その他」の率対象は，配管工とする。

2. 小便器

名称	摘要	単位	材料（衛生器具） 品名	単位	歩掛数量	労務 職種	歩掛員数(人)	その他
小便器	洗浄弁式床置形 U 510 U 511	1組当り	小便器	個	1	配管工	(U-510) 1.28 (U-511) 1.14	1式
			洗浄弁	〃	1			
			附属品	式	1			
			雑材料	〃	1			
	専用洗浄弁式床置形 U 610 専用洗浄弁式壁掛形 U 620	〃	小便器	個	1	配管工	(U-610) 1.28 (U-620) 0.98	1式
			洗浄弁	〃	1			
			附属品	式	1			
			雑材料	〃	1			
	洗浄弁式壁掛形 U 520 U 521	〃	小便器	個	1	配管工	(U-520) 0.98 (U-521) 0.83	1式
			洗浄弁	〃	1			
			附属品	式	1			
			雑材料	〃	1			
	小便器用洗浄弁	1個当り	節水洗浄・洗浄水栓	個	1	配管工	0.16	1式
	小便器用節水装置	1組当り	個別式	組	1	配管工	0.16	1式
			一括式	〃	1	〃	0.50	〃

（備考） 1. 小便器用洗浄弁は，洗浄弁のみ取付の場合とする。
　　　　2. 「その他」の率対象は，配管工とする。

3. 小便器・自動洗浄タンク（参考）

名称	摘要	単位	材料（衛生器具） 品名	単位	歩掛数量	労務 職種	歩掛員数(人)	その他
小便器 （洗浄管露出形）	壁掛形自動洗浄タンク 3人立 U 521	1組当り	小便器	個	3	配管工	2.46	1式
			11～15ℓハイタンク	〃	1			
			自動サイホン	〃	1			
			胴長止水栓	〃	1			
			給水栓	〃	1			
			25mm取出し金具	〃	1			
			3人立洗浄管	〃	1			
			ブラケット	組	1			
			取付け木ネジ	〃	1			
	壁掛形自動洗浄タンク 4人立 U 521	〃	小便器	個	4	配管工	2.94	1式
			15～22ℓハイタンク	〃	1			
			自動サイホン	〃	1			
			胴長止水栓	〃	1			
			給水栓	〃	1			
			32mm取出し金具	〃	1			
			4人立洗浄管	〃	1			
			ブラケット	組	1			
			取付け木ネジ	〃	1			

（つづく）

名称	摘要	単位	材料（衛生器具）			労務		その他
			品名	単位	歩掛数量	職種	歩掛員数(人)	
小便器 (洗浄管隠ぺい形)	壁掛形自動洗浄タンク 3 人立 U 521	1組 当り	小便器	個	3	配管工	2.88	1式
			11～15ℓハイタンク	〃	1			
			自動サイホン	〃	1			
			胴長止水栓	〃	1			
			給水栓	〃	1			
			32mm取出し金具	〃	1			
			32mmベンド管	〃	1			
			ヘリューズ管又はベンド管	〃	1			
			ブラケット	組	1			
			取付け木ネジ	〃	1			
	壁掛形自動洗浄タンク 4 人立 U 521	〃	小便器	個	4	配管工	3.47	1式
			15～22ℓハイタンク	〃	1			
			自動サイホン	〃	1			
			胴長止水栓	〃	1			
			給水栓	〃	1			
			40mm取出し金具	〃	1			
			38mmベンド管	〃	1			
			ヘリューズ管又はベンド管	〃	4			
			ブラケット	組	1			
			取付け木ネジ	〃	1			

（備考） 1．埋設用洗浄管は別途加算する。
　　　　2．「その他」の率対象は，配管工とする。

4．小便器洗浄用埋設管

名称	摘要	単位	材料（衛生器具）			労務		その他
			品名	単位	歩掛数量	職種	歩掛員数(人)	
小便器 洗浄用埋設管	2 人立	1組 当り	SGP-VA20A	m	0.8	配管工	0.30	1式
			〃 25 〃	〃	0.8			
			継手	式	1			
			接合材等	〃	1			
			支持金物	〃	1			
	3 人立	〃	SGP-VA20A	m	2.6	配管工	0.53	1式
			〃 32 〃	〃	0.6			
			継手	式	1			
			接合材等	〃	1			
			支持金物	〃	1			
	4 人立	〃	SGP-VA20A	m	2.3	配管工	0.90	1式
			〃 25 〃	〃	1.8			
			〃 40 〃	〃	0.6			
			継手	式	1			
			接合材等	〃	1			
			支持金物	〃	1			

(つづく)

❻衛生設備工事―4

名称	摘要	単位	材料（衛生器具）			労務		その他
			品名	単位	歩掛数量	職種	歩掛員数(人)	
小便器 洗浄用埋設管	5人立	1組当り	SGP-VA25A	m	3.0	配管工	1.44	1式
			〃 32〃	〃	2.9			
			〃 50〃	〃	0.6			
			継　　手	式	1			
			接合材等	〃	1			
			支持金物	〃	1			

（備考）　1．継手は，管材料費の42％とし計上する。
　　　　　2．接合材等は，管材料費の3％とし計上する。
　　　　　3．支持金物は，管材料費の13％とし計上する。
　　　　　4．はつり補修費は，労務費の8％とし計上する。
　　　　　5．「その他」の率対象は，配管工とする。

5．仕切板

名称	摘要	単位	材料（衛生器具）			労務		その他
			品名	単位	歩掛数量	職種	歩掛員数(人)	
仕切板	陶製小便器用	1個当り	仕切板	個	1	配管工	0.13	1式

（備考）　1．「その他」の率対象は，配管工とする。

6．洗面器

名称	摘要	単位	材料（衛生器具）			労務		その他
			品名	単位	歩掛数量	職種	歩掛員数(人)	
洗面器 L410 L420 L511	洗面化粧台	1組当り	洗面器	個	1	配管工	0.58	1式
			付属金具	式	1			
	洗面器 (自動混合水栓1個付)	〃	洗面器	個	1	配管工	0.79	1式
			自動混合水栓	〃	1			
			給水管付アングルバルブ	〃	2			
			ポップアップ式排水金具	〃	1			
			バックハンガー又はブラケット	組	1			
			壁止金具	〃	1			
	洗面器 (自動水栓1個付)	〃	洗面器	個	1	配管工	0.69	1式
			自動水栓	〃	1			
			給水管付アングルバルブ	〃	1			
			排水金具	〃	1			
			バックハンガー又はブラケット	組	1			
			止金具	〃	1			

（備考）　1．「その他」の率対象は，配管工とする。

7. 手洗器・洗髪器

名　　称	摘　　要	単位	材料（衛生器具）			労　務		その他
^^^	^^^	^^^	品　名	単位	歩掛数量	職　種	歩掛員数(人)	^^^
手洗器・洗髪器	手　洗　器 L 710 L 730	1組当り	手　洗　器	個	1	配管工	0.30	1式
^^^	^^^	^^^	立　水　栓	〃	1	^^^	^^^	^^^
^^^	^^^	^^^	給水管付アングルバルブ	〃	1	^^^	^^^	^^^
^^^	^^^	^^^	排　水　金　具	〃	1	^^^	^^^	^^^
^^^	^^^	^^^	バックハンガー	組	1	^^^	^^^	^^^
^^^	^^^	^^^	止　金　具	〃	1	^^^	^^^	^^^
^^^	医科用手洗器 手術用手洗器 **(参考)**	〃	手　洗　器	個	1	配管工	1.66	1式
^^^	^^^	^^^	シャワー	〃	1	^^^	^^^	^^^
^^^	^^^	^^^	C・H混合弁	〃	1	^^^	^^^	^^^
^^^	^^^	^^^	排　水　金　具	〃	1	^^^	^^^	^^^
^^^	^^^	^^^	ブラケット	組	1	^^^	^^^	^^^
^^^	^^^	^^^	バックハンガー・木ネジ	〃	1	^^^	^^^	^^^
^^^	洗　髪　器 **(参考)**	〃	洗　髪　器	個	1	配管工	1.86	1式
^^^	^^^	^^^	C・H混合立水栓又は ハンドシャワー	〃	1	^^^	^^^	^^^
^^^	^^^	^^^	給水管アングルバルブ	〃	2	^^^	^^^	^^^
^^^	^^^	^^^	排　水　金　具	〃	1	^^^	^^^	^^^
^^^	^^^	^^^	ヘヤトラップ	〃	1	^^^	^^^	^^^
^^^	^^^	^^^	脚	組	1	^^^	^^^	^^^
^^^	^^^	^^^	バックハンガー・木ネジ	〃	1	^^^	^^^	^^^
^^^	^^^	^^^	ブラケット	〃	1	^^^	^^^	^^^
^^^	^^^	^^^	止金具・木ネジ	〃	1	^^^	^^^	^^^

（備考）1．「その他」の率対象は，配管工とする。

8. 流し等

名　　称	摘　　要	単位	材　　料			労　務		その他
^^^	^^^	^^^	品　名	単位	歩掛数量	職　種	歩掛員数(人)	^^^
掃除用流し	バック付き掃除流し （水栓 1 個付） S 210 NS 210	1組当り	掃除用流し	組	1	配管工	1.10	1式
壁掛形汚物流しユニット	基本ユニット	〃	汚物流し	〃	1	〃	2.06	〃
^^^	水石けん入れ及び紙巻器を含む	〃	〃	〃	1	〃	2.29	〃
^^^	貯湯式電気温水器を含む	〃	〃	〃	1	〃	2.51	〃
^^^	水石けん入れ・紙巻器及び 電気温水器を含む	〃	〃	〃	1	〃	2.74	〃
洗濯機パン	トラップ付洗濯機パン	〃	洗濯機パン	〃	1	〃	0.48	〃

（備考）1．「その他」の率対象は，配管工とする。

9. 水飲器等

名称	摘要	単位	材料 品名	材料 単位	材料 歩掛数量	労務 職種	労務 歩掛員数(人)	その他
水飲器 (参考)	吹上水飲器（壁掛形）	1組当り	水飲器	組	1	配管工	1.90	1式
	吹上水飲器（スタンド形）	〃	〃	〃	1	〃	2.45	〃
飲料用冷水器	冷水器（立形）	〃	冷水器	〃	1	〃	0.69	〃

(備考) 1.「その他」の率対象は，配管工とする。

10. シャワーセット

名称	摘要	単位	材料 バス等(組)	労務 職種	労務 歩掛員数(人)	その他
シャワーセット	固定式シャワー，湯水混合栓，吐水口	1組当り	1	配管工	1.00	1式

(備考) 1.「その他」の率対象は，配管工とする。

11. 衛生器具附属品

名称	摘要	単位	材料 衛生器具(個)	労務 職種	労務 歩掛員数(人)	その他
紙巻器		1個当り	1	配管工	0.13	1式
タオル掛け	金属製	〃	1	〃	0.13	〃
水石けん入れ	壁付押ボタン式	〃	1	〃	0.10	〃
	陶器付	〃	1	〃	0.05	〃
鏡	防湿形縁なし 360×450mm程度	1枚当り	1(枚)	〃	0.23	〃
身障者用鏡	防湿形縁なし 600×800mm程度	〃	1(枚)	〃	0.40	〃
	傾斜鏡（小）	〃	1(枚)	〃	0.25	〃
化粧棚	陶器製縁付	1個当り	1	〃	0.15	〃
メディシングキャビネット	露出形	〃	1	〃	0.13	〃
シートペーパーホルダ	壁掛形	〃	1	〃	0.13	〃

(備考) 1.「その他」の率対象は，配管工とする。

② 給水器具
1. タンク類据付け

名称	摘要 記号	単位	労務 職種	労務 歩掛員数(人)	その他
鋼板製一体形タンク	WTS-2	1基当り	設備機械工	2.13	1式
	WTS-3		〃	3.32	〃
	WTS-4		〃	3.89	〃
	WTS-5		〃	4.50	〃
	WTS-6		〃	5.20	〃
	WTS-8		〃	6.52	〃
	WTS-10		〃	9.08	〃
	WTS-12		〃	10.49	〃
	WTS-15		〃	12.04	〃
	WTS-20		〃	13.77	〃
	WTS-25		〃	15.14	〃
	WTS-30		〃	17.23	〃
FRP製一体形タンク	WTF-1	1基当り	設備機械工	1.47	1式
	WTF-2		〃	1.87	〃
	WTF-3		〃	2.15	〃
	WTF-4		〃	2.38	〃
	WTF-5		〃	2.55	〃
	WTF-6		〃	3.28	〃
	WTF-8		〃	3.97	〃
	WTF-10		〃	5.10	〃
	WTF-12		〃	5.50	〃
	WTF-15		〃	6.29	〃
	WTF-20		〃	9.41	〃
	WTF-25		〃	10.83	〃
	WTF-30		〃	12.25	〃

(備考) 1. 摘要欄の記号は，公共建築設備工事標準図（機械設備工事編）による。
2. 搬入費を別に計上する。
3. 「その他」の率対象は，設備機械工とする。

❻衛生設備工事—8

2. 水栓類等

名　称	摘要 呼び径・仕様等	単位	材料 水栓類等(個)	労務 職種	労務 歩掛員数(人)	その他
水　栓　類	13A	1個当り	1	配管工	0.07	1式
	20A	〃	1	〃	0.08	〃
	25A	〃	1	〃	0.09	〃
混　合　水　栓	13A	〃	1	配管工	0.11	1式
	20A	〃	1	〃	0.11	〃
湯屋カラン	13A	〃	1	配管工	0.07	1式
	20A	〃	1	〃	0.08	〃
散水栓（箱共）	13A	〃	1	配管工	0.35	1式
	20A	〃	1	〃	0.35	〃
靴洗栓（箱共）	13A	〃	1	配管工	0.35	1式
	20A	〃	1	〃	0.35	〃
水　抜　栓	15A	〃	1	配管工	0.15	1式
	20A	〃	1	〃	0.15	〃
弁きょう	50A	〃	1	配管工	0.23	1式
	100A	〃	1	〃	0.45	〃
	150A	〃	1	〃	0.60	〃
量水器きょう	20A	〃	1	配管工	0.23	1式
	25A	〃	1	〃	0.23	〃
	40A	〃	1	〃	0.23	〃
不凍水栓柱	15A	〃	1	配管工	0.30	1式
	20A	〃	1	〃	0.30	〃
水　栓　柱		〃	1	配管工	0.20	1式
防　虫　網	25A	〃	1	配管工	0.17	1式
	32A	〃	1	〃	0.18	〃
	40A	〃	1	〃	0.20	〃
	50A	〃	1	〃	0.23	〃
	65A	〃	1	〃	0.26	〃
	80A	〃	1	〃	0.29	〃
	100A	〃	1	〃	0.32	〃
	125A	〃	1	〃	0.35	〃
	150A	〃	1	〃	0.38	〃
埋設表示テープ	150幅	1m当り	1	配管工	0.004	1式
地中埋設標	コンクリート製	1個当り	1	配管工	0.20	1式
	鉄製	〃	1	〃	0.02	〃

（備考）　1.　弁きょう及び量水器きょうの「その他」の率は，機械設備工事の「⓬桝類」による。それ以外は「配管附属品」による。
　　　　2.　「その他」の率対象は，配管工とする。

—1014—

3. 量水器等

名　称	摘要 呼び径・仕様等	単位	材料 量水器等(個)	労務 職種	労務 歩掛員数(人)	その他
量　水　器	13A	1個当り	1	配管工	0.22	1式
	20A		1	〃	0.24	〃
	25A		1	〃	0.34	〃
	32A		1	〃	0.36	〃
	40A		1	〃	0.38	〃
	50A		1	〃	0.50	〃
	65A		1	〃	0.63	〃
	80A		1	〃	0.68	〃
	100A		1	〃	0.74	〃
	125A		1	〃	0.84	〃
	150A		1	〃	0.90	〃
ボールタップ	15A	〃	1	配管工	0.10	1式
	20A		1	〃	0.12	〃
	25A		1	〃	0.14	〃
	32A		1	〃	0.18	〃
	40A		1	〃	0.22	〃
	50A		1	〃	0.26	〃
	65A		1	〃	0.34	〃
	80A		1	〃	0.38	〃
	100A		1	〃	0.42	〃
	125A		1	〃	0.46	〃
定水位調整弁 （ボールタップ及び電磁弁は含まない）	25A	〃	1	配管工	0.10	1式
	32A		1	〃	0.12	〃
	40A		1	〃	0.13	〃
	50A		1	〃	0.16	〃
	65A		1	〃	0.28	〃
	80A		1	〃	0.34	〃
	100A		1	〃	0.38	〃
	125A		1	〃	0.44	〃
	150A		1	〃	0.53	〃
	200A		1	〃	0.64	〃
電極棒及び電極帯		〃	1	配管工	0.75	1式
レベルスイッチ		〃	1	配管工	1.08	1式
集中検針装置	1戸用	〃	1	配管工	0.09	1式
	10戸用		1	〃	0.87	〃

（備考）　1.「その他」の率対象は，配管工とする。

③ 排 水 器 具

1. 排水金物・トラップ等

名　　称	摘　要 呼び径・仕様等	単位	材料 排水金物等(個)	労務 職　種	労務 歩掛員数(人)	その他
排　水　金　物 (SNA，SNB，SNC，D) 床　上　掃　除　口 （COA） 排　水　目　皿	32A	1個当り	1	配管工	0.17	1式
	40A		1	〃	0.20	〃
	50A		1	〃	0.23	〃
	65A		1	〃	0.26	〃
	80A		1	〃	0.29	〃
	100A		1	〃	0.32	〃
	125A		1	〃	0.35	〃
	150A		1	〃	0.38	〃
床　排　水　ト　ラ　ッ　プ (T14A, T14B, T3A, T16A, T5A, T5AT) 床　上　掃　除　口 （COB） P　ト　ラ　ッ　プ	40A	〃	1	配管工	0.22	1式
	50A		1	〃	0.26	〃
	65A		1	〃	0.34	〃
	80A		1	〃	0.38	〃
	100A		1	〃	0.42	〃
	125A		1	〃	0.46	〃
	150A		1	〃	0.52	〃
床　排　水　ト　ラ　ッ　プ (T3B, T3BL, T5B, T5BT, T16B, T16BL)	40A	〃	1	配管工	0.26	1式
	50A		1	〃	0.31	〃
	65A		1	〃	0.41	〃
	80A		1	〃	0.46	〃
	100A		1	〃	0.50	〃
	125A		1	〃	0.55	〃
	150A		1	〃	0.62	〃
洗濯機用トラップ	非防水形	〃	1	配管工	0.26	1式
	防水形		1	〃	0.33	〃
浴　槽　用　ト　ラ　ッ　プ	40A	〃	1	配管工	0.26	1式
	50A		1	〃	0.31	〃
	65A		1	〃	0.41	〃
	80A		1	〃	0.46	〃
	100A		1	〃	0.50	〃
ガソリントラップ	100×50	〃	1	配管工	0.80	1式
グリース阻集器	100×50	〃	1	配管工	0.80	1式
ド　ラ　ム　ト　ラ　ッ　プ （鋳鉄製）	40A	〃	1	配管工	0.20	1式
	50A		1	〃	0.23	〃
	80A		1	〃	0.29	〃
ディスポーザー		〃	1	配管工	0.29	1式

(つづく)

❻衛生設備工事—11

名　　　称	摘　　要 呼び径・仕様等	単位	材　料 排水金物等(個)	労　務 職　種	労　務 歩掛員数(人)	その他
床　下　掃　除　口	40A	1個当り	1	配管工	0.08	1式
	50A		1	〃	0.09	〃
	65A		1	〃	0.10	〃
	80A		1	〃	0.11	〃
	100A		1	〃	0.13	〃
	125A		1	〃	0.15	〃
	150A		1	〃	0.18	〃
間　接　排　水　口	15A	〃	1	配管工	0.04	1式
	20A		1	〃	0.04	〃
	25A		1	〃	0.06	〃
	32A		1	〃	0.08	〃
	40A		1	〃	0.10	〃
	50A		1	〃	0.12	〃
	65A		1	〃	0.14	〃
	80A		1	〃	0.16	〃
	100A		1	〃	0.18	〃
	125A		1	〃	0.20	〃
	150A		1	〃	0.22	〃
	200A		1	〃	0.24	〃
	250A		1	〃	0.26	〃
通　気　金　具 （VA2）	50A	〃	1	配管工	0.16	1式
	80A		1	〃	0.16	〃
	100A		1	〃	0.16	〃
通　気　金　具 （鋳鉄製・アルミ製） 露　　出　　型	50A	〃	1	配管工	0.23	1式
	80A		1	〃	0.29	〃
	100A		1	〃	0.32	〃
通　気　金　具 （鋳鉄製・アルミ製） 埋　　込　　型	50A	〃	1	配管工	0.26	1式
	80A		1	〃	0.38	〃
	100A		1	〃	0.42	〃
満　水　試　験　継　手	50A	〃	1	配管工	0.22	1式
	75A		1	〃	0.29	〃
	100A		1	〃	0.36	〃
	125A		1	〃	0.43	〃
	150A		1	〃	0.50	〃

（備考）　1．名称欄の記号は，公共建築設備工事標準図（機械設備工事編）による。
　　　　 2．「その他」の率対象は，配管工とする。

④ 給湯器具
(1) 貯湯タンク（横形）標準寸法

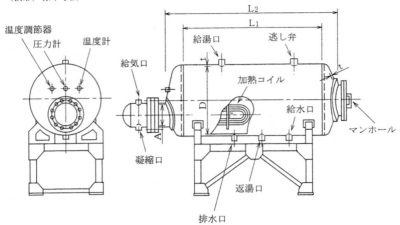

（単位：mm）

記号	容量(L)	D	L₁	L₂(参考寸法)	板厚t 鋼ステンレス板	A	給気口	凝縮口	給湯口	逃し弁	排水口	返湯口	給水口	加熱コイル(参考) 管径	管厚	全長	マンホール
THW- 5	500	700	1,200	1,520	6以上	200	50	25	50	25	32	32	40	25	2	5,100	400
〃 - 8	800	750	1,800	2,140	6以上	200	65	32	65	25	32	40	50	25	2	8,100	400
〃 -10	1,000	750	2,200	2,540	6以上	200	65	32	65	32	32	40	50	25	2	10,100	400
〃 -15	1,500	900	2,200	2,600	6以上	250	80	40	80	32	40	40	65	32	2	11,800	400
〃 -20	2,000	1,000	2,400	2,840	6以上	250	80	40	80	32	40	40	65	32	2	15,700	400
〃 -25	2,500	1,100	2,400	2,980	6以上	300	100	40	100	40	50	50	80	32	2	19,700	400
〃 -30	3,000	1,200	2,500	3,020	6以上	300	100	40	100	40	50	50	80	32	2	23,600	450
〃 -35	3,500	1,300	2,500	3,060	6以上	300	100	40	100	40	50	50	80	32	2	27,500	450
〃 -40	4,000	1,300	2,800	3,360	6以上	300	100	50	100	40	65	50	80	32	2	31,400	450
〃 -45	4,500	1,400	2,800	3,400	8以上	300	100	50	100	40	65	50	80	32	2	35,400	450
〃 -50	5,000	1,400	3,000	3,600	8以上	350	100	50	125	40	65	65	100	32	2	39,300	450
〃 -55	5,500	1,500	3,000	3,640	8以上	350	125	65	125	40	80	65	100	32	2	43,200	450
〃 -60	6,000	1,500	3,200	3,840	8以上	350	125	65	125	40	80	65	100	32	2	47,200	450

（備考） 1. 本表の寸法は，給水温度5℃，給湯温度60℃，蒸気圧0.035MPa，給水圧力0.5MPaの条件で，1時間当り貯湯容量分の水量に対する加熱能力を有するタンクのものである。
2. 各配管及び計器類の接続口の位置は，タンクの据付け位置に適合させる。

(2) 貯湯タンク（立形）標準寸法

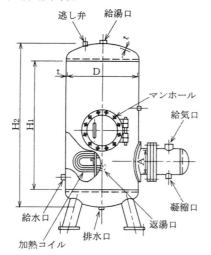
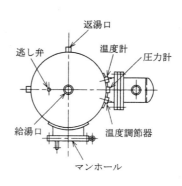

(単位：mm)

記号	容量(L)	D	H_1	H_2(参考寸法)	板厚 t 鋼板ステンレス板	A	給気口	凝縮口	給湯口	逃し弁	排水口	返湯口	給水口	加熱コイル(参考) 管径	管厚	全長	マンホール
TVW-5	500	750	1,100	1,440	6以上	250	50	25	50	25	40	32	40	25	2	5,100	400
〃 -8	800	850	1,300	1,680	6以上	250	65	32	65	25	40	40	50	25	2	8,100	400
〃 -10	1,000	950	1,300	1,720	6以上	250	65	32	65	32	40	40	50	25	2	10,100	400
〃 -15	1,500	1,000	1,800	2,240	6以上	300	80	40	80	32	50	40	65	32	2	11,800	400
〃 -20	2,000	1,100	2,000	2,460	6以上	300	80	40	80	32	50	40	65	32	2	15,700	400
〃 -25	2,500	1,200	2,100	2,620	6以上	300	100	40	100	40	65	50	80	32	2	19,700	450
〃 -30	3,000	1,200	2,500	3,020	6以上	350	100	40	100	40	65	50	80	32	2	23,600	450
〃 -35	3,500	1,300	2,500	3,060	6以上	350	100	40	100	40	65	50	80	32	2	27,500	450
〃 -40	4,000	1,400	2,500	3,100	8以上	350	100	50	100	40	80	50	80	32	2	31,400	450
〃 -45	4,500	1,400	2,700	3,300	8以上	350	100	50	100	40	80	50	80	32	2	35,400	450
〃 -50	5,000	1,500	2,700	3,340	8以上	350	100	50	125	40	80	65	100	32	2	39,300	450
〃 -55	5,500	1,600	2,700	3,360	8以上	350	125	65	125	40	100	65	100	32	2	43,200	450
〃 -60	6,000	1,600	2,800	3,480	8以上	400	125	65	125	40	100	65	100	32	2	47,200	450

(備考) 1. 本表の寸法は，給水温度5℃，給湯温度60℃，蒸気圧0.035MPa，給水圧力0.5MPaの条件で，1時間当り貯湯容量分の水量に対する加熱能力を有するタンクのものである。
2. 各配管及び計器類の接続口の位置は，タンクの据付け位置に適合させる。

1. タンク類据付け

名　　称	摘要　記号等	単位	労務　職種	労務　歩掛員数(人)	その他
貯湯タンク（本体のみ）	THW/TVW －5	1基当り	設備機械工	1.59	1式
	THW/TVW －8		〃	1.95	〃
	THW/TVW －10		〃	2.04	〃
	THW/TVW －15		〃	3.36	〃
	THW/TVW －20		〃	3.89	〃
	THW/TVW －25		〃	4.42	〃
	THW/TVW －30		〃	4.96	〃
	THW/TVW －35		〃	5.40	〃
	THW/TVW －40		〃	5.84	〃
	THW/TVW －45		〃	6.19	〃
	THW/TVW －50		〃	6.64	〃
	THW/TVW －55		〃	7.08	〃
	THW/TVW －60		〃	9.29	〃
給湯用膨張・補給水タンク（架台共）	TWR－100	1基当り	設備機械工	0.43	1式
	TWR－200		〃	0.51	〃
	TWR－300		〃	0.76	〃
	TWR－500		〃	0.94	〃
	TWR－750		〃	1.10	〃
	TWR－1,000		〃	1.33	〃
給湯用密閉形隔膜式膨張タンク	タンク容量　100L以下	1基当り	設備機械工	0.35	1式
	〃　200L　〃		〃	0.44	〃
	〃　300L　〃		〃	0.52	〃
	〃　500L　〃		〃	0.69	〃
	〃　750L　〃		〃	0.91	〃
	〃　1,000L　〃		〃	1.12	〃

（備考）
1. 摘要欄の記号は，公共建築設備工事標準図（機械設備工事編）による。
2. 搬入費を別に計上する。
3. 「その他」の率対象は，設備機械工とする。

2. ガス湯沸器等据付け

名　　　称	摘　　要	単位	労務 職種	労務 歩掛員数(人)	その他
貯湯式湯沸器（置台形）	貯湯量 10L	1台当り	配管工	0.45	1式
	〃　　20L		〃	0.45	〃
	〃　　40L		〃	0.50	〃
	〃　　60L		〃	0.62	〃
	〃　　90L		〃	0.67	〃
	〃　　125L		〃	0.72	〃
貯湯式湯沸器（壁掛形）	貯湯量 10L	〃	配管工	0.83	1式
	〃　　20L		〃	0.83	〃
	〃　　40L		〃	0.88	〃
	〃　　60L		〃	1.07	〃
瞬間湯沸器（給湯専用壁掛形）	能力　5号	〃	配管工	0.83	1式
	〃　　6号		〃	0.88	〃
	〃　　8号		〃	1.07	〃
	〃　　10号		〃	1.22	〃
	〃　　14号		〃	1.50	〃
	〃　　16号		〃	1.78	〃
	〃　　20号		〃	2.12	〃
	〃　　24号		〃	2.47	〃
	〃　　30号		〃	2.98	〃
瞬間湯沸器（給湯専用据置形）	能力　16号	〃	配管工	1.42	1式
	〃　　20号		〃	1.70	〃
	〃　　24号		〃	1.98	〃
	〃　　30号		〃	2.38	〃
瞬間湯沸器（追炊付壁掛形）	能力　16号	〃	配管工	2.11	1式
	〃　　20号		〃	2.51	〃
	〃　　24号		〃	2.92	〃
	〃　　30号		〃	3.52	〃
瞬間湯沸器（追炊付据置形）	能力　16号	〃	配管工	1.69	1式
	〃　　20号		〃	2.01	〃
	〃　　24号		〃	2.34	〃
バランス形風呂釜	上り湯シャワー付	〃	配管工	1.22	1式
	上り湯シャワーなし		〃	1.07	〃
浴槽（据置形）	800mm×700mm×640mm	1個当り	配管工	0.47	1式
掃除口金物（排気筒用）		〃	配管工	0.32	1式

(つづく)

❻衛生設備工事—16

名　称	摘　要	単位	労務 職種	労務 歩掛員数(人)	その他
排　気　筒	口径 100φ	1m 当り	配管工	0.29	1式
	〃 150〃		〃	0.33	〃
	〃 200〃		〃	0.44	〃
	〃 250〃		〃	0.50	〃
	〃 300〃		〃	0.62	〃
	〃 350〃		〃	0.72	〃
多翼形トップ (傾斜H形トップ)	口径 100φ	1個 当り	配管工	0.20	1式
	〃 150〃		〃	0.20	〃
	〃 200〃		〃	0.22	〃
	〃 250〃		〃	0.24	〃
	〃 300〃		〃	0.24	〃
	〃 350〃		〃	0.26	〃

(備考)　1.「その他」の率対象は，配管工とする。

3.　電気湯沸器等据付け

名　称	摘　要	単位	労務 職種	労務 歩掛員数(人)	その他
電気貯湯式湯沸器 (置　台　形)	貯湯量 10L	1台 当り	配管工	0.45	1式
	〃 20L		〃	0.45	〃
	〃 40L		〃	0.50	〃
	〃 60L		〃	0.62	〃
	〃 90L		〃	0.67	〃
	〃 125L		〃	0.72	〃
電気貯湯式湯沸器 (壁　掛　形)	貯湯量 10L	〃	配管工	0.83	1式
	〃 20L		〃	0.83	〃
	〃 40L		〃	0.88	〃
	〃 60L		〃	1.07	〃
電気瞬間湯沸器 (壁　掛　形)	10kW	〃	配管工	2.08	1式
	15kW		〃	2.20	〃
	20kW		〃	2.65	〃
	30kW		〃	2.90	〃
	40kW		〃	3.15	〃
大型電気温水器	100L以下	〃	配管工	0.69	1式
	200L 〃		〃	0.98	〃
	300L 〃		〃	1.26	〃
	400L 〃		〃	1.55	〃
	500L 〃		〃	1.84	〃
	600L 〃		〃	2.13	〃

(備考)　1.「その他」の率対象は，配管工とする。

⑤ 消 火 設 備

消火設備の資機材取付けに適用する。

1. 屋内消火栓，屋外消火栓，連結送水管等

名　　　　称	摘　　　要	単位	材料 消火栓箱等(組)	労務 職種	労務 歩掛員数(人)	その他
屋内消火栓箱（総合形）（一）（二） （埋　込　形）	1号消火栓・易操作性1号消火栓 HB-1A，HB-1AT 開閉弁付	組	1	配管工	1.40	1式
屋内消火栓箱（総合形）（一）（二） （露　　出　　形）	1号消火栓・易操作性1号消火栓 HB-1B，HB-1BT，開閉弁付	〃	1	配管工	1.25	1式
屋内消火栓箱（総合形）（一）（二） （埋込形放水口付）	1号消火栓・易操作性1号消火栓 HB-1A，HB-1AT，放水口，開閉弁付	〃	1	配管工	1.70	1式
屋内消火栓箱（総合形）（一）（二） （露出形放水口付）	1号消火栓・易操作性1号消火栓 HB-1B，HB-1BT，放水口，開閉弁付	〃	1	配管工	1.55	1式
屋　内　消　火　栓　箱 （埋　　込　　形）	1号消火栓・易操作性1号消火栓 HB-2A，開閉弁付	〃	1	配管工	1.23	1式
屋　内　消　火　栓　箱 （露　　出　　形）	1号消火栓・易操作性1号消火栓 HB-2B，開閉弁付	〃	1	配管工	1.12	1式
屋　内　消　火　栓　箱 （埋込形放水口付）	1号消火栓・易操作性1号消火栓 HB-2A，放水口，開閉弁付	〃	1	配管工	1.54	1式
屋　内　消　火　栓　箱 （露出形放水口付）	1号消火栓・易操作性1号消火栓 HB-2B，放水口，開閉弁付	〃	1	配管工	1.40	1式
屋内2号消火栓箱（総合形） （埋　　込　　形）	2号消火栓・広範囲型2号消火栓 HB-4A，開閉弁付	〃	1	配管工	1.40	1式
屋内2号消火栓箱（総合形） （露　　出　　形）	2号消火栓・広範囲型2号消火栓 HB-4B，開閉弁付	〃	1	配管工	1.25	1式
屋内2号消火栓箱（総合形） （埋込形放水口付）	2号消火栓・広範囲型2号消火栓 HB-4A，放水口，開閉弁付	〃	1	配管工	1.70	1式
屋内2号消火栓箱（総合形） （露出形放水口付）	2号消火栓・広範囲型2号消火栓 HB-4B，放水口，開閉弁付	〃	1	配管工	1.55	1式
放水用器具格納箱（一）（二） （埋　　込　　形）	HB-11A，HB-11AT 放水口，ホース2本付	〃	1	配管工	1.40	1式
放水用器具格納箱（一）（二） （露　　出　　形）	HB-11B，HB-11BT 放水口，ホース2本付	〃	1	配管工	1.25	1式
放水用器具格納箱（一）（二） （埋　　込　　形）	HB-11AD，HB-11ATD 放水口，ホース4本付	〃	1	配管工	1.40	1式
放水用器具格納箱（一）（二） （露　　出　　形）	HB-11BD，HB-11BTD 放水口，ホース4本付	〃	1	配管工	1.25	1式
放　水　口　格　納　箱 （埋　　込　　形）	HB-12A 放水口付	〃	1	配管工	1.20	1式
放　水　口　格　納　箱 （露　　出　　形）	HB-12B 放水口付	〃	1	配管工	1.10	1式
屋外消火栓箱（総合形） 地　　上　　式	HB-20 開閉弁，ホース，ノズル付	〃	1	配管工	1.33	1式
屋　外　消　火　栓　箱 地　　上　　式	HB-21 開閉弁，ホース，ノズル付	〃	1	配管工	1.20	1式
屋外消火栓ホース格納箱 地　　上　　式	ホース，ノズル	〃	1	配管工	1.10	1式

(つづく)

❻衛生設備工事―18

名　　　称	摘　　　要	単位	材料 消火栓箱等(組)	労務 職種	労務 歩掛員数(人)	その他
屋外消火栓開閉弁 地　　上　　式	単口形	個	1	配管工	0.60	1式
屋外消火栓開閉弁 地　　上　　式	双口形	個	1	配管工	0.70	1式
屋外消火栓開閉弁 地　　下　　式	単口形	〃	1	配管工	0.39	1式
屋外消火栓開閉弁 地　　下　　式	双口形	〃	1	配管工	0.54	1式
送　　水　　口		〃	1	配管工	0.75	1式
採　　水　　口		〃	1	配管工	0.75	1式
テ ス ト 弁	40A	〃	1	配管工	0.28	1式
テ ス ト 弁	65A	〃	1	配管工	0.33	1式
放　　水　　口	埋込単口形	〃	1	配管工	0.30	1式
消　　火　　器	粉末A－2	〃	1	配管工	0.09	1式
消 火 器 A B C	消火器（3kg, 20kg, 40kg, 50kg），標示板	〃	1	配管工	0.18	1式
消 火 器 CO$_2$	消火器CO$_2$, 2.3kg, ブラケット, 標示板	〃	1	配管工	0.18	1式
消 火 器 保 管 箱	1本用	〃	1	配管工	0.56	1式
消 火 器 保 管 箱	2本用	〃	1	配管工	0.73	1式
消 火 器 保 管 箱	3本用	〃	1	配管工	0.84	1式
消 火 器 保 管 箱	4本用	〃	1	配管工	1.12	1式

(備考)　1.　摘要欄の記号は，公共建築設備工事標準図（機械設備工事編）による。
　　　　2.　消火器箱併設形屋内消火栓箱は，屋内消火栓箱の20％増しとする。
　　　　3.　「その他」の率対象は配管工とする。

2. スプリンクラー設備

名　　　称	摘　　　要	単位	材料 流水検知装置等(組)	労務 職種	労務 歩掛員数(人)	その他
流 水 検 知 装 置	80A	組	1	配管工	3.00	1式
流 水 検 知 装 置	100〃	組	1	配管工	3.30	1式
流 水 検 知 装 置	125〃	組	1	配管工	3.60	1式
流 水 検 知 装 置	150〃	組	1	配管工	4.00	1式
ポ ン プ 制 御 盤	7.5kW 以下	面	1 (面)	配管工	2.50	1式
ポ ン プ 制 御 盤	11〜19kW	面	1 (面)	配管工	2.80	1式
ポ ン プ 制 御 盤	22kW	面	1 (面)	配管工	3.30	1式
ポ ン プ 制 御 盤	37kW 以上	面	1 (面)	配管工	4.00	1式
スプリンクラーヘッド	天井穴明け，附属品共	個	1 (個)	配管工	0.18	1式
同 上 用 保 護 網		〃	1 (個)	配管工	0.07	1式
末 端 試 験 弁	25A仕切弁，テスト用放水口，圧力計共	組	1	配管工	0.50	1式
起動用水圧開閉装置	100L圧力タンク，附属品共	〃	1	配管工	2.50	1式
呼 水 槽	100L，150L，ブラケット共	基	1 (基)	配管工	2.00	1式
スプリンクラー用送水口	65A埋込形，銘板共	個	1 (個)	配管工	0.60	1式
ベ ル		〃	1 (個)	配管工	0.20	1式
流 量 測 定 装 置	仕切弁共	組	1	配管工	1.00	1式
補 助 散 水 栓 箱 (埋　　込　　形)	ホース，ノズル，ホース収納装置（発信機，表示灯，電鈴）箱	〃	1	配管工	1.40	1式
補 助 散 水 栓 箱 (露　　出　　形)	ホース，ノズル，ホース収納装置（発信機，表示灯，電鈴）箱	〃	1	配管工	1.25	1式

（備考）「その他」の率対象は，配管工とする。

3. 消火用充水タンク据付け

名　　　称	摘　　　要	単　位	設備機械工(人)	その他
消 火 用 充 水 タ ン ク	TF-200	基	0.51	1式
消 火 用 充 水 タ ン ク	TF-500	基	0.94	1式
消 火 用 充 水 タ ン ク	TF-1000	基	1.33	1式

（備考）　1.　摘要欄の記号は公共建築設備工事標準図（機械設備工事編）による。
　　　　　2.　架台共とする。
　　　　　3.　「その他」の率対象は，設備機械工とする。

⑥ 厨房器具設備据付け

名称	摘要	単位	労務 職種	歩掛員数(人)	その他
流し（1槽シンク）	幅　900 mm 以下	1台当り	配管工	0.50	1式
	〃　901～1,200 mm		〃	0.50	〃
	〃　1,201～1,500 mm		〃	0.70	〃
	〃　1,501 mm 以上		〃	0.90	〃
流し（2槽シンク）	幅　901～1,200 mm	〃	配管工	0.60	1式
	〃　1,201～1,500 mm		〃	0.80	〃
	〃　1,501 mm 以上		〃	1.00	〃
作業台	幅　600 mm 以下	〃	配管工	0.35	1式
	〃　601～750 mm		〃	0.35	〃
	〃　751～900 mm		〃	0.40	〃
	〃　901～1,200 mm		〃	0.45	〃
	〃　1,201～1,500 mm		〃	0.50	〃
戸棚（片面）	幅　1,500 mm 以下	〃	配管工	0.70	1式
	〃　1,501 mm 以上		〃	1.00	〃
戸棚（両面）	幅　1,500 mm 以下	〃	配管工	1.00	1式
	〃　1,501 mm 以上		〃	1.30	〃
棚（5段式）	幅　1,200 mm 以下	〃	配管工	0.60	1式
	〃　1,201 mm 以上		〃	0.80	〃
ガスレンジ	幅　900 mm 以下	〃	配管工	1.40	1式
	〃　901～1,200 mm		〃	2.00	〃
	〃　1,201～1,500 mm		〃	2.60	〃
	〃　1,501 mm 以上		〃	3.20	〃
ガステーブル	幅　750 mm 以下	〃	配管工	0.70	1式
	〃　751 mm 以上		〃	0.80	〃
揚物器（フライヤ）（1槽）	幅　750 mm 以下	〃	配管工	1.20	1式
	〃　751 mm 以上		〃	1.60	〃
揚物器（フライヤ）（2槽）	幅　750 mm 以下	〃	配管工	1.80	1式
	〃　751 mm 以上		〃	2.20	〃
魚焼器（ガス式）	1連形	〃	配管工	1.30	1式
	2連形		〃	1.80	〃
そば釜（ガス式）	幅　900 mm 以下	〃	配管工	1.00	1式
	〃　901～1,200 mm		〃	1.50	〃
	〃　1,201～1,500 mm		〃	2.00	〃
炊飯器（ガス式）	30 kg 以下	〃	配管工	2.00	1式
	31 kg 以上		〃	3.00	〃
洗米器	30 kg 以下	〃	配管工	0.55	1式
	31 kg 以上		〃	0.70	〃

（つづく）

名　称	摘　要	単位	労務 職種	労務 歩掛員数(人)	その他
回転式平釜 （ガス式）	50ℓ 以下	1台当り	配管工	0.75	1式
	51 〜 75ℓ		〃	1.00	〃
	76 〜 100ℓ		〃	1.20	〃
	101 〜 135ℓ		〃	1.40	〃
	136 〜 160ℓ		〃	1.70	〃
球根皮むき器	10 kg	〃	配管工	0.70	1式
	15 kg		〃	0.80	〃
食器消毒器	幅　750 mm 以下	〃	配管工	0.70	1式
	〃　751 mm 以上		〃	0.80	〃
冷蔵庫	幅　1,200 mm 以下	〃	配管工	2.50	1式
	〃　1,201 〜 1,500 mm		〃	3.00	〃
	〃　1,501 〜 1,800 mm		〃	3.80	〃

（備考）　1.　墨出し，小運搬，据付け，清掃及び器具の試運転調整を含む。
　　　　　2.　質量が 100 kg 以上となる器具については，機器搬入費を別途計上する。
　　　　　3.　「その他」の率対象は，配管工とする。

❼ 保温工事

① 一般事項
空気調和設備及び給排水衛生設備の保温工事に適用する。

② 保温工事の仕様

1. **材料**

   保温材（保冷材及び防露材を含む。以下同じ。）外装材及び補助材は，下表による。

   保温材，外装材及び補助材

材料区分		仕様	材料区分		仕様
保温材	ロックウール保温材	ロックウール保温板，筒，帯，フエルト及びブランケットは，JIS A 9504（人造鉱物繊維保温材）のロックウールによるものとし，保温板は1号又は2号，保温帯は1号，フエルトは密度40kg/m³以上，ブランケットは1号とする。ブランケットは，JIS G 3554（きっ甲金網）による亜鉛めっきを施した網目呼称16，線径0.55の金網又はRWAS 02（ロックウール保温材のブランケットに使用するメタルラス品質規格）による平ラスで外面を補強したものとする。アルミガラスクロス化粧保温板，保温筒，保温帯又はフエルトは，上記保温板，保温筒，保温帯又はフエルト（JISに規定されている表面布は不要）の表面をアルミガラスクロスで被覆したものとする。ガラスクロス化粧保温板は，上記保温板（JISに規定されている表面布は不要）の表面をガラスクロスで被覆したものとする。	外装材	合成樹脂製カバー1（シートタイプ）	合成樹脂を使用した難燃性の樹脂製カバーは，JIS A 1322（建築用薄物材料の難燃性試験方法）に規定する防炎2級に合格したもので板厚は，0.3mm以上とする。合成樹脂製カバー用ピンは銅合金製とし，樹脂カバーの重ね部分を保持できる強度及び形状を有するものとする。
				合成樹脂製カバー2（ジャケットタイプ）	合成樹脂を使用した難燃性の樹脂製カバーは，JIS A 1322（建築用薄物材料の難燃性試験方法）に規定する防炎2級に合格したもので板厚は，0.5mm以上とする。接合は，合成樹脂製カバー用差込みジョイナーと50mmピッチのボタンパンチ加工されたものとし，保温材又はカバーの反発力で外れないものとする。
				着色アルミガラスクロス	アルミガラスクロスの表面にアクリル系塗料を焼付塗装（焼付温度240℃以上，着色塗布量4g/m²以上）したもの。
	グラスウール保温材	グラスウール保温板，筒，帯及び波形保温板は，JIS A 9504（人造鉱物繊維保温材）のグラスウールによるものとし，保温板，保温筒，保温帯及び波形保温板は40K以上のものとする。アルミガラスクロス化粧保温板，保温筒，保温帯又は波形保温板は，上記保温板，保温筒，保温帯又は波形保温板（JISに規定されている表面布は不要）の表面をアルミガラスクロスで被覆したものとする。ガラスクロス化粧保温板は，上記保温板（JISに規定されている表面布は不要）の表面をガラスクロスで被覆したものとする。		アルミガラスクロス	厚0.02mmのアルミニウム箔に，JIS R 3414（ガラスクロス）に規定するEP11Eをアクリル系接着剤で接着させたものとし，管等に使用する場合は，適当な幅に裁断し，テープ状にしたものとする。
				アルミガラスクロス粘着テープ	アルミガラスクロスのガラスクロス面に粘着剤を粘着加工し，剥離紙をもってその粘着力を保持したものとし，JIS Z 0237（粘着テープ・粘着シート試験方法）による粘着力1.5N/10mm以上のものとする。
				ガラスクロス	JIS R 3414（ガラスクロス）に規定するEP18AによるEガラス平織ガラスクロスとし，ダクト類の内貼りの押えとして使用する。
	ポリスチレンフォーム保温材	ポリスチレンフォーム保温板及び筒は，JIS A 9511（発泡プラスチック保温材）のビーズ法ポリスチレンフォームによるものとし，保温板及び筒は3号とする。アルミガラスクロス化粧保温板又は保温筒は，上記保温板又は保温筒（JISに規定されている表面布は不要）の表面をアルミガラスクロスで被覆したものとする。弁類，継手カバー等は，原則として金型成形したもので，品質は上記保温筒の規格に適合したものとする。		保温化粧ケース	保温化粧ケースは樹脂製，アルミ合金製，溶融アルミニウム―亜鉛鉄板，鋼板若しくは鋼材に溶融亜鉛めっきを施したもの，溶融亜鉛めっき鋼板製に粉体塗装仕上げをしたもの又はステンレス鋼板製等とする。また，樹脂製のものは耐候性を有する-20℃から60℃以下に耐えるものとする。
				アルミガラス化粧原紙	原紙に規定する整形用原紙の表面に，アルミガラスクロスに規定するアルミガラスクロス面をオレフィン系樹脂接着剤で貼り合わせたものとする。
外装材	カラー亜鉛鉄板	JIS G 3312（塗装溶融亜鉛めっき鋼板及び鋼帯）で，亜鉛めっきの付着量が，180g/m²（Z18）以上のものとし，板厚は，保温外径250mm以下の管，弁等に使用する場合は0.27mm，その他は0.35mmとする。	補助材	原紙	1m²当り370g以上の整形用原紙とする。
				整形エルボ	合成樹脂を使用した難燃性の整形用エルボで，JIS A 1322（建築用薄物材料の難燃性試験方法）に規定する防炎2級に合格したものとする。
	ステンレス鋼板	JIS G 4305（冷間圧延ステンレス鋼板及び鋼帯）によるものとし，板厚は，管，弁等に使用する場合は0.2mm以上，その他は0.3mm以上とする。		ポリエチレンフィルム	JIS Z 1702（包装用ポリエチレンフィルム）に規定する1種（厚0.05mm）とする。
	溶融アルミニウム―亜鉛鉄板	JIS G 3321（溶融55%アルミニウム―亜鉛合金めっき鋼板及び鋼帯）で，亜鉛めっき付着量150g/m²以上とし，板厚は，保温外径250mm以下の管，弁等に使用する場合は0.27mm，その他は0.35mmとする。		粘着テープ	JIS C 2336（電気絶縁用ポリ塩化ビニル粘着テープ）A種（厚0.2mm）のものとする。

(つづく)

材料区分		仕　　　　　様
補助材	鉄線	JIS G 3547（亜鉛めっき鉄線）による亜鉛めっき鉄線とする。
	鋲	亜鉛めっき鋼板製座金に保温材の厚みに応じた長さの釘を植えたもの，絶縁スポット溶接鋲又は絶縁座金付スポット溶接鋲（銅又は銅合金製）とし，保温材等を支持するのに十分な強度を有するものとする。
	きっ甲金網	JIS G 3547（亜鉛めっき鉄線）による亜鉛めっき鉄線の線径 0.4mm 以上のものを，JIS G 3554（きっ甲金網）による網目呼称 16 により製作したものとする。

材料区分		仕　　　　　様
補助材	銅きっ甲金網	JIS H 3260（銅及び銅合金の線）による C1201W 又は C1220W の線径 0.5mm のものを JIS G 3554（きっ甲金網）による網目呼称 10 に準じて製作したものとする。
	シーリング材	主成分をシリコン系の 1 成分形とし，JIS K 6249（未硬化及び硬化シリコーンゴムの試験方法）による耐熱温度 120℃のものとする。
	鋼枠	亜鉛鉄板による原板の標準厚 0.4mm 以上のもので加工したものとする。
	幅木，菊座及びバンド	ステンレス鋼板（厚 0.2mm 以上）により製作したものとする。
	接着剤	鋲を接着する場合は，合成ゴム系接着剤，エポキシ系接着剤又は変性シリコン系接着剤とする。

2.　施　　　工

ア．保温の厚さは，保温材主体の厚さとし，外装及び補助材の厚さは，含まないものとする。

イ．保温材相互の間隙はできる限り少なくし，重ね部の継目は同一線上を避けて取付ける。

ウ．ポリスチレンフォーム保温筒は，合せ目を全て粘着テープで止め，継目は，粘着テープ 2 回巻きとする。
　　なお，継目間隔が 600 mm 以上，1,000 mm 以下の場合は，中間に 1 箇所粘着テープ 2 回巻きを行う。

エ．鉄線巻きは，原則として，帯状材の場合は，50 mm ピッチ（スパイラルダクトの場合は 150 mm ピッチ）以下にらせん巻き締め，筒状材の場合は 1 本につき 2 箇所以上，2 巻き締めとし，ロックウールフェルト及び波形保温板の場合は，1 枚につき 500 mm 以下に 1 箇所以上，2 巻き締めとする。

オ．テープ巻きその他の重なり幅は，原則として，テープ状の場合は 15 mm 以上（ポリエチレンフィルムの場合は 1/2 重ね以上），その他の場合は 30 mm 以上とする。

カ．テープ巻きは，配管の下方より上向きに巻き上げる。アルミガラスクロス巻き等で，ずれるおそれのある場合には，粘着テープ等を用いてずれ止めを行う。

キ．アルミガラスクロス化粧保温帯，アルミガラスクロス化粧ロックウールフェルト，アルミガラスクロス化粧保温筒及びアルミガラスクロス化粧波形保温板は，合せ目及び継目を全てアルミガラスクロス粘着テープで貼り合わせ，筒は継目間隔が 600 mm 以上 1,000 mm 以下の場合は中間に 1 箇所アルミガラスクロス粘着テープ 2 回巻きとし，スパイラルダクトへの保温帯，フェルト，波形保温板の取付けは，1 枚が 600 mm 以上 1,000 mm 以下の場合は，1 箇所以上アルミガラスクロス粘着テープ 2 回巻きとする。

ク．アルミガラスクロス化粧原紙の取付けは，30 mm 以上の重ね幅とし，合せ目は 150 mm 以下のピッチでステープル止めを行う。合せ目及び継目をすべてアルミガラスクロス粘着テープで貼合せる。

ケ．アルミガラスクロス化粧保温筒のワンタッチ式（縦方向の合せ目に貼合せ用両面粘着テープを取付けたもの。）の合せ目は，接着面の汚れを十分に除去した後に貼合せる。

コ．合成樹脂製カバー 1 の取付けは，重ね幅は 25 mm 以上とし，直管方向の合わせ目を両面テープで貼合せた後，150 mm 以下のピッチで，合成樹脂製カバー用ピンで押さえる。立て管部は，下からカバーを取付け，ほこり溜まりの無いよう施工する。

サ．合成樹脂製カバー 2 の取付けは，合成樹脂製シート端部の差込みジョイナーに，ボタンパンチを差し込んで接合し，エルボ部分と直管部分の継目は，シーリングを行う。立て管部は，下からカバーを取付け，ほこり溜まりの無いよう施工する。

シ．金属板巻きは，管の場合ははぜ掛け又はボタンパンチはぜ，曲り部はえび状又は整形カバーとし，長方形ダクト及び角形タンク類ははぜ掛け，継目は差込みはぜとする。丸形タンクは差込みはぜとし，鏡板は放射線形に差込みはぜとする。
　　なお，タンク類は，必要に応じて，重ね合せのうえ，ビス止めとしてもよい。
　　屋外及び屋内多湿箇所の継目は，シーリング材等によりシールを施す。
　　シーリング材を充填する場合は，油分，じんあい，さび等を除去してから行う。また，温度，湿度等の気象条件が充填に不適当なときは作業を中止する。

ス．鋲の取付け数は，原則として 300 mm 角当たりに 1 個以上とし，すべての面に取付ける。
　　なお，絶縁座金付銅製スポット鋲以外の場合は，鋲止め用平板（座金）を使用する。

セ．屋内露出の配管及びダクトの床貫通部は，その保温材保護のため，床面より少なくとも高さ 150 mm までステンレス鋼板で被覆する。ただし，外装材にカラー亜鉛鉄板等の金属を使用する場合を除く。
　　蒸気管等が壁，床等を貫通する場合には，その面から 25 mm 以内は保温を行わない。

ソ．屋内露出配管の保温見切り箇所には，菊座を取付ける。

タ．保温の見切り部端面は，使用する保温材及び保温目的に応じて必要な保護を行う。

チ．保温を必要とする機器の扉，点検口等は，その開閉に支障がなく，保温効果を減じないように施工する。

ツ．絶縁継手廻り（絶縁フランジ含む。）は，金属製のラッキングを行ってはならない。

テ．グラスウール保温板（32K）をスパイラルダクトへ取付ける場合は，保温厚さが復元した後に行い，鉄線巻きは 150 mm ピッチ以

❼ 保 温 工 事—3

下にらせん巻き締めし，500 mm 以下に1箇所以上，2巻き締めとする。
なお，鉄線の締めすぎに注意する。
ト．アルミガラスクロス化粧グラスウール保温板（32K）をスパイラルダクトへ取付ける場合は，保温厚さが復元した後に行い，合わせ目及び継ぎ目を全てアルミガラスクロス粘着テープで貼合わせ，1枚が600 mm 以上1,000 mm 以下の場合は1箇所以上アルミガラスクロス粘着テープ2回巻きとする。
なお，アルミガラスクロス粘着テープの締めすぎに注意する。

保温材の厚さは，下表を標準とする。なお，寒冷地等で，これによることができない場合は，厚さを検討する。

保温材の厚さ　　　　　　　　　　　　　　　　　　　（単位：mm）

保温の種別		呼び径 15	20	25	32	40	50	65	80	100	125	150	200	250	300	参 考 使 用 区 分	
Ⅰ	イ	20								25			40			ロックウール	温水管
	ロ	20								25			40			グラスウール	給湯管
Ⅱ	イ	20		30			40									ロックウール	蒸気管（低圧（0.1MPa未満）)
	ロ	20		30			40									グラスウール	
Ⅲ	イ	30				40							50			ロックウール	冷水管
	ロ	30				40							50			グラスウール	冷温水管
	ハ	30				40							50			ポリスチレンフォーム	
Ⅳ	ハ	30			40							50				ポリスチレンフォーム	冷水管（冷水温度2～4℃）
Ⅴ	ハ	40			50					65						ポリスチレンフォーム	ブライン管（ブライン温度-10℃）
Ⅵ	イ	30				40							50			ロックウール	冷媒管
	ロ	30				40							50			グラスウール	
Ⅶ	イ	20								25			40			ロックウール	給水管
	ロ	20								25			40			グラスウール	排水管
	ハ	20							25							ポリスチレンフォーム	
Ⅷ		25														機器，排気筒，煙道，内貼	
Ⅸ		50															
Ⅹ		75															
Ⅺ		屋内露出（機械室，書庫，倉庫）及び隠ぺい部は25，屋内露出（一般居室，廊下），屋外露出及び多湿箇所は50														ダクト	

—1030—

③ 配管の保温工事の歩掛
(1) 雑材料は，材料費（保温材，外装材及び補助材）の合計価格の5％程度を見込む。
(2) 運搬費は（材料費＋雑材料費）の3％程度を見込む。
(3) 離島等の場合は，材料，労務の調達，運搬等についての特殊事情を調査・検討し，実状に応じて積算する。
(4) 「その他」の率対象は，材料，雑材料，運搬費，保温工及びダクト工とする。
(5) 対象配管がステンレス鋼管及び銅管の場合についての歩掛適用は，次表の鋼管呼び径該当項を適用する。

	呼 び 径												
鋼　　　　管	15A	20A	25A	32A	40A	50A	65A	80A	100A	125A	150A	200A	250A	300A
ステンレス鋼管	20su	25su	30su	40su	50su	60su	75su	80su	100su	125su	150su	200su	250su	300su
銅　　　　管	—	20cu	25cu	32cu	40cu	—	50cu	65cu	80cu	100cu	125cu	150cu	—	—	—

1. 給水管・排水管（ポリスチレンフォーム），屋内露出（一般居室，廊下）　　　　　　　　　　　　　　　　　　　　　　　　（1m当り）

摘　要	材　料					雑材料	運搬費	労　務		その他
管の呼び径(A)	保温厚(mm)	ポリスチレンフォーム保温筒(m)	粘着テープ(m)	合成樹脂製カバー1(シートタイプ)(m²)	カバーピン(個)			歩掛員数		
								保温工(人)	ダクト工(人)	
15	20	1.03	3.5	0.34	12	1　式	1　式	0.039	0.020	1　式
20	20	1.03	3.6	0.36	12	〃	〃	0.042	0.022	〃
25	20	1.03	3.7	0.39	12	〃	〃	0.043	0.023	〃
32	20	1.03	3.9	0.42	12	〃	〃	0.044	0.026	〃
40	20	1.03	4.0	0.44	12	〃	〃	0.048	0.027	〃
50	20	1.03	4.2	0.49	12	〃	〃	0.051	0.030	〃
65	20	1.03	4.5	0.55	12	〃	〃	0.057	0.033	〃
80	20	1.03	4.7	0.60	12	〃	〃	0.062	0.036	〃
100	25	1.03	5.4	0.75	12	〃	〃	0.083	0.045	〃
125	25	1.03	5.9	0.85	12	〃	〃	0.102	0.051	〃
150	25	1.03	6.4	0.95	12	〃	〃	0.119	0.057	〃
200	25	1.03	7.1	1.15	12	〃	〃	0.166	0.070	〃
250	25	1.03	8.1	1.36	12	〃	〃	0.199	0.083	〃
300	25	1.03	8.9	1.56	12	〃	〃	0.234	0.095	〃

2. 給水管・排水管（ポリスチレンフォーム），屋内露出（一般居室，廊下）　　　　　　　　　　　　　　　　　　　　　　　　（1m当り）

摘　要	材　料				雑材料	運搬費	労　務		その他
管の呼び径(A)	保温厚(mm)	ポリスチレンフォーム保温筒(m)	粘着テープ(m)	合成樹脂製カバー2(ジャケットタイプ)(m)			歩掛員数		
							保温工(人)	ダクト工(人)	
				(20厚用)					
15	20	1.03	3.5	1.05	1　式	1　式	0.039	0.026	1　式
20	20	1.03	3.6	1.05	〃	〃	0.042	0.029	〃
25	20	1.03	3.7	1.05	〃	〃	0.043	0.030	〃
32	20	1.03	3.9	1.05	〃	〃	0.044	0.034	〃
40	20	1.03	4.0	1.05	〃	〃	0.048	0.036	〃
50	20	1.03	4.2	1.05	〃	〃	0.051	0.039	〃
65	20	1.03	4.5	1.05	〃	〃	0.057	0.043	〃
80	20	1.03	4.7	1.05	〃	〃	0.062	0.047	〃
				(25厚用)					
100	25	1.03	5.4	1.05	1　式	1　式	0.083	0.059	1　式
125	25	1.03	5.9	1.05	〃	〃	0.102	0.067	〃
150	25	1.03	6.4	1.05	〃	〃	0.119	0.075	〃
200	25	1.03	7.1	1.05	〃	〃	0.166	0.091	〃
250	25	1.03	8.1	1.05	〃	〃	0.199	0.108	〃
300	25	1.03	8.9	1.05	〃	〃	0.234	0.124	〃

❼ 保 温 工 事—5

3. 給水管・排水管（ポリスチレンフォーム），機械室，書庫，倉庫 (1m当り)

摘要		材料			雑材料	運搬費	労務	その他
管の呼び径 (A)	保温厚 (mm)	ポリスチレンフォーム保温筒 (m)	粘着テープ (m)	アルミガラスクロス (m)			歩掛員数 保温工(人)	
				(75 mm 幅)				
15	20	1.03	3.5	4.3	1 式	1 式	0.075	1 式
20	20	1.03	3.6	4.7	〃	〃	0.078	〃
				(100 mm 幅)				
25	20	1.03	3.7	3.6	1 式	1 式	0.084	1 式
32	20	1.03	3.9	4.0	〃	〃	0.088	〃
40	20	1.03	4.0	4.3	〃	〃	0.095	〃
50	20	1.03	4.2	4.9	〃	〃	0.103	〃
				(125 mm 幅)				
65	20	1.03	4.5	4.3	1 式	1 式	0.112	1 式
80	20	1.03	4.7	4.8	〃	〃	0.123	〃
100	25	1.03	5.4	6.0	〃	〃	0.160	〃
				(150 mm 幅)				
125	25	1.03	5.9	5.7	1 式	1 式	0.186	1 式
150	25	1.03	6.4	6.4	〃	〃	0.212	〃
200	25	1.03	7.1	8.0	〃	〃	0.280	〃
250	25	1.03	8.1	9.5	〃	〃	0.367	〃
300	25	1.03	8.9	11.1	〃	〃	0.462	〃

4. 給水管・排水管（ポリスチレンフォーム），天井内，パイプシャフト内及び空隙壁中 (1m当り)

摘要		材料			雑材料	運搬費	労務	その他
管の呼び径 (A)	保温厚 (mm)	ポリスチレンフォーム保温筒 (m)	粘着テープ (m)	アルミガラスクロス (m)			歩掛員数 保温工(人)	
				(75 mm 幅)				
15	20	1.03	3.5	4.3	1 式	1 式	0.062	1 式
20	20	1.03	3.6	4.7	〃	〃	0.065	〃
				(100 mm 幅)				
25	20	1.03	3.7	3.6	1 式	1 式	0.072	1 式
32	20	1.03	3.9	4.0	〃	〃	0.076	〃
40	20	1.03	4.0	4.3	〃	〃	0.082	〃
50	20	1.03	4.2	4.9	〃	〃	0.090	〃
				(125 mm 幅)				
65	20	1.03	4.5	4.3	1 式	1 式	0.097	1 式
80	20	1.03	4.7	4.8	〃	〃	0.107	〃
100	25	1.03	5.4	6.0	〃	〃	0.142	〃
				(150 mm 幅)				
125	25	1.03	5.9	5.7	1 式	1 式	0.167	1 式
150	25	1.03	6.4	6.4	〃	〃	0.189	〃
200	25	1.03	7.1	8.0	〃	〃	0.245	〃
250	25	1.03	8.1	9.5	〃	〃	0.324	〃
300	25	1.03	8.9	11.1	〃	〃	0.416	〃

5. 給水管・排水管（ポリスチレンフォーム），天井内，パイプシャフト内及び空隙壁中　　（1m当り）

摘要		材料		雑材料	運搬費	労務	その他
管の呼び径 (A)	保温厚 (mm)	アルミガラスクロス化粧保温筒 (m)	アルミガラスクロス粘着テープ (m)			歩掛員数 保温工（人）	
			(60 mm 幅)				
15	20	1.03	1.6	1 式	1 式	0.039	1 式
20	20	1.03	1.6	〃	〃	0.042	〃
25	20	1.03	1.6	〃	〃	0.043	〃
32	20	1.03	1.7	〃	〃	0.044	〃
40	20	1.03	1.7	〃	〃	0.048	〃
50	20	1.03	1.8	〃	〃	0.051	〃
65	20	1.03	1.9	〃	〃	0.057	〃
80	20	1.03	1.9	〃	〃	0.062	〃
100	25	1.03	2.2	〃	〃	0.083	〃
125	25	1.03	2.3	〃	〃	0.102	〃
150	25	1.03	2.5	〃	〃	0.119	〃
			(100 mm 幅)				
200	25	1.03	2.7	1 式	1 式	0.166	1 式
250	25	1.03	3.0	〃	〃	0.199	〃
300	25	1.03	3.3	〃	〃	0.234	〃

6. 給水管・排水管（ポリスチレンフォーム），暗渠内（ピット内を含む。）　　（1m当り）

摘要		材料				雑材料	運搬費	労務	その他
管の呼び径 (A)	保温厚 (mm)	ポリスチレンフォーム保温筒 (m)	粘着テープ (m)	ポリエチレンフィルム (m)	着色アルミガラスクロス (m)			歩掛員数 保温工（人）	
				(100 mm 幅)	(75 mm 幅)				
15	20	1.03	3.5	5.1	4.3	1 式	1 式	0.078	1 式
20	20	1.03	3.6	5.4	4.7	〃	〃	0.081	〃
				(100 mm 幅)	(100 mm 幅)				
25	20	1.03	3.7	6.0	3.6	1 式	1 式	0.090	1 式
32	20	1.03	3.9	6.6	4.0	〃	〃	0.095	〃
40	20	1.03	4.0	7.0	4.3	〃	〃	0.103	〃
50	20	1.03	4.2	7.9	4.9	〃	〃	0.113	〃
				(125 mm 幅)	(125 mm 幅)				
65	20	1.03	4.5	7.2	4.3	1 式	1 式	0.122	1 式
80	20	1.03	4.7	8.0	4.8	〃	〃	0.135	〃
100	25	1.03	5.4	10.0	6.0	〃	〃	0.177	〃
				(150 mm 幅)	(150 mm 幅)				
125	25	1.03	5.9	9.6	5.7	1 式	1 式	0.206	1 式
150	25	1.03	6.4	10.8	6.4	〃	〃	0.236	〃
				(200 mm 幅)	(150 mm 幅)				
200	25	1.03	7.1	9.9	8.0	1 式	1 式	0.308	1 式
250	25	1.03	8.1	11.7	9.5	〃	〃	0.407	〃
				(250 mm 幅)	(150 mm 幅)				
300	25	1.03	8.9	10.9	11.1	1 式	1 式	0.523	1 式

7. 給水管・排水管（ポリスチレンフォーム），
屋外露出（バルコニー，開放廊下を含む。）及び浴室，厨房等の多湿箇所（厨房の天井内は含まない。） (1m当り)

摘要 管の呼び径(A)	保温厚(mm)	材料 ポリスチレンフォーム保温筒(m)	粘着テープ(m)	ポリエチレンフィルム(m)	カラー亜鉛鉄板又は溶融アルミニウム-亜鉛鉄板(m²)	雑材料	運搬費	労務 歩掛員数 保温工(人)	ダクト工(人)	その他
				(100 mm 幅)	(0.27 mm)					
15	20	1.03	3.5	5.1	0.34	1式	1式	0.056	0.068	1式
20	20	1.03	3.6	5.4	0.36	〃	〃	0.058	0.073	〃
25	20	1.03	3.7	6.0	0.39	〃	〃	0.064	0.078	〃
32	20	1.03	3.9	6.6	0.42	〃	〃	0.068	0.085	〃
40	20	1.03	4.0	7.0	0.44	〃	〃	0.073	0.089	〃
50	20	1.03	4.2	7.9	0.49	〃	〃	0.080	0.099	〃
				(125 mm 幅)	(0.27 mm)					
65	20	1.03	4.5	7.2	0.55	1式	1式	0.087	0.111	1式
80	20	1.03	4.7	8.0	0.60	〃	〃	0.096	0.121	〃
100	25	1.03	5.4	10.0	0.75	〃	〃	0.127	0.150	〃
				(150 mm 幅)	(0.27 mm)					
125	25	1.03	5.9	9.6	0.85	1式	1式	0.150	0.170	1式
150	25	1.03	6.4	10.8	0.95	〃	〃	0.169	0.191	〃
				(200 mm 幅)	(0.35 mm)					
200	25	1.03	7.1	9.9	1.15	1式	1式	0.218	0.233	1式
250	25	1.03	8.1	11.7	1.36	〃	〃	0.289	0.276	〃
				(250 mm 幅)	(0.35 mm)					
300	25	1.03	8.9	10.9	1.56	1式	1式	0.371	0.315	1式

8. 給水管・排水管（ポリスチレンフォーム），
屋外露出（バルコニー，開放廊下を含む。）及び浴室，厨房等の多湿箇所（厨房の天井内は含まない。） (1m当り)

摘要 管の呼び径(A)	保温厚(mm)	材料 ポリスチレンフォーム保温筒(m)	粘着テープ(m)	ポリエチレンフィルム(m)	ステンレス鋼板(m²)	雑材料	運搬費	労務 歩掛員数 保温工(人)	ダクト工(人)	その他
				(100 mm 幅)	(0.2 mm)					
15	20	1.03	3.5	5.1	0.34	1式	1式	0.056	0.093	1式
20	20	1.03	3.6	5.4	0.36	〃	〃	0.058	0.099	〃
25	20	1.03	3.7	6.0	0.39	〃	〃	0.064	0.106	〃
32	20	1.03	3.9	6.6	0.42	〃	〃	0.068	0.115	〃
40	20	1.03	4.0	7.0	0.44	〃	〃	0.073	0.121	〃
50	20	1.03	4.2	7.9	0.49	〃	〃	0.080	0.135	〃
				(125 mm 幅)	(0.2 mm)					
65	20	1.03	4.5	7.2	0.55	1式	1式	0.087	0.151	1式
80	20	1.03	4.7	8.0	0.60	〃	〃	0.096	0.165	〃
100	25	1.03	5.4	10.0	0.75	〃	〃	0.127	0.202	〃
				(150 mm 幅)	(0.2 mm)					
125	25	1.03	5.9	9.6	0.85	1式	1式	0.150	0.229	1式
150	25	1.03	6.4	10.8	0.95	〃	〃	0.169	0.257	〃
				(200 mm 幅)	(0.2 mm)					
200	25	1.03	7.1	9.9	1.15	1式	1式	0.218	0.320	1式
250	25	1.03	8.1	11.7	1.36	〃	〃	0.289	0.378	〃
				(250 mm 幅)	(0.2 mm)					
300	25	1.03	8.9	10.9	1.56	1式	1式	0.371	0.432	1式

❼保 温 工 事―8

9. 給水管・排水管・給湯管及び温水管（膨張管を含む。）（グラスウール），屋内露出（一般居室，廊下）　　　（1m当り）

摘要		材料			雑材料	運搬費	労務		その他
管の呼び径(A)	保温厚(mm)	グラスウール保温筒(m)	合成樹脂製カバー1(シートタイプ)(m²)	カバーピン(個)			歩掛員数		
							保温工(人)	ダクト工(人)	
15	20	1.05	0.34	12	1 式	1 式	0.035	0.020	1 式
20	20	1.05	0.36	12	〃	〃	0.036	0.022	〃
25	20	1.05	0.39	12	〃	〃	0.037	0.023	〃
32	20	1.05	0.42	12	〃	〃	0.038	0.026	〃
40	20	1.05	0.44	12	〃	〃	0.041	0.027	〃
50	20	1.05	0.49	12	〃	〃	0.046	0.030	〃
65	20	1.05	0.55	12	〃	〃	0.052	0.033	〃
80	20	1.05	0.60	12	〃	〃	0.056	0.036	〃
100	25	1.05	0.75	12	〃	〃	0.076	0.045	〃
125	25	1.05	0.85	12	〃	〃	0.095	0.052	〃
150	25	1.05	0.95	12	〃	〃	0.112	0.057	〃
200	40	1.05	1.27	12	〃	〃	0.168	0.077	〃
250	40	1.05	1.55	12	〃	〃	0.198	0.092	〃
300	40	1.05	1.76	12	〃	〃	0.230	0.104	〃

10. 給水管・排水管・給湯管及び温水管（膨張管を含む。）（グラスウール），屋内露出（一般居室，廊下）　　　（1m当り）

摘要		材料		雑材料	運搬費	労務		その他
管の呼び径(A)	保温厚(mm)	グラスウール保温筒(m)	合成樹脂製カバー2(ジャケットタイプ)(m)			歩掛員数		
						保温工(人)	ダクト工(人)	
			(20厚用)					
15	20	1.05	1.05	1 式	1 式	0.035	0.026	1 式
20	20	1.05	1.05	〃	〃	0.036	0.029	〃
25	20	1.05	1.05	〃	〃	0.037	0.030	〃
32	20	1.05	1.05	〃	〃	0.038	0.034	〃
40	20	1.05	1.05	〃	〃	0.041	0.036	〃
50	20	1.05	1.05	〃	〃	0.046	0.039	〃
65	20	1.05	1.05	〃	〃	0.052	0.043	〃
80	20	1.05	1.05	〃	〃	0.056	0.047	〃
			(25厚用)					
100	25	1.05	1.05	1 式	1 式	0.076	0.059	1 式
125	25	1.05	1.05	〃	〃	0.095	0.068	〃
150	25	1.05	1.05	〃	〃	0.112	0.075	〃
			(40厚用)					
200	40	1.05	1.05	1 式	1 式	0.168	0.101	1 式
250	40	1.05	1.05	〃	〃	0.198	0.120	〃
300	40	1.05	1.05	〃	〃	0.230	0.136	〃

11. 給水管・排水管・給湯管及び温水管（膨張管を含む。）（グラスウール），機械室，書庫，倉庫　　　　　（1m当り）

摘要		材料				雑材料	運搬費	労務	その他
管の呼び径 (A)	保温厚 (mm)	グラスウール保温筒 (m)	原紙 (m²)	アルミガラスクロス (m)				歩掛員数 保温工（人）	
15	20	1.05	0.23	(75 mm 幅) 4.3		1 式	1 式	0.068	1 式
20	20	1.05	0.25	4.7		〃	〃	0.070	〃
25	20	1.05	0.27	(100 mm 幅) 3.6		1 式	1 式	0.077	1 式
32	20	1.05	0.31	4.0		〃	〃	0.079	〃
40	20	1.05	0.33	4.3		〃	〃	0.080	〃
50	20	1.05	0.37	4.9		〃	〃	0.095	〃
65	20	1.05	0.43	(125 mm 幅) 4.3		1 式	1 式	0.101	1 式
80	20	1.05	0.48	4.8		〃	〃	0.111	〃
100	25	1.05	0.61	(150 mm 幅) 4.9		1 式	1 式	0.148	1 式
125	25	1.05	0.71	5.7		〃	〃	0.173	〃
150	25	1.05	0.81	6.4		〃	〃	0.197	〃
200	40	1.05	1.11	8.9		〃	〃	0.286	〃
250	40	1.05	1.30	10.5		〃	〃	0.361	〃
300	40	1.05	1.50	12.0		〃	〃	0.430	〃

12. 給水管・排水管・給湯管及び温水管（膨張管を含む。）（グラスウール），機械室，書庫，倉庫　　　　　（1m当り）

摘要		材料		雑材料	運搬費	労務	その他
管の呼び径 (A)	保温厚 (mm)	グラスウール保温筒 (m)	アルミガラス化粧原紙 (m²)			歩掛員数 保温工（人）	
15	20	1.05	0.23	1 式	1 式	0.047	1 式
20	20	1.05	0.25	〃	〃	0.049	〃
25	20	1.05	0.27	〃	〃	0.053	〃
32	20	1.05	0.31	〃	〃	0.056	〃
40	20	1.05	0.33	〃	〃	0.061	〃
50	20	1.05	0.37	〃	〃	0.068	〃
65	20	1.05	0.43	〃	〃	0.073	〃
80	20	1.05	0.48	〃	〃	0.080	〃
100	25	1.05	0.61	〃	〃	0.108	〃
125	25	1.05	0.71	〃	〃	0.128	〃
150	25	1.05	0.81	〃	〃	0.146	〃
200	40	1.05	1.11	〃	〃	0.207	〃
250	40	1.05	1.30	〃	〃	0.264	〃
300	40	1.05	1.50	〃	〃	0.325	〃

❼ 保温工事—13

13. 給水管・排水管・給湯管及び温水管（膨張管を含む。）（グラスウール），天井内，パイプシャフト内及び空隙壁中　（1m 当り）

摘要		材料		雑材料	運搬費	労務	その他
管の呼び径 (A)	保温厚 (mm)	グラスウール保温筒 (m)	アルミガラスクロス (m)			歩掛員数 保温工(人)	
			(75 mm 幅)				
15	20	1.05	4.3	1 式	1 式	0.047	1 式
20	20	1.05	4.7	〃	〃	0.049	〃
			(100 mm 幅)				
25	20	1.05	3.6	1 式	1 式	0.053	1 式
32	20	1.05	4.0	〃	〃	0.056	〃
40	20	1.05	4.3	〃	〃	0.061	〃
50	20	1.05	4.9	〃	〃	0.068	〃
			(125 mm 幅)				
65	20	1.05	4.3	1 式	1 式	0.073	1 式
80	20	1.05	4.8	〃	〃	0.080	〃
			(150 mm 幅)				
100	25	1.05	4.9	1 式	1 式	0.108	1 式
125	25	1.05	5.7	〃	〃	0.128	〃
150	25	1.05	6.4	〃	〃	0.146	〃
200	40	1.05	8.9	〃	〃	0.207	〃
250	40	1.05	10.5	〃	〃	0.264	〃
300	40	1.05	12.0	〃	〃	0.325	〃

14. 給水管・排水管・給湯管及び温水管（膨張管を含む。）（グラスウール），天井内，パイプシャフト内及び空隙壁中　（1m 当り）

摘要		材料		雑材料	運搬費	労務	その他
管の呼び径 (A)	保温厚 (mm)	アルミガラスクロス化粧保温筒 (m)	アルミガラスクロス粘着テープ (m)			歩掛員数 保温工(人)	
			(60 mm 幅)				
15	20	1.05	1.6	1 式	1 式	0.035	1 式
20	20	1.05	1.6	〃	〃	0.036	〃
25	20	1.05	1.6	〃	〃	0.037	〃
32	20	1.05	1.7	〃	〃	0.038	〃
40	20	1.05	1.7	〃	〃	0.041	〃
50	20	1.05	1.8	〃	〃	0.046	〃
65	20	1.05	1.9	〃	〃	0.052	〃
80	20	1.05	1.9	〃	〃	0.056	〃
100	25	1.05	2.2	〃	〃	0.076	〃
125	25	1.05	2.3	〃	〃	0.095	〃
150	25	1.05	2.4	〃	〃	0.112	〃
			(100 mm 幅)				
200	40	1.05	2.9	1 式	1 式	0.168	1 式
250	40	1.05	3.1	〃	〃	0.198	〃
300	40	1.05	3.4	〃	〃	0.230	〃

15. 給水管・排水管・給湯管及び温水管（膨張管を含む。）（グラスウール），暗渠内（ピット内を含む。） （1 m 当り）

摘要		材料				雑材料	運搬費	労務	その他
管の呼び径 (A)	保温厚 (mm)	グラスウール保温筒 (m)	ポリエチレンフィルム (m)	着色アルミガラスクロス (m)				歩掛員数 保温工(人)	
15	20	1.05	(100 mm 幅) 5.1	(75 mm 幅) 4.3		1 式	1 式	0.058	1 式
20	20	1.05	5.4	4.7		〃	〃	0.060	〃
25	20	1.05	6.0	(100 mm 幅) 3.6		〃	〃	0.068	〃
32	20	1.05	6.6	4.0		〃	〃	0.070	〃
40	20	1.05	7.0	4.3		〃	〃	0.076	〃
50	20	1.05	7.9	4.9		〃	〃	0.084	〃
65	20	1.05	(125 mm 幅) 7.2	(125 mm 幅) 4.3		1 式	1 式	0.090	1 式
80	20	1.05	8.0	4.8		〃	〃	0.099	〃
100	25	1.05	(150 mm 幅) 8.3	(150 mm 幅) 4.9		1 式	1 式	0.133	1 式
125	25	1.05	9.6	5.7		〃	〃	0.158	〃
150	25	1.05	10.8	6.4		〃	〃	0.180	〃
200	40	1.05	(200 mm 幅) 11.0	(150 mm 幅) 8.9		1 式	1 式	0.257	1 式
250	40	1.05	12.9	10.5		〃	〃	0.327	〃
300	40	1.05	(250 mm 幅) 11.8	(150 mm 幅) 12.0		1 式	1 式	0.404	1 式

16. 給水管・排水管・給湯管及び温水管（膨張管を含む。）（グラスウール），
    屋外露出（バルコニー，開放廊下を含む。）及び浴室，厨房等の多湿箇所（厨房の天井内は含まない。） （1 m 当り）

摘要		材料				雑材料	運搬費	労務		その他
管の呼び径 (A)	保温厚 (mm)	グラスウール保温筒 (m)	ポリエチレンフィルム (m)	カラー亜鉛鉄板又は溶融アルミニウム-亜鉛鉄板 (mm)				歩掛員数 保温工(人)	ダクト工(人)	
15	20	1.05	(100 mm 幅) 5.1	(0.27 mm) 0.34		1 式	1 式	0.041	0.068	1 式
20	20	1.05	5.4	0.36		〃	〃	0.044	0.073	〃
25	20	1.05	6.0	0.39		〃	〃	0.048	0.078	〃
32	20	1.05	6.6	0.42		〃	〃	0.050	0.085	〃
40	20	1.05	7.0	0.44		〃	〃	0.053	0.089	〃
50	20	1.05	7.9	0.49		〃	〃	0.060	0.099	〃
65	20	1.05	(125 mm 幅) 7.2	(0.27 mm) 0.55		1 式	1 式	0.064	0.111	1 式
80	20	1.05	8.0	0.60		〃	〃	0.070	0.121	〃
100	25	1.05	(150 mm 幅) 8.3	(0.27 mm) 0.75		1 式	1 式	0.095	0.151	1 式
125	25	1.05	9.6	0.85		〃	〃	0.112	0.172	〃
150	25	1.05	10.8	0.95		〃	〃	0.128	0.191	〃
200	40	1.05	(200 mm 幅) 11.0	(0.35 mm) 1.27		1 式	1 式	0.182	0.256	1 式
250	40	1.05	12.9	1.48		〃	〃	0.232	0.305	〃
300	40	1.05	(250 mm 幅) 11.8	(0.35 mm) 1.68		1 式	1 式	0.286	0.348	1 式

17. 給水管・排水管・給湯管及び温水管（膨張管を含む。）（グラスウール），
    屋外露出（バルコニー，開放廊下を含む。）及び浴室，厨房等の多湿箇所（厨房の天井内は含まない。） (1m当り)

摘要		材料			雑材料	運搬費	労務		その他
管の呼び径 (A)	保温厚 (mm)	グラスウール保温筒 (m)	ポリエチレンフィルム (m)	ステンレス鋼板 (m²)			歩掛員数		
							保温工(人)	ダクト工(人)	
			(100 mm 幅)	(0.2 mm)					
15	20	1.05	5.1	0.34	1 式	1 式	0.041	0.093	1 式
20	20	1.05	5.4	0.36	〃	〃	0.044	0.099	〃
25	20	1.05	6.0	0.39	〃	〃	0.048	0.106	〃
32	20	1.05	6.6	0.42	〃	〃	0.050	0.115	〃
40	20	1.05	7.0	0.44	〃	〃	0.053	0.121	〃
50	20	1.05	7.9	0.49	〃	〃	0.060	0.135	〃
			(125 mm 幅)	(0.2 mm)					
65	20	1.05	7.2	0.55	1 式	1 式	0.064	0.151	1 式
80	20	1.05	8.0	0.60	〃	〃	0.070	0.165	〃
			(150 mm 幅)	(0.2 mm)					
100	25	1.05	8.3	0.75	1 式	1 式	0.095	0.205	1 式
125	25	1.05	9.6	0.85	〃	〃	0.112	0.234	〃
150	25	1.05	10.8	0.95	〃	〃	0.128	0.261	〃
			(200 mm 幅)	(0.2 mm)					
200	40	1.05	11.0	1.27	1 式	1 式	0.182	0.349	1 式
250	40	1.05	12.9	1.48	〃	〃	0.232	0.419	〃
			(250 mm 幅)	(0.2 mm)					
300	40	1.05	11.8	1.68	1 式	1 式	0.286	0.477	1 式

18. 給水管・排水管・給湯管及び温水管（膨張管を含む。）（ロックウール），屋内露出（一般居室，廊下） (1m当り)

摘要		材料			雑材料	運搬費	労務		その他
管の呼び径 (A)	保温厚 (mm)	ロックウール保温筒 (m)	合成樹脂製カバー1 (シートタイプ) (m²)	カバーピン (個)			歩掛員数		
							保温工(人)	ダクト工(人)	
15	20	1.05	0.34	12	1 式	1 式	0.040	0.020	1 式
20	20	1.05	0.36	12	〃	〃	0.042	0.022	〃
25	20	1.05	0.39	12	〃	〃	0.043	0.023	〃
32	20	1.05	0.42	12	〃	〃	0.045	0.026	〃
40	20	1.05	0.44	12	〃	〃	0.048	0.027	〃
50	20	1.05	0.49	12	〃	〃	0.052	0.030	〃
65	20	1.05	0.55	12	〃	〃	0.058	0.033	〃
80	20	1.05	0.60	12	〃	〃	0.064	0.036	〃
100	25	1.05	0.75	12	〃	〃	0.086	0.045	〃
125	25	1.05	0.85	12	〃	〃	0.105	0.052	〃
150	25	1.05	0.95	12	〃	〃	0.124	0.057	〃
200	40	1.05	1.27	12	〃	〃	0.186	0.077	〃
250	40	1.05	1.55	12	〃	〃	0.220	0.092	〃
300	40	1.05	1.76	12	〃	〃	0.256	0.104	〃

19. 給水管・排水管・給湯管及び温水管（膨張管を含む。）（ロックウール），屋内露出（一般居室，廊下） （1m当り）

摘要 管の呼び径 (A)	材料 保温厚 (mm)	ロックウール保温筒 (m)	合成樹脂製カバー2 (ジャケットタイプ) (m)	雑材料	運搬費	労務 歩掛員数 保温工(人)	労務 歩掛員数 ダクト工(人)	その他
			(20厚用)					
15	20	1.05	1.05	1式	1式	0.040	0.026	1式
20	20	1.05	1.05	〃	〃	0.042	0.029	〃
25	20	1.05	1.05	〃	〃	0.043	0.030	〃
32	20	1.05	1.05	〃	〃	0.045	0.034	〃
40	20	1.05	1.05	〃	〃	0.048	0.036	〃
50	20	1.05	1.05	〃	〃	0.052	0.039	〃
65	20	1.05	1.05	〃	〃	0.058	0.043	〃
80	20	1.05	1.05	〃	〃	0.064	0.047	〃
			(25厚用)					
100	25	1.05	1.05	1式	1式	0.086	0.059	1式
125	25	1.05	1.05	〃	〃	0.105	0.068	〃
150	25	1.05	1.05	〃	〃	0.124	0.075	〃
			(40厚用)					
200	40	1.05	1.05	1式	1式	0.186	0.101	1式
250	40	1.05	1.05	〃	〃	0.220	0.120	〃
300	40	1.05	1.05	〃	〃	0.256	0.136	〃

20. 給水管・排水管・給湯管及び温水管（膨張管を含む。）（ロックウール），機械室，書庫，倉庫 （1m当り）

摘要 管の呼び径 (A)	材料 保温厚 (mm)	ロックウール保温筒 (m)	原紙 (m²)	アルミガラスクロス (m)	雑材料	運搬費	労務 歩掛員数 保温工(人)	その他
				(75 mm 幅)				
15	20	1.05	0.23	4.3	1式	1式	0.075	1式
20	20	1.05	0.25	4.7	〃	〃	0.078	〃
				(100 mm 幅)				
25	20	1.05	0.27	3.6	1式	1式	0.085	1式
32	20	1.05	0.31	4.0	〃	〃	0.088	〃
40	20	1.05	0.33	4.3	〃	〃	0.095	〃
50	20	1.05	0.37	4.9	〃	〃	0.104	〃
				(125 mm 幅)				
65	20	1.05	0.43	4.3	1式	1式	0.112	1式
80	20	1.05	0.48	4.8	〃	〃	0.123	〃
				(150 mm 幅)				
100	25	1.05	0.61	4.9	1式	1式	0.164	1式
125	25	1.05	0.71	5.7	〃	〃	0.192	〃
150	25	1.05	0.81	6.4	〃	〃	0.219	〃
200	40	1.05	1.11	8.9	〃	〃	0.316	〃
250	40	1.05	1.30	10.4	〃	〃	0.386	〃
300	40	1.05	1.50	12.0	〃	〃	0.470	〃

❼ 保温工事—4

21. 給水管・排水管・給湯管及び温水管（膨張管を含む。）（ロックウール），機械室，書庫，倉庫　　　　　　（1m当り）

摘要		材料		雑材料	運搬費	労務	その他
管の呼び径 (A)	保温厚 (mm)	ロックウール保温筒 (m)	アルミガラス化粧原紙 (m²)			歩掛員数 保温工（人）	
15	20	1.05	0.23	1式	1式	0.052	1式
20	20	1.05	0.25	〃	〃	0.056	〃
25	20	1.05	0.27	〃	〃	0.061	〃
32	20	1.05	0.31	〃	〃	0.065	〃
40	20	1.05	0.33	〃	〃	0.071	〃
50	20	1.05	0.37	〃	〃	0.077	〃
65	20	1.05	0.43	〃	〃	0.082	〃
80	20	1.05	0.48	〃	〃	0.091	〃
100	25	1.05	0.61	〃	〃	0.122	〃
125	25	1.05	0.71	〃	〃	0.143	〃
150	25	1.05	0.81	〃	〃	0.163	〃
200	40	1.05	1.11	〃	〃	0.231	〃
250	40	1.05	1.30	〃	〃	0.291	〃
300	40	1.05	1.50	〃	〃	0.359	〃

22. 給水管・排水管・給湯管及び温水管（膨張管を含む。）（ロックウール），天井内，パイプシャフト内及び空隙壁中　　（1m当り）

摘要		材料		雑材料	運搬費	労務	その他
管の呼び径 (A)	保温厚 (mm)	ロックウール保温筒 (m)	アルミガラスクロス (m)			歩掛員数 保温工（人）	
			(75 mm 幅)				
15	20	1.05	4.3	1式	1式	0.052	1式
20	20	1.05	4.7	〃	〃	0.056	〃
			(100 mm 幅)				
25	20	1.05	3.6	1式	1式	0.061	1式
32	20	1.05	4.0	〃	〃	0.065	〃
40	20	1.05	4.3	〃	〃	0.071	〃
50	20	1.05	4.9	〃	〃	0.077	〃
			(125 mm 幅)				
65	20	1.05	4.3	1式	1式	0.082	1式
80	20	1.05	4.8	〃	〃	0.091	〃
			(150 mm 幅)				
100	25	1.05	4.9	1式	1式	0.122	1式
125	25	1.05	5.7	〃	〃	0.143	〃
150	25	1.05	6.4	〃	〃	0.163	〃
200	40	1.05	8.9	〃	〃	0.231	〃
250	40	1.05	10.4	〃	〃	0.291	〃
300	40	1.05	12.0	〃	〃	0.359	〃

❼ 保 温 工 事—15

23. 給水管・排水管・給湯管及び温水管（膨張管を含む。）（ロックウール），天井内，パイプシャフト内及び空隙壁中　　（1 m 当り）

摘要		材料		雑材料	運搬費	労務	その他
管の呼び径 (A)	保温厚 (mm)	アルミガラスクロス 化粧保温筒 (m)	アルミガラスクロス 粘着テープ (m)			歩掛員数 保温工(人)	
			(60 mm 幅)				
15	20	1.05	1.6	1 式	1 式	0.040	1 式
20	20	1.05	1.6	〃	〃	0.042	〃
25	20	1.05	1.6	〃	〃	0.043	〃
32	20	1.05	1.7	〃	〃	0.045	〃
40	20	1.05	1.7	〃	〃	0.048	〃
50	20	1.05	1.8	〃	〃	0.052	〃
65	20	1.05	1.9	〃	〃	0.058	〃
80	20	1.05	1.9	〃	〃	0.064	〃
100	25	1.05	2.2	〃	〃	0.086	〃
125	25	1.05	2.3	〃	〃	0.105	〃
150	25	1.05	2.4	〃	〃	0.124	〃
			(100 mm 幅)				
200	40	1.05	2.9	1 式	1 式	0.186	1 式
250	40	1.05	3.2	〃	〃	0.220	〃
300	40	1.05	3.5	〃	〃	0.256	〃

24. 給水管・排水管・給湯管及び温水管（膨張管を含む。）（ロックウール），暗渠内（ピット内を含む。）　　（1 m 当り）

摘要		材料			雑材料	運搬費	労務	その他
管の呼び径 (A)	保温厚 (mm)	ロックウール 保温筒 (m)	ポリエチレン フィルム (m)	着色アルミ ガラスクロス (m)			歩掛員数 保温工(人)	
			(100 mm 幅)	(75 mm 幅)				
15	20	1.05	5.1	4.3	1 式	1 式	0.062	1 式
20	20	1.05	5.4	4.7	〃	〃	0.068	〃
			(100 mm 幅)	(100 mm 幅)				
25	20	1.05	6.0	3.6	1 式	1 式	0.073	1 式
32	20	1.05	6.6	4.0	〃	〃	0.078	〃
40	20	1.05	7.0	4.3	〃	〃	0.086	〃
50	20	1.05	7.9	4.9	〃	〃	0.094	〃
			(125 mm 幅)	(125 mm 幅)				
65	20	1.05	7.2	4.3	1 式	1 式	0.102	1 式
80	20	1.05	8.0	4.8	〃	〃	0.113	〃
			(150 mm 幅)	(150 mm 幅)				
100	25	1.05	8.3	4.9	1 式	1 式	0.150	1 式
125	25	1.05	9.6	5.7	〃	〃	0.177	〃
150	25	1.05	10.8	6.4	〃	〃	0.201	〃
			(200 mm 幅)	(150 mm 幅)				
200	40	1.05	11.0	8.9	1 式	1 式	0.284	1 式
250	40	1.05	12.9	10.4	〃	〃	0.363	〃
			(250 mm 幅)	(150 mm 幅)				
300	40	1.05	11.8	12.0	1 式	1 式	0.428	1 式

25. 給水管・排水管・給湯管及び温水管（膨張管を含む。）（ロックウール），
屋外露出（バルコニー，開放廊下を含む。）及び浴室，厨房等の多湿箇所（厨房の天井内は含まない。） （1m当り）

摘要		材料				雑材料	運搬費	労務		その他
管の呼び径(A)	保温厚(mm)	ロックウール保温筒(m)	ポリエチレンフィルム(m)	カラー亜鉛鉄板又は溶融アルミニウム-亜鉛鉄板(m²)				歩掛員数		
								保温工(人)	ダクト工(人)	
			(100 mm 幅)	(0.27 mm)						
15	20	1.05	5.1	0.34	1 式	1 式		0.046	0.068	1 式
20	20	1.05	5.4	0.36	〃	〃		0.049	0.073	〃
25	20	1.05	6.0	0.39	〃	〃		0.052	0.078	〃
32	20	1.05	6.6	0.42	〃	〃		0.056	0.085	〃
40	20	1.05	7.0	0.44	〃	〃		0.061	0.089	〃
50	20	1.05	7.9	0.49	〃	〃		0.066	0.099	〃
			(125 mm 幅)	(0.27 mm)						
65	20	1.05	7.2	0.55	1 式	1 式		0.071	0.111	1 式
80	20	1.05	8.0	0.60	〃	〃		0.078	0.121	〃
			(150 mm 幅)	(0.27 mm)						
100	25	1.05	8.3	0.75	1 式	1 式		0.107	0.151	1 式
125	25	1.05	9.6	0.85	〃	〃		0.122	0.172	〃
150	25	1.05	10.8	0.95	〃	〃		0.143	0.191	〃
			(200 mm 幅)	(0.35 mm)						
200	40	1.05	11.0	1.27	1 式	1 式		0.201	0.256	1 式
250	40	1.05	12.9	1.48	〃	〃		0.250	0.298	〃
			(250 mm 幅)	(0.35 mm)						
300	40	1.05	11.8	1.68	1 式	1 式		0.315	0.339	1 式

26. 給水管・排水管・給湯管及び温水管（膨張管を含む。）（ロックウール），
屋外露出（バルコニー，開放廊下を含む。）及び浴室，厨房等の多湿箇所（厨房の天井内は含まない。） （1m当り）

摘要		材料				雑材料	運搬費	労務		その他
管の呼び径(A)	保温厚(mm)	ロックウール保温筒(m)	ポリエチレンフィルム(m)	ステンレス鋼板(m²)				歩掛員数		
								保温工(人)	ダクト工(人)	
			(100 mm 幅)	(0.2 mm)						
15	20	1.05	5.1	0.34	1 式	1 式		0.046	0.093	1 式
20	20	1.05	5.4	0.36	〃	〃		0.049	0.099	〃
25	20	1.05	6.0	0.39	〃	〃		0.052	0.106	〃
32	20	1.05	6.6	0.42	〃	〃		0.056	0.115	〃
40	20	1.05	7.0	0.44	〃	〃		0.061	0.121	〃
50	20	1.05	7.9	0.49	〃	〃		0.066	0.135	〃
			(125 mm 幅)	(0.2 mm)						
65	20	1.05	7.2	0.55	1 式	1 式		0.071	0.151	1 式
80	20	1.05	8.0	0.60	〃	〃		0.078	0.165	〃
			(150 mm 幅)	(0.2 mm)						
100	25	1.05	8.3	0.75	1 式	1 式		0.107	0.205	1 式
125	25	1.05	9.6	0.85	〃	〃		0.122	0.234	〃
150	25	1.05	10.8	0.95	〃	〃		0.143	0.261	〃
			(200 mm 幅)	(0.2 mm)						
200	40	1.05	11.0	1.27	1 式	1 式		0.201	0.349	1 式
250	40	1.05	12.9	1.48	〃	〃		0.250	0.406	〃
			(250 mm 幅)	(0.2 mm)						
300	40	1.05	11.8	1.68	1 式	1 式		0.315	0.462	1 式

27. 冷水管・冷温水管（膨張管を含む。）（ポリスチレンフォーム），屋内露出（一般居室，廊下） (1m 当り)

管の呼び径 (A)	保温厚 (mm)	ポリスチレンフォーム保温筒 (m)	粘着テープ (m)	ポリエチレンフィルム (m)	合成樹脂製カバー1 (シートタイプ) (m²)	カバーピン (個)	雑材料	運搬費	保温工(人)	ダクト工(人)	その他
				(100 mm 幅)							
15	30	1.03	3.8	6.5	0.42	12	1 式	1 式	0.073	0.026	1 式
20	30	1.03	3.9	6.9	0.44	12	〃	〃	0.076	0.027	〃
25	30	1.03	4.1	7.4	0.47	12	〃	〃	0.080	0.029	〃
				(125 mm 幅)							
32	40	1.03	4.6	7.6	0.58	12	1 式	1 式	0.098	0.035	1 式
40	40	1.03	4.7	8.0	0.60	12	〃	〃	0.106	0.036	〃
50	40	1.03	4.9	8.7	0.65	12	〃	〃	0.116	0.039	〃
65	40	1.03	5.2	9.5	0.71	12	〃	〃	0.131	0.043	〃
				(150 mm 幅)							
80	40	1.03	5.4	8.6	0.76	12	1 式	1 式	0.144	0.046	1 式
100	40	1.03	5.9	9.8	0.86	12	〃	〃	0.175	0.052	〃
125	40	1.03	6.3	11.0	0.97	12	〃	〃	0.211	0.059	〃
150	40	1.03	6.8	12.2	1.07	12	〃	〃	0.244	0.065	〃
				(200 mm 幅)							
200	40	1.03	7.7	11.0	1.27	12	1 式	1 式	0.281	0.077	1 式
250	50	1.03	9.0	13.6	1.55	12	〃	〃	0.380	0.094	〃
				(250 mm 幅)							
300	50	1.03	9.9	12.4	1.76	12	1 式	1 式	0.440	0.107	1 式

28. 冷水管・冷温水管（膨張管を含む。）（ポリスチレンフォーム），屋内露出（一般居室，廊下） (1m 当り)

管の呼び径 (A)	保温厚 (mm)	ポリスチレンフォーム保温筒 (m)	粘着テープ (m)	ポリエチレンフィルム (m)	合成樹脂製カバー2 (ジャケットタイプ) (m)	雑材料	運搬費	保温工(人)	ダクト工(人)	その他
				(100 mm 幅)	(30厚用)					
15	30	1.03	3.8	6.5	1.05	1 式	1 式	0.073	0.034	1 式
20	30	1.03	3.9	6.9	1.05	〃	〃	0.076	0.036	〃
25	30	1.03	4.1	7.4	1.05	〃	〃	0.080	0.038	〃
				(125 mm 幅)	(40厚用)					
32	40	1.03	4.6	7.6	1.05	1 式	1 式	0.098	0.046	1 式
40	40	1.03	4.7	8.0	1.05	〃	〃	0.106	0.047	〃
50	40	1.03	4.9	8.7	1.05	〃	〃	0.116	0.051	〃
65	40	1.03	5.2	9.5	1.05	〃	〃	0.131	0.056	〃
				(150 mm 幅)	(40厚用)					
80	40	1.03	5.4	8.6	1.05	1 式	1 式	0.144	0.060	1 式
100	40	1.03	5.9	9.8	1.05	〃	〃	0.175	0.068	〃
125	40	1.03	6.3	11.0	1.05	〃	〃	0.211	0.077	〃
150	40	1.03	6.8	12.2	1.05	〃	〃	0.244	0.085	〃
				(200 mm 幅)	(40厚用)					
200	40	1.03	7.7	11.0	1.05	1 式	1 式	0.281	0.101	1 式
				(200 mm 幅)	(50厚用)					
250	50	1.03	9.0	13.6	1.05	1 式	1 式	0.380	0.123	1 式
				(250 mm 幅)	(50厚用)					
300	50	1.03	9.9	12.4	1.05	1 式	1 式	0.440	0.140	1 式

29. 冷水管・冷温水管（膨張管を含む。）（ポリスチレンフォーム），機械室，書庫，倉庫 (1m当り)

摘要		材料				雑材料	運搬費	労務	その他
管の呼び径 (A)	保温厚 (mm)	ポリスチレンフォーム保温筒 (m)	粘着テープ (m)	ポリエチレンフィルム (m)	アルミガラスクロス (m)			歩掛員数 保温工(人)	
				(100 mm 幅)	(100 mm 幅)				
15	30	1.03	3.8	6.5	4.0	1 式	1 式	0.114	1 式
20	30	1.03	3.9	6.9	4.2	〃	〃	0.118	〃
25	30	1.03	4.1	7.4	4.6	〃	〃	0.124	〃
				(125 mm 幅)	(125 mm 幅)				
32	40	1.03	4.6	7.6	4.5	1 式	1 式	0.149	1 式
40	40	1.03	4.7	8.0	4.8	〃	〃	0.162	〃
50	40	1.03	4.9	8.7	5.2	〃	〃	0.178	〃
65	40	1.03	5.2	9.5	5.8	〃	〃	0.193	〃
				(150 mm 幅)	(150 mm 幅)				
80	40	1.03	5.4	8.6	5.0	1 式	1 式	0.210	1 式
100	40	1.03	5.9	9.8	5.8	〃	〃	0.262	〃
125	40	1.03	6.3	11.0	6.6	〃	〃	0.306	〃
150	40	1.03	6.8	12.2	7.3	〃	〃	0.349	〃
				(200 mm 幅)	(150 mm 幅)				
200	40	1.03	7.7	11.0	8.9	1 式	1 式	0.448	1 式
250	50	1.03	9.0	13.6	11.0	〃	〃	0.560	〃
				(250 mm 幅)	(150 mm 幅)				
300	50	1.03	9.9	12.4	12.6	1 式	1 式	0.673	1 式

30. 冷水管・冷温水管（膨張管を含む。）（ポリスチレンフォーム），天井内，パイプシャフト内及び空隙壁中 (1m当り)

摘要		材料				雑材料	運搬費	労務	その他
管の呼び径 (A)	保温厚 (mm)	ポリスチレンフォーム保温筒 (m)	粘着テープ (m)	ポリエチレンフィルム (m)	アルミガラスクロス (m)			歩掛員数 保温工(人)	
				(100 mm 幅)	(100 mm 幅)				
15	30	1.03	3.8	6.5	4.0	1 式	1 式	0.083	1 式
20	30	1.03	3.9	6.9	4.2	〃	〃	0.089	〃
25	30	1.03	4.1	7.4	4.6	〃	〃	0.097	〃
				(125 mm 幅)	(125 mm 幅)				
32	40	1.03	4.6	7.6	4.5	1 式	1 式	0.112	1 式
40	40	1.03	4.7	8.0	4.8	〃	〃	0.124	〃
50	40	1.03	4.9	8.7	5.2	〃	〃	0.136	〃
65	40	1.03	5.2	9.5	5.8	〃	〃	0.147	〃
				(150 mm 幅)	(150 mm 幅)				
80	40	1.03	5.4	8.6	5.0	1 式	1 式	0.160	1 式
100	40	1.03	5.9	9.8	5.8	〃	〃	0.203	〃
125	40	1.03	6.3	11.0	6.6	〃	〃	0.237	〃
150	40	1.03	6.8	12.2	7.3	〃	〃	0.271	〃
				(200 mm 幅)	(150 mm 幅)				
200	40	1.03	7.7	11.0	8.9	1 式	1 式	0.346	1 式
250	50	1.03	9.0	13.6	11.0	〃	〃	0.441	〃
				(250 mm 幅)	(150 mm 幅)				
300	50	1.03	9.9	12.4	12.6	1 式	1 式	0.537	1 式

31. 冷水管・冷温水管（膨張管を含む。）（ポリスチレンフォーム），暗渠内（ピット内を含む。） (1m 当り)

摘要		材料				雑材料	運搬費	労務	その他
管の呼び径 (A)	保温厚 (mm)	ポリスチレンフォーム保温筒 (m)	粘着テープ (m)	ポリエチレンフィルム (m)	着色アルミガラスクロス (m)			歩掛員数 保温工（人）	
				(100 mm 幅)	(100 mm 幅)				
15	30	1.03	3.8	6.5	4.0	1 式	1 式	0.100	1 式
20	30	1.03	3.9	6.9	4.2	〃	〃	0.104	〃
25	30	1.03	4.1	7.4	4.6	〃	〃	0.108	〃
				(125 mm 幅)	(125 mm 幅)				
32	40	1.03	4.6	7.6	4.5	1 式	1 式	0.134	1 式
40	40	1.03	4.7	8.0	4.8	〃	〃	0.144	〃
50	40	1.03	4.9	8.7	5.2	〃	〃	0.157	〃
65	40	1.03	5.2	9.5	5.8	〃	〃	0.176	〃
				(150 mm 幅)	(150 mm 幅)				
80	40	1.03	5.4	8.6	5.0	1 式	1 式	0.192	1 式
100	40	1.03	5.9	9.8	5.8	〃	〃	0.238	〃
125	40	1.03	6.3	11.0	6.6	〃	〃	0.286	〃
150	40	1.03	6.8	12.2	7.3	〃	〃	0.325	〃
				(200 mm 幅)	(150 mm 幅)				
200	40	1.03	7.7	11.0	8.9	1 式	1 式	0.383	1 式
250	50	1.03	9.0	13.6	11.0	〃	〃	0.516	〃
				(250 mm 幅)	(150 mm 幅)				
300	50	1.03	9.9	12.4	12.6	1 式	1 式	0.598	1 式

32. 冷水管・冷温水管（膨張管を含む。）（ポリスチレンフォーム），屋外露出（バルコニー，開放廊下を含む。）及び浴室，厨房等の多湿箇所（厨房の天井内を含まない。） (1m 当り)

摘要		材料				雑材料	運搬費	労務		その他
管の呼び径 (A)	保温厚 (mm)	ポリスチレンフォーム保温筒 (m)	粘着テープ (m)	ポリエチレンフィルム (m)	カラー亜鉛鉄板又は溶融アルミニウム-亜鉛鉄板 (m²)			歩掛員数 保温工（人）	ダクト工（人）	
				(100 mm 幅)	(0.27 mm)					
15	30	1.03	3.8	6.5	0.42	1 式	1 式	0.073	0.085	1 式
20	30	1.03	3.9	6.9	0.44	〃	〃	0.076	0.089	〃
25	30	1.03	4.1	7.4	0.47	〃	〃	0.080	0.095	〃
				(125 mm 幅)	(0.27 mm)					
32	40	1.03	4.6	7.6	0.58	1 式	1 式	0.098	0.117	1 式
40	40	1.03	4.7	8.0	0.60	〃	〃	0.106	0.121	〃
50	40	1.03	4.9	8.7	0.65	〃	〃	0.116	0.131	〃
65	40	1.03	5.2	9.5	0.71	〃	〃	0.131	0.143	〃
				(150 mm 幅)	(0.27 mm)					
80	40	1.03	5.4	8.6	0.76	1 式	1 式	0.144	0.153	1 式
100	40	1.03	5.9	9.8	0.86	〃	〃	0.175	0.174	〃
125	40	1.03	6.3	11.0	0.97	〃	〃	0.211	0.196	〃
150	40	1.03	6.8	12.2	1.07	〃	〃	0.244	0.216	〃
				(200 mm 幅)	(0.35 mm)					
200	40	1.03	7.7	11.0	1.27	1 式	1 式	0.281	0.256	1 式
250	50	1.03	9.0	13.6	1.55	〃	〃	0.380	0.312	〃
				(250 mm 幅)	(0.35 mm)					
300	50	1.03	9.9	12.4	1.76	1 式	1 式	0.440	0.355	1 式

❼ 保温工事—20

33. 冷水管・冷温水管（膨張管を含む。）（ポリスチレンフォーム），
    屋外露出（バルコニー，開放廊下を含む。）及び浴室，厨房等の多湿箇所（厨房の天井内は含まない。） （1m当り）

摘要		材料					雑材料	運搬費	労務		その他
管の呼び径 (A)	保温厚 (mm)	ポリスチレン フォーム保温筒 (m)	粘着テープ (m)	ポリエチレン フィルム (m)	ステンレス 鋼板 (m²)				歩掛員数		
									保温工(人)	ダクト工(人)	
				(100 mm 幅)	(0.2 mm)						
15	30	1.03	3.8	6.5	0.42	1 式	1 式		0.073	0.115	1 式
20	30	1.03	3.9	6.9	0.44	〃	〃		0.076	0.121	〃
25	30	1.03	4.1	7.4	0.47	〃	〃		0.080	0.129	〃
				(125 mm 幅)	(0.2 mm)						
32	40	1.03	4.6	7.6	0.58	1 式	1 式		0.098	0.159	1 式
40	40	1.03	4.7	8.0	0.60	〃	〃		0.106	0.165	〃
50	40	1.03	4.9	8.7	0.65	〃	〃		0.116	0.178	〃
65	40	1.03	5.2	9.5	0.71	〃	〃		0.131	0.195	〃
				(150 mm 幅)	(0.2 mm)						
80	40	1.03	5.4	8.6	0.76	1 式	1 式		0.144	0.208	1 式
100	40	1.03	5.9	9.8	0.86	〃	〃		0.175	0.237	〃
125	40	1.03	6.3	11.0	0.97	〃	〃		0.211	0.267	〃
150	40	1.03	6.8	12.2	1.07	〃	〃		0.244	0.294	〃
				(200 mm 幅)	(0.2 mm)						
200	40	1.03	7.7	11.0	1.27	1 式	1 式		0.281	0.349	1 式
250	50	1.03	9.0	13.6	1.55	〃	〃		0.380	0.426	〃
				(250 mm 幅)	(0.2 mm)						
300	50	1.03	9.9	12.4	1.76	1 式	1 式		0.440	0.484	1 式

34. 冷水管（冷水温度2～4℃）（ポリスチレンフォーム），機械室，書庫，倉庫 （1m当り）

摘要		材料				雑材料	運搬費	労務	その他
管の呼び径 (A)	保温厚 (mm)	ポリスチレン フォーム保温筒 (m)	粘着テープ (m)	ポリエチレン フィルム (m)	アルミガラス クロス (m)			歩掛員数	
								保温工(人)	
				(100 mm 幅)	(100 mm 幅)				
15	30	1.03	3.8	6.5	4.0	1 式	1 式	0.114	1 式
20	30	1.03	3.9	6.9	4.2	〃	〃	0.118	〃
25	40	1.03	4.4	9.0	5.6	〃	〃	0.127	〃
				(125 mm 幅)	(125 mm 幅)				
32	40	1.03	4.6	7.6	4.5	1 式	1 式	0.149	1 式
40	40	1.03	4.7	8.0	4.8	〃	〃	0.162	〃
50	40	1.03	4.9	8.7	5.2	〃	〃	0.178	〃
65	40	1.03	5.2	9.5	5.8	〃	〃	0.193	〃
				(150 mm 幅)	(150 mm 幅)				
80	40	1.03	5.4	8.6	5.0	1 式	1 式	0.210	1 式
100	40	1.03	5.9	9.8	5.8	〃	〃	0.262	〃
125	50	1.03	6.9	12.0	7.2	〃	〃	0.311	〃
150	50	1.03	7.3	13.2	7.9	〃	〃	0.354	〃
				(200 mm 幅)	(150 mm 幅)				
200	50	1.03	8.2	11.8	9.5	1 式	1 式	0.453	1 式
250	50	1.03	9.0	13.6	11.0	〃	〃	0.560	〃
				(250 mm 幅)	(150 mm 幅)				
300	50	1.03	9.9	12.4	12.6	1 式	1 式	0.673	1 式

35. 冷水管・冷温水管（膨張管を含む。）及び冷媒管（グラスウール），屋内露出（一般居室，廊下）　　　　　　　　　　　　　（1m当り）

摘要		材料				雑材料	運搬費	労務		その他
管の呼び径 (A)	保温厚 (mm)	グラスウール保温筒 (m)	ポリエチレンフィルム (m)	合成樹脂製カバー1 (シートタイプ) (m²)	カバーピン (個)			歩掛員数		
								保温工(人)	ダクト工(人)	
			(100 mm 幅)							
15	30	1.05	6.5	0.42	12	1 式	1 式	0.054	0.026	1 式
20	30	1.05	6.9	0.44	12	〃	〃	0.056	0.027	〃
25	30	1.05	7.4	0.47	12	〃	〃	0.062	0.029	〃
			(125 mm 幅)							
32	40	1.05	7.6	0.58	12	1 式	1 式	0.074	0.035	1 式
40	40	1.05	8.0	0.60	12	〃	〃	0.081	0.036	〃
50	40	1.05	8.7	0.65	12	〃	〃	0.089	0.039	〃
65	40	1.05	9.5	0.71	12	〃	〃	0.097	0.043	〃
			(150 mm 幅)							
80	40	1.05	8.6	0.76	12	1 式	1 式	0.105	0.046	1 式
100	40	1.05	9.8	0.86	12	〃	〃	0.133	0.052	〃
125	40	1.05	11.0	0.97	12	〃	〃	0.155	0.059	〃
150	40	1.05	12.2	1.07	12	〃	〃	0.176	0.065	〃
			(200 mm 幅)							
200	40	1.05	11.0	1.27	12	1 式	1 式	0.214	0.077	1 式
250	50	1.05	13.6	1.60	12	〃	〃	0.277	0.094	〃
			(250 mm 幅)							
300	50	1.05	12.4	1.81	12	1 式	1 式	0.339	0.107	1 式

36. 冷水管・冷温水管（膨張管を含む。）及び冷媒管（グラスウール），屋内露出（一般居室，廊下）　　　　　　　　　　　　　（1m当り）

摘要		材料			雑材料	運搬費	労務		その他
管の呼び径 (A)	保温厚 (mm)	グラスウール保温筒 (m)	ポリエチレンフィルム (m)	合成樹脂製カバー2 (ジャケットタイプ) (m)			歩掛員数		
							保温工(人)	ダクト工(人)	
			(100 mm 幅)	(30厚用)					
15	30	1.05	6.5	1.05	1 式	1 式	0.054	0.034	1 式
20	30	1.05	6.9	1.05	〃	〃	0.056	0.036	〃
25	30	1.05	7.4	1.05	〃	〃	0.062	0.038	〃
			(125 mm 幅)	(40厚用)					
32	40	1.05	7.6	1.05	1 式	1 式	0.074	0.046	1 式
40	40	1.05	8.0	1.05	〃	〃	0.081	0.047	〃
50	40	1.05	8.7	1.05	〃	〃	0.089	0.051	〃
65	40	1.05	9.5	1.05	〃	〃	0.097	0.056	〃
			(150 mm 幅)	(40厚用)					
80	40	1.05	8.6	1.05	1 式	1 式	0.105	0.060	1 式
100	40	1.05	9.8	1.05	〃	〃	0.133	0.068	〃
125	40	1.05	11.0	1.05	〃	〃	0.155	0.077	〃
150	40	1.05	12.2	1.05	〃	〃	0.176	0.085	〃
			(200 mm 幅)	(40厚用)					
200	40	1.05	11.0	1.05	1 式	1 式	0.214	0.101	1 式
			(200 mm 幅)	(50厚用)					
250	50	1.05	13.6	1.05	1 式	1 式	0.277	0.123	1 式
			(250 mm 幅)	(50厚用)					
300	50	1.05	12.4	1.05	1 式	1 式	0.339	0.140	1 式

37. 冷水管・冷温水管（膨張管を含む。）及び冷媒管（グラスウール），機械室，書庫，倉庫 （1m当り）

摘要		材料					雑材料	運搬費	労務	その他
管の呼び径 (A)	保温厚 (mm)	グラスウール 保温筒 (m)	ポリエチレン フィルム (m)	原紙 (m²)	アルミガラス クロス (m)				歩掛員数 保温工(人)	
			(100 mm 幅)		(100 mm 幅)					
15	30	1.05	6.5	0.30	4.0		1 式	1 式	0.088	1 式
20	30	1.05	6.9	0.32	4.2		〃	〃	0.091	〃
25	30	1.05	7.4	0.35	4.6		〃	〃	0.098	〃
			(125 mm 幅)		(125 mm 幅)					
32	40	1.05	7.6	0.46	4.5		1 式	1 式	0.115	1 式
40	40	1.05	8.0	0.48	4.8		〃	〃	0.123	〃
50	40	1.05	8.7	0.52	5.2		〃	〃	0.136	〃
65	40	1.05	9.5	0.58	5.8		〃	〃	0.147	〃
			(150 mm 幅)		(150 mm 幅)					
80	40	1.05	8.6	0.63	5.0		1 式	1 式	0.161	1 式
100	40	1.05	9.8	0.73	5.8		〃	〃	0.199	〃
125	40	1.05	11.0	0.82	6.6		〃	〃	0.233	〃
150	40	1.05	12.2	0.92	7.3		〃	〃	0.263	〃
			(200 mm 幅)		(150 mm 幅)					
200	40	1.05	11.0	1.11	8.9		1 式	1 式	0.325	1 式
250	50	1.05	13.6	1.38	11.0		〃	〃	0.413	〃
			(250 mm 幅)		(150 mm 幅)					
300	50	1.05	12.4	1.57	12.6		1 式	1 式	0.494	1 式

38. 冷水管・冷温水管（膨張管を含む。）及び冷媒管（グラスウール），機械室，書庫，倉庫 （1m当り）

摘要		材料				雑材料	運搬費	労務	その他
管の呼び径 (A)	保温厚 (mm)	グラスウール 保温筒 (m)	ポリエチレン フィルム (m)	アルミガラス 化粧原紙 (m²)				歩掛員数 保温工(人)	
			(100 mm 幅)						
15	30	1.05	6.5	0.30		1 式	1 式	0.060	1 式
20	30	1.05	6.9	0.32		〃	〃	0.064	〃
25	30	1.05	7.4	0.35		〃	〃	0.071	〃
			(125 mm 幅)						
32	40	1.05	7.6	0.46		1 式	1 式	0.084	1 式
40	40	1.05	8.0	0.48		〃	〃	0.092	〃
50	40	1.05	8.7	0.52		〃	〃	0.101	〃
65	40	1.05	9.5	0.58		〃	〃	0.109	〃
			(150 mm 幅)						
80	40	1.05	8.6	0.63		1 式	1 式	0.120	1 式
100	40	1.05	9.8	0.73		〃	〃	0.151	〃
125	40	1.05	11.0	0.82		〃	〃	0.177	〃
150	40	1.05	12.2	0.92		〃	〃	0.200	〃
			(200 mm 幅)						
200	40	1.05	11.0	1.11		1 式	1 式	0.244	1 式
250	50	1.05	13.6	1.38		〃	〃	0.315	〃
			(250 mm 幅)						
300	50	1.05	12.4	1.57		1 式	1 式	0.385	1 式

39. 冷水管・冷温水管（膨張管を含む。）及び冷媒管（グラスウール），天井内，パイプシャフト内及び空隙壁中 （1m当り）

摘要		材料			雑材料	運搬費	労務	その他
管の呼び径 (A)	保温厚 (mm)	グラスウール保温筒 (m)	ポリエチレンフィルム (m)	アルミガラスクロス (m)			歩掛員数 保温工(人)	
			(100 mm 幅)	(100 mm 幅)				
15	30	1.05	6.5	4.0	1 式	1 式	0.060	1 式
20	30	1.05	6.9	4.2	〃	〃	0.064	〃
25	30	1.05	7.4	4.6	〃	〃	0.071	〃
			(125 mm 幅)	(125 mm 幅)				
32	40	1.05	7.6	4.5	1 式	1 式	0.084	1 式
40	40	1.05	8.0	4.8	〃	〃	0.092	〃
50	40	1.05	8.7	5.2	〃	〃	0.101	〃
65	40	1.05	9.5	5.8	〃	〃	0.109	〃
			(150 mm 幅)	(150 mm 幅)				
80	40	1.05	8.6	5.0	1 式	1 式	0.120	1 式
100	40	1.05	9.8	5.8	〃	〃	0.151	〃
125	40	1.05	11.0	6.6	〃	〃	0.177	〃
150	40	1.05	12.2	7.3	〃	〃	0.200	〃
			(200 mm 幅)	(150 mm 幅)				
200	40	1.05	11.0	8.9	1 式	1 式	0.244	1 式
250	50	1.05	13.6	11.0	〃	〃	0.315	〃
			(250 mm 幅)	(150 mm 幅)				
300	50	1.05	12.4	12.6	1 式	1 式	0.385	1 式

40. 冷水管・冷温水管（膨張管を含む。）及び冷媒管（グラスウール），暗渠内（ピット内を含む。） （1m当り）

摘要		材料			雑材料	運搬費	労務	その他
管の呼び径 (A)	保温厚 (mm)	グラスウール保温筒 (m)	ポリエチレンフィルム (m)	着色アルミガラスクロス (m)			歩掛員数 保温工(人)	
			(100 mm 幅)	(100 mm 幅)				
15	30	1.05	6.5	4.0	1 式	1 式	0.077	1 式
20	30	1.05	6.9	4.2	〃	〃	0.080	〃
25	30	1.05	7.4	4.6	〃	〃	0.088	〃
			(125 mm 幅)	(125 mm 幅)				
32	40	1.05	7.6	4.5	1 式	1 式	0.104	1 式
40	40	1.05	8.0	4.8	〃	〃	0.113	〃
50	40	1.05	8.7	5.2	〃	〃	0.126	〃
65	40	1.05	9.5	5.8	〃	〃	0.135	〃
			(150 mm 幅)	(150 mm 幅)				
80	40	1.05	8.6	5.0	1 式	1 式	0.149	1 式
100	40	1.05	9.8	5.8	〃	〃	0.187	〃
125	40	1.05	11.0	6.6	〃	〃	0.220	〃
150	40	1.05	12.2	7.3	〃	〃	0.248	〃
			(200 mm 幅)	(150 mm 幅)				
200	40	1.05	11.0	8.9	1 式	1 式	0.302	1 式
250	50	1.05	13.6	11.0	〃	〃	0.391	〃
			(250 mm 幅)	(150 mm 幅)				
300	50	1.05	12.4	12.6	1 式	1 式	0.476	1 式

41. 冷水管・冷温水管（膨張管を含む。）及び冷媒管（グラスウール），
　　屋外露出（バルコニー，開放廊下を含む。）及び浴室，厨房等の多湿箇所（厨房の天井内は含まない。）　　　　（1m当り）

摘要		材料			雑材料	運搬費	労務		その他
管の呼び径 (A)	保温厚 (mm)	グラスウール 保温筒 (m)	ポリエチレン フィルム (m)	カラー亜鉛鉄板又は溶融 アルミニウム-亜鉛鉄板 (m²)			歩掛員数		
							保温工(人)	ダクト工(人)	
			(100 mm 幅)	(0.27 mm)					
15	30	1.05	6.5	0.42	1 式	1 式	0.054	0.085	1 式
20	30	1.05	6.9	0.44	〃	〃	0.056	0.089	〃
25	30	1.05	7.4	0.47	〃	〃	0.062	0.095	〃
			(125 mm 幅)	(0.27 mm)					
32	40	1.05	7.6	0.58	1 式	1 式	0.074	0.117	1 式
40	40	1.05	8.0	0.60	〃	〃	0.081	0.121	〃
50	40	1.05	8.7	0.65	〃	〃	0.089	0.131	〃
65	40	1.05	9.5	0.71	〃	〃	0.097	0.143	〃
			(150 mm 幅)	(0.27 mm)					
80	40	1.05	8.6	0.76	1 式	1 式	0.105	0.153	1 式
100	40	1.05	9.8	0.86	〃	〃	0.133	0.174	〃
125	40	1.05	11.0	0.97	〃	〃	0.155	0.196	〃
150	40	1.05	12.2	1.07	〃	〃	0.176	0.216	〃
			(200 mm 幅)	(0.35 mm)					
200	40	1.05	11.0	1.27	1 式	1 式	0.214	0.256	1 式
250	50	1.05	13.6	1.55	〃	〃	0.277	0.312	〃
			(250 mm 幅)	(0.35 mm)					
300	50	1.05	12.4	1.76	1 式	1 式	0.339	0.355	1 式

42. 冷水管・冷温水管（膨張管を含む。）及び冷媒管（グラスウール），
　　屋外露出（バルコニー，開放廊下を含む。）及び浴室，厨房等の多湿箇所（厨房の天井内は含まない。）　　　　（1m当り）

摘要		材料			雑材料	運搬費	労務		その他
管の呼び径 (A)	保温厚 (mm)	グラスウール 保温筒 (m)	ポリエチレン フィルム (m)	ステンレス 鋼板 (m²)			歩掛員数		
							保温工(人)	ダクト工(人)	
			(100 mm 幅)	(0.2 mm)					
15	30	1.05	6.5	0.42	1 式	1 式	0.054	0.115	1 式
20	30	1.05	6.9	0.44	〃	〃	0.056	0.121	〃
25	30	1.05	7.4	0.47	〃	〃	0.062	0.129	〃
			(125 mm 幅)	(0.2 mm)					
32	40	1.05	7.6	0.58	1 式	1 式	0.074	0.159	1 式
40	40	1.05	8.0	0.60	〃	〃	0.081	0.165	〃
50	40	1.05	8.7	0.65	〃	〃	0.089	0.178	〃
65	40	1.05	9.5	0.71	〃	〃	0.097	0.195	〃
			(150 mm 幅)	(0.2 mm)					
80	40	1.05	8.6	0.76	1 式	1 式	0.105	0.208	1 式
100	40	1.05	9.8	0.86	〃	〃	0.133	0.237	〃
125	40	1.05	11.0	0.97	〃	〃	0.155	0.267	〃
150	40	1.05	12.2	1.07	〃	〃	0.176	0.294	〃
			(200 mm 幅)	(0.2 mm)					
200	40	1.05	11.0	1.27	1 式	1 式	0.214	0.349	1 式
250	50	1.05	13.6	1.55	〃	〃	0.277	0.426	〃
			(250 mm 幅)	(0.2 mm)					
300	50	1.05	12.4	1.76	1 式	1 式	0.339	0.484	1 式

43. 冷水管・冷温水管（膨張管を含む。）及び冷媒管（ロックウール），屋内露出（一般居室，廊下） (1m当り)

摘要 管の呼び径 (A)	材料 保温厚 (mm)	ロックウール保温筒 (m)	ポリエチレンフィルム (m)	合成樹脂製カバー1 (シートタイプ) (m²)	カバーピン (個)	雑材料	運搬費	労務 歩掛員数 保温工(人)	ダクト工(人)	その他
			(100 mm 幅)							
15	30	1.05	6.5	0.42	12	1 式	1 式	0.060	0.026	1 式
20	30	1.05	6.9	0.44	12	〃	〃	0.064	0.027	〃
25	30	1.05	7.4	0.47	12	〃	〃	0.068	0.029	〃
			(125 mm 幅)							
32	40	1.05	7.6	0.58	12	1 式	1 式	0.078	0.035	1 式
40	40	1.05	8.0	0.60	12	〃	〃	0.084	0.036	〃
50	40	1.05	8.7	0.65	12	〃	〃	0.091	0.039	〃
65	40	1.05	9.5	0.71	12	〃	〃	0.098	0.043	〃
			(150 mm 幅)							
80	40	1.05	8.6	0.76	12	1 式	1 式	0.108	0.046	1 式
100	40	1.05	9.8	0.86	12	〃	〃	0.141	0.052	〃
125	40	1.05	11.0	0.97	12	〃	〃	0.161	0.059	〃
150	40	1.05	12.2	1.07	12	〃	〃	0.186	0.065	〃
			(200 mm 幅)							
200	40	1.05	11.0	1.27	12	1 式	1 式	0.201	0.077	1 式
250	50	1.05	13.6	1.60	12	〃	〃	0.298	0.094	〃
			(250 mm 幅)							
300	50	1.05	12.4	1.81	12	1 式	1 式	0.369	0.107	1 式

44. 冷水管・冷温水管（膨張管を含む。）及び冷媒管（ロックウール），屋内露出（一般居室，廊下） (1m当り)

摘要 管の呼び径 (A)	材料 保温厚 (mm)	ロックウール保温筒 (m)	ポリエチレンフィルム (m)	合成樹脂製カバー2 (ジャケットタイプ) (m)	雑材料	運搬費	労務 歩掛員数 保温工(人)	ダクト工(人)	その他
			(100 mm 幅)	(30厚用)					
15	30	1.05	6.5	1.05	1 式	1 式	0.060	0.034	1 式
20	30	1.05	6.9	1.05	〃	〃	0.064	0.036	〃
25	30	1.05	7.4	1.05	〃	〃	0.068	0.038	〃
			(125 mm 幅)	(40厚用)					
32	40	1.05	7.6	1.05	1 式	1 式	0.078	0.046	1 式
40	40	1.05	8.0	1.05	〃	〃	0.084	0.047	〃
50	40	1.05	8.7	1.05	〃	〃	0.091	0.051	〃
65	40	1.05	9.5	1.05	〃	〃	0.098	0.056	〃
			(150 mm 幅)	(40厚用)					
80	40	1.05	8.6	1.05	1 式	1 式	0.108	0.060	1 式
100	40	1.05	9.8	1.05	〃	〃	0.141	0.068	〃
125	40	1.05	11.0	1.05	〃	〃	0.161	0.077	〃
150	40	1.05	12.2	1.05	〃	〃	0.186	0.085	〃
			(200 mm 幅)	(40厚用)					
200	40	1.05	11.0	1.05	1 式	1 式	0.201	0.101	1 式
			(200 mm 幅)	(50厚用)					
250	50	1.05	13.6	1.05	1 式	1 式	0.298	0.123	1 式
			(250 mm 幅)	(50厚用)					
300	50	1.05	12.4	1.05	1 式	1 式	0.369	0.140	1 式

45. 冷水管・冷温水管（膨張管を含む。）及び冷媒管（ロックウール），機械室，書庫，倉庫 （1m当り）

摘要		材料				雑材料	運搬費	労務	その他
管の呼び径 (A)	保温厚 (mm)	ロックウール保温筒 (m)	ポリエチレンフィルム (m)	原紙 (m²)	アルミガラスクロス (m)			歩掛員数 保温工（人）	
15	30	1.05	(100 mm 幅) 6.5	0.30	(100 mm 幅) 4.0	1 式	1 式	0.096	1 式
20	30	1.05	6.9	0.32	4.2	〃	〃	0.100	〃
25	30	1.05	7.4	0.35	4.6	〃	〃	0.109	〃
32	40	1.05	(125 mm 幅) 7.6	0.46	(125 mm 幅) 4.5	1 式	1 式	0.121	1 式
40	40	1.05	8.0	0.48	4.8	〃	〃	0.130	〃
50	40	1.05	8.7	0.52	5.2	〃	〃	0.142	〃
65	40	1.05	9.5	0.58	5.8	〃	〃	0.154	〃
80	40	1.05	(150 mm 幅) 8.6	0.63	(150 mm 幅) 5.0	1 式	1 式	0.168	1 式
100	40	1.05	9.8	0.73	5.8	〃	〃	0.213	〃
125	40	1.05	11.0	0.82	6.6	〃	〃	0.249	〃
150	40	1.05	12.2	0.92	7.3	〃	〃	0.282	〃
200	40	1.05	(200 mm 幅) 11.0	1.11	(150 mm 幅) 8.9	1 式	1 式	0.385	1 式
250	50	1.05	13.6	1.38	11.0	〃	〃	0.470	〃
300	50	1.05	(250 mm 幅) 12.4	1.57	(150 mm 幅) 12.6	1 式	1 式	0.564	1 式

46. 冷水管・冷温水管（膨張管を含む。）及び冷媒管（ロックウール），機械室，書庫，倉庫 （1m当り）

摘要		材料			雑材料	運搬費	労務	その他
管の呼び径 (A)	保温厚 (mm)	ロックウール保温筒 (m)	ポリエチレンフィルム (m)	アルミガラス化粧原紙 (m²)			歩掛員数 保温工（人）	
15	30	1.05	(100 mm 幅) 6.5	0.30	1 式	1 式	0.069	1 式
20	30	1.05	6.9	0.32	〃	〃	0.074	〃
25	30	1.05	7.4	0.35	〃	〃	0.080	〃
32	40	1.05	(125 mm 幅) 7.6	0.46	1 式	1 式	0.090	1 式
40	40	1.05	8.0	0.48	〃	〃	0.097	〃
50	40	1.05	8.7	0.52	〃	〃	0.106	〃
65	40	1.05	9.5	0.58	〃	〃	0.114	〃
80	40	1.05	(150 mm 幅) 8.6	0.63	1 式	1 式	0.126	1 式
100	40	1.05	9.8	0.73	〃	〃	0.162	〃
125	40	1.05	11.0	0.82	〃	〃	0.188	〃
150	40	1.05	12.2	0.92	〃	〃	0.213	〃
200	40	1.05	(200 mm 幅) 11.0	1.11	1 式	1 式	0.291	1 式
250	50	1.05	13.6	1.38	〃	〃	0.366	〃
300	50	1.05	(250 mm 幅) 12.4	1.57	1 式	1 式	0.444	1 式

47. 冷水管・冷温水管（膨張管を含む。）及び冷媒管（ロックウール），天井内，パイプシャフト内及び空隙壁中 (1m 当り)

摘要		材料			雑材料	運搬費	労務	その他
管の呼び径 (A)	保温厚 (mm)	ロックウール保温筒 (m)	ポリエチレンフィルム (m)	アルミガラスクロス (m)			歩掛員数 保温工(人)	
			(100 mm 幅)	(100 mm 幅)				
15	30	1.05	6.5	4.0	1 式	1 式	0.069	1 式
20	30	1.05	6.9	4.2	〃	〃	0.074	〃
25	30	1.05	7.4	4.6	〃	〃	0.080	〃
			(125 mm 幅)	(125 mm 幅)				
32	40	1.05	7.6	4.5	1 式	1 式	0.090	1 式
40	40	1.05	8.0	4.8	〃	〃	0.097	〃
50	40	1.05	8.7	5.2	〃	〃	0.106	〃
65	40	1.05	9.5	5.8	〃	〃	0.114	〃
			(150 mm 幅)	(150 mm 幅)				
80	40	1.05	8.6	5.0	1 式	1 式	0.126	1 式
100	40	1.05	9.8	5.8	〃	〃	0.162	〃
125	40	1.05	11.0	6.6	〃	〃	0.188	〃
150	40	1.05	12.2	7.3	〃	〃	0.213	〃
			(200 mm 幅)	(150 mm 幅)				
200	40	1.05	11.0	8.9	1 式	1 式	0.291	1 式
250	50	1.05	13.6	11.0	〃	〃	0.366	〃
			(250 mm 幅)	(150 mm 幅)				
300	50	1.05	12.4	12.6	1 式	1 式	0.444	1 式

48. 冷水管・冷温水管（膨張管を含む。）及び冷媒管（ロックウール），暗渠内（ピット内を含む。） (1m 当り)

摘要		材料			雑材料	運搬費	労務	その他
管の呼び径 (A)	保温厚 (mm)	ロックウール保温筒 (m)	ポリエチレンフィルム (m)	着色アルミガラスクロス (m)			歩掛員数 保温工(人)	
			(100 mm 幅)	(100 mm 幅)				
15	30	1.05	6.5	4.0	1 式	1 式	0.078	1 式
20	30	1.05	6.9	4.2	〃	〃	0.085	〃
25	30	1.05	7.4	4.6	〃	〃	0.092	〃
			(125 mm 幅)	(125 mm 幅)				
32	40	1.05	7.6	4.5	1 式	1 式	0.104	1 式
40	40	1.05	8.0	4.8	〃	〃	0.113	〃
50	40	1.05	8.7	5.2	〃	〃	0.122	〃
65	40	1.05	9.5	5.8	〃	〃	0.133	〃
			(150 mm 幅)	(150 mm 幅)				
80	40	1.05	8.6	5.0	1 式	1 式	0.147	1 式
100	40	1.05	9.8	5.8	〃	〃	0.188	〃
125	40	1.05	11.0	6.6	〃	〃	0.221	〃
150	40	1.05	12.2	7.3	〃	〃	0.248	〃
			(200 mm 幅)	(150 mm 幅)				
200	40	1.05	11.0	8.9	1 式	1 式	0.338	1 式
250	50	1.05	13.6	11.0	〃	〃	0.431	〃
			(250 mm 幅)	(150 mm 幅)				
300	50	1.05	12.4	12.6	1 式	1 式	0.505	1 式

49. 冷水管・冷温水管（膨張管を含む。）及び冷媒管（ロックウール），
　　屋外露出（バルコニー，開放廊下を含む。）及び浴室，厨房等の多湿箇所（厨房の天井内は含まない。） （1 m 当り）

摘　要		材　料					労　務		その他
管の呼び径 (A)	保温厚 (mm)	ロックウール保温筒 (m)	ポリエチレンフィルム (m)	カラー亜鉛鉄板又は溶融アルミニウム-亜鉛鉄板 (m²)	雑材料	運搬費	歩掛員数		その他
							保温工（人）	ダクト工（人）	
			(100 mm 幅)	(0.27 mm)					
15	30	1.05	6.5	0.42	1 式	1 式	0.060	0.085	1 式
20	30	1.05	6.9	0.44	〃	〃	0.064	0.089	〃
25	30	1.05	7.4	0.47	〃	〃	0.068	0.095	〃
			(125 mm 幅)	(0.27 mm)					
32	40	1.05	7.6	0.58	1 式	1 式	0.078	0.117	1 式
40	40	1.05	8.0	0.60	〃	〃	0.084	0.121	〃
50	40	1.05	8.7	0.65	〃	〃	0.091	0.131	〃
65	40	1.05	9.5	0.71	〃	〃	0.098	0.143	〃
			(150 mm 幅)	(0.27 mm)					
80	40	1.05	8.6	0.76	1 式	1 式	0.108	0.153	1 式
100	40	1.05	9.8	0.86	〃	〃	0.141	0.174	〃
125	40	1.05	11.0	0.97	〃	〃	0.161	0.196	〃
150	40	1.05	12.2	1.07	〃	〃	0.186	0.216	〃
			(200 mm 幅)	(0.35 mm)					
200	40	1.05	11.0	1.27	1 式	1 式	0.201	0.256	1 式
250	50	1.05	13.6	1.55	〃	〃	0.298	0.312	〃
			(250 mm 幅)	(0.35 mm)					
300	50	1.05	12.4	1.76	1 式	1 式	0.369	0.355	1 式

50. 冷水管・冷温水管（膨張管を含む。）及び冷媒管（ロックウール），
　　屋外露出（バルコニー，開放廊下を含む。）及び浴室，厨房等の多湿箇所（厨房の天井内は含まない。） （1 m 当り）

摘　要		材　料					労　務		その他
管の呼び径 (A)	保温厚 (mm)	ロックウール保温筒 (m)	ポリエチレンフィルム (m)	ステンレス鋼板 (m²)	雑材料	運搬費	歩掛員数		その他
							保温工（人）	ダクト工（人）	
			(100 mm 幅)	(0.2 mm)					
15	30	1.05	6.5	0.42	1 式	1 式	0.060	0.115	1 式
20	30	1.05	6.9	0.44	〃	〃	0.064	0.121	〃
25	30	1.05	7.4	0.47	〃	〃	0.068	0.129	〃
			(125 mm 幅)	(0.2 mm)					
32	40	1.05	7.6	0.58	1 式	1 式	0.078	0.159	1 式
40	40	1.05	8.0	0.60	〃	〃	0.084	0.165	〃
50	40	1.05	8.7	0.65	〃	〃	0.091	0.178	〃
65	40	1.05	9.5	0.71	〃	〃	0.098	0.195	〃
			(150 mm 幅)	(0.2 mm)					
80	40	1.05	8.6	0.76	1 式	1 式	0.108	0.208	1 式
100	40	1.05	9.8	0.86	〃	〃	0.141	0.237	〃
125	40	1.05	11.0	0.97	〃	〃	0.161	0.267	〃
150	40	1.05	12.2	1.07	〃	〃	0.186	0.294	〃
			(200 mm 幅)	(0.2 mm)					
200	40	1.05	11.0	1.27	1 式	1 式	0.201	0.349	1 式
250	50	1.05	13.6	1.55	〃	〃	0.298	0.426	〃
			(250 mm 幅)	(0.2 mm)					
300	50	1.05	12.4	1.76	1 式	1 式	0.369	0.484	1 式

51. 蒸気管（グラスウール），屋内露出（一般居室，廊下） （1m当り）

摘要		材料				雑材料	運搬費	労務 歩掛員数		その他
管の呼び径 (A)	保温厚 (mm)	グラスウール保温筒 (m)	合成樹脂製カバー1 (シートタイプ) (m²)	カバーピン (個)				保温工(人)	ダクト工(人)	
15	20	1.05	0.34	12		1 式	1 式	0.034	0.022	1 式
20	20	1.05	0.36	12		〃	〃	0.035	0.023	〃
25	20	1.05	0.39	12		〃	〃	0.036	0.025	〃
32	30	1.05	0.51	12		〃	〃	0.045	0.030	〃
40	30	1.05	0.53	12		〃	〃	0.050	0.032	〃
50	30	1.05	0.58	12		〃	〃	0.054	0.034	〃
65	40	1.05	0.71	12		〃	〃	0.078	0.043	〃
80	40	1.05	0.76	12		〃	〃	0.084	0.046	〃
100	40	1.05	0.86	12		〃	〃	0.105	0.052	〃
125	40	1.05	0.97	12		〃	〃	0.121	0.059	〃
150	40	1.05	1.07	12		〃	〃	0.142	0.065	〃
200	40	1.05	1.27	12		〃	〃	0.168	0.077	〃
250	40	1.05	1.55	12		〃	〃	0.193	0.092	〃
300	40	1.05	1.76	12		〃	〃	0.223	0.104	〃

52. 蒸気管（グラスウール），屋内露出（一般居室，廊下） （1m当り）

摘要		材料		雑材料	運搬費	労務 歩掛員数		その他
管の呼び径 (A)	保温厚 (mm)	グラスウール保温筒 (m)	合成樹脂製カバー2 (ジャケットタイプ) (m)			保温工(人)	ダクト工(人)	
			(20厚用)					
15	20	1.05	1.05	1 式	1 式	0.034	0.029	1 式
20	20	1.05	1.05	〃	〃	0.035	0.030	〃
25	20	1.05	1.05	〃	〃	0.036	0.033	〃
			(30厚用)					
32	30	1.05	1.05	1 式	1 式	0.045	0.039	1 式
40	30	1.05	1.05	〃	〃	0.050	0.042	〃
50	30	1.05	1.05	〃	〃	0.054	0.045	〃
			(40厚用)					
65	40	1.05	1.05	1 式	1 式	0.078	0.056	1 式
80	40	1.05	1.05	〃	〃	0.084	0.060	〃
100	40	1.05	1.05	〃	〃	0.105	0.068	〃
125	40	1.05	1.05	〃	〃	0.121	0.077	〃
150	40	1.05	1.05	〃	〃	0.142	0.085	〃
200	40	1.05	1.05	〃	〃	0.168	0.101	〃
250	40	1.05	1.05	〃	〃	0.193	0.120	〃
300	40	1.05	1.05	〃	〃	0.223	0.136	〃

53. 蒸気管（グラスウール），機械室，書庫，倉庫 (1m 当り)

摘要		材料				雑材料	運搬費	労務	その他
管の呼び径 (A)	保温厚 (mm)	グラスウール保温筒 (m)	原紙 (m²)	アルミガラスクロス (m)				歩掛員数 保温工（人）	
15	20	1.05	0.23	(100 mm 幅) 3.0		1 式	1 式	0.068	1 式
20	20	1.05	0.25	3.2		〃	〃	0.072	〃
25	20	1.05	0.27	3.6		〃	〃	0.078	〃
32	30	1.05	0.38	5.0		〃	〃	0.088	〃
40	30	1.05	0.40	5.3		〃	〃	0.097	〃
50	30	1.05	0.45	(125 mm 幅) 4.5		1 式	1 式	0.105	1 式
65	40	1.05	0.58	5.8		〃	〃	0.127	〃
80	40	1.05	0.63	(150 mm 幅) 5.0		1 式	1 式	0.137	1 式
100	40	1.05	0.73	5.8		〃	〃	0.177	〃
125	40	1.05	0.82	6.6		〃	〃	0.202	〃
150	40	1.05	0.92	7.3		〃	〃	0.237	〃
200	40	1.05	1.11	8.9		〃	〃	0.300	〃
250	40	1.05	1.30	10.5		〃	〃	0.357	〃
300	40	1.05	1.50	12.0		〃	〃	0.430	〃

54. 蒸気管（グラスウール），機械室，書庫，倉庫 (1m 当り)

摘要		材料			雑材料	運搬費	労務	その他
管の呼び径 (A)	保温厚 (mm)	グラスウール保温筒 (m)	アルミガラス化粧原紙 (m²)				歩掛員数 保温工（人）	
15	20	1.05	0.23		1 式	1 式	0.046	1 式
20	20	1.05	0.25		〃	〃	0.049	〃
25	20	1.05	0.27		〃	〃	0.054	〃
32	30	1.05	0.38		〃	〃	0.062	〃
40	30	1.05	0.40		〃	〃	0.070	〃
50	30	1.05	0.45		〃	〃	0.075	〃
65	40	1.05	0.58		〃	〃	0.092	〃
80	40	1.05	0.63		〃	〃	0.099	〃
100	40	1.05	0.73		〃	〃	0.132	〃
125	40	1.05	0.82		〃	〃	0.149	〃
150	40	1.05	0.92		〃	〃	0.176	〃
200	40	1.05	1.11		〃	〃	0.215	〃
250	40	1.05	1.30		〃	〃	0.264	〃
300	40	1.05	1.50		〃	〃	0.325	〃

55. 蒸気管（グラスウール），天井内，パイプシャフト内及び空隙壁中　　　　　　　　（1m当り）

摘要		材料		雑材料	運搬費	労務	その他
管の呼び径 (A)	保温厚 (mm)	グラスウール保温筒 (m)	アルミガラスクロス (m)			歩掛員数 保温工（人）	
			(100 mm 幅)				
15	20	1.05	3.0	1 式	1 式	0.046	1 式
20	20	1.05	3.2	〃	〃	0.049	〃
25	20	1.05	3.6	〃	〃	0.054	〃
32	30	1.05	5.0	〃	〃	0.062	〃
40	30	1.05	5.3	〃	〃	0.070	〃
			(125 mm 幅)				
50	30	1.05	4.5	1 式	1 式	0.075	1 式
65	40	1.05	5.8	〃	〃	0.092	〃
			(150 mm 幅)				
80	40	1.05	5.0	1 式	1 式	0.099	1 式
100	40	1.05	5.8	〃	〃	0.132	〃
125	40	1.05	6.6	〃	〃	0.149	〃
150	40	1.05	7.3	〃	〃	0.176	〃
200	40	1.05	8.9	〃	〃	0.215	〃
250	40	1.05	10.5	〃	〃	0.264	〃
300	40	1.05	12.0	〃	〃	0.325	〃

56. 蒸気管（グラスウール），天井内，パイプシャフト内及び空隙壁中　　　　　　　　（1m当り）

摘要		材料		雑材料	運搬費	労務	その他
管の呼び径 (A)	保温厚 (mm)	アルミガラスクロス化粧保温筒 (m)	アルミガラスクロス粘着テープ (m)			歩掛員数 保温工（人）	
			(60 mm 幅)				
15	20	1.05	1.4	1 式	1 式	0.034	1 式
20	20	1.05	1.4	〃	〃	0.035	〃
25	20	1.05	1.5	〃	〃	0.036	〃
32	30	1.05	1.8	〃	〃	0.045	〃
40	30	1.05	1.8	〃	〃	0.050	〃
50	30	1.05	1.9	〃	〃	0.054	〃
65	40	1.05	2.1	〃	〃	0.078	〃
80	40	1.05	2.2	〃	〃	0.084	〃
100	40	1.05	2.3	〃	〃	0.105	〃
125	40	1.05	2.5	〃	〃	0.121	〃
150	40	1.05	2.6	〃	〃	0.146	〃
			(100 mm 幅)				
200	40	1.05	2.8	1 式	1 式	0.168	1 式
250	40	1.05	3.1	〃	〃	0.193	〃
300	40	1.05	3.4	〃	〃	0.223	〃

57. 蒸気管（グラスウール），暗渠内（ピット内を含む。） (1m当り)

摘要		材料			雑材料	運搬費	労務 歩掛員数	その他
管の呼び径 (A)	保温厚 (mm)	グラスウール保温筒 (m)	ポリエチレンフィルム (m)	着色アルミガラスクロス (m)			保温工(人)	
15	20	1.05	(100 mm 幅) 5.0	(100 mm 幅) 3.0	1式	1式	0.057	1式
20	20	1.05	5.4	3.2	〃	〃	0.061	〃
25	20	1.05	5.9	3.6	〃	〃	0.068	〃
32	30	1.05	(125 mm 幅) 6.4	(100 mm 幅) 5.0	1式	1式	0.077	1式
40	30	1.05	6.8	5.3	〃	〃	0.087	〃
50	30	1.05	(125 mm 幅) 7.5	(125 mm 幅) 4.5	1式	1式	0.092	1式
65	40	1.05	9.5	5.8	〃	〃	0.113	〃
80	40	1.05	(150 mm 幅) 8.6	(150 mm 幅) 5.0	1式	1式	0.123	1式
100	40	1.05	9.8	5.8	〃	〃	0.163	〃
125	40	1.05	11.0	6.6	〃	〃	0.185	〃
150	40	1.05	12.2	7.3	〃	〃	0.219	〃
200	40	1.05	(200mm 幅) 11.1	(150 mm 幅) 8.9	1式	1式	0.269	1式
250	40	1.05	12.9	10.5	〃	〃	0.327	〃
300	40	1.05	(250mm 幅) 11.8	(150 mm 幅) 12.0	1式	1式	0.404	1式

58. 蒸気管（グラスウール），屋外露出（バルコニー，開放廊下を含む。）及び浴室，厨房等の多湿箇所（厨房の天井内は含まない。） (1m当り)

摘要		材料			雑材料	運搬費	労務 歩掛員数		その他
管の呼び径 (A)	保温厚 (mm)	グラスウール保温筒 (m)	ポリエチレンフィルム (m)	カラー亜鉛鉄板又は溶融アルミニウム-亜鉛鉄板 (m²)			保温工(人)	ダクト工(人)	
15	20	1.05	(100 mm 幅) 5.0	(0.27 mm) 0.34	1式	1式	0.041	0.072	1式
20	20	1.05	5.4	0.36	〃	〃	0.043	0.075	〃
25	20	1.05	5.9	0.39	〃	〃	0.047	0.082	〃
32	30	1.05	(125 mm 幅) 6.4	(0.27 mm) 0.50	1式	1式	0.055	0.101	1式
40	30	1.05	6.8	0.52	〃	〃	0.061	0.105	〃
50	30	1.05	7.5	0.57	〃	〃	0.066	0.114	〃
65	40	1.05	9.5	0.71	〃	〃	0.080	0.143	〃
80	40	1.05	(150 mm 幅) 8.6	(0.27 mm) 0.76	1式	1式	0.088	0.153	1式
100	40	1.05	9.8	0.86	〃	〃	0.115	0.174	〃
125	40	1.05	11.0	0.97	〃	〃	0.132	0.196	〃
150	40	1.05	12.2	1.07	〃	〃	0.155	0.216	〃
200	40	1.05	(200mm 幅) 11.1	(0.35 mm) 1.27	1式	1式	0.190	0.265	1式
250	40	1.05	12.9	1.48	〃	〃	0.232	0.305	〃
300	40	1.05	(250mm 幅) 11.8	(0.35 mm) 1.68	1式	1式	0.286	0.348	1式

59. 蒸気管（グラスウール），屋外露出（バルコニー，開放廊下を含む。）及び浴室，厨房等の多湿箇所（厨房の天井内は含まない。） (1m当り)

摘要 管の呼び径 (A)	保温厚 (mm)	材料 グラスウール保温筒 (m)	ポリエチレンフィルム (m)	ステンレス鋼板 (m²)	雑材料	運搬費	労務 歩掛員数 保温工(人)	ダクト工(人)	その他
			(100 mm 幅)	(0.2 mm)					
15	20	1.05	5.0	0.34	1 式	1 式	0.041	0.100	1 式
20	20	1.05	5.4	0.36	〃	〃	0.043	0.104	〃
25	20	1.05	5.9	0.39	〃	〃	0.047	0.113	〃
			(125 mm 幅)	(0.2 mm)					
32	30	1.05	6.4	0.50	1 式	1 式	0.055	0.138	1 式
40	30	1.05	6.8	0.52	〃	〃	0.061	0.142	〃
50	30	1.05	7.5	0.57	〃	〃	0.066	0.156	〃
65	40	1.05	9.5	0.71	〃	〃	0.080	0.195	〃
			(150 mm 幅)	(0.2 mm)					
80	40	1.05	8.6	0.76	1 式	1 式	0.088	0.208	1 式
100	40	1.05	9.8	0.86	〃	〃	0.115	0.237	〃
125	40	1.05	11.0	0.97	〃	〃	0.132	0.267	〃
150	40	1.05	12.2	1.07	〃	〃	0.155	0.294	〃
			(200 mm 幅)	(0.2 mm)					
200	40	1.05	11.1	1.27	1 式	1 式	0.190	0.363	1 式
250	40	1.05	12.9	1.48	〃	〃	0.232	0.419	〃
			(250 mm 幅)	(0.2 mm)					
300	40	1.05	11.8	1.68	1 式	1 式	0.286	0.477	1 式

60. 蒸気管（ロックウール），屋内露出（一般居室，廊下） (1m当り)

摘要 管の呼び径 (A)	保温厚 (mm)	材料 ロックウール保温筒 (m)	合成樹脂製カバー1（シートタイプ） (m²)	カバーピン (個)	雑材料	運搬費	労務 歩掛員数 保温工(人)	ダクト工(人)	その他
15	20	1.05	0.34	12	1 式	1 式	0.040	0.022	1 式
20	20	1.05	0.36	12	〃	〃	0.042	0.023	〃
25	20	1.05	0.39	12	〃	〃	0.043	0.025	〃
32	30	1.05	0.51	12	〃	〃	0.052	0.030	〃
40	30	1.05	0.53	12	〃	〃	0.055	0.032	〃
50	30	1.05	0.58	12	〃	〃	0.061	0.034	〃
65	40	1.05	0.71	12	〃	〃	0.079	0.043	〃
80	40	1.05	0.76	12	〃	〃	0.087	0.046	〃
100	40	1.05	0.86	12	〃	〃	0.107	0.052	〃
125	40	1.05	0.97	12	〃	〃	0.129	0.059	〃
150	40	1.05	1.07	12	〃	〃	0.149	0.065	〃
200	40	1.05	1.27	12	〃	〃	0.194	0.077	〃
250	40	1.05	1.55	12	〃	〃	0.228	0.092	〃
300	40	1.05	1.76	12	〃	〃	0.263	0.104	〃

61. 蒸気管（ロックウール），屋内露出（一般居室，廊下） (1m 当り)

摘要	材料			雑材料	運搬費	労務		その他
管の呼び径 (A)	保温厚 (mm)	ロックウール保温筒 (m)	合成樹脂製カバー2 (ジャケットタイプ) (m)			歩掛員数		
						保温工（人）	ダクト工（人）	
			(20厚用)					
15	20	1.05	1.05	1 式	1 式	0.040	0.029	1 式
20	20	1.05	1.05	〃	〃	0.042	0.030	〃
25	20	1.05	1.05	〃	〃	0.043	0.033	〃
			(30厚用)					
32	30	1.05	1.05	1 式	1 式	0.052	0.039	1 式
40	30	1.05	1.05	〃	〃	0.055	0.042	〃
50	30	1.05	1.05	〃	〃	0.061	0.045	〃
			(40厚用)					
65	40	1.05	1.05	1 式	1 式	0.079	0.056	1 式
80	40	1.05	1.05	〃	〃	0.087	0.060	〃
100	40	1.05	1.05	〃	〃	0.107	0.068	〃
125	40	1.05	1.05	〃	〃	0.129	0.077	〃
150	40	1.05	1.05	〃	〃	0.149	0.085	〃
200	40	1.05	1.05	〃	〃	0.194	0.101	〃
250	40	1.05	1.05	〃	〃	0.228	0.120	〃
300	40	1.05	1.05	〃	〃	0.263	0.136	〃

62. 蒸気管（ロックウール），機械室，書庫，倉庫 (1m 当り)

摘要	材料				雑材料	運搬費	労務	その他
管の呼び径 (A)	保温厚 (mm)	ロックウール保温筒 (m)	原紙 (m²)	アルミガラスクロス (m)			歩掛員数 保温工（人）	
				(100 mm幅)				
15	20	1.05	0.23	3.0	1 式	1 式	0.078	1 式
20	20	1.05	0.25	3.2	〃	〃	0.082	〃
25	20	1.05	0.27	3.6	〃	〃	0.089	〃
32	30	1.05	0.38	5.0	〃	〃	0.100	〃
40	30	1.05	0.40	5.3	〃	〃	0.106	〃
				(125 mm幅)				
50	30	1.05	0.45	4.5	1 式	1 式	0.117	1 式
65	40	1.05	0.58	5.8	〃	〃	0.130	〃
				(150 mm幅)				
80	40	1.05	0.63	5.0	1 式	1 式	0.142	1 式
100	40	1.05	0.73	5.8	〃	〃	0.183	〃
125	40	1.05	0.82	6.6	〃	〃	0.214	〃
150	40	1.05	0.92	7.3	〃	〃	0.243	〃
200	40	1.05	1.11	8.9	〃	〃	0.339	〃
250	40	1.05	1.30	10.5	〃	〃	0.411	〃
300	40	1.05	1.50	12.0	〃	〃	0.498	〃

63. 蒸気管（ロックウール），機械室，書庫，倉庫 (1m当り)

摘要		材料			雑材料	運搬費	労務	その他
管の呼び径 (A)	保温厚 (mm)	ロックウール保温筒 (m)		アルミガラス化粧原紙 (m²)			歩掛員数 保温工（人）	
15	20	1.05		0.23	1 式	1 式	0.054	1 式
20	20	1.05		0.25	〃	〃	0.058	〃
25	20	1.05		0.27	〃	〃	0.064	〃
32	30	1.05		0.38	〃	〃	0.072	〃
40	30	1.05		0.40	〃	〃	0.078	〃
50	30	1.05		0.45	〃	〃	0.085	〃
65	40	1.05		0.58	〃	〃	0.093	〃
80	40	1.05		0.63	〃	〃	0.103	〃
100	40	1.05		0.73	〃	〃	0.135	〃
125	40	1.05		0.82	〃	〃	0.158	〃
150	40	1.05		0.92	〃	〃	0.180	〃
200	40	1.05		1.11	〃	〃	0.248	〃
250	40	1.05		1.30	〃	〃	0.311	〃
300	40	1.05		1.50	〃	〃	0.383	〃

64. 蒸気管（ロックウール），天井内，パイプシャフト内及び空隙壁中 (1m当り)

摘要		材料			雑材料	運搬費	労務	その他
管の呼び径 (A)	保温厚 (mm)	ロックウール保温筒 (m)		アルミガラスクロス (m)			歩掛員数 保温工（人）	
				(100 mm 幅)				
15	20	1.05		3.0	1 式	1 式	0.054	1 式
20	20	1.05		3.2	〃	〃	0.058	〃
25	20	1.05		3.6	〃	〃	0.064	〃
32	30	1.05		5.0	〃	〃	0.072	〃
40	30	1.05		5.3	〃	〃	0.078	〃
				(125 mm 幅)				
50	30	1.05		4.5	1 式	1 式	0.085	1 式
65	40	1.05		5.8	〃	〃	0.093	〃
				(150 mm 幅)				
80	40	1.05		5.0	1 式	1 式	0.103	1 式
100	40	1.05		5.8	〃	〃	0.135	〃
125	40	1.05		6.6	〃	〃	0.158	〃
150	40	1.05		7.3	〃	〃	0.180	〃
200	40	1.05		8.9	〃	〃	0.248	〃
250	40	1.05		10.5	〃	〃	0.311	〃
300	40	1.05		12.0	〃	〃	0.383	〃

65. 蒸気管（ロックウール），天井内，パイプシャフト内及び空隙壁中 (1m当り)

摘要		材料			雑材料	運搬費	労務	その他
管の呼び径 (A)	保温厚 (mm)	アルミガラスクロス 化粧保温筒 (m)	アルミガラスクロス 粘着テープ (m)				歩掛員数 保温工(人)	
			(60 mm 幅)					
15	20	1.05	1.4		1式	1式	0.040	1式
20	20	1.05	1.4		〃	〃	0.042	〃
25	20	1.05	1.5		〃	〃	0.043	〃
32	30	1.05	1.8		〃	〃	0.052	〃
40	30	1.05	1.8		〃	〃	0.055	〃
50	30	1.05	1.9		〃	〃	0.061	〃
65	40	1.05	2.1		〃	〃	0.079	〃
80	40	1.05	2.2		〃	〃	0.087	〃
100	40	1.05	2.3		〃	〃	0.107	〃
125	40	1.05	2.5		〃	〃	0.129	〃
150	40	1.05	2.6		〃	〃	0.149	〃
			(100 mm 幅)					
200	40	1.05	2.8		1式	1式	0.194	1式
250	40	1.05	3.1		〃	〃	0.228	〃
300	40	1.05	3.4		〃	〃	0.263	〃

66. 蒸気管（ロックウール），暗渠内（ピット内を含む。） (1m当り)

摘要		材料			雑材料	運搬費	労務	その他
管の呼び径 (A)	保温厚 (mm)	ロックウール 保温筒 (m)	ポリエチレン フィルム (m)	着色アルミ ガラスクロス (m)			歩掛員数 保温工(人)	
			(100 mm 幅)	(100 mm 幅)				
15	20	1.05	5.0	3.0	1式	1式	0.065	1式
20	20	1.05	5.4	3.2	〃	〃	0.071	〃
25	20	1.05	5.9	3.6	〃	〃	0.077	〃
			(125 mm 幅)	(100 mm 幅)				
32	30	1.05	6.4	5.0	1式	1式	0.086	1式
40	30	1.05	6.8	5.3	〃	〃	0.095	〃
			(125 mm 幅)	(125 mm 幅)				
50	30	1.05	7.5	4.5	1式	1式	0.104	1式
65	40	1.05	9.5	5.8	〃	〃	0.114	〃
			(150 mm 幅)	(150 mm 幅)				
80	40	1.05	8.6	5.0	1式	1式	0.126	1式
100	40	1.05	9.8	5.8	〃	〃	0.167	〃
125	40	1.05	11.0	6.6	〃	〃	0.195	〃
150	40	1.05	12.2	7.3	〃	〃	0.221	〃
			(200 mm 幅)	(150 mm 幅)				
200	40	1.05	11.1	8.9	1式	1式	0.305	1式
250	40	1.05	12.9	10.5	〃	〃	0.387	〃
			(250 mm 幅)	(150 mm 幅)				
300	40	1.05	11.8	12.0	1式	1式	0.457	1式

67. 蒸気管（ロックウール），
屋外露出（バルコニー，開放廊下を含む。）及び浴室，厨房等の多湿箇所（厨房の天井内は含まない。） （1m当り）

摘要		材料			雑材料	運搬費	労務		その他
管の呼び径 (A)	保温厚 (mm)	ロックウール保温筒 (m)	ポリエチレンフィルム	カラー亜鉛鉄板又は浴槽アルミニウム-亜鉛鉄板 (m²)			歩掛員数		
							保温工(人)	ダクト工(人)	
			(100 mm 幅)	(0.27 mm)					
15	20	1.05	5.0	0.34	1 式	1 式	0.048	0.072	1 式
20	20	1.05	5.4	0.36	〃	〃	0.052	0.075	〃
25	20	1.05	5.9	0.39	〃	〃	0.055	0.082	〃
			(125 mm 幅)	(0.27 mm)					
32	30	1.05	6.4	0.50	1 式	1 式	0.064	0.101	1 式
40	30	1.05	6.8	0.52	〃	〃	0.069	0.105	〃
50	30	1.05	7.5	0.57	〃	〃	0.075	0.114	〃
65	40	1.05	9.5	0.71	〃	〃	0.083	0.143	〃
			(150 mm 幅)	(0.27 mm)					
80	40	1.05	8.6	0.76	1 式	1 式	0.091	0.153	1 式
100	40	1.05	9.8	0.86	〃	〃	0.122	0.174	〃
125	40	1.05	11.0	0.97	〃	〃	0.138	0.196	〃
150	40	1.05	12.2	1.07	〃	〃	0.161	0.216	〃
			(200 mm 幅)	(0.35 mm)					
200	40	1.05	11.1	1.27	1 式	1 式	0.220	0.265	1 式
250	40	1.05	12.9	1.48	〃	〃	0.273	0.305	〃
			(250 mm 幅)	(0.35 mm)					
300	40	1.05	11.8	1.68	1 式	1 式	0.341	0.348	1 式

68. 蒸気管（ロックウール），
屋外露出（バルコニー，開放廊下を含む。）及び浴室，厨房等の多湿箇所（厨房の天井内は含まない。） （1m当り）

摘要		材料			雑材料	運搬費	労務		その他
管の呼び径 (A)	保温厚 (mm)	ロックウール保温筒 (m)	ポリエチレンフィルム	ステンレス鋼板 (m²)			歩掛員数		
							保温工(人)	ダクト工(人)	
			(100 mm 幅)	(0.2 mm)					
15	20	1.05	5.0	0.34	1 式	1 式	0.048	0.100	1 式
20	20	1.05	5.4	0.36	〃	〃	0.052	0.104	〃
25	20	1.05	5.9	0.39	〃	〃	0.055	0.113	〃
			(125 mm 幅)	(0.2 mm)					
32	30	1.05	6.4	0.50	1 式	1 式	0.064	0.138	1 式
40	30	1.05	6.8	0.52	〃	〃	0.069	0.142	〃
50	30	1.05	7.5	0.57	〃	〃	0.075	0.156	〃
65	40	1.05	9.5	0.71	〃	〃	0.083	0.195	〃
			(150 mm 幅)	(0.2 mm)					
80	40	1.05	8.6	0.76	1 式	1 式	0.091	0.208	1 式
100	40	1.05	9.8	0.86	〃	〃	0.122	0.237	〃
125	40	1.05	11.0	0.97	〃	〃	0.138	0.267	〃
150	40	1.05	12.2	1.07	〃	〃	0.161	0.294	〃
			(200 mm 幅)	(0.2 mm)					
200	40	1.05	11.1	1.27	1 式	1 式	0.220	0.363	1 式
250	40	1.05	12.9	1.48	〃	〃	0.273	0.419	〃
			(250 mm 幅)	(0.2 mm)					
300	40	1.05	11.8	1.68	1 式	1 式	0.341	0.477	1 式

69. ブライン管（ポリスチレンフォーム），屋内露出（一般居室，廊下）　　　　　　　　　　　　　　　　　　　　　　　（1m当り）

摘要		材料					雑材料	運搬費	労務		その他
管の呼び径(A)	保温厚(mm)	ポリスチレンフォーム保温筒(m)	粘着テープ(m)	ポリエチレンフィルム(m)	合成樹脂製カバー1（シートタイプ）(m²)	カバーピン(個)			歩掛員数		
									保温工(人)	ダクト工(人)	
				(100 mm 幅)							
15	40	1.03	4.2	8.1	0.50	12	1 式	1 式	0.076	0.027	1 式
20	40	1.03	4.3	8.5	0.52	12	〃	〃	0.079	0.028	〃
25	40	1.03	4.4	9.0	0.55	12	〃	〃	0.083	0.030	〃
				(125 mm 幅)							
32	50	1.03	5.3	8.8	0.66	12	1 式	1 式	0.102	0.037	1 式
40	50	1.03	5.5	9.3	0.68	12	〃	〃	0.110	0.038	〃
50	50	1.03	5.6	9.9	0.73	12	〃	〃	0.120	0.041	〃
65	50	1.03	5.9	10.7	0.79	12	〃	〃	0.135	0.045	〃
				(150 mm 幅)							
80	50	1.03	6.0	9.6	0.84	12	1 式	1 式	0.148	0.048	1 式
100	65	1.03	7.4	12.3	1.06	12	〃	〃	0.180	0.054	〃
125	65	1.03	7.7	13.5	1.17	12	〃	〃	0.216	0.061	〃
150	65	1.03	8.2	14.6	1.27	12	〃	〃	0.249	0.067	〃
				(200 mm 幅)							
200	65	1.03	9.0	12.9	1.47	12	1 式	1 式	0.286	0.079	1 式
250	65	1.03	9.7	14.7	1.67	12	〃	〃	0.385	0.096	〃
				(250 mm 幅)							
300	65	1.03	10.6	13.3	1.88	12	1 式	1 式	0.445	0.109	1 式

70. ブライン管（ポリスチレンフォーム），屋内露出（一般居室，廊下）　　　　　　　　　　　　　　　　　　　　　　　（1m当り）

摘要		材料				雑材料	運搬費	労務		その他
管の呼び径(A)	保温厚(mm)	ポリスチレンフォーム保温筒(m)	粘着テープ(m)	ポリエチレンフィルム(m)	合成樹脂製カバー2（ジャケットタイプ）(m)			歩掛員数		
								保温工(人)	ダクト工(人)	
				(100 mm 幅)	(40厚用)					
15	40	1.03	4.2	8.1	1.05	1 式	1 式	0.076	0.036	1 式
20	40	1.03	4.3	8.5	1.05	〃	〃	0.079	0.037	〃
25	40	1.03	4.4	9.0	1.05	〃	〃	0.083	0.039	〃
				(125 mm 幅)	(50厚用)					
32	50	1.03	5.3	8.8	1.05	1 式	1 式	0.102	0.049	1 式
40	50	1.03	5.5	9.3	1.05	〃	〃	0.110	0.050	〃
50	50	1.03	5.6	9.9	1.05	〃	〃	0.120	0.054	〃
65	50	1.03	5.9	10.7	1.05	〃	〃	0.135	0.059	〃
				(150 mm 幅)	(50厚用)					
80	50	1.03	6.0	9.6	1.05	1 式	1 式	0.148	0.063	1 式
					(65厚用)					
100	65	1.03	7.4	12.3	1.05	〃	〃	0.180	0.071	〃
125	65	1.03	7.7	13.5	1.05	〃	〃	0.216	0.080	〃
150	65	1.03	8.2	14.6	1.05	〃	〃	0.249	0.088	〃
				(200 mm 幅)	(65厚用)					
200	65	1.03	9.0	12.9	1.05	1 式	1 式	0.286	0.103	1 式
250	65	1.03	9.7	14.7	1.05	〃	〃	0.385	0.125	〃
				(250 mm 幅)	(65厚用)					
300	65	1.03	10.6	13.3	1.05	1 式	1 式	0.445	0.142	1 式

71. ブライン管（ポリスチレンフォーム），機械室，書庫，倉庫 (1m当り)

摘要 管の呼び径 (A)	保温厚 (mm)	材料 ポリスチレンフォーム保温筒 (m)	粘着テープ (m)	ポリエチレンフィルム (m)	アルミガラスクロス (m)	雑材料	運搬費	労務 歩掛員数 保温工(人)	その他
15	40	1.03	4.2	(100mm幅) 8.1	(100mm幅) 5.0	1式	1式	0.117	1式
20	40	1.03	4.3	8.5	5.2	〃	〃	0.121	〃
25	40	1.03	4.4	9.0	5.6	〃	〃	0.127	〃
32	50	1.03	5.3	(125mm幅) 8.8	(125mm幅) 5.2	1式	1式	0.153	1式
40	50	1.03	5.5	9.3	5.6	〃	〃	0.166	〃
50	50	1.03	5.6	9.9	5.9	〃	〃	0.182	〃
65	50	1.03	5.9	10.7	6.6	〃	〃	0.197	〃
80	50	1.03	6.0	(150mm幅) 9.6	(150mm幅) 5.6	1式	1式	0.214	1式
100	65	1.03	7.4	12.3	7.3	〃	〃	0.267	〃
125	65	1.03	7.7	13.5	8.1	〃	〃	0.311	〃
150	65	1.03	8.2	14.6	8.8	〃	〃	0.354	〃
200	65	1.03	9.0	(200mm幅) 12.9	(150mm幅) 10.4	1式	1式	0.453	1式
250	65	1.03	9.7	14.7	11.9	〃	〃	0.565	〃
300	65	1.03	10.6	(250mm幅) 13.3	(150mm幅) 13.5	1式	1式	0.678	1式

72. ブライン管（ポリスチレンフォーム），天井内，パイプシャフト内及び空隙壁中 (1m当り)

摘要 管の呼び径 (A)	保温厚 (mm)	材料 ポリスチレンフォーム保温筒 (m)	粘着テープ (m)	ポリエチレンフィルム (m)	アルミガラスクロス (m)	雑材料	運搬費	労務 歩掛員数 保温工(人)	その他
15	40	1.03	4.2	(100mm幅) 8.1	(100mm幅) 5.0	1式	1式	0.086	1式
20	40	1.03	4.3	8.5	5.2	〃	〃	0.092	〃
25	40	1.03	4.4	9.0	5.6	〃	〃	0.100	〃
32	50	1.03	5.3	(125mm幅) 8.8	(125mm幅) 5.2	1式	1式	0.116	1式
40	50	1.03	5.5	9.3	5.6	〃	〃	0.128	〃
50	50	1.03	5.6	9.9	5.9	〃	〃	0.140	〃
65	50	1.03	5.9	10.7	6.6	〃	〃	0.151	〃
80	50	1.03	6.0	(150mm幅) 9.6	(150mm幅) 5.6	1式	1式	0.164	1式
100	65	1.03	7.4	12.3	7.3	〃	〃	0.208	〃
125	65	1.03	7.7	13.5	8.1	〃	〃	0.242	〃
150	65	1.03	8.2	14.6	8.8	〃	〃	0.276	〃
200	65	1.03	9.0	(200mm幅) 12.9	(150mm幅) 10.4	1式	1式	0.351	1式
250	65	1.03	9.7	14.7	11.9	〃	〃	0.446	〃
300	65	1.03	10.6	(250mm幅) 13.3	(150mm幅) 13.5	1式	1式	0.542	1式

73. ブライン管（ポリスチレンフォーム），暗渠内（ピット内を含む。） (1m当り)

摘要		材料				雑材料	運搬費	労務 歩掛員数 保温工(人)	その他
管の呼び径 (A)	保温厚 (mm)	ポリスチレンフォーム保温筒 (m)	粘着テープ (m)	ポリエチレンフィルム (m)	着色アルミガラスクロス (m)				
				(100 mm 幅)	(100 mm 幅)				
15	40	1.03	4.2	8.1	5.0	1 式	1 式	0.103	1 式
20	40	1.03	4.3	8.5	5.2	〃	〃	0.107	〃
25	40	1.03	4.4	9.0	5.6	〃	〃	0.111	〃
				(125 mm 幅)	(125 mm 幅)				
32	50	1.03	5.3	8.8	5.2	1 式	1 式	0.138	1 式
40	50	1.03	5.5	9.3	5.6	〃	〃	0.148	〃
50	50	1.03	5.6	9.9	5.9	〃	〃	0.161	〃
65	50	1.03	5.9	10.7	6.6	〃	〃	0.180	〃
				(150 mm 幅)	(150 mm 幅)				
80	50	1.03	6.0	9.6	5.6	1 式	1 式	0.196	1 式
100	65	1.03	7.4	12.3	7.3	〃	〃	0.243	〃
125	65	1.03	7.7	13.5	8.1	〃	〃	0.291	〃
150	65	1.03	8.2	14.6	8.8	〃	〃	0.330	〃
				(200 mm 幅)	(150 mm 幅)				
200	65	1.03	9.0	12.9	10.4	1 式	1 式	0.388	1 式
250	65	1.03	9.7	14.7	11.9	〃	〃	0.521	〃
				(250 mm 幅)	(150 mm 幅)				
300	65	1.03	10.6	13.3	13.5	1 式	1 式	0.603	1 式

74. ブライン管（ポリスチレンフォーム），屋外露出（バルコニー，開放廊下を含む。）及び浴室，厨房等の多湿箇所（厨房の天井内は含まない。） (1m当り)

摘要		材料				雑材料	運搬費	労務 歩掛員数		その他
管の呼び径 (A)	保温厚 (mm)	ポリスチレンフォーム保温筒 (m)	粘着テープ (m)	ポリエチレンフィルム (m)	カラー亜鉛鉄板又は溶融アルミニウム－亜鉛鉄板 (m²)			保温工 (人)	ダクト工 (人)	
				(100 mm 幅)	(0.27 mm)					
15	40	1.03	4.2	8.1	0.50	1 式	1 式	0.076	0.090	1 式
20	40	1.03	4.3	8.5	0.52	〃	〃	0.079	0.094	〃
25	40	1.03	4.4	9.0	0.55	〃	〃	0.083	0.100	〃
				(125 mm 幅)	(0.27 mm)					
32	50	1.03	5.3	8.8	0.66	1 式	1 式	0.102	0.123	1 式
40	50	1.03	5.5	9.3	0.68	〃	〃	0.110	0.127	〃
50	50	1.03	5.6	9.9	0.73	〃	〃	0.120	0.137	〃
65	50	1.03	5.9	10.7	0.79	〃	〃	0.135	0.149	〃
				(150 mm 幅)	(0.27 mm)					
80	50	1.03	6.0	9.6	0.84	1 式	1 式	0.148	0.159	1 式
100	65	1.03	7.4	12.3	1.06	〃	〃	0.180	0.181	〃
				(150 mm 幅)	(0.35 mm)					
125	65	1.03	7.7	13.5	1.17	1 式	1 式	0.216	0.203	1 式
150	65	1.03	8.2	14.6	1.27	〃	〃	0.249	0.223	〃
				(200 mm 幅)	(0.35 mm)					
200	65	1.03	9.0	12.9	1.47	1 式	1 式	0.286	0.263	1 式
250	65	1.03	9.7	14.7	1.67	〃	〃	0.385	0.319	〃
				(250 mm 幅)	(0.35 mm)					
300	65	1.03	10.6	13.3	1.88	1 式	1 式	0.445	0.362	1 式

❼ 保 温 工 事―41

75. ブライン管（ポリスチレンフォーム），
屋外露出（バルコニー，開放廊下を含む。）及び浴室，厨房等の多湿箇所（厨房の天井内は含まない。）　　　（1m 当り）

摘要		材　料				雑材料	運搬費	労　務		その他
管の呼び径(A)	保温厚(mm)	ポリスチレンフォーム保温筒(m)	粘着テープ(m)	ポリエチレンフィルム(m)	ステンレス鋼板(m²)			歩掛員数		
								保温工（人）	ダクト工（人）	
				(100 mm 幅)	(0.2 mm)					
15	40	1.03	4.2	8.1	0.50	1 式	1 式	0.076	0.120	1 式
20	40	1.03	4.3	8.5	0.52	〃	〃	0.079	0.126	〃
25	40	1.03	4.4	9.0	0.55	〃	〃	0.083	0.134	〃
				(125 mm 幅)	(0.2 mm)					
32	50	1.03	5.3	8.8	0.66	1 式	1 式	0.102	0.165	1 式
40	50	1.03	5.5	9.3	0.68	〃	〃	0.110	0.171	〃
50	50	1.03	5.6	9.9	0.73	〃	〃	0.120	0.184	〃
65	50	1.03	5.9	10.7	0.79	〃	〃	0.135	0.201	〃
				(150 mm 幅)	(0.2 mm)					
80	50	1.03	6.0	9.6	0.84	1 式	1 式	0.148	0.214	1 式
100	65	1.03	7.4	12.3	1.06	〃	〃	0.180	0.244	〃
125	65	1.03	7.7	13.5	1.17	〃	〃	0.216	0.274	〃
150	65	1.03	8.2	14.6	1.27	〃	〃	0.249	0.301	〃
				(200 mm 幅)	(0.2 mm)					
200	65	1.03	9.0	12.9	1.47	1 式	1 式	0.286	0.356	1 式
250	65	1.03	9.7	14.7	1.67	〃	〃	0.385	0.433	〃
				(250 mm 幅)	(0.2 mm)					
300	65	1.03	10.6	13.3	1.88	1 式	1 式	0.445	0.491	1 式

76. 冷媒用断熱材被覆銅管用保温外装　　　（1m 当り）

細　目	摘要	材　料	雑材料	運搬費	労　務	その他
	呼び径	ステンレス鋼板 0.2mm (m²)			歩掛員数	
					ダクト工（人）	
冷媒用断熱材被覆銅管用保温外装	6.35～38.10mm 程度	0.48	1 式	1 式	0.132	1 式

77. 冷媒管　保温化粧ケース（樹脂製）　　　（1m 当り）

細　目	摘要	材　料	継手類 (材料費×0.40)	労　務	その他
	寸法	保温化粧ケース(m)		歩掛員数	
				保温工（人）	
保温化粧ケース（樹脂製）	60×58	1	1 式	0.029	1 式
	75×63				
	100×70				
	140×80				

④ 機器・煙道及びダクトの保温工事の歩掛

(1) 雑材料は，材料費（保温材，外装材及び補助材）の合計価格の10%程度を見込む。
(2) 運搬費は材料費＋雑材料費の3%程度を見込む。
(3) 離島等の場合は，材料，労務の調達，運搬等についての特別事情を調査・検討し，実状に応じて積算する。
(4) 「その他」の率対象は，材料，雑材料，運搬費，保温工及びダクト工とする。

1. 機器の保温（煙道）（ロックウール）　　　　　　　　　　　　　　　　　　　　　（1 m² 当り）

摘要		材料		雑材料	運搬費	労務 歩掛員数		その他
保温面積	保温厚	ロックウールブランケット	カラー亜鉛鉄板 溶融アルミニウム－亜鉛鉄板			保温工	ダクト工	
m²	mm	m²	m²			(人)	(人)	
1.0	75	1.35	(0.35 mm) 1.75	1 式	1 式	0.23	0.34	1 式

2. 機器の保温（温水タンク・還水タンク）（グラスウール）　　　　　　　　　　　　（1 m² 当り）

摘要		材料			雑材料	運搬費	労務 歩掛員数		その他
保温面積	保温厚	びょう	グラスウール保温板	カラー亜鉛鉄板 溶融アルミニウム－亜鉛鉄板			保温工	ダクト工	
m²	mm	本	m²	m²			(人)	(人)	
1.0	50	(65L) 15	1.3	(0.35 mm) 1.9	1 式	1 式	0.13	0.38	1 式

3. 機器の保温（熱交換器・温水ヘッダー・蒸気ヘッダー）（グラスウール）　　　　　（1 m² 当り）

摘要		材料			雑材料	運搬費	労務 歩掛員数		その他
保温面積	保温厚	びょう	グラスウール保温板	カラー亜鉛鉄板 溶融アルミニウム－亜鉛鉄板			保温工	ダクト工	
m²	mm	本	m²	m²			(人)	(人)	
1.0	50	(65L) 15	1.3	(0.35 mm) 2.5	1 式	1 式	0.26	0.96	1 式

4. 機器の保温（冷水ヘッダー・冷温水ヘッダー）（グラスウール）　　　　　　　　　（1 m² 当り）

摘要		材料				雑材料	運搬費	労務 歩掛員数		その他
保温面積	保温厚	びょう	グラスウール保温板	ポリエチレンフィルム (1.35m 幅)	カラー亜鉛鉄板 溶融アルミニウム－亜鉛鉄板			保温工	ダクト工	
m²	mm	本	m²	m²	m²			(人)	(人)	
1.0	50	(65L) 15	1.3	3.14	(0.35 mm) 2.5	1 式	1 式	0.27	0.96	1 式

5. 機器の保温（冷水タンク・冷温水タンク）（グラスウール）　　　　　　　　　　　（1 m² 当り）

摘要		材料				雑材料	運搬費	労務 歩掛員数		その他
保温面積	保温厚	びょう	グラスウール保温板	ポリエチレンフィルム (1.35m 幅)	カラー亜鉛鉄板 溶融アルミニウム－亜鉛鉄板			保温工	ダクト工	
m²	mm	本	m²	m²	m²			(人)	(人)	
1.0	50	(65L) 15	1.3	3.14	(0.35 mm) 1.9	1 式	1 式	0.14	0.38	1 式

6. 機器の保温（膨張タンク）（グラスウール）　　　　　　　　　　　　　　　　　　（1 m² 当り）

摘要		材料			雑材料	運搬費	労務 歩掛員数		その他
保温面積	保温厚	びょう	グラスウール保温板	カラー亜鉛鉄板 溶融アルミニウム－亜鉛鉄板			保温工	ダクト工	
m²	mm	本	m²	m²			(人)	(人)	
1.0	25	(38L) 15	1.3	(0.35 mm) 1.9	1 式	1 式	0.13	0.38	1 式

7. 機器の保温（貯湯タンク）（グラスウール）

(1 m² 当り)

摘要		材料			雑材料	運搬費	労務 歩掛員数		その他
保温面積	保温厚	びょう	グラスウール保温板	カラー亜鉛鉄板／溶融アルミニウム―亜鉛鉄板			保温工(人)	ダクト工(人)	
m²	mm	本	m²	m²					
1.0	50	(65L) 15	1.3	(0.35 mm) 2.5	1 式	1 式	0.26	0.96	1 式

8. 機器の保温（温水タンク・還水タンク）（ロックウール）

(1 m² 当り)

摘要		材料			雑材料	運搬費	労務 歩掛員数		その他
保温面積	保温厚	びょう	ロックウール保温板	カラー亜鉛鉄板／溶融アルミニウム―亜鉛鉄板			保温工(人)	ダクト工(人)	
m²	mm	本	m²	m²					
1.0	50	(65L) 15	1.3	(0.35 mm) 1.9	1 式	1 式	0.15	0.38	1 式

9. 機器の保温（熱交換器・温水ヘッダー・蒸気ヘッダー）（ロックウール）

(1 m² 当り)

摘要		材料			雑材料	運搬費	労務 歩掛員数		その他
保温面積	保温厚	びょう	ロックウール保温板	カラー亜鉛鉄板／溶融アルミニウム―亜鉛鉄板			保温工(人)	ダクト工(人)	
m²	mm	本	m²	m²					
1.0	50	(65L) 15	1.3	(0.35 mm) 2.5	1 式	1 式	0.29	0.96	1 式

10. 機器の保温（冷水ヘッダー・冷温水ヘッダー）（ロックウール）

(1 m² 当り)

摘要		材料				雑材料	運搬費	労務 歩掛員数		その他
保温面積	保温厚	びょう	ロックウール保温板	ポリエチレンフィルム(1.35m幅)	カラー亜鉛鉄板／溶融アルミニウム―亜鉛鉄板			保温工(人)	ダクト工(人)	
m²	mm	本	m²	m²	m²					
1.0	50	(65L) 15	1.3	3.14	(0.35mm) 2.5	1 式	1 式	0.30	0.96	1 式

11. 機器の保温（冷水タンク・冷温水タンク）（ロックウール）

(1 m² 当り)

摘要		材料				雑材料	運搬費	労務 歩掛員数		その他
保温面積	保温厚	びょう	ロックウール保温板	ポリエチレンフィルム(1.35m幅)	カラー亜鉛鉄板／溶融アルミニウム―亜鉛鉄板			保温工(人)	ダクト工(人)	
m²	mm	本	m²	m²	m²					
1.0	50	(65L) 15	1.3	3.14	(0.35mm) 1.9	1 式	1 式	0.16	0.38	1 式

12. 機器の保温（膨張タンク）（ロックウール）

(1 m² 当り)

摘要		材料			雑材料	運搬費	労務 歩掛員数		その他
保温面積	保温厚	びょう	ロックウール保温板	カラー亜鉛鉄板／溶融アルミニウム―亜鉛鉄板			保温工(人)	ダクト工(人)	
m²	mm	本	m²	m²					
1.0	25	(38L) 15	1.3	(0.35 mm) 1.9	1 式	1 式	0.15	0.38	1 式

13. 機器の保温（貯湯タンク）（ロックウール） (1m²当り)

摘要		材料			雑材料	運搬費	労務 歩掛員数		その他
保温面積	保温厚	びょう	ロックウール保温板	カラー亜鉛鉄板 溶融アルミニウム一亜鉛鉄板			保温工	ダクト工	
m²	mm	本	m²	m²			（人）	（人）	
1.0	50	(65L) 15	1.3	(0.35mm) 2.5	1 式	1 式	0.29	0.96	1 式

14. 機器の保温（煙道）（ロックウール） (1m²当り)

摘要		材料		雑材料	運搬費	労務 歩掛員数		その他
保温面積	保温厚	ロックウールブランケット	ステンレス鋼板			保温工（人）	ダクト工（人）	
m²	mm	m²	m²					
1.0	75	1.35	(0.3mm) 1.75	1 式	1 式	0.23	0.58	1 式

15. 機器の保温（温水タンク・還水タンク）（グラスウール） (1m²当り)

摘要		材料			雑材料	運搬費	労務 歩掛員数		その他
保温面積	保温厚	びょう	グラスウール保温板	ステンレス鋼板			保温工（人）	ダクト工（人）	
m²	mm	本	m²	m²					
1.0	50	(65L) 15	1.3	(0.3mm) 1.9	1 式	1 式	0.13	0.64	1 式

16. 機器の保温（熱交換器・温水ヘッダー・蒸気ヘッダー）（グラスウール） (1m²当り)

摘要		材料			雑材料	運搬費	労務 歩掛員数		その他
保温面積	保温厚	びょう	グラスウール保温板	ステンレス鋼板			保温工（人）	ダクト工（人）	
m²	mm	本	m²	m²					
1.0	50	(65L) 15	1.3	(0.3mm) 2.5	1 式	1 式	0.26	1.66	1 式

17. 機器の保温（冷水ヘッダー・冷温水ヘッダー）（グラスウール） (1m²当り)

摘要		材料				雑材料	運搬費	労務 歩掛員数		その他
保温面積	保温厚	びょう	グラスウール保温板	ポリエチレンフィルム(1.35m幅)	ステンレス鋼板			保温工（人）	ダクト工（人）	
m²	mm	本	m²	m²	m²					
1.0	50	(65L) 15	1.3	3.14	(0.3mm) 2.5	1 式	1 式	0.27	1.66	1 式

18. 機器の保温（冷水タンク・冷温水タンク）（グラスウール） (1m²当り)

摘要		材料				雑材料	運搬費	労務 歩掛員数		その他
保温面積	保温厚	びょう	グラスウール保温板	ポリエチレンフィルム(1.35m幅)	ステンレス鋼板			保温工（人）	ダクト工（人）	
m²	mm	本	m²	m²	m²					
1.0	50	(65L) 15	1.3	3.14	(0.3mm) 1.9	1 式	1 式	0.14	0.64	1 式

19. 機器の保温（膨張タンク）（グラスウール） (1m²当り)

摘要		材料			雑材料	運搬費	労務 歩掛員数		その他
保温面積	保温厚	びょう	グラスウール保温板	ステンレス鋼板			保温工（人）	ダクト工（人）	
m²	mm	本	m²	m²					
1.0	25	(38L) 15	1.3	(0.3mm) 1.9	1 式	1 式	0.13	0.64	1 式

❼ 保 温 工 事—45

20．機器の保温（貯湯タンク）（グラスウール） (1 m² 当り)

摘要				材料			雑材料	運搬費	労務		その他
保温面積	保温厚	び	ょ	う	グラスウール保温板	ステンレス鋼板			歩掛員数		
									保温工(人)	ダクト工(人)	
m²	mm	本			m²	m²					
1.0	50	(65L) 15			1.3	(0.3mm) 2.5	1 式	1 式	0.26	1.66	1 式

21．機器の保温（温水タンク・還水タンク）（ロックウール） (1 m² 当り)

摘要			材料		雑材料	運搬費	労務		その他
保温面積	保温厚	びょう	ロックウール保温板	ステンレス鋼板			歩掛員数		
							保温工(人)	ダクト工(人)	
m²	mm	本	m²	m²					
1.0	50	(65L) 15	1.3	(0.3mm) 1.9	1 式	1 式	0.15	0.64	1 式

22．機器の保温（熱交換器・温水ヘッダー・蒸気ヘッダー）（ロックウール） (1 m² 当り)

摘要			材料		雑材料	運搬費	労務		その他
保温面積	保温厚	びょう	ロックウール保温板	ステンレス鋼板			歩掛員数		
							保温工(人)	ダクト工(人)	
m²	mm	本	m²	m²					
1.0	50	(65L) 15	1.3	(0.3mm) 2.5	1 式	1 式	0.29	1.66	1 式

23．機器の保温（冷水ヘッダー・冷温水ヘッダー）（ロックウール） (1 m² 当り)

摘要			材料			雑材料	運搬費	労務		その他
保温面積	保温厚	びょう	ロックウール保温板	ポリエチレンフィルム(1.35m幅)	ステンレス鋼板			歩掛員数		
								保温工(人)	ダクト工(人)	
m²	mm	本	m²	m²	m²					
1.0	50	(65L) 15	1.3	3.14	(0.3mm) 2.5	1 式	1 式	0.30	1.66	1 式

24．機器の保温（冷水タンク・冷温水タンク）（ロックウール） (1 m² 当り)

摘要			材料			雑材料	運搬費	労務		その他
保温面積	保温厚	びょう	ロックウール保温板	ポリエチレンフィルム(1.35m幅)	ステンレス鋼板			歩掛員数		
								保温工(人)	ダクト工(人)	
m²	mm	本	m²	m²	m²					
1.0	50	(65L) 15	1.3	3.14	(0.3mm) 1.9	1 式	1 式	0.16	0.64	1 式

25．機器の保温（膨張タンク）（ロックウール） (1 m² 当り)

摘要			材料		雑材料	運搬費	労務		その他
保温面積	保温厚	びょう	ロックウール保温板	ステンレス鋼板			歩掛員数		
							保温工(人)	ダクト工(人)	
m²	mm	本	m²	m²					
1.0	25	(38L) 15	1.3	(0.3mm) 1.9	1 式	1 式	0.15	0.64	1 式

26．機器の保温（貯湯タンク）（ロックウール） (1 m² 当り)

摘要			材料		雑材料	運搬費	労務		その他
保温面積	保温厚	びょう	ロックウール保温板	ステンレス鋼板			歩掛員数		
							保温工(人)	ダクト工(人)	
m²	mm	本	m²	m²					
1.0	50	(65L) 15	1.3	(0.3mm) 2.5	1 式	1 式	0.29	1.66	1 式

27. 長方形ダクト（グラスウール），屋内露出（一般居室，廊下） (1 m² 当り)

摘要		材料			雑材料	運搬費	労務 歩掛員数		その他
保温面積	保温厚	びょう	グラスウール保温板	カラー亜鉛鉄板 / 溶融アルミニウム－亜鉛鉄板			保温工 40K (人)	ダクト工 (人)	
m²	mm	本	m²	m²					
1.0	50	(65L) 20	1.3	(0.35 mm) 1.75	1 式	1 式	0.085	0.50	1 式

28. 長方形ダクト（グラスウール），屋内露出（機械室，書庫，倉庫） (1 m² 当り)

摘要		材料				雑材料	運搬費	労務 歩掛員数	その他
保温面積	保温厚	びょう	アルミガラスクロス化粧保温板	アルミガラスクロス粘着テープ 65幅	アルミガラスクロス粘着テープ 110幅			保温工 40K (人)	
m²	mm	本	m²	m	m				
1.0	50	(65L) 20	1.3	2.58	3.34	1 式	1 式	0.134	1 式

29. 長方形ダクト（グラスウール），屋内露出（機械室，書庫，倉庫） (1 m² 当り)

摘要		材料				雑材料	運搬費	労務 歩掛員数	その他
保温面積	保温厚	びょう	アルミガラスクロス化粧保温板	アルミガラスクロス粘着テープ 65幅	アルミガラスクロス粘着テープ 85幅			保温工 40K (人)	
m²	mm	本	m²	m	m				
1.0	25	(38L) 20 / (65L) 6	1.3	0.85	5.60	1 式	1 式	0.158	1 式

30. 長方形ダクト（グラスウール），屋内隠ぺい，ダクトシャフト内 (1 m² 当り)

摘要		材料				雑材料	運搬費	労務 歩掛員数	その他
保温面積	保温厚	びょう	アルミガラスクロス化粧保温板	アルミガラスクロス粘着テープ 65幅	アルミガラスクロス粘着テープ 85幅			保温工 40K (人)	
m²	mm	本	m²	m	m				
1.0	25	(38L) 20 / (65L) 6	1.3	0.85	5.60	1 式	1 式	0.150	1 式

31. 長方形ダクト（グラスウール），屋外露出（バルコニー，開放廊下を含む。）及び浴室，厨房等の多湿箇所（厨房の天井内は含まない。） (1 m² 当り)

摘要		材料				雑材料	運搬費	労務 歩掛員数		その他
保温面積	保温厚	びょう	グラスウール保温板	ポリエチレンフィルム	カラー亜鉛鉄板 / 溶融アルミニウム－亜鉛鉄板			保温工 40K (人)	ダクト工 (人)	
m²	mm	本	m²	m²	m²					
1.0	50	(65L) 20	1.3	2.97	(0.35 mm) 1.75	1 式	1 式	0.102	0.50	1 式

32. 長方形ダクト（グラスウール），屋外露出（バルコニー（開放廊下を含む。）及び浴室，厨房等の多湿箇所（厨房の天井内は含まない。） (1 m² 当り)

摘要		材料				雑材料	運搬費	労務 歩掛員数		その他
保温面積	保温厚	びょう	グラスウール保温板	ポリエチレンフィルム	ステンレス鋼板			保温工 40K (人)	ダクト工 (人)	
m²	mm	本	m²	m²	m²					
1.0	50	(65L) 20	1.3	2.97	(0.3 mm) 1.75	1 式	1 式	0.102	0.86	1 式

33. 長方形ダクト（ロックウール），屋内露出（一般居室，廊下） (1 m² 当り)

摘要		材料			雑材料	運搬費	労務		その他
保温面積	保温厚	びょう	ロックウール保温板	カラー亜鉛鉄板 溶融アルミニウム－亜鉛鉄板			歩掛員数		
							保温工	ダクト工	
m²	mm	本	m²	m²			（人）	（人）	
1.0	50	(65 L) 20	1.3	(0.35 mm) 1.75	1 式	1 式	0.095	0.50	1 式

34. 長方形ダクト（ロックウール），屋内露出（機械室，書庫，倉庫） (1 m² 当り)

摘要		材料				雑材料	運搬費	労務	その他
保温面積	保温厚	びょう	アルミガラスクロス化粧保温板	アルミガラスクロス粘着テープ				歩掛員数	
				65幅	110幅			保温工	
m²	mm	本	m²	m	m			（人）	
1.0	50	(65 L) 20	1.3	2.58	3.34	1 式	1 式	0.140	1 式

35. 長方形ダクト（ロックウール），屋内露出（機械室，書庫，倉庫） (1 m² 当り)

摘要		材料				雑材料	運搬費	労務	その他
保温面積	保温厚	びょう	アルミガラスクロス化粧保温板	アルミガラスクロス粘着テープ				歩掛員数	
				65幅	85幅			保温工	
m²	mm	本	m²	m	m			（人）	
1.0	25	(38 L) 20 (65 L) 6	1.3	0.85	5.60	1 式	1 式	0.166	1 式

36. 長方形ダクト（ロックウール），屋内隠ぺい，ダクトシャフト内 (1 m² 当り)

摘要		材料				雑材料	運搬費	労務	その他
保温面積	保温厚	びょう	アルミガラスクロス化粧保温板	アルミガラスクロス粘着テープ				歩掛員数	
				65幅	85幅			保温工	
m²	mm	本	m²	m	m			（人）	
1.0	25	(38 L) 20 (65 L) 6	1.3	0.85	5.60	1 式	1 式	0.158	1 式

37. 長方形ダクト（ロックウール），屋外露出（バルコニー，開放廊下を含む。）及び浴室，厨房等の多湿箇所（厨房の天井内は含まない。） (1 m² 当り)

摘要		材料				雑材料	運搬費	労務		その他
保温面積	保温厚	びょう	ロックウール保温板	ポリエチレンフィルム	カラー亜鉛鉄板 溶融アルミニウム－亜鉛鉄板			歩掛員数		
								保温工	ダクト工	
m²	mm	本	m²	m²	m²			（人）	（人）	
1.0	50	(65 L) 20	1.3	2.97	(0.35 mm) 1.75	1 式	1 式	0.113	0.50	1 式

38. 長方形ダクト（ロックウール），屋外露出（バルコニー，開放廊下を含む。）及び浴室，厨房等の多湿箇所（厨房の天井内は含まない。） (1 m² 当り)

摘要		材料				雑材料	運搬費	労務		その他
保温面積	保温厚	びょう	ロックウール保温板	ポリエチレンフィルム	ステンレス鋼板			歩掛員数		
								保温工	ダクト工	
m²	mm	本	m²	m²	m²			（人）	（人）	
1.0	50	(65 L) 20	1.3	2.97	(0.3 mm) 1.75	1 式	1 式	0.113	0.86	1 式

39. 排煙長方形ダクト（ロックウール），屋内隠ぺい (1m²当り)

摘要		材料						雑材料	運搬費	労務	その他
保温面積	保温厚	びょう	アルミガラスクロス化粧保温板	アルミガラスクロス粘着テープ		きっ甲金網（鉄）				歩掛員数	
^	^	^	^	65幅	85幅	^	^	^	^	保温工	^
m²	mm	本	m²	m	m	m²				(人)	
1.0	25	(38L) 20 / (65L) 6	1.3	0.85	5.60	1.56	1式	1式	0.169	1式

40. スパイラルダクト（グラスウール），屋内露出（一般居室，廊下） (1m²当り)

摘要		材料			雑材料	運搬費	労務			その他
保温面積	保温厚	グラスウール保温帯	カラー亜鉛鉄板 溶融アルミニウム－亜鉛鉄板		^	^	歩掛員数			^
^	^	^	^		^	^	保温工 40K	保温工 32K	ダクト工	^
m²	mm	m²	m²				(人)	(人)	(人)	
1.0	50	1.45	(0.35mm) 1.75		1式	1式	0.129	0.103	0.36	1式

41. スパイラルダクト（グラスウール），屋内露出（機械室，書庫，倉庫） (1m²当り)

摘要		材料		雑材料	運搬費	労務		その他
保温面積	保温厚	アルミガラスクロス化粧保温帯	アルミガラスクロス粘着テープ 65幅	^	^	歩掛員数		^
^	^	^	^	^	^	保温工 40K	保温工 32K	^
m²	mm	m²	m			(人)	(人)	
1.0	25	1.45	4.45	1式	1式	0.163	0.130	1式
1.0	50	1.45	4.97	1式	1式	0.176	0.141	1式

42. スパイラルダクト（グラスウール），屋内隠ぺい，ダクトシャフト内 (1m²当り)

摘要		材料		雑材料	運搬費	労務		その他
保温面積	保温厚	アルミガラスクロス化粧保温帯	アルミガラスクロス粘着テープ 65幅	^	^	歩掛員数		^
^	^	^	^	^	^	保温工 40K	保温工 32K	^
m²	mm	m²	m			(人)	(人)	
1.0	25	1.45	4.45	1式	1式	0.155	0.124	1式

43. スパイラルダクト（グラスウール），屋外露出（バルコニー，開放廊下を含む。）及び浴室，厨房等の多湿箇所（厨房の天井内は含まない。） (1m²当り)

摘要		材料			雑材料	運搬費	労務			その他
保温面積	保温厚	グラスウール保温帯	ポリエチレンフィルム	カラー亜鉛鉄板 溶融アルミニウム－亜鉛鉄板	^	^	歩掛員数			^
^	^	^	^	^	^	^	保温工 40K	保温工 32K	ダクト工	^
m²	mm	m²	m²	m²			(人)	(人)	(人)	
1.0	50	1.45	3.29	(0.35mm)1.75	1式	1式	0.154	0.123	0.36	1式

44. スパイラルダクト（グラスウール），屋外露出（バルコニー，開放廊下を含む。）及び浴室，厨房等の多湿箇所（厨房の天井内は含まない。） (1m²当り)

摘要		材料			雑材料	運搬費	労務			その他
保温面積	保温厚	グラスウール保温帯	ポリエチレンフィルム	ステンレス鋼板	^	^	歩掛員数			^
^	^	^	^	^	^	^	保温工 40K	保温工 32K	ダクト工	^
m²	mm	m²	m²	m²			(人)	(人)	(人)	
1.0	50	1.45	3.29	(0.3mm)1.75	1式	1式	0.154	0.123	0.61	1式

❼ 保温工事—49

45. スパイラルダクト（ロックウール），屋内露出（一般居室，廊下） (1 m² 当り)

摘要		材料		雑材料	運搬費	労務		その他
保温面積	保温厚	ロックウール保温帯	カラー亜鉛鉄板／溶融アルミニウム—亜鉛鉄板			歩掛員数		
						保温工（人）	ダクト工（人）	
m²	mm	m²	m²					
1.0	50	1.45	(0.35 mm) 1.75	1 式	1 式	0.117	0.36	1 式

46. スパイラルダクト（ロックウール），屋内露出（機械室，書庫，倉庫） (1 m² 当り)

摘要		材料		雑材料	運搬費	労務	その他
保温面積	保温厚	アルミガラスクロス化粧保温帯	アルミガラスクロス粘着テープ 65幅			歩掛員数 保温工（人）	
m²	mm	m²	m				
1.0	25	1.45	4.45	1 式	1 式	0.148	1 式
1.0	50	1.45	4.97	1 式	1 式	0.160	1 式

47. スパイラルダクト（ロックウール），屋内隠ぺい，ダクトシャフト内 (1 m² 当り)

摘要		材料		雑材料	運搬費	労務	その他
保温面積	保温厚	アルミガラスクロス化粧保温帯	アルミガラスクロス粘着テープ 65幅			歩掛員数 保温工（人）	
m²	mm	m²	m				
1.0	25	1.45	4.45	1 式	1 式	0.141	1 式

48. スパイラルダクト（ロックウール），屋外露出（バルコニー，開放廊下を含む。）及び浴室，厨房等の多湿箇所（厨房の天井内は含まない。） (1 m² 当り)

摘要		材料			雑材料	運搬費	労務		その他
保温面積	保温厚	ロックウール保温帯	ポリエチレンフィルム	カラー亜鉛鉄板／溶融アルミニウム-亜鉛鉄板			歩掛員数		
							保温工（人）	ダクト工（人）	
m²	mm	m²	m²	m²					
1.0	50	1.45	3.29	(0.35 mm) 1.75	1 式	1 式	0.140	0.36	1 式

49. スパイラルダクト（ロックウール），屋外露出（バルコニー，開放廊下を含む。）及び浴室，厨房等の多湿箇所（厨房の天井内は含まない。） (1 m² 当り)

摘要		材料			雑材料	運搬費	労務		その他
保温面積	保温厚	ロックウール保温帯	ポリエチレンフィルム	ステンレス鋼板			歩掛員数		
							保温工（人）	ダクト工（人）	
m²	mm	m²	m²	m²					
1.0	50	1.45	3.29	(0.3 mm) 1.75	1 式	1 式	0.140	0.61	1 式

50. 排煙円形ダクト（ロックウール），屋内隠ぺい (1 m² 当り)

摘要		材料			雑材料	運搬費	労務	その他
保温面積	保温厚	アルミガラスクロス化粧保温帯	アルミガラスクロス粘着テープ 65幅	きっ甲金網（鉄）			歩掛員数 保温工（人）	
m²	mm	m²	m	m²				
1.0	25	1.45	4.45	1.65	1 式	1 式	0.153	1 式

51. 排気筒（ロックウール），屋内隠ぺい (1m²当り)

摘要		材料			雑材料	運搬費	労務	その他
保温面積	保温厚	ロックウール保温帯	アルミガラスクロス	きっ甲金網（鉄）			歩掛員数 保温工 （人）	
m²	mm	m²	m²	m²				
1.0	50	1.45	1.64	1.70	1 式	1 式	0.220	1 式

52. ダクト消音内貼り（グラスウール） (1m²当り)

摘要		材料					雑材料	運搬費	労務	その他
ダクト種類	内貼面積	内貼厚	びょう	グラスウール保温板	エマルジョン接着剤	ガラスクロス	銅きっ甲金網(10目)			歩掛員数 保温工 40K （人）	
	m²	mm	本	m²	kg	m²	m²				
サプライチャンバー	1.0	50	(65L) 30	1.05	0.30	1.00	1.10	1 式	1 式	0.255	1 式
	1.0	25	(38L) 30	1.08	0.30	1.00	1.10	〃	〃	0.240	〃
消音チャンバー	1.0	50	(65L) 30	1.05	0.30	1.00	—	〃	〃	0.221	〃
消音エルボ	1.0	25	(38L) 30	1.08	0.30	1.00	—	〃	〃	0.199	〃

53. 長方形ダクト（グラスウール），屋内露出（一般居室，廊下） (1m²当り)

摘要		材料			雑材料	運搬費	労務		その他
保温面積	保温厚	びょう	グラスウール保温板	亜鉛鉄板			歩掛員数		
							保温工 40K （人）	ダクト工 （人）	
m²	mm	本	m²	m²					
1.0	50	(65L) 20	1.30	(0.4mm) 1.75	1 式	1 式	0.085	0.48	1 式

54. 長方形ダクト（グラスウール），屋内露出（一般居室，廊下） (1m²当り)

摘要		材料			雑材料	運搬費	労務		その他
保温面積	保温厚	びょう	グラスウール保温板	ステンレス鋼板			保温工 40K （人）	ダクト工 （人）	
m²	mm	本	m²	m²					
1.0	50	(65L) 20	1.30	(0.3mm) 1.75	1 式	1 式	0.085	0.86	1 式

55. 長方形ダクト（グラスウール），屋外露出（バルコニー，解放廊下を含む。）及び浴室，厨房等の多湿箇所（厨房の天井内は含まない。） (1m²当り)

摘要		材料				雑材料	運搬費	労務		その他
保温面積	保温厚	びょう	グラスウール保温板	ポリエチレンフィルム	亜鉛鉄板			保温工 40K （人）	ダクト工 （人）	
m²	mm	本	m²	m²	m²					
1.0	50	(65L) 20	1.30	2.97	(0.4mm)1.75	1 式	1 式	0.102	0.48	1 式

56. 長方形ダクト（ロックウール），屋内露出（一般居室，廊下） (1m²当り)

摘要		材料			雑材料	運搬費	労務		その他
保温面積	保温厚	びょう	ロックウール保温板	亜鉛鉄板			保温工 （人）	ダクト工 （人）	
m²	mm	本	m²	m²					
1.0	50	(65L) 20	1.30	(0.4mm) 1.75	1 式	1 式	0.095	0.48	1 式

57. 長方形ダクト（ロックウール），屋内露出（一般居室，廊下） (1 m² 当り)

摘要		材料					労務		その他
保温面積	保温厚	びょう	ロックウール保温板	ステンレス鋼板	雑材料	運搬費	歩掛員数		
							保温工	ダクト工	
m²	mm	本	m²	m²			（人）	（人）	
1.0	50	(65L) 20	1.30	(0.3mm) 1.75	1 式	1 式	0.095	0.86	1 式

58. 長方形ダクト（ロックウール），屋外露出（バルコニー，解放廊下を含む。）及び浴室，厨房等の多湿箇所（厨房の天井内は含まない。） (1 m² 当り)

摘要		材料						労務		その他
保温面積	保温厚	びょう	ロックウール保温板	ポリエチレンフィルム	亜鉛鉄板	雑材料	運搬費	歩掛員数		
								保温工	ダクト工	
m²	mm	本	m²	m²	m²			（人）	（人）	
1.0	50	(65L) 20	1.30	2.97	(0.4mm) 1.75	1 式	1 式	0.113	0.48	1 式

59. スパイラルダクト（グラスウール），屋内露出（一般居室，廊下） (1 m² 当り)

摘要		材料				労務			その他
保温面積	保温厚	グラスウール保温帯	亜鉛鉄板	雑材料	運搬費	歩掛員数			
						保温工 40K	保温工 32K	ダクト工	
m²	mm	m²	m²			（人）	（人）	（人）	
1.0	50	1.45	(0.4mm) 1.75	1 式	1 式	0.129	0.103	0.34	1 式

60. スパイラルダクト（グラスウール），屋内露出（一般居室，廊下） (1 m² 当り)

摘要		材料				労務			その他
保温面積	保温厚	グラスウール保温帯	ステンレス鋼板	雑材料	運搬費	歩掛員数			
						保温工 40K	保温工 32K	ダクト工	
m²	mm	m²	m²			（人）	（人）	（人）	
1.0	50	1.45	(0.3mm) 1.75	1 式	1 式	0.129	0.103	0.61	1 式

61. スパイラルダクト（グラスウール），屋外露出（バルコニー，解放廊下を含む。）及び浴室，厨房等の多湿箇所（厨房の天井内は含まない。） (1 m² 当り)

摘要		材料					労務			その他
保温面積	保温厚	グラスウール保温帯	ポリエチレンフィルム	亜鉛鉄板	雑材料	運搬費	歩掛員数			
							保温工 40K	保温工 32K	ダクト工	
m²	mm	m²	m²	m²			（人）	（人）	（人）	
1.0	50	1.45	3.29	(0.4mm) 1.75	1 式	1 式	0.154	0.123	0.34	1 式

62. スパイラルダクト（ロックウール），屋内露出（一般居室，廊下） (1 m² 当り)

摘要		材料				労務		その他
保温面積	保温厚	ロックウール保温帯	亜鉛鉄板	雑材料	運搬費	歩掛員数		
						保温工	ダクト工	
m²	mm	m²	m²			（人）	（人）	
1.0	50	1.45	(0.4mm) 1.75	1 式	1 式	0.117	0.34	1 式

❼ 保 温 工 事—52

63. スパイラルダクト（ロックウール），屋内露出（一般居室，廊下） （1m²当り）

摘要		材料			雑材料	運搬費	労務		その包
保温面積	保温厚	ロックウール保温帯	ステンレス鋼板					歩掛員数		
								保温工	ダクト工	
m²	mm	m²	m²					（人）	（人）	
1.0	50	1.45	(0.3mm) 1.75			1 式	1 式	0.117	0.61	1 式

64. スパイラルダクト（ロックウール），屋外露出（バルコニー，解放廊下を含む。）及び浴室，厨房等の多湿箇所（厨房の天井内は含まない。） （1m²当り）

摘要		材料				雑材料	運搬費	労務		その包
保温面積	保温厚	ロックウール保温帯	ポリエチレンフィルム	亜鉛鉄板				歩掛員数		
								保温工	ダクト工	
m²	mm	m²	m²	m²				（人）	（人）	
1.0	50	1.45	3.29	(0.4mm) 1.75		1 式	1 式	0.140	0.34	1 式

65. ダクト消音内貼り（ロックウール） （1m²当り）

摘要			材料					雑材料	運搬費	労務	その包
ダクト種類	内貼面積	内貼厚	びょう	ロックウール保温板	エマルジョン接着剤	ガラスクロス	銅きっ甲金網(10目)			歩掛員数	
										保温工	
	m²	mm	本	m²	kg	m²	m²			（人）	
サプライチャンバー	1.0	50	(65L) 30	1.05	0.30	1.00	1.10	1 式	1 式	0.266	1 式
	1.0	25	(38L) 30	1.08	0.30	1.00	1.10	〃	〃	0.250	〃
消音エルボ	1.0	50	(65L) 30	1.08	0.30	1.00	－	〃	〃	0.232	〃
	1.0	25	(38L) 30	1.08	0.30	1.00	－	〃	〃	0.209	〃

⑤ 弁類の保温工事の歩掛

(1) 雑材料は，材料費（保温材，外装材及び補助材）の合計価格の5％程度を見込む。
(2) 運搬費は（材料費＋雑材料費）の3％程度を見込む。
(3) 離島等の場合は，材料，労務の調達，運搬等についての諸事情を調査・検討し，実状に応じて積算する。
(4) 「その他」の率対象は，材料，雑材料，運搬費，保温工及びダクト工とする。
(5) バタフライ弁に適用する場合は，表中の保温工及びダクト工の歩掛を50％とする。

1. 弁類・給水（ポリスチレンフォーム），屋内露出 　　　　　　　　　　　　　　　　　　　　　　　　　　　　（1個当り）

摘要		材料			雑材料	運搬費	労務		その他
呼び径 (A)	保温厚 (mm)	ポリスチレンフォームカバー（個）	粘着テープ (m)	カラー亜鉛鉄板 (m²)			歩掛員数		
							保温工 (人)	ダクト工 (人)	
				(0.27 mm)					
65	30	1	1.94	1.11	1式	1式	0.143	0.597	1式
80	30	1	2.08	1.28	〃	〃	0.155	0.672	〃
100	40	1	2.35	1.56	〃	〃	0.200	0.746	〃
125	40	1	2.64	1.87	〃	〃	0.218	0.822	〃
150	40	1	2.91	2.17	〃	〃	0.238	0.896	〃
				(0.35 mm)					
200	40	1	3.47	2.78	1式	1式	0.266	1.045	1式
250	50	1	4.04	3.63	〃	〃	0.333	1.194	〃
300	50	1	4.61	4.54	〃	〃	0.400	1.493	〃

2. 弁類・給水（ポリスチレンフォーム），天井内，PS内 　　　　　　　　　　　　　　　　　　　　　　　　（1個当り）

摘要		材料			雑材料	運搬費	労務	その他
呼び径 (A)	保温厚 (mm)	ポリスチレンフォームカバー（個）	粘着テープ (m)	アルミガラスクロス (m²)			歩掛員数	
							保温工（人）	
65	30	1	1.94	1.08	1式	1式	0.222	1式
80	30	1	2.08	1.22	〃	〃	0.239	〃
100	40	1	2.35	1.51	〃	〃	0.308	〃
125	40	1	2.64	1.82	〃	〃	0.335	〃
150	40	1	2.91	2.12	〃	〃	0.367	〃
200	40	1	3.47	2.75	〃	〃	0.388	〃
250	50	1	4.04	3.58	〃	〃	0.512	〃
300	50	1	4.61	4.51	〃	〃	0.612	〃

3. 弁類・給水（ポリスチレンフォーム），暗渠内（ピット内含む。） 　　　　　　　　　　　　　　　　　　　（1個当り）

摘要		材料				雑材料	運搬費	労務	その他
呼び径 (A)	保温厚 (mm)	ポリスチレンフォームカバー（個）	粘着テープ (m)	ポリエチレンフィルム (m²)	着色アルミガラスクロス (m²)			歩掛員数	
								保温工（人）	
65	30	1	1.94	1.02	1.08	1式	1式	0.302	1式
80	30	1	2.08	1.18	1.22	〃	〃	0.324	〃
100	40	1	2.35	1.46	1.51	〃	〃	0.418	〃
125	40	1	2.64	1.78	1.82	〃	〃	0.455	〃
150	40	1	2.91	2.06	2.12	〃	〃	0.497	〃
200	40	1	3.47	2.69	2.75	〃	〃	0.527	〃
250	50	1	4.04	3.53	3.58	〃	〃	0.753	〃
300	50	1	4.61	4.48	4.51	〃	〃	0.819	〃

4. 弁類・給水（ポリスチレンフォーム），屋外露出　　　　　　　　　　　　　　　　　　　　　　　　　　（1個当り）

摘要		材料				雑材料	運搬費	労務 歩掛員数		その他
呼び径 (A)	保温厚 (mm)	ポリスチレンフォームカバー（個）	粘着テープ (m)	ポリエチレンフィルム (m²)	溶融アルミニウム-亜鉛鉄板 (m²)			保温工 (人)	ダクト工 (人)	
					(0.27 mm)					
65	30	1	1.94	1.02	1.11	1式	1式	0.223	0.621	1式
80	30	1	2.08	1.18	1.28	〃	〃	0.240	0.700	〃
100	40	1	2.35	1.46	1.56	〃	〃	0.310	0.777	〃
125	40	1	2.64	1.78	1.87	〃	〃	0.338	0.856	〃
150	40	1	2.91	2.06	2.17	〃	〃	0.368	0.933	〃
					(0.35 mm)					
200	40	1	3.47	2.69	2.78	1式	1式	0.405	1.088	1式
250	50	1	4.04	3.53	3.63	〃	〃	0.574	1.243	〃
300	50	1	4.61	4.48	4.54	〃	〃	0.607	1.554	〃

5. 弁類・給水（ポリスチレンフォーム），屋外露出　　　　　　　　　　　　　　　　　　　　　　　　　　（1個当り）

摘要		材料				雑材料	運搬費	労務 歩掛員数		その他
呼び径 (A)	保温厚 (mm)	ポリスチレンフォームカバー（個）	粘着テープ (m)	ポリエチレンフィルム (m²)	ステンレス鋼板 (m²)			保温工 (人)	ダクト工 (人)	
					(0.2 mm)					
65	30	1	1.94	1.02	1.11	1式	1式	0.223	0.846	1式
80	30	1	2.08	1.18	1.28	〃	〃	0.240	0.944	〃
100	40	1	2.35	1.46	1.56	〃	〃	0.310	1.058	〃
125	40	1	2.64	1.78	1.87	〃	〃	0.338	1.172	〃
150	40	1	2.91	2.06	2.17	〃	〃	0.368	1.270	〃
200	40	1	3.47	2.69	2.78	〃	〃	0.405	1.482	〃
250	50	1	4.04	3.53	3.63	〃	〃	0.574	1.694	〃
300	50	1	4.61	4.48	4.54	〃	〃	0.607	2.118	〃

6. 弁類・冷水・冷温水（グラスウール），屋内露出　　　　　　　　　　　　　　　　　　　　　　　　　　（1個当り）

摘要		材料					雑材料	運搬費	労務 歩掛員数		その他
呼び径 (A)	保温厚 (mm)	グラスウール保温帯 (m²)	保温厚 (mm)	グラスウール保温板 (m²)	ポリエチレンフィルム (m²)	カラー亜鉛鉄板 (m²)			保温工 (人)	ダクト工 (人)	
						(0.27 mm)					
65	25	0.20	40	0.52	1.09	1.19	1式	1式	0.165	0.597	1式
80	25	0.28	40	0.64	1.26	1.37	〃	〃	0.175	0.672	〃
100	25	0.37	40	0.78	1.46	1.56	〃	〃	0.228	0.746	〃
125	25	0.54	40	0.99	1.78	1.87	〃	〃	0.249	0.822	〃
150	25	0.73	40	1.20	2.06	2.17	〃	〃	0.270	0.896	〃
						(0.35 mm)					
200	25	1.08	40	1.37	2.69	2.78	1式	1式	0.303	1.045	1式
250	25	1.86	50	2.29	3.53	3.63	〃	〃	0.379	1.194	〃
300	25	2.90	50	3.23	4.48	4.54	〃	〃	0.456	1.493	〃

7. 弁類・冷水・冷温水（グラスウール），天井内，PS内　　　　　　　　　　　　　　　　　　　　　（1個当り）

摘要 呼び径 (A)	保温厚 (mm)	グラスウール保温帯 (m²)	保温厚 (mm)	グラスウール保温板 (m²)	ポリエチレンフィルム (m²)	アルミガラスクロス (m²)	雑材料	運搬費	歩掛員数 保温工 (人)	その他
65	25	0.20	40	0.52	1.09	1.15	1式	1式	0.226	1式
80	25	0.28	40	0.64	1.26	1.30	〃	〃	0.243	〃
100	25	0.37	40	0.78	1.46	1.51	〃	〃	0.313	〃
125	25	0.54	40	0.99	1.78	1.82	〃	〃	0.342	〃
150	25	0.73	40	1.20	2.06	2.12	〃	〃	0.373	〃
200	25	1.08	40	1.37	2.69	2.75	〃	〃	0.400	〃
250	25	1.86	50	2.29	3.53	3.58	〃	〃	0.522	〃
300	25	2.90	50	3.23	4.48	4.51	〃	〃	0.627	〃

8. 弁類・冷水・冷温水（グラスウール），暗渠内（ピット内含む。）　　　　　　　　　　　　　　　（1個当り）

摘要 呼び径 (A)	保温厚 (mm)	グラスウール保温帯 (m²)	保温厚 (mm)	グラスウール保温板 (m²)	ポリエチレンフィルム (m²)	着色アルミガラスクロス (m²)	雑材料	運搬費	歩掛員数 保温工 (人)	その他
65	25	0.20	40	0.52	1.09	1.15	1式	1式	0.291	1式
80	25	0.28	40	0.64	1.26	1.30	〃	〃	0.311	〃
100	25	0.37	40	0.78	1.46	1.51	〃	〃	0.401	〃
125	25	0.54	40	0.99	1.78	1.82	〃	〃	0.437	〃
150	25	0.73	40	1.20	2.06	2.12	〃	〃	0.477	〃
200	25	1.08	40	1.37	2.69	2.75	〃	〃	0.511	〃
250	25	1.96	50	2.29	3.53	3.58	〃	〃	0.667	〃
300	25	2.90	50	3.23	4.48	4.51	〃	〃	0.802	〃

9. 弁類・冷水・冷温水（グラスウール），屋外露出　　　　　　　　　　　　　　　　　　　　　　（1個当り）

摘要 呼び径 (A)	保温厚 (mm)	グラスウール保温帯 (m²)	保温厚 (mm)	グラスウール保温板 (m²)	ポリエチレンフィルム (m²)	溶融アルミニウム-亜鉛鉄板 (m²)	雑材料	運搬費	歩掛員数 保温工 (人)	歩掛員数 ダクト工 (人)	その他
65	25	0.20	40	0.52	1.09	(0.27 mm) 1.19	1式	1式	0.165	0.621	1式
80	25	0.28	40	0.64	1.26	1.37	〃	〃	0.175	0.700	〃
100	25	0.37	40	0.78	1.46	1.56	〃	〃	0.228	0.777	〃
125	25	0.54	40	0.99	1.78	1.87	〃	〃	0.249	0.856	〃
150	25	0.73	40	1.20	2.06	2.17	〃	〃	0.270	0.933	〃
200	25	1.08	40	1.37	2.69	(0.35 mm) 2.78	1式	1式	0.303	1.088	1式
250	25	1.86	50	2.29	3.53	3.63	〃	〃	0.379	1.243	〃
300	25	2.90	50	3.23	4.48	4.54	〃	〃	0.456	1.554	〃

10. 弁類・冷水・冷温水（グラスウール），屋外露出　　　　　　　　　　　　　　　　　　　　（1個当り）

摘要		材料					雑材料	運搬費	労務 歩掛員数		その他
呼び径 (A)	保温厚 (mm)	グラスウール 保温帯 (m²)	保温厚 (mm)	グラスウール 保温板 (m²)	ポリエチレン フィルム (m²)	ステンレス 鋼板 (m²)			保温工 (人)	ダクト工 (人)	
						(0.2 mm)					
65	25	0.20	40	0.52	1.09	1.19	1 式	1 式	0.165	0.846	1 式
80	25	0.28	40	0.64	1.26	1.37	〃	〃	0.175	0.944	〃
100	25	0.37	40	0.78	1.46	1.56	〃	〃	0.228	1.058	〃
125	25	0.54	40	0.99	1.78	1.87	〃	〃	0.249	1.172	〃
150	25	0.73	40	1.20	2.06	2.17	〃	〃	0.270	1.270	〃
200	25	1.08	40	1.37	2.69	2.78	〃	〃	0.303	1.482	〃
250	25	1.86	50	2.29	3.53	3.63	〃	〃	0.379	1.694	〃
300	25	2.90	50	3.23	4.48	4.54	〃	〃	0.456	2.118	〃

11. 弁類・冷水・冷温水（ロックウール），屋内露出　　　　　　　　　　　　　　　　　　　　（1個当り）

摘要		材料					雑材料	運搬費	労務 歩掛員数		その他
呼び径 (A)	保温厚 (mm)	ロックウール 保温帯 (m²)	保温厚 (mm)	ロックウール 保温板 (m²)	ポリエチレン フィルム (m²)	カラー亜鉛鉄板 (m²)			保温工 (人)	ダクト工 (人)	
						(0.27 mm)					
65	25	0.20	40	0.52	1.09	1.19	1 式	1 式	0.183	0.597	1 式
80	25	0.28	40	0.64	1.26	1.37	〃	〃	0.196	0.672	〃
100	25	0.37	40	0.78	1.46	1.56	〃	〃	0.253	0.746	〃
125	25	0.54	40	0.99	1.78	1.87	〃	〃	0.276	0.822	〃
150	25	0.73	40	1.20	2.06	2.17	〃	〃	0.300	0.896	〃
						(0.35 mm)					
200	25	1.08	40	1.37	2.69	2.78	1 式	1 式	0.336	1.045	1 式
250	25	1.86	50	2.29	3.53	3.63	〃	〃	0.421	1.194	〃
300	25	2.90	50	3.23	4.48	4.54	〃	〃	0.506	1.493	〃

12. 弁類・冷水・冷温水（ロックウール），天井内，PS内　　　　　　　　　　　　　　　　　　（1個当り）

摘要		材料					雑材料	運搬費	労務 歩掛員数 保温工 (人)	その他
呼び径 (A)	保温厚 (mm)	ロックウール 保温帯 (m²)	保温厚 (mm)	ロックウール 保温板 (m²)	ポリエチレン フィルム (m²)	アルミガラ スクロス (m²)				
65	25	0.20	40	0.52	1.09	1.15	1 式	1 式	0.251	1 式
80	25	0.28	40	0.64	1.26	1.30	〃	〃	0.270	〃
100	25	0.37	40	0.78	1.46	1.51	〃	〃	0.348	〃
125	25	0.54	40	0.99	1.78	1.82	〃	〃	0.380	〃
150	25	0.73	40	1.20	2.06	2.12	〃	〃	0.414	〃
200	25	1.08	40	1.37	2.69	2.75	〃	〃	0.444	〃
250	25	1.86	50	2.29	3.53	3.58	〃	〃	0.579	〃
300	25	2.90	50	3.23	4.48	4.51	〃	〃	0.696	〃

13. 弁類・冷水・冷温水（ロックウール），暗渠内（ピット内含む。） (1個当り)

摘要 呼び径 (A)	保温厚 (mm)	ロックウール保温帯 (m²)	保温厚 (mm)	ロックウール保温板 (m²)	ポリエチレンフィルム (m²)	着色アルミガラスクロス (m²)	雑材料	運搬費	歩掛員数 保温工 (人)	その他
65	25	0.20	40	0.52	1.09	1.15	1式	1式	0.322	1式
80	25	0.28	40	0.64	1.26	1.30	〃	〃	0.346	〃
100	25	0.37	40	0.78	1.46	1.51	〃	〃	0.445	〃
125	25	0.54	40	0.99	1.78	1.82	〃	〃	0.486	〃
150	25	0.73	40	1.20	2.06	2.12	〃	〃	0.529	〃
200	25	1.08	40	1.37	2.69	2.75	〃	〃	0.568	〃
250	25	1.86	50	2.29	3.53	3.58	〃	〃	0.741	〃
300	25	2.90	50	3.23	4.48	4.51	〃	〃	0.890	〃

14. 弁類・冷水・冷温水（ロックウール），屋外露出 (1個当り)

摘要 呼び径 (A)	保温厚 (mm)	ロックウール保温帯 (m²)	保温厚 (mm)	ロックウール保温板 (m²)	ポリエチレンフィルム (m²)	溶融アルミニウム－亜鉛鉄板 (m²)	雑材料	運搬費	保温工 (人)	ダクト工 (人)	その他
						(0.27 mm)					
65	25	0.20	40	0.52	1.09	1.19	1式	1式	0.183	0.621	1式
80	25	0.28	40	0.64	1.26	1.37	〃	〃	0.196	0.700	〃
100	25	0.37	40	0.78	1.46	1.56	〃	〃	0.253	0.777	〃
125	25	0.54	40	0.99	1.78	1.87	〃	〃	0.276	0.856	〃
150	25	0.73	40	1.20	2.06	2.17	〃	〃	0.300	0.933	〃
						(0.35 mm)					
200	25	1.08	40	1.37	2.69	2.78	1式	1式	0.336	1.088	1式
250	25	1.86	50	2.29	3.53	3.63	〃	〃	0.421	1.243	〃
300	25	2.90	50	3.23	4.48	4.54	〃	〃	0.506	1.554	〃

15. 弁類・冷水・冷温水（ロックウール），屋外露出 (1個当り)

摘要 呼び径 (A)	保温厚 (mm)	ロックウール保温帯 (m²)	保温厚 (mm)	ロックウール保温板 (m²)	ポリエチレンフィルム (m²)	ステンレス鋼板 (m²)	雑材料	運搬費	保温工 (人)	ダクト工 (人)	その他
						(0.2 mm)					
65	25	0.20	40	0.52	1.09	1.19	1式	1式	0.183	0.846	1式
80	25	0.28	40	0.64	1.26	1.37	〃	〃	0.196	0.944	〃
100	25	0.37	40	0.78	1.46	1.56	〃	〃	0.253	1.058	〃
125	25	0.54	40	0.99	1.78	1.87	〃	〃	0.276	1.172	〃
150	25	0.73	40	1.20	2.06	2.17	〃	〃	0.300	1.270	〃
200	25	1.08	40	1.37	2.69	2.78	〃	〃	0.336	1.482	〃
250	25	1.86	50	2.29	3.53	3.63	〃	〃	0.421	1.694	〃
300	25	2.90	50	3.23	4.48	4.54	〃	〃	0.506	2.118	〃

❽ 塗装工事

① 一般事項
空気調和設備及び給排水衛生設備の塗装工事に適用する。

② 塗装工事の仕様
ア．塗装を施す素地ごしらえは下表による。

イ．各塗装箇所の塗料の種別及び塗り回数は，原則として下表による。下表に記載のないものについては，その用途，材質，状態などを考慮し，類似の項により施工する。

塗装を施す素地ごしらえ

用　途	工程順序		処　理　方　法
ラッカー又はメラミン焼付けを施す鉄面	1	汚れ及び付着物の除去	スクレーパー，ワイヤブラシなど
	2	油類の除去	①揮発油ぶき　②弱アルカリ性液加熱処理湯洗い　③水洗い
	3	さび落し	酸洗い（①酸づけ　②中和　③湯洗い）など
	4	化学処理	①りん酸塩溶液浸漬処理　②湯洗い
合成樹脂調合ペイント塗りなどを施す鉄面	1	さび，汚れ及び付着物の除去	スクレーパー，ワイヤブラシなど
	2	油類の除去	揮発油ぶき
合成樹脂調合ペイント塗りなどを施す亜鉛めっき面	1	汚れ及び付着物の除去	スクレーパー，ワイヤブラシなど
	2	油類の除去	揮発油ぶき

各塗装箇所の塗料の種別及び塗り回数

設備区分	塗装箇所		塗料の種別	塗り回数			備考
	機材	状態		下塗り	中塗り	上塗り	
共通	支持金物及び架台類（亜鉛めっきを施した面を除く）	露出	合成樹脂調合又はアルミニウムペイント	2	1	1	下塗りは，さび止めペイント
		隠ぺい	さび止めペイント	2	—	—	
	保温される金属下地	—	さび止めペイント	2	—	—	亜鉛めっき部を除く
	タンク類	外面	合成樹脂調合ペイント	2	1	1	下塗りは，さび止めペイント
	鋼管及び継手（黒管）	露出	合成樹脂調合ペイント	2	1	1	下塗りは，さび止めペイント
		隠ぺい	さび止めペイント	2	—	—	—
	鋼管及び継手（白管）	露出	合成樹脂調合ペイント	1	1	1	下塗りは，さび止めペイント
	蒸気管及び同用継手(黒管)	露出	アルミニウムペイント	2	1	1	下塗りは，さび止めペイント
		隠ぺい	さび止めペイント	2	—	—	—
	煙突及び煙道	—	耐熱塗料	2	1	1	断熱なし，下塗りは，耐熱さび止めペイント
		—	耐熱さび止めペイント	2	—	—	断熱あり
空気調和	ダクト（亜鉛鉄板製）	露出	合成樹脂調合ペイント	1	1	1	下塗りは，さび止めペイント
		内面	合成樹脂調合ペイント（黒，つやけし）	—	1	1	室内外より見える範囲
	ダクト（鋼板製）	露出	合成樹脂調合ペイント	2	1	1	下塗りは，さび止めペイント
		隠ぺい	さび止めペイント	2	—	—	—
		内面	さび止めペイント	2	—	—	—

(備考)　1．耐熱塗料の耐熱温度は，ボイラー用では400℃以上のものとする。
　　　　2．さび止めペイントを施す面で，製作工場で浸漬などにより塗装された機材は，搬入，溶接などにより塗装のはく離した部分は，さび止めを考慮した補修を行った場合は，さび止めを省略することができる。

❽ 塗装工事―2

③ 塗装工事の歩掛
　ア．「その他」の率の対象は，材料費＋労務費とする。
　イ．各歩掛は，材料のロスを含む。
　ウ．機械設備における塗装工事は，その作業が比較的手間のかかる場所が多いため，建築工事のそれとはおのずと相違する。

(1) 配管類の塗装

(1m当り)

摘要 用途	区分	施工箇所	名称		単位	数量 15A(½B)	20A(¾B)	25A(1B)	32A(1¼B)	40A(1½B)	50A(2B)	65A(2½B)	80A(3B)	100A(4B)	125A(5B)	150A(6B)	200A(8B)	250A(10B)	300A(12B)
配管	配管用炭素鋼鋼管(黒)	露出部(油)	材料	さび止めペイント2回	kg	0.023	0.029	0.036	0.046	0.052	0.065	0.082	0.095	0.122	0.149	0.177	0.231	0.286	0.340
				合成樹脂調合ペイント2回	kg	0.019	0.024	0.030	0.038	0.043	0.053	0.067	0.078	0.101	0.122	0.145	0.190	0.235	0.280
			塗装工		人	0.027	0.028	0.030	0.033	0.034	0.037	0.042	0.045	0.052	0.059	0.066	0.079	0.093	0.107
			その他		式	1	1	1	1	1	1	1	1	1	1	1	1	1	1
		露出部(蒸気)	材料	さび止めペイント2回	kg	0.023	0.029	0.036	0.046	0.052	0.065	0.082	0.095	0.122	0.149	0.177	0.231	0.286	0.340
				アルミニウムペイント2回	kg	0.014	0.017	0.021	0.027	0.031	0.038	0.048	0.056	0.072	0.087	0.104	0.136	0.168	0.200
			塗装工		人	0.027	0.028	0.030	0.033	0.034	0.037	0.042	0.045	0.052	0.059	0.066	0.079	0.093	0.107
			その他		式	1	1	1	1	1	1	1	1	1	1	1	1	1	1
		隠ぺい部(蒸気の保温される配管を含む)	材料	さび止めペイント2回	kg	0.023	0.029	0.036	0.046	0.052	0.065	0.082	0.095	0.122	0.149	0.177	0.231	0.286	0.340
			塗装工		人	0.015	0.016	0.017	0.018	0.019	0.021	0.023	0.025	0.029	0.033	0.036	0.044	0.051	0.059
			その他		式	1	1	1	1	1	1	1	1	1	1	1	1	1	1
		露出部(VA,PA)	材料	合成樹脂調合ペイント2回	kg	0.019	0.024	0.030	0.038	0.043	0.053	0.067	0.078	0.101	0.122	0.145	0.190	0.235	0.280
			塗装工		人	0.015	0.016	0.017	0.018	0.019	0.021	0.023	0.025	0.029	0.033	0.036	0.044	0.051	0.059
			その他		式	1	1	1	1	1	1	1	1	1	1	1	1	1	1
管	配管用炭素鋼鋼管(白)	露出部	材料	さび止めペイント1回	kg	0.014	0.017	0.021	0.027	0.031	0.038	0.048	0.056	0.072	0.088	0.104	0.136	0.168	0.200
				合成樹脂調合ペイント2回	kg	0.019	0.024	0.030	0.038	0.043	0.053	0.067	0.078	0.101	0.122	0.145	0.190	0.235	0.280
			塗装工		人	0.022	0.022	0.024	0.027	0.028	0.030	0.035	0.037	0.042	0.048	0.054	0.064	0.076	0.088
			その他		式	1	1	1	1	1	1	1	1	1	1	1	1	1	1

(備考)「その他」の率対象は，材料及塗装工とする。

(2) ダクト，機器・その他の塗装

(1 m² 当り)

摘要 用途	摘要 区分	摘要 施工箇所	名称	名称	単位	数量	備考
ダクト	亜鉛鉄板製ダクト	露出	材料	さび止めペイント1回	kg	0.20	
			材料	合成樹脂調合ペイント2回	kg	0.28	
			塗装工		人	0.066	
			その他		式	1	
		内面	材料	合成樹脂調合ペイント（黒つやけし）2回	kg	0.28	室内外より見える範囲の塗装
			塗装工		人	0.069	
			その他		式	1	
	鋼板製ダクト	露出	材料	さび止めペイント4回	kg	0.68	さび止めペイントは，内面2回，外面2回
			材料	合成樹脂調合ペイント2回	kg	0.28	
			塗装工		人	0.090	
			その他		式	1	
		隠ぺい	材料	さび止めペイント4回	kg	0.68	
			塗装工		人	0.077	
			その他		式	1	
機器・その他	鋳鉄製放熱器	露出	材料	さび止めペイント2回	kg	0.39	
			材料	アルミニウムペイント2回	kg	0.22	
			塗装工		人	0.14	
			その他		式	1	
	支持金物及び架台類	露出	材料	さび止めペイント2回	kg	0.34	合成樹脂調合ペイントの場合は0.28 kg
			材料	アルミニウムペイント2回	kg	0.22	
			塗装工		人	0.18	
			その他		式	1	
		隠ぺい	材料	さび止めペイント2回	kg	0.34	
			塗装工		人	0.09	
			その他		式	1	
	鋼板製煙道	断熱なし	材料	耐熱さび止めペイント2回	kg	0.30	
			材料	耐熱塗料2回	kg	0.16	
			塗装工		人	0.16	
			その他		式	1	
		断熱あり	材料	耐熱さび止めペイント2回	kg	0.30	
			塗装工		人	0.08	
			その他		式	1	
	鋼板製水槽	外面	材料	合成樹脂調合ペイント2回	kg	0.28	さび止め塗装分が水槽の価格に含まれている場合
			塗装工		人	0.072	
			その他		式	1	

（備考）「その他」の率対象は，材料及び塗装工とする。

❽塗 装 工 事―4

摘要 用途	区分	名称	建物延べ面積 (m²)									
^^^	^^^	^^^	500	1,000	2,000	3,000	5,000	7,500	10,000	15,000	20,000	30,000	50,000
文字標識等	衛生	塗装工（人）	－	0.84	1.28	1.65	2.25	2.89	3.45	4.43	5.29	6.78	9.29
^^^	^^^	その他	1 式										
^^^	空調	塗装工（人）	3.13	4.81	7.38	9.48	13.00	16.70	19.94	25.62	30.61	39.32	53.90
^^^	^^^	その他	1 式										

（備考）「その他」の率対象は，塗装工とする。

❾ 防食処置

① 一般事項
防食処置は，埋設配管類の防食処置に適用する。

② 防食処置の仕様
1. 材料
ア．プラスチックテープ
　　自己融着性の粘着材をポリエチレンテープに塗布した厚さ0.4mmのもので，試験などはJIS Z 1901（防食用ポリ塩化ビニル粘着テープ）に準じたもの。
イ．ブチルゴム系絶縁テープ
　　ブチルゴム系絶縁テープは，ブチルゴム系合成ゴムを主成分とする自己融着性の粘着材を，ポリエチレンテープに塗布した厚さ0.4mm以上のもの。
ウ．ペトロラタム系防食テープ
　　ペトロラタム系防食テープは，JIS Z 1902（ペトロラタム系防食テープ）の1種又は2種Aタイプ（厚さ1.1mm）のもの。

③ 防食処置の歩掛
ア．雑材料は，材料費の5％程度とする。
イ．運搬費は，材料費と雑材料費の合計金額の3％程度とする。
ウ．「その他」の率の対象は材料，雑材料，運搬費及び配管工とする。

1. 鉛管（コンクリート内） (1m当り)

防食仕様 管の呼び径(A)	材料 プラスチックテープ(m)	雑材料	運搬費	歩掛員数 配管工(人)	その他
	防食施工順序 プラスチックテープ（1/2重ね1回巻き）					
30	(50mm幅) 6.4	1式	1式	0.007	1式
40	7.3	〃	〃	0.008	〃
50	9.1	〃	〃	0.009	〃
65	(75mm幅) 7.7	1式	1式	0.011	1式
75	9.0	〃	〃	0.013	〃
100	11.5	〃	〃	0.016	〃

❾ 防食処置—2

2. 鋼　管（地中埋設）

(1m当り)

防食仕様	防食施工順序 ブチルゴム系絶縁テープ（1/2重ね2回巻き）					
管の呼び径 (A)	材料 ブチルゴム系絶縁テープ (m)	雑材料	運搬費	歩掛員数 配管工(人)	その他	
	(50 mm 幅)				
15	6.3	1式	1式	0.059	1式
20	7.8	〃	〃	0.059	〃
25	9.7	〃	〃	0.059	〃
32	12.1	〃	〃	0.059	〃
40	13.8	〃	〃	0.059	〃
	(100 mm 幅)				
50	8.5	1式	1式	0.077	1式
65	10.7	〃	〃	0.077	〃
80	12.5	〃	〃	0.077	〃
100	16.0	〃	〃	0.086	〃
	(150 mm 幅)				
125	13.0	1式	1式	0.086	1式
150	15.3	〃	〃	0.096	〃
	(200 mm 幅)				
200	15.0	1式	1式	0.107	1式
250	18.6	〃	〃	0.118	〃
300	22.1	〃	〃	0.152	〃

(1m当り)

防食仕様	防食施工順序 ペトロラタム系防食テープ（1/2重ね1回巻き）＋プラスチックテープ（1/2重ね1回巻き）						
管の呼び径 (A)	材料 ペトロラタム系 防食テープ(m)	プラスチックテープ (m)	雑材料	運搬費	歩掛員数 配管工(人)	その他	
	(50 mm 幅)	(50 mm 幅)				
15	3.1	3.3	1式	1式	0.043	1式
20	3.9	4.1	〃	〃	0.043	〃
25	4.8	5.0	〃	〃	0.043	〃
32	6.1	6.2	〃	〃	0.044	〃
40	6.9	7.0	〃	〃	0.044	〃
	(100 mm 幅)	(100 mm 幅)				
50	4.3	4.3	1式	1式	0.057	1式
65	5.4	5.4	〃	〃	0.058	〃
80	6.2	6.3	〃	〃	0.058	〃
100	8.0	8.1	〃	〃	0.070	〃
	(150 mm 幅)	(150 mm 幅)				
125	6.5	7.0	1式	1式	0.072	1式
150	7.7	7.7	〃	〃	0.084	〃
	(200 mm 幅)	(200 mm 幅)				
200	7.5	7.5	1式	1式	0.098	1式
250	9.3	9.3	〃	〃	0.112	〃
300	11.0	11.8	〃	〃	0.140	〃

❿ 土 工 事

① 一 般 事 項

土工事は，屋外の根切り，埋戻し及び砂利地業等の施工に適用する。

② 土工事の歩掛

名 称	摘 要	単 位	項 目	数 量
根 切 り	人 力	1m³当り	普 通 作 業 員	人	0.39
			そ の 他	式	1
	機械 バックホウ 0.13m³	〃	バックホウ運転	日	0.05
			普 通 作 業 員	人	0.03
			そ の 他	式	1
	機械 バックホウ 0.28m³	〃	バックホウ運転	日	0.025
			普 通 作 業 員	人	0.03
			そ の 他	式	1
	機械 バックホウ 0.45m³	〃	バックホウ運転	日	0.017
			普 通 作 業 員	人	0.015
			そ の 他	式	1
埋 戻 し	人 力	〃	タ ン パ 運 転	日	0.031
			普 通 作 業 員	人	0.26
			そ の 他	式	1
	機械 バックホウ 0.13m³	〃	バックホウ運転	日	0.033
			タ ン パ 運 転	〃	0.031
			普 通 作 業 員	人	0.07
			そ の 他	式	1
	機械 バックホウ 0.28m³	〃	バックホウ運転	日	0.02
			タ ン パ 運 転	〃	0.031
			普 通 作 業 員	人	0.07
			そ の 他	式	1
	機械 バックホウ 0.45m³	〃	バックホウ運転	日	0.011
			タ ン パ 運 転	〃	0.031
			普 通 作 業 員	人	0.046
			そ の 他	式	1
建設発生土処理	人力（場内敷均し）	〃	普 通 作 業 員	人	0.23
			そ の 他	式	1
砂 利 地 業		〃	砂 利	m³	1.1
			普 通 作 業 員	人	0.2
			そ の 他	式	1

（備考） 1. 砂利は切込砂利，切込砕石又は再生クラッシャランとする。
2. 根切り，埋戻し，建設発生土処理の「その他」の率は，建築工事の「土工」による。
3. 砂利地業の「その他」の率は，建築工事の「地業」による。
4. 「その他」の率対象は，普通作業員とする。

1. 管　　類

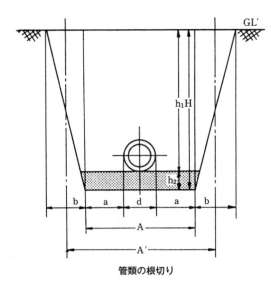

Q：根切り数量　　　　　　　　m³
H：根切り深さ
　　H = h₁ + h₂　　　　　　　　m
L：根切り長さ　　　　　　　　m
A：根切り底幅
　　A = d + 2a　　　　　　　　m
A′：のり付きの場合の平均根切り幅
　　A′= d + 2a + b　　　　　　m
h₁：管底深さ　　　　　　　　　m
h₂：砂利地業等の厚さ　　　　　m
d：管呼び径　　　　　　　　　m
a：作業ゆとり幅　　　　　　　m
b：のり幅　　　　　　　　　　m

管類の根切り

(1) 直掘り工法の場合
　　根切り深さ1.5m未満に適用する（dは管呼び径とする）。
　　　Q = A × H × L
　　掘削幅A（m）は1m未満d +0.4とし，1m以上1.5m未満d +0.8とする。
(2) のり付工法の場合
　　　Q = A′× H × L
　　平均根切り幅A′（m）はH≧1.5の場合d +0.6+0.3H

2. コンクリート既製桝

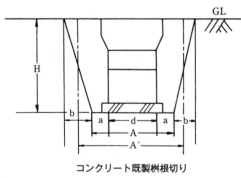

Q：根切り数量　　　　　　　　m³
A：根切り底幅
　　A = d +2a　　　　　　　　m
A′：のり付きの場合の平均根切り幅
　　A′= d + 2a + b　　　　　　m
H：根切り深さ　　　　　　　　m
H′：根切り深さ（のり付きの場合）
d：桝の外径　　　　　　　　　m
a：作業ゆとり幅　　　　　　　m
b：のり幅　　　　　　　　　　m

コンクリート既製桝根切り

(1) 直掘り工法の場合
　　　Q = A × A × H
　　H＜1.5の場合　A = d + 1.0
(2) のり付工法の場合
　　　Q = A′× A′× H
　　1.5≦H′の場合　A′= d + 1.0 + 0.3H

⓫ コンクリート工事・その他

① 一 般 事 項

桝類及び機器基礎のコンクリート工事及び土工機械・運転等に適用する。

② コンクリート工事の歩掛

名 称	摘 要	単位	材料 品 名	材料 単位	数量 歩掛数量	労務 職 種	労務 歩掛員数(人)	その他
コンクリート	手練り (無筋コンクリート スランプ18)	1m³ 当り	セメント	kg	274	特殊作業員	0.95	1式
			砂（2.5mm以下）	m³	0.604	普通作業員	0.25	
			砂利（25mm洗い）	〃	0.641			
	生コン人力打設	〃	コンクリート	m³	1.0	特殊作業員	0.65	〃
			器材費	式	1			
鉄 筋	鉄 筋 （D10, D13）	kg 当り	鉄 筋	kg	1.04	鉄筋工	0.0045	〃
			結 束 線	〃	0.006	普通作業員	0.0009	
モルタル	モルタル （厚さ15mm） 1：3	1m² 当り	セメント	kg	7.5	左 官	0.052	〃
			砂（細目）	m³	0.019	普通作業員	0.023	
	防水モルタル （厚さ15mm） 1：2	〃	セメント	kg	10.0	左 官	0.052	〃
			砂（細目）	m³	0.017	普通作業員	0.023	
			防水剤	kg	0.18			
	インバート用モルタル 1：2	1m³ 当り	セメント	kg	670	普通作業員	1.20	〃
			砂（細目）	m³	1.11			
型 枠	一 般 用	1m² 当り	合板（厚さ12mm）	m²	1.25	型枠工	0.15	〃
			さん材	m³	0.007			
			角材	〃	0.02			
			鉄線	kg	0.09	普通作業員	0.07	
			くぎ金物	〃	0.04			
			はく離材	ℓ	0.02			

（備考） 1. 本表における「その他」の率は建築工事の当該事項による。
2. 桝類用型枠の合板，さん材及び角材の損料率は50％とする。
3. 生コン人力打設の器材費はコンクリートの単価の1％とする。
4. コンクリートの「その他」の率対象は，特殊作業員，普通作業員とする。
5. 鉄筋の「その他」の率対象は，結束線，鉄筋工，普通作業員とする。
6. モルタルの「その他」の率対象は，左官，普通作業員とする。
7. 型枠の「その他」の率対象は，合板，さん材，角材，鉄線，くぎ金物，はく離材，型枠工，普通作業員とする。

❶コンクリート工事・その他―2

③ 土工運転等

名称	摘要	単位	項目		数量
土工機械運転	バックホウ0.13㎥ ［排出ガス対策型， 　油圧式クローラ型］	日	機械損料	供用日	1.78
			燃料（軽油）	L	22.4
			運転手（特殊）	人	1.00
			その他	1式	1式
	バックホウ0.28㎥ ［排出ガス対策型， 　油圧式クローラ型］	日	機械損料	供用日	1.64
			燃料（軽油）	L	37.0
			運転手（特殊）	人	1.00
			その他	1式	1式
	バックホウ0.45㎥ ［排出ガス対策型， 　油圧式クローラ型］	日	機械損料	供用日	1.64
			燃料（軽油）	L	53.9
			運転手（特殊）	人	1.00
			その他	1式	1式
	タンパ　60〜80Kg	日	機械損料	供用日	1.33
			燃料（ガソリン）	L	5.0
			特殊作業員	人	1.00
			その他	1式	1式
揚重機	揚重機（4.8〜4.9t）	日	揚重機賃料	日	1
足掛け	足掛け　22φ鋼製	個	足掛け	個	1
			鉄筋工	人	0.07
			その他	1式	1式
運搬機械運転	トラック　普通用2t積	日	運転手（一般）	人	1.00
			燃料（軽油）	L	18.5
			機械損料	供用日	1.13
			その他	1式	1式

（備考）　1.　バックホウの標準バケット容量は山積容量を示す。
　　　　　2.　揚重機はトラッククレーン又はラフテレーンクレーンとする。
　　　　　3.　土工機械運転の「その他」の率は，建築工事の「土工」による。
　　　　　4.　足掛けの「その他」の率は，機械設備工事の「桝」による。
　　　　　5.　運搬機械運転の「その他」の率は，機械設備工事の「機器搬入」による。
　　　　　6.　土工機械運転の（バックホウ）の「その他」の率対象は，燃料及び運転手とする。
　　　　　7.　土工機械運転の（タンパ）の「その他」の率対象は，燃料及び特殊作業員とする。
　　　　　8.　足掛けの「その他」の率対象は，鉄筋工とする。
　　　　　9.　運搬機械運転の「その他」の率対象は，燃料及び運転手とする。

⑫ 桝　類

① 適　用

桝は，一般に屋外排水管路の点検及び清掃のためや屋外給水管・ガス管・油管等の途中に設ける弁類・量水器等の点検・操作のためなどの用途として，排水用ため桝，インバート桝，弁操作等の弁桝，量水器桝及び点検口桝がある。

桝を設置する場合には，土の根切り，埋戻し，残土処分，砂利地業などの土工事から鉄筋の加工組立て，型枠，コンクリート打設及び側塊やふたの取付けなどの作業があるが，これら一連の作業からなる桝の設置を一組単位の合成単価として算出する。

② 材　料

1．ため桝

（1） RA，RB，RC桝

ため桝は側塊を使用したRA，RB桝と現場打ちコンクリートと側塊を組合せたRC桝がある。

RA，RB桝に使用する側塊は，遠心力工法による鉄筋入りコンクリートとする。ふたは，鋳鉄製の防臭ふたとする。RB桝は側塊1号〜4号の組合せとする。

RC桝に使用する側塊は，JIS A 5372（プレキャスト鉄筋コンクリート製品）とし，コンクリート部は，工場製品としてもよい。

ふたは鋳鉄製の防臭ふたとする。深さ1,200 mmを超える桝には防錆処理を行った径22 mmの鋼製又は径19 mmの合成樹脂被覆加工を行った足掛け金物を取付ける。ただし，既成の側塊の足掛け金物は製造者の標準とする。

側塊の接続はRA，RB，RC桝とも防水モルタルによって接合する。

（2） プラスチック桝

プラスチック桝は，JSWAS K-7（下水道用硬質塩化ビニル製ます）とし，立上り部は，JIS K 6741（硬質ポリ塩化ビニル管）のVU又はJIS K 9797（リサイクル硬質ポリ塩化ビニル三層管）のRS-VUとする。

桝のふたは，特記がない場合は密閉ふたとする。

2．インバート桝

（1） SA，SB，SC桝

インバート桝には側塊を使用したSA，SB桝と現場コンクリート打ちを中心としたSC桝があり，共に底部に，管径に適応したインバートを設けたものである。インバート桝に使用する側塊等はため桝の項による。

（2） プラスチック桝

プラスチック桝は，JSWAS K-7（下水道用硬質塩化ビニル製ます）とし，立上り部は，JIS K 6741（硬質ポリ塩化ビニル管）のVU又はJIS K 9797（リサイクル硬質ポリ塩化ビニル三層管）のRS-VUとする。

桝のふたは，特記がない場合は密閉ふたとする。

3．弁桝

コンクリート造りで（工場製品でもよい），弁桝ふた付とする。ふたは，鋳鉄製とする。

4．量水器桝

コンクリート造りで（工場製品でもよい），外部見え掛り部はモルタル塗り仕上げとし，JCW 105（量水器桝ふた）による量水器桝ふた付きとする。

1. ため桝
(1) RA, RB, RC桝

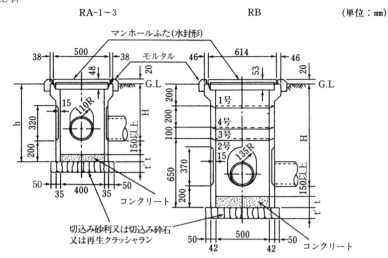

ため桝の規格寸法等（RA, RB）

記号	h	H	t	t′	防臭ふた
RA-1	630	400以下	50以上	100	MHB-400
RA-2	730	410～500	50以上	100	MHB-400
RA-3	830	510～600	50以上	100	MHB-400
RB	―	610～1,200	50以上	100	MHB-500

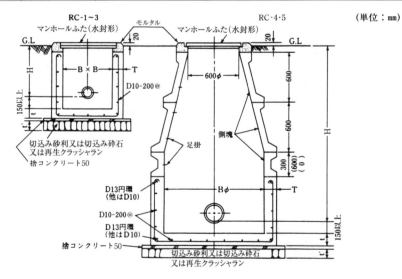

ため桝の規格寸法等（RC）

記号	B	H	T	t	t′	防臭ふた
RC-1	350×350	450以下	100	100	100	MHA-350
RC-2	450×450	460～600	100	120	100	MHA-450
RC-3	600×600	610～1,200	120	120	100	MHA-600
RC-4	900φ	1,210～2,500	150	150	150	MHA-600
RC-5	1,200φ	2,510～3,500	180	200	200	MHA-600

(2) プラスチック桝

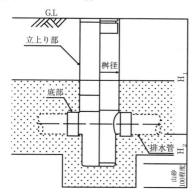

(単位：mm)

記号	底部種類	桝径	流入口径	流出口径	H₁	H₂
R-ST	ストレート	150	100	100	1,200 以下	150 以上
R-90Y	90度合流					
R-45Y	45度合流					
R-90L	90度曲り					
R-45L	45度曲り					

桝のふた

名　　称		適用区分例
密閉ふた		車道以外
鋳鉄製防護ふた	T8A	大型の車両が通行しない場所
（備考）　ふたの耐荷重を必要とする場合は，JSWAS G-3（下水道用鋳鉄製防護ふた）による。		

2．インバート桝
(1) SA，SB，SC 桝

(単位：mm)

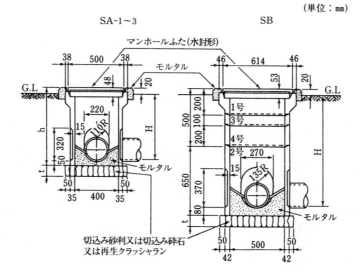

インバート桝の規格寸法等（SA，SB）

記　　号	h	H	t	防　臭　ふ　た
SA-1	480	400以下	100	MHB-400
SA-2	580	410 〜 500	100	MHB-400
SA-3	680	510 〜 600	100	MHB-400
SB	―	610 〜 1,200	100	MHB-500

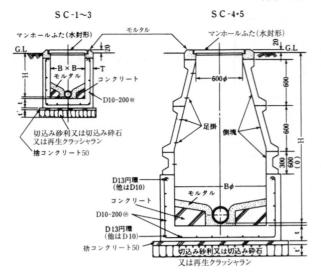

インバート桝の規格寸法等（SC）

記　号	B	H	T	t	t'	防臭ふた
SC-1	350×350	450以下	100	100	100	MHA-350
SC-2	450×450	460〜600	100	120	100	MHA-450
SC-3	600×600	610〜1,200	120	120	100	MHA-600
SC-4	900φ	1,210〜2,500	150	150	150	MHA-600
SC-5	1,200φ	2,510〜3,500	180	200	200	MHA-600

（2）プラスチック桝

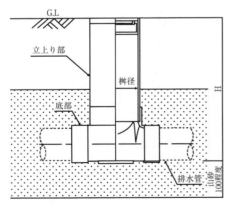

（単位：mm）

記号	底部種類	桝径	流入口径	流出口径	H
ST	ストレート	200	100 125 150	100 125 150	1,200以下
90Y	90度合流				
45Y	45度合流				
90L	90度曲り				
45L	45度曲り				
DR	ドロップストレート				

桝のふた

名　　称		適用区分例
密閉ふた		車道以外
鋳鉄製防護ふた	T8A	大型の車両が通行しない場所
（備考）　ふたの耐荷重を必要とする場合は，JSWAS G-3（下水道用鋳鉄製防護ふた）による。		

③ 桝 類 歩 掛

(1) ため桝

名称	摘要 桝径 mm	摘要 管底深さ mm	単位	複合単価材料 根切り m³	複合単価材料 埋戻し m³	複合単価材料 建設発生土処理 m³	複合単価材料 砂利地業 m³	複合単価材料 コンクリート m³	材料 側塊101 組	材料 側塊102 組	材料 側塊103 組	材料 側塊1号 個	材料 側塊2号 個	材料 側塊3号 個	材料 側塊4号 個	材料 ふた 個	雑材料	労務 特殊作業員 人	労務 普通作業員 人	その他
ため桝（コンクリートふた）	400φ	400	組	1.58	1.41	0.17	0.03	0.01	1	—	—	—	—	—	—	—	1式	0.20	0.14	1式
〃	〃	500	〃	1.79	1.60	0.19	0.03	0.01	—	1	—	—	—	—	—	—		0.22	0.16	
〃	〃	600	〃	2.01	1.80	0.21	0.03	0.01	—	—	1	—	—	—	—	—		0.24	0.18	
〃	500φ	650	〃	2.38	2.04	0.34	0.05	0.01	—	—	—	1	1	—	—	1		0.45	0.19	
〃	〃	750	〃	2.63	2.26	0.37	0.05	0.01	—	—	—	1	1	1	—	1		0.48	0.20	
〃	〃	850	〃	2.89	2.48	0.41	0.05	0.01	—	—	—	1	1	—	1	1		0.51	0.22	
〃	〃	950	〃	3.14	2.70	0.44	0.05	0.01	—	—	—	1	1	1	1	1		0.54	0.23	
〃	〃	1,050	〃	3.39	2.91	0.48	0.05	0.01	—	—	—	1	1	—	2	1		0.57	0.25	
〃	〃	1,150	〃	3.64	3.13	0.51	0.05	0.01	—	—	—	1	1	1	2	1		0.60	0.26	
〃	〃	1,250	〃	6.51	5.97	0.54	0.05	0.01	—	—	—	1	1	—	3	1		0.63	0.28	

(備考) 1. 側塊は右記による。
- 101—ふた付（400φ×630L）
- 102—ふた付（400φ×730L）
- 103—ふた付（400φ×830L）
- 1号（500φ×200L 上部）
- 2号（500φ×650L）
- 3号（500φ×100L）
- 4号（500φ×200L）

2. 根切り・埋戻し・建設発生土処理・砂利地業・コンクリートは複合単価とする。
3. 「その他」の率対象は、特殊作業員、普通作業員とする。
4. 雑材料は、材料費の5％とし計上する。

名称	摘要 桝径 mm	摘要 管底深さ mm	単位	複合単価材料 根切り m³	複合単価材料 埋戻し m³	複合単価材料 建設発生土処理 m³	複合単価材料 砂利地業 m³	複合単価材料 コンクリート m³	材料 側塊101 組	材料 側塊102 組	材料 側塊103 組	材料 側塊1号 個	材料 側塊2号 個	材料 側塊3号 個	材料 側塊4号 個	材料 防臭ふた	雑材料	労務 特殊作業員 人	労務 普通作業員 人	その他
ため桝（防臭ふた）	400φ	400	組	1.58	1.41	0.17	0.03	0.01	1	—	—	—	—	—	—	MHB-400 1	1式	0.60	0.24	1式
〃	〃	500	〃	1.79	1.60	0.19	0.03	0.01	—	1	—	—	—	—	—	〃 1		0.62	0.26	
〃	〃	600	〃	2.01	1.80	0.21	0.03	0.01	—	—	1	—	—	—	—	〃 1		0.64	0.28	
〃	500φ	650	〃	2.38	2.04	0.34	0.05	0.01	—	—	—	1	1	—	—	MHB-500 1		0.89	0.32	
〃	〃	750	〃	2.63	2.26	0.37	0.05	0.01	—	—	—	1	1	1	—	〃 1		0.92	0.33	
〃	〃	850	〃	2.89	2.48	0.41	0.05	0.01	—	—	—	1	1	—	1	〃 1		0.95	0.35	
〃	〃	950	〃	3.14	2.70	0.44	0.05	0.01	—	—	—	1	1	1	1	〃 1		0.98	0.36	
〃	〃	1,050	〃	3.39	2.91	0.48	0.05	0.01	—	—	—	1	1	—	2	〃 1		1.01	0.38	
〃	〃	1,150	〃	3.64	3.13	0.51	0.05	0.01	—	—	—	1	1	1	2	〃 1		1.04	0.39	
〃	〃	1,250	〃	6.51	5.97	0.54	0.05	0.01	—	—	—	1	1	—	3	〃 1		1.07	0.41	

(備考) 1. 側塊は右記による。
- 101（400φ×630L）
- 102（400φ×730L）
- 103（400φ×830L）
- 1号（500φ×200L 上部）
- 2号（500φ×650L）
- 3号（500φ×100L）
- 4号（500φ×200L）

2. 根切り・埋戻し・建設発生土処理・砂利地業・コンクリートは複合単価とする。
3. 「その他」の率対象は、特殊作業員、普通作業員とする。
4. 雑材料は、材料費の5％とし計上する。

(つづく)

⑫桝 類—6

名称	摘要 桝径 mm	摘要 管底深さ mm	単位	複合単価材料 根切り m³	埋戻し m³	建設発生土処理 m³	砂利地業 m³	捨コンクリート m³	コンクリート m³	型枠 m²	鉄筋 D10,D13 kg	足掛け 個	材料 側塊A 組	側塊B 組	側塊300L 組	側塊600L 組	防臭ふた(グレーチング) 個	雑材料	労務 特殊作業員 人	普通作業員 人	揚重機 4.9t 日	その他
ためます（防臭ふた（グレーチング））	350×350	300	組	1.71	1.45	0.26	0.06	0.03	0.11	1.80	11.5	—	—	—	—	—	MHA-350 (1)		0.38 (0.31)	0.09 (0.06)	—	
	〃	350	〃	1.83	1.56	0.27	0.06	0.03	0.12	1.98	11.8	—	—	—	—	—	〃 (〃)		〃 (〃)	〃 (〃)	—	
	〃	400	〃	1.95	1.66	0.29	0.06	0.03	0.13	2.16	12.1	—	—	—	—	—	〃 (〃)		〃 (〃)	〃 (〃)	—	
	〃	450	〃	2.07	1.77	0.30	0.06	0.03	0.14	2.34	12.5	—	—	—	—	—	〃 (〃)		〃 (〃)	〃 (〃)	—	
	450×450	500	〃	2.53	2.09	0.44	0.07	0.04	0.19	3.12	15.7	—	—	—	—	—	MHA-450 (1)		0.41 (0.35)	0.11 (0.08)	—	
	〃	550	〃	2.67	2.21	0.46	0.07	0.04	0.20	3.34	16.0	—	—	—	—	—	〃 (〃)		〃 (〃)	〃 (〃)	—	
	〃	600	〃	2.80	2.32	0.48	0.07	0.04	0.22	3.56	16.4	—	—	—	—	—	〃 (〃)		〃 (〃)	〃 (〃)	—	
	600×600	700	〃	3.83	2.98	0.85	0.11	0.06	0.38	5.24	25.1	—	—	—	—	—	MHA-600 (1)		0.47 (0.39)	0.15 (0.12)	—	
	〃	800	〃	4.16	3.24	0.92	0.11	0.06	0.41	5.82	26.0	—	—	—	—	—	〃 (〃)		〃 (〃)	〃 (〃)	—	
	〃	900	〃	4.50	3.50	1.00	0.11	0.06	0.45	6.39	29.0	—	—	—	—	—	〃 (〃)		〃 (〃)	〃 (〃)	—	
	〃	1,000	〃	4.84	3.77	1.07	0.11	0.06	0.48	6.97	29.9	—	—	—	—	—	〃 (〃)		〃 (〃)	〃 (〃)	—	
	〃	1,100	〃	8.09	6.95	1.14	0.11	0.06	0.52	7.55	32.9	—	—	—	—	—	〃 (〃)		〃 (〃)	〃 (〃)	—	
	〃	1,200	〃	8.84	7.63	1.21	0.11	0.06	0.55	8.12	35.8	—	—	—	—	—	〃 (〃)		〃 (〃)	〃 (〃)	—	
	900φ	1,300	〃	13.62	11.72	1.90	0.29	0.12	0.59	6.17	34.5	1	1	—	—	—	MHA-600 1	1式	1.15 0.80	0.55 0.31	— 0.1	1式
	〃	1,400	〃	14.69	12.72	1.97	0.29	0.12	0.49	4.85	30.0	1	1	—	1	—	〃		1.54 1.13	0.78 0.47	— 0.2	
	〃	1,500	〃	15.79	13.71	2.08	0.29	0.12	0.54	5.51	31.1	1	1	—	1	—	〃		〃 〃	〃 〃	— 〃	
	〃	1,600	〃	16.93	14.74	2.19	0.29	0.12	0.59	6.17	34.5	1	1	—	1	—	〃		〃 〃	〃 〃	— 〃	
	〃	1,700	〃	18.11	15.86	2.25	0.29	0.12	0.49	4.85	30.0	1	1	—	1	—	〃		1.75 1.13	0.91 0.47	— 0.2	
	〃	1,800	〃	19.33	16.96	2.37	0.29	0.12	0.54	5.51	31.1	1	1	—	1	—	〃		〃 〃	〃 〃	— 〃	
	〃	1,900	〃	20.59	18.11	2.48	0.29	0.12	0.59	6.17	34.5	1	1	—	1	—	〃		〃 〃	〃 〃	— 〃	
	〃	2,000	〃	21.89	19.34	2.55	0.29	0.12	0.49	4.85	30.0	1	1	—	1	—	〃		2.14 1.46	1.14 0.63	— 0.3	
	〃	2,100	〃	23.22	20.56	2.66	0.29	0.12	0.54	5.51	31.1	1	1	—	1	—	〃		〃 〃	〃 〃	— 〃	
	〃	2,200	〃	24.60	21.83	2.77	0.29	0.12	0.59	6.17	34.5	1	1	—	1	—	〃		〃 〃	〃 〃	— 〃	
	〃	2,300	〃	26.02	23.19	2.83	0.29	0.12	0.49	4.85	30.0	1	1	—	—	2	〃		2.35 1.46	1.27 0.63	— 0.3	
	〃	2,400	〃	27.48	24.54	2.94	0.29	0.12	0.54	5.51	31.1	1	1	—	—	2	〃		〃 〃	〃 〃	— 〃	
	〃	2,500	〃	28.98	25.92	3.06	0.29	0.12	0.59	6.17	34.5	1	1	—	—	2	〃		〃 〃	〃 〃	— 〃	
	1,200φ	2,600	〃	39.84	35.03	4.81	0.62	0.19	0.89	6.61	42.1	1	1	1	1	1	〃		3.29 1.79	1.83 0.79	— 0.4	
	〃	2,700	〃	41.78	36.78	5.00	0.62	0.19	0.97	7.48	43.5	1	1	1	1	1	〃		〃 〃	〃 〃	— 〃	
	〃	2,800	〃	43.78	38.59	5.19	0.62	0.19	1.05	8.35	47.9	1	1	1	1	1	〃		〃 〃	〃 〃	— 〃	
	〃	2,900	〃	45.82	40.60	5.22	0.62	0.19	0.89	6.61	42.1	1	1	1	—	2	〃		3.62 1.79	2.03 0.79	— 0.4	
	〃	3,000	〃	47.91	42.50	5.41	0.62	0.19	0.97	7.48	43.5	1	1	1	—	2	〃		〃 〃	〃 〃	— 〃	
	〃	3,100	〃	50.05	44.45	5.60	0.62	0.19	1.05	8.35	47.9	1	1	1	—	2	〃		〃 〃	〃 〃	— 〃	
	〃	3,200	〃	52.24	46.56	5.68	0.62	0.19	0.89	6.61	42.1	1	1	1	1	2	〃		4.14 2.12	2.34 0.95	— 0.5	
	〃	3,300	〃	54.49	48.62	5.87	0.62	0.19	0.97	7.48	43.5	1	1	1	1	2	〃		〃 〃	〃 〃	— 〃	
	〃	3,400	〃	56.78	50.72	6.06	0.62	0.19	1.05	8.35	47.9	1	1	1	1	2	〃		〃 〃	〃 〃	— 〃	

（備考） 1. 側塊は右記による。 ・A（600φ×900φ×600L） ・B（900φ×1,200φ×600L）
2. グレーチング使用の場合は，（ ）内数値とする。
3. 内径900φ以上の労務の項で，上段は人力を，下段は機械を示す。
4. 揚重機はトラッククレーン又はラフテレーンクレーンとする。
5. 根切り～足掛けは複合単価とする。
6. 「その他」の率対象は，特殊作業員，普通作業員とする。
7. 雑材料は，材料費の5％とし計上する。

(2) インバート桝

名称	摘要 桝径 mm	摘要 管底深さ mm	単位	複合単価材料 根切り m³	複合単価材料 埋戻し m³	複合単価材料 建設発生土処理 m³	複合単価材料 砂利地業 m³	複合単価材料 インバートモルタル m³	材料 側塊101 組	材料 側塊102 組	材料 側塊103 組	材料 側塊1号 個	材料 側塊2号 個	材料 側塊3号 個	材料 側塊4号 個	材料 ふた 個	雑材料	労務 特殊作業員 人	労務 普通作業員 人	その他
インバート桝（コンクリートふた）	400φ	400	組	1.25	1.14	0.11	0.03	0.02	1	—	—	—	—	—	—	—	1式	0.38	0.12	1式
〃	〃	500	〃	1.47	1.34	0.13	0.03	0.02	—	1	—	—	—	—	—	—		0.39	0.13	
〃	〃	600	〃	1.69	1.54	0.15	0.03	0.02	—	—	1	—	—	—	—	—		0.41	0.15	
〃	500φ	650	〃	2.08	1.83	0.25	0.05	0.05	—	—	—	1	1	—	—	1		0.65	0.19	
〃	〃	750	〃	2.33	2.06	0.27	0.05	0.05	—	—	—	1	1	1	—	1		0.68	0.20	
〃	〃	850	〃	2.58	2.28	0.30	0.05	0.05	—	—	—	1	1	—	1	1		0.71	0.22	
〃	〃	950	〃	2.84	2.51	0.33	0.05	0.05	—	—	—	1	1	1	1	1		0.74	0.23	
〃	〃	1,050	〃	3.09	2.74	0.35	0.05	0.05	—	—	—	1	1	—	2	1		0.77	0.25	
〃	〃	1,150	〃	3.34	2.96	0.38	0.05	0.05	—	—	—	1	1	1	2	1		0.80	0.26	
〃	〃	1,250	〃	3.59	3.18	0.41	0.05	0.05	—	—	—	1	1	—	3	1		0.83	0.28	

(備考) 1. 側塊は右記による。
・101—ふた付（400φ×480L）　・1号（500φ×200L 上部）
・102—ふた付（400φ×580L）　・2号（500φ×650L）
・103—ふた付（400φ×680L）　・3号（500φ×100L）
　　　　　　　　　　　　　　　・4号（500φ×200L）
2. 根切り～インバートモルタルは複合単価とする。
3. 「その他」の率対象は，特殊作業員，普通作業員とする。
4. 雑材料は，材料費の5％とし計上する。

名称	摘要 桝径 mm	摘要 管底深さ mm	単位	複合単価材料 根切り m³	複合単価材料 埋戻し m³	複合単価材料 建設発生土処理 m³	複合単価材料 砂利地業 m³	複合単価材料 インバートモルタル m³	材料 側塊101 組	材料 側塊102 組	材料 側塊103 組	材料 側塊1号 個	材料 側塊2号 個	材料 側塊3号 個	材料 側塊4号 個	材料 防臭ふた 個	雑材料	労務 特殊作業員 人	労務 普通作業員 人	その他
インバート桝（防臭ふた）	400φ	400	組	1.25	1.14	0.11	0.03	0.02	1	—	—	—	—	—	—	MHB-400 1	1式	0.78	0.22	1式
〃	〃	500	〃	1.47	1.34	0.13	0.03	0.02	—	1	—	—	—	—	—	〃 1		0.79	0.23	
〃	〃	600	〃	1.69	1.54	0.15	0.03	0.02	—	—	1	—	—	—	—	〃 1		0.81	0.25	
〃	500φ	650	〃	2.08	1.83	0.25	0.05	0.05	—	—	—	1	1	—	—	MHB-500 1		1.09	0.32	
〃	〃	750	〃	2.33	2.06	0.27	0.05	0.05	—	—	—	1	1	1	—	〃 1		1.12	0.33	
〃	〃	850	〃	2.58	2.28	0.30	0.05	0.05	—	—	—	1	1	—	1	〃 1		1.15	0.35	
〃	〃	950	〃	2.84	2.51	0.33	0.05	0.05	—	—	—	1	1	1	1	〃 1		1.18	0.36	
〃	〃	1,050	〃	3.09	2.74	0.35	0.05	0.05	—	—	—	1	1	—	2	〃 1		1.21	0.38	
〃	〃	1,150	〃	3.34	2.96	0.38	0.05	0.05	—	—	—	1	1	1	2	〃 1		1.24	0.39	
〃	〃	1,250	〃	3.59	3.18	0.41	0.05	0.05	—	—	—	1	1	—	3	〃 1		1.27	0.41	

(備考) 1. 側塊は右記による。
・101（400φ×480L）　・1号（500φ×200L 上部）
・102（400φ×580L）　・2号（500φ×650L）
・103（400φ×680L）　・3号（500φ×100L）
　　　　　　　　　　・4号（500φ×200L）
2. 根切り～インバートモルタルは複合単価とする。
3. 「その他」の率対象は，特殊作業員，普通作業員とする。
4. 雑材料は，材料費の5％とし計上する。

(つづく

⑫桝　　　類—8

名称	摘要 桝径 mm	摘要 管底深さ mm	単位	複合単価材料 根切り m³	埋戻し m³	建設発生土処理 m³	砂利地業 m³	捨コンクリート m³	コンクリート m³	型枠 m²	鉄筋D10,D13 kg	足掛け 個	インバートコンクリート m³	インバート型枠 m²	インバートモルタル m³	材料 側塊A 組	側塊B 組	側塊300L 組	側塊600L 組	防臭ふた 個	雑材料	労務 特殊作業員 人	普通作業員 人	揚重機4.9t 日	その他
インバート桝（防臭ふた）	350×350	300	組	1.47	1.24	0.23	0.06	0.03	0.09	1.48	9.4	—	0.01	0.11	0.01	—	—	—	—	MHA-350 1		0.58	0.09	—	
	〃	350	〃	1.59	1.35	0.24	0.06	0.03	0.10	1.66	11.1	—	0.01	0.11	0.01	—	—	—	—	〃		〃	〃	—	
	〃	400	〃	1.71	1.45	0.26	0.06	0.03	0.11	1.80	11.5	—	0.01	0.11	0.01	—	—	—	—	〃		〃	〃	—	
	〃	450	〃	1.83	1.56	0.27	0.06	0.03	0.12	1.98	11.8	—	0.01	0.11	0.01	—	—	—	—	〃		〃	〃	—	
	450×450	500	〃	2.26	1.87	0.39	0.07	0.04	0.17	2.73	13.4	—	0.01	0.14	0.01	—	—	—	—	MHA-450 1		0.61	0.11	—	
	〃	550	〃	2.40	1.99	0.41	0.07	0.04	0.18	2.90	15.4	—	0.01	0.14	0.01	—	—	—	—	〃		〃	〃	—	
	〃	600	〃	2.53	2.09	0.44	0.07	0.04	0.19	3.12	15.7	—	0.01	0.14	0.01	—	—	—	—	〃		〃	〃	—	
	600×600	700	〃	3.49	2.71	0.78	0.11	0.06	0.34	4.67	22.2	—	0.02	0.24	0.02	—	—	—	—	MHA-600 1		0.67	0.15	—	
	〃	800	〃	3.83	2.98	0.85	0.11	0.06	0.38	5.24	25.1	—	0.02	0.24	0.02	—	—	—	—	〃		〃	〃	—	
	〃	900	〃	4.16	3.24	0.92	0.11	0.06	0.41	5.82	26.0	—	0.02	0.24	0.02	—	—	—	—	〃		〃	〃	—	
	〃	1,000	〃	4.50	3.50	1.00	0.11	0.06	0.45	6.39	29.0	—	0.02	0.24	0.02	—	—	—	—	〃		〃	〃	—	
	〃	1,100	〃	4.84	3.77	1.07	0.11	0.06	0.48	6.97	29.9	—	0.02	0.24	0.02	—	—	—	—	〃		〃	〃	—	
	〃	1,200	〃	8.09	6.95	1.14	0.11	0.06	0.52	7.55	32.9	—	0.02	0.24	0.02	—	—	—	—	〃		〃	〃	—	
	900φ	1,300	〃	12.59	10.80	1.79	0.29	0.12	0.54	5.51	23.4	1	0.10	0.48	0.05	1	—	—	—	〃		1.55 / 1.20	0.55 / 0.31	— / 0.1	
	〃	1,400	〃	13.62	11.76	1.86	0.29	0.12	0.44	4.19	27.0	1	0.10	0.48	0.05	1	—	—	1	〃		1.74 / 1.53	0.78 / 0.47	— / 0.2	
	〃	1,500	〃	14.69	12.72	1.97	0.29	0.12	0.49	4.85	30.0	1	0.10	0.48	0.05	1	—	—	1	〃	1	〃	〃	〃	1式
	〃	1,600	〃	15.79	13.71	2.08	0.29	0.12	0.54	5.51	31.1	1	0.10	0.48	0.05	1	—	—	1	〃		〃	〃	〃	
	〃	1,700	〃	16.93	14.79	2.14	0.29	0.12	0.44	4.19	27.0	1	0.10	0.48	0.05	1	—	—	1	〃		2.15 / 1.53	0.91 / 0.47	— / 〃	
	〃	1,800	〃	18.11	15.86	2.25	0.29	0.12	0.49	4.85	30.0	1	0.10	0.48	0.05	1	—	—	1	〃		〃	〃	〃	
	〃	1,900	〃	19.33	16.96	2.37	0.29	0.12	0.54	5.51	31.1	1	0.10	0.48	0.05	1	—	—	1	〃		〃	〃	〃	
	〃	2,000	〃	20.59	18.16	2.43	0.29	0.12	0.44	4.19	27.0	1	0.10	0.48	0.05	1	—	—	1	〃		2.55 / 1.86	1.14 / 0.63	— / 0.3	
	〃	2,100	〃	21.89	19.34	2.55	0.29	0.12	0.49	4.85	30.0	1	0.10	0.48	0.05	1	—	—	1	〃		〃	〃	〃	
	〃	2,200	〃	23.22	20.56	2.66	0.29	0.12	0.54	5.51	31.1	1	0.10	0.48	0.05	1	—	—	1	〃		〃	〃	〃	
	〃	2,300	〃	24.60	21.88	2.72	0.29	0.12	0.44	4.19	27.0	1	0.10	0.48	0.05	1	—	—	2	〃		2.75 / 1.86	1.27 / 0.63	— / 〃	
	〃	2,400	〃	26.02	23.19	2.83	0.29	0.12	0.49	4.85	30.0	1	0.10	0.48	0.05	1	—	—	2	〃		〃	〃	〃	
	〃	2,500	〃	27.48	24.54	2.94	0.29	0.12	0.54	5.51	31.1	1	0.10	0.48	0.05	1	—	—	2	〃		〃	〃	〃	
	1,200φ	2,600	〃	37.95	33.33	4.62	0.62	0.19	0.81	5.75	37.8	1	0.19	0.66	0.09	1	1	1	1	〃		3.65 / 2.19	1.83 / 0.79	— / 0.4	
	〃	2,700	〃	39.84	35.03	4.81	0.62	0.19	0.89	6.61	42.1	1	0.19	0.66	0.09	1	1	1	1	〃		〃	〃	〃	
	〃	2,800	〃	41.78	36.78	5.00	0.62	0.19	0.97	7.48	43.5	1	0.19	0.66	0.09	1	1	1	1	〃		〃	〃	〃	
	〃	2,900	〃	43.78	38.76	5.02	0.62	0.19	0.81	5.75	37.8	1	0.19	0.66	0.09	1	1	—	2	〃		4.02 / 2.19	2.03 / 0.79	— / 〃	
	〃	3,000	〃	45.82	40.60	5.22	0.62	0.19	0.89	6.61	42.1	1	0.19	0.66	0.09	1	1	—	2	〃		〃	〃	〃	
	〃	3,100	〃	47.91	42.50	5.41	0.62	0.19	0.97	7.48	43.5	1	0.19	0.66	0.09	1	1	—	2	〃		〃	〃	〃	
	〃	3,200	〃	50.05	44.56	5.49	0.62	0.19	0.81	5.75	37.8	1	0.19	0.66	0.09	1	1	1	2	〃		4.54 / 2.52	2.34 / 0.95	— / 0.5	
	〃	3,300	〃	52.24	46.56	5.68	0.62	0.19	0.89	6.61	42.1	1	0.19	0.66	0.09	1	1	1	2	〃		〃	〃	〃	
	〃	3,400	〃	54.49	48.62	5.87	0.62	0.19	0.97	7.48	43.5	1	0.19	0.66	0.09	1	1	1	2	〃		〃	〃	〃	
	〃	3,500	〃	56.78	50.88	5.90	0.62	0.19	0.81	5.75	37.8	1	0.19	0.66	0.09	1	1	—	3	〃		4.67 / 2.52	2.54 / 0.95	— / 〃	

（備考）
1. 側塊は右記による。　・A（600φ×900φ×600L）　・B（900φ×1,200φ×600L）
2. 内径900φ以上の労務費の項で，上段は人力を，下段は機械を示す。
3. 揚重機はトラッククレーン又はラフテレーンクレーンとする。
4. 根切り～インバートモルタルは複合単価とする。
5. 「その他」の率対象は，特殊作業員，普通作業員とする。
6. 雑材料は，材料費の5％とし計上する。

—1102—

（3） プラスチック桝

名称	摘要				単位	材料		雑材料	労務	その他
	桝径	最大排水管径	区分	深さ		桝（塩ビふた付）	立上り管（RS-VU）150φ・200φ		配管工	
	mm	mm		mm		組	m		人	
プラスチック桝	150φ	100φ	A	～500	組	1	0.34	1式	0.09	1式
				501～800			0.64		0.09	
				801～1200			1.04		0.10	
				1201～1500			1.34		0.11	
	150φ	100φ	B*	～500	〃	1	0.34		0.13	
				501～800			0.64		0.13	
				801～1200			1.04		0.14	
				1201～1500			1.34		0.15	
	200φ	100φ	A	～500	〃	1	0.34		0.10	
				501～800			0.64		0.10	
				801～1200			1.04		0.11	
				1201～1500			1.34		0.12	
	200φ	100φ	B	～500	〃	1	0.34		0.14	
				501～800			0.64		0.14	
				801～1200			1.04		0.15	
				1201～1500			1.34		0.16	
	200φ	125φ	A	～500	〃	1	0.32		0.11	
				501～800			0.62		0.11	
				801～1200			1.02		0.12	
				1201～1500			1.32		0.13	
	200φ	125φ	B	～500	〃	1	0.32		0.15	
				501～800			0.62		0.15	
				801～1200			1.02		0.16	
				1201～1500			1.32		0.17	
	200φ	150φ	A	～500	〃	1	0.29		0.12	
				501～800			0.59		0.12	
				801～1200			0.99		0.13	
				1201～1500			1.29		0.14	
	200φ	150φ	B	～500	〃	1	0.29		0.16	
				501～800			0.59		0.16	
				801～1200			0.99		0.17	
				1201～1500			1.29		0.18	

（備考） 1. プラスチック桝は，硬質塩化ビニル製桝とし，インバート桝及びため桝に適用し，土工事は含んでいない。
2. 区分は底部種類を示し，下記区分表による。
3. 鋳鉄製防護ふたが必要な場合は加算する。
4. 「その他」の率対象は，配管工とする。
5. 雑材料は，材料費の10%とし計上する。

区分表

区分	底部種類	備考
A	ST	ストレート，曲り及び枝流入口を1個持つ合流とする。
	90L, 45L	
	90Y, 45Y, 45YS	
	WLS	
B	UTK, UT, UTL	トラップを有するもの，ドロップ及び枝流入口を2個持つ合流とする。
	DR	
	DRY, DRW	

* 桝径150φは，UTK，UTのみ

(4) プラスチック桝用鋳鉄製防護ふた

名　称	摘　要	単位	材料 鋳鉄製防護ふた（台座付） 組	材料 切込み砕石 m³	労務 特殊作業員 人	労務 普通作業員 人	その他
鋳鉄製防護ふた	標準型 T-8　ふた径200　蝶番ロック式	組	1	0.09	0.016	0.016	1式
	標準型 T-8　ふた径200　蝶番袋穴式						
	標準型 T-14　ふた径200　蝶番ロック式						
	標準型 T-14　ふた径200　蝶番袋穴式						
	標準型 T-25　ふた径200　蝶番ロック式						
	標準型 T-25　ふた径200　蝶番袋穴式						

(備考)　1．鋳鉄製防護ふたは200φ以下の桝に使用可能とする。
　　　　2．プラスチック桝に附属する塩ビふたを内ふたと読み替えており、プラスチック桝（塩ビふた付）に加算して使用する。
　　　　3．「その他」の率対象は，特殊作業員，普通作業員とする。

(5) 弁桝ほか

名称	摘要 呼び径・桝径	深さ mm	単位	複合単価材料 硬質塩化ビニル管(VP) m	複合単価材料 コンクリート m³	複合単価材料 砂利地業 m³	複合単価材料 モルタル m³	複合単価材料 型枠 m²	複合単価材料 根切り m³	複合単価材料 埋戻し m³	複合単価材料 建設発生土処理 m³	材料 ふた 個	雑材料	労務 特殊作業員 人	労務 普通作業員 人	その他
弁桝	25ᴬ以下	550	組	0.60	—	0.02	—	—	0.39	0.29	0.10	B1 1	1式	0.36	0.08	1式
	40ᴬ以下	550	〃	—	0.050	0.02	—	1.22	1.24	1.15	0.09	〃		0.36	0.08	
	〃	850	〃	—	0.109	0.03	—	2.05	2.00	1.83	0.17	〃		0.36	0.08	
	50ᴬ〜80ᴬ	700	〃	—	0.137	0.06	—	2.44	2.07	1.81	0.26	MHA-P300 1		0.36	0.08	
	〃	900	〃	—	0.169	0.06	—	3.08	2.52	2.21	0.31	〃		0.36	0.08	
	100ᴬ〜200ᴬ	1,200	〃	—	0.385	0.10	—	5.80	4.11	3.38	0.73	MHA-P450 1		0.41	0.11	
量水器桝	25ᴬ〜32ᴬ	450	組	—	0.116	0.07	0.01	1.92	1.65	1.40	0.25	MB-1 1		0.36	0.08	
	〃	750	〃	—	0.173	0.07	0.02	3.64	2.39	2.05	0.34	〃		0.36	0.08	
	40ᴬ〜65ᴬ	450	〃	—	0.192	0.12	0.02	2.88	2.19	1.71	0.48	MB-2 1		0.47	0.15	
	〃	750	〃	—	0.277	0.12	0.03	4.58	3.17	2.50	0.67	〃		0.47	0.15	
	80ᴬ〜150ᴬ	450	〃	—	0.374	0.21	0.04	4.14	3.15	2.21	0.94	MB-3 1		0.77	0.30	
	〃	750	〃	—	0.521	0.21	0.05	6.60	4.52	3.20	1.32	〃		0.77	0.30	
点検口桝	450×450	400	組	—	0.099	0.08	0.01	1.92	1.59	1.33	0.26	WPM-A450 1		0.41	0.11	
	800×600	450	〃	—	0.147	0.13	0.02	2.73	2.29	1.77	0.52	MB-2 1		0.47	0.15	

(備考)　1．コンクリート〜建設発生土処理は複合単価とする。
　　　　2．「その他」の率対象は，特殊作業員，普通作業員とする。
　　　　3．雑材料は，材料費の5％とし計上する。

④ 桝単価作成例（参考）
　ため桝RA型　400φ　深さ400mm（防臭ふた付）（⓬桝歩掛，P.1099参照）

名　　称	適要・規格	単位	数量	単価	金　額	備　考
根　切　り		m³	1.58	3,510	5,545.80	複合単価　作成(1)参照
埋　戻　し		m³	1.41	5,080	7,162.80	〃　　〃(2)〃
建設発生土処理		m³	0.17	7,360	1,251.20	〃　　〃(3)〃
砂　利　地　業		m³	0.03	7,720	231.60	〃　　〃(4)〃
コンクリート	生コン：人力	m³	0.01	43,180	431.80	〃　　〃(5)〃
側　　　塊	101	個	1	12,800	12,800.00	ふたなし
防　臭　ふ　た	MHB-400	個	1	11,700	11,700.00	
雑　材　料	（側塊＋ふた）×5％	式	1		1,225.00	(12,800.00＋11,700.00)×0.05
特　殊　作　業　員		人	0.60	28,300	16,980.00	①
普　通　作　業　員		人	0.24	25,400	6,096.00	②
そ　の　他	（労）×24％	式	1		5,538.24	③(①+②)23,076.00×(0.23+0.01)
計					68,962.44	1組当り　68,960円

1）ため桝作成に必要な土工事複合単価作成例（❿土工事，P.1091参照）
　(1)　根切り（バックホウ　0.13m³）

名　　称	適要・規格	単位	数量	単価	金　額	備　考
バックホウ運転		日	0.05	51,050	2,552.50	複合単価　作成(6)参照
普　通　作　業　員		人	0.03	25,400	762.00	①
そ　の　他	（労）×26％	式	1		198.12	②(①)762.00×(0.25+0.01)
計					3,512.62	1m³当り　3,510円

　(2)　埋戻し（バックホウ　0.13m³）

名　　称	適要・規格	単位	数量	単価	金　額	備　考
バックホウ運転		日	0.033	51,050	1,684.65	複合単価　作成(6)参照
タ　ン　パ　運　転		日	0.031	37,350	1,157.85	〃　　〃(7)〃
普　通　作　業　員		人	0.07	25,400	1,778.00	①
そ　の　他	（労）×26％	式	1		462.28	②(①)1,778.00×(0.25+0.01)
計					5,082.78	1m³当り　5,080円

　(3)　建設発生土処理　人力

名　　称	適要・規格	単位	数量	単価	金　額	備　考
普　通　作　業　員		人	0.23	25,400	5,842.00	①
そ　の　他	（労）×26％	式	1		1,518.92	②(①)5,842.00×(0.25+0.01)
計					7,360.92	1m³当り　7,360円

(4) 砂利地業

名　　称	適要・規格	単位	数量	単価	金額	備　考
砂　　利	再生クラッシャラン	m³	1.10	1,200	1,320.00	
普通作業員		人	0.20	25,400	5,080.00	①
そ の 他	(労)×26%	式	1		1,320.80	② (①)5,080.00×(0.25+0.01)
計					7,720.80	1m³当り　7,720円

2) ため桝作成に必要なコンクリート工事複合単価作成例（⓫コンクリート工事・その他，P.1093参照）

(5) コンクリート（生コン；人力）

名　　称	適　要・規　格	単位	数量	単価	金　額	備　考
コンクリート		m³	1.0	19,800	19,800.00	①
特殊作業員		人	0.65	28,300	18,395.00	②
器　材　費	(コンクリート)×0.01	式	1		198.00	③ (①)19,800.00×0.01
そ　の　他	(労)×26%	式	1		4,782.70	④ (②)18,395.00×(0.25+0.01)
計					43,175.70	1m³当り　43,180円

(6) バックホウ運転（バックホウ　0.13m³）

名　　称	適　要・規　格	単位	数量	単価	金　額	備　考
機械損料		供用日	1.78	6,080	10,822.40	
燃　料	軽油	ℓ	22.4	135	3,024.00	①
運転手（特殊）		人	1.00	28,900	28,900.00	②
そ の 他	(労，雑)×26%	式	1		8,300.24	③ (①+②)31,924.00×(0.25+0.01)
計					51,046.64	1日当り　51,050円

(7) タンパ運転（タンパ　60～80kg）

名　　称	適　要・規　格	単位	数量	単価	金　額	備　考
機械損料		供用日	1.33	535	711.55	
燃　料	ガソリン	ℓ	5.00	155	775.00	①
特殊作業員		人	1.00	28,300	28,300.00	②
そ の 他	(労，雑)×26%	式	1		7,559.50	③ (①+②)29,075.00×(0.25+0.01)
計					37,346.05	1日当り　37,350円

⓭ 機械設備改修工事

① 一　般　事　項
建築物の模様替え及び修繕に係る機械設備工事に適用する。

② 撤　　　去

1. 適用条件及び留意事項
(1) 配管，ダクト，保温及び機器の撤去に適用する。
(2) 資機材撤去は，新設歩掛を補正した労務歩掛によるほか，撤去歩掛による。
(3) 資機材の施工状況等により，新設歩掛に対する補正率を増減することができる。

2. 資機材の撤去

使用区分	種　　別	労務歩掛（人）
撤去 (撤去後 再使用 しない)	配管類 配管附属品類 ダクト・同附属品類 保温 水栓・排水金具等 軽量機器 重量機器	新設歩掛　×0.3 〃　×0.3 〃　×0.3 〃　×0.3 〃　×0.3 〃　×0.3 〃　×0.4

使用区分	種　　別	労務歩掛（人）
取外し (撤去後 再使用 する)	配管類 配管附属品類 ダクト・同附属品類 保温 水栓・排水金具等 軽量機器 重量機器	新設歩掛　×0.4 〃　×0.4 〃　×0.4 〃　×0.4 〃　×0.4 〃　×0.4 〃　×0.7

（備考）
1. 配管類の労務歩掛は「はつり補修」を除く。
2. 機器の場外搬出は別途計上する。
3. ボイラー，冷凍機，冷却塔，タンク，空調機，送風機，ポンプ等のうち，100kg以上の機器を重量機器として扱い，100kg未満のものを軽量機器として扱う。
4. 使用区分が撤去の「その他」の率対象は，労務歩掛とし，工種は撤去を適用する。
5. 使用区分が取外しの「その他」の率対象は，労務歩掛とし，工種は取外しを行う資機材に対応するものを適用する。

3. ダクト撤去
(1) 長方形ダクト

細　目	摘　要	単位	労務 職種	労務 歩掛員数(人)	その他	備　考
長方形ダクト	亜鉛鉄板板厚(mm) 0.5 〃 0.6 〃 0.8 〃 1.0 〃 1.2 〃 1.6	1m² 当り	ダクト工 〃 〃 〃 〃 〃	0.066 0.072 0.075 0.093 0.123 0.162	1式	1. 取外し(撤去後再使用する)の場合は，歩掛に1.3を乗じた値とする。 2. 「その他」の率対象は，ダクト工とする。

(2) スパイラルダクト

細　目	摘　要	単位	労務 職種	労務 歩掛員数(人)	その他	備　考
スパイラル ダクト (低圧ダクト， 高圧1ダクト， 高圧2ダクト)	ダクト口径(mm) 100 〃 125 〃 150 〃 175 〃 200 〃 225 〃 250 〃 275 〃 300 〃 350 〃 400 〃 450 〃 500 〃 550 〃 600 〃 650 〃 700 〃 750 〃 800 〃 850 〃 900 〃 950 〃 1,000	1m 当り	ダクト工 〃	0.035 0.035 0.040 0.047 0.052 0.057 0.060 0.066 0.075 0.086 0.101 0.118 0.130 0.153 0.156 0.173 0.182 0.196 0.208 0.216 0.231 0.239 0.261	1式	1. 取外し(撤去後再使用する)の場合は，歩掛に1.3を乗じた値とする。 2. 「その他」の率対象は，ダクト工とする。

4. ダクト附属品撤去

細 目	摘 要	単位	労務 職種	労務 歩掛員数(人)	その他	備 考
吹出口 ユニバーサル形 (VHS, VS, VH, V)	0.04 m² 以下	1個当り	ダクト工	0.099		1. 取外し(撤去後再使用する)の場合は，歩掛に1.3を乗じた値とする。 2. 「その他」の率対象は，ダクト工とする。
	0.1 m² 以下		〃	0.114		
	0.2 m² 以下		〃	0.132		
	0.3 m² 以下		〃	0.162		
	0.4 m² 以下		〃	0.210		
吹出口 シーリングディフューザー (C2, CA, CD, E2, EA, ED)	直径200 mm 以下	〃	ダクト工	0.117		
	250〜350mm		〃	0.138		
	400〜500mm		〃	0.165		
	550mm 以上		〃	0.189		
ノズル形吹出口		〃	ダクト工	0.117		
線状吹出口 (BL-S, BL-D)	長辺1m 以下	〃	ダクト工	0.102		
	1mを超え2m以下		〃	0.156		
	2mを超え3m以下		〃	0.210		
吸込口 (GV, GVS)	0.1 m² 以下	〃	ダクト工	0.126	1 式	
	0.5 m² 以下		〃	0.165		
	1.0 m² 以下		〃	0.240		
	1.6 m² 以下		〃	0.330		
	2.0 m² 以下		〃	0.390		
	2.4 m² 以下		〃	0.450		
排煙口 (手動操作装置含む)	長辺0.5m 未満	1組当り	ダクト工	0.180		
	1.0m 未満		〃	0.240		
	1.0m 以上		〃	0.330		
風量調節ダンパー (VD) 逆流防止ダンパー (CD)	0.1 m² 以下	1個当り	ダクト工	0.126		
	0.5 m² 以下		〃	0.150		
	1.0 m² 以下		〃	0.225		
	1.6 m² 以下		〃	0.300		
	2.0 m² 以下		〃	0.360		
	2.4 m² 以下		〃	0.420		
防火ダンパー (FD) 風量調節・防火ダンパー (FVD) 防煙ダンパー (SD) 防火防煙ダンパー (SFD) ピストンダンパー (PD)	0.1 m² 以下	〃	ダクト工	0.135		
	0.5 m² 以下		〃	0.165		
	1.0 m² 以下		〃	0.240		
	1.6 m² 以下		〃	0.330		
	2.0 m² 以下		〃	0.390		
	2.4 m² 以下		〃	0.450		
風量測定口		〃	ダクト工	0.069		
ベントキャップ		〃	ダクト工	0.060		
点検口 (ダクト用)	0.2 m² 未満	1箇所当り	ダクト工	0.090		
	0.2 m² 以上		〃	0.096		

5. ダクト類保温撤去

区分		施工箇所等	保温材質	外装材	保温厚(mm)	単位	保温工(人)(40K)	保温工(人)(32K)	その他	備考
一般ダクト	長方形	屋内露出（一般居室，廊下など）	ロックウール グラスウール	亜鉛鉄板 カラー亜鉛鉄板	50	1 m² 当り	0.170	—	1 式	1. 取外し（撤去後再使用する）の場合は，歩掛に1.3を乗じた値とする。 2. 保温工（32K）はスパイラルダクトの保温密度が32Kの場合に適用する。 3.「その他」の率対象は保温工とする。
		機械室，書庫，倉庫など		アルミガラスクロス	25		0.047	—		
					50		0.040	—		
		屋内隠ぺい，ダクトシャフト内		アルミガラスクロス	25		0.045	—		
		屋外露出（バルコニー，開放廊下を含む）及び浴室，厨房等の多湿箇所（厨房の天井内は含まない）		ステンレス鋼板	50		0.289	—		
				亜鉛鉄板	50		0.175	—		
排煙ダクト		屋内隠ぺい	ロックウール	アルミガラスクロス	25		0.051	—		
一般ダクト	スパイラル	屋内露出（一般居室，廊下など）	ロックウール グラスウール	亜鉛鉄板 カラー亜鉛鉄板	50		0.137	0.136		
		機械室，書庫，倉庫など		アルミガラスクロス	25		0.044	0.044		
					50		0.048	0.047		
		屋内隠ぺい，ダクトシャフト内		アルミガラスクロス	25		0.042	0.041		
		屋外露出（バルコニー，開放廊下を含む）及び浴室，厨房等の多湿箇所（厨房の天井内は含まない）		ステンレス鋼板	50		0.225	0.224		
				亜鉛鉄板	50		0.144	0.143		
排煙ダクト	円形	屋内隠ぺい	ロックウール	アルミガラスクロス	25		0.046	—		
排気筒		屋内隠ぺい	ロックウール	アルミガラスクロス	50		0.066	—		
消音内貼り		サプライチャンバー	ロックウール	銅きっ甲金網 アルミパンチングメダル	50		0.077	—		
					25		0.072	—		
		消音チャンバー 消音エルボ	グラスウール	ガラスクロス	50		0.066	—		
					25		0.060	—		

6. 衛生器具撤去

細目	単位	記号	摘要	配管工(人)	その他	備考
和風便器	1組当り		洗浄弁式	0.402		1. 取外し（撤去後再使用する）の場合は，歩掛に1.3を乗じた値とする。 2. 大便器の便座は普通便座とする。 3.「その他」の率対象は，配管工とする。
			タンク式	0.555		
大便器	〃	C-1111 C-1111R C-1111S	高座面形，洗浄弁式	0.630		
			高座面形，タンク式	0.468		
	〃	C-710 C-910 C-1200 C-1210 C-710R C-910R	洗浄弁式	0.318		
	〃	C-710S C-910S C-1200R C-1210R C-1200S C-1210S	タンク式	0.468		
小便器	〃	U-510 U-511	洗浄弁式床置小便器	0.342		
	〃	U-520 U-521	洗浄弁式壁掛小便器	0.249		
	〃	U-610	専用洗浄弁式床置小便器	0.342		
	〃	U-620	専用洗浄弁式壁掛小便器	0.249		
洗面器	〃	L-410 L-420 L-511	水栓1ケ付 水栓2ケ付	0.207		
手洗器	〃	L-710 L-730		0.090	1式	
洗面化粧台	〃			0.174		
洗濯機パン	〃		トラップ付	0.144		
掃除流し	〃	S-210 NS-210	バック付き掃除流し	0.330		
飲料用冷水器	〃		立形冷水水飲器	0.207		
化粧棚	1個当り		陶器製	0.045		
鏡	1枚当り			0.069		
身障者用鏡	〃			0.120		
水石けん入れ	1個当り		壁付押しボタン式	0.030		
シートペーパーホルダ	〃			0.039		
仕切板	〃		小便器用，陶製	0.039		
メディシングキャビネット	〃		露出形	0.039		
タオル掛け	〃		金属製	0.039		
紙巻器	〃		(紙器のみ撤去の場合)	0.039		
洗浄弁	〃		大便器用 (洗浄弁のみ撤去の場合)	0.105		
			小便器用 (洗浄弁のみ撤去の場合)	0.048		
シャワーセット	1組当り		固定式シャワー 湯水混合栓，吐水口	0.300		
小便器用節水装置	〃		一括式	0.150		
			個別式	0.048		
和風大便器耐火カバー	1個当り			0.150		
温水洗浄式便座	1組当り			0.075		

7. 配管保温撤去

(1) 給水管，排水管（ポリスチレンフォーム）　　　　　　　　　　　　　　　　　　　　　　　　　　　（1m当り）

施工箇所	外装材	名称	単位	呼び径 15A	20	25	32	40	50	65	80	100	125	150	200	250	300
屋内露出 （一般居室，廊下）	合成樹脂製 カバー 1及び2	保温厚	mm	20								25					
		保温工	人	0.012	0.013	0.013	0.013	0.014	0.015	0.017	0.019	0.025	0.031	0.036	0.050	0.060	0.070
		ダクト工	〃	0.006	0.007	0.007	0.008	0.008	0.009	0.010	0.011	0.014	0.015	0.017	0.021	0.025	0.029
		その他		1式													
機械室，書庫，倉庫	アルミガラス クロス	保温厚	mm	20								25					
		保温工	人	0.023	0.023	0.025	0.026	0.029	0.031	0.034	0.037	0.048	0.056	0.064	0.084	0.110	0.139
		その他		1式													
天井内， パイプシャフト内及び 空隙壁中	アルミガラス クロス	保温厚	mm	20								25					
		保温工	人	0.019	0.020	0.022	0.023	0.025	0.027	0.029	0.032	0.043	0.050	0.057	0.074	0.097	0.125
		その他		1式													
天井内， パイプシャフト内及び 空隙壁中	アルミガラス クロス 化粧保温筒	保温厚	mm	20								25					
		保温工	人	0.012	0.013	0.013	0.013	0.014	0.015	0.017	0.019	0.025	0.031	0.036	0.050	0.060	0.070
		その他		1式													
暗渠内 （ピット内を含む）	着色アルミ ガラスクロス	保温厚	mm	20								25					
		保温工	人	0.023	0.024	0.027	0.029	0.031	0.034	0.037	0.041	0.053	0.062	0.071	0.092	0.122	0.157
		その他		1式													
屋外露出（バルコニー，開放廊下を含む）及び浴室，厨房等の多湿箇所（厨房の天井内は含まない）	カラー亜鉛 鉄板 又は 溶融アルミニウム ー亜鉛鉄板	保温厚	mm	20								25					
		保温工	人	0.017	0.017	0.019	0.020	0.022	0.024	0.026	0.029	0.038	0.045	0.051	0.065	0.087	0.111
		ダクト工	〃	0.020	0.022	0.023	0.026	0.027	0.030	0.033	0.036	0.045	0.051	0.057	0.070	0.083	0.095
		その他		1式													
屋外露出（バルコニー，開放廊下を含む）及び浴室，厨房等の多湿箇所（厨房の天井内は含まない）	ステンレス 鋼板	保温厚	mm	20								25					
		保温工	人	0.017	0.017	0.019	0.020	0.022	0.024	0.026	0.029	0.038	0.045	0.051	0.065	0.087	0.111
		ダクト工	〃	0.028	0.030	0.032	0.035	0.036	0.041	0.045	0.050	0.061	0.069	0.077	0.096	0.113	0.130
		その他		1式													

（備考）1. 取外し（撤去後再使用する）の場合は，歩掛に1.3を乗じた値とする。
　　　　2. 「その他」の率対象は，保温工及びダクト工とする。

(2) 冷水管，冷温水管（膨張管を含む）（ポリスチレンフォーム） （1m当り）

施工箇所	外装材	名称	単位	呼び径													
				15A	20	25	32	40	50	65	80	100	125	150	200	250	300
屋内露出 （一般居室，廊下）	合成樹脂製 カバー 1及び2	保温厚	mm	30					40					50		
		保温工	人	0.022	0.023	0.024	0.029	0.032	0.035	0.039	0.043	0.053	0.063	0.073	0.084	0.114	0.132
		ダクト工	〃	0.008	0.008	0.009	0.011	0.011	0.012	0.013	0.014	0.016	0.018	0.020	0.023	0.028	0.032
		その他		1 式													
機械室，書庫，倉庫	アルミガラス クロス	保温厚	mm	30					40					50		
		保温工	人	0.034	0.035	0.037	0.045	0.049	0.053	0.058	0.063	0.079	0.092	0.105	0.134	0.168	0.202
		その他		1 式													
天井内， パイプシャフト内及び 空隙壁中	アルミガラス クロス	保温厚	mm	30					40					50		
		保温工	人	0.025	0.027	0.029	0.034	0.037	0.041	0.044	0.048	0.061	0.071	0.081	0.104	0.132	0.161
		その他		1 式													
暗渠内 （ピット内を含む）	着色アルミ ガラスクロス	保温厚	mm	30					40					50		
		保温工	人	0.030	0.031	0.032	0.040	0.043	0.047	0.053	0.058	0.071	0.086	0.098	0.115	0.155	0.179
		その他		1 式													
屋外露出（バルコニー，開放廊下を含む）及び浴室，厨房等の多湿箇所（厨房の天井内は含まない）	カラー亜鉛鉄板又は溶融アルミニウム一亜鉛鉄板	保温厚	mm	30					40					50		
		保温工	人	0.022	0.023	0.024	0.029	0.032	0.035	0.039	0.043	0.053	0.063	0.073	0.084	0.114	0.132
		ダクト工	〃	0.026	0.027	0.029	0.035	0.036	0.039	0.043	0.046	0.052	0.059	0.065	0.077	0.094	0.107
		その他		1 式													
屋外露出（バルコニー，開放廊下を含む）及び浴室，厨房等の多湿箇所（厨房の天井内は含まない）	ステンレス鋼板	保温厚	mm	30					40					50		
		保温工	人	0.022	0.023	0.024	0.029	0.032	0.035	0.039	0.043	0.053	0.063	0.073	0.084	0.114	0.132
		ダクト工	〃	0.035	0.036	0.039	0.048	0.050	0.053	0.059	0.062	0.071	0.080	0.088	0.105	0.128	0.145
		その他		1 式													

（備考）　1．取外し（撤去後再使用する）の場合は，歩掛に1.3を乗じた値とする。
　　　　　2．「その他」の率対象は，保温工及びダクト工とする。

(3) 給水管，排水管，給湯管及び温水管（膨張管を含む）（ロックウール） (1m当り)

施工箇所	外装材	名称	単位	呼び径 15A	20	25	32	40	50	65	80	100	125	150	200	250	300
屋内露出（一般居室，廊下）	合成樹脂製カバー1及び2	保温厚	mm	20								25			40		
		保温工	人	0.012	0.013	0.013	0.014	0.014	0.016	0.017	0.019	0.026	0.032	0.037	0.056	0.066	0.07
		ダクト工	〃	0.006	0.007	0.007	0.008	0.008	0.009	0.010	0.011	0.014	0.016	0.017	0.023	0.028	0.03
		その他		1 式													
機械室，書庫，倉庫	アルミガラスクロス	保温厚	mm	20								25			40		
		保温工	人	0.023	0.023	0.026	0.026	0.029	0.031	0.034	0.037	0.049	0.058	0.066	0.095	0.116	0.14
		その他		1 式													
機械室，書庫，倉庫	アルミガラス化粧原紙	保温厚	mm	20								25			40		
		保温工	人	0.016	0.017	0.018	0.020	0.021	0.023	0.025	0.027	0.037	0.043	0.049	0.069	0.087	0.10
		その他		1 式													
天井内，パイプシャフト内及び空隙壁中	アルミガラスクロス	保温厚	mm	20								25			40		
		保温工	人	0.016	0.017	0.018	0.020	0.021	0.023	0.025	0.027	0.037	0.043	0.049	0.069	0.087	0.10
		その他		1 式													
天井内，パイプシャフト内及び空隙壁中	アルミガラスクロス化粧保温筒	保温厚	mm	20								25			40		
		保温工	人	0.012	0.013	0.013	0.014	0.014	0.016	0.017	0.019	0.026	0.032	0.037	0.056	0.066	0.07
		その他		1 式													
暗渠内（ピット内を含む）	着色アルミガラスクロス	保温厚	mm	20								25			40		
		保温工	人	0.019	0.020	0.022	0.023	0.026	0.028	0.031	0.034	0.045	0.053	0.060	0.085	0.109	0.128
		その他		1 式													
屋外露出（バルコニー，開放廊下を含む）及び浴室，厨房等の多湿箇所（厨房の天井内は含まない）	カラー亜鉛鉄板又は溶融アルミニウム―亜鉛鉄板	保温厚	mm	20								25			40		
		保温工	人	0.014	0.015	0.016	0.017	0.018	0.020	0.021	0.023	0.032	0.037	0.043	0.060	0.075	0.09
		ダクト工	〃	0.020	0.022	0.023	0.026	0.027	0.030	0.033	0.036	0.045	0.052	0.057	0.077	0.089	0.102
		その他		1 式													
屋外露出（バルコニー，開放廊下を含む）及び浴室，厨房等の多湿箇所（厨房の天井内は含まない）	ステンレス鋼板	保温厚	mm	20								25			40		
		保温工	人	0.014	0.015	0.016	0.017	0.018	0.020	0.021	0.023	0.032	0.037	0.043	0.060	0.075	0.09
		ダクト工	〃	0.028	0.030	0.032	0.035	0.036	0.041	0.045	0.050	0.062	0.070	0.078	0.105	0.122	0.139
		その他		1 式													

（備考） 1. 取外し（撤去後再使用する）の場合は，歩掛に1.3を乗じた値とする。
       2. 「その他」の率対象は，保温工及びダクト工とする。

❸機械設備改修工事—8

(4) 冷水管，冷温水管（膨張管を含む）及び冷媒管（ロックウール） （1m当り）

施 工 箇 所	外 装 材	名 称	単位	呼 び 径													
				15A	20	25	32	40	50	65	80	100	125	150	200	250	300
屋内露出 （一般居室，廊下）	合成樹脂製 カバー 1及び2	保温厚	mm	30			40						50			
		保温工	人	0.018	0.019	0.020	0.023	0.025	0.027	0.029	0.032	0.042	0.048	0.056	0.060	0.089	0.111
		ダクト工	〃	0.008	0.008	0.009	0.011	0.011	0.012	0.013	0.014	0.016	0.018	0.020	0.023	0.028	0.032
		その他		1 式													
機械室，書庫，倉庫	アルミガラス クロス	保温厚	mm	30			40						50			
		保温工	人	0.029	0.030	0.033	0.036	0.039	0.043	0.046	0.050	0.064	0.075	0.085	0.116	0.141	0.169
		その他		1 式													
機械室，書庫，倉庫	アルミガラス 化粧原紙	保温厚	mm	30			40						50			
		保温工	人	0.021	0.022	0.024	0.027	0.029	0.032	0.034	0.038	0.049	0.056	0.064	0.087	0.110	0.133
		その他		1 式													
天井内， パイプシャフト内及び 空隙壁中	アルミガラス クロス	保温厚	mm	30			40						50			
		保温工	人	0.021	0.022	0.024	0.027	0.029	0.032	0.034	0.038	0.049	0.056	0.064	0.087	0.110	0.133
		その他		1 式													
暗渠内 （ピット内を含む）	着色アルミ ガラスクロス	保温厚	mm	30			40						50			
		保温工	人	0.023	0.026	0.028	0.031	0.034	0.037	0.040	0.044	0.056	0.066	0.074	0.101	0.129	0.152
		その他		1 式													
屋外露出（バルコニー，開放廊下を含む）及び浴室，厨房等の多湿箇所（厨房の天井内は含まない）	カラー亜鉛鉄板 又は 溶融アルミニウム ―亜鉛鉄板	保温厚	mm	30			40						50			
		保温工	人	0.018	0.019	0.020	0.023	0.025	0.027	0.029	0.032	0.042	0.048	0.056	0.060	0.089	0.111
		ダクト工	〃	0.026	0.027	0.029	0.035	0.036	0.039	0.043	0.046	0.052	0.059	0.065	0.077	0.094	0.107
		その他		1 式													
屋外露出（バルコニー，開放廊下を含む）及び浴室，厨房等の多湿箇所（厨房の天井内は含まない）	ステンレス 鋼板	保温厚	mm	30			40						50			
		保温工	人	0.018	0.019	0.020	0.023	0.025	0.027	0.029	0.032	0.042	0.048	0.056	0.060	0.089	0.111
		ダクト工	〃	0.035	0.036	0.039	0.048	0.050	0.053	0.059	0.062	0.071	0.080	0.088	0.105	0.128	0.145
		その他		1 式													

（備考） 1．取外し（撤去後再使用する）の場合は，歩掛に1.3を乗じた値とする。
　　　　2．「その他」の率対象は，保温工及びダクト工とする。

(5) 蒸気管（ロックウール）　　　　　　　　　　　　　　　　　　　　　　　　　　　　　　　　　　　　（1m当り）

施工箇所	外装材	名称	単位	呼び径													
					15A	20	25	32	40	50	65	80	100	125	150	200	250	300
屋内露出 (一般居室, 廊下)	合成樹脂製カバー1及び2	保温厚	mm	20			30			40							
			保温工	人	0.012	0.013	0.013	0.016	0.017	0.018	0.024	0.026	0.032	0.039	0.045	0.058	0.068	0.079
			ダクト工	〃	0.007	0.007	0.008	0.009	0.010	0.010	0.013	0.014	0.016	0.018	0.020	0.023	0.028	0.031
			その他			1 式												
機械室, 書庫, 倉庫	アルミガラスクロス	保温厚	mm	20			30			40							
			保温工	人	0.023	0.025	0.027	0.030	0.032	0.035	0.039	0.043	0.055	0.064	0.073	0.102	0.123	0.149
			その他			1 式												
機械室, 書庫, 倉庫	アルミガラス化粧原紙	保温厚	mm	20			30			40							
			保温工	人	0.016	0.017	0.019	0.022	0.023	0.026	0.028	0.031	0.041	0.047	0.054	0.074	0.093	0.115
			その他			1 式												
天井内, パイプシャフト内及び 空隙壁中	アルミガラスクロス	保温厚	mm	20			30			40							
			保温工	人	0.016	0.017	0.019	0.022	0.023	0.026	0.028	0.031	0.041	0.047	0.054	0.074	0.093	0.115
			その他			1 式												
天井内, パイプシャフト内及び 空隙壁中	アルミガラスクロス化粧保温筒	保温厚	mm	20			30			40							
			保温工	人	0.012	0.013	0.013	0.016	0.017	0.018	0.024	0.026	0.032	0.039	0.045	0.058	0.068	0.079
			その他			1 式												
暗渠内 (ピット内を含む)	着色アルミガラスクロス	保温厚	mm	20			30			40							
			保温工	人	0.020	0.021	0.023	0.026	0.029	0.031	0.034	0.038	0.050	0.059	0.066	0.092	0.116	0.137
			その他			1 式												
屋外露出（バルコニー，開放廊下を含む）及び浴室，厨房等の多湿箇所（厨房の天井内は含まない）	カラー亜鉛鉄板又は溶融アルミニウム—亜鉛鉄板	保温厚	mm	20			30			40							
			保温工	人	0.014	0.016	0.017	0.019	0.021	0.023	0.025	0.027	0.037	0.041	0.048	0.066	0.082	0.102
			ダクト工	〃	0.022	0.023	0.025	0.030	0.032	0.034	0.043	0.046	0.052	0.059	0.065	0.080	0.092	0.104
			その他			1 式												
屋外露出（バルコニー，開放廊下を含む）及び浴室，厨房等の多湿箇所（厨房の天井内は含まない）	ステンレス鋼板	保温厚	mm	20			30			40							
			保温工	人	0.014	0.016	0.017	0.019	0.021	0.023	0.025	0.027	0.037	0.041	0.048	0.066	0.082	0.102
			ダクト工	〃	0.030	0.031	0.034	0.041	0.043	0.047	0.059	0.062	0.071	0.080	0.088	0.109	0.126	0.143
			その他			1 式												

(備考) 1. 取外し（撤去後再使用する）の場合は，歩掛に1.3を乗じた値とする。
　　　 2. 「その他」の率対象は，保温工及びダクト工とする。

❸機械設備改修工事―10

(6) 給水管，排水管，給湯管及び温水管（膨張管を含む）（グラスウール） （1m当り）

施工箇所	外装材	名称	単位	呼び径													
				15A	20	25	32	40	50	65	80	100	125	150	200	250	300
屋内露出 （一般居室，廊下）	合成樹脂製 カバー 1及び2	保温厚	mm	20								25			40		
		保温工	人	0.011	0.011	0.011	0.011	0.012	0.014	0.016	0.017	0.023	0.029	0.034	0.050	0.059	0.069
		ダクト工	〃	0.006	0.007	0.007	0.008	0.008	0.009	0.010	0.011	0.014	0.016	0.017	0.023	0.028	0.031
		その他		1 式													
機械室，書庫，倉庫	アルミガラス クロス	保温厚	mm	20								25			40		
		保温工	人	0.020	0.021	0.023	0.024	0.024	0.029	0.030	0.033	0.044	0.052	0.059	0.086	0.108	0.129
		その他		1 式													
機械室，書庫，倉庫	アルミガラス 化粧原紙	保温厚	mm	20								25			40		
		保温工	人	0.014	0.015	0.016	0.017	0.018	0.020	0.022	0.024	0.032	0.038	0.044	0.062	0.079	0.098
		その他		1 式													
天井内， パイプシャフト内及び 空隙壁中	アルミガラス クロス	保温厚	mm	20								25			40		
		保温工	人	0.014	0.015	0.016	0.017	0.018	0.020	0.022	0.024	0.032	0.038	0.044	0.062	0.079	0.098
		その他		1 式													
天井内， パイプシャフト内及び 空隙壁中	アルミガラス クロス 化粧保温筒	保温厚	mm	20								25			40		
		保温工	人	0.011	0.011	0.011	0.011	0.012	0.014	0.016	0.017	0.023	0.029	0.034	0.050	0.059	0.069
		その他		1 式													
暗渠内 （ピット内を含む）	着色アルミ ガラスクロス	保温厚	mm	20								25			40		
		保温工	人	0.017	0.018	0.020	0.021	0.023	0.025	0.027	0.030	0.040	0.047	0.054	0.077	0.098	0.121
		その他		1 式													
屋外露出（バルコニー，開放廊下を含む）及び浴室，厨房等の多湿箇所（厨房の天井内は含まない）	カラー亜鉛 鉄板 又は 溶融アルミ ニウム ―亜鉛鉄板	保温厚	mm	20								25			40		
		保温工	人	0.012	0.013	0.014	0.015	0.016	0.018	0.019	0.021	0.029	0.034	0.038	0.055	0.070	0.086
		ダクト工	〃	0.020	0.022	0.023	0.026	0.027	0.030	0.033	0.036	0.045	0.052	0.057	0.077	0.092	0.104
		その他		1 式													
屋外露出（バルコニー，開放廊下を含む）及び浴室，厨房等の多湿箇所（厨房の天井内は含まない）	ステンレス 鋼板	保温厚	mm	20								25			40		
		保温工	人	0.012	0.013	0.014	0.015	0.016	0.018	0.019	0.021	0.029	0.034	0.038	0.055	0.070	0.086
		ダクト工	〃	0.028	0.030	0.032	0.035	0.036	0.041	0.045	0.050	0.062	0.070	0.078	0.105	0.126	0.143
		その他		1 式													

（備考） 1. 取外し（撤去後再使用する）の場合は，歩掛に1.3を乗じた値とする。
　　　　 2. 「その他」の率対象は，保温工及びダクト工とする。

(7) 冷水管，冷温水管（膨張管を含む）及び冷媒管（グラスウール）　　　　　　　　　　　　　　　（1m当り）

施工箇所	外装材	名称	単位	呼び径												
				15A	20	25	32	40	50	65	80	100	125	150	200	250	300
屋内露出 （一般居室，廊下）	合成樹脂製 カバー 1及び2	保温厚	mm	30			40						50			
		保温工	人	0.016	0.017	0.019	0.022	0.024	0.027	0.029	0.032	0.040	0.047	0.053	0.064	0.083	0.102
		ダクト工	〃	0.008	0.008	0.009	0.011	0.011	0.012	0.013	0.014	0.016	0.018	0.020	0.023	0.028	0.032
		その他							1					式				
機械室，書庫，倉庫	アルミガラス クロス	保温厚	mm	30			40						50			
		保温工	人	0.026	0.027	0.029	0.035	0.037	0.041	0.044	0.048	0.060	0.070	0.079	0.098	0.124	0.148
		その他							1					式				
機械室，書庫，倉庫	アルミガラス 化粧原紙	保温厚	mm	30			40						50			
		保温工	人	0.018	0.019	0.021	0.025	0.028	0.030	0.033	0.036	0.045	0.053	0.060	0.073	0.095	0.116
		その他							1					式				
天井内， パイプシャフト内及び 空隙壁中	アルミガラス クロス	保温厚	mm	30			40						50			
		保温工	人	0.018	0.019	0.021	0.025	0.028	0.030	0.033	0.036	0.045	0.053	0.060	0.073	0.095	0.116
		その他							1					式				
暗渠内 （ピット内を含む）	着色アルミ ガラスクロス	保温厚	mm	30			40						50			
		保温工	人	0.023	0.024	0.026	0.031	0.034	0.038	0.041	0.045	0.056	0.066	0.074	0.091	0.117	0.143
		その他							1					式				
屋外露出（バルコニー，開放廊下を含む）及び浴室，厨房等の多湿箇所（厨房の天井内は含まない）	カラー亜鉛 鉄板 又は 溶融アルミ ニウム ―亜鉛鉄板	保温厚	mm	30			40						50			
		保温工	人	0.016	0.017	0.019	0.022	0.024	0.027	0.029	0.032	0.040	0.047	0.053	0.064	0.083	0.102
		ダクト工	〃	0.026	0.027	0.029	0.035	0.036	0.039	0.043	0.046	0.052	0.059	0.065	0.077	0.094	0.107
		その他							1					式				
屋外露出（バルコニー，開放廊下を含む）及び浴室，厨房等の多湿箇所（厨房の天井内は含まない）	ステンレス 鋼板	保温厚	mm	30			40						50			
		保温工	人	0.016	0.017	0.019	0.022	0.024	0.027	0.029	0.032	0.040	0.047	0.053	0.064	0.083	0.102
		ダクト工	〃	0.035	0.036	0.039	0.048	0.050	0.053	0.059	0.062	0.071	0.080	0.088	0.105	0.128	0.145
		その他							1					式				

（備考）　1．取外し（撤去後再使用する）の場合は，歩掛に1.3を乗じた値とする。
　　　　　2．「その他」の率対象は，保温工及びダクト工とする。

(8) 蒸気管（グラスウール） (1m当り)

施工箇所	外装材	名称	単位	呼び径													
				15A	20	25	32	40	50	65	80	100	125	150	200	250	300
屋内露出 (一般居室，廊下)	合成樹脂製 カバー 1及び2	保温厚	mm	20			30			40							
		保温工	人	0.010	0.011	0.011	0.014	0.015	0.016	0.023	0.025	0.032	0.036	0.043	0.050	0.058	0.067
		ダクト工	〃	0.007	0.007	0.008	0.009	0.010	0.010	0.013	0.014	0.016	0.018	0.020	0.023	0.028	0.031
		その他 || 1 式														
機械室，書庫，倉庫	アルミガラス クロス	保温厚	mm	20			30			40							
		保温工	人	0.020	0.022	0.023	0.026	0.029	0.032	0.038	0.041	0.053	0.061	0.071	0.090	0.107	0.129
		その他 || 1 式														
機械室，書庫，倉庫	アルミガラス クロス 化粧原紙	保温厚	mm	20			30			40							
		保温工	人	0.014	0.015	0.016	0.019	0.021	0.023	0.028	0.030	0.040	0.045	0.053	0.065	0.079	0.098
		その他 || 1 式														
天井内， パイプシャフト内及び 空隙壁中	アルミガラス クロス	保温厚	mm	20			30			40							
		保温工	人	0.014	0.015	0.016	0.019	0.021	0.023	0.028	0.030	0.040	0.045	0.053	0.065	0.079	0.098
		その他 || 1 式														
天井内， パイプシャフト内及び 空隙壁中	アルミガラス クロス 化粧保温筒	保温厚	mm	20			30			40							
		保温工	人	0.010	0.011	0.011	0.014	0.015	0.016	0.023	0.025	0.032	0.036	0.044	0.050	0.058	0.067
		その他 || 1 式														
暗渠内 (ピット内を含む)	着色アルミ ガラスクロス	保温厚	mm	20			30			40							
		保温工	人	0.017	0.018	0.020	0.023	0.026	0.028	0.034	0.037	0.049	0.056	0.066	0.081	0.098	0.121
		その他 || 1 式														
屋外露出（バルコニー，開放廊下を含む）及び浴室，厨房等の多湿箇所（厨房の天井内は含まない）	カラー亜鉛 鉄板 又は 溶融アルミニウム ―亜鉛鉄板	保温厚	mm	20			30			40							
		保温工	人	0.012	0.013	0.014	0.017	0.018	0.020	0.024	0.026	0.035	0.040	0.047	0.057	0.070	0.086
		ダクト工	〃	0.022	0.023	0.025	0.030	0.032	0.034	0.043	0.046	0.052	0.059	0.065	0.080	0.092	0.104
		その他 || 1 式														
屋外露出（バルコニー，開放廊下を含む）及び浴室，厨房等の多湿箇所（厨房の天井内は含まない）	ステンレス 鋼板	保温厚	mm	20			30			40							
		保温工	人	0.012	0.013	0.014	0.017	0.018	0.020	0.024	0.026	0.035	0.040	0.047	0.057	0.070	0.086
		ダクト工	〃	0.030	0.031	0.034	0.041	0.043	0.047	0.059	0.062	0.071	0.080	0.088	0.109	0.126	0.143
		その他 || 1 式														

（備考） 1. 取外し（撤去後再使用する）の場合は，歩掛に1.3を乗じた値とする。
　　　　2. 「その他」の率対象は，保温工及びダクト工とする。

③ 改 修 工 事
1. 配 管 工 事
　(1) 配 管 工 事
　　　改修工事における配管工事は，新設歩掛から「はつり補修」を除いた歩掛とする。
　(2) 配管切断接続工事
　　1) 鋼 管 類
　　　鋼管類の配管分岐接続工事の歩掛は，次表による。
　　　配管（材工）は標準歩掛による複合単価（「はつり補修」を除く）とし，管種及び施工箇所別とする。
　　　保温（材工）は標準歩掛による複合単価とし，施工箇所別とする。なお，必要に応じて塗装工事を加算する。

配管分岐接続（鋼管類）

細　目	単位	名　称	単位	呼　び　径											
				15A	20	25	32	40	50	65	80	100	125	150	200	250	300
配管分岐	一箇所当り	配管（材工）	m	1.0	1.0	1.0	1.0	1.0	1.0	1.0	1.0	1.0	1.0	1.0	1.0	1.0	1.0
		保温（材工）	m	1.5	1.5	1.5	1.5	1.5	1.5	1.5	1.5	1.5	1.5	1.5	1.5	1.5	1.5
		配　管　工	人	0.27	0.30	0.32	0.36	0.41	0.48	0.72	0.85	0.99	1.16	1.52	1.69	2.08	2.51
		保　温　工	〃	0.02	0.02	0.02	0.03	0.03	0.03	0.03	0.04	0.05	0.06	0.07	0.09	0.12	0.15
		そ　の　他		1　式														

（備考）　1.　配管工は既設管切断，取外し及び分岐継手接続の労務歩掛とする。
　　　　　2.　保温工は既設保温材取外しの労務歩掛とする。
　　　　　3.　保温を要しない場合は，表中の保温（材工）及び保温工を適用しない。
　　　　　4.　「その他」の率対象は，配管工及び保温工とする。

　　2) 樹 脂 管 類
　　　樹脂管類の配管分岐接続工事の歩掛は，次表による。
　　　配管（材工）は標準歩掛による複合単価（「はつり補修」を除く）とし，管種及び施工箇所別とする。
　　　保温（材工）は標準歩掛による複合単価とし，施工箇所別とする。なお，必要に応じて塗装工事を加算する。

配管分岐接続（樹脂管類）

細　目	単位	名　称	単位	呼　び　径											
				16A	20	25	30	40	50	65	75	100	125	150	200	250	300
配管分岐	一箇所当り	配管（材工）	m	0.5	0.5	0.5	0.5	0.5	0.5	0.5	0.5	0.5	0.5	0.5	—	—	—
		保温（材工）	m	1.0	1.0	1.0	1.0	1.0	1.0	1.0	1.0	1.0	1.0	1.0	—	—	—
		配　管　工	人	0.09	0.10	0.10	0.10	0.13	0.13	0.14	0.17	0.18	0.22	0.23	—	—	—
		保　温　工	〃	0.01	0.01	0.02	0.02	0.02	0.02	0.02	0.02	0.03	0.04	0.04	—	—	—
		そ　の　他		1　式														

（備考）　1.　配管工は既設管の切断，取外し及び分岐継手接続の労務歩掛とする。
　　　　　2.　保温工は既設保温材取外しの労務歩掛とする。
　　　　　3.　保温を要しない場合は，表中の保温（材工）及び保温工を適用しない。
　　　　　4.　「その他」の率対象は，配管工及び保温工とする。

(3) 配管切断工事
1) 鋼管類
鋼管類の配管切断工事の歩掛は，次表による。
保温（材工）は標準歩掛による複合単価とし，施工箇所別とする。なお，必要に応じて塗装工事を加算する。

配管切断（鋼管類）

細目	単位	名称	単位	呼び径													
				15A	20	25	32	40	50	65	80	100	125	150	200	250	300
配管切断	一箇所当り	保温(材工)	m	0.3	0.3	0.3	0.3	0.3	0.3	0.5	0.5	0.5	0.5	0.5	0.5	0.5	0.5
		配管工	人	0.13	0.13	0.13	0.13	0.14	0.14	0.14	0.15	0.16	0.16	0.17	0.19	0.20	0.22
		保温工	〃	0.01	0.01	0.01	0.01	0.01	0.01	0.01	0.01	0.02	0.02	0.02	0.03	0.04	0.05
		その他		1 式														

（備考）
1. 保温工は既設保温材取外しの労務歩掛とする。
2. 保温を要しない場合は，表中の保温（材工）及び保温工を適用しない。
3. 「その他」の率対象は，配管工及び保温工とする。

2) 樹脂管類
樹脂管類の配管切断工事の歩掛は，次表による。
保温（材工）は標準歩掛による複合単価とし，施工箇所別とする。なお，必要に応じて塗装工事を加算する。

配管切断（樹脂管類）

細目	単位	名称	単位	呼び径													
				16A	20	25	30	40	50	65	75	100	125	150	200	250	300
配管切断	一箇所当り	保温(材工)	m	0.3	0.3	0.3	0.3	0.3	0.3	0.5	0.5	0.5	0.5	0.5	—	—	—
		配管工	人	0.09	0.10	0.10	0.10	0.13	0.13	0.14	0.17	0.18	0.22	0.23	—	—	—
		保温工	〃	0.01	0.01	0.01	0.01	0.01	0.01	0.01	0.01	0.02	0.02	0.02	—	—	—
		その他		1 式														

（備考）
1. 保温工は既設保温材取外しの労務歩掛とする。
2. 保温を要しない場合は，表中の保温（材工）及び保温工を適用しない。
3. 「その他」の率対象は，配管工及び保温工とする。

2．ダクト工事
(1) ダクト端部閉塞工事
端部閉塞工事費は，基準単価（m^{2}当り）× 端部開口面積（m^2）より算出する。
基準単価は，次表による。

ダクト端部閉塞

細目	単位	名称	摘要	単位	数量
基準単価	1m^{2}当り	材料	亜鉛鉄板	板厚1.0mm	m^2	1.6
		雑材料	鋼材・雑材料		式	1（材料費×0.3）
		ダクト工	鉄板鋼材加工取付け	人	1.0
		その他			1 式

（備考）「その他」の率対象は，材料，雑材料及びダクト工とする。

3. 桝　類
(1) インバート改修工事
インバート改修工事費は，各規格のインバート桝1箇所当りの改修費とし，次表による。

インバート改修

細　目	単位	名　称	単位	規　格 600角以下	規　格 900φ	規　格 1,200φ
インバート改修	1箇所当り	インバートコンクリート（複合単価）	m³	0.01	0.05	0.10
		インバート型枠	m²	0.12	0.24	0.33
		インバートモルタル	m³	0.01	0.03	0.05
		普通作業員	人	0.05	0.05	0.10
		はつり工	〃	0.05	0.20	0.39
		その他		1 式		

（備考）「その他」の率対象は，普通作業員及びはつり工とする。

④ はつり工事
(1) 配管貫通口はつり工事（手はつり）
(1箇所当り)

コンクリート壁・床 貫通口径 (mm) / 職種	コンクリート厚さ (mm) 120〜150 はつり工（人）	200程度 はつり工（人）	300程度 はつり工（人）	400程度 はつり工（人）	その他
75	0.18	0.22	0.47	0.58	
100	0.20	0.25	0.53	0.67	
125	0.22	0.28	0.56	0.73	
150	0.23	0.30	0.59	0.77	
200	0.26	0.34	0.67	0.88	
250	0.31	0.39	0.75	1.01	1 式
300	0.35	0.43	0.85	1.17	
350	0.42	0.48	0.99	1.34	
400	0.48	0.55	1.08	1.56	
450	0.55	0.63	1.25	1.77	
500	0.64	0.72	1.41	2.04	

（備考）
1. 本表は，手はつり作業の場合を示し，鉄筋切断，搬出に要する費用及び補修費を含む。
2. 無筋コンクリートの場合は，本表の手はつりの歩掛を80％，コンクリートブロックの場合は，本表の手はつりの歩掛を50％とする。
3. 「その他」の率対象は，はつり工とする。
4. 大規模な解体工事は，別途建築工事の歩掛（機械作業）による。

(2) ダクト貫通口はつり工事（手はつり）
(1箇所当り)

コンクリート壁・床 貫通口径 (m²) / 職種	コンクリート厚さ (mm) 120〜150 はつり工（人）	200程度 はつり工（人）	300程度 はつり工（人）	400程度 はつり工（人）	その他
0.1	0.43	0.51	0.99	1.43	
0.2	0.62	0.73	1.42	1.98	
0.3	0.83	0.98	1.93	2.68	
0.4	0.94	1.08	2.12	2.98	
0.5	1.05	1.17	2.30	3.21	1 式
0.6	1.08	1.21	2.39	3.34	
0.7	1.12	1.28	2.51	3.52	
0.8	1.16	1.33	2.61	3.66	
0.9	1.21	1.40	2.72	3.85	

（備考）備考については，(1)配管貫通口はつり工事の項に準ずる。

(3) 溝はつり・面はつり工事（手はつり）　　　　　　　　　　　　　　　（m，m²当り）

溝はつりの幅 × 深 (mm)	単　位	はつり工 (人)	そ の 他
30 × 30	1m当り	0.08	
50 × 50	〃	0.16	
75 × 75	〃	0.25	1　式
100 × 100	〃	0.32	
面 は つ り (30 mm 程 度)	1m²当り	0.42	

（備考）　備考については，(1)配管貫通口はつり工事の項に準ずる。

(4) 配管貫通口はつり工事（機械はつり）
ダイヤモンドカッターによる配管用貫通口工事　　　　　　　　　　　　　　　　　　　　　　　（1箇所当り）

| 貫通口径
(mm) ＼ 職種 | コンクリート厚さ (mm) ||||||||　そ の 他 |
	100〜150 特殊作業員(人)	200程度 特殊作業員(人)	250程度 特殊作業員(人)	300程度 特殊作業員(人)	350程度 特殊作業員(人)	400程度 特殊作業員(人)	450程度 特殊作業員(人)	500程度 特殊作業員(人)	
25	0.20	0.27	0.35	0.41	0.48	0.55	0.62	0.69	
28	0.21	0.28	0.36	0.44	0.51	0.58	0.65	0.72	
32	0.21	0.29	0.36	0.44	0.51	0.58	0.65	0.72	
38	0.21	0.29	0.36	0.44	0.51	0.58	0.65	0.72	
50	0.24	0.32	0.40	0.48	0.56	0.64	0.72	0.80	
63	0.24	0.32	0.40	0.48	0.56	0.64	0.72	0.81	
75	0.28	0.38	0.47	0.57	0.67	0.76	0.86	0.96	
88	0.29	0.39	0.49	0.59	0.70	0.80	0.90	0.99	
100	0.32	0.42	0.53	0.63	0.74	0.84	0.95	1.06	
125	0.37	0.49	0.62	0.74	0.86	0.99	1.11	1.24	1　式
150	0.45	0.60	0.75	0.90	1.05	1.20	1.35	1.51	
175	0.55	0.73	0.92	1.11	1.29	1.48	1.66	1.85	
200	0.63	0.94	1.10	1.26	1.42	1.58	1.74	1.91	
225	0.76	1.14	1.33	1.52	1.71	1.90	2.09	2.28	
250	0.95	1.43	1.67	1.91	2.15	2.39	2.63	2.87	
300	1.08	1.62	1.89	2.16	2.43	2.70	2.97	3.24	
350	1.32	1.99	2.32	2.65	2.99	3.32	3.65	3.98	
400	1.75	2.62	3.06	3.50	3.94	4.37	4.81	5.25	
450	1.97	2.96	3.45	3.95	4.44	4.94	5.43	5.93	
500	2.20	3.30	3.85	4.40	4.95	5.50	6.05	6.60	

（備考）　1.　本表は，鉄筋切断，搬出に要する費用及び補修費を含む。
　　　　　2.　「その他」の率対象は，特殊作業員とする。

⑤　機　器　搬　出

(1)　機器搬出費は，機器の設置場所から現場敷地内の仮置場まで運び出すまでの費用であり，単独の機器の質量が100kg以上の機器搬出について適用する。

(2)　機器搬出の歩掛りは，❹空気調和及び換気設備工事の⑤機器搬入費を使用する。

＜参考文献（公表資料）＞

1. 土木工事
1) 季刊　土木コスト情報，（一財）建設物価調査会，2024（1・4・7・10月発行）
2) 国土交通省大臣官房技術調査課監修：国土交通省土木工事標準積算基準書，（一財）建設物価調査会，2024.6
3) 国土交通省都市局公園緑地・景観課：公園緑地工事標準歩掛，国土交通省ホームページ，2024.5
4) 下水道用設計標準歩掛表，（公社）日本下水道協会，2024.6
5) 令和6年度改訂版　水道事業実務必携，全国簡易水道協議会，2024.8
6) 農林水産省土地改良工事積算基準（土木工事）令和6年度，農林水産省ホームページ，2024.7
7) 国土交通省：設計業務等標準積算基準書および同（参考資料），国土交通省ホームページ

2. 建築工事，3. 電気設備工事，4. 機械設備工事
1) 国土交通省：公共建築工事積算基準，国土交通省ホームページ，2016.12
2) 国土交通省：公共建築工事標準単価積算基準，国土交通省ホームページ，2024.3
3) 国土交通省：公共建築工事数量積算基準，国土交通省ホームページ，2023.3
4) 国土交通省：公共建築工事共通費積算基準，国土交通省ホームページ，2024.3
5) 国土交通省：公共建築工事積算基準等資料，国土交通省ホームページ，2024.3
6) 国土交通省：公共建築工事積算研究会参考歩掛り，国土交通省ホームページ，2024.3
7) 国土交通省：営繕積算システム等開発利用協議会歩掛り，国土交通省ホームページ，2024.6
8) 国土交通省：営繕積算システム等開発利用協議会参考資料，国土交通省ホームページ，2024.6
9) 公共建築工事積算基準の解説，（一社）建築コスト管理システム研究所，2023.11
10) 国土交通省：公共建築工事標準仕様書（建築工事編）（電気設備工事編）（機械設備工事編）平成28年版・平成31年版・令和4年版，国土交通省ホームページ
11) 国土交通省：公共建築改修工事標準仕様書（建築工事編）（電気設備工事編）（機械設備工事編）平成28年版・平成31年版・令和4年版，国土交通省ホームページ
12) 国土交通省：建築物解体工事共通仕様書　令和4年版，国土交通省ホームページ，2022.5
13) 国土交通省：建築工事標準詳細図，国土交通省ホームページ，2022.4
14) 国土交通省：公共建築設備工事標準図，国土交通省ホームページ，2022.5
15) 国土交通省大臣官房技術調査課監修：国土交通省土木工事積算基準，（一財）建設物価調査会，2024.5
16) 経済産業省大臣官房技術総括・保安審議官：電気設備の技術基準の解釈，経済産業省ホームページ，2023.12
17) 内線規定　第14版，一般社団法人日本電気協会需要設備専門部会，2022.12
18) 月刊　建設物価，（一財）建設物価調査会，2024（毎月発行）
19) 季刊　建築コスト情報，（一財）建設物価調査会，2024（1・4・7・10月発行）

■本書の訂正等情報のお知らせ
　建設物価調査会公式ホームページの【刊行物訂正等情報】をご参照ください。

◎メール配信サービス（刊行物の訂正等情報のお知らせ）について
　ご登録いただいた方に，当会が発行する刊行物の訂正等情報をメールでご案内いたします。
　「会社名」と「お名前」を明記いただき，以下のアドレス宛てに送信ください。
　　　　　　　　　　syusei@kensetu-bukka.or.jp
※登録情報は本メールサービスの配信目的にのみ利用させていただきます。
　個人情報の取扱いは，別途定める「個人情報保護方針」に従います。
　詳細は当会公式ホームページをご覧ください。

■本書の内容に関するお問合わせ先
　当会公式ホームページの「お問合せフォーム」や，「よくあるご質問Q＆A」をご利用ください。
　なお，「基準や歩掛の解釈」，「掲載以外の規格・歩掛」，「具体的な積算事例の相談」等，ご質問内容によってはお答えできない場合もあります。
　　　　　　　https://www.kensetu-bukka.or.jp/inquiry/

◇当会発行書籍の申込み先
図書販売サイト「建設物価 Book Store（https://book.kensetu-navi.com/）」または，お近くの書店もしくは【電話】0120-978-599まで。

禁無断転載

改訂61版 建設工事標準歩掛

昭和39年5月1日　初版発行
令和6年10月21日　改訂61版

発　行　一般財団法人　建設物価調査会
〒103-0011
東京都中央区日本橋大伝馬町11番8号
フジスタービル日本橋
電話　03-3663-8763（代）

印　刷　奥村印刷 株式会社

乱丁・落丁はお取り替えいたします。Ⓒ C.R.I. 2024 Printed in Japan ISBN978-4-7676-1161-7

「建設工事標準歩掛」インデックスシール

■本文工事種別1～4の順序に貼ってお使いください。

| 1 土木工事 | 土木工事の土概要 | 公園 | 下水道 | 上水道 | 土地改良 | 調査 | 2 建築工事 |

| 積算共通費体系 | 仮設 | 土工 | 地業 | 鉄筋 | コンクリート | 型枠 | 鉄骨 |

| 既製コンクリート | 防水 | 石 | タイル | 木工 | 屋根及びとい | 金属 | 左官 |

| 建具 | 塗装 | 内外装 | 仕上ユニット | 排水 | 構内舗装 | 植栽 | とりこわし |

| 建築改修工事 | 3 電気設備工事 | 積算共通費体系 | 電力工事 | 通信工事 | 信号工事 | 改修電気設備工事 | 4 機械設備工事 |

| 積算共通費体系 | 配管工事 | 換気空調設備工事及び | 暖房設備工事 | 衛生設備工事 | 保温工事 | 塗装工事 | 防食処置 |

| 土工事 | 工事・その他コンクリ | 桝類 | 改修機械設備工事 | | | |